清华计算机图书·译丛

Internetworking

Technische Grundlagen und Anwendungen

网络技术基础及应用

[德] 克里斯托弗·迈内尔（Christoph Meinel）
哈拉尔德·萨克（Harald Sack） 著

季松 程峰 等译

U0231661

清华大学出版社
北 京

本书为德文版 *Digitale Kommunikation – Vernetzen, Multimedia, Sicherheit* 的简体中文翻译版，作者 **Christoph Meinel, Harald Sack**，由 **Springer** 出版社授权清华大学出版社出版发行。

北京市版权局著作权合同登记号　图字：01-2014-0849

图书在版编目(CIP)数据

网络技术基础及应用/(德)克里斯托弗·迈内尔(Christoph Meinel), (德)哈拉尔德·萨克(Harald Sack)著;
季松等译.—北京：清华大学出版社，2020.6
（清华计算机图书译丛）
书名原文：Internetworking-Technische Grundlagen und Anwendungen
ISBN 978-7-302-53520-1

I.①网… Ⅱ.①克…②哈…③季… Ⅲ.①计算机网络 Ⅳ.①TP393

中国版本图书馆 CIP 数据核字(2019)第 173104 号

责任编辑：龙启铭
封面设计：常雪影
责任校对：梁　毅
责任印制：丛怀宇

出版发行：清华大学出版社
　　　　　网　　址：http://www.tup.com.cn, http://www.wqbook.com
　　　　　地　　址：北京清华大学学研大厦 A 座　　　　邮　　编：100084
　　　　　社 总 机：010-62770175　　　　　　　　　邮　　购：010-62786544
　　　　　投稿与读者服务：010-62776969, c-service@tup.tsinghua.edu.cn
　　　　　质量反馈：010-62772015, zhiliang@tup.tsinghua.edu.cn
印 装 者：三河市铭诚印务有限公司
经　　销：全国新华书店
开　　本：185mm×260mm　　印　张：48.5　　　　字　数：1148 千字
版　　次：2020 年 6 月第 1 版　　　　　　　　印　次：2020 年 6 月第 1 次印刷
定　　价：148.00 元

产品编号：053826-01

译 者 序

本书是德国波茨坦大学哈索-普拉特纳研究院（Hasso Plattner Institute at University of Potsdam, Germany）院长克里斯托弗·迈内尔（Christoph Meinel）教授和高级研究员哈拉尔德·萨克（Harald Sack）博士合作完成的现代数字化技术三部曲中的第二部。本书德文版由德国斯普林格（Springer）出版社出版发行。我们很高兴也很荣幸能够受作者以及清华大学出版社之托将其翻译成中文，呈现给大家。

近年来，随着高性能运算、无线网络互联、大规模存储等底层软硬件技术的突破，互联网技术及其应用也经历了又一次的飞速发展。云计算、移动互联、智能终端、互联网＋、物联网、工业 4.0 等已逐渐成为人们耳熟能详的名词。本书的主要目的就是为了让广大读者更深入地了解这些名词的含义、原理以及这些技术发展背后的故事，理解支撑这些技术的互联网是如何工作和运行的。本书首先回顾了近 50 年来互联网技术发展的历史，着重介绍了网络互联技术的发展，特别是近 20 年来万维网发展的几个重要的进程及其解决的关键问题，接着详细地讨论了对于任何数字通信技术都必需的物理层，并依次介绍 TCP/IP 参考模型中的各层及相关技术。本书内容丰富，涵盖了几乎所有与网络互联技术相关的基础知识，详细介绍了网络接入层、网络互联层及网络传输层等各关键层的功能要求、技术特点和相关协议，同时列举和解释了以这些技术为基础的众多新型互联网应用的原理和实现。本书的写作方式非常独特，多维结构的划分和组织形式可以让读者在尽可能全面地获取更多知识和内容的同时，也能根据个人兴趣和需要很方便地选择相关主题进行更深入的了解。除了对许多重要突破性技术的基本描述之外，作者还补充了大量技术细节（补充材料），援引经典教材和参考书籍的相关表述，使读者对所介绍内容一目了然。每章后都附有详细的术语表，以及可能对读者进一步阅读有帮助的参考文献列表。在本书的最后，附录 A 给出了一个完整的人物索引列表，对在网络互联技术发展过程中做出过突出贡献或有重要影响和意义的相关人物给出了简短的介绍和客观的评注。书后附录的缩略语总结和罗列了计算机及网络互联领域的常用及最新出现的缩略词汇，能够有效消除容易发生的歧义，以帮助读者更为准确地理解和掌握这些缩略词汇及其概念和含义。

本书内容翔实、全面系统，却又简洁明了、清晰易懂，既是一本不可多得的教科书，同时又可以作为工作学习必备的参考手册。除了高校计算机相关专业的教师、学生和科研人员之外，信息和通信领域的广大从业人员，以及有一定基础的非专业人士都能够从本书中获益。虽然书中涉及的有些内容相对比较专业，但语言通俗易懂，描述由浅入深，结构层次清晰，书中使用了大量的图表、丰富的背景故事和众多的示例分析，不仅能帮助读者理解相关的知识和内容，更会给读者带来全新的感受与体验。

作者之一的克里斯托弗·迈内尔（Christoph Meinel）教授是德国波茨坦大学哈索-普拉特纳研究院（HPI）院长、波茨坦大学哈索-普拉特纳研究院"互联网技术和系统"教席正教授（C4）、德国国家科学工程院（acatech）院士。作为德国计算机科学领域的著名学者，迈内尔教授在德国大学和科研机构有近 40 年的相关教学科研经历，成果丰硕。他现已出版 13 本专著和 4 本专业选集，参与编著了数本国际学术论文集，并在国际知名的期刊和会议上发表超过 500 篇学术论文。其专著《计算机数学基础》已再版多次，成为德国计算机专业的经典教材。本次由德国斯普林格出版社相继出版的这套三部曲，是作者多年来在互联网方向教学和科研成果的一次系统整理，本书德文版已经在作者所在的波茨坦大学哈索-普拉特纳学院和柏林及勃兰登堡地区许多大学的计算机学院作为网络原理、通信技术和互联网安全等课程的教材或参考书使用。以本书内容为主要框架的大规模公开在线课程（Massive Open Online Course, MOOC）网络互联技术在公共慕课平台 openHPI.de（英文、德文）和 openHPI.cn（中文）上已运行多轮，来自世界各国的数万用户免费参加了在线课程并获得了课程证书。与已出版的许多同类书籍相比，本套丛书系统性更强，概念描述更为简洁准确，更适合作为大中专院校的教材和开发人员的参考手册。此次呈现给广大读者的这本中文翻译版是我们根据德文原版直接翻译而成的。应该说，与大家普遍熟悉的英文版技术类书籍的一个最大区别是，德语对技术和工程描述的遣词造句更为复杂，对于非母语的读者来说很难透彻理解。翻译过程中，我们在保证译文顺利流畅的原则下，尽力做到抓住原作精髓，术语一致，并符合当前大家所熟知的中文词汇用法。书中大量的图表，我们也重新制作了中文版本。尽管如此，我们意识到翻译稿距离完全贴切地体现原版的专业内容和含义还有相当距离，错误遗漏之处请广大读者原谅，并欢迎与我们沟通交流。此外，本书英文版也已顺利完成，并已于 2015 年年初与读者见面。读者在使用这本中文翻译版时，可以同时参照德文原版和英文翻译版，以更为准确、全面地理解书中内容。

本书中文版的翻译、出版和发行工作得到了德国斯普林格出版社和中国清华大学出版社的大力支持，在此表示衷心感谢！

季松　程峰

2019 年 7 月，德国波茨坦

前　言

那些一直以来都令人惊叹不已的事物，如今在人们的日常生活中已经变得习以为常了。"拥有一种跨越时间和空间界限的移动性"这个古老的梦想推动着整个人类社会的发展进步。而这一梦想在近几十年来正在以人类历史上前所未有的速度实现着。这期间，无数个物理定律被打破。生活中的一些事物经常会出人意料地以一种非物质化、数字化的形式展现出来。非物质化表现在：在某些场合事物只能以它们的数字化的"影子"形式出现，即以 0 和 1 编码的形式表述，通过电磁信号以光速传递，并且在任意一台计算机上都可以被处理。计算机和互联网这两种技术的出现和发展使得这一切都成为了可能。计算机提供了平台。在这种平台下事物都是以数字影子的形式存在，同时这些数字影子能够被重新绘制、加工、链接和存储。而互联网的出现则实现了将这些数字影子以光的速度向世界上任何一个地方进行传输的可能性。这样一来，这些数字影子就能够在世界上另外一端的计算机上被处理。

事实上，计算机和互联网在人类历史上只能算是极其微小的技术发展，但却从根本上改变了人类的生活方式和行为。19 世纪到 20 世纪的工业革命使人类在物理上的认识和发展发生了翻天覆地的变化：汽车、飞机、宇宙飞船等工具极大地扩展了人类身体活动的半径。而计算机和互联网技术作为数字化革命的驱动力又将我们精神上的活跃性提高到了一个前所未有的高度，使得我们的心理活动半径（几乎）突破了单个身体的限制。如果想将一个人从一个大陆送往另一个大陆，即使使用最现代化的交通工具，可能也需要花费几小时的时间。但是借助于互联网，这种距离几乎可以被缩短为零。人类的情绪、想法和指示可以被立即传递，同时远程的接收方也能够在几秒钟内回馈他们的愿望和要求。这种交流的成本与传统的物理活动所需要的成本相比起来要少得多。

到目前为止，互联网才出现不到五十年，而万维网也只是被推出将近二十年。基于这些技术还非常年轻的事实，以及计算机和网络技术迅猛发展的势头丝毫不减的趋势可以预见，社会、经济和私人领域通过这种数字化革命还会继续发生巨大的改变。因此，看看这些技术发展幕后的故事，了解这些技术的基础知识以及理解诸如互联网和万维网究竟是如何工作的将是非常有趣的事情。现在展现在您面前的这本书，将与我们本系列三部曲中的另外两部（《数字通信技术》和《Web 技术》）一起，为您提供一个易懂的、全面的、可信赖的、内容翔实且描述详细的指导。

在第 1 部《数字通信技术》里已经详细介绍概念（计算机网络、媒体及其编码、通信协议和计算机网络安全）的基础上，本书将以互联网的发展历史为背景，详细地介绍互联网以及与互联网相关的不同角色的演变过程，以及当前互联网功能实现的主要技术，即 TCP/IP 协议族。我们还将详细地讨论对于任何数字通信技术都必需的物理层，并依次逐个介绍 TCP/IP 参考模型中的各层及相关技术，其中包括网络接入层的众多技术（无线局域网或者有线局域网、广域网）；网络互联层以及支持互联网的主要互联网协议 IPv4、IPv6 和移动 IP；传输层以及与互联网紧密相关的第二个协议：网络传输协议（TCP）；应用层以及与互联网一起推动社会发展变革的众多互联网服务。这里，我们没有着重讲述与万维网（WWW）相关的具体技术。万维网将是我们这一套三部曲中第三部《Web 技术》的主题。在那本书里，我们将详细介绍包括诸如 URL、HTTP、HTML、CSS、XML、Web 编程、搜索引擎、Web 2.0 和语义网等在内的不同 Web 技术。

本书提供了多维结构的材料，包括正文之外的补充材料（为通常理解的描述补充了大量的技术细节）：各章的术语表、涉及词汇的索引和供后续检索和进一步阅读的参考文献。这些都为那些愿意更全面深入地了解所涉及内容的读者提供了极大方便，使得他们能够找到一个有趣的和相关的选项。

编写本书的时候，我们以最大的努力，尽可能考虑到来自不同层次和背景的读者。希望对网络技术有兴趣的外行人，在阅读本书的过程中也可以感受到崭新数字世界里的这种数字魅力；为勤奋和不断进取的学生们提供一本有用且全面的教科书；为那些经验丰富的专业人员提供一个可靠的参考工具，使他们能够更轻松和准确地在这个错综复杂的数字通信环境中把握住自己的专业领域。

感谢我们在哈索 - 普拉特纳学院"互联网系统和技术"教席的同事们，他们对与本书相关的科研和教学工作提供了各种各样的支持。感谢斯普林格出版社的 Hermann Engesser 先生和 Dorothea Glausinger 女士所表现出的对这一图书出版项目成功的信心以及项目实施过程中的耐心。感谢 Ivana 和 Anja，谢谢你们的耐心和宽容，你们的爱陪伴着我们在书房里度过了无数个周末和节假日。

Christoph Meinel

Harald Sack

德国波茨坦

目　　录

第1章 绪 论

"加快阅读速度吧，因为互联网的变化日新月异!"

—— Anita Berres（德国出版人）

数字通信已经成为 21 世纪科技和文化进步的重要驱动力之一。作为通用通信媒介的互联网已经成为我们如今生活中不可分割的一部分。在本系列第一部《数字通信技术》中已经详细介绍了数字通信的一般原理，即计算机网络的基本知识、媒体编码和数字安全。而本书则将重点放在了拥有各种不同参与者的互联网技术基础和众多协议，以及技术的层面上。

计算机和互联网是人类历史上少有的能够从本质上真正改变人类行为和生活的技术。作为数字化革命的驱动，计算机和互联网将我们的精神流动扩大到了以前无法想象的程度，并且让我们的精神活动的范围（几乎）摆脱了所有物理的限制。本书与这个系列的其他两本书（《数字通信技术》和《Web 技术》）一起，通过现代化和数字化的通信知识为读者提供了一个全面的和有启发的指导。本书构建了这个系列的真正核心内容，详细介绍了互联网通信基础设施的基本技术和功能原理。

本章将给出近 50 年来互联网历史的简要回顾、介绍全球互联网最重要的进程，以及对应的任务。

如今的互联网通信任务是极其复杂的。不同的计算机体系结构每次都是根据使用地点所对应网络中的不同维度和技术被连接到一个虚拟的通信网络中。而用户通常得到的印象是：面前所使用的互联网实际上是一个统一均质的结构。为了克服这个艰巨的任务所关联的复杂性，在通信层模型中使用了一个分层的模块化方法。这种方法的优点在于：各个层需要管理的任务都在本层中进行，而各个层之间的相互作用则由一个明确定义的接口进行。第 2 章将专门介绍被称为**TCP/IP 参考模型**的通信层模型，并且详细给出对应的各个协议层的基本任务和功能。

之后在接下来的各章节中分别介绍 TCP/IP 参考模型的各个不同的层，以及每层中被划分的通信协议。第 3 章开始介绍**物理层**。尽管物理层并不是 TCP/IP 参考模型的正式组成部分，但却是互联网建立的基础。其中比较简单的参数包括如桥接的距离、移动性、技术工作或者成本。不同的情况会需要不同的技术，而每种技术都基于不同的物理通信介质和通信基础设施。因此，第 3 章的主题是电磁信号通信的理论基础，并且介绍了不同的有线和无线技术变体。

在第 3 章的基础上，第 4 章将介绍位于 TCP/IP 参考模型最底部的第一层，即所谓的**网络接入层**。这一层具体包含了本地局域网（LAN）技术和使用不同技术的简单广域网技术。首先介绍的是被划分到**有线局域网技术**上的那些最重要的技术。例如，以太网、令牌环、FDDI 和 ATM 技术。

在接下来的第 5 章中会讨论**无线局域网技术**。这种技术受欢迎的程度不断增加，并且在和其竞争对手"有线局域网技术"竞争时几乎没有劣势。但是，媒介广播会对网络通信所连接的缆线提出不同的要求，即范围、可靠性和特殊的安全性。这就需要了解无线和移动网络技术的基本知识，并且提供重要的技术代理。例如，无线局域网（WLAN），或者距离受限的蓝牙技术，以及 ZigBee 技术。

如果既想增加连接到网络中的设备数量，又想增大单独通信伙伴之间的距离，那么必须使用替换技术，即在第 6 章中介绍的**广域网（WAN）技术**。使用广域网技术可以将位于不同地理位置的局域网彼此连接起来。在这方面具有重要意义的是特殊的寻址方法，即所谓的路由算法。接着会介绍最重要的 WAN 技术：从历史悠久的阿帕网（ARPNET）到如今用于宽带的无线网络标准 WiMAX 技术。在第 6 章的最后还会介绍不同的接入技术，用户通过这些技术就可以访问一个广域网。第 6 章整章的范围是从（历史上的）模拟电话网络一直到第四代移动技术 LTE。

为了将不同网络技术的边界归纳到一个统一的方式，即实现在一个网络中进行通信，位于 TCP/IP 参考模型的**网络互联层**上的互联网协议（IP）提供了一个简单而全面的通信服务。经过 30 年不断完善，如今的**IPv4**版本构建了今天互联网的核心。此外，其后继者**IPv6**在近几年也得到了迅速的发展，其应用范围也越来越广泛，为互联网的进一步发展提供了新的空间。相关的技术与网络互联层其他通信协议一起都将在第 7 章中给出详细的介绍。

被划分到网络互联层上的**传输协议**提供了可用的协议功能。有了这些功能就可以实现在简单的无线连接和不可靠的 IP 基础上的一个面向连接的和可靠的传输服务。这个任务是由**TCP**协议接管的，实现了互联网中两个通信伙伴或者服务之间的一个安全的终端对终端的通信。这些协议会与其他传输层协议一起在第 8 章中给出介绍。

那些已经成为如今我们每天通信所必需的，并且基于 TCP/IP 参考模型的大量不同网络服务通常是遵循所谓的客户端/服务器通信方案进行的，即一个客户端从一个服务器上请求一条信息或者一种服务。只要这个客户端是有权限的，那么服务器会提供这条信息或者服务，并且将其传递到发出请求的客户端。按照任务的不同，这些信息或者服务可以被划分为命名和目录服务、电子邮件服务、文件传输服务、网络管理和实时传输服务。而所有的这些方案和协议都被划分到了 TCP/IP 参考模型的**应用层**。相关知识点将在第 9 章进行详细的讨论。

本书结尾的后记会给出这个系列另外两本书的一个简短概要。第一本是专门讨论"数字通信技术"的，介绍了网络、编码和数字安全的基础。第三本是本系列的最后一本书，讨论的主题是"Web 技术"，即万维网的技术基础、最重要的 Web 应用以及万维网当前的发展状况。

1.1　从历史的角度看计算机网络和互联网

人类的发展相比较其他生物来说是非常先进的。例如，彼此进行的通信和信息交换的能力。而始于 50 年前被开发的互联网技术使得这些能力几乎达到了无限制增长的程度。如今，几乎所有可以想到的信息都只需要点击几下鼠标就可以被找到，而用户也可以随时随地地对其进行访问。

1.1.1 阿帕网

互联网最初的起源可以追溯到冷战时期。那时从军事的角度看，指挥和通信必须确保是无故障的以及是安全的，这其中也包括核打击。因此，出现了一个分组交换通信服务的概念，其目标是将不同的计算机网络进行连接。但是，在一个不安全的、容易出错的网络中想要进行安全的通信是无法想象的。因此，在 20 世纪 60 年代，美国 RAND 公司的 Paul Baran、英国国家物理实验室（National Physical Laboratory，NLP）的 Donald Davies 和麻省理工学院（Massachusetts Institute of Technology，MIT）的 Leonard Kleinrock 开发了分组交换的概念。而这一概念也被认为是互联网技术的基石。

在 1967 年春天的美国国防部高级研究计划局 ARPA 会议中，由 Joseph C.R.Licklider（1915—1990）和 Lawrence Roberts（1937—2018）领导的**信息处理技术办公室**（Information Processing Techniques Office，IPTO 或 IPT）首次提出了连接异构网络的主题，这也将不兼容的计算机网络进行合并的问题提到了日程上。到了 1967 年 10 月，用于**接口消息处理器**（Interface Message Processors，IMP）的第一个规范就已经开始被讨论了。这种接口消息处理器是一种特殊的小型计算机，与如今使用的互联网路由器类似，被安装用来通过电话线进行计算机的连接。这样就为一个通信子网使用标准化连接节点对专用硬件进行连接的决定简化了必要的网络协议的开发。因为，用于对 IMP 和专有的计算机之间的通信软件开发可以留给不同的通信伙伴。20 世纪 60 年代到 70 年代，这个问题并不需要被解决。因为，当时所使用的计算机都不需要标准化的架构。无论在其上使用的操作系统，还是所使用的硬件都没有提供统一的接口。因此，两个计算机之间的每次通信连接都必须开发一个专有的接口。

1968 年年底，基于**斯坦福研究院**（Stanford Research Institute，SRI）的工作报告提交了 IMP 的最终规范。该规范中规定：为了与通信子网连接，每个主计算机通过一个位串行高速接口与上游的 IMP 进行通信。各个 IMP 之间通过调制解调器进行通信。调制解调器可以连接到永久打开的电话线路上，以便暂时存储和转发数据包（存储转发分组交换）。最初由彼此相连接的四个网络节点形成的**阿帕网**（ARPANET）是由其赞助商命名的，即美国政府机构 ARPA。其中，大学研究机构包括美国加州大学洛杉矶分校（UCLA，Sigma-7）、加州大学圣巴巴拉分校（UCSB，IBM-360/75）、斯坦福研究院（SRI，SDS-940）和犹他大学（DEC，PDP-10）。1969 年的 10 月 29 日是具有历史意义的一天：前四个 IMP 被成功地相互连接，并且与各自的主计算机连接，拉开了互联网时代的大幕。

1970 年 3 月，年轻的阿帕网首次延伸到美国的东海岸。到了 1971 年的 4 月，该网络已经有 23 个主机和超过 15 个节点被相互连接。这个新网络的第一个"知名"应用是用于传递文本消息的软件，即第一个电子邮件程序。该程序是在 1971 年由 BBN 公司的 Ray Tomlinson（1941—2016）开发的。1973 年 1 月，连接在阿帕网上的计算机数量增长到了 35 个节点。到了 1973 年的中期，位于英国和挪威的计算机也被作为第一批国际节点加入到了阿帕网中。同年，用于文件传输的第一个应用，即文件传输协议（File Transfer Protocol，FTP）也被实施。从 1975 年起，位于美国之外的网络节点可以通过一个卫星链路进行连接。网络中的计算机数量由 1977 年的 111 个被连接的主机，增长到了 1983 年的超过 500 台的主机数量。第一个非常成功的互联网公开演示是在 1977 年 11 月进行的。当时，通过特殊的网关，阿帕网与第一个无线数据网，即分组无线电网（Packet Radio Network）和一个大西洋分组卫星网络连接到了一起。

1.1.2　互联网

随后到来的 1983 年成为了阿帕网历史上的一个重要转折点：网络中所有连接计算机系统的通信软件由旧的**网络控制协议**（Network Control Protocol，NCP）转换到了在 Vinton Cerf（1943—）（University Stanford）和 Robert Kahn（1938—）（DARPA）领导下开发的通信协议套件**TCP/IP**。这次由**美国国防部**（Department of Defense）发起的向 TCP/IP 协议的转换是必要的。因为，当时的 NCP 协议只实现了异构网络的有限通信。而这种转换是网络向全球网络分布的重要前提条件。同样在 1983 年，阿帕网被划分为军事领域（MILNET）和民用领域。如今，管理和运营分属于两个不同的网络，但是由于它们被网关关联在一起，因此，用户并不能感觉到其中的区别。阿帕网在当时已经成为了一个成熟的互联网。

20 世纪 80 年代初，阿帕网集成了美国**国家科学基金**（National Science Foundation，NSF）的计算机科学网（Computer Science Network，CSNET）。随后，该协会连接了越来越多的美国大学。最终，阿帕网的继承者 NSFNET 通过一个专门为此目的创建的高速骨干网连接了美国所有大学，使得当时每个学生都可以成为互联网用户。也正是如此，NSFNET 迅速发展成了互联网的真正骨干，而并不仅仅因为其传输速度比当时的阿帕网快了 25 倍多。除了科学上的使用，通过 NSFNET 还建立了经济上的使用。而这在最初的阿帕网中是被严格禁止的。在 20 世纪 90 年代初通过 NSFNET 连接的全球计算机的数量就已经超过了整个阿帕网中连接的计算机数量的总和。阿帕网由**美国国防部高级研究计划局**管理。1989 年 8 月，在纪念阿帕网 20 周年之际，阿帕网正式退出了历史的舞台。NSFNET 和已经出现的区域网络成为我们今天所熟知的**互联**网新的中央骨干。

互联网的真正诞生通常被认为是在 1983 年 1 月 1 日，即从当时有效的网络协议 NCP 到新的**协议族 TCP/IP**的转换。这个具有基本协议 IP（Internet Protocol）和 TCP（Transmission Control Protocol）的协议族在 1981 年就已经通过征求意见稿（Request for Comments，RFC）被确定为互联网标准，并且被出版发行。通过使用该 TCP/IP 协议族，不同的网络技术可以以一个简单而有效的方式首次实现一个共同的互联。

而在 1988 年 11 月 2 日的傍晚发生了一件在当时引起了公众极大轰动的事件：第一个**网络蠕虫**，即一个可以自我复制的程序，惊人地使当时连接在互联网上超过 60 000 台的计算机中的 10% 瘫痪掉了。当时，随着数据网络如互联网的发展，网络对于大众的生活已经产生了重要的影响，并且这种依赖性还在不断地增加。而网络蠕虫这样的攻击会直接威胁到人们的正常生活，在极端的情况下，甚至可以让整个国家及其经济陷入一种信息的混乱中。

1.1.3　万维网

随着网络的演进，**万维网**（**World Wide Web，WWW**）和其易于使用的图形化用户界面，即浏览器，帮助互联网取得了最终的成功，并且让其迅速分布到了全球范围。事实上，浏览器除了可以用来请求和显示网页，还可以作为访问不同类型互联网服务的一个综合性接口，例如，电子邮件或者文件传输。通过浏览器可以简化对新媒体的使用，浏览器进而也被开发成为改变所有大众传播的工具。万维网的基础是通过所谓**超链接**（Hyperlink）对单个文件进行联网。一个超链接可以明确指向网络中另外一个文档的位置，以及同一个文档内部的一个其他位置。这里，只要涉及的是基于文本的文档，那么就可以认为是彼此相通的**超文本**（Hypertext）文档。1989 年，Tim Berners Lee（1955—）在瑞士核研究所 CERN 制定了一个提案，即**"信息管理：一个建议"**。在该提案中，Tim 提出了基于超文本的一个分布式文档管理系统，同时使用该系统对 CERN 中存在的数量庞大的文献和研究数据进行管理。次年，该提议获得了通过。而 Tim Berners Lee 的想法与 Robert Cailliau（1947—）的想法一起在 NeXT 计算机系统得到了实践。到了 1990 年的 11 月，第一个万维网服务器开始运行，Tim Berners Lee 将其命名为**万维网**。1991 年 3 月，出现了第一个万维网浏览器。

1991 年 9 月，斯坦福线性加速中心（Stanford Linear Acceleration Center，SLAC）的美国物理学家 Paul Kunz 参观了 CERN，并在那里详细了解了万维网的运行流程。他深深被这种想法所震撼，亲自带回了一个程序的副本，并且在 1991 年 12 月将位于 SLAC 的第一个 CERN 外部的万维网服务器连接到了网络。这个新服务器的结构成为了大学网络的主要模板。1992 年，全球只有 26 个万维网服务器。而到了 1993 年年初，全世界被操作的万维网服务器的数量就差不多已经翻倍了，达到了 50 多个。

第一个具有图形化用户界面的万维网浏览器是由 Marc Andreessen（1971—）为 X-windows 系统开发的 NCSA Mosaic。该浏览器在 1993 年年底也终于可以被万维网使用，特别是 NCSA 不久后发布的用于 IBM PC 和 Apple Macintosh 的版本。那时候，万维网服务器的数量已经增长到了 500 多个，并且万维网创造了全球互联网数据流量的大概 1%。

但是，直到 1994 年才迎来了真正的万维网年：1994 年 5 月，第一届国际万维网大会在欧洲核研究中心（CERN）举行。当时，注册的研究和开发人员数量超过了 400 人。由于空间有限，还有大量有兴趣的人员被拒之门外。随后，关于万维网的报道马上出现在了媒体上。同年 10 月，在美国组织了第二次会议，当时参与的人数超过了 1300 人。同时，鉴于网景导航者（Netscape Navigator）的传播，Mosaic 的浏览器进一步被开发，并且和它的竞争对手 —— 微软 IE 浏览器（从 1995 年起由售出的微软操作系统自带）一起带动了万维网的迅猛增长。以前，这个增长速率是被连接的计算机的数量每年翻一倍，如今这个数量只需要三个月就会翻一倍。万维网以爆炸性的速度在全球蔓延，进而走进了办公室和家庭。

电子商务（E-Commerce）的概念是从 1995 年开始出现的。当时，经济和贸易运营商开始关注万维网及其可行性。随后，第一代互联网购物系统被建立，产生了如 Amazon.com 或者 Google.com 这样的公司，并且迅速发展成为当时的市场巨头。而互联网地址和名称的注册也随之成为了付费的服务，同时大公司为了解决各自名字在万维网中的法律保护，通常也需要花费大量的资金。这样就导致了名副其实的炒作，同时扰乱了整个世界经济。在当时的媒体中，"新经济"（New Economy）的概念被尊崇为一种新的基于互联网的经济模式。而美国硅谷一直是**网络公司**（dot-com）的温床。因此，这些公司的万维网地址后面都使用地址后缀**.com**。其中的大部分公司都具有一个基于 Web 服务的简单经营理念，并且公司本身是由风险资本和投资者在短短几个月的时间内建立起来的。一些公司在获得成功之前，会被一个更大的竞争对手收购。然而，在这种情况下建立的公司往往都是失败的。因为，网上购物的消费者都会比较谨慎，至少在还没有一个统一安全的交易机制出现的时候。到了 2000 年中期，这个市场出现了所谓的"**互联网泡沫**"（Dotcom-Blase）。随后，老的证券交易迎来了旺盛炒作后的长期下跌。之后市场才慢慢回落，直到一个真正的价值位置。

1.1.4　Web 2.0 和语义网

万维网从 1990 年诞生时起，其内容发生了很大的变化。最初，万维网只是一个联网的文档管理系统的超链接，而这种超链接只提供给很少的内部用户使用。但是在随后的几年内，这种系统就被开发成为了最大的分布式信息系统。随着电子商务的到来，万维网的焦点逐渐向个人通信和公共媒体偏移。也就是说，从专用转向了大众通信媒体：信息生产者和信息消费者被严格地区分开了。以前，只有专家才能在万维网上在线发布自己的内容，广大群众消费这些信息，就如同在由信息提供商提供的传统广播媒介上的商业信息一样。在这种形式中，用户的交互只限于网页的阅读、在线产品的订购，或者广告的点击。

但是，万维网的改变从来都没有停止过。随着新技术的开发，即使是外行的用户也可以使用简单的方式在互联网中发布自己的信息内容。逐渐地，博客、聊天室、文件共享、标签系统和维基征服了万维网，为用户敞开了在数字世界中进行真正互动和参与的大门。2004 年 10 月，作为媒体企业家和创业者的 Tim O'Reilly（1954—）为万维网的改变提供了一个命名为 **Web 2.0** 的纯专业术语。谁也没有预料到，这个"万维网的复兴"会发展得如火如荼。那时，互联网已经从一个单纯的广播媒体变成了一个真正的交互式市场。用户既是信息的消费者，同时也是信息的生产者。这种新的交互性促进了**社交网络**的产生，例如，如今在很多国家都有数以百万计的用户在使用的 Facebook。

除了万维网的这种革新发展，网络中所提供的信息数量也越来越丰富。为了在这种充斥着各种各样信息的海洋中找到所需的资料，就需要开发对应的**搜索引擎**，例如，Google。这样用户就可以在万维网中自由地查询信息了。由于 Google 管理着一个庞大的索引，因此，用户在输入搜索的关键字之后的几秒钟内就可以得到大量相关网页文档的链接。当然，在搜索结果的列表中给出的只是包含与搜索关键字表面意思相关的文档，而转述或者同义的相关文档还并不能找到。由于对自然语言的解释问题，这种搜索方式还不能保证搜索结果的完整性和准确性。

为此，有必要使用相关的有意义的附加数据（即所谓的**元数据**）对 Web 文档进行系统地补充。这种使用元数据补充的 Web 文档必须与该文档相关的各个概念一起来决定如何描述被搜索的关键词。而这种概念性的描述，即所谓的**本体**（Ontology），必须是一种机器可读的和标准化的形式，同时需要一个搜索引擎额外对其进行评价，以便提高搜索结果的质量命中率。事实上，主管万维网标准化的万维网联盟 (W3C) 已经为此提供了本体描述性语言的基本形式。例如，已经被创建的 RDF、RDFS 或者 OWL。使用语义注释的网页允许自主地代理有针对性的信息收集，以便在自主决定的基础上满足对应客户的需求，并且通过万维网发起交易。这种语义网（Semantic Web）描述了万维网的下一步改革阶段，并且会在不久的将来得以实现。

1.2　互联网世界的路标

作为网络互联的互联网并不是由一个中央机构控制的，而是被设计和组织成完全分散的形式。因此，人们尝试指定一个标准的控制站或者中央监管站来对其进行监测，确保其正常运行。然而，由于不同国家使用的通信基础设施也是不同的，这样就很难达成一个统一的内部指导和规范。因此，国际非营利组织联盟联合了整个互联网社区，将技术组织规范成为一个开放式的标准化进程的形式。这个进程的基本组成部分是所谓的**征求意见稿**（Request for Comments，RFC）。征求意见稿提出了一个新标准的规范。在编写的过程中，这些被提议的标准贯穿了不同的发展阶段，并且对各种组织的控制和干预进行负责，是一种进步的表现。

最初，实现网络与网络联接在一起的技术是由一系列围绕数据交换的老旧标准和物理网络边界文件组成的。如今，互联网中的两个主要标准是**互联网协议**（Internet Protocol，IP）和**传输控制协议/互联网协议**（TCP/IP）。这两个协议用于将数据从网络中的一个端点传递到（可能）位于另外一个网络中的另一个端点。而其他的标准则管理着电子邮件的交换、万维网页面的处理，或者互联网地址的设计和功能性。所有这些标准都要对数以百万计的用户负责，确保其可以每天都能克服各种不同硬件的要求，实现通过互联网进行的彼此通信。互联网的结构虽然是分散的，而且责任也是分布展开的，但是从技术层上看，互联网还是被分层进行组织的。

那么问题来了，谁来制定这些标准？而谁又可以确保互联网的进一步发展和运作？为此，出现了一系列的组织。这些组织关注着全世界互联网的需求，以及互联网的进一步发展。下面给出这些组织中主要机构及其负责的具体任务。

1.2.1　互联网架构委员会（IAB）

互联网架构委员会（Internet Architecture Board，IAB）的前身为互联网活动委员会或互联网咨询委员会，是在 1983 年由 ARPA 从互联网配置控制委员会（Internet Control and Configuration Board，ICCB）重新改组而来的。IAB 的主要任务是引导互联网的发展。这就意味着，除了其他的额外任务，IAB 还需要定义哪些新的协议是必要的。而当涉及互联网的引进和开发的时候，IAB 还需要定义哪些官方政策是应该被遵循的。当时最初的想法是：IAB 主要负责互联网技术发展的汇总、促进对应想法的交流，以及确定共同的准则和研究目标，并对其进行跟踪。直到 1989 年 1 月，IAB 才发生了第一次重大改组。那时，IAB 由一个最初的 ARPA 中心的研究小组改组成为了一个自治的代理机构。1989 年，互联网和相关的 TCP/IP 技术的发展已经远远超过了最初的研究项目。当时数百家公司在开发 TCP/IP 相关的产品，并且新的标准也是日新月异地被制定和实施。就是这种互联网技术的商业成功促成了 IAB 指导委员会的重组，以便其适应不断变化的政治和商业方面的需求。领导者的角色也被重新进行了定义：科学家从现实的**委员会**成员转变为支持小组的组员，新的 IAB 委员会由新的互联网社区的代表组成。

IAB 由大概十家所谓的**互联网任务组**（Internet Task Force，ITF）组成。这些任务组负责互联网中方方面面的问题。其中，两个比较重要的任务组是**互联网工程任务组**（Internet Engineering Task Force，IETF）和**互联网研究任务组**（Internet Research Task Force，IRTF）。每年，IAB 都会组织年度大会。会上，各个任务组会提供各自的状态报告、对相关的技术规范进行检查和改善，并且确定各种相应的政策。

IAB 的主持人（即所谓的**主席**）的任务是：对技术指令给出建议，并且组织各种不同的 ITF 工作。大会主席可以在 IAB 成员的建议下创建新的 ITF，并且代表 IAB 对外进行信息发布。但是令人吃惊的是，IAB 从来没有提供过大型的金融资源。IAB 的成员通常都是志愿者，这些志愿者又成为了各个 ITF 的组员。这些志愿者主要是来自大学或者互联网的研究机构。当然，这些志愿者也会得到相应的回报。因为，他们始终能够了解到互联网最新的趋势和技术，并且还可以积极参与到互联网的开发中。

IAB 的任务也包括监测标准化进程，为此命名了一个特殊的**RFC 编辑器**（RFC Editor）。此外，IAB 还组建了**互联网编号分配机构**（Internet Assigned Numbers Authority，IANA），负责管理协议参数值的分配。

互联网工程任务组（IETF）

互联网工程任务组（Internet Engineering Task Force，IETF）是 IAB 工作中最重要的两个组织之一。IETF 的任务是为互联网的技术开发解决短期到中期的问题，以便改善其运作功能。与更注重研究的互联网研究任务组（Internet Research Task Force，IRTF）不同的是，IETF 会关注短期解决互联网的问题，特别是互联网中被使用的通信协议的标准化问题。这个任务是为互联网协议开发高品质的相关技术文档，如表 1.1 所示。IETF 是一个开放的国际化志愿者协会。其中，除了网络技术人员、制造商、网络运营商和研究人员，互联网用户也可以参与其中。也就是说，这个协会对所有有兴趣的人开放，而不存在正式的成员或者成员要求。作为一个松散组织，IETF 没有合法的身份，因此处在**互联网协会**（Internet Society，ISOC）的保护伞下。

表 1.1　IETF 组织和运作的 RFC 文档

RFC 3233	*Defining the IETF*
RFC 3935	*A Mission Statement for the IETF*
RFC 4677	*The Tao of IETF – A Novice's Guide to the Internet Engineering Task Force*

IAB 还是 ICCB 的时候就已经有了 IETF，即属于先遣工作组。它们的一系列任务促成了 IAB 的重组。与其他通常只有少数专家对一个具体问题在一起工作的工作组不同的是：IETF 工作组的规模从一开始就很庞大，众多的成员当时都是同时处理许多问题。因此，这些成员被分成了 20 多个工作组，每个工作组专注于一个特定的问题。这些工作组会召开自己的会议，以便制定相关的解决方案。之后这些方案会被提交给 IETF 例会，在那里被列入互联网的标准工作列表中。IETF 的会议经常都有数百人参加。而这个工作组太大，并不能由一个单独的主席进行管理。IETF 在 IAB 重组后虽然由于其重要性而得以

保留，但是被划分成了各个单独的工作组。每个工作组都由一名主席负责，并且制定对应的章程，规定该工作组的目标，同时给出应该被制定的文档范围。

目前，IETF 工作组被划分成了 8 个区域：

- 互联网应用。
- 常规区域。
- 互联网服务。
- 运营和网络管理。
- 实时应用和基础设施。
- 路由。
- 安全性。
- 传递和用户服务。

这些工作组平时都是通过公共邮件列表上的电子邮件来讨论各自的主题。而所谓的 IETF 会议通常每年举办三次，人们可以在会议上面对面地进行讨论。一个主题的工作完成之后，对应的工作组会被解散。各个工作组会根据自己的主题被分类到一个特定的区域。每个区域都由一个自己的区域总监来管理。这种区域总监的工作包括任命工作组所属区域的主席。IETF 主席和区域总监构成了**互联网工程指导组**（Internet Engineering Steering Group，IESG），该组用于协调工作组中的工作，并且负责 IETF 的整体运营。

IESG 的任务还包括评估随后可能被批准的新的官方协议标准。此外，IESG 还在出现异议的时候给出决定，是否在工作组内部达成一个粗略的共识。而关于建立新的工作组的决定也依赖 IESG 的判断。这个判断过程通常如下：首先对此感兴趣的参与者与区域总监一起讨论一个新的主题。这些对同一个主题感兴趣的人们的会议被称为**同类人**（Birds of a feather，BOF）聚会。这种会议可以在 IETF 会议期间举行。在 BOF 框架下，会讨论哪些问题应该由新的工作组进行解决，并且起草新工作组的初步章程。BOF 会议也可以多次举行，直到明确是否找到了足够多的志愿者来建立新的工作组。而 IETF 的组织和运作会在多个 RFC 文档中被确定（参见图 1.1）。

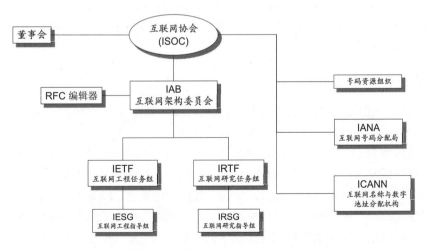

图 1.1 互联网管理机构的组织结构图

互联网研究任务组（IRTF）

1998 年，在 IAB 的另一个重组步骤中，额外组建了**互联网研究任务组**（Internet Research Task Force，IRTF）。该任务组是作为 IAB 保护伞下的独立组织被推出的。IRTF 协调有关 TCP/IP 协议族的长期研究活动，并且负责互联网架构的一般发展。同 IETF 一样，IRTF 也是通过一个由 IAB 两年一选的主席来领导的。在 IRTF 内部存在一个控制组，即**互联网研究指导组**（Internet Research Steering Group，IRSG），该组由 IRTF 主席、各个工作组负责人以及额外被特殊选出来的专家组成。IRSG 的任务是确定各自目前研究的重点，并且协调和实施研究活动的执行。此外，IRSG 为了管理任务创建了不同的工作室。每个工作室的重点都放在了当前互联网重要研究课题的发展上，或者从互联网的角度讨论研究的重点。

与 IETF 不同的是，IRTF 目前规模比较小，并且没有那么活跃，因为许多研究活动也由 IETF 在进行。目前，可以工作的 IRTF 研究小组如下：

- 反垃圾邮件研究小组（Anti-Spam Research Group）。
- 加密论坛研究小组（Crypto Forum Research Group）。
- 网络延迟容忍研究组（Delay-Tolerant Networking Research Group ）。
- 端到端的研究小组（End-to-End Research Group）。
- 主机标识协议（Host Identity Protocol，HIP）。
- 互联网测量研究小组（Internet Measurement Research Group）。
- IP 移动性优化研究小组（IP Mobility Optimizations Research Group）。
- 网络管理研究小组（Network Management Research Group）。
- 对等网络研究小组（Peer-to-Peer Research Group）。
- 路由研究组章程（Routing Research Group Charter）。
- 传输模型研究小组（Transport Modeling Research Group）。
- 互联网拥塞控制研究小组（Internet Congestion Control Research Group）。
- 可扩展的自适应多播研究组（Scalable Adaptive Multicast Research Group）。
- 端中端研究小组（End Middle End Research Group）。

有关 IRTF 组织和运作的更多信息可以参考文档 RFC 2014（*IRTF Research Group Guidelines and Procedures*）。

1.2.2　互联网协会（ISOC）

1992 年，互联网已经迅速地与美国政府机构脱钩，逐渐成为一个国际化的组织，并承担着壮大互联网以及确保互联网进一步发展的任务。

互联网协会（Internet Society，ISOC）是一个国际化的非政府和非营利的组织。ISOC 的总部设在华盛顿，由来自超过 150 个国家和地区的 16 000 多名个人会员组成。ISOC 的会员致力于促进互联网的全球传播，并且确保其持续地发展。ISOC 的执行委员会，即所谓的**董事会**（Board of Trustees）由 15 个从全世界所有 ISOC 会员中选举出来的会员组成。ISOC 总部建立在 19 世纪就已经建成了的"美国国家地理学会"的基础上，而 ISOC 的职责重点集中到了互联网及其发展上。

ISOC 最早是由 IETF 的一些活跃的老会员组成的。这些会员对互联网标准化问题进行处理，希望通过使用融资担保将 IAB、IRTF 和 IANA 在同一个屋檐下制度化。到了 1990 年，IETF 的经费主要来自美国政府，即通过资金机构，如 DARPA、NASA 或者 NSF 获得。由于这些资金并不能确保是长久的，同时也应该放眼于国际的大局上，因此，资金的形成被认为应该从其他来源，特别是从全球产业中来进行征集。1992 年 1 月，ISOC 终于在日本神户举行的 INET 会议上正式成立了。1993 年，互联网协会的职责被总结在了一个专门的征求意见稿中，即文档**RFC 1602** (*The Internet Standards Process*) 中。当时，ISOC 也是第一次正式运行。

如今，ISOC 的办事处分别设在了弗吉尼亚州（美国）和日内瓦（瑞士）。2004 年，ISOC 举办了年度 INET 会议，这次会议分别安排了全体会议、辅导和讲座三种形式。如今的 INET 会议通常是按照地区召开的，并且与其他会议相结合。

在创建一个新的互联网标准的过程中，ISOC 的任务是独立监督和协调标准化进程。因此，所有的 RFC 文档都在 ISOC 版权（Copyright）的保护下，即使这些文档是免费提供的。在互联网标准化进程中，还存在图 1.2 中给出的其他有关组织。

1.2.3　IANA 和 ICANN

除了定义开发互联网协议的标准，规范全世界互联网中的唯一地址和名称的分配也是特别重要的事情。1998 年，这个任务落到了互联网编号分配机构（IANA）的手中，后来转到了一个独立的部门：**互联网名称与数字地址分配机构**（ICANN）。IANA 最初只由很少的成员组成，来自美国南加州大学信息科学研究所的 Jon Postel（1943-1998）从美国国防部手中接过了地址分配的任务。直到 1998 年 10 月 Jon Postel 去世，这个任务才被 ICANN 接手。

IANA 的主要任务是在全球范围内提供唯一的名称和地址，以及为互联网协议标准定义唯一的编号。为此，IETF 和 RFC 编辑器的紧密合作是必要的。IANA 将 IP 地址和域名的分配授权给了区域互联网注册管理机构（Regional Internet Registry，RIR）。每个 RIR 负责一个特定地理区域的一个特定地址子集的分配。每次，IANA 都分配一个 IPv4 的地址包（通常含有 224 个单个地址，或者更多）。这些地址包随后被 RIR 划分成小块，然后转发到本地互联网服务提供商（Internet Service Provider，ISP）。继免费发放 IPv4 地址之后，到了 2011 年春天，IANA 已经可以提供 IPv6 的地址。由于 IPv6 地址空间的巨大规模，地址包和分配就变得不是那么重要了。IANA 还负责管理根域名服务器，这些服务器位于 DNS 地址空间结构的顶部。为此，需要管理那些来自互联网协议标准中的协议参数，以便集中登记。这种登记包括 URI 方案的名称以及在互联网中使用的字符编码。

IANA 的工作是由 IAB 监督的，并且在文档 RFC 2860（*Memorandum of Understanding Concerning the Technical Work of the Internet Assigned Numbers Authority*）中被定义。与美国商业部协商之后，IANA 从 1998 年起成为了 ICANN 的一个部门。

与 ISOC 类似，ICANN 也是一个在美国法律上属于私人的非营利组织，其总部位于玛丽安德尔湾（美国）。ICANN 是在 1998 年 10 月由各个不同的利益集团合并而成的，这些集团既有工业界的，也有科技界的。ICANN 的职责包括一系列之前由 IANA 和其他不

互联网架构委员会 IAB

　　IAB（Internet Architecture Board）充当 ISOC 的技术顾问组。IAB 的任务包括监督互联网的发展，并且对其协议给予保护。IAB 负责对提名的 IESG 进行确认，这是由 IETF 的提名委员会达成的。

互联网工程任务组 IETF

　　IETF（Internet Engineering Task Force）是一个由专家组成的松散的自由组织。其中，技术以及相关的讨论促进了互联网及其技术的进一步发展。然而，作为新标准制定的主要参与者，IETF 并不是 ISOC 组成的一部分。IETF 是由根据任务区域划分的单个的工作组组成的。每个工作组都由各自的工作组主席进行管理。对于 IAB 或者 IESG 的提名是由提名委员会执行的，而这个委员会是从 IETF 会议的志愿者中随机选择出来的。

互联网研究任务组 IRTF

　　IRTF（Internet Research Task Force）并不直接参与标准化进程。相反，IRTF 负责互联网的长远发展和主题区域的处理，这些主题相对于已经适合标准化的那些主题来说，被认为是理解过于模糊，或者想法太超前，或者目前还缺乏理解。一旦 IRTF 在工作中发布了一个被认为是足够可以稳定进行的标准化进程的规范，那么根据给定的准则，这个规范会被 IETF 进一步处理。

互联网协会 ISOC

　　ISOC（Internet Society）的主要任务是定义新的标准。互联网协会是一个国际化的组织，承担着关注全球互联网的持续增长和发展的任务。因此，ISOC 还需要处理如下的问题：互联网使用的是哪种方式，或者是互联网的发展会在社会、政治甚至技术领域引发什么样的后果。互联网协会的**董事会**（Board of Trustees）确认由 IETF 提名委员会指定的 IAB 提名。

互联网工程指导组 IESG

　　IESG（Internet Engineering Steering Group）致力于 IETF 活动和互联网标准化进程的技术管理。它也是 ISOC 的一部分。IESG 主要负责所有新条目和已经在处理的标准化建议的进度中的活动。IESG 是一个正式互联网标准采用的最终决定者。这个工作是与 IETF 的工作组主席一起进行的。

互联网编号分配机构 IANA

　　IANA（Internet Assigned Number Authority）原本从事着互联网地址的组织、分配和授权的控制。1998 年，IANA 对互联网地址的控制由 Jon Postel 争取到。Jon Postel 是互联网的创始者，他从一开始就是 RFC 文档的编辑。他去世后，互联网地址授权的责任落到了**互联网名称与数字地址分配机构**（Internet Corporation for Assigned Names and Numbers，ICANN）。

　　以上互联网组织的万维网地址如表 1.2 所示。

图 1.2　主要的互联网组织

表 1.2　主要互联网组织的万维网地址

IAB	互联网架构委员会	http://www.iab.org/
IETF	互联网工程任务组	http://www.ietf.org/
IRTF	互联网研究任务组	http://www.irtf.org/
ISOC	互联网协会	http://www.isoc.org/
IANA	互联网编号分配机构	http://www.iana.org/
ICANN	互联网名称与数字地址分配机构	http://www.icann.org/

同的小组负责的技术规范。其中最主要的任务是：管理互联网中的名称和地址，以及确定技术的方法标准。ICANN 使用这种方法对互联网许多不同的技术方面进行协调，但是对其并没有法律约束。在媒体上，ICANN 被称为"互联网的政府"。

直到 2009 年 10 月，ICANN 还挂靠着美国的商务部（Department of Commerce），也就是美国政府。之后，一个共同的"约束力协议声明"取代了先前的联合项目协议，并且制定了政府和相关利益组代表的权利，即定期检查 ICANN 组织是否履行了其法定职责。ICANN 的政府咨询委员会（Governmental Advisory Committee, GAC）是由来自全世界的各地政府代表组成。该委员会在布鲁塞尔的欧盟委员会中有一个独立的席位。由于 ICANN 的总部设在了美国，因此，网络管理机构还要受到美国的法律约束。这种美国政府通过自己的政府监督和 ICANN 合作的特殊情况受到了很多争议，并且是众多争论的主要焦点。

作为 ICANN 管理机构的**董事委员会**是由 21 个国际成员组成的。在具有独立投票权的 15 个成员中，8 个具有投票权的成员是由提名委员会选举的，2 个具有投票权的成员是由负责域名分配的 ICANN 的那部分**地址支持组织**选举的，2 个具有投票权的成员是由负责全球准则中有关顶级域名的国家代码的 ICANN 那部分**国家代码域名支持组织**选举的，2 个具有投票权的成员是由**通用名称支持组织**和域名支持组织的后继者选举的，另外再加上一个主席。6 个没有投票权的成员是由咨询组织提名的。2000 年，5 名成员作为互联网用户代表被选举。这种选举每三年举行一次。但是，这种公开的选举到了 2003 年又被废止了。

1.2.4　万维网联盟

万维网联盟（World Wide Web Consortium, W3C）是对万维网相关技术和语言进行标准化的国际机构。尽管许多 W3C 的实际标准是由其开发者制定的，但是由于这个组织并不是一个公认的洲际组织。因此，严格地说这些标准不能算是定义标准。为此，W3C 将相关的不同建议设定为"建议书"，并且承诺，W3C 独家开发的技术免专利费。W3C 的组织形式是一种联盟，各个成员组织委派自己公司的员工来制定万维网标准。目前，W3C 中有 322 个成员组织（截至 2011 年 2 月）。W3C 的主席是 Tim Berners-Lee。他在 1990 年提出的 HTTP 协议、URI 和 HTML 概念成了万维网的基石。根据他的座右铭"*To lead the World Wide Web to its full potential by developing protocols and guidelines that ensure long-term growth for the Web.*"，W3C 规定了自己的主要任务是在世界范围内传播和开发万维网技术。

1994 年 10 月，Tim Berners-Lee 加入了欧洲核研究中心 CERN，并且在 DARPA 的支持下创建了美国麻省理工学院的计算机科学实验室（MIT/LCS）和万维网联盟的欧洲委员会。其中，主要关注的问题是在记录和开发新的与万维网相关的标准的过程中确保其兼容性。例如，在建立 W3C 之前，不同万维网文档的不一致性是一个很大的问题。因为，不同的公司是使用不同的 HTML 语言和扩展进行工作的。在 W3C 这个联盟的共同大伞下，所有供应商应该商定共同的原则和组件，并且共同来给予支持。从 2006 年以来，W3C 在全世界的办事处一直是 16 个。因此，该联盟由美国的麻省理工计算机科学和人工智能实验室（CSAIL）、位于法国的欧洲信息与数学研究协会（ERCIM）和日本庆应大学（Keio）共同管理着。

W3C 的发展建议书和本书后面详细介绍的互联网标准化进程的运行过程相似。一个 W3C 建议书被成功采用为标准状态的过程中，需要经历以下几个阶段："工作草案""最后通话""推荐候选"和"建议推荐"。一个建议书还需要进行"勘误"更正公布，并且有可能产生一份建议书的新"版本"（Edition）。这时，对于已经发布的建议书，如果修订是必要的（可能在 RDF 的情况下），那么之前的就要被撤回。此外，被出版的 W3C 也被称为没有规范性要求的"笔记"。

W3C 并没有在发布的建议书中明确规定生产商的要求。但是，许多建议书定义了生产商必须遵守的所谓的"一致性标准"，这样他们的产品才允许被称为符合"W3C 标准"。这些建议书本身并没有主权专利，也就是说，任何人都可以使用它们，而无须支付版权费。

1.2.5 互联网开放标准：没有政府干预

在前面提及的组织大部分都参与了开发新的互联网标准的进程。这些组织的共同目标是致力于互联网标准化进程，而这个过程是按照以下原则定义的：

- 技术的精益求精。
- 早期的执行和实际测试。
- 产生清晰、简洁和易懂的文档。
- 开放性和平衡性。
- 最高的时效性。

征求意见稿（RFC）：标准化进程的起点

由于 TCP/IP 技术并没有专利所有权，同时任何制造商也没有对其的特权，因此，协议标准的文档不能从一个制造商获得。实际上，协议标准的文档是在线公开的，并且可以免费提供给每个有需要的人。

随后出现的各种互联网标准的规范，以及对建立新的或者现有的标准的建议，最初都是以技术报告的形式出现的，即通过 IESG 或者 IAB 发布的所谓的**征求意见稿**（Request for Comments，RFC）文档。RFC 文档的信息可能非常详细，也可能比较短小。这些文档中既可以包含已经完成的标准，也可以只是对新标准设计的建议。虽然没有像科学研究报告那样被评估，但是这些文档也是被编辑过的。直到 1998 年才出现了一名对这些文档负责的人：Jon Postel。他创办了 RFC 文档的编辑办公室。如今，这一任务由 IETF 的工作组负责。RFC 文档为 IESG 和 IAB 服务，并且被作为互联网社区交流的官方出版物。这些文档被存放在许多服务器上。在这些服务器上的所有 RFC 文档通过万维网、FTP 或者其他文档检索系统对公众开放。文档的命名已经指出了这些被提交的规范建议主题可以公开进行讨论。目前，被创建的 RFC 文档最久可以追溯到 1969 年，是当时阿帕网项目的最初框架。除了互联网标准，还有许多原创性的研究课题和讨论也涉及了互联网的状态报告。新的 RFC 文档的出版由**RFC 编辑器**负责，并且遵循 IAB 的大方向。

RFC 文档系列是被连续编号并按照时间顺序归档的。每个新的 RFC 文档或者修订版都有自己的编号。这样，读者就可以通过当前编号从 RFC 系列中找出特定的主题。也就是说，可以借助一个 RFC 文档索引进行查找。

每个正在被处理的新标准的状态都周期性地使用一个具有标题**互联网正式协议标准**（Internet Official Protocol Standards）的自己的 RFC 文档进行发布。这种文档指出了各个正在被处理的建议距离互联网标准还有多少距离。

标准化进程

一个新的互联网标准在不断被开发的过程中，以前的版本，即所谓的草稿，会通过 IETF 保存在网络中不同计算机上的**互联网草案目录**（Internet Drafts Directory）中，以便用来征求意见和讨论其可用性。通过这种方法，每个工作文件都会被提交给整个互联网社区，以便进行评估，并且由此可能会被再次修改。如果一个这样的草稿在互联网草案目录中停留的时间超过了 6 个月，而且并没有被 IESG 建议进行出版，那么这个草稿会从该目录中删除。一个互联网草稿在任何时候都可以被一个新的修订版本所替换，并且重新开始 6 个月的处理周期。这种形式的互联网草稿不属于出版物，因此没有正式的状态被引用。这种文档随时可以被修改，或者重新删除。

IETF 在互联网标准化进程中担任着关键的转折点。大多数技术岗位是由 IETF 发起的，并且 IETF 对其他标准来说是集成点。除此之外，IETF 还定义了互联网标准化进程（参见图 1.3）。

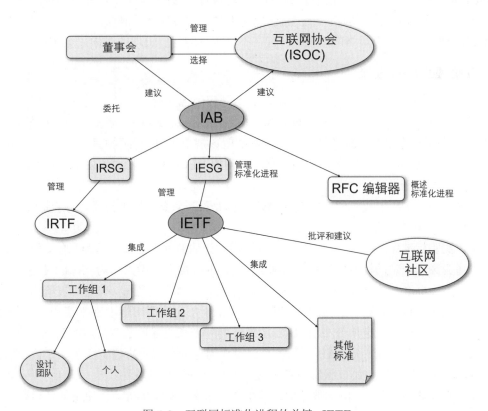

图 1.3 互联网标准化进程的关键：IETF

一个将作为互联网标准进行发布的规范需要经历一个固定的、被事先规定 Internet Drafts Directory 的发展进程。这种过程具有不同的成熟度。通过**草案标准**（Draft Standard）的状态启动的**建议标准**（Proposed Standard）可以将规范充分开发成为一个**互联网正式协议标准**（Internet Official Protocol Standard）。

建议标准

在标准化进程中，一个新的规范被视为是一个**建议标准**（Proposed Standard）。IETF 的 IESG 对一个标准化进程规范建议提出负责。一个已经被认为是稳定的、必要的设计选择会被提前采用。而在一个建议标准中涉及的问题通常被认为是很好理解的。这种建议已经由互联网社区审查过，并且被视为有进一步关注的价值。对于基本的互联网协议或者互联网的重要组成部分，IESG 通常要求一个建议标准在被选择之前，就应该在实际操作中已经开始应用，并且获得了经验。而对于执行者，这种建议标准描述的是一个还不成熟的规范，因此需要对这种规范执行快速的实施，以便将积累的经验用于该规范的进一步完善。

草案标准

如果一个建议标准被开发了至少两种独立的实现方式，并且使用这些方法可以收集足够多的操作经验，那么这个建议标准可以在 6 个月之后马上被提升为**草案标准**（Draft Standard）。一个草案标准必须具有稳定性，同时被普遍认同。但是，这种草案标准还需要不断的运作经验，特别是其在一个产品的环境中被大规模使用的时候。一般情况下，草案标准已经被视为是一个最终的规范，只有在不可预见的问题出现的时候才会被改变。

互联网正式协议标准

如果一个草案标准已经在基于该规范的不同应用中获得了足够多的使用经验，那么这个草案就可以获得一个正式**互联网标准**（Internet Standard）的状态。这种互联网标准已经显示出了高度复杂的技术性，并且普遍期望该规范可以为互联网和其用户做出显著的贡献。一个达到互联网标准的规范保留了最初的 RFC 编号。图 1.4 使用流程图的形式给出了标准化的进程。

此外，还存在两个其他分支的 RFC 标准，但是都不具备实际的意义。为了完整性，下面给出这些分支的简介：

- **实验标准**：这种类型的标准虽然以测试及评估新的方法和技术为目的，但是却不会经历规定的标准化流程。原则上，这样的标准并不考虑作为实际的使用。
- **历史标准**：这种类型的标准虽然使用了规定的标准化进程，但是却被认为已经过时了，并且会被一个新的标准所替代。由于每个互联网标准都会经历这种命运，因此应该通过定期公布的 RFC 所绑定的列表来更好地了解目前的最新标准。

除了 RFC 的不同层次，IAB 还为各个已经作为标准发布的协议定义了一个协议状态（Protocol Status）。这种协议状态设定了应该使用哪些协议的条件：

- **必须的**：如果一个协议被分配了这个协议状态，那么 TCP/IP 使用的任何硬件都必须支持该协议。

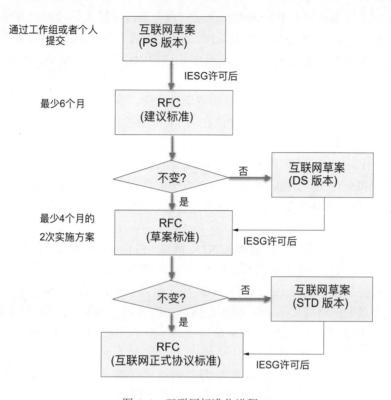

图 1.4 互联网标准化进程

- **推荐的**：这里，IAB 建议每个 TCP/IP 协议支持的硬件都应该支持这个协议，但是这个建议并不是强制性的。
- **可选的**：在这个协议状态中，IAB 为参与到互联网的硬件提供免费的支持。
- **限制使用的**：这种优秀的协议类型仅用于试验组的使用，并不对一般应用开放。
- **不推荐的**：对这种状态的协议，是不希望支持的。那些过时的协议会获得这种协议状态。

1.2.6 德国的参与者和供应商

德国最早出现的互联网可以追溯到 20 世纪 80 年代。当时的德国通信领域非常乐观：X.25 作为全球可用的可靠公共数据通信的服务开始发挥作用、Btx 承诺为欧洲人民提供综合信息服务、作为全方位数字通信服务的 ISDN 有望实现，并且那时（1971—1975）在德国大学已经开始开设计算机专业领域的基础课。被美国互联网发展的蓝图所唤醒，德国建立互联网相关基础设施的愿望走向了成熟。

但是，德国开始连接到全球互联网的时间却很晚。1984 年 8 月，第一个德国节点在卡尔斯鲁厄大学被连接到了 CSNet 上。这使得德国首次实现了与美国和其他已经联网的国家（加拿大、瑞典和以色列）的研究机构进行沟通。在那时，互联网通信主要是通过电子邮件进行的。1984 年 8 月 3 日，欧洲中部时间 10 点 14 分，Michael Rotert 在卡尔斯鲁厄大学使用自己的邮件地址 rotertgermany 接收到了德国的第一封互联网电子邮件。这封邮件是发送到项目组负责人 Werner Zorn 教授（现在为波茨坦大学哈索 - 普拉特纳研究院的名誉教授）的副本。这个事件是由互联网 CSNet 的德国成员所证实的。逐渐地，其他德国研究院也相继连接到了 CSNet 中。这其中还有商业用户，例如，西门子或者紧随其后的 BASF。

德国互联网发展的另外一条线路是多特蒙德大学。早在 1983 年，IBM 公司为几所德国高校提供了 IBM 硬件的使用，并建议在 IBM 资助的租用线路上进行彼此的联网。最终，**欧洲学术科研网**（European Academic and Research Network，EARN）在 1984 年的巴黎推出，并且采用了由于因时网（Because It's Time Network，BITNET）的使用而闻名的相同的协议和命名空间。EARN 通过一个电子链接直接与美国相连接，并且在 1984 年 11 月通过一个专门的网关连接到了互联网。同年，多特蒙德大学通过一个专线连接到了 ERAN 节点。

德国互联网的历史与欧洲的**欧洲 UNIX 网络**（European UNIX Network，EUnet）关系密切。1982 年，国际首个基于拨号连接的 UUCP 网络在英国、荷兰、丹麦和瑞典之间被捆绑。这个最初在独立位置上被欧洲 UNIX 用户组监督的松散和非正式的合作网络迅速地成长为一个商业网络提供商，即 EUNet 国际有限公司。1988 年 4 月，多特蒙德大学计算机计算操作小组举办了一个 EUNet 研讨班。在那里，InterEUNet 的计划被首次提出。该计划提出将一个欧洲 IP 网络直接连接到互联网。到了 1988 年秋天，这个计划已经可以通过北莱茵 - 威斯特法伦州 NRW 的计算机网络进行测试了。截至 1989 年年初，原有的多特蒙德 - 阿姆斯特丹的 Datex–P 连接就被一个专线所替代了。可以说，多特蒙德大学被认为是第一个真正和互联网直接进行连接的大学。1986 年，同样在多特蒙德大学，创建了域名为 .de 的第一个用于德国的志愿者服务器 **DE–NIC**。到了 1992 年，多特蒙德大学成为了德国电子邮件传输的中心枢纽。

为了科学研究和提高德国工业竞争力而创建一个强大的网络基础设施的愿望从一开始就是德国网络发展的重点。1984 年，**德国研究网**（German Research Network，DFN）被解除命名。替代国家操纵的是一个由专家组成的注册协会 **DFN 协会**。而科学网的组建则由负责教育和研究的教育部接管了。但是，转换任务比预期的更加困难。因为，在转换规则和标准的时候存在很大的差异。因此直到 1990 年春天，德国在投资了 10 亿马克之后才实现了速度为 64kbps 的首个窄带科学网（WiN）的操作。然而，这个网络却受到了多方的诟病。一方面由于长时间德国电信的垄断阻碍了基于语音通信的行业，另一方面相比于数据通信，需要一条漫长的道路才能达到如今高度现代化的 GWiN，即千兆网络科学网络。德国大学规定这个网络的核心网络带宽为 2.5 ～ 10 Gbps。

此外，DFN 协会在 1990 年意识到，有必要拥有一个自己的 IP 服务，因为整个欧洲的发展已经开始从 X.25 慢慢转向了互联网技术（TCP/IP）。在这个需求下，一个最初没有任何官方背景的 WiN–IP 规划组被推出。随后在 1990 年 11 月，正式决定对 WiN TCP/IP 服务进行测试和引进。在此之前，处于开发阶段的 ISO/OSI 参考模型支持者和 TCP/IP 支持者之间还存在着激烈的讨论。而 TCP/IP 在 WiN 中的使用，使得 TCP/IP 获得了决定性的胜利。但是，这个决定一直持续了一年，直到 WiN 的 IP 服务也被连接到国际互联网中。

　　DFN 协会的总部设在柏林。当时，该协会包括了来自工业界、学术界和研究领域的超过 370 名成员。这个协会的任务仍然是创造和保护**开放式网络结构**（pen Network Structures），也就是说，那些独立于供应商的、与商业互联网世界连接的网络技术和传输协议，以及德国研究网络的建立和以需求为基础的发展。众多承包商和供应商加入了 DFC，在德国就有超过 200 个区域性和国家层面的组员。例如，起源于一个大学项目的**扩展本地计算机科学网**（XLink），以及与美国连接的卡尔斯鲁厄大学（NYSERNet）。在 1989 年和 1993 年，XLink 作为商业互联网服务的供应商被私有化了。

　　负责为德国命名的空间**.de 域名**，在 1988 年 3 月正式由 IANA 转交给了德国本地的管理组织 **DE–NIC**。该组织位于多特蒙德大学的计算机中心。那时候，需要既可以通过主要域名服务器 ".de–Domain" 进行技术管理，也可以在 ".de–Domain" 内部进行域名登记。为此，DE–NIC 还承担着为德国公司和机构分配 IP 地址的任务。然而，由于域名和 IP 地址的注册是免费进行的，相关运营商很快就陷入了财政困境。为了尽可能实现互联网资源的国家控制，避免这些资源被一个机构控制，1992 年，德国与 ISOC 一起创建了**德国利益集团互联网**（DIGI e.V.）。对 DIGI e.V. 制定的任务中，除了包括协调单个用户的互联网活动，同时也包括保证域名的管理和 IP 地址的分配。1992 年，DE–NIC 的操作正式由 DIGI e.V. 接管，以便从 1993 年起为.de 域名的管理和 IP 地址的分配实现一个新的制度。之后，多特蒙德大学不再保障在 1992 年进行的相关操作。其中的一个想法是通过.de 域名和 IP 地址的注册本身来解决财政问题。最后，卡尔斯鲁厄大学接管了这项服务，而中间则是由 EUNet 有限公司和 XLink 项目进行资助的。目前，为该项目的资助创立了 DE–NIC（IV–DENIC）利益协会。1997 年，DENIC eG 作为被注册的合法协会在莱茵河畔法兰克福成立。1999 年，.de 域名的技术管理由卡尔斯鲁厄大学接管。

　　1995 年，ISOC 认可 DIGI 协会作为互联网协会的**德国分部**。此后，DIGI 协会使用符号和互联网域名**ISOC.DE e.V.**进行运营。就像全球 ISOC 那样，ISOC.DE 定位在围绕互联网的组织、技术和政策的主题。例如 **DE–NIC** 负责管理.de 域名。而德国的密码学、互联网和审查的辩论，以及德国互联网的结构问题都由 ISOC.DE 给出明确的立场。

　　在原东德（DDR）时期，互联网出于政治的不同而没有受到关注。虽然当时存在一些本地计算机网络，例如，在柏林的耶纳大学或者在 Charité大学。但是，这些网络并没有相互连接。20 世纪 80 年代末，在位于西柏林的自由大学和位于东柏林的洪堡大学之间建立了一条专用的数据线。在很长一段时间里，这条数据线是原德意志联邦共和国和原德意志民主共和国之间唯一可以使用的数据传输线。也正因为如此，为 DDR 保留的.dd 命名空间从未被激活过。两德统一后，原东德大学和科学研究院在**ErWiN**（即"高级科学网"）上连入了 DFC。

1.3　术语表

阿帕网：　阿帕网（ARPANET）是第一个分组交换的数据网络，是互联网的先驱。这个网络是由美国国防高级研究计划局（Defense Advanced Research Projects Agency, DARPA）推出的一个美国国防部门的研究项目。1969 年 8 月 30 日，第一个网络节点的接口消息处理器（Interface Message Processor, IMP）准备就绪。同年 12 月出现了四个加入了阿帕网操作的网络节点，分别位于加州大学洛杉矶分校（UCLA）、斯坦福研究院（SRI）、加州大学圣巴巴拉分校（UCSB）和犹他大学（UTAH）。在鼎盛时期，阿帕网具有多个卫星链路。这些链路包含了从美国西海岸到东海岸，到夏威夷、英国、挪威、韩国和德国。1990 年 7 月，阿帕网结束了运行。

数字通信： 是指数字化消息通过专门的数字通信信道进行交换。其中，消息的格式确定了各自对应的媒体类型（文本、图像、音频、视频等）。消息根据所使用的通信协议标准通过数字通信信道（例如，互联网或者万维网）进行传递。

互联网泡沫（Dotcom Blase）： 该术语是媒体对 2000 年 3 月全球股市破灭的现象给出的一个艺术化的描述，特别是涉及的网络公司、工业化国家以散户投资者为首的重大亏损。其中，网络公司是指科技公司，其业务范围被划分在互联网服务器领域。互联网泡沫这个名字来源于这些公司的尾部域名.com。

电子商务（Electronic Commerce，E-Commerce）： 是电子业务的一部分，是基于互联网的、具有法律约束力的协议和结算的商业交易。电子商务通常包含三个阶段：信息、协议和结算。

客户端（Client）： 是指一个程序，该程序与服务器联系，并且向其请求信息服务业务。如今被用于万维网中的浏览器就是这种意义上的一个客户端。在万维网中还存在其他的客户端，这些客户端与万维网服务器联系，并且从其上下载信息。例如，搜索引擎或者代理商。

客户端/服务器体系结构（Client/Server Architecture）： 是指一个在多个通过网络被连接起来的计算机上面被执行的应用。其中，服务器提供特定的服务，而另一端的客户端请求该服务。除了这种请求和响应的工作关系，服务器和客户端是相互独立的部分，而其中用于呼叫和响应的接口和通信类型都是被明确规定的。

HTML： 超文本标记语言（Hypertext Markup Language），是万维网中的超媒体文档的统一文档格式。在万维网中可以通过超文本传输协议（HTTP）进行传递，并且由浏览器显示的文档是在 HTML 中进行编码的。

HTTP： 超文本传输协议（Hypertext Transfer Protocol）。该协议规范了万维网中浏览器和万维网服务器的通信流程。如果一个浏览器向万维网服务器请求一个文档，或者万维网服务器响应一个请求，那么这个通信必须遵守 HTTP 协议的规定。

超链接： 指向另一个超媒体的文档或在同一个超文本中对另一个文本点的引用。这样在不同文档中就实现了信息的一个（非线性的）联网。

互联网： 互联网是全球最大的计算机网络，由许多彼此相连的网络和单独的资源组成。互联网最重要的性能，或者称为"服务"，包括电子邮件（E-mail）、超媒体文档、数据传输（FTP）和论坛（Usenet/Newsgroups）。互联网之所以被称为是最流行的全球网络，主要是其引入了万维网（WWW）。而万维网并不等同于互联网，它只是互联网众多服务中的一个。

网络互联：　一种将多个不同的、可能并不兼容的网络（LAN、WAN）连接到互联网的技术。这种技术需要合适的路由器（Router），这些路由器为数据包确定通过网络的路径，并且确保其可靠交付。而网络互联呈现给用户的印象则是一个均质的虚拟网络（互联网）。

互联网标准：　由于在互联网发展中会有许多公司和组织参与，那么就有必要制定一个共同的协议和接口来简化开发的成本。这个问题可以使用在一个公开的标准化进程中制定的互联网标准来解决。通过互联网标准，原则上实现了为每个用户提供未来可实现的征求意见稿（Request for Comment，RFC），并且引导互联网的发展。

互联网协议（Internet Protocol，IP）：　IP 是所谓网络层上的协议，并且在计算机之间负责数据包的传递。因此，被作为 TCP/IP 协议族一部分的 IP 协议用于数据传递的任务。这些任务包括计算机寻址以及用于数据传输所必需的数据碎片化。IP 协议提供了互联网中一个不可靠的、无线连接的服务，同时被归档在文档 RFC 791 中。

通信：　通信被认为是单向或者双向的传递，通过人力或者技术系统对信息进行传输和接收的过程。

通信协议：　通信协议（简称协议）是一种规则和条例的集合，定义了被传递消息的数据格式以及传递的方式方法。通信协议包括了被发送的数据包的协定、通信伙伴之间连接的建立和终止，以及数据传输的方式方法。

介质：　对发送方和接收方之间消息传输的传输信道的称呼。为了实现信息的传递，信息必须在发送方和接收方之间通过一个载体进行交换。

多媒体：　如果在显示信息的时候使用了多种不同类型的媒体，例如文本、图像和声音，那么就说这个信息是以多媒体的形式给出的。

网络应用：　一种应用程序，其执行包括了对资源的访问。这些资源不能在本地计算机上获得，只能通过网络访问远程计算机来获取所需资源。

征求意见稿（Request for Comments，RFC）：　用来收集互联网中由专家讨论的成熟的新技术。随着互联网标准化进程的推进，产生了编号技术、标准以及其他相关的已经被记录和标准化的互联网文档的集合。

语义网（Semantic Web）：　语义网是现有万维网的扩展。语义网中包含的每个显示信息都被分配了一个明确定义的、并且机器可读的含义。这个含义实现了自动的操作程序和对信息内容的解释，并且在此基础上可以给出相关的决定。语义网的概念基于的是万维网创始人 Tim Berners-Lee的提案。

服务器（**Server**）：　是指一个被客户端联系的进程，以便返回相关信息，或者提供可用资源。通常一台可以运行一个服务器进程的计算机也被称为服务器。

TCP/IP 参考模型：　是指互联网的一个通信层模型。TCP/IP 参考模型被划分为 4 个协议层，即网络接入层、网络互联层、传输层和应用层，实现了不同计算机和协议通过统一的接口在互联网中的相互通信。

统一资源标识符（**Uniform Resource Identifier，URI**）：　用于服务万维网中信息资源的全球唯一识别。如今，**统一资源定位符**（Uniform Resource Locator，URL）实现了地址形式的唯一标识。然而，信息资源在万维网中的地址是不断变化的，因此需要使用**统一资源名称**（Uniform Resource Name，URN）进行处理，即一个信息资源通过名称，而不是通过其地址被识别。

Web 2.0：　Web 2.0"看似"是一个新一代的基于 Web 的服务，被标记为即使非专业人士也可以通过一个简单的方法参与到万维网，并且可以与之互动。这些服务的典型的例子是维基（wiki）、博客、照片和视频门户网站或者文件共享。

万维网（**World Wide Web**）：　全球互联网的英文术语，也被称为 WWW、3W、W3、Web。万维网被认为是如今互联网中最成功的服务，其特点在于易于使用，并且被划分了多媒体元素。万维网实际上使用的是一个实施分布式的、基于互联网的超媒体文档模型的技术。互联网和万维网的术语在如今经常被互换使用，虽然万维网只是互联网中一个特定使用 HTTP 协议的服务。

第 2 章　互联网基础：TCP/IP 参考模型

> "语言对我的限制导致了我对整个世界认知的界限。"
> —— Ludwig Wittgenstein（1564 — 1616）

今天，互联网已经覆盖了全球。这种无处不在的互联网不仅连接着计算机、手机和消费性电子产品，而且很快也会连接到我们日常生活所需要的家用电器上。这就意味着，互联网的应用已经越来越多地渗透到了我们生活的各个领域中。为了让所有这些不同的设备不受干扰，并且相互间能够有效地进行沟通，它们之间的通信必须要遵守一个固定的规则，即所谓的通信协议。这些通信协议构成了所谓的 TCP/IP 参考模型。这种参考模型模拟了网络通信的各个单独的层，确定了各层的任务、抽象程度及其复杂程度，并且描述了各个层的功能范围。但是，在这个模型中并没有给出通过什么方式和哪种方法来实现这些规范。这些问题已经被转移到了具体的应用中。通过这种方式，TCP/IP 参考模型就可以从实践中成型，并且成为今天的以及未来的基于互联网的所有通信任务的坚实基础。

2.1　通信协议和层模型

计算机网络中的硬件组成部分的任务是对信息进行编码，以便其能够以比特的形式实现从一台计算机到另一台计算机的传递。如果人们只在这个层次上进行计算机通信系统的组建，那么无疑相当于让计算机使用一种简陋的机器语言进行编程。也就是说，只会应用到 0 和 1 两个字符。而使用这种方式对具体的任务进行编程时所需的工作量以及相关的复杂性几乎是无法控制的。因此，与计算机编程类似的是，计算机网络也是由复杂的软件系统，即所谓的网络操作系统进行控制和使用的。借助于这些软件系统的帮助，计算机网络就可以在一个更高的抽象层次上被更便捷地控制和应用。

这些网络操作系统基于的想法是：将通信任务和通信功能按照不同的抽象性和复杂度进行分类。同一个抽象级别的任务和功能将被捆绑放到一个所谓的"层"中进行考虑。这些层相互间被一层一层地罗列。随着抽象程度的不断增加，每一层会处理不同程度的复杂通信任务，同时为用户或者计算机应用提供合适的接口。这样就定义出了不同的层次关系。由这些层次关系所得出的模型被称为**通信层模型**。不同层中所使用到的通信协议通过在层模型中所描述的接口进行相互接洽，同时作为通信协议族（协议栈或协议套件）中的组成部分，这些通信协议又共同组建了一个功能性的网络操作系统。

通过网络进行交流的用户以及大多数的应用程序在交换数据和提供服务的时候，只需要和这种网络操作系统打交道，而隐藏在底层的网络硬件部分只有在极少数的情况下才会被接触到。

2.1.1 协议族

为了实现通信，所有的通信参与者必须为消息交换时应该遵守的固定规则达成一致。也就是说，通信不能简单地理解成是在计算机网络中进行的数字通信。这些规则不仅涉及了通信中所使用到的语言，而且还关系到实现一个有效沟通所需要的所有行为规则。这些行为规则在专业术语中被概括为**通信协议**或者简单地说**协议**。通信协议不仅定义了通信伙伴之间交换消息的格式，而且还规定了在发送这些消息时所必需的所有操作。在计算机网络通信中，那些用于执行计算机网络协议的软件被称为**协议软件**。开发第一代计算机网络的时候，研究者的主要精力都集中在所涉及的硬件上，而相关的协议软件只被放置到了次要的位置。如今这种策略却发生了根本性的改变。协议软件在如今已经被非常复杂地高度结构化了。这种结构化并不是意味着要为网络通信中所有必要的任务提供一个庞大的、复杂的以及通用的网络协议，而是将网络通信中的问题按照"分而治之"（divide and conquer）的原则分解成多个可以单独管理的子问题，进而为解决每个子问题提供相对应的具有针对性的（子）协议。

虽然使用不同的特定协议处理对应不同的子问题，但是这些特定协议之间必须能够平滑无缝地协同工作。这也是第二个需要解决的问题，并且不能低估其复杂性。为了确保这种协同工作，协议软件的开发被视为是一个整体需要解决的总任务，并且可以通过一个相互配合的**协议族**（协议栈或协议套件）得到解决。在协议族中，所有单个的协议之间都能够高效地协同工作，并且在互动中解决网络通信的整体问题。

虽然不同的协议族中存在很多相同的概念，但由于它们通常都是自主研发的，所以这些概念之间并不兼容。然而，这些不同的协议族却有可能同时以及并行地被应用在一个网络中的计算机中，甚至它们还被允许用于相同的物理网络接口上，却不会造成干扰。

术语"协议"通常具有两种不同的含义。一方面，协议是指对一种抽象接口（Interface）的定义。这其中包括了通过这个接口提供的所有的功能和操作。另一方面，协议这个术语总结了所有用于通信的信息交换格式及其含义。协议的定义，即**协议规范**，通常都是由特定的文本、插图、状态转换图以及算法的组合使用伪代码的形式给出的。这种规范必须精确到不同的协议可以实现互操作性，即两个不同的应用也能够成功地实现消息的交换。

2.1.2 层模型

为了支持协议设计者的工作，很多工具和模型被不断地开发出来，以便能够精确地分解网络通信的整个过程，并且建立有秩序的层次。这样就可以比较清晰地确定不同层次结构之间的接口。而这些位于各个网络协议层次中的接口能够很大程度上被独立地开发和完善，并且可以被尽可能地简化。在这种模型中，最有名的一个变体是**层模型**（Layering Model），对应的基本信息可以参见图 2.1。在层模型中，整个网络的通信过程被划分成多个独立的、并且被罗列在一起的层（Layer）。每一层都涉及了网络通信的一个特定的子问题，同时被增加一个新的通信抽象级别。最终，最上面一层提供了需要与其他计算机上的应用程序交换消息的应用程序接口。基于这样一种层模型结构，协议的设计者构造出了一个完整的协议族，即所谓的**协议栈**（Protocol Stack）。其中，栈中的每个协议恰好能够解决一个层所需要处理的问题。

层模型的基本信息

　　层模型不仅在通信技术中扮演着重要的角色，而且在计算机科学的其他方面也发挥着重要的作用。这种模型的另外一种描述称为**壳模型**，即用互相嵌套的层代替了上下罗列的层。

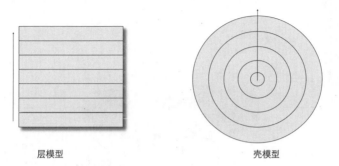

层模型　　　　　　　　　　　　　壳模型

使用这种模型是有用的，原因如下：

- **分而治之（Divide and Conquer）**：根据这种策略，一个复杂的问题可以被分解成各个独立的子问题。这些子问题可以被单独地进行思考、更简单地被处理，进而得到解决。一般通过这种方法就可以解决整个问题了。
- **独立性**：这些单独层之间的合作是通过每个独立的层使用与其紧邻的前一层的接口规范来实现的。在固定的、预先给出的这些接口规范中，一个层的内部结构对另一个层的内部结构不会产生任何影响。因此，人们可以将一个层中的应用直接替换成被改进了的版本，只需要注意各个接口的规范即可。由于各个层中的应用相对于其他层都是**独立的**，这样就可以对整个系统进行**模块化**（模块化类型）构造。
- **屏蔽**：各个单独的层每次只能和与自己紧邻的层进行通信。这样一来就实现了对各个层的**封装**（Encapsulation），从而大大降低了管理的复杂性。
- **标准化**：将整体问题划分成多个层的方法也简化了规范的制定。对单独的层和用来与其相邻层沟通的接口进行标准化，要比对复杂的整体系统进行标准化更容易。

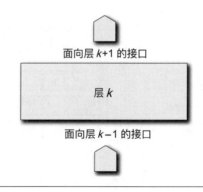

图 2.1　层模型的基本信息

　　原则上，应用这种层模型从一台计算机的应用程序向另外一台计算机的应用程序发送消息的流程如下：需要被传递的消息首先在发送计算机方按照层模型的顺序依次从上到下进行输送。在这个过程中，部分问题已经得到了处理。然后，消息以物理的方式通过传输介质进行传输。当被传递到目标计算机之后，消息会按照相反的协议层顺序，即从下到上的顺序被传递到对应的应用程序中（参见图 2.2）。

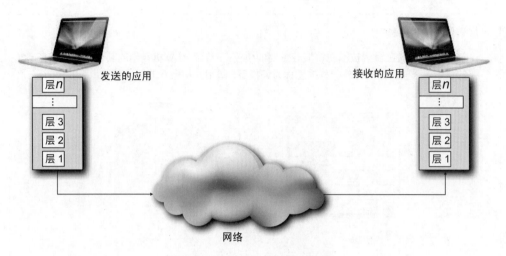

图 2.2　通过协议栈的数据传输

在层模型中，每一层都负责解决在网络通信框架下出现的大量任务中的某一特定部分。为了正确地完成这些任务，发送信息的计算机会在协议栈的各个单独的层中创建和使用监测和控制信息。这些信息都被附加到需要被传递的数据中（参见图 2.3）。在接收计算机方，这些附加的信息会被各个对应层中的协议软件读取，随后做进一步的处理，以便最终可以将传输来的数据正确地、以原有的形式进行展示。

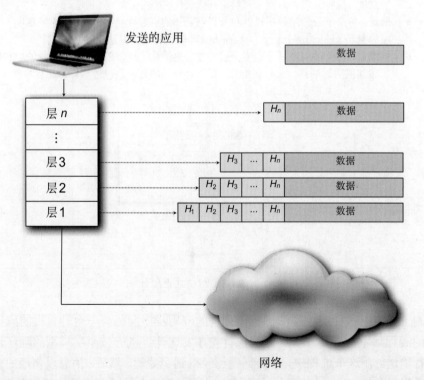

图 2.3　协议栈中每一层会将自己层中的命令和控制信息 $(H_n \cdots H_1)$ 添加到被传输的数据中

根据网络通信中所使用的层模型的规范，位于接收方计算机上的一个特定的层 k 所使用的协议软件，必须能够准确地接收在发送方计算机相对应的层 k 上使用协议软件传递过来的消息。这就意味着，被传递的数据在某个特定层中由于使用协议导致的改变必须在接收方的对应层中被完全恢复。也就是说，在发送方的层 k 中对被传递的数据额外添加的控制和监测信息，必须在接收方的层 k 中被删除掉。例如，在发送方的层 k 中对数据进行了加密，那么在接收方的层 k 中必须将加密了的数据进行解密（参见图 2.4）。

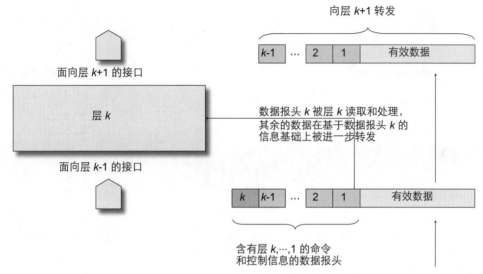

图 2.4　协议栈中的每一层从所接收数据的数据报头中读取属于这一层的、用于处理这层所必需的命令和控制信息

在协议栈中进行的通信实际上都是在垂直方向上进行的。被发送的数据在每个协议层都会被添加上该层特有的命令和控制信息。通常，这些来自各个层的信息会放置在被传递的数据包的前面作为信息头，也就是人们通常所说的，数据包被 "封装"。通过这些添加的数据，数据接收方或中间系统的各个对应层中的协议软件就能够获得所需的命令和控制信息，以便保证将所传递的数据正确且可靠地进行处理。在各个单独的层中，看似好像是通信双方（发送方和接收方）所属的协议软件是直接相互交流的，但事实上，数据是通过协议栈垂直地被转发的。这种看似是在单独层中直接进行的通信又称为**虚拟通信**（参见图 2.5）。

为了实现这种通信流程，每层都定义了两个不同的接口：一个是为了实现在本地机器上使用协议服务应用的**服务接口**（Service Interface）；另一个是与计算机其他对应层的接口，即所谓的**对等接口**（Peer Interface）。

这种对等接口详细定义了不同计算机上相邻层之间进行交换的消息格式，同时也确定了对应的含义。然而，通过这种对等接口实现的通信是以间接的形式完成的。也就是说，每个层与其对接计算机中的对应层的交流是通过将消息传递到本地计算机中更低或者更高一层的层来完成的。而这些更低或者更高一层的层也是按照相同的方式向其对接的计算机中的对应层来传递消息的。

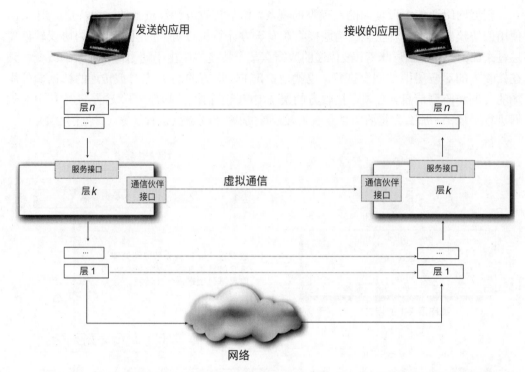

图 2.5 协议栈的各个层在对应的平台上看似是以水平的方向进行直接通信的（**虚拟通信**），但是实际上通信是在垂直方向上进行的

如果一个协议族是以层模型的形式实现的，那么在设计所需要的协议时必须要考虑几个能够跨层应用于多个或者所有协议层的基本观点。为了使消息在接收方和发送方能够被真实地进行交换，必须在每一层实现一种特定的**寻址**（Addressing）形式，从而当存在多个可能接收方时能够识别出正确的接收方。此外，在每一层还必须为**数据的传输**规定出具体的规则。也就是说，数据流是双向的（全双工模式），还是只在一个方向上（单工模式）进行传递？通信链路也可以被设置和使用在具有多个（逻辑的）信道的框架下。例如，一个信道用于常规数据，一个信道用于通信的控制，还有一个信道用于具有高级优先权的数据。同时，在传输的过程中出现的错误必须能够被识别和纠正（**错误控制**）。错误控制对于所有的层都是至关重要的。而在不同层会使用不同算法实现错误控制。为了方便传输，在各个单独的层上，消息基于技术和逻辑的参数被分解成了更小的单位块（**碎片**）。由于并不是在每一层都能够保证这些碎片的固定接收顺序，因此这些单独的碎片必须提供一个唯一的**标识**（例如编号），使得被碎片化的消息在接收方能够被重新正确组合。另一个需要解决的问题是：要防止在某一层中，一个发送速度相对较快的发送方向一个只能相对较慢接收消息的接收方发送消息，这样会产生拥塞，从而导致过载。要解决这种问题，可以应用多种不同的**流量控制**方法，以确保网络的均匀利用率。消息发送方和接收方之间的单独链接能够被其上或者其下相邻的层整合到一起，或者被再次划分开。这种**多路复用**（Multiplexing）或多路解复用技术在各个层中必须是透明的。也就是说，发生在一个更深层上的多路复用，应该对位于其上面的层不产生任何影响。如果在一个网络的发送方

和接收方之间存在几种可替换的链接路径, 那么必须给出**路由**决定, 即确定每次应该选择网络中的哪些路段来转发当前的消息。

在层模型中, 相互间连续排列的层是通过从下到上不断增加的抽象度进行标记的。与硬件相邻的层传递的是数据帧, 而在协议栈的更上层中, 消息就会被协议软件首先分割成更小的数据段 (碎片化) 后再进行传递。而位于协议栈中最上面的层则在用户面前隐藏了这些通信中的细节过程, 从而为通信以及数据的传输提供了舒适的**服务**。原则上, 人们将这种服务区分为**无连接服务** (Connectionless Services) 和**面向连接服务** (Connection-Oriented Services) 两种。无连接服务的工作方式类似于传统的邮政系统。也就是说, 每条消息如同一封信或者一个包裹一样提供了一个完整的收件人地址, 然后这条消息会独立于其他所有消息通过网络进行发送。由于无连接服务在网络中没有预先给定一条固定路径, 因此接收方接收到的消息数据帧的顺序可能与发送方发送的顺序不同。所谓的**可靠服务** (Reliable Service) 可以通过接收方的接收确认来证实一条消息的成功发送。发送方通过这种确认的反馈就可以知晓, 接收方是否真的接收到了所发送的消息。相反, 所谓的**不可靠服务** (Non Reliable Service) 不会提供接收方的接收确认。

面向连接服务则刚好与无连接服务相反, 这种服务的工作状态类似于电话。也就是说, 在消息能够被发送之前, 发送方必须要与接收方首先建立一个连接。所有的消息都沿着这条连接被发送, 直到通信伙伴之间的这条连接被断开。可靠的面向连接服务能够将数据作为**消息序列** (Message Sequences) 进行发送。其中需要特别注意的是, 各个消息的边界在发送的过程中必须被保留下来。另一种可替换的形式是, 这种可靠的面向连接服务还能够将消息作为**字节流** (Byte Streams) 进行发送。其中, 各个消息的边界可以被忽略。还有一种变体是不可靠的, 但是也是面向连接服务。这种服务在数据传输之前虽然也建立了一种连接, 但是发送方和接收方并不对消息的接收进行确认。这种服务常应用在传递音频或者视频数据时。因为在这样的传递过程中, 由于缺少接收确认而被触发产生的传输延迟是可以被忽略的。也就是说, 出现的传输错误会被视为图像的干扰或者噪音。例如, 在一个现场直播过程中, 出现的传输错误比延迟更能被容忍。

无连接服务称为**数据报服务** (Datagram Service)。与传统邮政服务相类似, 这种数据报服务对应的是一种电报服务或者明信片服务, 即发送方不会接收到任何关于成功投递的反馈。如果想要对发送方和接收方之间进行的单个消息 (数据报) 交换的 (无连接) 通信进行限制, 可以使用一种所谓的**请求/应答服务** (Request/Reply Service)。

如果只需要安全地发送一条短消息, 而不想建立一个明确连接, 那么一种可靠的、无连接的服务是比较合适的 (**可靠的数据报服务**)。这种变体与带回执的挂号信有可比性, 即发送方肯定能够得到接收确认的回执, 表明接收方确实接收到了信件。在表 2.1 中, 再次给出了以上几种不同服务类型的简短描述。

在这种情况下, **协议**和**服务**之间的区别具有特别重要的含义。协议定义了规则和数据格式, 根据这些定义就可以在一个给定的层内进行数据交换。而服务则给出了一个操作的集合 (服务原语), 这个集合使得下层可以对位于其上面的层进行操作 (参见图 2.5)。服务原语 (Service Primitive) 可以理解为是一些单独的操作, 这些操作可以导致具体的行为或者给出行为的状态报告 (参见图 2.6)。服务的规范汇总了在服务中被总结归纳出来的

表 2.1 服务类型

	服务	例子
面向连接	可靠的消息流	单独图像序列
	可靠的字节流	终端登录
	不可靠的连接	视频流
无连接	不可靠的数据报	未经确认的电子邮件
	可以确认的数据报	被确认的电子邮件
	请求/应答	客户端/服务器握手

用于实现面向连接服务的服务原语

为了实现面向连接的服务，服务原语必须能够完成以下操作：

- **建立连接**：为了在通信伙伴之间，即位于协议栈的同一层上的伙伴之间建立一个连接，所必须的操作是：通信伙伴的一方将另一方的地址作为参数，并向其发送一个登录请求（CONNECT）。
- **等待连接**：如果通信伙伴中的一方已经准备好接受与通信的另一方建立连接，那么这一方就会被设置在一个特定的状态，即等待连接的建立（LISTEN）。
- **发送消息**：如果连接被建立，那么发起通信的一方就可以向它的通信伙伴发送消息了（SEND）。
- **接收消息**：如果连接被建立，那么等待接收消息的一方就转换成了一种特定的状态，即等待接收发送方发送的消息（RECEIVE）。
- **断开连接**：这是为了中止通信伙伴之间进行的通信连接而需要进行的相应操作（DISCONNECT）。

人们将通信伙伴区分为发起通信过程的主动通信伙伴（客户端）和等待了启动，例如，查询服务或者信息而被要求建立通信连接的被动通信伙伴（服务器）。首先，服务器处于一种"聆听"（LISTEN）状态，等待着一个连接的建立。随后，客户端使用连接（CONNECT）状态向一个特定的服务器发出请求，并等待响应。当服务器接收到该连接的请求，经过确认后会执行接收（RECEIVE）操作，等待从客户端发出的数据。客户端在接收到建立连接的确认后会执行发送（SEND）操作，即发送进一步的服务请求或者数据，并执行下一个接收（RECEIVE）操作，即等待服务器的响应。通过这种方式就可以在客户端和服务器之间进行交互对话。最后，客户端执行断开连接（DISCONNECT）操作就可以中止对话。继而服务器端也执行断开连接操作，然后重新进入到"聆听"（LISTEN）状态（也可以参考 8.1.4 节）。

图 2.6 服务原语应用示例

服务原语。然而，在这些规范中却没有规定这些服务在实际应用中究竟以哪种方式使用，而只是给出了协议栈中两个相邻层之间的接口描述。相反，协议用于执行在各个层中被执行的可用服务。

人们由上面介绍的层模型开发出了以下两个重要的分支**参考模型**：ISO/OSI 参考模型和 TCP/IP 参考模型。这两种参考模型都是被抽象化了的模型，但是可以以此为基础设计成为具体的应用。这两种参考模型中的每一种都与一个特定的协议族相关联，这些协议族置于模型的各个层中，能够被各个层中提供的服务所使用。ISO/OSI 参考模型以及为其定义的协议族，最初是从理论出发搭建起来的一种理论框架，因此只能作为教学模型用来解释模型中每一层相关的任务和服务。而 TCP/IP 参考模型则不同，这种模型起源于互联网的实际发展，其协议族都来源于实践。

补充材料 1: ISO/OSI 参考模型

网络协议族的发展可以追溯到 1977 年，当时的国际标准化组织（ISO）为开放网络（开放系统互联）提供了**ISO/OSI 参考模型**。这种模型将网络通信的整个过程划分为 7 个不同的层，并且被设计成协议族发展的教学工具（参见图 2.7）。

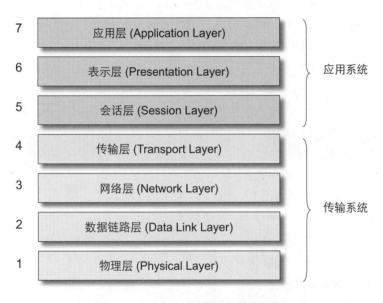

图 2.7　ISO/OSI 参考模型中的各个层

在 ISO/OSI 协议制定之前，网络协议大多具有专属性，即都是各个网络设备制造商自己开发制定的。这些协议是 ISO/OSI 网络协议标准的雏形。例如，IBM 的系统网络架构（SNA）、Apple 的 Talk 通信协议堆栈、Novell 网络操作系统（NetWare），以及 DEC 的均匀局域网构架。然而，所有的这些标准都是互不兼容的。ISO/OSI 标准化的工作仍然在进行的时候，从网络底层发展起来的 TCP/IP 协议族就已经在异构网络中脱颖而出。这个协议族被嵌入到各个不同制造商生产的组件中，其重要性被迅速凸显出来，同时获得了广泛的使用基础。可以说，TCP/IP 协议族在 ISO/OSI 标准制定之前就已经获得了成功。

ISO/OSI 参考模型被称为**开放系统互联**，因为这种模型的目的是为了连接开放式的系统。也就是说，连接那些通信时要与其他不同系统交互的系统。设计 ISO/OSI 参考模型时的基本思想是：每个单独的层要实现一个具体定义的任务，同时被嵌入到一个新的、更高的抽象层中。而前提是这个新的抽象层对于要执行的任务是必要的。ISO/OSI 参考模型本身并不提供具体的网络构架，只是规定了各个单独层的任务，并没有对定义的功能所需的服务和协议给出要求。

ISO/OSI 参考模型中，位于协议栈的最下层对应的是现实网络中的网络硬件部分（物理层）。模型中其他的层，包括各个固件（Firmware）和软件都建立在网络硬件的基础上。

模型中最上面的一层，即第 7 层，是最后的应用层。该层提供了通信系统和不同的、以服务于通信系统使用为目的的应用程序之间的接口。层 1～层 4 通常被称为**传输系统**，层 5～层 7 被称为**应用系统**，为通信过程中逐渐增加的越来越大众化的功能服务。虽然这些层被归纳到两个系统，但是它们之间专有的应用程序是不能被混淆的。因为这些应用程序本身是脱离了层模型而存在的。

在以下描述中，给出了 ISO/OSI 参考模型中的各个层所关注的不同任务。

- **层 1：物理层（Physical Layer）**。物理层定义了传输介质（传输信道）的物理和技术特性。具体地说，就是规定了网络硬件和物理传输介质之间的关系。例如，接口的布局和可用性，以及所涉及的光或者电的参数、电缆的规格、放大元件、网络适配器、用于传输的方法等等。

  物理层中最重要的任务包括：

  - 建立和断开传输介质的连接。
  - 调制，也就是说，将二进制的数据（比特流）转换成（电的、光的或者无线电的）信号。这样，转换后的信号就可以通过传输信道进行传递。

  这一层中比较重要的协议有：

  - ITU–T V.24、V.34、V.35。
  - ITU–T X.21 和 X.21。
  - T1、E1。
  - SONET、SDH（Synchronous Digital Hierarchy，同步数字体系）、DSL（Digital Subscriber Line，数字用户线）。
  - EIA/TIA RS-232-C。
  - IEEE 802.11 PHY。

- **层 2：数据链路层（Data Link Layer）**。与物理层相反的是，数据链路层主要关注的是单一网络组件和传输介质之间通信的调控，包括多个（至少两个）网络组件之间的交换。即使在物理层发生了偶然错误的情况下，数据链路层也可以沿着一个点对点的连接启动一个可靠的传输。这种点对点的连接既可以是一种直接连接，也可以通过以广播的方法进行工作的**扩散网络**来实现，例如，以太网或者无线热点（Wi–Fi）。在扩散网络中，所有终端连接的计算机都能够接收到其他终端计算机发送的数据，而不需要任何中间系统。

  在数据链路层需要完成的任务包括：

  - 将数据组织成逻辑单元。这种单元在逻辑链路层中被称为**帧**（Frame）。
  - 在网络组件之间对帧进行传输。
  - 位填充，也就是说，使用特殊的填充数据来补充还没有被完全填满的帧。
  - 通过简单的错误检测算法保障帧的安全传输，例如，校验和计算。

  这一层中比较著名的协议标准包括：

  - 位同步通信（Bit Synchronous Communication，BSC）、数字数据通信协议（Digital Data Communication Message Protocol，DDCMP）和点到点协议（Point-to–Point Protocol，PPP）。

- IEEE 802.3（以太网）。

- 高级数据链路控制（High Level Data Link Control，HDLC）协议。

- X.25 平衡型链路接入规程（Link Access Procedure for Balanced Mode，LAPB）和 D 信道链路接入规程（Link Access Procedure for D–Channels，LAPD）。

- IEEE 802.11 介质访问控制（Medium Access Control，MAC）/逻辑链路控制（Logical Link Control，LLC）。

- 异步转移模式（Asynchronous Transfer Mode，ATM）、光纤分布式数据接口（Fiber Distributed Data Interface，FDDI）和帧传送。

- **层 3：网络层（Network Layer）**。网络层提供了可用的功能和程序方法。这些方法用于把可变长度的数据序列（**数据包**）通过一个或者多个网络从一个发送方传输到一个接收方。

网络层的任务包括：

- 分配终端和中间系统的地址。

- 将数据包按照目标路由从网络的一端向另一端传输（**路由选择**）。

- 链接各个单独的网络（**网络互联**）。

- 对数据包进行碎片化和重组，因为不同的网络是由不同的传输参数确定的。

- 转发数据包的错误和状态消息，以及其被成功投递的消息。

这一层中较重要的协议标准包括：

- ITU-T X.25 PLP（Packet Layer Protocol，分组层协议）。

- ISO/IEC 8208、ISO/IEC 8878。

- Novell 互联网分组交换协议（Internetwork Packet Exchange，IPX）。

- 互联网协议（Internet Protocol，IP）。

- **层 4：传输层（Transport Layer）**。传输层实现了终端用户之间的一种透明数据传输，同时为其上一层提供了一个可靠的传输服务。传输层中定义了实现可靠的和安全的通信所必需的详细协议，这些具体的协议确保了数据包序列能够无差错地完整并且按照正确顺序从发送方传递到接收方。同时在传输层中也实现了从网络地址向逻辑名称的映射。传输层为参与通信的终端系统提供了终端对终端的可用链接，然而却对终端用户隐藏了通信过程中网络基础设施的具体细节。因此，这种传输也被称为是**透明的**。这一层的协议属于网络通信中最复杂的协议。

传输层中较重要的协议标准包括：

- ISO/IEC 8072 传输服务定义。

- ISO/IEC 8073 面向连接的传输协议（Connection Oriented Transport Protocol）。

- ITU–T T.80 用于远程信息处理服务的独立于网络的基本传输服务。

- 传输控制协议（Transmission Control Protocol，TCP）、用户数据报协议（User Datagram Protocol，UDP）、实时传输协议（Real–time Transport Protocol，RTP）。

- **层 5: 会话层（Session Layer）**。 会话层也被称为对话层，是用来控制网络中相互连接的计算机之间的对话的。

  这一层的主要任务包括：

  – 创建、管理和终止本地和远程应用程序之间的连接。

  – 控制全双工、半双工或者单工的数据传输。

  – 创建安全机制，例如，通过密码方式进行认证。

  这一层中较重要的协议标准包括：

  – 会话通告协议（Session Announcement Protocol，SAP）、会话起始协议（Session Initiation Protocol，SIP）。

  – 网络基本输入输出系统（Network Basic Input/Output System，NetBIOS）。

  – ISO 8326 面向会话服务定义的基本连接。

  – ISO 8327 面向会话协议定义的基本连接。

  – ITU–T T.62 用于智能用户电报和第 4 组传真服务的控制程序。

- **层 6: 表示层（Presentation Layer）**。 表示层为位于其上层，即应用层中的两个实体（应用程序）创建了一个交流的环境，使得两个应用程序能够在这种环境下使用不同的语法（例如，数据格式和代码）和语义。同时，表示层还需要负责对被传输的数据进行正确的解释。为了做到这一点，在表示层中，每次都将本地的数据编码转换成一种特殊的、统一的传输编码。然后在数据到达接收方之后，又将其转换回本地的有效编码。此外，数据的压缩和加密也属于这一层的任务。

  表示层中较重要的协议标准包括：

  – ISO 8322 面向会话服务定义的连接。

  – ISO 8323 面向会话协议定义的连接。

  – ITU–T T.73 用于远程信息处理服务的文档交换协议、ITU–T X.409 语法和标记表示。

  – 多用途互联网邮件扩充（Multipurpose Internet Mail Extensions，MIME）、外部数据格式（External Data Representation，XDR）。

  – 安全套接字层（Secure Socket Layer，SSL）、传输层安全协议（Transport Layer Security，TLS）。

- **层 7: 应用层（Application Layer）**。 应用层为想要使用网络达到自己目的的那些应用程序提供了接口。这些应用程序本身并不属于这一层，仅仅是使用这一层的服务。应用层提供了易于处理的服务原语。这种服务原语在用户或者使用应用程序的程序员面前隐藏了所有的网络内部细节，使得使用者能够轻松地对通信系统进行操作。

  应用层的主要功能包括：

  – 识别通信合作伙伴。

  – 确定资源的可用性。

  – 同步通信。

这一层中的重要协议标准包括：

- ISO 8571 文件的传输、访问和管理。
- ISO 8831 工作的传送和操纵。
- ISO 9040 和 ISO 9041 虚拟终端协议（Virtual Terminal Protocol，VT）。
- ISO 10021 面向消息的正文交换系统（Message Oriented Text Interchange System，MOTIS）。
- 文件传输协议（File Transfer Protocol，FTP）、简单邮件传送协议（Simple Mail Transfer Protocol，SMTP）、超文本传输协议（Hypertext Transfer Protocol，HTTP）等。
- ITU–T X.400 用于消息处理系统的数据通信、ITU–T X.500 电子目录服务。

虽然 ISO/OSI 参考模型在被开发之后的很长时间内，协议族中各个不同点的概念慢慢都被改变了，并且许多新开发的协议并不再适用于这种模式，特别是层次的名称和数目，但是，这种模型直到今天还经常被作为教学模型在使用。

延伸阅读：

U. Black: OSI : A Model for Computer Communications Standards，Upper Saddle River，NJ，USA (1991)

H. Zimmermann: OSI Reference Model : The ISO Model of Architecture for Open Systems Interconnection, in IEEE Transactions on Communications, vol. 28, no.4, pp. 425~432 (1980)

2.2　物理层：计算机通信的基础

在 TCP/IP 参考模型的最底层（网络接入层）制定的协议是建立在物理的传输介质上的（传输信道）。这种传输介质也称为**物理层**。但是，这种物理层通常并没有被归入 TCP/IP 参考模型的协议栈中。因此，这个物理层连同 TCP/IP 参考模型中的四个层就构成了所谓的混合型 TCP/IP 参考模型。相反，在 ISO/OSI 参考模型中，物理层称为"比特传输层"，被视为是一个单独的层。

2.2.1　物理传输介质

通常情况下，物理层定义了用于数据传输的一个物理的或者模拟的传输介质的物理和技术特性。物理层专门规定了网络硬件和物理传输介质之间的关系。例如，与光电参数连接的布局和分配、电缆规格、放大器元件、网络适配器、被使用的传输方法，等等。物理层的根本任务在于，将比特序列（比特流）转换成能够通过传输介质从发送方向接收方传输的物理信号序列。

根据传输介质的性质，人们会使用不同的方法和程序。例如，信息（即比特串）可使用安全的和可靠的方式转换成物理信号，并通过传输介质进行发送。当这些物理信号到达接收方后，又会被重新组合成正确的原始信息。这个过程称为**调制**，与其相反的过程称为**解调**。

原则上，数据传输的介质可以区分为**有线**（被引导的）传输介质和**无线**（未被引导的）传输介质（参见图 2.8）。在有线（被引导的）传输介质中，电磁波是沿着一个固定的介质被进一步转发的。这些固定的介质包括了不同类型的铜电缆，例如，双绞线电缆（双绞线）或者同轴电缆（电线路径、导体），或者各种不同类型的光纤电缆（光导纤维、光路、波导）。有线的传输介质提供了较高的数据安全性和快速的传输速度。为了获得一个基于有线传输介质入口的网络，必须首先创建一个直接的、物理的接触。这种网络的高效传输速度得益于较低的传输错误率，而这种低错误率可以通过良好的屏蔽功能得以实现。然而，这种有线的网络架构是与高成本关联在一起的。例如，必须支付电缆费用以及安装费用。

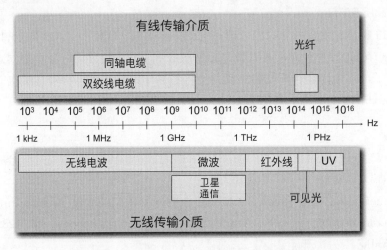

图 2.8　电磁波谱中有线的和无线的传输介质

在无线（未被引导的）传输介质中，电磁波通过位于电磁频谱上不同的频率范围向周围的空间进行传播。属于这种传输形式的介质包括通过短波或者超短波传播的无线电发送、微波传输、红外线或者激光。这种传输介质又进一步细分为定向传输，例如，激光测距、定向广播或者卫星直接广播；以及非定向（等向）传输，例如，移动广播、地面广播或者卫星广播（参见图 2.9）。与有线传输介质不同的是，这种无线传输介质使得网络构架更灵活，非常适用于移动的应用，却并不会遭遇昂贵的布线成本。另一方面，这种传输介质并不需要一种直接的、物理的接触，而是可以直接进入一个无线网络中。因此，这种传输需要一个复杂的软件技术保护措施，例如，对传输的数据进行加密。然而，这种无线传输介质只能提供较低的数据传输速度。因为，物体的反射或者气体的干扰都会影响信号的传输。

2.2.2　物理传输介质的特征结构

所有的物理传输介质都具有一定的局限性。这些局限性是指单位时间内所能传送的最多信息（带宽）或者信号能够在传输介质上传播的速度。通常来说，每个沿着一个物理传输介质进行传播的信号都会遭遇信号衰减。也就是说，随着传输距离的增加，信号的强度会逐渐减弱。与理想中的传输介质相反的是，现实中的传输介质经常受到（噪音）干扰。当一个信号遭遇到的信号衰减强烈到该信号本身都不能从噪声中被区分出来的时候，那

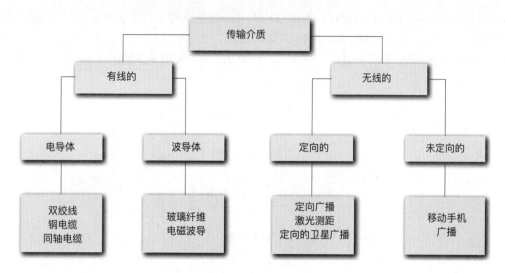

图 2.9　物理传输介质的分类

么这个信号在到达接收方时将不再能够被重新组合以及被正确解释。因此，沿着传输介质必须要重新发送这个信号中的某部分（刷新）。也就是说，加强信号中的某部分，以便其能够安全和尽可能完整地被接收。

为了确保最有效的编码和通过物理的（模拟的）介质传输二进制的（数字的）信息，需要根据传输介质的不同物理特性使用不同的调制方法。这些不同的物理传输介质及其局限性和特征特点，以及它们在互联网上的应用将在第 3 章中进行详细地讨论。

2.3　TCP/IP 参考模型

想要使用计算机在互联网上进行交流可以说是一项非常复杂的任务。但是，如果借助那些按照层次划分的不同协议以及在第 1 章介绍的功能，那么这个复杂的任务就可以借助于这种**层模型**被完美地表示出来。

在层模型中，每一层都定义了一组任务。这些任务必须由归属于这一层的协议进行解决。同时，每层中的协议必须要顾及到与其直接相邻的上一层和下一层的接口。在相同的网络终端上，这种与其直接相邻层的接口被称为**服务接口**。通过这种服务接口，一个协议就可以为位于协议栈中高于其上的一层提供一个特定的服务，同时也能够获得位于其下的一层所提供的服务。此外，一个协议还定义了另外一个与其在远程网络终端设备对应的接口。在这个接口中，定义了消息的形式以及在网络设备之间交换的含义。因此，这种接口也称为**对等接口**。然而，在层模型中通过服务接口完成的实际通信，在相邻层之间是按照垂直方向进行的。真实的数据交换只在最底层，即物理层中进行。在位于不同的网络终端设备上的相同平面层之间，通过合作伙伴接口存在着一个明显的、虚拟的连接。通过这个连接就可以交换每层的数据和控制信息。

在互联网的发展过程中，希望实现多个不同网络架构的无缝通信的想法一直存于最前沿。在两个互联网的主要协议：**互联网协议**（Internet Protocol，**IP**）和**传输控制协**

议（**Transmission Control Protocol，TCP**），的体系结构上构建了被最终称为 TCP/IP 参考模型的结构。**TCP/IP 参考模型**本身只包含了 4 个层（层 2～层 5），再额外加上物理层（层 1），就组成了具有 5 个层的混合 TCP/IP 参考模型（参见图 2.10）。

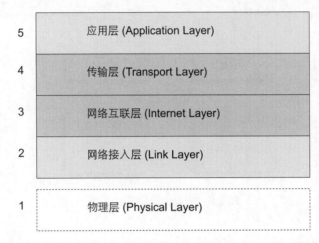

图 2.10 TCP/IP 参考模型包含 4 个层 (层 2～层 5)，加上物理层组成了混合 TCP/IP 参考模型

TCP/IP 参考模型中的**网络接入层**（Link Layer）对应于 ISO/OSI 参考模型中的前两层（物理层和数据链路层）。这一层的主要任务是要确保以数据帧形式聚集的比特序列能够被安全地传输。接下来是**网络互联层**（Internet Layer）。这一层与 ISO/OSI 参考模型中的网络层相对应。它的主要任务是实现位于异构通信网络中的两个任意位置的终端系统的数据通信。紧邻这一层的上面一层是**传输层**（Transport Layer）。它对应的是 ISO/OSI 参考模型中的传输层。这一层实现了位于通信网络中不同计算机上的两个应用程序之间的可靠的和面向连接的数据交换。TCP/IP 参考模型中的**应用层**（Application Layer）包含了 ISO/OSI 参考模型中的最上面的三个层。这一层为那些想要通过网络相互通信的实际应用程序提供了接口。

TCP/IP 参考模型与 ISO/OSI 参考模型之间存在着鲜明的对比。与 ISO/OSI 参考模型不同的是，TCP/IP 参考模型不是从理论上设计和规划出来的，而是从互联网的实践中所使用的协议衍生出来的。ISO/OSI 参考模型则刚好相反，这个模型在那些应用在参考模型各个层中的具有不同功能的协议被设计之前就已经在理论上被计划和采纳了。在实践中，这些协议在今天已经不再被使用。而从实践中成长起来的 TCP/IP 参考模型中的那些协议成为了今天互联网的主宰。

下面将更为详细地讨论基于互联网的 TCP/IP 参考模型。首先会给出对这个模型历史发展的简短回顾，接着将讨论 TCP/IP 参考模型和 ISO/OSI 参考模型之间的共同点和差异处。最后将详细地阐述 TCP/IP 参考模型的各个层。

2.3.1 TCP/IP 参考模型产生的历史及其局限性

如今的互联网及其雏形阿帕网（ARPANET）产生于 1969 年。当时这种网络只是作为一个纯粹的用于研究的网络被研发的。最开始，该网络中只有 4 台机器，但是不久之后就增加到了几百台计算机。这些来自各高校、研究所以及军事设施的计算机是通过最初租用的电话线相互被连接到一起的。然而，由于不同的网络使用的是不同的技术，例如，被用于连接到互联网的卫星网络和无线网络，因此，最早被嵌入到网络中的网络协议在将数据从一个网络传输到另一个网络的时候必须快速地对传输的数据流进行必要的转换。

1972 年，美国计算机专家**Robert E. Kahn**（1938—）在就职于当时美国的国防高等研究计划局属下的信息处理技术办公室（Information Processing Technology Office，IPTO）的时候，负责互联网的开发工作。由于他当时的工作是记录卫星网络和无线网络的数据传输，这使他很快地意识到，在不同的网络技术基础上实现数据的传输是极其有前景的。因此，一个新的、灵活的网络模式被开启。其中，贯穿整个模式的焦点就是连接不同技术下的异构网络。1973 年，曾经在阿帕网的搭建过程中参与开发了嵌入在**网络控制程序**（Network Control Program，NCP）中的网络协议的美国计算机专家**Vinton Cerf**（1943—）加入了 Kahn 的团队，与 Kahn 一起致力于为一个开放式的网络架构开发一种协议。

1973 年的夏天，Kahn 和 Cerf 引入了一种被更新了的网络体系结构。这种新的体系结构的主要特点在于：各个不同的网络技术通过一个共同的、被各个实际的网络技术使用的不同协议代理的"互联网协议"虚拟地连接到一个网络中。与当时网络本身要对可靠的数据传输负责的阿帕网不同的是，在这种新的体系结构中，需要对可靠的数据传输负责任的应该是连接到网络中的终端设备（Host）。也就是说，网络本身的功能被限制在了仅用于对数据包的简单传输。通过这种技巧，Kahn 和 Cerf 两个人还成功地将多种网络技术连接到了一起。而连接不同的网络需要通过特定的计算机来完成，即所谓的**路由器**（Router）。路由器只用负责将数据包在不同的网络之间进行转发。

1974 年，Cerf 在自己位于斯坦福大学的研究小组中开发了**传输控制协议**（Transmission Control Protocol，TCP）的第一个设计规范（参见文档 RFC 675）。当时，这个协议的开发受到了帕罗奥多研究中心（Xerox PARC）的网络研究组的极大影响。这个研究组致力于 PARC 通用数据包协议套件（PARC UPPS）的开发。为了实现这种技术的实际应用，美国国防高等研究计划局（DARPA）当时委托了 BBN 科技公司（BBN Technologies）、斯坦福大学和伦敦大学学院（University College London，UCL）共同进行开发，确保这种新的协议标准能够在不同的硬件平台上被应用。在开发了 TCPv1 和 TCPv2 两个版本之后，TCPv3 和 IPv3 的协议被拆分开后各自独立地进行开发。由此产生的网络架构在随后发展成了两个最主要的协议：TCP 协议和 IP 协议，并统称为 TCP/IP 参考模型（参见文档 RFC 1122）。在 1978 年的时候，开发的操作版本 **TCP/IPv4**（版本 4）达到了一个全新的高度，以至于我们今天的互联网使用的还是这个版本。1975 年，TCP/IP 协议就已经被证明是可以在实际生活中进行应用的。当时位于斯坦福大学和伦敦大学学院之间的不同的网络就是通过 TCP/IP 协议被连接到一起的。到了 1977 年，位于美国、英国和挪威三个不同国家的不同网络框架连接的测试取得了成功。

经过不断更新之后，最终在 1983 年的 1 月 1 日完成了整个互联网全部使用 TCP/IPv4版本的过渡。

　　Robert E. Kahn 和 Vinton Cerf 也因此在 2004 年的时候获得了计算机科学的最高奖：图灵奖。2005 年，两个人又获得了美国的最高平民荣誉：总统自由勋章。2009 年，在位于德国波茨坦的哈索·普拉特纳研究所（HPI）举办的第二届德国 IPv6 峰会上，Robert E. Kahn 被授予了 HPI 院士荣誉，而他的老搭档 Vinton Cerf 在 2011 年也被授予了这个荣誉，享有这个荣誉的还有联邦总理安格拉·默克尔博士。

　　无论是在阿帕网时期还是互联网时代，ISO 国际标准化组织都致力于 ISO/OSI 参考模型的开发和标准化进程。因此，在互联网中被使用的 TCP/IP 参考模型对于 ISO/OSI 参考模型的发展有着决定性的影响。ISO/OSI 参考模型的 7 个层能够应用到互联网的协议体系结构中，而 TCP/IP 参考模型只包含 4 个层（如果增加一个物理层，则称为拥有 5 个层的混合 TCP/IP 参考模型）。在 TCP/IP 参考模型中，各个独立层都被详细描述了对应层的用途以及应用范围（网络接口、互联网、传输和应用）。而在 ISO/OSI 参考模型中，则针对操作、数据语义和网络技术给出了具体的规则。TCP/IP 参考模型中不包含具体的硬件规格，也没有将物理的数据传输进行标准化，而是将这些具体的概念集成在了各个层的实际应用上。

　　当今最重要的协议族，即 TCP/IP 协议族，并不是基于标准化委员会制定的详细规格，而是从互联网开发过程中的需求和经验成长起来的。ISO/OSI 参考模型虽然也能够用来描述 TCP/IP 协议栈，但是两个模型却是基于完全不同的原理产生的。**TCP/IP 参考模型**实际上是先被完全定义了，然后其所描述的协议得到执行，并在使用中获得成功。虽然这种模式有其优势，即所描述的层规范与协议的实现可以得到完美的统一，但是，想将这种模型的应用加载到其他协议族时就没有那么容易实现了。TCP/IP 参考模型（RFC 1122）的第一次描述可以追溯到 1974 年，比第一个 ISO/OSI 参考模型的规范还要早。

　　原则上，TCP/IP 协议族可以划分成 4 个单独的层，这些层被构建在 TCP 和 IP 核心层的周围（参见图 2.10）。而事实上，在一些著作中也将 TCP/IP 参考模型描述成具有 5 个层。其中，将一个描述硬件交流的层（物理层或硬件层）加入到 TCP/IP 参考模型原有的 4 个层中。这个具有 5 个层的模型通常也称为**混合 TCP/IP 参考模型**。模型中各个层的名称对应的是文档 RFC 1122 中所使用的名称，本书将使用这些名称。

　　TCP/IP 参考模型中的 4 个层可以使用下面的方法与 ISO/OSI 参考模型中的 7 个层进行比较（参见图 2.11）：

- TCP/IP 参考模型中的第 2 层（网络接入层）在一些著作中通常也称为数据链路层、网络访问层或者主机到网络层。这一层对应的是 ISO/OSI 参考模型中的前两层（物理层和数据链路层）。
- TCP/IP 参考模型中的第 3 层（网络互联层）也称为网络层或者互联网层。这一层对应的是 ISO/OSI 参考模型中的第 3 层（网络层）。
- TCP/IP 参考模型中的第 4 层（传输层）也称为主机到主机层。这一层对应的是 ISO/OSI 参考模型中的第 4 层（传输层）。
- TCP/IP 参考模型中的第 5 层（应用层）对应的是 ISO/OSI 参考模型中的 5～7 层（会话层、表示层、应用层）。

在下面的章节中将介绍 TCP/IP 参考模型中各个单独层的具体任务和协议。

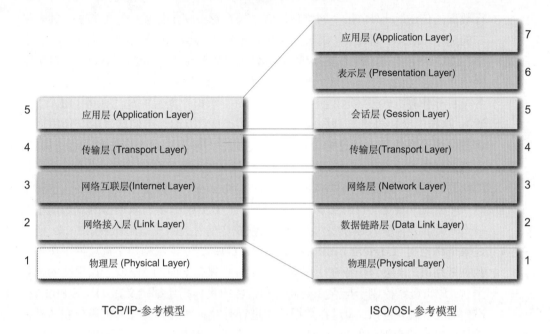

图 2.11   TCP/IP 参考模型和 ISO/OSI 参考模型的对比

2.3.2   网络接入层

TCP/IP 参考模型中的网络接入层对应的是 ISO/OSI 参考模型中的前两层，即第 1 层物理层和第 2 层数据链路层。但是，在这个网络接入层中并不包含存在于 ISO/OSI 参考模型中有关物理层的那部分内容。因此，网络接入层是 TCP/IP 参考模型中的最底层。这一层的主要任务是确保各个数据帧能够安全地在两个相邻的终端系统之间被传输。也就是说，需要发送的比特序列被划分成固定单位（帧），并且为其提供传输所必要的额外信息。例如，用于简单错误检测的校验和算法。相邻的终端系统可以直接通过传输介质彼此连接，也可以通过一个所谓的总线（扩散网络）连接到一起。这种总线直接与多个终端系统相连，彼此间并没有借助中间系统。

这一层的服务可以分为**安全的服务**和**不安全的服务**。在不安全的服务中，被确认为错误的数据帧将会被删除。而为了保证传输的完整性，就必须请求重新传输一次被删除了的数据帧，但是这种请求只能在协议栈中的更高一层中被执行。相反的，一个安全的服务就可以自己执行一个数据重传的请求。

在局域网（LAN）中，TCP/IP 参考模型中的第 2 层通常会划分成两个子层：

- **介质访问控制**（Media Access Control，MAC）：这一子层控制着对与（许多）其他计算机系统共同使用的传输介质的访问。由于这些操作会对传输介质的访问产生竞争，因此协议机制必须事先制定出让所有参与交流的使用者得到公平和高效的访问的规定，即**多路访问协议**（Multiple Access Protocol）。这些协议包括检测方法（避免发生使用冲突），即**冲突检测**（Collision Detection）或者**冲突避免**（Collision Avoidance）。这是因为有可能会有多个参与者在同一时间进行数据的传送。此外，每个网络使用者必须在这一层上提供一个专有的、独一无二的地址（**MAC 地址**）。通过这个地址就可以对用户进行识别。在 MAC 子层上，通过一个所谓的**网络交换机**（Switch）可以将许多不同的（但是均质的）子网络相互连接到一起（**局域网交换**）。而每次发送的数据帧只能向位于子网中的各个目标计算机转发。这里提到的交换机负责承担数据流的过滤任务（**MAC 过滤**）。这样的交换机可以划分成两种不同的类型：被称为**存储转发**的交换机通常将被过滤之后的数据帧进行分析，并且在随后的转发之前都会对数据进行存储；而**直通转发**的交换机则直接对数据进行转发，并没有缓存的步骤。此外，数据帧的队列管理，即**数据帧排列**（Data Packet Queueing）和**调度**（Scheduling）也属于这一个子层的任务。也就是说，如果接收到的数据帧在新的数据帧到达之前不能被及时地转发，那么必须要对各个数据帧发送的优先级别进行裁决。

- **逻辑链路控制**（Logical Link Control，LLC）：这一子层构建了局域网中所谓的数据链路层。该层的任务在于建立一个相对紧邻其下面的 MAC 子层更高的抽象平台。逻辑链路控制子层存在的问题和任务的具体描述都定义在 **IEEE 802.2**标准中。这些任务包括：通过在数据流中进行有针对性的干预行为来避免在向潜在的接收方传输数据时发生过载情况（**流量控制**），以及执行对数据传输的控制（**链路管理**）。在逻辑链路控制子层上还出现了首次对传输数据质量控制的操作。数据传输中发生的错误必须被识别，如果有可能还应该被更正。为了实现这一目的，在逻辑链路控制子层上实施了不同的**错误检测和校正程序**的结算协议。此外，该层中发送和接收的数据单元（数据帧）应该都是同步的。为此，要发送的数据必须按照每次被选择的传输形式所对应的物理和逻辑条件划分成有限大小的数据帧（**碎片**），同时数据被发送后始终要对数据帧的开头和结尾进行正确地识别（**数据帧同步**）。另外，逻辑链路控制子层还要确保所谓的**多协议能力**，即具有可以同时使用不同通信协议的能力。

TCP/IP 参考模型的网络接入层中，最重要的协议都包含在了由 IEEE 按照 **IEEE 802** 局域网标准进行标准化的局域网协议中。一些技术，如**以太网**（Ethernet，IEEE 802.3）、**令牌环**（Token Ring）和**光纤分布式数据接口**（FDDI，IEEE 802.5），以及各种不同的 **WLAN** 技术（IEEE 802.11），将在第 4 章给出详细的介绍。

TCP/IP 协议族的网络接入层中最重要的协议有：

- **异步传输模式**（Asynchronous Transfer Mode，ATM）：异步传输模式是一种分组交换网络协议，规定被传输的数据首先需要划分成固定大小的单元（Cell Relay），然后再被进一步地转发。这种设计原则的出发点在于实时数据对时间的严格要求。例如，当视频或者音频信息与常规数据一起通过一个统一的协议被传递时，必须要注意保证交换和传输的延迟尽可能的小。ATM 是面向连接工作的，并且在实际的数据传输开始之前已经在网络的两个端点建立了一个虚拟的连接。ATM 不仅可以在局域网中使用，也可以嵌入到广域网，即所谓的 WAN（Wide Area Network）中。

- **地址解析协议**（Address Resolution Protocol，ARP）和反向地址解析协议

（**Reverse Address Resolution Protocol，RARP**）：借助于在文档 RFC 826 中描述的地址解析协议，一台主机的 MAC 地址能够通过位于其上一层的网络协议中的 IP 地址被确定。这个执行是很重要的，因为当一个来自互联网的数据帧被传递到一个局域网络时，其中存储的接收方 IP 地址必须可以确定出在局域网中被进一步转发所需要的 MAC 地址。这里，地址解析协议只在局域网，或者说是点到点的连接中被使用。而相反的服务则由定义在文档 RFC 903 中的反向地址解析协议提供，即 MAC 地址每次都会确定一个相应的 IP 地址。

- **邻居发现协议**（**Neighbor Discovery Protocol，NDP**）：邻居发现协议的功能与地址解析协议的功能非常相近。这个协议用于探索和发现位于局域网中的其他主机。这两个协议的不同之处在于：NDP 是为下一代互联网协议 IPv6 开发的，而 ARP 则为当前的互联网协议 IPv4 版本服务。

- **链路层拓扑发现**（**Link Layer Topology Discovery，LLTD**）：专有的链路层拓扑发现协议是由微软公司开发的，其目的在于探索各个现有网络的拓扑结构，同时核实各个网络所保证的服务质量（Quality of Service）。

- **串行线路互联网协议**（**Serial Line Internet Protocol，SLIP**）**和并行线路互联网协议**（**Parallel Line Internet Protocol，PLIP**）：串行线路互联网协议定义在文档 RFC 1055 中。并行线路互联网协议则是简单的点到点的网络协议。这两个协议负责数据的运输。也就是说，在串行线路互联网协议和并行线路互联网协议的数据包中能够通过一个串行的或者并行的接口提供个人和计算机之间的被封装的数据包。如今，串行线路互联网协议和并行线路互联网协议已经基本上被更现代的点到点协议（Point-to-Point Protocol，PPP）取代了。

- **点到点协议**（**Point to Point Protocol，PPP**）：点到点协议是一个简单的点到点的网络协议，它可以为两个网络节点提供连接。大多数的互联网服务提供商（ISP）都使用这种协议，以便为他们的客户提供一个通过一条标准的电话线连接到互联网的拨号连接。今天，互联网服务提供商们则通过封装了的以太网上的点到点协议（PPP over Ethernet，PPPoE，RFC 2516）和异步传输模式上的点到点协议（PPP over ATM，PPPoA，RFC 2364）实现了通过数字用户线（Digital Subscriber Line，DSL）连网的现代化入口。

- **生成树协议**（**Spanning Tree Protocol，STP**）：生成树协议在 IEEE 802.1D 标准中被规定。该协议确保在一个由多个网络段组成的局域网络架构中应该具有的自由度。正如该协议的名称所展示的那样，由现存的网络图会产生一个所谓的生成树（Spanning Tree）。通过这个生成树可以保证局域网中没有闭合的回路，这样数据包就不会无期限地循环下去。

2.3.3　网络互联层

TCP/IP 参考模型中的网络互联层的主要任务是：实现通信网络中两个终端系统可以通过不同的网络架构进行数据通信。在网络互联层中描述的方法借助了特定的中间系统（路由器）来实现不同网络架构之间的过渡和关联。这种方法也被称为**网络互联**

（Internetworking）。该方法中需要解决的任务被定义在文档 RFC 1122 中。对于网络互联，需要一个能够通过各个网络边界的、独一无二的寻址方案（**IP 寻址**）。而且，必须为发送的数据包提供一个发送方和一个接收方的地址，以确保数据包能够被正确地传递。由于通信是通过一个或者多个独立运行的网络进行的，因此通信的计算机必须要能够选择连接和交换的位置（中间系统或路由器），以便找到可以正确转发数据包的链接路径（**路由选择**）。当在不同类型的网络中传输数据包的时候，通常对数据包的大小，即单个数据包的最大尺寸有着不同的规定（最大传输单元）。而传输过程中涉及的中间系统则必须能够对一个具有更强限制的网络中的数据包进行调解，即先将其拆解（**碎片化**），然后在接收方将其重新组装起来[1]。此外，被关联的网络之间还存在着其他的技术差别，这些差别必须通过相应的传输和转换方法进行补偿。例如，在加密网络和未加密网络之间的调解，或者不同的以时间或以数量为基础的计费方式。

位于网络互联层上的三个需要被解决的基本任务是：

- 输出的数据包必须被转发到最近的一个中转站或者接收方的终端系统。为此，相关的通信协议必须选择沿着转发路径上距离最近的（直接的）接收方，即**下一个跳点**（Next Hop），将数据包通过网络互联层中各个相关协议的传递发送过来。

- 到达的数据包必须被拆封，从数据包的报头读出检测和控制信息，同时将所传输的有效数据向其上一层中相关的传输协议转发。

- 此外，还要承担诊断的任务和执行一个简单的错误处理。然而，网络互联层只提供不可靠的服务（**Unreliable Services**）。也就是说，这一层并不能保证发送的数据包一定能够到达接收方。数据的传输只能做到"尽力而为"（**best effort**）。而对于可靠通信的控制是由通信的两个端点（发送方和接收方）负责的，并且由 TCP/IP 参考模型中更高的一层来执行，以便减轻网络已经加诸到这一层的艰巨任务。通过这种"尽力而为"的策略，首次实现了互联网技术的可扩展性和容错性。也正因为如此，互联网才能壮大到如今的规模。

网络互联层中最核心的协议是**互联网协议**（Internet Protocol，IP）。IP 协议提供了一个不可靠的和面向分组的终端对终端的消息传输。它在所谓的 **IP 数据报**中负责碎片和碎片整理的工作，同时对于沿着消息的指定接收方路径上经过的中间系统的调解具有协议的机制。互联网协议目前存在 IPv4（RFC 791）和 IPv6（RFC 2460）两个版本，这两个版本包含了互联网中所有最重要的协议。

另外，在网络互联层还使用了**互联网控制消息协议**（Internet Control Message Protocol，ICMP），其中涉及了某些故障的相关报告，包括在 IP 传输的时候可能发生的故障以及其他诊断任务，例如回声请求（Echo Request），以便测试计算机的可达性及其所必需的响应时间。互联网控制消息协议是一种直接建立在互联网协议上的协议，这个协议有两个不同的协议版本分别对应于 IPv4（RFC 792）和 IPv6（RFC 4443）。

TCP/IP 协议栈的网络互联层中除了 IP 和 ICMP 两种协议外，还有其他的协议。例如：

---

[1]这项任务在互联网协议 IPv6 的新版本中已经被丢弃了。因为该任务被分散到了各个参与通信的终端系统。这些终端系统会自行进行初步的碎片化，这样就实现了数据的更快交换。

- **互联网络层安全**（**Internet Protocol Security，IPSec**）：IPSec 的背后有一个协议族，以便可以安全地操作 IP 的数据流。在一个数据流中，IP 的数据报既可以被认证完整性与数据源，即认证头（Authentication Header，AH）协议，也可以被加密，即封装安全负载（Encapsulating Security Payload，ESP），具体可以参见文档 RFC 4835。此外，谈判、建立和交换安全加密密钥，即互联网密钥交换协议（Internet Key Exchange Protocol，IKE，RFC 2409）也属于 IPSec 协议的一部分。

- **互联网组管理协议**（**Internet Group Management Protocol，IGMP**）：IGMP 协议（RFC 1112、RFC 2236、RFC 3376）用来管理一个 TCP/IP 网络中终端系统的 IP 多播小组。终端系统的地址列表是由特殊的多播路由器管理的，而这些列表能够通过一个多播地址被共同寻址。通过使用这些多播地址可以减少发送方和整个网络的负载。互联网组管理协议只有 IPv4 的一个版本，因为 IPv6 中实现多播的方式不同。

- **开放最短路径优先**（**Open Shortest Path First，OSPF**）：OSPF 协议（RFC 2328）是一个所谓的链路状态路由协议，用来调节一个单独路由域（自制系统）内部的 IP 数据报。因此，这个协议属于内部网关协议（Interior Gateway Protocol，IGP）组。OSPF 协议是互联网上使用最为广泛的路由协议。

- **互联网流协议版本 2**（**Internet Stream Protocol Version 2，ST 2+**）：互联网流协议（ST，RFC 1190 和 ST 2+，RFC 1819）是网络互联层的一个实验性协议。这个协议是对互联网协议的一个补充，用来确保面向连接的实时数据的传输和稳定的服务质量（Quality of Service）。

2.3.4　传输层

TCP/IP 参考模型中的传输层对应于 ISO/OSI 参考模型中的第 4 层。这一层的主要任务是在位于网络中的两台不同计算机上的应用程序之间建立和使用一条通信链路。传输层的协议建立了一个直接的、虚拟的终端对终端的通信连接。为了在一台计算机中实现多个应用程序并行通信，传输层的常规任务中还包含了一个统计复用功能。为了能够进行唯一性识别，每个应用程序都被分配了一个所谓的端口号。在传输层被传递的数据单元每次都必须含有分别对应发送方和接收方的端口号，以便可以被正确地传递。端口号与 IP 地址一起定义了一个所谓的网络套接字（Network Socket），成为网络中的唯一连接端点。在传输层中还可以实现一个复杂的流量控制（Flow Control），以避免可能出现的拥塞情况（Congestion Avoidance）。最后，这一层还应该确保数据被无差错地传输，并以正确的顺序（序列号）到达接收方。为了实现这个目的，传输层还提供了一个确认机制，即通过接收方确认被传输数据包的正确性，或者在出现错误数据包的情况下请求重发。

与网络互联层不同的是，传输层并没有处在网络运营商的控制下，而是为通信终端系统的用户或者应用程序提供了影响数据传输能力的可能性，而这些影响并不能被网络互联层处理。这些影响包括在网络互联层发送数据包出现的错误，以及在网络互联层丢失后补发的数据包出现的发送错误。在传输层中，任意长度的数据包（数据流）都应该能够被传递。为此，一个较长的消息将被分解成较小的数据段。这些数据段被单独地，并且独立地进行传递。在到达接收方之后，这些数据段又会被重新组装在一起。

　　传输控制协议（**Transport Control Protocol**，**TCP**）是互联网协议体系结构中的另外一个核心协议，是 TCP/IP 参考模型中传输层的最热门协议。定义在文档 RFC 793 的传输控制协议在两个终端系统之间实现了一种可靠的、面向连接的、双向的数据交换。而在 TCP/IP 参考模型的网络互联层上，数据交换是建立在不可靠的、无连接的数据报服务基础上的。TCP 协议实现了所谓的**虚电路**（Virtual Circuit）的构建。一个虚拟连接建立之后，会传输一个数据流（字节流）。这个数据流对位于其向上一层的应用层隐藏了那些基于分组进行传输的控制信息。同时，可靠的服务是通过一个确认机制，即自动重发请求（Automatic Repeat Request，ARQ）实现的。已经丢失了的数据可以通过这种机制来启动重传操作。

　　除了 TCP 协议，传输层中第二个重要的协议是**用户数据报协议**（User Datagram Protocol，UDP）。定义在文档 RFC 768 中的用户数据报协议在位于网络中不同计算机上的应用程序之间，对独立的数据单元进行传输，即所谓的数据报的传输。但是，这种传输是不可靠的。也就是说，有可能发生数据的丢失、数据报的倍增以及数据单元顺序的改变。该协议会丢弃那些被检测为错误的数据报，而这些数据报甚至都不能到达接收方。与 TCP 协议不同的是，UDP 协议表现出了相当低的复杂性，这反映在一个增加的数据吞吐量上。但是，为此付出的代价就是急剧损失的可靠性和安全性。而在其上运行的应用程序必须自己负责消除 UDP 协议可能出现的这些错误。

　　传输层中其他重要的协议还包括：

- **数据报拥塞控制协议**（**Datagram Congestion Control Protocol**，**DCCP**）：这个协议（RFC 4340）是一种面向消息的传输层协议。它除了能够建立和终止可靠的连接，还能够分散信息的过载，即显式拥塞通知（Explicit Congestion Notification，ECN），或提供过载控制功能，即拥塞控制（Congestion Control），以及用于协商传输的参数。

- **资源预留协议**（**Resource Reservation Protocol**，**RSVP**）：这个协议（RFC 2205）是用来请求和预约那些使用 IP 协议进行数据流传输的网络资源的。该协议并不用于数据的实际传输，而是类似于网络互联层中的 ICMP 和 IGMP 两个协议。资源预留协议既可以用于终端系统，也可以嵌入到路由器中，以便可以事先预约特殊的服务质量，并且及时地对其进行维护。

- **传输层安全协议**（**Transport Layer Security**，**TLS**）：作为**安全套接字层协议**（Secure Socket Layer Protocol，SSL）的后继版本，传输层安全协议（RFC 2246、4346 和 5246）为互联网中数据的安全传输提供了加密协议。其中，TLS 和 SSL 用来加密单个的 TCP 段。传输层安全协议为协商传输参数（对等谈判）、加密电路的交换、认证、加密和数字签名提供了方案。

- **流控制传输协议**（**Stream Control Transmission Protocol**，**SCTP**）：这个协议（RFC 4960）是原 TCP 协议的一个高度可扩展性和高性能版本的提案。该协议专注于较大数据量的传输。

2.3.5　应用层

　　TCP/IP 参考模型中的应用层提供的功能涵盖了 ISO/OSI 参考模型中 5～7 层所含有的任务。基本上，应用层对于那些想要通过网络通信，即进程到进程的通信（Process-to-Process Communication）的实际应用程序来说就是接口。而这些应用程序本身并没有位于这一层，也没有包含在 TCP/IP 参考模型中。

　　应用层所提供的服务和应用程序接口（Application Programming Interface，API）具有较高的抽象级别。也就是说，在用户或者用于通信的应用程序面前，那些发生在较低协议层中被规定的通信细节在很大程度上都被屏蔽了。应用层中的协议和服务通常接收的是已经被翻译和转换后的数据，而这些都发生在应用程序之间的语义层面上。为此产生的服务包括了命名服务（Naming Service）和重定向服务（Redirect Service）。前者用来将 IP 地址翻译成可读的名称，或者反之。后者是将那些不能被满足的要求重新传输到另外一台主机。当然，这些服务还包含了目录服务和网络管理服务。

　　应用层中的协议大多数都是基于客户端/服务器的通信原理。一个活跃的客户端联系一个被动等待的服务器，并向其传输特定的服务请求。服务器接收到客户端的请求后，会将其处理后向客户端返回一个响应。也就是说，在顺利的情况下会将客户端所请求的服务返回给客户端。

　　TCP/IP 协议族的应用层上有很多重要的协议。例如：

- **远程登录网络（TELNET）**：该协议（RFC 854）是互联网远程登录服务的标准协议和主要方式，用于为用户提供一个与远程计算机建立交互式双向通信链路的能力，并设置一个可用的命令行界面。通过这个界面可以在远程计算机上借助 TCP 协议建立一个虚拟的终端，在这个终端上就能够触发指令和动作。

- **文件传输协议（File Transfer Protocol，FTP）**：文件传输协议（RFC 959）用于在两个通过 TCP/IP 网络连接的计算机之间进行数据的传输和处理。在这种情况下，该协议使用的是客户端/服务器模型。也就是说，客户端发起连接，并且请求一个服务，服务器接受连接的请求，并回复服务的请求。在文件传输协议中，实际的数据传输和监测以及控制命令的传输是通过两个不同的 TCP 端口完成的。

- **简单邮件传送协议（Simple Mail Transfer Protocol，SMTP）**：SMTP 协议（RFC 821）是一个结构简单的协议，用于互联网中电子邮件的传输。如今，该协议被归纳在扩展简单邮件传送协议（ESMPT，RFC 5321）的规范中。这个规范允许对不同格式的消息进行透明传输。SMTP 协议被用于电子邮件服务的消息处理系统（Message Handling System，MHS）中，这个系统负责发送方和接收方之间的消息传递。终端系统，即用户工作的系统，只使用 SMTP 来发送电子邮件，而这些邮件会被邮件服务器继续转发。

- **超文本传输协议（Hypertext Transport Protocol，HTTP）**：HTTP 协议（RFC 2616 等）用于万维网中的数据传输。与应用层中的其他协议一样，HTTP 协议使用的也是客户端/服务器模式，并且基于的是可靠的 TCP 传输协议。

- **远程过程调用（Remote Procedure Call，RPC）**：RPC 协议（RFC 1057 和

RFC 5531）服务于进程间通信（Inter–Process Communication，IPC）。也就是说，它允许调用一个外部的、位于远程计算机上的子程序进行操作，并且只传送被呼叫计算机上产生的结果。而这个结果将会被进一步进行处理。

- **域名系统（Domain Name System，DNS）**：DNS 服务建立了一个命名和目录的服务。这些服务为所有参与互联网的系统提供了彼此间终端系统可读名字（字符串）与 IP 地址的关联。通过 DNS 对终端系统名字的命名空间的管理，可以对命名空间进行结构化，并且使之适用于本地的缓存和代理，实现有效的转换。DNS 定义在文档 RFC 1123 中，并且也定义在许多其他的 RFC 文档中。
- **简单网络管理协议（Simple Network Management Protocol，SNMP）**：借助于该协议，网络管理系统能够监控、管理和控制连接在网络中的单个系统。SNMP 定义在 RFC 3411 文档中，并且在许多其他的 RFC 文档中被标准化。
- **实时传送协议（Real–time Transport Protocol，RTP）**：使用 RTP 协议（RFC 1889）可以通过互联网传输实时的音频和视频数据。为此，RTP 定义了能够有效传输媒体数据流的实际数据格式。通常，借助于 RTP 控制协议（RTP Control Protocol，RTCP）可以监测传输其能够达到的服务质量。虽然 TCP 协议的协议标准是为实际的数据传输规划的，但是在实际的应用中大多数都是不可靠的。为了避免在连接管理中固定的等待时间和误差校正，一般都使用更有效的用户数据报协议（User Datagram Protocol，UDP）。

2.4 术语表

认证（也被称为身份验证）：用来证明用户的身份。在认证过程中，将使用一个可信机构的身份验证证书，同时制作和发送用来验证一条消息完整性的数字签名。

广播：广播的传输对应的是一个分散的传播，即从一个点同时向所有参与者的传输。典型的广播应用是电台广播和电视。

客户端：是指一个与服务器联系，并且请求其信息服务的程序。在万维网中所使用的浏览器就是这种意义上的客户端。当然，在万维网中也存在着其他形式的、与万维网服务器联系，并且可以从其上下载信息的客户端。例如，搜索引擎或者代理商。

客户端/服务器架构：是指一个网络中多个相连在一起的计算机之间分工合作的模式。其中，服务器提供某些服务，而另一端的客户端请求其服务。除了命令和请求服务的答复，这些组成部分彼此都是独立的。接口和用于请求服务，以及答复的通信类型都是被明确规定了的。

扩散网络（广播网络）：在一个扩散网络中，由发送方发送的信号能够被所有连接在网络中的计算机接收，但是要考虑到不同的传播延迟。与此同时，每个接收方要自己判定接收到的消息是否对自己有用，是否要对其进行进一步处理。

流量控制（Flow Control）：是为了确保在异步工作的网络设备之间进行均匀的和尽可能连续的数据传输的一种传统方法。流量控制负责管理网络终端设备的传输顺序。当沿着接收方的路径上发生拥塞情况的时候，为了避免潜在的数据丢失，流量控制会节流数据发送的功率。

碎片/碎片整理： 由于技术的限制，在一个分组交换网络中由通信协议发送的数据包的长度在应用层以下通常都有限制。如果需要发送的消息的长度比相应的预先规定的数据包的长度还要长时，那么该消息就要被分解成独立的、符合事先规定长度限制的子消息（碎片）。为了使这些独立的碎片经过传输到达接收方后能够重新被正确地组合成原始的消息（碎片整理），必须为这些碎片提供**序列号**。这是因为互联网中的传输序列并不能一直得到保证。

网络互联（Internetworking）： 是指多种不同的、彼此间独立的网络（局域网或广域网）被连接成了一个互联网。为此，合适的转换计算机（路由器）是必需的。这种路由器通过网络组合来调解数据包的路径，同时确保交付的可靠性。而呈现给用户的感觉是，这种网络组合就像是一个均质的、虚拟的网络（互联网）。

互联网标准： 由于在互联网的发展过程中，很多公司和组织都参与到了其中。因此，为了简化这种情况下的开发进程，有必要设计统一的协议和接口。这些协议和接口在公共标准化的进程中被采纳为互联网标准形式。它的原则是：允许每个用户都能为未来的标准贡献新的建议（Request for Comment，RFC），从而引导互联网的发展。

互联网协议（Internet Protocol，IP）： 是一个位于 TCP/IP 参考模型中网络互联层上的协议。作为互联网的奠基石之一，IP 协议致力于将由许多单一的、异构的网络组成的全球互联网表现为一个统一的、均质的网络。通过统一的寻址方案（**IP 地址**）为全球各个计算机提供唯一的标识。为此，IP 协议提供了一个**无连接的分组交换的数据报服务**。这种服务虽然不能保证服务的质量，但是总是按照**尽力而为**的原则进行工作。为了控制信息以及错误消息的通信，**ICMP**协议成为了 IP 协议的组成部分。目前，IP 协议的第四个版本（IPv4）仍然被广泛使用着。但是由于网络地址的短缺，IPv4 协议逐渐由 IPv6 协议所取代。

ISO/OSI 参考模型： ISO 的规范是被作为通信标准发展的基础进行设计并公布的。其中，涉及的是一个数据传输的参考模型。这个参考模型由 7 个层（Layer）组成，其目的是为了实现在不同计算机类型和协议类型之间能够通过一个统一的接口进行通信。ISO/OSI 参考模型的分层模式与 TCP/IP 参考模型是不同的。位于 ISO/OSI 参考模型的协议标准的底层是物理层，其上各层的重要性依次逐渐增加。

通信协议： 通信协议（也简称为协议）是规章制度的合集。该合集定义了被发送消息的数据格式，以及传输涉及的所有的机制和流程。这些机制和流程包含了在通信伙伴之间建立和终止连接的协议，以及数据传输的方式。

密码学： 密码学是信息学和数学学科的一个分支，致力于加密算法的设计和评估。密码学的传统目标是在未经授权的第三方进行访问之前保护信息的保密性。通过使用密码学还可以实现其他的安全目标，例如，数据的完整性或者约束力。

电路交换：通过网络进行的一种消息交换的方法。即在消息交换开始之前，必须首先在通信双方的终端间建立一个专用的、固定的连接，而这个连接会存在于整个通信期间。例如，模拟电话依据的就是这个原则。

局域网（Local Area Network，LAN）：一种空间有限的计算机网络，只能容纳数量有限的终端（计算机）。局域网允许所有连接在网络中的终端系统高效、平等地进行沟通。在一般情况下，这些被连接的计算机会共同分享一个传输介质。

多播：在一个多播传输中，发送源会同时向一组接收者发送消息。这就涉及了一对多的通信。多播经常被用于多媒体数据的传输。

网络应用：一种应用程序，包括了对资源访问的流程。这种应用并没有被提供给本地输出的计算机，而是被放置在通过网络可以访问到的远程计算机上。

数据包报头（分组交换报头）：在分组交换网络中，使用的通信协议要求被传输的信息碎片化到各个单独的数据包中。为了保证这些数据包能够被正确地进行传输、到达被指定的接收方，并且在那里能够被重新组装成原始的信息，就必须将对数据包的命令和控制信息封装在一个所谓的数据包的前缀中，即报头。

分组交换：数字网络中的一种主要的通信方法。在这种方法中，消息被划分成固定大小的单个数据包，而且这些数据包彼此间都是单独地、互不依赖地从发送方通过所有现存的传输站点向接收方发送的。分组交换网络又被区分为**面向连接的**和**无连接的**（数据报网络）网络。在面向连接的分组交换网络中，在进行实际的数据传输之前，必须要通过网络中固定的中转站点建立一个连接。相反，在无连接的分组交换网络中则不需要设置一个固定的连接路径。

协议栈：网络通信中不同的子问题每次都需要由各个特定的协议进行处理。为了能够解决网络通信的整体问题，所有这些特定的协议相互间必须能够无障碍地进行合作。为了确保这种合作的顺利进行，开发了希望可以彻底解决这个任务的众多网络协议软件，并且将其合并开发为**协议套件**（Protocol Suite），常被通称为 TCP/IP 协议族。协议族能够解决现有网络产生的各种子问题，并且各个协议之间可以有效地进行交互。由于网络通信的整体问题能够借助**层模型**来表示，而对应的协议族中的各个单独的协议也被分配到了各个对应的层中，因此这些协议也称为**协议栈**。最常见的协议栈是互联网的 TCP/IP 协议栈和经常被用于教学的 ISO/OSI 层模型。

服务质量：对通信系统提供的服务性能进行的量化。这种量化是通过服务的属性、功率、功率的波动、可靠性以及安全性进行描述的，而这些描述每次都能通过实际的、可量化的参数被规范化。

计算机网络：计算机网络（简称**网络**）提供了与网络连接的自主计算机系统。每个这种系统都能在数据交换的基础设施里提供其自己的存储器、自用的外围设备以及自主的计算能力。由于所有的参与者相互间都被连接到了一起，因此计算机网络为每个参与者都提供了与网络中其他参与者的连接机会。

参考模型：所谓的参考模型通常都表现为一个抽象的模型，在这种模型的基础上可以衍生出具体的模型，或者具体的实施方法。通常，参考模型是作为一般的比较对象而使用的。而且这种模型允许与其他描述相同问题的模型进行比较。在计算机网络的领域中存在着两个比较著名的参考模型：一个是如今只用于教学目的的 ISO/OSI 参考模型；另一个是真正被用于互联网应用的 TCP/IP 参考模型。

征求意见稿（Request for Comment，RFC）：专家们不断地讨论新的互联网技术，并且将其记录在所谓的征求意见稿（RFC）中。在互联网标准化的进程中，这种文档的编号集合是由技术、标准以及其他互联网中被记录和规范的文件组成的。

路由器：用于连接两个或者多个子网络的交换处理器。路由器工作在网络中的传输层（IP层），能够根据接收到的数据包所包含的目标地址选择一条最短的路径将数据包通过网络进行转发。

路由：在一个无线网络中，沿着发送方和接收方之间的路径通常存在着多个中转站点，这些站点对发送数据的中转进行调解。确定一个从发送方到接收方的正确路径被称为路由。其中，专用的交换中心（**路由器**）接收发送的数据包，评估其含有的地址信息，然后将其继续传递到相应的（指定的）收件方。

层模型：将复杂的问题分解成按层次分布的子问题，而所有这些子问题都是建立在彼此之上的。这些相对于各个层的子问题有利于进行整体任务的建模。各个单独层的抽象水平都是逐渐增加的，因此在那些位于层模型中比较高的层面前，许多在较低层中被处理过的通信的细节都被屏蔽掉了。层模型不仅在通信技术中发挥着重要作用，在信息技术的其他领域中也扮演着重要的角色。在修改后的描述中，这种模型也称为**壳模型**，即层与层之间不是建立在彼此之上的，而是一环一环套在一起的。

服务器：是指被客户端呼叫的、以便传回信息或可用资源的一个进程。那些能够运行服务器进程的计算机通常也被称为服务器。

安全性：在网络技术中，安全性的概念包含了不同的安全目标（服务质量参数），这些目标描述了发送数据的完整性和真实性的程度。最重要的安全目标包括：**保密性**（没有任何未经授权的第三方能够窃听发送方和接收方之间的数据通信）、**完整性**（所接收到数据的完整性）、**真实性**（保证对通信伙伴的身份识别）、**约束力**（对成功进行的通信给出具有法律约束力的证明），以及**可用性**（保证一个被提供的服务是真实可用的）。

传输控制协议（Transmission Control Protocol，TCP）：位于 TCP/IP 参考模型中传输层上的协议标准。基于众多的互联网应用，TCP 协议提供了一个可靠的、面向连接的传输服务。

TCP/IP 参考模型（也称为 TCP/IP 协议栈或 TCP/IP 通信模型）：描述了一个互联网的通信模型。TCP/IP 参考模型分为四个协议层（网络接入层、网络互联层、传输层和应用层），并且实现了在不同的计算机和协议类型之间通过一个标准化的接口在互联网上进行相互间的通信。

网络拓扑（Network topology）：一个计算机网络的拓扑结构是指分布在网络中的各个计算机节点的几何分布形式。在计算机网络中，常见的拓扑结构有**总线拓扑**、**环状拓扑**和**星状拓扑**。

拥塞（Congestion）：一个网络能够根据自己的资源（传输介质、路由器和其他的中间系统）承担一定的负载（通信、数据传输）。如果在网络中产生了接近可用容量的 100% 的负载，那么就会出现拥塞现象。这时网络必须使用适当的方式进行响应，以避免通信中数据的丢失和通信的故障。

无连接服务：互联网中，原则上具有两种服务类型：**面向连接的**服务和**无连接**服务。面向连接的服务在其开始真正的数据传输之前必须在网络中建立一个链路。这个固定的连接链路将在整个通信的过程中被使用（例如，电话）。无连接服务则不需要选择固定的连接路径，每次被发送的数据包相互间都是独立地通过互联网中不同的路径进行传输的。

广域网（Wide Area Network，WAN）：是一种完全不受空间或者能力限制的、可自由扩展的计算机网络。其中，单个的子网络是通过交换系统（路由器）彼此间被连接到一起的，而这些交换系统在广域网中用来协调数据的传输。广域网技术为**网络互联**提供了基础。

第3章 物　理　层

"有形事物是对无形事物认知的基础。"

—— Anaxagoras（公元前499—427）

任何有关对信息进行传递和接收的任务都是通过一个物理的介质进行的，即信息的载体。在互联网中，信息的传输也是通过这种物理通信介质进行的。这些物理介质包含的范围很广泛：从传统的电导体、简单的电缆，到光纤电缆（玻璃光纤），以及那些无线介质的形式：例如那些位于不同频率范围的电磁波都被用于信息的传输。然而，那些被数字编码为 0 和 1 序列的发送信息到底是如何通过物理的通信介质进行传输的呢？本章在讨论不同的有线和无线的传输介质之前，首先会给出一些有关物理数据传输的理论基础。其中，包括位于前端的所谓的调制方法和多路复用方法。有了这些方法，二进制化的信息就可以被转换成可传输的物理"形式"。最后，这些物理形式的信息就可以通过共用的介质进行高效的传输了。

在互联网的 TCP/IP 参考模型中，各个层中的协议都是基于一个物理的传输介质。通常，这种物理介质也称为**物理层**（Physical Layer）。而这一层本身并不属于 TCP/IP 参考模型中的组成部分。物理层连同 TCP/IP 参考模型中的其他四个层一起就组成了混合的 TCP/IP 参考模型。

一般情况下，在物理层中定义了用于数据传输所使用的物理介质的所有物理的和技术的属性。其中，重点在于网络硬件和物理传输介质之间的相互作用。在这一层中，必须确定链接线路的布局，包括电子的和光学的参数、电缆物理性质的规范（电子的和光学的），以及放大器元件、网络适配器和所使用的数据传输方法的规范。

我们已经知道，任何通信的基础都是**信号传输**。也就是说，通过一个合适的传输介质进行的信号传输。在这种过程中，信号会被传递一个空间的距离。首先，发送方激活传输介质中的一个传输信道，然后将一个需要转发的消息设置到一个信号源中。对应于信号的发送，位于传输介质另外一个终端的接收方需要具有一个能够接收传输过来的信号的接收器（参见图 3.1）。

图 3.1　信号借助合适的介质进行空间距离的传输

　　物理层从位于其上面的层接收到的数据只是含有 0 和 1 的二进制数据流。在转发之前，这种数据流必须要被转换成物理信号的形式（参见图 3.2）。这种转换需要借助于不同的**调制方法**，即将单个或者多个信号的参数信息"压制到"被传输的信号中（参见图 3.3）。

物理信号及其分类

　　信号定义为是一个可携带信息的、并且在物理系统中随着时间的推移可以被衡量的大小值。信号也分为两种类型：连续进程中的数值（**时间连续的信号**），以及只在离散间隔中变化的数值（**时间离散的信号**）。如果可测量的数值数量是有限的，那么这种信号称为值离散信号。相反，具有无限数量的可测量值称为**值连续信号**。如果测量的值只有两种可能性，那么这种信号称为**二进制信号**。

　　一个信号，无论时间还是数值都是离散的，那么这个信号称为**数字信号**。一个信号，如果其承载的测量值能够取得任何值，那么这个信号称为**模拟信号**。

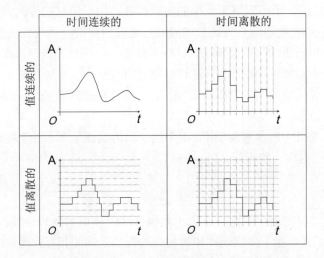

　　信号又分为**空间（位置相关的）信号**和**时间相关的信号**。空间信号的信号参数描述为一个位置相关的函数（例如，数据存储）。时间相关的信号的信号参数的数值会随着时间而发生变化（也可以描述为时间相关的函数）。这种信号被用于通信中。每个位置相关的信号都可以被转换成一个时间相关的信号，反之亦然。因此，存储的数据（空间信号）能够被读取，并且作为一个时间相关的信号通过网络被发送到一个接收器。

　　信号还可以理解为是作为数据通过特征空间及时间变化值的一个物理表示。这些信号被用来代表物理（真实）世界的抽象数据。例如，逻辑值。

　　根据不同的表示数据的能力，信号还可以区分为承载信息的**有用信号**和**干扰信号**。干扰信号不仅产生于自然的来源，例如，大气或者随机的干扰（噪声）。也可能来自技术的问题，例如，其他信号的干扰或者由于技术设备而产生的脉冲干扰。

延伸阅读：

Shannon, C. E., Weaver, W.: The Mathematical Theory of Communication, University of Illinois Press, Urbana, Illinois (1949)

Shu, H. P.: Schaum's Theory and Problems: Signals and Systems. Schaum's Outline Series, McGraw-Hill, Inc., USA (1995)

图 3.2　物理信号及其分类

这些调制的方法对可变信号参数、每次可选择的信号强度以及这两者间组合的选择上是不同的，而这就导致了在同一时间内可传输信息数量的不同。接收方接收到这种信号后，必须借助于一种**解调方法**将从物理的传输介质中接收到的信号重新转换成二进制信息的数据流。

调制

通过特定的传输介质转发的信号带宽，不仅取决于每次使用介质的物理属性，而且通常还受到监管的限制。因此，用于数据传输的、使用最频繁的可用频率范围是受到限制的。当借助于线路编码将需要传输的数字信号直接转换成适用于一个现有传输信道的时候，那么利用这个传输信道就可以更高效地完成任务。在一个传输信道上使用一个特定的信号，即所谓的**载波信号**，并且将这种有用信号在所选择的传输信道框架下通过信号参数的变量压制到需要被传输的信息中，就是所谓的"调制"。在最简单的情况下，**调制**就是将有用信号的频率范围做一个简单的移位，转换到另外一个范围。另一方面，使用复杂的现代调制方法通常都能实现将有用信号的频谱以最佳的方式调制到可用的传输信道上。其中，有用信号总会将载波信号的频率带宽扩大。在信号接收端，为了从接收到的信号中重新获得原始消息，就必须对这些信号进行**解调**。

调制方法又被区分为时间和数值连续的**模拟调制方法**，以及时间和数值离散的**数字调制方法**（在英语中也称为*移键控*（*Shift Keying*））。

延伸阅读：

Hufschmid, M.: Information und Kommunikation - Grundlagen und Verfahren der Informationsübertragung, B. G. Teubner Verlag/GWV Fachverlage GmbH, Wiesbaden (2006)

图 3.3　调制

在互联网中，由于很多用户需要共享一个通信介质，因此，必须使用那些可以高效和公平分配资源的方法。解决这个问题的逻辑部分被分配在了较高的协议层中。而在物理层上，则必须为用户建立可以共同使用物理通信介质的条件。为此，需要对可变信号参数的某些区域进行分配。例如，时间或者频率，或者各个参与者的组合，以便这些区域在传输的过程中不会相互干扰。根据所选择的物理通信介质和数据的传输方法，可以使用**复用**和**解复用**这两种不同的方法。

用于数据传输的物理传输介质被区分为**有线的**和**无线的**两种。在有线的传输介质中，信号是利用电磁波进行传输的。这种波是沿着固定的介质向外传播。最简单的例子是用于传输电信号的铜电缆。其中，电缆的材料特性和设计原理决定了实际的发送功率。在下面的章节中将给出所谓的双绞铜线电缆（双绞线）和同轴电缆的几个不同的变体。同样，光导纤维（光纤）也被区分为单模和多模的光纤。其中，相对于多模的光纤，单模的光纤在使用中被限制在了单一的频率上。

相反，通过位于电磁频谱上不同的频率范围，无线的传输介质可以在空间中不受限制地进行信号的传递。特别地，通过移动电话或者无线局域网的数据传输在今天受到了热捧。根据所使用的电磁频谱的频率范围，对应所使用的方法也是大不相同的。最后将讨论通过短波和超短波的无线电广播、微波和红外线，以及通过激光的数据传输。

3.1 理论基础

无论是在有线的还是在无线的传输介质中，信息的传输都需要借助**电磁波**的帮助。附加到电磁波上的信息是沿着电线（有线的）或者在任意的空间中（无线的）向外传播的。在这种情况下，那些可以借助电磁波传输的信息数量以及每次传输的过程中所使用的频率范围之间会存在着某种关系。根据所使用的传输介质的不同可以使用不同的电磁频谱的频率范围进行数据的传输。这种频率范围通常被限定一个**最大频率**，而这个最大的频率通常又是由所谓的用于发送信号的**带宽**确定的，相关基本概念参见图 3.4。

信号传输理论中的基本概念

- **带宽**：术语"带宽"定义了将所给出的物理量表示成赫兹（1 Hz = 1/s）。这个物理量在物理学、通信工程以及计算机科学中有着不同含义的应用。从物理意义上看，带宽 B 表示两个频率 f_1（频率下限）和 f_2（频率上限）之间的差值。这个差值形成了一个连续一致的频率范围（频带），即 $B = f_2 - f_1$。

  在模拟通信工程中，带宽是指电子信号在一个振幅起落可达 3dB 时被传输的频率范围。理论上，带宽越大，就有越多的信息可以在单位时间内进行传递。

  在计算机科学中，带宽是指在数字信号传输过程中的**传输速率**（也被称为数据传输速率或者比特率）。传输速率是对传输速度的度量，表示单位时间内通过传输介质发送的以比特形式存在的数据量。这里，带宽和传输速率之间存在着直接关系。因为，在数据传输的过程中可以达到的传输速率直接取决于其所使用的传输介质的带宽。对于二进制信号来说，最大带宽的利用率是每赫兹 2 比特（2 b/Hz）的带宽。

- **动态（Dynamic）**：动态定义了最大和最小信号电平（信号值）之间的范围。该信息通常表示为对数的刻度，在考虑信号的干扰时有着重要的含义。

- **调制**：在通信工程中，调制被描述为一个过程。在这个过程中，需要被传输的有用信号（数据）将被转换成一个载波信号（调制），即实现了将所传递的有用信号转换成通常能够在较高频率上传输的载波信号。

- **多路复用（复用）**：多路复用方法是指信号和消息传递的方法。使用这种方法，多个信号被组合在一起（捆绑），并且通过一个传输介质同时被发送。

- **信号参数**：信号参数是指一个信号的物理特性。这些特性代表了数据本身能够借助于信号被传输的数值或者数值的变化曲线。典型的信号参数包括：信号的**频率**（单位时间内振荡的数量）、**振幅**（信号强度）以及**相位**（时间的移动）。

- **信号电平**：信号电平是指在一个传输系统内，一个被测量出的信号值和一个信号的参考值之间的比例关系。电平通常被描述为对数的刻度。使用这种表示法就可以描述在一个可控的数字范围内的一个非常大的动态范围。

延伸阅读：

Meyer, M.: Kommunikationstechnik: Konzepte der modernen Nachrichtenübertragung, 3. Aufl., Vieweg (2008)

图 3.4　信号传输理论中的基本概念

一种最简单的传输方法是：二进制信息通过一根电线进行传输。其中，0 和 1 在一个固定的周期内被作为"有电流"和"无电流"的形式编码成脉冲（参见图 3.5）。在给定的周期内，产生的电压波动会形成一个**方波**。作为无数单独振荡波形的叠加，这种方波能够表示成不同的频率和振幅（参见 3.1.1 节）。

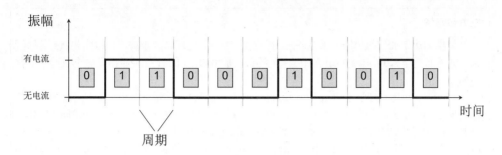

图 3.5　模拟数字传输在电导体上通过两种不同的振幅（有电流/无电流）形成的方波

然而，即使是这种简单的应用也会存在一些问题。例如，当没有能量的时候，信号就不能被发送出去。基于每种传输介质不同的物理属性，这种能量的损耗在不同的频率范围会达到不同的程度。也就是说，信号的传输取决于导体的材料性质，且随着信号路径的不断增加，信号也越来越失真，甚至在接收方都不能被检测到（解码）。此外，信号还可能会受到外部的影响（信号噪声）。但是，即使是一个完美的、无噪声的传输信道也只能拥有一个有限制的传输容量（参见 3.1.2 节）。因此，并不是所有被正确传输的方波都能够被所需的频率发送。

解决这些问题的一个办法是使用一个**窄带信号**，即一个信号用尽可能少的（理想状况下是只用一个）频率来表示。这样，带宽的限制和信号失真的干扰影响就会在信号的传输过程中被最小化。然而，为了借助窄带信号进行传输，必须对其他的信号参数进行"调制"。也就是说，信号强度、信号相位或者信号的频率可以通过合适的编码方案加以改变。

3.1.1　电磁频谱和信号传输

将消息从一个地方传输到另一个地方需要通信介质。通常情况下，这种消息在传输前必须被编码。也就是说，消息必须被编码成能够通过通信介质传递的形式。这种编码形式可以通过不同的方法来完成。例如，通过邮件服务传递信件、通过空气传递声波（音频信息），或者也可以沿着导体或者在开放的空间中传输电磁波。

尝试将信息通过电磁波的形式进行传输的实验可以追溯到 18 世纪（参见图 3.6）。一直以来，这种尝试的目标是想让信息几乎能够被没有延迟地进行传输。也就是说，承载信息的信号能够在开放的空间中以光的速度被传播，在电导体中也可以达到近乎光的速度。然而，这样的传输并没有实现完全的无延迟。例如，在通过卫星通信的时候，就可以明显感觉到延迟。因为，当通信的距离非常大的时候，必须进行相应的连接（通常经过多个中继点）。

电磁波称为是电场和磁场相互耦合产生的波。一个随着时间变化的电场总是产生一个磁场。同时，一个随着时间变化的磁场也总是产生一个电场。产生这种现象的两个场缺一不可，并且不需要载体（参见图 3.7）。

电磁波包括无线电波、微波、红外辐射、可见光、紫外线辐射以及 X 射线和 γ 射线。这些波是连续**电磁光谱**的组成部分。所描述的特征只是从与其相关联的频率辐射的变化

电力和通信

　　将电力用于通信的想法可以追溯到 18 世纪。早先，电现象经常被视为趣闻和八卦，尽管当时的希腊哲学家**Thales von Milet**（大约公元前 640 — 546）已经给出了静电吸引力现象的描述。

　　1730 年，英国物理学家**Stephen Gray**（1666—1736）成功地证明了电能够沿着金属线传播的理论。电力通信的想法由此诞生。1800 年，意大利物理学家**Alessandro Volta**（1745—1827）利用以他的名字命名的伏打电堆（Voltaic pile）发明了第一个稳定电源流。与此同时，法国数学家和物理学家**AndréMarie Ampère**在 1820 年在丹麦人**Hans Christian Oersteds**（1777—1851）进行的**电磁学**工作基础上给出了电磁针电报的原理。1833 年，被称为**第一台指针式电报机**由**Carl Friedrich Gauss**（1777—1855）和**Wilhelm Weber**（1804—1891）在实践中研发成功。但是，由**Samuel Morses**（1791—1872）撰写的电报机原理从 1837 年才成功地获得商业上的突破，这也预示着电报机时代的正式开始。

　　在电子电报中，被编码的字母是由长的和短的（并不是均质的）信号脉冲序列组装而成的。而对复杂声学信息的传递则完全不同，例如，传递人的声音要困难得多。首先，需要解决将声波向电子电压波动转换的问题。半个世纪后的 1876 年，**Alexander Graham Bell**（1848—1922）基于英国物理学家**Michael Faradays**（1791—1867）在**电磁感应**中取得的成果，成功地发明了**电话机**。通过这种机器，人类的声音可以几乎无延迟地被较长距离地传输。与电报相反的是，具有不同电子频率的整个频谱必须通过一个电导体进行传输。然而，不同的频率存在不同程度地衰减，而且电缆长度被不断延长，输出的信号到最后会失真到面目全非。因此，对于远距离通信首先必须开发出对应稳健的信号放大器。也正因为如此，手机直到 20 世纪才开始确立其霸主地位。

　　电磁波不仅能够沿着一条导线进行传输，而且还能在空间里自由扩散。1865 年，苏格兰物理学家**James Clerk Maxwell**（1831—1879）第一次假设了**电磁波**的存在。1885 年，**Heinrich Hertz**（1857—1895）证实电磁波能够通过实验检测到。意大利的工程师**Guglielmo Marconi**（1874—1937）将 Heinrich Hertz（开发高频发生器，发送器），**Alexander Popow**（1858—1906）（开发天线和继电器）和**Eduard Branlys**（1846—1940）（开发用于将电磁波转换为电脉冲的粉末检波器，接收器）几个人的研究成果进行整合成为一个完整的**无线电报装置**，并于 1896 年申请了专利。

延伸阅读：

Meinel, Ch., Sack, H.: Digitale Kommunikation - Vernetzen, Multimedia, Sicherheit, Springer, pp. 19–91 (2009)

图 3.6　电力和通信

特征，以及它们的来源和使用得出的。人类在不需要借助工具的情况下能够感觉到的唯一电磁波是**可见光**。这种波长的辐射位于 380nm 到 780nm 之间。图 3.8 显示了电磁波的频谱。该频谱是按照电磁波的频率和波长，以及在有线和无线介质中的应用进行分类的。

　　电磁频谱始于**静态电磁场**。例如，地球的磁场就属于这种磁场。这种磁场除了 24 小时有节奏地进行小波动外，长久以来的变化几乎都是恒定的。这种电磁场直接与**甚低频**（Very Low Frequency，VLF）相连。对应频率范围包括例如，电气化铁路网（16.7 Hz）或者欧洲的交流电网（50 Hz）。到了 10 kHz 的时候就是无线电波的范围了。例如，在 10 kHz 到 30 kHz 使用的海洋无线电设备（甚低频能够穿透几米深的水，同时也能够被用于水下潜水艇的通信）。此外，甚低频还可以应用在矿山无线电中，用于无线电导航和传输时间信号。甚

电磁波

1860 年，苏格兰物理学家 James Clerk Maxwell 将电和磁的基本规律总结为所谓的**麦克斯韦方程组**。通过这个方程组能够证明电磁波是存在的。一个随着时间变化的电场总是产生一个磁场。同样，一个随着时间变化的磁场也总能产生一个电场。对于周期更替的两个场，将会导致一个渐进的电磁波。这种波并不像，例如，声波必须需要一个介质才能够向外传播。电磁波在开放空间中以**横波**的形式出现，并且以光的真空速度进行传播。其中，电场（E）和磁场（B）两个场的向量相互垂直，并且具有固定大小的比例关系（波阻抗）。

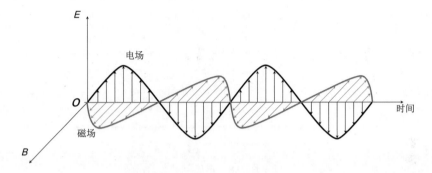

测量电磁波的**波长**λ 同测量机械波的波长一样，都是从一个波峰到下一个波峰，即相同相位的两个点 t_1, t_2 之间的距离。如果这两个点具有相同的位移量（振幅）和相同的移动方向，那么这两个点具有相同的相位。这里，波长 λ 对应于波的周期 $\delta t = t_2 - t_1$ 是等效的。频率 f 被作为是周期 $1/\delta t$ 的倒数。因此，波长 λ、波的传播速度 c 和波的频率 f 具有以下的关系：

$$\lambda = \frac{c}{f}$$

电磁波的传播速度 c 可以表示为：

$$c = \frac{1}{\sqrt{\mu_0 \cdot \epsilon_0} \cdot \sqrt{\mu_r \cdot \epsilon_r}}$$

其中，ϵ_0 表示电场常数，μ_0 表示磁场常数，而介电常数 ϵ_r 和磁导率 μ_r 则依赖于波传导的导体（介质）材料。在真空的情况下，也就是说，电磁波在自由空间传输时，$\epsilon_r = \mu_r = 1$。在介质中，电磁波的折射取决于其频率和（根据不同的介质）偏振以及传输的方向。

延伸阅读：

Tipler, P., Mosca, G.: Physik: für Wissenschaftler und Ingenieure, 6. Aufl., Spektrum Akademischer Verlag, Heidelberg, Neckar (2009)

图 3.7　电磁波

低频发射器通常都需要巨大的投资，其中包括多个位于海拔 100 m 以上的中转塔以及占地数平方千米的区域。

频率范围在 30 kHz 到 300 GHz 范围内的被称为**高频范围**。这一区域被特别用于以广播（长波、中波、短波、超短波和特高频 UHF）以及跟踪（雷达）通信的使用。无线电波的频率范围被规划在 30 kHz 到 300 MHz 之间。这一范围被用于音频和视频信号的无线传输。无线电波的特征在于每次都依赖于所使用的频率。在低频的范围内，无线电波能够轻易地穿透障碍物。然而，这种电波的辐射能量会随着传输距离的增加而急剧消耗。

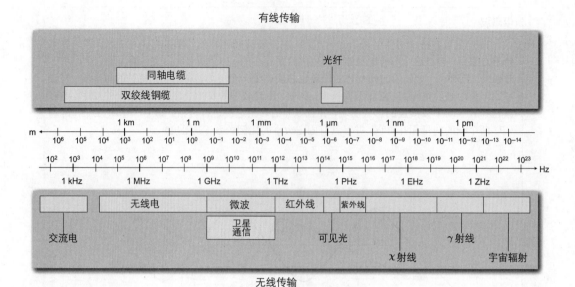

图 3.8　电磁频谱

长波（LW），又称为低频（Low Frequency，LF）的波长频率范围在 1000 m 到 10 000 m 之间。也就是说，其频率在 30 kHz 和 300 kHz 之间。这一范围被广播电台、无方向性信标台（Non Directional Beacon，NDB）和无线导航系统所使用。

与长波范围紧邻的是中波的频率范围（MW），又称为中频（Medium Frequency，MF），其波长范围是 100 m 到 1000 m。也就是说，其频率范围位于 300 kHz 和 3000 kHz 之间。与长波被认为是按照直线的面波进行传播不同的是，中波射线在电离层被反射（空间波）。因此，中波特别适合对无线信号的长距离传输。中波的应用领域集中在广播、业余无线电和航海无线电。

短波（Short Wave，SW），又称为高频（HF）波，其频率范围在 10 m 和 100 m 之间。也就是说，短波的频率范围位于 3 MHz 和 30 MHz 之间。基于其良好的反射特性，短波信号能够在全世界各地被接收到。面波只能在 30 千米和 100 千米之间被传递，而空间波却能在电离层上（也就是说，在大概 70 千米到 400 千米高度上）不同的层被反射，并且反射波能够成功地返回地球表面，之后在有利的条件下重新被反射。这样一来，空间波就能够再次向外被传输几千千米的距离。短波主要被用于广播和全球通信服务的领域内，对于业余无线电领域也有着特殊的意义。

超短波（UKW），又称为甚高频（VHF）波，其频率范围位于 30 MHz 和 300 MHz 之间。与短波不同的是，超短波射线的范围由于所谓的无线电地平线而受到了限制。超短波不能在电离层被反射，而只能作为一种直线的可见波进行传播。也就是说，接收方和发送方之间必须存在视觉接触。根据发送方和接收方的地理位置，超短波射线的范围大约在 10 到 200 千米之间。这种波对于无线电和电视信号，以及飞行无线电和无线电导航具有特殊的意义。

在频谱中，与超短波上面区域临界的是微波，其频率范围位于 300 MHz 和 300 GHz

之间。位于微波的最低频区域的是分米波（UHF，特高频），其频率位于 300 MHz 和
3 GHz 之间。这种分米波被应用于地面电视广播、移动以及无线局域网和雷达领域。除此
以外，分米波还可以应用在微波炉中。在频率高于 1 GHz 范围以上的波是沿着直线运行
的。因此，这些波能够被紧密地捆扎在一起。这样一来，就能够达到一个较高的信噪比。
发送天线和接收天线必须精确对准对方。

厘米波（SHF，超高频）的波长范围位于 1 cm 和 10 cm 之间。也就是说，其频率带位
于 3 GHz 和 30 GHz 之间。厘米波也同样划分在微波中，并且用在无线电、雷达和电视广
播领域。

毫米波（EHF，极高频）也属于微波，其波长在毫米范围，即位于 1 mm 和 10 mm 之
间，对应的频率带为 30 GHz 到 300 GHz 之间。毫米波的应用领域在军用雷达、建筑物监
控以及巡航距离控制中队机动车之间进行自动的距离调节。

随着频率的增加，出现的是太赫兹射线和红外线。对于人类来说，这两种波的波长在
频谱中都短于人类的可见波波长范围。频谱中的这个范围一直到紫外线范围（UV），也称
为**非电离辐射**（Non-ionizing radiation）。因为这种射线无法从（绝大多数）原子或者分子
里面电离（ionize）出电子，也就是说，无法电离化。

太赫兹射线（亚毫米波）的波长位于 1 mm 到 100 μm 之间。也就是说，其覆盖的频
率范围在 300 GHz 和 3 THz 之间。太赫兹射线有时也被归于红外线里。由于其不长或者
用途受到限制，因此在电磁频率中人们还会提到太赫兹空隙。虽然太赫兹射线能够穿透许
多材料和生物组织，但是与 X 射线或者 γ 射线不同的是，这种射线不能电离。太赫兹射
线通常被应用于光谱学、材料测试以及安全技术。

红外射线紧邻着太赫兹射线，其波长位于 100 μm 到 780 nm 之间。红外射线能够被
进一步划分为近红外、中红外和远红外。生活中，红外线经常被等同于热辐射。而实际上
热辐射的整个频率范围包括了微波辐射和可见光范围。红外辐射被用于产生热量、红外遥
控器或者计算机的红外接口。由于近红外线对光波导体的低吸收性和分散性，也用于信号
的传输。

人眼可见光的频率范围在波长 750 nm 和 380 nm 之间。这个范围只占整个电磁频率
的很小一部分。

与可见光谱相邻的是紫外线区域（UV），其波长范围在 380 nm 到 1 nm 之间。根据
文档 DIN 5031 的第七部分，紫外线范围中的射线可以划分为三个频率带：UV–A、UV–B
和 UV–C。紫外线的应用包括消毒、光谱学、荧光检查以及光刻技术。

而**电离辐射**区域首先是以具有较高能量的紫外线（UV–C）开始的，其后续的 X 射
线、γ 射线和宇宙射线也都归属于此。X 射线的频率范围紧挨着极高紫外射线之下，其波
长涵盖了 10 nm 到 1 pm 之间。其中，硬 X 射线和 X 射线的伽马射线的区域产生了重叠。
伽马射线和 X 射线在相同的频率区域之间的不同涉及了它们不同的来源。γ 射线的起源
在原子核的进程中。而 X 射线则是通过原子的电子壳层的高能量过程产生的。X 射线被
用在医学、材料物理以及化学和生物化学中。伽马射线产生于原子核的放射性衰变过程
中，并且包括了除 X 射线以外的整个频率范围。γ 射线也可以用于医药，以及传感器和材
料测试中。与高能量的伽马射线紧邻的电磁波也被称为宇宙射线，其起源于宇宙。

3.1.2　有限带宽信号

借助于电磁波的帮助，信号能够沿着一条导线或者在自由的空间里进行传输。这些信号能够携带被编码了的信息，即信息通过某些信号参数的变化被"压制到"输出信号上。在这些参数中，有一个是用来确定信号行为变化的电压或者电流强度。通过一个简单的、单值的，并且与时间有关的函数 $f(t)$ 就可以建模出信号的行为，并且使用数学的方法对其进行分析（参见图 3.9）。

傅里叶分析

任意一个周期信号 $g(t)$ 都可以分解成一个（或者是无限多个）简单的正弦和余弦函数之和。这种分解方法根据法国数学家和物理学家**Jean Baptiste Joseph Fourier**（1768—1830）的名字被命名为**傅里叶分析**。假设，$g(t)$ 是一个任意的周期函数，周期为 T，那么 $g(t)$ 可以被分解为：

$$g(t) = \frac{1}{2}c + \sum_{i=1}^{\infty} a_i \sin(2\pi i f t) + \sum_{i=1}^{\infty} b_i \cos(2\pi i f t)$$

其中，$f = 1/T$ 被称为基本频率。所有的组成部分（频率部分）都是这个基本频率的整数倍（调和数），同时 a_i 和 b_i 确定了频率部分的振幅值。这种分解也被称为**傅里叶级数**。如果周期 T 和所有的振幅 a_i 和 b_i 是已知的，那么可以重新得到源函数。

通常情况下，数据信号是受到时间限制的。因此，并不存在真正意义上的周期信号。而这个问题可以简单地通过对现有的、受时间限制的信号模式进行不断重复来解决。

每个函数 $g(t)$ 中，正弦和余弦部分的振幅值以及常数表达部分 c（直流分量）可以通过下面的公式给出：

$$a_i = \frac{2}{T}\int_0^T g(t)\sin(2\pi i f t)\mathrm{d}t, \quad b_i = \frac{2}{T}\int_0^T g(t)\cos(2\pi i f t)\mathrm{d}t,$$

$$c = \frac{2}{T}\int_0^T g(t)\mathrm{d}t$$

延伸阅读：

Tanenbaum, A. S.: Computer Networks, Prentice-Hall, Inc., Upper Saddle River, NJ, USA (1996)

图 3.9　傅里叶分析

一个作为比特流被编码的消息，如果在图 3.5 中描述为以强电压波动（方波）序列的形式进行传输的话，那么就可以借助傅里叶系数确定组成最终函数的各个单独构成部分。下面考虑在图 3.10 中给出的一个简单的例子。

一个简单的比特流（0100001000）可以借助信号以每秒 2000 次（2000 Hz）的一个简单时钟的速度被编码。也就是说，比特流的两个电压峰值之间具有 5/2000 秒的距离。如果想要使用傅里叶级数的形式对这个函数进行准确描述，则需要无限多个系数 a_i、b_i。这些系数是由不断增加的指数 i 表示的。其中，i 是基本频率的倍数（即所谓的第 i 个谐波）。每个物理的传输介质只具有一个有限的带宽。也就是说，这些传输介质通常只能传输一个有限的频率带。因此，并不是所有必要的谐波在现实中都能够被传输。最高的传输频率是

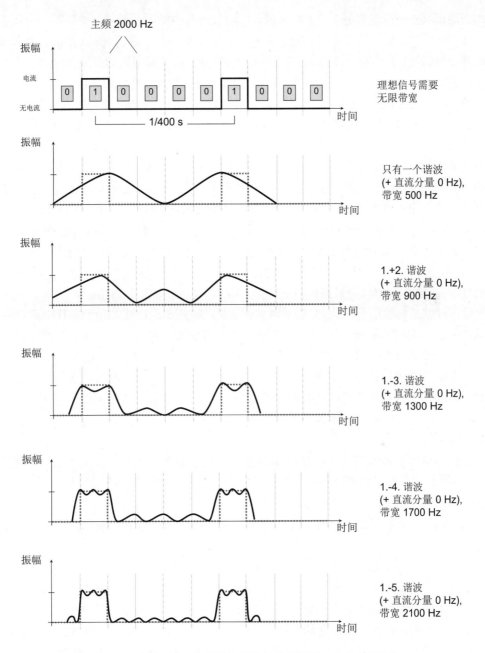

图 3.10 对预先给定步频的比特流的传输需要一个最小的带宽

通过传输介质的材料特性（带宽）来确定的。需要发送的信号必须进行调整以符合介质的传输特性。

在每次的传输过程中，从发送方发送的信号随着传输距离的增加，其能量也会随之逐渐减少。在有线连接的介质中，信号的衰减与导线的长度之间存在着一个简单的对数关系。而在无线连接的介质中，信号的衰减和传输距离之间存在的依赖关系就复杂多了。如果信号的所有谐波受到了同等程度的影响，那么信号的强度就会简单地随着传输距离的增加而逐渐减少（信号衰减）。也就是说，振幅会随着传输不断减弱。如果有一个频率范围，信号在其中通过传输介质被传递的时候，能量并不会发生显著衰减，那么这个频率范围就被称为带宽。在传输介质内部，不同的频率范围一般具有不同的衰减程度。也就是说，各个单独的谐波根据传输介质的材料属性（例如，导体结构、厚度和长度）会出现不同程度上的衰减。因此，信号会随着传输距离的增加而变得面目全非（**信号失真**）。人们又将上面所述的失真区别为：**衰减失真**和**延迟失真**（Delay Distortion）。衰减失真中，信号里不同谐波的衰减程度依赖于材料的属性。而延迟失真中，输出信号会受到信号到达接收方所用时间多少的影响。此外，有线连接的传输介质中的信号传播速度在不同的频率上是有变化的（在频谱中间的传播速度要高于在其边缘的）。也就是说，接收方在不同的时间点接收到信号的各个单独的组成部分。延迟失真在传输离散的（数字的）信号的时候产生的影响特别大，因为信号的一个部分可能会与另一个部分发生重叠。为了补偿这种衰减效应，所发送的信号必须具有足够的功率（信号强度），以便接收方能够接收到该信号，并且能够将其正确解释。当信号通过长距离进行传输的时候，一个应对信号衰减的对策是通过适当的技术信号放大器对信号进行有规律的放大。

除了这些系统的信号干扰外，通过瞬态和随机的过程也会产生其他的干扰**噪声**（Noise）和脉冲干扰。人们又将噪声区分为：**热噪声**和**互调噪声**。在传输介质中，热噪声是通过分子的热振动产生的。而互调噪声是由其他信号的影响造成的。干扰是由信号路径通过一个不必要的耦合产生的。例如，两个平行的、没有屏蔽的直电线产生的干扰称为**串扰**（Crosstalk）。当干扰是通过没有规律的脉冲，例如，闪电或者其他系统的违规行为激发的时候，这种干扰称为**脉冲噪声**或者脉冲干扰。这种干扰的特点是：每次持续的时间短，并且振幅高。

这种在信号上被激发的干扰所产生的影响会导致被发送信号质量的下降。在连续的信号中，还会出现信号参数的随机变化。而这种变化在传递离散或者数字信号时，可能会引起传输错误。例如，解释为 0 的信号值可能会被转换成 1，反之亦然。为了确保信号的正确传输，信号的强度必须要大于信号的噪声强度。这可以通过适当的信号放大器来实现。

现在，再次考虑上面已经介绍过的有关一个简单比特流传输的例子。图 3.10 显示了：当带宽只允许最低频率（也就是说，只有第一个傅里叶系数）下如何进行的信号传输，以及当所使用的带宽增加时，信号是如何一直被改善、更好地近似输出信号的。

然而，即使是通过一个**完善的渠道**，即理想化的、没有干扰的传输介质，也只能发送有限容量的信息。这一点是由瑞典籍的美国物理学家 **Harry Nyquist**（1889—1978）在 1928 年就已经认识到了。当时，正在 AT&T 公司任职为工程师的 Nyquist 计算出了在有限带宽中的一个无噪声过程中的最大数据传输率。具有最大频率 $f_{max}=H$ 的任意一个有线带宽的信号可以通过每秒 $2H$ 的采样值（样品）被精确地重构（**采样定理**），参见图 3.11。

奈奎斯特采样定理指出：数据速率，即每次传输数据的最大比特数（b/s），在理想化的、没有错误的信道内只会受到信道带宽的限制。对于一个带宽为 H 的没有噪声的信道来说，一个最大的数据传输率可以表示为二进制信号：

$$Rmax = 2H \text{ b/s}$$

采样定理（**Sampling Theorem**）

（根据 Nyquist（1928）、Whittaker（1929）、Kotelnikow（1933）、Raabe（1939）和 Shannon（1949）提出的理论）

一个功能完全是由时间间隔内的离散振幅值确定的信号方程。方程中只包含了有限频率段（带限信号）内的频率。其中，f_{max} 表示同一时间内出现的最高的信号频率

$$T_0 \leqslant \frac{1}{2 \cdot f_{max}}$$

这意味着，采样频率（Sampling frequency）f_A 必须是采样信号频率中出现的最高频率 f_{max} 的两倍（Nyquist 准则或者 Raabe 条件）：

$$f_A \geqslant 2 \cdot f_{max}$$

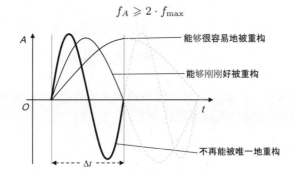

延伸阅读：

Shannon, C. E.: Communication in the presence of noise. Proceedings of the IRE 37(1), pp. 10-21 (1949), Nachdruck in Proc. IEEE 86(2) (1998)

图 3.11　采样定理

如果不用二进制信号，而使用 M 级的离散信号（参见图 3.12），那么信道的容量也会随之增大：

$$\text{Rmax} = 2H \ \log_2 M \ \text{bps}$$

数据传输率越高，也就是说，信息可以被更快的时钟频率和选择更多的信号电平进行编码，那么该信息就会"越短"，即用来表示所发送的比特数的各个电压差就会越低。因此，干扰对较高数据速率时产生的影响要比较低数据率时强。一个重要的参考数据是信号的强度和噪声强度之间的比例关系，即所谓的**信噪比**（Signal-Noise-Ratio，SNR）。信号强度 S 和噪声强度 N 之间的比例关系是由对数给出的。为了将出现的数值保留在一个易于管理的范围，这种比例关系被称为**分贝**（dB）：

$$\text{SNR} = 10 \ \log_{10} \frac{S}{N}$$

Claude E. Shannon（1916—2001）和 **Ralph Hartley**（1888—1970）将这个度量与出现的干扰相结合，给出了**香农极限定理**（Shannon-Hartley theorem），即对于传输信道上的、依赖于带宽和信噪比的数据传输率的理论上限可以表示为：

$$\text{Rmax} = H \ \log_2 \left(1 + \frac{S}{N}\right)$$

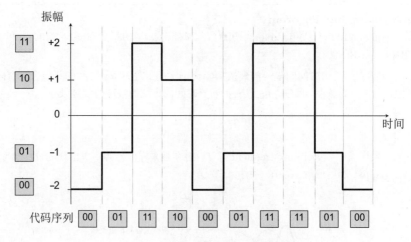

图 3.12　　一个多值数字信号的例子

香农极限定理提供了在一个（假设）最优的信道编码所能达到的理论上的最大值，但是并没有给出使用哪个算法能够达到这种最优化。

3.2　数字信号编码

数字信号能够通过不同的通信介质进行传输。这种传输又被区分为模拟数据传输和数字数据传输。如果（数字的）信息被模拟地通过传输介质进行发送，那么这个信息在传输介质中将借助**调制方法**被"压制成"一个模拟的输出信号。为此，不同的信号参数通过时间的推移，需要根据对应所选择的编码进行改变（调制）。

在数字数据传输过程中，例如，在计算机通信中，制定了所谓的**线路码**。这种线路码指定了位于通信协议参考模型中物理层上的信号是如何被转换成特定的信号电平，以便能够有效地被传递。这里的"线路"是物理系统中的称谓，它的状态能够在发送方发送信息时被改变，并且在接收方接收信息的时候被测量。为此，发送方将一个字符转换成一个物理信号。而这个物理信号被接收方测量到后又会被重新转换成一个字符。

同时，必须在物理层完成一个可以共享传输介质的前提条件。为此，对于不同信号参数的特定区域，例如，时间或者频率，以及它们的组合需要分配给各个参与者，以便其在传输的过程中不会相互干扰（复用/解复用）。

3.2.1　线路码

线路码（Line Code）设置在数字数据传输中，如信号在物理层进行的传输。其中，包括了特定的水平等级、玻璃纤维或者电压上的光强，以及电子线路上的电流和各个比特流。线路码的主要任务在于：确定需要被发送信号的形式，使其尽可能最佳地与相应的传输介质的属性匹配。

线路码具有以下重要属性：
- **时钟恢复**：线路码实现了基于来自信号值的底层时钟的传输恢复。如果数据传输过程中没有提供独立的时钟线路，那么时钟恢复就是必须的。线路码的时钟应该一直独立于所传送的信息内容。时钟恢复可以通过一个永久的、周期性的信号值的电平变化来实现（自同步信号）。为此，每个信号都被分成了两个阶段：一个状态的变化发生在第一个阶段的开始，接着另一个状态变化发生在第二个阶段的开始。信号的接收方可以从两个阶段中一个阶段的信号边缘重构时钟。但是，这样的话信号就需要两倍的状态变化量，也就是说，两倍的带宽。

- **直流分量**：在电子传输的过程中，线路码应该是尽可能不使用直流。因为使用直流的传输（低频信号）不可能通过一个较长的线路。但是，这个要求通常并不是绝对的，而只是在统计平均值里需要被满足。

- **错误检测**：线路码应该已经实现在物理信号层中对传输的错误进行检测。这个过程可以通过附加的信道码和冗余来实现[1]。

- **传输范围**：传输范围取决于信号衰减的原因。对于金属线来说，其衰减常数与传输频率的平方根近似地成正比。也就是说，较高的频率衰减的强度要高于较低频率衰减的强度。因此，在一些线路码中，人为减少线路的带宽，以便在减少信号衰减的时候能够更好地利用传输网络。当具有最低可能性的频率的时候，线路码应该具有功率密度的最大值，同时具有一个窄的光谱带宽。

- **编码的字符数**：在一个单独的信号值中，可以同时编码多个字符（组编码）。这是可以实现的，例如，用多个信号电平（多值数字代码）取代两个信号电平（二进制数字信号，二进制码），参见图 3.13。然而，随着信号级数的增加，信号也更容易受到干扰。

- **再同步（Resynchronization）**：由于没有独立的时钟线存在，为了实现再同步，更多的字符被归纳给所谓的**帧（Frame）**。一个纯的比特再同步，就像借助时钟恢复那样，并不能实现同步，因而不能正确地完成数据的传输。不同信号电平的特定序列对应一个同步信号，并且可以被收件方识别。因此，一个帧总是由一个比特序列组成。其中，这个比特序列的两个边界端会被保留的同步字符和控制字符所限制。

- **调制率**：在一个比特周期内信号转换的平均值，即所谓的调制率。这种调制率设置所需的带宽，并且设置的带宽要尽可能的低。

- **错误恢复**：传输过程中产生的错误是很难避免的。但是，对已经产生的错误就要想办法使其尽可能少地（甚至没有）对后继消息的传输产生影响。为了同步而建立的帧，在新的传输开始的时候通常都可以被准确地检测到。因此，使用帧可以进行错误的恢复。这样一来，被检测到有错误的数据块（位于协议层中更高的一个抽象层）可以被请求重发。

下面给出最重要线路码方法的简短介绍：

- **不归零编码（Non-Return-to-Zero，NRZ）**：NRZ 编码（1B1B coding）是通过传输介质进行二进制代码传输的简单线路码。其中，发送方将介质的状态在电平值（0，1）之间进行改变。不归零编码在数字传输技术中是最简单的线路编码形

---

[1] 有关错误检测代码的详细描述可以参考由 Meinel, Ch., Sack, H. 编写的本系列第一本书《数字通信 —— 网络、多媒体、安全》中的补充材料 2：“错误检测码和纠错码”。

线路码

线路码可以被划分成以下几组:

- **二进制线路码**: 二进制线路码是只使用两个不同的信号电平进行表示的, 这两个电平值确定了各个信号的值。
- **双相线路码**: 与二进制线路码不同的是, 在双相线路码中, 信号的值是通过(两个)相位跃变被编码的。
- **三元线路码**: 在三元线路码中, 两个逻辑值 0 和 1 被应用在三个信号值中 $\{-1, 0, +1\}$。
- **分组码**: 在分组码中, 每 m 个比特被总结为一个线路组, 并将其编码为 n 的一个新块(组)。分组码通用的名称是 $mBnX$。其中, m 表示一个二进制字的比特数。这个二进制字被概括为以 X 描述的长度为 n 的块或组(例如, 三元编码、四元编码)。这种编码形式的优点基于的事实是: 时钟的行走速度被减少了 m 个因子, 同时衰减常数也被减少了, 从而实现了更大的传输范围。

延伸阅读:

Häckelmann, H., Petzold, H. J., Strahringer, S.: Kommunikationssysteme, Springer, Berlin, Heidelberg, New York, (2000)

图 3.13　线路码

式。所发送的比特直接作为在传输介质状态中电压等级被输入。其中, 两个信号电平中的一个也可以设置为 0 伏。不归零的这种术语指出了, 两个可能的电压电平每个都携带信息。而归零编码则与之相反, 每个电压电平都没有与信息相关联的值。

不归零编码为了能够正确地接收数据, 需要一个独立的时钟信号。这种时钟信号要么被并行搭载, 要么通过一个更高的信道编码或者帧来获得。一般情况下, 不归零编码总是拥有一个直流分量。

非归零反相编码(Non-Return-to-Zero Inverted)与不归零编码相反, 是一种所谓的差分线路编码。也就是说, 这种编码是依赖于状态的, 同时每个信号电平是由预先给定的状态确定的。此外, 还有**非归零标记编码**(Non-Return-to-Zero Mark)和**非归零空间编码**(Non-Return-to-Zero Space)。前者的特征在于所输入的数据序列不被反转, 而后者则恰恰存在一个反转。

$$\text{NRZ-M: } out_i = in_i \oplus out_{i-1}, \quad \text{NRZ-S: } out_i = \overline{in_i} \oplus out_{i-1}$$

其中, in_i 是二进制输入数据序列, out_i 是二进制 NRZ 输出数据序列, 操作 $\oplus$ 描述了逻辑 XOR 操作(参见图 3.14)。

- **归零编码**(**Return-to-Zero, RZ**): 归零编码是一种通过传输介质对二进制代码进行传输的简单线路编码, 是不归零编码的一种扩展。其中, 发送方在三种电平值之间变换介质的状态(发送符号通常表示为 +1、0 和 -1)。当使用电平 +1 传输一个逻辑值 1 时, 归零码返回半个时钟到电平 0。当传输一个逻辑值 0 时, 电平 -1 同样也只是将传递半个时钟, 以便接下来返回到电平 0。然而在比特传输时, 总是出现电平的变化, 这种变化利用了接收方的时钟恢复, 即同步(对比图 3.15)。

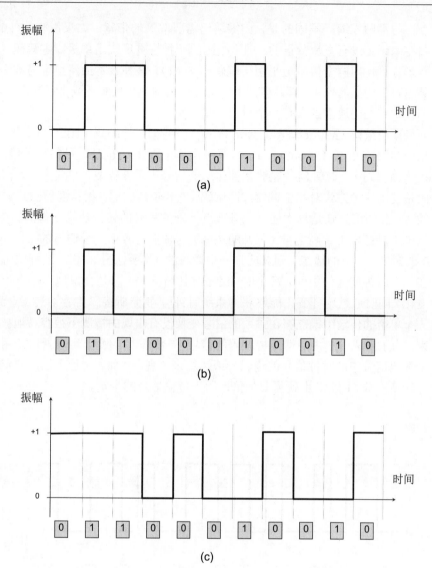

图 3.14　举例：(a) NRZ 编码，(b) NRZ-M 编码，(c) NRZ-S 编码

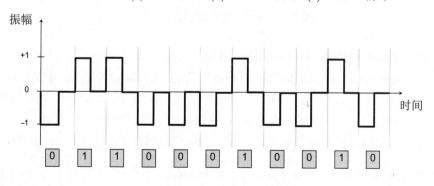

图 3.15　归零编码示例

与不归零编码不同的是，归零编码需要双倍的带宽。如果没有额外的措施，归零编码是没有直流分量的。归零编码的一种特殊形式是**单极归零编码**。这种编码形式只使用两个信号电平用于编码（0，+1）。这种版本虽然更容易被实现，但是也存在明显的缺点。即从零序列中无法恢复时钟，从而不能实现同步性。此外，单极归零编码通常都具有一个直流分量。

- **曼彻斯特编码（Manchester Encoding）**：曼彻斯特编码（1B2B 编码），也称为相位编码（Phase Encoding, PE），同归零编码一样，也是一种简单的线路编码。在这种编码中，时钟信号能够从被传递的信号中重新恢复。事实上，曼彻斯特编码是使用这种方式对相位调制线路编码（双相位线路码，相移键控法）进行计数的。实际的信息则是每次通过上升或者下降的信号的转换边缘获得的。其中，信号电平从低电平到高电平（上升的边缘）的转换对应于一个逻辑的 0，而从 1 到 0 的转换（下降的边缘）则对应于一个逻辑的 1（参见图 3.16）。这样就可以确保在一个时钟间隔的中间，每个时钟步长（比特间隔）总是会出现至少一个信号的变化，同时通过这种变化能够获得系统时钟[1]。曼彻斯特码信号不具有直流成分。一个单个的传输错误能够在预期的信号变换没有出现的情况下很容易地被检测出来。为了生成一个由曼彻斯特编码的信号，一个简单的变体可以通过采用不归零来编码信号中的时钟信号的逻辑异或运算来实现。然而，这种方法需要双倍的信号转换次数。因此，也就需要加倍地用于传输信号的带宽。

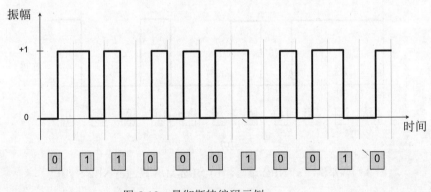

图 3.16　曼彻斯特编码示例

- **差分曼彻斯特编码（Differential Manchester Encoding）**[2]：该编码（1B2B 编码）是一种建立在简单的曼彻斯特编码基础上的线路码（参见图 3.17）。这种编码同曼彻斯特编码一样，时钟信号能够通过被编码的信号进行恢复。在差分曼彻斯特编码中，比特的序列用于时钟信号相位位置变化的调制。因此，这种编码描述了差分的以及数字相位调制的形式，即差分相移键控（Differential Phase Shift

---

[1]这种曼彻斯特编码的版本也称为 Biphase–L 或者 Manchester–II。一个带有反极性边缘的版本根据文档 IEEE 802.3 应用在了 10MB 以太网中。

[2]差分曼彻斯特编码在 IEEE 802.5 文档中被应用在令牌环的使用中。在这个文献中也描述了具有反极性曼彻斯特编码用于逻辑的 0 和 1。

Keying，DPSK)。与在曼彻斯特编码中相同的是，在差分曼彻斯特编码中，信号电平的转换通常发生在时钟间隔的中间。当传递一个逻辑值 0 的时候，该时钟信号相对于前一个相位的位置输出将被反相（旋转 180°）。当传递一个逻辑值 1 的时候，该时钟信号相对于前一个相位的位置输出将不做逆转。这就意味着，在传递逻辑值 1 的时候，在小节开始的时候并没有信号值发生改变。而在传递一个逻辑值 0 的时候，信号值的转换也是发生在小节开始的时候。差分曼彻斯特编码的主要优点在于，被编码信号的极性对于信号的正确接收以及随后的解码都没有关系。

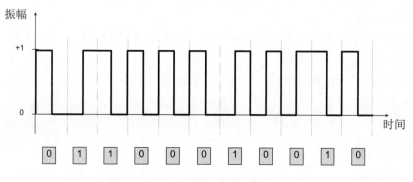

图 3.17　差分曼彻斯特编码示例

- **交替反转码**（Alternate Mark Inversion，AMI）[1]：这种交替反转码（1B1T 编码）是一种伪三元线路码（参见图 3.18）。在这种码中有三个不同的信号电平（−1，0，+1）用于二进制字符的编码。在交替反转码中，一个逻辑值 0 还是被作为物理的 0 电平进行传递，一个逻辑值 1 则是交替地通过信号电平 +1 和 −1 进行传递。因此，直流分量在信号中是不存在的。对于较长的零序列，交替反转码几乎不具有时钟信息。因此，对于收件方想要恢复时钟是很困难的。

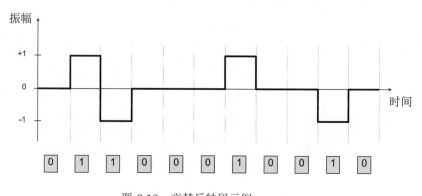

图 3.18　交替反转码示例

---

[1]ISDN 复用网络使用这种编码，并将其命名为不归零交替反转码。此外，还存在一个归零交替反转码的变体。在这个变体中，信号电平的交换发生在时钟间隔的中间。

除了上述所给出的例子，还存在大量其他线路码，下面给出其中一小部分的介绍：

- **多级传输编码**（**Multilevel Transmission Encoding**，**MLT–3**）：将二进制序列转换成三个电压等级，并且具有较低的直流成分，应用于以太网 100Base–[TF]X 和光纤分布式数据接口（Fiber Distributed Data Interface，FDDI）中。
- **双相标记码**（**Biphase–Mark Code**）：两个相位标记的代码，可与差分曼切斯特编码媲美。在 AES–3 和 S/PDIF 接口中用于数字音频的传输。
- **4B3T 编码**：4 个二进制字符被映射到 3 个三元信号值，应用于 ISDN 基本访问中。
- **4B5B 编码**：4 个比特被映射到 5 个比特，通常与直流分量用于 FDDI 和以太网 100Base–TX 中。
- **8B10B 代码**：8 个比特被映射到 10 个比特，应用领域包括千兆以太网、USB3.0、光纤通道和串行 ATA。
- **64B66B 编码**：64 比特符号被映射到 66 比特，应用领域包括 10 千兆的以太网和光纤通道。

3.2.2　模拟频谱调制

模拟频谱调制（Analog Spectrum Modulation，ASM）方法是一种特殊的调制方法（参见图 3.19，也可以参见图 3.3），可以传递时间和数值都连续的信号（也称为模拟信息信号）。模拟频谱调制方法一方面可以使用在传递语言（音频信息）以及音乐、图像或者那些在传递之前没有被数字化的视频信息。另一方面，模拟频谱传输信道也可以使用数字技术。其中，需要被发送的数字信号在被调制成以模拟路径进行传递的信息之前，必须首先被调制成模拟的载波信号。信号的接收方会对被接收到的载波信号中的模拟信号进行调制，以便重新获得数字信号（参见图 3.19）。由于在信号转换过程中，一个数据发送设备基本上是由一个**调制器**和一个**解调器**组成的，因此称为**调制解调器**。例如，一个调制解调器对于通过模拟电话网络传递数据是必要的。

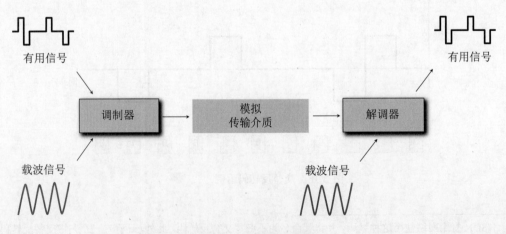

图 3.19　模拟频谱调制

　　调制解调器用于模拟信号的传输。这种模拟信号是以正弦波形式存在的连续载波信号。而在数字传输中，通常都使用离散的脉冲载波。

　　在模拟频谱调制过程中，信号的参数：振幅、频率以及相位对于信息的传输都有相应的改变。一般情况下，这种调制又分为**振幅调制**（简称为调幅）和**角度调制**。而后者包括了频率调制和相位调制这两种方法。

- **振幅调制**（**Amplitude Modulation**，**AM**）：在振幅调制过程中，一个高频的载波振幅会随着被传递的、低频的（被调制的）有用信号进行改变。由于振幅调制方法很容易生成广播类型的调制信号，并且也很容易对其进行解调，因此从一开始就被用于广播技术。理论上，在振幅调制中，载波信号的信号值应该被乘以有用信号的信号值。然而，如果这样做了会导致相位的 180° 偏移，使得有用信号的振幅为负值。因此在实践中，载波信号和有用信号只是简单地被叠加（相加），然后被扭曲和过滤。

- **频率调制**（**Frequency Modulation**，**FM**）：与振幅调制不同的是，在频率调制过程中，频率会随着被调制的有用信号的瞬时值发生改变。相比较于振幅调制，频率调制实现了对信息信号带宽的更好利用，并且不容易受到干扰。而频率调制受到较低干扰的原因在于，被调制信号的振幅值对于解调来说没有任何实际的意义。频率调制被应用于模拟广播，在模拟电视中用于传输声音信号以及用于视频记录仪器中。

- **相位调制**（**Phase Modulation**，**PM**）：同频率调制一样，相位调制也属于角度调制。在相位调制中，与被调制的有用信号的当前信号值成比例地进行改变的不是当前的频率，而是载波信号的相位角。与数字相位调制完全不同的是，模拟相位调制几乎很少在实际的应用领域中被使用。其中的一个原因在于，在接收方所需要的相位同步通常必须在传输的开始就被执行，因为接收方在接收的时候必须识别出原始发送信号的正确相位位置。

- **空间矢量调制**（**Space Vector Modulation**，**SVM**）：除了上面所描述的模拟调制方法，在实践中所谓的矢量调制法也具有实际的意义。这种方法是由振幅调制和角度调制组合而成。其中，有用信号的信息不仅被放置在载波信号的振幅中，同时也放置在载波信号的相位角中。空间矢量调制最著名的应用是在模拟的彩色电视机中，对 PAL 制式（Phase Alternating Line，逐行倒相式）以及 NTSC 制式（National Television System Committee）的彩色图像信号的颜色信息进行传输。空间矢量调制确定了所传递图像的色彩饱和度、振幅以及相应的载波信号的相位角的各个颜色。

　　传统调制方法的另外一个变体是**脉冲调制法**。这种方法与传统调制方法相比，其本质的区别在于：脉冲调制方法中载波振荡的信号波形不是正弦波，而是脉冲波形或者矩形波形。出于这个原因，一个脉冲调制的频谱也包含了大量的载波频率的谐波分量。脉冲形式的载波信号的调制需要两个单独的步骤进行：有用信号的采样以及实际的脉冲调制。其中，脉冲调制能够在振幅、脉冲宽度或者脉冲持续时间以及脉冲相位中进行。

- **脉冲振幅调制**（**Pulse Amplitude Modulation**，**PAM**）：脉冲振幅调制是一

种模拟调制方法。其中，有用信号的振幅会在一定的时间间隔内被采样。脉冲振幅调制信号的信息内容对应于各个脉冲的数量。对于采样的时间来说，这个数量对应于信号电压的现有振幅。脉冲振幅调制非常适用于时分多路传输。因为在一个通信信道的各个单独 PAM 脉冲之间的时间内，这些 PAM 脉冲能够被其他信道所传递。由于具有对干扰的高度敏感性，脉冲振幅调制不适用于进行较大距离的传输方法。因为由于传输路径的特性，各个脉冲的高度会被大幅度影响或者扭曲。

- **脉冲宽度调制**（Pulse Width Modulation，PWM）：根据采样，信号的脉冲宽度描述为与有用信号的各个振幅的采样值成比例关系。因此，脉冲信号的振幅只能采用两个值。脉冲宽度调制被用于控制技术和电力电子技术，以及在测量技术中的数模转换或者在合成器中用于产生声音。

- **脉冲相位调制**（Pulse Position Modulation，PPM）：在脉冲相位调制中（也称为脉冲位置调制），根据采样，脉冲位置（脉冲角度）描述为与有用信号各个振幅采样值的相位偏移成比例关系。其中，在应用一个固定的脉冲宽度和脉冲振幅的情况下，载波频率保持恒定。如果载波没有被调制，那么显示的是具有相同时间间隔的（基准时钟）矩形脉冲序列。脉冲相位调制很少在实践中被使用，只是被用于诸如脉冲间隔调制的模型中或者超宽带应用中。

- **脉冲编码调制**（Pulse Code Modulation，PCM）：脉冲编码调制是一种脉冲调制方法。这种方法将时间和数值都连续的模拟信号转换成时间和数值都离散的数字信号。对应的采样将时间连续的有用信号的流程分解成离散的各个单独的时间点，并且记录下位于这些离散时间点上的值连续的振幅值。这些确切的采样值被随后的二进制编码调整到预先定义的量化区间内。早在 1938 年，英国的工程师 **Alec A. Reeves**（1902—1971）就开发了脉冲编码调制的主要应用领域：模数转换。

3.2.3　数字调制方法

离散调制方法对于传输那些在时间和数值上离散的信息具有至关重要意义。离散调制方法（移键控、数字频谱调制）用于传递那些对于发送方和接收方都被准确定义了的符号。对于传输模拟信号，例如语言或者音乐，信息在数字化调制之前必须首先被转换成数字化的信息。相反，实际调制信号的进程是时间和数值连续的。

一些数字调制方法基于的是相应的模拟调制方法，或者是从这些方法中衍生出来的方法。

- **幅移键控**（Amplitude Shift Keying，ASK）：在数字化（二进制）振幅调制中，一个数字化符号的数值是通过一个正弦信号的两个不同的振幅值 A_0 和 A_1 来表示的。在这种情况下，每次发送这个信号都使用一个预先定义好的符号持续时间 T_s。通常，这两个振幅值中的一个值被定义为零。也就是说，载波被通过这种调制方法打开或者关闭。因此，这个数字的振幅调制也称为开关键控（On-Off-Keying，OOK），参见图 3.20。这种简单方法的缺点在于：不能准确地区分发送的是否是二进制的零序列，或者是否发送已经失败，或者发送是否受到了干扰。出于这个原因，该方法通常不传递二进制的字符串，而只是传递位转换（bit transition）。用于增加带宽的一个简单方法在于：不是只使用两个，而是使用更多的不同振幅值对比特序列进行编码。例如，四个振幅值表示比特序列 00、01、10 和 11。如今，幅移键控被应用在例如中欧的 DCF77 信号中，用于对无线电时钟的时间信号进行传输。同时，这种调制特别适合于同步任务，因为载波频率不会发生改变。

- **频移键控**（Frequency Shift Keying，**FSK**）：在数字的（二进制的）频率调制中，一个二进制符号的数值分配给一个正弦形式信号的两个不同频率：f_1 和 f_2。其中，这种信号每次都被按照一个事先定义好的符号持续时间 T_s 进行发送。

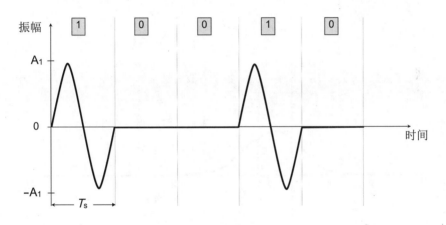

图 3.20　数字幅移键控

在图 3.21 所给出的例子描述了一个特殊的情况：由于所选择的符号持续时间 T_s 等于两个信号周期的倍数，因此没有发生相位的跃变。如果两个被使用的频率值之间的差与这个符号率的一半相对应，也就是说，$f_2-f_1=1/(2 \cdot T_s)$，那么就会发生一个特殊的情况。正因为如此，与频率值相关联的信号正好不同于半个周期，也就是说，这些信号是正交的。数字频率调制的这种形式被称为最小频移键控（Minimum Shift Keying，MSK）。

在数字的频率调整中，为了提高传输的带宽，可以应用更多的离散频率值对比特序列进行编码。如果使用了更多的频率值，那么这种频率调制也被称为 *M*–FSK。其中，*M* 表示符号的数量或者不同的频率值。这种经常在电子通信中应用的调制技术最早是被应用于无线电报技术。

- **高斯最小频移键控**（Gaussian Minimum Shift Keying，**GMSK**）：在这种调制方法中，涉及的是使用上游给定的高斯滤波器的一个频率调制方法（也称为最小频移键控）。通过使用高斯滤波器（低通滤波器），被传输的数字信号的陡峭侧面将被夷为平地（参见图 3.22）。这就意味着信号的高频部分消失了。而这些高频部分是在两个频率之间的急剧过渡时产生的，并且在相邻信道的无线传输时产生的干扰所引起的串扰。因此，对于信号的传输将需要更少的带宽。一般情

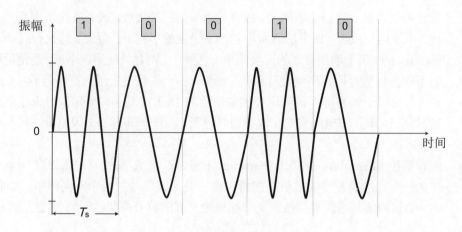

图 3.21 数字频移键控

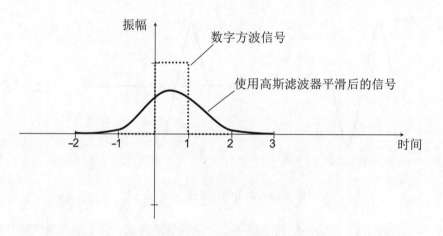

图 3.22 一个高斯滤波器的应用

况下，通过对数字方波信号进行过滤所生成的信号形式也称为脉冲整形（Pulse Shaping）。

由于原始的方波形输入信号通过高斯滤波器在一段较长的时间内被"涂抹"，因此会产生各个单独发送符号的信号重叠（干扰）现象。其结果就产生了一个所谓的符号间干扰。但是这种干扰是可以预测的，并且在接收方解调制后可以借助专门的纠错算法（Viterbi 算法）对这种干扰进行补偿。如今，高斯最小频移键控被应用到了包括广泛使用的全球移动通信系统（Global System for Mobile Communications，GSM）的手机制式中。

- **相移键控（Phase Shift Keying，PSK）**：在数字化的（二进制的）相位偏移调制中，一个二进制符号的值被分配给了一个正弦载波信号的两个不同的相位角。通常情况下，相位角 0° 和 180° 分别对应二进制符号的 0 和 1（参见图 3.23）。这两个信号唯一不同的只有前缀，因此也称为反相键控（Phase Reversal Shift Keying，PRK）。信号每次都按照事先定义好的符号持续时间 T_s 被发送。

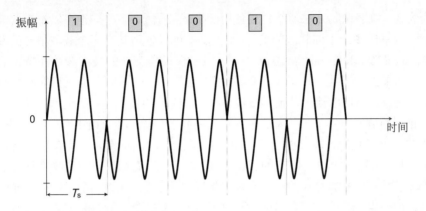

图 3.23 数字相移键控

在差分相移键控中（Differential Phase Shift Keying, DPSK），被传递的符号是通过相位角的改变进行编码的。例如，相位角改变到 0° 则代表符号 0，相位角改变到 180° 则代表 1。

- **正交幅度调制（Quadrature Amplitude Modulation, QAM）：** 在这种调制类型中，数字振幅调制和相位偏移调制被结合到了一起。其中，一个正弦载波被压制成两个独立的信号。也就是说，原则上，这些信号使用振幅调制每次都被压制在具有相同频率的载波上，只是被调制成具有不同的相位角，然后再相加到一起。同时，这个信号每次都按照一个事先定义的符号持续时间 T_s 进行发送。为了说明其中被选择的调制方法的变体，振幅和相位角会在一个二维平面（星座图）上的两个极坐标进行描述（参见图 3.24）。最简单的变体是 4-QAM（也被称为正交相移键控）。这种变体在振幅恒定变化的情况下使用了 4 个相位角：45°、135°、225° 和 315°。因此，可以使用每个时间步长为 T_s2 的比特进行编码。在相同的步速 $V_s=1/T_s$ 下，使用 4-QAM 方法传递的信息数量是使用简单的相位偏移调制 PSK 方法的两倍。除了 4-QAM 方法，还有其他方法：16-QAM（每个持续时间内 4 比特）、64-QAM（每个持续时间内 6 比特）、256-QAM（每个持续时间内 8 比特），直至 4096-QAM（每个持续时间内 12 比特）。256-QAM 方法被应用于传输数字电视信号（数字视频广播、电缆、DVB-C）。

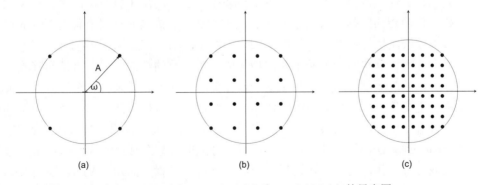

图 3.24 对于 4-QAM (a)、16-QAM (b) 和 64-QAM (c) 的星座图

迄今为止，数字调制方法通常只是使用一个载波信号。其实，也可以将需要被调制的有用数据流分割成多个不同载波的信号。特别地，可以使用具有多个载波信号的**多载波调制**（Multicarrier Modulation，MCM）方法，以确保最佳契合的技术参数和特定的传输信道的条件。如果由于干扰而不能使用单独的载波信号（子信道），那么只能减少数据的总吞吐量。其原因是还可以使用其他的载波信号。最简单的情况是：每个单独的子通道都被分配给了相同的调制方案，并且因此而具有了相同的传输速率。而更有效率的是，根据各个子信道的未干扰状况，能够确定各个单独的子信道的比特率。在具有较低噪音部分的子信道中，可以应用一个更加复杂的、多级的调制方法。而在具有较高噪音部分的子信道中，则可以应用一个更加健壮的、简单的调制方法。这样一来，一个子信道就能够更加接近最佳状态被使用。通常情况下，在一个时间间隔内发送单个的符号或者符号组之间会使用多载波调制，以确保接收方在出现多路径（通过反射产生单一输出信号的多个接收方，也可以参见图 3.25）接收问题的情况下，可以更好地进行响应。

这种类型的调制方法与多路传输技术是紧密相连的。其主要的任务在于：将多个不同的有用信号平行地，并且没有相互干扰地通过一个共同使用的通信信道进行传输。使用多载波信号的数字调制方法包括：

- **离散多载波传输**（Discrete Multitone Transmission，DMT）：离散多载波传输方法的基本思想是：将能为信号传输提供的频率带划分成多个单个的子信道。需要发送的数据流被划分到符号组中。而这些符号组在这些子信道中同时被调制，并且作为信号总和被平行地进行传输。在非对称数字用户线（Asymmetric Digital Subscriber Line，ADSL）中，离散多载波传输被用于宽带连接的使用。其中，用于传输的载波信号通过电话线路被划分成了 255 个子信道。在这些子信道上，具有不同传输速度的，需要被传输的数据通过正交幅度调制（Quadrature Amplitude Modulation，QAM）进行调制，然后被传输。其他的应用示例还有诸如 ADSL2+和 VDSL2（Very High Bit Rate DSL）。

- **正交频分复用**（Orthogonal Frequency Division Multiplexing，OFDM）：与离散多载波传输相比，正交频分复用方法的特殊之处在于：这种方法是作为一个正交载波信号的多载波调制方法进行数据传输的。在这个意义上，正交频分复用方法涉及的是频分复用方法中的一个特殊变体。在这个变体中，通过载波的正交性，传输有用信号的各个相邻载波之间的串干扰将被减少。与离散多载波传输相同的是，正交频分复用方法需要将被传输的数据流首先划分成多个具有较低比特传输率的子数据流，同时借助常规的调制方法调制到较低的带宽。最后，各个单独的子信号重新被相加成一个完整的载波信号。为了在接收方进行解调的时候能够对这些单独的子数据流进行区分，必须将各个载波信号彼此进行正交化。与在离散多载波传输中一样，使用这种方法可以实现一个特别适合传输信道的物理特性。正交频分复用被应用于数字音频广播（Digital Audio Broadcast，DAB）。其中，一个有用信号能够被划分成 192 到 1536 个单独的载波信号。其他的应用还包括了地面数字视频广播（Digital Video Broadcast – Terrestrial，DVB–T）、根据 IEEE 802.11a 文档和 IEEE 802.11g标准规定的无

信号的多路径传播

　　信号的**多路径传播**（Multipath Propagation）描述了无线通信中的一个较大的问题。电磁波在从发送方到接收方的路径上不仅可以在笔直的路径上被接收，也可以经过障碍物放射或者散射后，以不同的路径到达接收方。因此，所发送的信号能够以不同长度的路径距离到达接收方。也就是说，所发送的信号能够在不同的时间点到达接收方。这种通过多路径传播所产生的效应被称为**延迟扩散**（Delay Spread），是无线通信介质中的一种典型的特征。这是因为信号不会通过一条线路就被限定了一个统一的传播方向。在城市中，这种延迟扩散的时间一般为 3μs。在嵌入了 GSM 系统的移动通信领域，信号的传播时间差可以达到 16μs，对应信号的路径长度大概为 5 千米。

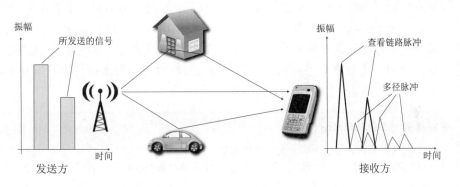

　　这种延迟扩散导致了所发送信号的**脉冲扩展**。也就是说，一个较短的脉冲传输会通过一个较长的时间被"晕开"了。其中，各个单独的子信号在不同的传播路径上也会受到不同的信号衰减，因此会被不同强度地接收。当在接收方连续排列的脉冲根据调制的方法能够代表单个的符号或者符号组的时候，这些脉冲都存在明显的时间分割，以防止彼此在时间上重叠的信号的延迟扩散。这种效应称为**码间干扰**。发射符号的速率越高，单个符号彼此间就越紧密，因而这种干扰效应的攻击就越严重。这就导致了连续符号之间由于信号干扰的相互抵消。

　　一个可以规避这种多路径传播负面效应的方法是：提前对传输信道和其相应的信号传播路径的特性做"训练"，然后在接收方借助这些训练数据进行均衡评估。为此，发送方必须定期发送训练序列，而所发送的信号模式是接收方预先知道的。在这种实际接收信号的帮助下，一个均衡器（Equalizer）能够借助已知的训练序列通过均衡评估做出相应的编程，以便实现对由于多路径传播所造成的干扰影响的平衡。

延伸阅读：

Pahlavan, K., Krishnamurthy, P.: Principles of Wireless Networks: A Unified Approach, Prentice Hall PTR, Upper Saddle River, NJ, USA (2001)

Stallings, W:: Wireless Communications and Networks, Prentice Hall Professional Technical Reference (2001)

Wesel, E. K.: Wireless Multimedia Communications: Networking Video, Voice and Data, Addison-Wesley Longman Publishing Co. Inc., Boston, MA, USA (1997)

图 3.25　信号的多路径传播

　　线局域网、根据 IEEE 802.16e 文档规定的全球微波接入互操作性（Worldwide Interoperability for Microwave Access，WiMAX），以及正在规划中的第四代移动网络标准（4G、B3G、LTE）。

- **编码正交频分复用 (Coded Orthogonal Frequency Division Multiplex，COFDM)：** 编码正交频分复用方法是正交频分复用方法向前误差校正的一种扩展。这种扩展为多路接收提供了一种较高的稳定性。这样就实现了消除被连接频率的选择性（通过干扰或者屏蔽造成接收电场强度波动的衰退）和突发错误（发生的错误块）。编码正交频分复用被用于数字广播（DVB）和数字地面电视（DVB–T）的使用中。

3.2.4 恒定带宽的复用方法

调制方法和复用技术这两者之间是紧密相连的。复用技术用于多个有用信号的并行，并且在理想情况下可以通过捆绑在一个互不干扰的共享信道上进行传输。例如，通过一个电缆或者一个单独的无线电频率范围（参见图 3.26）。在实践中，这种捆绑（复用）是发生在载波信号上的有用数据信号被调制之后。接收方在对有用数据信号进行解调制和恢复之前，需要首先对其进行解捆绑（解复用）。

多路复用（Multiplexing）

多路复用被认为是用于信号和消息传输的方法。在这种方法中，多个信号被组合（捆绑），并且同时通过一个介质进行传递。在接收方，首先需要对被捆绑的信号进行解复用（解捆绑）。

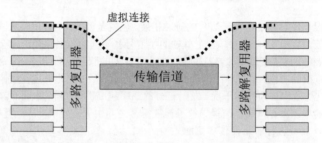

多路复用通过逻辑连接的相互补偿确保对物理通信链路更有效地利用。

延伸阅读：

Ohm, J. R., Lüke, H. D.: Signalübertragung: Grundlagen der digitalen und analogen Nachrichtenübertragungssysteme, 8. Auflage, Springer Berlin, Berlin (2002)

图 3.26 多路复用

在实践中，多路复用方法被区分为四个不同的维度：空间、时间、频率和代码（也可以参见图 3.27）。其中，用户数据信道根据所选择的方法被分配一个特定的空间。这个空间具有一个特定的时间。而这个时间是依附在一个具有特定编码的固定频率上的。通常，"多路复用"和"多址接入"是被区分开来的。在**多路复用**中，通常涉及的是一个硬件解决方案。在一个信号传输路径开始的时候，一个多路复用器将不同的信号进行捆绑。在传输结束的时候，一个多路解复用器将这些被捆绑的信号再次分开。而**多址接入**涉及的是，多对发送方和接收方在一个传输介质中被独立划分。例如，在移动通信中，基站之间被作为中央服务器和用户终端。在多路复用和多址接入中，所嵌入的技术方法是相同的。

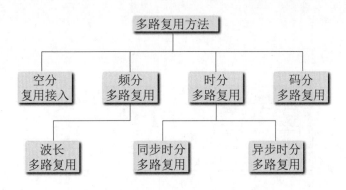

图 3.27　不同的复用方法

- **空分多路复用**（Space Division Multiple Access，SDMA）：作为空间复用技术，消息信号的传输或者交换都是通过平行的传输路径产生的。这些平行的路径为所连接的发送方和接收方提供了相应的唯一使用权。空间复用方法被区分为无线的和有线的两种。有线的空间复用方法在电子通信的初期就已经以电缆束的形式（中继线）被使用了。或者当今以交叉开关（Crossbar Switch）的形式被使用。交叉开关是一个由线路和开关元件组成的矩阵，通过这种装置，发送方和接收方之间的任意连接都能够被切换。

  在无线空间复用技术中，使用了不同的微波通信联络，每个链路都覆盖一个独立的区域。在无线数据传输过程中，通常使用时分或者频分多路复用方法，或者这两者的组合。空间复用技术通常只在：当要操作的通信联络的数目增加，同时现有可用的频率稀缺的情况下才被使用。随后，相同的频率在相应的空间距离中被多次使用。这里，相关区域的最小距离是十分必要的，否则会导致有害的干扰。在应用中，无线空间复用方法主要用于广播、电视和蜂窝移动（Cellular Mobile）通信系统。

- **频分多路复用**（Frequency Division Multiple Access，FDMA）：频分多路复用包括了所有将频谱划分成多个互相不重叠的频带进行共同传输的复用方法（参见图 3.28）。每个传输的信道都有自己的频带。每个发送方可以单独连续地使用这些频带。其中，两个相邻的频带必须通过一个保护距离彼此间被隔离开，以便避免所发送信号之间的串扰。这种预防措施适合在一个发送区域内已知频率分配的广播。其中，发送方和接收方之间必须进行的协调仅仅在于每次正确地选择频带，以便能够接收到一个特定的发送。

  同样，频分多路复用也可以应用到有线连接或者无线连接中。1886 年，电话的发明者 **Elisha Gray**（1835—1901）首次提出了频分多路复用。当时，他建议使用一个基于频率的方法对电报的传输线路进行多次的使用。

  与广播中所使用的频率调制相反的是，频率调制在移动通信中的使用是存在问题的。广播电台可以在一个被分配的信道上永久地进行广播。而移动通信则通常只发生在很短的时间内，因而一个固定的频率分配对于一个固定的发送方来说是非常低效的。为此，如今最常用的是使用几个不同复用方法的组合。

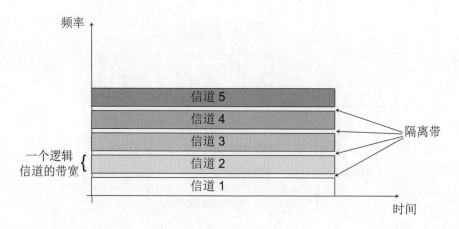

图 3.28　频分多路复用

波分多路复用（Wavelength Division Multiple Access，WDMA）方法是一种特殊的频分多路复用的变体，被应用在了光纤上的数据信号传播。用于传输的光纤电缆通过激光或者发光二极管（LED）产生的光信号被用于不同的光谱颜色中。其中，每个光谱颜色代表了一个独立的传输信道，由发送方传递的数据在这些信道上被调制。

- **时分多路复用**（Time Division Multiple Access，TDMA）：由于空分和频分多路复用也可以与模拟传输技术一起被使用，因此，这些方法在早年的电子通信中就已经被使用了。与之相反的是，时分多路复用方法的主要用途只在数字传输技术使用中才有意义。在频分多路复用中，每个信道使用一个特定的频带（参见图 3.29）。而在时分多路复用中，所有的信道共同使用被提供的可用频带，只是使用的时间是不同。因此，在被提供的可用传输介质的整个带宽中，每个信道使用分配给自己的可用的时间窗口。在时分多路复用中，各个独立的信道之间必须保持一个间隔距离，否则的话在相邻的信道之间有可能产生重叠和相互干扰。

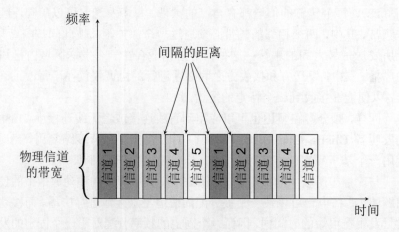

图 3.29　时分多路复用

回顾历史，时分多路复用方法可以追溯到意大利物理学家 **Giovanni Abbate Caselli**（1815—1891）和法国工程师 **Jean-Maurice-émile Baudot**（1845—1903）对其的研究。Caselli 开发了早期的无线电传真机（Pantelegraph）。这种机电传真机从 1865 年起，能够通过线路复用传输两幅图像。Baudot 是电传打印机（博多式电报机）和以他的名字命名的电报码（博多码）的发明者。他在 1874 年开发了基于同步时分复用的电报系统。该系统能够通过一个公共线路传输 4 到 6 个电报信号。

同步时分复用（Synchronous Time Multiplexing）可以在一个固定的时间间隔内，为每个信道划分一个自己的传输时间（时隙）。这些时隙（Time Slot）在固定的时间间隔内周期性地进行着重复。为此，发送方和接收方使用了一个精确的同步传输时钟。在解复用时，一个传输信道可以通过它的时隙位置进行确定。如果没有一个永久的传输发生，那么在这个方法中，许多时隙会处于闲置状态。也就是说，"开工率"是低效的。同步时分复用被用于计算机网络中的骨干区域：同步光纤网络（Synchronous Optical Network, SONET）技术、同步数字体系（Synchronous Digital Hierarchy, SDH）和准同步数字体系（Plesiochronous Digital Hierarchy, PDH）。

与此相反的是，在**异步时分复用**（Asynchronous Time Multiplexing）方法中所包含的单个信道每次都是根据需求来分配时隙的。通过这种变化，异步时分复用在许多情况下改善了信道的容量。由于逻辑信道只在有需求的时候才被分配自己的时隙，因此没有闲置的时隙被发送。为了确保在接收方解复用之后能够得到一个正确的信道分配，必须为这些时隙分配一个唯一的信道标识码。异步时分复用被应用在计算机网络的帧中继技术中，或者异步传输模式（Asynchronous Transfer Mode, ATM）中。

如今，频分和时分多路复用也经常被组合在一起使用。这里，用于一个特定时间段内的一个特定的信道可以在一个特定的频率范围内保持着活性。其中，信噪比不仅在时间的维度内，而且在所使用的频带之间都是必需的。一个信道与其相邻的特定时间间隔的信道之间通常都具有相同的频率范围，只不过每次得到一个不同的分配。这就使得发送方和接收方之间很难做到同步。但同时，这种分配相对窄带干扰提供了更高的健壮性。如果接收方并不知晓连续信道分配的顺序，那么该方法提供了一个特定的保护，以防止不必要的监听。

- **码分多路访问**（Code Division Multiple Access, CDMA）： 在代码复用方法中，每个发射器和每个通道都被分配给了一个自用的特定代码，以便将其从其他通道中唯一区分开来。所有通道都在相同的频带上同时进行发送。所有发送方被编码的信号互相重叠形成一个总信号。接收方每次都能够根据预先协定的代码在这个总信号中过滤出对自己有用的数据。为了确保各个信道之间的安全距离，这些所应用的代码必须具有一个相应的代码距离。也就是说，它们之间的汉明距离（Hamming Distance）必须尽可能的大，以便减少误差、干扰和失真。用于此目地的一个理想方法是使用所谓的**正交码**。码分多路复用可以被视为扩频（参见

3.2.5 节）的特殊变体，因为这种被调制编码的信号比那些发送的数据具有更高的带宽。第一个被用于实践的码分多路复用应用是全球定位系统（GPS）。这种系统实现了使用多颗卫星精准定位一个位置。其中，所有的这些卫星使用的是同一个频带，但是是不同的代码。因此，它们能够被 GPS 接收器精确地接收。

码分多路复用的原则可以用一个聚会流程进行解读。其中，聚会上的嘉宾来自于不同的国家。在聚会上，很多嘉宾彼此建立了交流的通道。也就是说，他们彼此间同时进行交流，即在相同的时间使用相同的频率带。如果所有的嘉宾使用相同的语言进行交流，那么这种共同的交流必须在一个单独的圈子中进行，这样的交流以特有的方式在空间中分布，因此他们之间是互不干扰的。也就是说，必须执行一个空间多路复用。这就意味着，这些嘉宾在交流的时候必须克制自己的音量，以便不影响到其他的交流圈子。如果一个单独圈子中的交流使用的是不同的语言，而每个倾听者都集中倾听自己的语言，那么相互干扰的危险性也会降低。这时，每个发送方都使用特定的自用代码，这些代码可以从所有平行呼叫的总信号中被过滤出来。而那些使用其他语言的对话只被视为一种背景噪声。此外，人们还能为聚会提供更多的隐私空间。通过这些隐私空间，嘉宾能够在自己的圈子中使用一种相对于其他嘉宾并不能理解的语言进行交流。这就使得代码复用具有了另外一种优势：如果对发送方所使用的代码是未知的，那么窃听者即使截获了其所发送的信号，那么也不能将这些信号解密，进而获知信号所承载的内容。

另一方面，如果嘉宾们在两个挨着的圈子中分别使用两种非常类似的语言进行交流，即代码的距离被设置的很近，那么就会出现不希望的噪声，即彼此间相互干扰。为了实现使用一种陌生的语言进行交流，必须存在一个"最小距离"。依据这种属性，使用正交代码是最好的选择。代码复用方法的主要问题在于：找到合适的代码，将位于同一个交流媒介上的不同用户相互间进行很好地隔离，同时将有用信号与背景噪声明确地区分开（参见图 3.30）。

特别地，码分复用方法被用于无线通信中。在无线通信中，这种方法还要为抗噪性和防止窃听付出代价。与时分复用和频分复用不同的是，码分复用方法中的可用代码空间相对来说是庞大的。当然，接收方必须能够提前了解这些所用的代码，同时接收方和发送方必须被精确地同步，以便能够在总信号中过滤出所用的代码，并且参与到通信中。这就增加了通信过程以及通信所需的基础设施的复杂性。

最初，码分复用方法是为军方开发的，并在第二次世界大战中基于其高度抗干扰性而被首次使用。当时，这种方法被英国的盟国作为对抗德国企图破化盟军无线电传输的对策（也可以参见图 3.35）。

复用技术除了上面所阐述的用于多个连接的整个信道容量统一（统计）分布的同步复用方法外，还有所谓的**异步复用方法**。这种方法在多个连接过程中对于可用的信道容量能够进行动态地调整。然而，这种异步复用的信道分配只能够在时间复用的基础上进行。也就是说，一个信道会根据不同时间段的需求被分配给没有被固定的多重网格。因此，异步复用方法对于独立通信负载具有很高的灵活性，同时对于数据传输具有最佳总容量。由于

代码复用和正交码

在代码复用中，多个信号借助不同的代码被组装成一个总信号，以便这些信号在接收方可以被准确地识别出来。那么，什么样的代码适合这样的应用呢？一般来说，符合条件的代码需要具备良好的自相关性，同时对于其他所使用的代码尽可能地具有正交性。在信号处理过程中，**自相关性**描述的是一个与自身相关联的（被引用的）信号序列。例如，一组被作为矢量的代码 $a = (a_1, \cdots, a_1)$。如果它的标量积的绝对值（即内积：$\sum_{i=1}^{n} a_i a_i$）与自身尽可能地大，那么这组代码就具有很好的自相关性。

另一方面，可以比较两个不同的代码：$a = (a_1, \cdots, a_1)$, $b = (b_1, \cdots, b_1)$。如果这两个代码彼此间的标量积为零（$a \cdot b = \sum_{i=1}^{n} a_i b_i = 0$），即

$$a \cdot b = \begin{cases} 1, & \text{当 } a = b \\ 0, & \text{其他} \end{cases}$$

那么，这两个代码彼此间就被认为是**正交的**。在真实的信号传输中，源代码往往由于干扰和噪音已经变得面目全非了。因此，这种代码在传输结束后往往只能是"近似于"正交的了。

举例：

用以下两个正交代码来编码两个信道 A 和 B：A $= (1, -1)$ 和 B $= (1, 1)$。在实践中，需要更长的正交码用于信道的编码。为了更容易地阐述示例，这里只使用 2 比特长对信道进行编码。在两个信道 A 和 B 中将传输不同的数据：$\text{data}_A = (1, 0, 1, 1)$ 和 $\text{data}_B = (0, 1, 1, 1)$。

在两个信道中，借助于相关联的代码序列，实现被传输数据的一个扩展：

$$\text{code}_A = A \cdot \text{data}_A = (1, -1), (0, 0), (1, -1), (1, -1)$$
$$\text{code}_B = B \cdot \text{data}_B = (0, 0), (1, 1), (1, 1), (1, 1)$$

现在，将这两个信号重叠，即将 $(1, -1), (1, 1), (2, 0), (2, 0)$ 加入到总的信号中，然后将其进行传输。

为了在接收方将信道 A 的数据进行重构，必须使用唯一的信道代码 A $= (1, -1)$ 对信号进行扩展。为此，信道代码和接收到的信号之间的标量积应该这样构成：$(1 \cdot 1) + (-1 \cdot -1) = 2, (1 \cdot 1) + (1 \cdot -1) = 0, (2 \cdot 1) + (0 \cdot -1) = 2, (2 \cdot 1) + (0 \cdot -1) = 2$。在所获得的信号序列 $(2, 0, 2, 2)$ 中，所有大于零的值都被解释为逻辑值 1。因此可以给出：$(1, 0, 1, 1) = \text{data}_A$。使用同样的方式，信道 B 上的数据通过对接收到的信号的扩展得到 B $= (1, 1)$。

由于在实践中，传输过程中会遇到干扰和噪声。因此，各信道的扩展不可能是如上所假定的那样，是一个理想的平滑数值。此外，还要假设该信号的一个精确的同步叠加，同时不去考虑个别频率范围的一个信号的衰减。

延伸阅读：

Viterbi, A. J.: CDMA: Principles of Spread Spectrum Communication, Addison Wesley Longman Publishing Co., Inc., Redwood City, CA, USA (1995)

图 3.30　代码复用和正交码

没有指定固定的时间帧，因此必须为所传输的数据提供具有特定报头和报尾信息的更高的协议层。这样一来就需要为传输的数据分配一个明确的信道，而这都会显著地增加投入的费用。异步复用方法被用于 ATM（异步传输模式）的数据传输过程。

3.2.5　扩展频谱

扩展频谱（Spread Spectrum，SS）是指一种过程。在这个过程中，一个窄频信号被转换成一个比要发送信息所需的带宽更大的带宽信号。为此，先前集中在一个较小频率

范围内的进行发射的电磁能量会被分布在一个较宽的频率范围内。其中，这些信号的功率密度要比窄带信号的低，但是在信息传输过程中不会丢失数据。这种初看上去效率不高的方法其实是有优势的，它对于抵抗窄带干扰具有较大的健壮性。在图 3.31 中展示了：如何借助扩展频谱技术有效地减少故障和干扰。当发送方将需要传输的窄带信号进行扩展频谱后，见图 3.31（a），在接收方的窄带和宽带干扰程度将在解扩的过程中被降低，见图 3.31（b）。随后，信号还要通过一个将窄带有用信号的上面和下面频率剪切掉的带通滤波器，见图 3.31（c）。这时，接收方就可以从剩余的信号中重建原始的有效数据。因为这些有效数据相对于存在信号中的干扰来说具有高得多的功率。

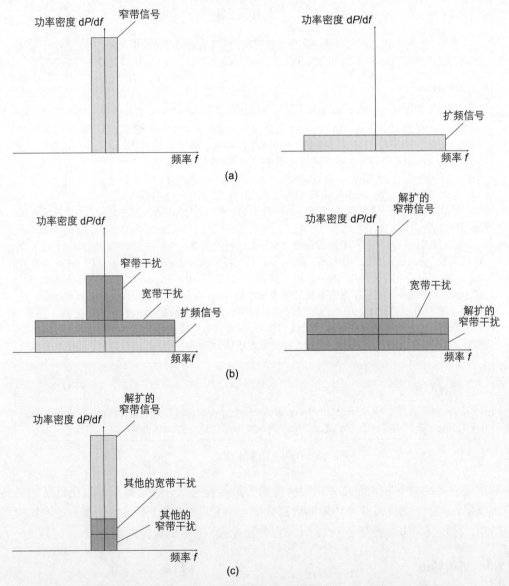

图 3.31　扩展频谱减少了有效信号中的噪声和干扰的影响：(a) 在发送方将信号扩频；
(b) 在接收方将信号解扩；(c) 带通滤波器去除超出有效信号的频率成分

　　扩展频谱的另一个优点在于：扩频后信号的功率密度可以达到很低的程度，甚至低于背景的噪声。这样在任何通信的过程中就可以实现：窃听者甚至不知道通信已经发生了。

　　扩展频谱技术通常与复用技术一起被使用。如果多个信号在一个频率段内平行地使用频率复用技术进行传输，那么每个独立的信号首先接收一个带有相对于相邻的窄带信号足够信噪比的窄带频率带。在整个频率带上，由于不同的时间段上的不同区域分布着不同强度的干扰，因此各个信道的质量是按照时间和频率的强波动进行设计的。其中，各个窄带信道受到的干扰能够强到：被干扰后的信号在接收方无法被重建（参见图 3.32 (a)）的程度。如果这些单独的窄带信号想要借助于合适的方法在整个频率带上被扩展频谱，那么它们必须首先使用码分复用方法进行编码后再传输，以便确保各个单独的信号能够被重建。这里，每个信号被分配一个自己的代码。而这些代码必须被对应的接收方预先精确地获知。使用这些代码，来自于被叠加的总信号中的信号在通过所有的通道后就可以被重建。由于分布在整个频率带上扩展后的信号不易受到干扰和噪声，因此这样的传输很少依赖于当前的信道质量（参见图 3.32 (b)）。

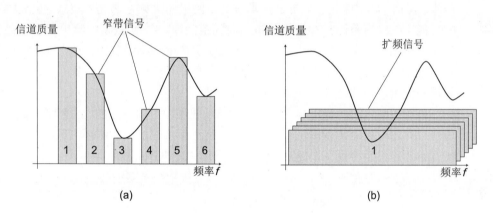

图 3.32　扩展频谱减少对多个有效信号的噪声和干扰的影响：(a) 在一个频率带和一个时间上波动的与频率相关的信道质量上传输多个窄带有效信号；(b) 扩展频谱最大限度地减少了窄带的干扰

　　扩展频谱技术的高效抗干扰性除了在军事上极具吸引力，这项技术也越来越多地被应用在了民用的无线电传输系统中。在民用的无线电传输技术中的一个特殊的问题在于：现有的可用频率空间是有限的，而这个空间的系统运营商的授权通常都是昂贵的。扩频技术需要允许平行地使用已经存在的频率和新的无线传输系统，否则已经存在的系统会受到这些频率空间操作的干扰。除了军事通信，扩展频谱技术也被用于民用的无线数据传输。例如，无线局域网或者蓝牙技术，甚至被应用于移动通信的通用移动通信系统内（UMTS）。

　　虽然在接收方重建原始有效信号的复杂性和费用提高了，但是使用这种现代化的信号处理技术也能够实现平行完成大规模的多个信号的传输，而不需要昂贵的基础设施。然而，提高扩展频谱信号的带宽需求是一个首要的问题。与代码复用一起，对于目标接收方的特定信号不是只作为背景的噪声，而是提高了已经存在的噪声电平的人为噪声。如果这种噪声超过了一个特定的界限，接收方就不能够接收到信号，也就不能够重建这个特定的信号。也就是说，接收失败。

两个最有名的扩展频谱方法是：跳频扩频（Frequency-hopping spread spectrum，FHSS）和直接序列扩频（Direct Sequence Spread Spectrum，DSSS）：

- **跳频扩频（FHSS）**：这种方法基于"跳频"的原则，使用的是频分复用和时分复用的组合。在这种情况下，一个可用的频带被分割成一系列窄带部分。这些部分通过一个足够大的信噪比彼此间被分离开（频分复用）。发送方每次在这些独立的窄带信道必须被切换到另一个信道之前（时分复用），只被分配给一个较短的时间（驻留时间）。而发送方和接收方将使用伪随机数发生器来确定不同信道分配的结果。其中，发送方信道分配的结果被表示为"跳频序列"。这种连接方法可以使用较短的驻留时间（快速跳频）和较长的驻留时间（慢速跳频）进行区分。

    发送方在快速跳频时，单个的比特频率已经被多次转换了。而在慢速跳频时，在驻留时间上多个比特总是在一个频率上被发送。慢速跳频由于具有较长的驻留时间，因此更容易被实现，并且这种跳频在一个特定的波动范围内可以补偿所花费的时间。因此，发送方和接收方在快速跳频时彼此间必须能够实现精确的同步。然而，相对来说，窄带干扰本质上要比快速跳频方法更为敏感。快速跳频的可能干扰频率范围只存在于更短的时间范围内。在图 3.33 中给出了慢速跳频和快速跳频的跳频扩频方法对一个较短数据序列的传输。其中，慢速跳频使用的是 1 hop/b 的频率，而快速跳频使用的是 3 hop/b 的频率。对于要传输的二进制数据则使用的是这两种方法之间的频率。

    跳频扩频方法的特定跳变序列是由伪随机数发生器确定的。这个序列要么在通信双方之间已经初步被匹配了，就像通常在军事应用中的那样；要么双方在通信开始之前已经协商了在随后可以进行操作的随机序列的初始值：

    - 发送方，即发起通信的一方，使用一个预先固定的频率或者通过一个单独的控制信道（Control Channel）发送请求。
    - 接收方使用一个随机数来响应这个请求，即所谓的种子值。
    - 发送方将该种子值作为一个预先给定的伪随机数算法的起始值。其中，伪随机数算法是通过一个伪随机频率序列生成的。同时，通过能够正确接收种子值的控制信道使用同步信号可以对接收方进行确认。这里，同步信号是由频率所确定的随机序列，以及由此得出的正确计算来确定的。
    - 最后，接收方和发送方根据计算所得的频率序列开始彼此间的真正通信。

    跳频扩频的算法被插入到了包括无线局域网标准的 IEEE802.11 标准中。其中，固定的 79 个信道被划分成的每秒最少 20 个频率跳跃以及跳跃距离至少有 6 个信道的 2.4 GHz 频率范围。

- **直接序列扩频（Direct Sequence Spread Spectrum，DSSS）**：扩频方法的一种，其基本想法在于输出信号借助于预先给定的比特串进行扩频。这个比特串也被称为**码片序列**（扩展码）。与其他扩展方法一样的是，直接序列扩频在决策支持系统（Decision Support System，DSS）中的信号能量需要被分布在更宽的带宽上。为此，被传输的有用数据需要使用具有更高数据速率的码片序列，通过一个逻辑异或操作（XOR）将彼此连接到一起（参见图 3.34）。有用数据中的每个比特

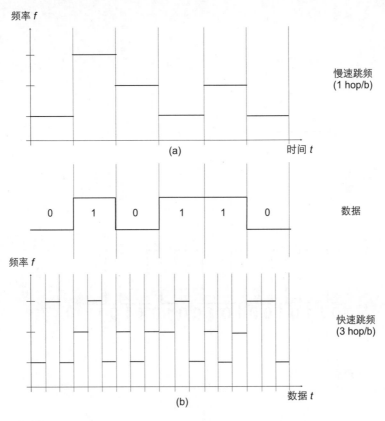

图 3.33 跳频扩频的应用示例：(a) 慢速跳频；(b) 快速跳频

与总的码片序列一起使用异或操作被连接到一起，以便一个二进制的 0 能够通过码片本身表示，而逻辑 1 能够通过互补序列表示。这种代码序列被称为**码片**或者**伪静态代码**。根据产生码片序列的算法，这种方法能够产生随机的噪声。因此，这种代码序列也经常称为伪噪声序列。在接收方，这种有用数据流能够通过更新的异或连接操作使用正确的码片序列进行重构。

扩频因子 s 表示有用数据比特的持续时间 t_N 和码片序列的一个比特 t_s 之间的关系，即 $s = t_N/t_s$。这种扩频因子确定了所得到的信号带宽，以便将原始的带宽 b 和扩频因子 s 相乘。与上面图 3.34 中给出的例子不同的是，在实践中被嵌入到民用中的扩频因子在 10 到 100 之间，而军用的甚至可达 10 000。直接序列扩频被应用于电气电子工程师学会（IEEE）802.11 的无线局域网标准，以及全球定位系统（GPS）、通用移动通信系统（UMTS）、超宽带（UWB）、ZigBee、无线 USB 和无线电遥控器的模型中。

直接序列扩频对于窄带干扰并不敏感。因为在接收方，一个干扰信号也与码片序列进行了异或连接，因此也被扩频了。在这种情况下，这种有用数据信号与码片序列进行了第二次的异或连接，从而再次被扩频。噪声信号的功率密度由于扩频因子而被减少，因此，被扩频的有用数据信号不会再被干扰。而噪声信号会消失在背景噪声中。

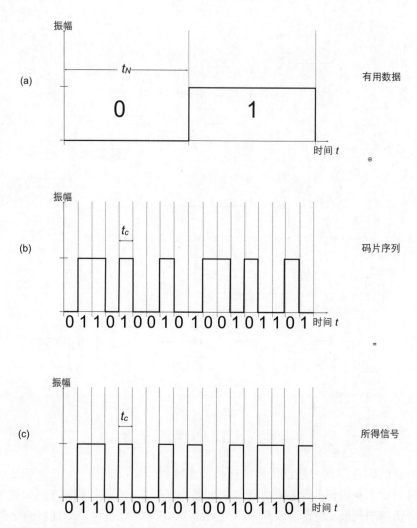

图 3.34　直接序列扩频的应用示例：(a) 有用数据信号；(b) 码片序列；(c) 是 (a) 和 (b) 做异或运算后所得信号

　　除了直接序列扩频和跳频扩频方法外，还有一些其他的基于扩频基本原理的调制方法。其中，包括了称为时间跳跃方法的**跳时扩频**（Time Hopping Spread Spectrum，THSS）。在这种方法中，参与交流的用户发送的有效比特数据只在很短的时间间隔内被发送，类似于时分多路访问（Time division multiple access，TDMA）的方法。其中，各个时间段之间的距离能够在一个传输周期中不断地发生变化。

　　还有一种方法是**线性调频扩频**（Chirp spread spectrum，CSS）方法。该方法使用所谓的**线性**（Chirp）脉冲进行频率扩充。一个线性脉冲具有一个正弦形式的信号波形，其频率通过固定的时间进行连续地增加或者减少。在线性调频扩频方法中，这种信号波形被作为一个基本的发送脉冲用于传输二进制的有效数据。也就是说，一个使用线性调频扩频方法的数据传输是由一系列上升或者下降的线性脉冲组成的。线性调频扩频方法的特点在于：通过多普勒效应（Doppler effect）实现了对抗干扰的健壮性。也就是说，可以有效地对抗

扩频方法的历史背景

1900 年，**Nikola Tesla**（1856—1943）首次对频率变化算法进行了描述，并于 1903 年被授予了美国的专利。在这个专利中，Tesla 描述了对远程控制潜艇的抗敏感性无线电技术工艺的干扰技术。这项专利描述了第一跳频方法和频率复用方法，顺带还首次描述了基于电子开关元件的逻辑电路。

同时，跳频早在 1908 年就已经在一本由德国无线电先驱**Jonathan Zenneck**（1871—1959）撰写的一本有关无线电报的书中提及过。根据书中的描述，这种技术应该在几年前就已经被一家名为 Telefunken 的公司测试过。因此，德国的军方早在第一次世界大战的时候就已经在有限的范围内使用了频率变化技术。当时这项技术被用于各个单独命令之间的防窃听通信。而当时的英国军队还不能破解这种技术，因为他们还没有一种技术能够跟踪这种频率的变化。在 20 世纪的 20 年代到 30 年代，更多的有关频率变化算法被授予专利。

在这些频率变化算法中，最有名的是由好莱坞电影演员**Hedy Lamarr**（1914—2000）和作曲家**George Antheil**（1900—1959）在 1942 年被授予专利的"保密通信系统"。Hedy Lamarr 在她的电影生涯之前就与奥地利的军火商 Friedrich Mandl 在美国登记结婚了。除了生产武器和弹药，Mandl 也从事飞机制造和其他有关无线控制问题的领域。也许是由于 Mandl 的关系，Lamarr 也开始涉足频率变化技术的领域。

由 Antheil 和 Lamarr 开发的系统基于的是音乐卷，类似机械钢琴用来存储音乐片段的东西。为了这项发明，两个发明人想要 Antheil 将 16 个机械钢琴进行同步的组合。理想状态下，用于此目的的发射器和接收器会含有相同的钢琴卷（打孔卡）。对应于钢琴的 88 个键，这种算法能够在 88 个不同的频率之间进行跳跃。这种算法可以被应用于鱼雷的无线电远程控制，有个这种技术，鱼雷就更难于被敌方探测到和被破坏掉。然而，这项专利并没有被美国军方所采纳，进而也从来没有被应用过。到了 20 世纪 50 年代，这种技术又被重新提了出来。当时的 ITT（International Telephone and Telegraph）公司和其他一些公司开始使用代码复用技术处理民用技术。事实上，Lamarr 和 Antheil 研发的频率变化方法直到 1962 年才首次被用于封锁古巴，那之后该项专利就过期了。1997 年，电子前哨基金会（Electronic Frontier Foundation）为 Hedy Lamarr 授予了电子前哨基金会先锋奖（Electronic Frontier Foundation Pioneer Award）以纪念他和 Antheil 的发明。而该项发明可以说是奠定了现代移动通信技术的基础。

延伸阅读：

Scholtz, R. A.: The Origins of Spread-Spectrum Communications, IEEE Transactions on Communications, Vol. 30, No. 5, p.822 (1982)

Price, R.: Further Notes and Anecdotes on Spread-Spectrum Origins, IEEE Transactions on Communications, Vol. 31, No. 1, p.85 (1983)

图 3.35 扩频方法的历史背景

那些在发送方和接受方之间由于运动或者速度的改变而产生的干扰。这是因为，一个线性脉冲的解码仅仅依赖于检测到的频率变化的方向，而与当前实际的频率没有关系。线性调频扩频被应用在无线个人局域网中（WPAN），并且在 IEEE 802.15.4文档中被标准化。

3.3 有线传输介质

在有线传输介质中，信号是通过沿着固体介质传播的电磁波进行传输的。因此，这种传输介质也被称为**定向传输介质**。有线传输介质的各个不同的传播形式，每一种都具有独特的物理特性。这些特性涉及了带宽、延迟、成本、安装成本以及自有的较大的和较小的维修。有线传输介质最重要的特点将在图 3.36 中给出简短的总结。下面给出这种传输介质的最重要的变体。

有线传输介质的重要特征

　　除了在图 3.4 中已经给出的有关**带宽**的解释外，下面罗列出的有线传输介质的属性也具有特别的含义。

- **阻抗**（Impedance）：阻抗描述了在一个共同方向传播的电压波和电流波之间的比例。同时，阻抗是一个用来评估有线传输媒介高频特性的量度。理论上，有线传输介质的阻抗应该可以达到恒定的高频。为了避免由发送信号的反射所产生的数据传输干扰，所有的网络组成部分应该具有相同的阻抗。
- **衰减**（Attenuation）：在通过有线传输介质传播的过程中，信号会被衰减。也就是说，信号的振幅会随着振动的过程不断地减小。在这种情况下，振动的能量被转换成了另外一种能量形式。由于这种信号衰减依赖于频率，因此整个频率范围应该尽可能地小。衰减是通过对传输信号在有线传输介质两端（发送方和接收方）之间的水平差计算得来的。
- **近端串扰**（Near End Crosstalk，NEXT）：近端串扰是指一种信号的衰减，这种衰减会造成信道中独立信号的不必要干扰。被称为近端的串扰已经在电话技术中显示了影响，即在通话过程中的交流会被第三方无意间听到。在相邻的、被共同放置的电磁线路中，被作为线路一端发送方和线路另一端接收方之间的电平差的串音衰减应该尽可能地大。
- **衰减串扰比**（Attenuation to Crosstalk Ratio，ACR）：作为近端串扰和信号衰减之间差异的衰减串扰比描述了一个最大可能的信号噪声比，同时也表示了一个有线传输介质的质量。

延伸阅读：

Ulaby, F. T.: Fundamentals of Applied Electromagnetics. Prentice-Hall, Inc., Upper Saddle River, NJ, USA (1997)

图 3.36　有线传输介质的重要特征

3.3.1　同轴电缆

　　同轴电缆（Coaxial Cable）是具有同心结构的两芯电缆。其内核通常由刚性的铜导线（内导体，也被称为"灵魂"）构成，外面由绝缘介质（绝缘体，通常是塑料或者气体）包裹。柔性同轴电缆的内导体也可以由薄的、网状的或者多股铜线组成。这种绝缘层保护套本身又被一个中空的圆筒形外导体所包围。而这种外导体通常都是一种网状结构（参见图 3.37）。这种外导体再次被一种保护套包裹。这种保护套通常是由塑料构成的，不但绝缘，而且还耐腐蚀和防水。常规的同轴电缆的外径尺寸是从 2 到 15 毫米，而特殊形式下可以达到从 1 到 100 毫米。在同轴电缆中，信号是通过内导体进行传输的。外导体被用于接地基线，同时被用于信号的反馈。

　　基于同轴电缆的设计和其良好的绝缘性（屏蔽），这种电缆具有较高的抗干扰能力，同时非常适合应用于高宽带领域（如今大多可达 1GHz）。因此，同轴电缆也被称为高频电缆。早期，同轴电缆常常被用于长途通信领域，但是目前基本上已经被光纤电缆所取代

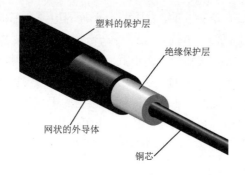

图 3.37 同轴电缆的构造

了。如今，同轴电缆被应用在了电视技术（有线网络）中。20 世纪 90 年代，同轴电缆也被应用在了基于以太网技术的计算机网络中。

目前，有两种同轴电缆的变体被广泛使用：一种是被嵌入到数字数据传输的 50 欧姆的同轴电缆（50 欧阻抗），另一种是被嵌入到模拟广播和有线电视的 75 欧姆的同轴电缆。出现的这种差异是由历史原因造成的，即由于首个两极天线具有 300 欧姆的阻抗，同时制造与其匹配的 4:1 的变压器的成本较低。同轴电缆在 1880 年首次由英国电气工程师、发明家和物理学家 **Oliver Heavyside**（1850—1925）在英国注册了专利。

如今还在使用的基带[1]同轴电缆被应用在所谓的"细以太网"的（10Base-2）网络布线中，标识为 RG-58。RG-58 同轴电缆通过被称为 **BNC 接头**（Bayonet Neill-Concelman）的连接器与 Bayonett 锁件相互连接。

3.3.2 双绞线电缆

双绞线（Twisted Pair，TP）电缆是指由两条相互绝缘的导线按照一定的规格互相缠绕而成的电缆类型。通常，一个简单的双绞线电缆是由两个绝缘的、大约 1 毫米厚的铜导线以螺旋的形式相互绞合而成的。其中，绞合在一起的两个不同的绝缘体被扭成不同程度的弯曲度，即所谓的节距（参见图 3.38）。

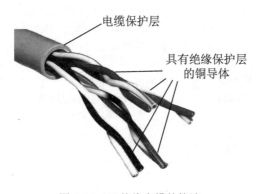

图 3.38 双绞线电缆的构造

---

[1]**基带**是指被传输的有效信号的频率范围。借助一个载波频率的装置，一个基带能够通过调制将光谱移位到另一个可能更适合于传输的频率范围（带通位置）。

　　铜导线之间的相互绞合是必要的，否则两个平行的电缆会形成一个天线，而这样会在数据传输的过程中产生干扰波（串扰）。通过绞合，这种干扰波会被打破，大部分会被抵消掉。这样一来电缆辐射就会受到较少的干扰。基于同样的原因，这种绞合通过交变磁场和其他静电的影响来防止来自外部的干扰。此外，双绞线电缆还会经常受到来自铝箔或者铜编织层的一个导电屏蔽，以便用于防止外部电磁场的干扰。

　　双绞线电缆不仅可以用于模拟信号的传输，也可以用于数字信号的传输，参见图 3.39。对称的信号将在两个内核上被发送，以便实现在电缆线路的另外一端能够通过一个差别

电缆种类及应用

　　根据用途的不同，电缆也分为不同的类型。除了那些直接插入到墙壁的电源插座上的、被固定安装了的电缆，那些用于连接电源插座的终端接口，即所谓的**连接电缆**也是必需的。为了在空间上连接那些彼此间距离不远的网络设备，需要应用较短的**跨接电缆**（Patch cable，也称为"补丁"电缆）。例如，在数据中心的网络机柜中用来将网络交换机连接到路由器的电缆。

　　这种连接着双绞线的连接式和跨接式电缆通常都是具有 8 个触点的**RJ45 连接器**（已注册的插孔连接器）。这种连接器在文档 TIA/EIA 568A 和 568B 中被标准化了。根据不同的应用，这种连接器触点被分配了不同的任务（引线分配）。例如，在以太网中使用第二和第三对线，或者在一个令牌环网络中使用第一和第三对线。

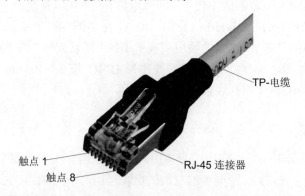

　　为了实现网络设备之间的通信，这种连接可以被区分为两个类似的设备。例如，两台计算机之间的直接连接和将不同网络组件彼此间连接到一起的连接，像计算机和网络交换机之间的连接就是这样形式的连接。如果想要直接将两台计算机彼此相连，那么就需要一条**交叉电缆**（Crossover Cable）。其中，电缆一侧的接收插件的触点（RX）与另一侧发送插件的触点（TX）被交叉地连接到一起。为了将一台计算机连接到另外一个网络组件上，例如交换机或者路由器，必须将各个插头触点与另一侧相同的插头触点连接到一起，即形成回路。因此，这种电缆类型也被称为**直通电缆**（Straight Through Cable）。

　　此外，还有所谓的**反转电缆**（Rollover Cable）。这种电缆所有的引线都是被成对交叉的。也就是说，触点 1 和另外一侧的触点 8 连接到一起，以此类推，2 和 7、3 和 6 等等。反转电缆被应用于诸如通过串行接口的路由器在一个外部主机（终端）上的初始配置，如果这个路由器还不能通过互联网协议被访问到。

延伸阅读：

Vacca, J. R.: The Cabeling Handbook, Prentice Hall Professional Technical Reference, Upper Saddle River, NJ, USA (1998)

图 3.39　电缆种类及其应用

重现构造出原始信号。每个内核是由一个带有塑料绝缘体的铜导线组成的。这种铜导线的直径通常为 0.4 毫米或者 0.6 毫米。典型的双绞线电缆的标准对应的是 4×2×0.4（4 对内核，内核成对运行，内核直径为 0.4 毫米）或者 4×2×0.6。

基本上，双绞线具有以下不同的种类：

- **非屏蔽双绞线**（Unshielded Twisted Pair，UTP）：根据文档 ISO/IEC-11801 对双绞线的标准化规定，这种类型的双绞线的内核没有被全面地屏蔽。在德语使用区域内，这种 UTP 电缆的使用范围并不大，但是在其他区域却是最常使用的电缆。世界上，超过 90% 的以太局域网中都使用了这种双绞线。与屏蔽电缆不同的是，实现非屏蔽双绞线只需要使用较少的带宽和范围就可以达到。当然，这种双绞线也可以使用在 GHz（带宽为 1 GHz）这种量级的以太网中。与屏蔽电缆相比，非屏蔽电缆的优点在于其较小的外直径。与那些没有屏蔽的电缆相连，UTP 电缆更容易被处理，并且成本也更低。

- **铝箔双绞线**（Foil Twisted Pair，FTP）：根据文档 ISO/IEC-11801 中对双绞线的标准化规定，这种类型的双绞线都是被一个金属屏蔽层（通常是一个铝层压塑料薄膜）所包围的。由于这些屏蔽层，FTP 电缆具有稍大一些的外直径，因此比具有更小弯曲半径的 UTP 电缆更加难以安装。相对于 UTP 电缆来说，FTP 电缆具有更高的电磁兼容性。也就是说，通过屏蔽可以减少线与线之间的串扰。

- **筛选/铝箔双绞线**（Screened / Foiled Twisted Pair，S/FTP）：根据文档 ISO/IEC-11801 中对双绞线的标准化规定，这种双绞线与 FTP 电缆具有相同的结构，但是额外还有一个金属的整体屏蔽层包围在导线束上。这个整体的屏蔽层可以是薄膜或者金属丝网，也可以是两者的结合体。

- 此外，还有**筛选非屏蔽双绞线**（Screened Unshielded Twisted Pair，SUTP）电缆和**工业双绞线**（Industrial Twisted Pair，ITP）电缆。前者是内核中的各个导线没有被分别屏蔽，只在导线束外包围了一个整体的屏蔽层。而后者是一种被用于工业上的电缆类型，内核不是由通常的 4 对导线组成，而只是由两对导线绞合而成。

另外，对应于被安装组件的性能，双绞线还被进一步区分为七个类别。其中，只有一类线和二类线被非正式定义了，而三类和四类如今已经过时了。

- **一类线**（CAT1）：一类线电缆的最高频率带宽被设计为可以高达 100 kHz。这种类型的电缆被特别用于电话中的语音传输，以及被作为 UTP 电缆用于报警系统。

- **二类线**（CAT2）：二类线电缆的最高频率带宽可以达到 1.5 MHz。被应用的领域，例如，在 ISDN 主速率接口中被当作 UTP 电缆用于室内布线，或者被用于令牌环网络的基本类型。

- **三类线**（CAT3）：这种三类线属于非屏蔽双绞线电缆。其最高频率带宽可达 16 MHz，可以被用于传输速率不超过 16 Mbps 的数据传输。三类线被应用于 10 MB 的以太网中（10Base-T）。

- **四类线**（CAT4）：四类线电缆被用于数据传输速率最大为 20 Mbps 的数据传输。在传输速率为 16 Mbps 的版本下被用于令牌环网络中。

- **五类线**（CAT5）：五类线电缆是目前被最广泛应用的双绞线类型，其最大频率带宽可达 100 MHz。这种电缆经常被用于计算机网络中的结构化布线。例如，在快速（100Base–T）或者千兆位以太网（1000Base–T）中的应用。

- **六类线**（CAT6）：六类线电缆的最大频率带宽可达 250 MHz，不仅能被用于语音传输，也可以进行数据传输。而具有更高性能的**超六类**或 6A（CAT6A）电缆（增强电缆）的最大频率带宽可达 500 MHz，可以被用于 10– 千兆位的以太网中（10GBase–T）。

- **七类线**（CAT7）：七类线电缆（FA）的最大频率带宽可达 1000 MHz，并且在整个屏蔽层的内部还具有 4 个单独被屏蔽的线对（S/FTP）。这种类型的电缆本身也适合应用于 10 千兆位的以太网中（10GBase–T）。

3.3.3　光纤电缆

光纤电缆或者**光导纤维** 是一种组织或者纤维。这些组织或者纤维是由透明的、透光的材料组成（通常为玻璃或者塑料），可以被用于光或者红外辐射的传输（参见图 3.40）。

光纤与同轴电缆类似，因为它们都被放置在玻璃芯的中间，以便能够使用光进行信息的传输。这些玻璃芯具有不同的直径尺寸。**多模光纤**的内核直径可达 50 μm（相当于一根人类头发丝的直径）。相反，**单模光纤**具有相对小得多的内核直径，为 8~10 μm。

一个简单的（单向的）光传输系统是由三个部分组成的：一个光源，如今通常使用的是半导体激光器（长距离数据传输）或者也可以是发光二极管（即 LED，用于短距离的数据传输）；一个光学传输介质（光纤）和一个检测器。一旦有光照射在检测器上时，这种设备马上会产生一个电子脉冲。光源会被这种电子信号所控制而触发光脉冲（有光脉冲 =1，没有光脉冲 =0）。这种光脉冲会通过光导进行传输。在光导的另一端，光脉冲被检测器检测到后，会被转换成电子信号。

通过这种方式，就可以使用光源本身或者借助于外部干涉仪（通常是 Mach-Zehnder 干涉仪或者是 Electro-optic 干涉仪）实现对数据传输的调制。在接收方，那些由感光光电二极管产生的被振幅调制的光束就会被转换回电子信号。如果想要实现使用相位调制的传输，就必须在由光电二极管产生的信号能够转换成电子信号之前，首先将信号使用一个匹配的调制器转换成振幅调制。

在光导纤维的界面，由于被转发的光波发生全反射，因此所有通过建设性的干涉会重叠出所谓的**模式**。光纤的可能模式将从最小的反射角到最大的反射角进行编号。那些很薄的、厚度只有几个波长的光纤，只有可能是基本模式。第一个模式的光纤也称为**单模光纤**（Single-Mode Fiber）。在单模光纤中，光波只能遵循一个可能的路径。在这种情况下，在一个给定的频率下，不同的光波路径之间不可能出现延迟的差异。单模光纤电缆比较昂贵，主要被用于长距离传输。

具有较大直径的光纤会具有很多种模式。因为在光纤中，很多光束在界面上都以不同的角度位于临界角的上面，并且发生不同的反射。这种较厚的光学纤维称为**多模光纤**（Multi-Mode Fiber）。

使用光纤玻璃原料的光纤除了其他物理特性外，阻尼也会对光的高效传输产生显著的影响。光透过玻璃的衰减依赖于光本身的波长。因此，对于在光纤中的光的数据传播都

光导纤维的传输

　　玻璃材料早在古埃及时期就已经被发现了。想要使用由玻璃制成的纤维材料对数据进行无障碍传输之前，所使用的玻璃必须具有较高的纯度。在文艺复兴时期就已经出现了纯度足够的玻璃窗。玻璃纤维的起源是在图灵根森林。早在 18 世纪，玻璃纤维就被称为所谓的"仙女或者天使的头发"，用于装饰目的。

　　遵循着光沿着一个光学透明的导体可以被引导的想法，英国物理学家**John Tyndall**（1820—1893）早在 1870 年就已经开始尝试让光沿着水流传导。直到 20 世纪的 50 年代，光导才在医疗领域被应用。然而，那时由于光的损失仍然很高，所以只被用于较短路径的传导。随着首个激光的开发，**Theodore Maiman**（1927—2007）在 1960 年制造并使用了一个具有足够强大的集中光源，从而使得光导也能够被用于数据的传输。电机工程师及物理学家**Charles Kuen Kao**（1933—）在 2007 年获得了诺贝尔物理学奖，以表彰其发现了通过玻璃杂质总是会产生较高的功率损失，以及在光传输于纤维的光学通信领域突破性成就。到了20 世纪 70 年代，第一个低损耗的光波导才被制造出来。

　　光纤中的光学数据传输，其光的传导式基于的是**全反射**。一个圆柱形光纤通常都被一个具有很低折射率的介质所包围，通过这样一个保护罩能够起到屏蔽的作用。在两个透明介质之间的界面上，每个介质都具有不同的折射率。当光以一定的角度入射的时候，光可以几乎没有损失地被反射。但是，当光束从一个光学透明介质入射到另一个光学透明介质的时候，它会在这两个介质之间的界面上被折射。折射的强度取决于两种材料（折射率）。如果入射角超过了临界角的角度（接受角），那么光会被完全反射回来，即发生全反射。这时，光被捕捉在了光导中，并且能够几乎无损地进行传播，同时可以被引导在设定的方向上。光导纤维能够让信息以光的形式向外传播超过 20 000 m，而无须进行信息的加强。

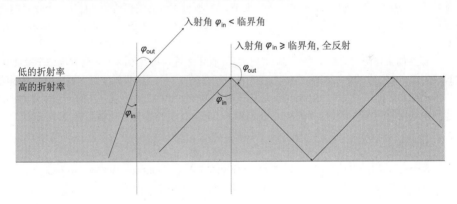

延伸阅读：

　　Mitschke, F: Glasfasern: Physik und Technologie, Elsevier, Spektrum Akademischer Verlag, Heidelberg (2005)

图 3.40　通过光导纤维对光进行传输

被使用了不同的带宽区域，以便在其中能够使衰减达到最小。可见光谱的波长范围是在400 nm 和 700 nm 之间，衰减在稍长波长的红外区内具有明显的降低。因此，通常使用三个波长带，其相应的波长中心分别位于 850 nm、1310 nm 和 1550 nm。通过衰减所造成的功率损耗在最后两个波长带中是每千米 5%。每个波带具有的各自带宽在 25 000GHz和 30 000GHz 之间。

如果一个光脉冲在一个光纤中被发送，那么这个光脉冲将在传输中伸展成自己的长度。这种效应称为**色散**。色散依赖于光脉冲的波长。这种伸展能够导致光脉冲的连续重叠，从而导致彼此间的干扰（码间干扰）。但是，如果增大脉冲之间的间隔就会导致数据传输速率的降低。通过一种特殊类型的脉冲形式，即所谓的**孤波**（soliton wave），能够在很大程度上防止色散效果。孤波是一种在传播过程中不会改变的光脉冲（参见图 3.41）。

孤波

在光纤电缆中，光脉冲被用于数据的传输。其中，波包（wave packet）是由不同的单个频率组成的。在一个色散的、非线性的介质中，波的传播速度是依赖其频率的。因此，一个被发送的波包随着与发送方距离的增大会变得越来越宽，越来越"晕开"。这种效应被称为**多色色散**（Chromatic Dispersion）。

利用非线性效应可以实现一个波包中的各个频率相互转换，即高的部分转换成低的部分，反之亦然，从而产生一个动态的平衡。这种被称为**孤波**的现象可以在传播时不改变本身的形状，同时具有以下三种基本的属性：

(1) 孤波具有一个永久的形式，并不会改变自己的形态。

(2) 孤波是一种空间被限制的现象。

(3) 波和其他的孤波相互间并不会产生影响，也不会彼此改变对方的形状（除了相移）。

孤波在 1834 年首次被英国海军建筑师**John Scott Russell**（1808—1882）提了出来。当时，在 Russell 尝试想要找到最有效的运河船设计的过程中，发现一个波能够沿着水面上的一个航道传播几千米远，其形状却没有被改变。在进一步的实验中，Russell 更加确定，这种被他称为"平移波"的波与传统的波不同。这种波并不与其他的波相结合，并且一个较大的波甚至能够超越较小的波。孤波效应的理论解释则是到了 1895 年才通过 KdV 方程（Korteweg-de Vries equation，KdV equation）给出。

孤波的实际应用的意义直到 20 世纪 60 年代末才被认可。1973 年，英国物理学家**Robin K. Bullough**（1929—2008）预测，在光纤中存在孤波，并且这些孤波可以被应用在光纤网络中的通信和数据传输。到了 1980 年，这些预测首次通过实验被证明是存在的。1991 年，贝尔试验室的一组研究人员成功地将孤波无差错的以 2.5Gb/s 的传输速率传输了超过 14 000 千米。

延伸阅读：

Scott, A. C., Chu, F. Y. F. , McLaughlin, D. W. : Soliton: A new concept in applied science. in Proc. IEEE 61, Nr. 10, pp.1443–1482 (1973)

图 3.41　孤波

光纤波导能够彼此间以不同的方式连接到一起。所有的类型都发生在两个光纤束的反射界面上，而这些能够干扰被传输的信号：

- 在光纤组件连接中，最简单的类型存在于插入式连接。也就是说，一个光纤插入到一个接头，这个接头被插入到一个光纤连接器的相应的对口。虽然这种类型的连接简化了系统部件的配置，但是每个接头的连接都会造成 10%~20% 的功率损失。

- 另外一种可能性是两个光纤接口使用一个精确的机械接头。其中，两个接头的末端都被很整齐地切割后，并排放置在一个特殊的外套中，然后夹紧。通常，这两种相互对齐的玻璃纤维的末端在拼接的过程中还会被优化，以便光通过导体传递的时候，可以不断地做出小的修正。这种光纤电缆的接头需要一个受过训练的专业人员操作，同时这种连接在界面上会造成大约 10% 的性能损失。

- 最整齐的，同时也是最复杂的连接可能性是将两个玻璃纤维的末端融合成一个单个的光纤束。这种类型的连接也称为"熔融连接"。虽然这种连接也会有轻微的信号衰减，但是这种方法是损耗最低的。

相对于电子传输，利用光纤进行数据传输的优势在于：其具有更高的带宽（范围从千兆位到太兆位）。通过光纤传输的信号对电磁干扰是不敏感的，这样就可以提供一个更高的隐私安全级别。而相对于简单的铜电缆，光纤的铺设需要更多的投入成本。因为，这种材料的弯曲半径不能超过一个最小值。如果超出了最小弯曲半径的值，那么会发生光的输出耦合。这种耦合甚至可能导致光纤的破坏，因为通过由此在外层产生的吸附可以导致极高的热量。此外，机械的压碎强度也限制了弯曲半径。为了防止光纤的断裂，通常为其加配了一个保护层或者一个钢筋，以防止最小弯曲半径的降低。

光纤电缆的重量比铜电缆要轻得多，并且直径也比铜电缆小得多。光纤电缆不需要接地，同时也可以安装在一个有可能发生爆炸的环境中。因为光纤在短路的时候不会产生火花。而且，光纤电缆还不会被具有腐蚀性的污染物腐蚀，因此也可以在苛刻的工业环境中被使用。与原材料供应有限的铜相比，光纤的基本材料来自矿物玻璃。而这种矿物玻璃的基本组成成分硅石（砂子）在现实中几乎是可以无限制地被供应的。

玻璃纤维与铜电缆相比的另外一个优势在于，其具有较低的信号衰减。在光纤网络中，信号衰减在经过大约 50 千米时才必须通过一个中继器，而铜电缆在 5 千米的时候就需要一个中继器了。与铜电缆不同的是，光纤电缆在较高的带宽时具有极少的重量。光纤电缆的机械支撑系统和基本结构能够使用相对较低的成本来构造，因此性价比更高。

3.4　无线传输介质

自 20 世纪 90 年代后期以来，无线通信取得了突飞猛进的发展。这种通信方式通过使用无线传输介质将人们从"连接带"中解放了出来。在语言和数据通信领域，这种通信创造了一个全新的移动方式。因为如今即使在旅途中，人们也可以不受地点、不受时间的限制，通过移动电话或者通过其他的无线数据传输技术进行通信和数据的交换。实现这种通信方式是通过使用无线的传输介质，即**电磁波**进行的。这种波可以在自由的空间中定向地或者非定向地进行传播，同时利用预先约定好的调制方法和复用方法对数据进行传输。

原则上，**地面无线网络**与**卫星无线网络**是有区别的。前者的信号是沿着地球表面进行传播的（发射器和接收器都位于地表）。而后者的地表信号是通过一个环绕地球轨道的卫星被接收的，同时在地表的时候被再次转发回去。根据波传播的类型，人们进行了如下的归类：

- 广播（电台和电视网络）。
- 蜂窝网络（移动网络）。
- 微波通信。

广播和蜂窝网络被合称为广播网络。也就是说，发送的信号能够被所有的参与者所接收。移动网络与所谓的**蜂窝站**（Cell site）被归类到了一起。通过一个基站中心，蜂窝站的移动用户以及其他基站的用户就可以进行通信了。而相邻的蜂窝站使用不同的频率，以便减少彼此间的干扰。在全球移动通信系统的网络中（移动网络），为了减少干扰，每 7 个蜂窝站使用 7 个不同的频率（F1~F7）的形式形成一个宏站。在相邻的宏站之间，由于各个站内具有相同的频率，因此总是尽可能地远离那些相同的频率分布（参见图 3.42）。

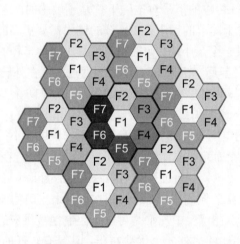

图 3.42　在一个蜂窝网络中，具有 7 个不同频率的蜂窝站的分布

微波网络能够定向地进行点到点的连接。这种连接通常都用于安装光学微波链路或者无线电微波链路。电磁波谱的许多领域都适用于无线数据的传输。从无线电波到可见光范围，以及紧随其后的紫外线。就如已经描述的那样，这些波具有不同的特性，而这些特性又导致了完全不同的传输技术的发展。这些应用将在下面给出简短的介绍。

3.4.1　借助短波和超短波传播的无线传输

短波和超短波的频率范围与中波和长波一样，开始都是应用在无线电传输中。在无线电传输中，通过高频的交变电流，利用电谐振电路产生了电磁波。同时有效信号通过一个合适的调制方法被调制，然后信号通过一个天线被发射出去。高频交流电场向电磁波的实际转换是在发射天线中进行的。而逆变换是通过一个模拟接收天线来执行的，这个天线通常是由金属棒和金属反射镜构成。

短波和超短波被使用在**圆形发射天线**上（全方位的），特别用于广播和电视信号的传输。发射方和接收方彼此间不需要完全精确的对齐。当前，用于数字化数据传输的目标传输速率的范围是在 100 MBps。因此，这种方式可以传输较大的距离，而在较低的频率时具有很好的穿越障碍的能力。然而，短波和超短波很容易受到雨水的干扰，同时也容易受到电子产品或者发动机的干扰。这些波的辐射功率随着距离的增大一般呈二次曲线下降。在较高的频率时，无线电波是沿着直线传播，同时会被障碍物吸收或者反射。

无线电波能够覆盖很远的距离。因此，这种波会因为不同的使用者而出现重叠和干扰。基于这个原因，用于无线电发射的无线频率带的使用和分配在世界上受到严格的监管。在甚低频、低频和中频区域内，无线电波是作为地表电波进行传播的，并且沿着地球表面进行游走（参见图 3.43）。这些波的传输范围可达 1000 千米（在这个范围内，频率越高，覆盖的范围越短），同时它们很容易穿透建筑物和其他障碍物。但是，这种低频段的波并不适用于数字化数据的通信，因为其带宽非常有限。

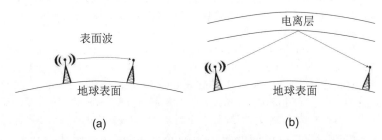

图 3.43　(a) 无线电波在地球表面曲线上以低频段（甚低频、低频和中频段）传播；
(b) 在更高的频率范围（高频段）在电离层发生反射的无线电波

在高频和甚高频范围内，以较高频率进行的传输只能覆盖较短的距离。但是经过电离层，即位于 100~500 千米处的带电粒子层的大气层的反射后，信号可以重新回到地球表面。在合适的条件下，这种波能够被再次反射（锯齿形反射，多次跳跃），以此实现一个很远距离的传输。

3.4.2　通过微波传播的无线传输

当频率在大约 100 MHz 的时候，无线电波可以几乎沿着直线传播，并且可以借助抛物面反射器、贝壳天线或者喇叭散热器捆绑成**微波通信**。这些天线通常安装在地势较高的地方，以便为连接提供一个比较直接的视线。正因为如此，点到点的通信就实现了相对于短波和超短波更优异的信号噪声比。在被使用的频率范围，沿着视线的障碍物会产生干扰，减弱被发送的信号。此外，各个频率范围内还会由于在达到不同的大气层后产生进一步的选择性衰减和折射的干扰。由所到达的频率范围的延迟所引发的相位移动能够导致信号的消失。这种选择性衰减（多路径衰减）分别依赖于天气和所选定的传输频率。

如今，微波通信通常使用的微波范围在 1~40 GHz 之间。频率如果超过了 40 GHz，那么在穿过雨滴的时候会发生信号的衰减。因为在一个频率范围内，电磁波通过水的时候会被吸收。20 世纪 90 年代，在开始引入光纤网络之前，微波通信传输是长途电话网络的基础。当时微波通信的距离可以覆盖至 100 千米。如果想要覆盖更大的通信范围，就必须在中途设置无线电链路的中继器。这种所谓的**中继器**被建立在彼此间足够大的距离之外。这些中继器接收来自各个远处站点发送来的无线电信号，然后将这些信号再沿着微波通信链路以放大的形式传递给下一个邻近的中继站。这里需要注意的是：发射塔越高，覆盖的距离会越远。一个大约 100 m 高的发射塔可以覆盖大约 80 千米的中继间距。在微波频率范围内存在着不允许被自由使用的波段**工业、科学和医疗频带**（Industria Scientific and Medical band，ISM）。因为这些波段是由无线设备通信或者无线局域网使用的（参见图 3.44）。

ISM 频带

ISM 频带是指国际上一组为工业、科学和医疗，以及消费类电子产品服务的高频率应用范围。应用这些频段无需许可证或费用，而使用这个频率范围的设备只需要一个一般的许可证即可。这些波段包括：微波炉（2.4 GHz）、医疗应用，例如，高频磁场疗法（150 MHz）、DECT无绳电话（1.88~1.93 GHz，国际上没有统一的规范）、智能标签（Smart Tags，13.56 MHz）、模型遥控器（27 MHz、35 MHz、40.6 MHz 和 2.6 GHz），以及通过无线网络（2.4 GHz 和 5.8 GHz）和蓝牙设备（2.4 GHz）的数据传输。

如今，现存的频率空间被视为一种珍贵的商品。因为发射器之间会在相同的或者重叠的频率范围内互相干扰。特别明显的是在 2000 年的时候，与 ISM 频带不同的、为移动通信第三代所使用的通用移动通信系统（Universal Mobile Telecommunications System，UMTS）的授权不再是免费的，而变为了拍卖形式。因此，光是德国就花费了 508 亿欧元的授权费，而英国花费了 380 亿。为了规范频率空间的使用，各个国家之间以及国家内部都需要进行协调。在国际层面上，国际电信联盟（International Telecommunication Union，ITU）正努力尝试调节世界范围内频率波段的使用，以便不同国家之间可以跨国利用和操作无线电的应用及其设备。但是，这些国家并不需要与 ITU 的准则捆绑在一起。

在 ISM 频带范围内对无线的应用进行了的总结是：由于对干扰的敏感度而必须缩短覆盖的面积，否则短期的干扰能够被放大。那些使用 ISM 的频率范围内频率的设备可以被任何人免费进行使用，而不用特意进行频率的分配。

延伸阅读：

Bundesnetzagentur für Elektrizität, Gas, Telekommunikation, Post und Eisenbahnen: Allgemeinzuteilung von Frequenzen in den Frequenzteilbereichen gemäß Frequenzbereichszuweisungsplanverordnung (FreqBZPV), Teil B: Nutzungsbestimmungen (NB) D138 und D150 für die Nutzung durch die Allgemeinheit für ISM-Anwendungen, Vfg. 76/03, Bonn (2003)

图 3.44　ISM 频带

3.4.3　红外线、毫米波和光波的传输

非定向传输的**红外线和毫米波**在今天主要用于短距离的传输。与较长波长的无线电波相反的是，红外线和毫米波具有光学的，即对于人的肉眼能够感知到的光的几乎所有的属性。这些波沿着光学连接的方向以直线的形式传播，但是不能穿透固体的障碍物。这就使得这些波成为了在室内建筑物中进行短距离使用的理想选择。由于这种限制，被用于红外线和毫米波范围的设备也只是具有较低的抗干扰性。但是由于空间的限制，被第三方窃听的风险也相对较低。除了远程控制、光电耦合以及光栅的操作，红外线传输还特别被应用于桌面领域，也就是说，在个人局域网（PAN）的框架下被用于计算机和外围设备之间的数据传输。红外线传输在计算机网络领域中的重要性正在迅速消失，同时在很大程度上被性能更优异的无线电技术，例如蓝牙所取代。

光波传输还可以沿着一条不受干扰的光学连接进行较大距离的传输。信号可以借助于可见光进行传输，因此也被称为光学自由空间的传输。其中，激光被与感光的光电探测器一起使用。通过激光的光学数据传输可以实现较高的数据传输速率，但是这种传输方式每次对天气情况都具有很高的依赖性。在下雨或者有雾的时候，激光束会被散射，这时

就必须使用一个替换的通信渠道。此外，大气层中的空气涡流也能够导致光束的转移和干扰。

3.4.4 卫星通信

位于地球近地轨道上的**通信卫星**是从 20 世纪 60 年代初开始投入使用的。原则上，这种通信卫星是被作为了一种放大器或者中继站，以便将从地球上发送的信号向一个广阔的地理区域传播。在这种情况下就需要使用一个高频信号，否则基于准光学传播特性，对于沿着地球表面的一个广域的传播将需要大量的中继器。这种通信卫星对应不同的频率范围具有一个或者多个转发器。输入的信号将会通过这些转发器被放大，同时发送回一个备用的频率。

卫星通信被用于点到点的通信。例如，卫星电话、在全球范围内传播的广播和电视信号以及数据通信。其中，数据连接的终端用户通常只是由供应商提供的连接路径与另外一端用户通过卫星进行交流，而从终端用户到供应商的反馈信道往往都是由传统的、有线通信链路来实现的。这是因为，为大量用户提供一个返回的路径通常都是非常昂贵的。

原则上，区分两个不同类型的卫星可以通过其距离地球表面的轨道高度进行判断。根据开普勒定律的天体轨道运动学说，卫星的运行周期依赖于它的轨道高度。卫星的运行轨道越高，它围绕地球运行一周的时间也就越长。因此，卫星之间可以根据其与地球同步移动的周期来区分。而那些围绕在一个较低运行轨道的、具有一个较短周期的卫星包括：

- **地球同步卫星：** 这种卫星在距离地球表面上方大约 35 790 千米的高度，具有围绕赤道轨道为 0° 的轨道倾角，并且与地球的自传是同步移动的。地球同步卫星是一种永远固定在地球上空某个位置的卫星，因此也可以很容易地被作为通信中继，并且具有相对较高的数据传输速率，却并不需要对卫星的运行进行跟踪。因此，位于这个高度的卫星被称为**地球同步卫星**（地球静止轨道）。利用地球同步卫星进行全世界广播通信的想法是在 1945 年由英国科幻作家 **Arthur C. Clarke**（1917—2008）首次提出的。19 年之后，这个想法由属于地球同步卫星的同步 2 号（1963）和同步 3 号（1964）实现了。

  然而，虽然这种地球静止轨道非常受欢迎，但是可用的围绕赤道的空间却是有限制的。今天的技术允许一个地球同步卫星在 360° 的赤道层可以间隔 2° 放置。因此，整个地球静止轨道上可以被放置最多 180 颗卫星。而这些卫星位置的协调工作是由国际电信联盟（ITU）进行操作的。

  一个现代化的通信卫星能够携带多达 40 种不同的转发器，在不同的频率范围内可以根据频率和时间复用的原则进行操作。国际电信联盟将这种卫星通信在 1.5 GHz 和 30 GHz 范围内保留了 5 个频率带（L、S、C、Ku 和 Ka）。如果想要通过地球同步卫星实现全球的（从赤道延伸到极地 82° 的纬度）覆盖，则需要 3 颗卫星。

- **近地卫星/中地卫星（近地轨道/中地轨道）：** 运行轨道的高度在 200 千米和 1500 千米之间的卫星被称为近地卫星（近地轨道）。这种卫星的运行时间相对较小，只在 90 分钟到 2 个小时之间。这种卫星存在一个问题：它们总是非常快速地从终端用户的接收范围内驶过，所以就必须对其进行跟踪。这种能见度以及与基站的无线通信，每个运行周期通常都不超过 15 分钟。因此，这种作为情报和通信的卫星在很长一段时间内只扮演了一个小角色。近地卫星的近地轨道是消耗能量最低的轨道，因此可以使用很少的花费来实现。为了确保可以通过近地轨道卫星实现覆盖全球的通信，一般需要 50 到 70 颗这样的卫星。

在 20 世纪 90 年代，一个使用卫星来实现全球移动通信系统的想法再次成为了社会的焦点，并且在摩托罗拉公司的推动下开始了名为**铱系统**（Iridium）的项目。该项目是由 66 颗（原定 77 颗）、轨道高度在 750 千米的近地轨道卫星组成，以确保覆盖全球范围内的移动通信网络。但是，由于这种系统的投资成本太高，而被接受的程度却很低。因此，在 2000 年的时候这个项目就已经失效了。从 2001 年 3 月 30 日起，这个铱系统网络开始了商业化的运营。

运行轨道高度在地球静止轨道上面 1500 千米和下面 36 000 千米之间运行的是中地球轨道（Medium Earth Orbit，MEO）。其中，在 1500 千米和 3500 千米之间以及在 15 000 千米和 20 000 千米之间的区域可以避免高辐射的负载。那里存在一个由美国天体物理学家 **James van Allen**（1914—2006）的名字命名的范艾伦辐射带。这是一个由地球磁场俘获的高能带电宇宙粒子的辐射层。为了实现通过中地球轨道卫星覆盖全球的广泛通信，需要 10 到 12 颗这样的卫星。可用于通信的时间接收窗口在 5 到 12 个小时。类似于前面提到的铱卫星网络，**全球星系统**（Globalstar）卫星网络具有 48 颗中地球卫星，这些卫星的轨道高度大约在 1400 千米。然而，这种全球星系统网络并不能覆盖两极地区，那里只能通过铱系统网络来实现覆盖。与铱系统网络不同的是，全球星系统网络中的卫星之间并没有直接的联系，而总是通过运行的卫星覆盖在地面范围内的网关，通过传统的通信系统来转发。因此，在公海，以及非洲和南亚部分地区还无法通过全球星系统网络覆盖到。

与地面连接不同的是，卫星连接由于巨大的距离而导致了更高的传输时间。例如，地球同步卫星。虽然信号以光的速度传播，但是从一个端点到另外一个端点的传输时间大概还是在 250 ms 到 300 ms 之间。相反，地面的微波链路具有每千米大约 3 μs 的信号传播延迟，而光纤连接的传播延迟每千米大概为 5 μs。

3.5　术语表

带宽： 一个单位为赫兹（1 Hz = 1/s）的物理单位。在物理、通信工程和计算机科学中具有不同的含义。在物理学中，带宽 B 表示两个频率之间的差异（频率的上限和下限）。这种频率差构成了一个连续的频率范围（频率带）。在模拟通信工程中，带宽表示频率范围。其中，电子信号的振幅被降低到 3dB 后进行发送。理论上，带宽越大，在单位的时间内就能够传输越多的信息。在计算机科学中，带宽表示在进行数字信号传输时候的数据传输速率（也被称为传输速率或者数据速率）。可以作为一种对速度的度量，表示数据在单位时间段内以比特的形式通过一个传输介质能够被传输的速度。

扩频（Spread Spectrum）：扩频或扩展频谱表示的是一种为了将信息进行发送而将一个窄带信号转换成一个较宽信号带的方法。此外，还会将之前集中在一个较小频率范围内所发射的电磁能量分布在一个更大的频率范围内。其中，信号的功率密度可以低于在窄带时的功率密度，否则数据在信息传输过程中会丢失。相对于窄带传输，扩频方法的优点在于抗干扰性具有更强的健壮性。

地面波传播：频率范围在 3 kHz 到大约 30 kHz 范围内的电磁波是作为地面波沿着地球表面进行传播的。一个地面波的传播范围一方面取决于频率，另一方面取决于土壤的性质。

折光率：折光率（也称为折射率）是一种几何光学的基本参数。描述了电磁波在两个介质的临界面上发生的折射（方向的变化）和反射（反射和全反射）的特性。

线性调频脉冲（Chirp Impulse）：在信号处理中，一个信号被表示成线性调频脉冲，那么就表示一个正弦波形信号的频率会随着时间连续地增加或者减少。在技术的应用中，线性调频信号存在于扩频的调制方法中。例如，线性调频扩频（Chirp Spread Spectrum，CSS）。这些方法被证明通过多普勒效应具有很强的抗干扰的健壮性，因为只有频率变化超过了线性调频脉冲的时间才有意义。在自然界中，蝙蝠使用线性调频脉冲来进行跟踪。

数字化（Digital）：表示离散的、不连续的技术或者算法，即采用阶梯式的算术度量。数字技术的基础是二进制（二价）数字系统。这种系统只包括两个状态："真"和"假"，或者是两个数值：0 和 1。这些二进制数值被称为**比特（二进制数位）**，是表示信息的最小可能单位。

数字通信：是指数字化信息通过专门的数字通信信道进行的交换。信息的数据格式确定了各自的媒体类型（文本、图像、音频、视频等）。信息根据被嵌入的通信协议的要求通过一个数字通信信道（例如，互联网或者万维网）进行传输。

多普勒效应（Doppler Effect）：是一个根据奥地利物理学家**Christian Doppler**（1803—1853）的名字命名的现象。多普勒效应描述了当波源和观察者有相对运动时，任何类型的波的被感知的或者被测量的频率的变化。当观察者与波源相互靠近时，观察者所感知的频率会增加。而当观察者与波源彼此间远离的时候，观察者所感知的频率会降低。众所周知的一个例子是，路过的救护车上警笛的音调随着驶近和远离所发生的变化。多普勒效应在具有移动设备的无线电通信中具有重要作用，同时必须考虑使用调制和复用的方法。

电磁波：是指一种由电场和磁场相互耦合而成的波。一个随着时间不断变化的电场总是产生一个磁场。相同的，一个随着时间不断变化的磁场也总是产生一个电场。两者缺一不可，而且这两者之间没有载体。电磁波可以被用于模拟和数字信号的传输。

傅里叶分析： 任何周期的信号 $g(t)$ 都可以分解成一个（也可能是无限多个）由简单的正弦和余弦函数组成的和。这种分解根据法国数学家和物理学家 Jean Baptiste Joseph Fourier（1768—1830）的名字被命名为傅里叶分析。

光缆（光纤电缆）： 是指由透明的、透光的材料（通常为玻璃或者塑料）制成的纤维，用于传输光或者红外辐射。光纤电缆与同轴电缆类似，因为它们的中心部分都是玻璃芯（同轴电缆是铜芯），利用光对信息进行传播。根据不同的直径，光纤电缆被区分为多模光纤（粗纤维电缆，在光线路运行时产生干扰）和单模光纤。

互联网： 互联网是世界上最大的虚拟计算机网络，其包括很多彼此间通过网络协议连接到一起的网络和计算机系统。互联网最重要的供应（也被称为"服务"）包括：电子邮件服务（E-Mail）、超文本传输（HTTP）、文件传输（FTP）和论坛（用户组/新闻组）。全球网络之所以日益流行是因为引进了万维网（WWW）。这种网络通常被等同于互联网，但是实际上它只是互联网众多服务中的一个服务。

网络互联（Internetworking）： 网络互联是多个不同的、彼此分开的、同时被连接到互联网的网络间（局域网、广域网）的一个桥梁。为了连接，需要一个合适的交换计算机（路由器）。这种路由器通过网络的连接对数据包的路径进行调解，同时借助互联网协议实现一个可靠的传递。网络连接的用户被视为是同质的、虚拟的网络（互联网）。

符号间干扰： 符号间干扰（也称为符号串扰）是指在时间上连续发送的符号之间以数字化数据在单个通信信道内产生的干扰。

电离层： 大气层中的一个层。这一层存在着显著数量的带电粒子（电子和离子）。在无线电传输中，这一大气层被用于短波信号（高频范围）的传输。在这样频率范围内的信号能够被地球表面反射回去，因此可以实现在全球范围内的传播。如果无线电波达到了电离层，那么带电的粒子会被激发振动。被传输的能量不会丢失，因为振荡的电子也被发射，并且通过振荡被以相同的频率再次进行相位移动。

ISO/OSI 参考模型： 国际标准化组织的规范，为通信标准的设计和出版的发展奠定了基础。这种国际参考模型是由 7 个层组成的，描述了数据的传输过程。ISO/OSI 参考模型的目的在于：通过一个标准化的接口实现不同计算机和协议之间的通信。与基于互联网发展而形成的 TCP/IP 参考模型不同的是，ISO/OSI 参考模型几乎完全失去了它在互联网中的现实意义。

信道容量： 信道容量定义了在一个给定的传输介质中的无差错传输的信息流的上限（发送的比特数）。这个上限依赖于信噪比，同时涉及所发射的频谱。

同轴电缆： 具有同心结构的两个导体电缆。内芯通常是由刚性铜线（中心导体）组成，并且由一个绝缘体（电介质，通常由塑料或者气体构成）包围。柔性同轴电缆的内芯也可以由一个薄的、网状的或者绞合在一起的铜线构成。绝缘保护层本身再次由一个中空的圆筒形外导体包围，这种外导体通常是网状的形式。这种外导体会再次被一个保护层所包围。这种保护层通常是由具有绝缘性、耐腐蚀性和防水的塑料构成。在同轴电缆中，信号的传输是由内导体实现的。而外导体是作为接地线，同时用于信号的回传。

通信： 通信是指通过人力或者技术系统实现的信息单方或者相互的提交、发送和接收过程。

通信协议： 通信协议（也被简称为协议）是规章制度的集合。这些规章制度制定了传输信息的数据格式以及传输时的规则。协议中包括在发送数据包时，通信伙伴之间连接的建立和终止，以及数据传输的方式和方法。

线路编码： 在数字通信领域中，线路编码确定了信号在物理层中是如何被传递的。其中，规定了一些特定的章程，即玻璃纤维上的光照强度，或者电子线路上的电压和电流以及比特序列的排序。线路编码与其他一些编码形式是不同的。例如，信道编码或者源编码。信道编码可以使用附加的冗余来识别和校正数据传输和存储过程中的错误。相反，源编码从数据源中的信息去除冗余，以便对数据进行压缩。

介质： 发送方和接收方之间用于通信的传输信道的表达。为了实现信息的传输，发送方和接收方之间必须通过一个载体介质进行交换。这种载体被区分为有线的载体和无线的载体。

调制： 调制在通信工程中描述了一个过程。其中。一个需要被传输的有用信号（数据）被转化成一个载波信号（调制）。通过这样的转换，有用信号的传输就可以借助一个通常都是高频率的载波信号进行传输了。

多路复用（Multiplexing）： 表示信号和通信传输的方法。其中，多个信号被组合（捆绑）在一起，并且在同一时间通过一个介质进行传输。

物理层： 一般情况下，在物理层中会定义在数据传输过程中所使用到的物理介质的所有物理的和技术的属性。互联网的 TCP/IP 参考模型中各个层中的协议都是制定在物理的传输介质上的。本身并不属于 TCP/IP 参考模型一部分的物理层，却定义了网络硬件和物理传输介质之的相互作用。物理层制定了连接线的布局、电子和光学的参数、电缆物理特性的规格（电气的和光学的）以及放大元件，网络适配器和所使用的数据传输方法的说明书。

空间波传播： 电磁波在频率为 300 kHz 到 30 MHz 的范围内会产生所谓的空间波传播。其特征在于所描述的电波由发射方向空间传播，并且在到达电离层后又通过全反射被再次反射到地面，随后又重新被反射。通过这种方式，空间波可以达到一个很大的传播范围。在理想的状态下，甚至能够在整个地球表面进行传播。

噪声状态： 描述了输出信号的振幅与干扰信号振幅之间的关系。噪音状态也被称为信号噪声比（SNR），用分贝（dB）来表示。

可见波传播：电磁波在频率范围为 30 MHz 到 30 GHz 之间不会被电离层所反射，而是作为可见波进行传播。在这个频率下，地面波会被强烈地衰减，因此只能提供给一个很小的区域。为此，必须借助一个视线可达的发送天线。

信号：信号是指在一个物理系统内，携带信息的、具有时间进程的一个可测量的量。

信号噪声：任何信号在传输的过程中都会出现能量的损失。通过外部因素产生的信号失真（错误）称为信号噪声。

信噪比：描述了输出信号的振幅与干扰信号振幅之间的关系。信噪比被表示为分贝（dB）。信噪比也称为信号噪声比或者动态比，是评估信号质量的一个重要参数。

孤波：孤波是一个波包，其在长距离的移动中不会发生改变，即不会受到其他波的干扰。一个波包是由许多不同的单独频率组成的。每个单独的频率在（色散，非线性）传播介质中都具有一个不同的（频率相关的）传播速度。由于非线性效应，波包中单独的频率彼此间能够进行转换，使得形成一个动态的平衡。随后创建一个**孤波**向外传播，同时却并不改变其形状。

全反射：全反射是一种光的波现象，发生在两个介质的临界面。例如，空气和水。其中，光在临界面的时候并不发生折射，而是全部被反射回来，即它被反射回输出介质。在光纤中，全反射实现了光信号的传输。

双绞线电缆：一种铜电缆的类型。其中，一个线对的两根线彼此间绞合到了一起。通常情况下，一个简单的双绞线是由两个绝缘的、大约 1 mm 厚的铜导线相互间以螺旋形绞合在一起的。其中，在一个电缆中不同的线对常常具有不同程度（螺距）的扭曲。

第4章　网络接入层 (1)：有线局域网技术

"想要用尊严进行统治，就必须与周围的邻居保持联系。"

—— 谚语

本地网络，即所谓的局域网（Local Area Network，LAN），可以用来连接在地理位置上非常接近的计算机。从早期在同一空间中使用简单的点到点对单个计算机之间进行连接，到拥有几百甚至上千台计算机的企业或者校园网的连接，所有的这些计算机都是通过一个共同的传输介质进行通信的。这也奠定了局域网不可取代的地位。然而，局域网在地域扩张时，出于计算机技术的原因，可以连接的计算机数量总是受到限制。不同的应用条件，例如，成本、数据吞吐量、空间范围以及布局都会导致完全不同的局域网技术的发展。所有的这些技术都遵循着自己的协议机制，同时被不同的场景动态地或者静态地使用着。

无论对于制造商还是对于用户来说，都需要一个强制性的规范。在美国电气电子工程师协会（Institute of Electrical and Electronics Engineers，IEEE）的框架下，文档 IEEE 802 中对应的工作组建立了使用局域网技术的标准。例如，以太网、令牌环，或者如今生活中已经不可或缺的无线局域网（Wireless LAN，WLAN）的标准，以及这些网络的演变体。在本章中，将给出局域网领域中不同技术的发展以及对相应标准的描述。这些主题涵盖了从 TCP/IP 参考模型中有关局域网的协议机制和地址管理到给出不同局域网技术示例的描述。本章中主要关注的是有线局域网技术。而无线局域网技术，由于其日益增加的重要性，将会在下个章节单独给出具体的描述。

4.1　网络接入层

在物理层中，两个或者多个参与通信的用户之间只能使用电子的、电磁的或者光学的信号进行交换。而在 TCP/IP 参考模型中的**网络接入层**（Link Layer）中，这种通信已经从物理层中脱离了出来，上升到了一个更为抽象的、有逻辑的层次中。比特流，即逻辑的 0 和 1，在进行发送之前组成了更大的单位。网络接入层可以被应用到不同的网络技术中：从开始的彼此间只相距几米远的那些直接的、个人环境中的个人域网（Personal Area Network，PAN），到可以在建筑物内联网的局域网（Local Area Network，LAN），以及用来联网整个城市的更为广泛的城域网（Metropolitan Area Network，MAN），直至发展成为覆盖全球的广域网（Wide Area Network，WAN）。

本章中，首先会再次给出网络接入层的常规任务描述。在网络接入层中，**介质访问控制**（Media Access Control，MAC）和**逻辑链路控制**（Logical Link Control，LLC）是不同的。前者是用于对物理网络的实际访问，而后者是建立在前者的基础上，允许在更高的抽象层中进行通信。因此，局域网技术的一般原则被认为是网络接入层中最重要的技术示例。例如，最为流行的应用有以太网、令牌环、光纤分布式数据接口（Fiber Distributed Data Interface，FDDI）和异步传输模式（Asynchronous Transfer Mode，ATM）。因此，在讨论局域网可能的扩展性之前，将给出固定（有线）的局域网技术介绍。而在无线局域网技术中，不仅涵盖了如今被广泛使用的通用无线局域网技术，还包括了在以后的环境中会被使用的个人域网（PAN）技术，这些都将在第 5 章节中给出具体的介绍。同样被规划为网络接入层的有关将局域网扩展到城域网和广域网的技术，也会在第 5 章中给出介绍。

4.1.1   基本任务和协议

网络接入层（链路层或数据链路层）位于 TCP/IP 参考模型中的最下面。这一层直接位于不属于 TCP/IP 参考模型中的物理传输介质（物理层）之上。

物理层只是将比特序列转换成物理信号，然后将这些信号沿着物理传输介质进行发送。而网络接入层的主要任务在于：将这些比特序列组装成结构化的单元（数据包、数据报文、帧），然后将这些单元沿着一个通信信道在两个（相邻的）终端系统之间进行交换。为了确保传输的正确性，这些数据包会被附加上额外的信息。例如，用于对简单错误识别（错误处理）的校验和。

在网络接入层中所使用的数据包通常称为**帧**（Frame）。通信的终端系统之间既可以直接通过一个传输介质进行连接，也可以通过一个所谓的总线（扩散网络、广播网络）连接到一起。由于这样的连接不需要中间系统，因此多个终端系统相互间也可以连接在一起。用于实现网络接入层通信的协议定义了：进行通信的终端系统之间交换的帧的格式，同时确定了发送和接收帧时所必需的操作。

此外，网络接入层还必须要确保：当存在一个相对较慢的接收方时，其不会受较快的数据发送的影响而产生溢出。这种数据流的调节也称为**流量控制**（Flow Control）。

网络接入层的主要任务包括：

(1) 为更高一层的协议层提供被定义了的服务接口。

(2) 在一个共享的通信介质上调控多址接入。

(3) 处理传输错误（错误检测、重发、纠错等）。

(4) 流量控制。

在局域网周围，多个终端系统通常都是通过一个共享介质彼此间连接到一起的，即所谓的扩散网络（也可以是广播网络）。而在广域网络中，每两个终端系统之间通常只是通过一个共享介质进行互联的。而这就对被使用的网络技术提出了几乎完全不同的要求。因为这样一来，就会对进行通信的终端系统的数量以及它们彼此间的距离设置技术和实际限制。为了确保对连接多个终端系统的共享传输介质的访问权利和有效通信，会使用复杂的裁判算法，以规范对传输介质的访问。如果在一个较大的范围内，一个传输介质被专门用于两个相互连接的终端系统的使用（点到点连接），那么显然可以使用一个较为简单的通信算法以确保尽可能高的传输效率。

这里必须注意的是，所使用的网络传输介质通常只能提供一个有限的传输容量。由于所发送的信号不能无限地被快速传输，因此就会出现传输延迟，即在一个比特发送和接收之间扮演着不同角色的时间。为了确保有效地沟通，通信中所使用的协议根据所使用的技术必须考虑到这些不同的因素。

网络接入层还进一步划分为**安全服务**和**不安全服务**。这样就可以消除一个不安全服务中被错误识别的数据包。但是，对错误发送的传输数据包的进一步纠错或者一个新的请求却包含在协议栈的更高一层的协议层中。相反，安全服务本身就可以完成一个必要的重传。

TCP/IP 参考模型中的网络接入层的基本协议（参见图 4.1）是由电气电子工程师协会根据文档 **IEEE 802** 中有关局域网标准所指定的局域网协议给出的解释。文档 IEEE 802 中有关局域网协议标准中最重要的代表有：

- 以太网：IEEE 802.3。
- 令牌环：IEEE 802.5。
- 光纤分布式数据接口（Fiber Distributed Data Interface，FDDI）：源自 IEEE 802.4 文档（令牌总线）。
- 无线局域网：IEEE 802.11。
- 无线城域网：IEEE 802.15。

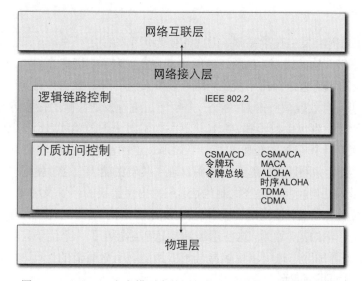

图 4.1　TCP/IP 参考模型中的网络接入层及其包含的一些协议

在全球互联网中，从一个终端系统向另外一个终端系统进行数据的传输，通常都会使用到多个不同的网络技术。在这种情况下，根据不同的目的需要选择一个合适的网络，可以是局域网、个人域网或者是无线局域网（参见图 4.2）。这种对系统进行相互间连接或者相互间调解的任务是位于网络接入层之上的**网络互联层**的任务。

网络接入层的一个重要任务（参见图 4.3）是：将从物理层得到的比特流结构化成具有固定大小的或者可变长度的数据包（帧），然后将这些数据包传递给位于协议层中更高的层。这种**生成帧**（Framing）的操作将所输入的比特流分解成了离散的单位。在数据传输

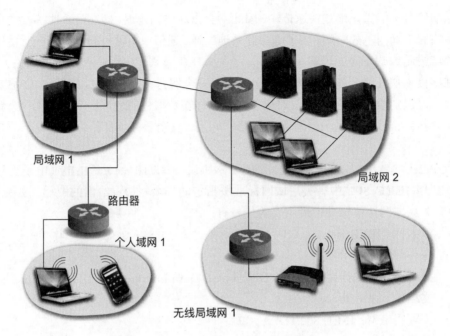

局域网 1

局域网 2

路由器

个人域网 1

无线局域网 1

图 4.2　网络接入层中使用了不同的网络技术

的过程中，由于可能会发生传输错误，因此需要为每个帧制定一个校验和。借助于这种校验和就可以检测出传输的错误，甚至还能够将其修正。为了实现这个目的，使用了不同的算法。但是一般的步骤总是保持不变的，即从要被发送的有效载荷中确定一个校验和，然后将这个校验和与有效载荷一起封装在一个帧中后进行发送。帧的接收方从接收到的有效载荷中再次计算得到一个校验和，并且将其与传输过来的校验和进行对比。如果传输过来的校验和与重新计算得到的校验和相一致，那么说明没有发生传输错误的概率是极高的。如果两个校验和并不匹配，那么就说明出现了传输的错误。这时就可以根据服务的类型触发相应的错误处理机制。这些机制包括：删除出现错误的帧以及请求重传。

除了包含校验和信息，帧里还含有其他附加信息，用于确保正确的传输以及接收方可以成功接收到所传输的帧。通常，这些附加的信息都封装在了一个位于有效载荷前面的**帧头**中。当然，这些附加信息也可以以**帧尾**的形式跟随在有效载荷的后面。被封装在帧头或者帧尾中的附加信息还包括：

- 正确传递数据所必备的、用于识别发送方和接收方的地址信息。
- 帧识别，以便能够对所发送的帧进行唯一的识别，同时实现了在接收方对其正确地解码。
- 用于其他数据字段的管理和控制信息。

接收方的网络接入层为了能够正确识别来自通信伙伴物理层所发送的帧，就必须能够鉴定出每个帧的帧头和帧尾。一个直观的方法是：在所发送的各个帧之间插入时间间隔。然而，很多网络技术并不能保证在数据传输的过程中能够插入固定的时间序列。也就是说，各个帧之间的时间间隔在传输的过程中会随时发生变化，甚至可能完全消失。网络

网络接入层的基本任务

- **帧:** 在网络接入层中，发送的比特流被整合为一个连贯性的单位，即所谓的框架或者帧。通常，一个这样的帧包括需要被传输的有效载荷以及附加的管理和控制信息，以便确保有效载荷的正确传输。其中，管理和控制信息可以被以帧头或者帧尾的形式"嵌入"到有效载荷中。当然，整个管理和控制信息大多数都被附加到了所谓的**帧头**中。这种帧头信息包括诸如发送方和接收方的地址信息、有效载荷的长度以及进行错误识别的校验和。

- **介质访问:** 网络接入层的协议不仅规定了要发送的帧的结构，同时也制定了该帧如何通过通信介质（例如，连接电缆或者无线连接）进行传输的规则。在简单的点到点的连接中，这些链路协议是不需要的。因为这种连接只是两个终端通过一个连接线彼此间进行的连接。因此在这种情况下，每个终端都可以进行发送，只要连接线没有被另外一个终端使用。而当多个终端系统分享同一个连接线的时候，必须借助特殊的裁判算法来解决**多址接入**问题。

- **流量控制:** 那些参与通信的终端系统在网络接入层上具有一个缓冲区，用来缓存到达的帧。但是，当这种缓冲区的处理速度相对于较慢的时候，即转发的速度慢于数据到达终端的速度，那么缓冲区会出现溢出，进而导致数据的丢失。为了避免这种情况的发生，网络接入层的协议提供了阻止发送终端向其通信伙伴超载传输帧的可能性。

- **错误检测:** 当数据通过一个传输介质被发送的时候，会产生干扰和信号的噪声，即所谓的**误码**。也就是说，原先被作为逻辑 1 发送的比特，在传输的过程中由于传输故障而被当作 0 接收了，反之亦然。因此，网络接入层中的协议提供了可靠的错误检测机制。这种机制是在校验和的基础上进行操作的。

- **错误校正:** 和错误检测一样，错误校正能够借助冗余码来实现。其中，冗余大小的选择应该以能够将原始数据从发生错误的传输数据中重构为准。在异步传输模式（ATM）的协议下，网络接入层上的错误校正只被用于所传输帧的数据头（帧头）。

- **安全传输:** 除了被认定会发生帧丢失的不安全服务外，在网络接入层也可以获得安全的服务。这种服务通过确认和重传机制可以保证一种可靠的数据传输。安全服务特别适用于通过不可靠介质的通信连接，即具有较高错误率的介质，例如，无线电传输。这种服务的特别之处在于，可以纠正本地发生的错误。也就是说，这些错误会在网络接入层中被纠正，而不需要将发生错误数据的纠错操作传递给位于 TCP/IP 参考模型协议族中的更高的层，由其进行重传的请求操作。当传输介质具有较低错误率的时候，例如，光纤电缆或者其他一些有线的介质，那么位于网络接入层中的错误校正并不被认为是必要的。这时，在网络接入层中也可以使用不安全的服务。

- **双向传输:** 网络接入层中的一些协议允许同时发生双向的操作（**全双工**）。也就是说，发送方和接收方的终端系统可以同时进行数据的传输。而其他的系统被设计成发送方和接收方只能交替地对数据进行发送操作（**半双工**）。

延伸阅读:

J. F. Kurose, K. W. Ross: Computer Networking: A Top-Down Approach, 5th ed., Addison-Wesley Publishing Company , USA (2009)

图 4.3　网络接入层的基本任务

接入层中的不同协议能够使用不同的方式来解决**帧识别**问题。这些协议被区分为**面向比特的协议**和**面向字节的协议**。在面向字节的协议中，所接收到的比特流被解释为一个 8 比特的字节。而在面向比特的协议中就不存在这种字节的限制：

- **字节数**：为了标识一个帧的长度，应该在帧的帧头信息中给出该帧的长度（例如以字节为单位）。在接收方，网络接入层的协议读取到这个长度，并由此获得了所接收到的比特流中各个帧的开始和结束位置。这种方法的问题在于，这种长度信息可能由于传输的错误结果而出现差池。这样就会发生一个帧的结尾和其后面帧的开头没有被正确地识别，造成发送方和接收方之间同步的丢失。虽然借助校验和能够识别出一个出现错误的长度信息，但是只要没有额外的机制用于获取帧的起始点，那么传输的再同步化还是个问题。

- **面向字节协议中的标记字节和字节填充**：为了解决上面提到的出现在发送方和接收方之间的同步问题，可以使用一个特殊的标记字节（Flag byte），即字符模式来识别帧的开始和结尾。为此，多种不同的协议将帧的开始和结尾都使用了相同的标记字节。如果发送方和接收方之间由于传输的错误而导致了同步的丢失，那么接收方可以进一步等待接收标记字节，以便再次确定出现错误帧的结尾。两个连续传输的标记字节给出了最后出现的帧的结尾，以及紧随其后的那个帧的开始。如果被使用的比特模式也可以出现在有效载荷的内部，那么这种标记字节的识别就会出现问题。为了区分有效载荷内部比特模式的标记字节，比特模式中应该具有一个特殊的控制字符：转义字节（Escape byte，Esc 字节）。因此，网络接入层的协议每次都要检查，接收到的标记字节是否是一个 Esc 字节。如果不是，那么这个帧就是被正确识别的。如果这种 Esc 字节在标记字节之前被检测到，那么显然的，在接收到的比特模式中只涉及了有效载荷。在有效载荷被更高的协议层传递之前，通常会删除这种 Esc 字节。这种额外附加的 Esc 字节也称为**字节填充**（Byte Stuffing）。如果在所发送的有效载荷中出现了 Esc 字节的比特模式，那么在这个模式之前同样需要添加 Esc 字节。因此，一个单一的 Esc 字节的比特序列总是被识别为 Esc 字节。而出现了两次的 Esc 字节仅作为有效载荷的比特模式。

- **使用比特填充连接开始和结束的标记（位填充）**：面向比特的协议并不依赖长度为 8 比特的代码。也就是说，这些协议所使用的框架可以具有任意数量的比特数，因此也可以被用在任意比特长度的字符代码中。而且，也可以使用特殊的比特序列对帧开始和结束进行标记（起始标志和结束标志）。对于那些出现在被传输的有效载荷中的、被当作起始和结束标志的比特序列也可以简单地看作是相应的附加**填充比特**（位填充）。位于接收方网络接入层的协议可以检查对应起始和结束标志的比特序列，看看这个序列的后面是否跟着填充比特序列。如果有，那么这个比特模式被解释为有效载荷，同时在将从有效载荷中整理出来的数据向更高的协议层转发之前，删除这些填充比特。如果发送方和接收方之间的同步丢失了，那么接收方就会在接收到的比特流中搜寻具有起始和结束标志的比特模式。在这种比特模式后面，如果没有跟随填充位，那么就可以断定出对应的帧的边界，从而明确地鉴定出帧。

  事实上，许多在网络接入层中的协议都使用字节数量算法和标志字节（例如，开始和结束标志）的组合，以实现额外的安全性。其中，当一个帧到达后首先被读取位于帧首的长度信息，以便确定这个帧的结束位置。但是，只有当这个帧的结尾标志是正确的，并且能够计算得出一个正确的校验和的时候，这个帧才被认为是有效的。如果这些条件并不被满足，那么将在输入的数据流中搜寻下一个边界，即开始和结束标志。

- **基于循环帧生成**：这种帧标记的版本同样使用了特殊的比特模式，来标记一个帧的起始和结束。但是，并没有使用额外的填充位或者 Esc 字节。那么这个版本又是怎样在有效载荷中的一个比特模式和特殊模式之间区分一个帧的开始和结束的呢？基于循环帧生成的原则是，一个帧是由周期重复的模式构成的。这种技术被用于，例如同步光纤网（Synchronous Optical Network，SONET）和广域网中的网络技术，例如具有 90 个字节、每 9 个为一行的 STS–1 SONET 标准定义的帧。每行的前 3 个字节含有一个特殊的比特模式（段开销），用来标志一个新行的开始（参见图 4.4）。虽然这种比特模式也可以出现在被传输的有效载荷的内部，但是接收方可以通过检查接收到的比特流，确定所出现的比特模式是否重复在了正确的位置上。如果是，那么接收方和发送方操作就是同步的。

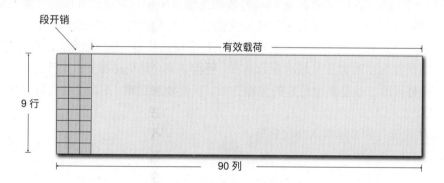

图 4.4　在 SONET 标准的 STM–1 帧中的基于循环帧的生成

还有一个问题是网络接入层和位于协议栈更高的层必须解决的：当发送方发送帧的速度快于接收方的接收能力，即接收方能够正确接收并且安全将其转发的能力。这样的问题会出现在，当网络参与者之间具有不同的硬件容量或者不同的实时负荷处理能力的时候。如果发送方在这样的情况下还不控制自己的发送速度或者停止数据的传输，那么帧就会被快速地、连续地交付给处理能力缓慢的接收方。而接收方最终会因为处理能力的限制不能正确地处理接收到的帧，进而出现帧丢失。而这种情况应该是被避免发生的。为了整个系统的完美运行而必须对传输速度进行的动态控制称为**流量控制**（Flow Control）。

原则上，基于反馈的流量控制与简单的、基于速度的流量控制方法是不同的。**基于反馈的流量控制**在发送方和接收方之间使用了一个额外的信息交换。其中，发送方会被告知有关接收方的接收状态，说明当前的传输是要节流还是增加传输速度，或者给出接收方的请求。通常情况下，大多数基于反馈的流量控制都是按照明确定义的规则进行确定，是否以及何时应该将下一个帧传递给接收方。而这些规则与接收方计算机隐含或者明确的认证是相关的。相反，**基于速度的流量控制**并没有这种双向信息流的发生，只是受到各个发送计算机发送速度的限制。在网络接入层中只使用基于反馈的流量控制方法。

在局域网（LAN）中，TCP/IP 参考模型最下面一层的网络接入层按照需要完成的不同任务被划分成两个子层：

- 介质访问控制（Media Access Control，MAC）层，主要任务是解决网络接入层中的多址接入问题。
- 逻辑链路控制（Logical Link Control，LLC）层，在帧中实现流量控制、错误检测、错误校正和安全的传输。

4.1.2 介质访问控制

介质访问控制（Media Access Control，MAC）层起源于 IEEE 文档中有关 ISO/OSI 参考模型中数据链路层的扩展。这个子层与逻辑链路控制层（LLC）一起被划分在了 TCP/IP 参考模型中的网络接入层。MAC 子层规定了在一个具有（多个）其他计算机系统的扩散网络中所使用的传输介质的访问规则，同时在网络接入层的逻辑链路控制子层和物理层之间构造了专有的接口。由于终端系统在访问这个共用的传输介质时存在竞争，那么就必须提供一个协议机制，允许所有的参与者都能够公平和高效地进行访问（**多址接入协议**）。同时还需要提供用于检测和避免冲突的方法。因为在现实中会出现两个或者多个参与者在同一个时段内使用同一个传输介质进行数据的传输（**碰撞检测，避免碰撞**）。因此，介质访问控制层的方法又被区分为两种：**受控访问**（避免碰撞）和**并行访问**（碰撞解决）。一种替代的方法是预留特定的传输介质，以便建立逻辑（虚拟）的传输信道（**信道访问控制**）。

目前比较流行的多址接入协议包括：

- 在有线网络中：
  - 用于以太网中（IEEE 802.3）的载波侦听多址访问（Carrier Sense Multiple Access，CSMA）和冲突检测。
  - 令牌总线（Token Bus，IEEE 802.4）。
  - 令牌环（Token Ring，IEEE 802.5）。
- 在无线网络中：
  - 用于无线网络中（IEEE 802.11）的载波侦听多址访问和冲突避免。
  - ALOHA（Additive Links Online Hawaii Area，阿罗哈），一种简单的随机存取方法。
  - 时隙 ALOHA，使用预定的时间间隔（时隙）的随机访问方法。
  - 时分多址（Time Division Multiple Access，TDMA），时分多路复用方法。
  - 码分多址（Code Division Multiple Access，CDMA），码分多路复用方法。

在介质访问控制层中，必须为每个参与通信的终端系统提供一个单独的、并且是唯一的地址。参与的终端系统通过这个地址可以被唯一识别（**MAC 地址**）。MAC 地址是与网络硬件相对应的唯一序列号，因此也称为物理地址。通常，这种网络硬件地址在生成过程中就已经被分配了。这样就可以确保任意两个网络元件具有不同的 MAC 地址。用于

MAC 层协议中的特殊网络硬件也称为**介质访问控制器**。与扩散网络不同的是，介质访问控制器在点到点的连接中不需要这种 MAC 层。但是，一些点到点的协议出于兼容性的原因，也使会用 MAC 地址。

在 MAC 层中，本地网络的边界是可以被那些越界了的、不同的（但是是同质的）子网络通过一个所谓的**局域网交换机**（**LAN Switch**）相互间进行连接。其中，帧（数据包）每次都只是在相同的子网中被向着目的地转发。这种交换机承担着过滤数据流的任务（**MAC 过滤**）。通常，这种交换机被划分成两种不同的类型：

- **存储转发**交换机：在对被过滤的数据流进行分析和转发之前，通常要对其进行保存。
- **直接式**交换机：直接进行转发，并没有中间的存储过程。

此外在网络中，如果在新的帧被提交，同时必须通过优先级确定转发之前，已经接收的帧不能被及时地向外转发的时候，MAC 层还承担着队伍管理（**数据报队列**和**调度**）的任务。

4.1.3 逻辑链路控制

逻辑链路控制（**Logical Link Control，LLC**）层构建了所谓的局域网的数据链路层。这里所提到的任务要比位于其下面的 MAC 层中的任务具有更高的抽象性。原则上，LLC 层是用来对 TCP/IP 参考模型中网络互联层和 MAC 层之间进行调解的。它们的设计和应用并不依赖于所使用的网络技术。局域网技术，例如，以太网、令牌环或者无线局域网，能够在相同的 LLC 层中一起进行操作。在这种情况下，逻辑链路控制被称为是在 IEEE 802.2 文档下的标准化网络协议。

LLC 层的任务包括：通过有针对性的干预措施，即数据流（**流量控制**）和数据传输管理（**链路管理**），将数据传递到潜在的接收系统时，要避免出现过载的情况。在 LLC 层中还会对传输的数据进行第一次质量控制。也就是说，必须检测到数据传输的错误，如果可能，还应该将其进行改正。为此，实施在 LLC 层的协议应用了两种不同的方法：**错误检测方法**和**错误纠正方法**。

此外，LLC 层还要对发送方和接收方的数据单元（帧）进行同步化。为此，必须将传输的数据根据每次选择的传输模式所对应的物理和逻辑条件划分为长度有限的数据包（**碎片化**）。而且在传输完成之后，还可以正确地识别出帧的起点和结尾（**数据包同步**）。除此以外，LLC 层还要具有所谓的**多协议能力**，即具有同时使用不同通信协议的能力。由 LLC 层所提供的数据传输服务还可以进一步被细化为面向连接服务和无连接服务。

LLC 层包括以下协议：

- IEEE 802.2 逻辑链路控制。
- 点到点协议（Point-to-Point Protocol，PPP）。
- 串行线路互联网协议（Serial Line Internet Protocol，SLIP）。
- 子网访问协议（Subnetwork Access Protocol，SNA）。
- 高级数据链路控制（High Level Data Link Control，HDLC）。

- 平衡型链路接入规程（Link Access Procedure Balanced，LAPB）。
- 链路层发现协议（Link Layer Discovery Protocol，LLDP）。

4.2　局域网

如果是出于数据传输的目的将多台计算机彼此相连，那么可以采用不同的方式，同时使用各种不同的配置来实现。这样的网络通常根据空间的覆盖和参与者的数目，以及对应的拓扑，即各个参与计算机的空间排列、分配和连接，进行归类。最简单的联网类型是两个计算机之间直接的**点到点连接**。与之相反的是，多个计算机共享一个传输网络，而这些计算机彼此间并不是直接连接到一起的。根据计算机之间的连接距离，网络可以划分为**局域网（Local Area Network，LAN）和广域网（Wide Area Network，WAN）**，参见表 4.1。

表 4.1　局域网和根据空间范围划分的计算机网络分类

距离	划分单位	举例
0.1 m	电路板	多处理器系统
1 m	系统	多处理器集群
10 m	空间	个人域网
0.1～ 1 km	**建筑群**	**局域网**
10～ 100 km	城市	城域网
100～ 1000 km	大陆	广域网
>10 000 km	星球	互联网

局域网的特点是：参与通信的计算机共享一个传输介质。为此，需要提供特殊的要求，即所使用的通信协议，以及有关所参与的计算机的地域范围和数量的可伸缩性限制。在局域网领域中特别重要的是在 IEEE 802 标准中给出的有关有线和无线局域网技术。

4.2.1　公共通信信道的使用

第一个简单的计算机网络基于的是点到点连接的原理。其中，两个计算机系统之间的通信是通过一个单独的专门信道实现的。这个信道是永久连接的，并且专门用于这两台计算机之间的数据交换。但是，如果存在多台计算机，而每两台计算机都是通过单独的点到点的连接进行通信的话，那么所需要的连接数量会急剧增加。也就是说，在一个使用点到点连接的网络中相连的计算机系统的数量会急剧增长。例如，在一个具有 10 台计算机的网络中，如果两两相连，那么需要 45 个电缆连接。而当网络中计算机的数量增至 100 台，那么连接的电缆就会达到 4950 个。基于此就会产生这样的想法：多个参与的用户是否可以使用同一个通信连接共同交替地对数据进行发送和接收。当然，一个共享的传输介质也会增加协调和管理费用，同时也不可避免地增加了传输数据的传输时间。

当一个网络内所有参与通信的用户共享一个传输介质的时候，那么这个网络被称为**广播网络**（或者也被称为扩散网络）。在这种网络中，一台计算机发送的数据，可以被网络中所有其他连接的计算机所接收。为了能够清楚地识别数据的发送方和接收方，必须为在网络中传输的帧中添加相应的地址字段。一旦广播网络中的一台计算机接收到了一条数据帧，那么会首先检查其中的接收地址。如果这个帧是给这台计算机的，那么就会被进一步处理。如果不是，那么这个帧就会被舍弃。

广播网络还提供了将一个数据帧向所有网络中的计算机寻址的可能性。一个帧被网络中所有连接的计算机接收，并进行处理，这个过程称为**广播**。相反，一些系统只对通信网络中预先定义了的一个计算机组进行传输，即所谓的**多播**（组播）。实现多播的方法之一是保留 n 个可能的地址位。这些预留的地址表明了一个多播的传输，并利用剩余的 $n-1$ 个地址位规定所发送的数据帧应该传输给哪个用户组。

虽然也有例外，但是作为一般的经验规则是：较小的、空间有限的通信系统通常使用广播网络来实现，而地域广阔的网络通常通过点到点的连接来实现。这是因为，对网络中的各个计算机进行共享一个网络介质进行数据通信的协调费用很大，在一定程度上取决于网络内部所需要的传输时间和等待时间。在局域网中，使用较短距离的连接通常只会出现较短的传输和等待时间。因此，在局域网中主要使用广播网络技术。对于通过较大距离的、出现相应较长传输时间的连接使用的则是点到点的连接。

4.2.2 局域网的重要性

目前使用最广泛的计算机网络形式是局域网（参见图 4.5）。世界上大多数的计算机都是通过这样的局域网彼此间连接到一起的。局域网内所有被连接的计算机，通过现有网络资源的共享可以实现非常高的性价比。使用局域网形式的计算机网络之所以具有如此高的效能，一个很早就知道的原因是从计算机体系结构中得出的：**访问局部性**（locality of reference）原则。这一原则指出：存储器向与当前位置相邻的存储单元发起请求的概率要大于向更遥远的存储单元发起请求的概率。尤其是快速缓存（缓存）利用这个特性提高了使用的存储效率。

局域网的定义

定义一：
　　局域网用于彼此间连接的独立设备之间信息的比特串行传输。合法的用户对局域网具有完全的使用权，但是仅限于对应的使用范围。

定义二：
　　局域网是用于高性能信息传输的系统，实现了多个同等用户的使用。在空间有限的区域使用快速传输介质与合作伙伴为导向的、进行高质量的消息交换。

图 4.5 局域网的两个定义

访问局部性原则被应用在了计算机网络领域，这就意味着通信不是杂乱无章的。这里，访问局部性还被划分成时间和空间两个方面：

- **访问的时间局部性**：如果两台计算机相互间通过信，那么它们再次进行通信的概率就会增大。也就是说，计算机更希望与同一台计算机重复地进行通信，而不是每次与一台新的计算机进行通信。

- **访问的空间局部性**：网络中相邻的两台计算机彼此间进行通信的概率要大于与网络中更远距离的计算机进行通信的概率。

通常，局域网会涉及私有网络。这些私有网络基本上没有特别的规定，并且可以被任何人进行操作而让人没有固定的用户安装费用。因此从地理范围来看，局域网在最初的时候被限制于各自使用者的私有财产。这些网络也可以通过，例如，无线连接的局域网岛被划分成各个不同的基础块。与之相反的是广域网络（广域网、城域网）。这些网络都有专门的网络运营商进行维护，而且通常都要收取使用费用。网络运营商分为私人或者公共提供者。而公共机构需要在法律允许的范围内进行运营。但是，一个公司可以运营一个自有的广域网，而这种服务并不对外开放（**企业网络**）。通常情况下，这种网络运营者需要向网络运营商租用所必需的基础设施（线路），然后构造一个看似公司专有的网络。对这种企业网络的运营和管理是由公司自己负责的。

4.2.3　IEEE 802 局域网

在互联网中，对局域网和城域网所使用的**标准化**是由美国**电气电子工程师协会**（Institute of Electrical and Electronics Engineers，IEEE），特别是 IEEE 802 局域网/城域网标准委员会（LMSC）和对其负责的数量众多的工作组完成的。这项工作始于 1980 年 2 月。严格地说，作为文档 IEEE 802 定义的标准化网络描述了可变数据包的大小。表 4.2 中给出了 LMSC 各个工作组的概述。各个工作组的详细划分如下：

- **802.1——网络互联（高级接口）**：一般情况下，上级的工作组 802.1 涉及 IEEE 802 中的局域网、城域网和广域网（WAN）的跨网络技术。例如，寻址、网络管理和网络互联。其中，重点在于建立链接安全（Link Security）以及位于协议层中 MAC（介质访问控制）和 LLC（逻辑链路控制）层上的有关 IEEE 802 的整体网络管理。文档 IEEE 802.1 中通过的或者当前正在编辑的最重要的标准包括：
  - 802.1D：生成树协议（Spanning Tree Protocol），MAC 网桥。
  - 802.1H：以太网 MAC 桥接。
  - 802.1P：通用注册协议（General Registration Protocol）。
  - 802.1pQ：服务质量（Quality of Service）。
  - 802.1Q：虚拟桥接局域网。
  - 802.1S：多生成树协议（Multiple Spanning Tree Protocol）。
  - 802.1W：快速生成树协议（Rapid Spanning Tree Protocol）。
  - 802.1X：基于端口的网络访问控制（Port Based Network Access Control）。
  - 802.1AB：链路层发现协议（Link Layer Discovery Protocol）。
- **802.2——逻辑链路控制**：在这个工作组中，对位于网络接入层的上部子层（逻辑链路层）中的协议机制进行标准化。但是如今这种机制已经失效了。
- **802.3——以太网**：这个工作组制定了一套有关在物理层和网络接入层中的 MAC 子层涉及的以太网技术的标准。其中，包括从 1972 年第一个实验性的以太网应用，到今天被开发和标准化了的、具有越来越多更强功能性的以太网版本。例

表 4.2　IEEE 802 工作组概述

IEEE 标准号	名称	内容
802.1	网络互联 (高级接口)	处理 IEEE 802 中所有局域网的常见问题
802.2	逻辑链路控制	定义了 LLC 协议 (TCP/IP，层 2)
802.3	以太网 (CSMA/CD)	以太网协议标准
802.4	令牌总线	令牌总线协议
802.5	令牌环	令牌环协议 (MAC 层)
802.6	城域网 (MAN)	处理城域网标准
802.7	宽带技术咨询小组	为其他 IEEE 802 工作组在宽带技术方面提供咨询
802.8	光纤技术咨询小组	为其他 IEEE 802 工作组在光纤技术方面提供咨询
802.9	综合局域网服务	专注能够同时进行数据和语音处理的局域网版本 (Isochronous Ethernet)
802.10	局域网安全性	处理局域网中的安全性
802.11	无线局域网	处理无线局域网
802.12	需求的优先级 (100 Base VG AnyLAN)	与快速以太网竞争的更快的局域网标准
802.13	快速以太网 (100 Base-X)	处理快速以太网
802.14	电缆调制解调器	处理用于数据通信的有线网络应用
802.15	无线个人域网 (WPAN)	处理通过短距离的无线网络
802.16	无线宽带访问 (WiMAX)	处理无线高速网络
802.17	弹性分组环	具有自愈能力的高速网络发展
802.18	无线管理技术咨询小组	解决频率分配的问题
802.19	无线共存技术咨询小组	解决不同无线网络标准共存的问题
802.20	移动无线宽带访问	开发通用的移动宽带接口
802.21	媒体独立切换	解决不同网络之间的无缝转换
802.22	无线区域网络	为数据传输解决对目前电视频带内还没有被使用的区域的利用
802.23	应急服务工作小组	解决紧急服务和救助

如，IEEE 802.3bx 中使用范围为 40~100 Gbps 的带宽进行数据的传输。文档 IEEE 802.3 中描述的以太网技术将在 4.3.2 节中给出详细说明。IEEE 802.3 中通过的或者正在被编辑的最重要标准包括：

- 802.3 (1983)：10Base5，使用同轴电缆，速度为 10 Mbps。
- 802.3a (1985)：10Base2，使用细同轴电缆，速度为 10 Mbps。
- 802.3c (1985)：规格为 10Mbps 的中继器。
- 802.3i (1990)：10Base-T，使用铜电缆 (双绞线)，速度为 10 Mbps。
- 802.3j (1993)：10Base-F，使用光纤，速度为 10 Mbps。
- 802.3u (1995)：100Base-TX/-T4/-FX，速度为 100 Mbps 的快速以太网。
- 802.3y (1998)：100Base-T2，使用铜电缆 (双绞线)，速度为 100 Mbps。
- 802.3z (1998)：1000Base-X，使用光纤，速度为 1 Gbps。

- 802.3ab (1999)：1000Base-T，使用铜电缆 (双绞线)，速度为 1 Gbps。
- 802.3ae (2003)：10GBase-SR/-LR/-ER/-SW/-LW/-EW，使用速度为 10 Gbps 的光纤。
- 802.3ak (2004)：10GBase-CX4，使用同轴电缆，速度为 10 Gbps。
- 802.3an (2006)：10GBase-T，使用铜电缆 (非屏蔽双绞线)，速度为 10 Gbps。
- 802.3ba (2010)：速度为 40 Gbps 和 100 Gbps 的以太网。

- **802.4——令牌总线**：这个工作组负责制定令牌总线技术实施的标准。如今，该标准已经得到了解决。令牌总线是指一个虚拟的令牌环在一个两个末端没有相互连接的同轴电缆上的实施（参见文档 IEEE 802.5）。这个技术通常只应用在工业应用中。例如，为通用汽车公司设计的制造自动化协议（Manufacturing Automation Protocol，MAP）。

- **802.5——令牌环**：在这个工作组的框架下，已经为在物理层和网络接入层中的 MAC 层中出现的令牌环技术制定了一系列的标准。与以太网不同的是，这些标准是基于一个总线或者星型拓扑结构。令牌环技术是基于一个环型拓扑，也就是说，数据将沿着与它的末端彼此间相连的介质进行传输。IEEE 802.5 令牌环技术在 4.3.3 节中已经给出了详细的说明。如今，IEEE 802.5 工作组已经被撤销了。文档 IEEE 802.5 中所采用的最重要的标准包括：

- 802.5 (1998)：令牌环访问方法和物理层规范。
- 802.5c (1991)：对双环操作的补充和最佳实践。
- 802.5r/j (1998)：通过光纤介质对令牌环操作的补充。
- 802.5t (2000)：速度为 100 Mbps 带宽的令牌环。
- 802.5v (2001)：速度为 1 Gpbs 带宽的千兆令牌环。
- 802.5w (2000)：令牌环维护与检修。

- **802.6——城域网**：该工作组是由美国国家标准研究所（American National Standards Institute，ANSI）负责的，制定用于城域网领域的技术规范的标准。IEEE 802.6 制定的城域网的操作与 ANSI 提出的光纤分布式数据接口（Fiber Distributed Data Interface，FDDI）技术在较便宜的，并且不太复杂的分布式队列双总线（Distributed Queue Dual Bus，DQDB）技术上是不同的，这种技术支持 150 Mbps 的带宽以及传输距离可达 160 千米。然而，由于与 FDDI 同样的原因，这个已经被提出的标准是失败的。因此，今天在城域网领域使用的是同步光纤网（Synchronous Optical Network，SONET）或者异步传输模式（Asynchronous Transfer Mode，ATM）技术，而这些技术并不是通过 IEEE 802 被标准化的。如今，IEEE 802.6 工作组已经被撤销了。

- **802.7——宽带技术咨询小组**：该工作组服务于本地宽带网络的操作，为其提出标准化建议。1989 年，该标准被出版发行，但是随后又被撤销了。IEEE 802.7 工作组如今也已经被撤销。

- **802.8——光纤技术咨询小组**：这个工作组负责制定高速光纤网络任务的标准化建议，与基于令牌传递机制的 FDDI 标准类似。如今，IEEE 802.8 工作组也已经被撤销了。

- **802.9——综合局域网服务**：IEEE 802 LAN/MAN 标准委员会的 802.9 工作组为电话通信的整合（语音传输）和通过已有的、传统的电话网络（类型为 3 的双绞线）同时进行数据传输制定标准化建议。这个领域中最重要的标准化提案是知名的 "iso 互联网"。这个提案将速度为 10 Mbps 的以太网数据传输和速度为 64 kbps 的 96 个 ISDN 信道相互结合。但是，由于性能更强大的快速以太网（速度为 100 Mbps）的成功，这个提案被遗弃了，而这个工作组也被撤销了。

- **802.10——局域网的安全性**：这个工作组为基于 IEEE 802 技术上实施的局域网和城域网的安全标准进行标准化建议。与安全相关的任务包括，例如，密钥管理、访问控制、机密性或者数据完整性。IEEE 802.10 的标准化建议在 2004 年的时候被撤回，工作组也被撤销了。有关局域网的标准化建议包括以下几个方面：
  - 802.10a：安全模型和安全性的管理。
  - 802.10b：安全数据交换协议（Secure Data Exchange Protocol，SDE）。
  - 802.10c：密钥管理。
  - 802.10e：SDE，以太网 2.0。
  - 802.10f：SDE，子层管理。

- **802.11——无线局域网**：集成这个领域的工作组。其给出的标准化建议是用于频率带为 2.4 GHz、3.6 GHz 和 5 GHz 的本地无线网络的操作。这个工作组使用了当时比较超前的技术进行开发，从 1997 年开始就标准化了从数据传输速度为 1~2 Mbps 的 IEEE 802.11 到速度可达 150 Mbps 的 IEEE 802.11n。IEEE 802.11 中通过的或者正在编辑的最重要的标准包括：
  - 802.11 (1997)：传输速率为 1~2 Mbps 的 WLAN 标准，如今已经过时了。
  - 802.11a (1999)：传输速率可达 54 Mbps 的 WLAN 标准。
  - 802.11b (1999)：传输速率为 1~11 Mbps 的、简单的 WLAN 标准。
  - 802.11g (2003)：传输速率为 1~54 Mbps 的、改进的 WLAN 标准。
  - 802.11n (2009)：传输速率为 7~150 Mbps 的、目前 IEEE 802.11 标准最新研发的版本。

- **802.12——需求的优先级**：该工作组专注于为与快速以太网竞争中的许多网络技术的标准化提供建议。其中的一个是惠普公司（HP）开发的 100Base-VG 以太网技术。这种技术是基于需求优先访问方法（Demand Priority Access Method，DPAM）的网络接入方法。这种方法适用于星型拓扑结构。其中，一台希望访问网络的计算机在被允许，并且分配一个空闲的插槽之前必须向主管的枢纽提出请求。这里所采用的标准包括通用需求优先访问方法，以及用于物理层和网络中继器的技术规定。目前，IEEE 802.12 工作组已经被撤销了。

- **802.13**—— **快速以太网**：IEEE 802.13 标准没有被使用。最早，IEEE 802.13 工作组应该为传输速率为 100 Mbps 的 100Base-X 快速以太网技术提供标准化建议。然而，IEEE 802.13 以太网实际上与在 IEEE 802.3i 标准化的 10Base-T 以太网技术等同，因此也经常被作为 100Base-T 引用。这种建议使用了指定的以太网总线拓扑和 CSMA/CD 网络接入机制。

- **802.14**—— **电缆调制解调器**：在这个工作组中制定的是有关电缆调制解调器和与 MAC 层相关联协议说明和操作的标准化建议。电缆调制解调器被作为一个接入接口实现了通过传统的电视有线网络的宽带网络接口。如今，IEEE 802.14 工作组已经被撤销了。

- **802.15**—— **无线个人域网**：该工作组重点是研发和处理对无线个人域网的标准化建议，即允许那些相互间只有几米之遥的设备之间的无线网络的访问。这个工作组包括以下几个子工作组：

  - 802.15.1：WPAN/蓝牙，2002 年发布的蓝牙 v1.1 标准和 2005 年发布的蓝牙 v1.2标准。

  - 802.15.2：使用其他无线设备的、在未经许可的 ISM 频率段工作的各种 WPAN 技术的共存，例如，无线局域网。

  - 802.15.3：高速 WPAN，传输速度在 11~55 Mbps 的无线 PAN。

  - 802.15.4：低速 WPAN，最有可能用于节能数据传输的较低传输速度的无线 PAN。

  - 802.15.5：基于 WPAN 技术的网状网络。

  - 802.15.6：在较近范围内使用较低能量的无线数据传输的人体域网（Body Area Network，BAN）。

  - 802.15.7：可见光通信（Visible Light Communication，VLC），在可见光范围内的无线数据通信。

- **802.16**—— **无线宽带访问**：该工作组的重点是对各种无线宽带技术的标准化建议进行开发。标准的官方命名为 WirelessMAN。这种技术被熟知的名字是 WiMAX（Worldwide Interoperability for Microwave Access，全球微波接入互操作性）。IEEE 802.16 标准中最为流行的应用是 802.16e（2005）移动 WirelessMAN。这个应用被提供给了全球 140 多个国家。IEEE 802.16 内通过的或者当前正在编辑的最重要的标准包括：

  - 802.16 (2009)：用于固定和移动无线宽带访问的空中接口。

  - 802.16.2 (2004)：对于无线网络中不同标准共存的建议。

  - 802.16e (2005)：移动无线宽带访问。

  - 802.16f (2005)：针对文档 IEEE 802.16 的管理信息库（Management Information Base，MIB）。

  - 802.16k (2007)：桥接 IEEE 802.16 的网络。

– 802.16m：手机操作系统中数据传输速度为 100 Mbps 的改进空中接口和静止操作中数据传输速度为 1 Gbps 的改进空中接口。

- **802.17**——**弹性分组环**：该工作组从事在环型拓扑结构中通过光纤网络进行数据传输的优化方法，即弹性分组环（Resilient Packet Ring，RPR）。这里需要使用稳健的技术，例如，使用在电路交换（Circuit Switched）SONET 网络中，具有分组交换（Packet Switched）网络的优点。例如，基于 IP 的优化数据传输通信的以太网的开发和标准化。

- **802.18**——**无线管理技术咨询小组**：这个工作组是作为一个咨询机构设立的，用来平衡在无线系统中出现的所有 IEEE 802 项目的各种利益。其中，不仅要考虑到国家和国际的利益，而且还要为相应的监管部门做咨询。IEEE 802 项目包括以下几个方面：

  – IEEE 802.6：无线城域网（Wireless Metropolitan Area Network，WMAN）。

  – IEEE 802.11：无线局域网（Wireless Local Area Networks，WLAN）。

  – IEEE 802.15：无线个人域网（Wireless Personal Area Networking，WPAN）。

  – IEEE 802.20：无线移动（Wireless Mobility）。

  – IEEE 802.21：网络之间的互操作性（Interoperability Between Networks）。

  – IEEE 802.22：无线区域网（Wireless Regional Area Network，WRAN）。

- **802.19**——**无线共存技术咨询小组**：这个工作组的目的是实现在频谱未授权的部分（ISM 频带）各种无线数据传输技术的流畅并存。这个工作是必要的，因为不同的设备想要在同一位置的相同的频谱内工作，那么就应该避免彼此间的干涉和相互干扰。

- **802.20**——**移动无线宽带访问**：这个工作组应该为在全球范围内部署的可相互操作的无线移动网络技术开发策略和访问接口。它的目标是创造低成本的移动宽带网络。这种网络连接是永久的，即"Always-On"。其中，网络的客户端实际上是可移动的，甚至可以达到网络的边界（MobileFi）。这种设计既应该符合现有的 IEEE 802 标准的体系结构，同时还要考虑到物理层、MAC 层和 LLC 层。对应 802.20 工作组的目标以及 802.16e 工作组的意图，这个工作组应该建立起移动 WiMAX 的规范。

- **802.21**——**媒体独立切换**：该工作组是从 2004 年开始工作的，主要关注的是算法的发展和规范。这些算法应该为不同的网络技术之间提供无缝的转换，即媒体独立切换（Media Independent Handover，MIH）。例如，通过无线局域网 IEEE 802.11 或者蓝牙 IEEE 802.15 进行连接的 GSM 和 GPRS 之间的移动标准，每个都需要不同的切换机制。

- **802.22**——**无线区域网络**：这个工作组应该将基于目前电视频谱中未被使用到的频率范围的使用区域进行标准化，以便为在不易达到的区域以及人口稀少的农村地区提供一个宽带网络连接的可能性，即无线区域网络（Wireless Regional Area Network，WRAN）。开发这种技术的前提是要实现与其他设备（数字和模拟电视、数字和模拟广播，还可以是具有低能源需求的基础设施，例如，无线麦克风）进行无故障地操作。

- **802.23——应急服务工作小组**：2010 年，这个工作组才被建立。该工作组应该为通信系统在符合民用主管部门要求下为 IEEE 802 技术创造一个媒体独立的框架标准。具体来说，这个标准是用于对基于 IP 的数据通信访问的紧急服务和救助设立的。

这些被制定的标准也被国际标准化组织（International Organization for Standardization，ISO）作为国际标准 ISO 8802 所采用。

下面给出不再被使用或者已经被遗弃的工作组：

- IEEE 802.2：逻辑链路控制。
- IEEE 802.4：令牌总线。
- IEEE 802.5：令牌环。
- IEEE 802.6：城域网。
- IEEE 802.7：宽带技术咨询小组。
- IEEE 802.8：光纤技术咨询小组。
- IEEE 802.9：综合局域网服务。
- IEEE 802.10：局域网安全性。
- IEEE 802.12：需求的优先级（100 Base VG AnyLAN）。
- IEEE 802.14：电缆调制解调器。

4.2.4　本地地址管理

就像前面已经讨论过的，局域网通常都基于共同享有网络基础设施的原则。数据包（帧）被同时发送到所有参与交流的计算机（广播网）上。也就是说，在局域网每次数据传输的过程中，连接在局域网中其他计算机也会接收到这个数据包。这时就会涉及局域网内部各个计算机的唯一标识符。其中，位于 MAC 层（介质访问控制）的寻址具有特别重要的意义。位于局域网内部的数据，如果想要从发送方被正确地传递到接收方，那么必须在每个被发送的数据包中含有相对应的地址信息。

为了能够解决局域网中指定计算机的唯一性问题，各个单独的计算机会被分配一个所谓的**地址**。这种地址是由不同格式的数值组成的，可以用来唯一识别局域网内部的一台计算机。在 TCP/IP 参考模型的每一层上，这种地址都被应用了不同的格式。最简单的，可以将这种地址类比电话号码，即在电话网络中可以通过电话号码确定一个参与者。如果参与者位于同一个地方网络（即在同一个局域网内进行数据通信），那么使用一个较短的号码就足以对参与者进行唯一的标识。否则，必须在电话网络中将各个地方的区域码作为相应地方的前缀进行使用。最后，电缆网络允许在国际电话中附加国家代码。在数据通信中，这种地址空间中根据不同地址分级划分成的不同地址格式通常在 TCP/IP 参考模型的各个单独的层中被复原。

在数据网络中，每个被发送的数据包都含有发送方（源头）的地址，同时还必须含有接收方（目的地）的地址，以及为了确保正确无差错的数据传输的一系列附加信息。连接在网络中的各个计算机的**局域网通信接口**会根据所接收到的数据包内所指定的地址进行过滤。

- 如果数据包中所指定的作为接收方的地址与计算机本身的地址相符，那么这个数据包会被传递给该计算机的操作系统，以便对其进行进一步的处理。
- 如果数据包中所指定的接收方的地址与计算机本身的地址不一致，那么这个数据包将被丢弃。

事实上，计算机本身并不具备地址匹配的功能。这项功能是由局域网通信接口（局域网适配器）通过一个自身的局域网地址（也被称为物理地址）来实现的。通信时，具有发送意愿的计算机中的 CPU 将所需发送的数据传递到局域网的通信接口。而数据交换的全部细节都是由局域网的通信接口来完成的。由于局域网的通信接口并没有利用计算机的CPU 进行工作，因此计算机的正常操作不会在数据传输期间受到影响（参见图 4.6）。

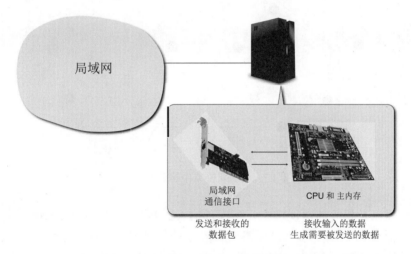

局域网

局域网
通信接口

CPU 和 主内存

发送和接收的
数据包

接收输入的数据
生成需要被发送的数据

图 4.6　通过局域网通信接口进行的数据交换

原则上，网络环境中的地址为**个人寻址**。也就是说，这些地址识别的是特定的个人计算机，更确切地说是个人计算机的网络接口。除此以外还有一种特殊的**多播寻址**。这种地址可以识别出网络内一个特定的计算机组。同时还有一个所谓的**广播寻址**。这种地址实现了对连接到网络中的所有计算机的寻址，同时可以发起大规模的直接发送传输。网络技术与普通介质的使用实现了高效的广播方法。因为在这种情况下，通过一个共享的传输介质可以向连接到网络中的所有的计算机发送数据包。一个特殊的、直到如今尚未在计算机网络中被应用的计算机寻址变体是所谓的**任播寻址**（Anycast）。与多播寻址类似的是，任播寻址标识的是一个由各个单独计算机组成的计算机组。这些计算机通常分布在位于不同地理位置上的多个网络中，以此达到负载均衡和提高可用性的目的。位于任播组内的所有计算机都提供相同的服务，对每个提问的计算机都将其指定给沿着地域上最短路径的下一台计算机。如果被选定的计算机无法访问或者负载过重，那么这个请求将被转发到任播组内的下一台计算机，并在那进行处理（参见图 4.7）。

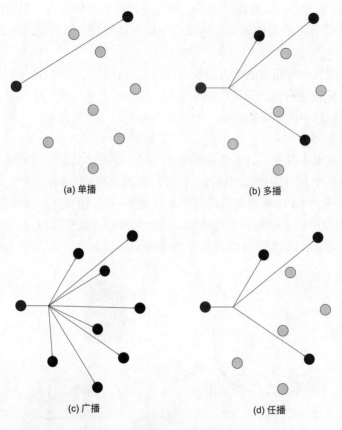

图 4.7　计算机网络中的寻址模式

在局域网以及相关的协议层中，所谓的**MAC 地址**（Medium Access Control Address）具有特别重要的意义。MAC 地址涉及了硬件寻址。这种硬件地址分配给了连接到局域网中的计算机的局域网通信接口。原则上，如果网络设备在网络接入层需要被确切寻址，以便为协议栈中更高的层提供服务，那么这个网络设备只需要一个 MAC 地址。

网络中间系统，例如，中继器或者集线器，在局域网中只负责转发数据，同时本身是不可见的（透明的）。因此，中继器和集线器并不具有自己的 MAC 地址。同样的还有网桥和交换机，这些都是局域网中涉及网络接入层任务的网络中间系统。网桥和交换机检查局域网中的数据包，并根据位于不同局域段内的不同的标准进行转发。网络中间系统为了完成这种基本任务是不需要一个自己的 MAC 地址的。然而，如果网络本身需要管理以及监测这些网络中间系统，那么这种网络中间系统还是需要一个 MAC 地址。在网络冗余中描述的网桥和交换机是一种特殊情况。其中，需要使用一个特殊的算法（生成树算法）用于防止环路的生成。因此，这时也需要一个自己的 MAC 地址。

在局域网内，每个 MAC 地址必须是唯一的。根据分配的有效性，MAC 地址格式被区分为三种类型。

- **静态地址**：这种地址格式在全世界被作为各个局域网接口的唯一硬件地址。这种地址是永恒的，只能在更换硬件的时候被更改。因此，这种地址也称为预烧硬件地址（Burned-In Address，BID）。根据不同硬件生产商之间的协商，这种硬件地址在交付的设备中已经被配置了。这样一来，由不同生产商制造的硬件就可以在局域网中无冲突的进行连接。

- **配置地址**：这种地址是由网络运营商自由设定的。配置地址通常可以通过位于局域网接口卡上的预先给定的开关进行手动设置，或者在可擦编程只读存储器（Erasable Programmable Read Only Memory，EPROM）内通过软件设置地址。在一般情况下，这种设置在安装硬件的时候只被操作一次。在局域网内部，由于只需要保持地址的唯一性，因此可以使用一个较短的地址。

- **动态地址**：这种模式的地址提供了最大的灵活性。局域网接口在首次连接到一个计算机网络中时被自动分配了一个新的硬件地址。这个过程是通过局域网接口本身发起的，并且可能包含多次失败的尝试，而局域网的接口是被"毫无知觉地"分配了地址。每次重启计算机的时候这个过程都会被重复，同时每台计算机会被分配一个新的硬件地址。由于只需要保持局域网内部地址的唯一性，因此也可以使用很短的地址。

可配置的和动态的 MAC 地址是由本地网络进行管理的。大多数的 MAC 地址是由静态给出的全局唯一地址，即组织唯一标识符（Organizationally Unique Identifier，OUI）。这种标识符特别被用于**IEEE 802 寻址方案**的各个环节。IEEE 802 方案中 MAC 地址组织是由早期制定以太网标准的公司 Xerox 负责的。48 位的 MAC 地址是被作为全局唯一性给出的。为此，电气电子工程师协会（IEEE）为局域网通信接口（网卡）的制造商分配了制造商特定地址部分（OUI）的块。这些地址部分是通过前 3 个字节（按照传输顺序）确定的。制造商为每个制造的带有序列号的网络适配器添加了这个部分地址，即网络接口控制器（Network Interface Controller，NIC）具体地址。这部分生产商可以自己制定分配方式。这个网络接口控制器的具体地址同样包含 3 个字节（参见图 4.8）。

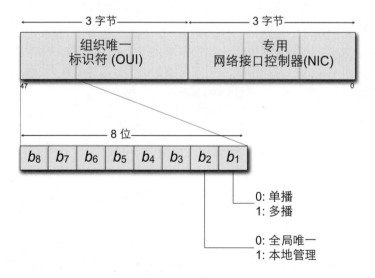

图 4.8 根据 IEEE 802 给出的寻址方案

为了让 MAC-48 地址能够被人们更容易地阅读，这个地址通过破折号或者冒号被划分成每 8 个比特为一组的十六进制数的组合（例如 01-23-45-67-89-ab）。本地管理的地址通常由网络管理员自行确定，并不需要 OUI 协议。在 MAC 地址较高的字节中，第二个较低的位（b_2）确定了这个地址是全局唯一的 MAC 地址（$b_2 = 0$），还是一个本地所管理的地址（$b_2 = 1$）。在 MAC 地址的较高字节中，最低的那个比特（b_1）确定了是否存在一个单播地址（$b_1 = 0$，数据只是在网卡上被发送），还是一个多播地址（$b_1 = 1$，数据只发送一次，但是能够被多个网卡接收）。如果 MAC 地址中所有的比特都被设置为 1（ff-ff-ff-ff-ff-ff），那么所发送的数据会被网络中所有的参与者接收（广播）。

为了能够为将来提供足够数量的唯一硬件地址，需要确定一个额外的 64 位寻址方案。这个方案被归类到标签为 EUI-64 中。EUI-64 地址对应于 MAC-48 标准的设计，只是将生产商特定的网卡延长了 5 个字节。虽然 MAC-48 被 IEEE 802 标准中所定义的所有协议使用，但是以下协议也使用了 EUI-64 方案：

- 火线（FireWire）接口（IEEE 1394 串行总线接口）。
- IPv6（如果使用了无状态自动配置，那么会被作为一个单播地址或者一个链路本地地址的 64 位地址）。
- ZigBee / IEEE 802.15.4 / 6LoWPAN（Wireless PAN）。

4.2.5 本地数据管理

在局域网中，MAC 地址是为识别发送方和接收方的身份服务的。除了这些详细的地址信息，一个数据包（帧）中通常还含有有效载荷所需要的信息。这些信息实现了数据的进一步传输。其中，每个局域网技术都定义了一个自己专有的数据包格式。这种数据包通常由实际的有效载荷（主体）和相关的元信息（帧头）组成，参见图 4.9。网络技术内部的那些按照等级构造的协议层，每一层都将自己的帧头添加到要被传输的数据中。有效载荷和相应的帧头会将位于其上的协议层的有效载荷信息反过来附加到自己的帧头中。

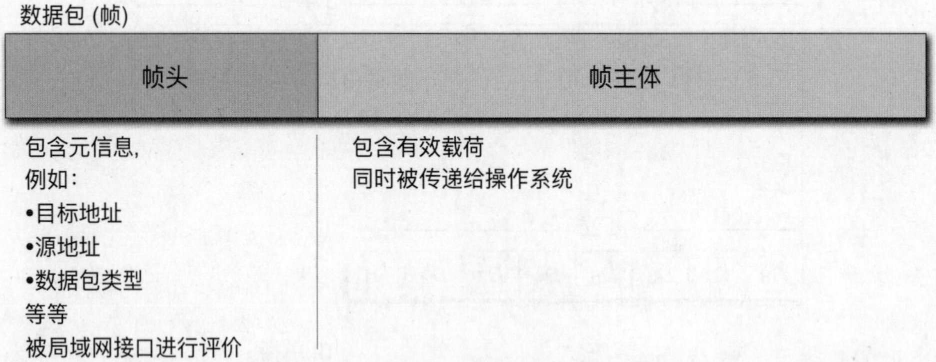

数据包 (帧)

帧头	帧主体
包含元信息， 例如： •目标地址 •源地址 •数据包类型 等等 被局域网接口进行评价	包含有效载荷 同时被传递给操作系统

图 4.9　数据包的结构

通常，需要对所传递的数据包中的有效载荷进行识别，以便可以控制对传输的数据做进一步处理。这可以通过以下的方式进行：

- **显性数据包类型**: 在这种情况下, 一个显式的类型字段被插入到需要被传输的数据的帧头中。这种数据包的类型也被称为自识别数据包。
- **隐性数据包类型**: 在这种情况下, 数据包只包含有效载荷信息。接收方和发送方在这个方法 (类型和内容) 中与所交换的数据包保持一致, 或者必须在进行正确传输之前已经交换了必要的信息。另一方面, 发送方和接收方也可以协商将有效载荷的特征或者一个子部分作为类型标识符。

在以下的章节中所介绍的不同网络技术的数据格式对应的都是显性数据包类型。

为了确保在显性数据包类型中被处理的软件也能够被正确地识别出制定的类型, 需要对用于类型字段的不同值进行标准化。但是在当时, 已经存在了多个不同的、被通过不同的标准化机构确定了的标准。为此, 电气电子工程师协会 (IEEE) 给出了一个解决方案, 即除了一个类型值, 还需要给出一个相关的标准化机构的识别标志。因此, IEEE 802.2 标准中称为**逻辑链路控制 (LLC)** 的部分包含了对局域网的**子网附着点 (Subnetwork Attachment Point, SNAP)** 的规范。图 4.10 给出了一个含有 8 个字节的 LLC/SNAP 帧头。前 3 个字节包含了 LLC 部分, 指出了一个类型字段, 随后是 SNAP 部分。帧头的 SNAP 部分含有一个长度为 3 个字节的字段, 用来识别标准化结构 (**组织唯一识别符**)。接下来是一个长为 2 个字节的、通过这个机构被定义的类型值。

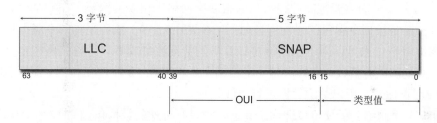

图 4.10　数据包的 LLC/SNAP 帧头示例

在大多数局域网技术中, 数据包帧头都具有固定的大小, 而有效载荷部分长度却是可变的。但是, 通常情况下, 网络技术会为数据包限定一个特定的最小尺寸, 否则就无法实现正确地操作。如果用户数据低于这个预先规定的最小数据尺寸, 那么必须为这个用户数据填充二进制的零 (比特填充)。

4.2.6　特殊的网络硬件

通过特殊的网络硬件, 即局域网接口, 可以实现在局域网中网络接入层的网络通信管理。局域网接口的任务是处理通信的细节, 同时确保由此所产生的处理开销要远低于由中央处理单元产生的处理开销, 以便不会产生过载情况。网络硬件中还有一个特殊的存在是所谓的网络分析仪。这种仪器可以对局域网中所有的数据流量进行实时地监视和控制。

一台计算机对本地网络的访问 (通常也是对互联网的访问) 是通过**局域网接口** (也称为网络适配器、局域网通信接口或者网卡) 实现的。局域网接口是根据典型的输入/输出设备的原理进行工作的。这些设备分别针对特定的网络技术, 同时负责网络中的数据传输的细节, 却不必访问计算机的 CPU。这种局域网接口能够正确解释在一个局域网中所使用到的电子的或者光学的信号、传输数据时所必需的速度以及数据包格式等细节。

基本上，一台计算机的局域网接口只保证数据包能够达到计算机。更确切地说，由于在局域网中，通过一个共用的传输介质进行传输的数据包首先会被发送到那些连接到局域网中的所有的计算机上，也因此会被所有计算机进行接收。为此，这种局域网接口具有一个**过滤功能**，以便过滤掉不相关的数据包，同时减少无用的计算机能力的消耗。这样一来，计算机就能够满足自己的工作需求了。

网络适配器最初主要是作为扩展卡（单独的网络适配器）设计的。这种扩展卡通过一个总线接口与本身的计算机相连接。而当前的计算机通常都具有一个直接在计算机主板（Motherboard）上集成的局域网接口。如今，如果计算机由于效率和性能方面的要求需要通过多个接口同时与网络连接，那么这时才需要单独的网络适配器。

网络分析仪（Network Analyzer, Network Sniffer, Packet Sniffer, LAN Analyzer）是一个决定局域网性能的设备。通过这种设备可以监听和分析所有通过局域网内部共享传输介质进行发送的数据。根据局域网的结构配置（网络拓扑结构）可以从一个单一的访问点监听到局域网中整个数据流量。这通常涉及一个便携式设备或者一个特殊的软件。在网络分析仪与局域网连接并且被激活后，会监视特定的事件和收集数据，以便获取网络利用率的统计数据，然后从中推断出网络中出现的错误。例如，在一个以太网的局域网中，就可以通过分析平均数据包的冲突数量来推断出网络中出现的错误。在一个令牌环网络中，这种推断是根据令牌包的平均停留时间（参见 4.3.3 节）或者平均的令牌循环时间确定的。网络分析仪也可以用于监测特定计算机的数据流量或者只考虑某些特定类型的数据包。传统的网络分析仪，当它们与一个传输介质相连时，是实时工作的。而新的网络分析仪的应用目标是对所记录的数据进行离线处理。

因此，一个网络分析仪可以评估所有通过它进行传递的数据包，同时对位于局域网接口卡的地址进行常规识别。通过这些操作，分析仪被添加到一个所谓的**混合模式**（Mixed Mode）的操作模式中。由于几乎所有的局域网接口卡（运营商对此有足够的认知）都可以在这种模式下工作，因此在局域网中传输的数据包的保密性并不能得到保证，除非这些数据包被加密了。在混合模式下，局域网接口卡接收每一个传入的数据包，同时将这些数据包递交给网络分析仪的分析软件。分析软件将检测位于数据包帧头的字段。其中，用户可以指定合适的配置参数，然后在检测中放置特殊的值。在这里，无线的局域网（广域网）具有特殊的地位。如果希望分析仪在一个无线局域网中以混合模式进行操作的话，那么这个网络适配器会忽略所有不属于自己服务范围内的那些数据包，也就是说，所有来自其他无线局域网的数据包。因此，为了能够接收和处理来自陌生无线局域网中的数据包，网络适配器必须在**监控方式**（Monitor Mode）下被使用。

网络分析仪的典型应用场景包括：

- 网络问题分析。
- 发现网络中的入侵访问。
- 在网络中通过渗透获取信息。
- 网络使用情况的监控。

- 收集网络数据流量和网络使用情况的统计数据。
- 从网络数据流量中过滤嫌疑内容。
- 刺探用户的敏感信息（密码、加密方式等）。
- 专有网络协议的解密（逆向工程）。
- 对客户端/服务器通信的数据流量进行监测和故障分析（调试）。
- 网络协议应用的监测和故障分析。

4.3　局域网技术的重要例证

在局域网领域应用了许多不同的技术。这些技术基于不同的传输介质，例如，电缆和光缆或者电磁波，除此以外还被分配了与所连接的计算机的几何排列（拓扑）。这一节首先讲述不同的局域网技术，以及它们各自的优缺点。然后详细介绍其最重要的历史和当前有线局域网技术，特别是以太网，这个如今在有线传输介质领域中应用最为广泛的局域网标准。此外，令牌环、光纤分布式数据接口（Fiber Distributed Data Interface，FDDI）和异步传输模式（Asynchronous Transfer Mode，ATM）将作为另外一些主要的局域网技术给出介绍。如今，越来越重要的无线局域网技术将在一个单独的章节中给出介绍。

4.3.1　局域网拓扑

计算机网络拓扑描述了各个网络节点及其分布的几何排列。局域网不同的拓扑结构意味着不同的性质。因此，了解每种结构的优缺点是选定最佳局域网拓扑结构的基础。原则上，计算机网络拓扑被区分为**物理拓扑**和**逻辑拓扑**。前者涉及网络中所含有的终端设备的实际物理安装，包括位置和布线。后者涉及网络中数据包传输的实际路径，通常会与物理安装相反。

拓扑结构可以按照本身的**维度**进行划分。一个 n 维的拓扑结构，其特征在于首先可以在一个 n 维空间内无交叉地被记录。在局域网中，主要应用的是一维拓扑结构。网络拓扑结构是由图表上各个网络节点的物理或者逻辑连接的映射进行确定的。因此，对不同网络拓扑结构的分析也是基于图论的基础。

随着时间的推移，出现了以下的拓扑结构：

- 总线拓扑结构。
- 环型拓扑结构。
- 星型拓扑结构。
- 树型拓扑结构。

其他的二维拓扑结构，例如，格子或者脉动阵列，以及多维拓扑结构（网眼）在并行计算机领域具有重要的含义。图 4.11 给出了一个基本局域网技术的图形表示。

如果对这些不同网络拓扑结构进行评价，可以使用以下的这些标准：

- **布线成本**：对于特定地域排列的计算机，哪些用于接线的电缆长度是必须的？如果在网络中包含另外一台计算机，那么为其布线进行的操作需要哪些工作量？
- **总带宽**：在所给定分段数量后，网络带宽应该是多少？

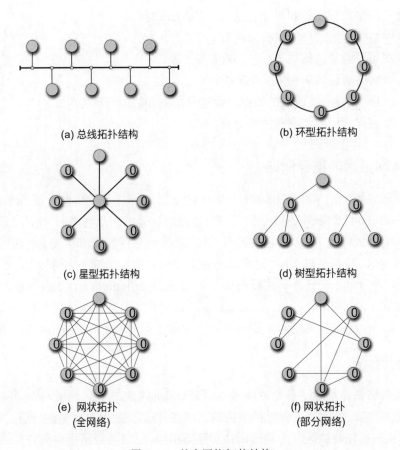

(a) 总线拓扑结构   (b) 环型拓扑结构

(c) 星型拓扑结构   (d) 树型拓扑结构

(e) 网状拓扑   (f) 网状拓扑
(全网络)   (部分网络)

图 4.11   基本网络拓扑结构

- **效率**：沿着任意一台计算机到另一台计算机的连接上，应该有多少个中间节点？随着网络中切换计算机数量的不断增加，调解的成本会增大，并且优化最佳的吞吐量会更难。
- **稳健性**：网络中一个或者多个计算机或者部分段失效会产生哪些影响？

下面将首先给出基本拓扑结构的优点和缺点。然后，讲述一些详细的技术示例及其应用，参见表 4.3。

总线拓扑结构

在总线拓扑结构中，所有的计算机都沿着线性的传输介质（例如，一条较长的电缆，即总线）进行排列，但是并不会形成环路。在连接介质的各个端点都要小心：如果信号没有被反射，并且再次被折射回介质，那么就会出现故障。在任何时间点上，网络中被连接的计算机每次只能有一台具有发送的授权，而所有其他计算机的传输活动必须进行等待，直到这台计算机的传输进程完成。为此需要使用一个裁判机制，以确保总线上的所有计算机具有平等的访问权利。同时，如果两台或者多个被连接的计算机想要在同一时间内进行发送，那么这种机制还需要能够解决出现的冲突。这种裁判机制可以集中被应用，也可以

表 4.3　三种网络拓扑结构的比较

	总线	环型	星型
可扩展性	简单的 模块化的	简单的	简单的 取决于集线器
速度	快的	慢的 取决于网络中计算机的数量	快的 取决于网络中计算机的数量
服务质量	不能保证	可以保证	可以保证
等待时间	不可预测	永恒的	取决于集线器
完全失效	总线的故障	简单的电缆断裂 或者计算机故障	集线器故障
计算机故障	网络正常	网络失效	网络正常
布线成本	低的	最低的	高的

分散地进行。如果连接到总线上的一台计算机发送了一条消息，那么这条消息将会通过计算机位于总线上的端口向两个方向进行转发，直到它到达了这个总线的端点。连接在总线上的所有其他计算机将会接收到这个数据包，并且对其进行检查，看它是否是发送给自己的。也就是说，检查数据包中所包含的接收方 MAC 地址是否与自己本身的 MAC 地址一致。如果不一致，那么将忽略这个数据包。

- **总线拓扑结构的优点**主要在于它的简单可扩展性。如果一台新的计算机想要链接到总线上，那么只需要简单地在总线上安装一个新的分接开关，将其接入到计算机中后进行联网即可。这时，必须对新接入计算机的连接和断开线路考虑一些限制。例如，最大的长度扩展、两个分接开关之间的最小距离、最大可能接入的数量，等等。通常可以在操作过程中实现单个计算机与总线之间的连接和断开，否则就必须将总线上的网络关闭，以避免产生传输错误。另外，当一台计算机出现故障的时候，不会对网络未来的功能产生任何影响。总线拓扑结构的布线主要是模块化的。此外，总线拓扑结构因为只需要一个总线电缆，因此对应的布线成本相对较低。
- **总线拓扑结构的最大缺点**是：如果总线上的单个部分出现故障的时候，会导致整个网络的瘫痪。网络的扩展会由于技术的限制而被限制。而且，在同一个时间点上网络中总是只能一台计算机进行发送操作，所有其他计算机都被锁住。在数据冲突中，裁判机制会尝试减少通过碰撞产生的冲突，但是很难对等待时间做出预测。总线上数据流量越高，就越有可能发生碰撞，传输介质上所产生的负载也就越低。

如今，最重要的总线拓扑示例是被全世界普遍使用的**以太网**。

环型拓扑结构

在一个环型拓扑结构中，所有的计算机都被以环的形式安排在一个封闭的循环中。当然，这种环的结构仅仅是指计算机的逻辑结构，而不是其物理排列。在这种环内，两个相邻计算机的链接是通过一个直接的点到点连接实现的。在环内，每台计算机有且仅有一个前节点和一个后节点。需要发送的数据包会从一台计算机传递到其对应的后继节点。后继节点上的计算机将会检查，这个数据包是否是发送给自己的。如果不是，那么这台计算机会将该数据包继续发送给自己的后继节点，如此循环直到这个数据包到达其真正的接收计算机。在这种环中，由于每台计算机都需要将接收到的消息重新进行发送，并且在这个过程中将所接收到的发送信号进行放大处理。因此，使用这种传输方法可以很容易地实现较大公里范围内的传输。

- **环型拓扑结构的优点**在于其简单的可扩展性。当一台新的计算机被加入到一个已经存在的环中时，布线的成本是很低的。环中所有的计算机都可以被看作是放大器。因此，这种环也可以覆盖较大的距离。消息在环中传输所涉及的延迟与联网计算机的数量成正比。因为，消息必须经过环中所有链接的计算机进行转发。与总线拓扑结构相反的是，在环型拓扑结构的传输介质上不会出现冲突。因此，这种结构可以确保一个可预知的传输延迟和传输带宽。

- 另一方面，任意两台相邻计算机之间的一根电缆的断开就会因为数据包不能再被转发而导致整个环的崩溃，这是最严重的**环型拓扑结构缺点**。这个缺点可以通过冗余布线或者在双向的方向上使用环来进行解决。由于在环型拓扑结构中，传输的延迟与被联网的计算机的数量成正比，因此远程计算机通信中会出现较高的延迟。

以环型式存在的环型拓扑结构在实践中，由于存在上面所描述的缺点，因此是很不可靠的。因此实际上，被应用的技术虽然基于的是环型拓扑结构的原则，但是布线却不是真正的环。环型拓扑结构最重要的示例是 IBM 公司的**令牌环**或者**光纤分布式数据接口**（Fiber Distributed Data Interface，FDDI）。

星型拓扑

星型拓扑结构是构建网络布线的最古老形式。在这种结构中，各个单独的计算机围绕着一个中心点，即**集线器**（Hub）排列成以星型式互联成的网络。其中，各个计算机与集线器之间都是通过点到点的连接相互连接到一起的。传统的大型计算机系统通常都是按照这种方案进行布线的：大型机被作为中心主机，同时用于链接的输入/输出（I/O）系统位于外围。在网络中，中心集线器负责整个通信，同时也控制流量。如果联网中的一台计算机想要向另外一台计算机发送消息，那么这条消息首先会被发送到中心集线器。在**星型拓扑结构**中，具有多种不同的协调沟通方式。其中的一种是：网络中链接的所有计算机可以将它们的请求发送到中心集线器，然后等待对应的响应。无论是请求还是反馈都要通过这个集线器进行转发。为了确保这些请求不会丢失，这个集线器必须配备足够大的缓存，同时具有较高的交换容量。

另外一种协调沟通的方式是使用投票方法，即中心计算机挨个询问结构中链接的计算机，是否要进行消息的转发。如果集线器询问到了一个刚好要发送消息的计算机，那么就会为它提供服务。但是，这里必须要有一个裁判机制进行判断，允许发送消息的计算机占有多久的集线器，以便网络中其他的计算机也能够被提供平等的服务，而同时又不需要在传输中等待过长。

- 在星型网络中，这种集线器担负着较高的负载。如果集线器失效了，那么整个网络就瘫痪了。因此，这种中心集线器在实践中通常被设计成是具有冗余的。除此以外，还存在一个**星型拓扑结构的缺点**，即这种结构的布线成本相对较高，因为每个链接的计算机都需要一根电缆与集线器相连。
- 当然，**星型拓扑结构的一个很大优点**是：如果网络中链接的一台计算机出现故障或者一个网络节点和集线器之间的电缆发生断裂，那么这种结构相对不易受到干扰。另外，星型拓扑结构很容易进行扩展。

星型拓扑结构最重要的示例是**异步传输模式**（Asynchronous Transfer Mode，ATM）。

树型拓扑结构和网状拓扑

树型拓扑结构是分层构建的，并且在最顶层具有一个根节点，然后多台计算机可以被链接到第二个层上。同样的，这个根节点本身也可以链接到其他计算机上。在树型拓扑结构中，两台相邻计算机之间的链接也是通过点到点的连接实现的。从技术上看，树型拓扑结构可以被理解为是网络拓扑。其中，多个星型拓扑结构相互间按照层次被联网到一起。与星型拓扑结构相似的是，一个端点节点的故障不会影响到整个网络的功能。但是，如果是较高层上的一个中间节点发生故障，那么这个节点以下的整个子树上所链接的节点都会断掉。随着层级数量的增加，节点之间的垂直距离也会增加。通信中，位于网络中较远距离的子树上的两个端点节点必须要考虑到这个距离，因为这样会在通信的时候产生较高的延迟。

在**网状拓扑**（**Mesh Topology**）中，每台计算机都与一台或者多台计算机通过点到点的连接被链接到一起。当每台计算机都与网络中其他计算机直接相连接时，这种网络被称为全网状网络。如果一台计算机或者一条线路出现故障的时候，这种全网状网络通常会通过重定向（路由选择）实现数据的进一步传递。网状网络，特别是全网状网络需要较高的布线成本。

基于上面对不同网络拓扑结构的一般特征叙述，接下来首先会具体而详细地论述实践中最重要的有线局域网技术。下面的章节就专门介绍这种有线局域网技术。

4.3.2　以太网——IEEE 802.3

以太网已经成为（有线）网络市场的局域网网段最重要的技术代表。在 20 世纪 80 年代和 90 年代初，虽然还存在其他局域网技术的巨大挑战，例如，令牌环、光纤分布式数据接口（FDDI）或者异步传输模式（ATM）。但是如果没有这些技术，以太网也不会在 20 世纪 70 年代引入后引发了其市场领导地位的争议。以太网之所以取得了如此广泛的应用，具有很多原因。也因此，以太网成为历史上第一个被大规模应用在局域网中的技术。由于这种技术被长期应用在实践中，因此管理员对这种技术具有非常强的熟悉程度，以至于对后来出现的新兴局域网技术会持有怀疑态度。另外，令牌环和异步传输模式在本质上对基础设施和管理更为复杂，而且相比较以太网，这些新的技术成本更高。因此，导致了网络管理员不愿放弃以太网技术。那些替代局域网技术最初还具有吸引力的一个原因是，可以建立更高的带宽。然而，以太网技术能够再次获得成功，并形成反超也是基于提高了带宽。由于以太网的普及，相应所需的硬件设备也就比较物美价廉。这种优惠的成本比例也得益于以太网本身的多址访问协议。这种协议完全在本地进行控制，并且允许具有一个设计简单的硬件组件。

历史

以太网的起源可以追溯到 20 世纪 70 年代初被作为总线拓扑结构的时候。当时是由供职于施乐帕罗奥多研究中心（Xerox Palo Alto Research Center，Xerox PARC）的**Robert Metcalfe**（1946—）和**David Boggs**（1950—）两个人共同开发的。Robert Metcalfe 在其就读于美国麻省理工学院期间，参与开发了阿帕网的进程，即如今互联网的前身。在他博士期间，了解到了 ALOHA 网，即第一个无线局域网。这个网络主要将夏威夷群岛彼此间相连。随后，他还了解到了被开发出来的随机存储通信协议（参见图 4.12）。1972 年，当 Robert Metcalfe 开始在 Xerox PARC 工作的时候，他接触到了当时非常先进的 ALTO 计算机。当时，这种机器已经具有很多如今个人电脑的预期功能。例如，一个基于窗口的图形用户界面、作为一个简单的输入设备的鼠标以及桌面比拟（Desktop metaphor）的使用，即将屏幕显示器上正在编辑的资源进行排列，就好像在写字桌上进行的文件处理。Metcalfe 马上察觉到，将这些计算机相互间尽可能高效地和节约成本地进行联网的必要性。随后，他和他的同事，David Boggs 一起开始以太网的开发。

两个开发者共同开发的第一个以太网提供的带宽是 2.94 Mbps，同时网络中最长可以使用 1000 m 的电缆，最多可以联网 256 台计算机。之所以是 2.94 Mbps 的带宽是由于当时使用了 ALTO 计算机系统，而这个系统可提供的频率就是 2.94 Mbps。Xerox PARC 公司的第一个实验网命名为"Alto Aloha 网络"。1975 年，在 Xerox PARC 公司最终提交的专利申请中将这个网络命名为**Ethernet**计算机网络，注明的发明人为 Robert Metcalfe、David Boggs、Charles P. Thacker（1943—）和 Butler Lampson（1943—）。

之所以使用这个新的名称，Metcalfe 和 Boggs 想要说明是，由他们开发的这项技术不仅仅限于在 Xerox PARC 开发的 ALTO 计算机上使用，还可以在任何地方被使用，同时这项技术也不仅仅是面向 ALOH 网络的。"Ether"这个单词描述了这项技术的一个基本的属性：物理介质（例如电缆）将数据发送到所有链接的站点，就像物理上的乙醚一样能够通过电磁波在空间中进行传播。

最终，Metcalfe 取得了成功。公司 Xerox、Digital 和 Intel 组成了一个联盟，以便确定一个带宽为 10 Mbps 的标准，即所谓的 DIX 标准（根据三家公司的名字的首字母命名）。这一标准在 1980 年的 9 月 30 日电气电子工程师协会的第一个标准草案中被批准。1979 年，Metcalfe 成立了自己的公司 3COM，用来生产个人电脑的以太网卡。由于个人电脑在 20 世纪 80 年代的时候取得了巨大的成功，Metcalfe 也随之获利颇丰。

改进后的**以太网 V1.0** 最终由 Xerox、Digital 和 Intel 三家公司共同合作完成，同时定制为所谓的 DEC-Intel-Xerox 标准（DIX）。这一标准在 1979 年的时候由电气电子工

以太网的历史

Robert Metcalfe 的职业生涯始于美国的麻省理工学院（MIT），在那里他获得了两个学士学位。随后他在哈佛攻读他的研究生学位期间，一直致力于研究计算机互联网的问题，并且在他取得博士学位之前就已经在 Xerox PARC 公司就职，研究开发第一个个人电脑网络。

当时的 Xerox PARC 公司已经有了自主开发的第一代现代化的个人电脑：Xerox Alto。并且还在这种个人电脑上配备了自行开发的第一台激光打印机。这种计算机体积比较小，而且售价也相对不高。因此可以首次在一个建筑物中的各个办公室内安装一台或者多台这样的计算机。计算机有了，那么一个对应的网络就是必需的了。在这种情况下的网络可以重新配置或者添加网络打印机，而无须对整个网络进行关机以及重新配置。此外，这种网络还必须足够强大，以便可以实现快速地操作激光打印机。

今天使用的以太网的发展思路最早是出自 Metcalfe。1970 年，他还在夏威夷大学求学时阅读了 Norman Abramson（1932—）撰写的有关无线网络 ALOHA 网的分组交换的会议记录。这份记录记载了各个夏威夷群岛之间通过一种简单的并且廉价的业余无线电发射机和接收机彼此间连接到一起的方法。ALOHA 网络中的每个节点发送的消息都是以电流的形式，按照单个的、独立的数据包进行发送的。如果出现任意的数据包的发送没有被确认，例如，出现两个发送方同时发送的情况，那么这些被发送的数据包就会被看作是"挥发的乙醚"。如果一个数据包丢失了，那么发送计算机在开始重发之前会等待一个随机的、被设定的时间段。这种随机原则可以成功地解决网络具有高流量时候所产生的拥塞问题，在总线拓扑结构中出现的不可避免的发生数据包冲突的情况也可以被快速解决。一般而言，一个发送方在得到所设定的接收方确认之前，不会开始发送一个到两个所要发送的数据包，这样一来就比那些使用更高级的冲突算法来防止冲突更有效。

虽然 ALOHA 网络已经被成功地使用了，但是 Abramson 表示，这种网络能够承受的最大负载量只能达到理论上可以达到的传输能力的 18%。这就意味着，当提高网络负载的同时，出现冲突的数量会不成比例地增加。Metcalfe 在他的论文中也涉及了这一问题，并且最终发现，应用和利用数学的排队理论后效率可以实现理论上最大容量的 90%，否则系统会由于数据包的冲突而被阻塞。

延伸阅读：

Metcalfe, R., Boggs, D.: Ethernet: Distributed Packet Switching for Local Computer Networks, in Communications of the ACM, 19(7), pp. 395–404, ACM, New York, NY, USA (1976)

图 4.12 以太网的历史

程师协会的网络标准委员会几乎原封不动地引入到了 IEEE 802 草案 B 中，并且在 1985 年时作为 IEEE 802.3 标准获得了通过。以*IEEE 802.3 Carrier Sense Multiple Access with Collision Detection (CSMA/CD) Access Method and Physical Layer Specifications*的名字进行了出版后，以太网标准也获得了国际标准化组织（ISO）的认可，并且被采纳作为全世界网络的标准。自从被推出后，802.3 标准不断地被进行修改以适应不断发展的网络技术。1985 年，以太网的带宽还只有 10 Mbps，后来随着技术不断地快速发展，带宽已经超过 100 Mbps，可达 1 Gbps 甚至 10 Gbps。

对应的算法共同构造了以太网数据包（帧）以及用于解决对总线系统访问所使用的裁判算法：**带冲突检测的载波监听多路访问**（Carrier Sense Multiple Access with Collision

Detection，CSMA/CD）。网络的拓扑结构一直都在变化着，从最开始的使用同轴电缆的总线拓扑结构，到具有双绞线电缆和多端口中继器的环型拓扑结构，再到双向的、可以对点到点连接进行切换的星型拓扑结构（参见图 4.13）。

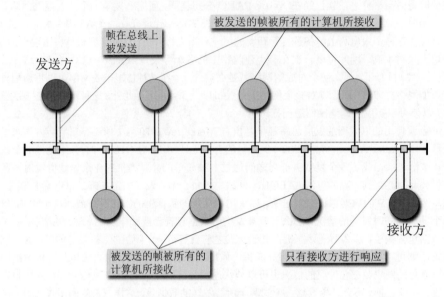

图 4.13   以太网的基本原则

原始以太网标准具有的特点和基本特性还包括以下几点：

- 相对较高的数据传输速率。
- 在网络中，通过牺牲内存和传输的逻辑性来降低延迟。
- 网络直径最大可达大约 1 千米。
- 支持网络中数百台独立计算机的联网。
- 较高的可靠性，没有中央控制。
- 使用相对简单的算法实现对通信介质的访问和寻址。
- 有效利用共享通信介质。
- 为所有参与者提供公平的访问分配。
- 在过载的情况下也具有较高的稳定性。
- 较低的成本。

以太网的基本组成部分

根据以太网标准，被划分成三个基本组成部分的以太网以及各组成部分中的以太网技术如下：

- 第一个是以太网通道的**物理部分**。通过这一部分，信号可以在链接的计算机之间进行传输。
- 第二部分是位于以太网通道上的**访问规则**。这种规则实现了大量被链接的计算机可以公平地、并且平等地对整个以太网进行访问。

- 第三个部分是**以太网数据包**（帧），定义了一组数据集的比特结构。这种数据包可以通过以太网通道被发送。

在讨论物理介质以及所涉及的以太网的不同类型的细节之前，先来看看以太网数据包的基本算法和结构。

以太网多址接入算法 CSMA/CD

位于一个以太局域网中的节点都被链接到了一个公共的传输介质上，即所谓的以太网广播信道（以太网总线）。如果一个被链接的节点发送了数据包，那么所有链接到局域网中的节点都会接收到该数据包（参见图 4.13）。事实上，在每个时间点，只能有一个单独

ALOHA 多址接入协议（1）

　　20 世纪 70 年代初，还在夏威夷大学就读的 Norman Abramson 开发了一个简单的、高效的多址接入方法。这种方法实现了多个参与者可以通过一个独立的、共享的通信通道进行通信。这个由 Abramson 开发的 ALOHA 系统被应用在了夏威夷各个群岛之间的、新被开发的、基于无线的网络通信中。同时，这种 ALOHA 协议还可以被用于任何有线传输介质上。ALOHA 协议具有两个基本的类型：纯 ALOHA 和时隙 ALOHA。前者的参与者没有与全球时间同步，而后者的所有参与者都是与全球时间同步的，同时所发送的帧必须总是在预定的时间段内被发送。

　　纯 ALOHA：每个参与者可以随时发送一个（长度总是相同的）数据包。如果出现多个参与者同时发送数据包，那么这些数据包就会产生碰撞，进而被销毁（不可读）。即使是刚发送的数据包的第一个比特与前面所发送的数据包的最后一个比特发生碰撞，那么也会出现上面的情况。由于每个参与者可以同时进行发送和接收，因此这些参与者可以判断，网络中是否发生了冲突。如果这种发送和接收不能同时进行，那么必须提供一个确认机制。如果一个数据包由于冲突而被销毁，那么在随机等待一个固定等待时间后应该重发这个数据包。

　　这种方法可以达到理论上的最大吞吐量的 18%。这个数值可以通过以下的方法计算得到：假设 t 是必要的时间段，以便确定具有固定的、预先给定长度的数据包。假设在计算的过程中具有不限数量的用户（不现实的）。这些用户造成了每 t 的时间段内具有 N 个数据包，其中假设 N 是按照泊松分布。如果即使在发生冲突和随后被封锁的情况下，N 也保持不变，那么必须将用户的数量设定为不受限制。当在每个时间段内都出现了冲突，那么 N 必须被设定为 $0 < N < 1$。此外，对于 N 个重传的数据包必须在每个时间段 t 上也附加通过冲突而产生的重传。在时间段 t 内出现的总和为 k 的传输尝试的概率也符合泊松分布，平均值为 $G \geqslant N$。吞吐量 S 是由这个平均值 G 和成功传输（无碰撞）的概率 p_0 相乘得到的，即 $S = G p_0$。

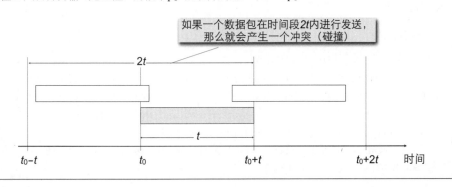

图 4.14　ALOHA 多址接入协议（1）

的数据包通过以太网的信道进行传输。为了确保这一点，必须要避免碰撞数量的增加。与在所谓的 ALOHA 通信协议中（参见图 4.14 和图 4.15）不同的是，对发送数据的决定不依赖于其余节点的活动。这一点在为以太网开发的**CSMA/CD 算法**中得到了充分的考虑。

ALOHA 多址接入协议（2）

如果一个新的数据包在一个已经开始传输的时间段内被发送，那么就会发生一个碰撞。在 ALOHA 网内，由于在时间点t_0发送一个数据包前不会去检查，在这个时间点是否有另外一个参与者已经进行了发送，那么如果想要无冲突地进行传输，在从t_0-t到t_0的时间段内不应该有数据包进行发送，同时在当前帧的传输时间t内，直到t_0+t都不应该进行其他的传输。

在时间段t内刚好有k个数据包被发送的概率可以由泊松分布给出：

$$p[k] = \frac{G^k e^{-G}}{k!}$$

在成功传输所必需的时间段 $2t$内没有其他的数据包（$k=0$）被传输的概率可以由$p_0=e^{-2G}$给出，因为在时间段 $2t$内平均被发送了 $2G$的数据包。对于吞吐量S可以由下面公式给出：

$$S = Ge^{-2G}$$

当$G=0.5$ 时，吞吐量达到最大，即$S=1/2e \approx 0.184$。也就是说，信道的利用率在最好的情况下仅可以达到 18%。

时隙 ALOHA：与纯 ALOHA 不同的是，参与者在时隙 ALOHA 情况下是同步的。也就是说，参与者必须遵守在预先给定的时间间隔（时隙）内进行数据包的发送。其中，时间间隔的长度都是固定的，是由中央时钟进行控制的。每个参与者可以在这个时间时隙中的任何时候进行发送。如果两个参与者同时进行发送，那么会产生冲突。与纯 ALOHA 相反的是，时隙 ALOHA 中在预先给定的时隙的基础上，在冲突中只考虑两个数据包完全重叠的情况。那些部分重叠的数据包在这种情况下将不予考虑。

由于需要发送的数据包必须总是等待下一个时间段的开始，因此发送时会出现冲突的时间段就被缩减了，变成了纯 ALOHA 的一半，即t。现在，在一个成功发送所必需的时间段t内没有其他数据包（$k=0$）被发送的概率可以由$p_0=e^{-G}$给出，因为在时间段t内平均被发送了G个数据包。吞吐量S可以由以下公式给出：

$$S = Ge^{-G}$$

当$G=1$ 时，吞吐量达到最大，即$S=1/e \approx 0.368$。也就是说，时隙 ALOHA 中信道利用率可以提高到 37%。

延伸阅读：

Abramson, N.: THE ALOHA SYSTEM: another alternative for computer communications. in: AFIPS '70 (Fall): Proceedings of the November 17-19, 1970, fall joint computer conference, pp. 281–285. ACM, New York, NY, USA (1970)

Roberts, L.G.: ALOHA packet system with and without slots and capture. SIGCOMM Comput. Commun. Rev. 5(2), pp. 28–42 (1975)

Abramson, N.: Development of the ALOHAnet. Information Theory, IEEE Transactions on 31(2), pp. 119–123 (1985)

图 4.15　ALOHA 多址接入协议（2）

人们将网络操作比喻成一个鸡尾酒会。在酒会上，ALOHA 协议允许所有的客人可以进行简单地聊天，却不会在意这些客人是否会被其他的谈话而受到打扰。在鸡尾酒会这个比喻中，以太网实现的访问规则更像是对谈话主题的一般行为准则：人们想要发表评论，必须首先要等待另一个人讲完，否则就会产生不必要的"冲突"。而且，这样做还能提高每个单位时间内信息内容的交换量。对于谈话具有两个行为规则，这些规则对于在以太网中进行通信也具有重要意义：

- **"说之前，要先倾听"**：当一个人想要与其他人交谈的时候，就必须进行等待，直到先前的交谈告一段落。在网络中，这种行为规则称为**载波侦听**（Carrier Sensing）。即一个计算机节点在开始发送消息之前，会首先对传输介质进行侦听。如果刚好有另外一台计算机在传输介质上发送数据包，那么这台计算机将会等待一个随机被选取的时间段（Back Off，退避），之后会重新对传输介质进行检查，以确定通信通道是否是空闲的。如果是空闲的，那么这台计算机在等待一个附加的等待时间（**帧间间隔**）后就可以开始发送它的数据包。如果这个通信信道意外地被再次占用，那么这台计算机还要再次等待一个随机被选取的时间段后，再次重复前面的过程。

- **"如果中间被人插话，那么就要停止自己的发言"**：这种情况的传输如果发生在网络中，那么就称为碰撞检测（Collision Detection）。一台正在从事数据传输的计算机同时也会侦听通信介质。一旦这台计算机检测到，另外一台计算机发送的消息与自己的发送产生了冲突（碰撞），那么两台计算机都会终止自己的传输（**堵塞信号**）。网络中，节点进行重传前所必须等待的时间段是通过一个合适的算法进行确定的。这样可以避免两台计算机在经过相同的时间段后都开始进行重传而造成的一个新的冲突。

这两个简单的规则在**载波侦听多址访问**（Carrier Sense Multiple Access，CSMA）和**带冲突检测的载波监听多路访问（CSMA/CD）**协议族中都被考虑到了，参见图 4.16。这两种算法的许多不同版本也已经被提出来了。其中，各个版本之间主要的区别在于，使用哪种方式进行碰撞的避免。

在叙述 CSMA/CD 协议的各个以太网版本之前，我们首先给出这个过程的一些基本属性。与 CSMA 相关的第一个问题是，当所有被联网的计算机都进行载波侦听的时候，即侦听是否通信介质是空闲的时候，为什么还会发生冲突？

借助于空间时间图表可以很简单地表示产生这种情况的原因。在图 4.17 的空间时间图表中描述了 4 台计算机（A、B、C 和 D）。这些计算机都被连接到一个线性总线中。在图中，横轴表示空间分布的连接总线的计算机，纵轴表示时间线。在时间点 t_0，计算机 C 侦听到总线刚好是空闲的。它马上开启一个数据包的传输，这个数据包被沿着总线向两个方向发送。到了时间点 t_1，其中 $t_1 > t_0$，计算机 A 也想发送一个数据包。A 计算机开始侦听系统总线，但是没有检测到任何通信，因为这时从计算机 C 发送的数据包还没有到达计算机 A。这时，计算机 A 按照 CSMA 协议开始发送自己的数据包。但是，没过多久这两个被发送的数据包就在总线上相遇了，并且发生了碰撞。

　　一个准备发送的计算机如何使用 CSMA 算法，存在着不同的可能性。我们可以区分以下的情况：

- **非持续的 CSMA**（"没有持久性"）：如果传输介质是空闲的，那么计算机会立即进行发送。如果传输介质被占用，那么这台计算机就需要等待一段时间，而这个时间是由一个随机数来确定的。等待结束后，这台计算机再次检查，这个传输介质是否是空闲状态。如果是，那么可以马上进行发送。如果不是，那么这台计算机还要再等待一个随机的时间段。
- **1– 持续 CSMA**（1–persistent CSMA）：如果传输介质是空闲的状态，那么这台计算机马上进行发送。如果不是，那么计算机会对这个介质进行侦听。一旦这台计算机确认，这个传输介质没有被占用了，那么就会马上进行发送。1– 持续 CSMA 对应于下面要给出的 p– 持续 CSMA，只是 $p = 1$。
- p– **持续 CSMA**（p–persistent CSMA）：如果传输介质处于空闲状态，那么具有概率为 p 的 $(0 \leqslant p \leqslant 1)$ 计算机进行发送。而具有概率为 $(1 - p)$ 的计算机将等待一个时间单元。如果这个传输介质被占用，那么它会被帧听。一旦这个传输介质空闲了，那么具有概率为 p 的计算机会再次进行发送，或者具有概率为 $(1 - p)$ 的计算机再次等待一个随机的时间段。

　　当然，这里必须为 p 选择一个合适的值。如果一个网络中连接了 n 台计算机，并且等待对同一个通信信道进行访问，那么 $n \cdot p$ 这个乘积在任何情况下都应该小于 1。但是，如果选择的 p 值太小，那么会导致过长的等待时间。

图 4.16　CSMA 算法的不同版本

　　很显然，当涉及刻画传输介质的性能时，信号通过在传输信道中的传输所导致的延迟（**信道传输延迟**）在这里起到了一个重要的作用。在一个传输通道中，通过信号的传输所引起的延迟越大，那么一个有发送意愿的计算机不能够正确判断，网络中是否有另外一台计算机已经开始传输的概率就越大。

　　另外在图 4.17 中，如果两台计算机没有进行碰撞检测，那么计算机 C 和 A 还会继续自己的传输，尽管冲突已经发生。如果一台计算机工作时进行碰撞检测，那么当它发现一

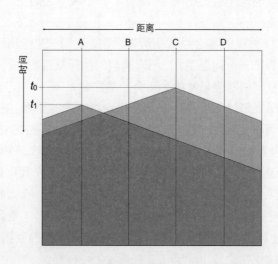

图 4.17　没有碰撞检测的 CSMA 协议

个冲突的时候会立即停止其传输（参见图 4.18）。另外，碰撞检测还监听网络中的传输功率，因为这样会避免由于冲突而损坏的数据包的传输。以太网协议将 CSMA 算法与这种碰撞检测（Collision Detection）一起使用，称为 CSMA/CD 协议（Carrier Sense Multiple Access with Collision Detection），参见图 4.19。

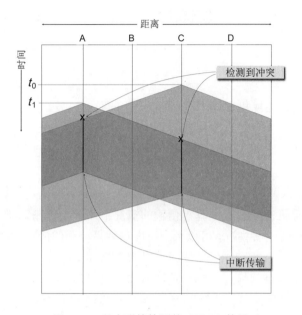

图 4.18　具有碰撞检测的 CSMA 协议

在共享传输介质上进行并发访问的以太网裁判算法：CSMA/CD

　　(1) 在网络中，一台计算机可以在任何时间点开始它的传输。对于这种传输没有固定的时间段。

　　(2) 如果一台计算机发现，网络中另外一台计算机已经传输了一个数据包，那么这台计算机不会启动发送（**载波侦听**）。

　　(3) 一台正在进行发送的计算机，一旦发现网络中还有另外一台计算机也刚好在进行发送，那么这台计算机会终止自己的传输（**碰撞检测**）。

　　(4) 在尝试重新进行传输之前，有发送意愿的计算机需要等待一个随机被选择的时间段。这个持续时间段取决于网络的负载（**随机退避**）。

图 4.19　CSMA/CD 算法

补充材料 2：以太网的定时和冲突处理

　　现在更加详细地讨论 CSMA/CD 算法。在 CSMA/CD 算法中，任何一个时间点存在的状态都是以下三种状态中的一种：如果进行发送的计算机结束了它的发送（结束点在 t_0），那么连接在网络中的任何一台计算机都可以开始进行传输尝试。这种算法源自一个**竞争周期**中的一个传输周期。在这个周期中，不同的计算机都可以尝试访问同一个传输介质。如果网络中没有计算机进行发送，那么就会出现所谓的**空闲周期**。

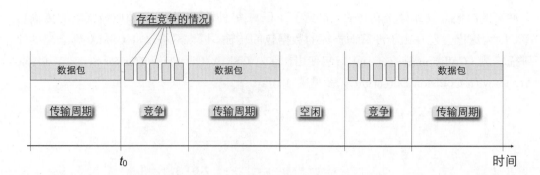

现在假设：有两台计算机在同一个时间点 t_0 同时尝试发送一个数据包。那么，需要多久才会检测出这个冲突呢？这个时间周期对于等待时间和整个网络的吞吐量的确定至关重要。冲突检测所需时间的下限是一个信号从一台计算机移动到另外一台计算机所需要的时间。

现在，如果不能保证信号遍历整个总线所必需的传输时间满足等待时间，那么是不是也不能保证所有计算机在没有其他算机传输的情况下才开始传输？

为了表明不会发生这种情况，可以考虑下面这种最糟糕的情况：假设信号通过整个总线长度所用的传播时间等于 τ。在时间点 t_0，计算机 A 开始它的传输。在时间点 $t_0+\tau-\epsilon$，即增加的时间要小于这个信号通过整个总线所需要的时间，位于 A 位置最远的计算机 B 开始进行传输。在这种情况下，计算机 B 几乎立刻检测到了冲突，因此，计算机 B 结束了它的传输。但是另一方面，计算机 A 在时间 $t_0+2\tau-\epsilon$ 点上才能检测到冲突。因此，在这种最糟糕的情况下，计算机 A 在经过 2τ 时间后没有检测到冲突才能确定，它的传输真的成功了。一个极限的情况是：发送周期长为 τ_r。其中 $\tau_r \geqslant 2\tau$ 时，发送的计算机刚好可以被检测到冲突。这就是所谓的**运行条件**（Runtime Condition），其必须满足以太网的正确功能。

碰撞检测

为了检测以太网总线（同轴电缆）上出现的碰撞，必须通过两个或者多个信号的叠加识别出所产生的直流偏移。在一个不受干扰的数据传输过程中，当发送的信号具有高达 1293 mV 的电压时，那么碰撞检测的电压的范围可以在 1448 mV 到 1590 mV 之间。对于那些以太网的变体，即那些基于双绞线的电话线（双绞线）或者光纤工作的变体，碰撞检测必须使用另外一种替代的方法，因为在接收和发送通道之间具有严格的分离。当一个参与者在进行发送的同时还进行数据包的接收，那么就被解释为发生了碰撞。

碰撞处理

如果一台计算机发现了一个碰撞，那么它首先会发送一个特殊的位序列（**人为干扰信号**）。这个信号会在整个网络中将碰撞信号化。通过碰撞的产生，一个固定的传输时间以及一个只具备一定概率的最大相应时间应该被遵守。因此，CSMA/CD 算法是一个不确定性的过程。

如果发生碰撞，那么连接在以太网内部的计算机首先会等待 0 个或者 1 个时间周期（Slot），具体的周期数依赖于所确定的随机数。如果两台计算机的碰撞选择在了相同的时间段内，那么就会出现新的碰撞。当出现第二个碰撞的时候，那些参与的计算机要等待 0 个、1 个、2 个或者 3 个时间段。其中，等待时间段的准确数量也是通过随机数来确定的。当出现新的碰撞时，可能的等待时间段的数量为 $2^3 = 8$。因此通常认为，第 i 个碰撞发生时，使用一个随机数可以确定在重传开始之前，在 0 到 $2^i - 1$ 之间需要等待的时间段数量。第十次碰撞后，最长的等待时间区域为 $2^{10} = 1023$ 个时间段。而在第十六次碰撞后，有发送意愿的计算机将放弃发送，同时传输被中止。

这种算法被称为**二进制指数退避**（Binary Exponential Back-off）算法。该算法的指数特征是经过精心选择的，以便适应网络中所连接的计算机的动态数量。如果从一开始将时间间隔设定为 1023，那么两台计算机之间还会出现第二个碰撞的几率就会非常低。但是，一个碰撞后的平均等待时间会达到上百个时间段，因此这样的等待时间没必要延长。另一方面，如果将等待时间的间隔限制在 0 和 1 之间，那么当大约 100 台计算机同时开始传输的时候，这个网络就会立即瘫痪掉。

只有当 99 台计算机选择 0 而 1 台计算机选择 1 时，这个等待时间才能结束，反之亦然。然而，由于这种算法对等待时间间隔内所发生的碰撞是动态调整的，因此应该确保当几台计算机引起碰撞时，等待时间尽可能的短。另一方面，当涉及很多计算机之间的碰撞时，该算法可以快速给出碰撞补救措施。在每个数据包进行重传的时候，都会先运行 CSMA/CD 算法（参见图 4.20），以便避免过早的等待时间。因此，当其他计算机还被用于指数退避的时候，一台计算机就可以马上成功地传输一个新的数据包。

当然，仅使用 CSMA/CD 算法是不能保证一个可靠的传输的。为此，对于接收的数据包还需要一个肯定应答（**Acknowledgement，ACK**）。即使没有碰撞的发生，也不能保证数据包在物理介质上不会通过传输错误而被损坏。接收方必须对数据包内所发送的校验和进行验证。如果能够返回一个确认值，那么说明发送成功。

延伸阅读：

Tanenbaum, A.S.: Computer Networks, 4th ed., Prentice-Hall, Inc., Upper Saddle River, NJ, USA (2002)

IEEE: 802.3: Carrier Sense Multiple Access with Collision Detection, New York: IEEE (1985)

所有不同类型的以太网实现都提供了一个**无连接服务**。也就是说，当 A 计算机的以太网网络适配器与 B 计算机的以太网网络适配器通信的时候，计算机 A 在发送数据包之前不用和任何一个握手协议进行连接。此外，所有的以太网技术都具备一个所谓的**不可靠服务**（Non-reliable Service）。虽然每个以太网的数据包中含有一个用来验证传输正确性的校验和，但是如果数据包被接收后没有返回一个明确的确认（ACK），那么就无法获悉发送是否成功。如果在一个被接收到的数据包中检测出一个错误的校验和，那么只用将该数据包丢弃即可。为了实现一个可能的修复或者重传，必须求助于一个来自更高协议层中的协议。

以太网中 CSMA/CD 算法的执行

以太网中，被连接的一台计算机上的以太网网络接口层必须要确定，是否当前另外一台计算机在发送消息。这样就可以在自己也希望发送消息的同时，对碰撞进行检测。

计算机中的以太网网络接口，通常也被称为**以太网网络适配器**，可以完成测量计算机在传输介质进行传输前和传输过程中的电压值的任务。每种以太网网络适配器都可以不依赖于中央协调机制来执行 CSMA/CD 算法（带冲突检测的载波侦听多址访问技术）。该算法的实现步骤如下：

(1) 如果一个数据包已经准备好进行发送了，那么它会由以太网的网络适配器转发到输出缓冲区。

(2) 以太网的网络适配器会识别，用于传输的信道是否是空闲的。也就是说，如果在信道上没有检测到可测量的信号电压，那么适配器将这个数据包进行传输。一旦以太网适配器确定该信道被占用，那么它在进行数据包传输之前会一直等待，直到不再测量到信号的电压为止。

(3) 在传输数据包的过程中，以太网的网络适配器会一直监控该信道，检查是否能够测量到被收集到的来自其他以太网的网络适配器的信号能量。如果在该信道上没有测量到陌生的信号能量，那么该以太网的网络适配器就可以成功地发送完整的数据包。进而，这个数据包的传输就完成了。

(4) 在传输的过程中，如果该以太网的网络适配器在该信道上测量到了陌生的信号能量，那么它会立即终止该传输，同时发送一个长为 48 比特的冲突执行的干扰信号。

(5) 传输中止之后，该以太网的网络适配器进入一个指数退避阶段。在经过 n 次的连续碰撞之后，该适配器会随机选择一个数 $k \in \{0, 1, 2, \cdots, 2^m - 1\}$。其中，$m = \min(n, 10)$，同时等待对应传输时间为 $k \cdot 512$ 比特的时间段，随后返回到步骤（2）。

图 4.20　以太网中 CSMA/CD 算法的执行

以太网数据包格式

如今，在市场上出现的很多不同的以太网技术，除了 CSMA/CD 算法外，还有一个共同点，那就是以太网数据包格式，通常也称为以太网帧格式。所有不同的技术版本，无论是同轴电缆还是铜导线，无论是 10 Mbps 还是 10 Gbps，在发送数据包的时候都是使用相同的基本结构。图 4.21 给出了这种以太网的数据包格式。

以太网的数据包格式有两个版本，不同的版本是在源地址后面的字段上加以区分的。这些字段在**以太网格式**（也被称为以太网 II、DIX 或者 Blue Book）中被称为类型字段，规定了对应传输数据的网络协议。其中，这个类型字段所允许的最小值为 1501。与这种长度为 2 字节的字段相反的是，IEEE 802.3 数据格式描述了传输的有效载荷的长度，该长度允许的最大值为 1500。

每个 IEEE 802.3 以太网数据包都是由一个长度为 8 字节的**前导码**开始的，每个前导码中都含有 10101010 的比特模式。在这些前导码中，最后一个字节都被用来作为实际数据包开始，即帧首定界符（Start-of-Frame Delimiter，SFD）的标记。它是使用 10101011 模式结束的，同时用于发送方和接收方系统时钟的同步。这样，接收方计算机就会获悉，接下来的 6 个字节表示的是**目标地址**。

在以太网格式中，接下来的是**类型字段**。该字段将数据包刻画为相关数据包的以太网协议。以太网在协议栈的数据链路子层被看作是协议。这里，存在可以提供传输的不同的

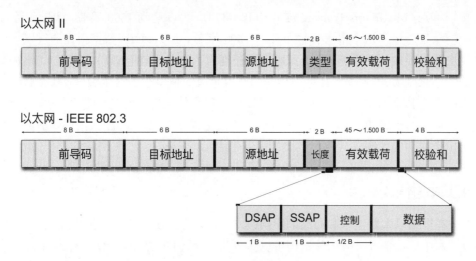

图 4.21　以太网数据包格式

协议（例如，Novell IPX、Appletalk 等等，参见表 4.4）。因此，这个字段具有一个典型的以太网地址。相反，在 IEEE 802.3 数据包中的这个位置则是一个长度字段。该字段给出了有关传输的有效载荷长度的信息。

表 4.4　以太网类型字段值

十六进制值	描述
000-05DC	IEEE 802.3 长度字节 (0~1500)
0101-01ff	实验目标
0600	Xerox IDP
0800	DOD 互联网协议 (Department of Defense)
0805	X.25
0806	ARP (地址解析协议)
0835	RARP (反向 ARP)
6003	DECNET Phase IV、DN 路由
8037	IPX (Novell 互联网数据包交换)
8038	Novell IPX
809B	Ethertalk (AppleTalk over Ethernet)
80A3	为 Nixdorf 的预留
814C	SNMP over Ethernet (简单的以太网管理协议)
86DD	IPv6

在接下来的**数据字段**中，首先出现的两个字节是**目标服务访问点**（Destination Service Access Point，DSAP）和**源服务访问点**（Source Service Access Point，SSAP）。然后是一个半个控制字节，根据 TCP/IP 参考模型标识各个服务访问点地址的 DSAP 和 SSAP。在数据字段中，IP 数据报被封装在位于 TCP/IP 参考模型的网络接入层。这种数据字段的

最大传输单元（Maximum Transmission Unit，MTU）可以达到 1500 字节。如果发送的 IP 数据报的长度超过了这个最大传输单元的 1500 字节，那么该 IP 数据报在通过以太网进行转发之前必须被划分成更小的、每段最大长度为 1500 字节的小段（碎片化）。这种数据字段的最小长度为 46 字节。如果被传输的有效负载的长度小于这个长度，那么必须为该数据字段填充其余的字节，以便其长度可以达到最小的长度（填充）。接下来的 4 个字节包含了数据包的校验和。在图 4.22 中将对以太网格式和 IEEE 802.3 数据格式的各个数据字段给出更详细的说明。

以太网硬件组件

- 在介绍以太网技术和布线的不同版本之前，还必须要澄清一些术语。在以太网技术中，如今对网络拓扑结构可以区分为三个不同的版本（参见图 4.24）。一个纯的**总线拓扑**被用来进行广播的传递。一台发送计算机所发送的信号可以被所有链接在网络中的计算机直接接收。根据这些计算机与发送计算机距离的长度会产生相应的接收时间延迟。因此，在一个真正的广播网络中，在一个时间点上只允许一个参与者进行发送。

- 如果在一个以太局域网的内部使用了一个**集线器**（Hub），那么就构成了一个星型拓扑。这种拓扑被认为在逻辑上要优于总线拓扑。集线器也被称为多端口中继器，因为它在一个接收端口接收到的信号能够再次转发给所有其他的端口。与纯的总线拓扑结构相同的是，这种星型拓扑结构也可以应用在广播网络中。

- 当使用一个**交换器**（也称为交换式集线器或者局域网交换机）时，从原来的总线拓扑中可以演化出一个真正的星型拓扑，这种类型的星型拓扑不再需要共同的介质。那些与交换器连接的计算机具有自己连接到集线器上的专用线路。对于长时间的通信，交换器与对应的计算机会彼此间直接相连。这种交换器也被区分为**存储转发交换器**（Store-and-Forward Switch）和**直通交换器**（Cut-Through Switch）。前者完全接收数据包，并对其进行分析，然后将其转发给接收方。而后者首先读取数据包开头部分的目标地址，然后将数据包的剩余部分没有延迟地直接转发给接收方。存储转发交换器能够识别发生错误的数据包，并且只将没有错误的数据包进行转发。而直通交换器并不能识别出发生错误的数据包，因为在这个过程中这种交换方法并不评价校验和字段。很多以太网产品都提供这两种交换的方法。

一个以太局域网可以由不同的分段组成，这些分段可以通过中间系统（中继器、网桥和路由器）彼此相连接。这种情况下的**分段**是指一组计算机，这些计算机被链接到一个单一的传输介质上。

这里，首先从最简单的以太网配置开始描述：一个单一的、同时具有完整分段的总线和一个**冲突域**（通过碰撞被转发的范围）。那么在这个以太局域网中已经存在的中间系统使用了如下的功能（参见图 4.25）：

- **中继器**：中继器（Repeater）用于将以太局域网中单个的分段互连成一个更大的网络。这种网络操作起来就像一个单个的较大冲突域。中继器实现了将一个以太

以太网 IEEE 802.3 数据格式：内部结构

- **前导码**：前导码是由 8 个字节组成的。前 7 个字节具有的比特模式是 1010101010。**曼彻斯特编码**（参见 3.2.1 节）刚好可以使用 5.6 μs 将这种模式转换成 10 MHz 的方波。前导码的前 7 个字节可以唤醒接收方，并且保证即使是具有偏差时钟速率的两台计算机也可以同步工作。这种无法提前计算的偏差在整个网络中都可能发生，因为没有所应用的组件是真正完美的。接收方可以对各个发送方进行准确地调整，以便在前 7 个字节上同步。前导码的第八个字节是由 1010101011 比特模式结束的，这表示真正的数据包传输开始了。

- **目标地址和源地址**：这种地址信息每个长度都是 6 个字节。目标地址的高位通常都是 0 代表普通节点地址，1 代表组地址。这种组地址允许多台计算机接收所发送的数据包。如果向一个组地址发送一个数据包，那么这个组里的所有计算机都能接收到这个数据包（**多播**）。只由 1 个比特组成的该地址是为**广播**保留的，同时该地址也被网络中所有的计算机进行接收和处理。此外，这种地址信息还使用 46 比特（直接与高比特位相邻），以便区分本地和全局地址。**本地地址**是由网络管理员进行分配的，对于位于该内部网以外的世界没有任何意义。**全局地址**则是由 IEEE（电气电子工程师协会）进行分配的，以便确保全球范围内没有两个完全相同的以太网地址。每台计算机在全球范围内都应该可以使用一个 2^{46} 可能的全局地址进行通信。其中，定位这种地址是不要求通过以太网的，而是位于更高的协议层的任务。

- **长度字段**：长度为 2 个字节的长度字段描述了数据包中有效载荷的长度。这种长度的最大允许值可达 1500。如果这个长度字段被用作**类型字段**，那么该字段最小允许值是 1501。虽然一个有效载荷字段的长度可以为 0，但是这种情况下通常会产生很大的问题。如果该以太网的适配器检测到一个碰撞，那么它会立即中止当前正在进行的数据包传输。其结果就是，在任何时候所发送的数据包的碎片总是位于总线上。为了能够更容易地区分垃圾数据和有效数据包，IEEE 802.3 要求每个数据包具有的长度必须至少为 64 个字节（也可以参见图 4.23）。

- **校验和（帧检验序列）**：这种帧检验序列（Frame Check Sequence, FCS）使用了一个有关整个类型/长度字段和有效载荷的地址字段的 CRC 校验码，即循环冗余码（Cyclic Redundancy Code, CRC）。其中被使用的生成多项式为：

$$G(x) = x^{32} + x^{26} + x^{23} + x^{22} + x^{16} + x^{12} + x^{11} + x^{10}$$
$$+ x^8 + x^7 + x^5 + x^4 + x^2 + x^1 + 1$$

由于信号的衰减和周围沿着传输介质或者网络适配器的电磁环境的干扰会产生比特错误，而这些比特错误可以借助 CRC 校验和算法检测出。发送方的计算机通过所发送的数据包的除了前导码之外的所有比特计算得出这个校验和，同时将这个校验和写入 FCS 字段中。接收方的计算机会在自己本地从所接收到的数据包的比特计算出该校验和，并且将所得结果与被传输过来的 FCS 字段所携带的内容相比较（CRC 检验）。如果这两个值并不匹配，那么就预示着一个传输的错误。

图 4.22　以太网数据包的内部结构

局域网的传播空间扩大，同时在逻辑上保持完全透明。这里，所有链接的分段必须是同一个类型的。以这种方式被扩大的以太局域网上所链接的计算机的数量要比单个分段上所允许链接的计算机的数量多。而基于此增加的碰撞会导致吞吐量的较少，同时可能会产生较高的网络负载。

碰撞检测和数据包最小长度

确定了数据包的最小长度就可以确保, 数据包的传输在到达传输介质的边界终端之前, 以及可能产生一个冲突之前是不会结束的。

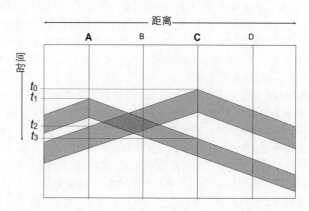

假设, 从计算机 C 到计算机 A 进行传输所必需的时间为 τ_1。计算机 C 在时间点 t_0 开始它的传输。在时间点 $t_1 < t_0 + \tau_1$, 计算机 A 开始它的传输。如果每次发送的数据包都很短, 那么在这些数据包到达各个传输介质的末端之前, 这些传输就已经结束了。那么这时就可能出现计算机 A 在时间点 t_1 也发送了一个数据包, 而在一个可能检测出碰撞的时间点 t_3 上所有的数据包却已经发送完毕了。虽然传输都成功地进行完毕了, 但是发射器却被错误关闭了。

为了避免这种情况的发生, 每次的传输至少要持续 2τ 长度的发送时间。其中, τ 表示信号从一个传输介质的末端到另一个传输介质的传播时间。例如, 一个简单的、具有最大长度为 2500 m 的、传播速度为 10 Mbps 的以太网的局域网。该局域网最少所允许的数据包的长度所对应的最少发送时间为 51.2 μs, 这个时间与一个长度为 64 字节的数据包的信号传播时间相同。因此, 对于那些含有有效载荷的长度短于所允许的最短长度的数据包, 必须对其进行填充。

随着带宽的增加, 数据包的最小长度也随之增加, 同时电缆的长度也逐渐被减少。对于一个传输速率为 1 Gbps 的以太网局域网来说, 这种情况不仅仅代表数据包的最小长度被设定在了 6400 字节, 而且传输介质的电缆长度也被减少到了 250 m, 同时数据包的长度也相应被提高到了 640 字节。

图 4.23　碰撞检测和数据包最小长度

- **网桥**: 网桥 (Bridge) 对分段进行逻辑分离, 就如分段的物理分离那样。它们的任务是中转那些目标地址位于另一个网络分段的数据包。一个碰撞域会终止在一个网桥, 并且不能延长出这个网桥。由于通过物理的分离可以减少单个分段中的网络负载, 通信可以在那些单个分段中发生局部的平行。这里需要使用**访问局部性**。也就是说, 两个物理相邻的计算机之间的通信可能性要高于物理条件下相互远离的两台计算机之间通信的概率。网桥能够独立地适应给定的网络拓扑结构 (所谓的**透明网桥**或者**自学网桥**)。被转发的数据包除了保存源地址 A_Q (**MAC地址**) 外, 还保存了对应的端口号 P_Q。数据包通过这个端口号就可以到达对应的网桥。如果该网桥在稍晚的时候接收到了一个目标地址为 A_Q 的数据包, 那么

总线拓扑

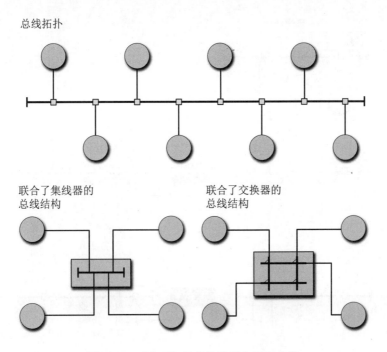

联合了集线器的
总线结构

联合了交换器的
总线结构

图 4.24　以太网拓扑结构类型和网络建设

该网桥就可以简单地通过端口 P_Q 转发这个数据包。因此，网桥必须理解所有链接的分段协议，以便能够给出相应的地址信息。如果所连接的分段使用了不同的协议，那么在该网桥中会开始一个对应的翻译（**翻译网桥**）。

- **路由器**：路由器（Router）连接彼此间独立的局域网，这些局域网可以是不同的类型（与网桥相反）。为此，路由器会评价所发送的数据包的网络地址（例如，IP 地址）。相反，位于底层的（网络接入层和物理层）协议层的细节对路由器是隐藏的。在局域网中，使用路由器是为了将不同的网络技术彼此间连接到一起。为广域网服务的网关也是通过路由器来实现的。

在一个以太局域网中，已经介绍过的组件也可以按照不同的组合被使用。

以太网技术

今天，以太网的网络技术以多种不同的形式存在着。虽然所有的形式都共享着基本的原则，但是却使用着具有不同性能指标的不同物理传输介质。这也就导致了多种不同的以太网布线变体。从一开始的原始传输速率为 10 Mbps 的 10Base5 同轴电缆，到如今最新的、传输速率高达 10 Gbps 的 10GBase-EX 的光纤变体。所有这些变体都具有不同的限制参数，即有关自己的物理扩展、所链接的计算机数量或者可提供的现有带宽。然而，在一般情况下，以太网中用于布线所必需的硬件开销很小。每个链接的计算机必须提供唯一的发送和接收硬件（以太网适配器），以便可以控制所使用的传输介质的访问以及监控网络流量。

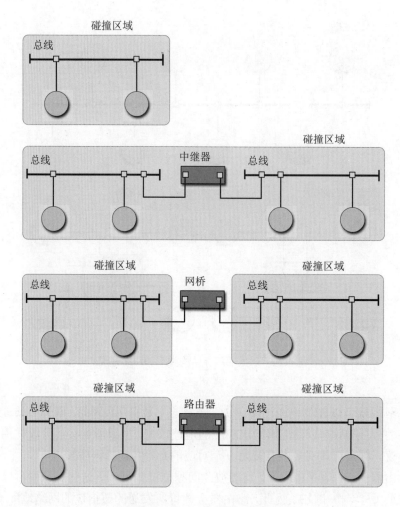

图 4.25　以太网中间系统

传输速度为 10 Mbps 的以太网变体

根据不同类型的物理传输会给出了不同的拓扑结构。最初使用的同轴电缆要求一个存粹的总线拓扑结构，而基于双绞线电缆的变体对于结构为总线的拓扑就没有那么严格了。这种变体通常都可以通过一个中央集线器以一个星型的拓扑形式进行运作，终端计算机连接了被安装成双绞线的电缆。基于光纤电缆的系统同样也可以使用这种拓扑结构进行操作。与集线器接入和接出的双运行电缆允许对数据进行同时的接收和发送操作（**全双工模式**）。

最古老的以太网变体是**10Base5**（也被称为 Thick Ethernet、Thick wire 或者 Yellow Cable），参见图 4.26。这种称为 10Base5 的以太网变体是由一个存粹的总线拓扑结构支持的。在总线中，作为端点所使用的是型号为 RG 8 的同轴电缆。这种电缆通常使用一个黄色的屏蔽物（虽然在 IEEE 802.3 标准中并没有强制指定这种颜色，但是通常是这样规定的）进行绝缘，因此也称为"黄色电缆"。这种电缆的终端电阻为 50 Ω。这种类型的同轴电缆的内导体具有的直径为 2.17 mm。这个内导体被一个直径从 6.16 mm 到 8.28 mm 的外导体所包围。黄色电缆的整体直径为 9.28 mm 到 10.29 mm。其中，包括了由聚氯乙烯（PVC）或者特氟龙（Teflon）构成的外部保护套。这种类型的电缆非常重，而且僵硬，同时最小的弯曲半径要 25 cm，因此很难安装。正因为如此，这种类型的电缆也就有了 "Thick wire" 的名字。

---

10 Mbps 以太网技术对比

　　基于铜变体的 10Base5、10Base2 和 10BaseT 分别添加了不同的光线变体（10Base–FB、10Base–FL 和 10Base–FP）。每个变体取决于所使用的中间系统。

	10Base5	10Base2	10BaseT	10Base–FP
名称	粗丝	细丝	双绞线	光纤
最大段长度	500 m	185 m	100 m	500 m
每个段节点	100	30	未知	33
最多中继器数量	2	4	4	2
最小节点距离	2.5 m	0.5 m	未知	未知
连接器	DB15	BNC	RJ–45	ST1
电缆直径	10 mm	5 mm	0.4~0.6 mm	62.5/125 μm
拓扑结构	总线	总线	星型	星型
媒介	同轴电缆 50 Ω	同轴电缆 50 Ω	UTP 100 Ω	多模式光纤

10 Mbps 以太网根据 IEEE 802.3j 标准提供了如下的光纤版本：

- **10Base–FB（Fiber Backbone）**：在两个相邻的中继器之间的一个点到点连接的光纤，彼此间最远可以距离 2 千米。一个中继器的传递是同步的，也就是说，一个到达的光信号可以被再生，并且使用中继器的本地时钟被重新发送。
- **10Base–FL（Fiber Link）**：在单个计算机以及中继器之间的一个点到点连接的光纤，可以连接的最大距离为 2 千米。与 10Base–FB 不同的是，这里的中继器是异步传输的。
- **10Base–FP（Fiber Passive）**：对于一个星型拓扑的、具有被动式星型耦合器的光纤连接，最大只能连接 1 千米的距离。

图 4.26　10 Mbps 以太网技术对比

在 RG–8 的同轴电缆上，每 2.5 m 都会有一个标记，指明了经由**收发器**（Transceiver）连接的终端计算机的最短分接距离。收发器这个名字来自于分解功能，即对信号进行发送（**transmit**）和接收（**receive**）。这里还需要安装一个必要的电子设备，以便执行载波的侦听和碰撞检测。一旦收发器侦听到了一个碰撞，那么它本身就会发送一个特殊的信号（Jam 信号），以便告知其他所有链接的收发器，这里发生了碰撞。

这种收发器和分接头的组合也被称为**介质连接单元**（Medium Attachment Unit，MAU）。这种建立在基于总线电缆上的分接头通常是通过所谓的刺穿式分接头（Vampire Tap）来实现的。其中，每个针都准确地插入半截同轴电缆的导电芯。在连接计算机上的基本总线的介质连接单元上，最多可以接入 50 m 长的电缆收发器。这种收发器电缆包括 5 个单独的屏蔽双绞线，其中两个被保留用于数据的输入和输出。另外两个被保留用于控制信号的输入和输出，而其余的导线大多数情况下被用于收发器电子设备的电源。这种收发器可以同时连接 8 台计算机，由此可以减少用于连接收发器总线的数量。介质连接单元的任务是接收和发送传输介质上的信号，以及对个别信号和碰撞进行识别。术语 10Base5 意味着为布线提供的带宽为 10 Mbps，同时支持最远传输距离为 500 m。这种技术允许最多为 5 段的中继器互连。在这种阶段，收发器电缆的最大长度只能为 30 m。这就导致了以太网中类型为 10Base5 的最远计算机之间的最长距离可达 2800 m。

由于基于 10Base5 的以太网电缆非常昂贵，因此开发了一个更便宜的版本：**10Base2**（也被称为**细电缆**）。相比于昂贵的 10Base5 的电缆来说，这种使用类型为 RG–58 的 10Base2 同轴电缆具有更薄以及更灵活的特点。它类似于众所周知的模拟电视天线电缆，但是更轻便以及更灵活。RG–58 同轴电缆的内部导体的直径大约为 0.89 毫米，外部导体的直径为 2.95 毫米。包括绝缘层在内，这种 RG–58 电缆的总直径大约为 5 毫米。这样一来就比直接可达 8 厘米的 10Base5 电缆更容易弯曲。但是这种具有更少屏蔽的 RG–58 电缆也带来了更高的信号衰减，这就导致了最大片段长度的限制，同时给出了最长为 185 m 以及最多 30 台计算机链接的限制。

与 10Base5 不同的是，在细电缆的以太网中，介质连接单元与被连接在以太网网络适配器的计算机是集成在一起的。细电缆的以太网并不是被作为一个连续的同轴电缆。单独的部分被使用 BNC 连接器（British Naval Connector、Bayonet Neill Concelman 或者 Bayonet Nut Connector）和 T 型连接器彼此相连，同时与连接的计算机相连。这种连接的方法更便宜、更容易安装，而且比 10Base5 的刺穿式分接头更廉价以及更可靠。在 10Base2 的网络中，两个活性成分之间的最小距离为 0.5 m。整体来说，10Base2 允许最多 5 段进行互连，但是只有 3 段被允许连接到网络主节点上。因此，在一个 10Base2 以太网的网络中，两台计算机之间的最大距离为 925 m。

为了传递数据包，被连接的计算机通过将自己的 T 型接头连接到细电缆上进行数据包的发送。这个数据包由 T 型接口可以向总线上两个不同终端的方向转发，然后被终端电阻吸收。

连接多个以太网段需要通过**中继器**。既可以使用适当的 10Base2，也可以使用 10Base5 彼此相连。而中继器可以作为独立的网络组件，将两个段相互连接到一起。两个在空间上彼此分离的段通过一个所谓的**远程中继器**（Remote Repeater）被连接在一起。在远程中继器中，两个中继器的半段部分分别是各个段。在两个半段之间跨越了 4 线电缆。在该电缆上不允许连接其他的计算机，并且最大可以测量 1000 m。中继器绝不允许被组件成环型。由于运行条件的限制，互联网中的中继器的数量被限制为最多 3 个。

监测和定位一条电缆断裂、坏掉的支架或者松动的连接，可对 10Base2 和 10Base5 这两种情况产生很大的影响。因此，需要开发适当的技术，对这些缺陷进行精确定位。原则上，应该从已知的位置发送一个脉冲到电缆。如果这个脉冲在电缆中遇到了阻碍，或者该脉冲在极短时间内直接就到达了电缆的末端，那么会返回一个信号回波到发送点。通过精确测量信号的运行时间，就可以准确判断发生损害的位置。

最后的问题导致了另外一个技术版本的开发，即从中心集线器向外扩展成为一个星型的布线。通过使用星型拓扑，可以在以太网络上出现电缆断裂的情况下明显改善网络的可靠性。在以太网早期，传输介质足够简单，并且是双绞芯电话线（**非屏蔽双绞线**）。这已经是那时大多数建筑布线的组成部分，并且具有的直径在 0.4 mm 和 0.6 mm 之间。这种形式的布线非常廉价，被称为**10BaseT**（或者简单地称为双绞线）。中央集线器也被称为星型耦合，表现为一个多端口中继器。该中继器将在输入端接收到的信号转发到所有的输出端。集线器可以被级联成拓扑定义的那种星型结构。然而，从逻辑上看，网络并没有因为使用集线器而被改变。所有被链接的计算机仍然位于象以前那样的广播域中，并且通过 CSMA/CD 方法彼此被联网到了一起。这种星型拓扑结构只是存在于表面。而物理和逻辑上还保留为总线结构。一个集线器可以同时连接不同的介质。任意两个被连接在网络中的计算机相互间允许在以太网 LAN 上最多存在 5 段，即 4 个中继器。

集线器通常还能提供一种扩展功能，然后作为网桥或者路由器被用在更高的协议层中。这时候，这些集线器称为**智能集线器**（Intelligent Hub）。集线器之所以非常受欢迎，是因为它们还额外提供了网络管理的功能。例如，如果一个被连接的以太网网络适配器出现了故障，并且一直在网络上发送数据包（所谓的**超时传输**，那么这就意味着一个 10Base2 以太网的所有数据通信的结束。如果没有其他连接的计算机，那么通信就会终止。在一个 10BaseT 以太网中，集线器检测到这个故障后，会从网络流量中排除这个故障适配器。这样一来，网络管理员并不需要在半夜被唤醒，用手动的方式来解决这种问题，只需要到第二天的时候再进行处理。此外，许多集线器还提供一个监控的功能。这个功能可以形成统计信息，如可达到的带宽、碰撞的数量或者数据包的平均长度。这些统计信息是通过一个独立的、直接与集线器相连的计算机进行转发的。这些信息不仅可以用于故障排除和问题的定位，而且对涉及的以太网 LAN 环境进行进一步扩大的时候也是非常有帮助的。10BaseT 这种变体的缺点是限制了集线器和被连接的计算机之间的电缆长度，其允许的最大长度只有 100 m（使用专门的屏蔽和高质量的电缆时，长度可达 150 m）。此外，一个功能强大的集线器是非常昂贵的。

对于 10 Mbps 以太网标准来说，第四个布线变体**10BaseF**基于的是光纤电缆。这个变体由于连接器和终端装置成本的原因，虽然比之前的变体更昂贵，但是其极低的干扰使得这种变体成为在建筑或者广泛被分布的远程集线器之间首选的远程电缆。但是，一个真正的总线拓扑在玻璃纤维使用中却并不是那么容易可行的，因为在总线纤维和被连接的计算机之间所必需的耦合是存在问题的。为此，使用了具有两个输入和输出端的所谓光学耦合器。从输入端进入的光必须均匀地分布到两个输出端。而两个输入端的耦合并不是可取的。因此，玻璃纤维的使用主要是替换以前的星型拓扑，参见图 4.27。

所使用的星型耦合器在这里可以是一个纯的**被动**工作的光学星型耦合器。其中，并没有发生光到电子信号的转换。另一方面存在的可能性是，星型耦合器被执行为**主动的**耦合器。该耦合器使用电子信号进行工作，在光纤电缆的接口处，每个光学信号都被进行转换了。虽然电光信号的转换是耗时的，并且需要一个更复杂技术设计的星型耦合器，但是却给出了让更多参与计算机连接的解决方案。

10 Mbps 以太网的技术局限性

标准以太网规范规定了不同的限制，以及最大的电缆长度。这些规范限制了信号的最大持续时间和时频。

段的长度：双核电话线（UTP）和同轴电缆每次都有典型的衰减。这就需要在电缆的末端提供一个合适的终端电阻，同轴电缆为 50 Ω，UTP 为 100 Ω。一个以太网段的长度应该不超过 500 m。

网络扩展：两个以太段之间，一个信号可以使用一个中继器被刷新和转发。为了更容易记住对 10 Mbps 以太网的限制，这些限制被总结为"5-4-3 规则"：以太网中最多的段的数量为 5，也就是说，在这些端之间最多可以插入 4 个中继器。而这些被相互连接的段上，只有在 3 个段上的计算机可以被连接到以太网上。10Base5 允许的段的长度可达 500 m，在基带和中继器之间的收发电缆的长度可达 30 m，在基带和终端之间的长度可达 50 m。这样一个 10Base5 以太网络的最大延展长度就为 2800 m。

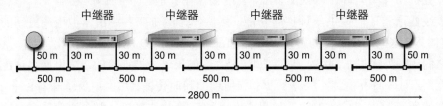

点到点连接：通过一个直接的点到点连接可以被桥接的最大距离可达 1500 m。一个这样的连接可以被用于如位于不同建筑中的计算机之间。

收发器的距离：收发器的最小距离应该不少于 2.5 m。在一个单独的段上，也绝不能连接超过 100 个收发器。收发器之间的距离太近可能会产生干扰，并且也增加了碰撞的危险。每个被连接的收发器都会导致网络中抗阻的减少，并且衰减被传递的信号。太多的收发器可以一直减少网络的电子特性，直到不再保证函数的可靠性。

图 4.27　标准的以太网限制

在一个被动的星型耦合器中，玻璃纤维（通常为 8 根）是被相互平行放置的，并且彼此间被焊接成一个固定的长度。这样，入射光的能量就可以被均匀地分布在被连接到一起的所有纤维上。然而，这种均匀的分布会相应导致信号的高度衰减。因此，这种解决方案仅被用于很少参与者互联的情况。所有玻璃纤维变体都使用光纤对。其中，每个光纤负责一个方向的传输。所使用的曼彻斯特编码很容易被转换成光信号：光束被翻译为高压（HIGH），而低电压（LOW）被翻译为不发送的光束。

100 Mbps 以太网

如果以太网 LAN 中的工作用户越来越多，并且使用了基于网络的多媒体应用，那么 10 Mbps 的带宽是远远不够保证这些操作进行的。1995 年，引进了 100 Mbps 带宽的 100Base-T 的**快速以太网**（Fast Ethernet）技术。该技术虽然在最初的时候没有被采用，但是开创了这种增加带宽的可能性，以便克服当网络中多个用户同时发送多媒体内容的时候出现的所谓的突发（Burst）。除了高速的传输速度，快速以太网在 10Base-T 的持续开发中也存在优势。这种技术可以在一个被标准化的功能上开发集线器、中继器、以太网适配器以及其他以太网组件。

这也就意味着，可以使用相对比较低的成本将一个现有的 10Base–T 的操作环境迁移到新的 100Base–T 环境上。同时，可以在很大程度上保留一个现有的 10Base–T 电缆，因为新的 100Base–T 媒体规范（100Base–TX、100Base–T2、100Base–T4[1]和 100Base–FX）可以被使用在所有双绞线（UTP 类别 3、4、和 5）、屏蔽双绞线（Shielded Twisted Pair, STP）电缆或者光纤电缆上。10 Mbps 以太网和 100 Mbps 以太网也可以混合使用，因为交换机端口可以提供两种速度，从而实现了逐步的迁移。

快速以太网的所有变体采用的都是星型拓扑结构。称为 T 的变体根据 IEEE 802.3 规范使用了访问方法和数据包格式（参见图 4.28）。称为 X 的变体使用了最初为 FDDI

用于快速以太网的布线变体

所有变体的共同点是：数据传输速率都为 100 Mbps。每个段的长度为 100 m，网络的延展可以达到 200 m，在 100Base–FX 的情况下也可以达到 412 m（半双工）或者 2000 m（全双工）。100Base–FX 技术为使用一个单模光纤（型号 9/125 μm）提供了可能性，同时可以连接的距离可达 15 千米 m。

类型	介质
100Base–T4	具有 4 对电缆 (3 对用于数据传输，1 对用于碰撞报告) UTP–(3/4/5)，100 Ω 阻抗，线路编号 8B6T，无全双工
100Base–T2	具有 2 对电缆 (1 对用于发送，1 对用于接收)UTP–(3/4/5)，线路编号 PAM5，全双工
100Base–TX	具有 2 对电缆，UTP–5，替换 2 对 STP(1 对用于发送，1 对用于接收)，150 Ω 阻抗，线路编码 MLT–3，全双工
100Base–FX	2 个多模光纤 (62.5/125 μm) 线路编码 4B5B，NRZI，全双工

全双工传输

在最初的总线拓扑以太网中，一个时间点上只能有一台计算机进行发送。从发送计算机的角度看，这意味着一个半双工传输。一个全双工传输可以在数据传输速率理想的情况下被放大一倍。随着对 10Base–T 引进星型拓扑，每次都可以为发送和接收提供一个分离的双绞线对。这样在一个共享的介质上，就不需要进行过多的考虑。由此产生的方法称为**交换式以太网**（Switched Ethernet）。这种方法不需要冲突检测和冲突解决。每个计算机在一个星型内部都自己标识了一个自有的冲突域。即使不再有冲突出现，IEEE 802.3 规范也可以保留相关所使用的数据格式和 CSMA/CD 算法。然而，需要安装一个附加的用于星型耦合器的流量控制，其目的是为了防止星型耦合器缓冲区的溢出。为此，集线器发送所谓的休息数据包，用于提示想要发送的计算机，在一个特定的时间不要再发送数据包了。1996 年，这个以太网的全双工传输方法定义在 IEEE 802.3x 全双工/流量控制标准中。

延伸阅读：

Spurgeon, C. E. Ethernet: the Definitive Guide. O'Reilly & Associates, Inc. (2000)

图 4.28　100 Mbps 以太网变体和全双工操作

---

[1]100Base–T2 和 100Base–T4 都适用 UTP Cat–3/4/5 电缆，但是却没有在市场胜出。

规范的物理层。与大多数早期的以太网变体不同的是，快速以太网技术支持一个全双工模式，允许每个站点的数据传输速率最大可达 200 Mbps。100–Base–TX 变体主要被用于每层之间的布线（水平电缆），100Base–FX 变体则被越来越多地使用在次级布线上。相反，100Base–T4 和 100Base–T2 在实践中没有获得过多关注。

虽然以太网和快速以太网使用了相同的数据包格式，但是这两种技术具有不同的方式和方法，就像开始识别一个新的数据包那样。在 10 Mbps 以太网中，在发送的帧和新帧开始之间并没有发送数据信号。而数据信号的接收在这里是用于载波检测（Carrier Detect）。一个帧的开始只是通过启动帧首定界符（Start-of-Frame Delimiter, SFD）被识别的。而在 100 Mbps 快速以太网中，发送的各个帧之间传递的是永久的空信号。这样做的目的是，一方面创建链路完整性测试（Link Integrity Test）的可能性，另一方面通过空的信号启动各个网络参与者的同步。此外，在这个连续的传输过程中，接收方的复杂瞬态现象被限定在了启动阶段，段是在该阶段中被激活的。为了让一个帧在开始和结束的时候更清晰，快速以太网在一个帧开始之前和在其结束以后使用了特殊的符号组，即启动流首定界符（Start-of-Stream Delimiter, SSD）和流尾定界符（End-of-Stream Delimiter, ESD）。这些定界符被封装在各个帧中（参见图 4.29）。

图 4.29　快速以太网数据包格式：封装了流首定界符、流尾定界符和空闲信号

为了尽可能减少 100 Mbps 传输所必需的传输频率，实现可以使用简单和低成本的电缆介质的可能性，在快速以太网中使用了一个具有 3 个信号值（−1、0、+1）的多阈值信令方法（MLT–3）来对发送的数据进行编码。这样一来，最大所需的传输频率就被减少到了 31.25 MHz。此外，除了 MLT–3 信令方法，还被执行了一个倒频技术。该技术可以将能量和频率响应的峰值分布在整个频谱中（平滑），由此减少电磁辐射。

一种替换的方法是惠普公司提出的战略：一个 100 Mbps 的以太网使用一个全新的、根据需求驱动的 MAC 控制机制进行开发，同时这个以太网还可以传递令牌环数据包。这种技术是被命名为**100VG–AnyLAN**发布的，并且在 1995 年由 IEEE 在一个新的文档 IEEE 802.12 下进行了标准化。相对于 IEEE 802.3 快速以太网网络技术，由于 100VG–AnyLAN 网络组件的高成本和被限制的可用性，这个标准并没有得到特别热烈地反响。到了 1998 年，100VG–AnyLAN 技术再次从市场上消失了。图 4.30 给出了一个有关 100VG–AnyLAN 技术的功能运作的简要概述。

补充材料 3：以太网的效益分析

为了可以评估一个传统的以太网系统（半双工，具有 CSMA/CD 存取算法），我们可以考虑一个以太网 LAN 的负载，即随时都有 k 台计算机准备开始进行数据传输。

Metcalfe 和 Boggs 在他们的基本工作中假设：被重复的传输在每个时隙中的概率都

100VG–AnyLAN 技术概述

　　100VG–AnyLAN 技术是由惠普和 AT&T 公司共同开发的，被作为是 10 Mbps 以太网标准的继任者。该技术在 1995 年由 IEEE 802.12 标准化，但是到了 1998 年，这项技术就已经从市场上消失了，因为被更便宜的以及应用更广泛的 100Base-X 技术所替代。

　　100VG–AnyLAN 技术遵循着如下的基本原则：

- 与传统的以太网不同的是，该技术要使用一个确定性的访问方法，以避免其在共享介质上发生碰撞。
- 为此，每个参与的计算机要与一个中央集线器进行联系，并且报告自己的发送准备和发送优先级。
- 该集线器决定一个参与的计算机什么时候被授权进行发送。这里，这个集线器循环联系所有参与的计算机，并且通知这些计算机，它们被授权发送的时间点，即轮转调度（Round-robin scheduling）.
- 在轮转调度运行中，这个集线器首选那些具有较高优先级的发送请求。
- 每个参与的计算机都具有自己的定时器。该定时器一旦被激活，就会产生一个新的、在开始的时候具有较低优先级的发送愿望。如果该定时器超时，那么在该计算机接收到一个发送授权之前，其发送请求会被列入较高的优先级。

延伸阅读：

Costa, J. F.: Planning and Designing High Speed Networks Using 100VG-anyLAN, 2nd ed., Prentice Hall, (1995)

图 4.30　100VG–AnyLAN 技术概述

是不变的。因此，如果每台计算机在工作的时候，在每个时隙中都使用概率 p 进行发送，那么就可以得到概率 $P(A)$。这个概率表示在此期间另外一台计算机占用的传输信道的概率（$A =$ Channel Acquisition，信道获取）：

$$P(A) = kp(1-p)^{k-1}$$

当 $p = 1/k$，那么 $P(A)$ 最大，即 $P(A) \to 1/e$ 对于 $k \to \infty$。在竞争过程中，如果给定了准确的 j 时隙的概率，那么 $P(A)(1 - P(A))^{j-1}$。这样一来，在竞争的情况下，就可以给定时隙的平均值

$$\sum_{j=0}^{\infty} jP(A)(1 - P(A))^{j-1} = \frac{1}{P(A)}$$

　　每个时隙具有的持续时间为 2τ，平均的竞争间隔 w 为 $w = 2\tau/P(A)$。

　　如果我们选择优化的 p，那么竞争时隙的平均数量就不会是 e，也就是说，$w \leqslant 2\tau e$。如果一个数据包正好需要 t 秒进行传递，而且许多计算机同样具有等待传递的数据包，那么信道的效率 CE 为

$$CE = \frac{t}{t + 2\tau/P(A)}$$

现在，传输介质的长度越长，那么竞争间隔也就越长。在两个电缆长度最大为 2.5 千米，最多有 4 个中继器的计算机之间，最多的传输往返路程时间（Round Trip Time, RTT）为 51.2 µs，这相当于对应在 10 Mbps 以太网中最小的数据包长度，即 64 字节或者 512 位。

现在，我们给出的信道效率是通过数据包长度 F、网络带宽 B、电缆长度 L 和信号传播的速度 c 给出的。这个速度是在理想的情况下刚好每个数据包具有 e 个竞争时隙的时候的速度。从上面的等式中给出 $t = F/B$

$$CE = \frac{1}{1 + 2BLe/cF}$$

我们可以看出，在数据包大小恒定的时候，如果提高带宽 B 或者网络的延展 L，那么网络效率就会降低。当然，这个研究的目的基于的就是这些量会稳步持续地增加的条件。较高的带宽在广域网中的远程网络中是被希望的。但是，IEEE 802.3 规范并没有为此给出合适的选择。

为了确定有多少台计算机 k 在高负载的情况下有发送意愿，可以通过如下进行粗略的观察：每个数据包阻断了用于一个竞争间隔加上传输时间的发送信道，也就是说，$t + w$ 秒。每秒钟被发送的数据包的数量给定为 $r_1 = 1/(t + w)$。如果计算机使用平均发送速率 λ 计算每秒所发送的数据包的数量，那么所有计算机 k 的整个速率每秒发送的数据包为 $r_2 = \lambda k$。如果 $r_1 = r_2$，那么该等式可以求解出 k，其中 w 也是 k 的函数。

以太网网络中的数据传输效率是由大量理论分析制定的。现在假设：出现的负载对应的是一个泊松分布（这种情况在现实生活中却很少出现）。这就意味着，有关数据流量的一个长时间段的平均值图像并不是平滑的。在每个小时的各个单独分钟内的数据包的平均数量，与在一个分钟内部的每个秒的数据包的平均数量是具有相同的方差的。因此，对应的理论效率考虑往往与在现实中出现的情况是不同的。

延伸阅读：

Bertsekas, D., Gallagher, R.: Data Networks, 2nd ed., Prentice Hall, Englewood Cliffs, NJ, USA (1991)

Paxson, V., Floyd, S.: Wide Area Traffic: The Failure of Poisson Modeling, Proc. SIGCOMM'94 Conf., ACM, pp.257-268 (1994)

Willinger, W.,Taqqu, M. S., Sherman, R., Wilson, D. V.: Self Similarity through High Variability: Statistical Analysis of Ethernet LAN Traffic at the Source Level, SIGCOMM5'9 Conf., ACM, pp.100-113 (1995)

Spurgeon, C.: Ethernet–The Definitve Guide, O'Reilly, Sebastopol CA, USA (2000)

1 Gbps 以太网

在计算机之间进行传递的数据量不断地增加。如果成功引进交互式以太网，为用户在工作位置上提供网络的全部带宽，那么随着网络用户的数量越来越多，网络应用的运行也会越来越困难。使用宽带网络应用的用户越多，就会越早出现资源紧张。因此，迫切需要引进快速以太网技术来进一步提高传输的速度，并且开发**千兆以太网**（Gigabit Ethernet）技术。千兆以太网将带宽增加到了 1000 Mbps 或 1 Gbps。其中，数据包格式和 IEEE 802.3 规范的 CSMA/CD 算法被保留了下来（参见图 4.31）。千兆以太网经常作为骨干技术使用，以便通过在不同带宽下工作的中央千兆交换机将子网分层地连接到一起。

千兆以太网标准

　　IEEE 802.3z支持的千兆以太网标准为光纤传输规范了两个型号：1000Base–SX（短波激光）和 1000Base–LX（长波激光）。长波既可以被单模光纤电缆使用，也可以被多模光纤电缆使用。而短波的使用是有限制的，只能在多模光纤电缆上使用。

型号	介质	最远距离
1000Base–T	4 对 UTP–5，线路编码 4D–PAM5	100 m
1000Base–CX	双绞线铜缆，150 Ω，线路编码 8B10B	25 m
	每个方向一对	
1000Base–SX	多模光纤 770~860 nm	
	纤芯直径 62.5 μm	260 m
	纤芯直径 50 μm	550 m
1000Base–LX	多模光纤 1.270~1.355 nm	
	纤芯直径 62.5 μm	550 m
	纤芯直径 50 μm	550 m
	纤芯直径 9 μm	5000 m

CSMA/CD 算法扩展

　　在层模型中，MAC 层（介质访问控制层）和 PHY（物理层）之间还存在另外一个子层，即千兆介质独立接口（Gigabit Media-Independent Interface，GMII）。该接口可以被任选插入（除了 1000Base–T）使用。类似用于快速以太网的 MII 接口，GMII 接口并不仅仅用于连接 10~1000 Mbps 的不同以太网媒介，而且还可以通过状态和当前连接的特性自动监测介质和数据的交换。

　　对于使用集线器的半双工连接，存在两个 CSMA/CD 方法的扩展。一个所谓的**载波扩展**（Carrier Extension）依赖于短的 MAC 数据包上的许多符号，在整个运行过程中至少有 4096 比特时间（也就是说，那些数据在传输介质上具有可以被完全扩散的时间），这个时间要比网络中的整个运行时间长。另一个方法是**帧突发**（Frame Bursting）。这个方法实现多个没有载波扩展的短的数据包直接被连续发送。因此，额外的网络负载通过载波扩展有所降低。然而，对于交换式以太网，这种扩展并不是必需的，因为并不存在共享介质，因此也就不会发生冲突。

延伸阅读：

Spurgeon, C. E. Ethernet: the Definitive Guide. O'Reilly & Associates, Inc., (2000)

图 4.31　千兆以太网标准

　　开发千兆以太网标准的目标之一是：保持现存以太网组件之间的一个尽可能高的兼容性，以确保尽可能顺利地将其迁移到新的标准。因此，应该尽可能地将所有现有的数据格式，以及所使用的访问机制保持不变。如果 CSMA/CD 算法也要达到 1000 Mbps，那么就要减少相应的尽可能大的网络膨胀。因为电磁信号尽管具有较高的数据传输速率，但是仍然以相同的速度扩散。通过较高的数据传输速率减少了比特时间，也就是说，数据在传输介质上可以被完全扩散的时间。为了实现一个可靠的碰撞检测，必须确保在最小的许可数据包长度中，整个路径的第一个比特可以到达位于网络中最远的计算机上（更确切地说是冲突域）。数据传输速率为 1000 Mbps 的时候，比特时间为 1 ns。在为以太网规定的最小数据包长度为 64 字节（512 位）的时候，一个冲突域的最大扩展根据现有的规则只允许到 20 m。为了将冲突域的扩展提高到快速以太网可达的 200 m，只需简单地将千兆以太网的最小数据包长度增大到 512 字节（4096 位）。表 4.5 给出了一个关于不同以太网标准的时间和帧大小要求的概况。

表 4.5　各种以太网标准的时间和帧大小

参数	以太网	快速以太网	千兆以太网
数据速率	10 Mbps	100 Mbps	1000 Mbps
比特时间	100 ns	10 ns	1 ns
最小长度	512 b	512 b	4096 b
最大长度	1518 B	1518 B	1518 B
帧间间隔	9.6 μs	0.96 μs	0.096 μs

如果发送没有达到最小数据包长度的较小有效载荷，那么会使用特殊的扩展字符将该数据包填充（Padding）到不同要求的最小长度。但是，为了使用较小有效载荷的大小以达到较高效的网络负载，千兆以太网标准规定了多个更小的数据包分组（帧突发）。这里，第一个较小的数据包还会使用扩展字符进行填充，而其他的较小数据包却没有使用其他的扩展字符，而是直接连接到了该数据包。其中，这个帧组的各个数据包之间距离可以通过帧间间隔（Interframe Gap，IFG）确定。为了防止一个计算机由于帧突发而无限期地占用传输介质，在帧突发中被发送的数据的总量被限制在了 65 536 比特（8192 字节，突发限制）。然而，这种碰撞检测的方法只能用于当千兆以太网在半双工方法中被操作的时候。在全双工的方法中，并不使用 CSMA/CD 算法。

千兆以太网标准被区分为四种不同的变体：1000Base–SX、1000Base–LX 和 1000 Base–CX 是由千兆以太网联盟开发的，并且在 1998 年 6 月被 IEEE 作为 IEEE 802.3z 标准获得通过。一年以后，出现的 1000Base–T 被作为了 IEEE 802.3 标准。

10 Gbps 以太网

万兆以太网（10GE）重新提高了快速以太网的带宽，原来的带宽被提高了 10 倍，达到 10 Gbps。与现有的以太网技术不同的是，使用 10GE 首次实现了更远距离的连接，实现了在城域网或者在广域网中的使用。此外，在 10GE 以太网标准的定义中，首次舍弃了一个半双工传输和 CSMA/CD 访问方法。但是，保留了现存的以太网数据包格式，并且使用了独有的全双工操作。

10GE 总共包括了 10 种不同的变体，其中 8 种是基于光纤传输的，并且在 IEEE 802.3ae 标准中进行了总结。另外两种基于铜电缆技术，在 IEEE 802.3ak（10GBase–CX4，2004）标准和 IEEE 802.3（10GBase–T，2006）标准中进行了总结。其中的带宽被规范为 10 Gbps 或者 9.58464 Gbps。后者与 STM–64 以及 SONET OC–192c 兼容，被应用在广域网领域，并且可以达到一个更高的市场接受度。在网络的 MAC 子层和物理层之间的通信

是由一个具有标签 XAUI（万兆连接单元）的新接口和具有一个额外子层 XGXS[1]（XGMII
Extend Sublayer）一起定义的。相比千兆介质独立接口（Gigabit Medium Independent
Interface，GMII），XGMII 通过一个更大的功能范围提供了对于连接不同介质类型的更
高的灵活性。

　　光纤传输的变体被区分为：1310 nm（10GBase–LR 和 10GBase–LW4 用于 LAN 范围 10
千米内）的单模光纤传输以及用于更远距离范围的 1550 nm（10GBase–ER 和 10GBase–LR
用于 LAN 和 WAN 范围 40 千米内）。与多模光纤传输一样，这种模式在 850 nm（10GBase–
SR）的时候传输范围可达 300 m，在 1310 nm（10GBase–LRM）的时候传输范围最大可
达 220 m。一个特殊的多模变体 10GBase–LX4 规定了使用的四种不同波长（1275 nm、
1300 nm、1325 nm 和 1350 nm），即波分多路复用（Wavelength Division Multiplexing，WDM），
适合使用的范围为 200~300 m。

　　在铜电缆上，基于 10GE 变体的是 10GBase–CX4。这种变体使用了最大长度为 15 m
的两个双轴铜电缆。但是相比较于流行的、向后兼容的 10GBase–T 标准，10GBase–CX4
标准的重要性却日益丧失。同时，10GBase–T 与其前身 1000Base–T 一样，也使用 4 对双
绞线（TIA–568A/B、ISO/IEC 11081）用于数据传输。10GBase–T 可达的范围是由所使用
的电缆类型决定的。为了达到 100 m 的范围，必须使用 CAT6a/7 电缆。相反，1000Base–T
所使用的 Cat 5e 电缆只能达到 50 m 的范围。数据沿着 4 个线对可以相互独立地按照
5 Gbps 的传输速率在全双工的操作下进行发送和接收，并且到了另一端之后再重新组装
起来。

　　10GE 标准中采用了 10 Gbps 的高数据传输速率，因为密集的、不同的信号电平需
要承担新的干扰，而这种干扰必须通过特殊的屏蔽措施进行遏制。通过相邻线对的串扰
（Cross Talk）产生的电缆内部的干扰可以通过电缆中的一个交叉柱进行减少，这样就需要
确保线对之间的距离。此外，在物理层活跃的组件中使用了 10GE 铜线变体的数字信号处
理器，以便消除干扰（串扰、信号反射或者反馈）。通过相邻的电缆产生的干扰，即所谓的
外部串扰（Alien Cross Talk）不能由数字信号滤波器进行补偿。因此，10GBase–T 要求使
用高品质的、被屏蔽的电缆和被定义的最小距离。该距离表示被安装的电缆和连接器相互
之间必须保持的距离。

40 Gbps/100 Gbps 以太网

　　随着 10GE 以太网标准的建立，对于这种技术的探索还远远没有结束。IEEE 802 高
速研究小组从 2007 年起就已经在准备将 100 Gbps 以太网标准作为 IEEE 802.3ba 标准
进行标准化。该标准在 2010 年 6 月通过，并且首次实现了在一个以太网标准中提供两
个不同的数据传输速度：40 Gbps 和 100 Gbps。在 40 Gbps 范围中，同时规定了一个用
于在所谓的"底板"（Backplane）上的传输标准，其距离超过了 1 m（40GBase–KR）。其
中，每次都是 4 个线对同时使用。在每个线对上，数据使用 10 Gbps 的传输速率相互独
立地进行传递。对于 10 m 内的距离，可以使用双绞线的铜线电缆。同样，使用 4 对线对

---

[1]在两个名称中，应该规范"X"，即罗马数字 10，以及目标为 10 Gbps 的数据传输速率。

（40GBase–CR4）可以达到 40 Gbps 的数据传输速率。使用 10 对线对（100GBase–CR10）可以达到 100 Gbps 的数据传输速率。超过 100 m 就只能每次使用光纤电缆了。在多模光纤上（OM3 和 OM4），同样可以使用 4 对或者 10 对线对，对应的数据传输速率为 40 Gbps/100 Gbps。更大的距离可以使用单模光纤电缆来连接。40GBase–LR4 在一个 SMF 光纤电缆中确定了 4 个，每个速率为 10 Gbps 的光波长度，以及高达 10 千米的长度距离。100GBase–LR4 确定了每个速率为 25 Gbps 的 4 个光波长度，以及高达 10 千米的长度距离。而 100GBase–ER4 的扩展距离可达 40 千米。正如在 10GE 标准中介绍的那样，100 Gbps 以太网既可以在 LAN 范围，也可以在 WAN 范围被使用。

对是否应该像在较慢的 IEEE 802.3 标准中规定的那样，对一个基于 100 Gbps 以太网变体的廉价的、双绞线铜电缆（Twisted Pair）进行标准化并不是确定的。因为相比于光纤变体，这种变体并不是节能的。因此，这种技术的实现在经济上并不占优势。

表 4.6 归纳了以太网的变体和补充。图 4.32 给出了其他以太网变体。图 4.33 给出了以太网错误源。表 4.7 归纳了以太网的历史。

表 4.6　以太网变体和补充

名称	IEEE	年份	速率	介质
10Base5	802.3	1983	10 Mbps	同轴, RG–8 A/U
10Base2	802.3a	1988	10 Mbps	同轴, RG–58
1Base5	802.3e	1988	1 Mbps	StarLAN: TP, Kat 3
10Base–T	802.3i	1990	10 Mbps	2 UTP, Kat 3/4/5
10BROAD36	802.3b	1988	10 Mbps	同轴, 75 Ω
FOIRL	802.3d	1987	10 Mbps	2 多模 (62,5/125 μm)
10Base–FB	802.3j	1992	10 Mbps	光纤骨干
10Base–FL	802.3j	1992	10 Mbps	光纤链路
10Base–FP	802.3j	1992	10 Mbps	被动光纤
100Base–TX	802.3u	1995	100 Mbps	2 对 UTP-5 / STP
100Base–T4			100 Mbps	4 对 UTP-3/4/5
100Base–FX			100 Mbps	2 光纤
FDX	802.3x	1997	100 Mbps	全双工以太网与流量控制
100Base–T2	802.3y	1997	100 Mbps	2 对 UTP-3
1000Base–CX	802.3z	1998	1 Gbps	双绞线, 150 Ω
1000Base–LX	802.3z	1998	1 Gbps	多/单模 – 光纤 1.300 nm
1000Base–SX	802.3z	1998	1 Gbps	多模光纤 850 nm
1000Base–T	802.3ab	1999	1 Gbps	4 对 UTP-5
Link Aggregation	802.3ad	1999		交换机之间的并行链路增加带宽
10GBase–SR	802.3ae	2002	10 Gbps	光纤 850 nm 没有 WAN
10GBase–SW	802.3ae	2002	10 Gbps	光纤 850 nm 有 WAN
10GBase–LR	802.3ae	2002	10 Gbps	光纤 1.310 nm 没有 WAN
10GBase–LW	802.3ae	2002	10 Gbps	光纤 1.310 nm 有 WAN

续表

名称	IEEE	年份	速率	介质
10GBase–ER	802.3ae	2002	10 Gbps	光纤 1.550 nm 没有 WAN
10GBase–EW	802.3ae	2002	10 Gbps	光纤 1.550 nm 有 WAN
10GBase–LX4	802.3ae	2002	10 Gbps	光纤 1.310 nm WDM 用于 LAN
10GBase–CX4	802.3ak	2004	10 Gbps	IB4X 电缆
10GBase–T	802.3an	2006	10 Gbps	4 对 UTP–6a/7, STP–5e/6a/7
40GBase–KR4	802.3ba	2010	40 Gbps	4 x 底板线
40GBase–CR4	802.3ba	2010	40 Gbps	4 x 双绞线铜缆
40GBase–SR4	802.3ba	2010	40 Gbps	4 x OM3/OM4 多模光纤
40GBase–LR4	802.3ba	2010	40 Gbps	4 x 单模光纤
100GBase–CR10	802.3ba	2010	100 Gbps	10 x 铜缆
100GBase–SR10	802.3ba	2010	100 Gbps	10 x OM3/OM4 多模光纤
100GBase–LR10	802.3ba	2010	100 Gbps	10 x 单模光纤
100GBase–LR4	802.3ba	2010	100 Gbps	4 x 单模光纤
100GBase–ER4	802.3ba	2010	100 Gbps	4 x 单模光纤

宽带以太网

与标准 10 Mbps 以太网变体不同的是，已经过时的宽带以太网并不能直接传输数字基带信号，而必须将这些信号调制到具有一定频率的载波上。因此，这是一种模拟的数据传输。其中，标准的同轴电缆被使用了 75 Ω 的阻抗。通过一个频分复用，可以将多个以太网系统通过一个单独的同轴电缆进行操作。通过中继器的使用，这种模拟方法可以比数字以太网更为成功地扩大连接的距离（可达 3600 m）。然而，通过频率调制只能进行一个单向的传输，而这需要一个单独的返回信道。

宽带以太网在标准 IEEE 802.3b 中被作为 10BROAD36进行规范了。由于较高的基础设施成本，10BROAD36 技术并不能战胜廉价的数字以太网技术。

以太网供电

以太网供电（Power over Ethernet，PoE）的方法是说，允许为一个网络兼容的设备通过以太网网络的一个布线提供电力。这个在 2003 年被作为 IEEE 802.3af 标准化的方法主要被用于：当一个额外的、载电流的电缆不能被用于为网络兼容设备提供电力的时候。特别的，为那些具有较低功率的网络兼容设备提供电力，例如，IP 电话、摄像头或者集线器。其中，实际的数据传输和具有外部电源的网络设备的功能不允许被损害，并且尽可能不减少最大可行的段长度。

PoE 标准被区分为设施和供电设备（Powered Devices，PD）。前者是供电端设备（Power Sourcing Equipment，PSE），后者可以通过具有电力的以太网电缆提供电力。供电端设备（PSE）通常被用于典型的交换机或者集线器（端点 PSE），以及所谓的中间设备，以便通过现有的网络中间系统扩展 PoE 功能。

延伸阅读：

Rech, J.: Ethernet — Technologien und Protokolle für die Computervernetzung, 2. Aufl., Heise Zeitschriften Verlag GmbH & Co. KG, Hanover (2007)

图 4.32 其他以太网变体

以太网错误源

除了布线问题，在一个局域网（LAN）中还可能出现的错误有：通过所使用的局域网技术直接导致的错误。这里，通过以太网造成的错误和干扰可分为以下几个类别：

- **局部冲突**：如果多个计算机同时进行发送，那么会出现这种冲突。如果这种冲突的频率过大，那么通常就会是布线错误。
- **延迟冲突**：这种冲突发生在 512 比特窗口（时隙）以外的地方。当由于一台计算机不再满足 CSMA/CD 约定，或者已经超出了所允许的最大电缆长度的安装规定而被换掉的时候，就有可能产生这种冲突。后者所导致的最大消耗持续时间和碰撞的超时都要很晚才能被确认。
- **短帧**：出现故障的以太网网络适配器可以在 64 字节的速率下发送最小长度的数据包。
- **逾限（Jabber）**：指定一个超长的数据包，该数据包的最大长度可以达到 1526 字节。这个事实也清楚地表明了一个以太网适配器的故障。
- **负帧校验序列**：源数据包的校验和（FCS）与所发送的数据包的检验和不一致。这个问题的原因经常也能在布线中找到。
- **克隆（Ghost）**：一个有故障的以太网网络适配器可以在传输介质上发送数据包碎片。

以太网误差的来源和原因

原因	碰撞	短帧	Jabber	FCS	Ghost
CSMA/CD	×				
软件驱动程序		×	×	×	×
故障适配器	×	×	×	×	×
故障收发器	×		×		×
过多中继器	×				
电缆过长	×			×	
电缆故障	×		×	×	×
中止	×		×	×	×

图 4.33　以太网错误源

4.3.3　令牌环——IEEE 802.5

在很长一段时间内，局域网范围内的以太网的主要竞争对手都是 IBM 公司为市场开发的**令牌环**（Token Ring）。事实上，令牌环的使用可以追溯到计算机网络发展的历史中。最初的概念，即所谓的 Newhall 环网是在 1969 年首先被提出的。广域网和局域网领域对该环都有兴趣，因为由相互连续的点到点连接的计算机组成的环可以为这些网络领域提供很大的优势。因此，对这种环的管理和访问算法的开发被构造得非常简单。因为这种形式本质上是不能被共同传输介质使用的。令牌环市场产品的开发是到了 1985 年才获得成功的，之后 IBM 采用了这个概念，并且将一个根据 IEEE 802.5标准进行工作的令牌环网络环境推向了市场。

与以太网一样，令牌环也被 ISO 作为 ISO 8802.5进行标准化了。即使在较高的网络

表 4.7　以太网历史

年份	事件
1973	Xerox 开发了通信控制器的原型，传输速率为 3 Mbps
1976	Metcalfe 和 Boggs 的工作成果被出版，以太网首次呈现在公众面前
1979	Metcalf (Xerox) 和 Bell (DEC) 开发了 LAN 标准的以太网
1980	DIX 组，由公司 DEC、Intel 和 Xerox 发布的首个以太网规范：Ethernet V1
1982	IEEE 在新成立的工作组 802.3 中接管了以太网
	并且为 10Base5 制定了新的规范：Ethernet V2
1983	在 10Base2 的工作开始
1985	以太网被 ISO 标准 ISO/DIS 8802/3 在文档 RFC 948上实现了在 IEEE 802.3 网络上的 TCP/IP 通信协议支持
1986	以太网标准 10Base2 被采用
1990	IEEE 802.3 规范被作为 ISO 标准采用
1991	以太网标准 10Base–T 被发布
1992	以太网实现了使用 10Base–F 通过光纤链路的操作
1993	100 Mbps 以太网的两个变体被标准化：快速以太网和 100VG–AnyLAN
1996	IEEE 成立千兆以太网的工作组
1998	千兆以太网标准被采用
1999	10 Gigabit 以太网联盟成立
2002	10 Gigabit 以太网标准被采用
2007	IEEE 802.3 高速研究组接管 40 Gbps/100 Gbps 以太网
2010	100 Gbps 以太网标准被采用

负载下，令牌环也能提供全天可靠的响应时间。这种形式的环为所有参与者提供了一个公平的网络接入。但是，一个可能的网络接入上限限制了参与的计算机数量。因此，令牌环不被建议用于一个规模非常大的网络中，或者在物理上彼此相隔很远的网络节点的网络中。令牌环技术完全可以在数字基础上被实现，而在以太网的模拟组件中，则需要考虑诸如碰撞检测。相反的，在令牌环中的维修费用要比在以太网中的高很多，特别是在出现网络故障，或者对现有网络进行扩张的情况下。通过引进所谓的多站接入单元（Multistation Access Unit，MSAU）和以太网中的集线器，许多这些问题就可以被克服了。被 IBM 公司引进之后，令牌环在很长一段时间内享有很大的知名度。但是最终还是被以太网技术成功地超越了，黯然退出市场。IEEE 802.5 标准为令牌环规定的带宽为 4 Mbps 或者 16 Mbps，随后补充了 100 Mbps 的高速令牌环（High Speed Token Ring，HSTR）和 1 Gbps 的千兆令牌环。

令牌环存取方法

与以太网中的 CSMA/CD 方法类似，就像可以在一个鸡尾酒会上要礼貌交谈的行为规则那样，最简单的描述令牌环的方法是通过围坐在篝火旁的使用通话管道的印第安人的图像给出的。在篝火旁，只有那些坐在通话管道上的人才有话语权。如果他的说话时间超时了，或者他的讲话结束了，那么他必须将通话管道传递给圈子里的下一个人。在没有人讲话的时间内，通话管道只是简单地在圈子里被传递，不需要在场的任何人对话语权负责。这样一来就可以实现，那些想参与到对话的人，只要在他的座位上得到管道即可。

从逻辑的角度上看，所有被连接到一个令牌环上的计算机都是按照环的顺序彼此连接到一起的。而在物理的角度上看并不一定是这种情况，例如，如果使用多站接入单元的话。在逻辑环中，数据总是由一台计算机被转发到相邻的计算机，甚至在一个方向上被转发（逆时针）。每台参与的计算机从其位于环上的自己前面的计算机接收到数据，即下行（Downstream），并且将其转发到位于环中的自己后面的计算机，即上行（Upstream）。正如以太网中的总线电缆那样，环对于所有被连接其上的计算机来说是共享的传输介质。在将一个数据包从一台计算机发送到另外一台计算机的过程中，数据包经过了所有被连接到环上的计算机。然而，只有在数据包报头中被规定的接收方才能对该数据包进行实际的评估，并且将其一个副本保存在自己本地的计算机上。

令牌环这个单词是从环中访问管理的类型中派生出来的。一个完全被确定的、具有良好位置顺序的**Token**（如上面所说的通话管），会在环中被传递，同时在发生并发访问时候的进行发送授权的调节。这种技术也称为**令牌传递**（Token Passing），并且所有计算机必须遵守以下的的基本原则：

- 一台有发送意愿的计算机开始传输数据之前，必须要有一个发送授权（令牌）。
- 所有被连接到环上的计算机都是作为中继器进行工作的。也就是说，它们通常将接收到的数据包转发到自己相邻的计算机上。
- 如果一个被发送的数据包在环的路径上重新回到了起始计算机，那么这台计算机会将这个数据包从环上删除。

发送授权是有发送意愿的计算机以一个令牌的形式得到的。大多数算法的操作都是使用一个单独的令牌，这些令牌在环中不断地进行循环。在这种情况下，一个所谓的**监测站**被用来进行新的初始化，并且在令牌损失的情况下负责在环中插入一个新的空闲令牌。这种令牌传递方法定义了一个连接到环中计算机的顺序。该顺序对应于连接在环中的终端设备被经过的顺序。环中终端设备的排列被称为**物理顺序**。这个顺序不依赖于单个的终端设备是否被激活。相反，那些实际上参与到通信过程中的终端设备被称为**活跃的顺序**。环中的终端设备都是每七秒通过一个所谓的**环轮询进程**（Ring Poll Process）进行检查，是否自己的数据传输已经准备好。如果自己的数据传输还没有准备好，那么这些设备再次被定级为被动的。

整个过程都是通过令牌循环计时器进行控制的，这个计时器给出了一个令牌最大的循环时间的尺度。同时，令牌所持有的计时器还确定了被连接计算机所发送的用户数据持有令牌用于发送数据所必需的最长时间。然而，在一个局域网环境中，这些标准都是不断在变化的。因为永久性终端设备可以被开启或者关闭，此外还会进入或者再次离开一个环。因此并不能准确地确定，一台被连接的计算机什么时候持有一个发送授权。

在令牌环中，数据传输的实际过程如下（参见图 4.34）：

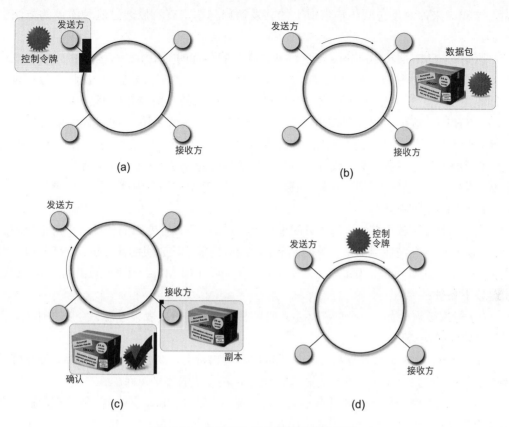

图 4.34　令牌环协议中的数据传输原则

（1）标记为空闲的令牌环会不断地在环中循环。有发送意愿的计算机一直等待，直到这些令牌传递给了自己。这时，这些计算机会检查传递过来的令牌是否标记为空闲还是标记为已经被使用（参见图 4.34（a））。

（2）如果确认令牌为空闲的，那么只要将被发送的数据包附加到这个令牌上，然后将其再次发送到环上即可。一个空闲的令牌总是独自在环中循环。也就是说，如果一台计算机接收到一个令牌后不会再接收到其他数据，那么就可以确认这个令牌是空闲的。否则，令牌会携带一个具有自己地址信息和用户信息的数据包。

（3）这种令牌和消息的组合会路过环中所有连接的计算机。其中，每台计算机都会根据令牌携带的目的地地址进行检查，确认该数据包是否是发送给自己的（参加图 4.34（b））。为此，计算机会将该消息本身完整地从环上接收，并且在成功检查之后再恢复成原样。也就是说，每台被连接的计算机都可以作为中继器进行工作。

（4）如果一台被连接的计算机检测出是被发送消息的接收方，那么该计算机会将其复制到自己的内存，并且将该信息本身作为副本再次发送回环中（参见图 4.34（c））。

（5）这个时候，原始发送方的任务变为，将由他发起的、最终被标记为副本的数据从环中再次取回，并且使用一个新的空闲令牌进行取代（参见图 4.34（d））。

由于在环中只有一个单个的令牌在循环，因此每次只能有一台计算机启动数据传输。这样一来，对于公共传输信道上的并发访问问题，就可以通过这种简单的方法解决了。

原始的 4 Mbps 和 16 Mbps 令牌环变体在令牌传递的类型中是有区别的。在 4 Mbps 的变体中，令牌的释放首先是通过数据包的发送方，然后该发送方会再次将该数据包完整回收。这里，一个发送方最长发送时间是一个所谓的**令牌持有时间**（Token Holding Time，THT）。这个时间段通常为 10 ms。如果在第一个数据包发送进程结束之后还有足够剩余的时间发送其他的数据包，那么也可以在运行的令牌持有时间（THT）内继续发送。如果整个发送进程结束，或者其他数据包的发送超出了 THT 时限，那么发送的计算机必须生成一个空闲的令牌，并且将其转发。此时，这个空闲令牌就可以被环中下一个有发送意愿的计算机接收。

在令牌环中，对于媒体访问的分配过程是分散的，不存在专门的计算机来决定令牌的分发。所有计算机在环中都是平等的，除了可能被设置了优先级的计算机，这部分内容将在稍后章节中进行讨论。为了确保"经典的"令牌环 4（4 Mbps 版本）的正确功能，需要满足以下条件：

(1) 每次必须只有一个令牌在环上。如果多个令牌同时或者根本没有令牌在环上，那么这种错误情况必须被处理。

(2) 令牌只能由一台计算机在一个指定的时间内持有，过了这个时间段后，该令牌必须被重新释放。这样就可以在一定程度上确保传输介质的公平访问。

然而，这两个令牌环变体具有不同的操作条件。在 4 Mbps 变体中，每次都只有一个单独的数据包在环上，这样就造成了比较低的环利用率。相反，16 Mbps 变体允许多个数据包同时位于环上，这些数据包必须由空格符彼此被分隔开。两种方法的主要区别只在于：确定一个新的令牌应该在哪种条件下被产生。16 Mbps 变体允许一台已经作为环的收件方计算机接收并且复制一个数据包。当这台计算机还具有发送意愿的时候，该计算机可以将一条自己要发送给环中任意其他计算机的消息附加到这个现有的令牌上，而不必重新接收一个新的空闲令牌。这样的变更可以使得发送到不同目的地的计算机的数据包同时出现在环上，即早期令牌释放（Early Token Release）。其对应的背景是，在较大的令牌环网络中（电缆的长度大概为 2000 m），可以在参与的计算机的数据包之间产生更大的发送间歇。长度为 3 字节[1]的令牌不足以填补一个较大的网络。因此，必须在单个的令牌之间添加多个空格符，而这样就会对效率和性能产生影响。进一步看，这时还会涉及一个令牌的缓存，即如果想要发送一个较大的数据包，那么这个数据包在能够完全被发送之前，这个令牌应该已经被保留在发送计算机上。在这种情况下，发送计算机必须等待，直到数据包完全被环接收，同时发送的权利并没有丢失。

为了监测令牌环中必要的功能条件，以及在出现故障的时候干预或者恢复这些功能，环中的一台计算机会被确认为所谓的**主动监视器**（active Monitor）。环中其他所有计算机的工作称为所谓的**被动监视器**（passive Monitor）。这些计算机只有在网络中的主动监视器出现故障的情况下才能够充当主动监视器的作用。

---

[1]在传输介质上用来保持信息单元的物理空间。

令牌环的管理和维护

在令牌环中，网络平稳运行的监测并不是由中央机构负责的，而是由环中不同的计算机接管的。其中，下面描述的情况必须被监测，并且在出现故障的情况下给予相应的更正：

- 确保令牌传递机制的无故障运行。
- 对加入环中或者从环中脱离的那些计算机的管理。
- 对软件或者硬件方面出现错误的识别和纠正。

除了已经提及过的主动监视器，还有环错误监视器、环参数监视器和网络管理这些功能。一个令牌环始终具有一个主动监视器。这个监视器通过一个特定的功能地址（不是硬件地址）被识别，而其他所有作为被动监视器的计算机是通过自己的硬件地址被识别的。操作一个主动监视器所必需的设备（硬件和软件）是每个常规令牌环网络适配器的组成部分，这部分用于作为计算机和网络之间的存取界面。为了操作令牌环中的环错误监视器、环参数监视器以及网络管理，通常还需要额外的软件。

一个主动监视器的任务包括如下的四个重点：

(1) 环功能接收。其中包括：

- 识别错误的数据包和令牌。
- 确保环中时间条件的合理性（定时器设置）。
- 在出现丢失或者损坏的情况下插入一个新的令牌。
- 启动并监测环投票过程。
- 预防一个数据包多次通过环。
- 确保环的最低存储容量。

(2) 在传输介质以及在被连接计算机的网络接口中识别以及隔离错误。

(3) 识别网络适配器以及被连接计算机的硬件和软件。

(4) 收集与令牌环连接的单个计算机的状态信息。

令牌环网络建设

在一个令牌环网络中，所有被连接的计算机都是主动网络组件，共同用于负责环的正常工作。这些计算机接收和重建数据包，对其评估之后，将其转发到环中相连的计算机上。如果一个参与的计算机出现故障，那么这个环就会中断。

为了避免网络的彻底失败，参与的计算机并没有直接被连接到环中，而是通过所谓的**令牌环集线器**（RLV），也称为干线耦合单元（Trunk Coupling Unit，TCU）或者多站接入单元（Multistation Access Unit，MSAU）。这种集线器将连接的多个计算机同时接入到环中。这就意味着，单个的计算机以物理层星型模式连接到了令牌环集线器中（Star Shaped Ring）。尽管如此，逻辑层的拓扑仍然保留着环型拓扑结构。被连接到令牌环集线器的计算机是通过称为叶电缆 的连接器进行的。相反，单个令牌环集线器彼此间的连接被称为中继连接。在一个单个的令牌环集线器上，通常连接 4~8 台配有令牌环网络适配器的计算机。其中，令牌环集线器可以任意级联，并且通过所谓的环入（Ring In，RI）和环出

（Ring Out，RO）彼此间连接，从而确保了网络结构的灵活性（参见图 4.35）。

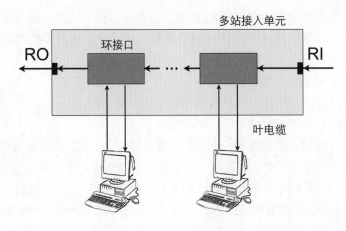

图 4.35   令牌环集线器（RLV）

令牌环集线器可以被区分为主动和被动两种类型。一个被动的令牌环集线器不需要自己的电源，因此，也不能再生或者放大接收到的信号。这样一来，叶电缆在使用被动令牌环集线器的时候，长度就必须受到限制。如果一个新的计算机被插入到令牌环中，或者一个已经被集成的计算机再次从该令牌环中移除，那么所必要的管理功能需要通过被连接的计算机进行。为此，一台计算机在连接到一个令牌环网络的过程中产生了一个所谓的幻想电源，用来激活在令牌环集线器的接线盒上的机电继电器。通过这个幻想电源，这个继电器会被打开，同时所连接的计算机就可以被接入到环中，参见图 4.36。如果在被连接的计算机中或者在电缆连接上出现了错误，那么用于该计算机令牌环集线器中的连接盒会立即短路，而出现故障的计算机会从该令牌环中移除。

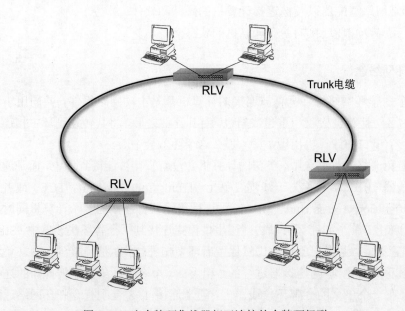

图 4.36   由令牌环集线器相互连接的令牌环级联

为了进一步提高令牌环的稳定性，除了一级环，通常还提供了**二级环**。在被连接的计算机出现故障，或者在电缆断裂的情况下，令牌环集线器将出现错误的位置布局，这时会使用二级布线。

令牌环实施和发展

在令牌环网络中，最多可以连接 260 台计算机。例如，通过 33 个令牌环集线器，每个集线器 8 个端口（其中 4 个端口未被使用）。一个令牌环的最大长度取决于所使用的令牌环集线器的类型和数量、所使用的电缆类型，以及所选择的令牌环变体（4 Mbps 或者 16 Mbps）。这样一来，在连接了 260 台计算机的令牌环中，规定叶电缆长度最大可达 100 m，而在使用少于 9 台计算机的令牌环中，叶电缆的长度被允许可达 390 m。传输介质可以从多种电缆类型中选择：同轴电缆、非屏蔽双绞线（UTP）、屏蔽双绞线（STP）或者光纤。在 IBM 公司销售的令牌环变体中，这些电缆称为从 IBM 类型 1 到 IBM 类型 9。

如果使用了没有自己电源的无源令牌环集线器，那么电缆的长度必须缩短。其中的一个原因在于必须对环的重置，例如在电缆中断之后。除了电缆中断，一个原本较短的线路还可能被一个较长的改道线路所替换，这种线路可能达到几乎整个环的长度。在使用无源令牌环集线器的过程中，信号很容易越传越弱。这个时候如果没有中间放大的过程，那么信号就克服不了这种改道。

令牌环网络拓扑技术的发展主要感谢 IBM 公司，该公司也是促进这个概念标准化的主要驱动力。当然，最初令牌环概念的演化也是通过 IEEE/ISO 802.5 工作组进行的。这里，对原始令牌环的演化给出了三种不同的概念（参见表 4.8）。

表 4.8　里程碑——IEEE 802.5 令牌环

标准	内容	标准	内容
802.5	令牌环访问方法和物理层规范	802.5n	在 4/16 Mbps 的非屏蔽双绞线
802.5b	通过电话双绞线的令牌环	802.5r	全双工（专用令牌环）
802.5d	令牌环局域网互联	802.5t	100 Mbps 的高速令牌环 (铜缆)
802.5f	16 Mbps 令牌环	802.5u	100 Mbps 的高速令牌环 (光缆)
802.5j	光纤连接站	802.5v	1 Gbps 的千兆令牌环
802.5m	源路由和透明桥接网络的互联		

- **交换式令牌环**（类似于交换式以太网）：交换式令牌环的核心要素是一个交换机，这个交换机通过一个具有 16 Mbps 的专用连接将所有星型模式连接的计算机进行互连。这种交换机提高了令牌环的灵活性，既可以连接 4 Mbps 的计算机，也可以连接 16 Mbps 的计算机。因此，最初令牌环的共享介质（Shared Medium）原则也扩展到一个交换机和连接其上的计算机之间的专用介质（Dedicated Medium）。
- **全双工令牌环**：也被称为专用令牌环（Dedicated Token Ring, DTR）。根据 IEEE 802.5r 标准，这个由新罕布什尔（New Hampshire）大学开发的方法的工作方式类似于全双工以太网。全双工令牌环在交换机端口和被连接的计算机之间的每个专

用连接上规定了一个全双工传输，从而实现了将传输速率提高到 32 Mbps 的可能性。

- **高速令牌环**（High-Speed Token Ring, HSTR）：类似于快速以太网标准。在 IEEE 802.5t 标准中存在一个对于令牌环网络高速度的规范，即使用 100 Mbps 的速度代替了 16 Mbps 速度的操作。除此之外，在 IEEE 802.5v 标准中还存在一个千兆令牌环变体。该变体规定了使用 1 Gbps 的带宽进行操作。使用高速令牌环对于用户是有好处的，例如较大的数据包长度，或者保持优先级。另外，高速令牌环还提供了类似于以太网技术的良好可扩展性或带宽。

令牌环 IEEE 802.5 和以太网 IEEE 802.3 的比较

当一个公司提出应该使用令牌环还是以太网的问题时，如今的人们会根据公司的发展预测和以太网技术的巨大增值来进行决策。当然，对这两种技术在各自经典版本的比较是有意义的，因为这样可以明确各自的优势和劣势，并且加深对两种方法的深入了解（参见图 4.37）。

- **构建网络适配器**：令牌环可以通过简单的点到点连接被建立，其网络适配器可以很简单地被建立用于单个被连接的计算机上，并且可以完全数字化地进行工作。相反，在以太网中需要复杂的收发器（Transceiver），以便确保对网络的访问。以太网收发器包含了大量相似的组件，这些组件必须能够识别出连接到以太网上的其他计算机的较弱信号。此外，收发器还必须能够在发送的过程中确定传输介质上的远程碰撞。

- **综合布线**：理论上，令牌环网络可以由任意的传输介质构建，从信鸽（参见 RFC 1149）到光纤。通常被使用的双绞线（铜双绞线电缆）价格低廉且易于安装。在以太网中的总线电缆（10Base–2、10Base–5）成本昂贵，并且在准备和安装上会受到很多限制。自从为以太网引进了双绞线对电缆（10Base–T），这种问题就不再是问题了。令牌环还具有隔离出现在传输介质上的错误，并且将其限制到有限范围中的能力。在以太网中的电缆长度被限制在了 2.5 千米（10 Mbps），这个长度会影响数据包的最小长度。

- **开销**：为了防止在以太网传输介质上出现不完整数据包的冲突行为，最小数据包的长度被设置为 64 字节。如果被发送的有效载荷信息是由如单个的字母输入的，那么会产生一个显著的开销。相反，在令牌环中，数据包可以任意短。同样的，在令牌环中，数据包也可以任意长，其长度只是由最大的令牌持有时间（Token Holding Time，THT）所限制。

- **负载行为**：由于较低的利用率，因此在以太网中几乎不需要等待时间，传输介质上的访问是即时的。相反，在令牌环中，即使是在非常低利用率的时候，一台计算机在得到访问授权之前，也必须等待整个令牌回转的最小持续时间。这种行为在利用率非常高的时候会有所改善。在以太网中，可能出现的冲突数量会随着负载的增加而提高，因而会对效率产生影响。而令牌环却显示了一个非常好的负载

IEEE 802.4 令牌总线：两个世界之间的标准

由于以太网标准在传输介质上基于的是没有提供访问保证的概率访问方法，因此对于制造业一方就需要给出较大的关注。此外，以太网标准没有事先规定数据包的优先权，因此需要在实际使用环境中进行设置，不允许在重要的数据包中装载不重要的数据包。

如果选择一个环型拓扑结构，其中单个的计算机依次获得发送授权，那么可以保障最大的等待时间，以及一个访问的公平性。然而，一个环的可靠性是特别脆弱的。因为如果任意两台计算机之间的一个单个连接出现故障，那么就会导致整个网络的彻底瘫痪。而且，环型拓扑结构的生产线原则上提供的是线性结构。

作为对这些考虑的结果是，制定了 **IEEE 802.4 令牌总线** 标准。该标准使用了一个线性的物理传输介质（通常是宽带电缆），并且在线性总线上叠加了一个逻辑环。这就使得健壮的 IEEE 802.3 总线在尽可能小的代价下与 IEEE 802.5 环型拓扑结构相结合。

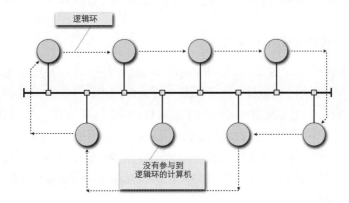

与令牌环相反的是，在令牌总线上的单个计算机的顺序是不依赖于自己实际位置的。令牌传递的功能对应的是令牌环。每台计算机将令牌传递给网络中自己逻辑上的下一个后继者，如此下去，到达最后一台计算机之后，该计算机会将令牌重新传递给逻辑上位于第一位的计算机。

令牌总线上的逻辑顺序在本质上要比以太网的情况复杂得多（令牌总线上的协议定义超过了 200 多页，其中使用了 10 个不同的定时器和 20 个协议变量）。令牌总线的布线使用了 75 Ω 的带宽同轴电缆，就像在电缆电视领域中使用的那样。当然，宽带电缆的使用在模拟技术中占有很高的比例，例如，调制解调器或者带宽放大器。令牌总线协议非常复杂，同时在较低的负载下并没有很高的效率。这种方法并不适合基于光纤的应用，并且没有得到扩展，因此，如今几乎没有存在的意义。

延伸阅读：

Dirvin,R. A., Miller, A. R.: The MC68824 Token Bus Controller: VLSI for the Factory LAN, in IEEE Micro Magazine, vol.6, pp. 15-25 (1986)

IEEE 802.4: Token-Passing Bus Access Method, New York:IEEE (1985)

图 4.37　IEEE 802.4 令牌总线的功能

行为，并且在利用率增加的时候也不会失去效率。

- **管理**：以太网提供了一个没有中央控制的极简协议。这种协议非常容易被实施，因此如今几乎在市场上形成了垄断。无论在以太网上还是在令牌环上，这种协议都可以被实施。使用这种协议可以在运行的操作中将新的计算机整合到网络中，或者将一台计算机再次从网络中删除，而无须提前对网络模式进行设置。相反，在令牌环中，必须在激活的监视器上有一个控制中心。虽然这种控制中心在出现故障过程中可以由网络中任意一台计算机所取代，但是这个激活的监视器在令牌环中代表了一个特别重要的组成部分。例如，在激活监视器的功能受限，而这种限制不能被其他计算机解释为错误行为的时候，该网络的吞吐量会受到显著干扰。

- **公平性**：在以太网的情况下，网络上计算机的访问是以非确定性方式进行的。也就是说，理论上一台计算机永远不会获得网络访问的情况是完全不可能发生的，因为每台计算机都已经被设置了访问的尝试。相反，令牌环确保了被连接的每台计算机的一个确定访问，尽管只能在一个被商定的最大等待时间之后。

4.3.4　光纤分布式数据接口 FDDI

光纤分布式数据接口（Fiber Distributed Data Interface，FDDI），也称为光纤城域环，与令牌环标准具有很大的相似性。由于技术上的优势，FDDI 被称为是所有高速局域网的鼻祖。FDDI 的规范涉及了网络参考模型中的最低两个层，所使用的传输介质包括物理层（Physical Layer）和逻辑链路层（Logical Link Layer）。与令牌环不同的是，FDDI 在将光纤规定作为传输介质之前，被设计成长度可达 100 千米（现在也可达大约 200 千米）的、具有数据传输速率为 100 Mbps（现在也提供 155 Mbps 和 1 Gbps）的双环，并且最多可容纳 1000 台计算机。

早在 20 世纪 80 年代，美国国家标准研究所 ANSI（American National Standards Institute）建立的 X3T9.5 小组就开始着手制定高速局域网标准规范。不断增长的计算机数量和外围设备的功能，驱动了对高速网络增长的需求。由于已经出现了一系列常规的局域网标准，例如，以太网或者令牌环，那么就产生了将这些不同的网络技术彼此融合的愿望。

就像在 IEEE 802 标准中被定义的其他局域网一样，FDDI 也可以在相同的情况下被使用。但是在现实中，FDDI 经常作为**基干**（Backbone）用于连接不同的、基于铜电缆的网络（参见图 4.38）。FDDI 是在 ANSI X3T9.5 标准（现在为 X3T12 标准）和 ISO 9314 标准中被进行标准化的。1994 年，FDDI 标准被扩展为铜线分布式数据接口（Copper Distributed Data Interface，CDDI），即通过屏蔽（STP）和非屏蔽（UTP Typ5）双绞线铜缆的传输。作为 FDDI 标准的后继，FDDI-2 提供了在同步基础上使用专用连接电路的选项，由此可以实现实时数据的传输。例如，使用电话或者视频。

FDDI 原理

FDDI 标准是建立在一个网络拓扑结构上的。这种结构被区分为一个环型区域（**中继线**）和一个树区域（**树**）（参见图 4.39）。环型区域是由一个反向旋转双环型成的，分为一级环和二级环。在这些环上连接着参与的单独计算机。如果一级环是按顺时针发送的，那么二级环就按照逆时针发送。在没有错误发生的操作下，只有一级环进行工作。二级环则

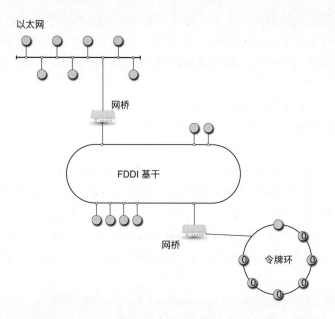

图 4.38　FDDI 基干

作为了一个备用介质，只在出现故障的情况下进行工作，例如，线路中断。如果当时错误只在一级环上出现，那么可以将操作简单地转换到二级环上。但是，如果两个环在相同的点上都中断了，那么两个环会被连接形成一个比单个环大两倍的环，这样出现错误的点会被规避。在这种情况下，二级环被作为所谓的**冷备用**进行操作。相反，**热备用**是指在两个环没有错误的情况下，一级环和二级环在一起被操作。如果出现了错误，那么操作只能在余下的环中进行，这就可能出现：环中每个计算机提供的可用传输容量是不够的。

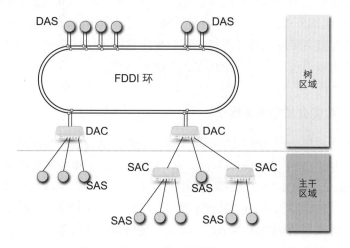

图 4.39　FDDI 拓扑

FDDI 为连接到 FDDI 环中的计算机提供了多种类型的选项，每种类型代表了成本、性能和健壮性之间的不同取舍。无论是连接到一级环，还是二级环的连接，都描述了最安全的、同时也是最昂贵的解决方案。在这种方式上与 FDDI 环连接的组件称为**双连接组件**（Dual Attached Component，Class A）。此外，还存在一个相对廉价的选项，即单个组件只连接到两个环中的一个上，即**单连接组件**（Single Attached Component，Class B）。这些组件又分为：

- **DAC**：双连集中器（Dual Attached Concentrator，DAC），即连接到一级环，也连接到二级环上的网络组件，允许为其他计算机捆绑端口（SAS），或者可以与其他开关元件（SAC）进行级联。

- **DAS**：双连站（Dual Attached Station，DAS），即连接到一级，也连接到二级的终端组件。也就是说，一台计算机通常通过自己特殊的 FDDI 网络适配器卡直接被连接到双环上。

- **SAC**：单连集中器（Single Attached Concentrator，SAC），只能连接到一级环上的单独组件。这个组件既可以与自己级联（SAC），也可以被连接到多个终端组件上（SAS）。

- **SAS**：单连站（Single Attached Station，SAS），只能连接到一个环上的终端组件。单连站总是至少通过一个集中器（SAC 或者 DAC）被 FDDI 环屏蔽，由此增加了环操作的可靠性。

连接到**DAC/SAC**上的组件每次在 FDDI 网络中都构建了一个专门的树区域。任何一个 DAC/SAC 集中器的故障或者断开都会中断 FDDI 环，并且导致一个重新配置。相反，一个连接到 SAS 上的集线器的故障或者断开并不会在一个 FDDI 双环上产生影响。在这种情况下，集中器会将 SAS 从 FDDI 解耦合，并且桥接该连接。

FDDI 网络种树区域的可靠性可以通过所谓的**双宿主**来提高。在一般情况下，DAS 计算机是直接被连接到 FDDI 双环上的。但是，还存在另外一种情况，即使用 FDDI 网络树区域中的一个 DAS。而这个 DAS 就可以连接到两个不同的 DAC 或者 SAC 上了。如果两个到 DAS 的电缆部分中的一个部分出现故障，那么可以简单地通过桥接另一部分来解决。那些通常具有较高可用性的计算机也可以使用这种方法连接到 FDDI 网络的树区域中。同样，DAC 可以通过双宿主冗余连接到 FDDI 网络。

FDDI——传输介质和网络建设

如果纵观参考模型内部的 FDDI 的单个组件，那么物理层在 FDDI 中存在一个额外的划分：**物理层协议**（Physical Layer Protocol，FDDI-PHY）和**物理介质关联层**（Physical Medium Dependent，FDDI-PMD），参见图 4.40。其中，物理层协议包含的层功能与实际的物理传输介质是独立的。也就是说，通过物理介质关联层的简单交换，传输介质不会被转变。位于其上协议层的**FDDI–MAC**层确定了逻辑数据格式以及相应的协议操作。这些操作包括诸如令牌传递、寻址、错误检测的算法以及用于补偿所确定的错误的流程（纠错）。位于所有三个子层之上的是**FDDI–SMT**（系统管理）层。这一层用于操作所涉及的环管理，例如，配置、监控或者故障排除。

FDDI–PMD 层指定了传输介质和相关的参数。其中包括诸如在发送组件和接收组件

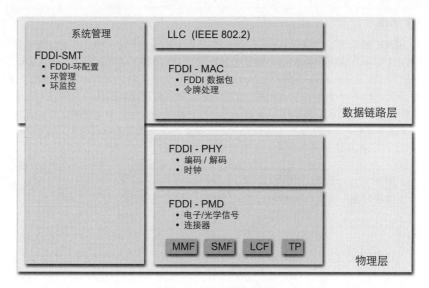

图 4.40　FDDI 层模型

中所使用的连接技术、光学旁路（Bypass）或者减震要求。在 FDDI 标准中，具有以下几个可选项：

- **MMF–PMD**（多模光纤）：作为传输介质的多模光纤（Multi mode Fiber）。
- **SMF–PMD**（单模光纤）：作为传输介质的单模光纤（Single mode Fiber）。
- **TP–PMD**（双绞线）：作为传输介质的双绞线（Twisted Pair）铜线。
- **LCF–PMD**（低成本光纤）：作为传输介质的具有较低质量要求的光纤。

FDDI–PHY 层最重要的属性和任务是进行比特传输。这种传输包括：

- **编码/解码**：FDDI 选择了一个具有两个阶段的编码方法。该方法增加了传输的效率，即所谓的 4B/5B 编码（参见图 4.41）。
- **物理链路管理**：在不同的 PHY 实例之间进行的管理。
- **发送时钟管理**：这里除了同步和再生时钟信号，还包括通过一个所谓的弹性缓冲区对不同 PHY 实例的时间差的补偿。

SMT 组件规定了 FDDI 环内部计算机的相互作用，和在其他组件（PHY、PMD 和 MAC）中的监测进程。这些规定包括：

- 计算机和网络的初始化。
- FDDI 环中，计算机的插入以及移除。
- 发送优先级的指定和对可用带宽的管理。
- 故障的隔离，以及尝试对问题的解决。
- 统计信息的收集。

FDDI 使用光纤作为主要的传输介质。当然，FDDI 也可以使用铜电缆进行工作，即铜线分布式数据接口（Copper Distributed Data Interface，CDDI）。但是，使用光纤具有很多优点，特别是针对安全性和可靠性。因为光纤不发送那些在外部未经许可的电磁信号。此外，与电磁信号对比，光纤相对是不敏感的。

4B/5B 编码

在 FDDI 的物理层（PHY）中，并没有使用在令牌环中所使用的曼彻斯特线路编码。因为在 FDDI 中所需要的 100 Mbps 的发送功率需要 200 MHz 的时钟频率，而这被认为是过于昂贵的。代替这种机制的是被标记为 **4B/5B** 编码的变体。其中，$2^4=16$ 个不同比特组合被映射到了 $2^5=32$ 个不同的码字上。另一半的 32 个码字被用于编码额外的信息。三个码字被用于定界符（Delimiter），两个用于监测指标，与数据传输一起来确定逻辑状态。其他三个码字被用于硬件信号，这些信号控制着线路状态。其余的八个码字没有被使用。这里，被选择使用的有效码字，在相连的两个位置上不能出现两次零位。

组	代码	符号	含义
线路状态	00000	Q	放弃
	11111	I	闲置
	00100	H	停止
定界符	11000	J	SD 字段的第一个符号
	10001	K	SD 字段的第二个符号
	01101	T	结束定界符
控制符	00111	R	逻辑的 0/复位
	11001	S	逻辑的 1/设定

此外，还使用了一个所谓的 **NRZI** 编码（参见 3.2.1 节）。这种编码使用 0 来编码相同电压电平和其前面的位，使用 1 来编码这个电压电平的反转。

通过这种编码可以节约带宽，但是对时钟的契合度并不如曼彻斯特编码。因此在 FDDI 过程中，为了发送方和接收方之间的时钟同步还需要一个较长的前导码作为数据包的说明。系统时钟稳定性和精确度的要求是：偏差最多为 0.005%。这种偏差限制了数据包的最大长度为 4500 字节，这样发送方和接收方的系统时钟就不会偏离同步太远。

由于没有被使用的码字（8 个）会产生 25% 的开销，因此，实际的数据传输速率为 125 Mbps。而连接到 FDDI 环上的计算机的网络适配器的系统时钟则被提供了 125 MHz 的时钟源。

延伸阅读：

Feit, S.: Local Area High Speed Networks. Macmillan Technical Publishing, Indianapolis, IN, USA (2000)

图 4.41　使用 FDDI 协议的 4B/5B 编码

在使用多模光纤的过程中，FDDI 环中两台相连的计算机之间的距离可以达到 2 千米，而不需要对信号进行再生。如果使用单模光纤，那么这个距离还可以更大。特别的，单模光纤被用于距离较远的不同地理位置之间的联网。其中，在 FDDI 环中两个相邻的参与者之间的距离在 40 千米到 60 千米之间的时候不需要额外的信号加强就可以被桥接。这种环总共可以实现的长度为 100 千米到 200 千米之间。同时，多模和单模的混合是很容易做到的。因此，如今在 FDDI 中安装联网的时候，通常在一个站点内部使用多模光纤，而对不同站点之间的联网则使用单模光纤。在一个站点本身也可以使用铜电缆，例如，UTP-5 或者 STP-1。这可以在对应的 FDDI-PMD 协议层实现。在 FDDI 环中，两台计算机之间的最大距离根据规范应该不超过 100 m，而两个站点之间的桥接距离最大为 2 千米。

FDDI 规范规定了光波导在一个最大比特误码率为 2.5×10^{-12} 时，每千米小于 2.5 dB 的衰减。如果使用更优质量的组件，通常会得到更好的结果。FDDI 双端口组件配备了一个被动的机械**光学旁路**（optically Bypass）。这个光学旁路是以一个中继的形式实现的，只有在电缆断裂或者计算机被关闭的情况下才被激活。旁路继电器在休息的时候连接了一级环的输入光纤和输出光纤。在网络运行出现故障的时候，一级环的输入光纤会被连接到二级环的输出光纤，反之亦然。

FDDI 数据格式

FDDI 数据包与 IEEE 802.5 文档中令牌环数据包非常相似（参见图 4.42）。由开始和结束定界符（**Start Delimiter，SD；End Delimiter，ED**）的划分为数据包提供了额外的一个最小 64 位长的**前导码**。该前导码是由一个同步位序列组成的。由于在 FDDI 中没有规定中央系统时钟，并且每个网络适配器都提供自己的系统时钟，因此，在接收到的数据包和接收方内部时钟之间必须创建一个同步。通常情况下，这个前导码是由 16 个空闲符号（11111）组成的。

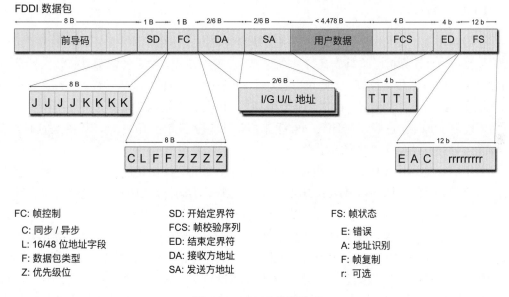

图 4.42　FDDI 数据格式

帧控制（**Frame Control，FC**）字段确定了数据包的类型（控制或者用户数据包）。其中的**控制位**（**Control Bit，C**）指定了在该数据包中是否涉及了来自一个同步（C=1）还是来自一个异步（C=0）传输的数据包。之后的**长度位**（**Length Bit，L**）指定了，在发送方和接收方的地址中涉及的是一个 16 位地址（L=0），还是一个 48 位的地址（L=1）。再之后的两个**帧格式**（**Frame Format，FF**）位与四个 **Z** 位一起给出了数据包的确切类型。

随后跟随的是发送方地址（Source Address，SA）和接收方地址（Destination Address，DA）。每个地址都对应着为 MAC 地址规定的 IEEE 802.x 标准，其长度既可以是 16 位，也可以是 48 位。其中，第一个位（**I/G**）用来区别，涉及的是一个组地址（I/G=1），还是一个单独地址（I/G=0）。第二个位（**U/L**）给出了，涉及的是一个用户可以自己指定的本地地址（U/L=0），还是一个通过 IEEE 指定的由特定制造商给出的全球唯一通用的地址（U/L=1）。

这之后跟随的实际**用户数据**最多可以包含 4478 个字节。随后出现的是一个 32 位的、在**帧校验序列**字段（Frame Check Sequence，FCS）中的校验和。该校验和确保了字段 FC、DA、SA、用户数据和 FCS 的安全性。其余的字段实际上并没有携带有效的用户数据信息。

跟随在结束定界符（ED）后的**帧状态字段**（**Frame Status，FS**）具有 12 位的长度。接收方使用这个字段就可以监测数据包是以什么状态被接收的。**错误检测**（**Error Detect，E**）、**地址识别**（**Address Recognized，A**）和**帧复制**（**Frame Copied，C**）这些位被保留给了各个制造商。这些字段中的任务将使用符号**R**（Reset）和**S**（Set）进行编码。

就像在令牌环中那样，在 FDDI 中除了包含实际有效载荷的数据包，还包含了用于访问 FDDI 环的令牌数据包。这个令牌环数据包是由字段前导码、SD、FC 和 ED 组成的。

FDDI 协议

在 FDDI 中，对传输介质的令牌访问控制的调解方式与令牌环中是不同的。为了可以传输数据，一台计算机必须首先具有一个令牌。在 FDDI 中，由于通常都具有较大的环范围以及较高的数据传输速度，因此可以在环上同时存在大量的比特。这样，一台计算机想要重新获得令牌就必须等待，而这是非常低效的，因为自己发送的数据必须环绕整个环一圈后才能回到原点。在长度延伸到 200 千米，并且连接了将近 1000 台计算机的时候，这种情况会导致网络整个性能的显著降低。

为了更好地利用 FDDI 环，持有一个令牌的计算机应该在发送完最后一个数据包之后立即释放该令牌（**Early Token Release**）。这样，不同计算机的数据包就可以在同一个时间内存在于 FDDI 环上，进而可以近乎满载运作。

与令牌环不同的是，这里的一个数据包的最大长度被限制在 4500 字节。接收方计算机（根据在数据包中指定的目的地址）识别自己的地址，并且将该数据包复制到内存中。那些从环中去除的各个数据包也是由发送方计算机负责。一旦这些计算机接收到一个所含源地址对应自己地址的数据包，那么就不再转发这个数据包。没有发送权利的计算机会检查输入的数据包的错误，并且可以在这些数据包被转发之前将检查结果写入到帧状态字段中。在图 4.43 中给出了 FDDI 访问方法流程的示意图说明。

- 具有发送意愿的计算机 1 等待一个闲置的令牌（参见图 4.43（a））。
- 一旦计算机 1 拥有了一个令牌，那么该计算机会发送数据到计算机 3，并且使用接收到的令牌结束自己的传输（参见图 4.43（b））。
- 计算机 3 复制接收到的数据，并且由于自己本身也想发送，因此，将该令牌据为己有。使用该令牌，计算机 3 将数据发送到计算机 1，并且再次使用该令牌结束传输（参见图 4.43（c））。

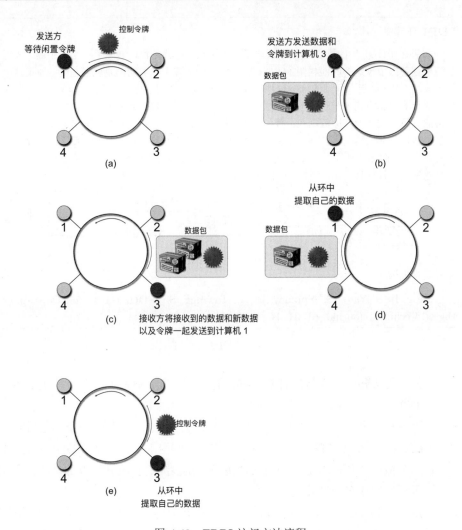

图 4.43 FDDI 访问方法流程

- 计算机 1 从环中接收到发送的数据，然后作为接收方将其复制，并且将这些与令牌一起转发（参见图 4.43 (d)）。
- 计算机 3 从环中接收到自己发送的数据，并且仅将剩余的空闲令牌继续发送（参见图 4.43 (e)）。

对 FDDI 环的访问控制需要使用计时的 **TTR-协议**，即定时令牌轮转（**Timed Token Rotation**），参见图 4.44。具体使用的参数如下：

- **目标令牌轮转时间**（Target Token Rotation Time，TTRT）：目标时间，指定一个令牌通过环的循环时间。这个时间在初始化 FDDI 环的时候被确定。
- **令牌轮转时间**（Token Rotation Time，TRT）：在一个空闲令牌发送和一个空闲令牌重新出现之间所持续的时间。这个时间可以由各个计算机自己测量，并且取决于各个环的利用率。这里，最小的 TRT 被称为**环等待时间**（Ring Latency）。环等待时间是通过环的信号传播时间给出的，不需要一台被连接计算机的发送。环

FDDI 环管理

　　如果在 FDDI 环的操作过程中出现了一个错误，也就是说，出现了一个环中断，或者只是简单地超出了预定的时间极限（例如，LC=2），那么首先被启动的是**索赔**过程。如果这个过程不成功，那么会启动所谓的**信标**过程（Beacon Process）。与在令牌环中类似的，每台连接到环中的计算机都会发送特殊的专有信标数据包。如果一台计算机接收到了一个由在环中位于其前面的计算机发送的信标数据包，那么该计算机会停止发送自己的信标数据包，并且将接收到的信标数据包继续转发。如果一台被连接的计算机没有接收到信标数据包，那么该计算机就会报备，不是它前面的计算机，就是一段与其前面计算机连接的线路出现了故障。随后，会开启一个相应的错误处理措施，例如，环重构。

延伸阅读：

　　Yang, H. S, Yang, S., Spinney, B. A., Towning, S.: FDDI Data Link Development. Digital Technical Journal, (3):31–41 (1991)

图 4.44　FDDI 环管理

　　等待时间与各个被连接的计算机的运行时间一起，确定了每台计算机的接收时间为 600 ns。

- **令牌持有时间**（Token Holding Time, THT）：一台计算机获得令牌之后到再次释放的这段时间（THT=TTRT–TRT）。与令牌环不同的是，在 FDDI 中的 THT 不是一个恒定的值，而是一个最大值为有限的变量。在 THT 内部，具有令牌的计算机可以发送多个数据包。

- **延迟计数器**（Late Counter, LC）：一个状态的标记，指示令牌比预期的要晚到，即目标令牌轮转时间（TTRT）延迟。这时，将设置 LC=1（令牌延迟）。如果这个进程被重复，那么设置 LC=2，并且启动**索赔**进程，以便找出延迟的原因。

基本上，在 FDDI 中存在两种可能的数据流通性。

- **同步通信**（在数据包的 FC 字段中：C=1）：这里涉及的还是**定时令牌协议**（Timed Token Protocol, TTP）。同步通信的可能性为连接的计算机提供了在恒定的时间间隔中一个准保证的传输容量。因此，在 FDDI 中也可以传输运动的图像或者语言（如果只是使用被限制的品质）。但是，同步通信在 FDDI 规范中只是可选项。因此，并不是所有的制造商都支持。

- **异步通信**（在数据包的 FC 字段中：C=0）：相对于 FDDI 环中的令牌轮转，这里没有担保和协议。被连接的计算机必须等待一个未确定的时间，直到自己的数据包被允许发送，即使已经给定了一个理论上的等待时间的上限。因此，各个计算机发送的数据包的时间间隔都是不同的。

　　位于 FDDI 环上的单个计算机可以在特定的、准恒定的时间段内使用**索赔**过程为同步通信储备令牌。其中，想要同步传输数据的所有计算机i都要登记 Eck 参数。也就是说，这些计算机在哪个时间段 $\rho_t(i)$ 想要分别在一个特定的期限 $\delta_t(i)$ 进行发送。然后，通过这种索赔过程确定了一个折中的解决方案。之后，所有想要参与同步传输的计算机都必须根据这个解决方案调整自己发送期间经常出现的参数 $(\min_{\forall i}(\rho_t(i)))$。那些希望发送频率不要经常出现失败的计算机必须更多地发送相对更小的数据包，即使用更高的频率进行发送。

一旦 FDDI 网络被设计为同步操作，那么同步数据通信在 FDDI 中就具有最高的优先级。而传输容量剩余的部分可以被用于异步传输。其中，有 8 个不同的优先级别，对应有发送意愿的计算机每次选择的最大的发送时间（THT）。

FDDI–2

FDDI 不仅提供了同步传输的可能性，也提供了异步传输的可能性。虽然同步数据流保证了一个准恒定发送功率的形式，保证了在恒定的规律性中提供时隙，但是同步数据传输这种形式对语言或者视频序列是不够的。为了保留所需的带宽，在 FDDI 中出现了等待时间，这样带宽就可以保证一个最大的延迟（为目标令牌轮转时间的双倍，大约为 100 ms）。FDDI 的容错功能参见图 4.45。

实时媒体需要一个**异步**形式的传输。也就是说，时间比率无论在发送方还是在接收方都必须是相同的。为了传输异步的比特流，从 1984 年就开始了 FDDI–2 概念的开发，然后在 1994 年由 ANSI X3T9.5 委员会将其制定为标准。FDDI–2 保证了一个实时视频数据的可靠传输。但是，对 FDDI 和 FDDI–2 系统的兼容性却存在问题。因此，FDDI–2 最终由市场上的 B–ISDN 和 ATM 取代。

FDDI–2 需要对异步、同步和同时比特流进行传输。为了做到这一点，FDDI–2 制定了一个混合环控制。一个所谓的**混合复用器**（Hybrid Multiplexer，H–MUX）控制着通过位于传输介质上 MAC 子层的各个组件的每次访问所指定的时间序列。这包含了用于常规的，即同步或者异步访问的组件，即所谓的**分组 MAC**（P–MAC），以及控制等时访问的组件，即所谓的**等时 MAC**（I–MAC）。如果除了常规的数据流（基本模式）外还发生一个等时传输，那么 FDDI–2 必须在所谓的混合模式下进行工作。在混合模式中，等时数据流通常是优先进行的。只有那些没有被使用的余下带宽才为其他的数据传输开放。

在开始进行数据传输之前，参与的计算机通过站管理将自己的带宽要求传递给 FDDI–2 网络中的一台特殊计算机，这就是所谓的主循环。这种主循环是建立在等时信道上，并且通知提出请求的计算机，会继续监测其对等时信道的使用。同步数据的传输使用的是 125 μs 的数据包，即所谓的轮转。主循环每秒产生 8000 次新的 125 μs 数据包。在带宽为 100 Mbps 的时候，每个数据包的长度为 12 000 比特。如果这种循环在 FDDI 环上完整地运行一次，那么该主循环会从环中删除。

循环的数据格式是由以下几个部分组成的（参见图 4.46）。

- **前导码（PA）**：长度为 20 比特，只用于同步的目的。
- **循环头（Cycle-Header，CH）**：长度为 12 位的数据包报头，包含了用于 H–MUX 的信息，如单个的信道如何被分配传输模式（同步/异步）。

FDDI 的容错功能

一个 FDDI 网络的可靠性是由以下的属性确定的：

- 双重执行环型拓扑。
- 使用不同类型的被连接的网络组件。
- 一个通过光学旁路来绕开网络中出现故障的计算机的可能性。

从网络执行的角度出发，这些出现的故障可以分成四个基本的误差情况。

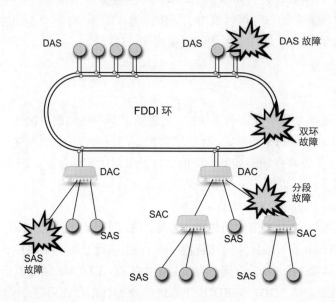

图 4.45　FDDI 的容错功能

- **DAS 故障**：这种故障首先会导致相邻的双端口组件（DAS，DAC）连接的中断。这种情况可以通过一个相关的 DAS 的可选光学旁路进行修正，或者像在双环中断的情况下那样进行修正。
- **双环故障**：双环中断，邻近的双端口组件的断裂点的两个终端可以通过触发信标过程导致一级和二级环之间的一个逻辑桥接，从而保证了错误的修正。
- **SAS 故障**：只会导致一级环中断的故障。因为，在 SAS 中通常不会提供光学旁路，SAS 被桥接到递阶排列的 DAC 上，即从逻辑上被分开。
- **光纤分段故障**：在上级的 DAC 中同样可以对出现故障的分段使用桥接。其中，可以产生两个功能性的子网，而这两个子网彼此间是不连通的。

- **专用数据包组**（Dedicated Packet Group，DPG）：长度为 12 位，总被用于异步/同步的数据传输。
- **循环组**（Cyclic Group，CG）：时隙（Slot）的循环组，指定为 CH0、CH1、…CH95。每个组包含 16 个时隙，这些时隙可以分配给不同的模式（等时/同步/异步）。

　　宽带信道（Wide band Channel，WBC）是在 FDDI-2 中实现的，一定数量的时隙被保留用于 96 个循环组。通过这 96 个组，每组 16 个时隙，可以提供 16 个信道，每个确保 6144 Mbps 的传输容量。这些信道还可以被划分为 96 个单独的子信道，每个子信道 64 kbps。这些子信道都可以保留用于等时的或者异步的传输。异步或者等时的循环时隙

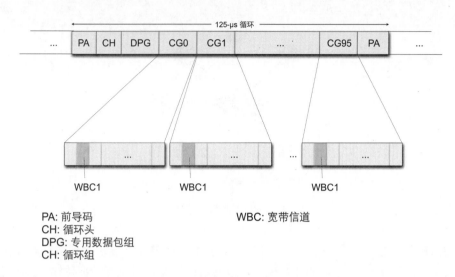

PA: 前导码　　　　　　　　　WBC: 宽带信道
CH: 循环头
DPG: 专用数据包组
CH: 循环组

图 4.46　FDDI–2 循环数据格式

分配是通过 H–MUX 进行的，被接收到的数据相应的要么转发到 MAC 组件，要么转发到 IMAC 组件。

4.3.5　异步传输模式 ATM

异步传输模式（**Asynchronous Transfer Mode，ATM**）的发展是与命名为**宽带综合业务数字网**（Broadband Integrated Services Digital Network，B–ISDN）的广域网（WAN）技术的发展紧密联系在一起的。现有的 ISDN 基础设施可以提供的最大带宽为 128 kbps，最初目的是为了整合传统的电信业务，例如，电话和传真。但是，如果想要传输多媒体内容，例如，视频或者 CD 音质的音乐，那么 ISDN 基础设施是无法胜任的。因此，人们开始规划一个称为宽带综合业务数字网（B–ISDN）的高速广域网技术。作为在 B–ISDN 上建立的基本技术，异步传输模式（ATM）在 1986 年被选中，并且在 1991 年到 1993 年之间由 ITU 自己进行了标准化。正如传统的广域网一样，ATM 网络是由单独线路和交换机（路由器）组成。ATM 的使用首次实现了带宽为 155 Mbps 以及可选的 622 Mbps 的传输。这些带宽随后被扩展到了 Gbps 范围。选择 155 Mbps 的带宽，是因为这个带宽可以成功传输高清电视。选择 622 Mbps 带宽是因为其可以捆绑四个 155 Mbps 信道进行传递。由于与 SDH 复用技术的紧密集成，如今通过 ATM 可以成功实现以下的数据传输速率：155.52 Mbps、622.08 Mbps、2.48832 Gbps 或 9.95328 Gbps。最初开发用于广域网技术的 ATM 如今也经常用于了局域网环境中，参见图 4.47。

ATM 标准化（参见图 4.48）基于的是最初开发 ATM 的公司建立的所谓的**ATM 论坛**（如今称为"宽带论坛"）[1]。ATM 的发展常常受到参与公司的不同利益的导向。例如，电话公司和有线电视公司对视频点播市场的竞争。ATM 网络的基本元件是电子交换机（**Switch**）。这种交换机可以将多个计算机连接到一个星型拓扑结构中（参见图 4.47）。与

---

[1]http://www.broadband-forum.org/.

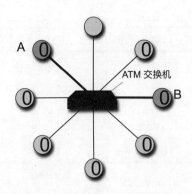

图 4.47　ATM 网络的拓扑结构

总线拓扑或者环型拓扑不同的是，数据在一个星型网络中并不被转发到所有被连接的计算机上，而只有正在进行通信的计算机才可以通过网络交换机进行数据传输。交换机直接从发送方接收到数据，并且将其直接转发到接收方，或者通过其他交换机将其转发到接收方。因此，在一个星型拓扑中，当一个单独的计算机或者一个单独的计算机网络出现故障的时候，并不会像在一个诸如环型拓扑中那样对整个网络产生影响。在 ATM 网络中进行的传输是异步的。也就是说，没有一个中央时钟被指定给网络中的任意发送单个数据包的实体。

ATM 标准化

　　1983 年，美国研究中心**CNET**和**AT&T Bell Labs**提出了有关 ATM 的第一个想法。ATM 的使用在当时只是被视为广域网的标准。出于这个原因，ATM 技术在 1986 年还是由当时的**国际电报电话咨询委员会**（International Telegraph and Telephone Consultative Committee，CCITT）、现为国际电信联盟（International Telecommunication Union，ITU）提议为宽带 ISDN 标准（B–ISDN）的基础。1989 年，结束了在美国和欧洲之间持续很久的规范化争议，最后确定了 ATM 信元的统一长度为 53 字节。

　　为了实现将 ATM 标准也使用在局域网领域，同时加速发展以便达到该目标，由公司 Cisco、NET/ADAPTIVE、Northern Telecom 和 Sprint 在 1991 年 10 月建立了**ATM 论坛**。如今，该论坛已经改名为宽带论坛，成员人数已经达到了 750 名。这个论坛不仅是一个用于和 ITU 或者 ISO 竞争的标准化组织，而且还被视为局域网产业的利益代言人。该论坛关注基于局域网领域的用户和制造商所关注的问题。因此，对应的规范发展的很迅速。早在 1992 年 7 月，ATM 论坛的第一个规范：用户网络接口（UNI 1.0 – User Network Interface）就已经被提交了。在 ATM 论坛内部，欧洲方面的兴趣成员又建立了一个特别的委员会：**欧洲市场意识和教育委员会**（European Market Awareness and Education Committee，EMAC）。

延伸阅读：

Neelakanta, P. S.: A Textbook on ATM Telecommunications: Principles and Implementation. CRC Press, Inc., Boca Raton, FL, USA (2000)

图 4.48　ATM 标准化

ATM 的工作原理

ATM 标准使用了所谓的**快速分组交换**原则（参见图 4.49）。被传输的数据首先被封装成具有固定大小的较小数据包，并且通过一个具有质量保证的交换连接进行传输。

信元交换的原则

　　分组交换方法在计算机网络中被广泛使用。该方法的缺点在于存储转发原则，所有建立在这个交换技术上的技术运行得都很缓慢。因为所有到达一个交换站的数据包都必须被完整存储，在数据包报头的校验和必须被检查，并且地址必须被评估。为了提高传输容量的效率，开发了诸如**快速分组交换**或者**快速分组中继**这样的概念。这些概念遵循着尽可能快速转发数据包的这种基本想法。其中，当数据包结构被保持的尽可能简单的时候，那么只用对被转发的数据包的很少部分进行评估。此外，决定转发到达的数据包的路由算法是完全在中间系统的硬件中实现的，以便达到一个额外的速度优势。

　　信元交换（Cell Switching）可以确保同步（音频、视频）和异步数据传输的一致性。

延伸阅读：

Garbin, A., O'Connor, R. J., Pecar, J. A.: Telecommunications FactBook. McGraw-Hill Professional,, Boston, MA, USA (2000)

图 4.49　信元交换的原则

　　在 ATM 中的数据传输是**异步**的。一个同步的数据传输技术在周期性的时间间隔中会为每个单独的逻辑连接分配一个时隙（Slot），而在 ATM 中则并不需要这种周期性的时间间隔。ATM 的运行是根据**统计复用**的原则。也就是说，这里占用的时隙也有一个连续的数据流（ATM 信元），但是在时隙和一个特定的连接位置之间没有一个固定的分配（参见图 4.50）。一个 ATM 信元被分配给一个相关的连接是完全巧合的，这种分配只依赖于每

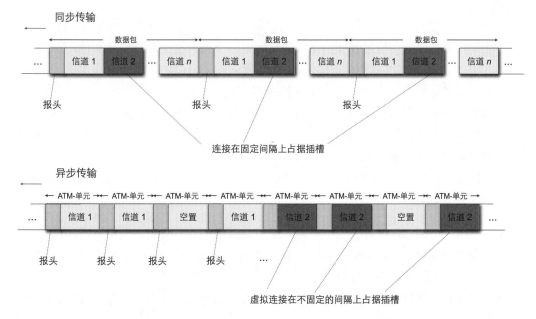

图 4.50　ATM 传输原理

个数据源的传输活动和网络利用率。这个过程要比同步数据传输有效率得多。其中，不同通信合作伙伴的变量和常量的带宽需求被汇集到了一起。这是因为，如果有传输的需求，同时还不想失去带宽，那么通信伙伴之间只能占用和交换信元。

ATM 的工作是**面向连接的**，也就是说，属于特定数据传输的所有数据包的连接都是通过相同的途径（虚拟信道）被传送的。在开始一个数据传输之前，必须首先建立起一个与所希望的通信伙伴的连接，之后通过这个固定的途径才能向接收方发送实际的数据。虽然不能保证所有信元的传输，但是独立信元的正确顺序始终是可以得到保证的。也就是说，如果发送两个信元A和B，而这两个信元都要到达同样的目的地，那么就需要保证发送顺序为A、B，不能以相反的顺序B、A进行传输。

在 ATM 数据传输方法中的核心元素是**虚拟信道**（Virtual Channel，VC）和**虚拟通路**（Virtual Path, VP）的概念。**虚拟信道**是一个可以保证到 ATM 信元传输顺序的单向链接，这是通过一个虚拟信道标识符（Virtual Channel Identifier，VCI）实现的。虚拟信道又分为永久虚拟电路（**Permanent Virtual Circuit, PVC**）和瞬态虚拟信道（**Transient Virtual Channel，TVC**）。前者是由用户手动设置的永久连接，并且经常会持续数月甚至数年。而后者只是临时工作，并且遵循的是电话呼叫的原则。也就是说，这种连接每次只被设置用于一次特定的传输，并且在传输结束后马上被删除。虚拟信道被与**虚拟通路**进行捆绑，并且提供一个虚拟通路标识符（Virtual Path Identifier，VPI）。

虚拟信道连接（Virtual Channel Connection，VCC）是 ATM 网中两个通信伙伴之间的一个虚拟信道序列。每个信道连接都被分配了服务参数，这些参数规定了诸如信元丢失率或者信元延迟性等属性。此外，每个信道连接都涉及了流量参数（Traffic Parameter）。这些参数由各个网络组件进行监视，以确定其是否运行正常。同样，还存在所谓的**虚拟通路连接**（Virtual Path Connection，VPC）。通路连接位于信道连接之上，并且具有与信道连接相同的属性。

一个虚拟信道在 ATM 中被设置，以便在所有连接计算机上的从发送方到接收方的路径上，通过一个被设置的信道和其所属的通路制定一个具有信息的特定表条目。每个沿着特定信道传输的数据包都被交换计算机在相同的路径上进行转发（参见图 4.51）。

为此，交换计算机的表格，即所谓的**路由表**被保存在了自己的内存中。如果一个数据包到达交换计算机，那么计算机会通过检查该数据包的报头来确定，该数据包属于哪个虚拟信道。然后，交换计算机检查指定的虚拟信道的表格条目，由此确定，数据包应该被转发到哪条线路上。这种机制将在第 6 章中给出更详细的介绍。

ATM 数据格式

如果想要考虑在 ATM 中所使用的数据格式，那么必须首先考虑两个不同的接口。

- **用户网络接口**（**User Network Interface，UNI**）：ATM 网络上连接的计算机与 ATM 网络之间的接口。
- **网络到网络接口**（**Network to Network Interface，NNI**）：ATM 网络中两个交换计算机之间的接口。

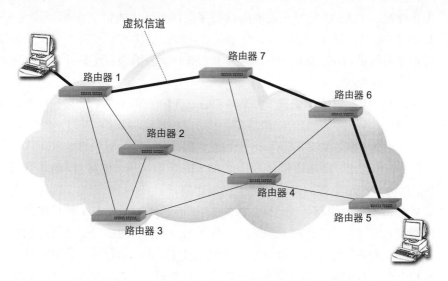

图 4.51　ATM 虚拟信道

ATM 信元的长度始终是 53 个字节。这个长度分为两种情况：用户网络接口（UNI）和网络到网络接口（NNI）。每种情况都被规定了一个长度为 5 字节的报头和一个 48 字节的用户数据。报头对于 UNI 和 NNI 来说差别不大（参见图 4.52）。

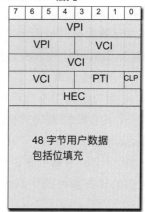

UNI ATM 信元

7	6	5	4	3	2	1	0
GFC				VPI			
VPI				VCI			
VCI							
VCI				PTI			CLP
HEC							
48 字节用户数据 包括位填充							

NNI ATM 信元

7	6	5	4	3	2	1	0
VPI							
VPI				VCI			
VCI							
VCI				PTI			CLP
HEC							
48 字节用户数据 包括位填充							

GFC: 通用流量控制　　　　　　　PTI: 有效载荷类型标识符
VPI: 虚拟通道标识符　　　　　　CLP: 信元丢失优先级
VCI: 虚拟信道标识符　　　　　　HEC: 报头差错校验

图 4.52　ATM 信元数据格式

- **通用流量控制**（General Flow Control，GFC）字段只出现在数据包中。该字段在一个被连接的计算机和一个交换计算机之间进行循环。在相关数据包到达第一个交换计算机时，该字段已经被覆盖，所以它永远不会到达预期的接收方，因此，对于终端到终端的通信并没有意义。通用流量控制字段最初被设计用于流控制或者优先级控制，在 ATM 标准中没有为这个字段规定特定的值。因此，Andrew Stuart Tanenbaum（1944—）建议，GFC 字段在标准定义中可以被看作是一个错误。

- **虚拟通道标识符**（Virtual Path Identifier，VPI）被用来在交换计算机上选择一个特定的虚拟路径。
- 同样，通过**虚拟信道标识符**（Virtual Channel Identifier，VCI）会在一个给定的虚拟通道中选择一个特定的虚拟信道。由于虚拟通道标识符（VPI）具有 8 个比特，虚拟信道标识符（VCI）具有 16 个比特，因此，一台计算机理论上可以具有最多 256 个虚拟通道，每条通道最多具有 65 536 虚拟信道。事实上，信道数量会少一些，因为一些信道被固定保留用于控制功能。
- **有效载荷类型标识符**（Payload Type Identifier，PTI）指定了被传输的有效载荷的类型。这里，用户指定了各个用户数据的类型，而网络信息是通过网络状态被补充的。例如，发送方可以发送一个具有 PTI=000 的信元。如果网络中两台计算机之间出现拥塞，那么交换计算机会进行补充，将拥塞确定为 PTI=010，从而通知接收方有关出现的网络问题和可能的警告。
- **信元丢失优先级**（Cell Loss Priority，CLP）被用于刻画较高的和更低一层高度的优先级数据流量。在 ATM 网络中，如果出现拥塞，那么时间关键数据不可避免地会丢失。这时，交换计算机首先丢弃那些 CLP=1 的数据。
- **报头差错校验**（Header Error Check，HEC）字段用于校验数据包的报头。与其他字段不同的是，该字段只计算报头的校验和，并不涉及有效数据。这种方法是实用的，因为 ATM 数据流量通常是通过被认为是非常可靠的光纤网络进行传输的。因此，对有效数据的校验通常被认为是多余的。另一方面，报头差错校验的计算要比计算整个数据包的校验和快得多，这在同步通信中具有特别重要的意义。接下来，在同步数据流量中，诸如音频或者视频传输中，也要接受在有效数据中出现的错误，因为这些并不会对数据传输的质量产生显著的影响。这里所使用的校验和方法是具有校验多项式长度为 8 比特的（$x^8 + x^2 + x + 1$）循环冗余校验（Cyclic Redundancy Check，CRC）。

之后跟随的是 48 字节的有效数据，当然这些字节不能完全提供给用户使用。因为和有效数据一起被传递的还有额外的更高级别协议的控制和报头信息。关于 ATM 信元参见图 4.53。

ATM 接口和网络建设

与先前讨论的技术，如以太网或者令牌环等不同的是，ATM 标准是建立在物理层上面的通信协议的层模型上，并且不包含用于比特传输所使用技术的任何规则。基本上，ATM 的目标被设计为与物理传输介质是独立的。因此，ATM 信元也可以被封装作为其他网络技术的有效数据进行传输，例如，FDDI 或者以太网。

ATM 定义了自己的协议层模型，该模型是由三个层组成的。每个层又被划分为两个子层，位于下面的子层负责该层的主要任务。上面是一个所谓的汇聚子层，其任务只是为

为什么是 53 个字节

为什么 ATM 数据包必须具有一个固定的长度? 为什么这个长度恰好是 53 个字节? 回答第一个问题很简单: 只有确定一个固定的数据包长度才能实现 ATM 所期望达到的性能。在 ATM 中, 作为数据包转发过程的**交换**必须以非常高的速度进行。要实现这样的速度, 只能在交换计算机硬件所必需的算法中实现固定的连接。为了使用一个合理的成本实现这个目标, 所有数据包必须具有相同的长度, 否则就需要异常处理和额外的线程。此外, 固定长度还减少了各个数据包的**加工成本**。这个长度是被事先定义的, 因此, 不必被事先计算得出。最后, ATM 使用的**统计复用**(Statistical Multiplexing) 只有在一个固定的信元长度上才被最优实现。具有可变长度的信元并不能在一个 VP–/VC– 连接上实现不同数据流的统计复用。

但是, 为什么计算所得的固定长度是**53 个字节**呢? 实际上, 一个 ATM 数据包中的有效数据的长度仅包括 48 个字节, 其余 5 个字节被指定给了数据包的报头, 用来对应报头中的控制信息。这 48 个字节是协商成果, 是从语音通信应用和数据通信应用之间获得的平衡。在 ATM 标准化问题中, 美国决定使用信元的长度为 64 字节, 这个长度在语音通信的使用中是优化的。相反的, 欧洲的主要兴趣在数据通信的应用上, 比较赞成 32 个字节。作为两个派系之间的折衷, 最后选定了一个靠近中间的值。在考虑选择输入合适的数据包长度的时候, 还要考虑到的因素有: 网络中的传输速率、切换速度、延迟和在交换计算机上的等待队列。

对于在 155 Mbps 链路上被传输的一个 ATM 信元的"交换机", 最大可以提供:

$$\frac{53 \times 8}{155} = 2.735 \ \mu s$$

一般说来, 一个 ATM 交换机可以提供多个链路。每个链路可以使用不同的传输速率进行工作。有了这些更多的链路数量和更短的信元长度, 就可以减少转发 ATM 信元所需的时间, 同时提高 ATM 交换机的切换速度。

延伸阅读:

Stevenson, D.: Electropolitical Correctness and High-Speed Networking, or, Why ATM is like a Nose, in Viniotis, Y., Onvural, R. O.: Asynchronous Transfer Mode Networks, Plenum Press, New York, NY, USA (1993)

图 4.53　ATM 信元

位于其上面的层提供一个合适的接口 (参见表 4.9):

- **物理层**: 不属于 ATM 规范的组成部分。这一层被划分为多个子层。

    - 一个物理介质关联层 (**Physical Medium Dependent, PMD**) 作为当前接口用于传输介质。这里, 实际的比特被传输, 同时被确定时间相关性, 并且被检测。不同的传输介质需要不同的物理介质关联层。

    - 位于 PMD 之上的是**传输聚合**(Transmission Convergence, TC) 子层。如果想要传输单个的 ATM 信元, 那么传输聚合子层将该信元作为字符串发送到 PMD 层。在相反的方向上, TC 子层处理输入的比特流, 这些比特流会在单独的 ATM 信元中进行传递。对应分组的任务被分配给了物理层上的 ATM 层模型。而在其他模型中, 这种任务通常被分配在位于其上的数据链路层 (Data Link Layer)。

- **ATM 层**: 这一层没有被进一步划分子层。其主要任务是: 产生、处理和传输

表 4.9　ATM 层模型和 TCP/IP 参考模型的引用

ATM 层	ATM 子层	任务	TCP/IP 层
AAL	CS	提供可用的标准接口	3/4
	SAR	分段和重组	
ATM		流量控制	2/3
		信元信头产生和分析	
		虚拟通路/渠道管理	
		信元复用	
物理层	TC	校验和的生成/验证	2
		信元生成	
		信元的压缩/解压缩	
	PMD	比特定时	1
		物理网络访问	

ATM 信元。这里，信元被"版面编排"，并且被提供了标题信息。为此，需要建立和终止虚拟信道。这种具有 ATM 典型概念的技术被划分在了 ATM 层。根据 TCP/IP 参考模型，其功能被划分在网络接入层和网络互联层之间。

- **ATM 适配层**：由于大多数应用程序并不直接使用 ATM 信元工作，因此，ATM 适配层（ATM adaptive layer，AAL）被设置在了 ATM 层之上。这一层允许应用程序可以直接传递更大的数据包。这些数据包在 ATM 适配层被分段在了单个 ATM 信元方向上，并且在另外一个方向上被重新组合。因此，这个层被划分为：**分段和重组**（**Segmentation and Reassembly，SAR**）子层和**会聚子层**（**Convergence Sublayer，CS**）。前者负责上面被描述的任务，后者为 ATM 系统提供了针对不同应用程序的定制服务（例如，数据传输和视频点播的不同要求，以及容错和时序）。

此外，ATM 层模型被纵向分割成所谓的**平面**（**Plane**），参见图 4.54。其中，**用户面**（User Plane）负责实际用户数据的运输、流量控制以及误差校正。**控制面**（Control Plane）发生在连接相关的通信中。此外，还有一个**层管理面**（Layer Management Plane）和一个**平面管理面**（Plane Management Plane），其功能为资源管理和层协调。

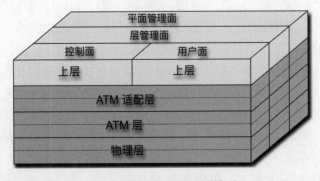

图 4.54　ATM 层的平面模型

　　原则上，在 ATM 连接中涉及了简单的点到点连接。与其他诸如使用总线拓扑的以太网中的通信不同之处在于，这种连接是通过一条电缆进行通信的，发送方和接收方都只有一个。在 ATM 网络中可以实现多播或者广播。一个通过线路传入到 ATM 交换计算机上的数据包被设置了一个多播地址（即可以同时发送到多个地址），这个具有多播地址的数据包被在多个线路上进行转发。其中，每个连接都是单向的。为了实现双向操作，必须连接两个平行连接。

ATM 服务类

　　ATM 适合传输不同的媒体格式。视频、音频或者一个纯文件的传输在传输介质上对质量方面是具有不同要求的。因此，ATM 在基于为 B-ISDN 的 ITU I.362 规范的服务类的基础上定义了四种不同的**服务类**（Service Category），参见表 4.10。这些类被区分为以下的属性：

表 4.10　根据 ITU-T 划分的用于不同应用的 ATM 服务类

服务类	A	B	C	D
时间参考	是	是	否	否
	同步	同步	异步	异步
比特率	不变	可变	可变	可变
连接类型	面向	面向	面向	无
	连接的	连接的	连接的	连接的
服务类型	1/2	1/2	3/4/5	3/4/5
举例	电话	压缩	X.25	局域网之间
	MPEG 1	语言	帧中继	
		MPEG 2		

- **面向连接的或无连接的**：ATM 本身是面向连接工作的。但是，也有一些应用，诸如文件传输，在没有明确交换连接的时候可以更有效地进行传输。对于这种所谓的**局域网之间的通信**的服务被指定为服务类**D**。
- **不变的和可变的比特率**：除了需要传输具有恒定最小传输速率的同步数据流，还需要传输异步的数据流。其主要问题在于不同的传输时间段传输速率通常具有很大浮动。
- **时间相关的发送方/接收方**：所有的视频和音频传输都需要在发送方和接收方之间具有一个紧的时间耦合。其中虽然可以接受一个有限的延迟，但是却不允许受到任何的波动（方差）。如果这个方差超出了一个阈值，那么会出现所谓的**抖动**（Jitter）效果。这种效果会干扰正确的信息显示。

　　除了通过 ITU-T 标准化的服务等级，ATM 论坛还使用一些自己的分类（参见表 4.11）。基于 ITU-T 的服务等级划分，ATM 论坛定义的是单个类的纯定性，而不是具体的数值。对于服务要求更详细的说明是由以下在 ITU I.356 中被规范的量化的**流量参数**（Traffic Parameter）给出的。

表 4.11　ATM 服务类别

服务类别	名称	属性
CBR	恒定比特率（Constant Bit Rate）	对应电路交换
RT-VBR	实时可变比特率 （Realtime Variable Bit Rate）	低时延和抖动 适用于具有突发的音频和视频传输
NRT-VBR	非实时可变比特率 （Non Realtime VBR）	较低的延迟波动 但是具有较高的延迟
ABR	可用比特率（Available Bit Rate）	使用路径的剩余容量 保证信元的最小传输速率
UBR	未定比特速率（Unspecified Bit Rat）	没有服务保证
GFR	保证的帧率（Guaranteed Frame Rate）	保证 TCP/IP 分组的一个最小传输速率

- **峰值信元速率（Peak Cell Rate，PCR）**：给出了一个服务所必需的每秒信元的最大传输速率。
- **持续信元速率（Sustained Cell Rate，SCR）**：给出了一个服务所必需的平均传输速率。这个平均值是从一个较长时间段内获得的。
- **最小信元速率（Minimum Cell Rate，MCR）**：给出了发送方随时都必须可以提供的、可以让服务正确进行的最小数据传输速率。
- **初始信元速率（Initial Cell Rate，ICR）**：给出了一个发送方在经过暂停后重新开始新的发送之后的数据传输速率。
- **信元时延抖动容差（Cell Delay Variation Tolerance，CDTR）**：给出两个连续单元之间的时间间隔变化。
- **猝发容差（Burst Tolerance，BT）**：在一个所谓的猝发点给出的最多的信元数量。这些位于猝发点上的信元是按照顺序被发送的。

除了流量参数，ATM 论坛还定义了另外一组**服务质量参数**（Quality of Service Parameter）。这些参数在两个被连接的终端系统之间的连接建立之前被用来处理在 ATM 网络中运行的操作。

- **信元传输延迟（Cell Transfer Delay，CTD）**：给出了中间的以及最大的时间段。该时间段是一个信元在发送方和接收方之间所必需的传输时间。
- **信元时延变化（Cell Delay Variation，CDV）**：给出了单个信元之间的传输时间的变化。
- **信元丢失率（Cell Loss Ratio，CLR）**：给出了没有到达或者延迟到达接收方的信元数量与被发送的信元整个数量之间的关系。这种信元的丢失是通过在 ATM 网络中交换计算机上漫长的等待时间，或者通过传输错误产生的。
- **信元误插入率（Cell Misinsertion Rate，CMR）**：给出了一个特定的时间段内，由于传输错误而产生的到达错误接收方的信元数量。
- **信元差错率（Cell Error Rate，CER）**：给出了由于传输错误产生的到达接收方的信元数量在整个信元中的百分比。这个结果对于接收方来说并没有意义。

- **严重差错信元块比**（**Severely Erred Cell Block Ratio**，**SECBR**）：给出了含有特定被错误发送的信元数量的块。在每个块中，信元的数量是恒定的，并且在前面的字段中被确定。因此，严重差错信元块比是所谓的脉冲串差错的量度，这种差错可能发生在传输路径上。

对于每个服务类的服务参数的分配可以参考表 4.12。如果一个参数被指定在一个特定的服务类中，那么表格条目使用**是**，否则使用**否**。如果一个参数的应用在一个特定的服务类中没有意义，那么就会被标注为**无**。**类型**列给出了涉及的是一个流量参数（**Traffic**）还是一个服务参数（**QoS**）。

表 4.12　ATM 服务类和服务类参数

参数	服务类					类型
	CBR	**RT–VBR**	**NRT–VBR**	**ABR**	**UBR**	
PCR, CDVT	是	是	是	是	是	流量参数
SCR, BT	无	是	是	无	无	流量参数
MCR	无	无	无	是	无	流量参数
CTD	最大 CTD	最大 CTD	平均 CTD	否	否	服务参数
CDV	是	是	否	否	否	服务参数
CLR	是	是	是	是	否	服务参数

过载控制机制

正如任何其他网络技术一样，在 ATM 中也必须采取预防措施来避免网络的拥塞，以及随时确保遵守流量的保障。为此，使用了多种不同的机制，而这些机制对应了各个特定服务类的特点。下面给出了在 ATM 应用中用于过载控制的概念。

- 在连接建立的过程中，参与的终端系统需要一定的服务质量。这些服务质量是借助流量参数被指定的。在这种情况下，ATM 网络会进行检查，确定是否满足所期望的流量参数。如果满足，那么可以授权建立一个连接。如果不满足，那么该连接的建立会被拒绝。这个过程也被称为授权验证的**连接接纳控制**（Connection Admission Control，CAC），是在终端系统和网络之间的接口（User Network Interface，UNI）被执行的。这种授权验证可以被所有的服务类（A-D）执行。
- 根据终端系统的要求以及提出的 ATM 网络承诺，出现了一个所谓的**流量合同**（Traffic Contract）。
- 在连接建立之后，一个**流量控制**用来确保遵守流量合同内部所协商的所有参数，并且在必要的情况下也可以被强制执行。在那些与流量合同冲突的信元中，会对信元标注（Cell Tagging，CLP）位进行设置（CLP=1）。这些 CLP 位被设置的信元在出现拥塞的时候会被第一时间丢弃。这种方法用于服务类 B 中。另外一种可能性是，与合同不兼容的信元立即被作为无效信元而被丢弃。每次负责这些用户参数控制（User Parameter Control）的都是第一台交换计算机，即由终端系统发送的信元到达的计算机。类 C 和类 D 不允许信元的损失，因此，基于该方法的 CLP 位在这时是不能使用的。

- 为了尽可能同时均匀地分布输入的数据流，使用了一个称为**流量整形**（Traffic Shaping）的方法。这种方法的峰值数据速率和突发长度都被进行了限制，以便避免在这种方式上出现局部过载。这里，各个终端系统以及第一个交换计算机和其后的跟随者都参与到了其中。

用于服务类 C 和类 D 的可用传输容量是使用如下的方法确定的。具有发送意愿的终端系统发送一个用于资源管理的特定信元（PTI=110）到接收方。该信元中输入了所期望的传输速率。在发送过程中，该信元经过的每台中间交换计算机都会对其进检查，以确定自己是否可以提供该信元所需的传输容量。如果不能，那么该交换计算机可以减少相应的输入数据传输速率。在资源请求中，接收方检查自己这方的条目，并且向发送方传递回相应的信元。这样一来，发送方可以通过对该信元的评估来确定，自己可以保留的最大数据传输速率是多少。

ATM 局域网仿真

在一个公司内部，将一个现有的网络架构转向一个新局域网技术的过渡通常关系到很多技术工作和较高的成本花费。因为这种过渡必须从现有应用的最基础开始更换。而 ATM 网络技术可以非常有效地集成到一个现有的局域网架构中。这是因为现有的网络应用在仿真基础上可以通过 ATM 网络技术进行操作。这种技术称为**ATM 局域网仿真**（**ATM LAN Emulation，ATM LANE**）。从每个局域网应用的角度来看，ATM 局域网仿真服务的行为就如同传统的局域网软件，而终端系统可以直接被连接到 ATM 网络。

借助于网桥的功能，传统的局域网可以直接与 ATM 连接。当然，与以太网或者令牌环网络相比，基于完全不同功能运作的 ATM 无须进一步的预防措施。这两种技术之间的根本不同点在于：

- 传统的局域网技术，如以太网，是使用无连接进行工作的，而 ATM 是**面向连接**的工作。传统局域网系统希望发送的数据可以完整地到达接收方，这样通常都不需要接收方的确认。丢失的数据包首先可以通过位于更高的协议层（例如，TCP）的机制要求再次转发。
- 基于在传统局域网技术中共同被使用的传输机制，**多播**和**广播**可以更容易地实现。由于这里的所有终端系统根据定义被连接到了一个相同的传输介质，那么每个数据包都可以到达网段中的任何终端设备。在各个终端设备的网络适配器中只需要执行一个收件人地址的过滤，就可以营造出一个专用通信关系的印象。如果一个广播地址被指定为接收方地址，那么可以通过单独数据包的发送来对应整个网段的发送。面向连接的 ATM 协议为每个通信对提供了一个可用的通信通路（VP/VC）。这些参数，例如，带宽和传输延迟，每次都在连接建立阶段被协商。每个通过这个通路被发送的数据包都准确地到达指定的接收方，而不是该网络内部的其他计算机。因此，一个发送到 k 个接收方的广播消息需要建立 k 个不同的通信通路。

- 局域网 MAC 地址基于的是网络适配器生产商的序列号，因此，这些地址是独立于网络拓扑结构的。这种为 MAC 地址分配 IP 地址使用的是基于广播应用的 ARP 协议（参见 7.3.2 节）。在 ATM 中，这样的分配必须在 ATM 网络中交换计算机的映射表的帮助下，根据网络拓扑进行。

在 ATM 论坛被标准化的局域网仿真是通过四个服务模块实现的，这些模块是建立在 ATM 适配层（AAL–5）上。

- **局域网仿真客户端**（**LAN Emulation Client，LEC**）：是指通过 ATM 接口执行所有必要的控制操作，以及数据传输的软件。位于其协议层上的应用每次都被提供一个特殊的可用 MAC 接口。

- **局域网仿真服务器**（**LAN Emulation Server，LES**）：用于控制仿真局域网的软件，包括发光二极管（light-emitting diode，LED）的注册和 MAC 地址到 ATM 地址的分配。为此，LED 必须提供自己代表的 MAC 地址、对应的 ATM 地址和在 LES 中可能的路由信息。为了一个数据包的发送，必须首先在 LES 地址表格中寻找接收方的 ATM 地址。如果该地址并不存在，那么会通过总线广播来进行确定。

- **局域网仿真配置服务器**（**LAN Emulation Configuration Server，LECS**）：用于管理不同仿真局域网的 LEC 成员的同步软件。该软件是通过一个特殊的配置数据库进行管理的。

- **广播和未知服务器**（**Broadcast and Unknown Server，BUS**）：用于调解 LEC 的所有广播和多播的数据包软件。其中，包括了具有本地多播和广播地址的数据包、具有 AMC 地址，但是并不知道任何相关 ATM 地址（能确定相关 LES 的数据包），以及所谓的源路由机制的资源管理器中的数据包。这些机制用于确定最优路径。

局域网数据包本身被封装在所谓的局域网仿真数据包中，并且通过 AAL–5 层进行传输。在局域网仿真的单个软件组件之间的操作借助控制连接（Control VCC）和数据连接（Data VCC）进行处理。其中，控制连接将 LEC 与 LES 和 LECS 连接。而总线和 LEC 之间的通信，以及单个 LEC 之间的通信每次都是通过数据 VCC 完成的。在 LECS 中注册以便参见仿真的局域网的 LEC 是通过配置直接 VCC 与对应的连接参数进行协商的（地址、局域网名称、数据包大小）。

补充材料 4：ATM —— 信元转换

ATM 交换机（Asynchronous Transfer Mode Switch, ATM Switch）是 ATM 网络中的核心要素。为了在这种 ATM 交换机上建立一个高速的网络，必须要保证在千兆（G）字节和太兆（T）字节区域中的数据吞吐量。而这只能通过将所必需的路由算法完全在硬件中实现来达到。此外，可使用 ATM 规定的恒定数据包大小实现一个大范围的、在很大程度上平行的必要算法。一个 ATM 交换机的切换速度需要超出与其连接的终端设备数据传输容量的许多倍。只有这样，所有被连接的设备才能在整个范围内使用所期望的带宽。

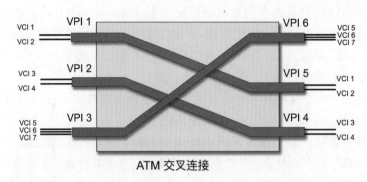

ATM 交叉连接

如果一个数据包到达了 ATM 交换机的一个输入端口，那么作为该数据包的第一个信道和通路标识符（VCI/VPI），这个输入端口会首先对其进行评估。之后，这个数据包被继续转发到 ATM 交换机的指定输出端口。ATM 交换机基本上被区分为：**ATM 通路交换机**（VP Switch）和**ATM 信道交换机**（VC Switch）。

在 ATM 通路交换机内部，所有输入的路径被终止（包括所有路径中的信道），并且被路由到其他路径中，而个别的 ATM 信道并不受影响。相反，ATM 信道交换机终止输入的路径和信道，并且将其转发到新的路径和信道中。如果一条路径在一个 ATM 交换机中被终止，那么对应的信道也必须同时被终止。

ATM 交换计算机的真正核心是所谓用来组织单个 ATM 信元切换的**交换结构**（Switching Fabric）。这种交换结构应该在 ATM 交换计算机的输入端口和输出端口之间调整动态传输通路，使得尽可能少地出现内部和外部的冲突。这里的内部冲突是指，ATM 交换计算机内部的一个多级交换网络内部的两个 ATM 信元竞争同一个输出端口。如果这样的冲突出现在 ATM 交换计算机内部切换网络的输出口，那么就被称为外部冲突。交换结构本身是由单个信元交换单元，即**交换元件**（Switching Element）组成的。但是，通过交换元件提供的可用输入和输出端口的数量通常很少。因此，为了满足 ATM 网络的要求，需要将其连接到一个更大的结构中。

交换元件本身是由所谓的**互联网络**组成的。这些网络为 ATM 数据包提供了实际的传输路由。基本上，这种互联网络被区分为两种类型。

- **矩阵网络**：通过传输通路的网络，所有交换元件的输入都连接到了各自的输出口。ATM 数据包平行地通过该网络的交叉开关（**Crossbar**）同步地被传输到交换元件的本地时钟上。这里，如果两个 ATM 数据包通过相同的输出端口被转发，那么会产生冲突。为了避免由于冲突而产生的数据丢失，必须在输入和输出端口，以及传输通路的交叉点设置被作为充当缓冲作用的缓冲区。
- **时分复用网络**：在这个方法中，所有的 ATM 数据包可以串行地通过一个共同的总线或者环型结构，即**共享介质交换机**（**Shared Medium Switching**）进行传输。这些 ATM 数据包也可以在被其他输出控制器再次读取之前，首先通过一个输入控制器被写入到一个共同的存储器中，即**共享内存交换机**（**Shared Memory Switching**）。

延伸阅读：

Kyas, O.: ATM-Netzwerke, Aufbau, Funktion, Performance, 3. Aufl., DATACOM-Buchverlag, Bergheim (1996)

Sounders, S.: The McGraw-Hill High-Speed LAN Handbook, McGraw-Hill, New York NY, USA (1996)

Jäger, R.: Breitbandkommunikation: ATM, DQDB, Frame Relay, Addison-Wesley, Bonn (1996)

虽然传统的电信网络运营商为他们的 ATM 基础设施投入了巨额资金，但是作为骨干技术的 ATM 重要性却在 20 世纪 90 年代末逐渐减弱。越来越廉价的，但同时也是功能强大的以太网技术逐渐取代了 ATM 技术。因此，目前德国电信的互联网数字用户线 DSL，以及其上的电话交换机的升级并不再通过 ATM 进行，而是通过基于以太网的技术和基于 IP 的虚拟专用网络（Virtual Private Network，VPN）技术进行。

4.4　局域网扩展

前面介绍过的局域网（LAN）技术每个都提供了一个特定的最小带宽组合，以便统计网络参与者的距离、数量和通信成本。局域网被设计用于建筑内部的联网，并且能桥接相隔几百米的距离。但是，如果通信的伙伴位于不同的建筑内，那么这个长度的限制通常是无效的。这时就需要实现更大的距离，以便在单独使用局域网技术的时候可以进行桥接。因此，需要对本地网络进行技术上的扩展。顺便说一下，这些技术不仅包括本章中介绍的电缆连接的局域网技术，而且还涉及下面章节中介绍的无线局域网技术的使用。

4.4.1　局域网技术的局限性

局域网对最大延伸的限制主要基于以下几个因素：一个因素是所有连接到局域网上的计算机使用的是一个共享的传输介质，因此必须保证所有参与的计算机具有一个公平的访问权。也就是说，每台计算机都可以经过一个有限的等待时间之后访问传输介质。为了确保这一点，必须对连接到一个局域网中的计算机的数量进行限制。另外一个重要因素是信号的传播时间。也就是说，一条消息成功地从发送方传输到接收方的过程中，在共享传输介质中所持续的时间。局域网访问控制方法的允许时间，例如，在以太网中使用的 CSMA/CD 算法，都是依赖于各个局域网的本地扩展。因此，不会出现较长的延迟时间，并且对应的最大长度和参与者的数量都被限制了。此外，由于被使用的局域网传输介质的功效损耗也会限制局域网的延伸扩展。因为，在局域网中被连接的计算机的传输功率是被限制的，同时会出现与信号传输成正比的信号损耗。因此，必须限制共享传输介质的最大长度，以便连接到该局域网中的所有计算机都可以接收到足够强度的信号。

为了扩大局域网的范围，必须首先开发相应的硬件。例如，可以简单进行信号加强的**中继器**（Repeater）或**桥接器**（Bridge）、**集线器**（Hub）以及**交换机**（Switch）。这些硬件除了通过交换技术放大信号外，还可以承担流量负载控制的任务。此外，还有**路由器**（Router）

和**网关**（Gateway）。这两个作为具有程序逻辑的独立网络计算机可以设法在 TCP/IP 协议栈的更高层实现网络扩展。图 4.55 显示了在 TCP/IP 参考模型的各个层使用的、用于网络扩展的不同设备类型。

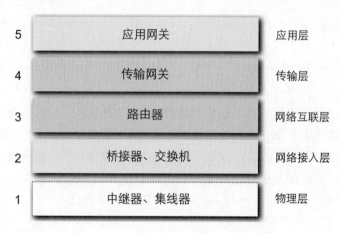

5	应用网关	应用层
4	传输网关	传输层
3	路由器	网络互联层
2	桥接器、交换机	网络接入层
1	中继器、集线器	物理层

图 4.55　TCP/IP 参考模型不同层上用于网络扩展的设备类型

4.4.2　中继器

正如前面所提到的，随着信号沿着传输介质的传播而出现的信号衰减是局域网长度限制的原因之一。随着发送方不断增大的距离，被发送的信号也一直变弱。因此，如果想要正确接收信号，那么信号就不能低于一定的强度。为了克服这种限制，一种放大器（电的或者光的），即所谓的**中继器**（Repeater）被引进了局域网。一个传统的中继器是一个模拟电子设备，可以放大输入的电子信号，并且将其转发。一个光学的中继器（也是光的调制解调器）接收网络中的电子信号，将其转换为对应的光学信号。该信号到达接收方之后会被重新转换回电子输出信号。

中继器在 TCP/IP 参考模型的底层，即物理层进行工作。中继器不仅加强输入的信号，而且还提供中间存储和程序逻辑。通过使用中继器，一个局域网的扩展可以被翻倍（参见图 4.56）。但是，其对在共享传输介质上规定的访问算法的时间限制阻碍了通过中继器对局域网的无线扩展。例如，CSMA/CD 算法在传统的以太网局域网中通过定义所使用的数据包长度而限制了局域网的最大规模，并且只允许使用最多 4 个中继器和一个网络长度从 500 m 到 2500 m 的扩展（参见 4.3.2 节）。

由于一个中继器只能在局域网内部执行一个信号的放大，而不能检测或者分析输入的数据包。因此，中继器在转发的时候无法区分完整有效的数据包和其他电子信号序列。如果在中继器的一端出现一个冲突，那么由冲突产生的干扰信号也会在中继器的另外一端被原封不到地进行转发。同样，干扰信号，如由雷击产生的信号，也都会被放大后继续转发。

4.4.3　集线器

集线器（Hub）是一个特殊的、功能被扩展了的网络中继器。这种中继器不是只有两

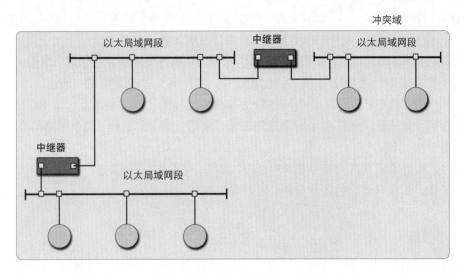

图 4.56　通过中继器的局域网延伸

个网络段，而是一个由大量网络节点直接相互连接而成的星型拓扑。因此，集线器通常被作为多端口中继器，或者复用集线器。网络节点直接与集线器的端口（Port）相连，这些端口都使用相同的带宽进行操作（参见图 4.57）。集线器转发通过所有端口输入的信号，但是对这些信号并不进行分析，而是同中继器一样，对其去噪并放大后转发。如果两个或者多个端口同时出现输入信号，也就是说，多个数据包同时到达了集线器，那么就会产生一个碰撞（冲突）。

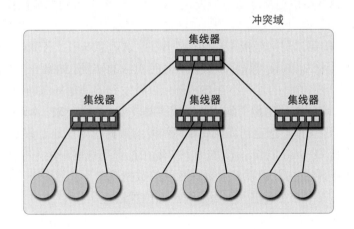

图 4.57　通过集线器的局域网延伸

在网络中使用一个集线器，可以通过一个物理布线成星型拓扑来实现。由于每个被发送的数据包总是到达与集线器连接的所有网络节点上，因此对应着一个总线拓扑的逻辑结构。这样，与集线器连接的所有网络节点都位于一个共同的冲突域内。由于是基于集线器网络中的物理星型拓扑结构，因此整个网络对于电缆断裂的可靠性要显著增强。这是因为，这样的连接只涉及一个网络节点，因此，并不会导致整个传输介质的瘫痪。断裂的电缆在一个基于集线器网络中很容易被找到，并且被解决掉。

为了避免较高的信号传播时间，集线器在网络中并不允许被任意级联。原则上，以太网网络中的集线器使用**5-4-3 规则**。也就是说，允许最大 5 个网络段，通过 4 个集线器被连接到一起。其中，只有在 3 个网络段上存在被连接的主动网络节点。在 100 Mbps 以太网的情况下，甚至只允许 3 个网络段通过集线器彼此连接。这样，两个网络节点之间始终只有两个集线器。

如今，集线器通常都被**交换机**（Switch）取代。交换机在 TCP/IP 参考模型的网络接入层上工作，并且对数据包进行分析，同时有目地的进行转发。

4.4.4　桥接器

如果局域网想要扩展到其他的二级目标，那么推荐使用所谓的**桥接器**，即**网桥**（Bridge）。这些二级目标包括：

- 不同技术的局域网连接。例如，具有令牌环 IEEE 802.5 的以太网 IEEE 802.3，以及不同的带宽。
- 在局域网内通过封装产生高负载的区域来平衡负载分配。
- 比通过中继器或者集线器可以实现的地理位置上的更远的距离桥接。
- 封装安全相关的局域网网段，使得这些数据流量不会被转发到局域网的其他网段。

与中继器和集线器不同的是，网桥始终传递完整的数据包。在一个网桥中，事实上涉及的是一台计算机。这台计算机被连接到了两个不同的局域网网段上，而数据流量就是通过这两个局域网接口适配器进行监测的。这里，一个网桥的局域网接口是在**混杂模式**（Promiscuous Mode）下进行工作的。也就是说，接收和处理所有的数据包。网桥是在 TCP/IP 参考模型的第二层网络接入层进行工作的。这就意味着，网桥对该层所接收到的数据包的报头进行评估，并且可以将该数据包进行对应的转发。如果一个数据包到达一个网桥，而数据包所指定的目的地并不在该网桥可以转发到的其他局域网网段内，那么该网桥会将该数据包传递回数据包最初到达的局域网网段上。这样一来，本地的数据流量会被限制在本地。只有那些真正指定到其他局域网网段的数据包才能通过该网桥。因此，网桥使用了一个**帧滤波**（Frame Filtering）技术，实现在整个局域网中的一个更加平衡的负载分配。此外，使用同样的方法可以安全确保相关的数据流量不会离开一个局域网网段，并且杜绝一个潜在的攻击者不会进入到保密数据的位置进行窃听。

网桥是一种较好的简单中继器。出现的干扰信号（例如通过碰撞）和被损坏的数据包都不能通过网桥，也就不能转发到其他的局域网网段中了。所以，每个网桥都在各自端口设置了一个自己的冲突域。其中，包括所有和这个端口连接的局域网网段。网桥将一个局域网分割成不同的冲突域，并且在其中使用相同的网络技术和传输速率。这种网桥只在网络接入层的 MAC 子层进行工作，因此也称为**MAC 网桥**。对于所有连接到局域网中的计算机来说，网桥是完全透明的。也就是说，一个发送方不知道被发送的数据包在局域网中的传输路径上是否必须通过一个网桥。

多协议网桥

在不同的局域网技术中，想要通过一个网桥将两个局域网网段互联，那么必须存在可以在两个网段中使用的不同协议。这样的网桥被称为**多协议网桥**。原则上，每个通过 IEEE 802 指定的局域网技术的组合都可以被使用，但是需要克服一系列困难。这些困难包括：

- **不同的数据包格式**：不同的局域网技术使用了不同的数据包格式。从技术上讲，对于这种兼容性不存在特别困难，但是对应的制造商没有理由修改或者调制自己支持的标准。因此，从一个局域网技术到其他附加的处理步骤都需要进行过渡：数据字段必须进行格式化、重新计算校验和，以及由于在处理过程中出现的问题而产生新的字段。

- **不同的带宽**：不同的局域网技术是在不同的带宽下进行工作的。从一个相对较快的局域网向一个相对较慢的局域网进行过渡的过程中，必须在将接收到的数据包进行转发之前，先将这些数据包进行缓存。然而，这种类型的缓存始终只具有有限的容量。因此，数据包在较高的负载下会被丢失。此外，由于缓存所产生的延迟或者时序问题会在更高的协议层发生。

- **不同的最大数据包长度**：在耦合不同局域网技术的过程中，最严重的问题是不同的最大数据包长度。对于一个特定的局域网技术，将一个较长数据包在该协议层中划分为两个或者更多较短的数据包（碎片化）的操作并没有通过 IEEE 802 标准的规定。如果出现数据包的长度超过了对应最大数据包长度，那么该数据包在通过网桥耦合的局域网网段上会不可避免地发生丢失。

透明网桥

在网桥开发过程中，最初的设计目标是局域网中的透明度。一旦连接到了局域网，计算机本身的工作方式需要保持不变，否则网桥的存在就没有了必要性。例如，图 4.58 给出的局域网。局域网网段 A 通过网桥 B1 和局域网网段 C 连接，网段 D 和 E 通过网桥 B2 被连接到了一起。同时，网段 A 和网段 C 又通过 B2 与网段 D 和网段 E 相连接。如果一个在网段 A 中被寻址的数据包从网段 A 中出发到达了网桥 B1，那么 B1 可以立即将该数据包丢弃。相反的，如果一个从网段 A 发出的数据包被发送到了局域网网段 E，那么这个数据包会被两个网桥进行对应的转发。

在网桥中，有关数据包转发的决定会借助所谓的**哈希表**进行。在这种哈希表中，每个可能的目标地址会被分配给一个特定的端口（Port），然后通过这些端口到达指定的目标地址。那么，这种地址和端口的分配是如何建立的呢？如果一个网桥被嵌入到了一个局域网网段中进行操作，那么这个时候对应的哈希表还是空的。由于没有已知的目标地址，那么会使用一个所谓的**泛洪算法**（Flooding algorithm）：所有输入的数据包被网桥通过现有的所有端口进行转发，除了那些被输入的已经到达了端口的数据包。由于每个输入的数据包都含有自己发送方的地址，那么网桥随着时间的推移就会学习到，哪个端口被分配给哪个目标地址。一旦目标地址已知，那么对应该地址的数据包只会被转发到对应的端口，而不会再如"洪水"一样被转发到其他所有的端口。

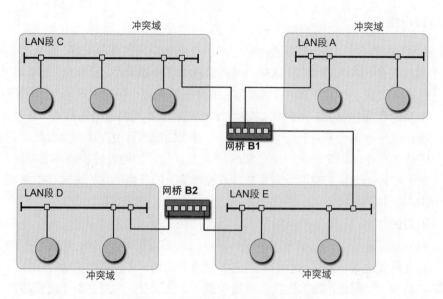

图 4.58　通过网桥的局域网扩展示例

由于一个局域网可以动态地进行改变，即计算机和网桥可以被关闭，同时其他的设置可以重新投入运行，那么在网桥上必须采取适当的预防措施，以便可以应付对应的拓扑变化。为此，网桥在哈希表中除了地址条目，还记录了相关端口和时间，以便数据包能够被网桥转发到最后一个相关的地址。网桥会定期检查自己哈希表中那些在较长时间内一直处于非活动状态的条目，即那些在固定的时间段内没有新的数据包被交付的条目。通过这种方式，哈希表会被定期调整，同时网桥可以相对较快地响应局域网技术的改变。

生成树网桥

为了提高局域网的可靠性，经常会在两个局域网网段之间平行镶嵌多个冗余的网桥。但是，这样的镶嵌可能会出现数据包在两个局域网网段之间来回不断循环的情况（参见图 4.59）。

为了避免这个问题，使用了所谓的**生成树网桥**。这种类型的网桥相互间可以进行通信，并且从现有的局域网技术中生成一个所谓的**生成树**。也就是说，面向局域网的一个称为"路线图"的无环图。该图被作为了数据包转发的基础。为此，局域网中现有的网桥确定为第一桥，即根桥。这是通过将所有全球唯一的、由制造商指定序列号的网桥通过所有连接线路转发到所有其他的网桥来实现的。具有最低序列号的网桥担负着根桥的作用。接下来就构建了一棵树，组建了从根节点到所有其他网桥最短的路径。这棵树映射了后续局域网的路线图。其中可以确定，每个从根节点出发的局域网网段如何能够到达其他局域网网段，并且在运行操作中进行更新，以便自动调整局域网的拓扑改变。

生成树网桥在网络中的安装非常简单，因为这些只需接通生产商提供的一个物理电缆连接，然后就随时操作了。但是，这个时候只能使用在局域网拓扑中现有的可用连接部分，因为只有已经被生成的树才能被使用。

在局域网中通过平行嵌套的网桥产生的无限循环

　　P 是从 LAN1 传递出来的数据包 (a)。P 的目标地址在两个局域网网段 LAN1 和 LAN2 之间的两个网桥 B1 和 B2 是未知的。两个网桥经过洪水算法之后，将 P 转发到了对应的 LAN2。

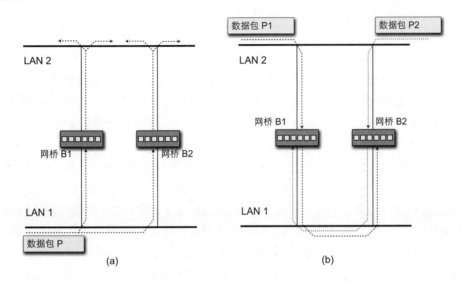

图 4.59　在局域网中通过平行嵌套的网桥产生的无限循环

　　当两个具有未知目标地址的数据包 P1 和 P2 到达了两个网桥 B1 和 B2 后，情况会有所不同 (b)。来自 LAN2 的 P1 到达了网桥 B1，P1 具有一个对于 B1 来说是未知的目标地址，P1 会被复制到 LAN1。在网桥 B2，同一时间接收到了数据包 P2。P2 携带有对于 LAN2 未知的一个目标地址，这样 P2 被转发到了 LAN1。现在，通过 LAN1，P2 到达了网桥 B1，并且被 B1 转发到了 LAN2。同样的，P1 通过 LAN1 到达了网桥 B2，并且被 B2 转发到了 LAN2。那么通过这样的方式就可能出现无限循环。

延伸阅读：

　　Tanenbaum, A.S.: Computer Networks, 4th ed., Prentice-Hall, Inc., Upper Saddle River, NJ, USA (2002)

源路由网桥

　　IEEE 802 委员会还给出了通过网桥对局域网进行扩展的替换方法，即所谓的**源路由网桥**（Source Routing Bridge）。原则上，这种方法假定：一台想要发送数据包的计算机本身就已经知道，数据包的接收方是否位于和自己相同的局域网网段中。发送方可以通过在数据包的报头中设置一个特殊的比特位来给出明确的目标地址。此外，还需要在数据包的报头中指定到达目标计算机的完全**路径**。为此，每个局域网网段具有一个长度为 12 位的唯一地址标识，并且每个网桥在局域网内部包含一个长度为 4 位的地址。而一条路径就是由这 12 位的局域网地址和 4 位的网桥地址组成的。图 4.58 中给出了局域网中一条从局域网网段 A 到局域网网段 D 的路径，其形式为（A，B1，E，B2，D）。

一个源路由网桥只负责转发数据包，其中的地址信息被设置了对应的非局部比特（Non-local Bit）。网桥评估这个路径信息，并且在其中寻找从数据包中得到的局域网网段的地址。如果从局域网地址中得到了真正的网桥地址，那么会将数据包进行转发，否则数据包不被转发。

源路由算法假设，每个和局域网相连的计算机都知道到其他计算机的最佳路径。一旦一台计算机必须要发送一个目标地址未知的数据包，那么这台计算机就要通过广播的形式发送一个所谓的发现帧（Discovery Frame）。这个发现帧会被经过的每个网桥连续转发。因此，发现帧事实上到达了所有局域网的网段。如果一个被响应的数据包传返回到一个记录身份的网桥，那么原始的发送方就确认了数据包的精确路径，就可以检测以及确定最终的最佳路径。一旦确定了到达目标地址的最佳路径，那么这个路径会被存储在输出计算机的内部缓存中，从而使得对应的查找过程不必再次发生。

这个方法的缺点在于，在探索的过程中可能出现爆炸性的复制。一旦在单个局域网网段之间的过渡由于多个平行的网桥而出现了冗余，那么每个网桥都会将一个复制的原始发现帧发送到自己相邻的网段。如果一个局域网是由 k 个网段组成，每个网段之间存在 b 个平行的网桥，那么一个发现帧就会被复制 b^{k-1} 次。一个类似的效果也会出现在生成树网桥上。在那里，如果一个具有未知目标地址的数据包出现在一个网桥上，那么这个网桥会将这个数据包如洪水般发送到所有与之相连的局域网网段。但是，由于是在生成树上，而不是在整个局域网上被用于重传。因此，输出数据包的复制数量只是与网络的大小成线性比例。

生成树网桥的拓扑改变和错误的产生在局域网中是自动的，并且可以通过简单的方式来确定。因为这些网桥彼此间是相互通信的，故而在发生故障的情况下，用于源路由网桥的方法就比较复杂了。如果一个网桥出现故障，而一个发送方注册想要使用这个连接路径，那么发送方的发送确认就只能等待。其结果就是：最后出现超时，但是发送方不能确定，目标地址是否还继续可用，或者是否在传输的路径上出现了故障。因此，需要发送一个发现帧，以便确定出现的问题。尤其是当一个网桥出现非常高负载的时候，就很有可能出现危险的情况，因为这时大量的发现帧会被启动。在表 4.13 中给出了上面两种方法的优缺点的比较。

表 4.13   生成树网桥和源路由网桥的比较

	生成树网桥	源路由网桥
连接方式	无连接	面向连接
透明度	完全透明	不透明
配置	自动	手动
路由	次最佳	最佳
导航	回溯	发现帧
故障	网桥处理	计算机处理

远程网桥

　　网桥通常也用来连接在地理上相距甚远的局域网网段，使其形成一个单一的较大局域网。在很多情况下，这是一个跨度局域网连接的优选方法，因为这样生成的整个系统仍然可以象一个单独的局域网那样进行处理。这种耦合可以通过安装在终端相互连接的互联局域网网段的网桥实现。这些网桥通过点到点的连接被相互连接到了一起，例如，通过电话线、无线链路或者通过卫星链路。其中，在两个局域网网段之间的点到点的连接要比没有自己计算机的局域网网段简单。在图 4.60 中描述的网络配置在这个意义上是由三个局域网网段组成。这些网段被两个网桥相互连接，其中使用点到点连接的网段不包含自己的计算机。

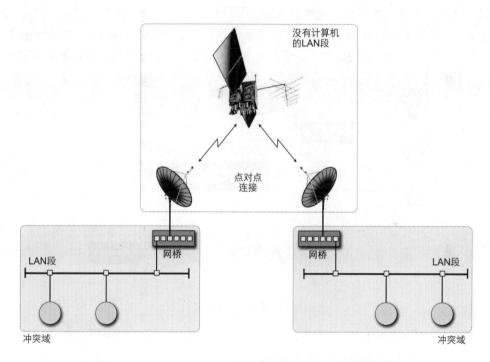

图 4.60　远程网桥用于耦合地理上相距较远的局域网网段

　　点到点连接可以用作网络接入层的一个标准化的串行协议，例如，点到点协议（Point-to-Point Protocol，PPP）。该协议被完整地封装在 MAC 数据包中，并且沿着广域路径进行传递。这里，通过远程网桥被连接的局域网使用了相同的局域网技术。另一种可能性是，MAC 数据包的报头和报尾在被发送的网桥上被删除了，只有纯的有效数据被封装在了 PPP 数据包中。负责接收的网桥会将相关的检测和控制信息添加到接收到的 MAC 数据包中，并且创建一个新的报头和报尾。但是，如果要在负责接收的网桥上也创建校验和，那么就会产生一个新的潜在错误源。因为，如果在远程数据传递过程中或者通过参与的网桥进行存储就会出现错误，那么在被接收的网桥上计算得出的校验和不一定必须对应原来在发送方上计算出来的校验和。

由于使用的点到点连接通常要比连接到局域网网段上的工作慢很多，因此必须要额外考虑到这个问题。这里使用了特殊的过滤机制用来防止位于远程局域网网段上的不必要的数据包传输，以及在可能发生数据包拥塞的时候进行缓存。

4.4.5　交换机

交换机类似于集线器。一个**交换机**（Switch）可以将多个计算机或者多个 LAN 段进行相互连接，参见图 4.61。然而，这两种设备是使用不同的方式进行工作的。集线器对于连接到它的计算机来说是作为共享的传输介质进行工作的。在一个时间点上，每次只能有两个计算机通过这个集线器相互进行通信。而一个交换机被描述为一个完整的局域网。其中，每个连接了一台计算机的段都与一个网桥相互进行了连接。集线器的带宽受到连接到其上计算机的最大数据传输速率的限制。而具有足够带宽的交换机为连接到其上的计算机提供了平行数据传输的可能性。正如网桥一样，交换机可以对接收到的数据包报头进行分析，并且根据接收到的、被评估出来的 MAC 地址接管过滤、流量控制和转发任务。

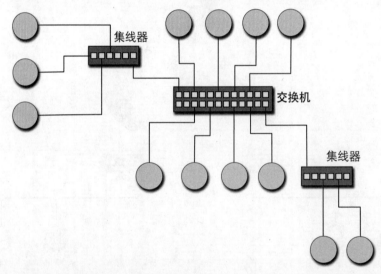

图 4.61　在直接被连接的计算机和两个集线器（其 LAN 段通过交换机彼此连网）之间
　　　　使用被作为中心点的交换器的 LAN 扩展

与网桥不同的是，交换机在许多情况下，在其各个端口上不仅管理着具有多个计算机的各个局域网段，而且还管理着直接与交换机连接的各个单独计算机。这意味着，交换机必须传递每次接收到的数据包。而网桥会丢弃那些接收方被确定了的、来自相同发送方冲突的数据包。出于这个原因，交换机通常会提供比网桥多得多的端口数量。此外，每个端口必须为到达的数据包提供一个对应的缓冲器，以便在较高负载的时候避免数据的丢失，即**存储转发交换机**（Store and Forward Switch）。除此以外，还存在所谓的**直通交换机**。（Cut Through Switch）一旦报头到达了这种交换机，并且被分析得出之前完整的数据包已经被接收，那么这种交换机马上会进行数据包的转发。由于交换机的每个端口代表一个专门的冲突域，因此交换机本身就不容易出现冲突的干扰。许多交换机使用的是全双工模式进行工作。也就是说，这种交换机可以通过相同的端口同时进行数据包的发送和接收。

　　交换机通常不需要手动进行配置。如果交换机在第一个开关后接收到了一个数据包，那么会存储发送方的 MAC 地址，并且在源地址表（Source Address Table, SAT）中查找相关端口。如果在 SAT 中找到了目标地址，那么该数据包会被转发到在 SAT 中对应的端口。这时的接收方位于通过该端口与该交换机连接的局域网段内。如果接收段和目标段相同，那么该数据包不会被交换机转发，因为通信不能在交换机段本身进行。如果目标地址并没有出现在 SAT 中，那么数据包必须首先被转发到所有其他的端口（MAC Flooding）。与集线器不同的是，几乎所有的交换机都可以彼此相连。数量的上限并不是通过最大的电缆长度确定的，而是依赖于 SAT 的大小。如果使用了多个交换机，那么具有较小 SAT 的交换机会限制局域网内的最大节点数。如今，交换机可以很轻松地管理几千个地址记录。如果这个数量超过了计算机上的最大存储数量，那么携有目标地址的数据包将不能再在 SAT 中被管理，而是始终被转发到所有端口。这样一来网络性能会开始大幅下降。

　　类似于在一个集线器中那样，在交换机中也使用了一个星型的网络拓扑。其中，被连接的计算机在传输介质上实现了一个专门的访问。与之连接的计算机不必共享传输介质，而且成对的通信可以实现平行通信。为此，交换机可以自由切换所需的连接。因此，交换机也是网络中的一个瓶颈，并且必须提供比所连接的计算机高的带宽容量，以便实现高效率的通信。

　　如果将多个具有较高带宽的交换机进行互联，或者在交换机和服务器之间建造高速链路，那么多个（目前最多为 8 个）连接彼此会集成束（端口捆绑）。2009 年，这种端口捆绑在 IEEE 802.1AX-2008 标准中被规范。然而，不同生产厂商的交换机的互联仍然是个问题。此外，交换机还提供对位于网络互联层上的数据包的分析和转发。这种网络互联层位于 TCP/IP 参考模型网络接入层的上面。交换机提供了所谓的路由功能，这个功能将在第 7 章给出详细介绍。因此，这种交换机也被称为 3 级的多极交换机。

4.4.6　虚拟局域网

　　如果从历史的角度来观察局域网的发展，那么最初专注的是位于共享传输介质前台的成本和效率。因此，在 10Base–2 或者 10Base–5 的以太网中，所有局域网中的计算机事实上都分布在共享的数据总线上，这个总线通常被铺设在一个完整的建筑中。虽然所有被连接的计算机在地理上彼此相互接近，但是这些计算机相互间经常与操作局域网的公司组织结构没有任何关系。不同的部门和办公室会使用相同的局域网，以便可以安全地传输信息，这些信息并不涉及其他的网络参与者。只要通过对以太网接口的巧妙配置，即混杂模式（Promiscuous Mode），每个参与者就可以读取整个局域网中的网络数据流量。

　　这样的技术进步导致了交换以太网技术的发展。通过集线器和交换机的使用很容易实现以前共享的局域网的分离。首先，在单独局域网段进行的物理分离确保了敏感数据对安全传输的要求，同时实现了局域网的一个负载相关的分离。也就是说，具有较高数据传输量的区域可以被从较少负载的区域分隔出来，这样可以降低通信的延迟时间。此外，还需要将局域网中的广播领域保持尽可能小，以便网络不用装载不必要的管理相关的广播信息。这些都涉及了企业网络的安全、性能和灵活方面。这种灵活性是必要的，因为在一个企业中经常会发生组织相关的改变。

现在，如果将一个企业网络进行物理划分，那么网络技术是负责管理网络重新布线和网络设备搬迁的主管系统。因此，这个想法近乎实现了现有局域网在逻辑层上通过使用合适的软件独立进行配置和分配。通过这种逻辑产生所谓的逻辑**虚拟局域网**（virtual LAN，VLAN）。一个虚拟局域网可以通过使用特殊的、具有 VLAN 能力的交换机实现。其中，存在多个将子网映射到虚拟局域网的可能性。

- **静态映射**：通过一个直接的端口映射到一个具有 VLAN 能力的交换机。这种基于端口的 VLAN 是 VLAN 最古老的形式。具有 VLAN 功能的交换机使用这些端口可以被分割成多个逻辑交换机。此外，基于端口的 VLAN 还可以跨越多个交换机。其中，一个端口始终只被允许分配一个单个的 VLAN。

- **数据包标记**（**Tag**）：位于被发送的数据包上，由交换机进行评估。通过这些标记，VLAN 规定的信息被添加到了数据包。1998 年，VLAN 的这种形式在**IEEE 802.1q**文档中进行了标准化。以太网数据包报头为 VLAN 标记增加了一个新的字段。这个扩展是由一个长度为 2 字节的、用于 VLAN 协议控制标识的字段组成。该字段的值通常包含 0x8100，同时在其前面的位置也是一个长度字段。由于这个值大于 1500，超过了以太网数据包旧的长度限制。因此，以太网网络硬件将这个值自动解释为类型字段，而不是长度字段。随后，跟着的是一个长度为 2 字节的字段。该字段划分为一个长度为 12 位的 VLAN 标识符，来标识各自的 VLAN；一个长度为 3 位的优先级字段，来区分时间轻重的数据流量；以及一个长度为 1 位的规范格式指示符（Canonical Format Indicator，CFI）字段。规范格式指示符与 VLAN 并不相关，但是却可以表示一个 IEEE 802.5 数据包被封装后是否是通过以太网的 LAN 进行传输的。为此，对于一个以太网数据包长度的上限被提高到了 1522 字节（参见图 4.62）。

- **动态映射**：通过 MAC 地址、IP 地址，甚至通过 TCP 和 UDP 端口在 TCP/IP 参考模型更高的抽象层的应用来实现。这种映射的类型实现了一个（移动的）终端设备始终属于某个 VLAN，而与通过接入到 LAN 连接的网络接口无关。

图 4.63 描述了两种不同的 VLAN 配置。在上半部，通过静态端口映射给出的一个分配被显示为 2 个 VLAN：V_1 和 V_2。其中，两个交换机 A 和 B 必须分别通过两个独立的电缆被相互连接到一起。而在下半部，原则上同样的 VLAN 配置通过 IEEE 802.1q 被描述。其中，交换机 A 和 B 只需通过一个单独的电缆相互连接到一起。

每个 VLAN 构建了一个独立的广播域，类似于一个物理上被分离的网络段。不同 VLAN 之间的数据业务的调解需要使用**路由器**。这个功能并不是在 TCP/IP 参考模型的网络接入层框架下提供的，而是在更高一层：网络互联层进行的。因此，提供这个功能的交换机也称为**3 级交换机**。

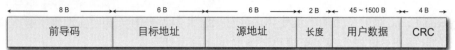

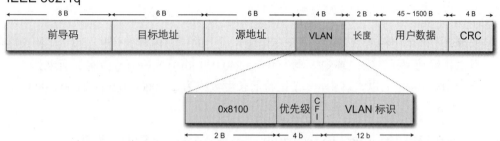

图 4.62　IEEE 802.3 以太网数据格式和 VLAN IEEE 802.1q 数据格式

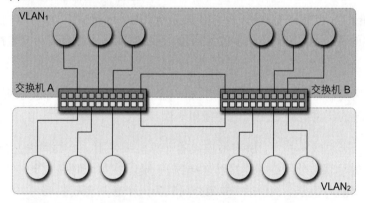

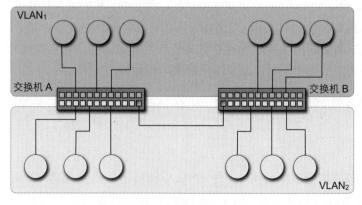

图 4.63　(a) 用于静态端口分配的 VLAN 配置；(b) 用于 IEEE 802.1q 数据包标记的 VLAN 配置

4.5 术语表

任播（Anycast）：类似于多播的寻址变体，对应一组大多为平衡负载而在地理上被大面积散布的计算机。这样实现了可提供服务的更高可用性。

基干（Backbone）：基干被称为网络社团。这些社团共同提供一个特别高的容量和带宽。基干被作为用于将自己的网络连接到互联网上的起点。这些基干通常提供了比较小的容量，并且将基干的资源分配到了其他与其相连的网络中。

比特长度：由一个比特所携带的、填充在传输介质上的信息内容的信号长度。比特长度可以由传输速率（在铜电缆中大概为 $0.8c=240.000$ km/s）和信号带宽的商来计算。在一个 100–Base–T 以太网中，一个比特的长度大概为 240000000 mps/100000000 bps $= 2.4$ m/b。

位/字节填充（Bit Stuffing，Byte Stuffing）：在一个数据传输的一条消息中，插入一个或者多个位/字节，以便将信号信息传递到接收方。被插入的数据并不作为有效载荷，而只是将数据包填充到预先给出的固定长度，或者用于同步。

桥接器（Bridge）：也被称为网桥，网络中间系统，用于连接位于 TCP/IP 参考模型网络接入层上的两个网络组件。除了放大信号，网桥在网络中还可以为流量控制执行过滤任务。

广播：一个广播传输对应一个广泛的传递，即一个点的传输被同时发送到网络中的所有参与者。传统的广播应用是无线电广播和电视。

总线拓扑：在一个总线拓扑中，所有被连接的计算机都使用一个**共同线性介质**，即总线。这个总线的两端被使用终端连接器连接到了一起。在每个时间点上，在总线上只允许一个参与者进行发送。相应的，**专用介质**只为一个参与者提供服务。

载波侦听（Carrier Sense）：想要发送消息的网络设备，首先要对传输介质进行侦听。如果传输信道是空闲的时候，这些网络设备才可以访问这些传输介质。如果这些传输信道被占用，那么这时如果这些网络设备还要进行访问的话就会产生冲突（碰撞）。为此，专门制定了几个策略以减少发生冲突的可能性。

载波侦听多路访问（Carrier Sense Multiple Access，CSMA）：一种访问方法。其中，一个网络设备与其他网络设备共同监视被使用的传输信道。只有当信道是空闲的时候，才能进行一个传输。

带冲突检测的载波监听多路访问：一种 CSMA 访问方法，简写为 CSMA/CD（Carrier Sense Multiple Access with Collision Detection）。在出现一个冲突的时候进行识别、设置发送，以及在重新传输之前等待一个随机被选择的时间周期。

冲突域（Collision Domain）：表示网络的范围，这个范围可能出现数据包的冲突。

远程数据传输：如果进行数据传输的计算机系统之间彼此相距的距离超过了 1000 m，那么这种传输就被认为是远程数据传输。但是，这种限制并不是刚性的。在远程数据传输中使用的方法存在着很大的不同。有些方法被用于那些相互间距离并不是那么遥远的系统中。

扩散网络（Diffusion Network）：又称为广播网络（Broadcast Network）。在一个扩散网络中，发送方的信号会被在网络中连接的所有计算机接收，这就要考虑到传播延迟的现象。其中，每个接收方必须自己确定，是否要接收该消息，或者将其忽视掉。

全双工（Full Duplex）：通信方式的变体。其中，每个参与者同时既可以发送也可以接收消息。对于一个网络来说，这是一种典型的通信形式，因为每个参与者在发送的时候必须接收控制信息。例如，发送失败的情况下被再次取消。

数据吞吐量（Throughput）：对通信系统性能的一种量度。是通过在一个特定的时间段内被处理或者被传输的消息或者数据的测量得到的。数据吞吐量可以从被传输的没有误差的数据比特和被传输的总的比特之间的商计算得出。其中的比特数都是基于一个固定的时间段。吞吐量的单位为 bps（每秒的比特数）或者每秒的数据包数。

流量控制（Flow Control）：用于确保网络设备之间均匀的和尽可能连续的数据传输的方法，而这些网络设备并不是同步被操作的。流量控制干涉网络设备的发送顺序的调控，以及发送功率的节流。如果到接收方的路径上出现拥堵情况，流量控制可以避免潜在的数据丢失。

半双工（Half Duplex）：通信方式的变体。其中，每个参与者可以发送和接收消息，但是两个操作不能同时进行。

集线器（Hub）：也称为多端口中继器，是计算机网络中的中央连接元件。该元件将具有联网功能的设备彼此连接在一个星型拓扑结构中。一个集线器的操作如同一个中继器，可以执行信号的放大，之后信号被以广播的形式转发到集线器的所有接口。

IEEE（Institute of Electrical and Electronics Engineers）：电气电子工程师协会，是一个总部设在美国的国际工程师协会。IEEE 的会员目前大概由 350 000 位来自 150 多个不同国家的工程师组成。IEEE 的主要任务是准备、讨论、通过以及发布网络领域中的标准。其中，**IEEE 802**工作组负责 LAN 技术的标准化进程。

电路交换：通过网络交换消息的方法。在消息交换开始之前，需要在两个通信的终端设备之间建立一个专门的固定连接，该连接会在通信的整个过程中一直存在。从这点上看，类似于模拟电话网络功能。

逻辑链路控制（Logical Link Control，LLC）：TCP/IP 参考模型的网络接入层中的两个子层的上面那层部分，用于调节位于其下的 MAC 子层和网络互联层。LLC 子层独立于位于其下的底层网络技术，并且执行诸如流量控制、链路管理、错误监测和校正、碎片化或者分组同步的任务。

曼彻斯特编码（Manchester Encoding）：简单的二进制信号编码，基于电压的变化。二进制 1 是通过低 → 高的改变被编码的，而一个二进制 0 是通过高 → 低的改变被编码的。

介质访问控制（Medium Access Control，MAC）：TCP/IP 参考模型的网络接入层中的两个子层的下面那个子层。其中，存取是在一个共享的传输介质上被控制的。介质访问控制形成了物理层和 LLC 子层之间的接口。

多播（multicast）：一个多播传输对应一个被限制了参与者圈子的广播。因此，多播涉及了从一个点同时向一个特定的网络参与者组的传输。

多址访问（Multiple Access）：如果被连接在一个网络上的网络设备共享一个通信信道，那么人们就称之为多址访问或者多址接入。

消息中介：网络通信的一种方法。其中，各个交换机在进行转发之前，必须首先缓存完整的消息内容。发送方只需要了解到下一个交换机的路径，然后该消息按照相同的方式转发到最近的交换机即可。

网段：共享物理传输介质的网络设备组（不可与数据包的分段混淆）。

往返路程时间（Round Trip Time，RTT）：往返路程时间被定义为一个网络的完整反应时间。该时间段是指一个信号从一个信号源通过网络被发送到任意一个接收方，并且该接收方对此的响应通过这个网络被传递回信号发送方所需要的时间。

分组交换（Packet Switching）：又称为包交换，是数字网络中的主要通信方法。其中，消息被分解为固定大小的单独数据包，并且这些数据包相互独立地从发送方通过现有的交换机发送到接收方。这种分组网络又被区分为**面向连接**的分组交换网络和**无连接**的分组交换网络（**数据报网络**）。在面向连接的分组交换网络中，从实际数据传输开始就通过一个被固定选取的交换机在网络中建立了一个连接。相反的，在无连接的分组交换网络中，并不会建立一个固定的连接路径。

端口（Port）：网络中对中间系统/交换系统的输入和输出的通称（避免与 TCP 端口混淆）。

计算机网络（Computer Network）：计算机网络提供了网络连接的自主计算机系统。每个系统都提供自己的内存、外围设备和计算能力，这些是实现数据交换的基础设施。由于所有的参与者相互间是彼此联网的，计算机网络为每个参与者提供了与另一个网络参与者建立连接的可能性。

中继器（Repeater）：中间系统，用于增强和互联不同的网络元件。中继器是绝对透明的，并且将接收到的各个数据包信号进一步增强。

单工（Simplex）：通信方式的变体。其中，消息流只能在一个方向上进行，即从发送方到接收方，例如，有线电视。

交换型集线器（**Switching Hub**）：中央网络的中间系统，可以在被连接的计算机和网络之间通过一个内部的连接矩阵使用 10 Mbps、100 Mbps、1 Gbps 或者更高的速度进行互联。其中，竞争的访问是按照顺序进行处理的。

拓扑结构（**Topology Structure**）：计算机网络的拓扑结构是一种几何形式，该形式给出了网络内部各个计算机节点的分布情况。计算机网络中常见的拓扑结构有：**总线拓扑、环型拓扑和星型拓扑**。

端接器（**Terminator**）：为了阻止每次所使用的传输介质的信号衰减，必须在电缆附加端接器。这种电阻会造成电压的损失，从而防止了在电缆末端发生的反射。

收发器（**Transceiver**）：以太网 LAN 中，使用硬件对数据包进行发送和接收，以及监测网络流量。这个术语还被衍伸出简短的形式：发送方（**Transmitter**）和接收方（**Receiver**）。收发器既可以直接位于总线访问中，也可以位于被连接的计算机中。

时隙（**Time slot**）：分割时间轴为相同长度的段。所得到的时间间隔被称为时隙或者时间段。

第 5 章   网络接入层 (2)：无线移动局域网技术

> *"我希望看到的人群，是站在自由土地上的自由人。"*
>
> —— Johann Wolfgang von Goethe, Faust II

对于如今的互联网来说，那种在办公室或者家里只能通过固定的网线将计算机连接到互联网的时代已经一去不复返了。近年来，移动性占据了互联网的主要位置，已经实现了使用笔记本在旅途中访问企业网或者使用移动电话读取电子邮件的可能性。这种通过移动通信技术实现的无限制访问可以为我们提供在任何地点的局域网访问，同时省掉了布线的麻烦。今天，无线局域网（Wireless LAN，WLAN）已经可以提供和有线局域网相同的性能。但是，这种技术在提供便捷的同时也具有不足：有线网络技术可以强制擅自窃听者或攻击者在进入一个陌生的网络之前必须首先完成对该网络的物理访问。如今的无线网络并不具有固定的界限，而是在一个被允许的半径范围内进行无障碍地接收。因此，安全技术和加密技术与无线网络技术的关系日益紧密。本章将介绍无线网络技术的基础知识以及必要的安全标准和加密方法，以便实现尽可能安全地使用无线技术。除了无线局域网技术，近距离网络，即所谓的个人域网（Personal Area Network，PAN）也越来越流行。这种网络只包括方圆几米之内的设备，并且能够无线联网。在本章中，蓝牙技术和蜂舞协议（ZigBee）将作为个人域网技术的代表给出详细的介绍。

5.1   无线和移动网络技术的基础知识

虽然有线的局域网已经称霸网络市场很多年了，但是今天出现的基于无线的网络正在以迅猛的势头进行扩张。无处不在的互联网入口可以完全独立于具体的地理位置，在家里、在学校、在公共场所或者在咖啡厅，甚至在公共交通中，如今的无线网遍布世界各个角落，同时也改变了我们生活的许多方面。如果在此之前无线网络增长的成本，以及联网还都是问题，那么随着技术的发展和相关产品的批量生产，如今那些无线网络所必需的组件实现了互联网的不断壮大。

从历史上看，无线计算机网络的发展可以追溯到 1971 年。Norman Abramson（1932—）当年和他在夏威夷大学的同事成功地通过无线网络将夏威夷的主要群岛进行了联网，并将其命名为**ALOHA 网络**。最初，ALOHA 网络被设计为双向星型拓扑结构。位于 4 个不同岛屿上的 7 台单独的计算机与位于瓦胡岛（Oahu）上的中央计算机以 9600 bps 的数据传输速率进行通信，其中没有使用任何基于电缆的传输介质。而开发基于无线网络的出发点则是夏威夷群岛之间不可靠的、同时也是非常昂贵的电话线连接。为了改变当时的状况，Abramson 使用一个简单的多址接入协议（pure ALOHA，slotted ALOHA）开发设计了一个无线网络。这个协议随后被扩充为以太网协议。1972 年，ALOHA 网络也连接到了阿帕网络上。最初是通过无线电波，从 1973 年起是通过卫星，同年整个夏威夷也联网了。

从拓扑空间来看，这种网络被称为基于无线电的局域网，即短的无线局域网中使用了星型拓扑结构或者网状拓扑结构。在**网状拓扑**（Mesh Topology）结构（参见 4.3.1 节）中存在至少两个节点。在这些节点之间具有两个以上的连接（即冗余）。在一个纯网状拓扑（True Mesh Topology）结构中，每个节点都与另外一个节点存在一个连接。与部分网状拓扑（Partial Mesh Topology）结构不同的是，这种连接等同于完全的点到点的连接。通常，纯网状拓扑结构都被保留为主干网，这样可以确保一个较高的可靠性。这样的主干网通常会进一步与一个部分网状拓扑结构的网络相连接。

如今，**星型拓扑**（Star Topology）结构是无线局域网中最常见的形式。一个中央基站，即所谓的**接入点**（Access Point，AP）要确保对由外围计算机发送的数据包的正确转发。这个接入点能够通过无线网络作为**桥梁**与其他的有线网络和互联网相连，并以这种方式确保将无线连接的计算机外围设备连接到更大的网络中（参见图 5.1）。

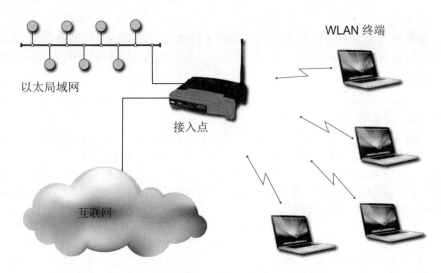

图 5.1　连接到其他网络的星型无线网络

无线局域网通信被划分成具有两种不同操作模式（或者说是类型）的网络拓扑结构。

IEEE 802.11 标准中定义了简单的蜂窝拓扑结构。这种结构是独立的，并且可以覆盖一小块区域。同时这种结构更为复杂，通过中间系统还可以实现更高的覆盖范围。其基本结构始终是一个单一的无线电单元，即**基本服务集**（Basic Service Set，BSS）。这种单元是由一个网络节点通过被无线电照亮的地方进行确定的。

- **自组织模式**：自组织网络（Ad Hoc network）是一种无线局域网。这种网络将两个或者多个参与者连接到一个网状网络中。这种类型的无线局域网不需要固定的基础设施或者专门接入点。数据从一个参与者转发到另外一个参与者，直到该数据到达正确的接收方为止。因此，这种产生的负载量分布要比在无线局域网中使用中央接入点更有利。这种特殊的路由方法确保了网络可以适应不断变化的拓扑结构。自组织网络也称为**独立基本服务集**（Independent Basic Service Set，IBSS）。一个自组织网络的覆盖范围在建筑物内为 30~50 m，而在开阔的地形上可达大概 300 m。

- **基础设施模式**：基础设施网络关注的是无线局域网。其中，各个终端设备之间的通信是通过一个中央集线器（接入点）实现的。通过这种方式就可以让更多的无线单元（BSS）彼此相连，以便实现更大的范围和覆盖面积。这就构成了所谓的**扩展服务集**（Extended Service Set，ESS）。

客服端每次都必须用自己的 MAC 地址在接入点进行登录。对应的接入点也可以是其他网络（也可以是有线的）的中转站，即分配系统（Distribution System，DS）。通过使用更多的接入点，就可以在整个区域上实现网络访问，即这个区域被单个的、重叠的单元所覆盖。在 IEEE 802.11 标准中，这些被重叠的单元可以没有任何干扰地被操作。在建筑物内，一个无线单元的扩展通过接入点可以达到大约 100 m。而该接入点被描述为基本服务集的中心。

在基础设施网络中，参与者可以在各个无线单元间游走，并且与每个接入点进行连接，而不会中断数据的交换。这种自动的无线单元转换也称为**漫游**。一个无线单元范围内的参与者一旦移动到了另外一个无线单元的覆盖范围，那么这种漫游就会生效（参见图 5.2）。这样一来，就可以在保持网络连接的同时确保了空间的自由移动。

无线局域网中的漫游

漫游（Roaming）是指在一个无线网络中，参与者可以从一个无线单元无缝切换到另外一个无线单元，而中间不会导致现有通信连接的中断。对于无线局域网中接入点的无线单元来说，参与者应该是透明的。也就是说，使用者不会发觉已经切换到了另外一个接入点的无线单元内。为了确保这一点，每个接入点在规定的时间间隔内会发送所谓的**信标帧**（Beacon Frame），以标记自己的无线单元。

无线局域网的参与者在规定的时间间隔内，在所有被允许的信道内搜索这些信标帧。如果信标帧被不同的接入点所接收，那么该参与者总是连接到能够提供较强信号强度的无线单元，因为这个无线单元极有可能是参与者接下来的接入点。如果该参与者一直在移动，并且进入到了另外一个接入点的传输范围，那么在用户还没有意识到这一点的时候，用户的自动转换功能就已经准备就绪了。

IEEE 802.11 标准记录了漫游的相关技术细节，并且给出了不同的转换标准。在一些应用中，如果当前接收到的信号电平下降到了最小的阈值，那么会自动搜索其他的信标帧。而其他的应用会永久接收所有的信标帧，并且同时管理所有位置的接入点，以便减少漫游所需的处理时间。另外，一些接入点还会通知参与者当前连接的参与者数量，以便帮助参与者决策是否开始一个漫游。同样的，在各自无线单元现有的不同数据传输的速率也会为漫游的决策提供参考。

IEEE 802.11f 标准为各个接入点之间的通信定义了**接入点间协议**（Inter Access Point Protocol，IAPP），描述了基站的互连性。因此，一个接入点可以单独通知相邻的接入点有关无线单元之间参与者的过渡信息。如果旧的接入点已经为过渡的参与者准备好了数据包，那么这些数据包首先被转发到相邻的接入点，然后在那里被转发到参与者。

延伸阅读：

Rech, J.: Wireless LANs. 802.11 — WLAN-Technologie und praktische Umsetzung im Detail, 2. Auflage, Heise Zeitschriften Verlag, GmbH & Co. KG (2006)

图 5.2　无线局域网中的漫游

除了无线局域网技术, 基于无线电的技术还用于广域网 (或者城域网) 以及短距离的个人域网 (Personal Area Network, PAN)。在城域网和广域网范围内, 微波接入的世界范围互操作 (World Interoperability for Microwave Access, WiMAX) 被开发为 IEEE 802.16标准。该标准第一阶段提供了通过外部天线为建筑物提供服务的标准。第二阶段不仅规定了外部的, 同时也规定了内部的天线标准。而第三阶段规定了移动设备的连接标准。对于短距离范围, 早在 1999 年就已经存在了蓝牙标准 (IEEE 802.15.1), 并且提供了由蜂舞协议 (ZigBee) 规定的智能传感器的联网标准。

5.2　无线局域网——IEEE 802.11

由于无线局域网需要被应用到广泛的互联网基础设施中, 因此需要一个工业的标准, 以及其他的已经被使用的网络标准, 例如, 以太网或者异步传输模式 (Asynchronous Transfer Mode, ATM)。因此, 由美国电气电子工程师协会 (IEEE) 负责的标准化局域网领域的 IEEE 802 权威小组呼吁出台了相应的 IEEE 802.11 无线局域网标准。这个用于无线局域网的首个标准已经在 1997 年通过了审核。该标准最初是使用 2.4 GHz 的无线电频率 (Radio Frequency, RF) 进行工作的, 并且规定数据的传输速率为 1~2 Mbps。而两个后继的标准 IEEE 802.11a 和 IEEE 802.11b 分别是在 5.8 GHz 和 2.4 GHz 的无线频率上进行工作的, 并且数据传输率也达到了 5 Mbps~54 Mbps。其中, 802.11b 标准具有大概50 m 的传输范围。为了避免冗余以及任何可能出现的传输错误, 在实践中的数据传输速率被设定为理论可达值的 50%~70%。在表 5.1 中描述了 IEEE 802.11 标准, 及其重要的子标准。

表 5.1　IEEE 802.11 标准和其最重要的子标准

802.11	1~2 Mbps, 如今已经过时, 位于 2.4 GHz 频带 (1997)
802.11a	6~54 Mbps, 位于 5 GHz 频带 (1999)
802.11b	5.5~11 Mbps, 位于 2.4 GHz 频带 (1999)
802.11d	使用不同国家或地区的无线电规定
802.11e	支持服务质量 (Quality of Service, QoS)
802.11f	基站之间的互通性 (2003)
802.11g	6~54 Mbps, 位于 2.4 GHz 频带 (2003)
802.11h	传输强度和范围管理调整, 位于 5 GHz 频带
802.11i	对安全性和身份验证的改进 (2004)
802.11j	4.9~5 GHz, 根据日本规定进行的升级
802.11n	可达 600 Mbps(2009)
802.11p	27 Mbps, 位于 5.9 GHz 频带, 无线接入车载环境 (Wireless Access for Vehicular Environment, WAVE)
802.11r	改进接入点之间的漫游
802.11s	无线网状网络 (Wireless mesh network, WMN) 和网状路由
802.11u	非 802 网络的互联
802.11v	无线网络管理

5.2.1 IEEE 802.11 的物理层

位于 IEEE 802.11 标准协议层的最底层是**802.11–PHY**协议（物理层）。这一层需要解决的问题是：用于数据传输而分配的频率带上通常存在许多不同的计算机想要彼此间进行通信，同时这些计算机的地理位置是重叠的。那么，如何才能在一个（或者多个重叠的）无线网络中将不同的通信伙伴彼此区分开？

为了解决这些问题，在物理层中规定了用于数据传输的不同调制方法（一个详细的描述参见 3.2.5 节）。

- 跳频扩频（Frequency Hopping Spread Spectrum, FHSS）。
- 直接序列扩频（Direct Sequence Spread Spectrum, DSSS）。
- 正交频分复用（Orthogonal Frequency Division Multiplexing, OFDM）。
- 分组二进制卷积编码（Packet Binary Convolutional Coding, PBCC）。

跳频扩频采用窄带载波将可用的频率带划分成单独的信道。这种载波根据所谓的高斯频移键控（Gaussian Frequency Shift Keying, GFSK）半随机地永久改变其频率，同时也提供一些防止窃听的安全方法。这样一来，作为一个未经授权的第三方就不能预测下一次数据被转变到哪个频率上，因此也就不能接收到完整的信号。这种方法通过跳频扩频方法实现了在相同的物理空间中使用不同网络的可能性，其中各个网络使用通过高斯频移键控所确定的不同的频率信号。

直接序列扩频的工作原理则与调频扩频完全不同。这种方法结合了具有更高速率的数字代码的数据流。也就是说，每个数据比特都被映射到了一个随机的比特序列上，即所谓的芯片代码。这种代码只有发送方和接收方才知道。其中，1 和 0 每次都代表了芯片代码及其逆转，并且由此获得一个特定的比特。通过这个信号就可以识别出究竟是 1 还是 0。这种频率模式的类型确保了对应的同步，甚至还能够自己纠错，因此具有更稳健的防随机性能或者防有意干扰的性能。

为了确保更有效地对抗干扰，以保证数据的传输，使用了正交频分复用（OFMD）方法。其中，数据被平行地传递到不同的窄带以及独立的信道上（子载波），但使用的数据传输率要比等效的串行传输低。干扰通常只在所提供的可用频率带的一个较窄的区域出现，因此只有单个的子载波会受到影响，从而实现了一个较高的抗噪能力。此外，正交频分复用方法还通过互相重叠的子载波优化了可用带宽的利用率。为了不产生相互的影响，这些子载波的频率都选择为相互正交的。

在 IEEE 802.11 标准中为无线局域网定制的标准除了跳频扩频、直接序列扩频和正交频分复用方法，还使用了其他编码方法。例如，分组二进制卷积编码（PBBC），以便实现抗干扰的更高安全性和更高的数据传输率。在该编码方法中，对于要发送的数据，每 2 个比特位通过一个卷积码被转变为一个 3 个比特位的序列。这个序列借助于 8 个相移键控（Phase Shift Keying）被调制到载波信号上。表 5.2 给出了 802.11–PHY 标准中不同的实现方法。

5.2.2 IEEE 802.11 的介质访问控制子层

IEEE 802.11 标准的下一个更高协议层是介质访问控制（Media Access Control, MAC）子层（802.11–MAC）。这一层负责调节在共享的无线传输介质上的多个访问。这些在无线

表 5.2　802.11–PHY 标准中实现的方法

标准	传输方法	频率带	数据传输速率
802.11	FHSS	2.4 GHz	1 Mbps、2 Mbps
802.11	DSSS	2.4 GHz	1 Mbps、2 Mbps
802.11a	OFDM	5 GHz	6 Mbps、9 Mbps、12 Mbps、18 Mbps、24 Mbps、36 Mbps、48 Mbps 和 54 Mbps
802.11b	DSSS	2.4 GHz	5.5 Mbps、1 Mbps
802.11b	PBCC	2.4 GHz	5.5 Mbps、11 Mbps
802.11g	OFDM	2.4 GHz	6 Mbps、9 Mbps、12 Mbps、18 Mbps、24 Mbps、36 Mbps、48 Mbps 和 54 Mbps
802.11g	PBCC	2.4 GHz	22 Mbps、33 Mbps
802.11n	OFDM	2.4 GHz、5 GHz	可达 600 Mbps

局域网中所使用的方法与在基于电缆的以太网中所使用的 CSMA/CD 算法非常相似，就如在以太网标准 IEEE 802.3 中规定的那样：访问方法通过一个共享的权限提供给所有的参与者。为了不会在这之前触发到一个冲突，使用 CSMA/CD 算法的计算机只有在共同使用的传输介质上没有检测到信号的时候才能开始自己发送进程。

同样，根据 IEEE 802.11 标准中的规定，无线局域网中的计算机在被分配的无线频率上需要监视接收到的功率电平，以便确定是否有另外一台计算机正在执行数据的传输任务。如果识别到了另外一台计算机的操作，那么这个用于一定时间内的特定信道被称为**分配的帧间空隙**（Distributed Inter Frame Space，DIFS）。如果信道为空闲的，那么这台计算机就可以开始进行自己的传输了。接收方根据一个被称为**短的帧间空隙**（Short Inter Frame Space，SIFS）的时间周期来确认一个完整消息的接收。如果识别到该信道刚好被占用，那么一个退避算法会被触发，同时该计算机在尝试下一次的发送之前，会等待一个被随机选择的时间周期。

在 CSMA/CD（Carrier Sense Multiple Access/Collision Detection）算法，即带碰撞检测的载波侦听多址访问中，根据数据包被检测出的冲突会发起对应的措施，以便规范不同参与者的并行访问。与 CSMA/CD 算法不同的是，在 IEEE 802.11 标准中使用了一个防碰撞算法：**带冲突避免的多路访问**（Multiple Access with Collision Avoidance，MACA）。通常，在一个数据传输的过程中，如果已经发生了一个碰撞，那么必须重复这个传输。但是，由于每次只能允许一个参与者访问无线传输介质，因此这种数据的重传会对其他所有的参与者造成延迟的影响。为了避免这种延迟的扩展，同时实现尽可能高的效率，人们尝试通过一种特殊的、无线传输介质自有的访问方法的特性，从一开始就避免碰撞的发生。

另一个与有线局域网不同的特点在于，参与者使用无线局域网时不能确定其所发送的数据是否正确无误地，并且实际上真正到达了接收方。电子的或者光学的传输介质，例如铜缆或者光纤，具有防干扰的物理屏蔽作用。相反，通过无线介质进行的数据传输很容易受到相邻系统或者位于相同频率范围的陌生网络的干扰。因此，在网络接入层必须制定相应的错误检测和校正机制。在 IEEE 802.11 标准中，这种机制被一个类似的机制，即确认机制所替代。否则这种机制一般只在 TCP/IP 参考模型的较高层中才会出现。有了这种机制，接收方会通过一个**肯定应答**（Acknowledgement，ACK）的传输控制字符来确定所发送的数据是否已经被接收无误。如果发送方在一个特定的时间间隔内没有接收到这个确认符，那么发送的数据会在短暂的延迟后被重新发送（**重传**）。数据传输的时间越长，也就是说，单个的数据包越长，那么这个数据包在传输过程中会发生传输错误的概率就越大。因此，IEEE 802.11 标准规定了将较大的数据包按照需要分解成较小**碎片**的可能性。也就是说，数据包在发送之前会在发送方被分解成较小的单元（碎片）。

一般情况下，802.11–MAC 标准中区分了两个对网络资源访问的基本方法。

- **点协调功能**（Point Coordination Function，PCF）：这种类型的媒介存储管理是由一个专用的点来进行集中协调控制的。网络参与者们彼此间并不存在直接的竞争。这是一种避免碰撞的策略。通常情况下，这个任务是由接入点来执行的，因此只被应用在基础结构模式中。由传输介质集中管理的时间周期被称为所谓的无竞争周期（Contention Free Period，CFP）。这种算法规定了，如果数据对时间敏感，例如，必须传输实时音频或者实时视频数据时，那么必须保证媒介能够在一个特定的时间区域内被访问。

- **分布式协调功能**（Distributed Coordination Function，DCF）：在这个媒介访问管理的变体中不存在中央管理，而是单个的参与者彼此间存在着直接的竞争。在这种情况下碰撞是不能避免的。这种方法既可以用在基础架构模式中，也可以在自组织模式（Ad-Hoc-Mode）中使用。在传输介质中被分散管理的时间周期也被称为竞争周期（Contention Period，CP）。

建立在 IEEE 802.3 以太网标准中的有线数据传输基础上的 IEEE 802.11 标准中的带冲突避免的多路访问（MACA）方法基于的是一种分散的形式。每个参与者都是自己负责对传输介质的访问。一个参与者在进行发送之前，必须首先检查用于发送的传输介质是不是空闲的。如果是，那么才可以开始访问。在以太网的 CSMA/CD 算法中，参与者在监控用于发送的传输信道的同时，还可以接收到实时发生的碰撞信息。而在无线局域网中，原则上是不允许同时发送和接收数据的。除非是使用两个完全独立的的发送和接收单元，但是这种支出通常是不合情理的。在无线局域网中没有实现对碰撞的检测，因此从一开始就要避免碰撞的发生。

除了使用物理层的载波侦听机制来检查传输介质的空闲状态（在 IEEE 802.11 标准中实现的方法类似于 IEEE 802.3 以太网标准），802.11–MAC 标准额外还使用了一个所谓的**虚拟载波侦听**（Virtual Carrier Sense）机制。这种机制的基础是一个计时器，即网络分配矢量（Network Allocation Vector，NAV）。这种计时器是由所有参与者共同管理的，并且指出传输介质有可能用于数据传输所占用的时间。只有当这个网络分配矢量的计时器已经过期，同时物理载波侦听函数返回一个传输介质空闲的信号，参与者才能开始访问这个传输介质。通过这种机制就可以进一步降低出现实时碰撞的概率。网络分配矢量计时器的分散管理方法是通过各个被发送的数据包的报头中的条目得以实现的，即在报头的 Duration/ID 区域内加入预先估算的传输介质被数据传输所占用的时间周期。由于在网络

覆盖范围内的所有参与者都会接收到这个数据包，因此这些参与者可以随时更新自己的
NAV 计时器，同时正在发送的参与者也会独享传输介质的使用权。这样一来就保证了数
据的一个持续的传输，其间不会被其他参与者打断。

在无线局域网中，大量的操作基于的是多个数据包之间的交换。在这些数据包之间通
常存在着短暂的传输空当。如果无线局域网仅仅依赖这种物理的虚拟侦听功能，那么在传输
空当的时候极有可能会出现另一个参与者访问当前的传输介质，从而打断当前操作的情况。

由于这种防碰撞的策略并不能完全避免碰撞的发生，并且上述的其他干扰也可能会
影响到数据的传输，所以引入了一个前面已经说过的肯定应答（**Acknowledgement**）机
制，即接收方必须对已经正确接收到的数据包进行确认。这种确认机制仅由 14 个字节长
的、被缩短了的数据包的报头组成。而且，只有单播的数据包能够被确认，也就是说，数
据包必须具有明确指定的收件人。广播或者多播的数据包仍旧不能接收确认。

一个被正确接收到的数据包在接收方和接收确认送达之间的时间区域称为**帧间空隙**。
这种帧间空隙（Inter Frame Space，IFS）根据媒介访问的不同优先级具有不同的版本。其
中，IEEE 802.11 标准的原则是，当参与者各自的数据传输速率相互独立的时候，具有较
高优先级的通信会享受到相比于具有较低优先级的通信更短的等待时间。也就是说，确保
具有较高优先级的数据能够先于具有较低优先级的数据进行传输。帧间空隙的类型可以
分为以下几种：

- **短的帧间空隙**（Short Inter Frame Space，SIFS）为一个肯定应答（ACK）、允许
  发送（Clear to Send，CTS），即对一个请求发送查询的确认，或者来自一个零散
  的数据传输的后继数据包定义了一个最短的距离。短的帧间空隙描述了这种最短
  的时间周期，同时被预留用于具有更高优先级的通信。

- **点协调功能帧间空隙**（Point Coordination Function Inter Frame Space，PIFS）仅
  用于支持 PCF 模式的网络，同时为 PCF 模式中的参与者提供了用于访问传输
  介质的更高优先级。

- **分布式协调功能帧间空隙**(Distributed Coordination Function Inter Frame Space，
  DIFS) 用于支持 DCF 模式的网络，同时定义了参与者在被允许开启发送操作之
  前，必须等待一个传输介质空闲的等待周期。

- **扩展帧间空隙**（Extended Inter Frame Space，EIFS） 只支持 DCF 模式的网络。
  不同于网络分配矢量（NAV）计时器，这种功能在前任发送方由于一个错误不得
  不提前中止传输的时候会定义一个比前任发送方更短的等待时间。

由于短的帧间空隙通常都比分布式协调功能帧间空隙要短，所以根据短的帧间空隙
操作所发送的数据包要比根据分布式协调功能帧间空隙操作所发送的数据包具有更高的
优先级。这就确保了已经被确认（ACK）的数据包通常都能够在新的（正常的）数据包之
前被优先发送。具有更高优先级的接收方会通过这种方式获得数据包被正确接收的确认。
为了避免在分布式协调功能帧间空隙操作后所有参与者为了发送数据包而同时尝试访问
传输介质，每个参与者本身在进行实际发送尝试之前都需要等待一个特定的、随机长度的
时间间隔。这个随机选取的时间长度在以太网中可以借助**退避**算法来确定。当这个退避

时间间隔过期后，参与者就会以最短的时间延迟开始进行发送。所有其他参与者接收到这个被传递过来的数据包后，会根据这个数据包报头中 Duration/Id 区域来校正自己的网络分配矢量（NAV）计时器。其中，在 Duration/Id 区域内注明了该数据传输正确接收所持续的时间。也就是说，包含了对当前数据包发送的持续时间的相关确认。只有在这个网络分配矢量计时器过期后，其他的参与者才可以重新开始尝试访问当前的传输介质（参见图 5.3 和图 5.4）。

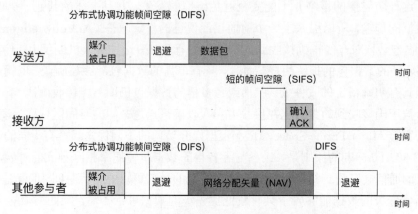

图 5.3　无线局域网内数据包发送和接收的时间进度表

无线局域网中的等待时间和介质访问

在无线局域网中，一个参与者发送数据包之前必须进行等待的实际时间取决于选用帧间空隙的等待时间，以及随后随机被选取的退避时间的相应规则。这种退避时间可以由以下计算方法得出：

$$\text{Backoff} = \text{Random(CW)} \times \text{SlotTime}$$

其中，争用窗口 CW（Contention Window）满足：$\text{CW}_{\min} \leqslant \text{CW} \leqslant \text{CW}_{\max}$。所有三个数值：SlotTime（时隙）、$\text{CW}_{\min}$ 和 $\text{CW}_{\max}$ 总是依赖于 802.11–PHY 标准，并且被预先设计以符合不同的类型。

例如，对于 DSSS 调制就有：SlotTime=20 μs，$\text{CW}_{\min}$=31 和 $\text{CW}_{\max}$=1031。每个不成功的传输尝试，都会使得退避时间翻倍，直到达到 $\text{CW}_{\max}$（指数退避）。如果一个数据包能够被成功地发送，那么 CW 值会被重新设置为 $\text{CW}_{\min}$。

如果一个参与者发现在退避等待时间内，传输介质又被再次占用，那么这个退避等待时间会被中断。当该传输介质不再被其他分布式协调功能帧间空隙的持续时间占用以后，这个退避时间会被重新恢复。

对于每一次重发的尝试，被发送数据包的时间长度的递增取决于两个不同计数器中的一个：站短重传计数器（Station Short Retry Count，SSRC）和站长重传计数器（Station Long Retry Count，SLRC）。前者用于比所谓的 RTS 阈值还要短的数据包，后者用于更大长度的数据包。如果两个计数器中的一个达到了被允许的最大数值（SSRC=7，SLRC=4），那么当前的发送尝试被认为是失败的，这时会重置当前的计数器。

延伸阅读：

Rech, J.: Wireless LANs. 802.11–WLAN-Technologie und praktische Umsetzung im Detail, 2. Auflage, Heise Zeitschriften Verlag, GmbH & Co. KG (2006)

图 5.4　无线局域网中等待时间和介质访问

　　一个无线局域网内的参与者都具有基于无线的接收和发送装置。这些装置的传播范围会因为物理特性的限制而受到影响。每个参与者具有自己的发送和接收范围，同时每个参与者所处的地理位置也决定了，该参与者可以直接接收到的发送方的范围。这个特性导致了一个所谓的**隐藏节点问题**（参见图 5.5）：假设在一个无线局域网内有 A、B、C 三位用户。其中，用户 B 位于用户 A 的直接发送和接收范围内。同样，用户 B 也位于用户 C 的直接发送和接收范围内。但是，用户 A 和 C 之间的地理位置相隔很远，以至于彼此间不能直接接收对方发送的信号。那么相对于用户 A 来说，用户 C 是隐藏的，因此不能被识别出。反之亦然。如果用户 A 和用户 C 几乎同时尝试向用户 B 发送数据包，那么在这种双方都被隐藏的情况下就会发生冲突。因为在这种情况下，双方都不能确定，对方是否已经开始发送数据包，同时传输介质是否已经被占用。

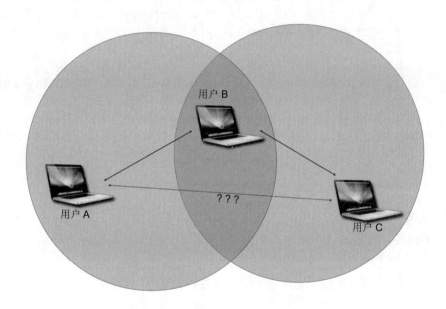

图 5.5　无线局域网内的隐藏节点问题

　　假设在上面描述的情况下又加入了另一个用户 D。用户 D 位于用户 C 的发送和接收的范围内，但是与用户 A 和用户 B 的距离却很远。那么在用户 A 和用户 B 之间的一条正在运行的数据通信线路会阻碍用户 C 和用户 D 的通信，虽然这条通信线路既不妨碍用户 A 也不妨碍用户 B。这种情况称为**暴露节点问题**。

　　在 IEEE 802.11 标准中，隐藏节点问题是通过**请求发送/允许发送**（Request to Send/-Clear to Send，RTS/CTS）协议来避免的。一名用户在开始发送自己的有效数据之前，首先会发送一个 RTS 数据包到接收方。其中，RTS 数据包中包含了有关该有效数据的范围信息（信头中的 Duration/ID 字段）。接收方使用 CTS 数据包来确认接收到的 RTS 数据包，同时也确定了预计需要接收该有效数据的持续时间。这个 CTS 数据包会被所有用户接收到。虽然该 CTS 数据包对于发送方的实际发送范围内的用户不是必要的，但是却可以通知那些发送方不能到达的用户估算出数据传输的持续的时间，同时也可以让这些用户校正自己的 NAV 计时器。这样就可以避免隐藏节点问题（参见图 5.6）。

> **使用 RTS/CTS 算法避免隐藏节点问题**
>
> 假设，计算机 A 想要向计算机 B 发送一个数据包（参见图 5.7）。
>
> - 首先，计算机 A 发送一个很短的请求发送（Request to Send，RTS）数据包（参见图 5.7(a)）。其中，除了包含该数据包的长度，通常还含有原数据包的实际长度。
> - 计算机 B 对此使用一个允许发送（Clear to Send，CTS）数据包进行响应（参见图 5.7(b)）。其中还包含了从计算机 A 已经发送的长度信息。
> - 一旦计算机 A 接收到了这个 CTS 数据包，那么会马上开始传递自己的数据包。位于计算机 A 附近的各个可以接收到从计算机 A 发送出来的 RTS 数据包的计算机会保持安静，直到 CTS 数据包再次传达到了计算机 A。
> - 每台接收到了从计算机 B 传输来的 CTS 数据包的计算机都是位于计算机 B 附近的，同时根据从 CTS 数据包中获取的传输时间来调整自己的数据发送。
> - 计算机 C 虽然位于计算机 A 的覆盖范围内，但是并不在计算机 B 的覆盖范围。所以，虽然能够接收到 RTS 数据包，却接收不到 CTS 数据包。但是，只要计算机 C 不与 CTS 发生冲突，那么它就可以在计算机 A 和 B 之间进行数据传输的时候进行发送。
> - 计算机 D 展示了另外一种情况，即它虽然位于计算机 B 的覆盖范围，但是却不在计算机 A 的覆盖范围。因此，计算机 D 可以接收到 CTS 数据包，却接收不到 RTS 数据包。由接收到的 CTS 数据包，计算机 D 可以推断出位于它周围的一台计算机正在接收一个数据包，因此会在 CTS 数据包所给定的时间段中保持安静。
> - 尽管有了这些预防措施，可是碰撞还是会发生。例如，当计算机 B 和 C 同时将一个 RTS 数据包发送到计算机 A。那么这个 RTS 数据包会因为一个冲突而丢失。
> - 此外，接收方在成功接收到数据包之后会回馈给发送方一个确认。如果发送方没有接收到这个确认，那么它会在一个随机的时间段之后开始尝试重传。
>
> **延伸阅读：**
>
> Rech, J.: Wireless LANs. 802.11–WLAN-Technologie und praktische Umsetzung im Detail, 2. Auflage, Heise Zeitschriften Verlag, GmbH & Co. KG (2006)

图 5.6　使用 RTS/CTS 算法避免隐藏节点问题

　　当然，通过这种方法还是不能完全避免在无线传输介质上发生碰撞。上述方法仅仅适用于那些在开始的时候发送的数据包，也就是说，具有很短长度（20 字节或者 14 字节）的 RTS/CTS 数据包。这时，当在传输介质上发生碰撞甚至出现短时间瘫痪的时候，正在发送的用户在发送期间却不能够识别出对应的碰撞，而是会继续发送直至结束。此外，为了防止传输介质通过发送 RTS/CTS 数据包而承担不必要的负担，使用这种算法之前首先要为发送数据包设定一个固定的长度。但是，通过这种 RTS/CTS 算法不能解决暴露节点问题。当然，相对于隐藏节点问题，暴露节点问题并不算很严重。因为在无线网络中，暴露节点问题只会导致较低的吞吐量。

　　IEEE 802.11 标准为发送较长的、连续的数据规定了所谓的**碎片化**，即将这种数据在发送之前划分成更小的单位。发送方必须将这些需要进行传输的单个碎片进行连续的编码，以便这些碎片能够在接收方被正确地重组。在 IEEE 802.11 标准中，会在数据包的报头中添加顺序控制字段，以便识别一个被连续发送的数据碎片。在这个字段中包含了每个碎片的号码以及与数据顺序（这个数据顺序对所有相关的碎片来说是相同的）相关的标

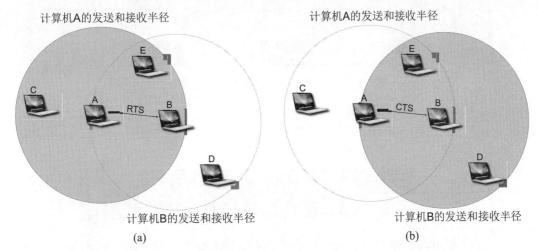

图 5.7 使用 RTS/CTS 方法避免碰撞：(a) 计算机 A 发送一个 RTS 数据包给计算机
B；(b) 计算机 B 使用一个 CTS 数据包进行响应

识。为了显示每个数据顺序的末端，也就是说，最后一片相关的碎片，会在报头设置一个
额外的碎片位。

所有被发送出去的碎片必须在接收方使用一个 ACK 进行确认。如果没有这个确认，
也就是说，无论在数据碎片的发送还是 ACK 确认上出现错误，那么这个碎片都要被重传，
并且在收到相互确认后才继续发送余下的碎片序列。这样一来就可以避免接收方由于这
个原因导致接收到两个相同的碎片，同时为了避免处理不当，将在被重传的碎片的报头设
置一个重传位。

为了将较长的、连续的数据划分成碎片后进行传输，每个单独的碎片经过一个 SIFS
等待时间后会跟着一个发送确认。然后，该序列碎片在成功确认以及一个 SIFS 等待时间
之后被发送。因此，该碎片序列在介质访问中获得了一个更高的优先级。这种优先级也实
现了不用使用整个数据传输的持续时间来初始化 NAV 定时器，而仅仅使用碎片的发送时
间和它的发送确认，否则在传输中断期间会造成不必要的等待时间（参见图 5.8）。

碎片化不仅用于较长的连续数据传输中，而且在现实生活中也经常用在干扰严重环
境中的较短数据传输。因为随着传输数据包长度的增加，出现错误传输的概率也会增大。
因此，较短的碎片可以更安全地发送。然而，这种碎片化只用于单播通信，多播和广播传
输不允许进行碎片化。因为同时有很多接收方的时候，一个确认算法在实际应用中是很难
被实现的。

5.2.3 IEEE 802.11 的数据格式

与有线传输技术不同的是，为了确保在一个无线的以及具有较多干扰的通信介质上
进行数据的安全传输，必须增大对协调和控制的投入。为了达到这个目的，必须替换相应
的控制和管理信息。而这些信息必须由数据包报头中基于数据格式相应的字段来提供。因
此，在 IEEE 802.11 标准中对于数据格式的描述要比简单的以太网数据格式更复杂。原则

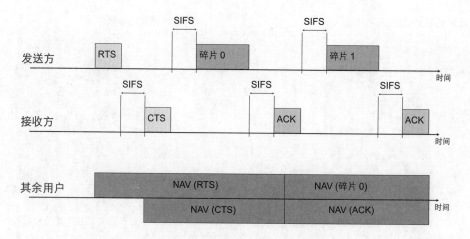

图 5.8　IEEE 802.11 标准的无线局域网中随着时间推移进行的碎片化的数据传输

上，数据包之间的用户数据（数据帧）传输被划分成两个部分：控制信息和管理信息（控制框架和管理框架）。其中，控制信息用来控制传输介质上的访问，并确保数据传输的可靠性。管理信息用来管理无线网络。

　　在一个无线局域网内，通过每个用户的 MAC 地址和接入点可以对其进行标识。一个基站子系统（Base Station Subsystem，BSS）可以通过一个 6 字节长度的基本服务集标识符（Basic Service Set Identifier，BSSID）来识别。在 IEEE 802.3 标准中，其地址格式对应于 MAC 地址。在一个基站子系统中包含的接入点与该接入点的 MAC 地址的基本服务集标识符相对应。通常一个接入点提供两个 MAC 地址：一个用于无线局域网接口，另一个用于连接（有线）网络的接口。这里的基本服务集标识符（BSSID）也对应该接入点的无线网络 MAC 地址。在没有接入点的无线网络中，这些基本服务集标识符是通过一个随机算法确定的。这样，每个基站子系统都尽可能地具有一个唯一的标识符。如果接下来接收到了一个数据包，其中包含的基本服务集标识符与该基站子系统不一致，那么这个数据包会被丢弃，以避免在重叠的基站子系统中产生错误的接收。

　　整个无线局域网（包括 IBSS 和 ESS）都是通过一个服务集标识符（Service Set Identifier，SSID）来代表网络名称的，这个名称最多具有 32 个字母数字字符的长度。无线局域网中所有的接入点接收到的都是相同的服务集标识符（SSID）。这样一来就可以确保无线局域网中所有用户可以通过可靠的、相关的接入点进行识别。

　　图 5.9 给出了 802.11–MAC 数据包的基本数据结构。

　　IEEE 802.11–MAC 数据包具有一个报头，其长度在 10 到 34 字节之间，具体长度取决于对应的类型。这种数据包具有 8 个数据字段，开始的是长度为 2 字节的**帧控制字段**，后面的依次为：

- **协议版本**（2b）：当前标准的默认值为"00"。
- **等级**（2b）：指出所涉及的具体得帧等级：数据帧（10）、控制帧（01）或者管理帧（00）。
- **子等级**（4b）：规定除了 3 个帧等级（数据帧、控制帧和管理帧）之外的其他子等级。

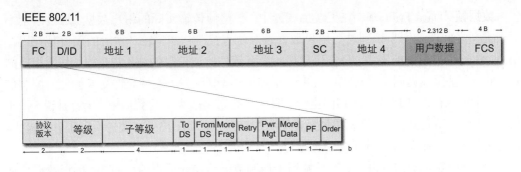

图 5.9　IEEE 802.11–MAC 数据包的基本数据格式

- **ToDS/FromDS**（每个为 1b）：用于指示相应的传输路径，包含了需要被发送的数据包。也就是说，当 ToDS=1 且 FromDS=1 时，该数据包通过分配系统（接入点）被确定进行转发。否则（ToDS=0 且 FromDS=0），该数据包直接在一个无线自组织（Ad-Hoc）网络中进行用户到用户的传输。

- **More Fragment**（1b）：指出是否还有属于同一条消息得其他碎片。

- **Retry**（1b）：指出是否在被发送的数据包中含有一个已经被重复发送的数据包，从而避免接收方接收到重复的数据包。

- **Power Management**（1b）：显示用户是否成功地切换到了一个更省电的数据传输模式下。

- **More Data**（1b）：显示其他已经准备好进行传输的数据，这些数据被随后进行发送。想要转换到省电模式的用户为了能够接收到更多的数据，不会执行这个转变。

- **Protected Frame**（1b）：显示数据包是否被加密进行传输。当然，这种加密通常只是对有效数据的内容，并不包括数据包的报头部分。

- **Order**（1b）：表明接收一个较长的数据传输的碎片应该在接收顺序上被提供给更高的协议层。

在 IEEE 802.11–MAC 数据包的报头中，字段 **Duration/ID** 前面的是长度为 2 个字节的帧控制字段。这个字段显示了对应的数据传输所必需的时间。根据帧的类型，这种 IEEE 802.11–MAC 数据包可以包含多达 4 个，每个长度为 6 个字节的地址信息。其中，哪些地址是由哪个帧的类型管理的，取决于报头中 ToDS/FromDS 字段内的信息。总而言之，需要给出 BSSID、发送方、接收方、发送及接收用户地址的全部地址信息。除了地址信息，IEEE 802.11–MAC 数据包还包含一个长度为 2 个字节的**序列控制**字段。这个字段又分为两个部分：一个部分是长度为 4 位的用于帧号的字段，另一个是长度为 12 位的用于序列号的字段。在一个连续的数据传输过程中，开始的帧号被设置为 0，后面的帧的号码依次递增。这之后才是**用户数据**字段。用户数据字段的长度是可变的，可以在 0~2312 个字节之间变动。用户数据之后出现的是**帧检验序列**，其包含了一个长度为 4 个字节的、由其余帧报头内容和用户数据得出的 CRC 校验和。

数据帧（Data Frame）：在无线局域网中，数据帧传输实际的用户数据。通过区别不同子类型之间的差别来识别这些用户数据是否带有控制信息，还是传输的仅仅是纯用户信息。在一个自组织网络中，只能传输那些没有额外控制信息的纯用户信息。与此相反的是，在一个基础设施网络中可以区分出一系列子类型。这些子类型允许交换额外的控制信息。一个特殊情况描述的是所谓的**空帧**，即用户数据字段为空的数据帧，也就是说，报头信息直接跟着 FCS 字段。这说明信号化了一个接入点，即用户中有人转换到了省电模式。在这种情况下，报头被设置了功率管理位。

控制帧（Control Frame）：这种帧用于控制数据传输介质上的访问，并确保数据传输的安全性。下面给出了不同的子类型。

- **省电轮询**（Power Save Poll，PS）：用于对省电模式进行控制。省电轮询数据包的报头包含具有帧类型的帧控制字段和子类型的信息。之后是关联身份（Association Identity，AID）字段。相比于接入点，该字段被用来识别参与通信的用户。而接入点的发送数据应该用来缓存省电模式的时间周期。接下来的是两个 MAC 地址，一个用来识别蜂窝站点的 BSSID，另一个用来识别发送的用户。这种省电轮询数据包的长度为 20 字节。

- **请求发送**（Request To Send，RTS）：为了广播一个发送意愿，就要避免隐藏节点问题。这种 RTS 数据包的报头包含具有帧类型和子类型信息的帧控制字段、具有预期传输时间为 μs（对应于 CTS、数据帧、ACK 和 3 个 SIFS 的传输时间）的 Duration/ID 字段，以及发送方和接收方的 MAC 地址，之后出现的是 FCS 字段。RTS 数据包的长度为 20 个字节。

- **允许发送**（Clear To Send，CTS）：为了对接收到的发送意愿进行确认，需要避免隐藏节点问题。这种 CTS 数据包的报头包含具有帧类型和子类型信息的帧控制字段、具有剩余传输时间为 μs（对应于数据帧的发送时间、ACK 和两个 SIFS 的传输时间）的 Duration/ID 字段，以及原始发件人发送的 RTS 数据包的 MAC 地址，之后出现的是 FCS 字段。CTS 数据包的长度为 14 个字节。

- **肯定应答**（Acknowledgement，ACK）：用来对接收到的数据包进行确认。这种肯定应答数据包的报头包含具有帧类型和子类型的帧控制字段、与前一个被发送的帧有关联的 Duration/ID 字段（在数据帧中，这个内容被设置为 0。在帧的确认中，剩余的传输时间为 μs），以及接收方的 MAC 地址，之后出现的 FCS 字段。ACK 数据包的长度为 14 个字节。

- **无竞争结束**（Contention Free End，CFE）和**无竞争肯定应答**（Contention Free Acknowledgement）显示了 CFP 访问进程中数据传输的结束，同时一个蜂窝站点的接入点被启动。ACF 数据包的长度为 20 个字节，包括了具有帧类型和子类型信息的帧控制字段，之后出现的是 Duration/ID 字段。如果该字段的值为 0，那么用户需要将其 NAV 值重置，从而撤销了 CFP 相位的媒介保留。这之后跟着的是两个 MAC 地址。其中，一个包含了一个广播地址，因为一个 BSS 的所有用户都应该被通知到。另外一个 MAC 地址给出了相关的蜂窝站点的 BSSID 信息。

无线局域网的管理是由特殊的**管理帧**进行控制的。与控制帧不同的是，这些管理帧并没有定义专有的数据格式，而是使用数据帧对控制和管理信息进行传送。对应的三个地址字段中，每个字段都包含有接收方、发送方和使用的蜂窝站点的 BSSID 地址。在每个蜂窝站点中，除了信标帧外，通常只评估那些管理帧，以便地址字段与站点中的 BSSID 信息相一致。各个不同的管理信息都在管理帧的数据部分被传递。

管理帧被划分为以下几种类型：

- **关联请求帧**（Association Request Frame）和**关联响应帧**（Association Response Frame）：一个用户在关联请求帧的帮助下给出自己想要连接到的访问点。在这个过程中，对应的需求被编码在有效载荷中。即接入点与自己的信息相比较，进而返回一个可能的关联用户的判断。通过一个关联响应帧可以给出一个与用户关联的访问点会传递一个有效关联标识（Association Identity，AID）的肯定响应。否则，会得到一个有关解关联帧的否定响应。

- **重新关联请求帧**（Reassociation Request Frame）和**重新关联响应帧**（Reassociation-Response Frame）：如果用户从一个接入点的范围内被移除后又重新返回到这个接入点范围，或者当用户在同一个网络中进入到了另外一个蜂窝站点的时候，就需要使用重新关联请求帧。这种重新关联请求帧是通过一个重新关联响应帧进行确认的。

- **探测请求帧**（Probe Request Frame）和**探测响应帧**（Probe Response Frame）：应用探测请求帧是为了识别出接入点或者其他用户。其中，给出的有关服务集标识符（SSID）和所支持的数据传输速率的信息。依据这些信息，接入点或者另外一个接收方用户就可以决定，该请求用户是否可以进入到这个蜂窝站点中。如果可以，那么会使用一个探测响应帧进行回复。这个帧中包含了有关被请求主机的其他参数信息。

- **信标帧**（Beacon Frame）：一个活跃的无线局域网是由定期发送信标帧来宣示自己存在性的。这种帧是由在基础设施模式中的接入点和在所选定的参与者的独立基本服务集（Independent Basic Service Set，IBSS）进行发送的。在一个信标帧中给出了所有与该无线局域网连接的框架的相关信息。

- **通告流量指示消息**（Announcement Traffic Indication Message，ATIM）帧：在一个独立基本服务集中，ATIM 帧用于显示被缓存的、刚好处于省电模式下的用户数据包。

- **解除关联帧**（Disassociation Frame）：在一个无线局域网内，如果想要拒绝接收，那么会发送一个解除关联帧。其中，发送的内容会给出拒绝的一个理由（原因代码）。

- **鉴别帧**（Authentication Frame）和**取消鉴别帧**（Deauthentication Frame）：根据所使用的认证方法，更多的鉴别帧必须在接收方和发送方之间进行交换。如果由于认证不足而使得连接结束，那么需要使用一个取消鉴别帧给出一个拒绝的理由（原因代码）。

- **动作帧**（Action Frame）：这种帧类型用于通过 TCP 和 DFS 触发在频段为 5 GHz 的光谱管理中的各种管理功能。其中，用于传输功率的操作和信息被触发和被查询，同时信道转换被通告。

与有线网络不同的是，对于一个无线网络来说，物理因素的影响是显著的。这些影响直接冲击着网络访问的可行性和通信安全。对于无线网络的安全主题将会在 5.2.4 节中进行讨论。而对无线局域网具体访问的其他管理流程在基础设施网络和自组织网络中是通过不同的方式进行的。这些管理功能包括：

- **被动和主动扫描**：如果一个用户想要在一个基础设施网络中进行通信，那么必须知道通过哪个接入点可以连接到这个网络。同样，一个蜂窝站点的接入点也必须了解，哪些用户是属于这个蜂窝站点的。因此，为了能够加入到一个基础设施网络中，用户必须在一个特定的接入点上进行首次的**身份认证**，然后才能与这个蜂窝站点**连接**上。这样一来，用户就会知道，在哪个接入点自己可以访问到蜂窝站点。随后（例如接通后）执行一个主动或者被动的**扫描**。

    这时，该用户查找那些由接入点在规律时间间隔（信标间隔，通常距离约为 100 ms）内作为广播被发送到该区域内所有参与者的信标帧。这些信标帧提供了接入点及其包含服务的信息。借助这种信标帧，通过确定的接入点也可以实现蜂窝站点和其用户的时间同步。

    在**被动扫描**中，用户在每个预定的周期内会按照顺序在所有能够接收到信标帧的可用信道上进行监听。之所以选择这样的时间周期是因为信标帧通常都能够被安全完整地接收到。在监听时段，如果在一个特定的信道上接收到了一个信标帧，那么用户就会知道，位于哪个信道上的哪个接入点对于自己来说是可用的。如果从不同的来源和不同的信道接收到了多个信标帧，那么该用户通常要自己选择一个最强的接收信号。

    相反，在**主动扫描**中，用户搜寻的是某一个预先给定的网络。为此，该用户首先需要发送一个探测请求帧。该帧中指定了想要搜索的网络 SSID 标识码。然后根据这个码进行搜索，或者广播 SSID 来寻找该网络。为了防止多名用户在启动一个网络的时候，通过同时发送探测请求帧而产生相互干扰，用户在发送前必须先进行等待（样本延迟）。与探测请求帧的传输平行进行的是启动一个独立的采样定时器，之后开始对另外信道进行新的搜索。当所有信道都搜寻完之后，该用户会检查整个采集的结果。如果在不同的信道上接收到了多个探测响应帧，那么用户就要自己选择一个信号质量和接收质量最强的。

    在一个自组织网络（Ad Hoc network）中，用户同样也必须知道自己可以与哪个蜂窝站点连接。每个已经被连接到了该自组织网络中的用户原则上是可以发送信标帧的。但是，当一个用户自己没有接收数据时，通常只能发送一个信标帧。第一个发送信标帧的用户此后仍然负责该信标帧的发送。想要加入到一个自组织网络中的用户需要执行一个主动扫描，同时还要发送探测请求帧。同一个网络中，最后发送一个信标帧的用户使用一个探测响应帧来进行响应。如果该用户接收到了多个探测响应帧，那么就自己决定选择一个具有最强信号强度和最好接收质量的自组织网络接入点。

- **电源管理**：由于大量的移动用户不具有永久的电源，只是配有可充电电池，因此必须为其提供节能模式。出于这个原因，大多数移动的、具有联网能力的终端设备都有在长时间没有触发的情况下遏制功耗的功能，同时降低活跃性，切换到所谓的省电模式，以便实现尽可能长的运行时间。在一个基础设施网络中，接入点并没有被归类到移动设备中。因为这种接入点通过一个永久的电源供应可以始终保持活跃状态。相反，移动用户在长时间没有触发的情况下会由活跃状态（主动模式）转换到节能和省电的状态（Power Save，PS）。

　　如果一个用户处于节能状态，那么就不能发送或者接收数据。其所属的接入点在这种节能状态下必须将该用户的具体数据进行缓存。在某个预定的时间间隔后，该用户可以从省电模式切换到活跃模式，以便检索缓存区中的数据。紧接着接入点上被缓存的数据，该用户可以将一个流量指示消息（Traffic Indicator Message，TIM）追加到被发送的信标帧的附加数据部分。这个流量指示消息包含了该用户的关联标识符（AID），这种标识符被用于确定缓存的数据。由于信标帧是定期发送的，那么处于省电模式的用户在短时间内必须重新转换到活跃模式，以便对一个接收到的信标帧进行评估，然后决定自己是否必须保持活跃，以获取在接入点的缓存数据，还是可以重新转换到省电模式。通过省电测试子类型可以实现对缓存数据的检索。只要接入点还有已经准备好被检索的数据，那么就将这些数据放置在被发送的数据帧的待续数据位（More Data Bit）中。为了表明缓存数据的传输结束，该待续数据位在最后发送的数据帧中被重新设置，同时检索的用户可以重新切换到省电模式。

　　为了标记活跃的用户已经切换到了省电模式，会在该用户最后发送的数据包内将位于报头帧控制字段上的电源管理字段上的比特设置为 1。当接入点接收到了这样的数据包，那么就会将所有与该用户相关的数据再次进行缓存。但是，这与在无线局域网络中，那些面向所有用户的多播或者广播通知的过程是不同的，因为那些过程必须确保所有的用户都能够接收到这些通知。与上述情况相同的是，该接入点在信标帧发送时表明了被缓存的多播或者广播的信息已经准备好，可以与流量指示消息（TIM）一起进行发送了。如果用户接收到的信标帧含有定向到多播或者广播地址的流量指示消息（TIM），那么该用户会保持更长的活跃性。这样一来，所有的节点都能够接收到被发送的多播或者广播的消息。

　　在一个自组织网络中，如果发送了特殊的数据包，即自组织流量指示消息（Ad-hoc Traffic Indicator Message，ATIM）帧，那么可以确定一个用户是否应该保留活动模式以便进行数据接收，还是该用户可以切换到省电模式了。为了能够在用户开启省电模式的情况下启动一个数据传输，想要发送数据的用户需要在 ATIM 窗口所谓的特定时间窗内进行等待，以便其发送的一个 ATIM 帧可以被所有其他用户接收到。同时，省电模式也在较短的时间内被切换到了活跃模式，以便接收信标帧或者 ATIM 帧。在一个自组织网络中，当启用电源管理时，所有想要将数据发送到处于省电模式下的用户的发送方必须首先将这些数据进行缓存。

- **关联**：为了能够在一个蜂窝站点进行数据交换，用户必须首先与自己所归属的接入点关联。也就是说，在接入点和用户之间建立一个明确的连接。为此，该用户在成功认证后（参见 5.2.4 节）直接发送一个关联请求帧，这个帧中包含了用户最重要的连接参数。该接入点检查这些连接参数之后，如果没有问题就返回一个含有关联标识符（AID）的关联响应帧。有了这个标识符，该用户就可以在这个关联有效期间被唯一确认。该用户使用一个肯定应答（ACK）来确认关联响应帧的接收。现在，用户和蜂窝站点之间就可以真正进行数据的交换了。相反，如果该接入点觉得这个关联与用户的重要连接参数不匹配，那么就会向该用户回复一个含有拒绝原因说明的解除关联帧。

  如果用户想要在一个扩展服务集（ESS）中转换蜂窝站点，那么首先需要在新的接入点上使用一个含有最后使用的接入点的 MAC 地址的重新关联请求帧进行注册。如果可以与这个新接入点关联，那么该接入点会使用一个重新关联响应帧做出回复，其中包含了该用户的一个新的 AID。该 AID 中保留了用户在这个蜂窝站点的停留时间。此外，该接入点对分布系统的重新关联是已知的，所以可以将安装以及缓存的数据转发给其他的接入点。

- **数据传输速率的支持**：IEEE 802.11 标准支持一系列不同的数据传输速率。与一个无线局域网连接的那些设备总是尝试使用尽可能高的数据传输速率，但是可以实现的速率取决于传输的距离以及连接器的质量。此处，IEEE 802.11 标准公开了每次数据传输速率是如何确定的。接入点将其所支持的数据传输速率放置到一个所谓的"BBSBasicRateSet"列表中。所有在这个接入点注册的用户必须支持在 BBS-BasicRateSet 中所指定的数据传输速率。此外，一个所谓的"NonBBSBasicSetRate"列表中同样也指定了数据传输速率。如果不支持在"BBSBasicRateSet"列表和在"NonBBSBasicSetRate"列表中指定的数据传输速率，那么这个关联请求就会被拒绝。IEEE 802.11 标准中并没有明确地给出，什么样的数据传输速率被用于什么类型的通信。但是，多播和广播消息必须始终以来自"BBSBasicRateSet"列表中的数据传速率进行传输，以便确保这些消息可以被网络中所有的用户所接收。ACK 和 CTS 数据包必须以"BBSBasicRateSet"列表中的数据传输速率进行发送。通常情况下，管理帧是以"BBSBasicRateSet"列表提供的最低传输速率发送的。相反，多播和广播消息和有效载荷一样是使用最高的传输速率进行发送的。

- **传输功率控制**：在被扩展的 IEEE 802.11h 标准中，这些用于传输功率控制的功能被引入了 5 GHz 组件。每次应用都需要确保不超过每个信道所允许的最大传输功率。这里，各个信道的传输功率是由各个国家的监管部门确定的。为此，在参与者的关联阶段，在一个蜂窝站点中会交换有关被允许的最大和最小传输功率的信息。如果接入点确定了用户的最小或者最大的传输功率不是来自指定的帧，那么这个关联会被拒绝。这种传输功率控制确定了，接入点和一个相关联的用户之间的通信通常是使用最小传输功率进行的。

- **动态频率选择**：如果在一个无线网络运行的过程中，一个陌生的用户占用了这个频率范围，例如，在 5 GHz 频率带的 IEEE 802.11h 标准中运行的雷达系统或者 HIPERLAN/2 系统，那么一个动态的信道转变是必不可少的。在使用每个信道之前都需要进行检查，这个信道是否被一个陌生类型的用户占用了。这同样是通过在关联阶段或者取消关联阶段中交换被扩展信息实现的。用户将在关联请求帧中被支持的信道转发到接入点。而这个接入点在缺乏信道支持的情况下可以拒绝该关联请求。这种接入点的信道转换本身可以通过借助一个含有静止信息的信标帧或者探测响应帧的发送来触发，以便开启当前信道上的一个暂停时间段。这样一来，用户在这个时间段内就有机会在其他可用信道上使用相关的接入信息接收到新的信标帧。

  如果在一个信道上识别出一个陌生类型的系统，那么必须在 200 ms 内设置数据帧的发送。在使用新的信道之前，这个信道应该有 10 秒的时间可以被其他系统监听。在激活暂停时间段或者在发送空闲时间内，通过发送一个探测请求帧可以进行信道的审查。通过用户表中对被提问用户的探测请求帧的探测响应就可以判断，哪些信道上被检测出用户，或者说哪些信道是空闲的。如果这种审查给出一个信道已经被占用，那么需要重新启动一个信道转换。

- **点协调功能**：IEEE 802.11 标准中，除了介绍了无线网络的分布式管理，还介绍了在传输介质上的一个集中管理的访问方法。这种点协调功能（Point Coordination Function，PCF）可以作为基础设施模式中的可选方法。在实时数据中，例如，在无线网络中发送的音频或者视频中，这种方法具有特殊的优势。在这种管理方法的跨度中，即无竞争周期（contention free period，CFP）中，蜂窝站点的点协调器（通常是接入点）通过 CF-Poll（无竞争轮询）帧的发送向用户分发令牌。这种集中控制的管理方法确保了避免冲突的发生，同时也可以为实时数据的传输提供服务保证。IEEE 802.11 标准规定，具有竞争周期（其中传输介质为分布式管理）的 CFP 时间段会周期性地进行交替。因此，那些不支持点协调功能模式的用户也允许具有访问传输介质的权限（参见图 5.10）。无竞争周期时间段的接入点总是引导信标帧的传输。这种时间段对应信标间隔的倍数。一个不支持点协调功能模式的用户通过广播发送的信标帧可以获得有关接下来 CFP 时间段的时间周期的信息。这种信息是通过信标帧报头的 Duration/ID 字段传递的，并控制 NAV 定时器。这就确保了所有不支持点协调功能模式的用户可以在 CFP 时间段内进行发送。

  一个用户在 PCF 模式下对传输介质的实际访问首先是通过点协调器的提示进行的。协调器会对该模式中的所有用户进行查询，是否要发送数据（轮询）。为此，这个点协调器向有发送意愿的用户发送一个 CF-Poll 帧。这些用户在接收到这个管理帧后才被允许开始自己的数据传输。由于该点协调器必须明确，在自己

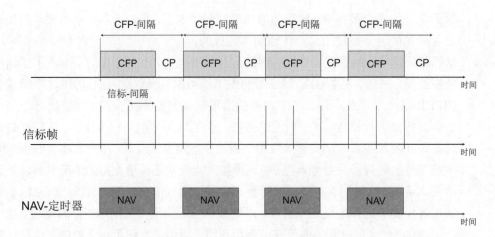

图 5.10　在 PCF 无线网络中：无竞争周期和竞争周期之间的周期性转换

　　的蜂窝站点中哪些用户支持这种 PCF 模式。而这些信息必须在用户的关联过程中，在该蜂窝站点的接入点上显示。该接入点将所有具有 PCF 模式的用户登记到一个轮询列表中。在每次的轮询进程中，该列表都要进行对应管理。

　　　　然而，音频和视频数据的一般优先级在无线网络或者在 PCF 模式下通常都是不可能实现的。只有特定参与者的数据流量才具有暂时优先级，并且能够在确保服务保障下进行转发。

　　在被使用的、具有特定规格的或者说具有最大功率的频率带内，哪些信道可以被使用是由各个国家监管部门决定的。这里不存在一个统一的标准。但是，为了实现无线网络设备的国际交流，例如，用户漫游，在 IEEE 802.11e 标准中设置了扩展（**国际漫游**）标准。这样，一个客户端就可以在不同国家规定的基础上建立相关频率带的使用和设置信号的功率。一个在 IEEE 802.11e 标准中支持的接入点可以在被发送的信标帧中提供有关国家字段和探测响应帧中所允许的频率使用限制信息。用户可以根据这些信息进行自己配置，以适应相应频率的使用准则。

　　IEEE 802.11e 标准中的另外一个扩展涉及了增强型服务质量的提供。该标准中描述了另外两种在传输介质上的访问方法：**增强分布式协调函数**（Enhanced Distributed Co-ordination Function，EDCF）和**混合协调函数**（Hybrid Coordination Function，HCF）。随着 IEEE 802.11e 标准的支持，来自蜂窝站点的一个基本服务集（BSS）会被蜂窝站点管理混合协调器（HC）的服务质量基本服务集（Qos BSS，QBSS）集合接收。ECDF 描述了 QBSS 蜂窝站点的默认接入方式，用户在介质访问过程中彼此间是存在竞争（竞争周期）关系的。而 HCF 在这两个阶段使用了竞争周期（CP）和无竞争周期（CFP）。

　　增强分布式协调函数（EDCF）定义了 8 种不同类型的流量类别（Traffic Categories，TC），可以对不同质量的数据传输进行处理。各个流量类别在一定时间间隔的竞争周期内会在传输介质上获得传输机会（Transmission Opportunity，TXOP）。一个站点内的所有流量类别都彼此独立地管理着一个回退计时器，根据流量类别的优先级别来确定自己的等待时间。优先级别越高，等待的时间越短。

与点协调功能（PCF）类似的是，混合协调函数（HCF）也在传输介质上定义了一个集中管理的访问方法。其中，用户的混合协调器（HC）每次都获得一个按照顺序的发送许可。HC 倡导在传输媒介对于点协调功能帧间间隔（PIFS）空闲的时候，可以通过 QoS–Poll（服务质量轮询）帧的发送向参与的用户发送广播许可证（Poll-TXOP）。由于 PIFS 通常要比 DIFS 或者 AIFS 短，所以 HCF 数据流量始终含有 EDCF 数据流量的优先级。无论在 CFP 过程中，还是 CP 过程中，HC 都可以被启动。正如在 PCF 过程中那样，CFP 在一个信标帧中通过 HC 被触发，并且在一个特定时间段内结束。该时间段既可以通过一个信标帧也可以通过传输一个 CF 结束符给出。图 5.11 给出了通过 HCF 的媒介访问。

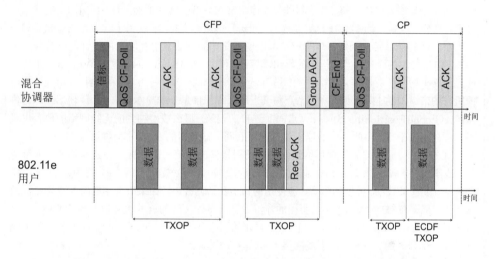

图 5.11 在 IEEE 802.11e 标准的 HCF 中无线网络的优先数据传输

5.2.4 无线局域网安全

基于无线的本地网络自然不能提供像有线网络那样相同的安全等级，例如，有线网络可以使用特定区域，并且使用网线作为传输介质。在无线网络中，由于自由空间被用作传输介质，同时电磁波的传播不能被准确地预测，那么很容易发生一个未经授权的使用或者数据流的拦截。建筑物的墙壁虽然可以衰减信号强调，但是却并不意味着可以完全限制外面的无线网络信号。所谓的**网络嗅探器**（Network Sniffer）可以记录一个给定传输介质上的所有数据流量，并且可以过滤出与安全相关的信息。这种网络嗅探器可以很容易地整合到无线局域网中，因为并不需要像有线网络那样与实际的网络进行物理接触。

发现一个无线局域网对于潜在的攻击者来说是很容易的，参见图 5.12。通过定期发送信标帧，攻击者可以随时发现自己是否处在某个无线局域网的范围内。其中，使用该信标帧还可以了解蜂窝站点的接入点和其所属的网络接入参数。攻击者不需要在自己的车顶安装天线，只需要在行驶的过程中搜索信标帧。对无线数据网络的这种间谍形式也称为**停车场攻击**（Parking Lot Attack）。一个公司虽然可以通过防火墙防止有线网络中未经授权的访问，但是位于网络内的接入点最开始却被排除在这种保护机制之外。

对陌生无线局域网的侦察和渗透：战争驾驶

战争驾驶（WarDriving），也被称为驾驶攻击或者接入点映射，意味着使用最简单的方法对陌生的无线网络进行侦察和渗透。其中，"War" 被许多活跃用户看作是 "Wireless Access Revolution" 的缩写。虽然这种行为通常被视为一种趋势或者休闲的乐趣，但是战争驾驶也可能会导致巨大的伤害。正如已经描述的那样，对陌生无线局域网的检测是很简单的。而这种操作的简单性其实是特别危险的，因为在被检测到的无线局域网中可以很容易地确定哪些设备是没有任何安全保护措施的。因此，就意味着这些网络对于任何攻击者来说都是完全开放的。

战争驾驶的概念是由旧的"**战争拨号**"（WarDialing）衍生出来的，而战争拨号的起源是所谓的"战争游戏"（WarGames）。这是 20 世纪 80 年代的一部娱乐性科幻电影，描写了一个年轻的黑客使用调制解调器肆意选择公司的电话号码，以便为入侵找到一个未受保护的目标。

为了查找不安全的网络，战争驾驶员就像平常在城市中驾驶车辆一样，使用简单的移动计算机（笔记本电脑、上网本、PDA 等等）不断进行搜索。其中，还使用了一个无线适配器和一个大小合适的外部定向天线。这些设备可以使用简单的方法运用互联网的设计进行自身的组装。被作为软件在计算机上的运行的**网络嗅探器**，例如，NetStumbler 程序（Windows 平台下的无线网卡信号侦测软件）在互联网上是可以免费得到的。该软件可以不断地扫描所处范围内的所有的信道，同时将发现的蜂窝站点与其上所获得的信息一起显示出来。如果使用全球定位系统（Global Positioning System，GPS）连接的记录，那么被检测到的无线网络的位置也可以被额外记录下来。由此产生的地图通常在互联网上是可用的，并且被不断地更新。

此外，被检测到的无线局域网通常还被使用特殊的粉笔明确地标记在建筑物或者人行道上（战争粉化，WarChalking）。在这种情况下所使用的符号提供了所有必要的接入信息：服务集标识符（SSID）、可用的带宽、被使用的信道和访问控制。如果所使用的符号语言是流浪汉手语，那么在 20 世纪 30 年代美国的流浪者就会得知可能的就业机会以及免费的餐点。这意味着在所描述的蜂窝站点中涉及的一个封闭的网络是一个闭合的圆。两个相对放置的半圆标记了一个开放的、不安全的无线网络（参见图 5.13）。

延伸阅读：

Ryan, P. S.: War, Peace, or Stalemate: Wargames, Wardialing, Wardriving, and the Emerging Market for Hacker Ethics. Virginia Journal of Law & Technology, Vol. 9, No. 7 (2004).

Pilzweger, M.: Neuer illegaler Trend: Warchalking, PC-Welt, 19.07.2002 (http://www.pcwelt.de/24985).

Netstumbler: http://www.netstumbler.com/.

图 5.12　对陌生无线局域网的侦察和渗透：战争驾驶

原则上，无线局域网上的攻击可以划分为以下的类型：

- 通过统计分析方法拦截被动攻击以及随后的数据流解密。对这种数据流的拦截也称为**嗅探**（Sniffing）。
- 在无线局域网中，没有被授权的移动计算机会带来有目标的、新的、具有潜在危险的数据流量的主动攻击。攻击者会干预在通信中合法的无线网络用户，并且操纵他们。下面给出无线网络中主动攻击的一个小清单。

  - 利用虚假的身份，攻击者可以绕过当前的访问限制进入到无线局域网，以便获取数据流和所参与的网络设备的访问权限。这个过程也称为**欺骗**（Spoofing）。

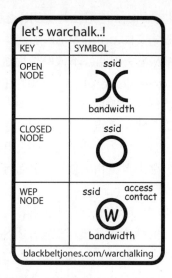

图 5.13　战争粉化符号来源：http://www.warchalking.org

— 另外一种攻击的场景是实现无线网络可用资源的过载。这样的攻击会使其网络不能发挥正常的服务，甚至有可能瘫痪。这种形式攻击的被称为**拒绝服务**（Denial of Service，DoS）攻击。

— 为了攻击一个较为安全的无线局域网络，可以进行所谓的**穷举攻击**，又称为蛮力攻击（Brute-force Attack）。其中，攻击者不断尝试口令或密钥的所有可能值，直到找到实际的口令或密钥。

— 未经授权地入侵一个陌生的通信也称为**劫持**（Hijacking）。这种攻击的起源是著名的**中间人攻击**（Man-in-the-Middle Attack，MITM）。

　　一个普遍的问题是，一个无线局域网通常只有在被攻击者攻击，同时数据被操纵的情况下才能够发觉自己受到了攻击。如果数据只是被动地被读取了，那么这种访问并不会被检测到。因此，那些需要较高安全性的私有数据应该始终通过一个被加密的无线局域网进行传输。即使当某些 IEEE 802.11 标准中的保障机制现在已经得到了改善，仍然需要投入一些费用，以便将其较弱的加密数据流再次进行加密。但是，当一名黑客从中看到了利益，例如，他取得了进入金融交易数据库或者获得了其他至关重要的安全信息，那么就会非法操纵这些信息。除此以外，那些面向公众的、没有适当的安全措施保护的无线局域网也经常被滥用于垃圾邮件的发送。

　　IEEE 802.11 标准提供了自带的安全措施。但是，这些措施在网络元件的传送和调试中通常是被禁用的，必须首先由用户或者网络管理员进行安装和配置。用户可以使用下面给出的选项来加强自己在无线局域网中的通信安全性。

● 激活加密方法。例如，**有线等效保密**（**Wired Equivalent Privacy，WEP**）或者**WiFi 保护接入**（**WiFi Protected Access，WPA**）。虽然有线等效保密（WEP）加密方法如今已经不再被视为是安全的，但是这些保护机制本身仍然需要成本来抵御入侵者。而被激活的 WiFi 保护接入（WPA）加密方法具有更高的安全性。

- 解除共享密钥认证，也就是说，使用公共密钥。这种方法在 IEEE 802.11 标准中是被作为基本访问权限定义的。由于 WEP 加密特别简单，而通过共享密钥认证算法在验证阶段已经被破解，因此并不鼓励使用这种方法。

- 通过**访问控制列表**（Access Control List，ACL）进行的访问控制。该表中列出了蜂窝站点中所有具有访问权限的用户的 MAC 地址。只有那些在 ACL 中被登记的用户才可以连接到这个蜂窝站点。

- 隐藏服务集标识符（SSID）。因为如果将 SSID 公开地在信标帧内进行发送，那么攻击者会从所使用的名称中得出相关信息，进而有可能确定，对这个蜂窝站点入侵是否值当。

- 改变接入点的初始密码。因为这种密码可以很容易被攻击者探明。该接入点向每个信标帧发送蜂窝站点的基本服务集标识符（BSSID），而这些 BSSID 同时也对应于接入点的 MAC 地址。通过这些由 IEEE 统一注册的、与供应商相关的部分，即组织唯一标识符（Organizationally unique identifier，OUI）和一个由供应商自身给出的 MAC 地址，使得该接入点的供应商很容易被确定。大多数通过互联网接入点进行操作的手册都是可用的，并且还包含了初始密码信息，通过这些信息就可以得到接入点的管理权限。一旦攻击者具有了访问接入点的权限，那么就可以无障碍地改变对应的配置。

有线等效保密协议 WEP

为了避免受到那种利用无线局域网络技术中已知安全漏洞进行非法操作的潜在黑客的攻击，在 IEEE 802.11 标准中定义了**有线等效保密**（Wired Equivalent Privacy，WEP）协议。该协议的目的在于通过加密确保无线局域网中被发送数据包的隐私安全。数据包使用这种辅助功能，可以防止未经授权的访问以及保证所发送数据的完整性。由于多数的移动设备功能都不是很强大，因此在早期就已经应用了很多相对较弱的加密方法。但是，对于从一个终端到下一个终端的安全保护仅仅使用有线等效保密协议还是不够的。有线等效保密（WEP）协议基于的是一个秘密的、对称的密钥。该密钥是在接入点（AP）和其他参与的计算机之间进行协商后确定的。密钥在被发送之前，会对 WEP 数据包中的有效载荷部分进行加密。此外，还会对数据包进行完整性检查，以确保它们在发送的过程中没有被篡改。该加密技术确保了不具有密钥的任何未经授权者不能拦截和读取被发送的数据。也就是说，未经授权者不能在无线局域网内发送混淆视听的、由自己加密了的、能被其他用户正确解密的数据。但是，IEEE 802.11 标准没有提供分发密钥的程序。因此，在多数无线局域网应用中，单个的密钥需要手动设置，然后由参与的计算机通过接入点进行发送。

WEP 加密的另外一个问题在于底层的加密算法**RC4**本身的问题，即 RSA 数据安全有限公司开发的所谓的序列密码（Stream Cipher）。序列密码在一个无穷尽的伪随机密钥中扩展了一个短的、预定的密钥，即所谓的**初始向量**（Initialization Vector，IV）。IEEE 802.11 标准提供了一个长度为 40 比特的密钥（WEP40）用于加密。该密钥由于安全问题被无线局域网组件的制造商扩展到 104 比特（WEP128），最后在 IEEE 802.11i 标准中被标准化。被加密的数据在 802.11–MAC 标准的数据包中是通过将保护帧位设置在数据包报头的帧控制字段进行记录的。

为了将发送的数据进行加密，会将实际有效载荷的数据位与由初始向量（IV）所产生的序列密码通过布尔 XOR 操作进行连接。接收方通过应用相同的方法可以很容易地从被加密的数据中重新获得原始数据。这里，在被加密的有效载荷部分会追加一个长度为 32 比特的校验和，即完整性校验值（Integrity Check Value, ICV）。该校验和是由未被加密的有效载荷计算得出的，被加密后进行传输。在接收方，这种完整性校验值（ICV）将用于检验有效载荷是否被正确地解密。这是通过将解密的完整性校验值与通过计算被解密的有效载荷的校验和做对比实现的。如果两个值相同，那么证明是正确解密。

此外，WEP 数据包还包含了一个长度为 32 比特的、位于被加密的数据之前的初始向量（IV）字段。其中包括：24 比特长的初始向量、6 比特长的、值总是为 0 的填充数据字段，以及一个 2 比特长的 Key–ID 字段。该字段指定了 4 个可能密钥中的一个，这些密钥是接收方可以正确解密数据包所必需的。WEP 数据包的这个部分必须未被加密地进行传递，以便接收方了解产生序列密码的初始向量，并且知道应该使用四个可能的密钥中的哪一个才能正确解密数据。在图 5.14 中描述了 WEP 数据包的结构。

WEP 数据包

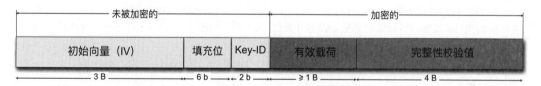

图 5.14　WEP 数据包

完整的密钥，即 WEP 种子是由初始向量（IV）和加密的 WEP 密钥组装而成的。这种密钥用于伪随机数发生器（Pseudo Random Number Generator，PRNG）的初始化，对序列密码的生成负责。WEP 加密的流程在图 5.15 中会以图表的形式再次进行描述。

制造商通常为它们的无线局域网络产品指定长度为 64 比特到 128 比特的密钥。但是，这其实是一种误导。因为，长度为 24 比特的初始向量通常作为 WEP 密钥中的一部分在明文中发送。基于算法中被允许的加密强度的实际密钥长度只在 40 比特到 104 比特之间。无线局域网中的所有用户必须具有相同的 WEP 密钥。IEEE 802.11 标准对此介绍了多达 4 种不同的密钥。这些密钥必须人为地加入到所使用的无线局域网组件上，作为 5 个字符或者 13 个字符的字母数字字符串（WEP128）。

一个用户在与一个被保护的无线局域网关联之前，必须首先要在这个蜂窝站点进行身份验证。也就是说，该用户必须向这个蜂窝站点提供可信的、可以证明自己身份的证明。不同于两个用户之间的接入点和自组织网络中独立基本服务集（IBSS），这种**认证模**式在基础设施网络中都是在开始交换数据之前进行的。除了一般的数据加密，有线等效加密（WEP）还提供了一个**共享密钥认证**算法来确保认证的安全性。

WEP——加密和解密

以 24 比特长的初始向量（IV）为基础，在 WEP 算法中首先生成一个长度为 40 比特到 104 比特的密钥。该标准本身对密钥管理问题不采取任何立场，只是假设，接入点（AP）和参与的计算机使用了相同的密钥。而该密钥是通过 WEP 数据包中的 Key–ID 字段规定的。使用**RC4**算法可以从该密钥中产生一个无限的伪随机序列密码（WEP PRNG）。数据被加密传输之前，会执行一个校验和算法。随后，一个 CRC–32 的完整性校验值（ICV）会被追加到需要发送的明文信息中。这时，这些数据对于未授权的偷窥应该是安全的。然后，序列密码和需要被发送的数据通过一个 XOR 操作彼此间连接到一起，并且作为加密了的数据与初始向量一起发送。

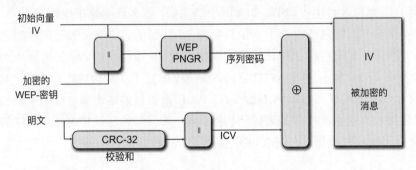

无线局域网络的用户应该使用不同的初始向量（IV），以便由此产生的被加密的数据包不会总出现相同的序列密码。这里，这种初始向量是以明文的形式传输的，后面跟着的是被加密的数据流。接收方可以通过该初始向量和其已知的密钥生成用于加密的序列密码，然后通过简单的 XOR 操作重新获得原始的未被加密的明文信息。

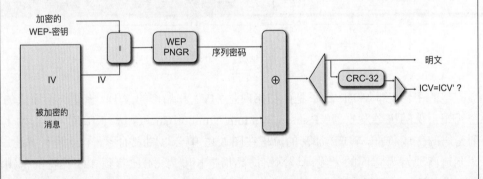

延伸阅读：

IEEE Standard for Information Technology- Telecommunications and Information Exchange Between Systems-Local and Metropolitan Area Networks-Specific Requirements-Part 11: Wireless LAN Medium Access Control MAC and Physical Layer PHY Specifications. IEEE Std 802.11-1997, i -445 (1997).

图 5.15　WEP 协议——加密和解密

除这种共享密钥的认证方法，还存在其他的认证方法。在 IEEE 802.11 标准中就有锚定身份的验证方法：**开放系统认证**（Open System Authentication）。但是这种方法也并不被认为是万无一失的。这种方法给出了在两个参与者（参与者与接入点）之间交换认证的管理框架。如果这个接入点不支持有线等效加密（WEP），那么不用进行认证，用户可以直接与该无线局域网络连接。如果该接入点支持有线等效加密，那么参与者必须使用自己持有的有线等效加密密钥对该接入点进行验证。只有拥有正确有线等效加密密钥的参与者才能够访问到该无线局域网络。如果该参与者发送了一个错误的有线等效加密密钥，那么虽然进行了身份验证，但是却无法与该无线局域网络进行数据交换。

而共享密钥认证方法本身采用的是挑战/响应技术。但是，这种方法存在将基于认证的密钥暴露的风险。在共享密钥认证中，参与者和接入点为了认证一共要交换 4 个认证管理框架：

- 在第一个认证管理框架中，参与者通知其所期望的接入点进行认证，即进行认证算法识别（Authentication Algorithm Identification，AAI）和认证事务序列号（Authentication Transaction Sequence Number，ATSN）。其中，认证算法识别被设置为 1。
- 接入点使用一个认证管理框架作出响应（AAI 也被设置为 1，ATSN 被设置为 2）。该管理框架含有一个使用 RC4 算法生成的、长度为 128 比特的挑战文本。
- 参与者从所接收到的挑战文本中计算得出一个完整性校验值（ICV）和一个新的初始向量（IV），然后使用一个 WEP 密钥加密挑战文本和 ICV。在另外一个认证管理框架下，该挑战文本和 ICV 被发送回接入点（AAI 再次被设置为 1，ATSN 被设置为 3）。
- 接入点对所接收到的挑战文本和 ICV 进行解密，然后检查与源挑战文本的差异。如果两个文本相匹配，那么证明接入点和参与者使用了相同的 WEP 密钥。该接入点将在第四个认证管理框架下通知参与者（AAI 被再次设置为 1，ATNS 被设置为 4）通过认证。

一个非法窃听者可以使用一个简单的方式利用这种共享密钥来实现对 WLAN 的非法访问（参见图 5.16）。

补充材料 5：对 WEP 方法的批判

被限制了长度的密钥在 WEP（有线等效保密）方法的评价中只扮演了一个小角色，关键要看所使用的 RC4 算法。这种基于静态操作和使用较短初始化向量的算法只在生成序列密码的时候提供了很少的变量。因此，监听数据流的攻击者只需要收集到这些信息中的极少一部分就可以破解被加密的密钥。总体来说，这种方法具有以下弱点：

- 初始化向量的长度太短，只有 24 比特。
- 密钥长度也太短了，只有 40 比特到 104 比特。
- 作为对称加密方法的 WEP 方法使用的被加密密钥不具备专有的安全密钥管理方法。
- 通过 WEP 方法实现的认证只涉及一个无线适配器，并不涉及用户本身。
- 不能保证所传输数据的完整性，因为较弱的 WEP 完整性控制（CRC–32）不能阻止非法的数据篡改。

在 WEP 中窃取共享密钥的方法

　　WEP 共享密钥方法基于的是一个简单的挑战/响应方法。其中，在服务器上可以借助一个被保密的序列密码识别出一个潜在的客户。而该序列密码可以使用 RC4 方法生成。

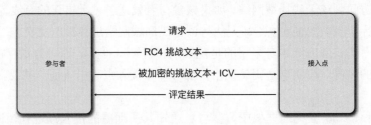

下面给出了可以攻击这种身份认证的方法。

- 接入点向参与者发送请求。该请求是通过 RC4 生成的挑战文本。
- 参与者将所得文本进行加密，并且将 WEP 数据包（完整性检验值和被加密的挑战文本）发送回该访问点。
- 攻击者可以通过非法攻击获得以下信息：挑战文本、完整性检验值（ICV）和被加密的挑战文本（密文）。下面的计算可以确定序列密码：

$$挑战文本 \quad \oplus \quad 密文 =$$
$$挑战文本 \quad \oplus \quad (挑战文本 \oplus 序列密码) = 序列密码$$

- 现在，攻击者拿到了序列密码和 ICV 的有效组合，就可以进行身份认证了。如果接入点发送了一个新的挑战文本，那么该攻击者可以使用一个 WEP 数据包进行响应。该数据包包含了 ICV 和被加密的新的挑战文本。该文本可以由已知的序列密码通过异或操作计算得出。这样一来，攻击者就可以成功地通过该接入点进行认证。

延伸阅读：

Housley, R., Arbaugh, W.: Security problems in 802.11-based networks. Commun. ACM 46, 5 (May. 2003), pp. 31–34

图 5.16　在 WEP 中窃取共享密钥的方法

　　基于 RC4 加密算法的 WEP 方法是一种序列密码（Stream Cipher）加密算法。也就是说，生成序列密码所使用的加密模式应该永远不会出现重复。但是，在 WEP 方法中为 RC4 方法所选择的初始化向量的长度只有 24 比特。因此，一个被频繁使用的无线局域网络的安全得不到充分保证。相同的密钥在经过大概 5000 次数据包发送之后会出现重复[1]，这种情况出现的概率为 50%。即使在适度的网络利用率下，一个接入点也能够在几个小时的时间内出现被重复使用的初始向量。在一个局域网络中，参与的用户数量越大，出现数据包被使用相同初始向量进行加密所需的时间就越短。这种情况在使用被加密的无线局域网络的 WEP40 方法和 WEP128 方法时同样存在。因为，这两种方法虽然使用了不同长度的密钥，但是初始向量的长度却是相同的。

---

　　[1]这种长度为 24 比特的初始化向量具有 $2^{24}=16\ 777\ 216$ 种不同的比特组合。基于生日悖论，在经过 4096 次的数据包发送之后存在大于 50% 的可能性，该初始化向量以及由 RC4 产生的序列密码出现重复。

如果两个明文都是使用相同的初始向量进行加密的，那么攻击者很容易确定两个明文的 XOR 操作，从而再次通过适当的统计分析方法获得实际的原始数据。

具有相同初始向量时对明文的解密

假设：给定的密钥 s 是两个相同的初始向量通过使用 RC4 方法生成的。v_1 和 v_2 是使用密钥 s 对原始的明文 k_1 和 k_2 进行加密后产生的密文。

$$v_1 = k_1 \oplus s$$
$$v_2 = k_2 \oplus s$$

如果攻击者了解到这两个密文 v_1 和 v_2 是由相同密钥 s 加密生成的，那么他只需通过使用 XOR 操作就可以得到两个明文 k_1 和 k_2：

$$v_1 \oplus v_2 = k_1 \oplus s \oplus k_2 \oplus s = k_1 \oplus k_2$$

虽然此时攻击者还不能还原出两个单独的原始信息 k_1 和 k_2，但是可以使用简单的统计方法进行推导。如果攻击者已经获悉正确的配对 v_1 和 k_1，那么他可以在不知道密钥 s 的情况下很简单地计算得出 k_2：

$$k_2 = k_1 \oplus (v_1 \oplus v_2)$$

在很多情况下甚至可以推导出两个明文的内容。因为，一旦可以猜到一个明文的一部分内容，那么另一个明文的相应部分就会自动地显示出来。

能收集到使用相同序列密码加密的数据越多，这种方法的成功率就越大。通常，一个攻击者可以很容易地捕获到很多使用相同密钥编码的数据包。由于这种初始向量的长度只有 24 比特，因此在一个吞吐量为 11 Mbps 上发送长度为 1500 字节的数据包时，经过 5 个小时后会在一个接入点重复出现一个序列密码。在此期间落入这个接入点的数据量最大为 24 GB，攻击者可以方便地进行监听和记录那些具有相同初始向量的数据包，进而从中找出相同的密钥。由于在 IEEE 802.11 标准中没有规定初始向量的生成标准，因此并不是所有的无线局域网络硬件生产商都会提供完整的 24 比特，以至于很多时候会更早地出现重复的初始向量。

2001 年，Fluhrer、Mantin 和 Shamir 发现了 RC4 加密算法存在的这种所谓弱初始向量。这些弱初始向量为可以生成密钥字节的标识泄露一个指示。如果一个潜在的攻击者这时收集到了足够数量的数据包（6 百万数据包或者大小为 8.5 GB），那么就可以通过这些足够多的、包含很多弱的初始向量的数据包来完整地重建被保密的密钥。

如果密钥在生成的过程中只使用数字和字母替代了任意字节值，就像一些制造商允许用户在定义初始向量时那样，那么重建密钥就会变得更容易。由此产生的可能序列密码数量会进一步被限制，这时潜在的攻击者只需要收集相对更少的数据包就可以重建密钥。

WEP 方法中对弱初始向量的攻击

Fluhrer、Mantin 和 Shamir 发现：在 RC4 加密算法中，每 256 个被生成的序列密码中就存在一个弱序列密码。这种弱序列密码是通过一个所谓的弱初始向量构成的。这种弱初始向量与序列密码本身具有更紧密的相关性,而这并不是所期望的。每个包含一个弱初始向量的数据包理论上都可以推导出密钥字节,基于此就有 5% 的把握通过密钥字节的标识识别出密钥。具有弱密钥向量的数据包越多,就越容易准确地估算出密钥字节。

一个有意思的情况是,数据包的初始向量的第一个字节的值在 $i=3$ 和 $i=15$ 之间,同时第二个字节的值为 255。

$$IV = (3\cdots15, 255, X)$$

对于每个位于 $3 \leqslant i \leqslant 15$ 之间的值,需要大概 60 个初始向量以及附属的被加密的消息。由于在无线局域网络中的数据流是经由位于 TCP/IP 协议中更高的协议层进行处理的,那么可以假设,所有 WEP 数据包中的有效载荷部分都被转换成了一个所谓的 SNAP 数据头(参见第 7 章)。这些数据头通常具有相同的初始值:0xAAAA030000。这样一来,未加密的数据包的一部分就成为已知的了,而这部分可以被用来确定加密的字节流。

使用这样的攻击方法,在收集 400 万到 600 万个数据包后就足够破解加密数据了。这个数量的数据包在理论上只需要数分钟就可以收集到。2007 年,Tews、Pychkine 和 Weinmann 对这种攻击方法进行了改进。进而只需要 40 000~90 000 个数据包就可以成功地破解 WEP128 密钥。建立在主动攻击上的技术,例如,ARP 请求的引入,表明在 IEEE 802.11 无线局域网络中用不了一分钟就可以收集到 40 000 个数据包。

在 WEP 方法中绕过数据的完整性

WEP 方法的另外一个弱点在于使用 CRC–32 校验和来计算完整性检验值(Integrity Check Value, ICV)。最初引入这个校验和算法的本意在于可靠地识别传输错误,而不是确保在使用 WEP 方法中数据的完整性。一方面,在 CRC–32 中涉及了一个众所周知的方法,即一个攻击者对实际的有效载荷进行操作后,能够根据该校验和进行重新计算,以便掩饰所进行的操作。另一方面,不仅在 RC4 中,还有在 CRC 中都涉及了线性算法,也就是说,即使在被保密的密钥是未知的情况下,也可以在 ICV 中逐位改变被加密的 WEP 数据包。这种形式的操作可以用在数据包被引入无线局域网络中,或者传输途中的数据包被重新定向到指定的目的地。

正如上面所述,在 WEP 数据包的 ICV 中涉及了一个简单的 CRC–32 校验和。这种校验和的计算与诸如 RC4 加密算法一样具有线性可计算属性。这种属性可以被用于有针对性的处理加密数据。为了达到这个目的,攻击者拦截一个 WEP 消息 (IV, C)。其中,IV 表示初始向量,C 表示被加密的内容,并且满足

$$C = RC4(IV, K) \oplus (M, CRC(M))$$

C 是由 RC4 的序列密码 $RC4\,(IV, K)$ 合成的。而 $RC4\,(IV, K)$ 是在初始向量 IV 和被保密的 WEP 密钥 K 基础上构成的,就像明文 M 和其校验和 $CRC\,(M)$。

攻击者能够构建一个正确的、被加密的消息 C'。这个消息被用类似的方法 $(M', CRC(M'))$ 进行加密。为此,该攻击者选择了一个具有同等长度的任意消息 D:

$$C' = C \oplus (D, CRC(D))$$
$$= RC4(IV, K) \oplus (M, CRC(M) \oplus (D, CRC(D))$$
$$= RC4(IV, K) \oplus (M \oplus D, CRC(M) \oplus CRC(D))$$
$$= RC4(IV, K) \oplus (M \oplus D, CRC(M \oplus D))$$
$$= RC4(IV, K) \oplus (M', CRC(M'))$$

该攻击者不需要了解 M 以及 M' 的情况。但是，一个位于 D 中的任意一个位置的 "1" 导致了在被加密的消息 M' 中的一个相同位置的比特的改变。这样一来就有可能对原始的明文 M 进行控制操作。

上面所显示的攻击可能性阐明了 WEP 加密的弱点。因此，如今为了安全性不建议使用这种加密算法。作为对策，已经提出了专有的改进版 WEP 方法，或者设计了新的、具有更高安全性的安全方法。**WEPplus**（也称为 WEP+）是 WEP 方法通过杰尔系统（Agere Systems）得到的一个专有的改进版本。为了与 WEP 标准完全兼容，该版本通过使用一个简单的过滤机制抑制了不安全的、弱的初始向量。那些在一个 WEPplus 的无线局域网内部支持这种扩张的组件，可以完全避免弱的初始向量和由此产生的弱的序列密码。由于这个版本不是官方的标准版本，因此网络不能强迫一个新的参与者使用这种过滤机制。

延伸阅读：

Fluhrer, S. R., Mantin, I., Shamir, A.: Weaknesses in the Key Scheduling Algorithm of RC4. SAC '01: Revised Papers from the 8th Annual International Workshop on Selected Areas in Cryptography, pp. 1–24, Springer-Verlag, London, UK (2001)

Housley, R., Arbaugh, W.: Security problems in 802.11-based networks. Commun. ACM 46:5, pp. 31–34 (2003)

Tews, E., Weinmann, R. P., Pyshkin, A.: Breaking 104 Bit WEP in Less Than 60 Seconds. In Sehun Kim and Moti Yung and Hyung-Woo Lee, editor(s), WISA, (4867):188–202, Springer (2007)

IEEE 802.11i —— WPA 和 WPA2

更具有意义的是：在 **IEEE 802.11i** 标准中引入了增强的安全性能。其中，确定了已经可以满足当前需求以及克服了 WEP 弱点的跨厂商的安全程序。随之出现的问题是，如何保持与旧的无线局域网资源的兼容性。因此，在原有 WEP 算法的基础上定义了一个可选的加密方法。这种方法修补了原有算法的弱点和漏洞。这种 "实时的" 解决方案也称为**时限密钥完整性协议**（Temporal Key Integrity Protocol，TKIP）。这个协议在现有的无线局域网络产品中很容易通过更新驱动程序软件或者网络固件来实现。从长远来看，旧的 RC4 加密方法应该通过一个更现代化的方法进行替代，例如高级加密标准（Advanced Encryption Standard，AES）。但是，更复杂的加密方法都是建立在性能更强大的无线硬件基础上。

IEEE 802.11i 标准将无线局域网的硬件划分成两个产品组：

- 健壮的网络安全（Robust Network Security，RNS）无线组件。
- 前期 RSN 无线局域网组件（WEP）。

生产商是使用加密方法 WiFi 保护接入（WiFi Protected Access，WPA）和 WPA2 来实现标准的。

WPA 的实现虽然仍然建立在 WEP 方法中的脆弱 RC4 算法上，但是可以通过基于时限密钥完整性协议（TKIP）的动态密钥提供额外的保护措施。此外，参与者通过预共享密钥或者通过 IEEE 802.1X 标准的可扩展认证协议（Extensible Authentication Protocol，EAP）进行身份验证。

时限密钥完整性协议 实现了三个新的安全机制。相比较于 WEP 方法，这些机制提供了额外的安全保障。第一部分包括了一个密钥混合功能。密钥在被用于初始 RC4 序列密码之前会与初始向量相结合。时限密钥完整性协议为 RC4 序列密码的生成器确定了两个密钥混合阶段。这样一来，攻击者就不能再通过初始向量直接推断出 RC4 密钥。除此以外，还可以避免生成的弱初始向量与所生成的序列密码具有较高的相关性。随后，初始向量的长度从 24 比特被提高到了 48 比特。通过对原始密钥空间进行的平方处理可以确保，在一个以 500 Mbps 传输速率开放的满载无线局域网络中，出现重复的序列密码必须要等到 200 年后。长度为 48 比特的初始向量被划分为一个长度为 16 比特的低部分和一个长度为 32 比特的高部分。前者被用于计数数据包到数据包的递增，后者与 MAC 地址相关。这样一来，一方面可以确保相同的初始向量被不同的参与者用来生成不同的 RC4 密钥。另一方面会设置一个序列计数器，以便防御所谓的重放攻击（Replay Attack）。最后，原有的 CRC–32 完整性校验值将通过一个新的、长度为 64 比特的 **Michael 消息完整性检验**（Message Integrity Check，MIC）进行补充。这种散列算法具有较低的计算复杂度，可以确保与旧的无线硬件的兼容性。由于在 MIC 计算中涉及了另外一个密钥，因此在没有授权的情况下是无法进行计算的。为了伪造一个数据包，攻击者必须首先借助蛮力破解方法（Brute-Force-Search）计算 MIC。图 5.17 显示了使用时限密钥完整性协议的 IEEE 802.11i 标准的数据包结构。

TKIP 数据包

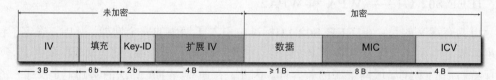

图 5.17　使用时限密钥完整性协议的 IEEE 802.11i 标准的数据包结构

为了进行验证，WPA 技术根据不同的应用范围给出了两种不同的方法：

- **预共享密钥模式**（Pre-shared Key，PSK）：适用于家庭和较小的工作组（SOHO）。预共享密钥是通过一个密码短语生成的。而这种密码短语是由无线局域网的所有参与者（用户和访问点）手动输入的。密码短语可以由长度为 8 到 63 个字符组成。在实践中，这种预共享密钥（PSK）的长度为 64 字节，并且由密码短语、服务集标识符（SSID）和使用了密码散列函数的 SSID 长度，即 PBKDFv2（Password-Based Key Derivation Function 2）构成的。这种 PSK 仅用于生成加密的和时限的会话密钥，并不加密实际的用户数据。相较于 WEP 方法，PSK 方法可以确保一个更高级别的安全性。

- **可扩展认证协议**（Extensible Authentication Protocol，EAP）：这种协议通过**IEEE 802.1X**标准被应用在更大的无线局域网络中，例如，使用一个专用服务器进行认证。在可扩展认证协议中，实际应用的认证机制协商在认证的过程中才被触发。想要在一个无线局域网络中进行身份验证的参与者（请求者、访民），可以通过本地接入点（认证者）向一个认证服务器发送一个认证消息。这里也可以连续使用多种不同的方法。具体使用哪种方法则是由本地接入点完成的，即通过由参与者发送的请求来确定。如果认证成功，那么认证服务器就指示本地接入点为请求者开放访问无线局域网的通道。

    认证服务器本身担任着中央枢纽，同时执行接入点和参与者的实际认证。此外，认证服务器还可以自动分配动态密钥。本地接入点是认证服务器的代理（EAP-Proxy），通过一个安全的连接可以访问无线局域网的实际接入点，同时转发请求者和认证服务器之间的数据包。这个服务通常是通过远程身份认证拨号用户服务（Remote Authentication Dial In User Service，RADIUS）或者传输层安全协议（Transport Layer Security，TLS）来实现的。请求者和本地接入点之间的连接是通过 EAPOL 协议（建立在局域网上的 EAP）进行的。1998 年，EAP 开发是通过拨号用户服务连接到网络用于认证的（RFC 2284 标准，后来由 RFC 3748 标准取代）。IEEE 802.1X 标准规定了在局域网中，EAP 消息由 EAPOL 进行传输。图 5.18 介绍了 EAP 消息的格式。

    下面给出了 EAP 支持的验证方法。

- **EAP-MD5**（EAP-MD5 消息摘要算法，RFC 1321）：在一个简单的挑战/响应方法中，用户名和密码是使用 MD5 哈希算法进行编码传输的。发送方和接收方在此之前没有对彼此进行过认证。因此，这种方法很容易通过一个简单的中间人攻击被破解。所以并不建议在无线局域网络通信中使用这种方法。

- **轻量级可扩展认证协议**（Lightweight Extensible Authentication Protocol，LEAP）：是思科（CISCO）公司基于 IEEE 802.1X 标准给出的专有解决方案。其中，客户端和服务器首先使用一个挑战/响应方法进行彼此间的认证。然后，通过一个专有的密钥散列方法产生一个依赖用户的动态会话密钥。

- **EAP 传输层安全协议**（EAP-TLS）：在文档 RFC 2716中定义的 EAP 和传输层安全协议的组合是通过客户端和服务器之间的基于证书的相互认证进行的。这就意味着，安全证书以安全的方式被分配给该无线局域网络中的参与者。EAP-TLS 支持用户生成的以及动态生成的密钥，并且用于验证后续协商过程中的动态会话密钥。

- **EAP 隧道传输层安全协议**（EAP-TTLS）：这是 EAP-TLS 方法的改进版本。

可扩展认证协议（EAP）的消息格式

通过 EAP 协议的通信基于的是四个简单的消息类型。在参与者之间的请求/响应方法的框架下，这些消息类型可以被替换。这些消息都是由长度为 1 个字节的代码字段开始，该字段中会指定是四个消息类型中的哪一种。接下来是长度同样为 1 个字节的标识符字段，标识出每次在认证过程中请求/响应周期内被转换的消息。随后的两个字节表示的是长度字段，包含了包括头字段消息的长度。最后跟着的是要传输的有效载荷，其长度是可变的。

代码	标识符	长度	数据
1 B	1 B	2 B	1～n B

下面给出的是 EAP 消息的各个类型。

- **EAP- 请求**（Code=1）：用于将请求者的消息传输到本地访问点。

- **EAP- 响应**（Code=2）：用于将本地接入点的消息传输到请求者。

- **EAP- 成功**（Code=3）：将一个成功的认证发送到请求者。

- **EAP- 失败**（Code=4）：请求者签收到一个失败的认证尝试。

EAP- 请求和 EAP- 响应都额外含有一个长度为 1 个字节的类型字段。这个字段用于指定所交换消息的子类型。如今可以被确定的子类型如下：

- **请求 – 识别和响应 – 识别**（Typ=1）：查询请求者的姓名，并将姓名发送回本地接入点。

- **通知**（Typ=2）：用于明文的传输。

- **EAP-MD5**（Typ=4）、**EAP-TLS**（Typ=13）、**LEAP**（Typ=17）、**EAP-SIM**（Typ=18）、**EAP-TTLS**（Typ=21）、**PEAP**（Typ=25）和**EAP-FAST**（Typ=42）：用来确定一个特定的 EAP 认证方法。

- **NAK**（Typ=3）：请求者返回给本地接入点的否定应答，当这个请求者不支持所给定的 EAP 方法时。

延伸阅读：

Blunk, L., Vollbrecht, J.: PPP Extensible Authentication Protocol (EAP),RFC 3748, Internet Eng. Task Force (2004)

图 5.18　可扩展认证协议（EAP）的消息格式

其中，在进行实际的用户认证之前，首先在请求者和认证服务器之间通过一个服务器证书建立一个安全的 TLS 隧道。然后，参与者可以在认证服务器上通过用户名和密码进行认证。由于不需要用户证书，因此极大简化了管理工作。

- **EAP 受保护可扩展认证协议**（EAP-PEAP）：同样是 EAP-TLS 的改进版本，与 EAP-TTLS 十分相似。首先，也是在请求者和认证服务器之间建立一个安全的隧道，否则请求者无法进行认证。接下来，实际的认证是通过在 MS-CHAPv2 或者在基于通用令牌卡（Generic Token Card，GTC）上的一个令牌认证的基础上进行的明文—密码—认证。

- **EAP 用户标志模块**（EAP-SIM）：这种方法通过在 SIM 卡上存储的信息提供了认证的可能性。例如，移动电话可以在无线局域网络中安全地进行通信。

– **EAP 基于安全隧道的灵活认证**（EAP–FAST）：思科公司开发的、改进了的
LEAP 方法。在进行实际的认证之前，首先使用一个对称的加密方法在请求者
和认证服务器之间建立一个安全的隧道，否则就必须需要证书。

与简单的 WEP 方法不同的是，在 RSN 架构中被嵌入了不同的密钥。这些
密钥是从一个**密钥层级结构**中导出的。因此，接入点（本地访问点）和参与者（请
求者）之间的直接通信每次都需要一个专有的密钥对。在无线网络中的多个或者
所有参与者都必须接收的多播或者广播消息，是由专门为此目的而提供的密钥
进行加密的。这种密钥需要被所有参与者所共知，同时必须在接入点之前进行分
配。相应所必需的密钥交换握手协议划分成两个阶段：第一个阶段是协商用于单
播的、在每个单独的参与者和接入点之间的成对密钥握手协议；第二个阶段开启
成组密钥握手协议，用于单播和广播的密钥的交换。

在这个过程中，最重要的是**成对主密钥**（Pairwise Master Key，PMK）。这
种密钥对是在每次请求者和接入点之间进行通信时分配的。成对主密钥（PMK）
可以是直接导出的，也可以是从认证服务器和请求者之间的认证过程中协商得出
的，然后传递到认证服务器。由于在认证服务器和接入点之间的连接不是该无线
局域网络本身的一部分，而是属于有线的主干局域网。因此，这种 PMK 从不使
用不安全的无线网络进行传输。通过 EAP 协议，PMK 可以由 256 比特的、所谓
的 AAA 密钥导出。这是认证服务器和请求者之间握手协议的结果。

从成对主密钥出发，借助于伪随机数生成器（PRNG），由本地接入点的
MAC 地址和两个随机数（接入点 ANonce 和请求者 SNonce）可以生成一个被
作为时限会话密钥的**成对瞬态密钥**（Pairwise Transient Key，PTK）。这种密钥
对根据协商的加密方法具有不同的长度：384 比特（AES–CCMP）或者 512 比特
（TKIP）。PTK 本身可以划分成三个或者五个单独的密钥：

– EAPOL– 密钥加密密钥（Key–encryption Key，KEK，128 B）：对 EAPOL 密
钥数据包中的数据字段进行加密。

– EAPOL– 密钥确认密钥（Key–confirmation Key，KCK，128 B）：为 EAPOL 密
钥数据包提供完整性保障。

– 时限密钥（Temporary Key，TK，128 B 用于 TKIP 的 AES–CCMP 或者 256
B）：用于数据加密。

– 如果使用 TKIP/MIC，那么会出现两个长度为 64 比特的 MIC 密钥。这对密
钥被 TK 中的 AES–CCMP 采用。

为了进行多播和广播消息的交换，产生了**组主密钥**（Group Master Key，GMK）。
从这个密钥组中可以推导出一个与会话相关的**组瞬态密钥** （Group Transient
Key，GTK）。这种组瞬态密钥的长度为 128 比特（AES–CCMP）或者 256 比
特（TKIP），是通过一个伪随机数生成器构造的。其中，除了 PMK，还有认证器
的 MAC 地址和 ANonce 值。组主密钥（GMK）本身是由认证器生成的，并且周
期性地被一个新的 GMK 替代。

可扩展认证协议（EAP）的认证过程如下（参见图 5.19）：

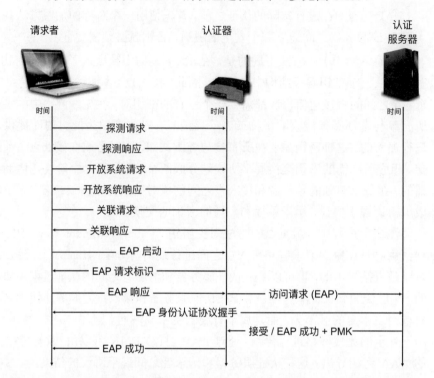

图 5.19　参与者（请求者）、认证器（接入点）和认证服务器之间的 EAP 协议握手

- 在进行实际的 EAP 认证之前，对一个开放系统的参与者的认证是在关联接入点之前进行的。对这种开放系统的认证只是为了解决与旧的无线局域网络硬件的向后兼容性。在这种情况下，硬件与接入点建立连接是不需要预共享密钥的认证。
- 进行关联之后，通过发送从请求者到认证器（接入点）的一个 EAP 启动消息来开始 EAP 的认证。
- 该认证器使用一个 EAP 请求标识进行响应。其中，该响应中确定了请求者的身份。同时，认证器为认证服务器打开了一个 802.1X 标准的接入点，以确保请求者和该认证服务器之间可以安全地进行消息的交换。
- 请求者向认证器发送回一个带有自己身份信息的 EAP 响应消息。
- 如果以前选择了使用相互认证的认证方法，那么认证器通过 EAP 响应消息使用身份证明进行响应。
- 之后，请求者和认证服务器之间开始进一步的信息交换。这些信息的数量和内容与所选择的 EAP 认证方法相关。认证服务器和请求者同时生成主密钥对（PMK）。这对主密钥接下来通过一个安全的连接由认证服务器发送到认证器。
- 随后，认证器将一个带有 EAP 成功消息的有效的 EAP 认证通知给请求者。

　　EAP 认证成功之后，在第二个阶段会对请求者和认证器之间的通信进行加密。这个操作是出现在一个四次握手的**时限 PTR**框架下（参见图 5.20）。

图 5.20　EAP 成功认证后为了安装时限 PTK/GTK 进行的会话密钥的四次握手和随后为了更新 GTK 组密钥的两次握手

- 这种四次握手开始于两个通信伙伴产生的随机值的交换。首先，认证器向请求者发送一个带有 ANonce 值的 EAPOL–Key 数据包。

- 请求者由认证器的 ANonce 值和自己本身的 SNonce 值形成一个 MIC，并且向认证器发送一个 EAPOL–Key 数据包。该数据包中包含 SNonce 值、关联请求数据包的信息元素以及 EAPOL–Key 数据包的 MIC。

- 认证器检查 MIC，并且向请求者发送一个包含 ANonce、MIC、信标数据包的信息元素或者探测响应数据包和被加密的 GTK 的数据包。请求者需要安装这个数据包。

- 请求者成功安装成对密钥后发送回一个带有成功注册信息的 EAPOL–Key。这样请求者和验证器就完成了四次握手。

　　IEEE 802.11i 扩展标准中还额外介绍了 GTK 的更新以及披露了从认证器到请求者的两次握手。为此，认证器产生了一个新的 GTK。这个 GTK 会和一个 MIC 在一个 EAPOL–Key 数据包中一起被发送给请求者。这里，被发送的位于 EAPOL–Key 数据包数据部分的密钥已经通过 KEK 被加密了。请求者在成功地接收和安装这个数据包之后，为了确认 GTL 成功安装，会将该信息通过一个 EAPOL–Key 数据包发送回认证器。

IEEE 802.11i 标准最显著的扩展是采用了新的加密方法**AES–CCMP**。这种加密方法是建立在高级加密标准（Advanced Encryption Standard，AES）的基础上。而 AES 又是著名的对称加密算法 DES 的继任者。考虑到与旧的 WLAN 硬件兼容性的问题，IEEE 802.11i 标准会继续支持时限密钥完整性协议（TKIP）。但是仅作为可选部分，同时规定了 AES–CCMP 为标准选项。**WPA2**作为 WPA 的继任者同样将 AES–CCMP 视为标准的加密方法。因此，一方面废弃了在 WPA 中采用的序列密码 RC4 算法，另一方面允许在 WPA2 中被隔绝的 TKP 使用自组织网络。通过一个简单的固件更新可以将 WPA 转换到 WPA2，这种转换可以在很多设备中实现，但是并不适用于所有的设备。对应的设备硬件将 AES 加密作为软件来实现还需要时间。

计数器模式密码块链消息完整码协议（Counter Mode Cipher Block Chaining Message Authentication Code Protocol，CCMP，RFC 3610）的功能，如 AES 算法，都被应用到 WLAN 数据包中[1]。一个高效执行的 AES–CCMP 协议只可能在硬件上进行。因为，在通常被嵌入接入点的处理过程中，基于软件的执行达不到该协议所必需的吞吐量。

与时限密钥完整性协议（TKIP）不同的是，在目前 IEEE 802.11i 标准中给出的对称 AES 使用的是长度为 128 比特的密钥进行工作的[2]。这样，不仅为防止对通信的非法窃听提供了保护，而且还确保了数据完整性和真实性。WEP 是基于加密算法 RC4 生成的一个连续序列密码（流密码），而 AES 始终是在整个数据块上工作的。其中，各个数据块都被单独加密，也就是说，长度为 128 比特的数据单元使用长度为 128 比特的密钥进行加密。到目前为止，AES 被认为是安全的、还没有被破解的。

对于实际的数据加密来说，AES–CCMP 再次应用了时限会话加密。密钥的分发和认证可以通过 EAP 认证或者 PSK 进行。在 AES–CCMP 中，AES 被所谓的密码块链接方式（Cipher Block Chaining Mode，CBC）进行操作，因此可以实现更高安全性，并且增加了攻击的难度（参见图 5.21）。

AES–CCMP 被加密的数据包，也称为 CCMP 介质访问控制协议数据单元（CCMP Medium Access Control Protocol Data Unit，CCMP–MPDU），包含一个 MAC 报头、一个 CCMP 报头、有效载荷、消息完整性代码（Message Integrity Code，MIC）和帧校验序列（Frame Check Sequence，FCS）。在这些组成部分中，每次只有效载荷和其所对应的 MIC 被进行加密。CCMP 报头包含 8 个字节，由长度为 48 比特的数据包编号（Packet Number，PN）、长度为 48 个比特的初始向量和一个密钥标识（KeyID）组成。数据包编号（PN）用于计算一个随机数的值（Nonce 值）。该值用于评价加密性能和检查完整性，同时也防止一个密钥被重复使用。为此，数据包编号每发送一个新的消息时就自动递增 1，并重新初始化为 1，直到时限密钥被更新。对于 PTK 和 GTK，数据包编号都是独立被管理的。为了防止重放攻击，所接收到的数据包编号始终与一个内部的计数器相比较。图 5.22 显示了 AES–CCMP 加密的过程。表 5.3 给出了在 IEEE 802.11 标准中所指定的数据安全传输标准的不同之处。

---

[1]在商讨确定 IEEE 802.11i 标准的 AES–OCB（Offset Codebook Block Mode）过程中，原本还对另外一种加密方法进行了讨论。虽然 AES–OCB 相对于 AES–CCMP 具有更低的计算强度，但是由于 AES–OCB 受到专利的保护会产生高昂的专利费用，因此被弃用了。

[2]AES 提供的原始密钥长度为 128 比特、192 比特或者 256 比特。

具有更高安全性的密码块链接方式（CBC）

　　使用 AES–CCMP 的 IEEE 802.11i 标准提供了使用 AES 算法的加密方法。该方法通过使用密码块链接方式（CBC）被进一步增强。密码块链接方式是一种块密码能够像 AES 那样被使用的操作类型。其中，在明文块被加密之前，这种密码块首先要与在上个步骤中生成的被加密的文本块进行 XOR 操作。而第一个明文块被使用先前商定的初始向量进行关联。

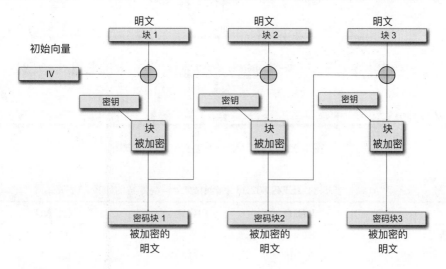

密码块链接方式的主要优点如下：

- 明文中的模式可以通过级联被消除。
- 原本相同的明文块会得出不同的被加密的块。
- 对所使用的块密码进行攻击是很困难的。

　　由于每个被加密的文本块只依赖于先前生成的块，因此一个被损坏的密码块，例如在数据传输过程中出现比特错误时，在解密时不会造成严重的损害。因为，这时只有受到影响的明文块和随后的明文块被错误地解密了。

　　密码块链接方式还可以被应用确保数据的完整性。这是通过在原始明文最后一个被加密的块上附加消息鉴别码（Message Authentication Code，MAC）以及将 MAC 整体加密后实现的。

延伸阅读：

Wobst, R.: Abenteuer Kryptologie. Methoden, Risiken und Nutzen der Datenverschlüsselung, 3. Aufl., Addison-Wesley, Pearson Education Deutschland GmbH, München (2001)

图 5.21　具有更高安全性的密码块链接方式（CBC）

5.3　蓝牙——IEEE 802.15

　　蓝牙（Bluetooth）技术拓宽了具有数据通信功能设备的网络应用，使用范围通常只在几米（通常小于 10 m）内。例如，连接到工作计算机上的打印机或者与手机相连的无线耳机设备。蓝牙技术实现的无线数据通信基于的是专有技术。这种在有限空间范围内进行的

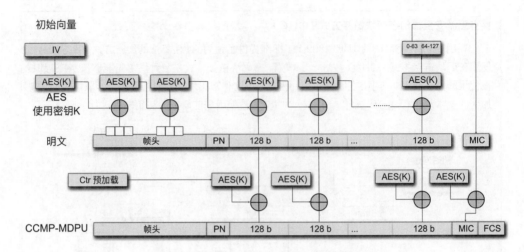

图 5.22　AES–CCMP 加密流程的示意图

表 5.3　IEEE 802.11 标准中安全解决方案的比较

	WEP	TKIP	CCMP
算法	RC4	RC4	AES
密钥长度	40/104 位	64/128 位	128 位
密钥有效期	24 位 IV	48 位 IV	—
有效数据完整性	CRC-32	Michael	CCM
报头完整性	—	Michael	CCM
密钥管理	—	802.11i 四次握手	802.11i 四次握手

数据通信网络称为个人域网（Personal Area Networks，PAN），也称为个人网络，同时在 IEEE 802.15 标准中称为**无线个人域网**（Wireless Personal Area Network，WPAN）。

　　事实上，在彼此靠近的区域内总是存在多个单个设备之间的通信，不仅是工作站，还有各种外围设备：移动电话、个人数据助理（Personal Digital Assistant，PDA）、打印机或者照相机，甚至智能家电。一个复杂的基础设施或者昂贵的布线在这种情况下都是没有意义的，并且过于浪费。无线个人域网（WPAN）领域中最著名的数据传输方法是红外线数据协会的红外线传输数据技术（IrDA）和**蓝牙**技术。其中，前者使用了红外光进行数据的传输。

　　如今，许多笔记本和移动电话还在提供这种廉价的 IrDA 技术通信接口，并且还有许多外围设备，如打印机等，通过这种技术与一个工作站相连接。这种方法的缺点在于：通信伙伴必须始终位于一个视线范围内。也就是说，位于两个设备终端之间的直接线路上的物体会阻碍和干扰通信。虽然 IrDA 技术可以达到一个较高的数据传输率，即可达 4 Mbps，但是两个终端设备之间的最大距离不能超过 2 m。大多数的 IrDA 连接被限定为纯的点到点的连接，并且既不允许连接到其他的网络设施上，也不允许传输被加密的数据。

5.3.1　蓝牙技术

　　蓝牙技术属于已知的 WPAN 技术。这种技术允许终端设备在 2.4 GHz 的 ISM 频段（也就是说，在 2.402 GHz 和 2.480 GHz 之间）使用可达 1 Mbps（在蓝牙 2.0+ EDR 中的速率为 2.1 Mbps）的数据传输速率进行无线的、基于无线电的通信。与基于红外线技术不同的是，蓝牙技术的优点在于：通信伙伴不再受到终端设备之间必须是直接可视连接的限制。最初，设计蓝牙的目标之一是联网电池供电设备，主要的焦点被放置在低能耗的研发上。因此，属于能效等级 2 的蓝牙设备在发送功率 100 mW 的情况下最大只能跨越 10 m 的距离。蓝牙接口的实现方式也非常简单，通常在单个的芯片上就可以实现。蓝牙的发展历史可以参见图 5.23。

蓝牙的发展历史

　　蓝牙的名字来源于 10 世纪非常善于交际的、Gorm 的儿子：丹麦国王 Harald Gormsen（910—987）。他统一了挪威和丹麦，并且奠定了斯堪的纳维亚半岛的基督教的基础。正如昔日丹麦的习俗，Harald 拥有名为 Beinahmen 的绰号，称为 Blåtand，现在按照字面的翻译为 "Bluetooth"（蓝色牙齿）。

　　大概 1000 年之后，瑞典的爱立信公司开始研发一种 "多通信链接"。基于开发者朋友圈给出的建议，该项目的名字被修改后，更名为善于交际的国王的名字：**蓝牙**（Bluetooth）。1998 年，由五家公司：爱立信、IBM、因特尔、诺基亚和东芝建立了蓝牙联盟。该联盟的目标是为近距离的无线网络通信研发一种高性价比的单芯片解决方案。1999 年，IEEE 成立了自己的小组，专门负责近距离的、也称为个人操作空间（Personal Operating Space，POS）的无线联网，即 IEEE 802.15 标准。

　　两年后，即 2001 年，第一款蓝牙产品出现在大众市场。如今许多移动电话、笔记本、PDA、智能手机、上网本、平板电脑、相机、打印机、耳机以及众多其他外围设备都配备了蓝牙接口。

延伸阅读：

Haartsen, J. C.: The Bluetooth radio system, IEEE Personal Communications Magazine (2000), ap C. Haartsen. The Bluetooth radio system. IEEE Personal Communications Magazine, vol. 7, pp. 28–36 (2000)

图 5.23　蓝牙的发展历史

　　从无线电技术上考虑，蓝牙技术采用的是跳频方法，即跳频扩频（Frequency-hopping spread spectrum，FHSS）。这种方法每秒可以改变无线电信号的载波频率 1600 次。跳频扩频通过快速的频率转化确保了必要的稳健性，这样可以抵御频率选择性干扰。此外，跳频扩频还使用了 128 比特的加密方法，以防止窃听和入侵的企图。因此，想要窃听蓝牙要比在 WLAN 情况下更困难，蓝牙的限制范围只有 10 m。

　　通过蓝牙操作的个人域网（PAN）也称为**微微网**（Piconet）。一个 Piconet 是由蓝牙设备群组成的，群中所有的蓝牙都同步使用相同的 FHSS 跳频序列。在 Piconet 中，一个特殊的设备作为主站（Master）。与主站相连的、最多可达 7 个的参与者作为从站（Slave）。主站决定所有从站需要同步遵守的 FHSS 跳频序列。虽然每个蓝牙节点从原则上来说都可以充当主站，但是在一个 Piconet 中必须始终只有一个主站。Piconet 中所有的节点使用相同的 FHSS 跳频方法，其频率位置由各个主站确定，同时规定了通过查询和预定对传输介质进行访问的方式。每个 Piconet 使用不同的 FHSS 跳频序列。其中，Piconet 中的参与者可以是一个节点，通过该节点同步到 FHSS 序列。

　　除了主站和从站，在 Piconet 中还存在另外两个其他类型的、并不积极参与网络通信的设备：一个是所谓的"停滞设备"，这种设备目前并没有与 Piconet 中的主站相连接，但是它们是被了解的，并且在任何时候都可以在短期内被重新激活。另一个是所谓的"待机设备"（Stand-by），与停滞设备不同的是，这种设备并不参与到 Piconet 中。一个 Piconet中最多可以包含 255 个参与者，也就是说，8 个活跃的参与者（1 个主站和 7 个从站）和247 个不活跃的、停滞的参与者。停滞设备只能在 Piconet 中少于 7 个活跃的从站参与者时，或者一个活跃的从站进入到停滞状态后才能被激活参与到 Piconet 中。

　　原则上，任何支持蓝牙技术的设备都可以启动作为 Piconet 中的主站。所有随后进入的设备将作为从站。Piconet 的 FHSS 跳频序列是通过主站的设备标识（MAC 地址）进行确定的。被确定的跳频序列连同当前的、用于 Piconet 初始化同步的内部时钟一起进行发送。从站使用接收到的数值同步自己的内部时钟，并且按照主站调整自己的 FHSS 跳频序列。作为在 Piconet 中活跃的参与者，每个从站都接收到长度为 3 比特的活跃成员地址（Active Member Address，AMA）。停滞（不活跃）的设备接收到长度为 8 比特的停滞成员地址（Parked Member Address，PMA）。处于待机状态下的设备不会接收到任何地址，因为它们不属于 Piconet 中的一部分。

　　一个蓝牙设备可以在多个 Piconet 中进行注册，但是每次只能在一个 Piconet 中作为主站。最多 10 个 Piconet 可以形成一个**分散网**（Scatternet）。其中，各个单个网络中的参与者可以相互联系。而那些实际上彼此进行通信的蓝牙设备必须位于同一个 Piconet 中。每个 Piconet 都是通过自己的、由各个主站所确定的 FHSS 跳频序列进行标识的。

　　Piconet 可以共享可用带宽，但是随着网络参与者数量的增加，发生碰撞的概率也会随之增加，同时传输效率也会随之降低。如果在两个不同的 FHSS 跳频序列中恰巧被使用了相同的频率，那么就会产生冲突。为了加入一个分散网，一个从站只能同步某个 Piconet的 FHSS 跳频序列，然后才能加入分散网。同时，该从站可以自动地将自己旧的 Piconet去除掉。在此之前，该从站还要通知旧的主站，自己将在一定时间内联系不上。如果该从站想从一个 Piconet 跨越到另外一个 Piconet 上，那么它只能作为从站重新加入到新的Piconet 中。在新的 Piconet 中，该从站不能成为主站，而且旧的和新的 Piconet 都使用相同得 FHSS 跳频序列进行工作，由此形成了一个单一的大网络。如果一个主站离开了Piconet，那么在这个网络中的数据通信就会中断，直到这个主站重新回归。

　　为了确保两个 Piconet 之间的通信，单个的参与者可以在两个网络之间进行周期性地切换。通过这种方式甚至可以在 Piconet 之间进行同步数据流的交换。图 5.24 显示了一个分散网。该网是由主站（M）、从站（S）、停滞蓝牙设备（P）和待机蓝牙设备（SB）组成的。其中，一个参与者可以在一个 Piconet 中作为主站，同时在另一个 Piconet 中作为从站（M/S）。这种自己组织起来的分散网直到今天还没有被标准化。一个原因在于，到目前为止，还没有研发出一个算法能够同时满足这种分散网的所有要求。因此，不能确保所有的蓝牙设备实际上都支持这种分散网络的操作模式。

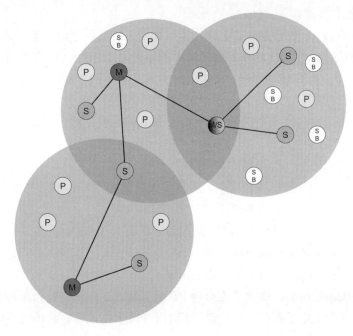

图 5.24　使用主站节点（M）、从站（S）、停滞蓝牙设备（P）和待机蓝牙设备（SB）的蓝牙分散网

5.3.2　蓝牙协议栈

蓝牙协议栈划分为蓝牙**核心规范**（Core Specification）和蓝牙**概要规范**（Profile Specification）。前者描述了其所涉及的物理层和网络接入层的协议，后者涵盖了针对不同使用场景的标准解决方案以及由此在协议栈的所有层上各个特定的协议的选择。核心规范与 TCP/IP 参考模型一样被划分为传统的水平分层，而概要规范把协议栈划分为垂直的分层（参见图 5.25）。

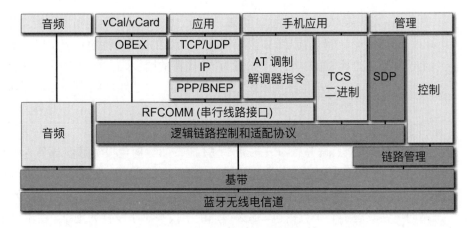

图 5.25　蓝牙协议栈

蓝牙核心规范的基本协议包括：

- **无线电接口**：在物理层中，无线电接口规定了每次所使用的频率范围、所应用的调制方法以及传输的功率。蓝牙采用的是世界上未经许可的 ISM 频段中的 2.4 GHz 频段。通过使用每秒 1600 跳跃的跳跃频率的 FHSS 进行通信，两次跳跃之间的时间间隙为 625 μs。每个时间间隙都使用另外一个随机被选择的、间距为 1 MHz 的频率，这种频率是由 79 个独立的运营商确定得。使用的调制方法为 GFSK。

  蓝牙规定了三种不同的功率等级。

  - **功率等级 1**：在视线范围内，跨越最大距离为 150 m 时的发送功率为 1~100 mW，同时规定了功率控制。
  - **功率等级 2**：在视线范围内，跨越最大距离为 10 m 时的发送功率为 0.25~2.5 mW，同时功率控制可选。
  - **功率等级 3**：发送功率最大为 1 mW。

- **基带（Baseband）**：确定了连接建立、数据格式、时间特性和服务质量参数的一些基本机制。除了所列出的协议，还可以在蓝牙技术中直接设置不同网络协议架构下的音频应用。

  位于基带上的蓝牙数据包的组成如下（参见图 5.26）：

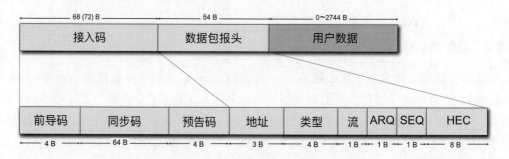

图 5.26　基带上的蓝牙数据格式

- **接入码（Access Code）**：数据包的第一部分，是 Piconet 同步和识别所需的。接入码的前 4 个比特是前导码，然后是用于同步的 64 比特的长度字段，接下来是长度为 4 个比特的预告码。长度为 64 比特的同步码在传输介质上用于访问来自主站的 MAC 地址上的 24 个最低比特位，即低地址部分（Lower Address Part, LAP）。如果调用一个特定的设备，那么会使用这种 LAP。此外，还存在用于寻找特定设备群的其他的预定义的 LAP。
- **数据包报头（Packet header）**：长度为 54 比特的数据包报头是由一个 3 比特长的地址字段开始的。这个字段可以被赋予不同的地址值。如果主站向一个从站发送了一个数据包，那么这个数据包中会含有收件人的地址。反过来，如果从站向主站发送了一个数据包，那么该地址字段被赋予发件人地址。由于一个从站在一个时间段内只能与一个主站进行通信，并且主站对通信实施的是集中控制，这就扩展了用于这种数据通信的地址机制。对于一个主站的广播来说，地址 000 将被提供给所有的从站。

地址字段后面跟随的是长度为 4 比特的类型字段。该字段使用了不同的数据包类型规范来控制同步的和异步的数据传输。接下来是长度为 1 比特的流字段，用来实现一个简单的流量控制。如果这个字段被设置为 0，那么数据通信被停止。只有当再次接收到一个具有流字段的数据包之后，数据通信才被继续。流字段之后的两个字段的长度都为 1 比特：一个含有确认码（ARQ），另一个含有序列号（SEQ）。这些可以通过交替位协议（Alternating Bit Protocol）确定下来。数据包报头的最后一个字段是长度为 8 比特的校验和，即报头差错检验（Header Error Check，HEC），被用于检测传输中出现的错误。总共 18 个比特长的数据包报头使用了向前纠错机制进行编码，字段被增加了 3 倍，而且需要为这个重要的信息提供额外的传输安全性保障。

— **用户数据**（User data）：蓝牙数据包最多可以传输 343 字节的用户数据。用户数据的结构取决于每次所选择的连接类型。

在网络接入层中，蓝牙技术为语言信号的传输提供了一种同步的、面向连接的服务，并且为数据包的传输提供了异步的无线连接服务。

— **同步的面向连接的链路**（Synchronous Connection-Oriented Link，SCO）：为了传输语音信号，在电话中使用了传统电路交换的对称点到点连接。为此，蓝牙规定了一个面向连接的同步服务。一个从站对于向前和向后的连接会定期分配两个相互连续的时间段。一个主站可以最多保持三个不同的 SCO 连接到从站，一个从站可以支持两个 SCO 连接到不同的主站或者三个 SCO 连接到其他的从站。一个 SCO 连接借助连续可变斜率增量调制（Continuously variable slope delta modulation，CVSDM），使用传输速率为 64 kbps 来传输语音信号。为了在容易出错和不安全的通信链路上避免重复对发生故障的数据进行传输，可以为 SCO 传输额外使用一个向前纠错（Forward Error Correction，FEC）的操作。这种操作会使传输数据量增大 3 倍。图 5.27 给出了 SCO 数据传输中有关用户数据的各种数据方案的概述。

— **异步无连接链路**（Asynchronous Connectionless Link，ACL）：为了进行数据传输，蓝牙提供了不对称的分组交换传输服务。这种服务每次都是由 Piconet 上的主站控制的。从站只有在先前的时隙中被主站寻址了才能做出响应，为此，主站要求从站的顺序是一前一后的（轮询）。在同一时间内，主站和从站之间每次只能存在一个异步无连接链路（ACL）。为了 ACL 传输，蓝牙数据包可以占用三到五个时隙。为了对抗传输的错误，可以通过 2/3FEC 方法对用户数据进行保护。一个可靠的传输只能通过一个确认方法，即自动重传请求（Automatic Repeat Request，ARQ）实现。蓝牙同样在基带上提供了这种服务。为了 ALC 服务，蓝牙数据包中的用户数据每次都额外使用一个长度为 1 到 2 个字节的数据包报头（1 个字节的数据包含有一个时隙，2 个字节的数据

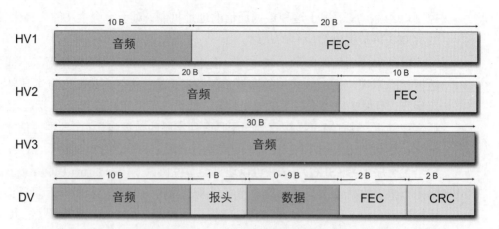

图 5.27　蓝牙同步的面向连接的链路数据传输的用户数据类型

包含有多个时隙）。其中，包含一个对两个逻辑链路控制和适配协议（Logical
Link Control and Adaptation Protocol，L2CAP）参与者之间的逻辑信道的识
别，一个 L2CAP 层的流控制字段和一个长度字段（不包含数据包报头字段和
校验和），随后是 CRC 校验和（参见图 5.25）。图 5.28 和表 5.4 给出了 ACL
数据传输中用户数据的不同数据方案的概述。

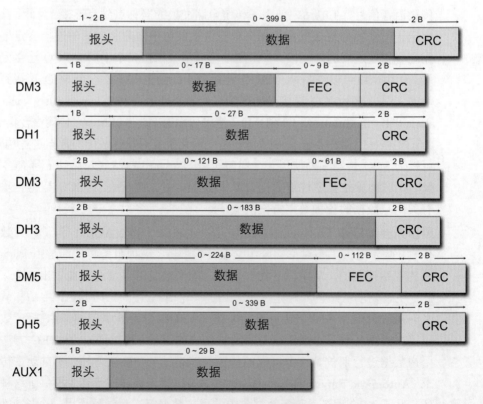

图 5.28　蓝牙异步无连接链路数据传输的用户数据类型

表 5.4　蓝牙基带中不同的用户数据

类型	报头 (字节)	用户数据 (字节)	FEC	CRC	数据速率 对称的 (kbps)	数据速率	
						向前 (kbps)	向后 (kbps)
DM1	1	0~17	2/3	是	108.8	108.8	108.8
DH1	1	0~27	no	是	172.8	172.8	172.8
DM3	2	0~121	2/3	是	258.1	387.2	54.4
DH3	2	0~183	否	是	390.4	585.6	86.4
DM5	2	0~224	2/3	是	286.7	477.8	36.3
DH5	2	0~339	否	是	433.9	723.2	57.6
AUX1	1	0~29	否	否	185.6	185.6	185.6
HV1	—	10	1/3	否	64.0	—	—
HV2	—	20	2/3	否	64.0	—	—
HV3	—	30	否	否	64.0	—	—
DV	1	10~19	2/3	是	121.6	—	—

- **链路管理**：主要规定了两个蓝牙设备之间连接的建立和管理，包括可用安全机制的选择和所需参数的协商。链路管理协议（Link Management Protocol，LMP）扩展了基带提供的服务产品范围。其中，位于更高层的协议仍然可以直接访问到基带服务。链路管理协议提供了以下服务：

  - **认证、配对和加密**：链路管理协议（LMP）控制基带中为验证开发的参数交换。配对（Pairing）是指：在蓝牙中创造一个安全的通信环境以及在两个尚未彼此连通的蓝牙设备之间建立可信任关系。最后，LMP 创建和管理一个连接密钥，并且通过伪装所使用的密钥长度以及为随机数初始化起始值（Seed）来参与该蓝牙的加密。

  - **同步**（Synchronization）：在蓝牙通信中，每次接收到数据包之后都要调节接收方的内部时钟。因为，准确的同步是在蓝牙网络中进行通信的一个基本条件。而且，在同步过程中还支持一种特殊的数据包类型。蓝牙设备还可以交换同步信息以弥合相邻蓝牙网络的时间差。

  - **参数协商**：并不是所有的蓝牙设备都完全支持在蓝牙标准中定义的功能。因此，蓝牙设备的信息必须共享各自本身的技术特点和性能，以便确定哪些功能可以在双向通信时得到支持。

  - **服务质量协商**（Quality of Service，QoS）：可以通过 LMP 控制的查询间隔、延迟和带宽确定蓝牙网络中通信的质量。查询间隔被定义为：存在于主站和从站之间两个连续的数据传输过程中最大的时间段。此外，根据数据传输的质量还使用了向前纠错方法。该方法同样也会对单个的数据传输速率产生影响。Piconet 中的主站控制着通信的流程，并且为增加自己本身的传输容量而限制提供给从站进行发送的时隙数量。

  - **功率控制和连接监控**：参与到蓝牙网络中的设备，被用来测量接收信号的信号功率。相反，这些设备为了改善传输质量可以增加或者减少发送方的发送功率。

— **状态和传输模式的切换**：通过 LMP，不同运行模式之间的蓝牙设备可以进行切换。这是指从主站到从站的过渡，反之亦然，以及从蓝牙网络的脱离、在节电操作模式（待机）下的切换等等。

图 5.29 和图 5.30 给出了各种蓝牙操作模式的概述。其中，一个蓝牙设备可以在不同操作模式之间进行可能的操作状态的转换。

蓝牙设备的操作模式（1）

在蓝牙网络中，设备一般被区分为活跃的和不活跃的。其中，这些不同层次的活动是由不同的节能选项造成的。

— 原则上，每个没有积极参与到 Piconet 中，同时并没有关闭的蓝牙设备都处于一种**待机模式**（Stand-By）。这种蓝牙设备只有内部的时钟在运行。

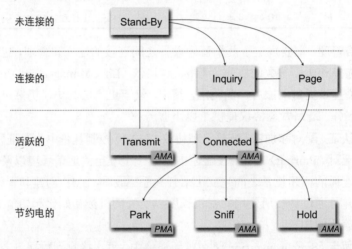

— 从待机状态启动，蓝牙设备可以转换到**查询状态**（Inquiry）。蓝牙设备本身能够开启一个新的 Piconet，并且在其发送和接收的范围内搜索其他的蓝牙设备。为此，一个查询访问码（Inquiry Access Code，IAC）将通过 32 位规范的载体序列（Wake-up Carriers）被发送。反之，这样的蓝牙设备还可以周期性地切换到查询状态，以便通过查询访问码（IAC）找到载体序列上的消息。如果检测到这样的消息，那么蓝牙设备将发送回一个带有自身设备地址的数据包和时间标记信息，同时成为一个已经存在的 Piconet 中的一个从站。

— 成功查询之后，该蓝牙设备转换成**宣告状态**（Page）。想要启动 Piconet 的主站必须等待其所在范围内所有有意愿参加的蓝牙设备进行注册，同时为该 Piconet 的同步确定一个跳频序列，以便告知从站。蓝牙 Piconet 中的从站使用该 Piconet 的跳频序列来同步化自己的跳频序列。

图 5.29　蓝牙设备的操作模式（1）

- **逻辑链路控制和适配协议**（Logical Link Control and Adaption Protocol，L2CAP）：该协议服务于蓝牙基带更高协议层的适配可能性。为此，L2CAP 提供了在蓝牙设备之间为 ACL 数据传递使用服务质量保证创建不同类型的逻辑传输信道的可

蓝牙设备的操作模式（2）

— 适应了 Piconet 的跳频序列之后，该蓝牙设备就转换到了**连接状态**（Connected）。所有与该 Piconet 相连接的设备都会收到一个活跃成员地址（Active Membership Address，AMA）。

— 蓝牙 Piconet 中活跃的参与者可以根据通过主站数据分配的发送时隙经由主站向网络中的其他参与者进行发送。这样他们就处于**发送状态**（Transmit）。

— 通过一个特定的分离方法，蓝牙设备可以再次切换到待机状态。为了保持活跃状态，同时仍然能够在蓝牙网络中节能地工作，定义了以下三种省电模式：

　＊ 在**呼吸状态**（Sniff）下，主站从从站分配减少了用于收听传输介质的间隔。也就是说，从站获得更少的时隙数量，同时保持自己本身的 AMA。

　＊ 蓝牙在**保持状态**（Hold）下更节能地工作，其中必须结束 ACL 数据传输，但是从站仍然可以使用 SCO 传输。

　＊ 蓝牙设备在**停等状态**（Park）下达到最低水平的能源消耗。长度为 3 比特的 AMA 被长度为 8 比特的停等成员地址（Parked Member Address，PMA）所取代。被停等的设备虽然还属于 Piconet 中的成员，但是为另一个活跃的设备创造了空间。被停等的蓝牙设备的同步是通过定期进行的同步来保持的。

延伸阅读：

Wollert, J. F.: Das Bluetooth Handbuch. Franzis Verlag, Poing (2001)

图 5.30　蓝牙设备的操作模式（2）

能性（SCO 数据传输必须直接使用基带）。这些信道每次都是使用唯一的信道标识符（Channel Identifier，CID）进行标识的。

— **无连接的单向信道：** 这种信道主要被用于从主站向从站发送广播消息（CID=2）。此外，在一个无连接的 L2CAP 数据包中必须携带一个用于识别位于更高协议层的标识符和一个长度字段。

— **面向连接的双向信道：** 这种信道对所选择的服务质量参数提供双边支持（CID≥64）。与无连接的 L2CAP 数据包不同的是，面向连接的 L2CAP 数据包不需要接收方的标识符。但是，一个基于可变长度（可达 64 kB）的长度字段是必须的。

— **信令信道：** 在 L2CAP 实体之间需要进行信令消息的交换（CID=1）。

　　L2CAP 提供了向现有的 Piconet 添加或者删除从站的可能性，并且支持复用功能、服务质量规范以及数据包的碎片和碎片整理功能。L2CAP 数据包的长度可达 64 kB，在通过基站进行传输的时候最大可以被划分成长度为 339 比特的片段（碎片）。

　　蓝牙支持多层可扩展的安全模式，按照不同的安全机制划分了三种安全模式。

— **安全模式 1**（非安全模式）：在这种模式下不需要进行身份验证。数据没有进行加密就被传输。蓝牙设备根据预定的连续频率的跳频方案进行转换，以便增加窃听的难度。

— **安全模式 2**（服务级别的强制安全）：在这种模式下，安全机制通过主机（应用层）进行处理。其中，包括对蓝牙控制器和主机之间进行的成功连接。

– **安全模式 3**（链路级别的强制安全）：安全机制直接通过蓝牙模块被使用。在已经建立的连接中，身份验证在链路层进行。在主机上不需要额外的操作。

在蓝牙上实现的安全机制包括对认证的挑战和响应方法（单方、双方或者没有认证）、对数据流的加密以及会话密钥的生成。在蓝牙控制器上被安置的加密方法大多数都是简单的形式，这是由节电模式下蓝牙设备的功率效率决定的。更强的加密和对应的更复杂的方法，以及真正的密钥管理都将在更高的协议层进行讨论。

5.3.3　蓝牙安全性

安全蓝牙通信的第一个步骤在两个蓝牙设备首次想要彼此进行通信时所进行的配对过程中就已经开始了。这时，一个长达 16 字节的、通过两个蓝牙设备上的用户输入的 PIN 是必要的。一些具有有限用户界面的设备，例如耳机和耳麦，已经具有一个由开发商预置的 PIN。通过这个含有设备地址和专门产生随机数的 PIN 可以产生多个密钥。这些密钥被用于认证（连接密钥）和后续的实际用户数据的加密（用户数据密钥）。在蓝牙技术中，单个密钥和认证的产生是通过对称的**SAFER+**（Secure And Fast Encryption Routine+）分组密码方法实现的。这种密码提供了 128 比特的密钥长度。用户数据的实际加密是通过蓝牙加密的加密算法**E0**流密钥完成的。也就是说，从之前所产生的、被作为种子值的用户密钥出发可以产生伪随机位的数据流，这种数据流通过一个逻辑的 XOR 操作被链接到用户数据。

- **无线电频率通信协议**（**Radio frequency communication，RFcomm**）：该协议用于通过蓝牙协议，即电缆替代协议（Cable Replacement Protocol）模拟有线接口 EIA–232（RS–232）。这样就可以确保所有先前通过电缆实现的串行链路也可以通过蓝牙来使用，否则就必须对其进行修改。因此，诸如通常的 AT 调制解调器命令的电话应用就可以被应用在传统的有线调制解调器中，或者通过对象交换协议（Object Exchange Protocol，OBEX）与日历信息和名片进行交换。RFcomm 提供了一种简单可靠的数据流，类似于 TCP。

- **服务发现协议**（**Service Discovery Protocol，SDP**）：该协议位于上层的协议层，实现了服务的描述和搜索。这对于蓝牙来说是必要的，因为一个蓝牙设备必须能够在一个未知的环境中与其他设备进行联网和共同合作。在这种情况下，所有的设备必须提供运行 SDP 服务的服务器，而对于外部 SDP 客户端的纯粹搜索和使用已经被满足了。SDP 不能为蓝牙设备提供新服务的通知，也不能控制对这些服务的访问或者启动进一步的调解。

  服务发现协议使用一个简单的请求/响应模型。该模型每次的运作都是由一个请求（请求协议数据单元）和一个相关的响应（响应协议数据单元）组成的。这就确保了流控制的一个简单的形式，因为在先前的请求响应被接收到后，客户端通常只允许发送一个新的请求。为了描述单个的由 SDP 服务器提供的服务，服务描述（服务记录）使用相关被创建的服务属性作为简单的列表。对服务记录的标识是通过 32 比特的地址（服务记录句柄）完成的。其中，一个服务属性是由自身长度为 16 比特的标识符（ID）和一个相关的值（属性值）组成。这个值可以是一个整数、一个布尔数、一个字符串或是一个统一资源定位符（URL）。

- **二进制电话控制协议规范**（Telephony Control Protocol Specification Binary，TCS BIN）：是一种面向比特的协议，使用语音和数据连接控制手机的功能，包括对蓝牙的移动性和组管理的可能性。原本研发该规范是专门用于无线电话的，但是却无法说服制造商，因此这个协议只是个历史过客罢了。

- **主机控制接口**（Host Controller Interface，HCI）：定义了蓝牙硬件和软件之间的接口。这种接口在基带和 L2CAP 之间用于控制对应基带、连接管理和硬件状态和控制寄存器访问。蓝牙控制器是通过人机交互界面连接到主机系统的。这就为主机提供了一个所有基带和链路管理功能的抽象接口。

- **蓝牙网络封装协议**（Bluetooth Network Encapsulation Protocol，BNEP）：为了与传统的 TCP/IP 协议栈相链接，提供了蓝牙网络封装协议或者先前的点到点协议（PPP），这也同样涉及了用于仿真一个串行接口的 RFcomm 协议。为了通信，BNEP 使用了蓝牙面向连接的 L2CAP 信道。

5.3.4　蓝牙规范

蓝牙设备之间的数据使用所谓的蓝牙规范进行互换。这些配置文件被制定了特定的应用范围。蓝牙规范简化了不同硬件制造商和软件开发商之间兼容性的守则。这一规范在被确定标准的蓝牙规范中可以在很多方面被不同地实施和部署。因此，在蓝牙协议中被确定了额外的蓝牙规范用于某些基础设施的使用和特殊的应用示例。这些应用每次都确定了特殊的参数集合，同时可以得到不同程度上的蓝牙设备的支持。

蓝牙规范使用一个标准的答案描述了蓝牙技术的一个特定的应用场景，参见图 5.31。为此，每次都需要为常用的协议和需要交换的参数确定一个非常具体的集合，以确保蓝牙设备之间具有流畅无误的互操作性。每次，当两个设备之间建立了一个蓝牙连接，双方就可以交换各自的规范，并且确定哪些服务可以提供给他们潜在的合作伙伴，同时他们还需要哪些数据或者命令。耳机（耳麦）就是一个简单的例子。耳机要求具有蓝牙功能的手机提供了一个音频信道，并且需要通过一个额外的数据信道控制扬声器。在表 5.5 和表 5.6 中简短介绍了一些蓝牙规范中数量不断增长的规范。

5.4　ZigBee——IEEE 802.15.4

2003 年，制定了 IEEE 802.15.4 标准的工作小组建立的目标是：在家庭范围内制定一个设备彼此被无线联网的家庭规范，即无线家庭网络（Wireless Home Area Networks，WHAN）。该网络的特征是具有尽可能低的功率消耗和尽可能长的电池寿命。与 WLAN 或者蓝牙不同的是，这些明显具有更小复杂性的设备联网应该建立在一种更低成本的无线通信基础设施上。这里，简单的设备包括无线交换机、用于家庭的功率测量计、遥控器和消费电子和家用电器的耦合，以及运作过程中用于监测和控制的传感器和驱动器。

蓝牙规范的发展

- **蓝牙 v1.0 和 v1.0B**：这是蓝牙的第一个版本，其中包含了众多问题，以及不同生产商产品的安全性和兼容性。在这个版本中，数据传输速率的最大目标是 732.2 kbps。
- **蓝牙 v1.1**：这个版本在 2002 年被作为 IEEE 802.15.1 标准进行了规范化。以前版本中的大量错误都得到了解决。此外，该版本还支持不同的信道和对接收信号输入发送强度的监控。这一版本对数据传输速率的最大目标值为 732.2 kbps。
- **蓝牙 v1.2**：这一版本在 2003 年 11 月份发布，其特征在于具有对静电干扰性很小的敏感性。为了同步传输，引入了一个新的数据包类型（aSCO）。这种类型在音频传输过程中可以通过重发损坏的数据包来实现更高音频质量。该版本的目标数据传输率可增加到 1 Mbps。
- **蓝牙 v2.0 + EDR**：该规范可以向后兼容版本 v1.2，在 2004 年 11 月份发布。这一版本提供了更高的数据传输速率，即增强数据速率（EDR），最大可达 2.1 Mbps。
- **蓝牙 v2.1 + EDR**：这一版本在 2007 年 8 月份发布，提供了包括在连接框架下通过简单安全配对经验来提高安全性的改进以及更低的功耗。
- **蓝牙 v3.0 + HS**：2009 年 4 月发布的规范，规定了基于 WLAN 基础或者超带宽（UWB）的额外高速信道的整合。该版本的数据传输数率可达 24 Mbps。蓝牙接口仍然被用于设备搜寻、初始化连接和文件配置。但是，如果想要传输大量的数据，就需要使用一个替代的基础协议栈，即 802.11 MAC PHY。
- **蓝牙 v4.0 + EDR**：版本 4.0 是在 2010 年 4 月发布的。这个版本允许两个蓝牙设备在小于 5 毫秒的时间内建立起连接，同时连接长度可达 100 m 的距离。另外，还设置了 128 比特的 AES 加密，同时电量消耗也进一步降低。

图 5.31　蓝牙规范的发展

5.4.1　ZigBee 技术

基于 IEEE 802.15.4 标准，**ZigBee**（又称蜂舞协议）定义了一个高层的协议栈。该协议栈为具有低功耗的无线设备和尽可能长的电池寿命提供了一个安全的网络基础设施。"ZigBee"的名字是由所谓的"Zick-Zack-Tanz"（曲折的舞蹈）衍生出来的，即蜜蜂的八字舞。由于蜜蜂是靠飞翔和"嗡嗡"地抖动翅膀的"舞蹈"来与同伴传递花粉所在方位信息，也就是说蜜蜂依靠这样的方式构成了群体中的通信网络。使用类似的方法，数据包也可以在一个网状的 ZigBee 网络中找到到达目标的路径。ZigBee 联盟是在 2002 年建立的，如今其成员已超过了 150 家公司，包括了飞利浦、德州仪器、日本电气股份有限公司（NEC）、西门子等公司。这些公司在 2004 年公开支持和宣传所采用的 ZigBee 标准。这样一来，ZigBee 联盟对 IEEE 802.15.4 标准所起到的作用就和 WiFi 联盟对 WLAN 标准 IEEE 802.11 标准起到的作用类似了，即通过尝试对网络产品的认证，来确保产品之间的互操作性。

IEEE 802.15.4 标准使用了物理层和网络接入层定义来寻址较低的协议层，而 ZigBee 的主要协议是建立在网络互联层和应用层的协议上。

在一个 ZigBee 网络基础设施中，存在三种类型的 ZigBee 设备。

表 5.5 蓝牙规范 (1)

规范	全称	功能
A2DP	Advanced Audio Distribution Profile（蓝牙音频传输模型协定）	音频数据的传输
AVRCP	Audio/Video Remote Control Profile（音频/视频远程控制配置文件）	音频/视频远程控制
BIP	Basic Imaging Profile（基本图像规范）	图像数据的发送
BPP	Basic Printing Profile（基本打印规范）	打印
CIP	Common ISDN Access Profile（通用 ISDN 访问配置规范）	通过 CAPI 进行 ISDN 连接
CTP	Cordless Telephony Profile（无线电话规范）	无线电话之间的沟通
DUN	Dial-up Networking Profile（拨号网络配置文件）	互联网拨号连接
ESDP	Extended Service Discovery Profile（扩展服务发现规范）	扩展服务搜索
FAXP	FAX Profile（传真规范）	传真服务
FTP	File Transfer Profile（文件传输规范）	数据传输
GAP	Generic Access Profile（通用访问规范）	访问控制
GAVDP	Generic AV Distribution Profile（通用 AV 分配规范）	音频/视频数据传输
GOEP	Generic Object Exchange Profile（通用对象交换规范）	对象交换
HCRP	Hard copy Cable Replacement Profile（打印电缆替换规范）	打印应用
HDP	Health Device Profile（医疗设备规范）	医疗设备之间的安全连接
HFP	Hands Free Profile（免提规范）	汽车无线电话
HID	Human Interface Device Profile（人机界面规范）	输入

- **ZigBee 终端设备**（ZigBee End Device，ZED）

  简单的网络功能设备，例如，无线控制的灯开关，不执行 ZigBee 协议栈的整个过程。因此，这些设备通常称为是缩减了功能的设备，即精简功能设备（Reduced Function Device，RFD）。这些设备本身不能启动网络，而是登录到其传输范围内的汇聚节点（ZigBee Router）。一个汇聚节点可以使用其 ZigBee 终端设备构造一个简单的星型拓扑结构。

- **ZigBee 汇聚节点**（ZigBee Router，ZR）

  全面操作 ZigBee 协议栈的 ZigBee 设备，即全功能设备（Full Function Device，FFD）。这些全功能设备既可以用于终端设备，也可以用于汇聚节点。如果一个全功能设备注册为一个汇聚节点，那么它可以作为另一个汇聚节点来支持一

表 5.6 蓝牙规范 (2)

规范	全称	功能
HSP	Headset Profile（蓝牙耳机规范）	通过耳麦的语音输出
INTP	Intercom Profile（网内通信规范）	无线电话
OPP	Object Push Profile（对象交换规范）	对象发送
PAN	Personal Area Networking Profile（个人网规范）	网络连接
PBAP	Phonebook Access Profile（电话簿访问规范）	访问电话簿（只读）
SAP	SIM Access Profile（SIM 卡访问规范）	访问 SIM 卡
SCO	Synchronous Connection-Oriented link（同步的面向连接的链路）	对耳麦的麦克风和扬声器的访问
SDAP	Service Discovery Application Profile（服务检索应用规范）	确定现有的配置文件
SPP	Serial Port Profile（序列端口规范）	串行数据传输
SYNC	Synchronisation Profile（同步规范）	数据清理
OBEX	Object Exchange（对象交换）	两个设备之间的通用传输

个树状拓扑结构，也可以通过与其他设备（已经与自己的汇聚节点相连接）的交叉引用支持一个网状拓扑结构。

- **ZigBee 协调器**（ZigBee Coordinator，ZC）

是 ZigBee 个人域网（PAN）内部的一个特殊的、功能齐全的 ZigBee 设备。ZigBee 协调器充当汇聚节点，承担协调器的核心角色。也就是说，ZigBee 协调器定义了网络基础结构的基本参数和管理整个个人域网。在一个 ZigBee 网络中，只能存在一个协调器。这种协调器创建了 PAN，同时管理所有 PAN 的信息。此外，这种协调器还可以连接到其他网络。

根据 IEEE 802.15.4 标准，ZigBee 网络支持两种不同的拓扑形式：星型拓扑和网状拓扑（在标准中称为"对等网络拓扑"）。在星型拓扑结构中，具有一个汇聚节点（或者是协调器）的功能有限的或者全功能的 ZigBee 设备被连接作为中央转换单元。对等网络拓扑结构允许参与者相互间之间进行通信（参见图 5.32）。

从技术上看，ZigBee 个人域网工作范围可达 75 m，同时在国际开放的 ISM 频段具有 16 个位于 2.4 GHz 的信道、10 个位于 915 MHz 的信道和一个在欧洲的频谱扩展为 868 MHz 的 ISM 频带的信道，即直接序列扩频（Direct Sequence Spread Spectrum，DSSS）。与蓝牙技术不同的是，ZigBee 在信道分配中没有使用 FHSS 跳频方法。因为，参与同步的设备通过给定的 FHSS 跳频序列的开销被认为过于复杂。表 5.7 总结了 ZigBee 频段的比较。其中，各个设备相关的物理层支持 20~250 kbps 之间的数据传输速率和长达 15 ms 的等待时间。与支持 8 个活跃设备的蓝牙网络不同的是，一个 ZigBee 网络支持包含多达 254 个全功能设备和 64 516 个精简功能设备。

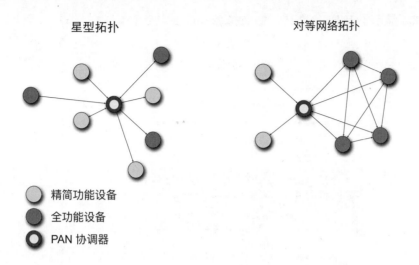

图 5.32 IEEE 802.15.4 标准支持的网络拓扑结构

表 5.7 IEEE 802.15.4 标准中频段的比较

属性	规定值	
	915 MHz	2.4 GHz
数据传输速率	40 kbps	250 kbps
发送功率	1 mW	
接收灵敏度	-92 dBm^3	-85 dBm^3
传输范围	内部可达 30 m, 外部可达 100 m	
潜伏期	15 ms	
信道访问	CSMA/CA	开槽的 CSMA–CA
调制方法	BPSK	O–QPSK

5.4.2 ZigBee 协议和寻址

ZigBee 支持如下两种不同的寻址方式：

- **直接寻址**：在该方式中给出了节点和另外一端的端点。一个节点，即一个 ZigBee 设备，可以为多个端点服务。每个节点最多可为 255 个端点（子地址）提供服务。其中，许多端点被保留用于特殊任务（端点 0 用于管理任务，端点 1 到 240 用于应用逻辑，端点 241 到 254 被保留用于未来的任务，而端点 255 用于对所有端点的广播消息）。每个节点都是由唯一的一个 64 比特长度的地址，即扩展唯一标识符（Extended Unique Identifier，EUI-64）进行标识的。

- **间接寻址**：在间接寻址中，协调器为所有节点分配了长度为 16 比特的短地址。这些节点是在协调器中注册了的 PAN 网络参与者。而在 ZigBee 网络中潜在参与节点的数量被限制在 65 536 个设备。协调器使用其所使用的 ZigBee 设备对应的 MAC 地址来管理这些短地址。为了与另外一个节点进行通信，节点首先需要向该协调器发送一个请求。协调器会将该请求转发给对应的接收节点（绑定）。

图 5.33 显示了 IEEE 802.15.4 标准和 ZigBee 的协议栈。

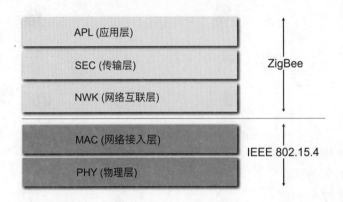

图 5.33　IEEE 802.15.4 和 ZigBee 的协议栈

在 IEEE 802.15.4 标准中,介质访问和数据格式要比在蓝牙中简单得多。位于物理层(PHY)的一个数据包是由长度为 6 个字节的报头字段组成。首先是一个长度为 4 个字节的前导码,随后是长度为 1 个字节的帧开始的分隔符,指示有效载荷的开始。然后跟随的是长度为 1 个字节的长度字段,这个字段后面可以跟随最多 127 个字节的有效载荷。在这种有效载荷中存在介质访问控制层(MAC)的数据包(数据分组)。这种数据包的报头是以长度为 2 个字节的控制字段(帧控制)开始的。该控制字段存储了数据包类型、地址模式和进行报头解密的诸多信息。跟在控制字段后面的是用来识别数据包中长度为 1 个字节的序列号,以及用于存储不同格式的源地址和目标地址中长度可达 20 个字节的地址字段(参阅前文的“直接寻址”和“间接寻址”)。随后出现的是长度可达 102 个字节的有效载荷和在 MAC 数据包末尾中长度为 2 个字节的校验和,即帧检验序列(Frame Check Sequence,FCS)。图 5.34 显示了位于物理层和介质访问控制层的 IEEE 802.15.4 数据格式。

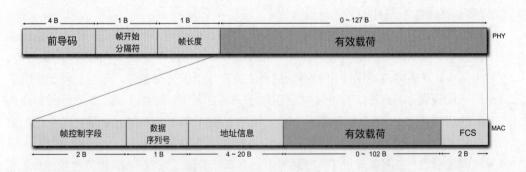

图 5.34　位于物理层和介质访问层的 IEEE 802.15.4 数据格式

使用 MAC 数据包报头的控制字段可以确定该数据包的类型。在 ZigBee 中,区分了以下不同的数据包类型:

- 信标数据包（代码：000）：是由协调器按照周期发送的。这样就可以同步化参与网络的 ZigBee 设备，并为这些设备提供当前网络的参数信息。

- 常规数据包（代码：001）：包含需要被更高协议层进行转发和解释的有效载荷。

- 确认数据包，即响应（代码：010）：确认没有错误地被接收。

- 控制数据包（代码：011）：用于启动和执行网络管理操作。例如，网络设备的登录和注销。

ZigBee/IEEE 811.15.4 定义了三种不同的流量类型。所有这些类型都得到了 EEE 802.15.4 MAC 的支持：

- **周期性数据流量**：在这种类型中，应用程序确定了数据流量的频率。支持 ZigBee 的传感器被启用，以便检查用来验证的数据是否被发送，然后返回到非活跃的系统状态。

- **间歇数据流量**：即暂时中断的数据流量。在这种类型中，一个应用程序或者另一个（外部的）刺激同样确定了数据流量的频率。然而，支持 ZigBee 的设备只有在现实中需要一个通信的时候，才与网络相连接。这种类型应用的一个例子是烟雾探测器。这种仪器只有在被一个外界的刺激（即烟雾）触发的时候，才启动网络报警器。在该版本中，可以实现节能的最大化。

- **重复数据流量**：在这种类型中，预先就确定了框架连接的固定时间点。在保证时隙（Guaranteed Time Slots, GTS）内部，支持 ZigBee 的设备在一个固定的时间段内工作。

在通信中，ZigBee 每次还运行两种不同的模式。

- **信标模式**：具有最佳节电潜力的运行模式。当协调器是由电池供电的情况下，会使用这种模式。协调器会周期性地发送一个信标信号，用来寻找一个支持 ZigBee 的设备。其中，支持 ZigBee 设备的消息被耦合到该信标信号上，同时被接收到的设备进行评估和处理。如果该通信结束，那么协调器会确定一个时间间隔，在该时间间隔运行之后发送下一个信标信号。这时，网络中支持 ZigBee 的设备和协调器马上转为低功耗、非活跃状态。但是，为了不错过下一个信标信号，设备之间的同步性必须非常准确，或者支持 ZigBee 的设备在活跃模式之前就已经转入了一个特定的时间段。因此，这种信标模式在支持 ZigBee 的设备上具有更高的电流消耗。

- **非信标模式**：一种操作模式，用于当协调器被连接到一个固定的电源，同时其他设备在大部分时间都是不活跃的情况下。例如，烟雾探测器或者报警系统。这些设备在随机被选择的时间间隔内被触发，以确认它们对于网络的从属关系。如果这些设备是由一个外部的刺激激活的，那么它们会立即向始终活跃的协调器发送一条消息。但是，有时会发生一个小概率事件，即该通信信道已经被占用，而收件人没有接收到这条消息。

在信标模式中，协调器称为数据包格式的"超帧"，其长度由周期性传输的信标数据包的长度所限制。这些都取决于应用程序和由协调器确定的具有相同时长的单个时隙序列。具有竞争时隙 CSMA/CA 访问方法的 ZigBee 设备可以使用这些来进行通信，即竞争访问时段（Contention Access Period，CAP）。在这种情况下，所有的数据交易都应该在下一个信标数据包发送之前完成。对于响应接口应用或者需要恒定质量的应用，一定数量的用于专有访问媒体的时隙，即无竞争周期（Contention Free Period，CFP）将被保留作为两个信标数据包之间间隔末端的保证时隙（GTS）。协调器可以指定多达 7 个这样的 GTS 间隔，所涉及的持续时间可以延伸超过一个时隙的长度（参见图 5.35）。

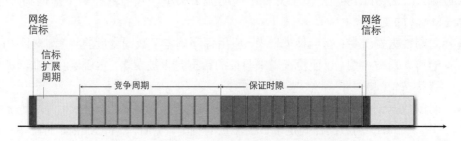

图 5.35　信标操作模式中 ZigBee 超帧数据格式

5.4.3　ZigBee 的安全性

在网络接入层（MAC 层），ZigBee 提供了加密信标数据包、确认数据包和控制数据包的可能性。其中，位于 MAC 层的 ZigBee 只支持对两个彼此直接进行通信的设备之间的数据包加密，即单跳安全性（Single-Hop Security）。为了加密彼此间不相邻的两个设备之间的数据流，即多跳安全性（Multi-Hop Security），必须在更高的协议层进行操作。在 MAC 层，使用高级加密标准（Advanced Encryption Standard，AES）进行加密可以保护所传送数据包的机密性、完整性和真实性。在这种情况下，虽然 MAC 层采用了真实的加密工作，但是具体的过程和之前必要的密钥交换则是通过位于协议栈中更高的协议层来控制的。

如果位于 MAC 层的一个设备发送或者接收到了一个被加密了的数据包，那么首先会确定通信地址和与此相关的密钥。有个这个密钥，该设备就可以加密或者解密这个数据包了。为了发送一个被完整保护的数据包，MAC 数据包的报头会与有效载荷一起被处理，由此计算出一个长度为 4、8 或者 16 个字节的消息完整性代码（Message Integrity Code，MIC）。随后，这一代码被附加到有效载荷上，即密码块链接（Cipher Block Chaining，CBC–MAC）。为了确保数据传输过程中的保密性，将从有效载荷序列以及数据包计数器中产生一个随机数值对加密进行初始化，用来防止所谓的重放攻击（CTR 模式下的 AES）。

如果接收到的数据包含有一个消息完整性代码（MIC），那么这个 MIC 会被验证。当有效载荷是被加密了的，那么这时会被解密。发送设备在每次进行消息发送时都会增加数据包的计数器，同时接收设备会记录每个发送设备的接收数据包计数器。如果一个数据包被检测出一个旧的数据包计数器，那么就会触发一个安全警报。

在网络互联层同样配备了高级加密标准（AES）。这里，所有加密的变体，即安全套件（Security Suites）都是基于 AES-CCM* 模式。与在 MAC 层使用 AES–CTR 和 CBC–MAC 变体不同的是，AES-CCM* 简化了网络互联层的通信。因为，这种变体每次只使用一个密钥就可以产生 MIC 或者进行加密（或者两者一起）。如果网络互联层发送或者接收到一个被加密的数据包，那么它会使用操作系统的安全服务提供商（Security Service Provider，SSP）提供的服务对数据包进行处理。该安全服务提供商（SSP）会从地址信息中查明，哪个密钥被与目标或者源地址相关联，然后将其应用到数据包中。其中，SSP 提供网络互联层相应的服务原语来处理输入的或者被发送的数据包，使得网络互联层可以接管该操作。但是，对于所使用的安全套件和密钥管理的控制必须通过更高的协议层进行处理。

5.5　基于无线网络的其他技术

目前，还存在着大量实现无线 PAN 和传感器网络技术的建议。具体哪些会在将来仍然可能成为标准还不是很明确。为了完整起见，这里将对这些建议给出简短的介绍。

- **无线 USB**：也称为认证无线 USB（Certified Wireless USB，CWUSB）。无线 USB 是基于有线通用串行总线（USB）标准的一种无线扩展，将有线通信的安全性和传输速度与更易应用的无线传输进行了结合。无线 USB 基于的是超宽带（Ultra Wide Band，UWB）技术。这种技术是由 WiMedia 联盟规范的，允许一个传输距离可达 3 m、频率范围在 3.1 GHz 和 10.6 GHz 之间的数据传输速率高达 480 Mbps。

- **DASH7**：是一种基于无线的节能网络技术。最初是被作为军事发展研发的，随后为主动式的射频识别（Radio-frequency Identification，RFID）设备制定了 ISO/IEC 18000-7 标准，同时在未被允许的频率带 433 MHz 工作。DASH7 设备使用的是具有多年寿命的电池，在传输速率高达 200 kbps 的时候，单个网络参与者之间的距离可达 2 千米。

- **近场通信**（Near Field Communication，NFC）：是在短距离内无线数据交换的传输标准。2002 年，近场通信由 Sony 公司和 NXP 半导体生产商（原飞利浦公司）进行开发。这一协议有助于两个设备之间在保持彼此距离的情况下交换电话号码、图像、文件或者数字证书。近场通信的一个主要应用领域是为在专门指定的终端上使用手机进行支付。NFC 工作的频率范围是在 13.56 MHz，而数据传输速率在小于 10 m 的距离时可以达到 424 kbps。

- **无线千兆比特**（Gigabit Wireless，GiFi）：是一种无线技术，在频率范围 60 GHz（毫米波）上进行数据的传输。无线千兆比特的数据传输速率理论上可以达到 5 Gbps，对应的传输距离被限制在大约 10 m。这一技术的计划目标是用于家庭的媒体和娱乐设备范围内的无线联网。例如，电视、游戏机和家庭影院。

- **无线 HART**：可寻址远程传感器高速通道的开放通信协议（Highway Addressable Remote Transducer Protocol，HART），是一种基于 IEEE 802.15.4 标准的、为工业制造部门制定的传输方法。该方法在不受限制的 2.4 GHz 的 ISM 频率段以时分多路访问（Time Division Multiple Access，TDMA）进行工作。

- **Z 波**：无线通信的一种标准，由丹麦的 Zensys 公司和具有超过 160 多家制造商组成的 Z 波联盟联合开发。其目标是实现家庭自动化，即无线控制供暖、通风、照明和温度设备。Z 波在未经许可的 900 MHz 的 ISM 频率范围工作，使用 GFSK 模式进行数据传输。这种情况下的数据传输速率可达 9600 bps 和 40 kbps 之间，在自由地带可跨越 200 m（在建筑物内大约为 30 m）的距离。Z 波是 ZigBee 的直接竞争者。

- **TransferJet**：由 Sony 公司开发的、专有的无线数据传输技术。该技术采用 4.48 GHz 频道，同时数据传输率可以达到 560 Mbps。在一个非常低的能量消耗下可以跨越 3 cm 的短距离。通常情况下，两个 TransferJet 设备可以自动进行相互接触，一旦接触成功，就会支持简单的点到点的连接。

在 IEEE 802.16 标准中，为了**全球微波接入互操作性**（Worldwide Interoperability for Microwave Access，WiMAX）而确定的标准最初被开发用于固定设备的宽带无线传输系统。该标准在第三代和第四代移动通信系统中被开发为一种行业标准，同时被认为是 UMTS 后继者、长期演进技术（Long Term Evolution，LTE）的竞争对手。因此，这种无线技术被归在广域网（Wide Area Network，WAN）中，将在第 6 章给出更详细的介绍。

5.6 术语表

自组织网络（Ad Hoc network）：一个所有的结点都是由移动主机构成的，不需要有线基础设施支持的无线移动网络。在这种情况下，一个固定接入点不需要一个固定的基础设施。

认证：也称为**身份验证**，用于用户身份的验证。在认证的过程中，为了检测身份需要使用值得信赖的权威证书。同时，为了审查消息的完整性需要创建一个数字签名，并将其进行传输。

信标帧（Beacon Frame）：一个活跃的 WLAN 是用信标帧的传输在昭示自己的存在。在信标帧内部，所有建立连接的相关信息都是使用 WLAN 进行发布的。

广播：这种类型的传输对应的是无线电广播，即从一个点同时向所有参与者进行传输。传统的广播应用是无线电广播和电视。

载波监听多路访问（Carrier Sense Multiple Access，CSMA）：一种访问方法。其中，计算机监听传输信道（**载波侦听**），并且总是在信道空闲的情况下才进行传输。

带有冲突检测的载波侦听多路访问（CSMA/CD）：CSMA/CD 方法是一种 CSMA 访问方法（Carrier Sense Multiple Access/Collision Detection）。在发生冲突的时候对其进行鉴别、设置发送，并且在进行重新传输之前等待一个随机的时间段。

带有冲突避免的载波侦听多路访问（CSMA/CA）：CSMA/CA 方法是一种 CSMA 访问方法（Carrier Sense Multiple Access/Collision Avoidance）。在传输数据包之前，会在

发送方和接收方之间先交换一个较小的数据包，通过这种方法来尝试避免数据包冲突的发生。也就是说，先将数据传输的持续时间通知给位于受到影响的网络段内的计算机，让这些计算机调整本身的发送时间。这个协议族的一个简单的代表是带冲突避免的多路访问（Multiple Access with Collision Avoidance，MACA）。该协议被用于移动通信中。

拒绝服务（Denial-of-Service，DoS）：又称为洪水攻击，是一种恶意的互联网攻击手法。该方法通过有目地的洪泛一个网络或节点，使得目标系统超载。这样一来目标系统就无法进行日常的通信任务，甚至死机。

吞吐量（Throughput）：一种对通信系统性能的量度。在一定时间段内，对被处理的或者被传输的消息或者数据进行的测量。吞吐量是在一个固定的持续时间内，由正确传输的数据比特数和所有被传输的数据比特数的总和的商值计算得出的。其数值可以由 bit/s 或者 data packet/s 给出。

IEEE：电气电子工程师协会（Institute of Electrical and Electronics Engineers），缩写为"3个 E"，是一家总部位于美国的、由工程师组成的国际协会。目前，IEEE 协会的成员包括来自 150 多个不同国家的大约 350 000 名工程师。该协会的主要任务是起草、讨论、通过和公布网络领域的标准。**IEEE 802**工作组负责的是 LAN 技术的标准化。

ISM 频段（Industrial Scientific Medical Band）：原本被保留专门用于工业、科学和医疗系统的无线电频段，现在被用于基于无线电的无线数据通信网。例如 WLAN 和蓝牙，这两者都在 2.45 GHz 的频率段上工作。

密码学：信息学和数学的分支，用于设计和评估加密算法。密码学的目的在于当未经授权的第三方窃取信息的时候，确保信息的保密性。

中间人攻击（Man-in-the-middle attack，MITM）：对安全连接的通信伙伴之间的攻击。其中，攻击者在两个开关（中间人）和通信之间进行截取，或者伪装成通信的参与者。

网状拓扑（Mesh Topology）：网络拓扑的一种特殊形式。其中，每个终端都与一个或者多个其他终端相连接。信息在到达各自目的地之前会通过网络节点之间进行传递。在一个网络节点或者线路出现故障的情况下，数据通常会通过路由选择（Routing）进一步转发。

介质访问控制（Media Access Control，MAC）：MAC 位于 TCP/IP 参考模型中网络接入层的下属子层，用于控制共享传输介质的访问。MAC 在物理层和 LLC 子层之间构建了接口。

调制：在通信工程中被描述为一种操作。该操作中，一个需要发送的有用信号（数据）被转换成通常具有较高频率的载波信号（调制），然后通过这种载波信号实现有效信号的传递。

多播： 多播传输对应的是一个参与者数量被限制了的广播。因此，这种传播方式涉及了从一个点出发到网络参与者的一个特定组的同时传输。

多路访问（Multiple Access）： 与网络连接的网络设备共同享有一个公共的通信信道，因此又被称为多址接入。

停车场攻击（Parking Lot Attack）： 一种对无线网络的攻击。一个未经授权的攻击者试图使用一个移动天线（通常是通过公司停车场上的汽车），通过拦截无线网络中周期被发送的数据包来获得对应网络的访问。

分组交换： 是数字网络中主要的通信方法。其中，消息被分解到固定大小的单个数据包中（分组），然后这些数据包被单独地、相互独立地由发送方通过现有的访问接口发送到接收方。分组交换被区分为**面向连接的**和**无连接的**分组交换网络（**数据报网络**）。在面向连接的分组交换网络中，开始实际的数据传输之前需要通过所选择的网络访问接口建立一个连接。与此相反的是，在无连接的分组交换网络中，并不会预先建立一个固定的连接路径。

纯阿罗哈（pure ALOHA）： 最初的随机多路访问方法。其中，每个被连接的计算机在传输数据时可以根据需要不去监听发送的信道。如果发生冲突，则终止传输，之后在一个随机被选择的时间间隔后重新恢复传输。

计算机网络（Computer Network）： 计算机网络提供了连接到网络的、自主的计算机系统。每个这样的系统都提供自己的内存、自己的外围设备和自己的计算能力这样的基础设施用于数据的交换。由于所有参与者都是相互联网的，计算机网络为每个参与者提供了与其他网络参与者进行网络连接的可能性。

微波（Microwave，MW）： 微波是指使用尖锐的增益天线（即所谓的定向天线）进行电磁波的传输。

漫游（Roaming）： 标识无线网络运营商能力的术语。其中，另外一个外地的网络（蜂窝站点）可以被作为本地网络进行发送和接收。

时隙阿罗哈（slotted ALOHA）： 一种修改的阿罗哈访问方法。其中，时间轴被划分成固定大小的时间间隔，即时隙（Slot）。一个数据包传输的持续时间不允许超过一个时隙的长度。一台计算机在被允许开始进行传输之前，必须始终等待一个新时隙的开始。

嗅探（Sniffing）： 对计算机网络攻击的变体。攻击中，使用了一个特定的软件或者硬件（嗅探器包）。这一数据包可以接收、记录、显示甚至评估该网络的数据流量。

拓扑结构： 是指各个计算机节点在该网络内部分布的几何形式。计算机网络常用的拓扑结构有总线拓扑结构、环型拓扑结构、网状拓扑结构和星型拓扑结构。

第6章　网络接入层 (3)：广域网技术

> "通过电流，人类可以跨越整个海洋，进而控制全世界。"
>
> —— Psalm 72.8

除了被限制在狭小空间的局域网（LAN）外，还存在着一种广域网（Wide Area Network，WAN）。这种类型的网络可以跨越个人计算机和本地计算机网络之间的较长距离。为了实现这种跨越，需要特殊的传输介质和新的、额外的网络技术与协议。人们对全球互联网的访问通常都是通过 WAN 技术运行的。例如，通过电话网络、有线电视网络或者通过移动无线网络。本章将介绍建立和运营这种 WAN 网络的基本概念和技术。其中，重点将放在寻址和路由技术上。而这些技术在网络互联层也具有重要的意义。这里将借助不同的技术示例使读者对 WAN 网络的操作有一个更深入的了解。

6.1　简介

在局域网（LAN）不断受到空间和能力约束的时候，遍及全球通信网络的互联网则不断在增长。这种与 LAN 技术不同的、基于**可扩展**技术上的全球一体化网络被不断地连接上新的计算机和新的网络。一种被称为**广域网**（Wide Area Network，WAN）的技术实现了将多个局域网络合并为一个互联网络。这里，连接到一个 WAN 网络中的终端系统的数量，即个人计算机或者单个 LAN 网络，应该与该 WAN 网络的具体空间范围相适应。WAN 网络的地域广度覆盖可以从位于一个城市中相互被联网的各个公司，到包含所有大学计算机的洲际联网。这种 WAN 技术能够提供足够的功率储备，同时确保电网的高效运行。

通过广域网技术对不同局域网和终端系统进行连接的目的在于：实现网络的全球性，并且将该全球网络建立为一个看似统一的、均质的网络形式。这种所谓的**互联网**或者**虚拟网络**在位于不同网络中的所有终端系统之间实现了畅通的通信（网络互联）。除了中间系统，例如，网络交换机、分组交换机、路由器，以及一个统一的地址解决方案，还需要公共的通信协议（不需要出现在协议层模型的所有层上，参见第 7 章）。在所有互联网中，最有名的当然是全球的"万维网"。这种网络是由 IP 寻址方案和 TCP/IP 协议进行运作的。在本书中，为了叙述方便，将统一使用术语"互联网"。

如果从被连接的终端系统来看，广域网基本是由**传输介质**（例如，配线）和**开关元件**（例如，路由器、中间系统的分组交换机）组成。这些部分负责相互连接各个本地的局域网，并且确保在这些网络中数据的平稳传输。这种连接有两种形式：各个开关元件之间的连接和到各个终端系统的开关元件的连接。前者通常设计成具有较高的带宽，而后者可能只有较低的带宽可选。开关元件通常被设置在特定的计算机上。这种计算机的任务是将两个或者多个不同的布线进行彼此连接，同时决定需要通过哪些端口，即哪些传输介质，对到达的数据进行转发，以便使其可以通过网络到达所设定的目标地址。通常，数据从发送方到接收方的路径有很多条，并且需要跨越许多不同的网络。而通过 WAN 可以找到一条合适的路径来对该数据进行成功传递。这里，所涉及的中间系统会承担这个路径选择的任务。

开关元件接收到数据后，会将其高速缓存、评估之后进行转发。那些将输入的数据缓存后进行转发的元件也称为**存储转发**交换机。而传输数据通过广域网找到从发送方到接收方的合适路径的流程称为**路由选择**（Routing）。

与局域网不同的是，广域网通常具有不规则的拓扑结构。图 6.1 给出了一个广域网结构的例子。其中，各个子网 A、B、C 和 D 每次都是通过交换机进行相互连接的。各个交换机之间的连接线要适应每次的数据流量，因此通常设置为较高的带宽。

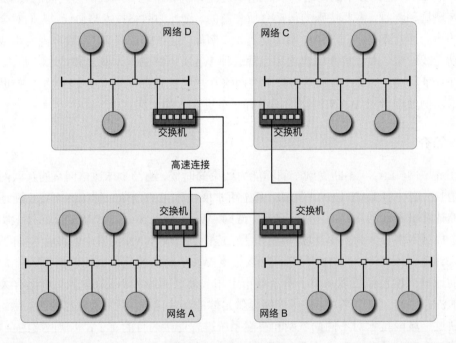

图 6.1 广域网结构示例

6.2 广域网中的分组交换

6.2.1 基本原则

与局域网中连接传输介质的方法不同的是，广域网或者互联网的组成是连接了多个可能是不同类型的独立网络（子网）。为了达到所期望的**扩展性**，各个子网是通过开关元件相互连接到一起的。

现代计算机网络采用的是**分组交换**（Packet Switching）原则。这一原则将需要发送的数据划分成若干个短的分组（包）后，将这些短数据包彼此独立地通过网络发送到数据的收件方。在发送的过程中，这些独立的数据包可以通过不同的路径发往目的地，这样就可以实现网络中的最大数据吞吐量。在线路交换（Circuit Switching）模式中，一条数据通常作为一个整体进行传输，并且在传输过程中，该传输的路径一直被独享。而在分组交换模式中，所有的参与者都可以公平享有网络的访问机会。如果所有的数据包具有相同的大小，那么这种分组交换称为**信元交换**（Cell Switching）。

为了扩展一个现有的 WAN 网络，需要向该 WAN 中连接新的子网，而这可以通过简单地向该 WAN 中连接开关元件实现。通过这种方式就可以将其他的子网集成在该 WAN 中。这里，用于连接网络的开关元件通常也称为**分组交换机**。这些开关元件的主要任务包括了对数据包的接收、存储、评估和转发。分组交换机是那些只执行这些任务的特殊计算机。为了能够利用如今 WAN 具有的较高带宽优势，同时实现最短的转换时间，那些用于确定各个收件人数据分组路由器所采用的算法都是直接由计算机硬件实现的。

为了实现连接在每个终端系统或者终端系统的子网上的分组交换机可以使用相同的带宽，就像在各个子网中为终端设备提供的带宽那样，这种分组交换机需要通过更高的带宽进行相互连接。图 6.2 给出了分组交换机的结构示意图。

图 6.2　分组交换机的结构示意图

在这种情况下，可以采用多个不同的传输介质，例如，串行租用线路（电话线）、光纤、微波、定向无线电通信、激光或者卫星信道。

6.2.2　广域网的建立

广域网建立的出发点是：将单独的、在地理位置上彼此分离的局域网（LAN）或者独立的计算机相互连接在一起。为此，每个站点都应该含有一个分组交换机，以便用来连接本地子网（局域网），或者直接与当地的终端系统相连接。而位于不同站点的各个分组交换机则通过一个单独的网络（通常是一个公共网络）相互连接到一起。

图 6.3 显示了使用四个分组交换机的广域网建立。整个网络中，三个分组交换机与局域网进行连接，另外一个连接了当地的终端系统。从图 6.3 还可以看出，WAN 不一定是对称的。各个分组交换机之间的连接带宽会根据在故障情况下涉及冗余的预期数据流来进行选择。

所有的广域网都依赖于那些运营远程网络、同时提供网络可用性的网络供应商。网络供应商是具有在法律范围内工作许可的公共的或者私营的机构。一个公司也可以运行自

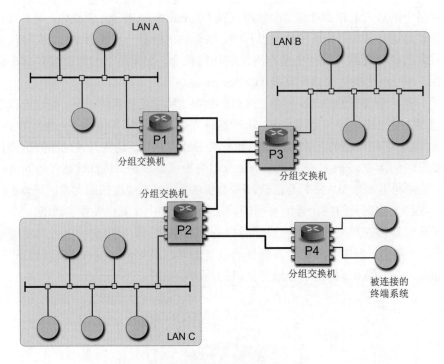

图 6.3　广域网构建原则

己的 WAN 网络，否则就需要一个网络供应商的支持。公司可以租用网络供应商的线路，并且将其构建成一个貌似公司自己专有的网络。当然，公司也可以自己运营和维护一个企业网络（Corporate Network）。

6.2.3　存储转发交换

在局域网网络中，所有被连接的终端系统都使用一个共同的传输介质。为了避免在共享的传输介质上发生碰撞或者干扰，从而阻碍甚至完全中止传输进程，每次只允许一对的终端系统进行数据包的交换。

而与广域网相连接的终端系统可以并行进行通信，即每次可以同时发送多个数据包。为了使分组交换机在较高数据包流量的情况下可以正常地工作，每个被接收到的数据包首先会在分组交换机的内部进行缓存复制，并存储在那里。之后再根据数据包中的地址信息做出决定，使用哪条路径进行转发。这种技术称为**存储转发交换**（Store-and-Forward Switching）。

在存储转发交换过程中，数据包实际上使用的是由网络硬件支持的较高带宽进行的传输。这是因为，分组交换机需要同时将多个数据包存储到缓冲存储器。当分组交换机的缓冲存储器开始更加缓慢或者具有较高负载的情况下，也会出现拥塞。而这种缓冲存储器的容量总是受到限制，那么在分组交换机的缓冲存储器已满，无法再进行接收的极端情况下，那些无法被接收到数据包将会被丢弃。分组交换机的每个（输入或者输出）端口都提供了一个数据包队列。在队列中，这些数据包将通过输出接口被传递到接收目的地。这样一来，分组交换机的缓冲存储器就会被很快地再次清空。

6.2.4　广域网中的寻址

从连接到广域网中的终端设备来看，广域网技术采用了同局域网技术相同的寻址方式。每个 WAN 技术都定义了一个特定的、预先规定的数据格式，而传输的数据包必须满足这种格式。另外，各个单独的与 WAN 相连接的终端系统都具有自己的硬件地址。作为目标地址的信息每次必须附加到需要发送的数据包中，从而使数据包可以到达实际指定的目的地。

为了在广域网中实现一个独一无二的地址，采用了**层次编址**（Hierarchical Addressing）方案。这里，一个最简单的情况是将终端系统的地址划分为两个部分。第一部分为地址前缀，表示分组交换机地址。第二部分为地址后缀，表示连接到该分组交换机的终端系统的地址。图 6.4 给出了一个 WAN 层次编址方案示例。

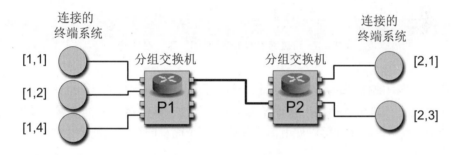

图 6.4　WAN 中的层次编址方案

与分组交换机 P1 相连的有三个终端系统，每个系统的端口分别为 1、2 和 4。而与分组交换机 P2 相连的有两个终端系统，每个系统的端口分别为 1 和 3。示例中，与分组交换机 P1 相连的端口为 4 的计算机被分配的地址为 [1,4]。

分组交换机每次必须将接收到的数据包按照其所含信息中给出的相应目标地址进行转发。如果可以确定数据包与目标计算机是通过相同的分组交换机进行传输的，那么该数据包可以简单地转发到目标计算机的输入端口。如果可以确定数据包与目标计算机只能通过另外的分组交换机进行传输，那么该数据包将使用高速连接的网络传递到当前分组交换机和目标分组交换机之间的一个分组交换机上。至于选择哪些具体的分组交换机则取决于所传输的数据包的目标地址和由此派生出的路由。

数据包在传递过程中，经过的那些分组交换机并不知晓该数据包中嵌入的完全路径信息，而是每次只能了解到自己所对应的下一个传输跳段（**Hop**）的地址信息。这种交换原则也称为**下一跳转发**（Next Hop Forwarding）。在分组交换机中，被嵌入的子跳段信息是以表格的形式（路由表）进行管理的。其中，每个地址目标都被归入分组交换机的一个指定的输出端口。图 6.5 给出了分组交换机 P3 的一个下一跳表格。分组交换机接收到一个数据包，首先评估包含在数据包报头的目标地址，然后在该分组交换机的下一跳表格中搜索相应的条目。根据该目标地址所对应的输出端口继续转发该数据包。

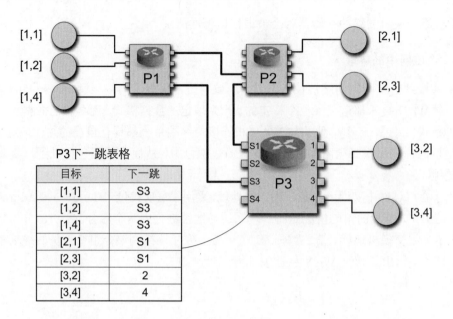

P3下一跳表格

目标	下一跳
[1,1]	S3
[1,2]	S3
[1,4]	S3
[2,1]	S1
[2,3]	S1
[3,2]	2
[3,4]	4

图 6.5   广域网中的子路径确定：下一跳转发

在广域网中，数据包的转发并不依赖于每次发送数据包的源地址。也就是说，这种源地址对于确定下一跳所选择的子路径没有意义，只是在该分组交换机被重新设置的时候才是重要的。数据包的转发可以使用下节叙述的一个简单的算法在硬件中被高效地实现。

6.3   路由选择

所谓的**路由选择**（Routing）是用来确定传输路径的，即数据包沿着从发送方到达接收方的过程中所经过的通路。在发送方和接收方之间通常存在着（几个）**路由器**（Router）。这种路由器的任务是：作为中转计算机将数据包从广域网的子网沿着所选择的路径向下传递。路由器确定路径（路由选择）是基于被传递的数据包的报头中的目标地址。这一路径可以被接收方系统和终端系统的子网所识别。

通过中转计算机对数据包的转发，既不依赖于数据包的发送方，也不依赖数据包在路径上到达实时中转站之前已经经过的各个阶段。这种特性称为**来源独立性**（Source Independence），是奠定网络技术的基本原则之一。这种原则可以使用高效的**路由算法**，即只用提取接收到的数据包的当前目标地址就可以决定数据包通过中转计算机的哪个输出端口被再次进行转发。

在广域网技术中，交换机分为**内部交换机**（Interior Switch）和**外部交换机**（Exterior Switch）。前者的中转计算机并没有连接到终端系统，而是直接被连接在另外一台中转计算机上。而后者则可以直接被连接到终端系统上。

6.3.1   网络图

广域网中或者互联网中的路由选择可以通过一张**网络图**进行描述。其中，图中的每个

结点代表了一台交换机（路由器）。广域网络中两个路由器之间都存在着一个直接连接。而这种连接可以通过图形中两个结点之间的一条**边**进行描述。图 6.6 给出了一个广域网和其对应的网络图表示。

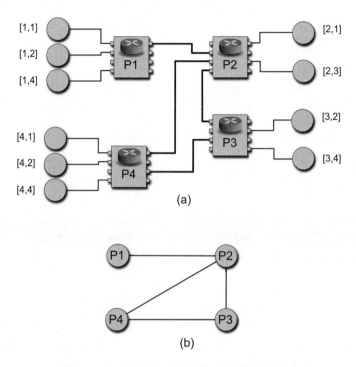

图 6.6　一个广域网 (a) 和其对应的网络图 (b)

使用图形方式对一个广域网进行描述是非常有效的方法，因为这种描述只需要给出各个彼此相连接的路由器，而不需要给出与其相关的终端系统。在广域网中使用的众多不同路由算法中，这种图形方式是计算子路径连接的基础。在实践中，可以为这种网络图形中的各个边分配权值（加权图），从而在使用相关的子路径连接时获得所对应的成本。有了这种成本信息，使用者就可以权衡，数据沿着这条路径发送是否符合自己的期望。原则上，路由选择问题的解决方案是：在网络中找到最优成本效益的路径。即在加权图中找出数据包从发送方到达接收方的一条路径，而这条路径的成本可以简单地通过路径上通过的各个被加权的边的总和计算得出。

6.3.2　广域网中路由表格的计算

现在的问题是，如何准确地计算出数据包的路由？为了将接收到的数据包进行正确地转发，交换机（**路由器**）会通过一个内部的表格（**路由表**）获得转发所必要的子路径信息。该路由表格包含了所有目标的信息，即数据包通过哪些端口被路由器再次转发。由于该路由表格只含有数据包通过广域网路径上的下一个站点的信息，因此也称为下一跳（Next Hop）表格。

现在来观察在图 6.5 中所描述的路由表格。优点显而易见，即该表格为网络提供了一个层次编址，所有由相同子网发送来的数据包都将从相同的端口离开路由器。如果数据包的目的地并不位于同一个子网中，如表格中所示，那么为了正确转发，只需要检测这些数据包目标地址的第一个部分（参见表 6.1）。

表 6.1　图 6.5 的缩减版路由表

目的地	下一跳
(1, 任意)	S3
(2, 任意)	S1
(3,2)	2
(3,4)	4

路由表只包含一个针对特定子网的条目，以及对应本地子网路由器的所有计算机的条目。这种被缩减了的路由表也显著减少了转发数据包的计算工作量。

而在路由表中被存储的条目必须符合以下要求：

- **通用路由**：路由器的路由表必须包含对所有潜在的目的地的一个对应跳段。
- **最优路由**：对应一个特定目的地的、由路由表包含的跳段必须指示一条最短的路径。

在使用各个算法计算最优路由之前，首先来更加详细地解释一下作为这些算法基础的最优原则。假设现在有三个路由器 A、B 和 C。那么最优原则的规定如下：如果路由器 B 位于从路由器 A 到路由器 C 之间的一条最优路径上，那么从路由器 B 到路由器 C 的最优路径同样位于这条路径上。这可以很容易证明：首先可以使用 w_1 来表示从 A 到 B 的所假设的最优路径中的第一条分段路径，用 w_2 表示从 B 到 C 的所假设的最优路径中的那部分分段路径。如果在从 B 到 C 之间还存在着另外一条优于 w_2 的路径，那么可以简单地将其与 w_1 相连接。这时就可以发现，这条路径要比最初的路径更好，而这就与初始条件，即原有的路径被假定为是最优的条件相悖。

通过上面的最优原则可以得出：路由表被建立时，如果将所有可能的结点（路由器）$A_0, \cdots, A_n$ 所组成的最优路径与一个给定的目标 Z 连接在一起，那么就组成了一个以 Z 作为根节点的**树状图**。这种树状图称为**汇聚树**（Sink Tree）。在这种汇聚树中，可以通过一种自然的方式引入一种距离度量，通过每次所必需的跳段的数量对其进行定义。作为一种树，汇聚树是不包含回路的（loop）。因此，每个跟随预定路线的数据包通过数量有限的跳之后总是能够到达自己的目的地（参见图 6.7）。这种汇聚树并没有唯一的定义，因此，可以具有多种不同的形式。采用不同路由选择方法是为了确定一个汇聚树，进而确定最优路径。

现在回到计算路由表的问题上。在表 6.2 中给出对应图 6.6 中所有路由器的一个完整的、可以从相应的网络图中获得的路由表。在字段"下一跳"中给出的值对（u, v）表示了从节点 u 到节点 v 的边，每次通过这条边的数据包可以被转发。

这里需要注意的是，在指定的路由表中还包含着许多重复的条目。由于这种路由表在实践中通常只在有限的空间中可用，因此采用了**默认路由**（Default Routing）方法，以便

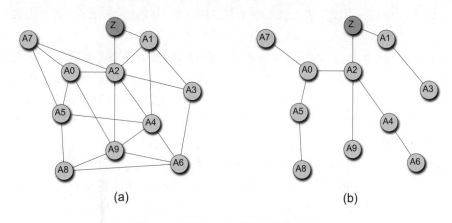

图 6.7　网络 (a) 和所属的树状图 (b)

表 6.2　由图 6.6 中给出的所有路由器的完整路由表

结点 P1		结点 P2		结点 P3		结点 P4	
目标	下一跳	目标	下一跳	目标	下一跳	目标	下一跳
1	—	1	(2,3)	1	(3,1)	1	(4,3)
2	(1,3)	2	—	2	(3,2)	2	(4,2)
3	(1,3)	3	(2,3)	3	—	3	(4,3)
4	(1,3)	4	(2,4)	4	(3,4)	4	—

更高效地利用存储空间。为此，路由表中单个条目被替换成了具有相同跳值的条目序列。在每个表格中，始终只有一个条目被允许作为默认路由。而被选定的条目具有低于其他所有条目的优先级。如果在一个路由表中，一个指定的目标没有找到一个明确的条目，那么该数据包会由指定的路由（默认路由）进行转发（参见表 6.3）。

表 6.3　根据默认路由方法为图 6.6 中所有的路由器制定的路由表

结点 P1		结点 P2		结点 P3		结点 P4	
目标	下一跳	目标	下一跳	目标	下一跳	目标	下一跳
1	—	2	—	1	(3,1)	2	(4,2)
*	(1,3)	4	(2,4)	2	(3,2)	4	—
		*	(2,3)	3	—	*	(4,3)
				4	(3,4)		

　　路由表的计算还可以手动进行，但只适用于规模很小的网络，例如，上面给出的例子。因此，在实践中开发了所谓的**路由算法**的计算方法。这些算法将在下个小节中给出详细的介绍。这些路由算法基本上可以被区分为**静态的**和**动态的**路由算法。

　　在静态路由（也称为"非自适应"路由）中，路由表是在路由器调试的时候被一次性创建的，之后就不再被改变。这种路由表由所使用的固定的**路由度量**进行确定。但是，静态路由方法不能对网络中发生的变化做出反应，因此使用时会受到限制。另一方面，静态路由却是一个非常简单的方法，只需要很少的计算量。

相反，动态（自适应）路由算法可以通过定期的或者在有需要的情况下更新路由表来适应网络中不断变化的结构。这些调整的基础同样基于路由度量。其中，每次使用的方法决定了从哪里得到相关的信息和决策标准，以及什么时候需要重新计算路由表。大多数的网络都使用了动态路由算法，以便应对网络出现的新问题。为此，需要不断监听网络中的流量和网络硬件的状态，并且在网络出现故障的情况下重新定向路由。

动态路由算法可以分为**集中式**和**分布式**路由算法。在集中式路由算法中，路由表的计算是通过一个中央机构进行的。该中央机构根据通过网络收集到的信息可以给出高质量的路由决策。但是，当网络结构不断变化的时候，这种响应的等待时间相对就要长些。此外，建立在集中式路由算法的计算机上描述的关键性资源，极有可能将整个网络的操作泄露出去。而如果这台计算机的规模不够大，那么还存在着另外一个瓶颈，即会显著阻碍网络的传输功率。

如果采用了集中式路由算法，那么每个路由器要自己对路由表的计算负责，并且必须在每个路由器的信息状态基础上来考虑网络的性质。在实践中的网络，多数都使用分布式路由方法。其中，最具代表性的是在 6.3.4 节和 6.3.5 节给出的**距离矢量算法**和**链路状态算法**。

除了上述划分，还有所谓的**孤立路由算法**。其中，网络中的每个结点只使用本地可用的信息给出路由决策。孤立路由算法的最重要的代表是所谓的**洪泛**非自适应方法（或者也称为广播路由）和与负载相关的**热马铃薯路由选择**方法，以及**反向学习算法**和 **Delta 路由**。这些方法将在下面一个章节内给出详细的介绍。所有上述路由方法和各个子过程都可以彼此间进行任意组合。图 6.8 给出了一个按照路由方法给出的示意图。

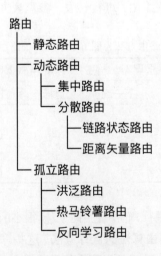

图 6.8　路由算法分类示意图

6.3.3　孤立路由算法

这里，我们用孤立路由算法开启介绍各种路由算法的篇章。孤立的意思是，每个网络结点，即一台计算机，只使用自己本地可用的信息用于路由的计算。这个网络结点只了解与自己直接相连的网络结点。而对网络中其他的网络结点是未知的。本地可用信息可以是诸如路由器输出端口的队列长度或者是网络中邻近结点的状态。这种网络结点只具有自己收集到的信息。而这些网络结点之间并不交换路由信息。因此，对这种不断变化的网络拓扑结构的调整，例如，活跃路由器出现的故障或者新路由器的激活，这些结点只能得到有限的信息

称为**洪泛法**（Flooding），或者**广播路由**的路由算法是一种非常简单，同时也是非常成功的路由方法。但是，这种方法通常会导致网络上较高的负载。在洪泛路由方法中，所有输入的数据包同时通过所有路由器的端口进行转发，除了那些已经到达传输终端的数据包。在这种情况下，数据包经过网络中的所有路由器会造成很多重复。从理论上讲，如果数据包的数量无限制地增加，那么网络就会毫无异议地被超载，除非采取适当的措施来预防这一点。

其中的一项措施是提供一个计数器（Hop 计数器）。这种计数器被集成在数据包的报头中。在创建数据包的过程中，使用一个预先规定的值来初始化这个计数器，然后在每一跳之后将其递减一次。当这个计数器的值达到零的时候，就将这个数据包丢弃，不再对其进行转发。一种理想情况是，这种计数器被初始化的值对应于从发送方到接收方所需的跳数总值。但是在实践中，由于发送方通常并不知道这个数值，所以计数器采用网络中最大的平均跳数值进行初始化。

另外一种可以遏制数据包泛滥的措施是，在数据包报头采用一个时间戳来替代计数器。这样一来，每个路由器都可以确定已经在网络中传输的数据包的时间戳，并且在预定时效过期之后就丢掉这个数据包。

此外还存在一种可能性，即已经被某个路由器转发过的数据包不能再次被该路由器转发。为此，与发送方最接近的路由器（源路由器）在数据包的报头写入一个所谓的序列号。每个路由器都有一个标记源路由器序列号的列表，用来记录已经通过的路由器。如果输入的数据包已经在这个列表中了，那么该路由器就不再对这个数据包进行转发，而是将其丢弃。

洪泛路由算法的一个更有效的版本是所谓的**选择性洪泛**（Selective Flooding）。该版本中，由路由器接收到的数据包并不是被所有的端口进行转发，而只是向那些"正确的"方向转发。然而，这种情况只能当路由器具有网络构造信息的时候才有效。例如，应该向西面发送的数据包，并不会因为洪泛发送而被发送到了东面。另外一种版本是数据包被转发的输出口的随机选择（随机漫步）。但是，这个版本并不能确保数据包真实地到达了被所指定的接收方，或者是由尽可能短的路径进行传输的。

洪泛方法对于大多数应用来说并不是很实用的，但也具有一些优势。例如在军事应用中，高度的冗余和故障安全性可以有效地对抗干扰。此外，为了实现更新分布式数据库，也会使用这种方法。因为在这种情况下，最重要的是尽可能同步地更新所有子数据库。另

外，如果要测试其他路径算法的质量，也可以使用洪泛方法作为度量的标准。通常，洪泛路由被认为是从发送方到接收方之间最短的路径。因为，所有可能的路径都是平行被选择的，出现重复的路径会被检测出，并且被丢弃。

相反，**热马铃薯路由**（Hot-Potato Routing），也称为独立路由选择的方法会避免数据包多次重复的发送，但是这样一来就很少能找出发送方和接收方之间的最短路径。那些含有需要被转发数据包的路由器通常会尝试采用这种方法，以便使用最快的方法将数据包再次进行转发，就好像这个数据包是一个"热马铃薯"那样需要尽快脱手。为此，路由器会将其放入输出队列最短的端口进行转发。这种方法的优点在于，只需要很低的计算工作量，并且数据包会被很快转发。因此，可以达到一个网络负载和可用容量的优化。但是其结果就是，数据包有时必须要经历相当长的弯路。因为在这种方法中，每次为数据包转发提供的方向都是具有最短输出队列的方向，而不管该方向通向何方。那么就会出现数据包可能会在一个回路中被传递，即多次经过相同的路由器。此外，这种热马铃薯方法对网络的超载非常敏感。因为，即使在通往接收方的路径上已经发生了拥塞的情况下，数据包还是有可能不停地被接收和转发。与此相反的是静态的**冷马铃薯路由**（Cold-Potato Routing）方法。这种方法在上述拥塞的情况下，路由器会一直等待，直到数据包能够被转发为止。例如，等到一个被占用的输出端口空闲下来。这两种方法也可以被结合成一种混合的方法：

- 只要等待队列的长度保持在预先规定的阈值以下，那么根据一个静态的方法就可以决定，应该使用哪些传输路径对数据包进行转发。
- 如果该阈值被超过，那么就选择具有最短等待队列的端口进行转发。

反向学习（Backward Learning）路由方法也属于独立路由选择方法，对应过程中的路由器彼此间没有信息的交换。在这种方法中，路由信息将通过简单的、被集成在数据包报头中的跳计数器来确定。在发送方，数据包中的跳计数器值是从零开始的，以后每经过一个路由器，这个值就被增加一次。路径中的每个路由器都可以了解到一个数据包通过了哪些端口、具有哪个源地址，以及沿着网络中的路径已经通过了哪些路由器。这些信息都存储在路由器的路由表中。一旦另外一个来自相同源地址的数据包到达后，如果该数据包中的跳计数器具有一个比路由表中相关的条目还要低的值，那么路由表中原有的条目就会被替换成这个更小的值。路由表中的条目需要不断被更新，即使在一定的时间内，从各个结点不再获得具有一定跳数量的数据包。这种更新的出发点是，最初最优的连接已经不存在了，所有条目应该被一个新的、更优的值所覆盖。通过这种操作就使得孤立的路由方法具有了适应不断变化的网络拓扑结构的能力（学习）。但是在学习期间，被不断更新的路由并不总是最优路由。如果选择了很短的学习期，那么在路由表中的条目没有必要被后来的条目所覆盖。相反，在一个相对较长的学习期内，为了适应不断变化的网络拓扑结构所进行的调整是非常缓慢的。因此，在反向学习方法中，合适的学习间隔的选择对该方法的效率具有决定性的意义。

还有一个特殊的方法是所谓的**Delta 路由**。这种方法可以视为是上述集中路由和独立路由的组合。在这种方法中，每个网络结点周期性地对网络连接的使用进行成本（延迟、超载等）进行评估，并且将这些信息发送到路由控制中心（Routing Control Center，RCC）。路由控制中心会根据这些信息计算得出两个网络结点之间的最优路径。这里，只考虑那些与最初网络子路段中不同的路由。路由控制中心的每个网络结点都含有一个列表，表中列出了通向所有能够到达的网络结点的所有可能的最短路径。在实践中，究竟选择该列表中的哪条路径是由本地各台计算机自行决定的。

补充材料 6：Dijkstra 算法

在一个网络内部，确定从发送方到接收方的**最短路径**（Shortest Path）对于各种路由方法都是至关重要的。在这种背景下使用的一个简单的技术是所谓的 **Dijkstra 算法**。该算法是用它的发明者 Edsger W. Dijkstra（1930—2002）的名字命名的。

Dijkstra 算法基于的是一张图，图中给出了网络中路由器的结点和连接在单个路由器之间的边。该方法确定了从发送方到网络中所有路由器的最短路径的长度，并且在计算过程中为发送方制作了一个路由表。

这里，网络中最短的路径取决于所选择的度量标准。例如，从发送方到接收方之间必须经过的跳数。但是，这种方法在实践中并不总是目标明确的。因为，各个网络组件之间的连接具有不同的带宽，而且各个结点之间具有不同的距离。因此，要将对应各自带宽的连接和在空间的延展性，以及数量和尺寸进行加权，例如，路由器的切换速度或者路由器内部之间的等待时间等等。通过这些信息，该方法就变得有意义了。此外，传输线路的使用也可以与成本挂钩，并且将其附加在网络边的加权中。这样一来，Dijkstra 算法就能够根据所选择的度量标准确定最短的路径。

为了更加直观地说明这个方法的具体操作过程，请参考图 6.9 给出的示例。这是一个由 A、B、C、D、E、F、G 七个节点组成的网络。各个节点之间的边都给出了连接的权值。现在来寻找网络中，从节点 A 到节点 G 的最短路径。为此，每个节点都提供了一个数据结构，即所谓的分配。这种分配包含了各个沿着最短路径的前任节点（父节点）和从起始节点到当前节点之间被确定的距离。最初，每个节点都没有被父节点所占用，同时当前的距离被赋予了无穷大。这里，从还在计算的（临时）节点中区分出了永久性节点。一个永久性节点是指已经被确定为到起始节点最短距离的节点。这些节点可以成为后继计算的新的起点。在图 6.9 中，永久性的节点是通过实心圆被标记的。

在开始计算的时候，首先将开始节点 A 作为永久节点标记为（a）。然后考虑与 A 相邻的节点 B 和 C。由于这两个节点还没有被标记为永久节点，并且在它们的分配中给出的距离要大于到节点 A 所确定的距离。因此，设定节点 B 的分配为（A,2），节点 C 的分配为（A,3）。这些分配对应于到节点 A 的（加权的）距离。现在需要检查图中所有（临时）非永久节点，找出具有最小分配的节点，这里对应的节点是 B。这时节点 B 被选定为一个新的输出节点，并且被永久标记为（b）。然后考虑与节点 B 相邻的非永久性节点 D 和 F。对应这些节点到达节点 A 的距离，即到输出节点 B 的距离加上 B 的分配，就获得了节点 F 的分配（B,9）和节点 D 的分配（B,6）。为了确定最短路径中下一个输出点就要再次考虑所有非永久节点，即与节点 A 具有最短路径的节点，这里是节点 C。这时，节点 C

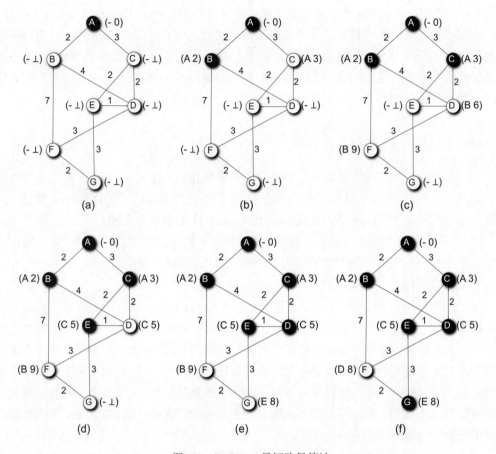

图 6.9　Dijkstra 最短路径算法

被选定作为新的输出点，并被永久标记为（c）。然后考虑节点 C 的非永久节点的相邻节点 D 和 E，以及确定从节点 A 沿着通过节点 C 的路径的距离（对于节点 D 为 5，对于节点 E 为 5）。由于从节点 A 通过节点 C 到达节点 D 的路径比之前的都短，那么节点 D 的分配被设置为（C,5），而 D 被永久标记为（d）。如果在以后的计算中，出现两个或者多个非永久节点距离源节点的距离相同，那么可以随意选择一个节点标记为永久节点，并将其作为下一轮的输出点。

使用这种方法一直计算下去，直到目标节点（G）被标记为永久节点。那么从开始点 A 到目标点 G 的距离就可以简单地由 G 的分配（8）给出，同时该最短路径可以反向从 G 向 A 重建，即该分配中各个节点的逆向顺序（G,E,C,A）。

为了实现 Dijkstra 算法，必须使用下面的数据结构：

- 对图中的各个节点进行编号，以便这些节点可以被作为索引引用于数据存取。
- 距离矢量 **D** 中的第 i 个组件包含了当前被确定的第 i 个节点到输出节点的最短距离。
- 路由矢量 **R** 中的第 i 个组件包含了从节点 i 沿着当前所确定的从节点 A 到节点 I 的最短路径中前面节点数量。

- 集合**T**包含了那些还没有被标记为永久节点的节点，即待查节点。集合**T**可以被存储为节点编号的双向链表。

下面给出了使用伪代码表示的 Dijkstra 算法：

(a) 输入:

- 将查询的网络以图形的形式给出。标记那些对于所有其他节点应该被确定最短路径的源节点，同时图中的所有边对应所选择的距离矩阵都具有一个非负的权值。

- 这种算法可以计算出从源节点到任何一个可能的目标节点的最短距离，并且为每个指向通过目标节点方向上的下一个节点创建一个表格。

- 所涉及的数据结构如下被初始化：

  * 集合**T**包含了除了开始节点以外的所有节点。

  * 向量**D**中，组件 D[i] 包含了开始节点到第 i 个节点之间的距离。首先，D[i] 分配了一个值**max**，这个值大于所有网络中可能的路径长度。开始节点到自身的距离值是 D[0]=0。如果从开始节点到第 i 个节点没有路径，那么 D[i] 的值最大。

  * 向量**R**对所有节点 i 采用了 R[i]=0。

(b) 算法:

```
while (集合 T 非空) {
    从 T 中选择一个节点 i, 使得 D[i] 最小;
    从集合 T 中删除 i;
    对于每个节点 j, 存在着一个边 (i,j) {
        if (j 在 T 中) {
            d = D[i] + 加权 (i,j);
            if (d i D[j]) {
                R[j] = i;
                D[j] = d;
            }
        }
    }
}
```

算法之后可以通过每个节点保存的父节点构建一个图表的生成树。其中，开始节点表示为**根节点**。

延伸阅读:

A. S. Tannenbaum: Computer Networks, Prentice-Hall, NJ, USA, pp. 348-352 (1996)

E. W. Dijkstra: A Note on Two Problems in Connexion with Graphs, Num. Math. vol.1, pp. 269-271 (1959)

6.3.4　距离矢量路由选择

在实践中，主要应用的路由方法是**分散的分布式路由方法**。在这种方法中，每个路由器都是在本地计算路由表，然后与其获得的路由信息一起发送给相邻的路由器，以便使该路由器可以从发送信息的路由器的角度来了解网络的拓扑结构。

在这个过程中，路由器是周期性对这些路由信息进行发送的。因此，经过一个短的启动时间后，每个路由器都会获得所有目的地的最短路径。原则上，分布式路由器的信息都是相同的，就像在 Dijkstra 算法中那样，只是路由器还要适应动态不断变化的拓扑结构或者网络的负载。因为，这些路由器需要周期性地交换新的路由信息。如果一个网络连接失败，那么一个路由器将不再获得那些只能通过这个连接才能到达的路由器的信息更新。如果存在一个替换路径，那么该路由器可以使用其他路由器的路由信息来调整自己的路由表，同时绕过出现故障的网络硬件。

距离矢量路由方法是一种分布式路由方法。这种方法允许迭代和异步传输。在这个方法中，每个路由器都保存一个表（矢量）。该表中除了包含为特定目标选择的端口，还含有对应的距离。这个表总是通过与相邻的路由器交换路由信息来保持最新状态。

开发该算法的科学家是 Richard Bellman（1920—1984）、Lester Ford（1927—）和 Delbert Ray Fulkerson（1924—1976），因此该方法也称为 **Bellman–Ford** 算法或者**Ford–Fulkerson** 算法。

最早的距离矢量路由是在 1967 年开发的，随后被用于阿帕网（Advanced Research Projects Agency Network，ARPAnet）。在互联网中，该方法作为**路由信息协议**（Routing Information Protocol，RIP）定义在文档 RFC 1058（RFC 2453 中的 RIPv2）中。同时，该方法也使用在早期版本的 DECnet 和 Novell IPX 网络软件中。而 AppleTalk 和思科路由器中则使用了一个改良版本的距离矢量路由方法。

在距离矢量路由方法中，网络中的每个路由器都具有一个路由表，表中列出了网络中其他的路由器。其中的各个条目是由可以通过其到达的路由器端口，以及相关路由器的距离（时间的或者空间的）估值组成。使用的度量标准可以是所必需的跳值、队列长度或者传输的时间。现在假设，每个路由器都知道网络中与自己直接相连的邻居路由器的距离。例如，如果选择了所必需的跳数作为度量标准，那么到达每个近邻的距离就被看作是一个跳值。如果选择队列长度为度量单位，那么路由器自己就可以很容易地进行评估。如果使用传输时间为度量单位，那么路由器会向其近邻发送特殊的数据包（ECHO 数据包）。这种数据包中只增加了一个时间戳。到达接收方后，该数据包会被马上转发回发送方。这样，路由器就可以确定到各个近邻之间的传输时间（参见图 6.10）。

与在 Dijkstra 算法中一样，距离矢量路由的计算也可以基于一个图形。图中的节点

距离矢量方法中路由表的更新

　　为了保持自己的路由表总是最新的状态，路由器需要对接收到的、包含临近路由器表格的消息作出如下处理：

　　这里假设，传输时间被作为确定距离的度量标准。每个路由器都知道到其近邻路由器的传输时间。路由器在一个固定的时间间隔 t 内周期性地发送这些时间信息。假设，路由器 B 和路由器 C 正好向路由器 A 发送了它们的距离矢量 $D_B[\ ]$ 和 $D_C[\ ]$。在两个向量中，每个都记录了到达位于网络中稍远距离的路由器 K 的传输时间。路由器 A 包含了从路由器 B 和 C 的距离矢量中的传输时间 $D_B[K]$ 和 $D_C[K]$。路由器 A 知道从路由器 A 到路由器 B 和 C 的传输时间，分别为 t_B 和 t_C。

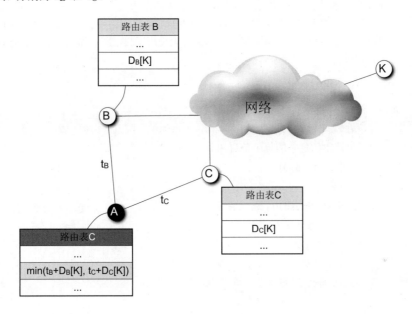

　　这里，为了实现路由器 K 中的路由表中的条目的不断更新，需要对路由器 A 的传输时间 $t_B+D_B[K]$ 和 $t_C+D_C[K]$ 进行比较。选择其中较小的那个，然后将具有新条目 $D_A[K]=\min(t_B+D_B[K], t_C+D_C[K])$ 的路由表发送给路由器 A。这时，路由器 A 中的有关路由器 K 的路由表中旧的条目在新的计算中就不再被使用了。通过这种方式就可以让所有的路由器在当前状态总是保持一个最优的连接。

延伸阅读：

　　C. L. Hedrick: Routing Information Protocol. Request for Comments 1058, Internet Engineering Task Force (1988)

图 6.10　距离矢量方法中路由表的更新

代表网络中的路由器，图中的边代表各个路由器之间的连接。图中的每条边都分配了一个加权。其中，两个节点之间的距离定义为沿着它们连接路径上的所有加权的总和。路由器中的路由表为其他各个路由器都提供了一个条目。其中，包含了该路由器到达这些路由器的距离。每个节点将自己路由表中的已知值对（目标节点，距离）发送给直接相连的路由器。当一个路由器接收到与其相邻的路由器发送来的路由消息时，就开始检查自己路由表中的所有条目。如果邻居路由器已经注册了一个更短到达目标节点的路径，那么该路由器就将自己路由表中的条目进行修改。图 6.11 使用伪代码给出了距离矢量算法。

伪代码表示的距离矢量路由算法

(a) 输入：

— 一个被观察的本地路由表格的加权函数，以及一个被接收到的路由消息。其中，该路由表格在算法开始之前必须是空的，同时加权函数返回了临近节点的边加权（这里为距离）。

— 该算法的输出是被观察的路由器被更新过的路由表。

— 通常，在路由表 (Z,N,D) 中的条目包含有对应的目标路由器 Z、到达下一跳可达路由器的端口 N，以及一个距离值 D。该路由表使用了自己路由器的一个条目进行初始化 (A,-,0)。

(b) 算法：

无休止循环 {
    等待近邻 N 的路由信息；
    对于该路由信息中的每个条目 {
        考虑条目 (Z,D):
        Dnew := D + 权重 (N)；
        更新 R 中的路由表：
        if (R 不包含 Z 的条目) {
            使用 (Z,N,Dnew) 更新 R;
        } else
        if (R 通过 N 包含了 Z 的条目) {
            (Z,N,Dalt) := (Z,N,Dnew);
        } else
        if (R 包含了 Z 的条目，并且 Dold > Dnew) {
            (Z,X,Dold) := (Z,N,Dnew);
        }
    }
}

图 6.11　伪代码表示的距离矢量路由

但是，即使这种距离矢量路由方法最终发现了一个路由问题的最佳解决方案，也需要经历很长时间才能将其计算出来。在这种算法中，需要快速地对网络拓扑结构的改变进行登记。但是在连接失败的时候，却可能需要很长时间才能发现这种改变。这种现象可以通过下面一个简单的例子进行说明。

现在考虑一个简单的、由五个节点 A、B、C、D 和 E 组成的网络。网络中的各个节点之间由直线相互连接（参见图 6.12）。同时，各个路由器之间所必需的跳数被作为距离度量标准。假设，路由器 A 出现故障，并且这一状况已经被其他所有路由器所了解。也就是说，其他所有路由器都已经在自己的路由表中将到路由器 A 的距离标记为"无限的"。如果路由器 A 被重新启用，那么其他的路由器通过所交换的路由消息就会获知这一点。假设，所有路由器都是同步发送自己路由信息的。在第一个周期后 B 就可以确定，路由器 A 正好与 B 距离一跳，同时将这个改变标记到自己的路由表中。而其他路由器还在认为路由器 A 是无效的。在接下来的周期内，路由器 A 与 C 交换了自己的路由信息。同时，路由器 C 在自己的路由表中标记了路由器 A 与自己相隔两个跳数。如果通过这种方式进行路由信息的传播，那么在这个例子中只需要四步，路由器 A 就可以具有所有路由器的正确路由信息。在网络中，如果最长的路径具有 n 个跳数，那么网络中每个路由器最迟进行 n 个交换操作之后就会完成一个新连接的激活。在图 6.12 的表格中给出了这个例子的描述。

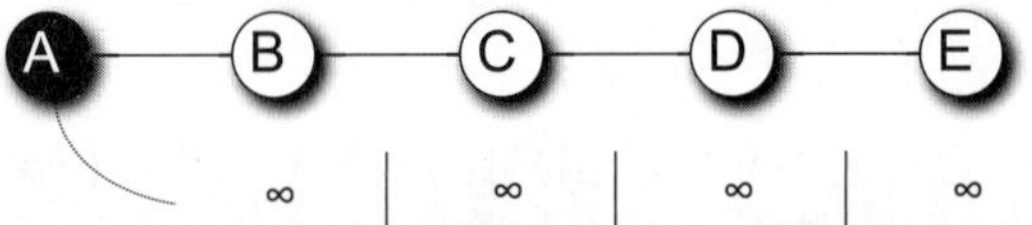

∞	∞	∞	∞	开始
1	∞	∞	∞	1.交换
1	2	∞	∞	2.交换
1	2	3	∞	3.交换
1	2	3	4	4.交换

路由器A的路由表中的条目

图 6.12 在网络拓扑改变的过程中快速更新路由信息

现在考虑相反的情况。开始的时候，所有的路由器都是活跃的，随后路由器 A 突然失去了联系。在第一次交换路由信息的时候，路由器 B 接收不到路由器 A 的消息。但是，B 可以接收到与 A 具有两个跳数距离的路由器 C 的路由表。从该路由表中路由器 B 会得出一个错误的结论，即认为到路由器 A 的距离是三个跳数，并且将这条信息登记在了自己的路由表中。这时其他的路由器还没有修改自己的路由表。在接下来的交换中，路由器 C 觉得路由器 A 距离它的两个近邻 B 和 D 每个都是三个跳数，这样就确定了自己距离路由器 A 为四个跳数。随后以这种方式进行的交换不断进行，直到在路由器 A 的路由表中的距离字段中最终达到了 n+1 的大小。而网络中最长路径的长度为 n（参见图 6.13）。这时，n+1 被认为是"无限的"。这种行为被称为**计数到无穷大问题**（Count-to-Infinity-Problem）。

解决计数到无穷大问题的一个方法是被已经普遍使用的**水平分裂算法**。这种算法是距离矢量路由方法的一种简单扩展。路由器 B 可以向它的直接邻居通告自己的路由表，但是却不会给出路由器 B 通过端口到另一个路由器 A 的距离信息。

现在再来考虑上面的例子。图 6.14 显示，在开始的时候，所有的路由器都是可以到达的。假设：路由器 C 向路由器 D 发送了自己到路由器 A 的正确距离信息，而路由器 C 向路由器 B 发送了自己到路由器 A 的一个无限大小的距离值。现在，如果路由器 A 出现故障了，那么路由器 B 可以根据第一次交换的路由信息确定，不存在到路由器 A 的直接连接。这时，在从路由器 C 到 B 发送的路由信息中，从 C 到 A 的距离被定义为"无限

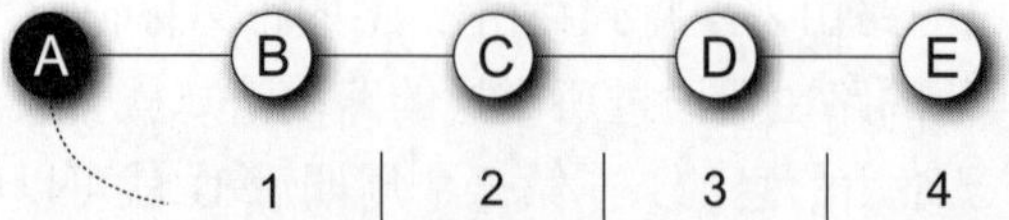

A	B	C	D	E	
1	2	3	4		开始
3	2	3	4		1. 交换
3	4	3	4		2. 交换
5	4	5	4		3. 交换
5	6	5	6		4. 交换
...	...	...	...		...
∞	∞	∞	∞		

路由表格A中的记录

图 6.13　在路由器出现故障时出现的计数到无穷大问题

的"。因为，路由器 C 在这个方向的发送不允许给出到路由器 A 的距离信息。因此，路由器 B 同样将自己到路由器 A 的距离值在自己的路由表中设置为"无限的"，而其他路由器到路由器 A 的条目保持不变。接下来，路由器 C 将自己条目中到路由器 A 的距离标记为"无限的"，然后传播路由器 A 不可到达的信息，直到四步之后到达路由器 D。

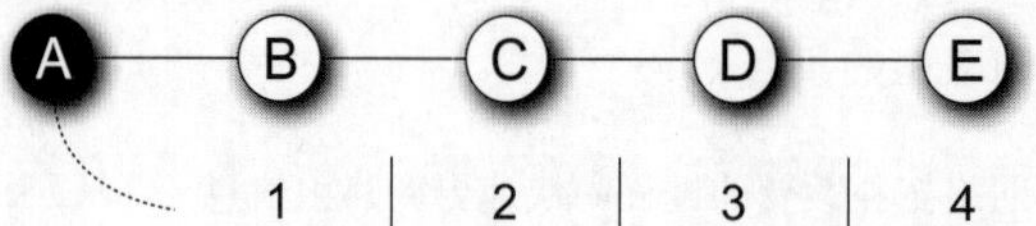

A	B	C	D	E	
1	2	3	4		开始
∞	2	3	4		1. 交换
∞	∞	3	4		2. 交换
∞	∞	∞	4		3. 交换
∞	∞	∞	∞		4. 交换

路由表格A中的记录

图 6.14　如果一个路由器失灵，那么使用水平分裂算法避免计数到无穷大问题

　　当然，这种改进方法也可能会失败。比如另外一个由四个网络节点 A、B、C 和 D 组成的网络（参见图 6.15）。最初，路由器 C 到路由器 D 的距离刚好为一跳，从路由器 A 和路由器 B 到路由器 D 每个都正好是两跳。如果路由器 D 失灵，那么路由器 C 马上对自己的路由表进行修改。因为在路由器 A 和 B 中，都将路由器 C 到达路由器 D 的距离标记为"无限的"。因此，路由器 C 在自己的路由表中也注明了这个值。然而，路由器 A 从 B 接收到路由消息显示，路由器 B 到 D 具有两跳。因此，路由器 A 在自己的路由表中将自己到路由器 D 的距离标记为三跳。这样做的还有路由器 B，因为它同样从 A 接收到距离 D 有两跳。下一步，路由器 A 和 B 将自己到 D 的距离值设置为四跳。并且以这种方式继续传播，直到该距离值达到"无限的"。

　　距离矢量路由方法的这个问题在很多情况下还会出现，因此人们开发了下面给出的

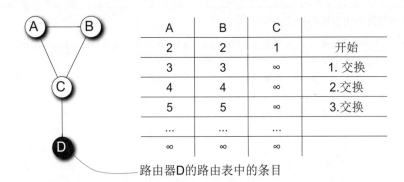

A	B	C	
2	2	1	开始
3	3	∞	1. 交换
4	4	∞	2.交换
5	5	∞	3.交换
...	...	...	
∞	∞	∞	

路由器D的路由表中的条目

图 6.15　出现路由器失灵，即使使用了水平分裂算法还是存在计数到无穷大问题

水平分裂算法的变体。**毒性逆转水平分裂**（Split-Horizon with Poison Reverse）方法与简单的水平分裂方法类似。一旦一个路由器通过接收到的路由信息了解到了一条新的路径，那么会通过接收到的信息端口了解，这条被接收到的路径是否是自己无法到达的。在毒性逆转水平分裂方法中，可以积极利用路由信息，通过不可达的通知来预防可能的循环。

另一种用来避免不正确路由信息被进一步传播的变体是使用了**抑制计时器**（hold down timer）。如果两个路由器之间的段落发生故障，那么这个信息条目不会马上被各个接收的路由表删除，而是被保留一段时间（抑制时间，RFC 2091）。但该条目会被标记为"不可达"。这样一来，其他路由器就可以适应新的情况，同时网络可以再次达到一个稳定的状态。在等待时间内，路由器不再接收失效连接传递的新条目。那么传输成本（根据所选择的路由器度量）就会比原始的或者来自失效路由器方向的新的条目都要低。后者是为了保障一个之前失效的连接可以被再次修复，或者可以找到一个替代的路径。

在最初使用 RIP 路由协议的 ARPA 网络中，都使用了毒性逆转水平分裂和抑制计时器来防止错误路由信息被继续传播。每个 RIP 路由器都在一个固定时间间隔内（通常每隔 30 秒）向自己直接的邻居路由器发送路由表。如果检测到拓扑变化（触发更新），那么每个路由器还可以选择性地指定，是否发送额外的路由信息。与水平分裂算法相似的是，触发更新也致力于避免发送通过错误的（过时的）路由信息产生的路由环路。在图 6.16 将继续介绍基于距离矢量路由方法的路由协议。

6.3.5　链路状态路由选择

从 1979 年起，称为**链路状态路由选择**（Link-State Routing）的路由方法在 ARPA 网络中取代了距离矢量路由选择方法。之所以这样做的原因在于，在距离矢量路由选择方法中对网络中的距离所使用的度量单位以及在距离矢量路由选择过程中，即使使用了水平分裂方法的改进算法，也不能消除缓慢的聚合问题。这些应用到的度量最终都会涉及路由器中的队列长度。其他的变量，如提供的可用带宽，在特定的距离中并不能被实现。而 ARPA 网络最早就是在带宽为 56 kbps 下进行运作的。但是，随着时间的推移出现了更快的连接，因此这种做法不再能提供更有效的路由结果。因此，这种距离矢量路由选择被链路状态路由选择所取代。链路状态路由选择方法最初是由就职于美国 Bold, Beranek

基于距离矢量路由方法的路由协议

- **目的节点序列距离矢量协议（Destination-Sequenced Distance-Vector Routing，DSDV）**

  这种在 1994 年开发的路由方法同样基于 Bellman-Ford 算法。该方法对原始的距离矢量路由方法进行了扩展，即路由表中的每个条目都增加了一个序列号。如果连接存在，则该序列号为偶数，否则为奇数。该序列号是由接收方产生的，随后必须用于每次的更新。两个相邻路由器之间的路由信息可以在更长的固定时间间隔内进行完全交换，这样就可以在更短的时间间隔内进行不断地更新。而路由表将删除那些在较长时间内没有被使用的连接。目的节点序列距离矢量协议是专门为移动 Ad-hoc 网络开发的。所基于的原则：**自组织按需距离向量路由协议**（Ad hoc On-Demand Distance Vector，AODV），甚至在今天也是被广泛使用的。

- **内部网关路由协议（Interior Gateway Routing Protocol，IGRP）**

  该协议是由思科公司为了克服 RIP 路由协议中存在的局限性而开发的，涉及两个路由器之间的最大距离。之前，两个路由器之间的最大距离被限制在 15 跳，而通过 IGRP 协议可以将其提高到 255 跳。此外，IGRP 协议对应一个支持多种类型的距离度量。其中，不仅涉及可用带宽、延迟时间、当前负载、最大传输单元（Maximum Transmission Unit，MTU），还包括了连接的可靠性问题。为了避免计数到无穷大问题，在 IGRP 协议中使用了毒性逆转水平分裂方法、抑制定时器和触发更新。之后，IGRP 协议没有被进一步开发，而是由增强型内部网关路由协议所替代。

- **增强型内部网关路由协议（Enhanced Interior Gateway Routing Protocol，EIGRP）**

  该协议是由思科公司在 1994 年作为 IGRP 协议的继任者而开发的，两者仍然具有兼容性。这一协议具有对于链路状态协议而言的附加属性，因此经常被称为是一种混合路由协议。EIGRP 协议在拓扑结构变化时的快速聚合和在预防路由环路形成上具有特别的功能。为了计算出最优的路线，该协议使用了**扩散更新算法**（Diffusing Update Algorithm，DUAL）。除了通常使用的路由表，EIGRP 协议还使用了额外的两个表（邻居表和拓扑表），用来维护两个路由器之间的不同邻里关系，使得在各种情况下只能交换两个路由器之间的信息。而在实践中，可以实现在每个路由器之间进行的交换。

延伸阅读：

Albrightson, R., Garcia-Luna-Aceves, J. J., Boyle, J.: EIGRP – A fast routing protocol based on distance vectors, in Proceedings of Networld/Interop 94, Las Vegas, Nevada (May 1994) pp. 192–210

Garcia-Lunes-Aceves, J. J.: Loop-free routing using diffusing computations. IEEE/ACM Trans. Netw. 1, 1 (Feb. 1993) pp. 130–141

Perkins, C. E., Bhagwat, P.: Highly dynamic Destination-Sequenced Distance-Vector routing (DSDV) for mobile computers, in SIGCOMM Comput. Commun. Rev. 24, 4 (Oct. 1994) pp. 234–244

Perkins, C., Belding-Royer, E., Das, S.: Ad Hoc On-Demand Distance Vector (AODV) Routing, Request for Comments 3561, Internet Engineering Task Force (2003)

图 6.16　基于距离矢量路由方法的路由协议

and Newman 公司（后来更名为 BBN 科技公司）的 John M. McQuillan（1949-）开发的。当时，McQuillan 一直积极参与 ARPA 网络的开发。

在有关文献中，这种链路状态路由选择经常被称为**最短路径优先**（Shortest Path First，SPF），虽然其他路由方法同样也可以确定最短的路径。与距离矢量路由选择相同的是，链路状态路由选择也是分布式路由选择方法。在各个路由器之间交换的消息中，每次只包含了关于连接到直接相邻的路由器的状态信息，而不是完整的路由表。这种状态可以由加权的方式进行表达，其中的权值是根据设定的度量单位计算得出的。与在距离矢量路由选择中不同的是，在链路状态路由选择中的消息并不只转发到直接的邻居路由器上，而是通过一个广播被转发到网络中的所有路由器上。这种形式也称为链路状态通告（Link-state Advertisement，LSA）或者链路状态分组（Link-State Packet，LSP）。这样一来，网络中的每个路由器都会接收到一个完整且全面的整个网络的状态信息。而每个结点都可以使用这些信息来创建自己的网络图，并且计算自己的路由表。其中，前面已经讨论过的 Dijkstra 算法也是这样来计算网络中的最短路径的。

这种链路状态路由方法可以自适应地响应网络中拓扑结构的变化以及网络容量的变化。这种自适应的速度在链路状态路由选择中要比在距离矢量路由选择情况下快得多，因为所有的结点都是同时被通知状态改变的。链路状态路由方法的流程将在图 6.17 给出。

链路状态路由方法

　　　这种方法的基础是确定网络拓扑结构。为此，网络中的每个路由器需要执行以下的操作步骤：

(1) 寻找所有直接的邻居路由器，并且获得它们的网络地址。

(2) 使用一个合适的度量标准测量到每个直接邻居路由器的距离。

(3) 使用相邻路由器的地址和距离构建一个**链路状态分组**（LSP）（参见图 6.18）。

(4) 将 LSP 发送到网络中的所有结点（广播）。

(5) 每个路由器通过使用其他路由器的当前 LSP 就可以了解到网络的完整拓扑结构。

(6) 通过 Dijkstra 算法计算出目标路径。

图 6.17　链路状态路由方法

在全球互联网中，主要在广域网中，这种链路状态路由方法被应用在了**开放式最短路径优先协议**（Open Shortest Path First，OSPF）中。该协议是在 1988 年发布的。1998 年，OSPF 协议定义在 RFC 2328 标准中，并且用于地址域内路由选择领域中的 IP 路由器之间的路由选择，同时废除了基于距离矢量路由方法的旧的 RIP 协议。当前，OSPF 协议的扩展是在 2008 年被标准化为 OSPFv3 的。该协议与新的互联网协议 IPv6 一起进行工作（也可参见 7.4 节）。

与被替换的链路状态协议不同的是，在 OSPF 扩展协议中，从一开始就有将 OSPF 协议发展成为一个程序开发标准的计划，而不是一个或者多个厂商专用的解决方案，例如，思科公司的 EIGPR 协议。在互联网中，作为 RIP 协议的后继者，OSPF 协议提供了以下几个新的功能：

- **可变成本度量和基于类型的路由**：OSPF 协议支持多种不同的用于计算相邻路由器之间距离的度量标准，这就要求前台可以对变化的网络拓扑结构做出快速反应。同时，每个度量所使用的计算基础和对数据流量的转发决定也都依赖于数据

使用链路状态分组进行路由信息的交换

　　在链路状态路由选择中，路由信息的交换是通过由每个路由器进行发送的，所谓的链路状态分组（LSP）进行的。这些链路状态分组总是以发送者的标识开始，随后是连续递增的序列号（Seq）、年龄标志（Age）以及一个具有被确定的距离或者成本的直接相邻的路由器。

　　LSP 可以在固定的时间间隔内被周期性地创建，或者只在网络拓扑结构或者网络的其他特性发生改变的时候被创建。

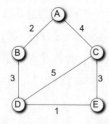

A	B	C	D	E
Seq / Age	Seq / Age	Seq / Age	Seq / Age	Seq / Age
B 2	A 2	A 4	B 3	C 3
C 4	D 3	D 5	C 5	D 1
		E 3	E 1	

　　链路状态分组的可靠分布具有特别重要的意义，因为第一波接收到这些 LSP 的路由器也会第一时间内改变自己的路由表。因此，可能会暂时出现一个不一致的状态。这时，不同的路由器具有不同的网络拓扑结构的记录。这种分布可以通过**洪泛**（Flooding）方法来实现控制，即 LSP 每次只有到达一个路由器时，才被首次转发。如果一个 LSP 可以通过自己的序列号被标识，那么再次到达相同的路由器的时候，这个 LSP 就会被丢弃。此外，每个 LSP 还包含一个年龄字段（Age）。这一字段是在第一次被发送的时候进行初始化的，而该初始化的值会在以后不断转发的时候不断进行递减。当这个值为零时，该数据包同样会被丢弃。

延伸阅读：

Steenstrup, M. (Ed.): Routing in Communications Networks. Prentice Hall International (UK) Ltd. (1995)

图 6.18　使用链路状态分组进行路由信息的交换

流量的类型。因此，实时数据总是优先被转发，或者对于实时数据流量具有高延迟的特定连接被锁定。

- **负载均衡**：为了保证更好的网络利用率，OSPF 协议提供了负载均衡（Load-Balancing）的功能。当其他路由协议总是通过最优连接路径对所有的数据包进行转发时，OSPF 协议却将数据流量拆分成多个连接路径，以便实现更均匀的负载。

- **分级路由**：当 OSPF 协议在 1988 年被开发出来的时候，那时的互联网已经被广泛使用了，以至于对各个路由器所需的路由表的管理成为了一个很大的问题。解决这个问题的一种方法在于引进分层的路由方法（参见补充材料 7），OSPF 协议也支持这种方法。

- **安全性**：OSPF 协议支持多种安全认证方法，用来确保消息的交换可以在值得信赖的路由器上进行。因此，路由表的完整性应该在未授权的第三方的攻击中受到保护。

- **单播和多播路由**：多播 OSPF 协议（MOSPF，RFC 1584）是 OSPF 路由协议的一个简单的扩展，确保一个有效率的多播路由（也可参见补充材料 7）。

OSPF 协议允许在一个自治系统（路由域）内存在一个分层的路由组织。为此，这个自治系统（AS）被划分成不同的区域。在一个区域内的每个路由器只负责对自己区域内的路由器的链路状态分组进行转发。而如果要转发不同区域之间的数据包，需要配置特殊的、被称为**区域边界路由器**的路由器。为了共同管理一个自治系统内部的多个区域，会将特殊的路由器连接到一起形成一个**骨干**区域。该区域的主要任务在于传送自治系统内的各个区域之间的数据流。骨干区域包含了所有路由区域，同时还额外包含了边界路由器（Boundary Router），以便接管自治系统之间的跨域路由。图 6.19 显示了一个被划分为三个区域的自治系统内的 OSPF 路由组合。

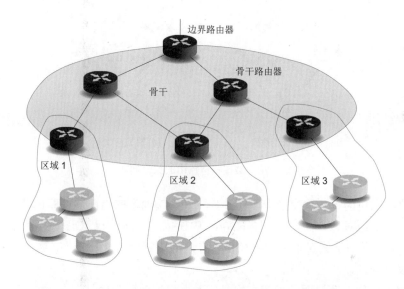

图 6.19　具有分层结构自治系统的 OSPF 路由器网络

在链路状态路由协议中，如果路由度量对于路由成本的计算参考了各个连接的负载，那么就会像 OSPF 协议那样可能会产生问题。图 6.20 显示了一个路由器网络可能会出现的振荡问题，但是并没有发生收敛的情况。然而，这仅仅是当实际所附加的负载被用作度量进行路由决策的情况下出现的现象。在这种情况下，路由成本沿着两个节点之间的连接不一定是对称的。也就是说，一个连接的反方向可能被分配了不同的成本。

在图 6.20(a) 中，描述了当前路由器的负载，同时确定了该图有向边的加权值。路由器 B 和 D 的负载为 1，路由器 C 上的负载为 x。施加到路由器 D 的负载被转发到目标节点 A，施加到路由器 C 和 B 上的负载同样被转发到 A。路由器 C 将其数据按照逆时针的方向转发到节点 A。在相反的方向，则没有负载在路由器上。

如果链路状态包交换成功，那么路由器 C 就可以确定在顺时针方向上到达 A 的路径产生的成本只为 1，而沿着逆时针的方向到达 A 所产生的成本为 1+x。因此，节点 C 为下一次的数据传输选择了逆时针方向上的替代传输路径。同样的，路由器 B 确定，当前到达路由器 A 的最优路径同样是位于顺时针方向上。从而在图 6.20(b) 中给出了所描述的边的权重。

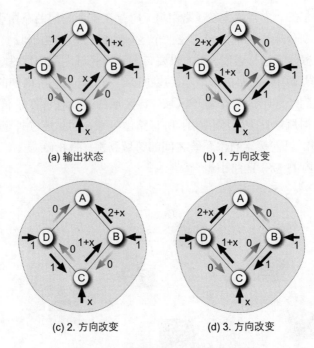

图 6.20 链接状态路由的振荡问题

在链路状态包的下一次交换中，节点 B、C 和 D 确定的当前通往路由器 A 的最优连接又再次转向了逆时针方向。这在图 6.20(c) 中所描述的边的权重上可以看出。如果新的链路状态包被交换，那么对于最优路径传输方向的决定会再次被转换，这在图 6.20(d) 所描述的边权重可以显示出。

一种解决这种振荡问题的理想方案是，不再将当前负载的情况与路由的决定联系在一起。然而，这是不可能的，因为通过路由还可以识别以及避免过载的情况。还存一种可能性：在路由器之间的链路状态路由操作的流程和频率不再同步，而是在一个合适的随机间隔内运行，以便避免一个同步时钟的振荡。

此外，链路状态路由还被应用在旧的**中间系统到中间系统**（Intermediate system to intermediate system，IS–IS）协议内。这个协议最初是用在 DECnet PhaseV 中，到了 1992 年被 ISO 作为**无连接网络互联层协议**（Connectionless Network Layer Protocol，CNLP，ISO 10589）标准化了。在 IS–IS 中，虽然链路状态路由不是互联网的标准，但是 IETF IS–IS 是作为文档 RFC 1142进行发布的。随后，IS–IS 的功能被扩展，互联网协议的数据包被进一步规范，同时在文档 RFC 1195中以集成的 IS–IS的名称作为互联网标准重新发布了。IS–IS 在许多互联网的骨干网中被使用，例如，NSF 网络。与 OSPF 协议不同的是，IS–IS 协议能够同时支持位于 TCP/IP 参考模型的网络互联层中的不同类型的协议。

补充材料 7：特殊的路由方法

分层路由

如果网络中用于传输数据包的路由器的数量不断增长，那么各个路由器中的路由表的大小也会同时增长。除了对应存储器的要求，所使用的算法运行时间和因此所需的计算时间都会随之增加。同时，路由信息的交换所需的带宽也会增长。而这些都使得各个路由器的管理也迅速地变得复杂了。为了解决这个问题，路由器会以分层的方式进行构建，类似于电话簿中的电话号码的组织结构。

为此，该网络被划分成单个的**区域**。每个路由器必须具有自己所属区域的完整的拓扑信息。同时放弃其他区域的整个拓扑图像。例如，如果不同的网络彼此间被连接到了一起，那么每个这样的网络都被看做是一个单独的区域，以减轻各个网络中路由器的负载。当一个网络中聚集了大量区域的时候，一个只有两个层次的结构是不够用的。在这种情况下，这些区域被组合成一个更大的结构，这个结构同样也可以被整合到一个新的结构中。

假设，一个数据包需要从波茨坦（德国）发送到伯克利市（美国加利福尼亚）。位于波茨坦的路由器具有德国网络拓扑结构的完整信息。因此，首先需要将该数据包转发到位于法兰克福的路由器，那边聚集了大量与外国连接的路由器。在法兰克福的路由器上，该数据包直接被转发到纽约的一个路由器上。该路由器被作为中心点为美国的所有数据流量提供服务。在那里，这个数据包被转发到洛杉矶的路由器。该路由器是整个加利福尼亚所有数据流量的焦点。从那里，该数据包会被继续转发到伯克利市。在图 6.21 中给出了在一个较大网络中彼此间使用常规路由和使用分层路由的路由表的比较。

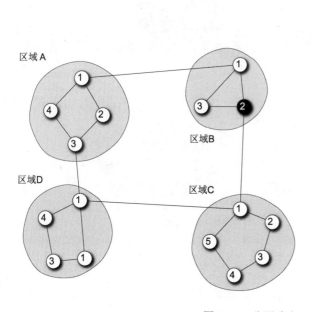

路由器 B2 的路由表

常规的			分层的		
B2	–	–	B2	–	–
B1	B1	1	B1	B1	1
B3	B3	1	B3	B3	1
A1	B1	2	A	B1	2
A2	B1	3	C	C1	1
A3	B1	4	D	C1	2
A4	B1	3			
C1	C1	1			
C2	C1	2			
C3	C1	3			
C4	C1	4			
C5	C1	3			
C6	C1	2			
D1	C1	2			
D2	C1	3			
D3	C1	4			
D4	C1	3			

图 6.21　分层路由

通过这个例子可以看出，路由器 B2 中的路由表在分层路由中只有 6 个条目，而在常规中则有 17 个条目。但是，这种分层的路由不能确保选择的总是一条最优路径。因为，这种连接总是通过一个区域内指定的连接路由器进行转换的，并且接管转发到自己区域内的数据包。然而，在大型网络中，这种最优路径的偏差很小。

在一个具有n个路由器网络的常规路由中，各个路由器的路由表中都需要其他路由器的条目信息。也就是说，每个路由表具有n^2个条目。而在一个分层路由中，路由器在路由表中只需要自己区域内的路由器的条目信息，同时与位于不同区域交界上的路由器条目信息进行交换。也就是说，路由表的条目数量减少到大约log n个条目。根据相关文档可知：在一个大型的、具有n个路由器的网络中，如果将其划分成log n个层，其中每个路由器中的路由表具有e·log n个条目（e=2.71828，欧拉常数），那么可以生成一个最优的路由表。

位于这种自治区域内部的路由器都是使用相同的路由算法进行工作的。因此，这样的区域根据其组织形式也称为**自治系统**（Autonomous System，AS）。自治系统的所有路由器都具有该系统内的其他路由器的信息。自治系统内所使用的路由算法称为**AS 内部路由协议**（Intra-AS-Routing Protocol）。为了将不同的自治系统彼此间连接到一起，需要提供特定的路由器对超过自治系统边界的数据包进行转发。负责这种行为的路由器称为**网关路由器**（Gateway-Router）。在图 6.22 显示的例子中，自治系统中的网关路由器都是由暗色代表的。不同自治系统之间的转发也称为**AS 间路由**（Inter-AS-Routing）。

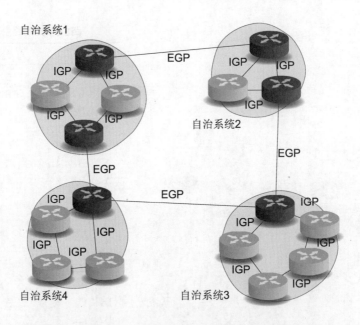

图 6.22　通过内部/外部网关协议的自治系统和路由选择

在自治系统内部使用的路由协议也称为**内部网关协议**（Interior Gateway Protocol，IGP）。如今，这种协议通常使用开放最短路径优先协议（Open Shortest Path First，OSPF）、中间系统到中间系统协议（Intermediate System to Intermediate System，IS–IS）或者增强内部网关路由协议（Enhanced Interior Gateway Routing Protocol，EIGRP）。老一些的路由协议，例如，路由信息协议（Routing Information Protocol，RIP）或者内部网关路由协

议（Interior Gateway Routing Protocol，IGRP），现在已经很少使用了。与 IGP 协议不同的是，**外部网关协议（Exterior Gateway Protocol，EGP）**规范了不同自治系统之间数据的连接和传输。图 6.22 给出了自治系统之间 IGP 协议和 EGP 协议的使用。

- 来自不同自治系统的两个网关路由器会对双方是否想成为 EGP 合作伙伴进行沟通。
- 在固定的预定时间间隔内，这些网关路由器会检测在其他自治系统内的预先被确定的邻居的可用性。
- 根据要求，EGP 合作伙伴会从其相邻路由器上获得一份记录了各个可到达的陌生自治系统的列表。

在定义自治系统的概念和使用分层路由选择协议之前，网络中所使用的是一个特殊的路由协议：**外部网关协议**（Exterior Gateway Protocol，RFC 904）。该协议如今已经不再使用，但是这一名字仍然被用于描述互联网中的路由协议等级。

目前在互联网中唯一使用的 EGP 协议是第四版的**边界网关协议**（Border Gateway Protocol，BGP），即 BGPv4（RFC 4271）。**与路径矢量路由方法**类似的，BGP 协议也是根据距离矢量路由方法进行工作的。也就是说，一个 BGP 路由器不再具有距离信息，而是只具有描述到达目标路径的路径信息。由于不再共享距离信息，那么也就不会进行自动路由决策。也就是说，对于应该选择哪条路径到达目的地的决策是由所谓的自治系统的路由策略决定的，该策略对网关路由器及其网络管理员进行规范。与距离矢量路由不同的是，这种方法可以简单地规避环路问题。只要在路由更新中，将所有的路径信息发送到网络中的邻居就可以了。如果一个相邻的路由器发现自己在一个被转发的路由信息的路径内，那么它就检测到了一个环路，并且不会将这条路径加入到自己的路由表中。

除了自治系统之间的 AS 间路由任务（外部 BGP，EBGP），BGP 也可以在自治系统内部被用于路径信息的转发（内部 BGP，IBGP）。在自治系统内部使用 IBGP 的时候，必须设置所有自治系统路由器之间的 BGP 连接，以便形成一个完整的网状。因此，n 个路由器需要大约 n^2 个 BGP 连接。为了简化在大型网络中的扩展问题，会使用所谓的**路由反射器**。该反射器将作为 BGP 连接的枢纽连接自治系统的所有路由器。这样一来，该自治系统的每个路由器只需要与路由反射器保持一个连接就可以了。尽管 BGP 协议存在一些弱点，例如，没有考虑到跳有关的距离信息或者不同的连接带宽。但是，跳的数量只被用于路由的决定，而这些弱点可以通过由相关网络管理员手动控制路由策略的路由优先级得到补偿。

多播/广播路由

多播：允许发送方将数据同时发送给一整个组的接收方。这种形式的通信也称为 $1:n$ **通信**。如果一个数据包被转发给了网络中的所有主机，那么就是**广播**模式。多播传输经常与多媒体数据传输相连接，例如，实时视频流。多播传输的主要应用包括以下几个方面：

- 音频和视频传输。
- 软件发布。

- 网页缓存更新。
- 会议（音频、视频和多媒体）。
- 多人游戏。

广播在网络中可以通过不同的方式实现。

- **没有特殊路由的广播**：这是最简单的方法，没有对一部分网络的预防措施和其中间系统的要求。发送方自己将数据发送给所有的接收方。但是，这种方法浪费带宽和计算时间。其结果会在连续的数据包到达过程中产生一个显著的时间延迟。并且，这种方式的发送方还需要具有所有收件人的地址列表。

- **洪泛**：在这种方式中，路由器将接收到的数据包复制给所有端口，然后在这些端口上将该数据包继续转发。洪泛方式在点到点连接的常规路由操作中从来没有遭到过质疑，而且这种方式对于广播也是有效的。但是，洪泛方式的普遍问题依然存在：它会产生过多的数据包，这样就造成带宽的浪费。

- **多目的地路由**：在这种方法中，每个数据包不仅包含了一个地址列表，还具有一个给出所需指定目的地路径的比特串。路由器检测输入的数据包，并且进行复制，然后只向那些被指定目的地可达的端口发送。在这种情况下，数据包被装备了一个新的地址列表，该列表只能识别通过端口可达的指定的目的地。这就保证了，数据包经过几跳后只包含一个地址，并且可以像普通的数据包那样被操作。

- **根树/生成树方法**：该方法描述了一种由路由器形成的根树，这种根树可以开启广播模式。如果可以确保网络中每个映射到这种根树上的路由器都是可用的，那么那些被复制了的广播数据包只会通过这些路由器进行转发。也就是说，在根树上包含的连接路径携带了与其他不同的连接，这样一来数据包就可以到达各个路由器。这里，只需要关心传输的数据包，以便尽可能有效地利用可用的带宽。然而，有关根树的必要信息并不是总能够被提供（例如，在距离矢量路由中不行，而在链路状态路由中就可以）。

- **反向路径转发**（Reverse Path Forwarding，RPF）：一个类似于根树的方法是反向路径转发方法。该方法可以很简单地被实现，却不会要求参与的路由器必须具有关于根树的认知。在这种方法中，每个路由器只需要检测自己接收到的广播数据包是否能够到达发送方指定端口路由表描述的那个端口。如果可以，那么该路由器所接收到的数据包就有很大的可能性是通过最佳的路径直接进行传递的，并且传递的是原始的数据包。随后，该数据包可以通过所有其他可以到达该路由器的端口进行转发。否则，如果该数据包不能通过发送方的端口到达该路由器，那么很有可能是一份复制文件，会被丢弃。

图 6.23 给出了一个 RPF 方法的例子。图中依次给出了输出网络、路由器 D 的树状图和通过 RPF 方法生成的树。现在来考虑由路由器 D 为根节点的 RPF 树。首先，数据包被洪泛到路由器 D 的所有端口。这样经过一跳之后，数据包就可以到达路由器 B、C、E、F 和 G。这里，每个数据包是在指定路径或者发送方上到达路由器 B、C、E、F 和 G 的。接下来，所有这些路由器继续将这些数据包

发送到下面的端口。其中，不包括原始的发送方端口。例如，路由器 B 将数据包发送到路由器 A 和 F。而该数据包通过路由器 A 指定的端口会被发送到原始的发送方 D，而该数据包通过路由器 F 指定的路径却不会到达原始发送方 D。因此，路由器 A 在接下来的步骤中会将该数据包发送给所有的端口，除了能够重新达到发送方的端口 B，而路由器 F 会将该数据包丢弃。经过两跳之后，广播到达了网络的所有参与者。而经过三跳之后，该数据包会从网络上消失。

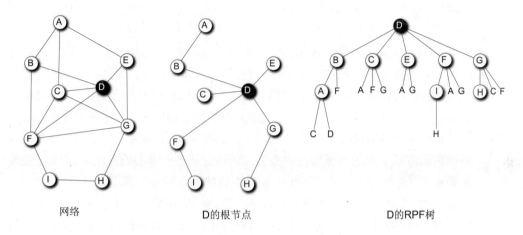

网络　　　　　　　　D的根节点　　　　　　　　D的RPF树

图 6.23　网络的根节点和 RPF 树比较

　　RPF 方法的优点在于：该方法很容易实施，而且可以更有效地工作。路由器不需要生成树的知识，同时数据包不需要地址列表导航。RPF 方法也不需要特殊的机制来保证，洪泛过程会在某个时间点再次停止，以便避免数据包的过多重复。

当需要同时对接大量的接收方，而接收方的数量占网络中所有用户数量很小的时候，这个时候就可以使用多播。因为，一个更加复杂的、带宽更大的广播机制在这种情况下就不合适了。为了能够管理这样的用户组，必须执行一个特殊的组管理方法，这样用户就可以简单地对组进行注册或者注销操作。但是，这种管理方法并不是路由方法的一部分。在终端系统和路由器之间，使用了一个特殊的主机到路由器协议，即**互联网组管理协议**（Internet Group Management Protocol，IGMP）。该协议定义在文档 RFC 1112中。通过 IGMP 协议，主机可以在路由器上注册一个特定组的组员资格，并且定期对连接终端系统的路由器进行询问。该路由器将这些信息作为路由信息向其邻居路由器转发，同时通过网络对组员身份信息进行分发。终端系统可以加入一个多播组，这样就可以在最近的路由器上得到多播信息的内容。该路由器将这个请求继续转发，直到其达到了多播源或者最近路由器的源头。为此，必须为每个路由器设计一个多播操作规范。

　　多播路由器和**单播路由器**的区别在于：前者可以协调和转发多播传输，而后者则无法做到。为了实现多播传输，在多播路由器之间放置了所谓的**管道**。该管道在单播路由器之间"穿过"，也就是说，多播数据包被封装为单播数据包，并且原封不动地被单播路由器转发。这些管道的连接与正常的点到点的连接的工作方式是一样的。

这里被特别用于多播任务的、由相互连接的多播路由器组成的网络被称为**多播主干网**（Multicast Backbone，MBONE）。在广域网或者互联网上，一个多播主干网可以几乎被认为是一个独立的虚拟网络。原则上，多播路由按照以下步骤运行：

- 参与的终端系统通过相关路由器注册多播组。
- 该路由器能够通过组地址来确定组内的各个成员。
- 被转发的数据包必须通过路由器进行复制，并且通过该路由器的多个端口被进一步转发。这些方法与广播中所使用的方法类似，只是转发数据包的端口是根据组中的地址列表来选择的。

与广播的其他不同之处在于：在多播中，不存在对于整个网络创建一个树状图的要求。但是，在一个只包含路由器的树结构中，需要将那些相关的多播组连接到主机上。也就是说，多播数据包沿着**多播树**从发送方被转发到多播组的所有主机。这种多播树还可以包含主机不属于多播组成员的那些路由器。通常，有两种不同的方法用于多播树的确定。

- 一种是由整个多播组一起计算得出的共享多播树。在实践中，一个用于确定共享多播树的方法基于的是多播组中心节点的确定（基于中心的方法）。首先，需要先确定多播组的中心节点。属于多播组主机的路由器发送所谓的 Join 消息到该中心节点。这条消息通过定期的单播路由被进一步转发，直到它到达了一个已经属于该多播组的路由器，或者该中心节点为止。Join 消息被转发的路径定义了发送方路由器和中心节点之间的多播树的分支。
- 另一种是基于源头的多播树。其中，对于每个多播组的发送方都被计算出一个独立的多播树。多播数据包的转发是根据特定的来源，沿着各个发送方的多播树实现的。已经知道的链路状态路由方法可以应用在多播组的各个发送方，以便确定相关的路由器是最优源头的根树。前面介绍的反向路径转发（RPF）算法同样可以提供基于源头的多播树。虽然提供的不一定是最小的根树，但是只需要管理很少的状态信息，并且具有较低的计算复杂度。

在广域网和互联网中，RPF 被作为多播路由方法成功地应用在多种路由协议中。然而，在 RPF 方法中也可能出现不理想的状态。图 6.24 给出了使用 RPF 多播树的一个网络（粗线连接）。其中，与属于该多播组的主机相连的路由器由较粗的连线表示。路由器 F 根据 RPF 协议将数据包向路由器 G 转发。该连接虽然不是与主机的连接，但是却属于多播组。如果路由器 F 到达的不只是一个路由器 G，而是上百个或者甚至上千个这样的下游路由器，那么这种情况下就会出现问题。即每个这样的路由器都会接收到多播数据包，但是却不会对其负责。同样的情况也会发生在互联网的第一个多播网络，即多播骨干网（MBONE）中。

为了解决这种问题，需要由包含多播消息的、但是并没有与主机相连接的、同时又属于该多播组的下游路由器向相反的方向（上游）发送所谓的**剪枝**（Pruning）消息。同时通知位于上游方向的路由器，不希望再次接收到进一步的多播消息。当路由器接收到其下游方向上所有路由器的剪枝消息的时候，该路由器会将这些剪枝消息转发到位于其上游的路由器。为了确保这一点，路由器必须总是了解，自己具有哪些下游路由器，或者与哪

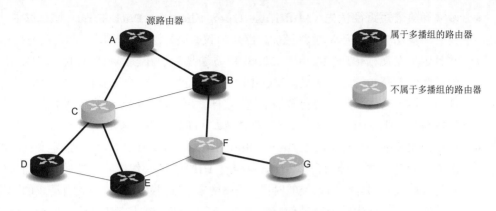

图 6.24 反向路径转发和剪枝中存在的问题

个多播组相关。为此，RPF 协议必须交换额外的拓扑信息。如果想要根据剪枝机制从多
播树上分离出一个子树，那么必须提供一种允许该子树重新被接纳回原多播树的可能性。
为此，可以在路由协议中协商特殊的消息，或者使用一个定时机制，以便被分离的子树和
路由器在经过预定的极值之后自动再次被接纳到原多播树中（嫁接）。被重新接收的路由
器使用再次被发送的剪枝消息就有可能避免接收不需要的多播消息。

为了实现互联网中的多播路由算法，相关的路由器必须首先能够支持相应的多播路
由协议。事实上，这也是互联网中所使用的路由器的部分功能。互联网支持多播路由的路
由器之间可以建立一个虚拟的网络。在这种网络中，也可以包含单播路由器。多播消息可
以通过**多播隧道**进行转发。也就是说，一个多播数据包作为有效载荷被封装在一个常规的
单播数据包中，然后沿着一个被链接到下一个多播路由器的连接上进行转发。同时，该路
由器也可以作为单播路由器。

除此以外，多播路由还被使用了如下的方法：

- **洪泛和剪枝**：很简单的一种算法。其中，路由器首先将接收到的数据向所有端口
  转发（洪泛），同时在传输的过程中封锁返回到源多播传输的端口，这样就规避
  了回路（剪枝）。
- **链路状态多播路由**：在这种方法中，多播路由器通过整个网络将自己的路由信息
  数据分发到与自己相连接的直接接收方的组中。
- **距离向量多播路由协议**（**Distance Vector Multicast Routing Protocol，DVMRP**）：
  一种能够转发多播数据包的距离矢量路由方法。该协议是第一个在互联网中使用
  的多播路由协议，并于 1988 年定义在文档 RFC 1075 中。在这个协议中，支持
  使用了 RPF 协议、剪枝和嫁接方法的源多播树。创建该协议的出发点是：借助
  距离向量路由方法确定包含到达目的地的最短路径信息的路由表。通过 RPF 方
  法，可以为所有发送方计算出对应的多播树。此外，DVMRP 方法还可以为每个
  路由器确定其相关的下游路由器的列表。剪枝消息也被设置了超时值，并且通常
  保留两个小时的有效性。通过嫁接消息，先前被分离的子树和路由器可以再次被
  多播树重新接纳。

- **多播开放最短路径优先**（Multicast Open Shortest Path First，MOSPF）：具有多播功能的开放最短路径优先路由协议。该方法适合应用在自治系统内部，并且定义在文档 RFC 1584 中。MOSPF 方法是基于开放最短路径优先（OPSF）的链路状态路由方法。为此，MOSPF 路由器创建了一个拓扑结构的完整列表，其中包括多点传送路由器和多播信道。这样就可以计算出到达所有多播路由器的最优路径。MOSPF 还采用了反向路径转发，同时提供剪枝的可能性。

- **协议无关多播**（Protocol Independent Multicast，PIM）：该协议定义在文档 RFC 2362 中，并且分为**密集 PIM** 和**稀疏 PIM** 两种操作模式。当被寻址的多播中具有很大一部分终端系统的时候，采用密集 PIM 模式。其中，具有请求的网络会被洪泛到网络中的所有其他路由器上。密集 PIM 模式支持洪泛和剪枝相结合的 RPF 协议，所以基本上与 DVMRP 原则一样进行工作。如果多播规模很小，那么就采用稀疏 PIM 模式。其中，不是使用洪泛，而是在网络中建立特定的集合点。多播中的成员通过这些点就可以发送它们的数据包。采用稀疏 PIM 模式时，多播的成员必须通过周期发送的 JOIN 消息通知中央集合点。顾名思义，PIM 协议跟单播路由选择协议（例如 OSPF 或 RIP）无关。

- **基于核的树**（Core Based Trees，CBT）：该协议定义在文档 RFC 2201 中，并且在一个共享的多播树基础上被构造了一个或者多个"核"（Core）。这些核的位置都是经过统计确定的，包括了从多播树的生长到各个多播成员的路由器。其中，边界路由器向核方向发送一个被作为单播的 JOIN 请求。接收到这条消息的第一个，即已经属于多播树的路由器使用 JOIN-ACK 消息作为确认进行响应。这样该多播树就会获知，每个下游路由器会周期性的向其直接相邻的上游路由器发送一个 ECHO-REQUEST 请求，然后被 ECHO-REPLY 消息再次确认。如果下游路由器几次都没有响应 ECHO-REQUEST 消息，那么该多播树会向下游方向的子树发送一个 FLUSH-TREE 消息，以便废弃该子树。

这个所谓的多播路由协议被应用在互联网内部的各个自治系统中。也就是说，自治系统内部的路由器使用相同的多播路由协议。当然，还需要一个**自治系统间多播路由**。多播路由还必须适应不同的自治系统，其中每个系统可以使用不同的多播路由协议。**边界网关多播协议**（Border Gateway Multicast Protocol，BGMP，RFC 3913）是 IETF 的当前项目，用于实现域间多播路由协议。这类多播路由协议还有多播 BGP（RFC 2858）和多播源发现协议（Multicast Source Discovery Protocol，MSDP，RFC 3618）。

延伸阅读：

Tannenbaum, A. S.: Computer Networks, Prentice-Hall, NJ, USA (1996) pp. 348–352

Deering, S. E.,Cheriton, D. R.: Multicast Routing in Datagram Internetworks and Extended LANs, in ACM Trans. on Computer Systems, vol.8 (1990) pp. 85–110

Kamoun, F., Kleinrock, L.: Stochastic Performance Evaluation of Hierarchical Routing for Large Networks, Computer Networks, vol.3 (1979) pp.337–353

Perlman, R.: Interconnections: Bridges and Routers, Addison-Wesley, Reading, MA, USA (1992)

Ramalho, M.: Intra- and Inter-Domain Multicast Routing Protocols: A Survey and Taxonomy. in IEEE Communications Surveys and Tutorials (COMSUR) 3(1) (2000)

补充材料 8：具有移动组件网络的路由方法

近年来，移动网络已经获得了极大的普及。因为，每位具有笔记本或者智能手机的用户都需要这种设备随时随地地、不依赖于地理位置地读取邮件或者访问互联网。正是这种愿望引出了互联网中路由选择的一系列新的问题：想要操作位于移动终端系统的数据包，必须首先能够发现这个终端系统的网络。这种终端设备的移动性引发了网络拓扑结构的不断变化。同时，一个终端设备的位置不会一直处于同一个网络中，而是会越过网络的边界，甚至快速地、连续不断地越过不同网络的边界。为了解决这些问题，开发了新的路由方法，同时修订和扩展了现有的路由技术。

移动路由

这种移动路由的用户又分为**静止用户**和**移动用户**。前者是指那些与互联网具有固定的连接，同时其所在的位置不变的用户。而移动用户又被进一步区分为**迁移用户**和**自由移动用户**。前者是指那些通常具有一个稳定的访问互联网的端口，但是总是不时地进行移动的用户。后者是指那些自由移动，同时需要随时保持与互联网的连接状态的用户。

现在假设：每个用户使用一个固定的家庭地址接入到一个固定的网络，而这个家庭地址是不变的。如果这名用户离开了这个网络，那么这个路由马上就失去了这名用户的联系。虽然改变地址或者路由表可以预防这种情况的发生，但是这种方法在现实的千变万化情况下是不切实际的。**移动 IP**（RFC 3344）是 IP 协议的一个扩展（参见 7.3.2 节）。这一协议实现了通过用户被分配的 IP 地址寻找该用户，无论他在哪里。在移动 IP 中，通过引入一些额外的概念可以让地址和大多数路由保持不变。

- **区域**：在地理上，世界被划分成单独的、更小的单元。这些单元被称为区域。一个典型的这样的区域是局域网（LAN）。
- **移动结点**（**Mobile Node**）：表示具有原始地址的移动终端系统。其原始地址在其他区域也仍然是有效的。
- **外部代理**：路由器名称，用来监控所有外部网络的移动结点。外部代理的任务是将每个移动结点的本地代理接收到的数据包进行转发。移动结点在外部区域停留的时间内，外部代理同时也是该移动结点的默认路由器。
- **本地代理**：每个区域都提供一个本地代理，负责为驻留在其区域内的移动结点提供服务。这种本地代理了解移动结点的当前位置，并且将这种信息通过一个信道发送给数据包，然后该数据包通过一个外部代理被发送到一个外地区域。
- **转交地址**：标识一个移动结点在一个外地区域中的临时地址。这种地址通过一个外部代理将该移动结点设置为在这个区域内是可用的。

在一个外地区域使用一个移动结点进行通信是通过如下流程进行的（参见图 6.25）：

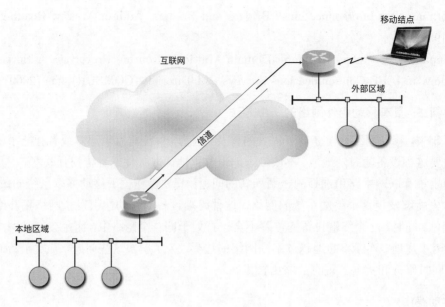

图 6.25　移动路由

- 本地代理和外部代理在各自的区域中是通过定期报告的方式了解到对方的现状和地址的。移动结点通过这种方式可以获得本地代理和外部代理的地址。
- 如果一个移动结点进入到一个新的区域，那么首先会在对应的外部代理上进行注册。随后，外部代理会联系该移动结点所属的本地代理，同时分配给该移动结点一个临时新地址（转交地址）。这种地址通常是该外部代理自己的地址。
- 这时就可以获知停留在外部代理区域中的移动结点的本地地址。移动结点寻址的数据包会被本地代理截获。而本地代理首先是被作为了该移动结点。
- 本地代理将该数据包进行转发，即需要通过一个信道打开一个外部代理，然后通过这个外部代理可以到达该移动结点。为此，原始的数据包将在转交地址中被封装成发送的数据包。
- 随后，外部代理删除该封装，同时将该数据包转发到移动结点上。
- 在相反方向上的通信，即从移动结点到永久终端系统是非常简单的。因为，移动结点很容易在永久终端系统的对应结束地址上寻址到该数据包，同时给出一个自己的永久地址作为发送方。

移动自组织网络（Mobile Ad hoc Network，MANET）

又称为随建即连网络。假设，在移动路由的情况下，每个链接的主机都是移动着的，同时在连接结点上的路由器是固定的，那么这种情况被视为是移动自组织网络。其中，每个（移动的）主机同时也是一个（移动的）路由器。移动自组织网络与固定网络的不同之处在于：这种网络没有给出固定的拓扑结构，在网络地址和地理位置之间不存在固定的关系，并且在网络中与邻居之间也不存在固定的关系。同时，网络拓扑结构、地理位置和邻里关系都受到这种不断变化关系的影响。在这样一个移动自组织网络所使用的路由协议中必须对这种不断变化的情况给予考虑。在 MANET 的网络图形中，两个结点被认为是彼此相连的。也就是说，如果它们之间能够使用无线发送站点进行通信，那么这种通信是在两个结点之间的通信边进行的。原则上，一个链接的强度依赖于两个结点之间的距离。但是，如果两个结点之间存在，例如，建筑物或者高山，那么即使地理距离不远，也会出现很强的障碍。此外，还必须考虑到不是所有的结点都具有相同强度的发送和接收能力。有这样的情况存在，即两个结点 A 和 B 之间存在一条从 A 到 B 的连接，但是反过来在 B 和 A 之间的却不存在这样的连接。为了简化讨论，将在下面的描述中假设：所有的连接都是对称可用的。

除了基于网络拓扑结构的单播、广播和多播路由变体，还存在着移动自组织网络路由的**基于位置的路由选择方法**。这种方法通过网络参与者确切的地理位置使用了大地测量信息。其中，参与者的位置可以通过全球定位系统（Global Positioning System，GPS）接收器获得。如果所有位于一个特定的地理区域的网络参与者都被寻址了，那么也被称为**地域性广播**（Geocasting）。这样，根据网络参与者的位置信息也可以确定发送方和接收方之间的最短路径。

移动自组织网络的路由选择方法被划分为：

- 主动式路由选择方法。
- 被动式路由选择方法。
- 混合路由选择方法。

主动式路由选择方法

这种方法与固定网络中的路由选择方法一样，在有实际需求之前，就已经确定了最佳路径。路由信息以完整的路径（源路由）或者下一跳（Next Hop）的方式存储在所涉及的网络结点路由的路由表中。如果数据是要发送到一个已知接收方，那么没有必要先确定路径，只需要将路由信息从先前计算所得的路由表中去除即可。但是，为了建立路由表，必须在网络结点之间发送大量的消息，这就会增加整个网络的负担。而且，这样所收集到的信息的很大一部分可能在随后的数据传输中并没有被使用。此外，在移动网络中需要频繁地进行拓扑结构的变化，以便实现最新的路由信息的更新。这些通过网络被传播的路由信息的规模始终与对应网络的大小成正比。

移动自组织网络（MANET）的主动路由选择方法包括：

- 自组织无线分布服务（Ad-hoc Wireless Distribution Service，AWDS）。
- Babel。
- 簇头网关交换路由协议（Cluster head Gateway Switch Routing Protocol，CGSR）。
- 方向转发路由（Direction Forward Routing，DFR）。
- 分布式贝尔曼 – 福特路由协议（Distributed Bellman–Ford Routing Protocol，DBF）。
- 目的序列距离矢量路由协议（Destination Sequence Distance Vector Routing Protocol，DSDV）。
- 分层状态路由协议（Hierarchical State Routing Protocol，HSR）。

- 链接集群架构（Linked Cluster Architecture，LCA）。
- 移动网状路由协议（Mobile Mesh Routing Protocol，MMRP）。
- 优化链路状态路由协议（Optimized Link State Routing Protocol，OLSR）。
- 基于反向路径转发路由协议的拓扑传播（Topology Dissemination based on Reverse-Path Forwarding Routing Protocol，TDRPF）。
- 见证辅助路由（Witness Aided Routing，WAR）。
- 无线路由协议（Wireless Routing Protocol，WRP）。

其中，**目的序列距离矢量路由协议**（DSDV）是一种典型的距离矢量路由选择方法。该方法通过执行一个序列号避免了一个路由环路的形成（计数到无穷大的问题）。该协议规定，每个移动的主机都具有一个序列号。每次发送一个更新的消息到邻居路由器的时候，这个序列号就被递增一次。只有当这些条目的序列号比当前条目的序列号高，或者序列号相同，而在更新消息中的路由距离要比当前距离短的情况下，这些邻居路由器才用这些更新的消息覆盖上自己路由表中的对应条目。

被动式路由选择方法

与主动式路由选择方法不同的是，在被动式路由选择方法中（也被称为按需路由选择方法），只有在实际有需求的情况下，才确定要转发的数据包所需要的信息。这种方法在通常具有有限带宽的移动自组织网络中具有很好的效果。因为，这样可以消除为了创建路由表而进行的大量路由消息的发送。也就是说，路由信息在实际有需求的时候才被精确地定位和转发。

移动自组织网络（MANET）的被动路由选择方法包括：

- 自组织按需距离向量路由协议（Ad-hoc On-demand Distance Vector，AODV）。
- 启用准入控制按需路由（Admission Control enabled On-demand Routing，ACOR）。
- 基于蚁群的路由算法（Ant–based Routing Algorithm，ARA）。
- Ariadne。
- 备份源路由（Backup Source Routing，BSR）。
- 缓存和多路径路由（Caching And MultiPath Routing，CHAMP）。
- 动态源路由（Dynamic Source Routing，DSR）。
- 动态 MANET 按需路由（Dynamic MANET On–demand Routing，DYMO）。
- 最小暴露路径的攻击（Minimum Exposed Path to the Attack，MEPA）。
- 移动自组织按需数据传输协议（Mobile Ad-hoc On-Demand Data Delivery Protocol，MAODDP）。
- 多速率自组织按需距离矢量路由协议（Multirate Ad hoc On-demand Distance Vector Routing Protocol，MAODV）。
- 稳健的安全路由协议（Robust Secure Routing Protocol，RSRP）。
- SENCAST。
- 信号稳定自适应路由（Signal Stability Adaptive Routing，SSA）。

- 临时排序路由算法（Temporally Ordered Routing Algorithm，TORA）。

通常情况下，在被动式路由选择方法中划分了三个不同的阶段：

- **路由发现**：为了将数据从一个发送方传输到指定的接收方，必须首先确定到达该接收方的路径。这里使用的**动态源路由**（Dynamic Source Routing，DSR）协议利用了源路由的概念。其中，每个被发送的数据包都包含一个完整的路由信息。也就是说，列出了沿着到达接收方路径上的所有中间系统。首先，发送计算机发送一个所谓的路径请求。该请求作为广播消息发送到网络中的所有邻居上。当一台计算机接收到该路径请求，但是并不知道上面所描述的目的地的路径时，该计算机会将自己的地址附加到该路由请求中，并且将该消息传播到网络中所有与自己相邻的计算机上。通过这种方式就可以确定通过网络到达接收方的路径。其中，路由器接收到一个路由请求的时候，只需要对其中包含的地址进行简单的控制就可以避免环路的发生。一旦路由请求到达了接收方，那么该接收方就会将一个路由答复连同所收集到的路由信息一起作为单播直接返回给发送方。该发送方将发现的路由存储在一个特殊的缓存中（路由缓存）。如果一个中间系统在自己的路由缓存中具有所需的地址，并且没有超过预先设定的跳界限，那么这个中间系统同样也可以向发送方发送一个路由答复。这样一来，在路由请求中所收集到的路由信息连同在路由缓存中相关的信息会被整合到一起作为路由答复返回给发送者。

　　图 6.26 显示了动态源路由协议（DSR）路由方法的流程。主机 A 开始向其所有的邻居发送一个路由请求来确定到达主机 D 的路径。主机 E 和 B 接收到了这个路由请求后，将自己的地址补充到了这个请求中，并且将这个请求继续传递到它们的邻居（见图 6.26（a））。当该路由请求到达主机 D 之后，主机 D 将一个带有完整路径信息的路由回复返还给主机 A。

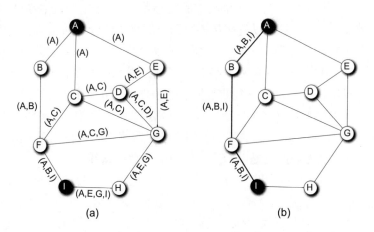

图 6.26　在一个移动自组织网络中使用 DSR 路由选择方法确定路径

　　信号稳定适配协议（Signal Stability Adaptive Protocol，SSA）根据接收到的信号强度区分不同的连接，以便正确接收数据包。为此，信标数据包被周期性地发送到网络中的各个邻居，以便监控网络的稳定性。与目的序列距离矢量（DSDV）协议相同的是，SSA 协议也是通过发送路由请求来确定路径的。但是，使用 SSA 协议的发送方还额外地规定了一个最小的信号强度。该强度必须能保证至少在路由中可以实现单独的连接。而该路由请求只能向可以满足发送方所规定的条件的那些邻居进行转发。与 DSDV 协议不同的是，SSA 协议采用了下一跳路由的原则。一旦该路由请求消息到达了接收方，那么路由答复消息将在沿着接收方路由相反的方向上被作为单播直接发送回接收方。这个过程中的每个中间系统都能够存储相对接收方的下一跳信息。

应用在移动自组织网络中的最流行的路由协议之一是**自组织按需距离矢量路由协议**（Ad hoc On-demand Distance Vector Protocol，AODV）。该协议采用了基于拓扑的被动式路由选择方法。也就是说，各个对应目的地的路由总是在有需求的时候才被确定。另外，该协议还使用了距离矢量路由选择方法，以便适应移动的环境和基础设施。也就是说，在该路由算法中也考虑到了有限的带宽和较低的电池使用寿命。AODV 协议要优于 DSDV 协议，因为使用 AODV 协议的主机在网络中只需要沿着源路径进行路由信息的交换和维护。

如果使用**临时排序路由算法**（Temporally Ordered Routing Algorithm，TORA）进行路由确定，还可以额外提供多种路由选择的可能性。也就是说，可以管理多个到达目的地路由的替代线路。为此，使用该算法的各个主机都使用了高阶度量。其中，从发送方到达接收方的路径总是在减少高度的方向上形成的。由此所得到的路由网络可以被总结为有向的和无环路的图，即有向无环图（Directed Acyclic Graph，DAG）。在这种图中，接收节点被作为了发送方。

- **数据传输**：网络中，从发送方到接收方的实际数据传输可以根据源路由或者下一跳路由的原则进行实施。对于源路由，例如，在 DSR 中应用的，每个数据包必须在数据包报头中具有到达接收方的完整路径。这样，中间系统就不用必须维护自己的路由表，而是可以直接从该数据包的报头中读取路由信息，然后对该数据包进行转发。下一跳路由选择与之相反，每次只在数据包的报头中携带接收方的地址。网络中的每个主机对那些包含了对应路由信息的路由表进行维护。其中，路由信息给出了转发接收到的数据包的方向。AODV 协议、SSA 协议和 TORA 协议都属于路由协议这一类别。下一跳路由在某种意义上比源路由具有更高的容错性，因为包含路由信息的那些中间系统对网络中的拓扑改变做出的响应会更迅速，同时可以为数据包提供到达目的地的可替换路线。

- **路由维护**：前面提到的路由协议为了保持自己路由信息的最新状态，同时也为了发现当前断开的连接，都使用了不同的策略。DSR 协议为每个主机提供了在一定程度上监控相邻节点的通信量的可能性。也就是说，如果一个中间系统被确定，而其所发送的数据包的后继结点并没有在指定的时间段内被转发，那么与邻居对应的连接就会被标识为是无效的。这时，还会向源计算机发送一条消息，以便其在以后的应用中可以考虑到这种情况。

在下一跳路由中，即使数据包没有被发送也可以监测和维护路由信息。这里，网络中的每台计算机都监控着自己邻居的状态。一旦一个邻居联系不上了，那么所有通过这个邻居结点转发的，以及登录在本地路由表中的路由信息都会被标记为无效的，并且会被删除。

混合路由选择方法

混合路由选择方法将主动式和被动式路由技术整合在了一个共同的协议中。例如，在一个地理有限的区域生成一个主动的完整路由表。而在一个超出该有限区域的边界则需要使用一个被动式方法来确定必要的路由信息。

移动自组织网络中的混合路由选择协议包括：

- 具有移动骨干网的大规模移动自组织网络的混合路由协议（Hybrid Routing Protocol for Large Scale Mobile Ad Hoc Networks with Mobile Backbones，HRPLS）。
- 朦胧视距链路状态路由协议（Hazy Sighted Link State Routing Protocol，HSLS）。
- 混合无线 Mesh 路由协议（Hybrid Wireless Mesh Protocol，HWMP）。
- 订购一种路由协议（Order One Routing Protocol，OORP）。
- 可扩展源路由（Scalable Source Routing，SSR）。
- 区域路由协议（Zone Routing Protocol，ZRP）。

区域路由协议（Zone Routing Protocol，ZRP）是移动自组织网络的一种重要混合路由协议。该协议中，每个网络结点都定义了一个可以通过一个预先定义的跳就能够到达的相邻结点的组。这种结点组被称为区域。在这种区域的内部，路由信息是在 DSDV 协议的帮助下，通过主动的方式确定的。因此，这种局部区域内的每个结点会获知通向该区域的所有可到达结点的路径。这样一来就限制了用于转发路由信息所产生的必要的消息数量。对于不同区域之间的路由（区域间路由）使用的是被动式路由选择方法。为此，将一个路由请求消息发送给该区域的所有边界结点。同时，检查自己区域内的路由表，确定其中是否包含了所期望的接收方。如果所查找的接收方位于这个区域内，那么对应的边界结点会将路由信息附加到一个路由答复消息中返回。否则，这些边界结点启动进一步的路由请求消息，将其发送给自己区域内的边界结点。

移动广播路由

在所有的移动自组织网络中，**广播**消息出现的比较频繁，因为被动式协议的路由确定基于的就是广播这种技术。一个简单的广播示例是消息洪泛，即每个包含广播消息的网络结点都可以随时将其转发。但是，在一个移动自组织网络中，各个网络结点的相互接收区域通常是彼此重叠的。因此，洪泛式的发送会导致相当大的冗余。除此以外还会导致严重的超载和冲突状况，这些问题也被称为**广播风暴问题**。在这种情况下发生的冗余是指：一个网络结点发送了广播消息，而在该结点发送范围内所覆盖的所有计算机却已经都接收过了该广播消息。

在图 6.27(a) 中，整个网络可以通过发送两次消息被覆盖。用白色标记的节点发送第一次消息，用灰色标记的节点将该消息转发到网络中的其余节点。而在洪泛式发送消息期间，将会有四条消息被发送。在图 6.27(b) 中，整个网络同样可以通过发送两次消息被完全覆盖。但是，如果以洪泛式的发送，需要发送七条消息。图 6.27(c) 显示了重叠的程度。颜色越深区域，表明重叠的越密集，也就越可能出现更加频繁的碰撞。

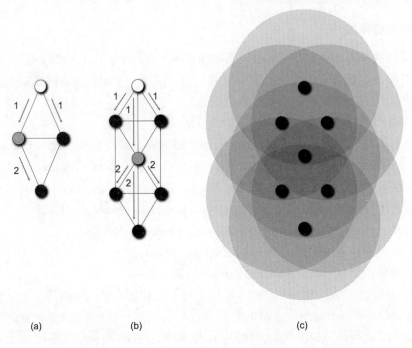

图 6.27　在移动自组织网络中出现的信号重叠和广播风暴问题

移动多播路由选择

在移动自组织网络中，**多播路由选择**同样分为两种方法：一种是为一个多播组使用了一个共同的多播树（基于核心的多播）；另一种是在不同的多播树中为每个发送方使用了一个多播组（基于源的多播）。基于在移动自组织网络中存在的主机移动性和在基于无线通信中可能出现的推理问题，用于无线自组织网络的多播路由方法要比用于有线固定计算机网络的多播路由方法复杂得多。**按需多播路由协议**（On-Demand Multicast Routing Protocol, ODMRP）为每个多播组的发送方构建了一个多播树，这样发送方就可以定期与多播组的成员传递接洽数据包。在该协议中，连接数据包首先通过网络进行洪泛式发送。一台主机在第一次接收到连接数据包的时候，会将其转发给它的邻居结点，并建立一个相对先前主机的反向路径。沿着这条面向上游主机的方向路径，多播组中每个成员向接收到这条连接数据包的结点发送一个连接表数据包。在第一次接收的时候，每个主机会将该连接表数据包发送回原始发送方。与此同时，每个主机将自己的多播路由表格补充在需要继续转发的多播消息中。因此，前面已经讨论的自组织按需距离矢量协议（AODV）也称为**多播 AODV**的多播路由选择。

在自组织网络中，一个特殊的要求是要确保遵循**服务质量**（Quality of Service, QoS）。

这对多媒体应用，例如，音频和视频数据的传输，具有特别重要的意义。同时，还必须考虑到主机的移动性，例如，由相邻的传输活动产生的干扰。**自组织 QoS 多播协议**（Ad Hoc QoS Multicast Protocol，AQM）是一种对服务质量方面给予了特别关注的多播路由协议。其中，每个网络结点对与其相邻结点的可用性和接收强度进行监测。对于多播传输可用带宽的计算需要考虑到网络中的所有主机，即这些主机对于自己和其邻居结点进行传输的预先通告。

延伸阅读：

Tannenbaum, A. S.: Computer Networks, Prentice-Hall, NJ, USA (1996) pp. 348–352

Tseng, Y. , Liao, W., Wu, S.: Mobile Ad Hoc Networks and Routing Protocols. In Ivan Stojmenovic, editor(s), Handbook on Wireless Networks and Mobile Computing, pp. 371–392, John Wiley & Sons, Inc. (2002)

6.4　广域网技术的重要示例

从一开始的阿帕网到现在的高速广域网，众多的广域网技术被不断开发。这些开发的过程都是以实验和实用为使用目的，同时也确定了相应技术的基本参数。本节给出一些这样技术的实例介绍，以便展示广域网技术的多样性和开发进展。而历史上的阿帕网（ARPANET）是这些所有后续开发技术的出发点。现在，X.25 技术、帧中继技术和 ISDN 技术被视为是下一代技术的代表。

这些广域网技术由于受到带宽和可用服务质量的限制，并不能为实时的多媒体数据提供良好的传输。为了解决这些问题，必须为所传输的数据提供一个几乎没有延迟的宽带技术。这样一来就可以实现实时的传输音频和视频数据。在高速广域网范围内，除了基于一个异步时分多路复用方法的**异步传输模式**（Asynchronous Transfer Mode，ATM），以及一个主要在城域网范围内使用的**分布式队列双总线**（Distributed Queue Dual Bus，DQDB）方法，还可以实施所谓的**准同步数字体系**（Plesiochronous Digital Hierarchy，PDH）和**同步数字体系**（Synchronous Digital Hierarchy，SDH）技术。这些技术将在以下不同的章节中与基于高速广域网的 WiMax 标准一起给出介绍。

6.4.1　阿帕网

阿帕网（ARPANET）被称为所有广域网的"鼻祖"，也是全球互联网的先驱。当时，开发阿帕网的目标是创建一个对故障不敏感的计算机网络。在 20 世纪 60 年代初，Paul Baran（1926—）和 Leonard Kleinrock（1934—）对阿帕网进行开发，并且在当时提出了革命性想法：分组交换网络。在当时，连接在网络中的计算机（**主机**）使用的都是不同计算机体系结构和操作系统。因此，在 20 世纪 60 年代末期，并不是每台计算机都自己装备一个专有的网络接口，而是创建了一个单独的**子网**，其任务只是提供与子网中其他结点通信的基础设施。连接在该子网中的每台主机，只需要建立一个简单的通信接口，以便用来连接子网中与之关联的结点。而当时的实际通信任务就是通过这样的单独子网进行的。

　　这种子网是由特殊的微型计算机组成，而这些计算机通过电缆作为交换机相互连接。这些被使用的交换机称为**接口信息处理器**（Interface Message Processor，IMP）。每个 IMP 为了提高可靠性，至少需要与其他两个 IMP 连接在一起。这种子网被作为（分组交换的）数据报网络，不需要两个通信计算机之间必须建立具有固定的、有逻辑的连接。在这种连接下，数据包可以简单地通过替代的连接路径进行转发。

　　最初，阿帕网中每个单独的结点是由一个 IMP 和一个主机（Host）组成的。两者位于同一个空间内，并且通过一条短的电缆彼此被连接到一起。主机可以发送长达 8063 比特的消息，而相关的 IMP 将消息划分成长度最多为 1002 比特的较小数据包。随后这些较小的数据包会被相互独立地发往各自的目的地。在发往接收方的途中，每个数据包在各个中间的 IMP 中都被缓存，直到该数据包完整地到达 IMP 之后，才会被继续转发。

　　为了实现这一网络概念，美国政府高级研究机构 ARPA（Advanced Research Agency，稍后出现的阿帕网就是以此命名的）启动了一个提案。该提案最终由总部位于马萨诸塞州剑桥市的一家名为 BBN（Bolt Beranek and Newman）的咨询公司赢得。BBN 选择了专门改装的 Honeywell DDP316 迷你计算机来实现 IMP。当时，这种迷你计算机拥有一个大小为 24 kb 的主内存。这种 IMP 没有硬盘，因为活动的部件在那个时候被认为是不安全的。对各个 IMP 的连接是通过租用电话线实现的，这样就可以使用 56 kbps 的速度对其进行操作。

　　当时所使用的通信软件同样也被划分成两个单独的层：子网和主机。除了用于运行在主机上的两个应用程序之间进行通信的主机到主机（Host-to-Host）协议，主要还有用来规定主机和 IMP 之间连接的**主机到 IMP**协议、用来管理两个 IMP 之间通信的**IMP 到 IMP**协议，以及额外的用于更高传输可靠性的保证协议**源 IMP 到目标 IMP**协议（参见图 6.28）。

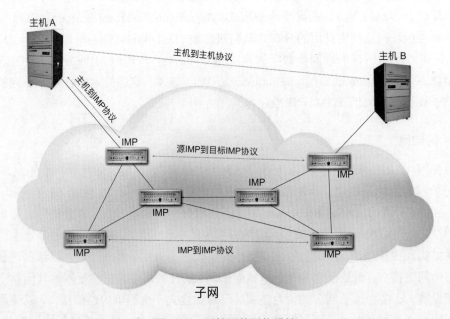

图 6.28　阿帕网的网络设计

阿帕网在 1969 年 12 月由位于美国西海岸的四个结点构成：加州大学洛杉矶分校（UCLA）、斯坦福研究院（SRI）、加州大学圣巴巴拉分校（UCSB）和犹他大学（UTAH）。当时所使用的通信协议根据分层实现了结构化。在具有所谓的**Telnet**（基于文本输出和输入的计算机的远程控制）或者**FTP**（计算机之间简单的文件传输）协议的应用层上发生的是通过主机（Host）到主机协议的必要通信，而从主机到 IMP 协议的应用构成了下层结构。由于当时的主机可以完全屏蔽 IMP 到 IMP 通信的细节，因此依赖于这些层的新协议的发展被大大简化了（参见图 6.29）。

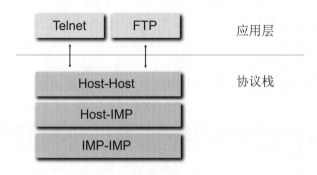

图 6.29　阿帕网通信协议的层结构

在这种通信协议模型的三个层中，需要解决以下这些问题：

- **主机到 IMP 协议**：这一协议负责主机和 IMP 之间的双向通信。当主机接收到一个应该传递给阿帕网中另外一台主机消息的时候，该主机首先将其发送到相关的 IMP 中。位于目的地的 IMP 成功接收到该消息后，会将接收方的状态信息返回给发送消息的主机。如果该消息被成功接收，那么目标 IMP 发送一个 RFNM 信息（Ready-for-Next-Message）。而在出错的情况下，则要通过一个没有被关闭的信道发送一个出错的信息。接收的 IMP 在将被发送的数据消息转发给目标主机之前，还负责将那些单独的数据包重新组装在一起。IMP 的另一个功能是：锁定接收到的消息，使得这些消息不能到达目的主机。这些被反馈的消息可以具有不同的长度，最大长度为 8096 比特。自动寻址在这一层中并不是必要的，因为在主机和相关的 IMP 之间只需要一个连接。

- **IMP 到 IMP 协议和源 IMP 到目标 IMP 协议**：设计阿帕网的一个目标是，在一个可以运行自己的应用程序、并希望与对方交换数据的主机上进行屏蔽操作，以便有效地和无差错地进行数据传输。阿帕网中的所有计算机都使用了 IMP。对于 IMP 之间的任务分配在网络常规的 IMP 和在发送方和接收方确定的各自 IMP 之间是不同的。IMP 的常规任务是：接收数据包、进行基本的错误检测、确定需要转发的数据包的路由，并将这些路由信息传递到下一个 IMP。而目标 IMP 和接收方 IMP 必须处理其他的任务。在上面已经提到的 IMP 到 IMP 协议中，涉及的一部分操作是描述终端到终端连接的管理，如流量协议、存储管理、信息碎片和源 IMP 到目的 IMP 协议操作的信息组合。

将消息划分在单独的数据包中可以实现在可用带宽有限的条件下高效的进行数据传输。通过各个数据包的流水作业可以将其他通信用户的等待时间减少到最低限度。其中，使用的错误控制涉及了对重复或者丢失数据包的检测。如果一个 IMP 在发送一个对接收到的或者转发的数据包给出接收回执之前停止指令，那么就会出现重复数据包的情况。也就是说，在没有接收到接收回执时，发送的源 IMP 会再次发送相同的数据包。另一方面，如果一个 IMP 在转发接收到的数据包之前，就已经发送了接收回执，那么就会发生数据包丢失的情况。同时，流量控制也是必要的。因为，数据包可以通过网络在不同的路径上被传输。这样就有可能出现，数据包在接收方的接收顺序与从发送方发出的顺序不同。为此，就需要为每个数据包分配一个序列号，以便源消息在接收方的 IMP 可以按照正确地顺序重新被组合起来。

- **主机到主机协议**：位于主机上的应用程序是借助主机到主机协议完成与其他主机的数据交换的。这个协议属于主机操作系统的一部分，是在所谓的**网络控制协议**（Network Control Protocol，NCP）内部实施的。这种网络控制协议可以用来负责建立和断开连接的操作，以及流量控制。NCP 协议在一段时间内已经被用于替代主机到主机协议，同时也是阿帕网传输层最重要的协议，之后被 TCP/IP 协议所取代。

  用于连接的控制和状态信息的交换是由所谓的链路建立的。该链路用于实际数据传输的平行交换。NCP 也担负着打破和协调两个通信应用程序之间在单个信息中的进程间通信。这些消息被发送到收件方的 NCP，然后在那里必须被重新组装，并且做好相应的转发准备。

随着提供和安装 IMP 数量的迅速增长，阿帕网随之崛起。为了不过分依赖于额外的主机，技术人员对主机到 IMP 协议软件进行了修改，使其可以直接连接到特定的 IMP 终端，即所谓的**终端接口处理器**（Terminal Interface Processor，TIP）。随后进行的扩展涉及了在单个 IMP 中使用被降低了成本的终端来涵盖更多的主机、提高主机到多个 IMP 传输的安全性，同时允许在主机和 IMP 之间覆盖更大的距离。

无线和卫星传输的集成帮助阿帕网实现了较大距离的覆盖范围。在阿帕网中，接入的个人域网越多，就越需要更高效的、现代的互联网协议软件。为此，TCP/IP 通信协议最终被引入。

1983 年，原始的阿帕网被进行了划分：一部分被用于纯军事用途（**MILNET**），另一部分继续使用相同的名字用于民用运营，也就是所谓的商业部分。随着更强大、更大众化的网络发展，如**NSFNET**的出现，阿帕网的重要性开始逐渐降低，到了 1990 年，整个阿帕网被终止。但是，作为军事部分的 MILNET 网却一直在服役中。

6.4.2 X.25

负责在电话和数据传输中对国际公认的标准进行规范化的国际电信联盟（International Telecommunications Union，ITU）使用**X.25**协议为广域网的操作定义了首个标准。而公共服务运营商，如德国国家电信公司，已经提供这项服务很多年了。

20 世纪 60 年代末，在英国国家物理实验室里，X.25 协议最初是由 Donald Davies（1924—2000）带领下作为一个研究项目进行开发的。同时，Donald Davies 也是与他的美国同事 Paul Baran（1926—2011）独立提出了分组交换计算机网络概念的人。

1976 年，国际电信联盟（ITU）采纳了 X.25 标准，并且详细描述了数据终端设备（Data Terminal Equipment，DTE）和网络之间的接口。其中，数据的传输速率被标准化在 300 bps 到 64 kbps 之间。而从 1992 年起，这个速度则达到了 2 Mbps。如今看来，当时的 X.25 标准定义了一个非常缓慢的网络运行。X.25 标准由于采用了较差的模拟传输线路应用，因此会产生很高的传输错误率。同时，X.25 标准还允许一个全球覆盖的数据通信。**Datex–P**分组网提供了基于 X.25 标准的德国电信的数据传输服务。虽然 X.25 网络在如今仍然被使用着，但是使用数量却急剧下降。因为，已经出现了可靠的传输介质，就不再需要会出现显著错误识别和校正机制的 X.25 标准。确切地说，X.25 在很大程度上是由最新的双层技术，如 Frame Relay、ISDN、ATM、POS 或者无处不在的 TCP/IP 协议族取代的。尽管如此，凭借着对互联网廉价的以及可靠的连接，X.25 仍然活跃在第三世界的许多地方。

X.25 协议也在兼容的 ISO 文档中被定义为 ISO 8208标准。该文档规范了两个通信终端设备之间的数据包传输。为了连接到 X.25 网络，使用了一种称为**数据电路端接设备**（Data Circuit-Terminating Equipment，DCE）的设备。在 X.25–DTE–DCE 建立的通信协议中规范了 DTE 和 DCE 设备之间的通信。X.25 协议本身描述了一个分组交换的网络技术，其内部网络结点称为**数据交换机**（Data Switching Exchange，DSE）。

那些能够独立地将消息拆分成分组（数据包）的、使用 X.25 标准的终端设备可以直接通过 DCE 设备与 X.25 网络相连接。由于许多设备并不能够提供一个专用的 X.25 兼容接口，因此开发了进一步的标准**X.28**。这一标准同样没有智能终端，例如，那些在**X.3**标准中被描述的、可以与 X.25 网络进行通信的终端：**包（分组）装拆器**（Packet Assembler/Disassembler，PAD）。PAD 设备与 X.25 网络是通过所谓的**X.29**专有协议标准进行通信的。X.25、X.28 和 X.29 这三个标准也称为**Triple X**。不同网络运营商的网络可以通过自己独立的接口（在**X.75**标准中被定义）彼此进行连接（参见图 6.30）。

X.25 标准除了可以使用分组交换网络类型，还可以使用其他的网络类型。如果 X.25 网络被用做电路交换网络使用，那么通过该网络可以在两个通信伙伴之间建立第一个线路连接。从 X.25 网络的立场来看，这种连接是直接的终端到终端连接。

X.25 标准是以面向连接的方式进行工作的，并且可以支持交换虚电路（Switched Virtual Circuit，SVC）和永久虚电路（Permanent Virtual Circuit，PVC）。当一台计算机在网络中发送一个数据包时，会使用一个连接请求，用来切换到远程的通信伙伴，这时就产生了一个交换虚电路（SVC）。一旦这个连接被建立，那么沿着该连接所发送的数据包总是按照源发送的顺序到达接收方。为此，X.25 还需要提供了一个流量控制，以防止出现过快的发送方和较慢的、或者忙碌的接收方情况下产生的数据包过载。

相反的是，虽然永久虚电路（PVC）使用了与交换虚电路（SVC）同样的方式，但是

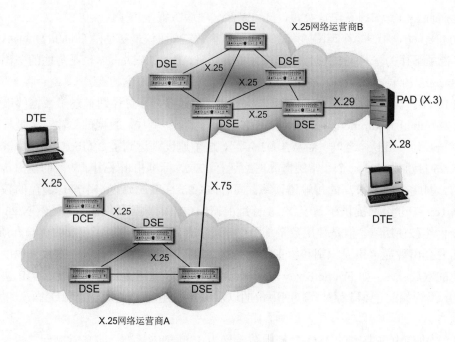

图 6.30　X.25 网络结构

PVC 网络在用户提出请求之前就已经由网络供应商建立了。因此，这种网络始终处于激活的状态，不需要专门的命令序列进行激活。一个 PVC 网络相当于一条租用的线路。

与 TCP/IP 参考模型或者 ISO/OSI 参考模型类似的是，X.25 标准也基于一个层模型。就如在图 6.31 所描述的，三个层中具有以下的协议：

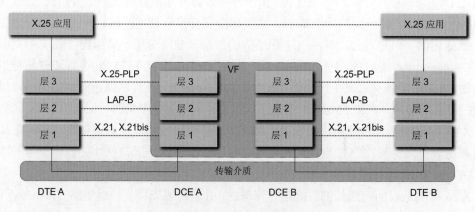

图 6.31　X.25 层模型

- **物理层**：在该层中，**X.21**协议规定了主机和网络之间物理的、电子的和程序上的接口。X.21 协议只是基于数字信号的应用，而在**X.21bis**中附加了额外的标准，从而实现了借助一个调制解调器和通过一个模拟线路访问 X.25 网络。
- **数据链路层**：X.25 层模型的第二层包括了用于传输数据块到 DTE 和 DCE 设备之间接口的控制方法。其中，使用了所谓的**高级数据链路控制**（High Level Data

Link Control，HDLC）协议的一个变体，即**平衡型链路接入规程**（Link Access Procedure Balanced，LAPB）协议。

- **网络层**：位于网络层的协议是**X.25–PLP**（Packet Layer Protocol，分组层协议）。这个协议是负责建立和断开连接，以及通过该连接进行数据包传输的。此外，还担负着如流量控制、接收确认和中断控制器的任务。在这个协议中，被发送的数据包的长度最大为 128 字节。这种发送是按照可靠的、正确的顺序进行的。其中，通过一个物理的线路可以操作多条虚拟的连接。为了将一个数据包分配到一个指定的虚拟连接中，每个数据包需要在报头包含一个逻辑信道标识符（Logical Channel Identifier，LCI）。该标识符是由一个逻辑组号（Logical Group Number，LGN）和一个组内部的逻辑信道号（Logical Channel Number，LCN）组成的。使用这种方法就可以通过一个单独的物理线路进行平行的终端到终端的通信了。

在 X.25 标准中的网络结点是通过 LCI 的重新分配来提供 X.25 的交换功能的。其中，一个 LCI 的入口被分配一个 LCI 的出口。原则上，该出口对应的是一个路由的功能。

图 6.32 和图 6.33 给出了 X.25 协议的数据格式：一个 LAP–B 数据包（层 2）和一个

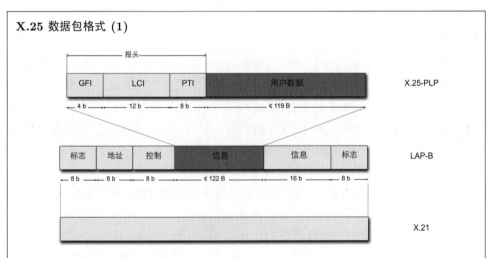

X.25 数据包格式 (1)

X.25–PLP 数据包的字段：

- **通用格式标识符**（General Format Identifier，GFI）：用于识别数据包是用户数据还是控制数据包，以及用于流量控制和作为接收证明。
- **逻辑信道标识符**（Logical Channel Identifier，LCI）：标识 DTE/DCE 接口的逻辑信道。为此，网络层提供了超过传输层的 4096 个可用的逻辑信道。这些信道允许多次使用物理线路。LCI 入口只具有本地意义。每个虚拟连接是由具有自己的 LCI 值的子路径序列组成的。而对于连接的建立需要分别确定每个子路径的 LCI 值，同时规范数据包的路由。
- **数据包类型标识符**（Packet Type Identifier，PTI）：用来识别数据包的类型。除了用户数据包，还存在着 16 种控制数据包类型。
- **用户数据**：根据数据包类型，这个字段可以是包含来自更高协议层的用户数据包数据和用于在控制数据包中控制连接的信息。

图 6.32　X.25 数据包格式 (1)

X.25–PLP 数据包（层 3）。层 1 的数据包（X.21）与 LAP–B 数据包相同，并且没有提供附加的报头信息。

X.25 数据包格式 (2)

LAP–B 数据包字段：

- 标志（Flag）：固定的比特序列，用于数据包的限制。为了防止在数据包的内部出现相同的比特序列，需要应用**比特填充（Bit stuffing）**原则。即发送方总是根据一个预先定义的传输比特数量在用户数据中添加固定的比特位，而这些添加位在接收方会被再次删除掉。在标志中，选择填充序列是根据在用户数据中不会出现比特序列为依据的。
- 地址：地址字段，从接收方的地址命令和发送方的地址响应中获取。为了寻址，根据 **X.121** 标准会在 X.25 网络中使用呼叫号。
- 控制：更确切地描述数据包的类型，并且还包含用于在层 2 中流控制的附加序列号。
- 信息：包含 X.25–PLP 数据包。
- 帧检验序列（Frame Check Sequence，FCS）：包含一个校验和。

图 6.33 X.25 数据包格式 (2)

6.4.3 ISDN

综合业务数字网（Integrated Service Digital Network，ISDN）是一种公共电路交换电话系统。作为国际电信的主要载体，ISDN 已经服务了超过一个世纪。在 20 世纪 90 年代初，人们从旧的模拟电话网络已经呈现出的衰落迹象预测到了数字化终端到终端通信的快速增长需求。1984 年，在 CCITT/ITU 的赞助以及公共和私营电话公司的参与下，一个全新的、完全数字化的电路交换电话系统被开发，并命名为 ISDN。ISDN 发展的主要目标是整合不同的服务产品，如通过相同网络进行的语音和数据通信。

在德国，ISDN 的服务开始于 1987 年。该服务当时是曼海姆和斯图加特的两个国家级 ISDN 工程的试点项目。到了 1994 年，整个欧洲都被替换了一个统一的系统**欧洲 ISDN**。该系统也称为 **1 号欧洲数字用户信令系统**（Digital Subscriber Signaling System No.1，DSS1）。相反，美国为 ISDN 的控制和数据信道选择了一个不同的协议标准，即 **ISDN–1** 标准（对应介绍过的 AT&T 公司的 **5ESS** 方法）。通过不同的传输数据编码，美国的 ISDN 标准只能达到每信道 56 kbps 的传输速度。而欧洲标准是每个数据信道可以提供 64 kbps 的传输速度。在本节中提及的不同 ISDN 连接变体的带宽信息都是按照具有 64 kbps 传输速度的欧洲信道编码标准展开的。

ISDN 服务提供数字的和电路交换的终端到终端的连接。用户只需要具有一个数字的接口，而不必像在模拟电话网络情况下那样，数字信号必须首先通过一个**调制解调器**转换到模拟信号。确切地说，设置了一个到接收方的拨号连接。在整个通信期间，这个连接都作为透明的数据传输信道。用户数据和信令数据会在单独的信道中进行传输。ISDN 服务根据一个同步时分多路化的方法进行运作，并且可以保证恒定的和有保障的带宽，以及一个恒定的传输延迟。

ISDN 服务提供了传输速度为 64 kbps 的信道。这种带宽是专门为那些通过**脉冲编码调制**方法（Pulse Code Modulation，PCM）的、每次每秒 8 个比特的 8000 个样本进行语音信息编码选择的。根据连接的类型，可以为用户提供不同的带宽。

- **基本速率接口（Basic Rate Interface，BRI）**：在 ISDN 网络中，通过一个物理的连接可以向用户提供两种逻辑连接：一种是所谓的 **B 信道**（数据信道），另一种是被称为 **D 信道**（控制信道）的信号信道。前者具有 64 kbps 传输速度，用于用户数据的传输。后者用于控制信号传输，其传输速率为 16 kbps。在一个单独的信道中，远离用户信道发送控制和命令信息的方法也被称为**带外**（Out–of–Band）信号流量。BRI 接口是在 ITU–T/CCITT ISDN 标准 I.430 中被标准化的。

- **基群速率接口（Primary Rate Interface，PRI）**：在 ISDN 网络中，通过一个物理连接可以为用户提供 30 个、每个传输速度为 64 kbps（美国只有 23 个）的逻辑连接（信道）用于用户数据的传输，以及一个传输速率为 64 kbps 的、用于传输控制信号的信号信道。PRI 接口是在 ITU–T/CCITT ISDN 标准 I.431 中被标准化的。

在 ISDN 网络中，用户数据可以使用以下信道进行传输：

- 用于电路交换的 B 信道。
- 用于分组交换的 B 信道。
- 用于分组交换的 D 信道（参见图 6.34）。

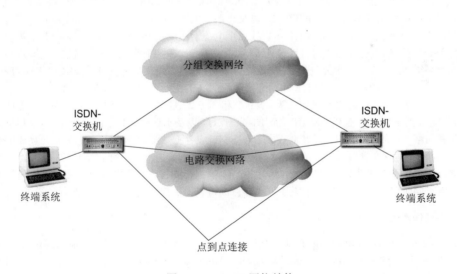

图 6.34　ISDN 网络结构

此外，ISDN 标准还规定了所谓的**混合信道**（hybrid channels，H-channels）。这些是特殊的信道，可以通过 B 信道的捆绑产生，被应用在那些需要更高带宽的应用程序中。例如，实时音频和视频信息的传输。基本信道，也称为 H_0 信道，是将 6 个 B 信道捆绑成的一个混合信道，带宽可达 384 kbps。此外，混合信道 H_{11}（由 24 个 B 信道组成，带宽为 1536 kbps）和 H_{12}（由 30 个 B 信道组成，带宽为 1920 kbps）也具有重要意义。

　　ISDN 术语可以参见图 6.35。在 ISDN 网络中，**ISDN 层模型**被专门划分为终端设备、本地交换机和远程交换机。为了传输用户数据，在 ISDN 协议栈的最低层，通过本地交换机和远程的终端设备到终端设备之间建立了一个透明的逻辑连接。信号连接必须在位于 ISDN 层模型的最高层中的交换机上进行转发，因为在那里可以对控制和地址信息进行评估和使用（参见图 6.36）。

ISDN 术语

　　在 ITU–T 的 ISDN 标准中定义了用来描述 ISDN 接口的**参考配置**。这些参考配置包括：

- **功能组**：包括了 ISDN 用户界面所需的特定能力和特殊功能，并且可以被一个或者多个软件或者硬件组件执行。
- **参考点**：可以划分功能组，同时被等同于单个 ISDN 组件之间的物理接口。

　　根据 ITU–T 建议 I.411，ISDN 用户站（终端系统）具有以下可能的构造：

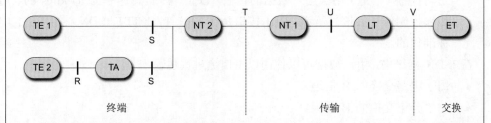

　　这个用户站点包括了网络终端**NT 1**（Network Termination 1）和**NT 2**、终端设备**TE 1**（Terminal Equipment 1）和**TE 2**，以及终端适配单元**TA**（Terminal Adapter）。这里假设，NT 1 连接到电缆上，而 NT 2 可以在一个电缆上连接多个终端设备（TE）。TE 1 被设计为 ISDN 的终端设备，可以直接连接到接口（参考点**S**）。而 TE 2 只具有传统的（模拟）接口，并且必须通过一个适配单元进行连接。在交换机方面，与 NT 1 功能相对应的线路终端（Line Termination，**LT**）的传输功能和在调解终端（**ET**）的交换功能被结合在了一起。

　　在功能组之间，参考点被定义为：NT 1 和 NT 2 之间的参考点**T**、NT 2 和 TE 1 或者 TA 之间的参考点**S**、NT 1 和 LT 之间的参考点**U**，以及 LT 和 ET 之间的参考点**V**。根据国家和网络专用的规定，网络运营商在参考点 S、T 或者 U 处结束管辖权。在参考点为 S 的情况下，网络运营商管辖 NT 1 和 NT 2。在参考点为 T 的情况下，网络运营商只管辖 NT 1（例如，德国）。而参考点在 U 时，网络运营商管辖 NT 1 和 NT 2。被网络运营商结束了管辖的参考点同时也成为了转移点，在其上网络运营商可以提供被定义了的性能，并且负责维护。

延伸阅读：

　　Verma, P. K., Saltzberg, B. R.: ISDN Systems; Architecture, Technology, and Applications: Prentice Hall Professional Technical Reference (1990)

　　Helgert, H. J.: Integrated Services Digital Networks. Addison-Wesley Longman Publishing Co., Inc. (1991)

图 6.35　ISDN 术语

　　ITU–T/CCITT 的建议是要为 ISDN 网络规定三个层。其中，最开始的是物理层，这一层为 BRI（I.430）和 PRI（I.431）定义了通用接口的规范。然后是实施在用于 D 信道的链路接入规程（Link Access Procedure for D-Channel，LAPD，Q.920/I.440 和 Q.921/441）协议

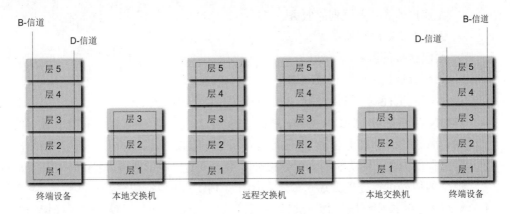

图 6.36　具有终端设备、本地交换机和远程交换机的 ISDN 层模型

中的数据链路层。最后是在 DSS1（Digital Signalling System No.1）上使用的网络层。DSS1 被用于整个欧洲，因此也简称为欧洲的 ISDN。不同国家在网络层使用了不同的标准，如在美国使用的 5ESS 和 DMS–100 标准，在日本使用的 NTT 标准。

在远程交换机中，7 号信令系统（Signaling System No.7，SS7）作为不同的协议组被应用到了交换机的通信中（ITU–T/CCITT 建议 Q.7xx）。将这些协议合并后可以建立一个专门的协议栈，就像 TCP/IP 协议栈或者 ISO/OSI 协议栈那样。其中，7 号信令系统 SS7 被构建为所谓的**覆盖网络**。也就是说，该系统被从实际的用户信道分离开，而这种分离不仅是从逻辑上的，也是从物理上进行的。ISDN 涉及了 SS7 协议栈的 5 个层（也可以参见图 6.37），这些层被划分为了三组。

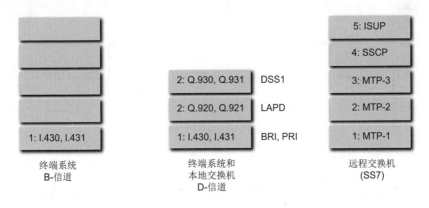

图 6.37　不同的 ISDN 协议层

- **消息传递部分：MTP–1、MTP–2、MTP–3（Message Transfer Part）**：这三个层对应的是 ISO/OSI 模型的前三个层的任务，并且负责 SS7 消息的传输。
- **信令连接控制部分（Signaling Connection Control Part，SCCP）**：这一层对应的是 ISO/OSI 层 3 中上面部分的功能，允许在没有有效用户信道和终端到终端信号的情况下交换数据。SCCP 协议规定了 5 种不同的服务等级。

- 无连接的、没有序列的服务。
- 无连接的、序列服务。
- 面向连接的服务。
- 具有流量控制的面向连接服务。
- 具有流量控制、错误检测，以及纠错的面向连接的服务。

- **ISDN 用户部分**（**ISDN User Part，ISUP**）：这一层用于控制和响应数据的传输，而这些信息对于在 B 信道上建立和断开连接，以及对电路交换连接的检测是必需的。这一层功能的一部分被分配用于 ISDN 电话业务，重点是对基于语音通信的信号进行处理。另一部分功能用于 ISDN 的数据传输业务。

ISDN 网络已经被广泛地进行了尝试，并且通过一个数字电信系统取代了模拟的电话系统，同时集成不同的服务，例如，语音和数据的通信。这个在全球被执行的协议或者说是基于访问的接口，刺激了大量的需求和批量的生产。但是遗憾的是，该标准化过程经历了很长时间。或者说，ISDN 标准的技术发展领先于其所采用的形式。

补充材料 9：ISDN 的数据格式

为 ISDN 终端系统和本地交换机的 B 信道和 D 信道提供的三个层次中，每一层都使用了不同的数据格式。在**物理层**中，使用了交替反转码（Alternative Mark Inversion，AMI）将需要发送的比特序列转换成一个**修改过的 AMI 编码**。与传统的 AMI 编码不同的是，在这里，"0" 是被作为脉冲发送的。其中，相邻的脉冲具有相反的极性，同时 "1" 被作为间隙发送。在出现较长的 "1" 序列时，可能会失去同步性，这种情况可以通过相应的比特填充进行避免。

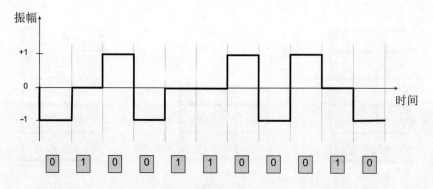

ISDN 网络是根据一个同步时分多路复用的方法进行工作的。也就是说，数据包使用一个恒定的速率被周期性地进行发送。通过所谓的同步比特，单个数据包的界限可以确定固定的比特序列。但该序列并不会出现在被编码的用户数据中。在这个过程中，每 250 μs 就会传输一个长度为 48 比特的数据包。基本速率接口（Basic Rate Interface，BRI）的实际带宽可达 192 kbps。该带宽被用于 2 个带宽为 64 kbps 的 B 信道、一个带宽为 16 kbps 的 D 信道和一个带宽为 48 kbps、用于分组同步和镜像的 D 信道。

一个基本速率接口（BRI）可以应用到一个点到点的配置中。其中，允许 TE 和 NT 之间的最大距离为 1000 m。或者被应用到一个多点配置中，其中可以使用多达 8 个 TE 的公共数据总线,同时 TE 和 NT 之间的最大距离可以达到 200 m(短总线)或者 500 m(扩展总线)。在多点配置中,TE 的 B 信道每次都被动态地分配给了独家使用,而所有 TE 的 D 信道则被共享。

图 6.38 给出了物理层数据包的简化结构:标记为 **F** 和 **L** 的比特位用于同步和均衡。标记为 **D** 的,即所谓的 D 信道比特,与 D 信道回声比特 **E** 相同,用于在 D 信道上控制访问。**B1** 和 **B2** 标记信道 B1 和 B2 中的每个长度为 8 比特序列的用户数据。此外,用户数据之间的同步比特在描述中被省略掉了。

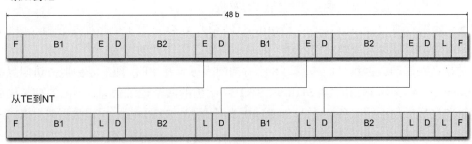

图 6.38 ISDN 物理层的数据格式

与物理层不同的是,数据链路层和网络层只对 D 信道或者在交换机中才有意义。**网络层**使用**用于 D 信道的链接接入规程**(Link Access Procedure for the D-Channel,LAPD)协议。LAPD 协议的任务是确保所有在 D 信道上的传输信息的传输以及序列错误识别,并且负责指定唯一的 TEI(TE 标识符)。这里,D 信道不仅要传输信令信息,还要传输被分组的用户信息。

ISDN 网络的数据链路层可以发送到所有 TE 的未确认广播,以及到单个 TE 的制定的、或者确认的或者未确认的消息。在确认提交的时候,数据链路层负责传输错误的检测、校正和数据块顺序的控制。而在未确认提交时,数据链路层只负责错误的检测。在图 6.39 中给出了一个 LAPD 数据包的结构。其中,所有协议元素的结构和编码对应于之前 ISDN 产生的**高级数据链路控制**(High Level Data Link Control,HDLC)标准。该标准在 ISO 33009 和 ISO 4345 标准中被规范化。这里,数据包根据功能被区分为三种不同的类型。

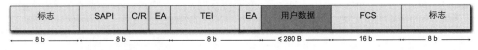

图 6.39 ISDN-LAPD 协议的数据格式

- 信息传递帧（Information Transfer Frame，I–帧）：这些帧中包含用户数据，以及用于流量控制和错误恢复的信息。当在特定的收件方需要提交一个签收信息的时候，就使用这种帧。

- 监控帧（Supervisory Frame，S–帧）：这些帧中包含所谓的**自动重传请求**（Automatic Repeat Request，ARQ）信息。ARQ 方法被用于数据包纠错，以便可以从发送方重新发送被错误接收到的或者丢失的数据包。正确被接收的数据包会通过一个肯定的确认（Acknowledgement）进行响应。而错误被接收的数据包可以通过一个否定的确认（Reject）要求再次重发。如果帧丢失，那么发送方在超时后会根据一个缺失的肯定确认确定这种情况的发生。

- 无编号帧（Unnumbered Frame，U–帧）：U 帧包含了链路控制的额外功能。这些功能负责未经确认的发送，因此不需要任何序列的编号。

数据链路层的数据包是由长度为 8 比特的同步标志开始的。随后是由服务访问点标识符（**Service Access Point Identifier**，SAPI）给出的两个地址信息。不同的种类描述了数据链路层提供的不同服务（例如，SAPI=0: 信令信息；SAPI=16: 用户数据包；SAPI=63: 管理信息）。接着是一个连接/响应位（**Connect/Response Bit**，C/R），用来确定在一个被发送的数据包中包含的是一个指令（C/R=1）还是一个响应（C/R=0）。地址字段扩展位（**Address-Field-Extension Bit**，EA）指定了其后面是否跟随一个地址字节（EA=0）还是没有（EA=1）。第二个地址涉及了终端端点标识符（Terminal Endpoint Identifier，**TEI**），用来识别所连接的终端系统。

在接下来的复选框中，显示的是序列号和链路控制信息。信息字段包含实际的用户数据。这里，长度必须始终是 8 比特的整数倍。ISDN 将这个字段限制在最大为 280 个字节。随后跟随了一个用于错误检测的校验码。最后一个字段又是同步标记。

在 ISDN 协议的**网络层**中，交换机用于操作所选择的终端系统和所期望的通信服务的选择。其中，TE 和本地交换机（本地 ISDN 交换机）之间的通信使用了 ITU-T/CCITT Q.931 协议。图 6.40 显示了 Q.931 数据包的结构。在国际上，由于使用了不同的信令方法，因此该数据包是以**协议鉴别**（Protocol Discriminator，PD）字段开始的。该字段给出了应用协议的类型（例如，1TR6、NTT、5ESS 或者 DMS-100）。接下来是长度为 16 比特的**呼叫参考**（Call Reference，CR），通过一个随机选择的数对连接进行识别。**消息类型**（Message Type，MT）用来指定消息的类型，例如，呼叫建立、呼叫清零、呼叫信息阶段

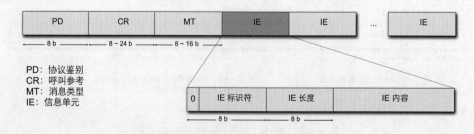

图 6.40　ISDN–Q.931 协议的数据格式

等等。然后是单个的**信息元素**（Information Element，IE）字段。这种字段是由具有关联长度规范的**信息元素标识符**（Information Element Identifier）和实际的内容组合而成。

延伸阅读：

P. Bocker: ISDN - Digitale Netze für Sprach-, Text-, Daten-, Video- und Multimediakommunikation,4. erw. Aufl., Springer Verlag, Berlin (1997)

A. Kanbach, A. Korber: ISDN - Die Technik, Hüthig, 3. Aufl., Heidelberg (1999)

6.4.4　帧中继

帧中继（Frame Relay）是在 20 世纪 80 年代开始应用的一种分组交换的广域网技术。该协议基于一个异步时分多路复用方法，与前面介绍的异步传输模式（Asynchronous Transfer Mode，ATM）的连接类似。其中，通信终端系统之间被建立了一个虚拟的连接。与 ATM 模式不同的是，在帧中继中，数据包可以使用可变的长度（最多为 1600 字节）通过线路进行传输。每个连接都具有一个承诺信息速率（Committed Information Rate，CIR）。但是，在线路容量有空闲时，该速率基本上可以超越成为额外信息速率（Excess Information Rate，EIR）。帧中继允许在位于较高层中的各种协议的传输。

帧中继的概念最早是在 1984 年由 ITU–T/CCITT 给出的，并在 20 世纪 80 年代末得到了极大的传播。1990 年，成立的**帧中继论坛**（Frame Relay Forum）致力于对帧中继技术的不断发展和壮大。在 20 世纪的 90 年代，ITU–T 对最初由美国 ANSI 标准化的帧中继协议做出了进一步的调整和扩展。如今，帧中继数据传输技术已经非常成熟，被越来越多地应用到了语音的数据传输中。在欧洲，帧中继也被用于连接 GSM（Global System for Mobile Communications，全球移动通信系统）移动网络，用于接收移动电话信号，并将其转接到座机。

帧中继通常被认为是 X.25 协议的继承者。但是，帧中继放弃了在 X.25 协议中定义的纠错和安全机制，以便实现快速数据传输的优化。事实上，数字传输系统的误码率要比由 X.25 开发的模拟电话网络低很多。因此，帧中继更适合简单的应用和不太复杂的协议，并且可以实现较高的数据传输速率。X.25 与帧中继的差别参见图 6.41。

帧中继和 X.25 之间的差别

帧中继与 X.25 相比的主要区别在于：
- 复用和逻辑连接的切换可以在帧中继的第二层发生（网络接入层）。
- 在帧中继的传输部分，既可以实现流量控制，也可以实现纠错功能。如果有需求，必须使用在终端系统更高协议层中可以实现的方法。
- 在帧中继中，信令和逻辑连接是分开使用的。

图 6.41　X.25 和帧中继的差别

帧中继的术语反映了一个事实：在位于通信层模型的网络接入层（层 2）上的所谓帧的用户数据的传输是与 X.25 协议不同的，其包括了位于网络互联层（层 3）上的交换机。在 ANSI 术语中，帧中继也称为**快速分组交换**（Fast Packet Switching）。帧中继的

ITU–T/CCITT 标准基于的是 ISDN 中描述的 B–ISDN 协议参考模型（B–ISDN Protocol Reference Model，ISDN–PRM）的那个部分。

在帧中继中，带宽可以达到 56 kbps 到 64 kbps，甚至是这些速率的整数倍，最高可达 45 Mbps。通常情况下，公共服务供应商都可以使用帧中继网络。当然，也可以使用私人帧中继交换机，将其用作私人网络，同时操作租用的专线。在帧中继中，作为数据传输的基础设施，可以使用**同步数字体系**（Synchronous Digital Hierarchy，SDH）或者**准同步数字体系**（Plesiochronous Digital Hierarchy，PDH）。

帧中继不是一个终端对终端的技术协议。相反，它描述了电信供应商的网络结点和其所连接的终端系统之间的接口。更具体地说，是描述了它们之间的数据传输和信道。帧中继在网络的网络接入层上提供了面向连接的信道，不同的计算机体系和平台通过这样的信道就可以彼此连接到一起（参见图 6.42）。为此，帧中继在两个终端系统之间建立了一个双向的、虚拟的连接。

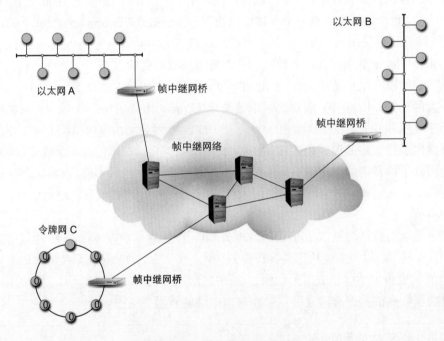

图 6.42　帧中继网络的构建

对于第一层（物理层）服务的使用，帧中继没有设计任何特定的限制。这就意味着，几乎所有的常用接口（例如 X.21、V.35、G.703）都可以使用。帧中继的重要规范位于数据链路层。其中，使用了**帧中继的链路访问协议**（Link Access Protocol for Frame Relay，LAPF）。

在帧中继中，用户数据是在不同大小的帧中发送的，每个帧最多可容纳 1600 个字节。由于可以发送比在 X.25 中容量更大的帧，因此帧中继网络结点可以具有更少的用户数据的拆分和整合，或者更少地进行确认信息的交换，同时允许一个更快速地传输。与 X.25 概念类似的是，帧中继也允许在物理的传输信道中具有多个逻辑连接。这种连接既可以被设计成**永久虚电路**（**Permanent Virtual Circuit，PVC**），也可以设计成交换虚电路

（**Switched Virtual Circuit，SVC**）。本质上，PVC 对应一个永久操作的专用线路。由于其主要应用之一在于连接远程局域网，因此这种连接位于帧中继的前台。相反，SVC 对应的是拨号网络。这种网络的流程是根据方案建立连接、数据交换和释放连接。这里，作为地址的呼叫号码是根据在 X.121 或者 E.164 中所定义的标准进行使用的。

各个连接的基本控制信息是通过所谓的**数据链路层连接标识符（Data Link Connection Identifier，DLCI）**给出的。在建立连接时，地址被转换成 DLCI 序列。其中，每个序列表明的只是一个本地连接（对比图 6.43）。

数据链路层连接标识符（DLCI）

在帧中继网络中的连接（PVC 或者 SVC）是由沿着帧中继交换站的一个点到点的连接序列组成的，并且通过一些特定的属性进行了标识。这些属性之一是由一个标识了分配给每个中继连接站点的连接号码组成的，即由在各个本地有效的**数据链路层连接标识符（Data Link Connection Identifier，DLCI）**组成。这种 DLCI 标识符使用每一跳来改变相同的连接。

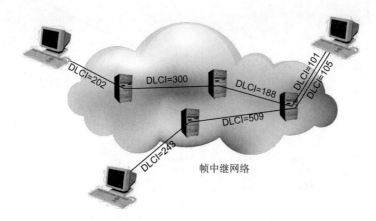

帧中继网络

在实践中，对于沿着传输数据包的连接，数据链路层连接标识符（DLCI）是缓冲区的实际号码。DLCI 具有一个长度是 10 比特、每个帧中继的容量限制被限制在 1024 个可能连接。而且，一些 DLCI 还被保留用于特定的任务。

DLCI 号码	应用目的
0	保留用于信令目的
1~15	被保留
16~1007	可以分配帧中继连接
1008~1018	被保留
1019~1022	被保留用于多播组
1023	本地管理界面

延伸阅读：

Black, U. D.: Frame Relay Networks: Specifications and Implementations. McGraw-Hill, Inc. (1998)

图 6.43　数据链路连接层标识符 DLCI

帧中继的供应商可以为客户提供有保证的和固定的签约带宽，也称为**承诺信息速率**（Committed Information Rate，CIR）。如果线路并没有被充分利用，那么用户也可以暂时使用更高的带宽。这个时候的带宽最大可以达到接入线路的接入速率（Access Rate）。为了确定测量标准，传输的比特数量 B 会在一个给定的测量区间 T_C（承诺时间）内进行测量。可以得到承诺的带宽为：$CIR=B_C/T_C$。其中，B_C 被称为承诺突发量（Committed Burst Size）。如果在测量间隔 T_C 内测量到 $B_C+B_E > B_C$，那么 B_E（过量信息）额外的比特位会通过设置的一个特殊的比特位，即**DE比特**（可丢弃）进行标记。一个过载的帧中继交换系统可以在必要时丢弃这些被标记为 DE 的数据包，以便减轻过载情况（参见图 6.44）。如果在测量的间隔内，测量到的所谓的比特数大于 B_C+B_E，那么这些比特数通常在供应商的帧中继网络节点中的第一个流程中就已经被丢弃了。

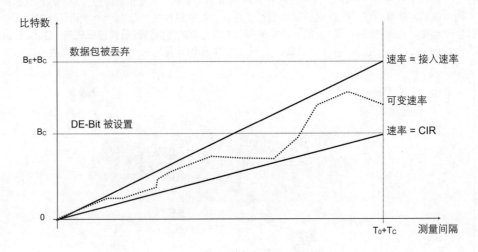

图 6.44　数据速率的确定

另一种控制载荷的方法是提供两个控制比特：**前向显示拥塞通知**（Forward Explicit Congestion Notification，FECN）和**向后显示拥塞通知**（Backward Explicit Congestion Notification，BECN）。一个超载的帧中继网络结点可以在传递的数据包中设置 FECN 位，这样就可以将过载的指示通知发送给接收方。在过载的帧中继网络结点相反的方向进行传递的数据包可以通过 BECN 位的设置来设定上游网络结点过载的通知（参见图 6.45）。

另一个过载控制的机制是由 ANSI 和 ITU-T 提出的所谓的**综合链路层管理**（Consolidated Link Layer Management，CLLM）。为了将过载控制从实际的用户数据中提取出来，提出了外带信令概念。即使用被专门保留的 DLCI（DLCI=1023）所标识的数据分组（数据包）。这些 CLLM 数据包由帧中继网络结点发送到各个终端，以便可以通知用户过载的状况。在这些数据包中，每个都包括了这些对所有过载的可能性负责的 DLCI 列表。如果一个用户接收到一个 CLLM 数据包，那么该用户应该暂停数据的传输，以便减轻过载状况。

帧中继在网络接入层使用了**用于帧模式承载业务的链路访问协议**（Link Access Protocol for Frame Mode Bearer Service，LAPF，Q.922）。LAPF 协议基于的是在综合业务数

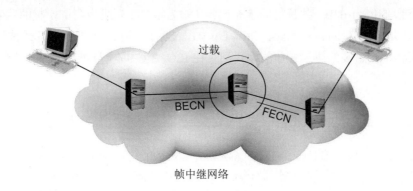

图 6.45　显示拥塞通知

字网（ISDN）中使用的 LAPD 协议，因此也基于 HDLC 协议。LAPF 协议可以确保数据的传输和信号的协调。

帧中继的数据包使用在 HDLC 中已经熟知的同步标记 01111110 开始（参见图 6.46）。该数据包的报头包含了一个 DLCI 和一些长度为 2、3 或 4 字节的控制位。字节的具体位数取决于所使用的 DLCI（10、16 或 32 比特），其中 DLCI 的标准长度为 10 比特。而 BECN、FECN 和 DE 为过载控制服务。EA1 标志着报头的结束，CR 比特（命令/响应）在帧中继中并没有被使用，但是可以在更高的协议层中被应用。

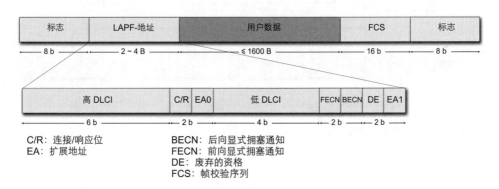

图 6.46　帧中继的数据格式

在数据网络中，协议数据单元（Protocol Data Unit，PDU）经常会被不同的网络协议进行传递。在网络中使用的交换机系统，即多协议路由器必须能够识别每次所使用的协议，以便可以将 PDU 正确地转发。由于帧中继的数据包报头没有为每个所使用的协议的识别规定字段，因此协议类型必须在连接的配置阶段被指定。随后，将这些协议封装在帧中继的数据包中。

帧中继的多协议封装定义在文档 RFC 1490 和 RFC 2427 中。其中指定了，使用哪些方法对位于数据链路层和其上面层的不同协议进行封装。为此，帧中继数据包被扩展到四个字段（参见图 6.47）。这就减少了之前专门提供用于用户数据的字段的个数。

在第一个字段中（**Q.922 控制**）涉及了一个**无编号信息**（Unnumbered Information，UI）

字段。该字段的值为 03H，并且借助填充比特（均为零）补充成为两个完整的字节。接下来的网络层协议 ID（Network Layer Protocol ID，NLPID）字段用于命名各个被封装的网络协议。而各个被封装的协议变体的编码则是在 ISO/IEC 9577 标准中确定的（参见表 6.4 和图 6.47）。

表 6.4　通过 NLPID 对帧中继的多协议进行封装

NLPID	协议
0x08	根据文档 Q.933 确定的自定义格式 (例如，ISO8208、SNA 等等)
0x80	子网访问协议格式 (Subnetwork Access Protocol，SNAP)
0x81	无连接网络协议格式 (Connectionless Network Protocol，CLNP)
0x82	终端系统到中间系统
	(End System to Intermediate System，ISO ES–IS)
0x83	中间系统到中间系统
	(Intermediate System to Intermediate System，ISO IS–IS)

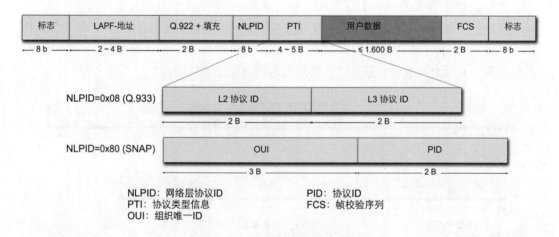

图 6.47　帧中继多协议封装的文件格式

　　在帧中继中，也提供可以传递到多个用户的多播。这里，多个永久虚连接（PVC）会被同时用于单个接收机。如果一个帧中继结点接收到一个多播数据包，那么该结点必须将这个数据包进行复制，并且必须在该数据包在帧中继结点登录之前将其转发给多播列表中的所有用户。为此，需要在所有被复制的数据包中嵌入 DLCI。专门的**多播服务器**会接管整个帧中继网络实际分布的管理。

　　帧中继论坛是一个负责帧中继发展的机构，并且提供了三种不同的多播解决方案以供用户进行选择。

- **单向多播**：在这种情况下，只存在唯一一个发送方。该多播组中所有其他的参与者在多播传输的框架下只能从该专用信道接收数据。发送方可以实现和各个多播成员之间的正常数据通信。这种技术的一种可能的应用是没有反馈渠道的远程教学。

- **双向多播**：在这种变体中，存在一个发送方和多个接收方。每个接收方都具有向发送方反馈的信道。然而，在这种变体中的唯一发送方和多播组的各个参与者之间不再存在固定的传输。这种技术的一个可能的应用是提供给参与的学生进行互动可能性的远程教学。
- **N 路多播**：在这种变体中，多播组中的每个参与者既可以是发送方也可以是接收方。每个在多播通道内发送的数据包将被发送给其他多播成员。这种技术的一个可能的应用是多播组中所有成员之间的一个电话会议。

6.4.5　宽带 ISDN 和 ATM

在 ISDN 服务中，各种不同的电信服务被集成到了一起。例如，电话、数据通信以及图像和视频信息的传输。但是，ISDN 服务只能提供相对较低的带宽。因此，在对这种技术的进一步开发中和对单一网络内部视频和多媒体信息的进一步集成过程中开发了**宽带综合业务数字网**（Broadband ISDN，B–ISDN）。这种技术对现代光纤技术的应用实现了万能多媒体信息的集成。同时，对比单一的和专业的网络也提供了优势，即在不同的服务之间有需求的时候给予负载的均衡。

B–ISDN 技术是建立在**异步传输方式**（Asynchronous Transfer Mode，ATM）技术上的。ATM 的基础技术已经在 4.3.5 节中给出了详细的介绍。当 ATM 涉及不同广域网和局域网的互联（在**网络互联**中有涉及）时，也会产生很有趣的现象。在第 7 章中，会进一步给出 ATM 的特殊作用。

B–ISDN 技术的最初设想包含了同步通信（电话呼叫、视频呼叫和视频会议）等的同步传输。但是，随着宽带互联网技术的出现，这种技术逐步被异步传输方式（ATM）所取代。ATM 技术通常包含接入广域网或者互联网的接入技术，例如，数字用户线（Digital Subscriber Line，DSL）。也可以在无线广域技术中操作有效载荷，例如，WiMAX。然而，ATM 技术在将来的骨干区域不会起到更多的作用，并且会逐渐被基于 IEEE 802.3 标准的更为有效的技术（以太网）和基于 IP 标准的虚拟专用网络（Virtual Private Network，VPN）技术所取代。

6.4.6　分布式队列双总线（DQDB）

分布式队列双总线（Distributed Queue Dual Bus，DQDB）技术的概念最早用于城域网（Metropolitan Area Networks，MAN），并且可以实现从几百千米到整个城域网边界的可能性延展。与 ISDN 技术或者 ATM 技术相同的是，DQDB 技术实现了对不同服务的整合，例如，语音、视频或者数据通信。同时也确保了在一个广泛地理区域上的数字数据的高效传输，对应的数据传输速率可以从 34 Mbps 到 155 Mbps 之间。一个城域网通常由多个 DQDB 子网络组成。这些子网络通过网桥、路由器或者网关被互连，这样就可以通过这种联网最终覆盖更大的区域。

DQDB 技术是在 20 世纪 80 年代与 ATM 技术同时被开发的。DQDB 访问方法基于的是统计多路复用技术。其中，网络中的所有用户共同分享现有的传输介质。也就是说，传输是通过一个所谓的**共享介质**（Shared Medium）完成的。这里，该访问技术不仅可以传输像在跨局域网通信中出现的那种异步数据流，还可以提供如在视频和音频传输中出现的同步数据流传输的可能性。

DQDB 技术结合其他局域网标准，例如，在 IEEE 802 标准中用于共享介质的访问方法的以太网或者令牌环，共同被规范化为**IEEE 802.6**标准。这里，IEEE 802.6 标准将DQDB 方法划分在两个层中。

- **物理层**：在这一层中没有规定特殊的技术。
- **DQDB 层**：位于 TCP/IP 协议栈的网络接入层的底部。描述了**媒体访问控制层**（Medium Access Control Layer，MAC Layer）。

DQDB 技术被嵌入到了 IEEE 802 标准的层结构中，并且为管理连接采用了在文档IEEE 802.2 中被标准化的**逻辑链路控制**（Logical Link Control，LLC）协议，以及位于其上的 IEEE 802.1 标准中的**更高层接口**（Higher Layer Interface，HLI）协议。IEEE 802.6 标准为 DQDB 定义了三种不同的服务质量（也可参见图 6.48）。

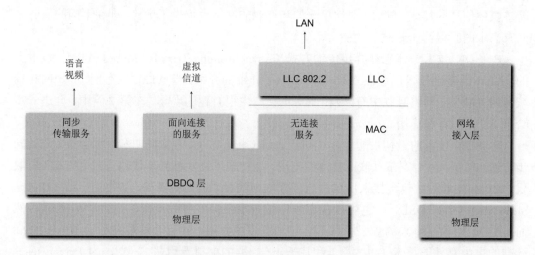

图 6.48　分布式队列双总线 DQDB

- 一种是**无连接服务**（Connectionless Service）。这种服务类似于在局域网中从 MAC层到 LLC 层的过渡调整，并且为 DQDB 提供网络接入层的功能。
- 一种是**面向连接的服务**（Connection Oriented Service）。该服务通过虚拟信道实现了数据的异步传输。但是，在传输过程中不能确保没有等待时间，因此不能用于实时的视频和音频数据的传输。
- 一种是**同步传输服务**（Isochronous Service）。该服务在传输的过程中实现了数据传输的恒定速率和不变的等待周期，因此适合实时视频和音频数据的传输。

在实践中，只有基于同步的、位于同步机制上的服务才具有重要性。为了实现这项服务，必须首先在参与的 DQDB 网络结点之间建立一个连接，以便在发送方和接收方之间建立一个虚拟的信道。

从拓扑结构来考虑，DQDB 网络是由两个反向旋转的单向总线 A 和 B 组成的。连接其上的每台计算机都可以在这两条总线上进行发送和接收。因此，在被连接的计算机之间存在着一个双向的连接。位于各个总线端点的计算机也被称为**总线头**（Head of Bus，HOB），参见图 6.49。其中，两条总线的 HOB 要么是两台不同的计算机，即所谓的**开放双总线拓扑**（Open Dual Bus Topology）；要么这两条总线可以形成一个环，而 HOB 被安装在相同的计算机上，即所谓的**环型双总线拓扑**（Looped Dual Bus Topology）。这里，HOB 被用作数据包生成器，并且在间隔 125 μs 内产生一个长度为 53 字节（报头为 5 字节，用户数据为 48 字节）的空闲单元。而这些单元与 ATM 兼容。

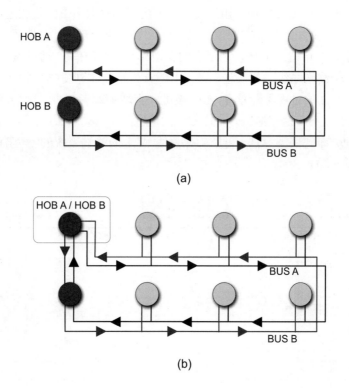

图 6.49　DQDB 拓扑类型: (a) 开放双总线拓扑；(b) 环型双总线拓扑

　　原则上，这些单元又被区分为用于同步数据通信的**预先仲裁存取**（Pre arbitrated Access，PA）单元和用于异步数据通信的**队列仲裁存取**（Queued Arbitrated Access，QA）单元。为了实现同步数据通信，首先必须通过网络管理为每个同步信道确定一个唯一的虚拟信道标识符（Virtual Channel Identifier，VCI）。随后，HOB 计算机使用这个标识符为这个信道产生一个周期性的自由预先仲裁存取单元（PA），以满足同步数据通信的严格时间限制。与 DQDB 连接的计算机可以在各自的同步数据通信中使用这个 PA 单元。

　　对于异步数据通信，会使用一个分布式队列协议（Distributed Queuing Protocol）。其中，在对队列仲裁存取单元（QA）进行访问的时候必须满足以下条件：

- 一个终端系统允许占据一个自己经过的空白单元，只要这个单元当前没有预留。
- 一个位于"下游"的终端系统可以将一个位于"上游"的终端系统发送到对面总线上的预留位置。

● 每个终端系统可以具有很多空的单元，就像那些预留一样。

这种分布式队列系统的实施是通过一个被比特控制的访问控制机制实现的。**R–Bit**（Reservation，Request）预约请求位表示对于一个在相反方向的单元的预留请求，而**B–Bit**（Busy）繁忙位表示一个已经被占领的单元。对于在总线 A 上的控制，B–Bit 被用于总线 A，R–Bit 被用于总线 B。对于在总线 B 上的控制，情况刚好相反。因此，每个总线定义了一个分布式队列。每个终端系统为每个总线提供了两个计数器：**请求计数器**（Request Counter，RC）和**递减计数器**（Countdown Counter，CC）。现在来考虑位于总线 A 上的存取算法的操作（而对于总线 B 是在相反的方向上进行的存取）：RC 是通过 R–Bit 递增的，其中 R–Bit 是在终端系统的总线 B 发生的。每个 RC 的最新统计表明了，在上游的总线 B 上有多少请求正在申请。位于总线 A 上的自由单元（B–Bit=0）通过 RC 计数器逐步递减。如果通过一个终端系统进行发送，那么 RC 首先被复制到 CC，同时将 RC 的值设置为零（RC=0）。上面的过程不断重复，RC 被进一步增加或者减少，而 CC 通过各个在总线 A 上的自由单元不断地在递减。一旦 CC 的值到达了零，那么终端系统就允许进行发送。借助于这种分布式队列算法，可以确保总线 A 上的终端系统的一个**确定的和无碰撞的访问**（参见图 6.50）。

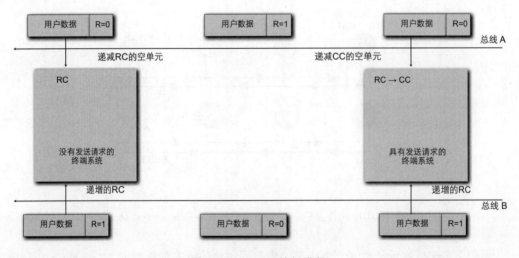

图 6.50　DQDB 访问进程

从设计原理来看，在 DQDB 中所使用的数据格式对应的是 ATM 中所使用的数据格式。这样一来，只需要很少的投入就可以将这两种技术耦合连接到一起。一个 DQDB 单元具有 53 个字节的固定长度，包含了长度为 5 个字节的报头和长度为 48 个字节的用户数据（参见图 6.51）。报头中的第一个字节被称为**接入控制字段**（Access Control Field，ACF），包含了 B–Bit 和一个用来显示单元类型的 SL–Bit（PA 或者 QA）。跟在长度为 2 个比特的、被预留区域之后的是用于 R–Bit 的总共 4 个比特的字段，其中包含了一个优先级指示。接下来的 4 个字节包含了所谓的分段报头。其中，对应的是长度为 20 比特的用于标识相应传输信道的 VCI、有效载荷类型（2 个比特）、分段的优先级（2 个比特）和一个相关的段报头的校验和（基于多项式 $x^8 + x^2 + x + 1$ 的、8 个比特的 CRC 校验和）。

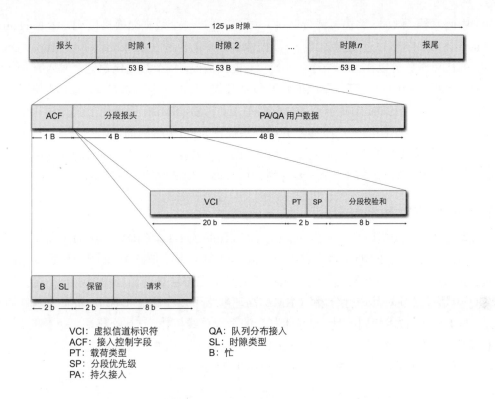

VCI：虚拟信道标识符　　　　QA：队列分布接入
ACF：接入控制字段　　　　　SL：时隙类型
PT：载荷类型　　　　　　　　B：忙
SP：分段优先级
PA：持久接入

图 6.51　DQDB 数据格式

与局域网段的其他技术相比，DQDB 在一个较高的带宽上具有一个更大的潜在网络延展性。与传统的、同样基于总线拓扑的以太网不同的是，在 DQDB 中不会再发生冲突。相比于令牌环，DQDB 在媒体访问时的等待时间也会相对减少。DQDB 方法在高负载的时候特别有效，因为原则上所有的自由时隙都被占用了，进而总线容量被充分利用了。在 DQDB 中，异步和同步连接可以同时发生，可用带宽可以随时在这两者之间动态地进行分配。双总线的环型布置还提供了在线路中断时消除错误位的可能性，并被规定作为双总线新的"终端"。

随着连接到双总线上的终端系统数量的不断增加，传输介质访问的等待时间也不断地增长。为了将一个 DQDB 网络自己预先给定的限制进行扩展，必须将多个 DQDB 网络通过合适的交换系统连接在一起。此外，在双总线上的该访问方法并不是完全公平的。也就是说，不会对连接的所有计算机一视同仁。位于总线中间的计算机通常具有比总线上其他计算机更短的访问距离。另一方面，靠近总线边缘的计算机更靠近数据包生成器。因此，可以有更多机会对一个空的时隙进行访问。此外，DQDB 网络中还使用了一个**带宽平衡算法**（Bandwidth Balancing Algorithm）。该算法确保了与成功发送数据包有关的计算机通过增加请求计数器和递减计数器产生更多的空闲时隙。

DQDB 技术基于的是**交换式多兆位数据服务**（Switched Multimegabit Data Service，SMDS）。这是一种用于宽带的通信服务，被保留用于数据的异步传输，并且最先被使用在城域网领域。SMDS 服务可以通过带宽为 1.5 Mbps（T1）或者 2 Mbps（DS1）的端口进行使用。中间系统（例如，路由器或者网桥）也可以通过一个数据交换接口（Data Exchange Interface，SMDS–DXI）被连接。其中，数据传输频率的范围在 56 kbps 到 45 Mbps（DS3）之间。SMDS 服务可以作为一个连接的协议，也就是说，每个数据包都包含发送方和接收方的地址，以便中间系统可以单独地转发每个分组。SMDS 根据 ITU–T E.164 使用了一个寻址，该寻址在 ISDN 中也被用于分配组地址。目前，SMDS 服务用于美国和几个欧洲的国家。在德国，德国电信从 1994 年开始提供被称为**Datex–M**的 SMDS 服务。Datex–M 网络为其用户提供了从 2 Mbps 到 140 Mbps 的宽带数据信道，以及高达 2 Mbps 的同步传输信道。Datex–M 服务的一个主要应用领域是远程局域网的临时连接。

6.4.7 循环预约多址

循环预留多路访问（Cyclic Reservation Multiple Access，CRMA）称为在高速网络框架下的访问方法，与 DBDQ 技术有相似之处。CRMA 方法是在 1990 年由位于瑞士的吕施利孔的 IBM 研究所开发的。该方法实现了对于完整消息的循环保留，而不需要像在 DBDQ 中那样必须对其进行分段。CRMA 高速网络可以在超过 1 Gbps 带宽中延伸数百千米。与 DBDQ 技术相同的是，该技术基于的是双总线拓扑。这比在终端可折叠的、简单的总线更容易实施（参见图 6.52）。这里，被发送的比特流被划分成固定长度的时隙。其中，较长的消息可以在连续的时隙中几乎不间断地进行传输。

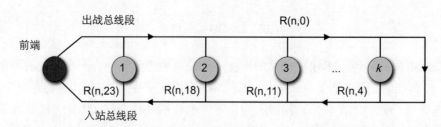

图 6.52 使用折叠总线的 CRMA 总线拓扑和用于周期 n 和预留请求 k:4 时隙、3:7 时隙、2:7 时隙以及 1:5 时隙的预留呼叫 R(n,x)

与在 DBDQ 技术中一样的是，一个 CRMA 时隙也是使用一个访问控制字段开始的（Access Control Field，ACF），用来指定预留和确认（比特分配）。随后是 Busy–Bit，显示该时隙是否被占用或者空闲（参见图 6.53）。而总线头（HOB）负责数据包的生成。其中，数据包（周期性的）可以具有一个可变化的长度。注册预留的队列管理同样也可以由总线头负责。为此，在 CRMA 时隙中的命令字段中标记了一个新的周期的开始，并且在 ACF 字段的末端给出了一个长度为 8 比特的周期数。在这中间还有一个 Bus–Bit，指示了哪两条总线被使用，和一个长度为 2 个比特的优先级标识。站头发送周期性的预约呼叫，通过总线和所连接的计算机在一次向前和一次向后的方向上各进行一次。预约呼叫包含应该预先保留的各个周期的号码，并且指定了必须为预留占用多少时隙。

如果一台计算机在回路上接收到了一个预约呼叫，那么在该计算机保留限制中已经被保留的注册时隙的数量将会增加。如果被保留的呼叫重新到达前端，那么该呼叫可以被保留在一个有关循环指定时隙数量的等待队列中。如果这个数量超出了一个临界极限，

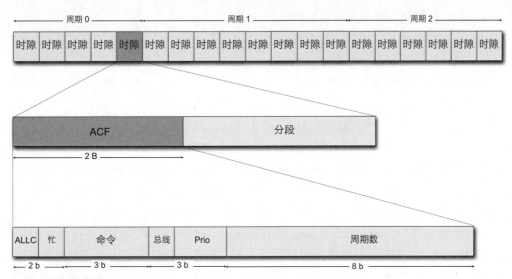

ACF：访问控制字段
ALLC：分配
Prio：优先级

图 6.53　CRMA 数据包结构

那么前端不会执行这个预约。并且会发送一个拒绝消息，通知所连接的计算机，现在存在一个过载情况，因此该预约不能执行。由于以前的预约，每个连接的计算机可以在随后的周期中连续地占用自己所必需的时隙。这里，较大的消息会被分配给连续的时隙。另一方面，每个连接的计算机在发送自己的数据之前必须首先等待预约和预约确认。特别对于实时传输的数据，这种等待时间是至关重要的。因此，在 CRMA 协议中也被规定了所谓的免费时隙，这些时隙不能被预先保留（Allocation–Bit=0）。当没有更多预约存在的时候，就会产生非预留时隙。一台在没有预留的情况下想要传输数据的计算机，必须在对应的集合中等待非预留时隙，这样可以避免消息的碎片化。

　　对于具有不同优先级的数据都是在前端被分隔开的等待队列中通过预约进行管理的。该队列会根据这些数据的优先级进行处理，也就是说，具有较高优先级的时隙要优于具有较低优先级的时隙，同时会首选较低的循环数量。这里，一个当前具有较低优先级的连续传输会被一个具有较高优先级的传输打断，这就是优选的结果。由于在连接的计算机中，对于不同的优先级也准备了被分隔开的存储区域。因此，在这种情况下不用一定进行明确的碎片化。

　　CRMA–II 是在 1991 年发布的 CRMA 的一个扩展。该变体支持不同的拓扑方法（单环、双环、折叠总线和双总线）。其中，任何一台被连接的计算机都可以训练调度程序（Scheduler），同时接管时隙的预约。如果从发送方向接收方传递数据，那么接收方会马上将被寻址的时隙重新释放，同时对其进行转发，以便其可以被随后的计算机立即使用。通过这种方法，可以将相对于 CRAM 的到达数据传输率进一步提升。

　　CRMA–II 将插槽的配置进行了如下的区分：

- FG: 时隙是空闲的和免费的。

- FR: 时隙是空闲的和被保留的。
- BG: 时隙是被占用的和免费的。
- BR: 时隙是被占用的和被保留的。

调度程序为每台计算机分配一个特定数量的时隙。其中，对应的数量是根据预先规定的分配策略确定的（参见图 6.54）。每台计算机 i 具有两个计数器：确认计数器 c_i 和免费计数器 g_i。为计算机 i 分配的时隙会被记录在确认计数器 c_i 中。如果一台计算机有发送的请求，并且 $c_i > 0$，那么该计算机既可以使用空闲的免费时隙（FG），也可以使用空闲的、被保留的时隙（FR）。如果 $c_i = 0$，那么该计算机只可以使用空闲的免费时隙（FG）。如果使用了一个被预留的时隙，那么该计算机将自己的状态从 FR 转变到 BG，同时 c_i 被减 1。在使用一个免费的时隙时，该状态是从 FG 被转变到 BG，同时 g_i 被加 1。如果计算机 i 没有数据进行传输，那么一个空闲的被保留的时隙会将其状态从 FR 转变到 FG。同时 c_i 被加 1，以便减少不必要时隙的重新分配。如果计算机发送一条需要完整被发送的消息，那么必须要创建新的空闲时隙，同时必须延迟那些到达的已经被占用的时隙。为了再次弥补这种延迟，会在随后出现的总线空闲时隙中去掉相对应的数量。如果一个预约呼叫是通过调度程序确定的，那么被连接的计算机会将在最后一个周期中进行传输，并且仍对调度程序等待的时隙数量进行回馈，然后根据这些值重新确定随后的预留，即 c_i。完成传输之后，会设置 $g_i = 0$。对于开放的预留，该调度程序将执行自己的计数器 m（Mark Counter）。如果 m > 0，那么调度程序将 FG 设置为 FR，同时 BG 设置为 BR，并且将 m−1。如果 m=0，那么时隙将保持不变地被传递。

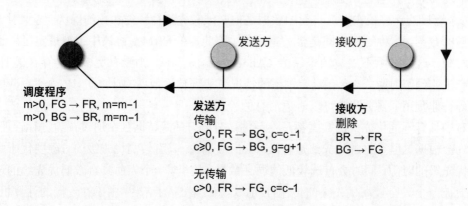

图 6.54　CRMA–II 访问方式

CRMA–II 时隙是由每个长度为 32 比特的原子数据单元（Atomic Data Unit，ADU）组装在一起的。其中，每个单元都是由一个开始 ADU 字段和一个结束 ADU 字段构成的（参见图 6.55）。开始 ADU 字段包含一个长度为 8 比特的同步字段，随后跟随了一个长度为 24 比特的时隙控制字段。该字段中除了其他任务外还需要对时隙的类型、优先级、分配（空闲或者占用）、免费时隙或者被保留时隙进行编码。结束 ADU 字段是由长度为 8 比特的结束定界符开始的，随后跟随的也是时隙控制字段。只在被占据的时隙中出现的地址 ADU 包含了发送方（源地址）和接收方（目标地址）的网络地址。实际的有效载荷将被放置在每个长度为 32 比特的有效载荷 ADU 字段中。为了交换控制和管理信息，会对专门的和具有可变长度的命令时隙进行交换。这样一来就可以对时隙的分配和预留，以及当前计数器状态进行管理。为了交换较长的消息，可以将多个时隙组合成多时隙。通过 CRMA–II 时隙，ATM 单元也可以被交换。其中，每个单元是由 17 个单个的 ADU 组成的（开始 ADU、地址 ADU、结束 ADU 和 14 个有效载荷 ADU）。

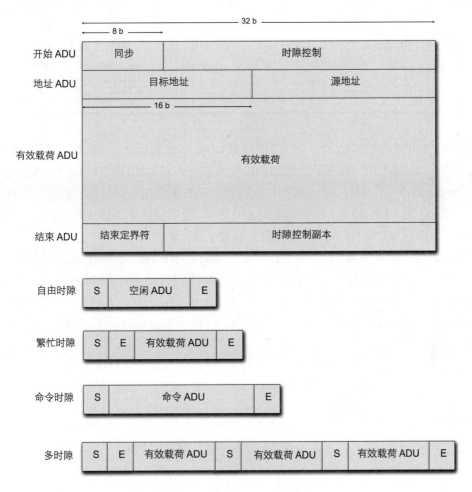

图 6.55　CRMA–II 时隙结构

6.4.8　准同步数字体系

在准同步数字体系（Plesiochronous digital hierarchy，PDH）中，涉及了一个同步时分多路复用方法，即来自不同信号源的信号通过一个共同的介质进行传输。PDH 技术被用于语音和数字数据的传输，例如，在 ISDN 中。如今，这种技术几乎只被用于数据传输速率达到 45 Mbps 的网络中。而更高的数据传输速率会在更强大的复用技术，即同步数字体系（Synchronous Digital Hierarchy，SDH）中达到。PDH 技术的标准化早在 1972 年就通过了 ITU–T/CCITT。该标准对于北美、欧洲和日本确定了不同的数据传输速率（参见

表 6.5）。因此，在使用 PDH 传输技术的国际数据传输中，对复用数据流的再次包装是必要的。但是，这种需求并不存在于 SDH 传输技术中。术语 **Tx** 或者 **Ex** 和 **DSx** 刻画了体系的层级和带宽。其中 Tx（Ex）涉及传输系统，而 DSx 涉及的是复用信号。

表 6.5　准同步数字体系的带宽（kbps）

体系		北美		欧洲	日本	数据包长度
T1	DS1	1544	E1	2048	1544	256 比特
T2	DS2	6312	E2	8048	6312	848 比特
T3	DS3	44 736	E3	34 368	32 064	1536 比特
T4	DS4	274 176	E4	139 264	97 728	2928 比特
T5			E5	564 992	397 200	2688 比特

如今，由于在广域网技术中已经习惯使用 Gbps 等级的数据传输速率。因此，PDH 被更高效的 SDH 技术所取代了。但是，PDH 技术在今天还是被特别应用在"最后一公里"（Last kilometer）中。具有 30 个可用信道的常见 ISDN 主速率接口基于的就是比特率为 E1（2 Mbps）的 PDH 技术。比特率 E3（34 Mbps）经常被用于连接彼此间相距很远的单个公司。比特率 E4 和 E5 几乎全部被用在了大型运营商网络中。

数字信号多路复用器（Digital Signal Multiplexer，DSMX）是由单独的信道组成，并在更高的层上被捆绑进行转发，用作 PDH 体系构造的链接（参见图 6.56）。DSMX 名字的由来是：该方法中每个信道的带宽都不是完全一样的，而只是大约相同。其原因在于，在不同地方安装的 DSMX 都具有一个通过自己时钟产生的系统时钟，而这些系统时钟是

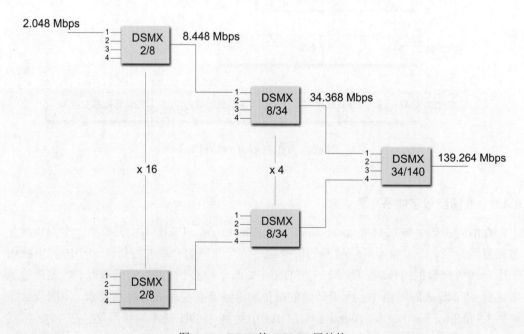

图 6.56　PDH 的 DSMX 层结构

不可能完全同步的。为了均衡这些信道的不同带宽，同时确保在各自时钟调整时不会丢失用户数据，就需要应用所谓的**位填充**（Bit Stuffing）技术。

带宽和电子的 PDH 多路技术如今被定义在 G.732 规范、G.742 规范和 G.751 规范中。例如，在 ITU–T/CCITT 建议的 G.702 和 G.703 规范中定义的物理传输，被规定的带宽每次都是 64 kbps 的倍数（位于北美的 T1 的 24 个信道具有 64 kbps，欧洲 32 个信道具有 64 kbps）。

在 PDH 中的数据包遵循着一个非常简单的结构（参见图 6.57）。在 E1 中，数据包在一个长为 125 μs 的时间窗内，每次由长度为 8 比特的 32 个信道连续地进行发送。其结果为，对于 E1 来说带宽为 2.048 Mbps。在用户数据的传输过程中，信道 0 和信道 16 并没有被使用。在信道 0 中，将交替地发送数据包的密码（其中涉及了一个同步比特模式和一个错误校验信息）和数据包的消息信息（对于故障的管理信息）。而信道 16 则被用于信号信息的传输。该信号编码基于的是**三阶高密度双极性码**（High Density Bipolar of Order 3，HDB3）。在 HDB3 码中涉及了一个**AMI**编码形式。其中，三个逻辑 0 之后紧接着的一个 0 会被转换成逻辑 1（参见图 6.58）。在发送端具有 ±2.37V 电压电平的同轴电缆或者双绞线电缆可以被作为传输介质。

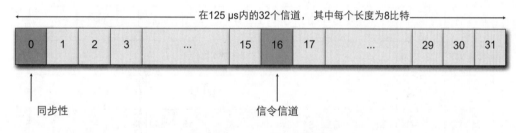

图 6.57　PDH 的 E1 数据包

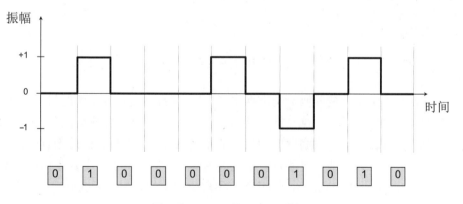

图 6.58　PDH 的 HDB3 编码

较高层上的数据分组（E2–E5）可以形成一个信号复用，这样位于其下层的四个分组就可以被组合在一起。然而，这些数据包可能来自不同的子网，因此带宽具有偏差。这种偏差可以通过**位填充**技术进行平衡。

位填充的方法被区分为三种形式。

- 在**正填充方法**中，读取由数据分组组成的多路复用器的缓冲区存储速度要比写入的快。根据缓冲区的级别，在某些位置上的读取将被中断（**中止点**），同时插入一个**位填充**。在接收方的多路复用中，接收方通过填充信息的比特位（参见图 6.59 给出的 E3 数据分组例子）获知，是否插入了填充比特，或者是否在对应的位置上涉及了用户数据。
- 在**负填充方法**中，读取多路复用的缓存存储区速度要比写入的速度慢得多。根据缓冲区的级别，现有的填充位会被信息位取代。
- **正 — 零 — 负填充方法**规定了在数据分组中各个正的和负的填充位置。

例如，**E3 数据分组**（参见图 6.59）是由一个长度为 10 比特的数据包起始（帧定位）标识开始的。第 11 位用来发送报警信号，而第 12 位则被划分为国家使用范围（res）。**C1、C2、C3** 分别描述了填充信息位。对这些填充信息位的解释是逐列进行的。如果在第一列中 C1=C2=C3=0，那么第一个填充位（第 4 行，第 5 列）就是一个真实的填充位，否则（C1=C2=C3=1）第一个填充位是用户比特。因此，第 1~4 列分配了第 1~4 个填充位。

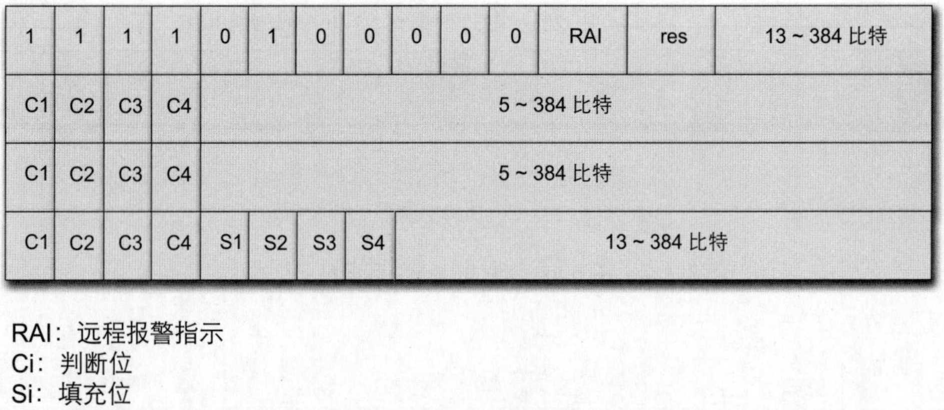

1	1	1	1	0	1	0	0	0	0	RAI	res	13 ~ 384 比特
C1	C2	C3	C4									5 ~ 384 比特
C1	C2	C3	C4									5 ~ 384 比特
C1	C2	C3	C4	S1	S2	S3	S4					13 ~ 384 比特

RAI：远程报警指示
Ci：判断位
Si：填充位

图 6.59　PDH 的 E3 数据分组

由于 PDH 的操作只是近似于同步操作，并且 DSMX 通过独立的时钟会产生波动。因此，PDH 只能用于上限在 100 Mbps 的带宽上。PDH 的另一个缺点在于：在 PDH 层结构的顶部，要求在一个来自高度聚合信号的单个信号 E1 上进行汇总数据流的一个完整的多路分解，而这在实践中是非常复杂的。因此，人们开发了一个真正的同步数字体系（Synchronous Digital Hierarchy，SDH）来实现更简单的访问技术的同时，实现更高的带宽。

6.4.9　同步数字体系和同步光纤网

在同步数字体系（Synchronous Digital Hierarchy，SDH）传输技术中，涉及了专门为通过光纤和微波进行数据传输而开发的同步复用方法。在开发光纤传输技术的初期，参与开发的各个电信公司使用的是各自专有的复用方法进行工作的。但是，当需要在更大程度上对网络进行延展，以及不同光纤接口合并的必要性的呼吁越来越成为主流的时候，就必须要找到一种方法来规范这一领域的标准。1985 年，Bellcoe 和 AT&T 公司开始开发**同步光纤网**（Synchronous Optical Network，SONET）。在当时的美国，大部分的电话业务都是基于 SONET 处理的。ITU–T/CCITT 对于同步数字体系（SDH、G.707、G.783、G.803）的建议也是使用局域 SONET 标准。这两个系统是兼容的，而且它们之间的差别很小。

由于 PDH 服务只适合于上限为 100 Mbps 的带宽，因此，SDH 服务被选为宽带 ISDN 服务（**B–ISDN**）的基础。与 PDH 相同的是，SDH 涵盖了整个多路复用的层，即从 52 Mbps（STM–1，OC–1）到目前的 160 Gbps（STM–1024，OC–3072）的不同带宽。与 PDH 不同的是，SDH 服务中的单个子网和使用多路复用器的定时技术需要遵守严格的同步，并且彼此间始终要处于一种整数比例关系。其中的定时技术是通过一个中央的主时钟实现的。但是，在单个的、彼此间互联的子网中仍然会出现相位偏移。这时数据会通过对应的指针匹配进行寻址。

在 SDH 服务中的数据传输基于的是一个简单的原则：来自 n 个不同数据源的、具有 B 带宽的各个数据流会使用一个同步多路复用方法组合成一个具有 $n{\times}B$ 带宽的单一数据流。因此，第 $n+1$ 个层中的多路复用信号可以直接从来自所有底层体系 1，2，3，…，n 中的信号组成。此外，与 PDH 不同的是，低层中的信号可以简单直接地从更高层的数据分组中剥离。SDH 还允许传输 ATM 信元或者 PDH 多路信号（交叉连接）。表 6.6 描述了 SDH 的层级结构的同步传输模式（Synchronous Transfer Mode，STM–x）。该模式同时与各个 SONET 层级的同步传输信号（Synchronous Transfer Signal，STS–x）或者光载波

表 6.6　SDH 和 SONET 层次级别（Mbps）

SDH	带宽	SONET
STM-0	51.84	STS-1 / OC-1
STM-1	155.52	STS-3 / OC-3
STM-2	207.36	— / —
STM-3	466.56	STS-9 / OC-9
STM-4	622.08	STS-12 / OC-12
STM-6	933.12	STS-18 / OC-18
STM-8	1244.16	STS-24 / OC-24
STM-12	1866.24	STS-36 / OC-36
STM-16	2488.32	STS-48 / OC-48
STM-32	4976.64	STS-96 / OC-96
STM-64	9953.28	STS-192 / OC-192
STM-128	9906.56	STS-384 / OC-384
STM-256	39813.12	STS-768 / OC-768
STM-512	79626.24	STS-1536 / OC-1536
STM-1024	159252.48	STS-3072 / OC-3072

（Optical Carrier，OC–x）相关联。在实践中，主要应用的是同步传输模式 1（Synchronous Transfer Mode 1，STM–1）、STM–4、STM–16 和 STM–64。其中，每次都为控制和命令信息保留 5% 的带宽。

SDH 服务提供了通信协议层模型中的物理层的功能。这里，该层被划分为四个独立的子层（参见图 6.60）。

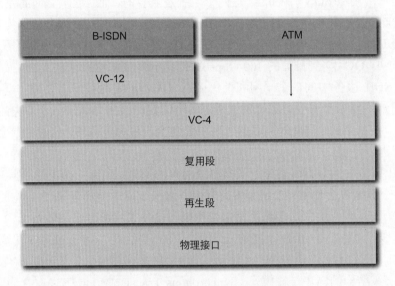

图 6.60　层模型中的 SDH(简化例子)

- **物理接口**（**Physical Interface**）：规定了每次使用的传输技术（光纤、微波或者卫星链路）的技术参数。
- **再生段**（**Regenerator Section**）：用于刷新已经衰减的和失真的信号。例如，时钟和振幅。
- **复用段**（**Multiplex Section**）：为高带宽的 SDH 数据流以及从聚集的 SDH 数据流中的单个信号去绑定逆过程中规定的准同步和/或者同步信号。
- **虚容器**（**Virtual Container，VC**）：用来传输用户数据。其中，VC–4 调控带宽为 140 Mbps 信号的输出和输入连接（映射），VC–12 映射带宽为 2 Mbps 的信号。

根据 SDH 的定义，将在 SDH 网络中区分如下网络元件：

- **终端复用器**（**Terminal Multiplexer，TM**）：提供接入 SDH 网络终端系统的接口，同时整合了多种到 SDH 层次结构中的输入信号。为此，终端复用器为终端系统以及为实际的 SDH 网络的一个或者两个同步接口提供了多种准同步或者同步接口。
- 为加强沿着SDH 传输线路的光学信号，需要一个所谓的**再生器**（Regenerator，REG）。与纯的光学放大器不同的是，这里接收到的光学信号会被首先转换成一个电子信号。随后，该电子信号会被加强，并且在时间上进行同步，同时校正其传输形式。然后会被重新转换成光学信号。

- 与 TM 相似的是，这里也使用了所谓的**分插复用器**（Add–Drop–Multiplexer，ADM）。使用这种仪器，就可以简单地将单个信道从多路复用数据流中过滤出来，或者将这些单个的信道重新组装在一起。

- 作为进一步的转换单元，**数字交叉连接系统**（Digital Crossconnected System，DCS）是建立在 ADM 上的。这一系统可以在不同的输入和输出线路之间切换单个的信道，并且规范在 SDH 网络中的流控制。

图 6.61 给出了一个 SDH 网络组件的例子。

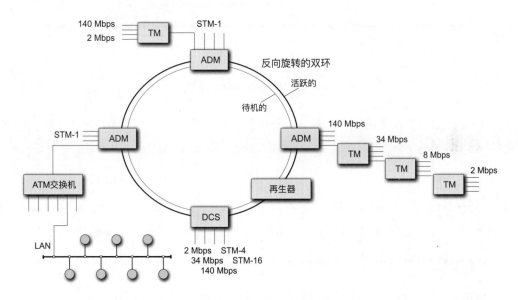

图 6.61　SDH 环结构的构建

原则上，SDH 主网络基于的是一个双环。其中，正常的操作只涉及一个环，第二个环则被作为冷储备，为发生故障的时候待命。通过使用 DCS 技术可以互联各个环。一个用于故障保证的双环简化版本是 2 个段的复用段共享保护环（Multi-Section-Shared-Protection-Ring，MS-SPRing）。其中，可用带宽的一半被用于路由的重新设置，或者只对具有较低优先级的数据流进行操作。在出现错误的情况下，这些优先级较低的数据流会被丢弃，同时有故障的环路会被关闭。

SDH 数据分组的结构被划分为两个部分：一个是用户数据部分，另一个是控制和命令信息部分。后半部分包含了中继段开销（Repeater Section Overhead，RSOH）和复用段开销（Multiplexer Section Overhead，MSOH）。其中，更高分层级别的数据分组总是由通过多路复用对应的、各个低层的多个数据包构成。图 6.62 给出了一个 STM–1 数据分组的结构示意图。该 STM–1 数据包是由 9 行构成，并且逐行从左上到右下被发送。其中，在开销（Overhead）部分（最开始的 9×9 个八位字节）包含的 AU 指针指出了每个在用户信息内部的虚拟容器的位置。

在 STM–x 数据分组中，虚拟容器并没有被绑定在给定的数据包边缘。与 PDH 不同的是，AU 指针允许在一个高比特率的信号中对用户数据信号直接寻址，而不用解复用完

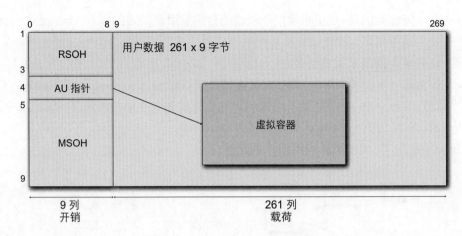

图 6.62　SDH 的 STM–1 数据格式

整的信号。通过目前出现的相位偏移，一个合适的 AU 指针在一个临时的虚拟容器中是必要的，参见图 6.63。

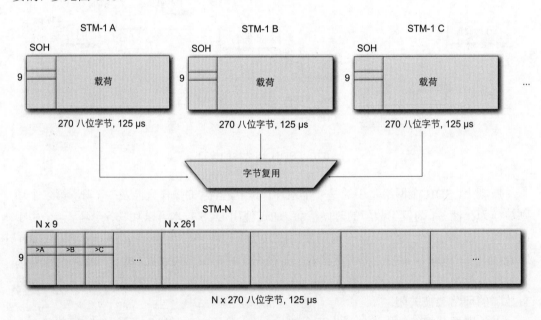

图 6.63　SDH 的多路复用

6.4.10　微波接入的世界范围互操作——IEEE 802.16 标准

微波接入的世界范围互操作（Worldwide Interoperability for Microwave Access，WiMAX）是一种用于移动和固定设备的宽带无线传输系统技术。该技术从 1999 年开始，由工作小组标准化为宽带无线接入（Broadband Wireless Access，BWA）的 IEEE 802.16 标准。与用于局域网（LAN）和个人域网（PAN）的其他 IEEE 802 标准不同的是，宽带无线接入（BWA）标准在数据传输速率为 70 Mbps 时，可以达到一个更大的传输范围，即可达

50 千米的无线城域网（MAN）。而在为无线广域网的固定终端规定的 IEEE 802.16（2004）标准中涵盖的范围更大，同时扩展了移动的终端设备的 IEEE 802.16e（2005）标准，并且在操作期间可以快速地进行蜂窝站点的转换（移动的 WiMAX）。2001 年，来自工业和经济行业的利益相关者将 WiMAX 标准和以此建立的 WiMAX 论坛[1]结合在了一起。这项新的技术描述了弥合最后一千米的一个标准，即将宽带无线网络作为一个有效的替代品用于有线的访问技术。例如，DSL（也可参见 6.5.3 节），或者第三代和第四代的移动技术（UMTS 和 LTE）。因此，WiMAX 技术也被称为无线的 DSL（W–DSL）技术。单一 WiMAX 基站的网络扩展相当于移动网络中的蜂窝站（无线单元）。因此，WiMAX 基站为那些安装高速网络的有线网络基础设施太过昂贵的农村地区提供了一个真正的替代品。WiMAX 论坛已经承诺，根据 IEEE 802.16 标准实现生产产品的兼容性和互操作性。

IEEE 802.16 无线城域网标准为频率范围在 10~88GHz 之间的系统规定了传输规范。在这个频率范围内，现有视线传播过程中的静态操作现象（固定的 WiMAX）比较有趣，因为超过 70 Mbps 的传输速率可以实现传输大于 50 千米的距离。但是在移动空间中，并不能总是保证视线传播。也就是说，并不能总是保证一个较低的频率范围被用于同样较低的数据传输速率。IEEE 802.16a 标准扩展了 IEEE 802.16 标准，以便可以使用 2~11 GHz 之间被规范的，以及免许可的频率范围。在受限的移动中，20 Mbps 的数据传输速率可以实现 5 千米（内部天线）以及 15 千米（外部天线）的传输距离。此外，IEEE 802.16c 标准扩展了范围在 10~66 GHz 之间的系统配置文件，同时定义了必要的互操作规范。IEEE 802.16e 标准总结了频率范围在 0.7~6 GHz 之间的移动 WiMAX 的扩展性。其中假设，可达 15 Mbps 的数据传输速率的传输距离在 1.5~5 千米之间（参见表 6.7）。在德国，为 WiMAX 操作所保留的频率范围在 3.4~3.6 GHz 之间和 2.5~2.69 GHz 之间。

表 6.7　IEEE 802.16 标准和 WiMAX

	IEEE 802.16	IEEE 802.16a/d	IEEE 802.16e
标准化	2002	2004	2005
频率	10~66 GHz	2~11 GHz	0.7~6 GHz
最大比特率	⩽134 Mbps	⩽75 MHz	⩽15 MHz
最大覆盖范围	⩽ 75 千米	⩽5 千米 (内部天线)	⩽5 千米
		⩽15 千米 (外部天线)	1.5 千米 (典型的)
接收方	固定的	固定的 (外部天线) 受限可移动性 (内部应用)	移动的 (游牧使用)

WiMAX 实现了不同服务的捆绑，例如，电话、视频点播和使用单一标准的互联网。这种能力被作为"三网融合"（Triple Play）投入到了市场，并且允许兼容以前供应商的异构技术。例如，DSL、有线电视盒和单一来源的传统模拟以及数字电话网络。目前，WiMAX 支持如下操作系统的版本（也可以参见图 6.64）。

- **点到多点模式**（Point-to-MultiPoint Mode，PMP）：在 WiMAX 网络中可以作

---

[1]http://www.wimaxforum.org/.

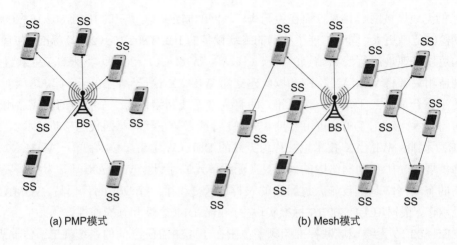

(a) PMP模式　　　　　　　　　　　　　(b) Mesh模式

图 6.64　WiMAX 操作类型：(a) PMP 模式；(b) Mesh 模式

为终端结点操作的固定的或者移动的网络结点，被称为用户站（Subscriber Station，SS）或者移动站（Mobile Station，MS）。在点到多点模式中，所有的 SS 以及 MS 都与一个基站（Basis Station，BS）直接连接。也就是说，所有的设备必须位于 WiMAX 网络的无线半径范围内。这些基站对用户站进行协调，而对应的连接是通过加密进行的。

- **点到点模式**（Point-to-Point Mode，P2P）：为了在两个基站之间进行相互通信，可以沿着一个视线线路（Line of Sight，LOS）通过基于点到点连接将彼此相连。
- **Mesh 模式**：在 Mesh 模式中，并不需要所有的设备必须位于基站的无线半径范围中。个别的 SS 或者 MS 可以将基站的信号作为中继站向位于 BS 范围之外的设备转发。通过这种方式可以产生一个多跳的中继网络。而这种网络可以提供一个面积较大的覆盖区域。

　　WiMAX 架构定义了三个基本单元（参见图 6.65）：移动站或者用户站、访问服务网络（Access Service Network，ASN），以及连接服务网络（Connectivity Service Network，CSN）。通过一个面向连接的、具有基站（BS）的无线接口（R1），移动站（MS）和用户站（SS）被作为终端设备连接到了访问服务网络中。这里，虽然从 MS/SS 角度涉及了一个点到点的连接，但是基站还是服务于点到多点连接。访问服务网络（ASN）是由一个或者多个基站组成的。这些基站由一个或者多个 ASN 网关（接入路由器）进行连接，并且为 WiMAX 网络的网络接入供应商提供了接口。通过另外一个接口（R3），ASN 网关将该访问服务网络与连接服务网络（CSN）进行了连接。由此，为网络服务供应商提供了连接到互联网的接口。在 MS/SS 和访问服务网络之间，接口（R2）是通过被处理的一般性管理任务和与流动性相关的任务进行定义的。当退出 CSN 首页（漫游）的时候，访问 CSN 的接口将被激活。其他的接口将被定义在用于微移动管理的单个 ASN（R4）之间，以及用于宏观移动管理的 CSN 主页和受访 CSN（R5）之间。

　　WiMAX 协议体系架构包含了物理层（PHY）和网络接入层。其中，网络接入层被划

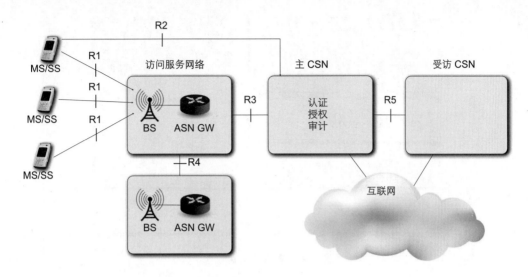

图 6.65　WiMAX 架构

分为 MAC 安全子层（MAC Privacy Sublayer，MAC PS）、MAC 公共子层（MAC Common Part Sublayer，MAC CPS）和服务汇聚子层（Service-Specific Convergence Sublayer，CS），参见图 6.66。在服务汇聚子层中，设置了两个服务来适应 MAC 子层提供的服务：基于 ATM 的汇聚子层（ATM CS）和面向数据包的汇聚子层（Packet CS）。此外，该协议中还包括服务质量和带宽管理的任务。在 MAC 公共子层中，支持在 MAC 帧中自动重传请求（Automatic Repeat Request，ARQ）以及服务质量功能中对数据包重新包装的碎片化功能。MAC 安全子层支持在一个单独的子层中用于身份验证的安全相关功能，包括安全密钥交换（Secure Key Exchange）、遵守数据加密标准（Data Encryption Standard，DES）、密码块链接（Cipher Block Chaining，CBC）或者高级加密标准（Advanced Encryption Standard，AES）的加密。这里，每种情况只加密 MAC 帧中的有效载荷。而报头信息是不用经过加密就直接被传输的。

作为多载波调制方法，WiMAX 在物理层使用了正交频分复用（Orthogonal Frequency Division Multiplexing，OFDM）方法。该方法使用多个正交载波信号进行数据传输（参见 3.2.3 节）。这种方法也被作为正交频分多址（Orthogonal Frequency Division Multiple Access，OFDMA）技术用于移动的 WiMAX，以便位于不同信道上的不同用户可以借助多址接入（Multiple Access）使用相同的信号。为了实现发送方和接收方之间的通信，在两个方向上既可以使用一个时分双工（Time Division Duplex，TDD）方法，也可以使用一个频分双工（Frequency Division Duplex，FDD）方法。前者的请求和响应，甚至是发生在同一个信道上的请求和响应，都会在不同的时隙中产生时间偏移。而后者的请求和响应是在不同的信道上被发送的。TDD 方法允许在一个可用的频率范围内使用一个更灵活的分配，但是参与者必须在时间上准确地进行同步，以便在相邻的蜂窝站中进行的传输不会相互干扰。

对于移动 WiMAX 来说，使用的是 TDD 方法。其中，一个数据包（帧）划分成用于

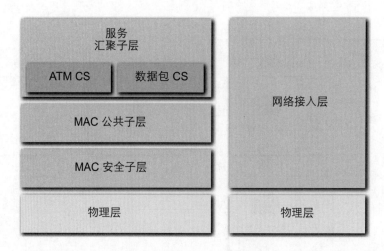

图 6.66 WiMAX 协议栈

下行链路和上行链路的两个子帧：下行链路子帧（Downlink Subframe，DL）和上行链路子帧（Uplink Subframe，UL）。这两个子帧是通过一个短的安全间隔（Transmit/Receive Transition Gap，TTG）分隔开的。而这些间隔是在相同的频率带上被连续发送的（参见图 6.67）。每个下行链路的子帧起始于一个前导码，该码被用于同步和确定信道。为了弥补流动性相关的干扰和信道损伤，WiMAX 允许在传输的过程中出现一个前导码的多次重复。因此，在上行链路子帧中，前导码的短版本（中间码）可以跟随在对应 8、16 或者 32 OFDM 符号之后。而在下行链路的子帧中，每个被捆绑的数据（数据脉冲）都可以被嵌入一个前导码。

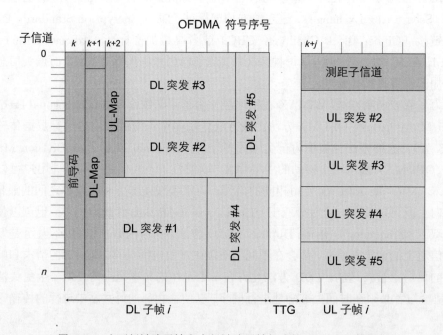

图 6.67 由下行链路子帧和上行链路子帧组成的 WiMAX 数据包

6.5　广域网接口

普通的终端用户通常都不具有专门的进入广域网（WAN）的接口。而一个可以快速进入到广域网的直接接口通常只被保留给企业和科研的或者军事的设施。这些接口都是通过一个专门的租用线路实现的。那些不具有直接进入广域网接口的用户，则需要通过一个特殊的**接入网**（Access Network）与自己的网络进行连接。这种接入网必须设计成与实际网络一样，允许整合不同服务和应用，并且为将来的扩展和新功能的融合保持一直开放的状态。这种可扩展的网络类型也被称为**全业务网**（Full Service Network，FSN）。

原则上，接入网被区分为两种类型。

- **有线接入网**：属于这一类型的有，例如，常规的模拟**电话网络**或者**ISDN**。这个类型的网络带宽很窄，通常只有 128 kbps（2 个信道的 ISDN）。使用更高带宽的传输技术最初是从**DSL**开始的，那时侯大多数的接入还是通过对称铜缆实现的。而现在已经使用了直接通过光纤的接入方法，并且该方法也被认为是未来的主要方法。有线电视网络同样可以作为接入网络来使用，只要它们提供合适的返回信道。其他的供应商则依赖于使用现有的电网。

- **无线接入网**：这种接入包括**移动电话**或者**微波通信**。此外，还可以使用已建立的卫星通信链路。而纯的、使用激光的光学传输只能被用于较短的距离。

在大多数情况下，接入网络对终端用户并不提供对称的接入。也就是说，从网络到终端用户方向上的通信（**下行数据流**，downstream）通常比从终端用户到网络方向上的逆向通信（**上行数据流**，upstream）具有更高的带宽。

6.5.1　电话网络的接入 —— 调制解调器

在近百年中，整个电话网络都是被设计成一个模拟的通信网络。从大约 1980 年起，这种模拟电话网络被扩大到了一个数字的综合业务数字网（Integrated Services Digital Network，ISDN）。这种扩展不仅加入了对音乐服务的处理，而且也集成了各种其他数字服务。一种称为**本地环路**（Local Loop）或者**最后一公里**的线路提供了从最近的远程交换机直接到终端用户的地区性线路。如果这条环路被设计为一个模拟的传输线路，那么数字数据在发送之前必须首先被转换成模拟信号。这些模拟信号在通过本地环路到达最近的一个远程交换中心之前，这些被转发的数据会被重新转换成数字信号（参见图 6.68）。

每个想要通过模拟电话网络进行数据传输的终端用户都需要一个**调制解调器**（Modem）。这个名字来源于两个需要解决的任务：**调制**（Modulation）和**解调**（Demodulation）。在调制的过程中，原始数字信号（基带信号）的频谱从模拟电话网络中被偏移了 300 Hz 到 4000 Hz 的可传输频带。而在解调的过程中这种偏移又被重新恢复了原样。

模拟信号的传输基于的是随时间变化的电压电平上的电传导传输。如果不能衡量损失，那么模拟传输不可能完美进行。因此，模拟信号的传输受到了严格的限制。这些限制是通过三种不同类型的干扰被确定的。

- **信号衰减**：随着信号的传播，输出的信号会明显地变弱（在电缆中大约对应于传输距离的对数）。信号的衰弱是由每千米的分贝来表示的，并且依赖于所使用的

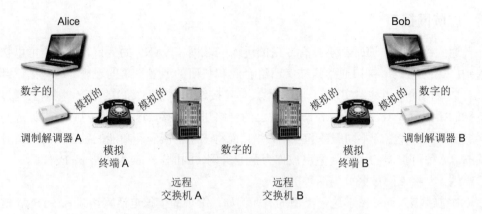

图 6.68　使用调制解调器的模拟和数字数据的传输

信号频率。

- **信号失真**：这里的信号是被作为时间的函数进行考虑的。其中，函数是由傅里叶分析的各个固定频率分量组成的。人们可以发现，单个的信号分量是以不同的速度进行传播的。在原始的数字数据的传输过程中，被发送的比特中快的分量可以"反超"之前发送比特中的那些慢的分量，这样就会出现传输错误。

- **信号噪声**：噪声可以沿着传输介质，也可以通过其他能源来源被产生。所谓的**串扰**表示的是一种干扰的类型。当两个紧密相邻的电缆之间产生感应效果的时候，就会出现串扰现象。

为了避免上述问题的产生，人们试图在一个尽可能狭窄的频率带内保持所发送的频率。然而，数字信号会产生方波。而这些方波的频谱对失真和衰减效应特别敏感。因此，人们在 1000～2000 Hz 之间的范围使用正弦载波。这些载波的**振幅**、**频率**或者**相位**可以被调制，以便传输信息。数字信号的模拟传输可以使用幅移键控（Amplitude Shift Keying，ASK）、频移键控（Frequency Shift Keying，FSK）、相移键控（Phase Shift Keying，PSK）以及利用现有带宽的最佳组合方法。例如，正交幅度调制（Quadrature Amplitude Modulation，QAM）。该方法已在 **3.2.3** 节中给出了详细的说明。

调制解调器的操作又被区分为**全双工**和**半双工**数据传输。在全双工通信中，传输信道在两个方向上被同时使用。其中，最简单的情况是通过一个双线线路实现的。如果在两个方向上的通信具有不同的比特率，那么这种通信被称为**异步**通信，否则被称为**同步**通信。其中，会对一个预先规定的、由调制解调器自己产生的时钟进行发送和接收。在半双工通信中，调制解调器对于发送方只使用现存所提供的传输信道的所有带宽中的一个方向。

ITU–T/CCITT 协议为调制解调器定义了不同的运行模式，允许其传输使用不同的性能和特点。表 6.8 显示了 ITU–T/CCITT 规定的调制解调器标准的选择。

在 V.90 中，最大带宽甚至可达 56 kbps。但这只是在从接入交换机到用户的方向上（下行），是通过被选定的服务器来实现，并且省略了接入交换机和用户之间的数字/模拟转换的启动。如果服务器和接入交换机之间使用了一个数字网络（例如，ISDN），那么 V.90 可以在 56 kbps 带宽下工作。也就是说，在用户和服务器之间的连接链路上只允许发生一次

表 6.8　ITU–T/CCITT Modem 标准

类型	运行模式	最大带宽	调制	传输
V.21	异步的、同步的	可达 300 bps	2-FSK	全双工
V.22	异步的、同步的	300、600、1200 bps	4-FSK	
V.22bis	异步的	2400 bps	16-QAM	全双工
V.23	异步的、同步的	600、1200 bps	FSK	半双工
V.26	异步的	2400 bps	4-DPSK	全双工
V.26bis	异步的	1200、2400 bps	2-PSK, 4-PSK	半双工
V.27	异步的	4800 bps	8-PSK	全双工
V.29	异步的	9600 bps	4-QAM, 16-QAM	全双工
V.32	异步的、同步的	9600 bps	16-QAM	全双工
V.34	异步的、同步的	33600 bps	256-QAM/TCM	全双工
V.90	异步的	56000 bps	PCM, 数字的	下行
		33600 bps	256-QAM/TCM	上行
V.92	异步的	56000 bps	PCM, 数字的	下行
		48000 bps	PCM, 数字的	下行

数字/模拟交换。其中，接入交换机和用户之间产生的模拟传输线路严格地受到定性的准则和长度的限制。服务器和接入交换机之间的通信是在一个带宽为 64 kbps 的数字信道上发生的。其中，每传输一个字节就使用一个比特进行错误检测（因此带宽只有 56 kbps）。在相反的方向上（上行），并没有使用用户交换机和服务器之间的数字通信。V.90 用于上行的、具有最大为 33.6 kbps 的带宽进行编码方法，这在 V.34 中是已知的。在 2002 年通过的 V.92 标准还实现了上行的一个高达 48 kbps 的较高数据传输速率，这是通过利用接入交换机和服务器之间的一个数字通信信道实现的。而想要通过模拟电话网络实现较高的数据传输速率就只能使用附加的数据压缩方法。

　　许多调制解调器提供了压缩和纠错方法。比特流通过调制解调器进行传输是透明的，因此，不必担心更高通信协议层的协议功能的限制。通过调制解调器提供的纠错机制改善了那种必须改变已经存在的协议软件的数据传输。微通信网络协议（Microcom Networking Protocol，MNP）协议族包含了十种不同版本（级别）的错误检测、错误校正和数据压缩方法。**MNP3** 协议为错误校正提供了一个校验和方法。同样的，**MNP4** 协议为错误校正提供了**自动重传请求**（Automatic Repeat Request，ARQ）方法。在 ARQ 方法中，被确认为有错误的比特序列是通过向发送方提出重新请求和传输来进行纠正的。MNP 协议族中最广泛使用的方法：**MNP5** 协议，包含了 MNP3 和 MNP4 的方法，并且为数据压缩提供了一个游程长度方法。**V.42** 协议是由 ITU–T/CCITT 标准规范的。其同样提供了在 MNP3 和 MNP4 中使用的错误纠错方法。而 **V.42bis** 协议为了数据压缩使用了一个 LZW（Lempel-Ziv-Welch）压缩算法，并且包含了 MNP5 的功能。

　　因此，V.90 在使用压缩方法 V.42bis 的连接中的数据传输速率可以达到 56 kbps 和 220 kbps 范围之间。同时在使用 V.44 压缩方法的组合中，在下行的数据传输速率在

56 kbps 和 320 kbps 范围之间。其中，各自可达的数据传输速率取决于发送数据的类型。纯文本文件可以达到一个较高的压缩率，从而具有一个较高的数据传输速率。而已经被压缩的数据，例如，JPEG 图像文件，并不能被进一步压缩。因此，数据传输速率只能达到 56 kbps 的下限。

6.5.2　ISDN 接入

如果 ISDN 网络被使用作为到达互联网的接入网络，那么被传输的数据会直接以数字化的形式进行传递，而并不需要像在模拟电话网络中那样必须进行模拟/数字转换。ISDN 实现了终端用户使用不同服务的可能性，例如，通过单一网络接入口的语音通信或者数据通信。

通常，终端用户可以使用一个所谓的**基本速率接口**（Basic Rate Interface，BRI）。该接口提供了具有每次带宽为 64 kbps 的用户数据信道（B 信道）和具有带宽为 16 kbps 的控制信道（D 信道）。在全双工操作中，最大可以使用 144 kbps 的传输速率进行数据传输。

因此，被继续用于语音通信的现有终端用户接口存在两种数据的传输方法。

- **时间分离方法**：这种方法也称为乒乓球方法或者时间叉方法。该方法采用了时分复用，以便将两个方向上的传输信号分隔开。为此，所需的接口是由 ITU–T/CCITT 作为 U_{P0} 标准化的。其中，长度为 20 比特的数据包被交替地在两个方向上进行传输（参见图 6.69 (a)）。为了避免在此模式下，相反方向上的数据包产生重叠，必须在这些数据包之间选择保持一个相对较大的等待时间。由于这个等待时间，实际的带宽必须比预定的、大小为 144 kbps 的数据传输率大两倍多。事实上使用的带宽大小为 384 kbps。由于信号传输的时间和较高的数据传输率会出现相对较高的阻尼效应，因此，最大的连接距离被限制在 2~3 千米。

- **具有回音消除的相同位置方法**：这里应用的接口是由 ITU–T/CCITT 规定在了 U_{K0} 名下。就像在时间分隔方法情况下那样，用来避免带宽的增加。事实上，一个全双工操作类似于电话网络，可以使用一个混合型来实现。就像在传统的模拟电话网络中那样，这种混合型照顾到了在同时分离的方向中的一个两线和四线之间的转换（参见图 6.69 (b)）。这样就确保了一个方向上的接收方每次只能接收到另一方向上的信号。然而，这种解决方案导致了**回音流**的出现，即接收方不希望接收到的发送方发送来的一部分信号。这部分被作为之前发送的数据包的回音仍然可以位于线路上。因此，在接收方会执行一个**回音消除**，即总是从被接收到的信号中减去一个预先计算得出的回音信号。该回音信号的预测是使用自适应方法进行的，并且确保将连接距离增加到了 4～8 千米。

线路编码和数据格式可以参考 6.4.3 节中给出的补充。

6.5.3　数字用户线路（DSL）

除了已经过时的模拟电话网络或者数字 ISDN 网络，如今的技术已经可以为终端用户提供更为强大的访问功能。在这些技术中就有终端用户连接线路的**数字用户线**（Digital

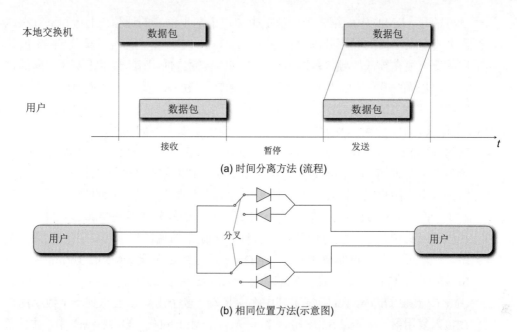

(a) 时间分离方法 (流程)

(b) 相同位置方法(示意图)

图 6.69　用于终端用户的 ISDN 数据传输: (a) 时间分离方法；(b) 全双工操作的相同位置方法

Subscriber Line，DSL），以及通过替代网络的访问，如**有线电视网络**。但是这些技术都有前提条件，即只要这种网络具有一个对应的反向信道，或者**输电系统**（Electricity Transmission System）。此外，还存在无线的版本，如**移动网络**（GSM、UMTS 和 LTE）或者微波。

与 ISDN 技术不同的是，数字用户线（DSL）为最终用户提供了一个相对较高的带宽。虽然两者通常使用的是相同的布线技术（铜缆线对），但与 DSL 有关联的电信公司使用了"宽带通信"这个纯粹的营销术语。该术语虽然表明与旧的技术相比，使用 DSL 技术可以实现一个更高的数据传输速率。但是从技术上看，在最后一公里仍然需要使用原有的布线技术，而新的技术还有待开发。随后出现了被称为**光纤到户**（Fiber To the Home，FTTH）的直接接入用户家庭的光纤电缆。

原则上，DSL 为数字化数据传输提供了两种不同的、都基于频分技术的调制方法。

- **无载波调幅/调相**（**Carrierless Amplitude/Phase Modulation，CAP**）：在这里，可用的频谱被划分成三个部分。
  - 频率在 0~4 kHz 范围内的频谱用于基于语音的通信和常规的普通传统电话系统（Plain Old Telephone System，POTS）。
  - 频率在 25~160 kHz 范围内的频谱用于数据传输的上行，即非对称数字用户线（Asymmetric Digital Subscriber Line，ADSL）。
  - 对于数据传输的下行，提供的频率范围在 240 kHz~1.6 MHz 之间。
  通过对各个频率范围的清晰分离，可以避免不同的频带之间的干扰。
- **离散多载波**（**Discrete Multitone，DMT**）：在这个版本中，可用的频率范围被划分成了 256 个子信道。其中，每个子信道的带宽为 4.3126 kHz。与在 CAP 中一样的是，DMT 中的第一个子信道也被用于基于语音的通信。上行和下行在这里并没有在不同的频率范围内被处理，而是在一定程度上出现了重叠。由于所使用的铜电缆在较低的频率范围内具有更好的传输特性，因此被用于一个双向的传输。而更高的频率范围被保留给了下行的传输。在各种情况下被使用的传输介质中，DMT 比 CAP 更灵活、更优秀。当然，DMT 也需要一个更复杂的执行操作。DSL 变体家族中，还有一种 **xDSL**。这个变体提供了以下不同的版本：

- **非对称 DSL（Asymmetric DSL，ADSL）**：在 DSL 方法的非对称版本中，各个方向上都使用了不同的带宽，无论是从用户到网络接入点（上行），还是从网络接入点到用户（下行）。其中，用于下行的带宽通常要比上行的带宽高出很多。对于一个 ADSL 连接，调制解调器需要一个所谓的分路器（Splitter）和一个双线电线。其中，分路器的任务是负责划分所使用的调制解调方法的对应频率范围。位于用户端的调制解调器称为**ADSL 远程终端单元**（ADSL Terminal Unit Remote，ATU-R）。位于交换机端的称为**ADSL 中央终端单元**（ADSL Terminal Unit Central Office，ATU-C）。其中在交换端，多个用户被汇总到一个**数字用户线接入复用器**（Digital Subscriber Line Access Multiplexer，DSLAM）中，并且通过一个宽带的光纤连接传输到一个集中器（DSL-AC），并从那里进入供应商的骨干网中（参见图 6.70）。

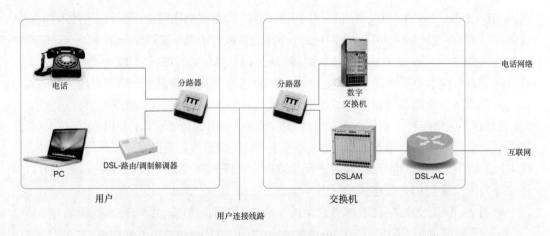

图 6.70　ADSL——非对称的 DSL 方法

　　在 ADSL 中所使用的带宽可以为各个连接距离的传输速度逐步调整到 32 kbps。因此，使用 ADSL2 或者 ADSL2+ 的、从交换机到终端用户的下行的数据传输速率从理论上讲是可以达到 25 Mbps 的。相反的是，在发送方向（上行）只可能达到 3.5 Mbps。

- **通用 ADSL（Universal ADSL，UADSL）**：表示一个被简化的 ADSL 版本。该版本无须复杂的分隔操作，并且只在美国被提供。与使用了 256 个载波频率的 ADSL 不同的是，UADSL 只使用了 128 个载波频率。UADSL 是在 ITU-T/CCITT G.992.2 标准中被规范化的。在理想条件下，允许在范围受限的模拟 ADSL 中的下行带宽可达 1.5 Mbps，上行带宽为 512 kbps。但是进行通电话和数据传输的时候，由于相互的干扰会产生较高的错误率，因此，供应商只能保证一个大小为 64 kbps 的传输率。

- **高比特率 DSL**（**High Bit Rate DSL**，**HDSL**）：HDSL 是 DSL 家族中的最老版本，被专门设计用于数据传输，因此并不需要分路器。在这种方法中，带宽是对称的。也就是说，上行和下行一样可以为用户提供 1.544 Mbps（在两个双线线路中，T–1 线路在美国），甚至 2.048 Mbps（在三个双线线路中，E–1 线路在欧洲）的带宽。在 HDSL 中，线路的长度可延伸到 4 千米。

- **对称 DSL**（**Symmetric DSL**，**SDLS**）：与 HDSL 方法不同的是，SDLS 需要一个传输容量相对较小的双线线路进行数据传输。和在 HDSL 中一样的是，对称 DSL 传输是对称发生的。其中，传输带宽可达 2.36 Mbps，传输范围可达 8 千米。

- **极高比特率 DSL**（**Very High Bit Rate DSL**，**VDSL**）：VDSL 提供了比 ADSL 更高的带宽，但是与 ADSL 一样的是，在到达终端用户的最后一千米中基于的也是铜线电缆。VDSL 实现了高达 52 Mbps 的下行数据传输速率和 11 Mbps 的上行传输速率。其中，可用的带宽随着距离的增加会出现明显的降低。从 900 m 开始，数据传输速率就已经下降到了原速率的一半水平，从 2 千米开始就降到了 ADSL 的水平。VDSL2 基于的是 DMT 调制方法，目的是为了实现数据传输速率超过 100 Mbps。理论上，传输速率的最大的值位于源头，可达 250 Mbps，然后随着距离的不断增加而不断减少。500 m 之后，最多还可以提供 100 Mbps，而从 1.6 千米之后，就降到了 ADSL2+ 的水平了。

所有的 DSL 方法基于的都是全双工的传输。为此，还使用了传统的调制解调器中所使用的调制和回音消除方法。使用频分复用方法实现了上行和下行信号的传输。其中，无论两种信号占据的是不同的频带，还是它们共享一个公共的频带，都必须进行回音消除操作。传统电话服务的语音通信是在一个被分隔的频带中进行传输的，而该频带是通过一个分路器与其他频谱分隔开的。

6.5.4　到广域网的无线接入 GSM、UMTS 和 LTE

无线接入的一个优点在于，可以使用较低的成本在基础设施上建立一个大型的网络。因此，无线网络无论是铺设工作还是成本上都要低于有线网络。同时，在一个有线网络中的终端用户总是受到其固定网络接入点的地理位置的约束。而使用无线网络就可以自由移动，享受无线网络的自由。在无线网络接入的内部被区分了微波链路和移动应用。在前者中，终端用户必须始终保持静止。而在后者中，终端用户与实际的位置无关，可以（在一定程度上）自由移动。

全球移动通信系统 GSM

目前，全世界最流行的移动网络是数字化**全球移动通信系统**（Global System for Mobile Communication，GSM）的移动网络。该系统是第二代移动通信系统，在 2008 年的时候用户已经超过 30 多亿，到达了其使用的巅峰。GSM 网络是由单一的、重叠的**蜂窝基站**构成的（参见图 6.71）。各个网络的大小是由参与用户数量的密度决定的。这种蜂窝基站的结构在模拟接入系统中就已经得到了使用（德国的 C 网络）。并且被设计成：当一个用户从一个基站覆盖区域转换到与其相邻的另一个基站覆盖区域的时候，连接并不会中断，而是也被转发了过去（切换）。为了确保参与者访问的一致性，一个在本地基站被激活的移动电话需要向相邻基站发送一个转换信息。这条信息被转发到中央数据库（**漫游**）。因此，一个网络用户的当前停留位置在被激活的移动电话中通常是已知的，这样就可以保证连接的持续性。GSM 网络的每个参与者从网络运营商那里得到一个所谓的"SIM 卡"，即用

GSM 移动无线网络的组织结构——蜂窝基站

无线数据通信是基于电磁波实现在自由空间中进行传播的。而天线在相对较低的频率中差不多可以**各向同性**（isotropy）地进行发送。人们利用了这种原理的优势，实现了同时向所有的方向上发送数据。位于发送方的一个特定半径内的所有接收方都可以接收到从该发送方发出的信号。如果是一个双向的通信，那么发送方和接收方必须共享可用频率，并且根据时间复用方法交替地进行发送。然而，通过这种方式只能实现一个半双工的连接。对于全双工通信，还必须存在一个可用的第二个频率。

一个发送方必须和很多其他用户分享同一个频率范围，因为用于无线传输的可用频率范围通常是受到限制的。因此，为了确保一方面的频率覆盖和另一方面的频率复用，就需要安装所谓的**蜂窝基站**。每个蜂窝基站都提供一个基站。这种基站对一个特定的区域只使用很小的发送功率，通常是在一个半径为 10～20 千米的均匀覆盖。为了防止干扰，这里必须注意，相邻的蜂窝站点始终要使用不同的频率进行工作。

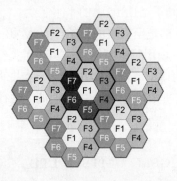

虽然蜂窝基站在现实中是圆形的，但是为了更容易地确定其所覆盖的面积，人们使用了六边形的模型。通过仔细地策划发现，蜂窝站点的面积只需要 7 个不同的频率就可以完全覆盖住。

在任何时候，一个移动的网络用户总是按照逻辑被分配给一个蜂窝站点。如果一个用户刚好离开一个蜂窝站点，那么对该蜂窝站点负责的基站就会确定，该用户的信号减弱，并且询问相邻的蜂窝站点，接收到的该用户的信号强度是多少。随后，该基站为参与到该蜂窝站点的用户提供了最后的"服务"，即转换该网络用户到其信号接收的最强站点。该网络用户会接收到变更通知，然后其网络频率会自动转换到可以为其服务的新的蜂窝站点。

延伸阅读：

Schiller, J.: Mobilkommunikation, Addison-Wesley (2003)

图 6.71　位于单个蜂窝站点中的无线网络的组织结构

户标志模块（Subscriber Identify Module，SIM）。该卡可以唯一识别该用户，并且可以在各种不同的终端设备中使用。

　　在德国，GSM 应用存在两个不同的版本：GSM900 和 GSM1800。GSM900 是在频率范围为 880 MHz 到 960 MHz 之间工作的。其中，包括称为 **D 网络**的德国移动网络。GSM1800 的频率范围是在 1710 MHz 到 1880 MHz 之间。其中，既包括德国的 **E 网络**，也包括德国的 **D 网络**。为了在 GSM900 中进行数据传输，各个固定站（下行链路）使用的频率范围在 935 MHz 和 960 MHz 之间。而频率范围在 890 MHz 和 915 MHz 之间的站则用于移动站点的传输范围（上行链路）。用于上行链路和下行链路的频率范围被划分成了 124 个信道（频带），各个信道的带宽为 200 kHz。不同的用户可以通过一个时分复用方法（Time Division Multiple Access，TDMA）同时使用这些信道，参见图 6.72。

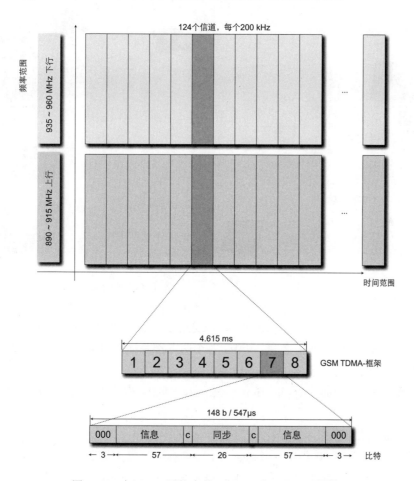

图 6.72　在 GSM 网络中的 FDMA 和 TDMA 组件

　　这种时分复用方法使用了 8 个时隙，每个持续 0.577 ms。每个 TDMA 时隙承载 148 比特的数据。为了同步，这些数据每个都使用 3 个零比特启动开始和结束。随后，在长度为 57 比特的数据帧的前面和后面跟随的是包含了控制比特的用户信息。这些控制信息显示，随后的数据字段是否包含语音信息或者数据。在这之间则是一个长度为 26 比特的同步字段。

　　由于无线传输会带来较高的错误率，因此需要自动错误检测和纠错机制。一个单独
GSM 数据信道的净数据速率是 13 kbps，但是由于复杂的错误检测和纠错机制，可用的速
率会被降低到 9.6 kbps。这里，使用了**高斯最小频移键控**（Gaussian Minimum Frequency
Shift Keying，GMSK）作为调制方法。

　　GSM 应用除了提供语音服务，还提供数据传输服务。原则上，这些基本服务被区分
为承载业务（Bearer Service）和辅助服务。前者又被划分为数据传输和电话服务，其中
包括了远程语音服务和传真服务。后者除此以外还包括了短信服务（Short Message Ser-
vice，SMS）。图 6.73 给出了 GSM 在公共网络结构中的嵌入。

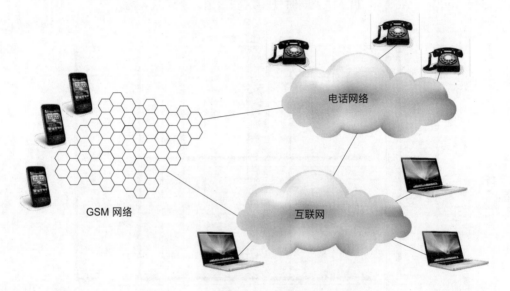

图 6.73　在公共网络结构中嵌入的 GSM 网络

　　GSM 承载业务提供了同步、异步、面向线路或者面向帧的服务。这些服务的带宽范
围分布在 300 bps 到 9600 bps 之间。其中，各个服务都是通过对应的号码展示的。在 GSM
应用中称为**移动站执行环境**（Mobile Station Execution Environment，MExE）的服务平台
为**无线应用协议**（Wireless Application Protocol，WAP）构建了基础，以便实现移动接入
互联网。

　　一个 GSM 网络是由三个子系统组成的（参见图 6.74）。

* **无线电子系统**（**Radio Subsystem，RSS**）：这里是指所有无线专用组件，例如，
  移动站（MS）和基站子系统（Base Station Subsystem，BSS），也称为位置区域。
  其中，基站子系统描述了为建立到达一个移动站的一条永久链接所必需的所有功
  能，包括了语音信息的编码和解码。这些信息用于远程电话服务和在不同网络组
  件的数据传输速率之间的任意必要的调整。对于基站子系统，还包括了一个发送
  和接收站点：基站收发信机（Base Transceiver Station，BTS）。该站点包括了所
  有无线技术的设备，例如，天线、用于传输和加强的信号处理部件。每个 GSM 蜂

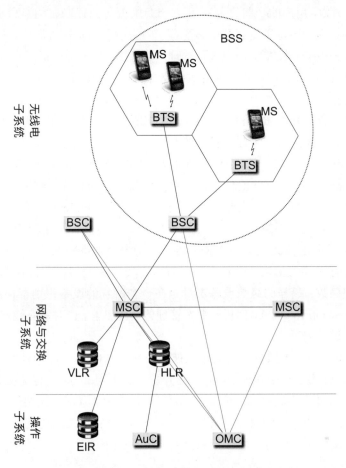

图 6.74　GSM 系统架构的设计和功能

窝站点都是通过一个基站收发信机（BTS）提供的。该站点通过一个 A 接口与整个基站子系统（BSS）相关的基站控制器（Base Station Controller, BSC）相连接，多达 30 个同步连接可以以 64 kbps 的传输速度进行传输。每个 GSM 蜂窝站点可以覆盖大约从 100 m 到 35 千米的区域，具体的范围取决于发展程度和需要处理的无线通信。

- **网络和交换子系统**（Network and Switching Subsystem, NSS）：移动交换系统描述了 GSM 网络的核心，并且将无线网络和公开的、有线的网络连接在了一起。此外，还为基站子系统（BSS）提供了相互间的连接。同时描述了不同国家的不同网络运营商之间为全球定位、漫游和用户结算所提供的功能。这里，中央枢纽是移动服务交换中心（Mobile Service Switching Center, MSC）。这些交换机构成了 GSM 网络的主干，借此可以将所有基站控制器（BSC）相互连接在一起。而特殊的网关 MSC 可以将其他公共网络与 GSM 网络连接到一起。每个服务交换机都连接了一个归属位置寄存器（Home Location Register, HLR），用来保存本地的用户数据。例如，电话号码、共享服务和一个具有动态数据的国际移动用户识别（例如，用户的当前位置）。用户一旦离开了自己归属的蜂窝站点，那么对应的条目将在归属位置寄存器中被更新。陌生的用户是在漫游位置寄存器（Visitor Location Register，VLR）中进行管理的。每次，当一个终端用户进入一个新的蜂窝站点时，所有与用户相关的数据会从相关的归属位置寄存器复制到当前的漫游位置寄存器。

- **操作子系统**（**Operation Subsystem，OSS**）：该操作和维护系统为一个 GSM 网络的可靠操作提供了所有必需的服务。整个区域是通过操作和维护中心（Operation and Maintenance Center，OMC）进行控制的，该中心控制所有其他网络组件。操作和维护中心（OMC）的任务包括数据流量监控和统计数据采集、安全管理、用户管理、计费和收费。此外，一个认证中心（Authentication Center，AuC）承担着保护基于无线网络账户的特定安全状况，同时保证了用户识别和数据传输的安全性。因此，认证中心（AuC）通常位于一个被特别保护的区域。认证中心备份了所有必要的密钥，同时产生所有对于用户在归属位置寄存器中进行认证所需要的参数。参与的终端设备本身是在一个特殊的设备识别寄存器（Equipment Identification Register，EIR）中被管理的。在那里，也对所有被作为报失或者被锁定的设备进行注册。

在 GSM 应用中，由于数据传输的带宽被限制在了 9600 bps（一些网络供应商提供了 14.4 kbps 的带宽）。为了克服这种限制，对应开发出了不同的方法。但是随着时间的推移，这种数据传输服务并不再满足当前的互联网应用。而在开发 GSM 网络的时候，还没有人预见该技术在随后会出现庞大的普及和与此相关的网络服务的快速增长，例如，语音服务。为了在不直接使用调制方法和改变数据结构的前提下增强 GSM 的性能，只存在两种可能性：

- **信道绑定**：由于 GSM 应用提供了一个面向连接的服务，并且每个连接提供大小为 9.6 kbps 的带宽。因此，更多的信道可以很容易地被捆绑成一个连接。
- **面向帧的数据传输**：通过逐步远离面向连接的服务模式，而达到接近无连接的、面向帧的服务。在原则上实现了更高的数据传输速率。

下面的数据传输方法是为 GSM 应用开发的，以提高其数据传输的效率。

- **高速电路交换数据业务**（**High Speed Circuit Switched Data，HSCSD**）：这里，通过对多个 GSM 信道的捆绑，可以将带宽提高到 57.6 kbps。从理论上讲，通过合并 TDMA 框架下的所有 8 个时隙可以达到 115.2 kbps 带宽。但是这种情况需要一个前提，即终端设备（MS）必须可以同时进行发送和接收。虽然高速电路交换数据业务（HSCSD）相对 GSM 来说具有高得多的数据传输速率，但是从互联网中常见的典型通信情况来说效率还是比较低。通过保持面向连接的信道，就可以永久占用整个可用的带宽。在互联网中的数据传输通常是分批进行的，也就是说，较强的通信活性时间被中断为较小活性的较长时间。由于被预定的信道是不能被其他用户使用的，因此一个信道的预约通常直接与成本挂钩。由此可见，HSCSD 对于在互联网中的数据传输是不合适的。

- **通用分组无线业务**（General Packet Radio Service，GPRS）：这里，分组的数据传输和信道捆绑的组合可以将带宽提高到 170 kbps。被设计为一个分组交换的网络运行可以更有效地利用信道，即只有在实际发生传输的时候，各个信道才被占用。这种无连接网络的访问对于终端用户的优势在于，只用承担实际数据传输容量的费用。同时在原则上，具有一个永久的"网络连接"（always-on），而不需要在数据传输之前首先建立一个专用的连接。对于一个 GPRS 信道，可以占用 TDMA 框架下的从一到八个时隙。与 HSCSD 不同之处在于，GPRS 所占用的时隙并不是按照预定的模式进行的，而是按照需求进行的。

- **增强型数据速率 GSM 演进技术**（Enhanced Data Rates for GSM Evolution，EDGE）：在保留充分的移动带宽的同时，进一步被开发的 GPRS 和 HSCSD 支持从当前直到 220 kbps 的带宽。使用增强型数据速率 GSM 演进技术（EDGE），GSM 数据服务 GPRS 和 HSCSD 被扩展到增强型 GRRS（Enhanced GPRS，E-GPRS）和 ECSD。在 EDGE 中，数据传输速率的提高是通过切换到一个更高效的调制方法上实现的。替代在 GSM 中通常使用的 GSMK 方法，EDGE 可以使用一个 8-PSK 方法（Phase Shift Keying，相移键控）。其结果是，数据传输速率在每个 TDMA 时隙中可以达到 59.2 kbps。理论上讲，这里所有 8 个时隙的捆绑可以实现的带宽上限为 473 kbps。为了同时实现与 GSM/GPRS 的兼容性，切换到 8-PSK 的调制方法只在被具有 EDGE 性能的终端设备所占据的频率信道上进行。这样一来，就会在同一个蜂窝站点中实现无干扰的、同时使用 GSM/GPRS 和 EDGE 技术。

  EDGE 支持不同的服务质量，同时将需要传输的数据划分成不同的服务等级。在这些等级的末端构建了**会话数据**（Conversational Data）服务等级，允许数据的同步传输。但是由于在出错的情况下，这种同步性不允许重新传输。因此，只能保证无错误的数据传输。当然，较小的错误和干扰在语音和视频数据传输过程中是可以被容忍的。在等级末端的上端存在一个被称为**背景数据**（Background Data）的服务等级，用来确保可靠的数据传输。如果检测到一个数据传输的错误，那么通过一个**自动重传请求**（Automatic Repeat Request，ARQ）的纠错方法可以要求发送方重新发送一个出现错误的数据包。这种服务等级适用于文件或者电子邮件的传输。

通用移动通信系统 UMTS

通用移动通信系统（Universal Mobile Telecommunications System，UMTS）是第三代移动无线标准。相比较于前面所述的基于 GSM 的第二代标准（GPRS，HSCSD，EDGE），这个第三代标准可以实现高出很多的数据传输速率。早在 1992 年，世界无线电通信大会（World Radiocommunication Conference，WRC）就做出了决定，为即将到来的第三代移动无线标准 3G（参见图 6.75）在 2 GHz 范围内预留一个 230 MHz 的宽频带，以便在规范名称国际移动电信 2000（International Mobile Telecommunications 2000，IMT-2000）下建立整个家族的高速无线技术。这样不仅可以用于移动的远程语音服务，还可以用于数据通信和多媒体服务。1998 年，欧洲、美国、韩国和日本的财团为了第三代合作项目计划（3GPP）缔结了区域性电信组织，其目标是在全世界统一 3G 的发展。世界上第一个 3G 的移动通信系统是 2001 年由日本移动电话通信商 NTT DoCoMo 推出的自由移动的多媒体接入（Freedom of Mobile Multimedia Access，FOMA）系统。在欧洲，该系统从 2002 年开始了实验性操作，从 2005 年开始了全面的引入。随后，这种新的移动通信标准赢得了巨大的拥护。在 2000 年的七八月中，在拍卖这种标准在 UMTS 频带中为期 20 年的使用权的许可权时，德国花费了大约 500 亿欧元。

第三代移动通信系统可以做什么

　　根据 IMT-2000 的规定，第三代移动通信系统应该面向大众市场提供通用的语言和宽带多媒体通信。3G 移动网络的规格包括了以下这些特殊的特征：

- 宽带通信。也就是说，数据传输速率的峰值可以达到 2 Mbps，甚至更多。
- 在基于 GSM 上使用与 ISDN 已知的附加服务的电路交换语音服务。
- 来自 GPRS 已知的分组交换的数据传输服务的扩展（3G GPRS）。
- 访问互联网的永久入口（始终连接和随时随地）。
- 为不同的服务提供不同的服务质量等级（QoS）。
- 使用独立接口的、基于 IP 的多媒体平台。根据 H.323（ITU-T）标准和会话起始协议（Session Initiation Protocol，SIP）被用于用户数据信令（IETF）。
- 固定和移动通信网络的收敛、公共和专用网络以及一个语音和数据通信的融合。

延伸阅读：

Szabo, L.: UMTS: Ein Standard für die globale Mobilkommunikation der Zukunft, Taschenbuch der Telekom Praxis 2001, Schiele & Schin (2000)

图 6.75　第三代移动通信系统的作用

　　在 3G 的发展过程中经历了不同的 UMTS 技术。这些技术都是由标准化组织 3GPP 规定的版本（Release 系列）。虽然第一个版本是通过年号进行标识的，但是随后的版本都是使用 Release 4 开始连续编号的。其中，每个新版本都包含新的功能，并且对其前面的版本进行了改善。

- **Release 99**：包含了 UMTS 第一个阶段的规范。作为对 GSM 的一个明确地改进，这里规范了一个新的接入网络：UMTS 陆地无线接入网（UMTS Terrestrial Radio Network, UTRAN）。其中，在 GSM 中已经存在的时间和频率复用方法被一个码复用方法（宽带 CDMA）所取代。在 Release 99 中可以实现的数据传输速率在下行链路（Downlink）最大可达 384 kbps，在上行链路（Uplink）中可达 64 kbps。其中，在 UTRAN 接口上连接的核心网络涉及了已经存在的 GSM/GPRS 核心网，这样就可以在附加的接口进行定义，从而实现一个共同的操作。
- **Release 4**：在 Release 4 中最重要的创新是与承载无关的核心网（Bearer Independent Core Network，BICN）。在该网络中，之前线路交换的语音和数据服务不再通过时隙进行转发，而是通过 ATM 或者 IP 数据包进行转发。这一步是通过网络运营商的服务实现的，即电路交换和分组交换的核心网络被汇集到了一起。因为线路交换的语音连接部分与分组交换的数据连接部分相比是低成本的，所以这样的组合可以实现成本优势。

- **Release 5**：在 Release 4 中只是将核心网络转换到了一个面向分组的交换，而在 Release 5 中会向全 IP（All–IP）网络更近一步。因此，终端用户到终端用户的语音连接也可以在 UTRAN 范围内通过互联网协议（Internet Protocol，IP）进行传输。以前，在进行蜂窝站点的转换时会出现数据连接的短暂中断。但是在 Release 5 中，用于空中接口上的切换网络管理不再由终端设备进行，而是由网络本身来接管，这样就可以实现不间断的切换。此外，在这个版本中还引入新的数据传输方法：高速下行分组接入（High Speed Downlink Packet Access，HSDPA）。借助新的调制方法和代码捆绑，在下行链路的数据传输速率最高可以实现 14 Mbps。

- **Release 6**：除了在 Release 5 中提供的 HSDPA 方法，在 Release 6 中引入了用于上行链路的**高速上行分组接入**（High Speed Upload Packet Access，HSPUA）数据传输方法，实现了上行的数据传输速率为 5.76 Mbps。

- **Releases 7、8 和 9**：在这些后续的版本中，通过引入新的调制方法实现了不断改进被制定的数据传输速率的目标。因此，在 Release 7 中使用 64–QAM 调制方法的**演进式 HSPA**（Evolved High Speed Packet Access，HSPA+）和对多个天线捆绑的多输入多输出（Multiple–Input Multiple–Output，MIMO）技术。理论上，这些技术实现了数据传输速率在下行链路中可达 56 Mbps，在上行链路中可达 22 Mbps。

  在 Release 9 中，**双单元 HSPA**（Dual–Cell HSPA，DC–HSPA）在理论上应该可以通过翻倍使用这些性能的频率范围将数据传输速率再次提升到大约 84.4 Mbps。

在保持现有的要素和基础设施的同时，UMTS 被平行地引入到现有的 GSM 移动通信网络中。在使用 GSM 的范围内，为 UMTS 预定的频率范围增加到了 2 GHz。图 6.76 给出了在欧洲使用这一区域的频带概述。GSM–1800 在上行链路区域使用的频率范围为 1710~1785 MHz 之间，在下行链路使用了挨着的 1805~1880 MHz 之间的频率（也称为 DCS–1800 的数字蜂窝系统）。

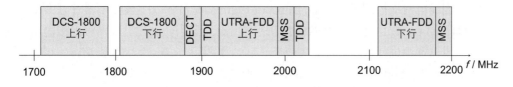

图 6.76　欧洲 UMTS 电话通信的频率分布

在 1880~1900 MHz 之间存在着使用增强型数字无绳电信系统（Digital Enhanced Cordless Telecommunications System，DECT）范围的无线固定电话网络。1900~1980 MHz 之间的频率范围被预留给了 UMTS 的上行链路（UTRA–TDD 和 UTRA–FDD）。而 2010~

2025 MHz 和 2110~2170 MHz 的频率范围则被预留给了 UMTS 下行链路。这之间的频率范围 1980~2010 MHz 和随后的 2170~2200 MHz 预留给了未来的卫星通信部门：移动卫星业务（Mobile Satellite Service，MSS）。

简单地说，UMTS 的参考架构可以划分成三个区域（参见图 6.77）。

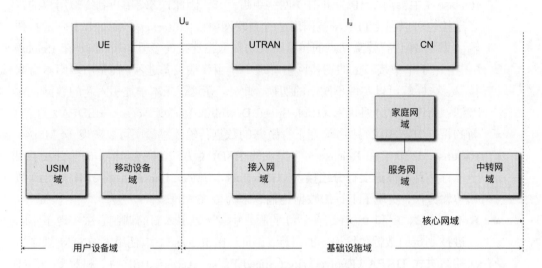

图 6.77　UMTS 参考架构的主要成分

- **用户设备**（User Equipment，UE）：用户设备属于用户设备域中被完全分配给单个终端用户的那一部分，其提供的所有功能是访问 UMTS 服务所必需的。这就引出了 UMTS 用户标志模块（UMTS Subscriber Identity Module，USIM）。USIM域包含用于 UMTS 服务的 SIM 模块，同时实现终端用户的加密和认证功能，并且包含用于无线电传输的所有功能的移动设备域（终端设备域）和面向终端用户的所有接入口。

- **通用陆地无线接入网络**（Universal Terrestrial Radio Access Network，UTRAN）：该网络提供了管理移动性的功能，同时包含了多个无线网络子系统（Radio Network Subsystem，RNS）。RNS 的职责包含无线信道的加密、在切换蜂窝站点时对连接传输的控制（Handover）以及对无线资源的管理。在一个 RNS 中存在一个无线电网络控制器（Radio Network Controller，RNC）。该控制器管理多个基站（B Node），并且对应一个 GSM 基站控制器。通过该 RNC，可以对连接的基站的无线电资源进行管理。为了在两个蜂窝站点之间实现一个尽可能没有差错和自由的软切换（Soft Handover），RNC 需要与其邻居进行通信，并且将从多个基站接收到的无线电信号进行合并。反过来，多个基站也可以发送相同的无线电信号来增强接收的质量，同时避免连接的中断，即宏分集（Macro Diversity）。UTRAN 通过空中接口 U_u 与移动终端设备（用户设备）相连接。通过 I_u 接口，UTRAN可以与核心网络（Core Network）进行通信。而所有陆地接口基于的都是 ATM 技术。UTRAN 定义了接入网络域（Access Network Domain），该域用来计数基础设施域。

- **核心网络**（Core Network，CN）：核心网络提供了用于切换到其他固定网络或者移动通信系统的系统或者接口的所有机制。此外，当用户设备和 UTRAN 之间不存在一个明确连接的时候，核心网络还提供管理当前位置的功能。核心网络域（Core Network Domain）是基础设施的第二个部分。所属的功能都来自具有终端用户访问 UMTS 服务所需的所有功能的服务网络域（Service Network Domain），管理终端用户归属地的所有功能和信息的家庭网络域（Home Network Domain），以及管理从服务网络到家庭网络当前所需连接的中转网络域（Transit Network Domain）。

对于所谓的空中接口（U_u），存在两种不同的方法用于定向分离，以便实现全双工操作，即在发送方和接收方之间同时进行发送和接收。**频分双工**（Frequency Division Duplex，FDD）为上行链路和下行链路提供了两个不同的频率范围。也就是说，在移动终端和基本站点之间的数据流使用两个不同的频带进行发送和接收。这种技术在 GSM 中就已经被使用了。此外，UMTS 还提供了**一种时分双工**（Time Division Duplex，TDD）的可能性。其中，虽然发送信道和接收信道使用了相同的频率，但是工作的时间是分开进行的。通过一个预定时间装置，信息会以较短的序列被传输，同时在时间上会产生延迟。但是在这种情况下，发送模式和接收模式之间的转换非常迅速，以至用户根本无法察觉到。这种技术也用于无线固定电话网络，即增强型数字无绳电信系统（Digital Enhanced Cordless Telecommunication System，DECT）。与 GSM 或者 DECT 不同的是，码分多址方法，又称为码分多路访问（Code Division Multiple Access，CDMA）的方法（也可以参见 3.2.4 节）用于 UTMS 频率范围的同时多种用途（复用）。其中，为了能够区分频带上的各个单个用户，这些用户的数据流被使用特殊的、尽可能为正交的扩展码进行编码。为此，在接收方可以通过与源用户数据相应的扩展码序列进行重新关联，进而再次将其分离。

UMTS 网络运营商目前是在 UMTS–FDD 模式中构建自己的网络的，这样可以实现一个较大地理范围的覆盖。在下行链路中，使用这种方法的数据传输速率最大可达 384 kbps。在 UMTS–TDD 模式中，一个频带被划分成 15 个时隙，其总的传输时间为 10 ms。每个时隙通过 CDMA 划分成几个无线信道。使用 W–CDMA 的扩展码方法，即宽带 CDMA，可以让在下行链路的数据传输速率达到 1920 kbps。

和其他无线网络一样，UTMS 网络也被构建为地理分层的结构。每个蜂窝站点是由自己基站的无线信号进行装备的，同时维护着数量有限的通信信道。站点的规模越小，网络运营商的基础设施成本就越高。但是，这种基础设施还可以实现更大的网络容量。GSM 网络在市区中应用的蜂窝站点要比在农村地区的小。每个站点包括了分配在 GSM 中的多个频带。其中，通过在 GSM 中使用的 FDMA 复用方法必须区分相邻的蜂窝站点的频率信道，以避免相互干扰。由于在较高频率上的信号衰减更明显，因此，用于 GSM–900（900 MHz）系统的蜂窝站点要比用于 GSM–1800（1800 MHz）系统的蜂窝站点小。UMTS 使用的频率在 2 GHz，同时由于较高的信号衰弱同样需要安装较小的蜂窝站点。然而，所有在同一个频率范围内的相邻蜂窝站点都可以被 UMTS 使用。因为，用户分离是通过代码多路复用方法（W–CDMA）实现的。为了实现一个全国性的 UMTS 通信，不同规模的蜂窝站点通过等级性能被分级重叠地建立起来（参见图 6.78）。

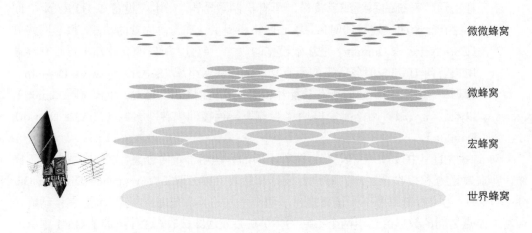

图 6.78 UMTS 网络中的蜂窝站点结构

不同类型的蜂窝站点如下：

- **世界蜂窝**：这种在将来可以实现的蜂窝站点类型是通过卫星链接的 UMTS 提供了全球的覆盖范围，特别是人烟稀少的地区，例如，沙漠或者海洋。世界站点将通过一个独立的无线网络来实现。
- **宏蜂窝**：宏蜂窝同样构建了一个独立的无线网络，并且具有高达 2 千米的空间延展性，同时使用被减少了的数据传输容量为一个更大的面积提供了全国性的 UMTS 覆盖。在宏蜂窝中的数据传输速率被限制在 144 kbps。其中，蜂窝站点中的移动用户被允许移动的最大速度可达 500 km/h。
- **微蜂窝**：与宏蜂窝不同的是，微蜂窝的最大传输半径只有大约 1 千米，因此可以确保最大的数据传输速率高达 384 kbps。然而，微蜂窝的构建是与较高的基础设施成本挂钩的。因此，主要被用于人口稠密的城市地区。其中，终端用户的最大移动速度可达 120 km/h。
- **微微蜂窝**：微微蜂窝构建了最小的蜂窝站点单位，其最大直径只有 60 m。在这个狭窄的地理区域内实现的数据传输速率为 2 Mbps 或者更高。微微蜂窝被应用在所谓的"热点"（Hotspot）。那里存在一个较高传输速率的需要，同时网络运营商也会得到一个相应回报。微微蜂窝通常被用于室内区域，例如，机场、火车站、会议中心、商业园区或者交易所。与宏蜂窝和微蜂窝相比，微微蜂窝具有最慢的移动速度。终端用户在这种单元内被允许以步行的速度一直保持连接地移动，也就是说，最大的速度被限制在 10 km/h。

长期演进技术 LTE

长期演化技术（Long Term Evolution，LTE）是指在 UMTS 上建立的下一代移动通信方式，也被称为**4G**或者**下一代移动网络**（Next Generation Mobile Network，NGMN）。这

种技术的特定性能包括超过 100 Mbps 的较高数据传输速率（理论上，下行的最大数据传输率为 326.4 Mbps，上行为 86.4 Mbps），而与之相关的延迟时间却非常低，通常少于 10 μs。这一技术对于同步多媒体数据流和网络电话具有特别大的吸引力。所使用的终端设备与移动网络或者与一个互联网保持着永久的连接，不会发生与基础设施相关的流动性所导致的连接断开（"always on"）。

4G 技术与 IEEE 802.16 WiMAX 一样也是基于正交频分复用（Orthogonal Frequency Division Multiplexing，OFDM）调制方法。然而，与 WiMAX 相反的是，4G 技术所使用的各个频带是按照需求进行自适应调解的（频率范围从 1.25 MHz 到 20 MHz），这样可以实现对基础设施更有效的利用。4G 技术的标准从 2005 年起由第三代合作伙伴计划（3GPP）进行操作，其商业用途始于 2010 年。一个 LTE 技术的后继已经在规划中，将会被命名为长期演进技术升级版（LTE–advanced），同时支持在 1000 Mbps 范围内的数据传输速率。

移动网络的广泛地理结构同样也是使用小功率的蜂窝站点分层进行执行的。这些站点的直径从 5 千米到 100 千米之间，随着距离的增大，性能也会随之降低。LTE 的操作与现有的 3GPP 标准 GSM、GPRS、EDGE、UMTS、HSPA 和 eHSPA 是共存的。

LTE 的工作频率范围在 800 MHz 和 2.6 GHz 之间。2.6 GHz 的范围既可以保留用于频分复用（FDD）的操作，也可以用于时分复用（TDD）操作。在 FDD 模式中，为每个成对的频率空间（操作卷 7）都预留了 70 MHz 的频谱，而这些必须由多个运营商共享。其中，上行链路的频率范围是从 2500 MHz 到 2570 MHz 之间，而为下行链路提供的频率范围在 2620 MHz 和 2690 MHz 之间。由于带宽有限（UTMS 为这种操作模式提供的带宽同样只有大约 60 MHz），一个网络操作员在这种操作模式下是不可能操作 20 MHz 的整个带宽。在 TDD 模式中，为 2.6 GHz 范围内预留了一个 50 MHz 的总频谱（操作卷 38），其范围在 2570 MHz 到 2620 MHz 之间。

为了达到尽可能高的数据传输速率，LTE 在下行链路支持调制 4PSK，在使用 MIMO 时支持 16QAM–64QAM（目前各自具有 2 个发送天线和接收天线，在稍后的阶段达到了 4 个）。此外，在 LTE 发展中被着重强调的是只使用很少的组件定义一个尽可能简单的（平面的）网络架构，以便尽可能减少网络基础设施的复杂性和节约成本，同时尽量最小化在调解程序中的延迟（延迟时间）。这样既适用于无线网络（Evolved UTRAN，E–UTRAN），也适用于实际的核心网络（Evolved Packet Core，EPC），是完全为分组交换网络设计的。因此，放弃了用于语音和实时服务的电话交换元件，现在取而代之的是完全通过互联网协议的互联网电话（Voice over IP，VoiP）进行结算。

6.5.5　替换接入方法

很多年以来，**广播有线电视网络**就被用于广播和电视信号的传输。因此，这种网络可以被设置在现有的和几乎无处不在的基础设施上。当然，在这些有线网络中涉及了最初的广播系统。而在这些系统中被使用的放大元素则被设计成将信号从提供者到最终用户方向上的转发。为了实现交互式应用或者一个双向的数据交换，电缆网络必须提供一个所谓的**反向信道**。在某些情况下，这种反向信道可以通过现有的电话网络实现。但是，相对基于电话的网络接入，终端用户得不到什么好处。并且，替换已经运行多年旧网络为现代化网络无疑是复杂和昂贵的。有线网络中的一个反向信道既可以作为单独的数据线路被实现，也可以使用一个频率分裂的特定方法。其中，一个特定的频率范围被用于两个方向中的一个。

通常，一个铜缆的同轴电缆（宽带）被作为布线的基础。然而，随着新设备的开发，这种类型的电缆在如今已经被光纤所取代了。模拟铜缆的同轴电缆的传输频率范围被划分成许多信道，每个信道都使用自己的频率范围。因此，许多不同的电视和广播信道还可以额外地对一个或者多个数据信道进行操作。

然而，由于这种模式只能转发模拟信号。因此，数字化的数据信号在转发前必须首先通过一个调制解调器进行相应的转换。而终端用户则需要一个特殊的**电缆调制解调器**来接入一个有线网络。该解调器在 ITU–T/CCITT 推荐的**同轴电缆数据接口规范**（Data-over-Cable Service Interface Specification，DOCSIS）中被规范化，并且被美国 ANSI 收购。电缆调制解调器可以通过一个以太网的网络适配器将用户连接到一台计算机。与模拟调制不同的是，电缆调制解调器甚至还接管一部分诸如网络管理和诊断的任务，而这些任务实际上应该是由一台路由器负责的。此外，电缆调制解调器还是频率捷变（frequency–agile）的。也就是说，它们在所分配的频率范围内为数据传输寻找最合适的信道，并且不断地进行自我调节。因此，这个频率范围在到用户方向（下行）要比在相反的方向（上行）提供更多的传输容量。一个最佳的频率分配方案是重要的，因为电缆网络具有一个树型的拓扑结构。基于分配点，传出电缆就像树那样沿着最后一千米被分叉到了用户。所有在这样一棵树上连接的用户必须共享为该数据传输所保留的频率范围。

由于有线电视网络的树状结构，在发送方向和接收方向被使用了不同的调制方法。在下行链路中，使用正交振幅调制（QAM）后的频率范围上限是 450 MHz。在上行链路中，根据 Euro–Docsis 2.0 标准，与正交相移键控（QPSK）相结合后使用的频率范围为 10~65 MHz。在有线网络中实现的带宽可以在下行链路，即从供应商到终端方向具有最大为 120 Mbps，而在相反的信道（上行链路）可以达到大约 5 Mbps。

与有线电视网络一样的是，世界上大多数的国家都有一个密集的**供电网络**。使用这些基础设施用于数据传输的先决条件是确保一个足够大的带宽，以及确保与所使用相同频谱的其他用途的电磁兼容。供电公司在一段时间内以控制和监测为目的，使用自己的高电压网络（110~380 kV）和中压网络（10~30 kV）进行数据传输。即使是给予覆盖最终用户接入电网的低电压网络（最多为 0.4 kV）也可以被用作到通用数据网络的接入网络。为个人家庭服务的低电压网络具有树状结构。其中，低电压变电站被作为根节点，以便可以共享传输介质。在低电压变电站中，专门配置的头站被作为接口用于数据网络的骨干。

通过电网的数据传输是通过使用电力线通信（Power Line Communication，PLC）进行用户信号调制的。但是，使用电源线存在技术困难，而这些技术又是必须被掌握的。这些技术包括：

- 能源密集型进程在数据传输过程中可能带来干扰。对这些事件的容忍阈值必须被设置得相对较高，以便出现的传输错误一定不会超过预先给定的最大值。否则，就不能保证一个可靠的数据传输。

- 在低电压网络内部会出现较高的阻尼效应，这必须得到补偿。
- 低电压网络非常低的、并且通常很强的波动线路阻抗必须得到补偿。
- 宽带数据信号必须屏蔽较强的辐射效应，否则就可能导致对现有频率范围同时使用的其他服务产生干扰。

用于电力线通信的频率范围位于 1~30 MHz 之间。其中，用户和连续交换变电站之间的数据传输速率在 1.5 Mbps 和 205 Mbps 之间，这一范围必须由连接在变电站的活性网络用户共享。

宽带互联网接入的区域范围通常只在（密集的）居住区实现。如果没有相应的地面基础设施，那么如果不是在有线电视或者电网已经存在的情况下，这种供应耗时且昂贵。如果想要在世界上人烟稀少的偏远地区实现一种替代的接入方法，那么可以使用**卫星网络**。基于卫星的宽带网络接入是通过对地静止卫星实现的，可以覆盖全球整个广播区域。

基本上，通过卫星的网络连接存在两种不同的版本。

- **2 路卫星连接**（纯卫星连接）：在这个版本中，从发送方到接收方和返回到发送方的路径的两个方向上都使用了卫星。在下行链路中，根据供应商的不同可以为用户提供 64 kbps 到 5.12 Mbps 之间的数据传输速率。在相反的方向上（上行链路），目前可用的数据传输速率在 64 kbps 和 1 Mbps 之间，虽然在理论上可以实现更高的数据传输速率。这种类型的卫星连接独立于地面的网络基础设施，并且相关的可靠性经常被作为附加的、冗余数据连接被使用。
- **1 路卫星连接**（使用地面回传信道的卫星连接）：这里，只有从互联网到终端用户的、被作为下行链路的连接路径是通过卫星连接实现的。而回传方向（上行链路）是通过电话、有线电视或者移动网络执行的。其中，终端用户的下行传输速率每次都是根据供应商的不同分布在 256 kbps 和 2048 kbps 之间的范围。相比较于 2 路卫星连接，使用地面返回信道的 1 路卫星连接的优点在于用卫星传输的成本较低，并且需要的是简化的、同时也是低成本的终端设备。

在将卫星传输作为接入网使用的过程中，由于连接的距离相对较大（地球静止轨道的卫星的距离为 36 000 千米），就会出现较高的延迟。这是因为信号传播从地面站点到卫星和返回至少需要 239 ms。在双向通信中，这条线路必须被执行两次。加上其他的延迟因素，延迟时间会在 500 ms 到 700 ms 之间。而 DSL 的一般延迟时间仅仅在 20 ms 左右。

在互联网中通过传输控制协议 TCP（Transmission Control Protocol，参考第 8 章）进行的数据传输过程中，由于卫星传输而产生的较高信号延迟还会出现进一步的技术问题。这些问题包括往返程路程时间（Round Trip Time，RTT）导致的信号延迟，即从发送方到接收方，再返回的一个信号的路径持续时间导致的；一个 TCP 连接不再经过所谓的慢启动来显著增加数据传输的速率，并且在这样不利的条件下只有一小部分理论可以被用于现有的数据传输速率。这种问题可以通过特殊的代理服务器来规避。

6.6 术语表

阿帕网（ARPA）：在 20 世纪 60 年代末，由美国高级研究计划署（Advanced Research Project Agency，ARPA）为美国国防部开发的分组交换广域网。这种阿帕网被认为是全球互联网的先驱。

异步传输模式（Asynchronous Transfer Mode，ATM）：国际电联为广域网提供的具有高带宽标准的数据传输方法。该方法基于的是异步时分复用原理。ATM 也可以被应用在局域网中。这种模式的信息传输的基本单元是所谓的 ATM 信元（cell），即一个具有固定长度（53 字节）的数据包。在两个联网的 ATM 终端系统之间可以建立一个永久的虚连接，或者根据需求进行连接建立。异步传输模式定义了多种服务类别，以支持多媒体的应用。其中，包括一个同步模式用来模拟电路交换连接行为，并且被用于传输视频和音频的数据流。

带宽（Bandwidth）：网络中，连接链路的带宽是一个物理量，单位是由赫兹（1 Hz = 1/s）给出。在模拟域中，带宽是指频率范围。其中，电子信号是被使用最大为 3 dB 的振幅衰减进行传输的。理论上，带宽越大，在单位时间内就会有越多的信息可以被传输。在数字信号传输的过程中，也经常使用带宽这个术语，尽管这里实际是指**传输速率**。当然，带宽和传输率之间存在着直接的关系。因为在数据传输的过程中，可以达到的传输速度直接依赖于网络的带宽。对于二进制信号来说，最大的带宽利用率是每赫兹 2 个比特的带宽。

比特填充（Bit Stuffing）：也称为位填充。在同步数据传输过程中，发送方和接收方彼此间的时钟是通过数据包开头的所谓的同步比特实现同步的。这种同步比特构造了固定的比特模式，构建的时候绝对不可以与有效载荷相混淆。例如，01111110 被使用作为同步比特，那么必须要小心，在有效载荷中不能将一个连续六个一的序列作为同步比特。因此，发送方必须将各个具有连续五个一的后面添加一个零，而接收方将添加的零再次删除。

广播（Broadcasting）：在广播方法中，发送方将数据同时发送到网络中的所有连接系统上。相反的，如果只存在 1:1 的连接，即只有一个通信伙伴，那么这种方法被称为单播。

数字用户线（Digital Subscriber Line，DSL）：用于广域网的数字接入方式。DSL 为连接的终端用户提供了较高的带宽，同时也提供了严格的质量和长度的限制，以及所使用的网络基础设施。

Dijkstra 算法：根据芬兰计算机科学家 Edsger W. Dijkstra 命名的算法，用于确定有向图中从一个给定的起始点出发的最短路径。Dijkstra 算法被用于计算路由方法中，用来尝试确定从发送方到接收方之间的最短连接路径。

距离矢量路由选择（**Distance vector routing**）：一种路由方法。其中，网络中的所有路由器的路由信息都是通过与其直接相邻的路由器交换获得的。由此可以得出，每个路由器都可以确定自己本身与其直接相邻的路由器之间的距离。通过这样的方法获得的路由信息会与所有邻居路由器进行交换，直到最终经过一个多阶过程后网络中所有的路由器都可以提供完整的路由信息为止。这种距离矢量路由选择是一种非常简单的方法，被认为是 ARPA 网中使用的第一个路由方法。

分布式队列双总线（**Distributed Queue Dual Bus，DQDB**）：DQDB 是城域网的一种技术概念，是建立在两个平行的、相反操作的总线基础上的。有发送意愿的终端系统通过一个分布式队列获得接入总线的权限，之后就可以传输固定长度的信元。DQDB 在高负载的时候是有效的，但是并不总是公平的。DQDB 网络可以扩展到几百千米。

洪泛路由（**Flooding**）：独立的路由方法。其中，从一个路由器传入的数据包会被通过所有端口进行转发，直到将该数据包发送到目标路由器。为了避免网络的过载，被转发的数据包的寿命会受到不同方法的限制。虽然洪泛会产生比较高的冗余，但是总会找到最短的路径。

帧中继（**Frame Relay**）：面向连接的分组交换网络技术，在 80 年代中期专门被开发用于广域网。帧中继是建立在异步时分复用方法的基础上的。使用该方法可以检测到传输的错误，但是不能对这些错误进行自动校正。在帧中继中，通信终端系统之间被建立了一个网络虚连接。

全球移动通信系统（**Global System for Mobile Communication，GSM**）：第二代移动通信系统，当前应用最为广泛的移动电话标准。GSM 基于各个无线电单元，其伸展性的变化依赖于用户的密度。GSM 使用时间复用方法工作，同时为数据通信提供各种服务支持。而这些都基于具有最大为 9.6 kbps 数据传输率的各个信道的电路交换和分组交换方法。

跳（**Hop**）：表示每次从一个终端系统向最近的交换机、或者两个相邻的交换机之间、或者从交换机到其所连接的终端系统的一个子路径的移动。一个路由器通过网络从一个发送终端到一个接收终端是由多个这样的跳组成的。

热马铃薯路由选择（**Hot-Potato routing**）：一种独立的路由选择方法。其中，路由器尝试将接收到的数据包以最快的速度进行转发。为此，会选择路由器上具有最短发送队列的端口进行转发。在这种方法中，被转发的数据包通常都会走弯路。

综合业务数字网（**Integrated Services Digital Network，ISDN**）：采用广域网技术的综合业务数字网（综合业务数字远程网）将不同类型的服务，例如，语音、数字和视频通信，集成在了一个单一的网络中。ISDN 提供的具有 64 kbps 数据传输率的信道。ISDN 是作为旧的模拟电话网络的替代品被开发的。自从 1980 年中期以来，这种技术被覆盖到了整个社会通信中。

孤立路由选择（Isolated routing）：路由方法的术语，即只在本地工作，不会与其他近邻通过网络的拓扑结构进行信息的交换的路由选则。例如，洪泛路由或者热马铃薯路由算法。

链路状态路由选择（Link-state routing）：分布式和自适应路由选择方法，也被称为最短路径优先路由。其中，每个路由器都能通过自己的近邻确定路由信息。这种路由信息会通过广播的方式发送给网络中的所有其他路由器。而这些路由器借助这些消息就可以了解到最新的网络拓扑信息。在链路状态路由选择下，路由可以借助 Dijkstra 算法计算得出。

局域网（Local Area Network，LAN）：空间有限的计算机网络，只可以容纳有限数量的终端设备（计算机）。局域网实现了所连接的终端系统之间的一个平等有效的沟通。一般情况下，所有被连接的计算机共享一个共同的传输介质。

本地回路（Local Loop）：表示从本地交换机到终端用户的局部线路。两个本地交换机的连接距离也被为**最后一千米**（Last kilometer），是通过一个专门的传输介质实现的（与上述共享的局域网介质不同）。

移动路由选择（Mobile routing）：在网络中，采用移动网络结点的特殊路由形式。一个移动网络结点可以通过不同的无线网络（WLAN）自由地进行移动。因此，一个路由器在将一个数据包转发到移动网络结点之前，必须首先确定这个移动网络结点的位置。为此，所应用的方法（**移动 IP**）是，这些移动结点在一个家庭网络中总是具有一个专用的地址。如果移动网络结点进入了一个陌生的网络，那么它必须在一个特定的路由器（**外部代理**）进行注册，接收对应家庭网络中移动结点的路由器（**家庭代理**）。然后，将这些信息正确地传递到被编址的数据包的移动结点上。

调制解调器（Modem）：通过模拟电话网络进行的数据传输必须将数字信号与模拟信号相互转换，这期间就要使用调制解调器。为此，数字原始信号的频谱使用所谓的**调制**被移动到模拟电话网络的频率域。**解调**会再次反转这种移动。

多播（Multicast）：在一个多播传输中，起始源向一个接收组进行同时发送。这就涉及了一个 1:n 的通信。多播经常被用于多媒体数据的发送。

下一跳转发（Next Hop Forwarding）：在一个分组交换网络中的交换变体。各个交换计算机并不存储数据包必须到达另外一个终端系统的整个路由的信息，而是每次只是存储接下来那跳所涉及的部分。

分组交换（Packet switching）：也称为包交换，是数字网络中的主要通信方法。其中，消息被划分在固定大小的各个数据包中（分组）。这些数据包被单独地、相互独立地从发送方通过当前现有的交换机发往接收方。这样的分组交换网络被区分为**面向连接的**和**无连接的**（数据报网）两种类型。在面向连接的分组交换网络中，开始实际的数据传输之前，会在网络中通过固定的交换机建立一个链接。相反的，在无连接的分组交换网络中，不会建立一个固定的连接路径。

准同步数字体系（Plesiochronous Digital Hierarchy，PDH）： PDH 定义了一个基于广域网的同步时分复用技术。其中，来自不同信号源的信号通过一个公共信道被发送。当然，不同信道的带宽不可能完全一样，只是大约相等。由于这是一个涉及同步的方法，那么就必须进行平衡，这可以使用所谓的**比特填充**来实现。

路由器（Router）：连接两个或者多个子网的交换计算机。路由器在传输层（IP 层）上进行操作，并且可以将接收到的数据包根据其所携带的目标地址使用最短的路径通过网络进行转发。

路由选择（Routing）：在一个广域网中，沿着发送方和接收方之间的路径通常存在多个交换元件，这些元件负责交接所发送的数据到达其接收方。确定从发送方到接收方的正确路径的过程被称为路由选择。其中，专用的交换中心（**路由器**）接收到一个发送来的数据包，评估出其中的地址信息，然后将其转发给指定的收件方。

路由表（Routing table）：路由器的基本数据结构，包含对接收到的数据包进行转发所需的子路径的信息。在路由表中，每个目标地址都被分配了一个特定的路由器端口。通过这种端口，数据包就可以达到下一个交换点，即完成了一跳。沿着这样的路径，数据包就可以到达对应的接收方。

路由算法（Routing algorithm）：创建路由表的计算方法。路由算法被区分为静态的和动态的路由算法，这样就能调整网络拓扑结构中动态的（自适应的）变化。路由算法可以被运行在网络的中央位置，也可以在各个单独的路由器上被运行。

信令（Signaling）：表示网络中，计算机与网络通信介质之间连接的建立、控制和断开的所有信息的交互，以及沿着介质发送信号的过程。其中出现的任务也被称为**呼叫控制**或者**连接控制**。原则上，信令被区分为**带内信令**（In Band Signalling）和**带外信令**（Out-of-Band Signalling）。在前者中，信号的信息和有效载荷是通过相同的逻辑信道被传输的。而在后者中，一个单独的逻辑信道被用于传输监视和控制信息。

生成树（Spanning tree）：有向图的生成树被称为子图。这种子图包含所有原始图的节点以及所有的边，以便确保包含了有向图的所有原始可达性关系，来避免出现循环的发生。在网络中，这些子图被称为网络连接的子集。这些子集将所有路由器彼此间没有循环地连接在了一起。

存储转发交换（Store and Forward switching）：网络中采用的一种交换方法。其中，在发送方和接收方之间不必建立一个固定的连接。从发送方发送的消息到达网络的交换机时，这些消息在被进一步转发之前都在交换机内进行了缓存。信息交换又被区分为**消息交换**和**分组交换**。前者是发送方发送的完整消息会在转发之前被缓存在交换机上。后者是发送方发送的消息被划分成单个的数据包，这些数据包彼此间独立地通过网络被传输。

同步数字体系（**Synchronous Digital Hierarchy，SDH**）：这种被称为同步数字体系的数据传输技术描述了一个基于传输技术的同步复用，被设计专门用于媒体光纤和微波。SDH 目前代表了在广域网范围的网络的主要标准，将来也会更加受到重视。

通用移动通信系统（**Universal Mobile Telecommunications System，UMTS**）：第三代移动电话系统。从 2003 年开始推出，数据通信的数据传输率最高可达 2 Mbps（在准稳定状态下）。

默认路由（**Default route**）：为了避免在路由表中出现多个相同的条目，每个路由器都具有一个默认路由，覆盖了没有在表中明确列出的所有目的地。如果对于一个给定的目标，在路由表中没有对应的条目存在，那么将采用这种默认路由对相关的数据包进行转发。

广域网（**Wide Area Network，WAN**）：可以自由扩展的计算机网络，没有空间或者容量的限制。其中的各个子网通过交换系统（路由器）彼此被连接到一起。而这些路由器负责协调广域网中的数据传输。广域网技术为**互联网**提供了基础。

微波接入的世界范围互操作（**WiMAX**）：WiMAX（World Interoperability for Microwave Access）在 IEEE 802.16 规范中看作是被标准化的、无线的和宽带的广域网技术，为移动的和固定的终端设备提供了宽带无线传输技术。与其他用于局域网和城域网的 IEEE 802 标准不同的是，WiMAX 的覆盖范围最大可达 50 千米（无线城域网），数据传输速度可达 70 Mbps，甚至更高，并且支持接入设备的移动性。

X.25 网络协议：一种在 20 世纪 70 年代被标准化的、用于广域网的封装交换技术。这种协议允许在两个终端系统之间建立多个虚连接。其中，终端系统在这个协议内被称为数据终端设备（Data Terminal Equipment，DTE）。X.25 网络协议被视为第一代开放的数据传输技术，即使在如今也仍然被许多网络运营商所支持，特别是在欧洲范围内。

接入网（**Access Network**）：提供对主干网络连接的部分。通常情况下，一般的终端用户并不具有自己直接访问广域网（WAN）的能力。由于较高的成本，较大的企业、科研以及军事机构包还保存着该网络使用的版权。这些终端用户通过大多数已经存在的接入网可以进入广域网的入口。例如，模拟电话网络就提供了对广域网的访问。

第 7 章 网络互联层

> "在互联网上, 没有人知道你是一条狗。"
>
> —— George Steiner, *The New Yorker* (Vol.69 (LXIX)), 1993

TCP/IP 协议诞生于实践的日常需求, 并且将来也并不打算成为一个明确的解决方案。该协议的互联网协议版本 4 (Internet Protocol Version 4, IPv4) 即使在今天也可以很好地描述 30 年后的实际互联网的核心技术。TCP/IP 协议与国际标准化组织 (ISO) 为通信协议开发的 ISO/OSI 参考模型是平行运行的。虽然 ISO/OSI 参考模型被作为未来通信领域的通用和最终标准, 但是, 该协议并没有战胜 TCP/IP 协议。因为在实践中, 功能健全和稳定的 TCP/IP 协议促进了互联网的快速增长, 实现了现代社会的全球通信基础设施的普及。而且下一代 IP 协议 IPv6 在一段时间之后将会成为 IPv4 继任者, 成为满足人们未来需求的最佳搭档。但是, 从旧版本到新版本转变中的困难和冗长是超出想象的, 技术的迁移还不是真正的问题所在。

如果说我们在之前的章节中给出的是用户在一个均质的网络基础设施中漫游, 即在网络计算机中的各个协议层中存在着相同的协议, 那么, 在实践中会给出一幅完全不同的画面: 绝大多数提供商和协议在一个单一的网络孤岛中相互竞争, 但其共同目标是, 在一个更高的层级上所有用户应该被捆绑在一个均质的网络基础设施, 即**互联网**中。

直到几年前, 与之相关的**互联网协议**还只是由提供商规定的协议系列中的一个, 该系列包括诸如 DECNet、互联网分组交换协议 (Internetwork Packet Exchange, IPX) 或者 IBM 系统网络架构 (Systems Network Architecture, SNA) 等等。然而, 随着全球互联网的到来, IP 协议成为了网络计算机间进行通信的标准协议。为了使用不可靠的 IP 协议来提供可靠的通信服务, 人们开发了**传输控制协议** (**Transmission Control Protocol, TCP**)。该协议代表了当今全球互联网的又一块基石, 具体内容将在 8.3 节中给出详细讨论。

本章涉及的问题是, 两个或者多个异构网络应该在协议级别上通过 IP 协议和在其上建立的 TCP/IP 参考模型中的网络互联层 (Internet Layer) 完成合作。

7.1 虚拟网络

从用户的角度来看, 互联网是一个单一的、庞大的和连贯的网络, 其各个组件之间是无缝连接的。但是, 事实果真如此吗? 现实的互联网中包含了大量不同的网络技术和网络协议, 而这只需要一个非常复杂的协议软件就可以将这些物理的和逻辑的连接细节隐藏起来, 给用户只呈现一个单一的组件。因此, 互联网形成了一个**虚拟网络**, 即虚拟了使用硬件和软件的组合创建一个单一网络的错觉, 但是事实上这是完全不存在的。

如果需要操作多个不同类型的网络, 那么就会出现一个问题: 原则上, 只有那些彼此连接到相同网络中的计算机才可以进行通信，而与连接到另外一个使用不同技术和逻辑参数的网络中的计算机进行通信则需要开发和部署对应的翻译和执行机制。这个问题早在 20 世纪 70 年代就被意识到了，一开始是几家大公司要求同时操作多个不同的网络，并且在计算机实现通信后迫切要求各个网络孤岛通过相应的网络边界连接到一起。

这些需求包括，例如，在各个网络孤岛中已经完成了不同的任务，而位于不同网络中的公司的员工或者管理人员必须要通过远程计算机获取该任务的结果。在这些巨大的生产力和创新潜力的驱动下，人们开始探索让任意两台计算机之间相互通信的可能性，即使这些计算机属于不同的网络。

为了解决这个问题，开发了一种**普遍服务**（Universal Service）。通过这种服务，公司中任意一台计算机的用户就可以向位于任意地方的任意一台计算机发送信息或者数据。这样一来，所有相关的任务可以由单个的计算机进行处理，不再需要为了不同的任务使用不同的计算机。有了这种普遍服务，公司任何一台计算机上的所有可用信息就可以共享了。

在实施普遍服务的时候，需要克服一个很大的困难，即不同的局域网（LAN）网络技术通常彼此间完全不兼容和不协调。正如在第 5 章叙述的那样，LAN 受到了地域扩张以及容量（即所连接的计算机系统的数量）的限制。此外，不同的 LAN 技术都具有自己专有的物理技术和逻辑参数。因此，想要"简单地"将不同的技术融合在一起是完全不可能的。

一个普遍服务必须能够处理现实中出现的不兼容性。为了将多个异构网络彼此连接起来，首先需要额外的硬件和软件。这些额外的硬件可以为不兼容的网络类型提供物理耦合，而额外的软件的任务是在彼此连接的网络上的所有组件中安装普遍服务，以便实现透明的通信。使用这种普遍服务将不同的网络连接在一起而产生的结构称为**互联网**（Internet）。

正如在之前的章节中已经介绍的那样，全球互联网中的各个单独的网络和广域网（WAN）一样，都是通过特殊的分组交换机（路由器）进行彼此联网的。因此，通过路由器连接耦合将网络连接到一起，并且具有向外的均匀性，这样的通信协议在设计的时候应该注意如下设计指令：

- 通过所使用的通信协议提供的这些服务应该与在路由器中使用的各个技术是独立的。
- 在 TCP/IP 参考模型中包含的传输层和其中的通信协议应该把路由器通信的技术细节屏蔽掉。
- 传输层协议提供的解决方案应该遵循一个统一的概念，并且被用于局域网和广域网的网络边界上。

基于这几个基本的原则，就可以让服务的实施和网络互联层的通信协议保留尽可能大的自由度。

当多个异构网络被相互连接到一个互联网的时候，会出现网络类型的不同组合。通常下面的组合会被考虑到（参见图 7.1）：

- **LAN–LAN**：在同一家公司内部，不同局域网（LAN）之间的数据可以被交换。例如，销售部门的员工向人力资源部门请求度假计划。

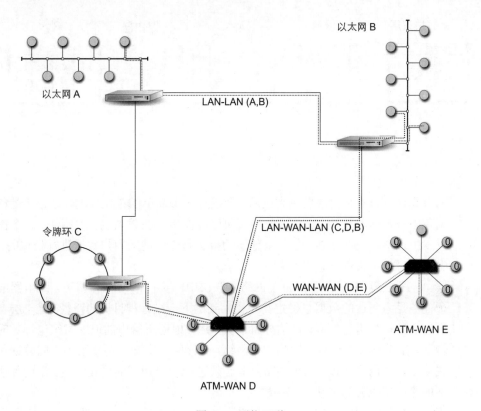

图 7.1　网络互联

- **LAN–WAN**：一个公司的雇员与一位客户进行通信，该客户通过网络服务提供商连接在一个远程的广域网（WAN）上。这里，需要将该公司的局域网（LAN）连接到被寻址的广域网（WAN）中，以便进行数据的交换。
- **WAN-WAN**：两个私人用户，每人都是通过一个商业网络服务提供商连接到一个广域网中，他们之间可以进行数据的交换。
- **LAN-WAN-LAN**：两个公司的员工，每人都有自己公司的局域网（LAN）。两人之间互相交换消息，其中，参与的局域网是通过一个广域网（WAN）互连的。

在图 7.1 中显示了通过一个单独的虚线连接进行不同连接的可行性。为了创建这种连接，每次都需要特殊的连接硬件。这些特殊的连接硬件是必要的，以便在任意网络类型之间成功地显示物理和逻辑之间的转换。

每次连接两个网络所必需的连接硬件包括了在互联网协议栈中对应层的名称（对比图 7.2）：

- **层 1**：在最底层使用的是所谓的**中继器**（Repeater），其任务是纯粹的信号放大，以便提高局域网（LAN）的覆盖范围。中继器不提供缓冲区，只负责传递到达的比特流。
- **层 2**：位于网络接入层上，单个的网络段可以通过**网桥**（Bridge）相互连接在一起。与中继器不同的是，网桥提供自己的缓存存储区。到达的数据包在被转发之

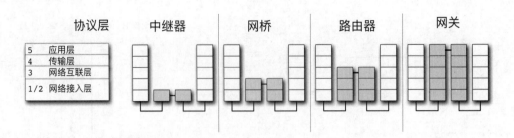

图 7.2　互联网中的中间系统和交换系统

前首先被进行存储。数据包到达后，会进行一个简单的错误检测，这是通过该数据包中被发送的校验和进行的。网桥可以改变出现在数据包中的报头，这个操作只发生在层 2 的报头中。位于其他层的报头是作为纯的用户数据进行处理的，其中的信息不会被改变以及使用。

- **层 3：路由器**（Router）对位于网络互联层中的不同网络进行调解。路由器的一个任务是为到达的数据包确定其路径上到达下一段行程目标的路径。这一层会对到达的数据包进行缓存，评估分组报头，并且根据所给出的地址组织进行对应的转发。如果该数据包被转发到一个网络，而该网络实施的是使用了不同数据包格式的另一种网络协议，那么该路由器必须进行一个相应的格式转换。在这种情况下的路由器也称为**多协议路由器**。

- **层 4 和层 5：**为了实现网络互联层之上各层间的连接，就必须使用一个所谓的**网关**（Gateway）。在网络的传输层上，传输网关将不同的字节流相互连接在一起。接下来的应用层会使用应用网关。应用网关的任务是将被分配到不同网络计算机上工作的两个分布式应用程序的组件相互连接到一起。例如，可以使用一个特殊的邮件（E-mail）网关进行邮件的转发，即使这种交换发生在不同的邮件应用程序之间。

这种层与层之间严格概念上的区别在实践中只被保留了很少。通常，市场上提供的中间系统集成了网桥、路由器和网关。

如果在两个大型机构的网络之间或者是两个国家之间使用了一个网关，那么相关机构的连接硬件的配置必须要统一执行。参与的当事方越多，对在出现的接口上进行控制和管理的访问的调节就越复杂。因此，连接硬件通常划分为两个部分，每个部分都只被一个连接伙伴完全控制。与一个单独的**全网关**（Full-Gateway）相反的是，这里可以使用两个**半网关**（Half-Gateway），并且与之相关的通信伙伴之间必须达成一个在两个半网关之间使用的共同连接协议。每个半网关的配置完全由一个通信伙伴控制，因此受到的限制要比在两个通信伙伴之间进行调节的情况少很多（参见图 7.3）。

7.2　网络互联

将不同技术的网络连接在一起，这在实践中是一项非常具有挑战性的任务。其中，最复杂的莫过于用来区分网络技术的大量物理技术参数和逻辑参数。如果在发送方和接收

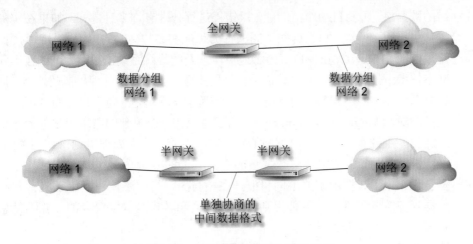

图 7.3　使用全网关和半网关的连接

方之间需要弥合多种不同的网络类型，那么各个网络之间的接口必须要解决一系列的转换问题，以便适应不同的操作参数和数据格式。这其中包括：

- **面向连接和无连接的服务**：将来自面向连接服务的网络提供的数据包转换到只提供无连接服务的网络的过程中，建议将数据包使用原始排序快速转发。如果接收并不是按照正确的顺序进行的，那么接收方并不能正确地解读原始数据。
- **通信协议**：在不同的网络中可以使用不同的通信协议（IP、IPX、AppleTalk、DECNet或者 SNA）。因此，必须在网络接口进行协议的转换。然而，这并不是总能实现的。因为，并非所有的通信协议都提供相同的功能，因此可能发生信息的丢失。
- **寻址**：不同的网络技术缺少一个统一的、覆盖整个网络的寻址方法。因此，在网络的接口必须进行一个对应的地址转换。为了做到这一点就需要一个允许归类不同地址类型的目录服务。
- **多播**：如果一条多播消息通过互联网络在自己的路径上遇到了一个并不支持该多播的网络，那么该条消息通常是被复制，然后将各个单独的复制品转发到多播组的所有成员。这样一来，该消息就可以到达所有的收件人了。
- **最大分组长度**：不同的网络技术规定了不同的数据包（分组）长度，也就是说，数据包的大小只能在网络技术规定的最大尺寸之内才可以被该网络进行传输。如果网络中的一个数据包的长度超出了该网络中所允许的数据包的最大长度，那么该数据包（可能再次）被分割。由于服务质量（Quality of Service，QoS）并不是总能被保证，因此，必须提供可以保证重新被分割的数据包可以正确地并且完整地到达接收方，同时可以按照正确的顺序被重新组装在一起的协议。
- **服务质量**：许多网络并不能够对实时数据提供几乎同步的交付。如果这种类型的实时数据通过一个没有保证的网络，那么接收方就会对所接收到的数据是否是正确交付的提出疑问。
- **错误处理**：用于对错误进行处理的机制。不同的网络技术会以不同的方式对出现的传输错误做出反应。从单纯的拒绝发生错误的数据包（丢弃），到重新请求出错的数据包，再到自动纠错功能，对错误进行处理有许多种方式。如果在实际的传输中出现了错误，那么这些不同的行为可能在参与传输的网络中导致问题。

- **流量控制**（Flow Control）：为了避免所涉及的终端系统的过载，可以在不同的网络技术中使用不同的流量控制方法。尤其是对不同错误处理机制的连接、拥塞控制和所涉及的不同数据包尺寸，这些都可能产生问题（也可以参见 8.3.1 节）。
- **拥塞控制**（Congestion Control）：为了避免在一个单独的网络中参与的各个系统之间产生拥塞，可以使用不同的算法。与不同的错误处理机制密切相关的是，路由器拥塞的后果可能导致数据包的丢失（也可以参见 8.3.1 节）。
- **安全性**：除了数据加密的不同机制，在参与的网络中还使用了用于机密和私有数据管理的各种规则。各种规则之间的协调和转换是非常复杂的，并不是总能实现。
- **结算系统**（Accounting）：在不同的网络中，可以使用各种采用不同参数的网络结算系统，例如，计算连接时间或者传输的数据量。对于传输的数据量可以使用不同的计量单位，如针对比特、字节或者数据包个数进行结算。

7.2.1　面向连接的网络互联

与在单独的网络中一样，在多个网络互联的情况下也要区分是面向连接的数据传输服务还是无连接的数据传输服务。如果各个面向连接的网络被嵌套在一起，并且通过一个连接互联在了一起，那么这种连接被称为**级联虚电路**（**Concatenated Virtual Circuit**）。

在这种情况下，从一个远程网络中到达终端系统的一个连接，原则上和面向连接的单一网络的使用方式是相同的（参见图 7.4）。发送方会主动检测它所在的子网，看是否应该在该子网外建立一个到达终端系统的连接。当第一个到达路由器的交换建立连接后，接下来要进行终端系统网络的寻址。为此，到达一个外部网关的连接通常交换到一个多协议路由器，这样就可以找到被寻址的终端系统网络的路径。该网关在自己的路由表中注册这个虚拟连接，并且继续沿着该连接路径在下一个网络中建立一个适合该路由器的连接。这种交换过程不断地进行着，直到建立了一个到目标接收方的连接为止。

一旦实际的数据流沿着这种交换连接被接纳，那么每个路由器都将转发接收到的数据包，并且进行必要的数据格式和通信参数的转换，使得其满足每个参与通信的新网络。为此，网络内部每个交换式连接都被分配了一个永久的识别号码，该号码必须在交换的系统之间被转换。为了这个目的，路由器在自己的路由表中管理每次交换连接的识别号码。沿着这种类型的连接，路由器中被发送的数据包通常是以不变的序列进行发送的。因此，这些数据包是按照原始顺序到达接收方的。

当所连接的网络极为相似的时候，这种类型的连接是最可靠的。只有当每个参与通信的网络都能提供可靠服务的时候，该网络互联才能提供一个可靠的服务。

原则上，面向连接的网络互联与一个简单的面向连接的网络具有相同的优缺点，即缓冲存储器在数据传输之前就已经被保留，原始的传输顺序得到了保证，在数据报头中添加额外控制信息的开销很小，并且通常不会出现数据包延迟或者重复的问题。

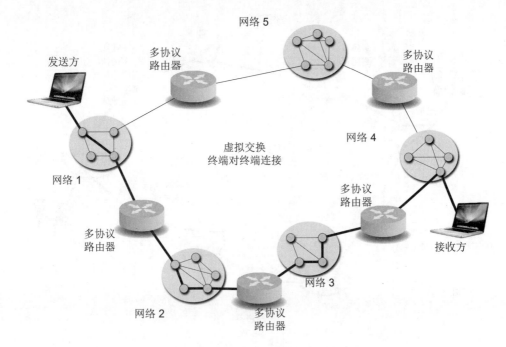

图 7.4 虚拟连接

7.2.2 无连接网络互联

与面向连接的网络互联不同的是，在无连接网络互联中，数据报是由各个系统选定的路线进行传输的（参见图 7.5），而每个网络只提供一个无连接服务。为了执行到一个远程终端系统的数据传输，不需要建立一个明确的连接，发送方所有的数据包都是彼此独立地到达目标接收方的。在这种情况下，每个数据包可以通过不同的（临时）网络，使用不同的路径到达自己的目的地。由于所涉及的路由器不能给出自己连接的标识（就像在面向连接的网络互联的情况），路由器也不能管理非专用连接，这对于每个数据包意味着，该数据包从哪条路径上传输到达其目的地是由每个单独的路由决定的。

就像一个单一的无连接网络那样，无连接网络互联也不能保障数据包会以原始发送的顺序到达目的地，甚至不能保障它是否到达了目的地。

无连接网络互联的优缺点与常规的无连接服务相对应。相比较于面向连接的服务，无连接服务虽然更容易发生过载的现象，但是，无连接服务在拥塞时规定了专有的避免和预防机制，这些机制在路由器出现故障的情况下也可以使用。由于各个数据包是相互独立地沿着自己的路径到达接收方的，因此，各个数据包的报头必须含有比在虚拟连接的情况下更为详细的控制信息，而这样也可以更为有效地限制网络的吞吐量。这种方法最大的优点在于，如果涉及的网络具有不同的类型或者服务保证的担保，这时也可以使用这种方法。

7.2.3 隧道

正如已经描述的那样，网络中数据包的显式转换问题被证明不仅仅涉及了成本，而且还存在能不能解决的问题。在此之前还存在一个更简单的情况：发送方和接收方的网络每

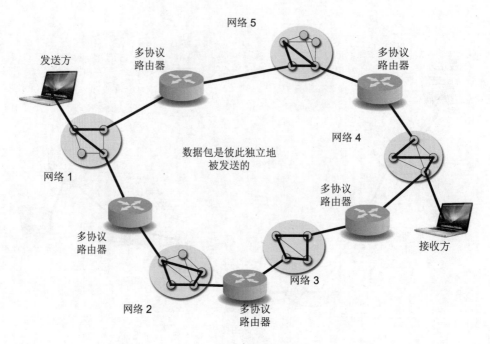

图 7.5　无连接的网络互联

次都是相同的类型，并且与其他网络类型只需要桥接。发送方和接收方可以使用相同的数据格式处理数据包，只有涉及的中间系统（多协议路由器、网关）才必须为涉及的不同网络技术的进一步调解规定必要的转换和重新格式化机制。最初由发送方发送的数据包保持不变，并且作为一个整体或者具有不同的网络格式的用户数据部分的各个单独的块（碎片）被封装进行传输，然后在最后的时候重新解封并且重新整合（参见图 7.6）。

在这种通信的组织结构中，原始数据包被适当地进行包装，并且通过中间网络的路径经过多协议路由器，以及通过一个**隧道**（Tunnel）向另一方发送。这种隧道使得发送方和接收方就像通过一个简单的串行电缆直接被彼此相连一样。在这种情况下，没有 IP 数据包的信息会因任何转换而丢失。只是两个用于网络的或者隧道的输入和输出的多协议路由器除了必须处理原始的数据包外，还要处理相邻网络的数据包。而位于两个远程局域网中的发送方和接收方则不需要传输路径上所通过网络的任何信息。

7.2.4　碎片化

每种网络类型都对单个需要被传输的数据包限定了一个最大的长度。之所以这样是由于硬件方面的限制，即硬件方面所使用的操作系统对协议和标准的约定或者由于竞争目标而造成的限制。这些限制包括，例如，减少在单个数据包中的传输错误（数据包长度越长，越有可能出现更多的错误），或者通过单个的数据包尽可能缩短传输介质的占用时间。

在 ATM 数据包中，允许传输的有效载荷的最大长度可达 48 字节，而用于 IP 的数据包可达 65 515 字节。其中，较高的协议级别可能具有更大的数据包长度。如果不同类

IP 数据包隧道举例

　　假设在所考虑的例子中，发送方和接收方网络的类型是以太网（Ethernet），还有一个是必须使用不同的网络技术来桥接的广域网。两个被连接的以太网基于的都是 TCP/IP 协议，也就是说，在网络互联层使用了互联网协议（IP）。为了在被桥接的网络中进行通信，建立了一个所谓的**隧道**（Tunnel）。这种隧道通过跨越不同网络的边界可以大大简化数据的传输。发送方的以太网数据包中设置了接收方的 IP 地址，并且发送到连接以太网局域网和广域网的多协议路由器上。该多协议路由器接管来自所接收到的以太网数据包中的 IP 数据包，并且将其作为有效载荷运送到后续的广域网的数据包中。倘若广域网数据包无法将传输过来的 IP 数据包作为有效载荷完整地接管，那么可以将之拆分成几个部分（**碎片化**）。到达对方的多协议路由器时，该广域网连接了目标局域网，来自接收到的广域网数据包中的原始 IP 数据包将被拆封，重新转换回以太网数据包，并且通过该局域网向目标系统发送。如果原始的数据包是被分解成碎片进行传输的，那么在继续向目标局域网发送之前必须撤销碎片化，将该数据重新组合成原始数据包。

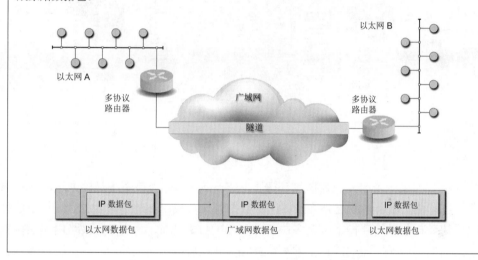

图 7.6　不同网络技术之间的 IP 数据包隧道示例

型的网络彼此间被连接，那么一个网络中的数据包也许对于后继网络来说太大了。虽然人们可以很容易地解决这个问题，即只有原始的数据包每次都能够被完整地进行传输的时候，相关的数据包才被转发到相邻的网络，但是，某些目的地并不是所有的网络都可以到达的。这时候就需要一种替换方法，允许在任意网络组合之间传输而不受任何的限制，即允许最大的数据包长度。

　　这种方法的基本思想是，具有较大数据包长度的网络数据包在通过被限制较小数据包长度的网络进行传输时，会将大数据包分解成小块（**碎片**）。这些小块在离开这个网络或者在稍后的时间里，会被再次重新组合成原始的数据包。在这种情况下，被碎片化的数据包的组装通常被证明是更困难的操作。

　　为此，存在两种不同的策略：

- **透明碎片化**：已经进行了碎片化的网络在将原始数据包按照其路径上的最终目的地向后继网络转发之前，需要将碎片化了的数据重新组合成原始数据包。传输路径上的后继网络完全不知道这次被执行的碎片化（参见图 7.7）。

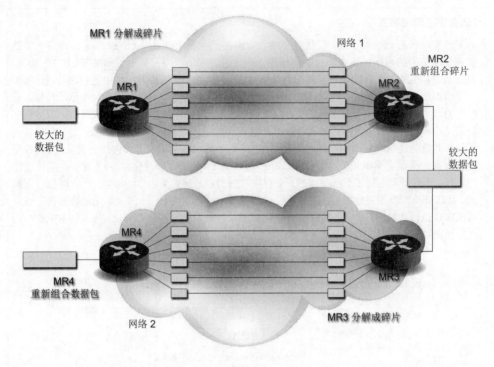

图 7.7　透明碎片化

　　如果一个过大的数据包到达了网络交换系统，而该系统是根据透明碎片原则工作的，那么该系统会首先将这个数据包分解成单独的小块数据包。每个这种小块数据包都将获得下一个多协议路由器的目标地址，而该多协议路由器连接着当前网络和预定传输路径上的后继网络。到达后继网络之后，这些小块数据包会被重新组装成原始数据包。为此，每个小块数据包必须规定一个对应的识别码。接收的多协议路由器还必须能够确定，原始数据包分解出的所有小块数据包是否真正到达了目的地。为此，需要一个对应的计数器，该计数器也可以让到达的数据包按照其正确的顺序重新组装在一起；同时规定一个专门的结束比特，用来标识最后一个小块数据包。此外，还必须确保所有小块数据包确实是沿着指定的多协议路由器的路径传输的，不能有单个的小块数据包沿着其他路径到达最终的目的地，虽然这么做可能带来传输效率的优化。另一个缺点是，如果数据包在多个网络中沿着到达目标系统的路径被碎片化，并且最后重新被组合在一起，那么就会出现较大的处理成本。

- **非透明碎片化**：与透明碎片化不同的是，在各个网络之间的交换系统上不再对被碎片化的子数据包进行重新组合。如果一个过大的数据包首次被分解，那么每个子数据包会被视为一个独立的数据包，并且被独立地进行转发。原始数据包的重新组合只发生在实际的目标系统中。为此，每个终端系统需要具有将被碎片化的数据包重新组合的能力。与透明碎片化不同的是，在中间系统的处理过程中不会产生额外的开销，但是数据传输的开销会增加，因为被执行的碎片化通常会一直保留直至到达目标系统。因此,必须为每个短的子数据包提供一个对应的数据报头。这种方法的优点在于,所有的子数据包可以使用不同的路径通过不同的网络向目标转发,这样就可以提高网络的吞吐量。但是,这种方法在使用虚拟连接的时候并不具备优势,因为,此时每个子数据包使用的是相同的路由器。

这种方法的难点在于,必须要小心以防碎片化的数据包被多次重新组合成其原始状态。为此,当执行一次新的碎片化时,可以采用一种使用树状形式编序的编号方法。例如,如果一个数据包使用识别号码0来分解,那么被分解出来的各子数据包使用0.1、0.2、0.3等来标识。如果其中的一个子数据包需要被进一步分解,例如0.2,那么产生的子子数据包就使用0.2.1、0.2.2、0.2.3等来标识。这种方法如果想要成功执行,那么必须确保所有的子数据包都真正到达了接收方,并且其中没有重复的数据包。如果出现子数据包的丢失或者由于传输错误必须请求子数据包的重传,那么这种使用编号的方式就可能出现问题。由于单个子数据包的重新传输可以使用不同的路径到达目标系统,因此,也许到达的是一个完全不同的碎片。其结果是,接收方接收到了相同的子数据包号码,但是该子数据包与原始发送的子数据包并不是相同的。

一种替代方法是 IP 协议。该协议确定了原子碎片的大小,而这个尺寸要足够小,以使这种长度的子数据包可以完全以一个块的形式通过任意网络。如果必须要碎片化,那么所有的碎片通常具有相同的、预先被确定的原子碎片大小。只有最后一个被传输的碎片可以具有更短的长度。这样一来,如果想要识别出原始数据包的结尾,还必须在结尾的碎片上再加上一个结束比特来标识。

出于效率的原因,一个互联网数据包可以包含多个原子碎片。为此,在其数据报头中不但必须要指示原始的数据包号码,还要指示标识码,另外还要指示第一个原子碎片的号码(参见图 7.8)。

7.2.5 拥塞控制

所谓的**拥塞**(Congestion),是指在一个通信网络中因过多的数据包被发送而导致的网络中数据传输性能的下降。在一个数据报网络中,只要被发送的数据包数量和网络中交换路由器可以转发的实际能力相同,就不会出现数据包的丢失。而如果被发送和交付的数据包的数量不断增加,达到了该网络的传输容量,即网络中可以由路由器转发的最多的数据包数量,那么这时候,如果负载继续增加,则到达路由器的数据包将不再被缓冲存储,这就导致了更多数据包的丢失。这种情况会导致网络的传输功率下降到一定程度,直到几乎没有数据包可以被继续转发(参见图 7.9)。

基本上,网络中产生的拥塞是由于受到了可用资源的基本限制。这些限制涉及了两个部分,一方面是网络中具有较低传输容量的子线路和连接;另一方面是参与转发的路由器的处理速度过慢。当多个数据包到达一个路由器的时候,如果这些数据包想要被直接转发,就需要创建一个等待队列。如果该路由器没有足够的存储容量将所有到达的数据包在转发之前进行缓冲存储,那么没有被存储的数据包就会丢失。有趣的是,研究表明,增加路由器的存储容量只会带来有限的优势。因为数据包在一个等待队列中过长地停留会导

IP 数据包碎片化示例

　　为了将一个 IP 数据包在成功地碎片化后再次正确地组装在一起，这个 IP 数据包的报头通常包含两个序列号：

－ IP 数据包的数据包号码。

－ 第一个在 IP 数据包中包含的原子碎片的号码。

一个附加的结束位（End Bit）标识了数据包的结束碎片。

－ 结束位 =0：IP 数据包的开始或者中间碎片。

－ 结束位 =1：IP 数据包的最后一个碎片。

　　由于 IP 协议通常可以保证各个原子碎片的长度要比其所连接的所有网络规定的最小数据包长度都小，因此可以连续地进行碎片化直到达到原子碎片的尺寸。同时，这些原子碎片在最后的接收方也可以毫无问题地进行重新组装。下面的例子给出了一个 IP 数据包进行多次碎片化的过程。原子碎片尺寸的临界值被选为 1 个字节。基于在数据包报头中所包含的数据包号码和碎片号码，通常可以重建原始数据包。

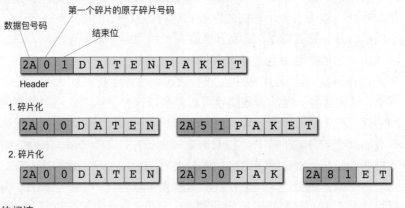

延伸阅读：

Postel, J. (eds.).: Internet Protocol – DARPA Inernet Programm, Protocol Specification, Request for Comments 791, Internet Engineering Task Force (1981)

图 7.8　IP 数据包碎片化示例

致超时，而这些没有被及时转发的数据包会作为重复数据包再次被发送。

　　网络的拥塞控制和流控制虽然描述了不同的情况，但是两者之间却存在一定联系。拥塞控制确保了网络中的每个子网可以应对毗邻的数据流。因此，拥塞控制是所有相关网络组件的任务。相反，流控制只涉及了发送方和接收方之间专门的数据流控制。其中，流控制需要确保一个过快发送的发送方不会对一个过慢的接收方进行过快的发送而造成拥塞。为此，通常在发送方和接收方之间需要建立一个直接的通信。

　　拥塞控制的目标通常是在一个网络内部传输尽可能多的数据包，但又不会出现过载现象。从控制论的观点来看，可以有两种完全不同的方法用于拥塞控制。一种解决方法是**开回路**（open loop）方法。该方法通过预先的规划和设计避免了原始系统的后继调整。这些措施包括：提前规定什么时候在网络内部转发数据，以及什么时候应该将这些数据丢弃。相反，称为**闭回路**（closed loop）的解决方法基于的是一个反馈回路，也就是说，系统始终考虑到当前网络的状态。

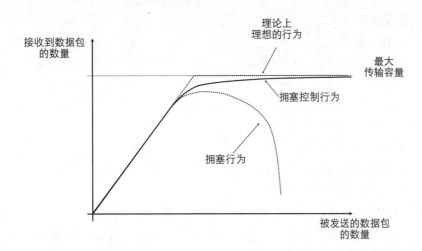

图 7.9　拥塞控制在很大程度上避免了网络拥塞情况的发生或可以再次化解拥塞状况

根据闭回路的原则，拥塞控制包括三个部分。

- **网络监控**：在闭回路的起点有一个系统参数的监控，该监控可以使用不同的度量，例如，被丢弃的数据包的数量、平均的队列长度、由于超时需要重新传输的数据包的数量、在数据传输过程中平均的延迟，或者方差以及准偏差。这样做的目的在于确定何时何地会发生拥塞情况。

- **拥塞信息报告**：如果在一个网络中发生了拥塞，那么发生拥塞的点的信息必须被转发到一个实例，该实例可以启动一个相应的对策。最简单的方法是，如果一个路由器被确定发生了拥塞，那么该路由器会发送一个专门的数据包来报告这种情况。但是，这种发送会令当前已经拥塞的网络负担更重。一种改进的方法是，在每个数据包的报头保留一个专门的字段用于显示拥塞信息。这样一来，相关的路由器会在发生拥塞的情况下将一个预定义的值（例如，自己的网络地址）写入到这个字段内，进而使相邻的路由器注意到这个拥塞的问题。

- **通过调整网络操作纠正拥塞问题**：在将发生拥塞情况的消息分发后，需要通过网络节点给出相对应的措施来解决这个问题。原则上，存在两种不同类型的算法。
  - **显式反馈算法**会将发生拥塞的路由器中受影响的数据包返回到发送方，以此来示警拥塞。
  - **隐式反馈算法**从本地指示中间接推导出拥塞情况的发生，例如，通过一个被成功确认的发送数据包的经过时间。

  为了修复当前网络负载超出基础设施承受能力的情况，可以增加该基础设施的可用资源，或者也可以减少施加在其上的载荷。增加传输容量可以通过诸如将数据流转向附加的替代路径的方法加以解决。如果没有增加传输容量的可能性，那么必须减少施加在系统上的负载。为此，数据传输对应于自有的优先级可能会被延迟，甚至被拒绝。

拥塞控制在网络中可以在 TCP/IP 参考模型的不同层中出现。为此，人们必须区分是在网络接入层、网络互联层还是传输层上的措施。

- **网络接入层：**
  - **数据分组的重传**：当发送一个数据包的时候，发送方会启动一个定时器。数据包如果在规定的时间内没有成功送达，那么会启动该数据的重新传输。这种情况适用于那些定时器已经失效（选择性重发）的数据或者重发数据包中的所有（或者预定数量的）数据。后者意味着给网络带来更大的负载。因此，选择性重发对于拥塞控制来说是更好的策略。
  - **数据包的中间存储**：这涉及了位于回路外部的数据包的处理。如果接收方或者一个中间系统在一个回路的外部丢失了所有的数据包，那么必须进行数据的重传，而这又会增加网络的负担。
  - **发送接收确认**：如果每个数据包在接收之后立即得到一个接收确认，那么这种情况也会对网络产生一个显著的负担。另外，在收集和捆绑重发定时器进行接收确认以及相关数据的重传同样会给网络造成负担。因此，捆绑的大小（窗口）的选择对控制拥塞以及整个网络流是一个关键的因素。
  - **流量控制**：流量控制得越严格，即在网络中对数据流量的控制选择越短的时间间隔，那么数据传输的速率就越低。因此，流量的控制直接影响拥塞的控制。
  - **超时**：超过定时器规定时间的数据包会被路由器丢弃，此时该数据包必须由发送方重新传输。这虽然减少了当前单个路由器上被施加的负载，但是从整体上看，数据传输只是被延迟了。因此，在重传的时候同样也会出现拥塞的情况。
- **网络互联层：**
  - **使用替代子网**：在网络互联层内部，子网之间的数据转发可以选择基于虚拟的连接和纯的数据报子网。两者使用了不同的算法，以避免或者消除拥塞情况。
  - **队列管理**：一个路由器可以拥有自己的队列，用于每个输入端口、输出端口或者同时用于两个端口。可用存储器的分配和数量会影响拥塞发生时的行为，或者在队列中等待的数据包的处理顺序。例如，可以根据先进先出（First-In-First-Out）原则或者优先级控制原则进行处理。
  - **数据包丢弃**：如果队列里的列表已经排到了路由器的输入端口或者输出端口，那么新接收到的数据包不会再被缓存存储，而是被丢弃。这里又存在着不同的规则和策略，例如可以选择丢弃数据包，以便使得现有的拥塞情况得到缓解。
  - **路由算法**：特殊的路由算法有助于将出现的拥塞情况快速缓解。这些算法包括，例如，热马铃薯路由（Hot-Potato）算法（参见 6.3.3 节）。其中，路由器输出端口的选择是由各个输出端口队列的长度决定的。
  - **数据包寿命**：对于所发送的数据包定时器的选择会影响拥塞行为和网络流量。如果时间被设置得过长，那么被丢弃的数据包在网络中的保留时间会过长，这样就会增加网络中数据通信的负担。另外，如果时间被设置得过短，那么就会出现数据包过早被丢弃而必须进行重传的情况，这同样也会影响网络的吞吐量。
- **传输层：**
  - **数据包的重传**：与在网络接入层中一样，对于重新传输已经丢失的数据包的超时选择对拥塞控制和网络流量来说是至关重要的。与网络接入层不同的是，在传输层中的参数，例如发送延迟和数据传输的时间，由于位于下层中的路由而无法重新进行准确的预测。出于这个原因，在这里使用了自适应算法，以适应网络的现有形势。

- **数据包的中间存储**（可以对比网络接入层）。
- **接收确认和流量控制**（可以对比网络接入层）。

当提及用于避免一般拥塞情况的拥塞控制时，在网络互联层上基于反馈的方法（闭回路）中必须对在子网上使用虚拟连接工作的方法和在数据报子网上工作的方法进行区分。

在**使用虚拟连接的子网**中，拥塞控制既可以在出现了拥塞要禁止建立新的虚拟连接时（接纳控制）使用，也可以在只沿着路由器建立新的虚拟连接以规避该网络的拥塞区域的时候使用，直到所施加的负载数据重新回到正常状态。

在**数据报子网**中，每个路由器不断地监控自己所连接线路的利用率。其中，拥塞控制既保留当前的利用率，也记载发生的历史，以便通过一定的措施给出正确的决定。在数据报子网中的拥塞控制方法包括：

- **拥塞标志**：如果一个路由器确定了一个拥塞情况，那么它在转发的数据包报头中添加一个特殊的比特作为拥塞标志。该数据包的接收方将这个拥塞标志复制到自己的接收确认中。该确认会被再次发送回数据包的发送方。通过这种方法，发送方就可以获知拥塞的情况，进而控制自己的发送速率。只有当到达发送方的接收确认中不再含有拥塞标志时，发送方才可以提高自己的发送速率。但是，只有在从发送方到接收方的路径上没有路由器显示拥塞的情况下才会出现上面的操作。该方法用于显式拥塞通知（Explicit Congestion Notification，ECN）协议中，以避免互联网中的拥塞情况。这种方法的缺点在于，无论数据包的发送方还是接收方都必须支持这种方法。

- **扼流圈数据包**：路由器可以根据一个现有的拥塞情况发送信息，也可以直接将消息发送到相关的发送方。为此，一个特殊的**扼流圈数据包**（choke data packet）被发送回发送方。由此发送方就可以意识到，应该将自己的发送功率（数据传输速率）减小到一定的预定百分比。此外，在定时被转发的数据包中会设置一个溢出标志（Overflow Flag）。这样，沿着一个拥塞路径上的每个路由器就不需要必须发送一个私人的扼流圈数据包给发送方。

  如果发送方接收到了一个扼流圈数据包，就会随之减小自己的数据传输速率。但是，由于这时候在网络中发生拥塞的子段路径上可能已经存在了大量的数据包，因而还会有同一个路由器的其他扼流圈数据包到达发送方。那么在发送方进一步降低发送功率之前，最初的这一段时间只能被忽略了。对拥塞的进一步控制可以从最初的发送方开始，即调整发送的功率。因而，节流之后对发送功率的增加总是被限制在一个较低的百分比，以避免拥塞的再次发生。

- **逐跳扼流圈数据包**：如果发送方和接收方之间的桥接路由器的数量过大，那么扼流圈数据包的自适应发送功率就会很慢。这时可以通过将原来放置在发送方的扼流圈数据包分散到各个涉及的子段上的方法来抵消这种现象，而数据通信也会被减慢。这样就可以在本质上达到快速缓解拥塞的目的。

- **减负载**：如果拥塞的情况不能通过其他方法来解决，就会不可避免地发生数据包的丢失。这种为了拥塞控制而有目的性地丢弃数据包的行为称为**减负载**（Load Shedding）。而较旧的数据包要比较新的数据包重要，这样就可以在选择丢弃数据包的时候起到保护作用。基于这样的事实，数据传输中较旧的数据包就可以被连续地发送。如果将较旧的、与前面已经被发送了的数据包相关的数据包丢弃掉，那么由于这些较旧的数据包被丢弃，整个数据传输就不完整了，而重发的时候，那些已经被发送的数据包部分必须还要再重新被发送一遍。相反，如果将新的数据包丢弃，那么只要重新发送与该数据包相关的数据包就可以了。这样，通过统计来看，在删除较旧的数据包后进行重新传输的数据包的数量要大于在删除较新的数据包之后进行重传的数据包的数量。

  减负载的另外一个版本是，数据包的优先级决定了所分配的丢弃顺序。路由器通常在具有最低优先级的数据包中使用减负载。

- **随机早期检测**：如果路由器队列的等待时间过长，甚至到了被中止使用的阶段，那么上述的方法就不管用了。但是，如果在拥塞的现象首次被通告之前，拥塞控制就已经被启用了，那么就有很大的概率可以避免系统的崩溃。因此，数据包在路由器的队列完全被填满之前就应该开始被丢弃了。**随机早期检测**（**Random Early Detection，RED**）算法就是基于这一原则工作的。其中，路由器的平均队列长度不断地被确定，在预先规定的边界值被超过之前开始随机地丢弃数据包。这种随机的删除也是有原因的，因为不可能完全准确地确定哪个发送方应该为对应的拥塞情况负责。加权随机早期检测（Weighted Random Early Detection，WRED）协议是随机早期检测方法的扩展。这个协议允许每个队列管理多个不同的边界值（阈值），以便实现对不同优先级数据包的不同处理。

  现在，被删除数据包的发送方也可以通过一个扼流圈数据包了解诸如拥塞的情况。但是，这种消息的通知在拥塞的时候恰恰会产生额外的通信负载。而由于被删除的数据包并没有到达接收方，因此发送方不会获得接收确认。也就是说，发送方检测到了被发送的数据包超时，因此必须对其进行重传。因为超时通常是由于因拥塞而丢弃数据包造成的，因此，发送方由此可以间接地推断出拥塞的情况，然后自动的根据超时的检测限制自己的数据传输速率。这种方法只对有线网络有效，因为在无线网络中，数据包经常会因为无线连接的干扰而丢失。

7.2.6　服务质量

服务质量（**Quality of Service，QoS**）是衡量网络性能的一个核心概念。其中涉及的参数可以对一个网络的数据流量的需求形成印象。这些决定服务质量的参数如下：

- 作为定量检测指标的吞吐量（Throughput）和传输延迟。
- 有关传输延迟和错误率的性能抖动（Jitter）。
- 作为数据传输完整性和清晰度标准定性测量的可靠性（Reliability），以及有关保密性、数据包完整性、真实性、连接性和可用性的安全标准。

确保一定等级的服务质量与网络上的负载有着密切的关联。其中，在交换网络中被区分了以下三个等级的服务质量（也可参见图 7.10）。

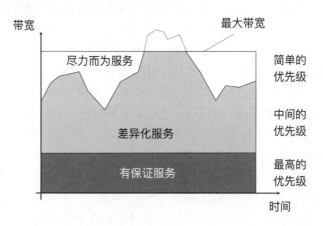

图 7.10 分组交换网络中的服务等级

- **有保证服务**：在这个服务等级中，发送方要求从路由器沿着确定的路线为数据包预留出一部分可用的传输容量。这是通过一个逻辑的（虚拟的）信道被定义的，确保这条有保证的数据传输通道的畅通，即使是在拥塞的情况下。
- **差异化服务（Imperfect Service）**：网络中的每个中间系统在可用的传输容量框架下会为这个服务等级上的数据通信提供优先待遇。因此，在拥塞的情况下，数据包会被尽可能少地丢弃。
- **尽力而为服务（Best Effort Service）**：这个最低等级的数据通信可以尽可能地使用剩余的数据传输的容量。在拥塞的情况下，这个服务等级的数据包会被最先丢弃，所以只能被重新传输。

为了实现预先被选定的服务质量的等级，存在着不同的策略和方法。

- **提供足够的基础设施**：为了保证被选定的服务质量的等级，首先必须提供对应的基础设施。也就是说，具有高的处理和切换速度的路由器、高速缓存以及足够容量的带宽。当然，用户数量的增长以及对多媒体数据服务需求的增长，都会提高对基础设施的要求。
- **数据包的临时存储**：如果在接收方设置一个缓冲存储器，那么会有助于补偿单个数据包在传输延迟的时候发生的抖动。其中，到达的数据包在进行转发处理之前，首先被收集到一个缓冲存储器中。这种处理不会对带宽或者数据传输的可靠性造成影响。而多媒体应用，例如视频或者音频流，依赖于一个尽可能均匀的传输延迟。如果平均的传输延迟的抖动过大，那么视频或者音频流就会出现暂停或者中断。临时存储可以协调传输延迟和流畅播放。其中，每个缓冲区的大小直接与最大的可补偿的传输抖动相关。缓冲区越大，就可以补偿越大的抖动。同时，通过之前收集数据包的缓冲存储器也可以延迟视频和音频数据流的重现。因为，在回放之前，缓冲区必须首先被填充到一定的程度。这种整体延迟在实时应用中需要使用缓冲存储器，例如视频电话。

- **流量整形**：如果说缓冲存储在接收方确保了数据的服务质量，那么在发送方则可以进行数据通信的调制，以避免拥塞情况，同时保证一个被约定的服务质量。在**流量整形**（Traffic Shaping）中，平均的数据传输速率是通过发送方和被使用的子网之间预先确定的协议来调节的。发送方共享所必需的基础设施资源，只要这些资源被合理利用，子网的提供商就会确保提供发送方所需资源。

- **漏桶算法**：如果在发送方同样设置一个缓冲区，其数据包的输出是以恒定的数据传输速率向网络中发送的，那么发送方就可以持续达到一个恒定的传输延迟。这种方法被称为**漏桶算法**，因为这个比喻可以很好地说明这种现象。假设一个水桶，在其底部有一个小洞。如果现在不定期地向其中注入水，那么水会以恒定的速率从小洞中滴到地面上。这就对应于应用程序中的行为，在所谓的"脉冲串"中，每次在较小的时间内发送数量较大的数据。当注入的水到达了水桶的边缘的时候，水桶中的水就会溢出。也就是说，队列已经满了，之后到达的数据包会被丢弃。在均匀传输的数据中，队列会考虑到所发送的各个数据包的大小，这种度量在不同的网络负载上可以具有不同的大小。

- **令牌桶算法**：使用漏桶算法时应该在发送一方尽可能实现恒定的传输延迟，但是在某些情况下这也只是一种理想的"恒定的"数据传输速率。在队列排空时，需要调整其对应的容量和输入数据脉冲串的大小。这种灵活的调制是由**令牌桶**（Token Bucket）算法实现的。这里，用于预先转发数据包的配额称为**令牌**（Token），其分配可以被完全用完，或者被积累到预定的极限，即"桶已满"。每个令牌代表一个确定的可以被传输的数据量。如果想要传输一个数据包，那么就要从桶中取出一个令牌。如果桶中所有的令牌都被取完，那么被传输的数据包要么被放置在队列中直到新的令牌可以被发放，要么就被丢弃掉。一种替代方法是，尽管没有令牌了，数据包也可以被继续转发。但是，在这种情况下被转发的数据包会被附加一个标签，表明该数据包是被丢弃的，在其他地方可能会出现拥塞。

  如果在较长的时间内没有数据包被发送，那么就会将其令牌收回，以便在短时间内也可以实现较大数据量（数据脉冲）的一次性传输。然而，从长远来看，通过定期的令牌分配保留了相关的最大数据传输速率的固定上限。

- **资源预留**：如果使用上述机制调整网络中的数据流，那么会提高对所需服务质量提供保证的机会。但是，这种调节也隐含着所有产生的数据流必须使用相同的路径，以便确保所要求的服务质量。如果数据流可以提前被确定一个固定的路径，那么可以保留这条路径上的资源，以便达到一个所需的服务质量。以下的资源可以被提前预定：

- **带宽**：对应于通过连接线路提供的最大带宽，可以为一个数据流预留一部分带宽。其中必须注意的是，这条线路没有被占满。

- **缓冲存储器**：被传输的数据包在不能立即被转发之前，将被存储在路由器的缓冲存储器中。如果该缓冲存储器的填充程度超过了一定限度，那么最新到达的数据包就会被丢弃。不同的数据流都在竞争缓冲存储器的可用空间。如果在该缓冲存储器中为一个特定的数据流提前预留出一个专门的存储区，那么这个数据流的数据包就不再与其他数据流竞争。也就是说，缓冲存储器中总是有一个自由的存储空间是预留给该数据流的。

- **计算能力**：每个到达的数据包将在路由器中进行分析，也就是说，数据包报头的地址信息将被读取，并进行处理。该地址信息确定了该数据包应通过路由器的哪个输出端被继续转发。处理数据包所需的计算能力是有限制的，因此，到达的数据包在被转发之前都在争夺可用的计算时间，以便可以被及时转发。

数据流通过一组被描述的参数（即**流规范**）进行标记。在通过一个网络路由器进行数据流协商的时候，可能会涉及许多方面，这些方面由借助于流规范所转发的数据流进行描述。流规范每次是根据发送方所提出的相应数据传输要求被创建的，并且向接收方向进行发送。在到达接收方的路径上，每个路由器对该流规范进行检查，并且根据其中提供的参数修改自己对应的可用容量。其中，各个被指定的参数每次都只会变得更小，绝不会被增加。在到达接收方后，可以确定最后可用的以及因此被保留的网络资源。

- **差异化路径**：在路由器上对多个数据流进行处理的时候，存在这样一种风险，即一个较大的数据流会占用掉其他数据流的资源，因为在路由器上通常是按照数据包到达的顺序进行处理的。规避该问题的一个方法是，为每个数据源在路由器中都提供一个公平队列（**Fair Queueing**）。路由器轮转（Round-Robin）所有为各个输出线路分配的队列，这样每个发送方的数据包都可以被交替地转发。然而，这个原始的算法并没有考虑到数据包的大小。因此，发送方会很明显地选择较大的数据包。该算法已经被扩展，对于每个被传输的数据包会根据其大小来计算传输的结束时间。随后，这些数据包按完成时间排序，并且以该顺序被传输。此外，各个数据流还可以进行加权。其中，从发送方发出的数据流的数量同样也会被考虑。因此，每个发送过程被提供了同样的带宽（**加权公平排队**）。

为了确保向一个对资源要求较高的特殊服务提供足够的服务质量，例如，针对多媒体流，定义了一系列基于数据流的算法（Flow-Based Algorithms）或者综合服务。这些知识点将在第 9 章中与实时和多媒体应用一起单独进行讨论。与综合服务（Integrated services）相比，一个简单的、具有更好扩展性，并且在每个本地路由器上是**基于类的服务质量**的版本被称为"**差异化服务**"（Differentiated Services，DS，RFC 2474，RFC 2475）。

为了实现差异化服务，需要合并管理域内的路由器组。用于管理的主管机构定义了一组不同的服务类别，并且确定了差异化的转发规则。这种管理域的用户可以通过数据包报头中特殊的服务类属性显示所选择的服务类型。其中，某些可能是"较便宜服务"的服务类与其他服务相比却具有服务类的优先权。在管理域中的每个路由器只能根据服务类型，通过数据包的转发来决定是否需要提前预约资源和进行其他必要的协商。

当然，数据包在互联网中还需要通过多个不同的管理域进行转发，因此被选择的服务类型应该尽可能地被所有相关的管理域所支持。为了实现这一目标，定义了独立于网络的服务类型，例如，**加速转发**（Expedited Forwarding，RFC 3246）或者**安全转发**（Assured Forwarding，RFC 2597）。加速转发在最简单的版本中建立了两个不同服务类的定义：普通的（regular）和加急的（expedited）。大部分被传输数据都属于"普通的"服务类，只有很少的一部分被优先设定为"加急的"。为了实施这一概念，各个路由器通常为这两种服务类提供了两个而不是一个队列。到达的数据流会被分类到对应自己服务类的队列中，同时"加急的"数据流会被优先转发。与此相反的是，安全转发允许通过提供的不同服务等级对数据流进行差异化处理。其中，服务等级是与在拥塞的情况下数据包被丢弃的不同概率相关的。

7.2.7　互联网路由

在一个互联网环境中运行的路由与在一个单一网络上的十分相似（对比 6.3 节）。在一个互联网内部，首先需要尝试用图形来检测多协议路由器提供的拓扑结构，该拓扑结构将互联网中各个单独的网络连接到了一起。其中，每个多协议路由器具有到其他各个多协议路由器的几乎直接的连接，这样就可以与尽可能多的网络连接到一起（参见图 7.11）。图 7.11 中的例子显示了路由器 MR1 可以通过网络 N1 到达路由器 MR2 和 MR3，并且可以通过网络 N4 到达路由器 MR5。

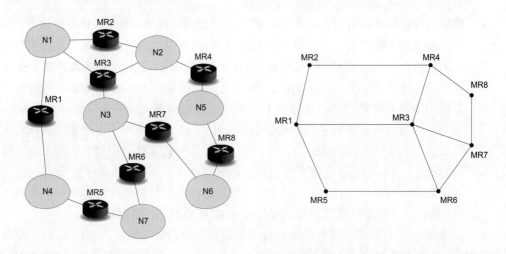

图 7.11　互联网路由

在这些多协议路由器拓扑表示的图形中，现在已经可以使用在广域网（参见第 6 章）中提及的路由算法，例如，链路状态路由选择（Link-State Routing）。互联网路由的执行需要两个路由过程：在参与的网络内部，为了路由选择使用了一个所谓的**内部网关协议（Interior Gateway Protocol，IGP）**；而在各个多协议路由器之间则使用了一个所谓的**外部网关协议（Exterior Gateway Protocol，EGP）**。其中，每个参与的网络都是独立于其他网络运行的。也就是说，各个网络可以在各种情况下，在自己单独的网络中使用不同的路由方法。由于这个原因，单个的网络也称为**自治系统（autonomous system，AS）**，也可以参见补充材料 7"特殊的路由方法"。

如果一个数据包从位于一个网络中的发送方向一个远程网络发送，那么该数据包首先在发送的网络内部从发送方向对应的多协议路由器发送，该路由器连接了发送方网络与目标网络路径上的相关网络。为此，需要使用位于网络接入层（TCP/IP 参考模型中的第 1 层）的 MAC 层中的地址信息和路由信息。当数据包到达发送方网络中的多协议路由器的时候，该路由器使用位于更高一层的网络互联层（第 2 层）的路由信息，以便确定该数据包接下来应该被转发到哪个多协议路由器。这里，转发需要遵守所经过网络设定的条件和参数。也就是说，数据包必须被对应所使用的通信协议碎片化，并作为封装了的负载通过该网络使用隧道传输。这个过程不断被重复，直到数据包到达最终的目标网络。

另一个事实是，互联网路由要比单个网络中的路由复杂。这是因为在互联网中，必须在由不同运营商提供的网络之间切换，而这往往要遵守不同主权国家的法规。在各个网络中也使用了不同的结算方法，这是因为要为数据传输确定最具成本效益的路径。

7.3　互联网协议 IP

TCP/IP 协议族中两个主要组成部分之一就是**互联网协议**（**Internet Protocol**，**IP**），其第四个版本（IPv4）奠定了全球互联网的基石。在下面的章节中，首先介绍在全球互联网中的计算机的网络结构和寻址方式，然后总结从互联网地址到本地网络地址的映射。其中所谓的"地址绑定"是通过 TCP/IP 参考模型的网络互联层与传输层和在其上使用的每个本地技术的耦合进行的。消息格式和协议功能给出了 IP 协议的功能描述，在本节结束之前，还会对 IPv4 的继任者 —IP 协议第 6 版（IPv6）给出详细的介绍。TCP/IP 基本术语参见表 7.1。

表 7.1　根据互联网网关要求的文档 RFC 1009 和互联网主机要求的文档 RFC 1122 给出的 TCP/IP 基本术语

对象	说明
帧，框架	在 TCP/IP 参考模型的网络接入层（第 1 层）之间被交换的数据单元，是由一个帧头、用户数据和一个帧尾组成的
消息，段	通过 TCP 被传输的数据单元的同义词，由 TCP 报头和用户数据组成
数据包，数据报	两个 IP 实例之间交换的数据单元的同义词，由一个 IP 报头和用户数据组成
主机	对计算机系统的命名，在互联网服务的用户端（客户端）工作
路由器，网关	调解不同网段的中间系统。如果调解发生在 TCP/IP 参考模型的网络互联层（第 2 层）上，那么就涉及一个所谓的多协议路由器。该路由器在不同类型的网络之间进行调解。在 TCP/IP 参考模型中，经常用多协议路由器术语代替旧的网关术语，尽管网关的名称更接近较高协议层的通信
内部网关协议 (IGP)	在单一网络内部使用的路由方法
自治系统 (AS)	位于独立运营商控制下的子网络和系统，同时使用一个共同的路由方法
外部网关协议 (EGP)	被用于各个自治系统之间的路由方法

从 TCP/IP 参考模型的网络互联层角度来看，全球互联网可以被看作是一个通过多协议路由器产生的各个自治系统（子网）的巨大连接。这些自治系统的连接核心是所谓的**骨干网**（backbone），即具有非常大传输能力的高速连接。这些骨干网通过所谓的**联通点**（Peering Points）相互连接。在这些骨干网上连接着**区域网络**（**Midlevel Networks**），其

上连接着更大运营商（例如大学、公司或者互联网服务的提供商）提供的局域网（LAN）
（参见图 7.12）。互联网具有一个准层次的组织结构。

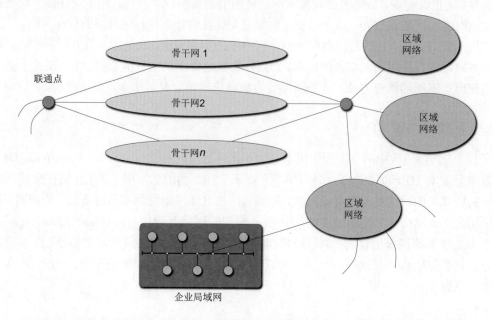

图 7.12　互联网的层次结构

　　所有相互连接的网络都使用 IP 协议，这样就确保了数据包总能找到从发送方到指定
的接收方的路径，而不依赖于发送方或者接收方具体连接到了哪个子网上。

7.3.1　IP 寻址

　　正如已经介绍的那样，每个网络互联的目的都在于为用户营造出一种错觉：其面前的
是一个大的统一的网络，而位于网络底层的实际物理实现细节都被隐藏了。全球互联网与
其他互联网一样都是一个纯的软件产品，其本质上是由协议软件和特定的 IP 协议（通常
是第四个版本 IPv4）组成的。这样，用户就不会被强制依赖于所使用的硬件所必需的通
信参数，例如，数据包的大小和数据包格式。同时还提供了一个通用的解决方案，这样就
实现了互联网中相互连接的各个计算机之间的直接互动。

　　通过 IP 寻址方案，全球互联网事实上被当作了一个单一的同质和通用的网络，而那
些存在于互联网中的许多独立网络的细节都被完全隐藏了起来。虽然对于大多数用户来
说，实际的 IP 地址被隐藏了起来，取而代之的是更容易记忆的、更有层次感的逻辑名称，
但是，在讨论这些命名方案以及从规则的特征上进行从域名到 IP 地址的转换之前（参见
9.2.1 节），应该首先介绍实际的 IPv4 的 IP 寻址方案。

IP 地址层次和类

　　为了清楚地对连接到互联网上的计算机进行寻址，需要在网络中所使用的硬件地址
基础上接收长度为 32 比特的**IP 地址（IP Address）**。每个 IP 地址由 4 个字节组成，这

4 个字节通常指定为 4 个无符号的、整数的、通过小点分隔开的十进制数。例如，

IP 地址: 155.136.32.17

这种记法称为**点分十进制**（**Dotted Decimal Notation**）。由于每个十进制数代表一个独立的地址字节，因此，这个值的范围是从 0 到 255。这种 32 比特的 IP 地址在理论上可以提供的所有十进制数的范围为

0.0.0.0 ～ 255.255.255.255

在逻辑上，一个 IP 地址被划分为两个部分：一个是地址前缀，一个是地址后缀。使用这种结构组成的层次结构可以对整个互联网的路由进行简化。地址前缀标识了该计算机所连接到的物理网络，因此也称为**网络 ID**（Network Identification，NetId）。相反，地址后缀标识了通过该网络 ID 所确定的网络中的具体计算机，因此，这种地址后缀也称为**主机 ID**（Host Identifier）。

如果在一个确定的、通过一个唯一的网络 ID 描述的网络中，始终可以给出唯一的主机 ID，那么在不同的网络中可以使用完全标识的主机 ID。这种层次结构的方案支持网络 ID 的全球管理，同时本地主机 ID 的管理可以通过各个网络的管理员实现。

使用网络 ID 和主机 ID 的 IP 地址的分配存在一个问题，即必须提供一个足够大的空间，以便可以为现实中所有物理网络提供唯一的寻址。另外，当各个网络中被连接了大量的计算机的时候，还必须为各个网络提供足够数量的地址。但是，最初在确定 32 比特的地址长度时就已经决定了，哪些比例应该用于网络 ID，哪些用于主机 ID。由于连接到互联网中的网络往往拥有数量完全不同的计算机数，而事实上只存在很少数量的超大网络，一般都是一些较小的网络，为此给出了一个折中的决定：IP 地址空间被划分成 5 个不同的**地址类**。其中的三个类中，可用的 32 比特长度的 IP 地址的地址前缀和地址后缀被划分成不同的比例（参见图 7.13）。

IP 地址的第一个比特指定了当前地址的类别，由此确定了地址中地址前缀和地址后缀的分布。图 7.13 给出了被允许的 IP 地址类。这种划分基于 TCP/IP 协议有效的公约，比特位每次都是从左向右读取。其中，左边第一个比特被称为第 0 位。

地址类 A、B 和 C 称为**主要 IP 地址类**。另外，还存在两个特殊的类 D 和 E。其中，地址类 D 被用于多播地址，地址类 E 被用于实验目的的预留。每个地址类可提供的主机 ID 和相应的所属地址空间的数量将以十进制形式在表 7.2 给出。

表 7.2　IP 地址类和属性

类	网络数量	主机数量	地址空间
A	126	16777214	1.0.0.0～126.0.0.0
B	16834	65534	128.1.0.0～191.255.0.0
C	2097152	254	192.0.1.0～223.255.255.0
D			224.0.0.0～239.255.255.255
E			240.0.0.0～255.255.255.254

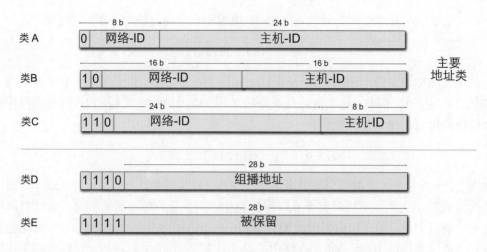

图 7.13　IP 地址的地址类以及网络 ID 和主机 ID 的比例分布

- **类 A 的 IP 地址**：仅被用于非常庞大的网络，即应该有超过 2^{16} 台计算机被连接。A 类网络的持有者包括了像 IBM 这样的大公司或者美国政府。在 IP 地址中，类 A 规定 7 比特用于网络 ID，24 比特用于主机 ID。因此，在理论上可以有多达 16 777 214 台计算机被连接在一个单一的 A 类网络中。
- **类 B 的 IP 地址**：被设计用于中型网络。这种网络的规模不断在扩大，因此，为网络 ID 设置了 14 比特，而为主机 ID 保留了 16 个比特。一个 B 类网络允许多达 65 534 台计算机连接进来。
- **类 C 的 IP 地址**：具有最为广泛的分布。在类 C 的 IP 地址中，21 比特用于网络 ID，允许数量最多为 2 097 152 个唯一可寻址的网络的接入。然而，这也限制了为主机 ID 所提供的可用空间，即只有 8 比特。由于可能要保留 2 个主机 ID（本地主机和广播），因此，最多只能有 254 台计算机连接到一个 C 类网络中。

IP 地址类的原始模式一直被使用到 1993 年。由于缺乏灵活性和对稀缺资源 IP 地址的浪费，这些地址类首先被补充了子网和超网概念，并且从 1992 年起通过引入类而取代了域间路由（CIDR）。

在互联网中，所有的网络 ID 必须是唯一的。如果一个公司想将自己的网络连接到全球互联网中，那么他必须从一个互联网连接的提供者，即**互联网服务提供商（Internet Service Provider，ISP）**那里得到一个专有的网络标识。该提供商通过相关的主管部门为其提供网络 ID 的分配和注册，这是由 ICANN（原 IANA）工作组控制的。

特殊的 IP 地址

除了对每个主机进行寻址的可能性，也需要同时实现对网络中的所有计算机使用寻址（广播）。出于这个原因，IP 地址标准规定了一些特殊的 IP 地址，这些地址没有被分配给各个单独的计算机，而是被保留用于特殊的用途。

- **网络地址**：如果主机 ID 的值设置为 0，那么意味着该地址是通过网络 ID 指定的网络地址，并不是连接到该网络中的计算机地址。在本地网络中，被标识为 0 的主机 ID 通常是主机自己（**本地主机**）。同样的，使用网络 ID 为 0 的地址始终指向的是本地网络。

- **广播地址**：通过特殊的广播地址，所有通过该网络 ID 标识的网络中所连接的计算机都可以同时被寻址。为此，所有相关的主机 ID 必须被设置为 1。这样，一个使用广播地址被发送的 IP 数据包会覆盖本地网络，直到所有网络中的计算机都接收到。例如，类 C 网络中的广播地址是 136.77.21.255。其中，136.77.21 称为网络 ID，255 是专门标识提供广播的主机 ID。特殊的情况会采用特殊的 IP 地址，即所有比特位都被设置为 1（255.255.255.255）。这是连接被发送的计算机的本地网络的广播地址（网络 ID 为 0）。一个路由器使用本地广播地址发送数据包只能覆盖自己网络，而这并不适用于互联网。在新的互联网协议 IPv6 中，广播地址被取消，取而代之的是组播地址。

- **环回地址**：出于测试目的，会使用一台计算机发送一个数据包，然后该计算机再将该数据包回收。这样就可以得出有关该网络的响应时间以及网络错误的信息。为了此目的保留的特殊地址被称为环回地址（Loopback Address）。IP 标准为类 A 的网络 ID 保留了 127。由于所有的主机 ID 都被同等对待，因此这和与之相关所使用的主机 ID 没有关系。但是，如果约定主机 ID 使用 1，那么 127.0.0.1 通常就是环回地址。

- **私有地址**：这种特殊的 IP 地址并没有在全球互联网中共享，而是保留给了那些没有被连接到全球互联网中的私人网络使用。根据文档 RFC 1597，为此目的准备的地址范围从 10.x.x.x、172.16.0.0 到 172.31.254.254，以及从 192.168.0.0 到 192.168.254.254 之间。

- **多播地址**：除了单个的主机（单播）或者同时对整个网络（广播）进行寻址，还提供特殊的 IP 地址来实现对属于同一个组的计算机的寻址（也称为组播）。为此，每个计算机组都含有一个 **D 类 IP 地址**，该地址可以对该组进行唯一寻址。针对特定的组设置了一个固定的多播地址，同时，还提供了私人用途的临时地址。这里最多存有 2^{28} 个不同的多播组。为了将一台计算机指定到一个特定的多播组中，必须在最近的多播路由器中设置对应的请求（对比 6.3.5 节）。

在互联网中，**路由器**或者**多协议路由器**被作为各个单独网络之间彼此相连的链路服务。其中，两个或者多个网络之间的链路都是通过它们所连接的网络按照逻辑连接在一起的。因此，路由器必须在各个网络中都有自己的主机 ID。这样一来，一个 IP 地址不是标识特定的计算机，而只是标识一台计算机与一个特定网络的连接。如果一台计算机同时与多个网络相连，那么必须为每个连接提供一个 IP 地址。图 7.14 显示了一个路由器与不同网络连接时对应的 IP 地址分布。

计算机也可以同时连接多个网络，称为**多宿主机**（**Multihomed Host**）。通过与多个网络的同时连接，可以提高计算机的可用性和可靠性。如果一个网络出现故障，那么该计算机还可以通过其他网络访问到互联网。这也同样适用于一个路由器出现拥塞的情况，即可以通过使用一个替代的网络连接很容易地绕过发生故障的路由器。

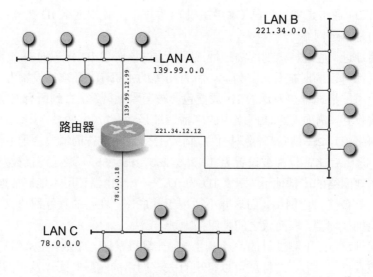

图 7.14 在不同网络中彼此连接的路由器的 IP 地址分配

子网寻址

如果一个网络允许不断增加可用的主机 ID，那么就会为运营者产生额外的处理负担。规避这种增长的一种可能性是，在负责互联网服务提供商处预约额外的网络 ID。但是，这又像是对两个逻辑上独立的网络进行操作，其中的配置和维护会产生额外的费用。

另一方面，一个公司还可以操作多个相互独立的局域网，并且为其配置不同的网络 ID。如果一台计算机从一个网络被转移到另一个网络，那么每次都需要在这台主机上进行对应的网络配置。此外，这种网络 ID 的转换在获得全球有效性之前还必须确定，目的地是该计算机的所有消息可以被发送到转换后的新地址。

一个对地址类灵活分配地址空间更有效的方法是提供**子网寻址（Subnetting）**。使用这种子网寻址可以通过对单独的、彼此间逻辑独立的子网的划分来实现 IP 地址类的细化。当然，划分后仍然是由单个网络 ID 进行寻址。子网寻址是在 1985 年被推出，1992 年首次定义在文档 RFC 950中。

在子网寻址中，一定数量的主机 ID 被保留作为**子网 ID**。例如，一个 B 类的网络，其主机 ID 包含 16 个比特，其中划分 6 个比特为子网 ID，其余 10 个比特为主机 ID。这样就可以实现 62 个子网，每个含有 1022 个可用主机 ID（0 和 255 被保留）的寻址。从外部看，这种在子网络中的划分是不可见的，进而也不能被追踪。因此，这种划分不需要监管机构（ICANN）进行地址的分配，相关的网络 ID 持有人对此负有完全的责任。

为了区分主机地址和网络地址的不同（网络 ID 和子网 ID），使用了一个所谓的**子网掩码**（subnet mask）。与 IP 地址一样，该子网掩码的长度也是 32 比特。其中，网络地址和子网 ID 的范围是通过 1 比特标记的，主机 ID 的范围是通过 0 比特标记的。子网地址的分析和到相关子网的转发是通过路由器进行的。在路由表中，进行子网寻址之前首先需要存储两个类型的地址：

- **网络地址**：用于远程网络的数据包转发。

- **主机地址**：用于本地网络中的数据包转发。

其中，路由表中的每个条目都被分配了一个用于转发数据包的特定路由器的网络接口。当
一个新的数据包到达该路由器的时候，会在路由表中查找相关的目标地址。如果是一个需
要被转发到远程网络中的数据包，那么该数据包通过路由表中给出的沿着位于目标网络
路径上的后继网络路由器被发送。如果目标网络就是本地计算机，那么该数据包会被直接
发送。如果向一个网络发送的数据包的目标地址在该路由表中还没有记录，那么会将其
转发到一个所谓的**默认路由器**。该路由器提供了一个详细的路由表，并且接管该数据包的
转发。通常，路由器只对本地网络中的各个计算机提供服务，并且通过网络地址实现远程
的、非本地计算机的转发。

如果该路由器使用**子网寻址**进行工作，那么路由表中的条目会被补充一个新的格式：

- **子网地址**
- **主机地址**

这样就保证了位于特定子网中的路由器，例如，具有子网 ID=34 的子网，知道如何将数
据包转发到其他所有的子网中，或者应该如何在本地子网中（子网 ID=34）传输数据包。
位于其他子网中的单独计算机的详细信息不需要进行管理，这样就可以更有效地使用路
由表。

借助**子网掩码**可以将路由器的路由表中有关特定转发所必需的接口大大简化（参见图
7.15 和图 7.16）。网络软件在子网掩码和被转发的数据包的目标地址之间进行位逻辑AND计
算。如果计算后得出的网络地址与路由表中的一个条目相对应，那么为该条目分配的路由
器的接口将被用于转发。

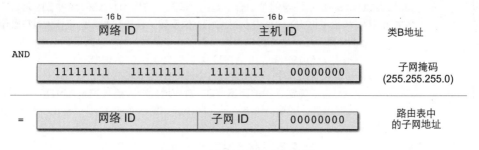

图 7.15　网络地址和子网掩码

如果一个子网中所有的计算机同时被寻址，那么会执行一个所谓的**子网定向广播**。其
中，相关主机 ID 以及常规广播的所有比特都被设置为 1，子网 ID 的比特保持不变。相
反，如果所有本地子网中的全部计算机被寻址，那么会执行一个所谓的**所有子网定向广
播**。其中，主机 ID 以及子网 ID 的所有比特都被设置为 1。

为了命名一个特定的子网，首先需要将该子网中的第一个地址与该子网掩码或者前缀
长度组合在一起。如今，具有更强紧凑性的**前缀表示法**已经代替了掩码表示法。这里只涉及
一个前缀的长度，即在子网掩码中给出的被设置为 1 比特的数量。人们使用172.16.4.0/22
（前缀表示法）取代了172.16.4.0/255.255.252.0（掩码表示法）。

子网寻址中的路由计算

    根据图中提供的具有四个接口的 R1（路由器）在路由表中对应分配给了两个本地计算机、一个本地子网和三个远程网络。

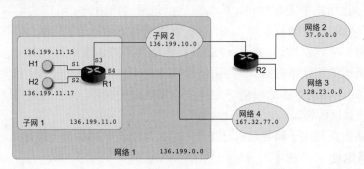

R1 的路由表如下：

网络 -ID	子网 -ID	主机 -ID	子网掩码	接口
0.0	10	0	255.255.255.0	**S3**
0.0	0	15	255.255.255.0	**S1**
0.0	0	17	255.255.255.0	**S2**
37		0.0.0	255.0.0.0	**S3**
128.23		0.0	255.255.0.0	**S3**
167.32.77		0	255.255.255.0	**S4**

具有以下地址信息的数据包到达 R1：

- **136.199.11.15**：由于涉及的是一台本地的计算机（网络 ID：136.199），因此只评估**主机 ID**。从该主机 ID 地址中获得 **AND** 位反转子网掩码和与二进制 **AND** 操作关联到一起的地址。这个地址可以由路由表中各个条目执行，直到找到结果地址。

$$136.199.11.15 \text{ AND } 0.0.0.255 = 0.0.0.15$$

0.0.0.15 存在于该路由表中。该数据包将会通过 **S1** 接口被转发。

- **37.16.23.222**：为了确定远程的**网络 ID**，对应地址会被通过逻辑 **AND** 操作与路由表中的子网掩码进行运算。如果结果与路由表中的一个相关的网络 ID 对应，那么该数据包会通过一个分配的接口进行转发。

$$37.16.23.222 \text{ AND } 255.0.0.0 = 37.0.0.0$$

该数据包通过接口 **S3** 被转发。

延伸阅读：

Mogul, J.C., Postel, J.: Internet Standard Subnetting Procedure, Request for Comments 950, Internet Engineering Task Force (1985)

图 7.16   子网寻址示例

无类别寻址和无类别域际路由选择

    子网寻址是在 20 世纪 80 年代开始开发的，以便可以更有效地利用可用的稀缺地址空间。那时候人们就已经清楚地预料到，可用的地址空间会在不同的网络类中快速地被瓜分掉。因此，一个被称为**地址空间枯竭**（Running Out of Address Space，ROADS）的问题开始被讨论。虽然从一开始就在讨论 IP 协议标准**IPv4**的后继发展目标，但是，很明显这还需要很长的时间。因此，为了能够应付互联网地址空间的快速增长，人们给出了一个治标不治本的解决办法，即所谓的**超网**或称为**无类别寻址**（Classless Addressing）。

无类别寻址采用了一种扩展互补的子网络寻址方法。在子网寻址中只能使用不同物理网络对应的单一地址前缀（网络 ID），而在无类别寻址的概念中允许对单一网络平行地使用不同的地址前缀。C 类网络最多允许连接 254 台计算机，而 B 类网络可以连接 65 000 台计算机。更高的需求则很难达到，因为这些网络中只能分配差不多 17 000 台计算机。此外，还有一种情况很浪费，例如，只有 4000 台计算机想要连接到互联网，而使用的地址空间却是为 65 000 台计算机准备的。因此，无类别寻址的概念解决了个别机构和企业的连续地址块的分配不均，同时促进了更有效地利用可用的地址空间。

然而，这又牵扯出一个新的问题。假设，一个公司保留了 128 个 C 类网络，而不是 B 类网络。这样虽然更有效地利用了地址空间，因为如果是 B 类网络，那么被分配的地址空间的一半是空闲的。然而，现在必须将多达 128 个单独的条目分配到远程路由器的路由表中，以便数据包可以被转发到该公司的计算机上。1993 年，**无类别域际路由选择**（**Classless InterDomain Routing，CIDR**）的技术被定义在文档 RFC 1519 中，该技术很好地解决了这个问题。无类别域际路由选择联合 C 类地址在路由表中的各个条目上建立了一个块，该块由

（网络地址，计数器）

组成，给出了所分配的网络块的最小地址和被分配的网络地址的数量。例如，一个条目

(136.199.32.0, 3)

指定了以下三个网络地址：

136.199.32.0、136.199.33.0 和136.199.34.0

事实上，无类别域际路由选择（CIDR）不只限于 C 类网络，也可以将地址二次幂的块组合在一起。假设，一个公司需要 1024 个连续的地址，其中以地址136.199.10.0开始。那么，所需的地址空间的范围是从136.199.10.0到136.199.13.255。

正如表 7.3 描述的那样，地址空间的上下边界在二进制表示中是从第 22 个比特开始不同的。因此，无类别域际路由选择需要指定一个 32 比特的地址掩码。在给出的例子中将第 22 位设置为 1，同时将其余的位设置为 0。

11111111111111111111100000000

这里地址掩码使用了在子网寻址中使用的相同方式。地址的分配是从第 22 位开始的，同时用于路由表条目的基址可以通过当前存在的地址值与掩码做 AND 运算得到。

为了确定一个无类别域际路由选择地址块，通常需要该块的基址和掩码，这样就可以确定块中地址的数量。该信息通过由一个速记符号给出，即所谓的**CIDR 符号**（斜杠符号）。其中，掩码就像在前缀符号中那样，通过一个斜线与给定的、作为十进制数的基址

表 7.3　无类别域际路由选择举例——地址空间的边界

边界	地址	二进制地址
下边	136.199.10.0	10001000 11000111 00001010 00000000
上边	136.199.13.255	10001000 11000111 00001101 11111111

被分开，这个数由比特表示，进行掩码运算后，1 会被转换为 0。对此，在图 7.16 给出的例子

```
136.199.13.0 / 22
```

将很容易地给出解释。

路由协议的边界网关协议（Border Gateway Protocol，BGP）、路由信息协议版本 2（Routing Information Protocol v2，RIPv2）和开放最短路径优先（Open Shortest Path First，OSPF）都使用无类别域际路由选择（CIDR）。通过引入无类别域际路由选择，其他 IP 地址类和其标识符在很大程度上都被取消了。如今，互联网注册机构只分配原有的 A 类和 B 类网络之间不同大小部分的地址。

如果在无类别域际路由选择中放弃地址类，那么将很难在路由器中转发数据包。到目前为止，如果想使用地址类将地址前缀和地址后缀直接使用简单的方式分隔开，那么必须在无类别域际路由选择中将路由表中的每个条目扩展到 32 比特的网络掩码。每个接收到的数据包中所携带的详细地址必须被掩码，同时与一个匹配的路由表条目进行比较。这时可能会发生多个条目（使用不同的网络掩码）相匹配的情况。在这种情况下，通常会选用最长的网络掩码。

7.3.2　协议地址的绑定

IP 寻址是一个存粹的、由网络软件管理的虚拟寻址方案。在局域网（LAN）或者广域网（WAN）中参与的硬件并不知情，与 IP 地址前缀存在关系的是一个特定网络或者网络中的一台特定计算机的 IP 地址后缀。但是，为了可以最终到达目标计算机，数据包必须提供目标网络中与其相关的目标计算机的硬件地址。为此，在目标网络中的网络软件必须将给定的 IP 地址转换成相应的硬件地址。

为了这个目的，有必要再次观察数据包通过 IP 从发送方到位于远程网络中的接收方的发送流程。支持 IP 发送的发送方将需要被发送的数据包打包在 IP 数据包内，其中设置了接收方的 IP 地址。这种 IP 地址需要由数据包通过网络发送路径上的路由器和主机做出评估。其中，每次都要通过 IP 地址确定下一跳（Hop），即沿着到达接收方路径上的后续中间系统的地址。虽然应用 IP 软件会产生一个大的同构网络的假象，也就是说，目标地址和下一跳的地址每次都是相同的 IP 地址。但是，网络的硬件由于无法对此进行解读，所以并不使用这个地址。网络硬件每次都使用自己的数据格式和一个自己的寻址格式。为此，需要将 IP 数据包重新包装，同时对应的 IP 地址必须被转换成硬件地址。这种地址的转换称为**地址解析**（**Address Resolution**）。这里，一台计算机始终只能解析与其物理连接的网络中的 IP 地址。这种地址解析常常会被限制在一个特定的本地网络中。

例如，一个 IP 数据包通过一个 32 比特以太局域网被转发。如果下一跳跳到了具有 48 比特以太网硬件地址的以太局域网中，那么需要将 32 比特的 IP 地址转换成 48 比特的以太网硬件地址。这是因为以太网硬件只能在 TCP/IP 参考模型的网络接入层上（第 1 层）进行工作，因而无法理解该 IP 地址。地址解析可以考虑不同的解决方案，每个方案包括以下三种类别：

- **表格搜索**：地址格式之间的映射（绑定）关系被存储在一个表格中，该表格在计算机的存储器中进行管理。在表格中，每个 IP 地址都被分配了一个硬件地址。当为每个网络创建一个单独的表格时，为了节省空间，IP 地址的网络 ID 每次都可以被省略。

  通过计算机存储的表格搜索网络软件可以进行地址解析。其中，用于确定硬件地址的必要算法应该是统一的、简单的和易于编程的。对于小的表格，顺序搜索算法就够用了。而当表格中条目的数量不断增长的时候，就应该使用像**索引**或者**散列**这样的技术了。

- **直接计算**：表格搜索通常只被用于小的网络，这种网络为 IP 地址使用静态分配的硬件地址。但是，那些允许免费配置硬件地址的网络中所使用的方法主要是将指定的 IP 地址由一个可以直接被计算的硬件地址来实现。为此，计算机的硬件地址选择应该通过对计算机的 IP 地址做简单的算术方法进行确定。如果计算机的硬件地址是可以任意被选择的，例如，可以确定被设置的硬件地址与 IP 地址的主机 ID 至少有一部分是相同的，那么就可以通过一种简单的二进制逻辑操作非常迅速地进行计算了。对于那些具有可以自由配置硬件地址的网络，这种方法始终会优先选择使用表格计算，因为其更具有效性（参见图 7.17）。

使用直接计算的地址解析示例

现在考虑一个具有网络地址 **136.199.10.0** 的 C 类网络的例子。

主机 ID = IP 地址 AND 11111111

所得的主机 ID（R1 为 15，R2 为 17）在这种情况下被直接分配给了硬件地址。

图 7.17 使用直接计算的地址解析示例

- **消息交换**：目前给出的用于地址解析的方法都有一个前提，即网络中的每台计算机自己负责管理网络中其他计算机的硬件地址。这样一来，如果 IP 地址或者硬件地址改变了，那么需要大量的重新配置，以便将计算地址的表格重新设置到一个一致状态。

  另一种途径扩展了这种方法，即借助于网络计算机之间的消息交换进行地址的解析。如果一台计算机想要将 IP 地址转换成硬件地址，那么可以发送一个请求，该请求中转换的愿望和需要被转换的 IP 地址是一起被发送的。

  如果该地址信息在网络中是由一个特定的服务器计算机集中管理的，那么该计算机就可以将其请求直接发送到对应的服务器上。一种替代的方法是，地址信息的管理也可以完全分散被管理，每台计算机自己管理自己硬件地址到相应的 IP 地址的分配。这样一来，通过广播发送到网络中所有计算机的地址解析请求必须由每台计算机自己解决。在第一种情况下，服务器计算机答复有关地址解析的请求。而在第二种情况下，相关的计算机自己答复在广播请求中的有关自己的IP 地址请求，然后将自己的硬件地址作为应答发送回去。为此，TCP/IP 协议族专门规定了所谓的**地址解析协议**（**Address Resolution Protocol，ARP**）。

地址解析协议 ARP

一种通过双方消息互换进行地址解析的方法实现了该**地址解析协议**（**Address Resolution Protocol，ARP**，RFC 826），而被交换的消息需要一种统一的格式。该地址解析协议只与 IPv4 一起用于地址解析。在后继标准 IPv6 中，这个任务由邻居发现协议（Neighborhood Discovery Protocol）所取代（参见 7.4 节）。地址解析协议标准只定义了两种不同的消息类型。

- **ARP 请求**：包括需要被转换的 IP 地址和转换到一个硬件地址的需求。
- **ARP 响应**：包含所请求的 IP 地址和与之对应的硬件地址。

图 7.18 给出了通过地址解析协议进行地址解析的流程图示例。

使用 ARP 协议的地址解析

在给定的网络中，计算机 R1 试图从计算机 R3 的 IP 地址（I_{R3}）确定其硬件地址 P_{R3}。为此，R1 通过广播向网络中的所有其他计算机发送一个数据包 I_{R1}，其中含有对应的网络格式要求。网络中的每台计算机对此进行审查，是否在接收到的数据包的 ARP 请求中含有一个自己的 IP 地址。如果没有，则忽略掉该请求。

如果只有 R3 计算机在该 ARP 请求中检测到指定的 IP 地址 I_{R3} 就是自己的 IP 地址，那么 R3 会向发送方 R1 直接响应一个数据包，其中不仅含有请求的 IP 地址 I_{R3}，还包括自己的硬件地址 P_{R3}。

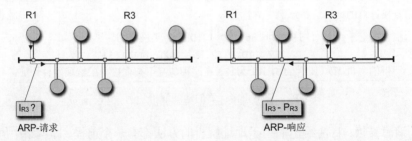

延伸阅读：

Plummer, D.: Ethernet Address Resolution Protocol: Or Converting Network Protocol Addresses to 48-bit Ethernet Address for Transmission on Ethernet Hardware, Request for Comments 826, Internet Engineering Task Force (1982)

图 7.18　使用 ARP 协议的地址解析

ARP 标准没有为 ARP 消息的传输规定固定的格式，因为 ARP 消息的传递是由各个网络硬件自己负责的。ARP 消息只被封装在网络硬件数据包的用户数据部分。当然，对应的接收方硬件必须可以检测到这种形式的 ARP 消息。这是通过借助网络数据包的报头中的特定字段实现的。每种网络技术在数据包报头中都规定了一个字段，用来描述接收到的被传输的用户数据的类型。特别地，还为每种技术版本提供了一个特殊的字段类型值用来检测 ARP 消息。例如，在以太网络中这个字段类型值为0x0806，其他的网络技术则使用不同的标识符。现在，ARP 消息的接收方只需要评估网络数据包的用户数据部分，以便确定其中是否涉及了一个 ARP 请求或者一个 ARP 响应。

ARP 标准可以用于任何类型的地址转换。通过 ARP 协议，通常的 IP 地址只被转换到硬件地址，但是这不是强制性的。出于这个原因，ARP 数据格式也被设计的很灵活。因此，IP 地址可以被转换成不同的格式。

图 7.19 显示了一条 ARP 消息的结构。每个 ARP 消息首先是由两个 16 比特长的类型标识符标识的硬件地址类型，然后规定要转换的协议地址的类型。例如，如果一个 IP 地址被转换到一个以太网地址，那么设置硬件地址类型的值为1，协议地址类型的值为0x0800。随后跟随两个字段，分别指示了硬件地址和协议地址的长度。然后是所谓的操作字段，指示涉及的是一个 ARP 请求（Op=1）还是一个 ARP 响应（Op=2）。最后是发送方和目标计算机的协议地址和硬件地址。在一个 ARP 请求中，目标计算机硬件地址字段使用零来填充，因为这个字段当时还是未知的。

0	8	16	24	31
硬件地址类型		协议地址类型		
硬件地址长度	协议地址长度	操作		
发送方硬件地址(八位字节 0~3)				
发送方硬件地址(八位字节 4~5)		发送方协议地址(八位字节 0~1)		
发送方协议地址(八位字节 2~3)		目标硬件地址(八位字节 0~1)		
目标硬件地址(八位字节2~5)				
目标协议地址(八位字节0~3)				

图 7.19　ARP 数据格式

如果每次数据传输都必须通过 ARP 协议进行地址解析，那么会对网络的吞吐量产生不良影响。因为，每次被传输的数据包首先会通过广播发送一个 ARP 请求，然后必须等待一个 ARP 响应，从长远看这是非常低效的。基于这个原因，网络中使用 ARP 进行地址解析的计算机将小表格作为了临时存储器，其中包含了最新的被解析的协议：硬件地址对。这种方法称为**ARP 缓存**（ARP-Caching）。现在，如果想将一个 IP 地址解析到一个硬件地址，那么首先检查这种缓存表格，以便找到所需的硬件地址。这样就可以马上解析地址，同时不需要发送 ARP 消息的报文。如果该硬件地址并没有存在缓存表格中，那么只能运行原有的 ARP 请求和响应流程。这样被确定的硬件地址会被作为协议，即硬件地址对添加到该缓存表格中。如果该缓存表格被填充满了，那么需要添加新条目时，会将最久远的条目删除掉，或者在经过一定的周期之后缓存条目失去了有效期后也会被删除。这种定期清理缓存表格是非常重要的，因为在发生故障的情况下，硬件地址会失去其有效性。例如，当网络硬件被替换使用另外一个硬件地址的时候。

ARP 缓存的另外一种应用是，一台计算机根据系统类型将本地存储的协议：硬件地址对的 ARP 消息，通过广播向网络中所有其他的计算机发送。这种方法被称为**免费的**

ARP（Gratuitous ARP）。在这种方法中，所有连接在一起的计算机可以自己更新自己的缓存表格。如果返回了一个不是预期的 ARP 响应，那么可以推断出，相关的协议地址被分配了两次，其中的一个是错误的。

通过 ARP 尝试确定位于另一个局域网中的路由器的计算机硬件地址是不可行的，因为由该路由器解析的广播（位于第 2 层的广播）不能被转发，因此不能到达位于另一个网络中的接收方。在这种情况下，要么马上检测出，在被请求的 IP 地址中涉及的一个位于远程网络中的计算机，同时将需要发送的数据包直接发送到本地网络中的默认路由器中；要么通过其可以到达被请求的计算机的路由器返回通过 ARP 解析的广播给出的对应地址，随后发送的数据包通过这个路由器获得路径。后一种方法称为**代理 ARP**（Proxy ARP）。

通过 ARP 造成的网络错误对于用户来说并不总能被轻易理解，因为通过 ARP 的通信是透明的。也就是说，这些错误会被用户忽视掉。在 ARP 缓存中的 ARP 条目的有效性通常只有几分钟。如果有效性失效，那么将不会与相关的、存在错误条目的计算机进行持续时间的通信。例如，如果错误的条目是从一个超载的计算机中导出的，那么就会导致一个永久不再有效的 IP 地址。由于超载，该计算机在 ARP 请求中被作为最后一个进行响应，并且会被 ARP 缓存中一个当前正确的条目所覆盖。对发生错误的 IP 地址，在 ARP 缓存中有针对性的操作称为**ARP 欺骗**（ARP-Spoofing），这描述了一个严重的安全问题。

逆地址解析协议 RARP

通过 ARP 协议可以将一个协议地址进行地址解析转换到一个硬件地址。而一个**逆地址解析协议**（Reverse Address Resolution Protocol，**RARP**，RFC 903）可以在相反的方向上进行地址解析。即从一个给定的硬件地址，通过 RARP 可以确定其所属的 IP 地址。在这个方向上所需的地址解析（例如，在计算机启动时）不用提供自己的永久存储器（例如，硬盘）。这样的计算机可以从一个远程文件服务器中获得可加载的操作系统。在网络中经常有许多计算机没有自己的硬盘，当为所有这些计算机提供一个统一均匀的操作系统下载时，就可以提高通信的效率。这还包括为计算机提供下载不同 IP 地址的操作系统。

相关计算机为了在启动系统的时候可以确定自己的 IP 地址，会通过广播将一个具有自己硬件地址的 RARP 消息发送到所有被连接的计算机上。一个专门用来管理所有硬件和软件地址分配表格的 RARP 服务器对该计算机的请求给予回复，其中含有带有计算机自己 IP 地址的 RARP 消息。

一个网络路由器的 RARP 广播不能通过网络边界向外转发。因此，每个不能为自己提供硬盘的计算机网络必须规定一个 RARP 服务器用来管理请求的 IP 地址，并通过 RARP 进行转发。

为了扩展 RARP，随后又开发了**引导协议**（Bootstrap Protocol，**BOOTP**，RFC 951、RFC 1542、RFC 1532）。BOOTP 是建立在 UDP 和 TFTP 协议基础上的，也可以通过路由器边界被传输。因此，通过 BOOTP 协议可以管理没有硬盘的计算机。这样一来，各个网络就不需要通过自己的服务器下载操作系统和提供 IP 地址。BOOTP 协议归属于应用层中的协议，属于 TCP/IP 参考模型中的最上层。

　　BOOTP 协议的一个扩展版本为**动态主机配置协议**（**Dynamic Host Configuration Protocol，DHCP**）。该协议除了提供 BOOTP 协议所提供的功能之外，还额外提供了对终端系统的配置选项。DHCP 协议是在文档 RFC 2131、RFC 1531 和 RFC 1541 中被标准化的。在该协议中，最重要的创新是实现了对终端系统自动及动态的分配 IP 地址。这种被动态分配的 IP 地址可以被重复使用。这种 IP 地址的动态分配对于无线局域网具有非常重要的意义。因为在这种情况下，终端系统的 IP 地址和子网掩码只在一定的时间内被转让。与 BOOTP 协议相同的是，DHCP 协议是一个应用层的协议，并且长期取代了 BOOTP 协议。

7.3.3　IP 数据报

　　互联网协议（IP）为用户或者应用程序提供了一个**无连接服务**（数据报服务）。该服务涉及了 IP 数据报（**Datagram**）可以跨越网络边界到达远程的接收方。然而，这种由 IP 提供的服务并不能为用户提供服务保证，即使人们假设这种服务通常是可靠的，并且可以尽快地完成传输（**Best Effort**），但是被发送的数据包是否、或者什么时候到达目标接收方都不能得到保证。在单个网络中出现的错误或者超载都可能导致数据报的损坏，对于在传输路径上长时间不合理的滞留则可能导致数据报的重复发送甚至被丢弃。因此，IP 提供的该服务被称为是**不可靠**服务。当然，该服务是 IP 协议的伟大功绩，IP 协议为互联网用户隐藏了各个不同的网络硬件和所有被使用的网络软件的细节，从而模拟了一个统一的同构网络。

　　那么现在问题来了：一个 IP 数据报如何才能到达自己所预定的目标地址呢？发送方会在 IP 数据报的报头中记录一个接收方的 IP 地址，然后将该 IP 数据报发送到本地网络，正式开始传输之旅。为此，该 IP 数据报被打包到一个网络数据包（第 2 层）中（"封装"），然后根据本地网络的要求被发送到一个相邻的路由器（默认路由器）上。该默认路由器将该 IP 数据报拆包，评估其中给出的 IP 目标地址，然后将该 IP 数据报重新封装后沿着所指定的目的地路径发送到下一个网络。这样的过程不断地重复，直到该 IP 数据报到达一个路由器，而该路由器可以将其直接发送到最终的目的地网络。由于该 IP 数据报通过了具有不同特性和参数要求的不同网络，因此需要为该 IP 数据报的数据格式选择一个可以完全独立于不同硬件的不同特性的格式。

　　直到今天仍然被广泛使用的 IP 协议是**IP 的第四个版本**（**IPv4**）。虽然该协议的不足在 20 世纪就已经被知晓，但是 IPv4 的重要性仍然会持续几年。该协议的后继者**IPv6**早已蓄势待发，但是由于涉及了全球性新的互联网协议的启动，因此过渡进程仍然比较缓慢（参见 7.4 节）。

　　IPv4 数据报的数据格式参考了许多其他已知的**IP 数据报头**方案的协议数据格式。涉及的正确转发数据报的必要信息被收纳在控制和检测信息中，而在**IP 负载**中包含的是实际要传输的数据。IPv4 数据报的大小可以由用户或者一个应用自己来确定，也就是说，对所需的数据量没有规定。只是大小不能超过 IPv4 数据报的最大长度，即 64k 字节。被传输的数据报越大，通过在报头中含有的控制和监视信息造成的开销和被传送的有效载荷之间的关系就越好。IP 数据报头是由一个长度为 20 字节的固定部分和一个可变长度部分组成的，所传输的 IP 有效载荷的长度在被规定的长度范围内是可变的。数据报的传输遵循所谓的**大字节顺序**（Big Endian Order）。也就是说，从左到右，传输是从具有高字节位的字段开始的。

图 7.20 显示了 IP 数据报头的结构：

0	4	8	16	19	24	31

版本	IHL	服务类型	总长度		
标识符			F	碎片偏移	
生存时间		协议	报头检验和		
源地址					
目标地址					
选项和填充位					

IHL: Internet报头长度
F : 碎片

图 7.20　IPv4 数据报头的数据格式

- **版本**：长度为 4 比特的字段，指定了所使用的 IP 协议的版本，在 IPv4 中使用的值是 4。这样可以确保不同的 IP 版本可以在一定时间内平稳过渡。

- **Internet 报头长度**（**IHL**）：IPv4 数据报头的长度不是固定的。因此，作为数据报头的下一个字段 IHL 给出了一个长度的说明，即为每个单元提供的长度为 32 比特。最小长度为 20 字节，可以通过使用可选的报头字段每次增加 4 个字节的长度。由于 IHL 字段的长度为 4 比特，所以，IPv4 数据报头的最大长度被限制在 60 字节。

- **服务类型**（**TOS**）：TOS 字段是用来描述所要求的服务质量（Quality of Service），但是并不与 IP 属性（尽力而为的传输）相关。目前，该字段在位于负责转发数据报的路由器上是被忽略的。长度为 8 比特的 TOS 字段被划分为以下几个部分：

  - **优先级**：长度为 3 比特的字段，确定了该数据报的优先级（0 为普通，7 为高）。

  - **延迟**：长度为 1 比特的字段，优化尽可能短的等待时间。

  - **吞吐量**：长度为 1 比特的字段，优化尽可能高的吞吐量。

  - **可靠性**：长度为 1 比特的字段，优化尽可能高的可靠性。

  　TOS 字段上剩余的两个比特没有被使用。

- **总长度**（**TL**）：TL 字段给出了 IPv4 数据报的总长度，其单位为字节，即数据报头和用户数据的长度。最大长度为 65 535 字节。

- **标识符（ID）**：接下来的 ID 字段用来识别相关的数据单元。这些单元是由 IPv4 数据报的有效载荷部分被划分成的多个碎片组成的。所有的碎片具有相同的标识。如果该数据报在其必经路径上的网络中所允许的最大数据包的长度小于 IPv4 数据报规定的长度，那么一个 IPv4 数据报的碎片化就是必要的。在这种情况下，该数据报被划分成单独的碎片，其中各个碎片都具有自己的数据报头。与碎片相关联的这些报头的不同之处只在于与碎片相关的字段中。接收方可以将这些被碎片化了的 IPv4 数据报通过碎片的重组（碎片整理）重新组装到一起。
- **碎片（F）**：长度为 3 比特的 F 字段是由三个独立的比特组成的：
  - **M**：长度为 1 比特的字段，用来通知更多的碎片。
  - **D**：长度为 1 比特的字段，指示交换系统的指令，不执行碎片化。
  最后一个比特没有被使用。
- **碎片偏移（FO）**：接下来的 13 个比特属于 FO 字段。该字段提供了碎片第一个字节的序列号，即相对应整个数据报的第一个字节得序列号（参见图 7.8）。如果没有被执行碎片化，那么 FO 字段的值为 0。数据报中的各个碎片，除了最后一个，其余的长度必须为 8 字节的倍数。其中，最大的数据报的总长度为 64 字节。同时，长度为 13 比特的 FO 字段可以给出长度为 8 字节的最多 8192 个碎片。
- **生存时间**：这个长度为 8 比特的计数器在发送一个 IPv4 数据报时被设置一个初始值。这个初始值在通往目标系统路径上的各个中间系统的时候被依次递减。当该数值被递减为 0 的时候，该 IPv4 数据报就会被丢弃，对应被取消的通知会通过一个特殊的 ICMP 数据包发送给发送方。通过这种方法，即通过降低无法投递或者错误数据包的数量就可以减少互联网的超载风险。
- **协议（PR）**：这个长度为 8 比特的 PR 字段用于鉴定位于 TCP/IP 参考模型中的更高协议层的数据报应该被传递哪些协议。对应的编码是在文档 RFC 1700 中的"编码分配"中设置的。例如，TCP：7、UDP：17、ICMP：1。
- **报头校验和（HC）**：长度为 16 比特的 HC 字段专用于在 IPv4 数据报头中的错误检测。这里所使用的算法是将每个长度为 16 比特的块按照它们到达的顺序添加到补码运算中，校验和是作为被计算得出的总和的补码。因此，被计算得出的校验和必须在成功地传输之后一直设置为零。需要注意的是，HC 字段对于每一跳，即在经过一个路由器的时候，必须被重新计算。因为，在 IPv4 数据报头中每一跳至少改变了一个字段，即 TTL 字段。
- **源地址**：长度为 32 比特的发送方 IP 地址。
- **目标地址**：长度为 32 比特的接收方 IP 地址。
- **选项与填充位**：使用选项字段可以提供额外的控制和监视 IP 数据传输的可能性。最长的选项长度可达 44 字节。没有被使用的比特会被填充比特（Pad）填充。目前，以下五个选项是可能的：
  - **安全性**：用于识别所传送内容的安全分类，但不与可能被加密的数据报内容有直接的联系。
  - **严格源路由**：给出了 IPv4 数据报到达目标系统路径上的、经过中间系统（路由器）的完整列表（也称为穷人的路由）。

- **松散源路由**：同样给出了到达目标系统所经过的路径上的中间系统的列表。但是，与严格的源路由不同的是，这里的列表并不需要必须是所有被通过的中间系统的完整列表。

- **记录路由**：指示所有被经过的中间系统。在一个选项字段中记录各自的 IP 地址，这样就可以追踪到该 IPv4 数据报到达自己目标之前经过的所有路径。

- **时间戳**：这里可以指示所有被经过的中间系统，并为被记录的 IP 地址添加一个时间戳信息。这样不仅可以存档互联网的路径，还可以记录各个被经过的中间系统的时间点。

一个特殊的选项（End of Option List）标志着 IPv4 数据报报头的选项列表的结束。如果说在 ARPA 网时代，对于选项位来说最多 44 字节就足够了，那么这个空间的大小对于如今完全存档一个 IPv4 数据报的路由（那时，数据包从发送方到接收方的路径上通过的中间系统的数量不会超过 9 个）的要求就显得过于小了。

补充材料 10: IP 封装和 IP 碎片

现在介绍在 IPv4 协议下数据报的封装和碎片化。在 IPv4 中，路由器的碎片化是在网络中被处理的。而在 IPv6 中，碎片化的问题被转移到了连接的终端系统中（参见 7.4 节）。首先，我们来看 IPv4 的封装：

如果需要将一个 IPv4 数据报从一台计算机通过一系列异构的网络传输到另外一台计算机，那么该 IPv4 数据报在从一个网络传输到另一个网络的时候，每次都必须重新被包装成符合所对应的网络硬件的有效数据格式。在 IPv4 数据报的传输过程中，各个相应的网络软件必须保证这种"封装"，而数据报会被以这种对应的网络格式进行发送。这种称为 **IP 封装**（Encapsulation）的技术规定了如何将 IPv4 数据报完整地打包在对应的网络数据格式的有效载荷中。各个网络硬件处理这些被封装了 IPv4 数据报的数据包和处理其他的数据包是一样的，并且每次都按照上一个路由器确定的通往目标系统路径的下一个接收方将该数据包进行转发。这里，对有效载荷的内容既不给予检查，也不使用其他任何方式进行修改（参见图 7.21）。

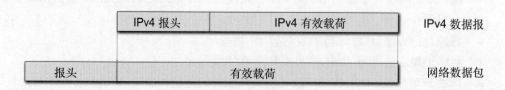

图 7.21　IP 封装

为了让接收方可以通过网络数据包的有效载荷部分正确封装和解释 IP 数据报，在网络数据包报头必须重新设置一个具有特定值的类型字段。通过该字段，位于本地网络中的发送方和接收方就可以对被传输数据的类型达成一致。

IP 封装只适用于部分路径。本地接收方在接收到被封装在网络数据包中的 IPv4 数据报之后，只提取网络数据包的有效载荷中的 IPv4 数据报部分，其他的则被丢弃。为了继续转发，本地接收方会读取 IPv4 数据报中给出的 IPv4 目标地址。如果读取出的地址与本地接收方的 IPv4 地址一致，那么该 IPv4 数据报被视为已经交付了。同时该 IPv4 用户数据部分的内容被从网络软件传递到位于协议层中较高协议软件的一个实例中，该实例是由 IPv4 数据报的协议字段指定的。如果本地接收方并不是最终的接收方，那么该 IPv4 数据报必须被重新打包封装后再进行转发，即在随后的网络数据包中沿着到达最终接收方的路径被转发。通过这种方式，一个 IPv4 数据报就可以通过具有不同网络类型的路径最终到达目的地。

IP 碎片化

在网络的数据传输中涉及的各种网络类型都指定了自己的数据格式，这些格式始终都被分配了一个最大的长度。通常，这种长度被称为**最大传输单元**（**Maximum Transmission Unit，MTU**）。只有当 IPv4 数据报的长度小于传输网络中被最大传输单元事先规定的有效载荷长度时候，才能将该 IPv4 数据报封装在这个网络的数据包中。否则是不被允许的，而这些事先被规定的 MTU 长度都是固定不变的。

图 7.22 显示了两个相互连接的网络，每一个网络都具有不同的 MTU 值。网络 N1 提供了具有 1000 字节的 MTU，而网络 N2 只提供了具有 800 字节的 MTU 值。为了将长度高达 65 535 字节的 IPv4 数据报进行传输，就需要对其进行**碎片化**，即如果一个路由器必须将一个 IPv4 数据报进行转发，而该 IPv4 数据报的长度超过了下一个网络的 MTU 长度，那么这个 IPv4 数据报必须被碎片化为单独的片段，然后再将这些碎片分别进行转发。

图 7.22　在具有不同 MTU 值得网络中进行数据传输而进行的碎片化的必要性示例

同一个 IPv4 数据报的各个碎片具有与源 IPv4 数据报相同的格式。也就是说，各个碎片采用了源数据报中完整的数据报头，除了碎片化信息。通过在 IPv4 数据报头中的 F 字段可以确定该部分是否是一个完整的数据报，还是一个碎片。如果 F 字段被设置了 MF 比特，那么表示这是一个碎片，并且指示该碎片后面跟着的还是碎片（MF=More Fragments）。接着 F 字段的 FO 字段显示了，该碎片在原始 IPv4 数据报中所处的位置。

为了实现需要传输的 IPv4 数据报在网络中的长度小于该网络规定的 MTU 的值（参见图 7.23），路由器会计算每个碎片最大的数据量，以及根据网络 MTU 和源 IPv4 数据报头的大小所确定的碎片数量。有了这些准备就可以生成碎片了。为此，该路由器从原来 IPv4 数据报的有效载荷部分提取出规定的数据量的碎片，并且为其提供原始的 IPv4 数据报头，以便将这些必要的信息添加到这些碎片中（Fragment Offset 和 More Fragments）。

该路由器不断重复这个过程，直到原始 IPv4 数据报的整个有效载荷部分都被划分为单独的碎片，并且按照这些碎片的产生顺序将其封装在各个网络数据包中后进行传输。

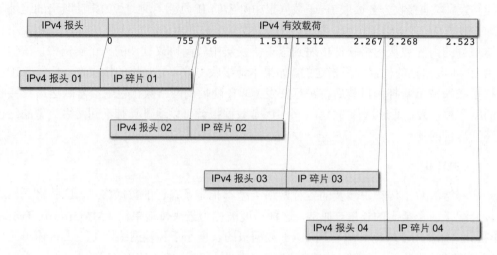

图 7.23　IPv4 数据报的碎片化

IP 碎片化举例

如果一个具有 2534 字节有效载荷的 IPv4 数据报从图 7.22 中的路由器 R2 通过一个具有 MTU 值为 800 字节的网络 N2 进行传输，那么该数据报需要进行如下的碎片化（参见图 7.23）。

假设：网络 N2 的一个网络数据包的报头的长度为 24 字节，随后为用户数据提供了最大 776 字节的长度。如果该 IPv4 数据报头的长度为 20 字节，那么在该 IPv4 数据报的各个碎片中最多可以传输原始 IPv4 数据报用户数据中的 756 个字节。因此，第一个碎片被划分了原始 IPv4 数据报的从 0 字节到 755 字节。第一个碎片的数据报头的 MF 比特被设置为 1，Fragment Offset 被设置为 0。第二个碎片包含了用户数据中的从 756 字节到 1511 字节，数据报头的 MF 比特同样也被设置为 1，Fragment Offset 被设置为 755。第三个碎片包含了用户数据中的从 1512 字节到 2267 字节，数据报头的 MF 比特也被设置为 1，Fragment Offset 被设置为 1511。随后一个碎片用来传输该 IPv4 数据报中用户数据的其余字节，即从 2268 字节到 2533 字节。而数据报头的 MF 比特被设置为 0，这是因为涉及了需要传输的 IPv4 数据报的最后一个碎片，同时将 Fragment Offset 设置为 2267。

将各个单独的 IP 碎片传输之后，还必须将这些碎片重新组合在一起。IP 标准规定原始的 IPv4 数据报只有在其提供的目标地址的目标计算机中才首次被重新组合，即可以根据各个碎片对应于原始 IPv4 数据报的标识符以及被分配的偏移量进行重新组合。之后通过一个在 MF 比特被设置了 0 的碎片来识别碎片化的结束。

IP 碎片化的优点

IP 碎片化的主要优点在于，不但各个碎片不用必须通过相同的路由器通过网络进行传递，而且这种使用不同路径就可以到达目标的方法也导致了吞吐量的提高。此外，在各个路由器上的处理成本也被降低了。这是因为各个碎片在到达目标系统之后才首次被组装，这样反过来也提高了路由器的处理速度。

由于 IPv4 数据报的各个碎片并不用完全沿着相同的路径到达接收方，因此，接收方在将这些碎片重新组装成原始的 IPv4 数据报之前必须将接收到的碎片进行缓存，直到接收到最后一个碎片。如果其中的一个碎片丢失，或者一个碎片在一个显著延迟后才到达接收方，那么已经接收的，并且被缓存的碎片在一个规定的等待时间之后会被删除，以避免可提供的存储空间过低。为此，当第一个 IPv4 数据报的碎片到达接收方的时候，接收方会启动一个计时器。如果所有的碎片在被启动的计数器结束之前到达了接收方，那么该 IPv4 数据报在接收方被重新组装。否则，所有已经被接收的碎片都被删除。这种 "all or nothing" 的策略是有道理的。因为 IP 协议并没有为单个碎片提供完全相同的重新传输的保证，这就不能确保一个 IPv4 数据报在重新传输时使用相同的路径，以至于到达接收方的碎片可能完全是另外一种碎片化的结果。

从发送方到接收方的路径上可以进行连续的碎片化。由于碎片之间具有与原始 IPv4 数据报相同的标识符，并且每个碎片都可以计算出对应的碎片偏移量。因此，接收方可以毫无问题地将不同的或者多次被碎片化的片段重新组装起来。这种方法已经被证明在一般情况下是有利的，可以为所有网络类型自动确定一个有效的原子碎片大小。这个大小对应于相关的 MTU 的最小值，由于使用这种方法产生的碎片通常大小相同，这样就可以避免一个没有限制的级联碎片，并且这样的处理时间可以保存在路由器和接收方的计算机上。

延伸阅读：

Clark, D. D.: IP datagram reassembly algorithms. Request for Comments 815, Internet Engineering Task Force (1982)

Hall, E. A.: Internet Core Protocols, O'Reilly, Sebastopol CA, USA (2000)

Mogul, J. C., Kent, C.A. Partridge, C., McCloghrie, K.: IP MTU discovery options, Request for Comments 1063, Internet Engineering Task Force (1988)

Mogul, J. C., Deering, S. E.: Path MTU discovery. Request for Comments 1191, Internet Engineering Task Force (1990)

Postel, J. (eds.).: Internet Protocol - DARPA Internet Programm, Protocol Specification, Request for Comments 791, Internet Engineering Task Force (1981)

7.4 互联网协议第 6 版（IPv6）

1983 年，在当时已经作为互联网数据通信标准协议的 IPv4 被认为只会有短暂的生命。尽管事实已经证明这种 IPv4 协议存在很多问题，但是这个 IP 协议的第四个版本在如今还是非常耐用及成功的。而全球互联网的这种巨大的增长都要感谢这个 IPv4 协议。专有的 IPv4 数据报格式和用于连接不同网络类型的 IPv4 机制让全球的互联网表现为一个单一的同构网络，同时隐藏了用于通信所必需的网络软件和网络硬件相关的通信软件的细节。得益于巧妙地设计，使得 IPv4 协议在一系列硬件的换代中存活了下来，而这些都是基于其高度的可扩展性和灵活性。

那么，为什么一个应该被替换的协议还被证明如此的有活力？主要的原因在于狭义的、被限制的 IP 地址空间的划分。在 20 世纪 70 年代被开发的 IP 协议，由于在当时并没有人预测到后来的互联网数据网络的爆炸性增长。因此，当时人们认为长度为 32 比特的 IP 地址就完全够用了，毕竟这种地址允许数以百万计的不同网络的连接。然而，全球互联网的增长是呈指数变化的，其中连接的计算机的数量在不到一年的时间内就已经翻了一倍。虽然个人计算机的市场似乎几近饱和，然而新的一波已经到来：手机、传感器、RFID 设备和属于未来的如今还不被熟悉的"终端设备"，例如，智能卡片、家用电器或者来自"物联网"的 Kfz 号码牌，所有想要通过全球互联网相互通信的终端设备都将配备处理器。为此，一个唯一的地址是实现全球性（相互）联通性的前提条件。因此，对被 IPv4 限制的地址空间进行扩充是互联网协议后续协议的首要的、也是最重要的目标。

IPv4 是一种无连接的、同时是不可靠的服务。虽然其一直尽力而为（Best Effort），但是并不能为其服务质量（Quality of Service）提供保证。但是，如今的互联网应用越来越多地进行多媒体数据内容的工作，而这些内容大多需要近似实时地转发。因此，对于需要对 IPv4 协议进行修改的第二个主要原因在于其不能提供服务质量的保证。

通过一个互联网服务提供商（Internet Service Provider，ISP）为终端用户提供 IPv4 地址的分配是通过动态地址分配实现的。终端用户将自己具有接入网络能力的终端设备通过一个合适的网络入口与网络服务提供商相连，该 ISP 从自己可用的地址配额中为该终端用户提供一个在一段时间内有效的 IPv4 地址。该地址的有效期过后（一般是 24 个小时之后），必须重新被分配一个新的 IPv4 地址。在重新分配的过程中，现有的通信连接是被断开的。这种方法也适用于移动终端设备领域，即当在转换蜂窝网的同时进行连接的切换（Handover）时，必须重新被指定一个新的 IPv4 地址。然而，如今的应用往往需要一个所谓的"Always On"连通性，也就是说，终端设备和网络之间的连接必须是恒定的，不允许被断开。这个要求 IPv4 协议也无法满足。

因此，早在 1990 年，IETF 工作组就开始了开发 IPv4 协议后继者的项目。该项目最初被定名为**IP 下一代协议（The Next Generation，IPnG）**。然而，定义阶段完成以后开始进行最后命名的时候，却不想最终还是和许多其他项目一样被称为"下一代协议"。因此，决定为该 IP 协议挑选一个新的版本号。其中，并没有考虑版本 5，因为这个号被用于了实验版本的**流协议版本 2**（Stream Protocol Version 2，ST2）。现在已经被停止使用的 ST2 并没有被考虑作为 IPv4 的继任者，而是被作为与 IPv4 同时期使用的、用于对流媒体通信协议进行优化的版本。因此，为 IPv4 协议的后继者选择了版本号 6，即 IPv6。

7.4.1 IPv6 的属性和特性

IPv4 中很多成功的特性都被保留在了这个新的版本中。与 IPv4 一样，在 IPv6 中也涉及了无线连接的数据报服务。每个 IPv6 数据报含有发送方和接收方的地址。同样被保留的还有：用于确定一个 IP 数据报最多进行跳跃的数量的存活时间（Time To Live，TTL）机制，以及额外的报头选项信息的可能性。尽管成功的 IPv4 标准的基本概念都被保留了下来，但是，在细节上却有着显著改变。

- **地址大小和地址空间的管理**：将以前长度为 32 比特的地址大小扩充到了 128 比特。该地址通过最多 8 个十六进制数的方法指定了类似于 IPv4 地址中的十进制点数的表示。各个地址之间是用冒号分隔开的（例如，231B:1A:FF:02:0:3DEF:11）。此外，还要特别考虑到地址空间尽可能的灵活分配和地址位的使用。

- **报头格式**：IPv6 提供了一个新的独立报头格式，该格式是独立与 IPv4 开发的。

- **多个报头**：在 IPv6 中被扩展的地址导致了报头的显著扩展。为了将不可避免的开销保持在尽可能低的程度，引入了可选报头的概念。该概念只在有需求的时候才被使用。与 IPv4 不同的是，IPv6 数据报可以具有多个报头。在第一个强制性的基本报头之后，可以跟随多个可选的扩展报头，在这些报头之后连接着实际的用户数据。

- **支持视频和音频**：在 IPv6 中提供了传输多媒体的可能性，例如，实时传输音频和视频数据。除此之外，这种机制还被用于通过互联网在更便宜的路径上传输个人数据报。

- **自动配置**：IPv4 网络的配置通常是非常昂贵和复杂的，即使有地址配置工具和协议，例如，DHCP 会简化这个过程。但是解决的也只是简单的 TCP/IP 管理的那一小部分问题。因此，在 IPv6 的设计中特别设置了一个值，用来尽可能地简化和自动化当前复杂的网络配置。

- **多播**：尽管 IPv4 与附加的协议一起实现了一个舒适的多播寻址和管理的可能性，但 IPv6 本身还是提供了各种不同多播的变体。

- **安全性**：在设计 IPv4 的时代，互联网的安全性方面还没有得到很大的重视。因为那个时候谁都不曾料到互联网这种介质会如此广泛地被分布和使用，那时只有相对小数量的单个网络才能被连接到一起。如今，这种状态发生了翻天覆地的变化。在 IPv4 中只能通过可选的附加协议实现加密和认证（IPSec，参见 7.5 节），而 IPv6 自身提供了对复杂的安全技术的支持。

- **移动性**：移动性在设计 IPv4 时代的互联网中也没有扮演很重要的角色。直到出现将移动的终端设备与全球互联网连接到一起的尝试，才导致了专门的移动互联网协议的发展（移动 IP，参见 7.7 节）。IPv6 就是在这些发展的基础上进行开发的，并且本身已经提供了对移动网络的支持。

- **扩展性**：IPv4 协议的所有可能性已经被完全定义了，而 IPv6 却提供了可扩展协议标准的可能性。因此，IPv6 可以满足未来发展所需的要求，为未来的改进提供一个更高的灵活性和适应性。

　　为了开发一个满足所有这些需求的协议，具有 RFC 1550 文档的 IETF（IP: Next Generation IPng White Paper Solicitation）组织了一次公开的投标。在投标过程中，21 项提案被提交给了 IETF。这些提案覆盖了从对当前 IPv4 协议比较小的改动到一个完全全新的开发。在这些提案中有三个提案被选中作为日后 IPv6 的参考。这次投标从根本上来说是对 IPv6 有利的，因为这样就保存了 IPv4 中的所有优秀的属性，而 IPv4 中的缺点会被不断消弱，然后引入新的优点。然而，对于选择特别重要的其他 TCP/IP 协议，例如，TCP、UDP、ICMP、OSPF、IGMP、BGP 或 DNS，都没有太大变化而保留了下来。

7.4.2 IPv6 的数据报

定义在文档 RFC 2460 中的 IPv6 协议提供了一个与在 IPv4 协议中提供的完全不同的数据报格式（参见图 7.24）。一个 IPv6 数据报通常是以一个**基本报头**（Base Header）开始的，后面可以跟随固定的、预先设定长度的、可选的一个或者多个**扩展报头**（Extension Header）。接下来才是 IPv6 数据报的用户数据。

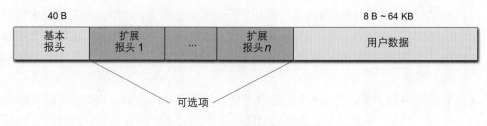

图 7.24　IPv6 的数据报格式

IPv6 基本报头

虽然 IPv6 数据报的基本报头的长度正好是 IPv4 数据报报头的两倍，但是仍然可以容纳相比 IPv4 多四倍的发送方和接收方地址，每个地址的长度为 128 比特。这个悖论可以由以下的事实来解释，即其他从 IPv4 报头中省略的信息和在可选的扩展报头中被调离的信息，这些信息只在有需求的时候才被使用。IPv6 基本报头相对于旧的 IPv4 数据报报头甚至进行了大幅的简化（参见图 7.25）。除了发送方和接收方的每个长度为 16 字节（128 比特）的地址外，相比较于 IPv4 最大的变化是，IPv6 中的基本报头只含有 6 个字段：

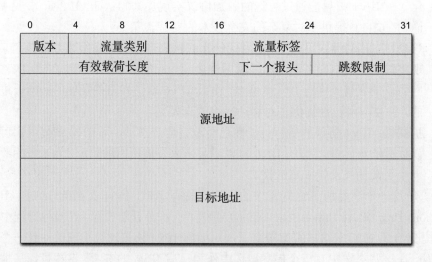

图 7.25　IPv6 的基本报头

- **版本**：与 IPv4 数据报报头一样，IPv6 数据报报头也是使用长度为 4 比特的 IP 协议的版本信息开始基本报头的。IPv6 中这个数值始终为 6。

- **流量类别（TClass）**：长度为 8 比特的 TClass 字段通过相关数据报决定对应数据报的优先级，并且允许在互联网上的路由器为该数据报分配一个特定的流量类别，例如数据、音频或者视频。对一个数据流量类别的归属性决定了路由器以及优先级、队列管理和超载引起的数据报丢弃的具体流程。TClass 字段的应用定义在文档 RFC 2474（Definition of the Differentiated Services Field in the IPv4 and IPv6 Headers）中。

- **流量标签（FL）**：长度为 20 比特的 FL 字段容纳了一个虚拟的端点对端点连接的、随机被选择的识别号码（范围在 #00001 ～ #FFFFF 之间）。该号码可以用来识别在全球互联网上被单独传输的、特定的数据报。具有相同 FL 字段的数据报也必须含有相同的源地址和目标地址。因此，路由器可以根据该 FL 字段直接转发收到的数据报，而不必分析报头中的其余部分。路由器也可以根据流量标签做出对相关数据报处理的特殊传输决定。

- **有效载荷长度**：长度为 16 比特的字段，用于指定用户数据的长度，是接在报头字段（基本报头和扩展报头）之后。这里的长度是以字节为单位的，因此，在 IPv6 数据报中规定的最大的用户数据长度为 64 KB（65 536 字节）。如果扩展报头中设置了类型"Fragment"，那么 IPv6 数据报通过碎片化还可以拥有更大的有效载荷量。有效载荷的值为 0 的时候是指一个所谓的**巨型包**（Jumbo packet）。

- **下一个报头（NH）**：长度为 8 比特的 NH 字段表示的是紧邻的下一个报头的类型。这里既可以是 IPv6 数据报的扩展报头，也可以是一个位于更高协议层中的数据报的报头（例如，TCP 或者 UDP），这之后被传输的是用户数据。NH 字段中一个具有特殊重要性的值为 59，这个值表明了后面跟着的既不是其他的报头，也不是用户数据。这些特殊的数据报可以作为控制或者测试数据包来使用。表 7.4 给出了 NH 字段可以采用哪些数值，并且其后跟随的是哪些报头或者协议类型的概述。

表 7.4　NH 字段值和相关的报头类型和协议

数值	描述	数值	描述
0	逐跳选项报头	46	资源预留协议 (RSVP)
1	互联网控制消息协议 (ICMPv4)	51	验证报头
2	互联网组管理协议 (IGMPv4)	58	ICMPv6
4	IPv4	59	不是序列报头或者协议
6	TCP	60	目标选项报头
8	外部网关协议 (EGP)	89	开放最短路径优先 (OSPF)
17	用户数据报协议	115	第 2 层隧道协议 (L2TO)
41	IPv6	132	流控制传输协议 (STCP)
42	路由报头	135	移动报头
44	帧报头	136~254	未被使用
45	域间路由协议 (IDRP)	255	被预留

- **跳数限制（HL）**：以前 IPv4 数据报头中的 Time-to-Live 字段现在被长度为 8 比特的 HL 字段所取代了。其操作方法完全与 IPv4 报头字段相对应：初始字段值在每一跳（Hop）所遇到的路由器时都减 1。当到达一个路由器，而该字段的值为零的时候，该 IPv6 数据报将被丢弃，并且该路由器向发送方返还一个 ICMPv6 消息（"Hop Limit exceeded in transit"）。
- **源地址和目标地址**：发送方和接收方的地址长度为 128 比特。如果扩展报头中被使用了"Routing"类型，那么接收方的地址也被指定为随后路由器的地址。

IPv6 扩展报头

在 IPv6 数据报的报头中附加的命令和控制信息被称为所谓的**扩展报头**。出于效率的考虑，人们放弃将这些不是所有数据报都需要的额外可选的规范字段收入到 IPv6 基本报头的规范中。在有需求的时候，可以将这些可选字段附加到扩展报头中。总体而言，在 IPv6 数据报中最多可以使用 6 个扩展报头，同样也可以提供一个 NH 字段。该字段要么给出序列扩展报头的类型，要么被作为协议的最终报头类型，传输时被作为用户数据范围中的第一个报头（参见图 7.26）。

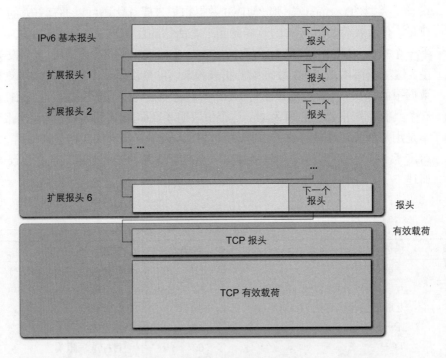

图 7.26　IPv6 扩展报头的原则

除了逐跳选项报头和目标选项报头，扩展报头只能由被 IPv6 数据报寻址到的目标计算机进行读取和处理。IPv6 提供了以下六个可用的扩展报头，除了目标选项报头，每种报头的类型只允许在 IPv6 数据报中被使用一次：

- **逐跳选项报头**：这种报头类型包含了可选信息，其形式是所谓的**类型长度值**（Type-length-value，TLV）信息，用来解释从发送方到接收方沿途路径上的各个路由器。

该逐跳报头通常跟在基本报头之后，作为第一个扩展报头，以便节省在路由器中的处理时间。与目标可选报头一样，逐跳可选报头具有一个可变的长度，因此可以使用特殊的应用。逐跳可选报头的两个特殊的应用是：有关超长 IPv6 数据报的发送或者是可以用于路由器资源预留的命令和控制数据报。

- **目标选项报头**：目标选项报头在一个 IPv6 数据报中最多可以出现两次。该报头中包含的信息对进一步的交换路由器和接收方计算机都具有重要的意义，因此必须对这些信息进行解释。如果涉及的是路由器信息，那么该目标选项报头直接跟在逐跳选项报头之后，同时位于路由报头之前。如果涉及的是接收方信息，那么该目标选项报头位于所传输的 IP 用户数据的前面。图 7.27 显示了一个目标选项报头以及逐跳选项报头的结构。该报头通常是用一个长度为 1 字节的 NH 字段开始的，接着是一个长度同样为 1 个字节的整个长度的说明（Header Extension Length）。接下来的选项每个都是由 1 个字节的选项类型信息（Option Type）组成的，再往下是长度为 1 字节的选项长度信息（Option Data Length）和更接近可变长度的指定内容数据的选项（Option Data）。该类型规范本身是由三个部分组成的（选项类型子字段）：一个长度为 2 比特的控制指令，用于接收方设备无法识别选项操作（Unrecognized Option Action）的情况。接下来是一个标志位，用来指示沿着路由器的相关选择是否可以进行更改（Option Change Allowed Flag）。剩余的 5 个比特用于规范最多为 32 种不同的指令以及所传输的选项。

- **路由报头**（**Routing Header**）：该报头提供了一个从发送方到接收方的路径上经过的所有路由器（中间系统）的列表。这个定义在文档 RFC 2460 中的标准规定了不同路由选择的可能性，迄今为止只使用了**松散源路由**（Loose Source Routings）版本。其中，虽然必须访问报头中给出的路由器，但是相关数据包也有可能经过其他路由器。

- **帧报头**（**Fragment Header**）：一个 IPv6 数据报使用帧报头可以将其长度分解成各个单独的帧，以便不超过不同网络规定的 MTU 长度（最大传输单元）。帧报头含有各种情况下所需的信息，以便 IPv6 数据报的各个单独的帧可以在接收方被重新组装在一起。

- **验证报头**（**Authentication Header**）：含有校验和的报头，实现了发送方的身份验证（认证）（参见 7.5 节）。

- **封装安全负载**（**Encapsulating Security Payload**）：对用户数据加密或者在报头数据中封装一个特定密钥码的报头（参见 7.5 节）。

为 IPv6 选择这些不同的可选扩展报头的原因出于以下几点：

- **经济性**：IPv6 协议具有很大的灵活性，这是因为许多不同的选项可以通过使用不同的报头进行设置。事实上，大多数时候这些选项并没有在同一时间被使用。因此，可以很容易地忽略掉那些没有被使用的选项。例如在 IPv4 中，数据报的很大一部分并没有被碎片化，而 IPv4 数据报的报头通常还是会含有帧比特和帧偏移。相反，IPv6 只在碎片化被实际执行后才会使用帧报头，因此改善了被传输的用户数据信息对被传输的控制信息的比例。

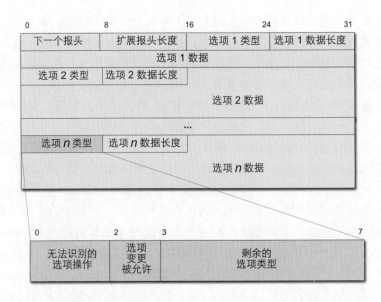

图 7.27 逐跳选项报头或者目标选项报头示例中 IPv6 扩展报头的结构

- **可扩展性**：如果一个像 IPv4 那样的协议想要对其功能进行扩展，那么就需要对整个数据格式进行重新设计。数据报的报头必须增加新的字段，同时整个网络硬件和软件必须做出相应的调整。但是，在 IPv6 中就完全是另外一种情景了：为了增加一个新的功能，只需要定义一个新的扩展报头类型。如果这个新报头类型还不能被互联网中的中间系统所识别，那么就可以直接被忽略。使用这种方式，新的功能就可以在调整全球互联网的硬件和软件之前，在互联网的一个小部分中进行测试。

7.4.3 IPv6 碎片化、巨型帧和 IPv6 路由

与 IPv4 不同的是，IPv6 基本报头不包含用来控制 IPv6 数据报碎片化的字段。为此，需要提供一个单独的扩展报头。如果需要碎片化，也就是说，被连接的网络的 MTU 要小于需要被传输 IPv6 数据报，那么需要将整个 IPv6 数据报（报头和用户数据）分解成各个单独的子块，这些子块在用户数据部分被重新设置为帧。基本报头或者那些必须出现在所有帧中的扩展报头（逐跳选项报头或目标选项报头）不包括在分解的范围内，即并不被分解（不可分解部分）。每个帧包含一个自己的基本报头和一个附加的指示帧报头类型的扩展报头。IPv6 数据报被视为帧，同时包含与 IPv4 报头相似的帧偏移值，这样就可以在接收方重新组装这些帧为原始 IPv6 数据报。

出于效率的考虑，在 IPv6 中设计了不同于在 IPv4 中设计的碎片化过程。在 IPv4 中，每个路由器都将较大的数据报分解成与该连接网络匹配的帧。而在 IPv6 中，这样的分解是发送计算机自己来负责的。也就是说，在一个 IPv6 网络中的路由器通常只用等待完全合适的 IPv6 数据报或者帧就可以了。如果一个过大的数据报到达了一个 IPv6 路由器，那么该数据报根本无法被转发。

发送的计算机有两种选择将需要被发送的 IPv6 数据报的大小进行 "正确地" 调整: 要么使用长度为 1280 字节的**最小 MTU**,该长度可以在任何 IPv6 网络中不必碎片化就可以被转发。要么使用**路径 MTU 发现**(Path MTU Discovery)方法,其中必须选择到达接收方的预期路径上的帧的大小。为了确定所谓的**路径 MTU**,即沿着从发送方到接收方路径上最小的 MTU,发送方采用了一个迭代学习过程。发送方连续发送具有不同大小的 IPv6 数据报。如果这些数据报太大,那么会被返回一个相应的错误信息。这样,发送方就可以调整自己所使用的数据报的大小。通过迭代学习过程,发送方就可以确定在传输路径上无障碍传输的数据报的大小了。

端点到端点的碎片化的意义在于:互联网的路由器和中间系统的工作压力可以得到缓解,使其可以达到更高的吞吐量。当然,这也是用牺牲灵活性换来的。在 IPv4 中,各个单独的碎片可以很容易地沿着不同的路由器到达目标地址。这样在出现超载或者错误的时候就可以选择其他的路由器进行转发。而在 IPv6 中就没有那么容易了,因为有可能选到具有更小的 MTU 的分段进行转发。这时,发送方必须确定新的路径 MTU,同时 IPv6 数据报必须使用新的碎片大小进行传输。图 7.28 用一个简单的例子给出了 IPv6 碎片化的过程。

IPv4 数据报允许具有的最大长度为 65 535 字节,这种对长度的限制在 IPv6 中可以使用称为 "**超大载荷**"(Jumbo Payload)的选项来规避。文档 RFC 2675 允许在逐跳选项报头中通过一个特殊的标识来发送一个超长的数据包,该数据包的长度可以高达 4 294 967 335 字节($=2^{32}-1$ 个字节)。然而,对于这种类型的数据包需要在更高的协议层中进行较大的调整,因为这些数据包通常只允许 16 比特长的规范(参见图 7.29)。

与 IPv4 一样,IPv6 也支持不同的**源路由**(Source Routing)的可能性。其中,数据报的发送方规定了该数据报应该使用互联网中的哪些路径。在 IPv4 中,对应的任务是由报头的选项字段提供的。而在 IPv6 中,则是通过本身的扩展报头,即**IPv6 路由扩展报头**提供的。图 7.30 显示了 IPv6 路由扩展报头的结构。目前,只定义了一个路由类型(Type=0)对应于 IPv4 中的松散源路由(Loose Source Routing)。

IPv6 路由扩展报头中各个字段的含义如下:

- **下一个报头**:序列报头的类型。
- **报头扩展长度**:为 IPv6 路由扩展报头指定了每个单位长度为 8 字节(不包括报头的第一个 8 字节),因为根据沿着连续的路由器给定的中间系统的数量可以确定不同的长度。在松散源路由(Type=0)情况下,这个值是镶嵌在路由扩展报头中地址长度的二倍。
- **路由类型**:指定应该使用源路由的哪个版本。目前,只规定了类型为 0 的路由。
- **帧左**:这里给出了沿着到达预定目标路径上所通过的路由片段的数量。
- **严格/宽松位图**:在比特序列 $b_0, \cdots, b_{23}$ 中,每个比特都被分配了一个路由段。该比特序列确定了接下来($b_i=1$)是否必须要经过一个特定的路由器 i,或者是否可以选择一个替代的路由器到达下一段($b_i=0$)。
- **地址 [i]**:指定了那些应该沿着到达给定的目标系统的路径的路由器的序列,以及对应的严格和宽松的比特图。

IPv6 碎片化示例

在这个例子中，被发送的 IPv6 数据报的长度刚好为 390 个字节。其中，长度为 40 个字节的基本报头之后跟着的是每个长度为 30 字节的 4 个扩展报头和一个长度为 230 字节的用户数据。两个扩展报头不允许被碎片化。该 IPv6 数据报应该通过一个具有 230 字节的 MTU 的网络连接进行传输。为了能够传输该 IPv6 数据报，总共需要进行三次碎片化：

- 第一次碎片化是由长度为 100 个字节的不可分割部分组成的，然后是长度为 8 个字节的帧报头。随后才是长度为 120 个字节的原始数据报，也就是说，两个可碎片化的扩展报头和一个 60 字节的用户数据。原始数据报中的其余 170 个字节必须被进一步划分。
- 第二次碎片化是由长度为 100 个字节的不可分割部分组成的，随后跟随的是帧报头和长度为 120 字节的用户数据。
- 第三次碎片化是由长度为 100 字节的不可分割的部分组成的，随后跟随的是帧报头和最后 50 字节的用户数据。

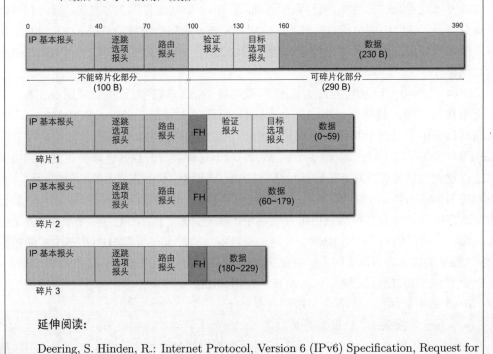

延伸阅读：

Deering, S. Hinden, R.: Internet Protocol, Version 6 (IPv6) Specification, Request for Comments 2460, Internet Engineering Task Force (1998)

图 7.28　IPv6 碎片化示例

根据 严格/松散位图（Strict/Loose Bit Map）中位向量字段的分配确定了一个应该遵守的路径。所有在对应的地址向量中给定的路由器必须被访问到，无论在 b_i 中的路由器 i 的值被设定了多少。如果 $b_i=1$，那么只是意味着路由器 i 是路由器 i-1 的直接后继路由器，并且从 i-1 到 i 不允许选择替换的路径。

但是，在文档 RFC 5095 中建议取消在 IPv6 路由扩展报头中的类型 0。因为这种类型可以被滥用，会无节制地沿着远程网络子段进行数据流的跳跃，最终导致网络瘫痪（拒绝服务攻击）。

IPv6 超大有效载荷

一个常规的 IPv6 数据报同 IPv4 数据报一样可以携带长度最多为 65 535 字节的用户数据长度。但是，IPv6 标准还提供了传输更大长度的数据包的可能性。这对那些需要发送几千兆的超级计算机领域中的应用具有特别的含义。对一个超大 IPv6 数据报的识别，即所谓的**巨型帧**，需要采用逐跳（Hop-by-Hop）选项扩展报头。如果在基本报头中被作为载荷长度的值被设置为零，那么就表示该数据涉及了一个巨型帧，其长度会在逐跳选项扩展报头中的一个 32 比特长的字段中给出。

逐跳选项扩展报头
0
8
16
24
31
下一个报头
扩展报头长度
类型=194
可选数据长度=4
超大有效载荷长度
IPv6 巨型帧
基本报头
逐跳
选项扩展报头
有效载荷
超大有效载荷长度
有效载荷长度=0

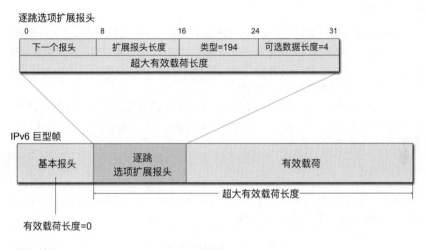

延伸阅读：

Borman, D., Deering, S., Hinden, R.: Pv6 Jumbograms, Request for Comments 2675, Internet Engineering Task Force (August 1999)

图 7.29　IPv6 的巨型帧

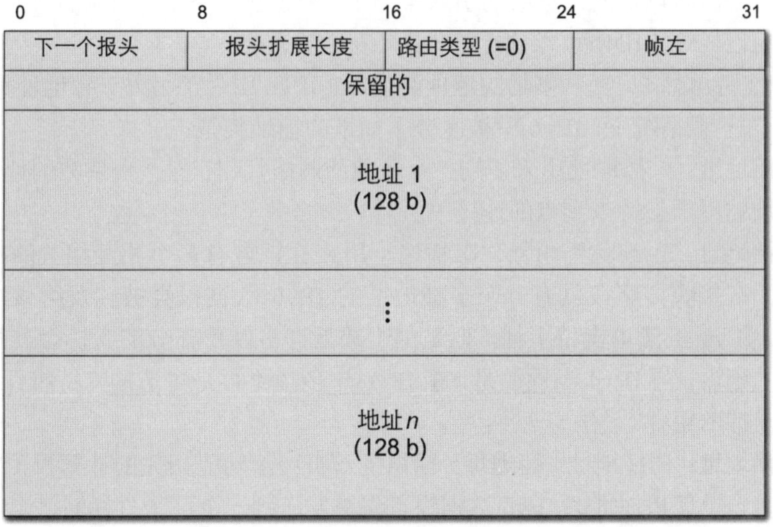

0
8
16
24
31
下一个报头
报头扩展长度
路由类型 (=0)
帧左
保留的
地址 1
(128 b)
⋮
地址 n
(128 b)

图 7.30　IPv6 的路由报头

7.4.4　IPv6 寻址

早在 20 世纪 90 年代初,人们就已经意识到在互联网中使用 IPv4 提供的地址空间无法长时间满足互联网的爆炸式增长。因此,开发 IPv4 继任者 IPv6 的一个主要原因就是扩充现有可用的地址空间。IPv6 中的地址长度因此从 32 比特被扩充到了 128 比特,这是通过将现有的地址空间和一个因子 2^{96} 相乘得到的(参见图 7.31)。

IPv6 的地址空间

　　将地址长度从 32 比特放大 4 倍到 128 比特的地址空间的扩充,这其中的难度是很难说明的。每个被添加到原始 32 比特长度地址中的比特位都可以将现有的地址数量翻倍。因此,原始的整个地址空间的 $2^{32} = 4294967296$ 地址被翻倍了 96 次。由此产生的 2^{128} 地址数量被写为 3.4×10^{38},即一个具有 38 个零的数。

　　一个更直观的例子可以给出如下的比较:地球的年龄被估计约为 45 亿年。如果人们从地球诞生的时候开始从现存的 IPv6 地址空间中每秒分配十亿个地址,那么直到今天还没有分配到现存地址空间的万亿分之一。

延伸阅读:

Hinden, R., Deering, S.: IPv6 Addressing Architecture, Request for Comments 4291, Internet Engineering Task Force (2006)

图 7.31　IPv6 的地址空间

如同在 IPv4 中一样,一个 IPv6 地址并不能标识一台个人的计算机,而只是为一台特定的计算机分配一个网络接口。在路由器有需求的情况下,系统可以提供多个网络接口。IPv6 还从 IPv4 中接手了用于标识网络的地址前缀的划分和用于标识主机的地址后缀。但从一开始就将以前的地址类的引入舍弃了。为了从网络地址部分读取出 IPv6 的地址,需要使用已经被 CIDR 引入的标记(前缀表示法)。

IPv4 只支持单播、广播和多播的地址类型,而 IPv6 引入了另外一种地址类型"任播"(Anycast)。在一般情况下,IPv6 中被区分了如下的地址类型:

- **单播地址**:单播地址用来识别一个单独的网络接口,即一台单独的计算机。单播地址被用于支持点到点的连接中。
- **多播地址**:也被称为组播。多播地址用来标识含有多个相互相关的网络接口的组。在接收方字段具有一个多播地址的 IPv6 数据报会被转发给该组的所有成员。IPv4 虽然也支持多播,但是由于缺乏许多硬件部分的支持会产生传播和使用的延迟。与 IPv4 不同的是,在 IPv6 中多播不再是可选的支持组件,而是必须被支持的组件。
- **任播地址**:任播地址(簇地址)标识了一组局部功能相关的计算机(网络接口)。带有一个任播地址的 IPv6 数据报首先被发送到一个位于目标网络中的特定路由器上(通常是最近的那个),然后该路由器再将数据报进一步转发到该网络中的特定计算机上。这种任意地址的想法来自于被提供的网络服务可以被划分在目标网络的多个计算机中,这样就可以提供更有效的处理能力。在这种想法中废除了严格被执行的地址唯一性原则，因为多台计算机共享相同的任播地址，而数据报的发送方并不能提前获悉，该数据报首先是通过任播组中的哪台计算机被转发的。

广播不再直接由 IPv6 支持，而是通过所使用的多播来实现。

虽然新的 IPv6 地址极大地扩充了现有可用的地址空间，但是，当人们选择熟悉的十进制点符号时，对地址的描述非常混乱，就像下面给出了 128 比特地址的例子显示的那样：

$$103.230.140.100.255.255.255.255.0.0.17.128.150.10.255.255$$

为了让这种类型的地址具有更好的可读性，IPv6 的开发者决定使用一种十六进制冒号的表示法。其中每个 16 比特的单元被总结为十六进制数，同时通过冒号将其分隔开。在这个例子中给出了：

$$67E6:8C64:FFFF:FFFF:0000:1180:96A:FFFF$$

为了进一步提高清晰度，可以将前导零省略掉，同时通过 "::" 来代替零值序列（**零压缩**）。因此，如下地址

$$000E:0C64:0000:0000:0000:1342:0E3E:00FE$$

可以被简化为

$$E:C64::1342:E3E:FE$$

使用 "::" 对连续的零链条的替代只允许在一个 IPv6 地址中出现在一个地方，否则该地址不能被唯一地重建。特别在特殊的地址中，例如，一般的回送地址（Loopback）中，这种零序列的替代会带来很大的优势。因此，该地址

$$0:0:0:0:0:0:0:1$$

通过简单的零序列替代为

$$::1$$

基于不同的网络 ID 和主机 ID，就像在 IPv4 中的那样，在单个地址类中的地址空间的静态分布在 IPv6 中将不再被使用。IPv6 地址的主导比特位被称为**格式前缀**（Format Prefix）。使用这些格式前缀就可以识别特定的地址类型（参见文档 RFC 2373 和文档 RFC 3513）。这样人们就可以使用与在 IPv4 地址类中出现的相似方案，即只需要在开始的时候规定一个可变的比特数量作为格式前缀来使用，同时这又实现了扩展的可能性。表 7.5 给出了当前可使用的格式前缀和其应用的信息。

在单播地址内部被划分了如下的单播地址类：

- **基于供应商的全球单播地址**：这个地址首次定义在文档 RFC 1884中，现在已经被稍晚些出现的聚集全球单播地址取而代之了。但是，为了叙述的完整性，这里会对这种基于供应商的、被设计为常规点到点寻址的全球单播地址给出一个简明

表 7.5 IPv6 地址格式前缀及应用

格式前缀	地址空间占有率	应用
0000 0000	1/256	免费可用
0000 0001	1/256	免费可用
0000 001	1/128	网络服务访问点地址
0000 01	1/64	免费可用
0000 1	1/32	免费可用
0001	1/16	免费可用
001	1/8	全球单播地址
010	1/8	免费可用
011	1/8	免费可用
100	1/8	免费可用
101	1/8	免费可用
110	1/8	免费可用
1110	1/16	免费可用
1111 0	1/32	免费可用
1111 10	1/64	免费可用
1111 110	1/128	免费可用
1111 1110 0	1/512	免费可用
1111 1110 10	1/1024	链路本地单播地址
1111 1110 11	1/1024	站点本地单播地址
1111 1111	1/256	多播地址

扼要地阐述。与被划分为静态地址类的 IPv4 地址不同的是，基于供应商的全球单播地址尝试引入一种基于地理分配的一个分层结构。就像图 7.32 描述的那样，基于供应商的全球单播地址是由如下部分组成的：

- **注册 ID**：表示各个用来注册地址的国际组织，例如，RegID=100000表示 ICANN（Internet Corporation for Assigned Names and Numbers），或者RegID=01000表示 RIPE（Réseau IP Européan，欧洲区域互联网注册管理机构）。
- **国家注册 ID**：用来注册 IPv6 地址的国际组织，可以协调多个国家组织的地址分配。这里，一个国家注册机构的标识可以遵循这种国际注册 ID。例如，在德国是由 DENIC（www.intra.de）来管理注册的。
- **供应商 ID**：后面跟随的说明包含了互联网供应商的标识，即互联网服务的提供者。这些供应商会为其用户发放地址。该字段的长度是可变的，因此各个注册机构可以为供应商建立不同的地址类。这些地址类与随后的用户 ID 的长度是联系在一起的，一个短的供应商 ID 可以管理大量的用户 ID，反之亦然。
- **用户 ID**：代表了一个私有网络的操作者的身份，因此，等同于 IPv4-Network-ID。用户 ID 被连接到供应商 ID，两个字段一起被赋予了 56 比特的长度。
- **内部用户 ID**：接下来的 64 比特定义了网络运营商的内部网络结构。其中，16

比特用于为一个**子网 ID**（Subnet-ID）提供预先规定的子网标识。最后 48 比特的**接口 ID**（Interface-ID）则用于被寻址的终端系统的标识。

特别要指出的是，在一个局域网内部，一个公共传输介质（Shared Medium LAN）每次都使用相同长度，即都是 48 比特的网络地址（MAC 地址）。因此，接口 ID 可以直接嵌入局域网（LAN）地址中。同时如果该 IP 地址被转换成物理网络地址，那么就可以将目标网络路由器上的计算步骤和地址转换步骤保存下来。在 IPv4 中必要的 ARP 地址解析协议的应用在 IPv6 中可以忽略。

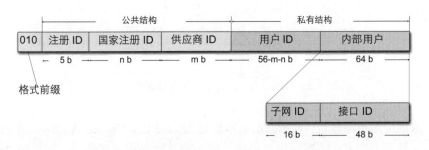

图 7.32　IPv6 的基于供应商的全球单播地址 (已经被替代)

- **可聚合全球单播地址**：这种可聚合全球单播地址简称为 AG 地址，其类型和基于供应商的全球单播地址一样，是被提供用于常规的点到点的寻址。为该地址类型保留的前缀是 001，同时保留了整个地址空间的 1/8。定义在文档 RFC 2374 中的 AG 地址取代了基于供应商的全球单播地址的概念。在设计这种地址类型的时候，使用了一个严格的、基于互联网世界的分层结构。在这个分层结构的顶部（Top Level）是国际和国家组织，整个可用的地址空间都是在这个层次上被划分的。接下来的层级是那些作为 IPv6 地址管理，同时也被直接作为互联网服务的提供者的组织，这些组织彼此之间可以具有相同层级的关系。在最后一个层级上是被作为互联网服务的最终用户的个人组织。可聚合全球单播地址包含的结构单元将在图 7.33 中给出描述。
  - **顶级聚合标识符**（**TLA-ID**）：长度为 13 比特的各个顶级组织的标识符。
  - **下一级聚集标识符**（**NLA-ID**）：跟随在位于较低分层等级的、由 8 个被保留的、至今未被使用的比特组成的组织标识符之后。这种标识符的长度为 24 比特，并且还可以被进一步构造。因此这种互联网的层次结构也可以被映射到地址中。
  - **站点聚集标识符**（**SLA-ID**）：接下来的 16 比特用于识别位于最低层级中的组织，即所谓的终端用户。这种标识符同样也可以被进一步构造，以便绘制一个子网结构，同时将一个较大的物理网络进行进一步划分。
  - **接口标识符**（**Interface-ID**）：一个长度为 64 比特的字段，标识一个终端系统的网络接口。这里可以直接指定在一个局域网中的一个终端系统的物理网络地址。

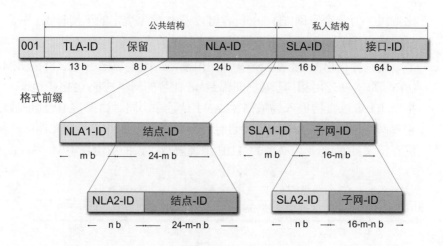

图 7.33　IPv6 的可聚合全球单播地址

- **本地应用单播地址**：本地应用单播地址（Local Use Unicast Address）划分了两个
  地址类型：本地链路应用单播地址和本地站点应用单播地址。正如图 7.34 所描
  述的那样，在这两种地址类型中每次只涉及了能被用于本地使用的地址。例如，
  用于本地网络环境的勘查的地址（Neighbor Discovery）或者用于自动地址配置的
  地址。本地链路应用单播地址（Link Local Use Unicast Address，LLU 地址）没
  有包含子网标识符，因此只能被应用在被隔离的子网内部。LLU 地址的格式前缀
  为FE80::/10，不允许路由器向外部转发，只能向内部的本地的子网转发。

  与 LLU 地址不同的是，本地站点应用单播地址（Site Local Use Unicast Ad-
  dress，SLU 地址）包含了一个子网标识符，但是除此之外在互联网结构的内部的
  较高层中并不包含结构信息。也就是说，SLU 地址虽然可以通过子网的边界，但只
  能在一个孤立的站点内部发送。本地站点应用单播地址的格式前缀为FEC0::/10，
  并且该地址不能通过路由器向全球互联网转发。这种地址允许为一个并没有连接
  到全球互联网中的组织提供一个唯一的地址，而不需要使用全球唯一的地址。为
  了实现全面的互操作性，必须为一个终端系统分配一个全球的单播地址。

LLU 地址

1111 1110 10	00000 ... 000	接口-ID
格式前缀	54 b	64 b

SLU 地址

1111 1110 11	000 ... 00	子网-ID	接口-ID
格式前缀	38 b	16 b	64 b

图 7.34　IPv6 的本地链路单播地址和本地站点应用单播地址

- **特殊的单播地址**：在 IPv6 中定义了以下几种特殊的单播地址：
  - **默认地址**：如果还没有为一个终端系统分配一个自身的 IP 地址的时候，默认

地址0:0:0:0:0:0:0:0或者短地址"::"可以作为发送方的地址。为了询问自己的 IP 地址,需要使用一个对应的、具有未指定发送方地址的 IP 数据报。

- **环回地址**:用来测试像在 IPv4 中那样存在的一个环回地址0:0:0:0:0:0:0:1或者短地址"::1"。一个具有环回地址的被发送的数据报并没有被该计算机通过其网络接口进行发送,而是貌似只进行了发送,同时再次接收。使用这种环回地址可以对网络应用进行访问,并且在接收自己网络之前,对该网络应用进行测试。

- **具有被封装了 IPv4 地址的 IPv6 地址**:这种地址是专门为从 IPv4 地址迁移到 IPv6 地址规定的,同时允许这两个 IP 版本的地址共存。这里,需要将长度为 32 比特的 IPv4 地址填充为长度为 128 比特的 IPv6 地址。为此,可以在长度为 32 比特的 IPv4 地址之前设置 96 个 0 比特(格式前缀为::/96),以便在一个双堆栈环境中定义一个"兼容 IPv4 地址的 IPv6 地址"的使用。也就是说,相关的系统必须既有处理 IPv4 地址的能力,又可以处理 IPv6 地址。如果在一个从 IPv6 网络到一个 IPv4 网络的通信中使用了一个兼容 IPv4 地址的 IPv6 地址,那么 IPv6 数据报将被自动封装在一个 IPv4 的数据报中。随后,在该 IPv4 数据报的报头中将会被自动地从 IPv4 兼容的 IPv6 地址中提取出 IPv4 的地址部分。

  另外,可以建立一个所谓的"IPv4 映射到 IPv6 的地址"。其中,引入了80 个 0 比特和一个长度为 16 比特的前缀,这 96 个比特被设置在 IPv4 地址之前(格式前缀为::FFFF/96)。这种地址被用于不支持 IPv6 的纯的 IPv4 系统中。在两个网络之间,如果其中一个只支持 IPv6,另一个只支持 IPv4,那么这时候就需要在 IPv6 和 IPv4 之间进行一个协议的转换。

  另一个变体是"转换 IPv4 的 IPv6 地址"。该地址具有 64 个 0 比特,随后跟随的是 16 个 1 比特和 16 个 0 比特,这些比特位被置于长度为 32 比特的 IPv4 地址之前(格式前缀为::FFFF:0/96)。与映射 IPv4 到 IPv6 地址一样,这种变体需要使用一个 IPv4 到 IPv6 的协议转换。

- **多播地址**:IPv6 中没有提供广播地址,对应的功能是通过 IPv6 多播(组播)进行的。这种类型的多播实现了将一个地址直接向不同的终端系统的整个组同时发送。因此,广播地址就是对应一个分配给网络中所有计算机的多播地址。图 7.35 描述了一个多播地址的结构。这种结构通常是以格式前缀11111111或者FF::/8开始的,占据了可用地址空间的 1/256。多播地址包含以下字段:

- **标记**:长度为 4 比特的字段,前三个比特位目前被保留,并且必须始终被设置为 0。最后一个比特位(Transient Bit,T-Bit)用于区分是一个永久被分配的($T=0$)还是一个临时被分配的多播地址($T=1$)。

- **范围**:这个长度为 4 比特的字段用于指定多播地址的有效范围,具体是从局部有效性(scope=1 – node local scope / scope=2 – link local scope)到全球有效性(scope=14 – global scope)。这种区别很重要,因为具有全球有效性的多播地址在整个互联网中必须进行唯一分配(参见图 7.36)。相反,具有有限的本地有效性的多播地址只需要在其有效性范围内确定唯一性就可以了。这种方式在多播寻址中实现了一个特别大的灵活性。除此以外，有效范围的指定还实现了路由器对多播数据报转发到多远的决定。也就是说，数据流量限制在由有效范围确定的那部分网络中。

- 组 ID: 这个长度为 112 比特的字段用于标识被寻址的多播群。标识符为 0、1 和 2 的多播群也保留作为所谓的"Well-Known Multicast Addresses"。标识符为 0 的多播没有被使用，而标识符为 1 的多播代表相关的有效范围（Scope）中的所有节点，标识符为 2 的多播包含了各个有效范围内的所有路由器。此外，网络中的每个单播地址都分配了一个特殊的多播地址（Solicited-Node Multicast Address），这可以对比应用在本地网络内部的一个更有效的地址解析方法 ARP 协议。这种特殊的多播地址可以根据一个固定的方法将最后 24 个比特映射到相关的网络节点的各个单播地址中。

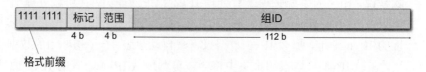

图 7.35　IPv6 的多播地址

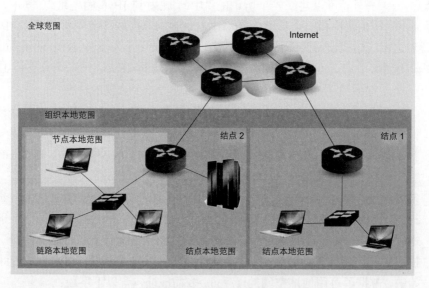

图 7.36　IPv6 的多播作用域定义的多播有效范围

- **任播地址**：相对于 IPv4 来说，IPv6 中的任播地址加入了一些新的功能。通过这些相关联的功能可以将单播和多播从本质上进行区分。如果单播地址被称为是一台完全唯一确定的计算机（确切地说是该计算机的一个确定的网络接口），而多播地址为所有计算机确定了一个预先定义的特定数据报可以被发送到达的群，那么通过一个任播地址刚好可以给出某个预定的计算机组中的一台计算机。通常情况下，任播群中被选中的计算机基于路由度量标准都是位于发送方最近的那台计算机。因此，通过任播发送的数据报被发送到通过任播地址确定的群中的最近的一台计算机中。

任播群中的所有计算机都必须提供相同的服务。设置为最高访问负载的服务可以通过这种方式被缩放，即不用必须找出被请求的计算机，那些在群中被请求服务的计算机可以使用很小的消耗就可以提供相应的服务（Load Sharing）。这种功能和灵活性在 IPv4 中是难以实现的。

任播地址具有一个专门的地址方案。一个单播地址可以自动被指定为一个任播地址，只要该单播地址在网络中多次被指定。然而，相关的计算机彼此间距离越远，任播地址的管理就越复杂。任播定义背后的真实意图是将相关的计算机尽量放在同一个网络分段上，以便尽量减少可能产生的管理负担，同时提供一个合适的灵活度。

7.4.5　IPv6 自动配置

IPv6 寻址的一个显著特点在于提供了**自动配置**的可能性。IPv6 被设计为是一个自动寻址的，也就是说，为连接到网络的一个新的计算机分配一个 IP 地址时，不需要一个专门的服务器。在以前的 IPv4 服务中，需要手动或者通过一个配置协议，例如，动态主机配置协议（Dynamic Host Configuration Protocol，DHCP），使用网络中一个特殊的服务器来得到所需的地址信息。在 IPv6 中，可以通过上述的 LLU 地址，从路由器请求一个自己的 IP 地址。通过 IPv6 实现的自动配置也分为"无状态自动配置"和"有状态自动配置"。在 IPv6 中使用的自动配置定义在文档 RFC 2462中，并且按照以下步骤进行运作：

- **链路本地寻址**：新接入网络中的计算机会产生一个自己的 LLU 地址。该地址是由 LLU 格式前缀1111111010组成，接着是一个长度为 64 比特的接口标识符，其中 54 位为 0 比特。这些 0 比特是由物理网络地址（MAC 地址）自动生成的，参见图 7.37。
- **链路本地地址测试**：首先要考虑的是生成的 LLU 地址是否已经在网络中被使用了。通过 IPv6 的邻居发现协议（Neighbor Discovery Protocol，NDP），一个带有被检测地址的请求将发送到相邻的计算机。如果确实在另外一台设备中使用了该地址，那么发出请求的计算机从该设备上获得一个通知（邻居请求），同时必须产生一个新的地址。
- **链路本地地址分配**：如果可以确定生成的地址在本地网络中是唯一的，那么该地址被分配一个专用的网络接口。计算机通过使用这样产生的 LLU 地址只能在自己的网络中不受限制地进行通信，而对全球网络的访问和存取是不允许的。
- **寻找路由器**：为了使计算机还可以在自己本地的网络之外进行通信，该自动配置需要继续寻找最近的路由器。为此，被配置的计算机尝试接收由路由器周期性发送的**路由器通告**（Router Advertisement）数据报，或者在本地网络中发送的**路由器恳求**（Router Solicitation），以便向最近的路由器发送一个路由器通告。一旦该计算机接收到了作为回复的路由器通告，就会宣称应答的路由器是自己的**默认路由器**。

IPv6 中来自硬件地址的 LLU 地址生成

为一个具有网络功能的设备创建新的 IPv6 地址，需要如下的一个简单的地址映射方法。即将该设备自带的长度为 48 比特的 IEEE 802 MAC 地址映射到 IPv6 地址的最后 64 比特上。该 48 比特的 IEEE 802 MAC 地址通常是由两个长度分别为 24 比特的部分组成：用于识别特定硬件供应商的组织唯一标识符（Organization Unique Identifier，OUI）和另外 24 比特用来识别该制造商的单个设备。除此以外，IEEE 还为设备识别定义了额外 64 比特长度的地址模式。即 64 比特的可扩展的唯一标识符（64 Bit Extended Unique Identifier，EUI–64）。其中除了 24 比特长度的 OUI，还规定了长度为 40 比特的设备识别字段。这种格式的一个特殊版本，即修改后的**EUI–64**地址被 IPv6 协议所使用。在这种情况下，EUI–64 只有第七个位，即所谓的通用/本地位，其值由 0 被设置为 1。

如今，长度为 48 比特的 MAC 地址还被广泛地使用着。该地址在 EUI–64 中，以及在修改过的 EUI–64 中使用了如下的种类：

1. 长度为 48 比特的 MAC 地址的前 24 比特被划分为 OUI，余下的 24 比特被划分为地址后缀。原有的 OUI 占据了 EUI–64 的前 24 比特，剩下的地址后缀占据了 EUI–64 的最后 24 比特。

2. 位于 EUI–64 中间的 16 比特包含了如下的比特模式：11111111 11111110（作为十六进制为 FFFE）。

3. 现在的地址是 EUI–64 格式，同时只有第 7 个比特位被设置为 1，以便向修改后的 EUI–64 转换，这样最后的 64 比特就映射到了新的 IPv6 地址中了。IPv6 地址的前 64 比特映射了各个网络的前缀。

例如：

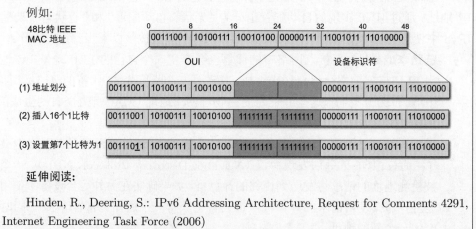

延伸阅读：

Hinden, R., Deering, S.: IPv6 Addressing Architecture, Request for Comments 4291, Internet Engineering Task Force (2006)

图 7.37　IPv6 中来自硬件地址的 LLU 地址生成

- **路由器指令**：由路由器发送的路由器通告包含了有关如何使用自动配置进行发送的信息。该路由器要么通知该计算机自动的地址配置是不可能的，必须进行手动或者通过 DHCP 协议进行配置（有状态自动配置），要么该路由器通知该计算机如何产生自己的全球有效的单播地址。

- **全局地址配置**：如果本地网络允许一个自动配置，那么原始请求的计算机现在会根据自己已经提交的路由器信息生成一个自己的全球有效的单播地址。通常，该路由器会通知与该设备接口标识符（参见步骤 1）连接所使用的网络前缀。

同样，在自动配置的时候，重新编号会发生在整个地址范围（地址重新编号）。对于具有一定规模的网络，使用 IPv4 协议进行地址重新编号是有问题的，即使有例如 DHCP 这样的协议和程序支持。在这个过程中，所讨论的网络设备必须在一定的时间内可以访问旧的和新的 IP 地址。如果需要将网络服务提供商（Internet Service Provider，ISP）替换成另外一个，这个过程运行起来就会特别困难。因为只有在所涉及的网络被作为"多宿主"操作的时候才有可能实现，也就是说，该网络在一定时间段内被提供了一个对应的 ISP 与 IP 连接性和 IP 地址范围。要在 IPv4 操作中解决这个问题需要借助使用了边界网关路由协议（Border Gateway Routing Protocol，BGP）的地址重编，而这又会导致地址空间的碎片。因为在这种情况下，大量小的网络到达了位于互联网核心区的路由表中，同时所有涉及的路由器必须为此进行调节。

相反，在设计 IPv6 协议的过程中就已经提前考虑到了地址重编的问题，并且定义在文档 RFC 4076中。在 IPv6 协议中，整个网络可以通过在自动配置过程中路由器向主机发送的带有时间间隔的网络前缀进行重新编号，而这通过一个路由器发送一个新的网络前缀就可以实现。在 IPv6 协议中，主机产生了一个新的单播地址，通过这个地址就可以简单地为所属的主机添加一个网络前缀。平行操作多个 IP 地址范围在 IPv6 协议下同样也是没有问题的。在文档 RFC 3484中已经确定，在每个地址都提供了几种选项的情况下，应该如何选择源地址和目标地址的行程。这就意味着未来的操作者应该在网络服务提供商（ISP）以及具有多个网络服务提供商的永久并联操作之间实现一个不复杂的交换，以便促进竞争、提高可靠性和分配网络负载。IPv6 的隐私扩展可以参见图 7.38。

7.4.6　从 IPv4 到 IPv6 的共存和迁移

由于全球互联网的庞大规模以及与之相连的巨大数目的计算机和网络组件，意味着从 IPv4 到 IPv6 的互联网协议的转换不是一朝一夕就能完成的。因为互联网协议是基于 TCP/IP 协议套件的基本协议，因此人们可以将这些基本协议的交换与交换基本建筑的基础做对比。虽然这似乎有些牵强，但是无异议的是，这类对基础的交换都是非常谨慎的。如果继续使用这个比喻，那么可以将使用新的 IPv6 协议进行全球转型比喻为将整个世界的所有建筑物的地基进行更新替代。事实上，IPv6 协议的概念规范可以追溯到十多年前。但是在实践中，这种新的互联网协议的过渡会带来非常多的困难，不仅是技术上的，还有经济方面的。已经安装了 IPv4 硬件的基础具有非常广范的使用范围，因此，向 IPv6 的过渡必须进行精心策划和实施。这种对终端用户几乎是可以忽略的逐步过渡早在几年前就已经通过从 IPv4 到 IPv6 的共存和迁移方案进行实施了。如今，几乎所有的操作系统都已经支持 IPv6 了。同样，目前提供的 IPv6 硬件组件几乎也都支持 IPv4 的环境。只有那些较旧的、存粹基于 IPv4 的硬件组件在没有相应的处理时无法与只支持 IPv6 的组件进行沟通。

成功过渡到 IPv6 的关键点在于一个长期的、具有成本效益的迁移模式。原则上，这种迁移可以以三种不同的方式来完成。

- **双栈实施（Dual Stack Implementation）**：这种方式中使用了系统，尤其是那种可以同时理解两个 IP 版本的，同时可以在两个版本中进行通信的路由器。一

IPv6 及其隐私权

在 IPv6 中提供的无状态配置的可能性允许从相应的网络前缀和网络终端的 IEEE 802 MAC 地址中产生单独的 IPv6 地址。这里，MAC 地址是由该供应商的特定组织唯一标识符（Organization Unique Identifier，OUI）和用来识别网络终端的接口标识符（Interface Identifier）组成的。IPv6 地址的计算是按照预定的方案（变形的 EUI-64，参见图 7.37）进行的。因此，允许通过给定的 IPv6 地址进行网络终端识别的反转。由于大多数网络设备只能被一个人单独地使用（个人计算机、智能手机等），因此该 IPv6 地址的识别，即每次在使用网络时在终端设备留下的数据轨迹，都会对该终端设备的身份有个明确的结论，以此识别对应的用户。这就使得外界有可能在网络的 IP 层就可以获得该用户行为的总结以及创建其运动轨迹。

在 IPv4 中，期待使用这种方法获取用户的身份信息是不可能的。因为，网络内部的 IP 地址分配通常是通过动态主机配置协议（Dynamic Host Configuration Protocol，DHCP）规范的，提供的简单 IP 地址只是暂时的。此外，额外的网络地址转换（Network Address Translation，NAT）技术也增加了在单独 IPv4 地址下整个网络的建立和管理的困难性。

因此，出于保护隐私的原因，在文档 RFC 4941中引入了所谓的"**IPv6 隐私扩展**"。这样就产生了 IPv6 地址中最后 64 比特的随机接口标识符。这些标识符是从使用消息摘要算法 MD5（Message Digest Algorithm 5），分别从原有的接口标识符或者上一次计算得出的 MD5 值获得的，并且其有效性只能保存在一个有限的时间内。这样，一方面可以阻止用户被识别，另一方面也保持了永久的 IPv6 地址。

除了 IPv6 的隐私扩展协议外，还存在其他的方法来隐藏用户的身份。在 IPv6 中可以使用邻居发现协议（Neighbor Discovery Protocol，NDP）以及安全邻居发现协议（Secure Neighbor Discovery Protocol，SEND）来代替自动配置协议。使用加密方法可以从一个指定的网络前缀中计算出一个加密生成地址（Cryptographically Generated Address，CGA），即包含一个公开的密钥和一个随机数值的新的接口标识符。这里，既可以使用 IPv6 的隐私扩展，也可以使用 CGA 来计算依赖于随机值的接口标识符。因此，在每个新的网络连接中也产生一个新的接口标识符。

延伸阅读：

Narten, T., Draves, R., Krishnan, S.: Privacy Extensions for Stateless Address Autoconfiguration in IPv6, Request for Comments 4941, Internet Engineering Task Force (2007)

Arkko, J., Kempf, J., Zill, B., Nikander, P.: *SEcure Neighbor Discovery (SEND), Request for Comments 3971, Internet Engineering Task Force (2005)*

图 7.38　IPv6 的隐私扩展

个具有双栈网络功能的设备也称为 IPv4/IPv6 节点。如果这些节点与支持 IPv6 的网络设备进行通信，那么可以通过 IPv6 协议来实现。如果与一个较旧的、只支持 IPv4 的网络设备进行通信，那么可以通过 IPv4 协议来实现。因此，每台 IPv4/IPv6 计算机至少具有两个 IP 地址：一个 IPv4 地址，一个 IPv6 地址。在 IPv4 端，既可以使用静态配置也可以使用通过 DHCP 配置进行的地址配置。而在 IPv6 端可以执行一个 IPv6 自己的自动配置。但是在域名的分配中，在 IPv6 端就需要进行特别的考虑了。这些在 9.2.1 节中将给出更加详细的讨论。

为了使双栈操作可以在网络中运行，整个网络软件必须使用相应的升级来更新存在于网络中的路由器。现有的路由协议必须一式两份地保留在各个用于 IPv4 和 IPv6 的操作模式中。图 7.39 给出了一个双栈网络的通信模式：计算机 A 设置为双栈操作（双栈主机），即同时具有一个 IPv4 地址和一个 IPv6 地址。如果计算机 A 要与计算机 B 通信，那么会查询额外的 DNS 服务器（域名系统），即将计算机 B 的域名翻译成一个 IP 地址。如果计算机 B 返回给该 DNS 服务器一个 IPv4 地址，那么在计算机 A 和 B 之间可以进行一个基于 IPv4 的通信。如果计算机 A 要与计算机 C 进行通信，而该 DNS 服务器返回一个 IPv6 地址，那么计算机 A 和 C 之间可以通过 IPv6 进行通信。

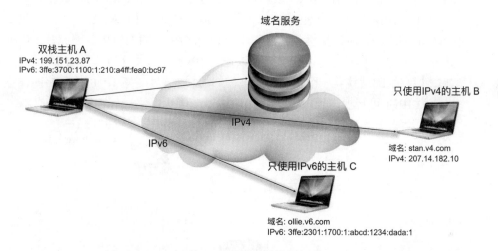

图 7.39　IPv6 双协议栈的实现

- **IPv4/IPv6 转换**（IPv4/IPv6 Translation）：双栈操作的一个特殊的版本是，一些系统可以从 IPv6 主机接收请求，然后将其转换为 IPv4 数据报后转发给 IPv4 的接收方。而相应的 IPv4 的答复则是按照相反的方式处理的。这种方式的变体只应用在当一个仅支持 IPv6 的网络设备要与一个仅支持 IPv4 的网络设备进行通信的情况。由于 IPv4 和 IPv6 两个协议并不能完全兼容，因此在转换的过程中会出现信息的损失。此外，在网络协议栈的网络互联层还加入了一个额外的附加层。目前，这一领域中**无状态的 IP/ICMP 转换**（Stateless IP/ICMP Translation，SIIT）成为了标准的解决方案。为了实现在支持 IPv4 和支持 IPv6 设备之间的通信，文档 RFC 2765 定义了一个将 IPv6 数据报报头（和 ICMPv6 数据报报头）转换到对应的 IPv4 数据报报头（或者 ICMP 数据报报头）的方法，以及相应的逆方法。一个可能应用 SIIT 方法的情况是，在构建一个新的运行在一个纯 IPv6 操作中的网络段时。同样的数据流可以借助 SIIT 协议转换连接到一个常规的 IPv4 功能的网络段上，也可以连接到一个标准的 IPv4 功能的网络中。为了达到这个目的，引入了一个特殊的 IPv6 地址类型，即"IPv4 平移地址"。这种地址具有地址前缀0::ffff:0:0:0/96。作为主机标识，这种地址前缀附加到一

个从特殊的地址池中得到的 IPv4 地址中。选择这种地址前缀是因为其在较高的
协议层中进行的校验和计算通常的值为零。因此，这些地址前缀不会对校验和产
生影响。

　　IPv6 扩展报头，例如，路由器报头、逐跳选项报头以及目的地选项报头同样
也可以与 IPv4 报头的选项进行相互转换。此外，IPv6 的多播数据流不能被转换，
因为 IPv4 的多播地址不能转换到 IPv6 的多播地址中。如果一个 IPv4 数据报到
达一个通过 SIIT 规定的用于协议转换的路由器，那么这个现有的 IPv4 地址可
以决定，是否涉及了一个被确定的纯的 IPv6 主机的数据报，以及是否因此必须
进行转换。如果需要转换，则需要去掉该 IPv4 数据报报头，同时将包含在其中
的任务转换在一个新的 IPv6 数据报报头中，并且加入原始的用户数据。

　　图 7.40 给出了一个通过 SIIT 进行的地址转换。计算机 A 位于一个只支持
IPv6 的网络中，而计算机 B 位于一个只支持 IPv4 的网络中。因此，计算机 A
具有一个 IPv6 地址，该地址由于可以通过 IPv4 到达被选为作为 IPv4 的转换地
址。计算机 B 只具有一个 IPv4 地址，该地址通过只支持 IPv6 的网络同样也可
以作为 IPv4 可转换地址进行访问。

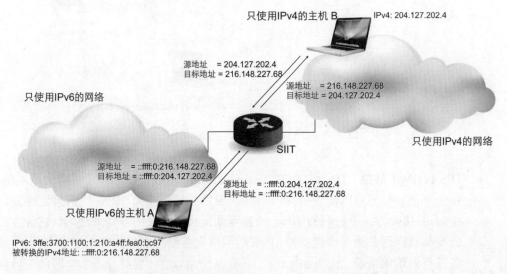

图 7.40　IPv6 的通过无状态 IP/ICMP 转换（SIIT）进行的协议转换

　　除此以外，还有一种 IPv4/IPv6 转换的版本。

－ **网络地址转换——协议转换（NAT-PT）**：基于网络地址转换协议（详细
　内容参见 8.4 节）实现了这种协议转换的方法。该方法既提供了 IP 地址的
　转换，也提供了对协议 IP、TCP、UDP 和 ICMP 的校验和的处理。由于存
　在诸多困难，这个作为文档 RFC 2766 提出的协议不断被质疑，最后只能被
　"弃用"。

－ **网络地址端口转换——协议转换（NAPT-PT）**：该协议转换方法与 NAT-
　PT 几乎相同，不但提供了 IP 地址的转换，也提供了 TCP 和 UDP 端口号

（参见 8.3 节）以及 ICMP 信息类型的的转换。但是也是出于 NAT–PT 同样的原因，NAPT–PT 也被弃用了。

— **传输中继转换（Transport Relay Translation，TRT）**：该转换方法实现了 NAT–PT 和 NAPT–PT 指定的方法，同时也是基于 DNS 记录的转换。

— **NAT64**：NAT64 允许与只支持 IPv6 的终端设备与只支持 IPv4 的服务器进行通信。其中，一个 NAT64 服务器至少具有一个自己的 IPv4 地址和一个长度为 32 比特的 IPv6 网络段（`64:FF9B::/96`）。该 IPv6 客户端嵌入了想要通信的、长度为 32 比特的 IPv4 地址，然后发送自己的数据包到所得到的地址中。该 NAT64 服务器将该 IPv6 地址映射到了所得到的 IPv6 地址中。

- **隧道（Tunneling）**：在这个 IPv4/IPv6 协议转换的版本中，IPv6 的数据报没有被改变地在一个 IPv4 的网络中进行转发。这里，对该 IPv6 数据报的解释只在支持 IPv6 的系统中进行，即 IPv6 数据报被完整地作为 IPv4 数据报中的有效载荷进行封装，然后通过 IPv4 网络进行发送。当 IPv6 位于协议栈中的更高协议层时，会作为在 IPv4 中嵌入的协议那样进行操作。在 IPv4 数据报中用于传输有效载荷任务的协议类型在 IPv6 情况下的值为 41。如果位于两个 IPv6 的通信端点之间的所有的网络节点都不具有双栈功能，那么 IPv6 的数据报隧道协议就是必要的。反过来也会出现这种情况，IPv4 数据报必须通过一个 IPv6 网络进行传输。在这种情况下，IPv4 数据报就会作为 IPv6 数据报中的有效载荷进行传输。图 7.41 描述了在一个只支持 IPv4 的网络中，如何通过一个 IPv6 隧道转发 IPv6 的数据报。

只使用IPv6的主机 A

只使用IPv6的主机 B

只使用IPv4的网络

IPv6 隧道

图 7.41　IPv6 中通过只支持 IPv4 网络的隧道进行的传输

在隧道中使用的不同技术如下：

— **6to4**：被用于 IPv6 协议转换的 6to4 方法定义在了文档 RFC 3056 中，并且通过只支持 IPv4 的网络实现了一个自动的 IPv6 隧道方法。也就是说，无需手动配置路由的基础设施就可以确定隧道端点。由此实现的 IPv6 隧道端点可以使用已知的、位于远程接收端点的 IPv4 任播地址和通过在本地发送端点的 IPv4 地址信息中嵌入 IPv6 来实现。如今，6to4 技术已经被广泛使用。例如，在大多数 UNIX 变体或者在 Windows Vista 和 Windows 7 的操作系统中。

- **Teredo**：Teredo 方法定义在文档 RFC 4380 中，实现了基于被封装的 UDP 数据流上的自动 IPv6 的隧道方法。通过这种方法还可以使用隧道传输更多的 NAT 桥。Teredo 技术的使用同样也已经被应用到了 Windows Vista 和 Windows 7 的本地支持中。

- **站内自动隧道寻址协议（ISATAP）**：用于 IPv6 协议转换的 ISATAP（Intra-Site Automatic Tunnel Addressing Protocol）方法定义在文档 RFC5214 中，在只支持 IPv4 网络中作为一个虚拟的本地 IPv6 连接。也就是说，每个 IPv4 地址通过一个特殊的映射方法被映射到一个 IPv6 链路本地地址上。与 6to4 技术和 Teredo 技术不同的是，只作为站点内隧道方法的 ISATAP 技术被应用到企业网络的内部。

- **6in4**：用于 IPv6 协议转换的 6in4 方法定义在文档 RFC 4213 中。与 6to4 技术不同的是，该方法实现了一个静态的 IPv6 的隧道方法。其中，隧道的端点必须手动进行配置。

- **隧道安装协议（TSP）**：隧道安装协议（Tunnel Setup Protocol）定义在文档 RFC 5572 中，用于在 IPv6 隧道的客户端之间的安装过程中进行参数的协商。其中的客户端是希望使用 IPv6 隧道的同时还可以构建和部署 IPv6 隧道代理服务器和 IPv6 隧道。

7.5 IPSec 网络互联层的安全通信

互联网安全协议（Internet Protocol Security，IPSec）是互联网标准协议族中的一员，该协议族是由 IETF 的 IP 安全工作组开发的，为基于互联网的网络提供一个全面的安全架构。对应的文档 RFC（RFC 1825、RFC 1829、RFC 2401–2409、RFC 4301–4309、RFC 4430）已在 1998 年发布。其中，所有的文档都涉及了 TCP/IP 参考模型的网络互联层，并且为不同的加密方法和 IP 数据报的认证描述了数据格式。IPSec 是作为 IPv6 不可分割的一部分进行开发的，并且也可以作为可选项应用到 IPv4 中。表 7.6 给出了 IPSec 中最重要的互联网标准的概述。

表 7.6　IPSec 中最重要的互联网标准

RFC 文档	标题
2401/4301	Security Architecture for the Internet Protocol
2402/4302	IP Authentication Header
2403	The Use of HMAC-MD5-96 within ESP and AH
2404	The Use of HMAC-SHA1-96 within ESP and AH
2406/4303	IP Encapsulating Security Protocol (ESP)
2408	Internet Security Association and Key Management Protocol (ISAKMP)
2409/4306	The Internet Key Exchange (IKE/IKEv2)
2412	The OAKLEY Key Determination Protocol
3602	The AES-CBC Cipher Algorithm and Its Use with IPSec
4430	Kerberized Internet Negotiation of Keys (KINK)

7.5.1　IPSec 安全架构

IPSec 中整套的协议和服务都使用了不同的安全标准。由于该安全架构已经在网络互联层被实现了，因此所有协议和相应的服务可以被应用在更高的协议层中，而不必使用自己对应的安全机制。这些安全架构不同于位于 TCP/IP 参考模型中更高协议层的那些架构，例如，安全套接字层（Secure Socket Layer，SSL）或者传输层安全（Transport Layer Security，TLS）。因为使用这些架构访问互联网应用的时候必须采取特殊的预防措施。通过 IPSec 被寻址的安全目标包括：

- 进行加密，以便保护由用户发送的消息的机密性。
- 确保发送消息的完整性，以便在传输的过程中不会被非法篡改。
- 防止某些类型的拒绝服务攻击，例如所谓的重放攻击，即通过反复群发的数据包来中断网络连接的可用性。
- 对通信终端设备之间每次的安全需求所使用的安全算法的可能性协商。
- 用于支持不同的安全要求的两种不同安全模式的支持（传输模式和隧道模式）。

为了在 TCP/IP 参考模型的网络互联层实现一个安全的、基于 IP 的通信，必须为参与的网络设备（无论是为了终端还是网络中间系统，例如，路由器或者防火墙）设置一个安全的路径，在这条路径上可能需要经过大量的不安全的中间系统。为此，参与的网络设备必须至少满足以下要求：

- 在彼此间进行通信之前，参与的网络设备必须统一每次所使用的安全协议的基本协议组。
- 参与的网络设备必须统一所使用的加密算法。
- 参与的网络设备必须能够交换加密的密钥，以便可以对被加密的数据再次进行解密。
- 如果这个表决的过程结束了，那么在网络设备上被统一的协议和方法必须使用安全的通信。

为了转换 IPSec 的基本功能，这里将引进两个核心协议：**IPSec 鉴别头**（Authentication Header，AH）和**封装安全负载**（Encapsulation Secure Payload，ESP）。其中，AH 用于确保各个发送方的真实性，并且确保信息传输的完整性，而 ESP 用于对所发送的用户数据进行加密。AH 和 ESP 虽然被称为协议，但是每个都只是被添加到 IP 数据报中的一个特殊的数据报报头。其中，两个协议是通过以下 IPSec 支持部件被支持的（可以参见图 7.42）。

- **加密算法和散列算法**：AH 和 ESP 只是一般通用的算法，并没有规定特定的加密算法。因此，IPSec 包含自己灵活的架构和不同的加密算法的嵌套是可能的，这些算法可以分别进行协商。在 IPSec 中使用的两个简单的密码散列方法是**消息摘要算法 5**（Message Digest 5，MD5）和**安全散列算法 1**（Secure Hash Algorithm 1，SHA-1）。
- **安全管理功能**：由于参与网络设备的 IPSec 每次都涉及所使用的安全机制和方法的协商，因此必须建立如何使用它们的规则和程序（**安全策略和安全关联**）。
- **密钥交换方法**：如果两个网络设备通过一个密钥的加密算法进行通信，那么在交换各个加密的密钥之前，要实现对加密信息的解密。这在 IPSec 中是通过**互联网密钥交换协议**（Internet Key Exchange Protocol，IKE 和 IKEv2）和**KINK**（Kerberized Internet Negotiation of Keys，RFC 4430）来实现的。

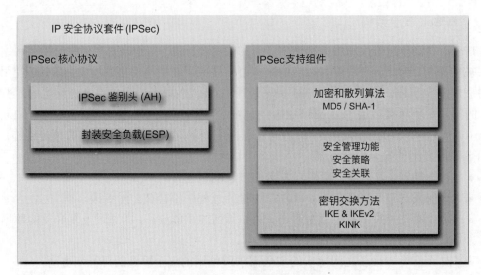

图 7.42 IPSec 安全体系结构概述

文档 RCF 2401 和 RFC 4301 为 IPSec 安全体系结构提供了不同的实现形式。这些形式的不同之处在于，所提出的安全机制用于哪些网络组件上。

- **终端主机实现**：如果 IPSec 被安装在一个网络所有链接的设备上，那么在使用 IPSec 的时候就会达到最大程度的灵活性和安全性。这里，各个参与的网络设备相互间都可以安全地进行通信。

- **路由器实现**：在这个版本中，IPSec 组件只安装在一个网络的路由器上，本质上只需要很少的成本和费用。然而，这种版本也只能保证网络路由器之间的数据传输的安全性。如果只想在一个网络的内部建立一个虚拟的专用网络（Virtual Private Network，VPN），这种方法就够用了。但是，网络设备和最近的路由器之间的连接是不受保护的。由于这种不受保护的连接通常位于一个公司的边界内部，因此，这种风险被认为是微不足道的。

- **集成架构**：理想的情况下，IPSec 应该直接集成在 IP 协议中，即所有安全功能直接被集成在网络互联层的基础协议中，不需要额外的软件组件或者架构层。在 IPv6 的设计过程中，这些要求都是一开始就被考虑的，同时 IPSec 是新的互联网协议的组成部分。因此，在 IPv4 协议中的后继整合过程中，将位于所有网络设备上的所有现存的 IPv4 应用进行修改的要求是不切实际的。

- **堆栈中的撞击**：另一种可能性是，IPSec 可以作为在 TCP/IP 参考模型中额外的协议层进行考虑。这种称为"堆栈中的撞击"（Bump in the Stack，BITS）的版本规定 IPSec 启动了一个常规的 IP 数据报。在安全功能的基础上该数据报被进行修改，并被传送到网络的接入层。也就是说，通过 IPSec 定义的协议层位于网络互联层和网络接入层之间。这样一来，由于 IPSec 不干扰 IP 协议，因此可以通过简单的方式被单独安装在任何网络设备中。然而与集成体系结构相比，这种方法会带来额外的通信开销。而支持 IPv4 的网络设备通常是通过 BITS 使用 IPSec 进行升级的。

- **线上撞击**：称为"线上撞击"（Bump in the Wire，BITW）的版本规定了额外硬件组件的引入，以便使用 IPSec 功能在网络的内部提供一个专用连接，而这只需使用网络软件的网络设备就可以实现。其中，网络中的两个路由器之间每次都被引入一个新的、具有 IPSec 功能的中间系统。这些中间系统通过 IPSec 确保了原始路由器之间的、原有的未加密的数据流量的可靠性。在 BITW 过程中，由于对网络中每个路由器的连接都必须考虑额外的硬件，因此这种解决方案特别复杂而且昂贵。

根据 IPSec 的通信类型，人们将其划分为两种不同的**IPSec 操作模式**。IPSec 既可以直接与两个通信端点相互连接到一起（传输模式），也可以设置为通过两个路由器将两个子网相互连接到一起（隧道模式）。这两种模式与各自的核心协议 AH 和 ESP 紧密相连。在这种情况下，两个通信端点的功能不会受到影响。而所选择的模式只用于决定 IP 数据报的哪个部分受到保护，以及数据报的核心协议如何被安排。

- **传输模式**：在传输模式中，IPSec 数据报的报头被添加到 IP 数据报报头和有效载荷之间。该报头是直接从 TCP/IP 参考模型的上一层的传输层中传递过来的，也就是说，IPSec 报头的后面跟着 IP 报头，接着是从传输层传送过来的数据的 TCP/UDP 报头。在这种情况下，IP 报头保持不变（参见图 7.43）。IPSec 只保护被传递过来的有效载荷，并不保护原始的 IP 报头。接收到 IPSec 数据报之后，原始的有效载荷（CP/UDP 数据包）被压缩，之后转发到位于上一层的传输层。传输模式被专门应用到主机到主机，或者主机到路由器的连接中，例如，网络管理。

- **隧道模式**：与传输模式不同的是，在隧道模式中，整个原始的 IP 数据报都通过 IPSec 被封装。也就是说，无论 IP 的有效载荷还是 IP 数据报报头。在这种情况下，被封装的 IPSec 报头的 IP 数据报和其本身又重新放置到一个新的 IP 报头，该报头可以寻址隧道端点（参见图 7.43）。该 IP 数据报的实际开始地址和目标地址位于被 IPSec 封装的 IP 报头中，只有通过路由器到达隧道终端（安全网关）之后才被进行评估。通常，通过隧道模式可以实现路由器到路由器或者主机到路由器的连接。如果通信的终端和隧道的终端位于同一台计算机上，那么在这种模式下也可以实现主机到主机的连接。隧道模式的一个优点在于，只需要在隧道终端的路由器上安装和配置 IPSec。

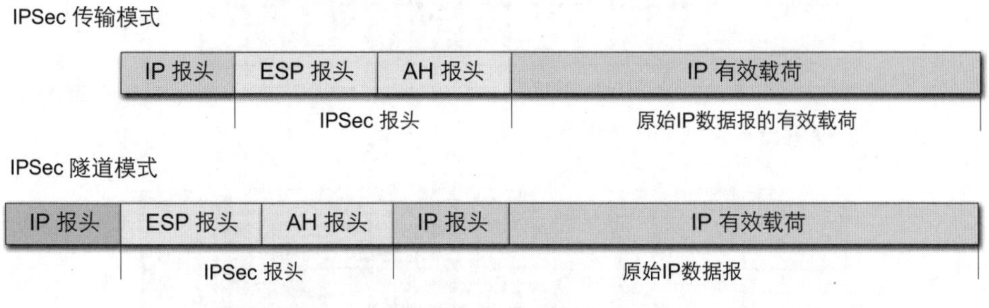

IPSec 传输模式

IP 报头	ESP 报头	AH 报头	IP 有效载荷
	IPSec 报头		原始IP数据报的有效载荷

IPSec 隧道模式

IP 报头	ESP 报头	AH 报头	IP 报头	IP 有效载荷
	IPSec 报头		原始IP数据报	

图 7.43　传输模式和隧道模式中的 IPSec 数据报

7.5.2 IPSec 鉴别头

IPSec 鉴别头（AH）被认为是两个 IPSec 核心协议中的一个，用于保证发送的 IP 数据报的真实性和完整性。为了实现这个目的，原始的 IP 数据报被设置到一个新的报头中，这个报头是通过被发送的 IP 数据报的内容计算得到的。原始数据报的哪些部分需要提供给鉴别头进行计算，取决于每次所选择的传输模式和所使用的 IP 协议的版本（IPv4 或者 IPv6）。这里，AH 报头的处理方式与在网络接入层或者网络互联层中进行的校验和计算所使用的方式是相同的。发送方根据预定的加密方法计算出被保护的、在 AH 报头中设置的 IP 数据报的用户数据的一个散列值。接收方会执行相同的计算方法，然后将得出的结果与接收到的 AH 报头中的散列值进行比较。如果两个值是相互匹配的，那么该数据报被验证为是正确的。如果两个值相互不匹配，那么意味着原始数据报的值在发送的途中已经被修改过。因此，AH 可以保证所传输的数据的完整性，但是并不能确保其没有被泄露。

与校验和计算不同之处在于，在 AH 中的验证中只需使用一个加密的散列函数和一个加密的密钥，而该加密的密钥只能发送方和接收方知道。无论散列函数还是密钥，都需要事先由 IPSec 的安全数据传输使用通信双方的安全关联和密钥交换协议进行协商。这样计算得出的校验和称为**完整性校验值**（Integrity Check Value，ICV）。

为了确定一个 IP 数据报是否被作为一个 IPSec 数据报，需要在 IPv4 中将该 IP 数据报的协议字段的值设置为 51，以便描述添加的鉴别报头。反过来，在传输模式下描述被传输的有效载荷的报头（TCP/UDP 报头），在隧道模式下描述被封装的 IPv4 数据报的报头（参见图 7.44）。

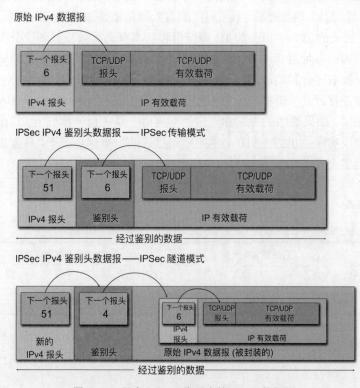

图 7.44 具有 IPSec 鉴别头的 IPv4 数据报

在 IPv6 中，鉴别头是被作为一个普通的 IPv6 扩展头进行处理的。也就是说，给定的 IPv6 数据报报头描述了鉴别头中接下来的一个报头的字段，而该字段再次指出自己的下一个报头字段，其要么继续是一个 IPv6 的扩展报头，要么直接指出报头上被传输的有效载荷（TCP/UDP 报头），参见图 7.45。

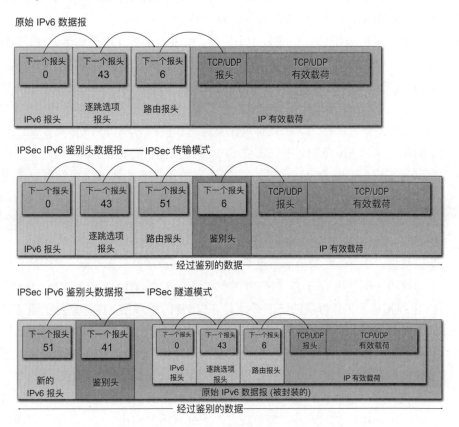

图 7.45　具有 IPSec 鉴别头的 IPv6 数据报

整个鉴别头的长度必须是 32 比特（IPv4）或者 64 比特（IPv6）的整数倍，并且通常都如图 7.46 中所描述的那样进行构建：

图 7.46　IPSec 数据报的鉴别头

- **下一个报头**：长度为 1 个字节，类似于一个 IPv4 报头，提供了被传输的有效载荷的类型。

- **有效载荷长度**：长度为 1 个字节，不仅标识了被传输的有效载荷的长度，而且也标识了 AH 的长度。这里，长度单位被表示为 32 比特。其中被减去数值 2，以便确保与在 IPv6 中报头长度的计算保持一致。

- **安全参数索引**（SPI）：长度为 4 个字节，用来指定被使用的安全方法。为此，需要各种不同的参数信息（例如，所使用的方法、插入的密码密钥、密钥的有效期等），这些信息被总结在一个所谓的**安全关联**（Security Association，SA）中。在这种情况下，SPI 不仅仅是安全关联数据库（包含了所有可用参数组合的数据库）的实际 SA 条目的参考，而且必须在发送方和接收方都可用（参见 7.5.4 节）。为了明确地规范 SA 条目，不仅需要 SPI，也需要 IP 目标地址。

- **序列号字段**：长度为 4 个字节，为发送方和接收方之间被交换的数据报进行标号，并且可以防止重放攻击。这里，通过使用已经被发送的和成功被接收的 IP 数据报可以破坏其安全系统。在至少交换了 2^{31} 个 IP 数据报之后必须设置一个新的 SA，以便用来完全排除重放攻击。发送方每次都被插入这种序列号。

- **验证数据**：可变长度的验证信息（完整性校验值），参见图 7.46。对应的长度依赖于每次验证所使用的方法。这些方法在文档 RFC 2403（MD5）和 RFC 2404（SHA-1）中被描述，并且每次的长度必须是 32 比特的整数倍。在计算用于验证的消息摘要时必须将认证数据的值设置为 0，因为计算得出的认证值本身并不允许参与到计算中。同时，在传输过程中被改变的那些值（例如，TTL 字段、段偏移、报头校验和）在计算消息摘要的过程中也必须被设置为“0”。

在应用“松散源路由”（Loose Source Routing）和“严格源路由”（Strict Source Routing）的过程中，需要规定一系列合适的路由。这些路由必须确保被作为目标地址用于计算的消息摘要通常只使用所提供的地址列表中的最后一个地址（也被称为最终的目的地）。

7.5.3　IPSec 封装安全负载

除了验证，通过合适的加密方法确保所传递消息的保密性也是全球互联网中最重要的安全要求。在互联网中，由于发送的消息中各个独立的 IP 数据报可以自己选择通往指定接收方的路径，因此原则上是不可能阻止进行传输的 IP 数据报被截留。在这个过程中所涉及的中间系统都可以对传输的数据报进行访问，同时该数据报也可以被位于本地局域网平台（网络接入层）上的任何一个潜在的 LAN 用户接收到。因此，在 IPSec 中应用了**封装安全负载**（Encapsulating Security Payload，ESP）对所传输的 IP 数据报的保密性负责。与 AH 相同的是，ESP 的使用也是可选的，并不是强制性的。如果使用了 ESP 加密，那么该 IPSec 数据报会被配置一个 ESP 报头和一个 ESP 尾部，中间的则是 IPSec 数据报中自带的有效载荷，后面跟着的还有 ESP 的验证数据，其中含有一个类似于在鉴别报头中用于传输数据完整性的散列（完整性校验值）。

根据每次使用的 IP 版本（IPv4 或者 IPv6）和接下来使用的传输模式（隧道模式和传输模式），ESP 报头在 IP 数据报中被放置的位置的方式与在鉴别报头中类似。因此，ESP 报头在 IPv6 的传输模式中被作为 IPv6 的扩展报头进行处理，位于其他所有 IPv6 数据报的报头之后，但是被置于一个 IPv6 目标选项的报头之前，而该目标选项报头包含了目标计算机的控制信息。相反，在隧道模式中原始的 IPv6 数据报被完整地封装，同时一个新的 IPv6 基本报头被设置位于一个 ESP 报头之后（参见图 7.47）。

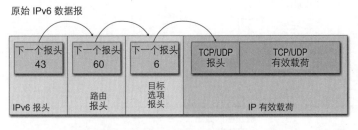

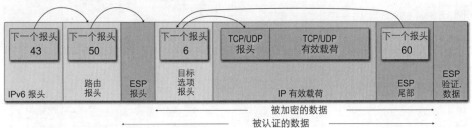

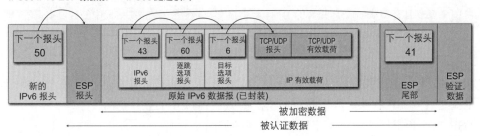

图 7.47　具有 IPSec ESP 报头的 IPv6 数据报文，其在下一个报头字段中的数值指定了序列头的类型 (参见表 7.4)

在 IPv4 中，ESP 报头每次都跟随在 IPv4 报头之后。其中，在传输模式中跟随的是被传输的有效载荷，而在隧道模式中则被完全封装在 IPv4 数据报中（参见图 7.48）。

无论是 IPv4 还是 IPv6，ESP 尾部都连接着 IP 数据报中被传输的有效载荷。通常，ESP 尾部包含着填充数据（Padding）。这些填充数据是必要的，因为不同的加密方法都规定了被加密的数据具有固定的块大小。在这种情况下，在 ESP 中不仅被传输的有效载荷会被加密，与其相关的 ESP 尾部也会被加密。ESP 报头本身并不被加密，但是，例如在 IPv6 中，ESP 报头会跟随在目标可选报头之后被加密。与在鉴别报头过程中不同的是，ESP 报头不包含描述随后的协议报头是什么类型的下一个报头（Next Header）字段。

原始 IPv4 数据报

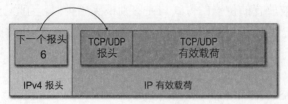

IPSec IPv4 ESP 数据报——IPSec 传输模式

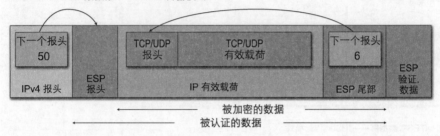

IPSec IPv4 ESP 数据报——IPSec 隧道模式

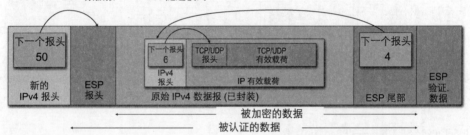

图 7.48　具有 IPSec ESP 报头的 IPv4 数据报文，其在下一个报头字段中的数值指定了序列头的类型 (参见表 7.4)

在 ESP 中，下一个报头字段位于 ESP 尾部。位于后续的验证数据涉及了整个 ESP 数据报，也就是说，ESP 报头、被传输和加密的有效载荷以及 ESP 尾部。

ESP 报头和报尾是由以下字段组成的（参见图 7.49）：

- **安全参数索引字段（SPI）和序列号**：这两个长度都为 4 个字节，与 AH 中对应的字段是相同的。这里，具有目标地址的 SPI 仅仅指出了涉及的安全关联。这些关联包含了加密方法和为此所必需的加密参数（例如，密钥或者初始化向量），并没有像 AH 情况那样指示了一个认证方法（散列算法）。

- **填充位**：由于被传输的有效载荷可以具有不同的长度，因此必须添加这种填充位。这样在随后的 ESP 认证数据就可以随时开始一个长度为 32 比特的字边界，或者被加密的数据始终遵守加密方法所需的预定块大小。如果选择块密码的加密方法，例如，高级加密标准（Advanced Encryption Standard，AES）或者数据加密标准（Data Encryption Standard，DES），那么需要注意的是，这种块的大小通常在 8 字节或者 16 字节。这样就必须计算出填充位的数量，即包括了填充位、填充位长度和接下来的这个块长度的下一个报头字段的整数倍的有效载荷的长度。

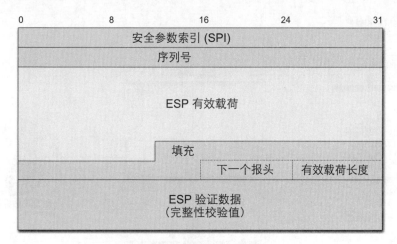

图 7.49   IPSec 数据报中的封装安全负载

为了在接收到 IPSec 数据报之后可以重新将这些填充位去掉，必须始终提供对应填充位的长度（1 个字节）。

- **下一个报头**：这个字段对应于常规 IPv4 数据报的下一个报头字段的应用。其中，IPv4 数据报描述了所传递的数据的类型。
- **ESP 验证数据**：与在 AH 应用中一样，也可以通过 ESP 的传输对被传输的数据进行验证。当然，由于每次只涉及其中静态的字段，因此这里的计算是比较简单的。

7.5.4   IPSec 支持组件

通过 IPSec 开始一个安全的数据交换之前，必须对所使用的安全协议以及在每次参与通信伙伴之间所使用的加密密钥之间进行协商。虽然通过 IPSec 所传输的数据可以被未参与通信的第三方拦截和读取，但是这些数据在应用 ESP 的过程中是被加密的形式。也就是说，在应用 AH 的过程中是可以发觉数据是否被篡改过。参与通信的伙伴为了可以读取该数据的明文，并且对其进行修改，就必须使用各自相应的被保密的加密密钥对其进行解密。这些加密密钥可以通过特殊的协议：**网络密钥交换协议**（Internet Key Exchange Protocol，IKE）进行交换。具体的过程将在补充材料 11 "IPSec 密钥管理" 中给出详细的介绍。最简单的情况是，所使用的密钥已经存在于各个相应的终端系统中了（预共享密钥）。否则，这些密钥需要通过单次被使用的随机值来确定（共享会话密钥），然后使用非对称加密方法在通信伙伴之间进行交换。

现在考虑一个 IPSec 架构，这个架构是由一系列单独的软件模块构成的（参见图 7.50）。

- **AH/ESP 模块**必须用于在网络互联层的网络软件中的 IP 数据报的**鉴别头**（AH）和**封装安全负载**（Encapsulating Security Payload，ESP）的产生和处理的干预过程中。这里，对输入的由 IPSec 加密的数据报进行加密和验证，并且将其作为常规的 IP 数据报重新转交回网络软件。实现将要发送的 IP 数据报、被接收的以及之后的各个技术指标都可以原封不动地进行转发、加密、身份验证或者被丢弃。

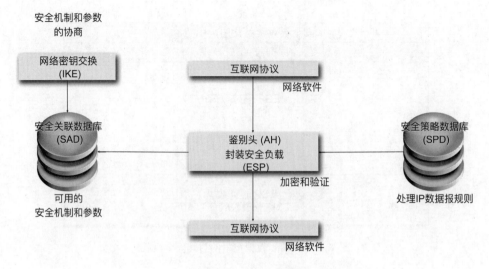

图 7.50　IPSec 架构

- **安全策略数据库**（Security Policy Database，SPD）连同其如何处理 IP 数据报的静态规则一起沿着两个通信伙伴之间的特定连接进行发送。SPD 模块不需要一定以数据库的形式实现，而是还可以设置为路由表，这样就可以在 AH/ESP 模块的网络适配器上简单地对加密的 IP 数据报进行路由选择了。

- **安全关联数据库**（Security Association Database，SAD）涉及了安全机制的各个可用版本以及相关的参数（安全关联）。AH/ESP 模块使用了 SAD 模块，通过 SPI 和 IP 的目标地址为所使用的路由做参考。安全关联每次都具有一个特定的状态，相对在 SPD 中的条目，这种状态可以更加频繁地进行修改。其中所包括的信息有：为了特定的连接选择了哪些协议，以及对应存储了哪些密钥。这种安全联盟只具有有限的有效性。

- **网络密钥交换**（Internet Key Exchange，IKE）用于加密方法和所使用的参数的协商，这个过程是在 SAD 协商之后被开发的，并且已经准备投入使用。

为了说明一个 IPSec 数据报是如何从一台计算机 A 被发送到另外一台计算机 B 的，这里给出一个使用 ESP 加密的 IPSec 数据报的例子。其中，所使用的加密方法和其相关的参数协商已经完成。因此，SAD 和 SPD 对于被发送的 IPSec 数据报来说已经包含了每次所必需的信息。具体的发送过程如下（参见图 7.51）：

(1) 具有发送意愿的计算机 A 的 IP 软件提供了完整的应该被发送的 IP 数据报，同时将其传递给 AH/ESP 模块。

(2) 该 AH/ESP 模块与 SPD 模块接触，以便了解如何与之处理被发送的 IP 数据报。在给出的例子中假设，所有发送到计算机 B 的 IP 数据报都应该被加密了。与描述了所使用的适合于计算机 B 的加密方法和相关参数的 SA 一起，AH/ESP 模块获得了对加密 IP 数据报的指令。

(3) SAD 的 AH/ESP 模块请求通过该 SA 获得参考的信息，或者所使用的加密方法以及随后使用的密码参数，并且对发送的 IP 数据报进行相应的加密。

(4) AH/ESP 模块传递该 IPSec 数据报，包括被加密的有效载荷、ESP 报头和报尾，以及返回到现在发送 IPSec 数据报的网络软件的原始 IP 数据报报头。

(5) 计算机 B 接收到了 IPSec 数据报。在通过该网络软件评估数据报的过程中会确定，其涉及了一个 IPSec 数据报（协议字段）。因此，该数据报被转发到 AH/ESP 模块。

(6) AH/ESP 模块从 ESP 报头中提取到安全参数索引（Security Parameter Index，SPI），并且将其引入到为了解密 IP 数据报所需的来自 SAD 的所使用的加密方法和加密参数的信息中。

(7) AH/ESP 模块将这个 IPSec 数据报解密，并且将已经被解密的数据报返回给 IP 软件，该 IP 软件会对其做相应的进一步的处理。

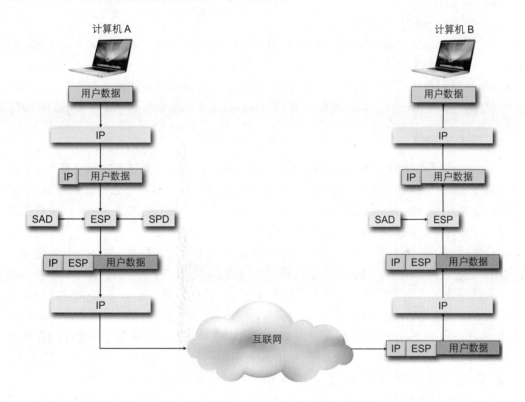

图 7.51　IPSec 数据报发送的流程

在使用 IPSec 的众多可能性中，**虚拟专用网**（Virtual Private Network，VPN）是比较受欢迎的一种形式。为了将不同地域的远程局域网（LAN）连接到一个逻辑上连续的网络中（例如，隶属同一个公司的不同分公司的局域网），早先大多数都是选择租用私人的线路。这种网络可以被构建成完全封闭的网络，以禁止未经授权的陌生人的访问。然而，通过公共的互联网提供一个各个单独局域网的联网可以实现一个具有成本效益的解决方案。当然，这样也会增加一个未经授权访问的潜在风险。但是，如果在转发和加密数据流的过程中使用了 IPSec，那么就可以确保数据传输的安全性。因为这样一来，局外人就不能对数据流进行读取或者篡改。这种方法创建了一个虚拟的数据信道（即所谓的虚拟专用网）。

补充材料 11：IPSec 密钥管理

IPSec 对用于所参与通信伙伴之间的加密参数交换所必需的密钥管理是一个独立的应用程序。如果一个被请求的安全关联（Security Association，SA）没有在一个本地的安全关联数据库（SAD）中被发现，那么这个管理程序就会被激活。但是，对于该密钥管理本身并没有使用不安全的 UDP 连接或者 TCP 连接。

下面将给出在互联网中对于密钥管理的基本协议：

(1) 站到站协议（Station-to-Station Protocol，STS）。

(2) Photuris。

(3) SKEME。

(4) Oakley 密钥确定协议。

(5) 互联网安全关联和密钥管理协议（Internet Security Association and Key Management Protocol，ISAKMP）。

(6) 互联网密钥交换协议（Internet Key Exchange Protocol，IKE）。

(7) 基于 Kerberos 的互联网密钥协商（Kerberized Internet Negotiation of Keys，KINK）。

1. 站到站协议

站到站协议（STS）是基于 **Diffie-Hellman**（DH）密钥交换算法的密钥交换方法。该方法早在 1976 年就被开发作为了第一个非对称的加密方法。这种方法与著名的 RSA 加密方法非常相似。在 DH 算法中是使用一个数学的函数进行密钥的建立，而该函数在当时是不能通过可行的成本消耗被逆转计算得出的。

众所周知，在这个算法中有一个大的素数 p 和一个所谓的原根 $g \bmod p$，满足 $2 \leqslant g \leqslant p\text{-}2$。具体的 DH 密钥交换流程会在图 7.52 给出。假设：两个通信伙伴 Alice 和 Bob 每个人都创建了一个需要保密的秘密随机数 a 和 b，并且满足 $1 \leqslant a, b \leqslant p\text{-}2$。这些随机数不能被明文传递，也就是说，它们不能落入一个潜在的攻击者的手里。因此，Alice 计算出 $A = g^a \bmod p$，Bob 计算出 $B = g^b \bmod p$。而 A 和 B 可以自由地通过不安全的介质进行传输，因为现在 a 和 b 不可能通过 A 和 B 在现实中使用现有的实际资源逆计算得出。相反，通过已知的值 g、a 和 p，以及 g、b 和 p 可以很容易地计算出 A 和 B。

从被交换得到的值 A 和 B，Alice 和 Bob 就可以计算得出一个他们要共同使用的**对称密钥 k**。k 的计算过程如下：

$$k = B\,^a \bmod p = A\,^b \bmod p = g^{ab} \bmod p$$

但是，由于 DH 算法可以通过一个中间人攻击的方法被击破，因此需要在 Alice 和 Bob 之间额外加入一种身份验证机制（参见图 7.53）。在 Alice 和 Bob 之间进行交换的值 A 和 B 将被进行身份验证，以便从中形成两个不同的信息摘要，并且每个摘要都被 Alice 或者 Bob 使用密钥进行签名。所产生的数字签名每次在被传输之前，都使用一个在密钥交换方法中产生的对称会话密钥进行加密。为了验证该签名，Alice 和 Bob 每次都需要一个自己通信伙伴的、被认证了的公共密钥。

STS 协议保证了**完全前向的安全**（Perfect Forward Security）。也就是说，即使用于验

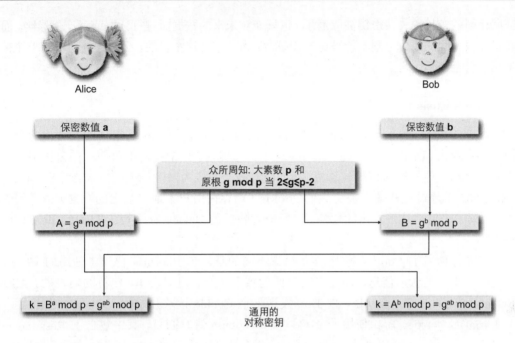

图 7.52 使用 DH 算法生成一个通用的对称密钥

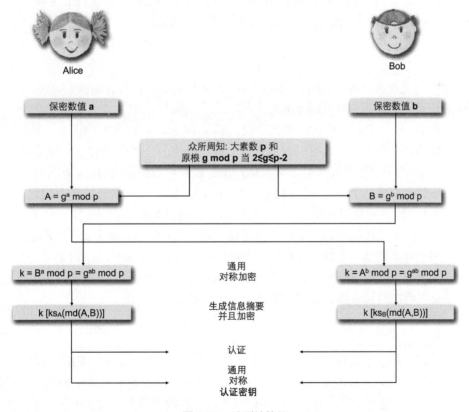

图 7.53 站到站协议

证所使用的较长的公共密钥被取消了，也只能对未来的数据流进行读取或者产生影响。而在已经被返回的通信上则不能被进一步篡改。为了实现这个目的，必须额外地取消每个被使用的会话密钥。

2. Photuris

在 STS 协议中，一个攻击者可以通过大量随机选择的值 A 或者 B 的发送启动一个拒绝服务攻击（Denial-of-Service Attack）。因此意味着，这个过程中所使用的公钥每次都需要消耗相关计算机的较高运算资源。而没有被开发成为网际标准的协议方案**Photuris**（RFC 2522）通过这些基于被交换的**Cookie**（储存在用户本地终端上的数据）概念的引入，会第一个遭遇这些攻击的危险。这些概念随后被 Oakley 协议（RFC 2412）和 IKE 所采纳。

与同样使用了 Cookie 的 HTTP 协议不同的是，在 Photuris 协议中使用的 Cookie 并没有用来存储状态信息，而是在其后面隐藏了一个长度只有 64 比特的随机数。Alice 和 Bob 之间的通信是由 Alice 向 Bob 发送一个 Cookie 请求开始的，该请求中包含了一个 Initiator-Cookie。Bob 使用一个 Cookie-Response 进行回复，其中包含了 Responder-Cookie。这个 Cookie 要么是被随机确定的，要么是可以从 Initiator-Cookie 中计算得出的。该回复中还包含了对于随后应该被使用的密钥交换方法的建议。所有数据包被发送之后，这两个 Cookie 必须包含在报头中，否则对方不会给出响应。

3. SKEME

安全密钥交换机制协议（Secure Key Exchange Mechanism Protocol，SKEME）是一个用三个阶段实现的认证（参见图 7.54）：

- **共享**：位于 SKEME 协议开始阶段，Alice 和 Bob 每次都交换两个"半个钥匙"，使用这两个半个钥匙可以对被认证的通信伙伴的公钥进行加密。Alice 将半个钥匙 k_A 与自己的地址 id_A 一起发送，以便 Bob 可以识别出自己。被发送的这两个部分都被使用了 Bob 的公钥 kp_B 进行加密。Bob 使用自己的半个钥匙 k_B 进行回复，这个回复再次使用 Alice 的公钥 kp_A 进行加密。

  两个被接收到的半个钥匙分别使用对应的私钥进行解密。这时，这两个半个钥匙可以通过一个散列函数与一个对称的会话密钥 $k1=hash(k_A,k_B)$ 结合在一起。由于被认证的 Alice 和 Bob 的公钥的成功交换，Alice 和 Bob 这时可以肯定，只有正确的通信合作伙伴才拥有两个半个钥匙。

- **交换**：在这个阶段，通用的密钥值的交换是根据 DH 算法进行的，以便产生实际的会话密钥 K2。

- **验证**：在这个阶段，一个数字签名使用了一个从 Alice 和 Bob 的地址 id_A 和 id_B，以及被交换的 DH 值 A 和 B 中计算和交换得到的对称密钥 K1 来对会话密钥 K2 进行认证。由于两个通信伙伴每次都提供所有涉及的参数，并且在这个阶段不存在公共密钥的应用，所以 Alice 和 Bob 只需要自己验证接收到的数字签名。

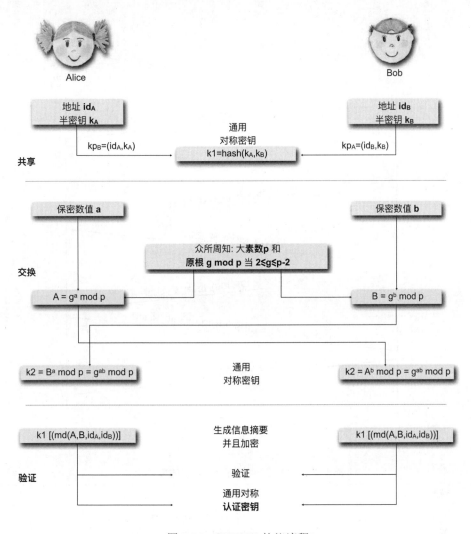

图 7.54 SKEME 协议流程

4. Oakley 密钥确定协议

Oakley 密钥确定协议的密钥交换方法是建立在 STS、SKEME 和 Photuris 这三种协议的基础上,并且定义在文档 RFC 2412 中。其中,Oakley 协议从 STS 协议中继承了 DH 算法及其认证的通用加密协议的原则。同时,SKEME 协议贡献了其他的认证方法,而从 Photuris 协议中则继承了与拒绝服务攻击相关的 Cookie 概念。Oakley 协议的特殊之处在于,首先可以对所使用的安全机制进行协商,而对需要被交换的信息不需要固定的顺序。这些信息被逐步地进行交换,每个参与通信的伙伴在每一个步骤中都可以自己决定想要转发的信息数量。在一个单独的步骤中被交换的信息越多,这个过程就会被执行地越快。相反,在一个单独的步骤中交换的信息越少,那么这个过程就会越安全。

在一个保守模式中(Conservative Mode),Oakley 协议会话具有如下的流程(参见图 7.55 和表 7.7):

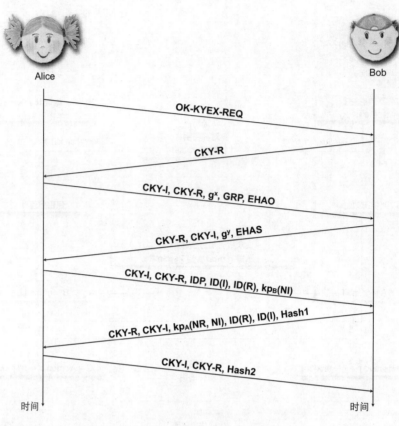

图 7.55　Oakley 协议流程（保守模式）

表 7.7　Oakley 密钥交换协议的参数

参数	描述
CKY-I	发送者的 Cookie（Alice）
CKY-R	响应者的 Cookie（Bob）
MSGTYPE	后继消息的类型
OK-KYEX-REQ	Oakley 密钥交换请求
ISA-KE&AUTH-REQ	密钥交换和认证的请求
ISA-KE&AUTH-REP	密钥交换和认证的答复
ISA-NEW-GRP-REQ	一个新的 Diffie-Hellman 组的协商（请求）
ISA-NEW-GRP-REP	一个新的 Diffie-Hellman 组的协商（答复）
GRP	使用的 Diffie-Hellman 组的名称
g^x/g^y	Diffie-Hellman 消息
EHAO	被提供的加密算法的清单
EHAS	被选择的加密算法的清单
IDP	指示数据是否被加密的标志
ID(I)/ID(R)	发起方/响应者的标识
NI/NR	发起方/响应者的随机数（Nonce）

- 发起者 Alice（Initiator）使用一个请求来开启 Oakley 协议的对话，以便可以询问响应者 Bob（Responder）是否已经准备好进行一个密钥交换。在这个过程中还没有交换与安全相关的信息。
- Bob 使用一个根据 Photuris 方法产生的 Cookie 进行回复。
- Alice 需要将接收到的 Cookie 与自己的 Cookie 一起转发回 Bob。为此，Alice 传递自己用于密钥交换的 DH 算法值的部分和自己支持的加密方法列表（加密、信息摘要、认证）。
- Bob 从中选择一个加密算法，并将其与自己用于密钥交换的 DH 算法值发送回 Alice。
- 从这个点开始，Alice 和 Bob 就需要对交换的消息进行加密了。
- 为了后继的认证，Alice 将自己的身份和通信伙伴的身份，以及一个使用被加密了的通信伙伴的公钥的随机数一起进行发送。这个消息使用了从 DH 算法中获得的对称密钥进行加密。
- Bob 使用自己的私钥对接收到的随机数进行解密，以便证实自己的身份，并且将其使用 Alice 的公钥进行加密后发送回 Alice。此外，Bob 同时也产生一个随机数，并且使用 Alice 的公钥对其进行加密，以便可以对自己通信伙伴的身份进行验证。当然，所有被发送的信息都通过一个散列值进行认证。

这种非常安全的方法也存在缺点，即需要比较高的时间消耗。在一个比较快的、被称为主动模式的变体中，放弃了拒绝服务攻击的防御。同时，Cookie 的交换只被用来对发送的消息进行识别。而且，也放弃了对通信伙伴的身份进行安全的保护。在这种主动模式中，通过省略这两个安全特性，只需要三个消息的交换，而在保守模式中则需要交换 7 条消息。

5. 互联网安全关联和密钥管理协议

互联网安全关联和密钥管理协议（ISAKMP）是为平行用于保护互联网上的数据流协议的密钥安全交换协议进行开发的，被用于处理适合于安全关联的消息格式。该协议定义在文档 RFC 2408 中。ISAKMP 协议被划分为两个阶段：

- **阶段 1**：ISAKMP-SA 的协商（双向）。
- **阶段 2**：使用协商后的 ISAKMP-SA 对传输的有效载荷进行加密。由于每个参与通信的一方都可以选择另一个 SA，因此每次使用的格式都被认为是单向的。为了达到这个目的，ISAKMP 协议在这个阶段需要筹划密钥交换协议，例如 OAKLEY 或者 IKE。但是，为了最终确定哪些加密参数必须为所使用的安全协议进行协商，ISAKMP 协议会咨询一个所谓的**解释域**（Domain of Interpretation，DOI）。

ISAKMP 协议的数据格式可以被用于不同协议的加密协商。用于密钥交换的协议可以通过 TCP 或者 UDP 进行通信，也就是说，表现为 TCP/IP 参考模型中应用层的协议。从 IANA 标准看，ISAKMP 协议被分配了标准的 UDP 端口 500。因此，SPD 也包含了每个 IPSec 架构的规则。根据被寻址到端口 500 的 UDP 数据报，这些规则必须被及时发送。

　　成功进行协商之后，可以使用 SA 对实际的数据进行加密。随后这些数据通过一个应用程序接口（Application Programming Interface，API）被发送到安全协议 IPSec。图 7.56 中描述了 ISAKMP 通信架构的各个组件的相互作用。

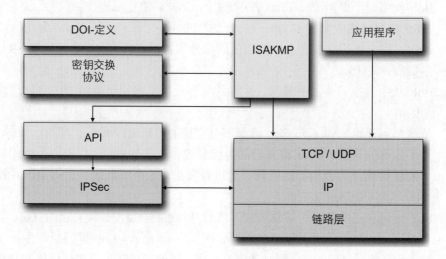

图 7.56　ISAKMP 通信架构

　　一个 ISAKMP 消息是由一个 ISAKMP 报头和多个有效载荷字段组成的。目前被定义的字段有 13 个（参见图 7.57）。在每一种情况下所使用的标识有效载荷类型的编码都可以从 DOI 识别出。IPSec 的架构是由文档 RFC 2407中的 DOI 模型进行描述的。ISAKMP 报头是由两个长度为 64 比特的发起者和响应者的 Cookie（CKY-I 和 CKY-R）开始的。随后跟随一个长度为 8 比特的字段（下一个有效载荷），描述了第一个有效载荷字段的内容，之后是一个长度为 8 比特的 ISAKMP 协议的版本号。在下一个载荷（Next Payload）字段之后同样跟随了一个在 ISAKMP 消息中包含了有效载荷字段的链路。之后是一个长度为 8 比特的交换类型字段（Exchange Type），描述了所使用的密钥交换协议的模式，类似于被 OAKLEY 协议确定的不同的模式。然后是用来控制通信和消息的标识（消息 ID）以及消息长度（Message Length）的标志。

6. 互联网密钥交换协议

　　互联网密钥交换协议（**IKE**，RFC 2409，RFC 4306）采用了 ISAKMP 对于 IPSec 的密钥管理默认的消息格式，参见图 7.57。其中，使用了已经通过 OAKLEY 协议和 SKEMEIKE 协议给出的被限制形式的结构，以便实现该方法的应用。例如，在 ISAKMP 协议的第一个阶段所使用的 ISAKMP-SA 协商存在两个类似于 OAKLEY 协议支持的模式（主要模式和主动模式），并且对通过必要的消息交换的长度以及从中得到的安全性进行了区分。另外，在安全性较低的主动模式中，可以通过在 SKEME 协议中所使用的公钥验证来确保通信伙伴的认证。

　　由于在 ISAKMP 协议的第二个阶段，被发送的消息通过 ISAKMP-SA 的消息交换已经得到了保护，那么在这个阶段无论使用主要模式（保守模式）还是主动模式，都不需要

ISAKMP 消息

ISAKMP 报头	有效载荷 1	有效载荷 2	有效载荷 3
下一个有效载荷	下一个有效载荷	下一个有效载荷	0

ISAKMP 报头

0	8	16	24	31

CKY-I
CKY-R

下一个有效载荷	版本	交换类型	标记

消息 ID
消息长度

ISAKMP 有效载荷字段

0	8	16	24	31

下一个有效载荷	保留	有效载荷长度

有效载荷

图 7.57　ISAKMP 消息格式

对 IPSec 的 AH 和 ESP 进行协商了。因此，这里只需要应用一个非常快速的模式就可以对所使用的加密方法进行协商。

　　虽然通过 IKE 协议描述的方法是相当安全的，但是这个方法需要大量的时间。如果在主要模式中，ISAKMP-SA 的协商需要在通信伙伴之间进行六次的消息交换，那么在 IPSec 加密协商的第二个阶段还需要增加三次额外的信息交换。在整个过程持续的时间内，这九个被交换的消息在每次进行加密通信之前都必须被考虑，而这就可能导致长时间的延迟。另一个缺点在于，IKE 协议并没有为防止拒绝服务攻击提供有效的保护。虽然使用了 Cookie，但是由于 IKE 协议必须保存每次被使用的 Cookie，那么这些资源的聚集就可能被滥用而促成攻击。

　　总体而言，IKE 协议的标准被划分在 4 个不同 RFC 文档中，并且每个文档都包含了大量不同的选项。因此，多年来一直出现不兼容的现象。鉴于这些缺点，在文档 RFC 5996中提出了一个后继版本**IKEv2**，该版本提供了以下改进：

- 使用 4 个更简单和更快的消息交换取代在 IKEv1 中的 8 个消息交换。
- 支持移动应用和用户（MOBIKE）。
- 支持被防火墙保护的网络的网络地址转换（Network Address Translation，NAT）。
- 支持网络电话和 VOIP（Voice-over-IP，SCTP）。
- 更容易被实现，因为不再使用非常多的加密方法，并且可以与在 ESP 中使用的方法进行协调。

- IKEv2 为保证一个可靠的通信使用了序列号和验证机制。
- IKEv2 只有在确定通信的伙伴是真实存在的时候，才在参与通信的伙伴之间启动一个复杂的处理流程。这样就可以消除在 IKEv1 中存在的一些问题，例如拒绝服务攻击这样的问题。

7. 基于 Kerberos 的互联网密钥协商

基于 Kerberos 的互联网密钥协商（KINK）的协议是定义在文档 RFC 4430 中，并且像 IKE 协议那样在参与的通信伙伴之间对 IPSec 安全关联进行协商。KINK 协议使用了 Kerberos 协议，以便通过一个中央可信机构进行通信伙伴的身份验证以及安全策略管理的协商。与 IKE 协议相比，KIKE 协议可以通过使用来自身份验证服务器（Authentication Server，AS）和密钥分配中心（Key Distribution Center，KDC）的现有基础设施简化身份认证和密钥交换。

延伸阅读：

Diffie, W., Hellman, M. E.: New Directions in Cryptography, in IEEE Transactions on Information Theory, no.6, pp. 644–654 (1976)

Diffie, W., Oorschot, P. C., Wiener, M. J.: Authentication and authenticated key exchanges, in Designs, Codes and Cryptography, (2):107-125, Springer Netherlands (1992)

Harkins, D., Carrel, D.: The Internet Key Exchange (IKE), Request for Comments 2409, Internet Engineering Task Force (1998)

Karn, P., Simpson, W.: Photuris: Session-Key Management Protocol, Request for Comments 2522, Internet Engineering Task Force (1999)

Kaufman, C.: Internet Key Exchange (IKEv2) Protocol, Request for Comments 4306, Internet Engineering Task Force (2005)

Krawczyk, H.: SKEME: a versatile secure key exchange mechanism for Internet, in Proc. of Symposium on Network and Distributed System Security, IEEE Computer Society, Los Alamitos, CA, USA (1996)

Maughan, D., Schertler, M., Schneider, M., Turner, J.: Internet Security Association and Key Management Protocol (ISAKMP), Request for Comments 2408, Internet Engineering Task Force (1998)

Orman, H.: The OAKLEY Key Determination Protocol, Request for Comments 2412, Internet Engineering Task Force (1998)

Sakane, S., Kamada, K., Thomas, M., Vilhuber, J.: Kerberized Internet Negotiation of Keys (KINK), Request for Comments 4430, Internet Engineering Task Force (2006)

7.6　互联网控制消息协议 ICMP

如前所述，IP 协议代表了一个不可靠的数据报服务，为其任务的完成尽了"最大的努力"（Best Effort）。并且，这种协议提供了错误检测的可能性，例如，校验和的使用。

如果一个接收方通过传递过来的校验和检测出，在传输的过程中出现了一个错误，那么相关的数据包会被丢弃。为了传输相应的错误信息和其他的管理任务，需要专门开发特殊的协议，以便可以直接将其内置在 IP 协议中，作为 IP 数据报用于封装相关信息。而这一重要的协议就是来自 TCP/IP 协议族的**互联网控制消息协议**（Internet Control Message Protocol，ICMP）。尽管 ICMP 描述了一个独立的协议，但是也被认为是互联网协议 IP 的组成部分。也就是说，每个互联网的终端必须可以接收和理解 ICMP 消息。ICMP 消息的传递是封装为一个常规 IP 数据报的有效载荷进行的。除了传递错误信息，通过 ICMP 还可以传递来自于互联网的消息和状态信息。ICMP 协议于 1981 年定义在文档 RFC 792 中，随后根据文档 RFC 1256 被进一步扩展。新的互联网协议 IPv6 具有一个自己的 ICMP 协议版本：ICMPv6。

7.6.1　ICMP 的任务

ICMP 协议的主要任务包括：

- 支持错误诊断（例如，支持测试互联网系统可达性的应用**ping**）。
- 支持时间戳记录和在 IP 数据报中识别出过期时间戳时对错误消息的输出。
- 路由表格的维护。
- 流量控制的通知，以避免路由器的过载。
- 在 IP 网段寻找最大允许的数据包大小（最大传输单元）时提供帮助。

ICMP 协议包含了真正的 TCP/IP 参考模型中网络互联层上的协议。当然，ICMP 数据被封装在 IP 数据报中，就好像这些数据属于一个更高的协议层那样。为了能够在一个 IP 数据报中验证 ICMP 消息，需要将 IP 数据报报头中的 PR 字段（Protocol-Field）的值设置为PR=1（参见图 7.58）。

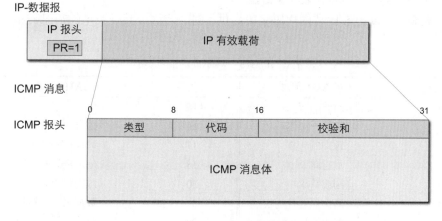

图 7.58　ICMP 消息格式

在互联网中，应该通过设置错误条件实现 ICMP 消息的通告，而这个条件可能会出现在计算机 A 发现了一个错误，并且将其通知给了计算机 B 的时候。这时，计算机 B 可以从计算机 A 发送的消息中发现一个错误，然后向计算机 A 发送另外一条错误信息。通过这种方式，两台计算机之间就会出现大量被发送的 ICMP 消息，而这些消息可能导致相关网段的数据传输的瘫痪。为了避免不必要的负载，特别是通过 ICMP 消息产生的过载情况，在文档 RFC 792 中设定了一些规则来帮助避免被发送的 ICMP 消息出现循环以及过度的情况。因此，ICMP 消息决不应该在以下情况下作为响应进行发送：

- ICMP 错误消息被作为一个响应，以避免出现上面所描述的过载情况。相反，作为响应的 ICMP 消息可以通过另一个 ICMP 消息进行发送。
- 作为一个多播或者广播消息的响应。如果在一个可能发送千次的多播消息中含有一个错误，那么会从每个接收方发送回一个 ICMP 错误通知。这样一来，原始的多播消息的发送方就会接收到几千个错误通知。
- 作为有错误的、除了第一个碎片外的 IP 数据报碎片的响应。如果一个错误的 IP 数据报被碎片化，那么通常会成倍地产生错误，并且这种错误也会出现在单独的碎片中。为了避免这些不必要的传输，一个 ICMP 错误通知只在 IP 数据报的第一个出现错误的碎片上被发送。
- 在被指定的发送地址不是单播地址的 IP 数据报上。这样可以避免 ICMP 错误通知作为多播或者广播进行发送。

7.6.2 ICMP 消息格式

ICMP 消息具有一个如图 7.58 描述的简单的格式。镶嵌在一个 IP 数据报中的 ICMP 消息通常是由一个长度为 32 比特的报头开始的，所有 ICMP 消息的类型通常具有相同的结构，后面跟着 ICMP 的有效载荷，这些有效载荷根据 ICMP 消息类型可以具有不同的结构和内容。整个 ICMP 报头包含以下字段：

- **类型**：长度为 8 比特的类型字段包含了区分 ICMP 消息类型的信息。不同的 ICMP 消息类型将在表 7.8 给出。
- **代码**：长度为 8 比特的代码字段提供了进一步区分某一类型的消息的指示。

表 7.8　ICMP——不同的消息类型

类型	ICMP 消息	类型	ICMP 消息
0	回波响应	15	信息请求
3	目的不可达	16	信息响应
4	源抑制	17	地址掩码请求
5	重定向	18	地址掩码响应
8	回波请求	30	跟踪路由
9	路由器通告	31	数据报转换错误
10	路由器请求	32	移动主机重定向
11	超时	35	移动注册请求
12	参数问题	36	移动注册响应
13	时间戳请求	37	域名请求
14	时间戳响应	38	域名响应

- **校验和**：ICMP 报头的结尾是长度为 16 比特的校验和。但是，该校验和只是从 ICMP 有效载荷中计算得出的，并不包括 ICMP 消息中被传递的报头字段。

　　所有包含错误消息的 ICMP 消息都包含了导致错误的原始 IP 数据报的一部分。这一部分被作为 ICMP 消息体的一部分进行传递，并且通常包含了整个 IP 数据报报头和数据报有效载荷的那部分包含了位于较高协议层的协议报头。

7.6.3　ICMP 错误消息

　　ICMP 协议最常用来通告不同的错误情况。在传递一个传输协议（TCP 或者 UDP）或者在转发一个 IP 数据报的时候，一旦出现错误，那么一个终端系统或者一个路由器会将一个 ICMP 错误消息发送回错误数据包的发送方。

　　每个包含在 ICMP 消息的有效载荷部分的 ICMP 错误消息通常会发送数据报头，以及出现错误的 IP 数据报的有效载荷部分的前 64 个比特。这就意味着，出现错误数据报的原始发送方可以从位于更高协议层中所涉及的协议或者所涉及的应用程序得出有效结论。随后也被证实，TCP/IP 参考模型的较高协议层中的协议被设计为在前 64 个比特中通常包含了最重要的信息。

　　在以下的特殊情况中可能会导致一个 ICMP 错误消息的产生：

- **到达不了指定的目的地**：一个要发送的 IP 数据报不能传递到被寻址的目标计算机。这样一来，一条**目的地不可到达**（Destination Unreachable）的消息会从终端系统的路由器发送到原始的发送方，以便通知该数据不能到达既定的接收方。这种情况可能由不同的原因造成。例如，目标计算机已经不存在了，或者在目标计算机上没有合适的协议可以接收数据报的用户数据部分。

- **超出使用周期**：每个 IP 数据报都在其报头中提供一个 Time-to-Live 字段，该字段指定了一个 IP 数据报允许进行的最大跳数。IP 数据报的 Time-to-Live 字段在经过中间系统的每个信道时都被减小一个值。如果该字段的值到达了零，而数据报却没有到达目标计算机，那么该 IP 数据报刚好所在的路由器会将一条**超时**（Time Exceeded）的消息发送回原始的发送方。

- **参数异常**：在 IP 数据报的报头，如果存在接收计算机无法解释的参数，那么接收计算机就无法正确处理该数据报。在这种情况下，接收方或者中间路由器就会向该 IP 数据报的原始发送方发送回一个**参数异常**（Parameter Problem）的消息。这种指示错误的消息通常都是很形式化的，也就是说，在该 ICMP 消息的报头中并没有给出 IP 数据报报头的哪些字段造成了错误。取代这些特定错误代码的是 ICMP 消息体。这种消息体中包含了被返回的错误数据报的原始 IP 数据报报头，以及根据文档 RFC 792 给出的在包含错误的字段上的指针。但是在某些情况下，指针的指示是没有意义的。例如，当在 IP 数据报报头中某个必要的选项并没有被发送时。在这些情况下，ICMP 报头的代码字段包含的值并不是如一般情况下那样为 0，而是为 1（缺少选项）或者 2（错误长度信息）。

- **源抑制**：如果一个终端系统或者一个在转发 IP 数据报的过程中参与的中间系统不能够及时地处理被发送的数据报的集合，那么一条**源抑制**（Source Quench）消息会被发送回原始的发送方，以便在某个时间周期内中断 IP 数据报的发送。这种情况可以发生在，如果接收方涉及的是一个特别流行的网站，其中充斥着 HTTP请求，或者当一个较快的发送方与一个只具有很小处理能力的较慢的接收方进行通信的时候。同样，路由器也可能受到影响，如果其通过一个高速连接的接口传递 IP 数据报，而又必须通过一个相对较慢的接口进行转发，那么内部存储数据报的队列就会溢出。一个网络设备，一旦没有能力再继续处理数据报而不得不将这些数据报丢弃，那么就会触动相应的将情况通知到发送方的 ICMP 消息。当然，如果在这个网络设备上再次发生拥塞，那么就不会重复发送 ICMP 消息。接收方只能通过 ICMP 缺失来确定源抑制消息，然后将自己的发送速率再次缓慢地提高。在网络中，一个对流量控制更具有针对性的版本是在 TCP/IP 参考模型的传输层通过 TCP 协议实现的。

- **重定向**：如果一个参与 IP 数据报转发的中间系统可以确认，存在一个比原本选定的路由器更好到达期望目标系统的另一个路由器，那么该中间系统可以通过一个**重定向**（Redirect）消息返回这一建议。其中，被推荐的路由器的地址是包含在该 ICMP 消息的用户数据部分进行发送的，后面接着是源 IP 数据报的报头。使用这种方法，IP 数据报的原始发送方会从接收到的 ICMP 重定向消息了解到，该重定向消息涉及哪些地址，同时可以考虑以后的具体情况。而且，通过在 ICMP 报头中对应的代码值信息还可以鉴别出，该重定向是只涉及一个特定的终端设备（Code=1），还是涉及的是终端设备的整个子网（Code=0）。事实上，在 ICMP 消息中，重定向消息不仅涉及出现的错误消息，而且还涉及如何改善效率低下情况的消息。

7.6.4 ICMP 询问和非正式消息

通过 ICMP 协议不仅可以转发错误消息，而且还可以询问状态信息和被返回的结果。其中，涉及的相关测试和诊断功能，以及关键信息的分布都是网络正常运行所必需的。下面给出了使用 ICMP 消息可以传递的状态信息。

- **回波功能**：应用程序**ping**用于确定互联网中的计算机是否可达，并且为此使用了 ICMP 协议的回波功能（Echo function）。为了达到这个目的，被测试的计算机会发送一个**回波请求**（Echo Request）。每台具有 IP 功能的计算机必须对该回波请求消息答复一个**回波响应**（Echo Reply）。在这种情况下，一台计算机可以向同一个通信伙伴发送多个回波请求，也可以向不同的网络设备发送不同的回波请求。相反，一台计算机可以接收从一个单独的网络设备返回的回波响应，也可以从多个网络设备接收到多个回波响应。这样一来，能够把一个回波响应与一个之前发送的特定的回波请求正确归类就变得非常重要。为此，ICMP 消息在消息体的前端规定了两个长度为 16 比特的字段（标识符和序列号），用来唯一识别回波请求和响应的身份。

- **时间戳功能**：一个终端系统或者一个中间系统可以使用一个**时间戳请求**（Timestamp Request）发送一个询问消息，用来询问当前的日期和当前的时间。接收到这样一种请求的计算机会使用一个**时间戳响应**（Timestamp Reply）对此进行回复，其中包含了发送方所需的信息。在互联网中，每个单独的终端系统都具有自己的系统时钟。虽然不同的设备之间进行通信的时候需要很精确的时间，但是在这些单独的设备之间大多数都存在时间差。而一些操作需要通信伙伴同步，并且操作之间需要具有尽可能小的时间差。为此，需要通过 ICMP 时间戳功能来交换不同设备的同步消息。为了实现这个目的，ICMP 消息的消息体包含了两个长度为 16比特的字段（标识符和序列号），以确保在回波功能下所发送的消息的一个唯一匹配（参见图 7.59）。之后跟随的是三个长度为 32 比特的时间戳。第一个时间戳（原始时间戳）指示了原始时间戳（Originate timestamp）请求信息的发送时间。随后是在接收方时间戳响应消息中的接收时间戳（Receive Timestamp）请求消息。最后是发送时间点的发送时间戳（Transmit Timestamp）响应消息。通过这三个时间戳，发送询问消息的计算机不仅可以确定发送方和接收方之间的数据报的持续时间，而且也可以确定在接收方处理 ICMP 消息时间戳所需要的时间。由于 IP 协议只是遵循尽力而为的原则进行工作，也就是说，时间戳消息的传输并不总是通过相同的连接路径进行的，这就可能会出现半路数据包丢失的情况。因此，如今的网络设备为了实现同步应用了特殊的**网络时间协议**（Network Time Protocol，NTP），从而实现了一种更可靠的时间同步。

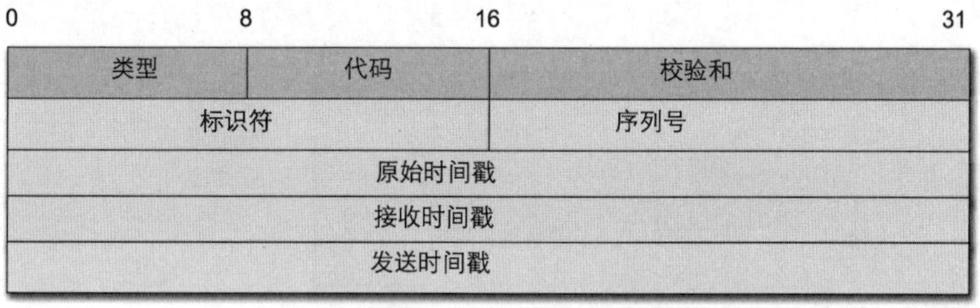

图 7.59　ICMP 时间戳和时间戳响应消息格式

- **信息请求**：ICMP 为计算机提供使用一个 ICMP**信息请求**（Information Request）消息来询问其 IP 地址的可能性，而对应的答复会由一个地址服务器使用一个**消息响应**（Information Reply）给出。然而，如今广泛使用的 DHCP 协议已经解决了这个问题。因此，ICMP 协议的这项功能几乎被丢弃了。
- **查询子网掩码**：通过**地址掩码请求**（Address Mask Request）消息，一台计算机可以检索自己所归属的子网地址掩码。在一个支持这种功能的子网中，活跃着一个或者多个子网掩码服务器（通常是一个路由器）。对于这种类型的查询都使用一个**地址掩码响应**（Address Mask Response）进行回复，其中包含了所需的有关本地网络的信息。这种 ICMP 功能已经定义在文档 RFC 950中，该文档中还描述了 IPv4 本身的子网联网。通过 ICMP 对子网掩码的查询对于 IP 协议来说并不需要，也就是说，子网掩码可以在相关的计算机中决定要么手动配置，要么通过 DHCP 协议自动配置。

- **路由器发现**：网络内部的每台计算机必须识别与其连接的互联网世界中的路由
  器的 IP 地址。这些 IP 地址在网络配置的过程中通常设置为所谓的**默认网关**
  （Default Gateway）。除了手动配置外，ICMP 还提供一种通过消息的交换来自动
  确定默认网关地址的可能性（参见图 7.60）。路由器发现（Router Discovery）的
  方法首次定义在文档 RFC 1256中。计算机为了寻找其所属的路由器会发送了一
  个作为本地网络中的多播或者广播的所谓的**路由器请求**（Router Solicitation）的
  ICMP 消息（"被寻找的路由器……"）。其中，被封装在 IP 数据报中被指定的目
  标地址要么是多播地址244.0.0.1，要么是广播地址255.255.255.255。接收到本
  地网络路由器请求的路由器会使用一个**路由器通告**（Router Advertisement）进行
  响应。此外，该路由器通告会被路由器发送到网络中，或者在没有查询的时候被
  定期进行发送。同时，在路由器的配置过程中可以确定对应的各个时间间隔。如
  果一个网络终端接收到一个路由器通告消息，那么会对其进行处理，并且与自己
  的路由信息进行匹配。

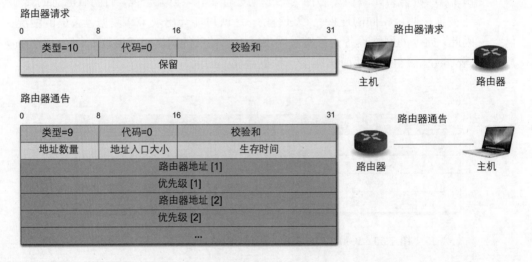

图 7.60　ICMP 通过路由器请求和路由器通告确定路由器

除了 ICMP 消息报头通常的字段，路由器通告还包含以下字段：

- **地址数量**：长度为 8 个比特的地址数量字段，给出了被传递的路由器地址响
  应的数量。在路由器中，一个物理网络接口可以被分配多个 IP 地址。这些地
  址都可以在路由器通告响应中被传递。

- **地址入口大小**：长度为 8 比特的地址入口大小字段，指示了各个路由器地址
  设置的 32 比特字符的数量。

- **生存时间**：长度为 16 比特的生存时间字段，可以被看作是最大有效的指定地
  址，其单位为秒。

- **路由器地址 [i] / 优先级 [i]**：指示了第 i 个路由器的 IP 地址及其对应的优先
  级。对于一个路由器来说，被给定的规定值的第二个部分越高，其优先级应该
  也越高。

- **路由器跟踪和路径最大传输单元的确定**：ICMP 协议最后一个最重要的任务仍然是确定**最大传输单元**（Maximum Transmission Unit，MTU），以及对于在全球互联网中通过多个网络使用不同数据格式长度的最大片段长度和对从发送方到接收方发送的数据报的路径的跟踪。用于确定 MTU 的程序称为**路径 MTU 发现**（Path MTU Discovery，PMTU），该程序定义在文档 RFC 1191 中。在图 7.61 中给出了有关 PMTU 发现方法流程的简短总结。

用于确定 PMTU 的方法：

(1) 发送方发送一个带有 DF（Don't Fragment）比特的常规 IP 数据报到指定的接收方。在网络中，一旦遇到 MTU 的长度小于该数据报的长度，那么 DF 比特就会防止该数据报被碎片化。其中，被发送的数据报的长度正好对应本地网络以及第一跳的最大 MTU 长度。

(2) 如果该数据报到达的传输网络中的 MTU 小于该数据报的长度，那么中转路由器会识别出一个错误。该 IP 数据报将被丢弃，并且原始的发送方会接收到一个包含了**目的地不可达**（Destination Unreachable）和状态代码**需要碎片化和设置 DF**（Fragmentation needed and DF set）一起的 ICMP 消息。此外，路由器会为当前允许的 MTU 提供在下一跳 MTU 字段的 ICMP 消息，并且将其发送回原始的发送方。

(3) 发送方使用接收到的 ICMP 消息注册该错误信息，并且按照在 ICMP 消息中包含的 MTU 对将要发送的数据报的长度进行调整。

(4) 这个过程被不断重复，直到发送的 IP 数据报到达了实际的接收方。该方法被周期性地重复着，以便适应沿着互联网中的传输路由可能发生的变化，例如，路由器的变更。

延伸阅读：

Mogul, J. C., Deering, S. E.: Path MTU discovery. Request for Comments 1191, Internet Engineering Task Force (1990)

图 7.61　ICMP 路径最大传输单元发现

在那些位于通信路径上的参与路由器的应答中，使用了特殊的 ICMP 消息。这些消息除了包含通常的 ICMP 消息报头字段外，还含有长度为 16 比特的、用于确定下一跳 MTU 的指示（Next Hop MTU），以及 IP 报头和原始发送的 IP 数据报的前 64 比特（参见图 7.62）。

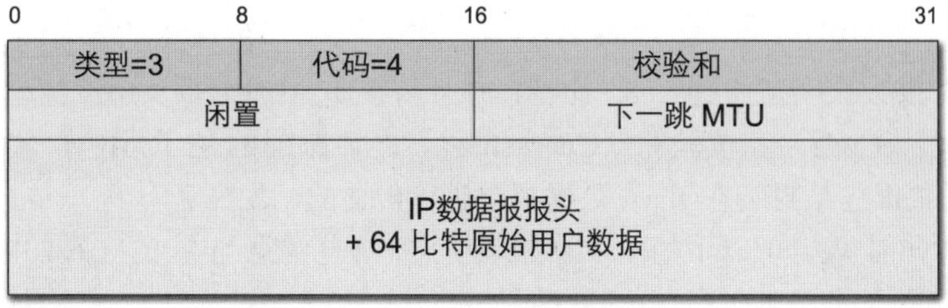

图 7.62　ICMP 消息的 PMTU 发现数据格式

为了跟踪网络中经过的路由器，可以使用**跟踪路由**（traceroute）应用程序。特别是可以使用定义在文档 RFC 1393 中的 ICM 跟踪路由消息。这种消息中除了包含通常的 ICMP 消息字段类型（类型 =30）、代码和校验和之外，还包含了以下信息（参见图 7.63）：

0	8	16	31
类型=3	代码=4	校验和	
ID 号		闲置	
出战跳数		入站跳数	
输出链路速度			
输出链路 MTU			

图 7.63　ICMP 跟踪消息格式

- **ID 号**：一个长度为 16 比特的识别码，用来连接被返回的跟踪消息和原始发送方发送的跟踪消息。
- **出战跳数**：长度为 16 比特的计数器，指示原始被发送的跟踪消息在其到达接收方的路径上已经通过的路由器的数量。
- **入站跳数**：长度为 16 比特的计数器，指示由原始跟踪消息被发送的响应已经通过的路由器的数量。
- **输出链路速度**：长度为 32 比特的连接速度消息，跟踪消息通过发送这种消息来测量每秒的字节数。
- **输出链路 MTU**：长度为 32 比特的、通过被发送的跟踪消息连接的 MTU 的大小，使用的单位为字节。

7.6.5　ICMPv6

与 ICMP 为 IPv4 传输控制和诊断的信息（因此也称为 ICMPv4）一样，互联网协议的后继版本 IPv6 也规定了一个新的 ICMP 协议版本，即**ICMPv6**。与 ICMPv4 不同的是，ICMPv6 的职权范围略有扩大。除了先前的任务，ICMPv6 在 IPv6 中也提供自动地址配置的支持，同时也可以不使用特别指定的服务器对网络终端系统的 IP 地址进行确定。协议 ICMPv6 定义在文档 RFC 2463 中，其数据格式在很大程度上对应原始的 ICMPv4 数据格式。

ICMPv6 报头长度延伸到了 32 比特，并且与在 ICMPv4 报头中一样也划分为类型（Type）、代码（Code）和校验和（Checksum）。之后跟随的是 ICMPv6 实际的有效载荷。ICMPv6 数据包是封装在 IPv6 数据报中进行传递的。

在 ICMPv6 中规定了以下的 ICMP 错误消息，这些消息与在 ICMPv4 中定义的原始错误消息是有出入的（RFC 4443）。

- **目的地不可达**：就像 IPv4 那样，IPv6 只是提供了一个不可靠的通信服务，该服务是根据尽力而为的原则进行工作的。也就是说，该服务并不能保证，发送的 IPv6 数据报一定会真正地到达目标接收方。通常，TCP/IP 参考模型较高层的协议可以传输一个能够保证数据可靠传输的任务，并且提供相应的可用机制。例如，传输层的传输控制协议（Transmission Control Protocol，TCP）。如果一个 IP 数据报由于路由器超载的原因而被丢弃，那么接收方不能确认在传输层上被传输的数据是否是自己所期望的，同时在发送方 TCP 协议的相应机制会激发对应数据的一个重传。然而，在某些情况下，这种机制并不能成功进行。例如，如果由于在 IP 数据报中指定的地址是错误的而无法到达接收方，这时由 TCP 激发的该 IP 数据报的重传并不会成功。这种情况在 ICMPv6 中和在 ICMPv4 中给出的处理是一样的，都提供了一个特殊的 ICMP 消息类型。与 ICMPv4 不同的是，通过 ICMPv6 传递的错误原因的数量是有限的。因为在 ICMPv6 中，一些错误的原因不会出现。下面给出在 ICMPv6 中允许的代码字段的值。

- **没有到达目的地的路由**：代码 =0，不存在到达所给定的目标的路由。
- **与目的地的通信被禁止**：代码 =1，数据报不能被传递给指定的接收方。因为其内容被过滤或者被阻断机制（例如，防火墙）禁止了。
- **地址不可达**：代码 =3，数据报不能在目标网络中被传递给指定的地址。也就是说，地址本身是错误的，或者地址在网络接入层（LAN/WAN 层）中进行地址翻译的时候出错。
- **端口不可达**：代码 =4，指定的地址端口是错误的（参见 8.1.3 节），或者接收方是无效的。

- **数据报尺寸过大**：在 IPv6 下进行的数据传输与 IPv4 相比，一个根本的区别是其较大的 IP 数据报范围超过了位于网络底层的协议栈中所允许的最大传输尺寸。在 IPv4 下的每个终端设备（可以达到一个规定的最大尺寸）可以发送几乎任意大小的数据报，这些数据报可能由接入的路由器碎片化为适合网络大小的尺寸，并且以更小的数据报片段的形式被继续转发（参见 7.2.4 节）；而在 IPv6 下的终端设备只能自己负责碎片化（参见 7.4.3 节）。在 IPv6 中，如果一个路由器接收到一个数据报，其大小对于与该路由器连接的网络的转发来说过大，那么这个数据报没有其他选择，只能被丢弃。在这种情况下，该路由器发送一个 ICMP**数据包过大**（Packet Too Big）的消息和当前相关网络所允许的 MTU 信息一起返还给发送该数据报的发送方。

- **超过使用周期**：无论 IPv4 还是 IPv6，都为在网络中发送的数据报规定了一个最大的生存周期。这样就可以防止基于路由错误的数据报在网络中被无休止地循环，进而产生不必要的负载。为此，在 IPv4 中的 LP 数据报的报头中规定了生存时间（TTL）字段。该字段在经过路由器的时候，其值通常被减 1，如此循环，直到该字段的值变为 0。如果一个路由器包含一个具有 TTL 值为 0 的 IP 数据报，那么该数据报会被丢弃。在 IPv6 中，这个概念被保留为所谓的跳限制字段。如果一个路由器是由于这个原因丢弃了一个接收到的 IP 数据报，那么该路由器会向发送方发送一个 ICMP 超时（Time Exceeded）消息。

　　另外一种情况是，如果这条消息和一个碎片过程一起出现，那么在这个过程中必须发送错误消息。如果在互联网的传输过程中，一个数据报划分成多个单独的碎片，那么这些碎片是相互独立的，并且不一定经过网络中的相同路由器传输。

因此，只有在接收方的队列中出现了第一个和最后一个到达的碎片之后，才能将该数据报重新完整地组装在一起。在这个过程中，如果超过了一个专门被规定的周期，那么在接收方还没有完全组装完整的数据报会被丢弃，并且向发送方返回一个 ICMP 的超时消息。

- **参数异常**：与 IPv4 相同的是，IPv6 中的 IP 数据报报头的错误信息可以指出该数据报不能被正确地交付到指定的接收方。如果发生的错误严重到该数据报不能被可靠地进行传递，那么会激发 ICMP 的**参数异常**（Parameter Problem）消息。ICMPv6 参数异常消息通常与对应的 ICMPv4 消息保持相同的格式，涉及了 IP 数据报报头中的每个字段。为了识别出出现问题的对应字段，ICMPv6 消息的有效载荷部分会在其随后出现的原始 IPv6 数据报报头的 IP 数据报报头上指定一个指针。与在 ICMPv4 中长度为 8 比特的指针不同的是，在 ICMPv6 中的指针的大小被提高到 32 比特。

下面给出在 ICMPv6 中规定的、与 ICMPv4 中定义的原始错误消息不同的一般 ICMP 状态消息和信息。

- **回波功能**：与在 ICMPv4 中一样，ICMPv6 规定了一个简单的方法用于测试 IPv6 下通信伙伴的可达性。这种方法是根据一个简单的询问应答方案实现的。其中，询问的计算机向需要测试的计算机发送一个 ICMPv6 的回波请求（Echo Request），随后应答一个 ICMPv6 回波响应（Echo Reply），在该响应中还给出了其可达性信息的状态。通常，ICMPv6 回波消息应用在前面已介绍过的 IPv6 的 **ping** 应用框架中。

- **路由器通告和请求**：在 IPv6 协议中，路由器通告和请求与在 IPv4 协议中的 ICMPv4 应用的方式很像，都是借助了 ICMPv6 消息进行交换的。在 IPv6 下，路由器测定的功能与邻居发现协议（Neighbor Discovery Protocol，NDP）集成到了一起，并且定义在文档 RFC 4861 中。如同在 ICMPv4 下使用通告的路由器发布消息一样，ICMPv6 也为现有的路由器和路由器请求消息提供查询本地网络中可用路由器的服务。**ICMPv6 路由器通告**的消息格式与对应的 ICMPv4 的消息格式有略微的不同，这种格式包含了以下字段（参见图 7.64）：

  - **类型、代码和校验和**：这些字段与 ICMPv4 消息格式中的对应字段相同，指定了消息的类型（类型 =134）。代码字段没有被使用，而校验和是由 ICMP 消息中的报头计算得出的。

  - **当前跳限制**：长度为 8 比特的当前跳限制字段，给出了哪些本地网络终端设备路由器的跃点限制被建议用于进一步的通信。如果该字段的值为 0，那么表示没有建议被给出，终端设备可以自己设置这个值。

  - **自动配置标记**：长度为 8 比特的自动配置标记字段，包含 2 比特的控制和操作位，为 IPv6 的自动配置指定了各种不同的选项（参见 7.4.5 节）。

  - **路由器生存时间**：长度为 16 比特的路由器生存时间字段，指定了单位为秒的时间间隔，被用于网络终端设备相关的路由器。如果该字段的值为 0，那么相关的路由器通常被看作是默认路由器。

- **可达时间**：长度为 32 比特的可达时间字段，指定了单位为毫秒的时间间隔。当接收到一个相邻的终端设备的确认，即相关的邻居是可以访问的，那么该相邻的终端设备就被认为是可到达的。

- **重传时间**：长度为 32 比特的重传时间字段，指定了单位为毫秒的时间长度。该时间长度给出了终端设备向本地网络中的邻居再次发送邀约消息确认之前，应该等待的时间。

- **ICMPv6 可选项**：路由器通告消息可以具有以下三个可选项之一：

  * 发送方的源链路层地址（Source Link-Layer Address），如果发送路由器通告的路由器可以识别对应的网络地址（网络接入层，MAC 地址）。
  * 使用本地网络的 MTU，当相关网络的终端设备不能提供这些信息的时候。
  * IPv6 网络前缀，必须被用于本地网络中的终端系统的寻址。

  ICMPv6 路由器请求消息的消息格式与 ICMPv4 版本的是不同的。这些请求消息通常使用 IPv6 的"所有路由器"的多播地址。因为在 IPv6 中，路由器必须在这个多播组中注册。如果一个 ICMPv6 路由器请求消息被发送到一个路由器请求上，那么该请求会被作为单播直接返回到请求的计算机。在被发送的 ICMPv6 路由器通告中，消息通常会被发送到本地网络中的"所有计算机节点"的多播地址。

0	8	16	31
类型=134	代码=0	校验和	
当前跳限制	自动配置标记	路由器生存时间	
可达时间			
重传时间			
ICMPv6 可选项			

图 7.64　ICMPv6 路由器通告消息格式

- **邻居通告和请求**：与路由器通告和请求完全一样，ICMPv6 在邻居发现协议（Neighbor Discovery Protocol，NDP）的框架下规定了一个消息交换来确定本地网络中相邻的终端设备的地址信息。通过 ICMPv6 邻居请求消息可以检查到本地网络中相邻的计算机是否存在，以及是否可达，还可以启动一个地址解析（Address Resolution）。通过邻居通告消息可以确认相邻计算机的存在，并且可以要求返回一个相应的网络地址（MAC 地址）。

- **重定向**：在一个 IPv6 网络中，网络设备通常并不需要很多关于给定路由器的信息。也就是说，本地网络中的计算机通常都是直接被寻址的，同时由本地网络发送的数据流会被发送到网络的默认路由器上。但是，一个网络通常包含多个路由器，并且一个终端设备并不总是知晓有关网络中哪些路由器对即将到来的数据流是最有效的信息。如果本地网络的路由器可以确定，通过其所传输的数据流在一个远程网络中通过另外一个同样网络的路由器可以更有效地进行传输，那么该路由器会发送一个相应的重定向消息（ICMPv6 Redirect Message）给原始的发送方。在该消息的有效载荷部分包含了两个 IPv6 地址：新路由器地址和相关的终端设备地址。前者用来转发未来的数据流（目标地址），后者指示数据流应该被转发的目的地（目的地地址）。这两个地址信息的长度都为 128 比特。

- **路由器重新编址**：IPv6 提供了长度为 128 比特的 IPv6 地址格式的可能性，也提供了将较大网段或者整个网络迁移到其他地址范围的可能性，即路由器重新编址（Router Renumbering）。这种方法包括了 ICMPv6 路由器重新编址和路由器重新编址结果消息的使用，并且定义在文档 RFC 2894 中。ICMPv6 路由器重新编址命令消息中包含了一个应该被重新编址的网络前缀的列表。每个收到这样消息的路由器都要检查，是否自己的路由表格包含了与被传递来的网络前缀的路由重新编址命令匹配的地址前缀。如果有，那么相关的前缀会根据在 ICMPv6 路由重新编址命令消息中的规范进行修改。同时，也可以要求对所有路由器进行一个确认，以便确定哪些路由器被重新编址了。随后，对被作为 ICMPv6 路由器重新编址结果的消息进行传递。具体的消息格式如下（参见图 7.65）：

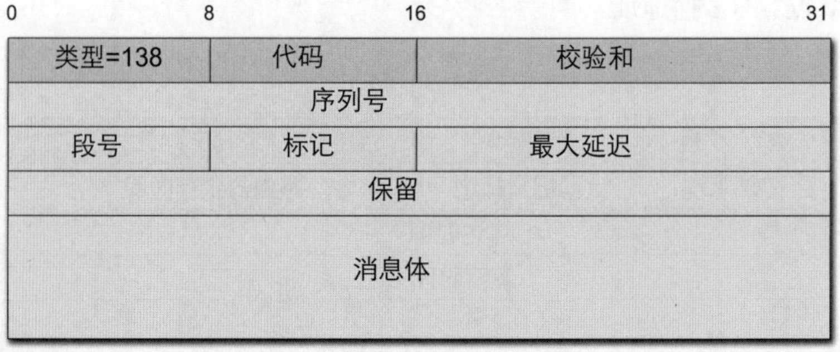

图 7.65　ICMPv6 路由器重新编址命令

- **类型、代码和检验和**：这些字段被用于一般的 ICMP 消息。对于路由器重新编址命令，类型的值被设定为 138。根据是否涉及一个提示（路由器重新编址命令，代码 =0）或者一个确认（路由器重新编址结果，代码 =1），代码字段会使用不同的值。

- **序列号**：这个长度为 32 比特的字段防止了所谓的重放攻击。通过该字段，接收方可以轻松地识别出重复或者异常发送的消息。

- **段号**：长度为 8 比特的段号字段，用来区分具有相同的序列号，但是具有不同的有效路由器重新编址的消息。

- **标记**：长度为 8 比特的标记字段，包含了 5 个独立的标记，用来控制重新编址命令的执行。

- **最大延迟**：长度为 16 比特的最大延迟字段，包含了单位为毫秒的时间标记，对应一个最大的时间周期，即一个路由器在发送一个回复到路由器重新编址命令之前应该等待的时间。

- **消息体**：对于路由器重新编址命令来说，这个消息体字段是由两个部分组成的。第一个部分（匹配前缀部分）包含了应该被替换掉的重新被编号的网络前缀；第二个部分（使用前缀部分）包含了应该使用的新的网络前缀。在一个路由器重新编址结果消息中，该字段包含了所有被重新编号的网络前缀。这些前缀已经由转送的路由器进行了处理，同时包含了转变执行是否顺利的状态信息。

7.6.6　邻居发现协议

作为新的互联网协议进行开发的 IPv6 协议的一个设计原则是，尽可能地兼容所有 IPv4 的操作特性。因此，无论是基础协议，还是支持最重要功能的 ICMP 协议都被保留了下来，并且在没有改变本质的前提下对功能上进行了扩展。此外，还开发了一个新的同样支持这些功能的协议：NDP。该协议并没有包含老版本的 IP 协议中的功能，而是捆绑和扩展了一些现有的功能。TCP/IP 参考模型的网络互联层规定，将异构的独立网络融入到一个共同的网络中，就好像位于一个同质网络中较高协议层中的协议那样。这就意味着，从一个较高协议层中观察本地网络中的一个网络节点应该与观察一个位于远程网络中的网络节点是相同的。然而，位于协议栈中较低的协议却是完全不同的。为了将网络节点与另一个本地网络内部的网络节点一同执行，需要执行以下任务：

- **数据报的直接交换**：在本地网络中，单个网络设备之间的数据报被直接交换。也就是说，没有路由器的参与或者另一个传输的中间系统。
- **网络寻址**：为了实现在本地网络中进行数据报之间的交换，网络终端设备必须了解本地网络中其他网络设备的网络地址（MAC 地址）。
- **路由器标识**：为了将一个数据报传递到本地网络以外的一台计算机上，网络设备必须知道转发所必需的路由器标识，并且将这些信息发送到相关的数据报。
- **路由器通信**：本地网络中的路由器必须知道所有的本地网络设备，以便可以传递从远处网络中接收到的数据报。
- **配置任务**：网络设备通知本地网络中相关的网络终端和网络中间系统进行信息的收集，而这些信息被用于特定的配置任务，例如，确定私有 IP 地址所必需的配置任务。

这些任务在 IPv4 下划分给了不同的协议（如通过地址解析协议用于网络接入层的地址解析或者通过 ICMP 的相邻网络设备和路由器进行的信息收集），而在 IPv6 下则被捆绑，一起分配给了邻居发现协议。

邻居发现协议（NDP）最早于 1996 年定义在文档 RFC 1970中，之后进行了多次修改。该标准的最新版本支持 ICMPv6 协议及其非正式的消息类型，并写入到了文档 RFC 4861中。这个标准中一共描述了九种不同的功能。这些功能分别被划分为主机到主机通信功能、主机路由器功能和一个重定向（Redirect）功能。

- **主机到主机通信功能**：这一类别的功能涉及了网络终端和中间系统之间的一般信息交换。也就是说，要么主机，要么路由器。

  - **地址解析**：涉及了将一个 IP 地址（网络互联层）翻译成一个 MAC 地址（网络接入层）。地址解析通过发送一个 ICMPv6 邻居发现消息（邻居请求）来接管该功能。该消息中包含了本地网络中接收方的 IPv6 地址。对应的接收方使用一个 ICMPv6 的邻居通告（Neighbor Advertisement）进行响应。其中，包含了 IPv6 地址所需的 MAC 地址。

  - **确定下一跳**：在将一个数据报发送到对应的接收方之前，必须根据收件人的地址确定数据报首先要被转发的方向。如果涉及了本地网络的接收方，那么下一跳地址对应于接收方地址，否则数据报被转发到本地的一个路由器上。具体的决定取决于 IPv6 地址的网络前缀。

  - **邻居更新**：与路由器通告情况不同的是，有关本地网络中邻居的状态信息不是定期被发送的。因为本地网络中的状态不会被永久改变，因此在本地网络中进行定期发送邻居通告是一种资源的浪费。当然，如果一台计算机检测到了自己所在网络接口的硬件出现故障的时候，就应该发送一个邻居通告。

  - **邻居不可达及缓存**：除了地址解析，邻居通告和请求消息还提供本地网络终端系统的可达性检测。如果网络终端设备访问不了，那么需要修改相邻节点的发送关系，以便预防不能被传递的数据报重复进行发送而导致网络过载。在该数据报尝试进行重新发送之前，应该等待一个预定的时间段。为此，网络节点还维护一个邻居缓存。其中，存储了每个可到达的邻居设备，直到一个数据报被该邻居接收。这些缓存条目被提供了一个计时器。初始的时候，邻居一直被认为是不可达的，直到其重新接收到了一个数据报，或者通过邻居请求可以被检查到一个可达性。

  - **检测双倍给定地址**：在自动配置的过程中，一个网络终端设备被分配给一个新的 IPv6 地址。为了检查该地址是否在本地网络中已经分配了，相关的网络终端设备会发送一个邻居请求消息到需要确定的地址。如果接收到的回复是一个邻居通告消息，那么就证明该地址已经被其他设备使用了。

- **主机路由器通信功能**：NDP 主机路由器通信功能涉及了本地网络中的路由器确定和路由器与本地网络终端设备之间的一般通信。具体功能如下：

  - **路由器识别**：路由器的识别构成了这种通信的核心功能。通过路由器通告消息，路由器可以定期与本地网络中的计算机共享其信息；相反，在本地网络中的计算机可以根据这些共享的信息向其负责的路由器，即将本地网络连接到全球互联网的路由器，使用路由器请求消息进行询问。

  - **前缀识别**：除了识别负责网络终端设备状态的路由器，通过路由器请求和通告消息还可以为本地网络识别有效的网络前缀。网络终端设备通过这些前缀就可以在自动配置的过程中构建自己的 IPv6 地址，并且由此给出判断：需要被发送的数据报是否首先被作为下一跳发送到一个路由器，还是直接被传递到本地网络的一台计算机上。

- **参数识别**：同样，本地网络中的路由器和主机之间的额外参数也可以通过路由器请求和路由器通告进行交换。例如，被传递的数据报有效载荷的最大传输单元（Maximum Transmission Unit，MTU）或者所使用的跳数的限制。
- **地址自动配置**：使用通过路由器请求和通告消息所确定的网络前缀，一个网络终端设备可以通过自己的硬件地址（MAC 地址）构建一个有效的 IPv6 地址。

- **重定向功能**：NDP 协议的另一个重要的任务是在发生没有效率的数据流量之前转变发送路径。也就是说，如果一个路由器确定，一个数据报的发送方在决定下一个接收方的过程中犯了一个错误，或者另一个下一跳的接收方会更适合将该数据报转发到最终的接收方，那么该路由器会向该发送方发送一个 ICMPv6 重定向消息，以便对该发送方的下一跳表格进行修改。

7.7 移动 IP

移动计算（Mobile Computing）概念描述了系统和通信网络之间的新关系，即允许移动网络设备从一个地方移动到另外一个地方。人们首先想到的是允许大规模和高速的地址变换的无线广播操作的网络和系统。从**互联网协议**（IP）的角度来看，这种移动的难点在于实时的速度往往快于地址的变更。如果一个网络终端设备在一个网络的内部快速地移动，并且保持着相同的发送方和接收方状态，那么从 IP 的角度来看这种变化很小。一旦这种移动离开了本地网络，即一台静止的计算机状态被打破，同时在另外一个地方进行重新建造，并且重新连接到网络中，那么就必须进行一个网络的重新配置。

如今，除了笔记本，特别是移动电话和智能手机这种移动终端设备的数量都是在快速增长的。所有这些设备都需要一个完备的入口来访问互联网，而不依赖于具体的地理位置。在互联网协议诞生初期，当时计算机的体积还是非常庞大的，现代意义上的流动性在那个时候是不可想象的。因此，那时在 IP 协议设计的过程中并没有对自由移动性规定任何措施。直到 20 世纪 90 年代，才出现了首个使用移动支持的 IP 协议的规范。1996 年，该规范定义在文档 RFC 2002 中。

7.7.1 基本的问题和需求

"移动互联网"的一个基本问题最初是出现在给定的 IPv4 地址方案中。这个方案提供了一个层次结构，每层由网络类、网络 ID 和主机 ID 构成。如果一个位于特定计算机上的数据包通过 IP 在互联网中发送，那么互联网中任意一个路由器都应该很容易地根据其网络 ID 确定接收到的数据包应该被转发到哪里。如果被寻址的计算机不在本地局域网中，而是位于远程网络中，那么被寻址的数据包首先应该被发送到目标计算机所属的网络中。

为了解决这个问题，必须：

- 改变计算机整个 IP 地址，以便其获得新网络的网络 ID。

- 告知路由器，被寻址的数据包的重定向的转发是必要的。

这两种解决方案表面上看都是可行的，但是结果表明：这些解决方案不仅在少数计算机数量的情况下效率低下，在计算机数量庞大的时候更是如此。如果改变了重新定位的计算机的 IP 地址，那么这种改变会导致在应用程序和路由器中的巨大变化。如果相关的计算机应该进行重定向，那么重定向计算机数量的不断上升会导致路由表格的过载。因此，两个解决方案并不是那么容易扩展的。

为此，互联网工程任务组（Internet Engineering Task Force，IETF）引入了一个特别的工作组：IP 移动性支持组（IP Mobility Support Group）。该组涉及了互联网中移动计算机的集成问题，以及需要在基本协议 IP 上进行修改的要求。这个工作组将这些要求总结为第一个与技术无关的列表，该列表满足了移动 IP 的解决方案。

- **透明度**：移动性的获得应该用于更高协议层的协议，即传输层协议和应用层协议。而对于无关的路由器，这种移动性则是不可见的。甚至只要没有数据传输的发生，所有被打开的 TCP 连接都应该保持这种位置的变化，并且为之随时准备着。
- **兼容性**：移动性的获得应该在不改变路由器和固定计算机的前提下进行。特别要指出的是，一个没有使用 IP 操作的固定计算机的移动终端设备在不需要引入新的寻址方案的情况下，应该也可以进行通信。移动终端设备的 IP 地址应该具有与固定计算机相同的地址格式。
- **安全性**：出于安全的考虑，通常需要对在网络中添加一个移动终端设备所必要的消息流量进行验证。该验证主要是用来防止一个被冒充的假身份，否则相关的网络很可能被一个未经授权的访问进行操纵。
- **效率**：移动终端设备通常只能通过一个很窄的入口访问互联网的固定部分。因此，被传递的数据量通常都比较少。
- **可扩展性**：新的方法应该是那种可以管理很大数量的移动终端设备，同时却不需要为这种改变付出较大的代价。
- **宏移动性**：最理想的情况是，移动 IP 不要集中向移动终端设备的快速网络进行过渡，就像管理移动手机的规则那样。而是首先在一个远程网络中进行终端设备的临时安置，例如，在出差的时候携带的笔记本，应该在目的地的时候使用一个有限的时间进行重新配置。

7.7.2　操作的基本流程

在开发移动 IP 协议方法的过程中出现的最大问题是：一个终端系统在其地址发生变化的过程中需要满足相应的要求，否则互联网中的路由器必须为其地址在其路由表中生成新的路径。这里，那些常见的不提供移动 IP 的网络设备应该实现与移动设备之间的通信，就好像这些设备还存在于自己的本土网络中那样。因此，在移动 IP 中找到的解决方案为每个移动终端设备同时规定了两个 IP 地址。

- **主 IP 地址**：终端系统第一个固定的 IP 地址，通常保持不变。该地址是移动终端设备所在的网络的 IP 地址。位于移动终端设备上的应用程序使用的总是这种主 IP 地址。

- **辅助 IP 地址**：一种临时的 IP 地址的转交地址（**Care-of Address**），每一次移动终端设备的位置发生变化的时候都被改变一次，并且只在相关的终端系统被新的网络所接受的时候才是有效的。这个地址在注册新的网络过程中被该移动终端设备接收，并且被报告给本地网络中一个**本地代理**（Home Agent），通常是一个路由器。该代理在本地网络中负责通过辅助地址的**IP-to-IP**封装转发分配了主地址的移动终端设备上的数据包。为此，只需将一个被分配了辅助地址的完整 IP 数据报转发到一个在新的 IP 数据包中被作为有效载荷部分的地址中。

  如果该移动终端设备再次改变了其停留位置，并且获得了一个新的辅助地址，那么该移动终端设备必须以相同的方式将该代理重新通知给本地网络。同样，如果该移动终端设备重新返回到本地网络中，那么必须取消代理，以便设置提示由该代理转发的 IP 数据包。

  辅助地址并没有被使用在移动终端设备的应用中，原因未知。只有该移动终端设备的 IP 软件以及本地网络中的代理使用了这些辅助地址。下面给出了这种辅助地址的两种不同地址形式。

- 协同定位转交地址：在这种协同定位转交地址（Co-Located Care-of Address）的形式中，移动终端设备必须自己处理所有的向前管理。其中，该移动终端设备同时使用了两个地址：转交地址和主地址。较低协议层使用了转交地址来接收 IP 数据报，而在应用层通常使用固定的主地址进行工作。转交地址通过相同的机制被分配给移动终端设备，这些设备在固定的计算机上用于进行网络地址的分配（例如，通过 DHCP）。为此，需要保留特殊的临时有效的 IP 地址。在 IPv4 中，如果本地 IPv4 地址被消耗尽，那么并不容易获得新的地址。

  位于陌生网络中的路由器不能区分，自己涉及的相关计算机是一台移动的计算机还是一台固定的计算机。该路由器获得的转交地址会通知给本地网络中的代理，而该代理会将 IP 数据包转发到移动计算机。这种变体的优点在于：现有的基础设施可以在陌生的网络中使用，不需要为移动计算机提供一个特殊的外部代理（Foreign Agent）。

- **外部代理转交地址**：在这个版本中，一个特殊的代理，通常是一个路由器的**外部代理**在陌生网络中会为转交地址分配一个新的移动终端设备。而在此之前必须首先与该外部代理联系上，并且申请参与该网络的操作。其中，外部代理不需要为该移动终端设备提供一个新的 IP 地址。外部代理自己会接管被确定用于移动终端设备的数据报转发，并且通常为此直接使用网络硬件地址（MAC 地址）。这一方法的优点在于，在本地网络中存在的所有移动（陌生）计算机所必需的只有一个外部代理的转交地址。所有数据报都可以在相同的转交地址下可达，然后该外部代理将其在移动终端设备上进行再次转发。

这种用于转发从本地网络中得到的 IP 数据报到陌生网络中的方法已经在补充材料 8 中给出了详细的介绍。

7.7.3　移动 IP 消息格式

在一个外部网络中，外部代理负责为想要参与其他网络的移动终端设备分配转交地址。为此，该移动终端设备必须首先在外部代理上进行注册。外部代理发现（**Agent Discovery**）使用了 ICMP 的**路由器发现**的方法：为了找到合适的路由器，位于本地网络中的终端系统发送一个 ICMP 路由器请求消息。该请求由相应的路由器使用含有所需信息的 ICMP 路由器通告消息进行确认。作为移动 IP 代理发现过程的一部分，ICMP 代理通告消息由外部代理定期发送，以便向生成 IP 网络连接通告的新移动网络设备发送所需的所有信息。作为回报，移动终端设备在转向一个新的网络后会发送一个 ICMP 代理请求消息，以便促使外部代理发送一个 ICMP 代理通告消息。这里，该 ICMP 代理请求消息正好对应于 ICMP 路由器请求消息（参见图 7.60）。

图 7.66 显示了 ICMP**移动代理通告扩展**（Mobility Agent Advertisement Extension）的数据格式。该数据格式是作为对移动终端设备请求的回复由代理发送的。与 ICMP 路由器通告消息不同的是，这种格式包含了以下的字段：

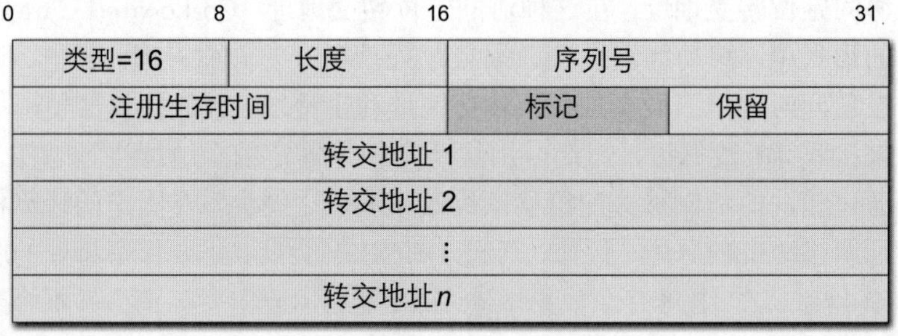

图 7.66　ICMP 移动代理通告扩展

- **扩展类型**：长度为 8 比特的 ICMP 消息类型（这里等于 16）。
- **长度**：长度为 8 比特的消息长度，单位为字节，不包含类型和长度字段。
- **序列号**：长度为 16 比特的序列号，允许接收方对消息是否丢失进行确认。
- **注册生存时间**：长度为 16 比特的注册生存时间，单位为秒，显示了外部代理已经被注册的时间长度。
- **标记**：长度为 8 比特的信息字段，提供了外部代理的状态和功能。其中各个比特对应以下的含义：
  - **需求注册**：当在外部代理中必须要求注册时，即使一个公共定位的转交地址是已知的时候，该比特都要被设置。
  - **忙**：当外部代理正好"繁忙"，也就是说，注册请求不能获得的时候，该比特被设置。
  - **本地代理**：相关代理已经就绪，也被作为本地代理用于转发数据报（也就是说，一台计算机可以同时被作为外部代理和本地代理进行工作）。
  - **外部代理**：相关的代理已经准备好作为外部代理进行工作。

- **最小封装**：该代理除了接收通常的 IP-to-IP 封装，还使用最小封装（Minimal Encapsulation，RFC 2004）来封装 IP 数据报。

- **GRE 封装**：该代理除了接收通常的 IP-to-IP 封装，还使用 GRE 封装（Generic Routing Encapsulation，RFC 1701）来封装 IP 数据报。

- **保留**：被保留的比特，没有被使用，其值通常被设置为 0。

- **反向隧道**：该代理支持反向隧道方法。

一个移动终端设备能够向一个外部网络发送和接收数据之前，这个设备首先必须通过一个注册程序进行登记。当一个移动终端设备结束了代理发现的进程就会获悉，自己是否位于本地网络中还是位于一个外网中。如果是在自己的本地网络中，那么该终端设备会被作为普通的 IP 终端进行通信。如果位于一个外网中，那么就必须通过移动 IP 进行通信。为此，该终端设备必须在位于本地网络中的本地代理上进行注册（**Home Agent Registration**），以便数据可以对应地进行转发。这里，该移动终端设备必须通知其本地代理自己当前的转交地址，以便使其知道，数据应该被转发的方向。成功在本地代理注册之后，该转交地址就绑定到了主地址。由于这种注册始终只在有限的时间内是有效的，因此需要定期地进行这种移动终端设备的注册。

在这种注册过程中被提交的数据流量通常是由两种消息类型组成的：注册请求（Registration Request）和注册响应（Registration Reply）。与代理发现不同的是，这些消息并不是通过 ICMP 进行交换的，而是借助了用户数据报协议（参见 8.2 节）。在通过 UDP 的代理过程中，注册操作都是通过端口 434 进行的。除了含有规定的固定长度的可扩展性字段，一条注册消息还可以具有不同的长度。例如，任何注册的请求都必须包含相关移动客户端的验证，这样在本地网络中的代理就可以对被分配的标记进行核实。一个移动 IP 注册消息包含了以下的字段（参见图 7.67）：

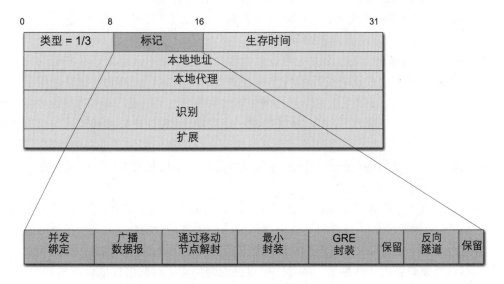

图 7.67　移动 IP 注册消息

- **类型**：长度为 8 比特的字段，表示注册消息的类型（类型 =1：注册请求；类型 =3：注册响应）。
- **标记**：长度为 8 比特的信息标记字段，可以调控比特和控制比特。这些标记是通过细节来确定 IP 数据报转发的。在请求过程中（类型 =1），该标记被分配如下的字段：
  - **并发绑定**：移动节点要求在进行移动绑定之前需要额外保留当前的请求。
  - **广播数据报**：在本地网络中的广播应该被转发到一个移动节点。
  - **通过移动节点解封**：被封装的数据报通过移动网络节点被直接解封，并不用通过外部代理。
  - **最小封装**：本地代理应该使用最小封装来对数据报进行封装。
  - **GRE 封装**：本地代理应该使用 GRE 封装（Generic Routing Encapsulation，RFC 1701）对数据报进行封装。
  - **保留**：这个比特没有被使用，并且其值通常被设置为 0。
  - **反向隧道**：本地代理应该使用反向隧道。
  - **保留 2**：这个比特也没有被使用，其值通常被设置为 0。

    在一个响应的过程中（类型 =3），这个字段给出了注册的结果。如果该注册被接受，那么包含的值为 0。否则，这个字段包含了一个错误的代码，该代码指出了注册请求被拒绝的原因提示。
- **生存时间**：长度为 16 比特的时间信息，单位为秒，给出了注册的有效性（0：立即取消；65.535：无限制）。
- **本地地址**：长度为 32 比特的移动终端设备的主地址。
- **本地代理**：长度为 32 比特的、位于本地网络中的代理 IP 地址。
- **转交地址**：长度为 32 比特的移动终端设备的辅助地址。
- **识别**：长度为 64 比特，由移动终端设备产生的识别号码。用于请求寻找相关的答复，并且管理注册消息的顺序。
- **扩展**：可变长度字段。例如，可以包含移动终端设备的认证。

具体的注册过程会根据所使用的转交地址类型的不同而有所不同。如果使用了一个协同定位的转交地址，那么注册可以直接使用本地网络。也就是说，该移动设备可以直接向本地代理发送一个注册请求，同时从其得到一个答复。而在注册外部代理的转交地址的情况下会稍微复杂些。首先，移动终端设备发送一个注册请求到位于外网的外部代理上。当移动终端设备尝试取得与位于外网的外部代理的第一个接触的时候，该设备在这个网络中还没有提供自己的 IP 地址。事实上，这里的规则或者说是应用与本地局域网的有效地址是没有关联的。移动终端设备可以首先使用自己的主地址（本地地址），这个主地址也可以被外部代理所使用，以便将其答复发送回询问的移动计算机。然而，在外网中使用这种本地地址并不能将 ARP 请求进行地址解析到网络硬件地址中。因此，外部代理必须输入该移动终端设备的硬件地址，并且使用自己的内部表格对其进行地址解析。

外部代理会对移动终端设备的注册请求进行处理，并且将其转发给位于本地网络的代理。同样，本地代理的注册答复在转发给移动终端设备之前会被首先发送回外部代理。

在外部代理成功注册之后，该移动计算机就可以与互联网进行数据的交换了。为了实现与其他任何计算机都可以进行通信的可能性，该计算机会使用自己在 IP 数据报被发送字段上登记了的主地址。这样，外部网络的数据报会被直接路由到接收方的地址。但是反过来，如果想要将一个答复转发到位于外网中的移动计算机，则不能直接使用这个办法。因为答复应该被发送到移动终端设备的主地址上，因此需要首先将其路由到本地网络中。位于本地网络中的代理在被通知了移动计算机新位置之后，会通过 IP-in-IP 封装将该 IP 数据报转发到被通知的转交地址上。如果该移动终端设备在外网中被分配了一个共同定位的转交地址，那么该转发可以直接通过该地址发送到移动终端设备（之后只需将外部的 IP 帧丢弃）。否则，外网的外部代理会对该数据报进行寻址，然后接管该转发。为此，外部代理需要摆脱外部 IP 帧，并且使用其内部表格进行检测，以便确定其内部数据报必须被转发到哪个硬件地址。

如果不希望移动终端设备通过外网的外部代理和本地路由器进行直接的数据通信，也就是说，如果由移动终端设备发送的数据不应该从外网直接被发送到接收方，那么就存在**反向隧道**（Reverse Tunneling）的可能性。这里，建立一个返回本地代理的隧道，在外网中的移动终端设备的数据流总是在两个方向上通过本地代理进行传递，而不是通过外网中的路由器进行传递。例如，当期望在外网中使用特殊的安全防范措施来防止位于网络终端的数据使用不同与本地的网络前缀进行的发送。

7.7.4　移动 IP 和路由效率

如前所述，一个移动终端设备在一个外网中通常使用自己的主地址，即在自己本地网络中的 IP 地址作为发送地址。但是，根据空间访问局部性（**Spatial Locality of Reference**）原理，位于外网的移动计算机需要经常与本地计算机进行通信的可行性存在很高的概率。为此，由移动终端设备发送的 IP 数据报虽然被局部路由了，也就是说，并没有离开本地网络，但是对应响应是由本地网络中的移动终端设备的主地址给出的。这里，本地代理接收该 IP 数据报，并且将其再次发送回外网中。因此，位于外网中的本地计算机的响应必须两次使用通过互联网的方式，以便到达该移动终端设备。这个问题也被称为**2个交叉问题**（2X-Problem）。还有更为严重的情况，即额外的反向隧道用于从移动设备传出的数据流。原则上，这种问题可以通过在本地路由器上对该移动终端设备应用一个特殊的主机专用路由来解决，而该过程必须在移动终端注销时被再次删除。对于其他网络，这种问题也是存在的，例如，即使只与一个和该外网直接相邻的网络进行通信。

同样，移动终端设备在一个外网中使用一个本地网络的计算机进行通信的时候也存在问题。所有通过本地网络之外向该移动终端设备发送的 IP 数据报将直接转发到本地代理，随后本地代理将其直接转发到移动终端设备。但是，如果来自本地网络的一台本地计算机向该移动终端设备发送了一个 IP 数据报，那么该数据报并没有转发到一个路由器上，因为它已经在该本地网络内部被定向到了一台本地计算机上。为此，发送方的网络软件执行了一个 ARP 请求（Address Resolution Protocol），该请求确定了该移动计算机的硬件地址，随后位于其上的数据包被转发到本地网络。

这样一来，本地代理可以拦截到这些特殊的数据包，并将其称为一个**代理 ARP**。这里，本地代理首先截获所有的 ARP 请求，这些请求确定了由来自本地网络的发送方发送的移动终端设备的硬件地址。这个硬件地址就答复了本地代理，以便其可以发送自己的硬件地址。代理 ARP 在本地网络中的运行是完全透明的，也就是说，在本地网络中被询问的计算机并没有接收移动终端设备的硬件地址，而是简单地返回本地代理的硬件地址，随后一个位于移动终端设备上的、被寻址的数据包被转发到了外网。

7.7.5　移动 IPv6

移动 IPv6（MIPv6）是作为 IPv6 标准的一部分进行开发的，以便实现移动通信链路，即基于 IP 的连接和移动网络设备之间的连接，以及提供一个连续的和跨网络的移动。为此，MIPv6 描述了一个基于 IPv4 基础的移动 IP 标准。该标准于 2004 年定义在文档 RFC 3775中。该标准中存在大量在移动 IP 中为确保移动通信而专门开发的机制和功能。这些机制和功能被集成在一起成为 IPv6 的组成部分。例如，IPv6 可以确保注册消息的安全传输，而不需要采取额外的措施。

IPv6 的自动配置支持转交地址的自动获取，同时在网络中拓扑邻居的发现（Neighbor Discovery）同样也是 IPv6 协议的一部分，而不再需要专门的外部代理。此外，每台通过 IPv6 与网络连接的计算机可以向其他计算机发送更新消息。因此，一个移动节点（Mobile Node）可以将其转交地址直接发送到本地代理的一个相应的节点。

在移动 IP 下，一个外部代理对于一个在外网中移动设备的操作是必要的。该移动设备在 MIPv6 下保持了自己的主地址，同时使用一个与主地址绑定了的共同定位转交地址。因此，外部代理的操作在网络中是不必要的。如果该移动终端设备位于一个外网中，那么可以通过本地网络中的本地代理对该终端设备确定的数据流进行转发。其中，本地代理为该移动设备获取特定的数据报，并且将其转发到该移动设备的当前位置。

在 MIPv6 的开发过程中，设计目标主要集中在以下几点：

- **静态 IP 地址**：在本地网络中，一个移动终端设备被分配了一个静态的 IPv6 地址。该地址也可以保留在不同网络和网络技术中的移动操作中。
- **永远在线的连接**：一个移动设备即使在网络边缘的时候仍然可达。现有的连接在从一个网络到另一个网络的过渡过程中并没有被中断。该移动终端设备始终提供被分配的 IPv6 地址。
- **网络接入层中不同技术之间的漫游**：一个移动终端设备在具有不同技术的网络接入层之间，例如，WLAN、WiMAX、UMTS 或者 LTE 过渡的过程中也应该保持与互联网的连接。即现有的连接被持续，所分配的 IPv6 地址也被保留。
- **不同（子）网络之间的漫游**：大型的无线网络通常使用网络互联层的子网络。如果一个移动设备从一个子网转移到另外一个子网，那么现有的连接被保留，同时所分配的 IPv6 地址也被保留。
- **会话持久性**：在不同网络和网络技术之间的过渡过程中，现有的通信连接也无需中断，可以永久地被使用。
- **移动设备服务器功能**：上述这些属性也可以实现将移动设备作为服务器，从可靠的客户服务通信的角度上进行操作。

与移动 IP 不同的是，移动 IPv6 需要更少的机制和功能来实现一个移动通信，而不需要一个专门的外部代理。一个移动节点只需要已经被本地代理封装用于转发的数据报的解封能力，并且确定，该节点什么时候需要一个新的转交地址，或者什么时候更新消息必须被发送到本地代理或者其他节点上。

7.8　术语表

地址解析（Address Resolution）：将 IP 地址转换成其所属的网络技术的各个硬件地址。当位于同一物理网络中的数据被发送到另一台计算机的时候，一个主机或者路由器需要使用地址解析。地址解析通常在一个特定的网络中受到限制，也就是说，一台计算机总是兼容来自另一个网络中的计算机的地址。反过来，为一个硬件地址分配一个固定 IP 地址称为**地址绑定**（Address Binding）。

地址解析协议（Address Resolution Protocol，ARP）：应用在 TCP/IP 协议族的协议，用于在硬件地址中协议地址的地址解析。为了确定一个硬件地址，请求计算机通过广播发送相关的协议地址作为 ARP 消息。被请求的计算机可以识别自己的协议地址，同时直接发送回自己的一个作为 ARP 消息响应的单独的硬件地址到请求的计算机。

自动配置：在 IPv6 中用于支持网络设备中 IP 地址自动确定的执行。使用无状态地址自动配置（Stateless Address Auto Configuration，SLAAC），网络设备可以自动地在网络互联层上建立一个有效的网络连接。为此，该设备使用对相关网络段负责的路由器进行通信，以确定配置所需的参数。

自治系统（Autonomous System，AS）：表示一组子网络和计算机系统。该系统位于一个单独的操作员的控制下，同时使用了一个公共的路由方法。在自治系统内部的路由方法被称为**内部网关协议**（Interior Gateway Protocol，IGP）。相反，不同自治系统之间的路由方法被称为**外部网关协议**（Exterior Gateway Protocol，EGP）。

大字节端顺序（Big Endian Order）：不同的计算机体系结构使用不同的方法解释比特序列以及被作为比特序列的编码信息，其中的一个解释是大字节端顺序。这里，比特序列是从左向右被读取的，并且先从最高位开始。在相反顺序中的解释称为**小字节端顺序**（Little Endian Order）。IP 数据报通常都是以大字节端顺序被传输的。因此，在基于小字节端顺序标准的计算机体系上（例如，Pentium），对 IP 数据报发送和接收的过程中通常必须对数据报进行一个转换。

网桥（Bridge）：用于连接局域网中各个彼此独立的段的中间系统。网桥运行在网络的传输层上，同时也可以执行过滤的功能，以便限制位于局域网段上的本地数据流。

广播（Broadcasting）：用于网络中所有计算机的同时寻址。在互联网中，广播被区分为在本地网络中的广播和通过互联网所有网络的广播。如果一条消息只是被转发到一台单独的、与现有的寻址相对应的计算机，那么这种就称为**单播**（Unicast）。

流量控制： 在一个通信网络中，通过流量控制可以防止一个较快的发送方向一个较慢的接收方过快地发送数据而导致所谓的拥塞（Congestion）。原则上，接收方虽然提供一个缓冲存储，以便接收到的数据包在被继续转发之前可以被缓存。但是，为了避免这种缓冲存储器的溢出，必须提供相应的协议机制，这样接收方就可以促使发送方延缓后继数据包的发送，直到缓冲存储器被再次释放。

碎片化/碎片整理（Fragmentation/Degragmentation）： 由于技术的限制，在**分组交换网络**（packet-switched network）的通信协议中发送的数据包的长度在应用层以下总是受到限制。如果发送的消息长度大于对应规定的数据包长度，那么该消息会划分成单个的子消息（**碎片化**），以适应所给定的长度限制。为了使这些单独的片段经过传输到达接收方之后可以被重新正确地组合成原始的消息（**碎片整理**），必须为这些碎片提供序列号，因为碎片的顺序在互联网传输的过程中是不能被保证的。

网关（Gateway）： 网络中的中间系统，可以将一个单独的网络连接到一个新的系统。网关实现了位于不同终端系统上的应用程序之间的通信，并且被划分到了通信协议栈中的应用层。因此，网关可以将不同的应用协议相互转换。

互联网（Internet）： 互联网将多个互不兼容的网络类型组合成一个对用户来说就像一个均匀的通用网络那样。其中，被连接到这个网络中的所有计算机都可以与网络中任何其他计算机进行透明地通信。一个互联网在其扩展上不会受到任何限制。术语**网络互联**是非常灵活的，互联网的延伸在任何时候都没有限制。全球互联网提供了一个互联网运作的有利证明。

互联网控制消息协议（Internet Control Message Protocol，ICMP）： 对于 IPv4 协议，ICMPv4 是被划分到 TCP/IP 参考模型的网络互联层上的协议，用于通过互联网协议 IPv4 交换控制和管理信息以及错误通告。对于 IPv6 协议则是使用相应的 ICNPv6 实现的。

互联网协议（Internet Protocol，IP）： 更确切地说是 IPv4 或者 IPv6 协议，是位于 TCP/IP 参考模型网络互联层上的协议。作为互联网的基石之一，IP 协议用于确保将一个由很多异构的单一网络组成的互联网显示为一个单一的均匀网络。一个统一的寻址方案（**IP 地址**）提供了一个独立于各个网络技术的唯一计算机标识。IP 协议描述了一个**无连接的、分组交换数据报服务**。该服务不能保证任何对传输质量的要求，但是通常会按照**尽力而为**的原则进行工作。用于控制信息和错误通告通信的**ICMP**协议（ICMPv4 或者 ICMPv6）是 IP 协议不可分割的一部分。

IPv4 和 IPv6: IPv6 是互联网协议**IPv4**的后继协议，提供了显著增强的功能。在 IPv4 中被限制的地址空间，也是当前 IP 标准的主要问题之一，已经在 IPv6 中得到了解决，即将 IP 地址的长度从 32 比特急剧扩展到了 128 比特。

IPv4 地址： 长度为 32 比特的二进制地址，表示一台计算机在全球互联网中的唯一标识。为了更好的可读性，该地址划分为四个八位组，解释为无符号的十进制整数，并且各个组都由小数点分开（例如，232.23.3.5）。这种 IP 地址被划分成两个部分：**地址前缀（网络 ID）和地址后缀（主机 ID）。前者定义了被寻址的计算机位于全世界网络中的唯一标识，后者确定了该计算机在本地网络内部的唯一标识。

IP 地址：IP 地址被分成了不同的地址类，这些类是通过对应的网络 ID 和主机 ID 的长度来确定的。首先，被划分的是主地址类 A、B 和 C。其中，地址类 A 中含有 126 个网络，每个网络中连接的计算机多达 16 777 214 台。地址类 B 中含有 16 384 个网络，每个网络最多连接 65 534 台计算机。地址类 C 中含有 2 097 152 个网络，每个网络最多可以连接 254 台计算机。地址类 D 标识了多播地址，而地址类 E 被保留用于实验。

IP 数据报（**IP Datagram**）：通过 IP 协议传输的数据包被称为数据报。这是因为，IP 协议只能提供一个无连接的、并且是不可靠的服务（**数据报服务**）。

回送地址（**Loopback Address**）：特殊的 IP 地址（IPv4 中为127.0.0.1，IPv6 中为::1），可以作为接收方地址镶嵌在只用于测试目的的数据报中。带有一个回送地址发送的数据报并不是通过其网络接口离开的计算机，而是在其接口上被显示发送，并且再次接收。采用回送地址可以在实际访问网络之前对网络应用进行测试。

移动 IP：IP 协议的扩展，专门被开发用于移动的终端用户。移动终端用户可以离开自己的本地网络，登录到一个外网上。在这个过程中，该用户自己的原始 IP 地址是被保留的。为此，该移动计算机注销位于自己本地网络中的本地代理（Home Agent），同时联系在外网中的一个外部代理（Foreign Agent）。该外部代理会为用户分配一个临时地址，并且与本地代理一起确保该移动计算机特定通信的转发。

最大传输单元（**Maximum Transmission Unit，MTU**）：数据包可以通过物理网络传输的最大长度。MTU 是通过所使用的网络基础设施来确定的。在从一个具有较大 MTU 的网络中向一个具有较小 MTU 的网络中传输数据的时候，被传输的数据包的长度如果大于对应的网络规定的 MTU 的长度，那么该数据包必须进行碎片化。在 IPv6 情况下，一个固定的 MTU 对从沿着发送方到接收方路径上的所有网络负责，也包括了相关的碎片化所涉及的设备。

多播（**Multicasting**）：在一个多播传输过程中，一个发送源同时向一组接收方进行发送。其中涉及了 1:n 关系的通信。多播通常被用于实时的多媒体数据的传输。

邻居发现协议（**Neighbor Discovery Protocol，NDP**）：在互联网上，NDP 与 IPv6 一起被用于确定位于本地网络的相邻设备、自动配置以及确定用于网络相关的路由器和 DNS 服务器的终端设备的地址解析。这样，NDP 的 ARP 协议和 ICMP 协议的功能就可以进行捆绑和扩展了。

端口号：长度为 16 比特的，用于 TCP 连接的标识。通常与一个特定的应用程序相关联。端口号 0~255 被保留用于标准的 TCP/IP 应用（**Well Known Port**），端口号 256~1023 被用于特殊的 UNIX 应用，端口号 1024~56535 可以用于自定义的应用程序，不受固定分配的限制。

服务质量（**Quality of Service**）：量化由通信系统提供的服务性能。可以通过服务的属性：性能、电源波动、可靠性和安全性进行描述。这些属性每次是通过自身的可量化的服务质量参数被规定的。

计算机网络：计算机网络（**Computer Network**）是一个链接到网络上的、自主的计算机系统之间的数据传输系统。这一系统提供专有内存、专有的外围设备以及专有的计算能力。一个计算机网络为每个参与者都提供了与其他网络参与者联系的可能性。

中继器（**Repeater**）：在不同网段互联时，用于放大信号的中间系统。中继器是绝对透明的，并且每次都将接收到的数据包信号再度加强。

反向地址解析协议（**Reverse Address Resolution Protocol，RARP**）：一种在协议地址中用于硬件地址的地址解析协议，即反转的 ARP 协议。原则上，没有自己硬盘的计算机使用 RARP 在启动系统的时候可以确定自己的 IP 地址。为此，起始计算机通过广播发送一条含有自己硬件地址的 RARP 消息，网络的 RARP 服务器向询问的计算机答复一个相关的 IP 地址。

路由器（**Router**）：中转计算机，用于将两个或者多个子网相互进行连接。路由器在网络的传输层运行，将接收到的数据包根据其目标地址使用最短的路径通过网络进行转发。

路由选择（**Routing**）：在网络中，沿着发送方和接收方之间的路径通常存在许多中间系统（路由器）。这些中间系统被用于将发送的数据转发到通往接收方路径上的最近的路由器中。这里，确定从发送方到接收方的路径距离被称为路由选择。路由器接收到一个被发送的数据包，从中提取出地址信息，然后将其转发到相应的下一个路由器，或者最终的接收方。

子网划分（**Subnetting**）：在 20 世纪 80 年代初，为了更加有效地使用当时稀缺的互联网 IPv4 地址空间，开发了子网划分技术。通过该技术，一个网络应用所谓的子网掩码技术在逻辑上被划分成各个独立的子网。以前被划分为网络 ID 和主机 ID 的 IP 地址被进行了扩展。其中，主机 ID 字段被划分成一个子网 ID 和一个主机 ID。因此，一个本地路由器不再需要管理网络上的所有单独的计算机，而只用管理那些位于本地子网上的计算机。被分配到其他子网上的计算机信息会被收集作为在路由表格中登记的单个条目，由专门的子网 ID 进行标识。

子网掩码（**Subnet mask**）：子网掩码被用于子网划分，以便从一个地址信息中确定网络 ID、子网 ID 以及主机 ID。而该地址信息对于路由器转发是必要的。

超网（**Supernet**）：超网的概念允许对被提供的 IPv4 地址空间的一个更有效的使用。这样，网络中已经存在的一个独立的组织就会被分配一个较低地址类的网络地址的整个块，如果该组织的一个更高的地址类会被分配一个较大的地址空间。

传输控制协议（**Transmission Control Protocol，TCP**）：基于 TCP/IP 参考模型的传输层上的协议标准。TCP 描述了一个可靠的、面向连接的传输服务，许多互联网应用都是基于这个服务的。

用户数据报协议（**User Datagram Protocol，UDP**）：位于 TCP/IP 参考模型的传输层上的简单协议标准。UDP 描述了一个无连接的传输服务，该服务通过 IP 协议发送 IP 数据报。IP 和 UDP 之间的根本区别在于，UDP 能够管理端口号，通过在网络中不同计算机上的应用进行彼此通信。

普遍服务（**Universal Service**）：普遍服务的任务是，使得所有计算机上的可用信息（这些信息也可以位于不同的网络中）都是可用的。

面向连接服务和无连接服务：在互联网中，服务基本上被区分为**面向连接的服务**和**无连接服务**两种。面向连接的服务必须在开始真正的数据传输之前通过固定的、事先约定好的链路在网络中建立一个连接。这个被固定的连接段在整个通信的过程中一直被使用。无连接服务事先并没有选择一个固定的连接路径，被发送的数据包每次都相互独立地通过互联网上的不同路径进行传递。

虚拟连接（**Virtual Connection**）：两个终端系统之间的一种连接类型。这种连接每次只是通过在终端系统上安装的软件生成的。为此，实际的网络连接不必提供任何可用资源，只需要确保数据的传输即可。由于这种连接并不是网络固定存在的，而只是通过终端系统安装的软件产生的一个真实存在的连接的假象，因此被称为虚拟连接。

第8章 传 输 层

"通过相互连接，弱小也会变得强大。"
—— Friedrich Schiller (1759—1805)
—— 摘自 Wilhelm Tell

互联网协议（Internet Protocol，IP）通过描述不同网络技术的连接元素，将不同架构的多个拼接块组合成为一个统一的、均匀的，以及全球性的网络。但是，只依赖这个协议是远远不够的。IP 协议只能提供一个不可靠的以及不安全的服务。在网络中，被发送的数据包虽然彼此间相互独立地向接收方传递，但是并不能保证这些数据包可以安全地以及可靠地到达接收方。而可靠的通信是网络中一个有效的和安全的数据流量的先决条件。这就需要必须有一个可以信赖的应用，确保被发送的数据实际上真正到达了指定的收件方。同时，还必须能够快速而可靠地确定，被发送的数据是否到达了其真实的目标接收方。一个安全以及可靠的通信链路的建立和保障属于 TCP/IP 参考模型中的更高协议层：传输层的任务。传输层中运行着复杂的和可靠的传输控制协议（Transmission Control Protocol，TCP），以及被用于基于传输速度的优化用户数据报协议（User Datagram Protocol，UDP）。该协议为用户提供了用于管理连接的友好工具。传输层协议在互联网上创建了一个更为抽象的层，同时实现了一个直接的终端到终端的连接。这个过程并不需要考虑数据传输的细节，例如，数据流量的路由选择。

从 TCP/IP 参考模型的网络互联层角度来看，全世界的互联网是一个通过多协议路由器的各个单独的自治系统（子网）相互关联的。这里的联网操作是通过位于 TCP/IP 参考模型的网络互联层上的互联网协议（IP）实现的。IP 允许那些在协议栈中更高层运行的程序以及应用通过互联网进行相互通信。但是，IP 数据报的发送方和接收方只能得到基于"尽力而为"的服务。也就是说，并不能得到一个可靠的、无错误的以及安全的数据传输保证，即使已经尽力而为了。因此，接收方在网络互联层并不能确定所接收到的数据是否是真实地、完整地被传输的。虽然在网络互联层已经使用了简单的错误检测技术，例如，在 IP 数据报报头嵌入一个校验和。但是，互联网协议出于效率的原因并没有为错误检测以及错误处理规定明确的机制。虽然位于 TCP/IP 参考模型应用层上面的大量程序和应用需要一种可靠的数据传输，但这些协议的本身并没有为此提供对应的特殊机制。这些机制是在 TCP/IP 参考模型的传输层上被提供和执行的。具体的实现过程会在以下的章节中给出详细的介绍。这些机制补充了在网络互联层提供的无连接数据报服务的额外功能，即允许在两个终端系统之间进行可靠的以及安全的数据传输。

本章中将会详细介绍传输层中两个最重要的协议：传输控制协议（TCP）和用户数据报协议（UDP）。其中的网络地址转换是一项重要的技术。该技术可以解决由于 IPv4 地址资源稀缺所产生的问题。如今普遍被使用的网络地址转换（Network Address Translation，NAT）技术就是建立在 TCP/IP 参考模型的传输层上面的，并且设置在 TCP 和 UDP 的端口。最后，本章将介绍应用在传输层上的基本安全方法。

8.1　传输层的任务和协议

传输层协议位于 TCP/IP 参考模型的网络互联层上的无连接数据报服务 IP 之上。该层的 TCP/IP 协议族为数据传输规定了两个截然不同的传输协议，这两个协议都是基于不可靠的数据报服务 IP。

- **用户数据报协议（UDP）**：简单的传输协议，绕开了两个终端系统之间的不安全的无线连接通信。
- **传输控制协议（TCP）**：实现了两个终端系统之间的一个安全的、面向连接的全双工数据流。

此外，TCP/IP 协议族还提供了其他的传输协议。而这些协议都是建立在 TCP 协议或者 UDP 协议之上，同时使用 TCP 数据结构或者 UDP 数据结构作为传输格式。这些协议包括：

- ISO 传输协议（ISO Transport Protocol，ISO DP 8073，RFC 905）。
- 基于 UDP 的 OSI 无连接传输服务（OSI Connectionless Transport Services based on UDP，RFC 1240）。
- 基于 TCP 的 ISO 传输服务（ISO Transport Service based on TCP，IITOT，RFC 2126）。
- 基于 TCP/UDP 的 NetBIOS（NetBIOS based on TCP/UDP，RFC 1001/1002）。
- 实时传输协议（Real-time Transport Protocol，RTP，RFC 1889）。
- 通过 UDP 的系统网络结构（System Network Architecture via UDP，SNA，RFC 1538）。
- 数据报拥塞控制协议（Datagram Congestion Control Protocol，DCCP，RFC 4340）。
- 显式拥塞通知（Explicit Congestion Notification，ECN，RFC 3168）。
- Licklider 传输协议（Licklider Transmission Protocol，LTP，RFC 5326）。
- 流控制传输协议（Stream Control Transmission Protocol，SCTP，RFC 4960）。
- 轻量级用户数据报协议（Lightweight User Datagram Protocol，UDP-Lite，RFC 3828）。

UDP 功能几乎很少被改变，而 TCP 却是不断在发展，并且在其控制机制中不断地被完善。因此，TCP 这个最初非常复杂的协议现在已经比较成熟了。

在 TCP/IP 参考模型中，传输层为位于其上的应用层提供了一系列所谓的**服务原语**（service primitive）。通过这些服务原语，应用程序可以使用简单的方式处理和管理自己的数据连接，而无需了解网络互联层的特点或者更底层的技术。这样就简化了管理开销，并且实现了一个相对网络技术独立的应用发展。此外，在传输层上可以确保所有被传输的数据正确地、完整地以及按照正确的顺序到达接收方。这种**可靠的数据传输**是通过使用序列号、定时器、流量控制以及一个对接收到的数据使用接收确认机制来实现的。也就是说，对接收到数据正确性的确认，或者对那些错误的、不完整的传输数据进行再次传输的申请。与网络互联层不同的是，在传输层中可以发送几乎任意长度的消息，即所谓的"流"。为了便于传输，这些流会被分成段。另外，在传输层中还规定了一个过载控制。该控制通过对发送量的负载调节来确保网络内部的连接不会过渡超载。

8.1.1　传输层服务概述

TCP/IP 参考模型中的网络互联层和传输层协议之间的根本区别在于：位于传输层上的通信通常是在两个终端系统之间进行的，即**终端到终端的传输**。因此，传输层的协议只需安装在终端系统。而中间系统，如路由器等，只需要运行在网络互联层上，并不会涉及传输层上的直接通信。这样，网络中的路由器的工作强度将会得到缓解，而大量用来确保通信可靠性的任务可以由终端系统本身或者由为其保留的连接通道进行处理。一个数据通信，如果由于错误被中断了，那么相关的终端系统会相互交换信息，以便确认传输的数据有多少已经到达了接收方，以及在哪个地方应该恢复被中断的传输。这样一来，沿着通信信道的中间系统就不会产生过载。这种终端到终端通信的另外一个优点在于，被传输的数据可以作为数据流来理解和解释。这样就会避免在网络应用的编程中产生额外的费用，而这些费用在面向分组交换的传输方式必须考虑底层的网络互联层时，是必要的。

人们将传输层区分为**无连接数据传输**和**面向连接的数据传输**。这里，在传输层上使用用户数据报协议实现的无连接服务在许多方面类似于网络互联层上的无连接服务。反之，传输控制协议在两个终端系统之间实现了一个面向连接的服务。这里，数据传输是由三个阶段实现的：

- **建立连接**：两个终端系统之间必须首先使用位于 TCP/IP 参考模型底层协议层的协议建立一个虚连接。
- **传输数据**：如果在两个终端系统之间建立了连接，那么就可以进行实际的数据传输。封装在 IP 数据报中的消息沿着该虚连接被传递到接收方。这里，IP 本身是将传输层进行传输的消息按照纯的有效载荷进行处理的。也就是说，该互联网协议并没有在传输层对该消息中包含的命令和控制信息进行解释。中间系统可以毫无问题地将这种封装的 IP 数据报进行转发。
- **断开连接/释放连接**：如果数据传输结束，那么首先必须将这两个终端系统之间建立的虚连接再次断开。这里，必须确保之前发送方发送的所有数据已经到达了接收方。

图 8.1 显示了两个终端系统之间在传输层结合了 TCP/IP 参考模型其他层所建立的虚连接。

位于传输层上的数据传输基于的是一个**面向字节的数据流**。也就是说，应用程序在数据传输开始之后，不需要象位于其下面的网络互联层那样交换整个消息。更确切地说，需要交换的数据会被视为是连续的字节流。该字节流在通信中是由参与的应用程序进行控制的。

在传输层上的数据传输需要确保传输的数据可以按照正确的顺序进行传递以及交付（Same Order Delivery）。这就需要使用段号（segment number）。这种段号可以确保数据按照与其发送时相同的顺序接收。这里，传输层协议接收到来自其底层网络互联层协议发

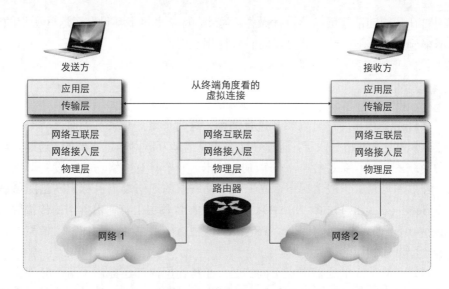

图 8.1　位于 TCP/IP 参考模型的传输层上的虚拟连接

送的各个数据包，并且将其按照正确的顺序进一步提供给调用的应用程序。然而，在数据
交付的时候可能会出现延迟。这种延迟可能是在网络互联层传输的过程中通过顺序置换
导致的。

　　传输层协议实现了一个**可靠数据传输**的可能性。如果数据包在网络的传输过程中，例
如，通过路由器过载（网络拥塞）或者网络故障而丢失了，或者内容被损坏了，那么接收
方应该有能力检测到这一点，并且采取相应的对策。如果传输的数据包内容被损坏，那么
通过一个校验和的比较就可以很容易地检测出来。如果数据包被正确完好地接收了，那
么接收方会发送一个肯定应答（Acknowledgement，ACK）。否则，不会发送对应的接收回
执。对于发送方，在发送一个数据包的时候就会启动一个计时器。如果发送方在这个计数
器结束之前从接收方获得了一个肯定应答，那么表示传输的信息已经接收方正确接收了。
如果在计时器结束后仍然没有接收到肯定应答，那么相关数据会被重新发送。另外，接收
方也可以通过明确地重传请求要求发送方再次发送相关数据。

　　此外，通过传输层的协议还可以实现一个**流量控制**。这一控制规定了对发送方和接收
方的数据传输的控制。当接收方对接收到的数据并没有足够的时间进行处理的时候，并且
还可能存在缓冲存储区溢出的时候，这时发送速度较快的发送方必须被节流。同样在相反
的情况下，如果接收方有能力将从发送方发送过来的数据更快地进行处理，那么发送方可
以提高自己的传输速率。

　　在极端的情况下，网络中还可能出现**过载**。在这种情况下，被传输的数据会丢失，甚
至导致整个网络段的崩溃。用于重传发送数据请求的自动重传请求命令也会很快地淹没
在网络中。因此，传输层的协议为流量控制专门规定了特殊的措施，以避免过载情况的
发生。

　　传输层为网络中两台计算机之间提供了同时多个（虚拟的）通信连接的可能性，这些
连接可以相互独立地被建立和管理。所谓的**端口多路复用**（Port Multiplexing）允许多个

接收方同时在相同的消息链路上进行操作。为此，每个主机上都设置了这些所谓的端口。不同的网络服务通过这些端口就可以同时进行相互沟通了。

8.1.2 通信端点和寻址

为了实现两个终端用户可以相互进行通信，这两个用户必须可以通过一个唯一分配的地址进行识别。在网络互联层，这种寻址方式是借助互联网地址实现的，通过互联网地址可以对网络的终端设备进行唯一的识别。这里，一个具有网络功能的设备可以分配多个独立的互联网地址。一般情况下，位于网络互联层的通信端点也称为**网络服务访问点**（Network Service Access Point，NSAP）。类似的，在传输层上存在着所谓的**传输服务访问点**（Transport Service Access Points，TSAP）。这种访问点在 TCP/IP 参考模型的传输层上确定了一个专门的通信端点。

与在网络互联层上的通信端点不同的是，在传输层内部还提供了两个分别设置了自己网络地址的网络设备之间的多个不同的通信链路。因此，可以在这些网络设备上建立不同的应用。这些应用可以通过唯一的 TSAP 进行标识。其中，同一个应用也可以与多个通信伙伴同时进行通信。要做到这一点，需要在 TCP/IP 参考模型的应用层上每次都建立单独的实例。也就是说，建立应用程序的副本作为所谓的**进程**。每个应用程序可以在本地计算机上使用 TSAP 进行连接，以便与远程的 TSAP 建立一个连接。每个连接都需要运行一个相关的 NSAP。为此，需要使用一台计算机的 NSAP 设置一个不同传输连接的**多路复用**。根据一个专门的表格，每个 TSAP 就可以被唯一寻址。

相反，一台位于本地 NSAP 上的陌生计算机可以从多个 TSAP 中选择一个用来建立传输连接。应用进程根据对应的连接请求，可以为这台计算机分配一个特定的应用程序。在输入端，一个 TSAP 也分配了一个特定的应用，以便在所选的连接伙伴的进程中可以被寻址（参见图 8.2）。通过这种方式，**解复用**（Demultiplexing）需要通过一个共同的 NSAP 实现传输连接的断开。

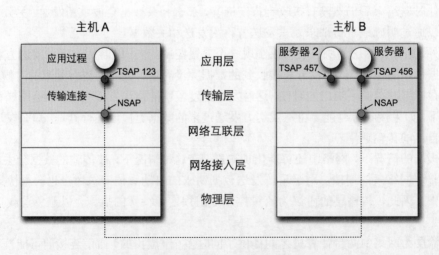

图 8.2 通过 TSAP 和 NSAP 的传输连接

　　在 TCP/IP 参考模型中，两个在发送方和接收方相互通信的进程是以互补的方式进行工作的。也就是说，发送方的进程，即所谓的**客户端**（Client）向接收方提出服务请求。同时，接收方的进程，即所谓的**服务器**（Server）在没有连接错误或者访问限制的前提下，为接收到的请求提供相应的服务。

8.1.3　TCP 和 UDP 的端口和套接字

　　现在来看传输层的传输服务访问点（TSAP）的业务端口，也称为**套接字**（Socket）。在传输层协议中，被分配用于通信的套接字每次在两个通信伙伴以及通信连接持续时间上都受到限制。每个套接字在计算机中存在一个被保留的存储区，即通信缓冲区，用于存储被传输的或者被接收到的数据。

　　为了便于标识，每个套接字都提供了一个自己的套接字号。该号码是由计算机的 IP 地址和一个本地分配的 16 比特的号码，即所谓的**端口**（Port）号组成：

$$< \text{IP 地址} >:< \text{端口号} >$$

　　0~1023 的端口，即所谓的**周知端口**（well known port），都是为全球唯一的标准服务保留的。例如，HTTP、FTP 或者 Telnet（参见表 8.1，RFC 1700）。1024~65535 的端口可以分配给计算机上任意的应用程序。这种划分通常如下：

- **特权端口**（privileged ports）：端口号为 0~255 涉及的是 TCP/IP 应用，同时端口号为 256~1023 涉及的是特定的 UNIX 应用。这些端口由互联网编号分配机构（Internet Assigned Numbers Authority，IANA，该机构也负责 IP 地址分配的一般协调）分配给 TCP/IP 基本应用。这些应用都是通过 RFC 标准化进程确定的，或者处于标准化进程确定过程中。因此，这些端口号也称为系统端口号（System Port Numbers）。
- **注册端口**：端口号为 1024~49151 是由 IANA 注册的，但是却不涉及通过 RFC 标准化了的 TCP/IP 基本应用。这种注册的目的在于，阻止在这个领域中的应用相互间使用相同的预定端口号。这些端口号也称为用户端口号（User Port Numbers）。
- **私人的、动态的端口号**（ephemeral，temporary ports）：在 49152~65535 之间的端口号再次被 IANA 所保留和注册，并且为所有用户提供没有限制的自由使用权力。

　　如果在两个应用程序之间建立一个通信链路，那么客户端将该应用程序视为一个目标端口（Destination Port）。由此，来自 IP 地址和端口号的连接会定义一个明确的接收计算机，以及被请求的服务或者应该与之交流的应用进程。作为源端口（Source Port），该端口会选择一个非保留的端口号，即并不能在该时刻使用的端口号（参见图 8.3）。因此，这种被选择的端口号也称为"临时端口号"。哪些端口号实际上被使用了，取决于每次所使用的 TCP/IP 网络软件的版本。伯克利标准分布（Berkeley Standard Distribution，BSD）的 TCP/IP 进程使用了 1024~4999 的端口号。

　　为了实现两个终端用户相互间可以进行通信，通信双方都必须了解两个被使用的套接字号。如果发送方已经选择了一个已经分配给一个特定的、用于通信的应用的套接字号，那么在传输连接建立过程中必须将该套接字通知给接收方。这样，可以根据位于发

表 8.1　根据 RFC 1700 保留的一些重要 TCP 周知端口号

端口号	应用
7	echo Protocol
20	FTP (File Transfer – Data)
21	FTP (File Transfer – Control)
23	Telnet
25	SMTP (Simple Mail Transfer Protocol)
37	Time Protocol
53	DNS (Domain Name Service)
69	TFTP (Trivial File Transfer Protocol)
80	HTTP (Hyper Text Transfer Protocol)
110	POP3 (Post Office Protocol 3)
119	NNTP (Network News Transfer Protocol)
123	NTP (Network Time Protocol)
143	IMAP (Internet Message Access Protocol)
194	IRC (Internet Relay Chat)

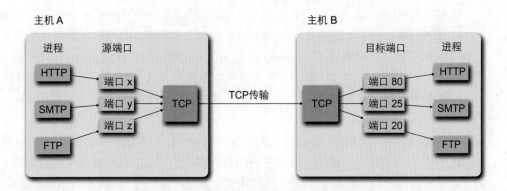

图 8.3　通过 TCP 端口在不同应用进程之间的 TCP 连接

送方和接收方的两个套接字号组成的元组（发送方套接字，接收方套接字）唯一识别一个**TCP 连接**。在这种情况下，一个套接字可以同时服务于多个连接。通过这些套接字可以实现所谓的**服务原语**，例如，请求、响应、确认、读取、写入等等。这些服务原语允许用户或者应用程序使用其提供的可用传输服务。

8.1.4　传输层上的服务原语

服务原语（也称为服务元素）是位于 TCP/IP 参考模型特定层上抽象的、并且可以独立执行进程的服务应用。它们用于描述通信进程，同时在通信接口的定义过程中作为抽象规范进行应用。通过服务原语只能确定通信伙伴之间被交换了哪些数据，并不确定这个过程是如何发生的（参见图 8.4）。

服务原语

　　在通信模型的框架下，服务原语（Service Primitive）描述了服务使用者和服务提供者之间在通信进程内部的抽象流程，即服务访问点（Service Access Point，SAP）。原则上，服务原语被区分为四个组：

- 请求（**Request，REQ**）：描述了一个服务使用者向一个 SAP 发出的服务请求。
- 确认（**Confirmation，CONF**）：面对被请求的服务用户，SAP 提供服务的确认。
- 指示（**Indication，IND**）：为服务使用者显示了 SAP 的服务请求。
- 响应（**Response，RESP**）：服务使用者在指示的基础上给出 SAP 的答复。

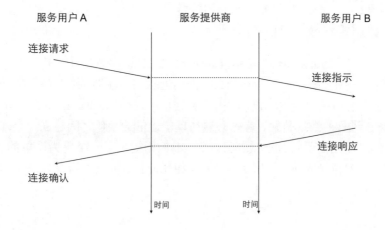

延伸阅读：

Bergmann, F., Gerhardt, H.-J.: Taschenbuch der Telekommunikation, 2. Aufl., Fachbuchverlag Leipzig im Carl Hanser Verlag (2003)

图 8.4　服务原语

　　在表 8.2 中给出了用于描述在传输层的一个简单的、面向连接的服务所必要的服务原语。为了建立一个连接，客户端向服务器发送一个连接请求。如果这个请求被服务器接收到，那么会首先检查，该服务器是否处于待机状态（LISTEN）。如果是，那么该待机状态会被终止，同时该服务器确认这个连接请求。客户端在等待服务器响应的过程中，首先是被锁定的。如果服务器给出一个肯定的确认，那么该连接会被建立。这时，通过这种连接就可以使用服务原语 SEND（发送）和 RECEIVE（接收）进行数据的交换了。在这个过程中，通信伙伴双方中的任何一方还可以执行一个锁定 RECEIVE 的命令，直到其他的通信伙伴通过发送 SEND 再次解锁，而这时该通信伙伴还可以进行数据的接收。通过这种方式就可以对数据进行交换了。当数据传输结束的时候，这个连接被再次断开。这种连接的断开又分为对称的和非对称的。在**非对称连接断开**中，只需要参与通信的合作伙伴中的一方通过执行 DISCONNECT 命令就可以将该连接断开。如果通信伙伴接收到了一个断开请求，那么该连接会再次被释放，同时这些通信伙伴可以在一个等待状态列表（LISTEN）中重新注册。在**对称连接断开**中，连接必须在每个通信伙伴的方向上通过执行 DISCONNECT 命令来结束。

表 8.2　在传输层上建立一个简单的面向连接服务的服务原语

原语	被发送的	说明
LISTEN	—	等待，直到一个连接被建立
CONNECT	连接请求	一个连接的积极建立
SEND	数据	数据的发送
RECEIVE	—	等待，直到数据被接收
DISCONNECT	断开连接请求	希望断开连接的进程

8.2　用户数据报协议（UDP）

传输控制协议（Transport Control Protocol，TCP）是 TCP/IP 参考模型中两个重要协议中的一个。该协议提供了一个可靠的、面向连接的传输服务。此外，在传输层上还存在一个本质上更为简单的传输协议，即用户数据报协议（User Datagram Protocol，UDP）。对于通过 TCP 进行的数据传输，首先必须在期望通信的伙伴之间建立一个连接，在成功进行数据传输之后还需要将该连接断开。而 UDP 则提供了一个更为简单的、无连接的、当然也是不可靠的传输服务。该服务与 TCP 相比而言，可以更为有效地操作、更为简单地实现、同时也会产生较少的开销。

8.2.1　UDP 的任务和功能

作为对一个高代价的、面向连接的传输的替代品，一个无连接的接口可以实现随时将消息发送到任何目的地的可能性，而不必事先建立一个连接。与 TCP 协议不同的是，**用户数据报协议**（UDP）是一个无连接的、不可靠的传输服务。该协议定义在文档 RFC 768 中。与其他很多互联网协议不同的是，只有 3 页的短小规范的用户数据报协议从 1980 年出版以来没有被进一步修改，经历 30 多年而保持不变。这个简单传输层协议始于 1977 年，当时人们为了通过互联网进行语音的传输而需要一个比面向连接的、可靠的 TCP 协议更简单的、最重要的是速度更快的协议。这样的协议应该只建立在传输层的通信端点上，而无需关注数据传输的可靠性。因为，考虑这些问题会导致传输的延迟，而这种延迟会对实时语音传输造成破坏性。

在 UDP 中，涉及了 TCP/IP 协议族中一个更为简单的无连接的服务。该服务直接基于的是 IP 协议。与 IP 类似，UDP 并没有提供安全的传输，也没有提供对流量的控制。这个协议设置不能确保通过 UDP 发送的数据包实际上真正到达了指定的接收方。由于互联网协议只是实现了一个"尽力而为"的服务，因此 IP 数据报在互联网中的传输，例如，在路由器过载的情况下会被丢弃。在数据包丢失的情况下，UDP 并没有提供相应的登记，甚至不会对此给出响应。

通过从 IP 功能的演变，UDP 为两个通信伙伴提供了一个（这里是无连接的和不可靠的）传输服务。该服务通过分配的通信端口（UDP Port）将各个通信应用彼此联系到一起。此外，该服务还设置了一个可选的校验和，以便检测传输过程中产生的错误。UDP 可以被应用层中不同的协议使用，每个协议都可以通过一个端口号进行识别。这些应用主要是那些基于客户端/服务器的应用，其通信被限制为一个单独的、简单的请求/响应关系。这时的 UDP 是作为传输协议，因为对于一个单独的传输无需建立和管理一个额外的连接。

UDP 每次都需要通过固定的端口从计算机上不同应用程序中获得数据。这些端口分配给了对应的应用程序协议，并且作为 UDP 数据报封装到 IP 中，然后通过互联网进行转发（端口多路复用）。相反，UDP 从 IP 中得到封装的 UDP 数据报，并且通过对应的端口为其提供应用（参见图 8.5）。

UDP 协议的任务

简单的 UDP 协议包括了以下三种基本任务：

- **更高层的数据传输**：通过应用层的协议、应用程序或者服务向 UDP 协议传递一条用于传输的消息。
- **UDP 消息封装**：需要将发送的消息封装在 UDP 数据包的有效载荷部分。在 UDP 数据包的报头中，会被指定源端口和目标端口。还有一种情况是，为需要传输的数据计算出一个校验和。
- **传输数据到 IP**：UDP 数据包在互联网协议上被用于数据传输。

在接收方，这些操作是按照相反的顺序和方向进行的。

延伸阅读：

Postel, J.: User Datagram Protocol. Request for Comments 768, Internet Engineering Task Force (1980)

图 8.5　UDP 协议的任务

8.2.2　UDP 的消息格式

UDP 数据包的报头构造的很简单（参见图 8.6）：

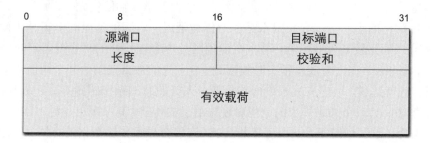

图 8.6　UDP 数据报的数据格式

- **源端口**：为发送方提供的长度为 16 比特的端口号。
- **目标端口**：为接收方提供的长度为 16 比特的端口号。
- **长度**：长度为 16 比特的字段，显示了整个 UDP 数据包的长度，包括以字节给出的报头的长度。UDP 数据包长度的最小值为 8 字节，其对应的是 UDP 报头的长度。
- **校验和**：为了对错误进行识别，这里使用了长度为 16 比特的可选校验和选项。该选项如果设置为 0，那么表明没有使用校验和。计算校验和的算法对应于在 IP

协议中所使用的算法。但是，IP 校验和的计算只在 IP 报头中进行，而这种方法并不是可取的。因此，这种方法在 UDP 校验和的计算中被丢弃。UDP 校验和的计算包括了 UDP 报头、UDP 有效载荷和所谓的**伪头**（pseudo header）。这种伪头是由来自发送方和接收方的 IP 地址和来自 IP 数据报报头的协议规范，以及来自 UDP 数据报报头的长度信息组合而成的。这种伪头的长度总和为 12 字节（参见图 8.7），只用于校验和的计算，并且将上述真正的 UDP 数据包报头前置。接收方总是通过这些信息来验证，数据包在实际过程中是否真正被传递到了正确的地址。

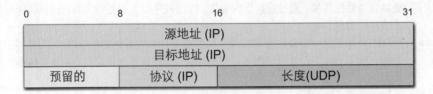

图 8.7　UDP 伪头的数据格式

8.2.3　UDP 应用

与可靠的、面向连接的 TCP 协议不同的是，UDP 只提供了一种不可靠的传输服务。并且，这种服务几乎没有提供任何其他的功能。出于这个原因，对于需要可靠数据传输的传统互联网应用，例如，电子邮件服务或万维网，也并没有使用这种简单的 UDP 协议。另一方面，也存在着大量的应用程序，其具有的传输效率，即定量的吞吐量，相对于一个可靠的和无差错的传输来说是有优势的。这其中包括了多媒体的实时传输，例如，视频流或者网络电话。如果在这些应用中同样涉及了一个无差错传输的优先性，那么在传输中由于对被损坏数据的重新传输会导致不必要的传输延迟。而这种延迟对于实时传输的多媒体数据流会产生比较显著的影响，并且在视频图像中会以扭曲的声音或者声音停顿的形式表现出来。相反，在一个多媒体实时数据流中，丢失的数据在到达某个阈值之前都是可以忍受的。也就是说，这些损失的数据并不能令人类的感知系统感到不适。使用 UDP 协议的应用程序的另一个类别基于的是相对较短消息的传输。其原因也是对 UDP 协议效率的偏爱。因为在这种情况下，一个可靠的 TCP 连接会导致传输数据的开销、传输时间以及传输数量的显著增加。

在表 8.3 中描述了那些在应用层中把 UDP 作为传输协议使用的服务。TCP 和 UDP 每次使用的固定端口号可能都是不同的。无论应用 UDP 协议还是应用 TCP 协议，例如，在为域名服务的情况下，都会使用统一的端口号。

UDP 协议的一个特殊版本是**轻量级用户数据报协议**（Lightweight User Datagram Protocol，UDP-Lite）。该版本定义在文档 RFC 3828 中。这种 UDP 精简版是专门为那些需要尽可能少的延迟和可以容忍较少传输错误的数据传输定义的。例如，在实时传输音频或者视频流的情况下。UDP 精简版与 UDP 协议具有相同的数据格式，只是长度受到了 65535 字节的限制（长度为 16 比特的字段）。这种长度字段只是给出应该被计算的校验和

表 8.3 将 UDP 作为传输协议使用的服务

服务	UDP 端口号
Domain Name Service (DNS)	53
Bootstrap Protocol (BOOTP)	67、68
Dynamic Host Configuration Protocol (DHCP)	67、68
Trivial File Transfer Protocol (TFTP)	69
Network Time Protocol (NTP)	123
Simple Network Management Protocol (SNMP)	161、162
Remote Procedure Call (RPC)	111
Lightweight Directory Access Protocol (LDAP)	389
Routing Information Protocol (RIP)	520、521
Network File System (NFS)	2049

的长度（校验范围）。UDP 精简版数据包的实际长度必须从位于 IP 数据报报头中的长度任务中计算得出。如果两个长度不同，那么该 UDP 精简版数据包包含了额外的未经审核的数据。

8.3 传输控制协议（TCP）

前面已经介绍了被特别设计用于尽可能快速地和高效地对数据进行传输的用户数据报协议和为此被放弃的用于保证无差错和可靠传输的机制，这些对很多互联网应用来说都是一个必要的前提。发送方必须可以确认，从自己那里发送出去的数据被真实地传递到了自己所期望的接收方。在传输过程中，传输错误和数据的丢失必须在通信双方都进行注册。同时，通信双方要对这些问题进行共同解决，以确保达到可靠传输服务的基本要求。在这种前提下，**传输控制协议**（Transmission Control Protocol，TCP）在不可靠的和无连接的互联网协议的基础上建立了一个可靠的以及面向连接的传输服务。这里，TCP 绑定了大量的方法用于连接的管理、传输错误的校正、流量控制和拥塞控制。

从历史上看，如今的 TCP 协议早在 20 世纪 70 年代就已经开发出来了。当时被称为今天互联网前身的阿帕网（ARPANET）被持续地增长和扩张，而且还不断有新的网络与其相连在一起。1973 年，Robert E. Kahn 和 Vinton G. Cerf 开发了第一个"传输控制程序"，作为当时被称为网络控制协议（Network Control Protocol，NCP）的网络软件的替代者，因为当时的网络控制协议在管理和操作使用上已经不能满足网络互联的快速发展了。TCP 协议的第一个版本与目前使用的版本的区别在于，当时的版本无论对无连接的数据报的传输和路由选择（网络互联层的功能），还是对可连接的以及可靠的数据传输的管理（传输层功能）都是负责的。这不仅违背了模块化的原则，也不符合严格的协议功能的分层结构。因为，这种划分已不再可能将网络互联层功能和传输层功能彼此区分开。这样一来，TCP 协议就成为了一个非常僵化的和低效的协议，特别是对于那些只需要简单的、无连接的和不需要确保安全通信的应用和服务。最后，终于在 1981 年将第四个版本写入了文档 RFC 793 中。在该版本中，传输控制协议分为两个单独的协议：互联网协议

IPv4 和传输控制协议 TCP。其中，每个协议都为网络互联层以及传输层提供了应用和服务的功能。除了基本的 RFC 793 文档，还存在着大量的其他 RFC 文档。这些文档对 TCP 协议的方法和算法做了进一步的解释和扩展（参见表 8.4）。

表 8.4　重要的 TCP 网络标准

RFC	标题
813	Window and Acknowledgement Strategy in TCP
879	TCP Maximum Segment Size and Related Topics
896	Congestion Control in IP/TCP Networks
1122	Requirements for Internet Hosts – Communications Layer
1146	TCP Alternate Checksum Option
1323	TCP Extensions for High Performance
2018	TCP Selective Acknowledgement Options
2581	TCP Congestion Control
2988	Computing TCP's Retransmission Timer
3168	Explicit Congestion Notification

客户端/服务器应用程序将 TCP 作为传输协议用于双向通信。在与 TCP 协议软件进行交互的过程中，一个应用程序，确切地说是一个应用协议，必须给出详细信息。这些信息规定了所涉及的通信伙伴，并且可以发起通信。

一个应用程序在使用 TCP 协议软件过程中使用的接口通常称为**应用程序编程接口**（Application Programming Interface，API）。一个 API 定义了一系列的操作，而这些操作可以由应用程序与 TCP 协议软件交互的过程中使用。TCP 协议只提供了一些在 RFC 793 文档中被详细解释了的接口。这些接口涉及了连接的建立和断开，以及用于控制数据传输的程序。

- **打开（Open）**：打开一个连接。这个过程中必须给出专门的参数，指定是否涉及了一个主动的还是一个被动的连接端口、通信伙伴的端口号和 IP 地址、本地端口号和用于超时的时间值。作为返回值，该程序提供了一个本地的连接名称。通过该名称可以引用该连接。
- **发送（Send）**：将数据传递到位于本地 TCP 发送缓冲区内，然后通过该 TCP 连接将其进行发送。
- **接收（Receive）**：从 TCP 接收缓冲区接收数据，然后将其转发到应用程序。
- **关闭（Close）**：终止连接。在此之前，还需要将所有来自 TCP 接收缓冲区的数据转发到相关的应用程序内，并且发送一个结束（FIN）段。
- **状态（Status）**：通过现存的连接输出状态信息。
- **中止（Abort）**：发送和接收过程的即时中断。

下面的章节将讨论 TCP 的功能和任务，并且给出可靠传输的基本方法和算法。然后对 TCP 的消息格式进行说明，并且详细描述 TCP 的连接管理。最后，给出用于流控制和过载控制的控制功能。

8.3.1　TCP 的功能和任务

TCP 需要通过互联网为消息的发送提供一个可靠的传输服务。为了实现这一点，TCP 为识别以 TCP 端口形式连接的通信端点提供了一个专门的寻址方案。一旦两个通信端点之间建立了一个连接，就可以在这个连接上开始一个连续的、双向的消息交换。这里，数据被划分为所谓的段（segment），并且作为字节流进行传递。这些数据被转发到底层的互联网协议，同时以数据报的形式被进一步碎片化后进行传递。最后在到达接收方之后，这些被碎片化的消息以相反的顺序重新被组装到一起。

为了做到这一点，TCP 使用了一系列不同的方法和算法。这些方法和算法保证了数据传输的可靠性、一致性和及时性。TCP 协议具有以下的属性：

- **面向连接的数据传输**：TCP 提供了一个面向连接的服务。在进行实际的数据传输之前，必须首先在两个通信端点之间建立一个连接。如果该数据传输结束，那么该连接再次被终止。通过 TCP 提供的连接是一个**虚连接**，因为这种连接纯粹只涉及了软件。互联网既不提供必要的硬件，也不提供必要的软件来支持这种专用连接。取而代之的是，位于发送方和接收方上的两个 TCP 进程只是通过消息交换的方式进行这种类型的连接（参见图 8.1）。

  TCP 为数据传输使用了 IP 数据报服务。每个 TCP 消息都封装在一个 IP 数据报中，然后通过互联网进行传递，最后在接收方被再次解封。IP 本身是将 TCP 消息作为纯粹的有效载荷的。也就是说，IP 中不包含 TCP 数据以及 TCP 数据报头的解释。在图 8.1 中可以看出，参与的终端系统每次只提供了 TCP 的实施，而中间系统不需要自己的 TCP 实施。

- **终端到终端的传输**：TCP 允许只在两个专有的端点之间进行的唯一数据传输。因此，这种连接从位于发送计算机上的一个应用到位于接收计算机上的一个应用几乎是直接运行的。一个虚连接的构造仅仅涉及了参与终端系统的责任。而位于网络中的两个终端系统之间的中间系统只负责进行转发。使用 TCP 进行多播或者广播是不可能的。两个终端设备之间可以存在多个平行的连接，这些连接每次都可以被不同的应用程序、服务或者用户使用。其中，每个连接都可以独立于其他的连接被无冲突地进行管理。

- **可靠的传输**：TCP 始终要保证一个没有差错的数据传输，即不会在所接收到的数据分组序列中出现数据丢失或者排列顺序的错乱。在这种情况下，需要对每次传输进行检查，是否所有从发送方发送的数据真正地被接收方接收到了，并且是否还能保证发送数据的完整性。这里，TCP 协议利用了以下几种技术：

  - **支持重传的肯定确认**（**Positive Acknowledgement with Retransmission，PAR**）：一项可以显著提高可靠性高度的技术是由 TCP 发起的数据**重传**（Retransmission）。一条发送的 TCP 消息在被正确接收之后通常由接收方开具一个确认，这个确认会被发送回发送方。在此之前，发送方在每次的数据传输之前都启动一个时钟定时器。如果该时钟在发送方接收到从接收方传回的确认信息之前失效了，那么该消息被认为是丢失了。这时，发送方会启动一个重传（参见图 8.8）。

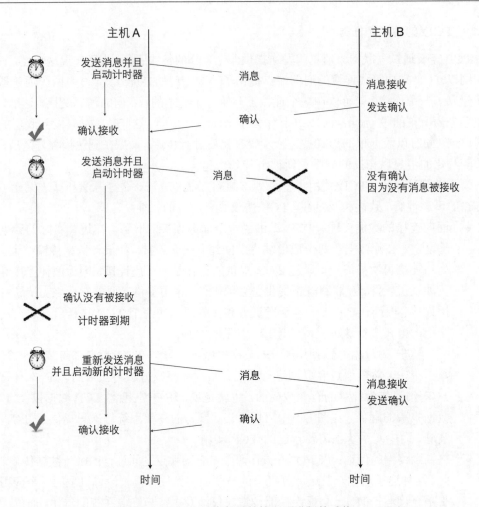

图 8.8　TCP——在超时的情况下进行的重传

　　图中所描述的简化方法的效率并不是很好，因为一个新的消息只有在接收到确认之后才能被发送。如果发送的消息可以通过一个标识符（消息 ID）被识别，那么多个消息就可以同时被发送。为了避免在这个过程中产生过载，接收方可以限制一个最大允许的同时平行发送的数量。当然，每个平行的传输都需要一个自己专用的计时器。这种改进的 PAR 方法在图 8.9 中给出了描述。主机 A 开始向主机 B 传递消息 1。主机 B 确认（Ack）接收到了消息 1，同时转达了自己所能平行接收到的消息的最大数量（Limit）。也就是说，在一个时间段内最多可以被确认的接收到的消息数量。在该示例中，同时平行传输的消息的最大数量是 2。因此，主机 A 在发送完消息 1 之后直接发送了消息 2。但是，在主机 A 可以继续发送消息 3 之前，收到了从主机 B 传递回来的关于最多进行 2 个消息（未确认）的传输限制。因此，消息 3 只有在得到消息 1 的确认（Ack）之后才可以被发送。

— **自适应重传**：TCP 的开发商很快就意识到，一个固定计时器的选择，即一个

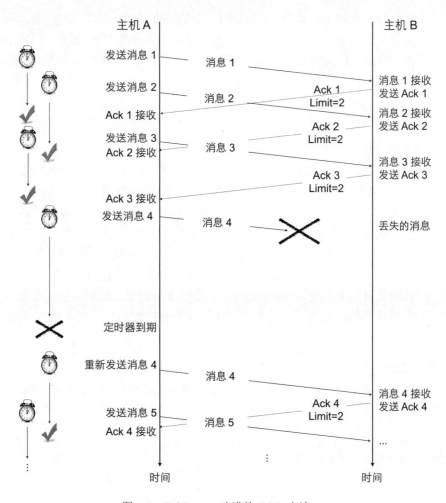

图 8.9 TCP —— 改进的 PAR 方法

固定的时间限制并不适用于各种情况。因此,开发者为 TCP 赋予了一个自适应的机制。这种机制可以为各种情况下的重传制定适合的时间限制。为了做到这一点,TCP 监视每个连接的网络负载。这可以通过测量数据包**往返路程时间**(Round Trip Time,RTT)来了解,即从发送消息开始到完全接收到确认的这一段时间。每个发送的消息都被执行了这种测量,并且保留了由于对特定的、被监控的连接所导致的偏差。同时,还为每个连接的有效时间限制进行了重新计算,这可以通过计算一个**平滑往返路程时间**(Smoothed Round Trip Time,SRTT)得到。因此,TCP 可以在峰值出现拥塞的情况下增加时间限制,而在网络负载恢复到正常情况下将时间限制重新降低下来。

　　与其他故障排除机制不同的是,TCP 并没有为接收方在发现错误数据段的情况下提供重传的可能性。因为,TCP 没有否定确认机制。因此,接收方在识别到错误的时候根本不会发送确认(Ack),只是简单地进行等待,直到约定的时间期限期满,然后发送方开始启动自动的重传发送。

对于计时器的选择，即应该对一个消息进行确认的那个时间段，取决于目标吞吐量的效率。与此同时，在连接发送方和接收方之间最小距离的局域网内，确定其时间限制要比在广域网连接中更有意义。例如，卫星频道的使用。如果重传启动得太早，那么网络上会充斥着很多副本，并且吞吐量的效率会被大大地削弱。如果重传启动得太晚，那么很多消息就必须被缓存，这就可能导致队列的溢出和过载情况，进而产生数据的丢失和网络效率的削弱。因此，选择适当的重传等待时间是非常重要的。

- **流量控制**（**Flow Control**）：这种机制是建立在上面已经介绍的机制基础上的，是用来规范沿着从 TCP 已建立的（虚的）终端到终端连接的流量。在 TCP 协议中，流量控制是通过**滑动窗口协议**（Sliding Window Protocol）进行的（参见图 8.10），即使用一个具有自适应行和与负载相关的窗口大小的窗口协议进行工作的。与此同时，确认（Ack）和一个窗口的分配相互间却是不相关的。如前面已经描述的那样，TCP 协议本质上是不交换消息的，只是发送一个分成段的双向的字节流。不同于如今平行发送多个消息，这种方法可以平行对多个未经确认的段或者一个特定的最大字节数进行发送。接收方通过滑动窗口协

滑动窗口协议

　　如果发送方在一个对应的确认没有到达之前，需要发送多个没有被确认的段，那么使用传输确认（即每个被发送的段都需要一个接收方的确认）可以提高数据传输的利用率。根据这个原则进行工作的算法称为**窗口协议**（window protocol）。这里，每个窗口的大小指定了段的最大数值（单位为字节的长度），该数值无须通过确认即可被发送。为了可以明确识别，在这个方法中的每个段都包含了一个序列号。

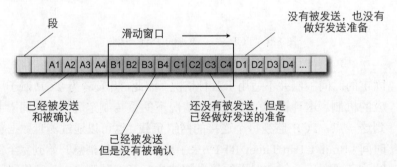

　　图中，位于发送窗口左边的段已经被发送，并且被确认 (A_i)。位于发送窗口内的段可以不用确认就被发送。这样就可以被用来区分发送窗口内已经被发送了的、并且还没有被确认的左半部的段 (B_i) 和发送窗口内已经做好准备的没有被发送的右半部的段 (C_i)。各个窗口的大小对应的是属于类别 B 和 C 的字节数量。位于发送窗口右边的段在发送窗口内输入一个确认之后才被返回。

延伸阅读：

Comer, D. E.: Internetworking with TCP/IP, Volume 1: Principles, Protocols, and Architecture, Prentice Hall (1995)

图 8.10　滑动窗口协议

议来调节这个最大的数值，使其大小适应自己的处理能力。也就是说，如果发送的数据要多于接收方现有的处理能力，那么这个数值会被减少，同时会将这种情况通知给发送方。

    在 TCP 中的滑动窗口协议的流程将被通过举例的方式给出说明（参见图 8.11）。发送方和接收方必须就为所传输数据应该使用相同的段数达成协议。通常，这些同步发生在建立 TCP 连接的过程中。这里的出发点是两台计算机：主机 A 和主机 B。这两台计算机希望通过 TCP 执行一个数据的传输。从作为发送方的主机 A 到作为接收方的主机 B 的连接窗口的大小为 1500 字节，同时可以传递一个长度为 2500 字节的消息。

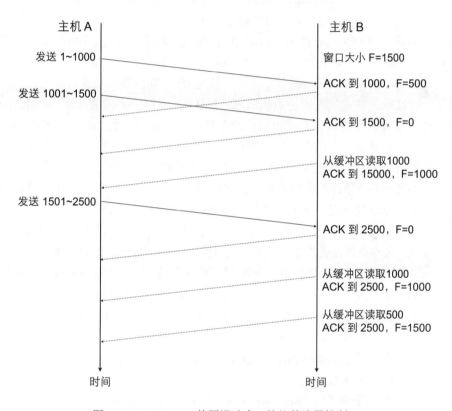

图 8.11　TCP —— 使用滑动窗口协议的流量控制

* 连接建立完成之后，主机 A 发送了第一个段，其长度为 1000 字节。主机 B 接收到该段，将这些数据写入到自己的缓冲器。然后将这个窗口的大小减少为 1500–1000 = 500 字节（F=500），并且对第一个 1000 字节（ACK=1000）的接收进行确认。

* 随后，第二个段根据所允许的窗口大小 500 字节进行传递，同时确认到达（ACK=1500），并且将窗口的大小减小为 0 字节（F=0）。

* 在主机 B 上的应用程序对这些传递来的数据并不能像其被传递的那样进行快速接收。因此，主机 A 必须进行等待，直到位于主机 B 上的应用程序从接

收缓冲区内读取了 1000 字节为止。这时，该窗口的大小重新提高到了 1000 字节，同时主机 B 将这个值（F=1000）和一个确认通过最近接收到的包含字节的序列号（ACK=1500）进行发送。

* 主机 A 可以根据新的窗口大小向主机 B 发送其余的需要被传递的数据。这里，每次都要对接收进行确认，同时减少窗口的大小。
* 位于主机 B 上的应用程序再次从接收缓冲区内提取 1000 字节，然后将其与最近接收到的字节的序列号（ACK=2500）一起发送给主机 A。
* 当主机 A 将消息的最后一个序列发送后，就不再给主机 B 发送接收确认。
* 位于主机 B 上的应用程序从接收缓冲区内提取了最后的 500 字节（F=1500）。这些字节将连同最后接收到的字节的序列号（ACK=2500）一起被发送给主机 A。至此，整个消息的传输结束了。

- **拥塞控制**（**Congestion Control**）：拥塞控制是 TCP 操作中最困难的问题之一。虽然参与通信的各个终端设备都可以监测连接负载情况，并且通过改变相应窗口的大小来控制通信的流量。但是，却不能直接捕获或者影响沿着数据传输路径上的中间系统的负载情况。并且，互联网中不同的 TCP 实例之间并没有相互合作的机会来检测和控制负载的情况。另一个障碍是基于 TCP 的 IP 协议的属性，该属性可能获得信息以及负载的情况。但是，IP 是一个无连接的以及无状态的协议。也就是说，被传递的数据包可以通过网络在不同的路径上被传输，并且没有相关传输结果的回执消息。因此，很少有机会获得参与的中间系统的信息以及负载情况。即使有，也只是间接获得的。例如，被丢失的段的数量，即在传输过程中，在规定的时间内没有从接收方得到确认的段的数量，这些被视为丢失了。还可以利用被重传的段的数量作为衡量互联网内的负载情况，同时控制为拥塞情况下规定的窗口协议。在传输层上设置拥塞协议是必要的，否则在沿着通信连接上的中间系统出现过载的情况时会丢失越来越多的段，并且不断进行的重传会进一步增加中间系统的负载。

　　用于拥塞控制的方法有：

* **慢启动算法**（**Slow Start Algorithm**）：这种算法在滑动窗口协议中用于窗口大小的优化配置。
* **拥塞避免算法**（**Congestion Avoidance Algorithm**）：这种算法从重新被传递的段的数量中推断出网络中的负载情况。
* **Nagle 算法**：该算法通过确认来避免不必要的开销。
* **Karn/Patridge 算法和Karel/Jacobsen 算法**：这些算法在对被丢失段的重新传输过程中，对各个网络往返路程时间进行优化确认，以便适应重发间隔。

这些算法的一个详细的描述将在 8.3.3 节给出。

- **全双工传输**（**Full duplex transmission**）：TCP 允许一个双向的终端到终端的数据传输。发送方和接收方甚至可以同时进行数据的发送。为了实现发送方和接收方可以平行地进行数据的发送和接收，无论在发送方还是在接收方都必须具有一个承载数据的缓冲区。

- **流接口**（**Stream interface**）：使用 TCP 传输的应用程序通过一个被建立的数据连接发送的是一串连续的字节流（Byte Stream），而不是连续的单个消息。因此，在终端到终端连接中并没有对消息的边界进行规范。接收方计算机的流接口向接收方应用程序转交传递的字节流数据，这些数据是以在发送方发送时完全相同的顺序被转交的。

- **TCP 的连接管理**（**Connection Management**）：在 TCP 上开始一个数据传输之前，首先必须在两个参与通信的伙伴之间建立一个通信连接。关键是，在可靠的连接管理过程中首先要建立一个连接，然后在成功进行数据传输之后再将该连接断开。这里就必须保证，连接真正被建立，并且连接建立完成之后才能开始数据传输。另一方面，只有当所有的数据都通过连接传输被发送，并且都被接收方接收到之后，才应该将该连接断开。对于这两种进程，TCP 规定了不同的机制，这些机制将在下面给出介绍。

  为了连接状态的管理，必须保留、交换和存储不同的参数。这可以通过**传输控制块**（Transmission Control Block，TCB）实现。为了管理连接，这些块必须在所涉及的终端设备上被保留。在 TCB 中，除了所涉及的通信伙伴，还包含了指向缓冲存储区用于输入和输出数据的指针，以及众多用于监测滑动窗口协议进行交换数据的计数器。在建立实际的连接之前，两个通信伙伴每次都建立一个用于管理连接的 TCB。

- **可靠连接的建立**：TCP 需要两个通信伙伴，即发送方和接收方对于有关的连接的建立达成协议。而来自以前建立连接的任何重复的数据包都会被忽略。与连接的建立相关的功能如下：

  - **联系方式和沟通**：发送方和接收方相互联系，以便建立一个通信链路，实现彼此间交换消息。由于接收方事先无法预知谁会与自己建立联系。因此，在建立连接的过程中需要这些信息。

  - **序列号同步**：每个参与通信的伙伴都会与自己的对手分享，应该使用哪个初始的序列号来开始通信。

  - **参数交换**：用来控制数据交换的其余参数将会在建立连接的过程中，在发送方和接收方之间进行交换。

    建立 TCP 连接所使用的方法称为**三次握手**（Three Way Handshake）。因为在这个过程中，只有三条消息必须被交换（参见图 8.12）。其中，两个通信伙伴之间每次都交换两种不同的消息类型。一个连接的建立是通过所谓的**同步段**（SYN 段）发起的，位于报头中的同步比特被设置为 1。通过 SYN 段所发送的连接请求通过一个**确认段**（ACK 段）被确认，位于报头中的确认比特被设置为 1。事实上，为了一个连接的建立需要交换 4 条消息。但是出于效率的原因，人们将一个初始输入的连接通知确认和在同一个段内的相反方向的反向链路注册整合到了一起。这种三次握手的算法如下：

    (1) 为了通过一个三次握手信号化一个连接的建立，会将一个 SYN 段由发送方发送到了接收方，该 SYN 段中包含了发送方初始的序列号（seq）x。

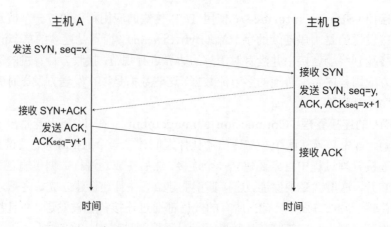

图 8.12 TCP—— 使用三次握手协议建立连接

(2) SYN 段的接收方对接收到的序列号 **x** 进行确认, 以便返回一个值为 **x+1** 的 ACK 序列号 (ACK$_{seq}$)。其中, 接收方允许设置同步比特以及设置额外的确认比特, 并且发送一个自己的序列号 **y** (SYN + ACK)。

(3) 发送方接收到这个消息后, 通过发送一个带有值为 **y + 1** 的 ACK 序列号 (ACK$_{seq}$) ACK 段来确认接收到的带有序列号 **y** 的同步响应。随着此次发送方确认的接收, 最终完成三次握手协议。

这种三次握手协议完成了两个重要的任务: 一方面保证了通信双方已经可以进行数据交换了; 另一方面交换了发送方和接收方每次用于开始数据传输的关键序列号。

TCP 也能够应付两个都希望与彼此通信的通信伙伴之间的同时连接请求。其中, 三次握手协议设置了一个简单的、可以同时进行的 SYN 段的交换。这个过程中, 两个通信伙伴告知自己的通信请求, 同时交换初始的段号。SYN 段每次都交替地被回复一个 ACK 段。

- **谨慎终止连接**: 一旦通信双方想要将已经建立的连接结束掉, 那么 TCP 需要确保所有已经被发送的、但是还没有到达目标的数据在连接真正断开之前被传递完成。为此, TCP 会应用一个被稍微修改了的三次握手协议。这个协议需要 4 个 TCP 段的交换来实现一个可靠的连接终止 (参见图 8.13)。其中, 两个应用程序的双向 TCP 连接被认为是两个独立的、单向的连接。

  (1) 想要终止一个连接的应用程序, 需要发送一个**结束段** (FIN 段)。在报头中, FIN 比特被设置为 1, 一起发送的还有一个结束序列号 (seq) **x**。

  (2) 对方确认 FIN 段的接收, 并且为了这个连接终止请求而不再接收其他的段。也就是说, 序列号大于 **x** 的段会被拒绝。TCP 的实例是通过终止连接来通知本地的应用程序的。

  (3) 从发送方到接收方方向上的连接是使用通过发送方接收确认 (ACK) 消息来终止的。其中, 被接收到的值为 **x + 1** 的终止确认序列号 (ACK$_{seq}$) 还会通过发送方被再次确认一下。

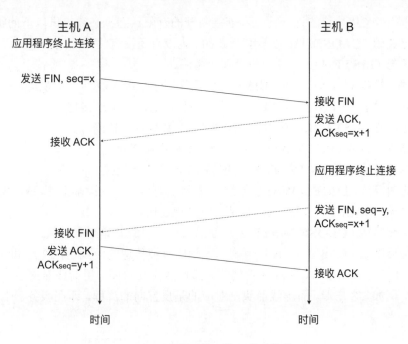

图 8.13　TCP——四次握手协议的可靠连接终止

(4) 一旦通信的另一端被执行了连接终止的应用，那么通信的这端就开始在相反的方向上发送一个带有终止序列号（seq）**y** 的 FIN 段和最近一次被发送方接收到的值为 **x + 1** 的重新确认的序列号（ACK$_{seq}$）。这样一来，这种用于连接终止的请求就可以被明确地识别出来。

(5) 发送方通过带有值为 **y + 1** 的终止确认序列号（ACK$_{seq}$）来确认另一方接收到的终止通知。一旦另一方已经接收到了这个确认，那么这种连接就被认为是可靠地被结束的。

这种连接的断开也可以在两个通信伙伴之间近似地同时进行。其中，不仅可以在一个通信方希望结束通信的时候，激活在相反的方向上断开已经建立的连接，通信双方也可以同时激活连接的断开。随后，双方可以在其中一个结束命令达到之前，发送一个 FIN 段（同时终止连接）。

补充材料 12：TCP 的连接管理

在计算机科学中，协议通常使用所谓的**有限状态机**（Finite State Machines，FSM）的形式进行描述。这种方法是借助状态转换图的形式对这些协议进行比较形象地描述。有限状态机总是处于一种特定的**状态**（由椭圆表示）。其中，特定的**事件**（用箭头表示）可能会导致**状态的改变**（Transition）。**启动状态**和**结束状态**对于所表示的状态具有重要的意义。从一个状态指向另一个后续状态的箭头是使用一对事件/动作（event/aktion）组进行标记的。事件会根据触发的**动作**引起相应状态的变化。一个协议通常可以通过一个有限状态机进行描述。一个事件通常对应一个接收到的特定消息，同时发送的动作触发一个特定的消息。

用于描述 TCP 协议的连接建立和连接断开的有限状态机必须提供以下的状态：

- **已关闭（CLOSED）**：既没有活跃的、也没有还没有终止的连接。
- **等待（LISTEN）**：一位参与者等待邀请。
- **同步接收（SYNC RECEIVED）**：连接请求已经被收到，等待确认（ACK）。
- **同步发送（SYNC SENT）**：一个应用程序启动一个连接口。
- **已建立（ESTABLISHED）**：常规状态，数据进行传输。
- **结束等待 1（FIN WAIT1）**：一个应用程序被终止。
- **结束等待 2（FIN WAIT2）**：通信伙伴同意终止连接。
- **定时等待（TIMED WAIT）**：等待，直到所有被传递的段都抵达，或者发生超时。
- **关闭（CLOSE）**：通信双方尝试同时终止连接。
- **关闭等待（CLOSE WAIT）**：通信的另一方已经开始断开连接。
- **最后确认（LAST ACK）**：等待，直到所有被传递的段到达，或者超时。

图 8.14 描述了用于 TCP 连接管理的完整的状态转换图。粗箭头对应于一个主动的连接建立，例如，客户端。而虚线箭头则对应的是反方向的流程，即在服务器上的一个被

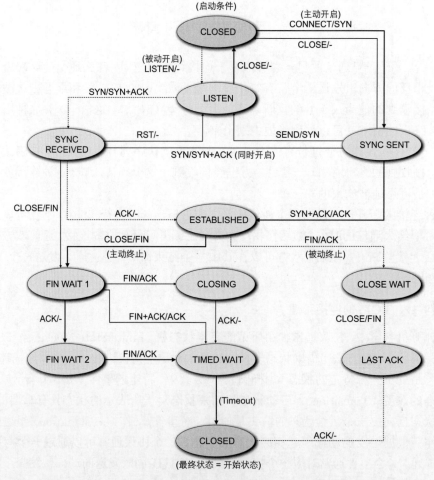

图 8.14　TCP——使用有限状态机描述 TCP 连接管理的状态转换图

动连接的建立。细箭头描述了异常的事件和过程，为了完整性必须对此进行考虑。

- 用于连接管理的启动状态始终是状态 CLOSED。当接收到一个连接建立的请求（**被动开启**），或者本身进行发送（**主动开启**），这个状态才被退出。
- 这里，一个事件可能是由用户进行管理的（CONNECT、LISTEN、SEND、CLOSE），也有可能通过一个输入段被激发（SYNC、FIN、RST）控制的。连字符 "–" 意味着没有事件或者没有动作发生。
- 这种方法最简单可以被理解为，首先一个主动的客户端被跟进（粗箭头），随后该事件在服务器端（虚线箭头）被考虑。
- 客户端：
  - 客户端的一个应用程序希望通过发送一个 CONNECT 请求打开一个连接。为了实现这个目的，本地的 TCP 实例创建了一个用来管理这个 TCP 连接的传输控制块（Transmission Control Block，TCB）。同时进入 SYNC SENT 状态，发送一个 SYNC 段，以便开启三次握手方法。由于所有连接必须被永久地管理，因此每个状态每次只描述一个连接。
  - 一旦客户端接收到一个 SYN+ACK，那么该 TCP 实例就会发送回三次握手的最后那个 ACK，同时进入到 ESTABLISHED 状态。在该状态中可以启动常规的数据传输。
  - 如果想要结束该应用程序，本地 TCP 实例会收到关闭连接的命令（CLOSE）。随后会发送一个 FIN 段，并且等待一个相应的确认（ACK）。一旦该确认被接收，该 TCP 实例会转变到状态 FIN WAIT 2。这样，这个双向连接就被关闭了。
  - 一旦服务器也结束了这个连接，那么会使用一个 FIN 段进行确认。而这个 FIN 段必须由客户端的 TCP 实例进行确认（ACK）。
  - 现在，两个方向上的连接都被结束了。然而，客户端的 TCP 实例仍在等待，直到出现超时。这样就可以确保，所有被发送的段实际上都已经到达。最后，这个用于连接的管理数据结构被删除。
- 服务器端：
  - 在服务器端，本地 TCP 实例等待（LISTEN）由客户端发出的建立连接的请求（SYN）。如果服务器接收到了一个 SYN 段，那么该接收会被确认（SYN+ACK），并且该 TCP 实例进入到了 SYNC RECEIVED 状态。
  - 一旦由服务器发送回的 SYN 段被确认，这个三次握手过程就完成了。同时该 TCP 实例进入到了 ESTABLISHED 状态，在这个状态中进行常规的数据传输。
  - 如果该客户端想要结束这个连接，那么可以发送一个 FIN 段给服务器。服务器确认了这个回执，同时本地 TCP 实例进入到了 CLOSE WAIT 状态。该连接在这个时候已经由客户端终止了，在服务器端将会启动被动连接终止状态。
  - 如果在服务器端的应用程序已经准备将自己这方的连接结束（CLOSE），那么该服务器会发送一个 FIN 段给客户端。TCP 实例会进入到状态 LAST ACK，同时等待客户端用于最终连接断开的确认（ACK）。成功确认之后，这个连接就被结束了。

延伸阅读：

Tannenbaum, A. S.: Computer Networks, Prentice-Hall, NJ, USA, pp. 529-539 (1996)

Postel, J.: Transmission Control Protocol (TCP), Request for Comments 793, Internet Engineering Task Force (1981)

8.3.2　TCP 的消息格式

TCP 将通过现有连接被交换的消息发送到各个数据块，也就是段（Segment）中。在把一条消息分配到各个段的过程中，即所谓的分段（Segmentation），每个具有 TCP 头的 TCP 段设置了包含控制和命令的信息，用来确保该段的一个可靠的传输。为此，在实际的数据传输开始之前，也就是说，在建立连接的过程中，在两个通信合作伙伴之间必须商定一个最大段的长度（Maximum Segment Size，MSS）。对于实际的传输，TCP 段被封装在 IP 数据报中，并且可以被碎片化，然后在被目标计算机接收之后被再次重新组合成原始的 TCP 消息。如果一个 IP 数据报没有到达目标计算机，那么相关的段不会发送一个接收确认，同时该段会开始一个新的重传。

为了避免在发送命令和控制信息的时候产生额外的开销，在分段报头中会设置用于同步（SYN）、确认（ACK）或者连接终止（FIN）的比特。这样，无论在连接框架中（SYN）还是对确认（ACK）传输数据来说，都可以同时使用有效载荷中的一个段进行传输，而不需要单独的控制消息。另一方面，这种极高的灵活性也需要一个相对较长的段头。在 TCP 情况下，这种报头占据了 20 个字节（没有额外的选项）。如果只是传输较短的消息，那么建议预定额外的报头长度，但这也会同时阻碍信息的有效交换。出于这个原因，一些应用程序只建立在了非常短的信息交换基础上。也就是说，一个有效的、但是比较不可靠的 UDP 协议上。

图 8.15 给出了一个 TCP 段的结构。该 TCP 段是由段头和段的有效载荷组成的。TCP 报头是由以下字段组成的：

- **源端口（Source Port）**：源端口是使用 16 比特字段标识的，与一个特定的应用程序相关联的 TCP 连接的起点可以启动该连接。在这种情况下，一个激活的连接框架可以是一个自由被选择的端口号（临时端口号）。在响应段下，也可以是一个众所周知的或者被注册的端口号，这种端口号被归类为特定的（服务器）应用。

- **目标端口（Destination Port）**：字段长度为 16 比特，用于目标端口，即 TCP 连接的末端。该端口用于数据的寻址。目标端口同时也关联到一个应用进程。该进程通过该连接接收传递来的数据。在一个活跃的连接框架下，会涉及一个周知的以及被注册的端口号，这个端口号显示了被寻址的服务器应用。在一个响应段中，会涉及一个自由选择的端口号，该端口号会被通知给前面已经接收到的段。

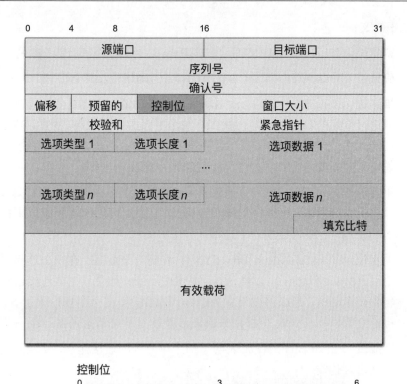

图 8.15　TCP 段的数据格式

- **序列号**（**Sequence Number**）：字段长度为 32 比特、对被发送的数据段在发送方向上进行的编号。在建立一个 TCP 连接的过程中，通信双方每次都生成一个初始序列号（Initial Segment Number, ISN）。在三次握手的过程中，该初始序列号在建立连接的过程中被交换，并且被相互确认。这样一来，该序列号对于特定的连接总是会保持唯一性。同时，该序列号在一个具有特定生命周期的 TCP 段中必须避免被重复。为此，发送方可以为已经发送的比特数递增当前序列号。

- **确认号**（**Acknowledgement number**）：在序列号的后面跟随着同样是 32 比特长度的确认号。该确认号在接收方被用于作为接收到的数据段的确认。各个接收方会对确认号进行设置，以便通知发送方，哪些被发送数据的序列号截止到目前已经被正确接收了。

- **数据偏移**（**Data Offset**）：一个长度为 4 比特的字段，也被称为报头长度（Header Length, HLEN），表明了 32 比特的 TCP 报头的长度。同时，作为偏移规范标志了传输段中实际用户数据的开始。在数据偏移字段后面跟随的是长度为 6 比特的、没有被使用的字段（预留的）。

- **控制位**（**Control Bit**）：随后跟随的 6 个控制字段确定了哪些字段在报头中是有效的，从而起到控制该连接的作用。如果这些控制位的值被设置为 1，那么具有如下含义：

- 紧急位（Urgent Bit，URG）：在 TCP 报头中激活紧急指针（参见下文）。

- 确认位（Acknowledgement Bit，ACK）：为确认号激活该字段。

- 推送位（Push Bit，PSH）：激活所谓的**推送功能**。该功能会导致在有效载荷部分进行传递的数据被立即传输到下一个更高的协议层中。因此，被发送的数据在输入缓冲区完全被填满之后，并没有被写入，而是首先将其清空。这个功能加快了数据的传输，使其尽可能快速地和可靠地运行。

- 重置位（Reset Bit，RST）：如果重置一个连接，那么通过一个特殊事件（比如计算机系统崩溃）可能使得该重置失败。因此，可以使用复原位来拒绝一个无效的序列号，或者拒绝一个连接的建立。

- 同步位（Synchronisation Bit，SYN）：表明一个连接。在一个连接请求中，总是设置SYN=1和ACK=0，以确认该字段仍然无效。如果只在该连接请求的响应中包含一个确认，那么将被设置为SYN=1和ACK=1。在一个被设置了 SYN 位的连接建立的内部，ACK 位被用来判断涉及的是一个请求还是一个对应的响应。

- 完成位（Finish Bit，FIN）：表明了一个单方面的连接建立，发送方没有更多的数据进行传输。

- **窗口大小**（**Window size**）：字段长度为 16 比特，借助滑动窗口协议被用于流量控制。接收方以此来控制发送过来的数据流。发送窗口指定了从确认号开始到接收方在自己的输入缓冲区可以接收到的字节数。如果进行发送的计算机接收到了一个 TCP 段，其发送窗口的大小为零，那么该发送计算机必须停止发送，直到重新收到一个数值为正的发送窗口大小为止。

- **校验和**（**Checksum**）：为了确保所发送的 TCP 段的较高可靠性，在 TCP 段的报头中使用了一个长度为 16 比特的校验和。该校验和是从 TCP 报头、TCP 有效载荷和所谓的**伪头**中计算得出的。其中，TCP 报头的校验和与可能包含的填充比特被假设为零。而伪头实际上并不是 TCP 段中所包含信息的一部分，而是临时从被传输的 IP 和 TCP 数据中计算得出的。在伪头的入口存在着从发送方到接收方的 IP 地址、协议号、TCP 标识符以及完整的 TCP 段的长度。伪头被用于识别任何被错放的 TCP 段，但是实际上却与协议层的想法有矛盾。因为，它包括了网络互联层的 IP 地址。

　　伪头的数据格式是根据网络协议是 IPv4 还是 IPv6 进行区分的。图 8.16 给出了在 IPv4 下描述的 TCP 伪头。根据 RFC 2640 文档，在 IPv6 下每个 128 比特长的、用于发送方和接收方的 IPv6 地址跟随的是 TCP 段的长度。同时代替 IPv4 协议规范的是 IPv6 下一个报头字段。该字段给出了被传输数据（这里是指 TCOP）的类型（参见图 8.17）。

　　为了计算校验和，所有 16 比特字段都被总结到一个补码里，并且保存这个补码的结果。如果接收方使用了其中包含的正确被传递的校验和的值进行计算得出一个新的校验和，那么在没有错误传输的情况下，该值被设置为零。

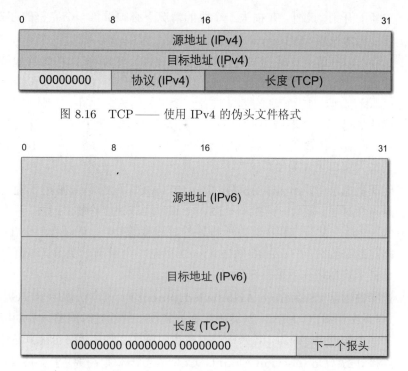

图 8.16 TCP —— 使用 IPv4 的伪头文件格式

图 8.17 TCP —— 使用 IPv6 的伪头数据格式

- **紧急指针**（**Urgent Pointer**）：TCP 协议提供了一个使用带外数据（Out-of-Band Data）的可能性。例如，在中断的情况下，该带外数据可以与常规进行发送的数据一起直接被发送到通信双方。这种带外数据应该将接收过程尽可能快地运行，否则这种数据首先会被存储在诸如输入缓冲区中。为此，这种长度为 16 比特的紧急指针被作为补偿标准，并且只有当 URG 位被设置为 1 的时候才有效。带外数据通常直接跟随在 TCP 报头之后，位于 TCP 有效载荷的开端。也就是说，只有当给出了紧急指针的字节长度后，才启动常规的用户数据。

- **选项**（**Option**）：这里给出的选项字段允许在 TCP 中集成更多的功能，这些功能并没被其余的头字段覆盖。选项字段的第一个字节确定了选项的类型（参见文档 RFC 1323 和 RFC 2018）。这些类型具有以下含义：

  - **最大段长度**（**Maximum Segment Size，MSS**）：借助于这个选项，两个通信伙伴可以在建立连接的过程中协商一个最大的段大小（参考文档 RFC 879）。其中，所使用的段的尺寸越大，TCP 报头的 20 字节开销的数据传输效率就越低。如果在建立连接的过程中没有使用这个选项，那么会默认使用一个长度为 536 字节的标准长度的有效载荷。因此，互联网中的每台计算机必须能够接收长度为（536 + 20 =）556 字节的 TCP 段。具体的传输效率取决与每次所选择的最合适的 MSS。如果所选择的 MSS 被设置的太低，那么通过 TCP 报头所引起的开销的比例就会增加。另一方面，如果所选择的 MSS 太高，将会导致网络互联层 IP 分片的增加，而且还会由于额外所必需的 IP 数据报报头而产生新的开销。此外,在损失一个段的情况下必须重传一个完整的 TCP 段。

- **窗口缩放选项(Window Scale Option,WSopt)**:通过这个选项,两个通信伙伴可以在建立连接期间进行协商,是否将长度为 16 比特的常规最大窗口尺寸设置为一个常数缩放因子。该值可以独立于各自的发送方和接收方进行协商。特别地,对于较高的带宽推荐一个更大的窗口尺寸。否则,发送方在等待确认的过程中会浪费很多时间。尤其关键的是,例如在卫星链接的建立过程中,会沿着传输段产生极高的等待时间。WSopt 的最大值为 14,其对应的新的最大窗口尺寸为 1 GB。

- **时间戳选项(Timestamp Option,TSopt)**:这个选项被用于确定网络的往返路程时间。是由时间戳值(TSval)和时间戳响应答复(TScr)两个部分组成的。通过由发送方和接收方所设置的时间戳的差异,可以为一个 TCP 段的网络往返路程时间(Round Trip Time)确定一个精确测量值。该值可以被用于计算平均网络往返路程时间。

- **选择性确认(Selective Acknowledgement)**:该方法被用于 TCP 拥塞控制(参见文档 RFC 2018),以便确保根据累积出现的超时能够只启动应该被重传的单个数据包。因为,其余的数据包虽然晚了,但是最终也能到达收件方。

- **连接计数(Connection Count,CC)**:这个选项字段用于支持 TCP 面向事务的扩展,被称为**事务 TCP**(Transaction TCP,T/TCP)(参见图 8.18)。

● **填充位(Padding Bit)**:填充位用来将 TCP 段报头的长度填充到 32 比特的字段边界。

事务传输控制协议(T/TCP)(RFC 1379,RFC 1644)

TCP 在两个通信伙伴之间建立了一个对称的传输线路。实际上,在互联网上的通信很少是对称发生的。在一个很短的请求(Request)之后跟随的是一个广泛的响应(Response)。这个被称为**交易原则**的操作方法主要发生在客户端/服务器之间的通信。例如,在使用超文本传送协议(Hypertext Transfer Protocol,HTTP)的万维网中。然而,这种通过 TCP 操作方法面向事务处理的数据传输的效率(使用三次握手的连接建立、数据传输、使用四次握手的连接建立)会由于协议开销的显著增长而降低。

为了有效地解决交易流程,T/TCP 提供了两个 TCP 扩展(参见文档 RFC 1644)。

● **连接计数(Connection Count)**:每个 TCP 段在 TCP 报头中为各个请求/响应执行一个事务计数器。该计数器被作为可选项,用来进行事务识别。

● **TCP 加速打开(TCP Accelerated Open,TAO)**:这种方法在打开一个新的连接过程中绕过了三次握手方法,并且使用了连接计数。

延伸阅读:

Braden, R.: Extending TCP for Transactions—Concepts, Request for Comments 1379, Internet Engineering Task Force (1992)

Braden, R.: T/TCP—TCP Extensions for Transactions, Functional Specification, Request for Comments 1644, Internet Engineering Task Force (1994)

图 8.18 事务传输控制协议——T/TCP

8.3.3　TCP —— 可靠性、流量控制和拥塞控制

TCP 协议的主要任务是实现对数据的可靠发送和接收。这与其他很多通信协议并没有太多的不同。但是，TCP 协议可以使用集成的滑动窗口方法，按照通信伙伴各自的性能和当前的工作量对数据传输进行调整。也就是说，可以实现通信流的自适应管理和控制。

这种形式的流量控制只对直接参与通信的伙伴有比较积极的影响。所有沿着通信连接的中间系统都超出了 TCP 协议的控制范围。对于中间系统的流量控制以及防止拥塞是从网络互联层协议的 TCP/IP 参考模型的角度完成的。而且理论上来说，这些对于传输层协议是不起作用的。然而在实践中，这些中间系统同样参与到了通信终端用户之间的数据传输。只不过，这些中间系统也同时管理着许多其他通信终端系统的数据传输。这样一来，这些中间系统可能被迫承担了高流量负载，从而影响了传输层的通信。如果这些中间系统的负载过大，那么就可能出现不能处理接收到的全部 IP 数据报的情况。那些不能被接收的数据报就会被丢弃，以便减轻负载。由于这种中间系统数据的丢失，也有可能导致位于传输层上被传输的段不能正确地传递到接收方。因此，这种接收在没有被确认的同时会激发一个新的传输（重传）。通常，一个 TCP 段是非常大的。而为了方便传输，TCP 段必须被划分成多个 IP 数据报。但是，重传会请求一个完整的段，即会造成大量的 IP 数据报的重传。通过 TCP 段的重传还会增大额外的负载，这些都会加重中间系统现有的负载。因此，为了确保一个有效的数据传输，也必须规定 TCP 方法在过载的情况下使用或者尝试从一开始就使用可以避免拥塞出现的应用程序。在 TCP 协议中，为了确保较高的可靠性所使用的最重要的方法和算法包括：

- **重传定时器、重传队列和选择性确认**：为了在 TCP 协议中确保一个可靠的数据传输，每个被传输的段必须由接收方进行确认。如果没有被确认，那么该段必须被重新进行发送（重传）。正如前面已经描述的那样，TCP 协议在原则上为每个发送的段都使用了一个时钟（重传定时器）。该时钟在相应的段被激发重传之前需要一直等待，直到在一个事前规定的时间内接收到发送确认。有关重传定时器的管理如下：

    (1) 一旦一个段需要被发送，那么该段的一个副本就会被写入到一个专门为此规定的数据结构中，即重传队列中。与此同时，一个在重传队列中用于该条目的单独重传定时器被启动。每个被发送的段也位于重传队列中。这些段根据剩余的重传定时器的各个条目的时间进行排序。此外，每个具有最短剩余时间的条目会位于重传队列的开头部分。

    (2) 如果一个位于重传队列中的段的发送确认（Acknowledgement）在其重传期满之前被接收到，那么该条目会与自己所属的定时器一起被删除。

    (3) 如果一个段的重传定时器在该段的确认被接收到之前过期了，那么就会发生所谓的超时。这时，相关的段会被自动重新发送。该段仍然保留在重传队列中，同时重传的定时器被重新启动一个预先规定的时间段。

    为了避免一个段被持续地重新发送，例如，当无法到达接收方的时候，该连接在尝试发送一个预先给定的最大发送数量之后就会被终止。然而必须指出的是，TCP 协议中的段是由接收方返回的**序列号**进行确认的。如果一个段所有被

发送的序列号都比最后一个被接收到的确认的序列号小，那么该段被视为完整接收。

图 8.19 描述了一个段从主机 A 到主机 B 的完整的接收流程。在这个示例中，第一个段的长度为 100，最后一个段的长度为 150。这 4 个段应该连续地进行发送。段 1 使用序列号 1 开始，同时段的长度为 100。因此，段 2 使用序列号 101 开始，段 3 使用序列号 201 开始，段 4 使用序列号 351 开始。主机 B 接收到前两个段，同时使用一个序列号为 201 的确认（Ack Num）对其进行确认。通过该确认，主机 A 获知，前两个段已经被成功地传递。主机 A 会将这两个字段从重传队列中删除。现在假设，段 3 在发送之后丢失了。段 4 在发送段 3 之后不久就已经发送了，并且被主机 B 接收到了。但是，段 4 并没有马上被确认，而是被复制到了接收的缓冲区内。这时，段 4 的确认还不能被执行。因为，TCP 通过段 4 的序列号的确认还不能确定，段 3 是否已经被成功地传递了。在主机 A 的重传队列中，当段 3 的重定时器期满，就会触发一个新的传输。一旦段 3 被主机 B 接收，那么之前已经被接收的段 4 就会被认为是正确接收到了。同时，确认序列号 501 确定了段 3 和段 4 的成功接收。

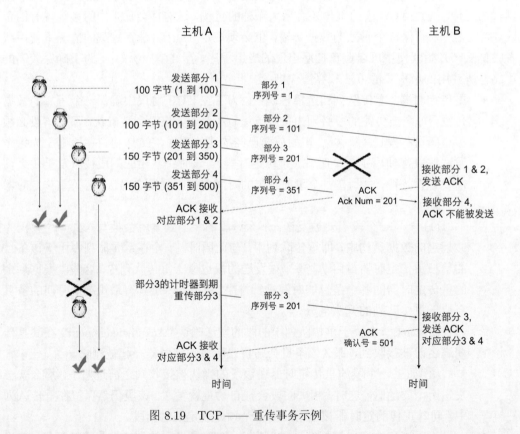

图 8.19　TCP—— 重传事务示例

如图 8.19 所示，在通过 TCP 的数据传输过程中，并不是每个部分都必须是单独进行确认的。使用在确认过程中返回的序列号（Acknowledgement Number），所有发送的、具有更小序列号的段都会被自动确认。虽然 TCP 使用这种方法对于无缝连续段非常有效，但是当这个序列被中断的时候，这种方法就不能被使用了。如果一个段，如在图 8.19 所示的丢失了，并且重发也失败了，那么在处理滑动窗口协议中就可能出现问题。因为，对于丢失段的确认失败了，并且没有更多的超出当前窗口的段可以被继续发送。此外还不清楚，随后已经被发送的消息是否被接收到了。因为，接收方没有办法将接收的情况通知给发送方。

　　TCP 为了解决这个问题提供了两种不同的策略。

- **仅对丢失段的重传**：这个策略遵循先前选择的路径，只在重传计时器到期的情况下才重新传输该段。现在假设，后面跟随的段，即那些已经被发送的段，都被正确地传输了。如果随后的段被丢失了，那么必须为这个单独的段设置一个独立的超时，并且触发一个新的传输。

- **所有剩余段的重传**：这种策略给出了一个悲观的情况，即一个段的重传计时器超时的情况下，随后已经被发送了的段也都丢失了。取代上面那种只重新传输一个被丢失段的情况，在这种情况下所有已经被发送的段都需要被重新传输。

　　一个更有效的方法将在稍后介绍的文档 RFC 1072 和 RFC 2018 中给出。在这些文档中介绍了有关原始滑动窗口协议的特殊扩展，即所谓的 "**选择性确认**"（Selective Acknowledgement，SACK）。如果使用这种方法，发送方和接收方必须在 TCP 连接建立的时候，在 TCP 段报头中通过设置和确认 SACK 允许选项进行协商。这个选项包含了已经被接收的单独区域的序列号列表，但是并不包含尚未被确认的、没有被连接的段。发送方和接收方的重传队列必须为每个被发送的段额外地管理一个标识符（SACK 位）。一旦该段从被发送回的列表（SACK 选项）接收到的序列号被选择性确认，那么该标识符就被确认了。如果现在需要重新发送一个段，那么由于该段相关联的重传定时器已经超时，因此需要额外重传该时间段上所有被发送的丢失段以及没有被设置 SACK 位的段。这就意味着，只有那些还没有被选择性确认的段才被真正地重传。

　　如上所述，在重传的过程中，当用于重传的定时器超时后，一个新的被执行重传的时间段对数据传输的效率至关重要。如果该时间段被选择的太短，那么就会触发不必要的重传。也就是说，会触发那些相关段已经被接收，只是还没有接收到对应确认的重传。同样的，如果该时间段被选择的过长，那么也会浪费时间和资源来等待那些永远不会到来的确认。理想的情况是，该时间段应该比发送方和接收方之间所选择的平均网络**往返路程时间**（Round Trip Time，RTT）稍微大一些，即一条消息从发送方到接收方，然后再被发送回来所需要的时间。但是，想要精确地测定这种时间段是比较困难的。因为，不仅要申请高速网络内部的连接，还会涉及在全球互联网内的多次转发。例如，也可能包括速度比较慢，并且容易出错的无线网络。此外，该时间段还取决于各自网络连接的当前应用负载，并且随着时间的变化也会发生变化。基于这个原因，在 TCP 上不会选择静态大小的时间段，而是使用各种不同的方法进行动态测量（自适应重传）。这样一来，TCP 可以灵活地适应不同的连接段落和不同的负载量。在文档 RFC 2988

中给出了各种不同的、用于计算重传计时器方法的详细讨论。

(1) **RTT 计算的最初实现**：RTT 在发送方和接收方之间的每次重传过程中都会有很大的波动。因此，会为每个被发送的段都进行 RTT 的测量，并且从中计算出一个加权平均值：

$$RTT_n = a \times RTT_{n-1} + (1-a) \times RTT_{akt}$$

其中，RTT_{akt} 代表当前的测量值，RTT_n 代表 n 次测量值后所得出的平均值。a 是一个平滑因子，用来确定当前测量值对所计算得出的平均值的影响。作为一个起始条件，需要假设 $RTT_0 = 2$ s。一个超时的估算为：

$$Timeout = b \times RTT_n$$

通常情况下，会选择参数为 $a = 0.9$ 和 $b = 2$。

(2) **Karn/Partridge 算法**：人们在实现最初的应用之后，已经可以伪造一个丢失段来确定网络往返路程时间的值。但是，这个值通常都被低估。因为，从该段的重发到首次从传输中收集到的、可以被测量的延迟确认接收是虚假的时间（确认歧义）。该测量出的时间段要比实际的网络往返路程时间短的多。由Phil Karn和Craig Partridge开发的算法解决了这个问题。在该算法中，只有实际上被接收方确认的段才被用于计算网络往返路程时间。此外，只有被成功发送的时间限制才会被收集，即定时器退避（Timer Backoff），以便为一个新的传输段授权足够的时间进行确认：

$$Timeout = 2 \times Timeout$$

该定时器在每次重传的时候都被增加一次，直到达到最大值。该定时器的值持续上升，直到再次接收到定期发送的段的确认和正确被测量的网络往返路程时间。因此，该定时器也可以适应网络内部数据丢失或者临时延迟所造成的更长的时间段，之后再次返回到出发点。

(3) **Jacobson/Karels 算法**：随后，Karn/Partridge 算法被Van Jacobson和Michael J. Karels进一步完善，并被命名为 Jacobson/Karels 算法。该算法通过所测量的网络往返路程时间的波动：

$$RTT_n = RTT_{n-1} + g_0 \times (RTT_{akt} - RTT_{n-1})$$

使用 $g_0 = 0.125$ 进行加权。此外，通过辅助 Delta 调整超时的计算：

$$Delta = Delta + g_1 \times (RTT_{akt} - RTT_n)$$

其中，$g_1 = 0.25$。因此，新的时间限制为：

$$Timeout = p \times RTT_n + q \times Delta$$

其中，两个参数 p 和 q 选取的是经验值 $p = 1$ 和 $q = 4$。

- **拥塞窗口大小**（**Congestion Window Size**）：在滑动窗口协议中，窗口的尺寸（拥塞窗口）可以接收到每个没有被确认的数据集合，因而也可以控制网络的流量。其中，人们必须区分发送的数据传递到接收方的速度和该数据从接收方的缓存被继续转发到另外一个应用程序所需要的时间。这里的缓存被称为**拥塞窗口**（Congestion Window）。如果数据被传递的速度过快，就会使得拥塞窗口不能及时地对数据进行处理和删除，进而出现溢出的危险，从而导致数据的丢失。因此，也必须控制网络的流量和一个最有效的数据传输效率，使得拥塞窗口的大小适用于网络中各种负载情况。

为了解决这个问题，一方面不仅需要对成功接收的段使用一个确认，也需要将当前拥塞窗口仍然可用的剩余值返回给发送方，以防止发送方一开始就发送太多的数据，使得接收方不能及时地对其进行处理。当发送速率大于可以对接收到的数据做进一步处理的时候，拥塞窗口的剩余的值就会被减小。如果剩余的值减小到为零，那么该拥塞窗口就被称为"被关闭的拥塞窗口"。这时，发送会停止继续发送数据，直到窗口的剩余值被再次增加。

在这种情况下会出现的问题是，接收方曾经被告知的、当时还是闲置的窗口大小值会通过接收方内部的管理措施而受到影响，进而拥塞窗口的窗口大小不得不被缩小。这时，发送方就会发送一个过大的窗口尺寸。而在这样的情况，被传递的数据不能完整地写入这个窗口中。这时，导致的数据丢失就会马上触发重传。TCP 解决这个问题时，是通过禁止操作系统减小拥塞窗口大小的办法来实现的。

如果拥塞窗口在接收方被关闭，那么会出现另外一个问题，即剩余的窗口大小由于大量的到达数据或者较高的处理负荷而被设置为零。这时，发送方就不能进一步发送数据，直到接收方的窗口大小通过另一个确认被再次设置为一个正值。然而，这个确认在数据的传输过程中可能会出现丢失情况，这样一来发送方就不会接收到再次发送的命令。为了避免这种情况，TCP 在一个封闭拥塞窗口期间为发送方的发送提供了一个样品段。该样品段可以使接收方将接收确认和当前空窗大小一起发送回发送方。

- **傻窗口综合症**（Silly Window Syndrome, SWS）：傻窗口综合症是指在早期的 TCP 应用中经常出现的情况：即接收方不断传递只是一个极小的可用窗口更新段，随后发送方也每次都发送一个极小的段（参见图 8.20）。这种情况主要发生在当前窗口大小被耗尽的时候，即窗口数值达到了零，随后第一个更新窗口段过早地被通知，并且传递回发送方。这种情况在一个快速连接中会导致窗口更新段的值总是在零值附近震荡，从而使得可用的传输段不能被充分使用。这种现象出现在滑动窗口协议中，该协议的应用是这种行为产生的原因，而这种现象也被嘲讽为"愚笨窗口综合症"。

  通常，TCP 中的段大小是通过最大段的尺寸参数（MSS）控制的。但是，这种段尺寸的最大值会对基础网络层造成很多不必要的碎片，从而导致额外的开销。而用于保持在报头的控制信息和被传输的有效载荷之间关系效率的最小段尺寸却无法被确定。

  因此，启发式技术在接收端提供了一个关于可用窗口大小的反馈。该反馈只

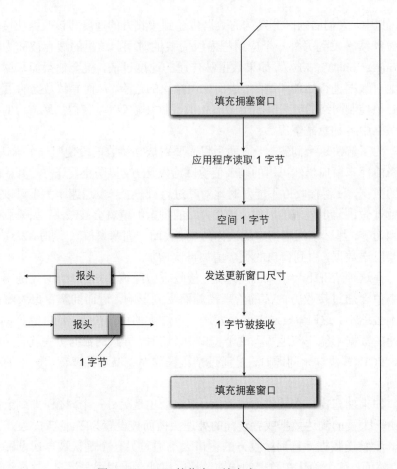

图 8.20   TCP 的傻窗口综合症

有在窗口大小达到零值之后才会发生，如果这个窗口的值至少为最大窗口值的 50%。相反会关注一个现有的连接，在发送方还未收到确认时，位于缓冲区的待发送的数据会被一直保留，直到接收到一个带有对应窗口大小的新确认的时候，或者至少一个段被发送后，余下的最大窗口大小没有被完全耗尽时。

- **Nagle 算法**：就像治愈傻窗口综合症一样，John Nagle开发了一个以自己名字命名的 Nagle 算法。这个在文档 RFC 896中给出了详细描述的算法针对的是数据传输以及被发送的报头消息和有效载荷比率的开销。有时，被传递的 TCP 段只有很短的长度。这样，位于报头的控制和命令信息所造成的开销就会占用整个通信中主要的比例。为了避免或者限制这种情况，一个段的确认会被尽量地延迟发送，以便可以和一个用户数据，或者和另外一个确认一起发送。为此，Nagle 算法收集了所有的用户数据以及接下来的确认，然后将这些作为一个单独的段进行发送。
- **拥塞避免算法**（Congestion Avoidance Algorithm）：TCP 通过丢失的段的数量来确定网络的过载。这里，当一个段的确认在一个规定的期限内没有到达的时候，这个段就被确定为已经丢失了。过载是指实际的数据丢失已经出现在了

TCP/IP 参考模型的网络互联层。如果在网络中被作为中间系统的路由器不再能应付实际的流量负载，那么输入缓冲区会溢出，输入的数据报就会被丢弃。如果一个 TCP 段由于过载而引发的数据丢失被重新传输，那么会更加加剧网络的负载。相反，在一个有必要被碎片化的 IP 分片中，如果只是其中一个数据报的丢失而触发了整个系列的 IP 数据报的重传，那么网络的负载会被加重（拥塞崩溃）。出于这个原因，必须在传输层识别过载的情况，并且在适当的情况下，通过对应的机制再次结束过载情况，或者避免其发生。这些机制被详细规定在了文档 RFC 2001 中。

如果出现大量的段丢失，那么现存的过载网络会被关闭，同时会对应降低发送的数据速率，以此防治由于不断重复发送丢失了的段而使得原本就已经过载的情况进一步恶化。拥塞避免算法为此提供了一个快速降低发送数据速率的可能性，然后该速率会在各个步骤中再次被缓慢地增加（参见慢启动算法）。

- **慢启动算法**（**Slow-Start Algorithm**）：为了更好地适应窗口的大小，TCP 在启动一个链接的时候使用了一个小的窗口大小（通常是一个段，即 536 字节）。该段是在传输过程中逐渐被增加的，直到所发送的段的速率和对应确认的速度持平。这种增加是按照指数增长进行的，并且只有当一个段的丢失通过一个规定的等待时间被触发了溢出确认时才被设置。这时就说明，拥塞避免算法已经被触发。

8.4　网络地址转换（NAT）

在新的 IPv6 协议被全面引进之前，为了继续使用 IPv4 协议，需要寻找一个过渡技术。该技术应该能够容忍 IPv4 地址普遍不足的问题，实现操作比现有的 IPv4 地址分配更多的设备和更大网络的能力。**网络地址转换**（Network Address Translation，NAT）技术实现了通过在专用 IPv4 地址空间下使用少数公共 IPv4 地址来操作和动态管理公共网络中的大量计算机。其中，使用 NAT 技术的网络中的相关设备仍然可以通过互联网公开访问到。虽然这些设备并没有提供自己的公共 IP 地址，只是通过一个对应的 NAT 网关和借助基于 TCP/IP 参考模型的传输层上的技术就可以被寻址。同时，这种技术还提供了防止来自互联网的恶意攻击的保护。因为，通过 NAT 与互联网终端设备的结合不能从互联网直接被寻址。

在本节中，首先会给出 NAT 技术的功能和任务，然后再详细地描述这些应用程序的优缺点。

8.4.1　NAT 的功能和任务

对 NAT 技术的开发主要是为了应对 IPv4 地址空间缺乏的问题。虽然也曾设想过将 NAT 技术与 IPv6 结合进行操作，但是 IPv6 根本就不需要该技术。因为在 IPv6 协议下，各个终端都可以被分配一个或者多个专有的、永久的 IPv6 地址。

在 20 世纪 90 年代，IPv4 地址空间有限的问题凸显了出来。互联网工程任务组（Internet Engineering Task Force，IETF）开始着手解决这个问题，并且建议将其称为网络地址转换（非正式）标准[1]。该标准中除了 IPv4 寻址问题外，还包含了一系列其他的问题。

- **申请 IPv4 地址空间的成本**：一个公司申请一个较大的、连续的地址空间需要的费用通常要比申请几个小的地址空间的费用更高。因此，为了节约宝贵的地址空间，同时降低地址分配的成本，出现了 NAT 技术。
- **互联网安全问题**：20 世纪 90 年代，随着互联网的普及，互联网中的犯罪活动的数量也随之增长。一个公司中链接到互联网上的计算机越多，其中一台计算机被恶意攻击的风险就越大。

出于这个原因，给出的解决方案是：让公司内部直接与互联网连接的计算机数量尽可能地少，从而确保其他计算机隐藏在一个安全的网关（防火墙）后面，只能间接访问互联网。这种想法很容易实现，因为公司内大部分计算机没有对外提供服务器的服务功能，只是将互联网中提供的服务器服务作为客户端进行使用。因此，通信大多是由公司计算机向互联网方向发起的，并且不可逆。从中可以看出，这些计算机的直接可寻址性是次要的。此外，公司网络内部所有计算机同时访问互联网的概率是非常低的。通常情况下，对互联网的访问是面向事务的。也就是说，被检索的信息在下一次访问之前，必须首先在本地计算机上被读取或者做进一步处理。因此，中央互联网网关中出现额外的潜在瓶颈的风险率非常低。通常，在一个直接连接到互联网的数据通信情况下运行着一个（或者几个）特殊的公司路由器。这些路由器被作为中央通信点控制和调节着企业范围内部与互联网的通信。

在公司网络中，NAT 使用的是基于所谓的私有 IPv4 地址范围。这个地址范围一般是不会路由到互联网上的，也就是说，地址范围不会通过互联网路由器被转发，也不会被互联网上其他所有私人用户使用。此外，企业网络具有一个或者多个所谓的 NAT 路由器。这些路由器被直接与互联网相连，并且接管企业网络的管理和其中所使用到的 IPv4 地址空间。在表 8.5 中给出了专用 IPv4 的地址空间。对于 NAT 来说，大部分是以 **10.0.0.0** 开始地址转换的。

表 8.5　专用 IPv4 地址空间

开始	结束	数量
10.0.0.0	10.255.255.255/8	16777216
172.16.0.0	172.31.255.255/12	1048576
192.168.0.0	192.168.255.255/16	65536

如今，NAT 路由器负责公共互联网和私有企业网络之间的中间交换。其中，IP 数据报不仅被转发，而且还被内部结构进行了干预，即被转换了。也就是说，IPv4 地址被转换成一个内部专用的地址。图 8.21 显示了一个基于 NAT 的企业网络结构示意图，以及与全球互联网的连接。

---

[1]NAT 在文档 RFC 1631 中被规定为非正式标准。也就是说，从技术上讲，该标准在 NAT 中并不是一个正式的互联网标准。

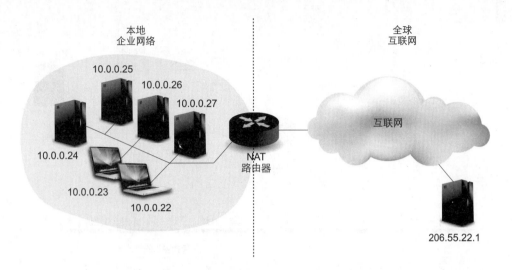

图 8.21　网络地址转换（NAT）及其函数概述

一般来说，NAT 被划分为以下地址类型：

- **内部和外部地址**：使用 NAT 的私有企业网络内部，每台具有网络兼容的设备都具有一个内部的地址（**Inside Address**）。位于本地企业网络外部的全球互联网中的每台具有网络兼容能力的设备都可以通过一个外部地址访问到（**Outside Address**）。

- **本地和全球地址**：根据具有网络兼容能力的设备在哪些区域（本地企业网络或者全球互联网）被寻址，地址又被区分为本地地址和全球地址。那些使用在私有企业网络的 IPv4 数据包中的地址被称为本地地址（**Local Address**）。这些地址不仅可以是内部地址，也可以是外部地址。与此相反的是，所有在全球互联网的 IPv4 数据报中被使用的地址，即在私有企业网络外部被使用的地址称为全球地址（**Global Address**）。同样，这种全球地址也可以是内部地址或者外部地址。

在专用企业网络内部，通常只使用本地地址，而不管所发送的数据报是到本地企业网络内部的接收方，还是送往位于全球互联网中的接收方。而在专用企业网络外部是不允许使用本地地址的。因此，划分出了 4 种不同的地址类型（也可以参见图 8.22）：

- **内部本地地址**（**Inside Local Address**）：是指在专用企业网络内的一个具有网络功能的设备，该设备在本地网络内部被寻址。

- **内部全球地址**（**Inside Global Address**）：是指一个全球的、具有路由功能的 IPv4 地址。该地址代表了专用企业网络内部具有网络功能的设备。通常情况下，在 NAT 中具有网络功能的设备的地址是由 NAT 路由器在内部重新分配的、并由全局 IPv4 地址标识的。

- **外部全球地址**（**Outside Global Address**）：指示了一个全局的、具有路由功能的 IPv4 地址。该地址在全球互联网中标识为一个具有网络功能的设备。

- **外部本地地址**（**Outside Local Address**）：在 NAT 中，从设备的角度看表示了全球互联网的一台具有网络功能的设备。这些地址与外部全球地址相同。

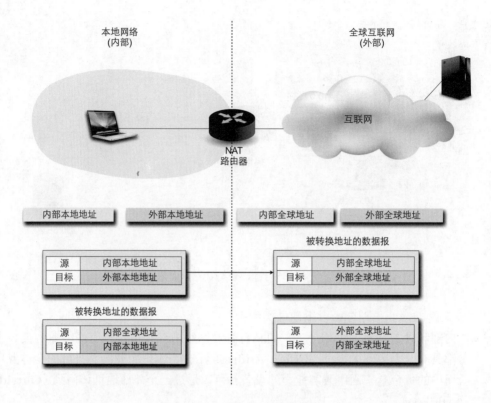

图 8.22   NAT 中的地址类型

    NAT 路由器为企业、专用网络和全球互联网之间的数据流进行 IPv4 地址条目的转换。因此，这种 NAT 路由器含有一个专用的地址转换表格。该表格将内部网络设备的内部本地地址对应于内部全球地址，使得内部网络设备可以与全球互联网通信。如果需要，还可以将外部全球地址映射到外部本地地址。这种地址的映射可以是静态的、也可以是动态的。在一个静态地址映射中（Static Mapping），全球和本地地址之间的关系分配是永久的，不能再改变。在一个动态地址映射中（Dynamic Mapping），一旦有需求，NAT 路由器可以自动进行地址的分配。这里，NAT 通过一个事先给出的集合提供内部全球地址。只要一台内部设备在进行通信时有需求，就会从这个集合中进行地址的选择和分配。随后，该内部全球地址被再次释放，并且可以被其他网络设备使用。

8.4.2   NAT 的用途

    在文档 RFC 1631 定义 NAT 技术的过程中，最初的想法是，通过分配一个或者多个 IPv4 地址，并且共享这些地址，来实现专用网络内部的网络设备可以访问全球互联网的功能。当时假设，内部网络设备可以查询全球互联网中计算机的主要业务和服务。也就是说，通信链路可以延伸到位于专用网络中的网络设备。因此，NAT 的传统变体也称为**单向 NAT**（也称为传统 NAT、出站 NAT）。图 8.23 使用一个简单的例子描述了单向 NAT 的操作。

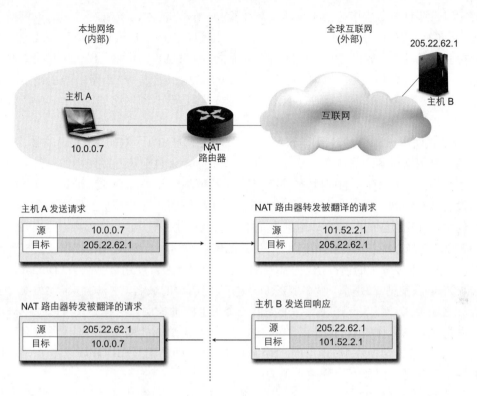

图 8.23 单向 NAT

这个示例中假设，一台内部网络设备通过一个内部地址10.0.0.0使用如下方式寻址：一台具有内部本地地址10.0.0.7的内部计算机（主机 A）希望访问位于全球互联网内的一台具有外部全球 IPv4 地址205.55.62.1的计算机（主机 B）。位于专用网络中的相关 NAT 路由器提供了一个具有全球 IPv4 地址的地址池，该地址池是被动态管理的。

(1) 这台内部计算机发送一个请求到 NAT 路由器。其中，发送的 IPv4 数据报包括了发送方的内部本地地址10.0.0.7和接收方的外部本地地址205.22.62.1。

(2) 该 NAT 路由器将被识别为内部本地地址的发送方地址10.0.0.7转换为其全球地址池的空闲地址，例如，101.52.2.1，同时继续转发该 IPv4 数据报到全球互联网。该接收方地址在单向 NAT 中没有被转换，也就是说，外部本地地址与外部全球地址相同，都为205.22.62.1。同时，该 NAT 路由器将该地址映射写入到自己的地址转换表中。

(3) 接收方处理接收到的 IPv4 数据报，但是不能确定，该数据报是否来自一个 NAT 网络。因此，发送方地址101.52.2.1被视为普通的 IPv4 地址，并且给出响应。被返回的 IPv4 数据报包含了发送地址（外部全球地址）205.22.62.1和接收方地址（内部全球地址）101.52.2.1。

(4) 专用网络的 NAT 路由器接收到用于自己网络特定的 IPv4 数据报后，使用位于自己地址转换表格中的内部对应的条目，即接收方地址（内部全球地址）替换为内部本地地址10.0.0.7。随后该数据报被继续转发到原始发送方。

在这个举例中，NAT 路由器不仅需要转换涉及的地址，而且必须将接收到的 IPv4 数据报做进一步地修改。这包括了重新计算校验和,不仅是 IPv4 数据报中的,也包括了被传递的 TCP 或者 UDP 报头中的报头校验和。因为,在地址转换过程中所涉及的地址改变了校验和的计算。如果一个专用网络可以提供多个 NAT 路由器,那么这些路由器必须使用同一个地址转换表格。例如,如果一个 IPv4 数据报通过 NAT 路由器 1 被发送到全球互联网中,而返回的响应是通过 NAT 路由器 2 到达该专用网络的,那么其中所含有的内部全球地址必须被转换回正确的内部本地地址。

NAT 的另外一种变体是**双向 NAT**(也称为入站 NAT)。双向 NAT 说的是,专用网络中的一台网络设备应该从全球互联网中寻址。而且,来自全球互联网中的通信可以进入到专用网络中。这里存在的问题是,虽然来自专用网络中的外部全球地址对于互联网内的网络设备是已知的,但是反过来,来自外部的专用网络的一台计算机的地址却是不能直接预见的。同时其对应的内部全球地址也是未知的,因为这些是由 NAT 路由器来管理的。

在 NAT 静态地址分配的情况下,网络设备内部本地/全球地址也可以被授权为全球已知。在动态地址分配的情况下,内部 NAT 的地址解析通常使用域名服务(Domain Name Service),可以参见 9.2.1 节。域名服务(DNS)会将所谓的域名(主机名)转换为 IP 地址。借助域名的使用,可以为互联网寻址提供一个附加的抽象层。这样不仅可以使用分级结构帮助记忆难以记住的 IP 地址,更重要的是可以给出清晰的网络解释。这些域名是由专门的 DNS 服务器转换成 IP 地址的。NAT 和 DNS 之间的相互作用被规范在了文档 RFC 2694 中,并且是按照如下过程被实现的:

(1) 主机 B(205.22.62.1)从全球互联网中发送了一个请求到主机 A。而主机 A 位于一个本地的、专用网络中。这里,主机 B 使用了主机 A 的域名,例如,hostA.private.net。为此,这个 DNS 请求首先被发送到了相关的 DNS 服务器上,以便将该域名转换成一个有效的 IP 地址。

(2) 相关的 DNS 服务器接收到该 DNS 请求后,会将其转换为专用网络的一个内部本地地址(10.0.0.7),该地址对应于发送目标的域名。

(3) 这个内部本地地址(10.0.0.7)被直接转发到了能将其转换为内部全球地址的 NAT 路由器。这里,该 NAT 路由器会从本地池中挑选一个全球 IPv4 地址,然后为其分配地址(例如,101.52.2.1),并且将其输入到内部地址转换表格中。这个内部全局地址被转发回 DNS 服务器。

(4) DNS 服务器将从 NAT 路由器接收到的内部全球地址(101.52.2.1)继续转发到被请求的主机 B。这时,主机 B 就可以使用该地址直接与主机 A 进行通信了。

在一个通信可以开始之前,来自外部请求的计算机必须获知位于私有网络中的这台计算机的内部全球地址。为此,不仅可以使用静态分配内部全球 NAT 地址,也可以通过一个 DNS 请求来动态给出一个内部全球地址。如果该内部全球地址已知,那么通过 NAT 的通信如下(参见图 8.24):

- 主机 B 向 NAT 路由器发送一个请求。该请求中包含了作为接收方的地址,即主机 A 的内部本地地址(101.52.2.1)和作为发送方地址,即主机 B 自己的外部全球地址(205.22.62.1)。发送的 IPv4 数据报被继续转发到 NAT 网络主管的本地路由器,即通常为 NAT 路由器。

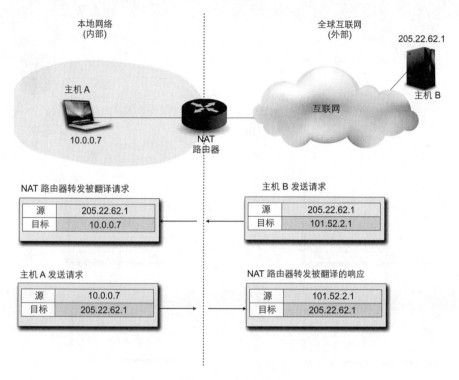

图 8.24 双向 NAT

- NAT 路由器将接收方地址转换成一个内部本地地址（`10.0.0.7`）。
- 主机 A 接收到 IPv4 数据报后，会马上生成一个响应，并且将其发送回该外部本地地址（`205.22.62.1`）。这时，该 IPv4 数据报会被首先转发到 NAT 路由器。
- 该 NAT 路由器将发送方地址，即内部本地地址`10.0.0.7`替换成相关的外部本地地址（`101.52.2.1`），并且将该 IPv4 数据报转发给指定的接收方，即外部全球地址`205.22.62.1`。

NAT 技术的基础是，一个或者多个现有的全球 IPv4 地址被映射到一个专用 IPv4 地址的较大集合上。然而，这种方法如前所述，存在着一个严重的缺点：如果所有现有的内部全球 IPv4 地址被耗尽了，这就意味着，在实际应用中，在另一个通信被结束之前，来自专用网络中的其他网络设备不能进行通信了。为了克服这个缺点，NAT 使用了由传输层协议提供的地址端口。该端口实现了通过相同的网络设备进行多个通信的链接，也就是说，使用相同的 IP 地址进行通信。端口号连同 IP 地址组成了一个所谓的套接字（Socket）。该套接字唯一标识了互联网中的通信链接。在 NAT 中，基于套接字的通信称为内部全球地址的重载（Overloaded NAT）或者**网络地址端口转换**（Network Address Port Translation，NAPT）。这种方式使得 NAT 具有了更大的灵活性，同时允许其通过一个单独的内部全球 IPv4 地址管理数以千计的端口号。当然，成本及复杂性也相应地增加了。NAT 也会由 TCP/IP 参考模型的网络互联层上升到传输层。在 NAPT 中的通信本身的流程与在 NAT 中的方式是相同的，只是除了 IP 地址的转换还必须在 NAT 路由器上转换相应的端口号（参见图 8.25）。

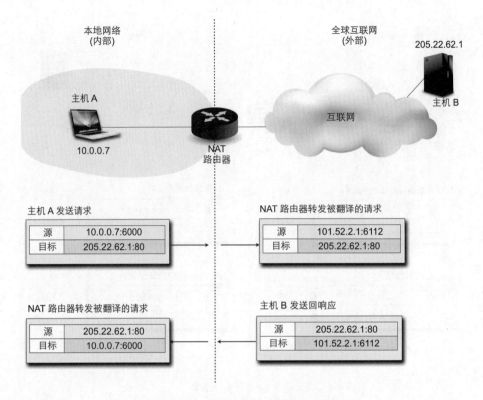

图 8.25　网络地址端口转换 NAPT

- 主机 A 发送一个请求到主机 B。主机 A 使用了自己的内部本地地址10.0.0.7和发送端口6000。到主机 B 的请求应该被发送到万维网的服务器上（也就是说，端口号为80）。这个请求首先被转发到了内部 NAT 路由器中。
- 专用网络的 NAT 路由器将该内部本地地址和发送端口10.0.0.7:6000转换为内部全球地址和新的发送端口101.52.2.1:6112。这个地址分配记录在 NAT 路由器的地址转换表格中。然后，IPv4 数据报转发到接收方（205.22.62.1:80）。
- 主机 B 接收到了该请求，对其进行处理，然后发送回一个响应。IPv4 数据报的发送地址为205.22.62.1:80，接收地址为101.52.2.1:6112（内部全球地址）。
- 专用网络的 NAT 路由器接收到该 IPv4 数据报，然后将其接收方地址和接收方端口号根据自己地址转换表格中的条目转换成相应的内部本地地址（10.0.0.7:6000）。

虽然 NAT 以及 NAPT 实现了克服 IPv4 地址资源稀缺的问题，即使用了专用 IPv4 地址空间与长度为 16 比特的端口号组合，但是这种组合也存在问题。假设，两个网络使用了具有相同的或有重叠的私有地址范围。如果这些网络被连接到了一起，例如，公司的关联，那么在地址转换的过程中就有可能出现问题。同样，在本地和全球地址范围的重叠通常也会出现问题。因为，NAT 路由器无法了解到接收方的地址是在自己的本地网络中，还是在外网中。为了解决这种情况，不仅可以通过由 NAT 路由器单独转换发送地址或者接收地址的方法，也可以同时对两个地址进行转换。也就是说，在这种情况下，外部全球地址和外部本地地址与以前的是不同的。基于这个原因，这个方法也称为**重叠 NAT**或者**两次 NAT**。其中，在 NAT 路由器的本地地址转换表中不仅要记录来自自己专用网络的网络设备的地址转换，也要记录来自其他网络的、与自己地址范围重叠的地址转换。因此，与双向 NAT 情况类似的是，DNS 也需要这种双向作用。

如果使用 NAT，那么 NAT 并不为所有网络设备工作。因此，这种接触是完全透明的。除了在 TCP/IP 参考模型的网络互联层的地址转换和只涉及实际应用的互联网协议（IP），通过 NAT 的地址转换还会涉及其他一整个系列的协议。因此，NAT 路由器不仅要考虑到网络互联层，而且还要考虑到其他涉及 NAT 的相关协议和协议层。例如：

- **TCP 和 UDP**：IP 地址一旦改变，就要改变对应的 IP 数据报报头。也就是说，必须为该 IP 数据报计算一个新的校验和。位于传输层的 TCP 和 UPD 同样要通过一个所谓的伪报头计算一个校验和，该伪报头涉及了发送方和接收方的 IP 地址。因此，TCP 和 UDP 位于传输层的校验和同样必须被重新计算。

- **ICMP 消息**：互联网控制报文协议（Internet Control Message Protocol，ICMP）是互联网协议的辅助协议，承担着大量协商和控制任务。其中，IP 地址经常作为参数包含在 ICMP 消息中。例如，当涉及无法访问的 IP 地址（目的地不可达）的传输时。这些 IP 地址也必须被 NAT 路由器考虑。

- **嵌入 IP 地址的互联网应用**：同样，ICMP 的一些本身的互联网应用也使用 IP 地址作为参数，这些参数随着被交换的消息进行传输。例如，文件传输协议（FTP）将地址和端口信息作为被交换的 FTP 消息中的明文进行发送。为了这些应用在 NAT 中也可以被操作，NAT 路由器必须可以识别和处理这些地址信息。这里，如果在这些 IP 地址中所使用的符号的数量发生了改变，即地址作为文本进行传递，而不是二进制的格式，那么也就改变了被传递的有效载荷的大小。这会对被交换的 TCP 段和其序列号产生额外的影响。

- **IPSec 问题**：如果想使用 IPSec 协议（Internet Protocol Security，互联网安全协议）进行安全的数据传输，那么不仅需要在 IPSec 身份验证的报头，也要在 IPSec 封装安全负载报头上进行完整性检查。这个检查是从被传输的内容中计算得出的。如果现在为了 TCP 或者 UDP 来改变 NAT 的校验和的值，那么被传递的内容也被改变了。同时，通过 IPSec 的完整性检查也是失败的。因此不能确定，被传输的内容是否被未经授权的第三方修改过。这就意味着，NAT 不能与 IPSec 一起被安全地操作。

8.4.3 NAT 的优缺点

NAT 技术自开发以来不断地被扩展，如今已经成为许多公司在企业网络和全球互联网之间必不可少的环节。一个单个的 IPv4 地址借助于基于端口的 NAT（NAPT）技术，可以被大量的、具有网络功能的终端设备同时使用，以便访问互联网。同时，双向 NAT 技术支持虚拟专用网络的建立。通过地址的转换，不仅可以进入到专用的 NAT 网络中，还可以实现传出数据报功能。凭借着新的移动终端设备，即具有网络功能的消费类电子产品以及传感器网络，互联网的使用数量开始逐步增长。但是，这种增长产生了对新的 IP 地址的无休止的需求。而这种需求并不能被现有的 IPv4 地址空间所满足，即使 NAT 被设置为倍频技术。尽管 NAT 提供了许多优点，但是这些优点同时也伴随着严重的缺点。

NAT 技术的主要优点在于：

- 大量具有网络功能的终端设备可以相互分享一个或者多个公用的 IPv4 地址。这样不仅节省了成本，还节省了宝贵的 IPv4 地址空间。
- 相比较于在同一时间与全球互联网相连的公用网络，NAT 实现了网络管理员对企业专用网络更为有效和更为全面的管理。
- NAT 使得企业更加容易地更替互联网服务供应商（Internet Service Provider, ISP）。因为，通常在改变供应商的时候，必须提供一个具有新的 IPv4 地址分布的完整公共企业网络构图。而使用 NAT，专用企业网络中具有的组织结构和私有地址空间可以被保留，只有通过 NAT 与全球互联网进行通信的公用 IPv4 地址被改变。
- NAT 技术允许企业网络简单地增长。因为，新的网络设备可以在当前的专用地址空间中简单地寻址，而不需要新的公用 IPv4 地址或者完整的 IPv4 网络。
- NAT 技术一个比较重要的优点是，伴随着 NAT 的建立，通信安全性有了很大提高。NAT 路由器同时也可以作为一个企业的防火墙，这样专用企业网络就可以集中对抗外部的攻击，以确保内部通信的安全。在使用 NAT 的过程中，一个恶意攻击在攻击位于专用网络的终端设备会变得更加困难。
- 在改变 NAT 的（公共）IPv4 网络配置的时候，修改成本通常只与相关企业 NAT 的路由器的配置有关。而专用企业网络中的其余计算机并不受影响。

除了上述的优点，在企业中使用 NAT 也存在着明显的缺点：

- 作为额外的网络技术，建立 NAT 意味着额外的配置和管理。
- 企业网络的 NAT 中的网络设备并不再提供自有的、真实的 IPv4 地址。因此，并不能预先设置统一的通信和网络应用。例如，涉及的一个安全的终端对终端的通信，可以通过 IPSec 实现。
- 在 NAT 中的其他兼容性问题会出现在互联网应用和协议进行地址转换之后。这些协议和应用使用原始的（真实的）IP 地址，以便提供附加功能。例如在这种情况下，对于 IP、TCP 和 UDP 所必需的重新计算校验和，以及在互联网应用，如文件传输协议（FTP）中所使用的互联网地址被作为文本进行传递，并且通过地址的转换产生有问题的、被传输数据集的改变。
- 安全功能（例如，确保被传递数据像 IPSec 规定的那样的数据完整性）在 NAT 情况下并不能给出保证。因为通过地址的转换，被传递的数据报内容被改变了，而这种改变却不能与通过恶意攻击所受到的改变区别开来。
- 尽管 NAT 一方面增加了从外部攻击专用网络中计算机的难度，但是也正是这种困难度，增加了所谓的对等（peer-to-peer, P2P）网络应用的难度，甚至不能在 NAT 内部直接使用一个网络设备。
- 除了通过 NAT 产生的额外复杂度，在专用网络和全球互联网之间的地址转换也需要更多的时间。因为，除了地址转换，还需要额外计算被传递的数据报的不同部分的校验和。

从长远来看，IPv6 网络技术会全面取代 NAT 技术。因为，NAT 技术对于在有限地址空间进行倍频的主要优势在 IPv6 下所提供的庞大的地址空间面前就变得毫无意义了。但是，也有越来越多的声音鉴于 NAT 的其他优点倡导在 IPv6 下保存 NAT 技术。

8.5　传输层上的安全性

在使用了 IPSec 的网络互联层提供了专有安全的通信协议的同时，在 TCP/IP 参考模型的传输层中最初并没有专门的安全传输协议。这些协议在大多数情况下并不是必要的，因为在 IPSec 中已经给出了一个安全的通信协议。希望通过网络互联层进行安全通信的那些应用必须能够使用这些通信协议。为了传输层的安全性，人们选择了另外一种办法，即舍弃只使用一个单独协议的方法。网络应用程序可以通过一个安全传递的基础设施进行通信。而这些设施被视为在 TCP/IP 参考模型的传输层和应用层之间的中间层。

为了实现数据可以通过万维网（WWW）进行安全传递，作为第一个万维网浏览器厂商，Netscape 公司开发了自己的安全传输基础设施：**基于安全套接字层的 HTTP**（HTTP over Secure Socket Layer，HTTPS）协议。通过在 TCP/IP 参考模型中位于应用层的万维网协议 HTTP（超文本传送协议）和其下的传输协议 TCP 之间附加一个用于负责安全传递的协议层，以便实现安全传输的基础设施。接管此任务的安全套接字层（Secure Socket Layer，SSL）和传输层安全协议（Transport Layer Security，TLS）将在下个章节中给出介绍。

传输层安全协议和安全套接字层（TLS/SSL）

一个选择用于通过互联网提供一个安全的传递基础设施的协议架构的优势在于，它们可以被任何通信协议和应用所使用。这些通信协议和应用在 TCP/IP 参考模型的更高层的协议层被规范，而且不需要进行修改。**安全套接字层**（Secure Socket Layer，SSL）最初是由 Netscape 公司在 1994 年设计的，到了 1996 年已经开发到了版本 SSLv3。在 SSL 设计期间，既没有涉及互联网协议 IPv4（那时，IPSec 还没有出台），TCP 也没有自己的用于安全通信的机制。因此，开发者决定扩展现有的 TCP 套接字接口来对应加密组件。作为互联网标准被记录在文档 RFC 2246 中的传输层安全协议（Transport Layer Security，TLS）是在 SSLv3 的基础上于 1999 年发布的。该协议使用 TLS 1.1（RFC 4346）和 TLS 1.2（RFC 5246）版本扩展了标准 2006 以及标准 2008 的额外功能。

TLS/SSL 的工作是透明的。这样一来，没有自己的安全机制的协议和服务就可以通过这种安全的链接进行通信。例如，FTP、IMAP 或者 TELNET（参见图 8.26）。

SSL 的名字来源于 TCP/IP 协议的编程接口，即所谓的套接字。但是，SSL 没有定义一个固定的程序接口，而只定义了一个真实的可靠协议。因此，具有不同程序接口和出发点的不同应用可以出现在应用程序中更高的协议层中。

从 TLS/SSL 发展的历史可以看出，这两个协议主要和可靠的 TCP 协议一起被使用。当然，也可以用于面向数据报传输协议的应用。例如，UDP 或者数据报拥塞控制协议（Datagram Congestion Control Protocol，DCCP）。TLS/SSL 的这些版本在文档 RFC 4347 中被单独标准化为**数据报传输层安全**（Datagram Transport Layer Security，DTLS）。特别

图 8.26 层模型上的通信协议——TLS/SSL

地，DTLS 可以与基于 IP 的语音电话（VoIP）联系到一起使用，该电话是通过网络进行通话的。VoIP 数据是通过 UDP，而不是 TCP 被传递的。因为，这里的通信是在实时条件下进行的，并且传输的错误以及数据的丢失都可以在某种程度内被接受。相反，TLS/SSL 并不适合这种应用场景。因为，在数据丢失的情况下用于认证所使用的加密方法并不能被处理。

通过 TLS/SSL 进行的安全通信为双方通信伙伴提供了保护，以防止所传递的信息被窃听和擅自修改。

- **确保专用链接**：在开始握手程序商定密钥之后，被传递的数据都使用了一个对称密码方法进行了加密。
- **认证**：最早对被加密的消息进行可靠识别是通过公共加密方法（公共密钥加密、非对称加密）实现的。
- **确保可靠的链接**：通过所谓的**消息鉴别码**（Message Authentication Code，MAC），即密码校验和来检查被传输数据的完整性。

在 TLS/SSL 的发展过程中，位于前期的开发主要是**互操作性**。因为，程序员希望彼此独立地进行应用程序地开发，这些程序被使用在 TLS/SSL 上，并且彼此相互作用，而不需要了解各个应用程序的源代码。TLS/SSL 还额外提供了易于集成更多新的加密方法的可能性，使得该技术具有高度的**灵活性**和**可扩展性**。由于加密方法通常需要非常多的计算工作量，因此，在 TLS/SSL 的开发过程中，特别强调了高效的缓存方法，以便在每次会话内部尽可能地减少各个新建立连接的数量。

根据身份验证被选定的程度，TLS/SSL 将通信链路区分了不同的类型：

- **匿名连接**：客户端的理想情况是由万维网的服务器进行检查。这里，TLS/SSL 虽然提供了一个对简单窃听的安全保障，但是，中间人攻击仍然是可能发生的。因此，这种操作模式并不建议被使用。
- **服务器认证**：这里，万维网服务器为客户端提供了身份认证书。客户端可以使用公钥基础设施的方式来证明自己的身份，并且必须被接受。虽然客户端的身份并没有被证实，但是可以从万维网服务器的身份是正确的来认证客户端也是可靠的。

- **客户端/服务器验证**：这里，两个通信伙伴可以通过证书来进行相互验证。

通过 TLS/SSL 在 TCP/IP 参考模型中实现的独立中间层被划分为两个子层：记录层和握手层（参见图 8.27）。在记录层中，TCP 之上的段的处理和通过 TLS/SSL 进行的加密和认证是同时进行的。

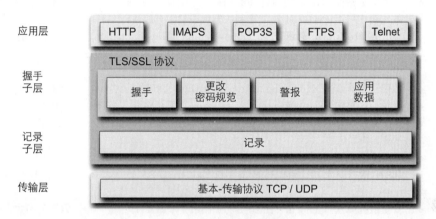

图 8.27 TLS/SSL 层模型

在此基础上，握手层中被区分了以下几个子协议：

- **握手**：握手协议管理着链接建立过程中，所参与的通信伙伴之间的密码参数协商的任务。
- **更改密码规范**：通过握手协议协商出来的加密方法将由更改密码协议进行激活。
- **警报**：如果在 TLS/SSL 操作和安全的数据传输过程中出现了问题，那么状态和错误信息是由警报协议产生和发送的。
- **应用数据**：应用数据协议构成了应用的接口，该接口被 TLS/SSL 用于进行安全的数据传输。应用程序将被发送的数据传递到应用数据协议。相反，应用数据协议由 TCP 协议将被传递到的数据转发到该应用。

在握手期间，通信伙伴之间协商的加密方法在 TLS/SSL 中将借助所谓的**密码套件**（Cipher Suite）确定。一个密码套件通常包含一个密钥交换的方法、一个用于被传递数据的加密方法以及一个认证方法（参见图 8.28）。

密码套件被认为是三个方法中安全程度最弱的一个。应该将密码套件中的哪些方法提供给客户端或者服务器的决定是由各个管理员掌握的，这些管理员可以激活或者禁用对应的算法。

在握手期间，位于客户端和服务器上的通信伙伴会对应该使用哪些 TLS/SSL 密码组进行协商。其中，客户端在握手期间会给出不同密码组的建议，这些建议都可以被用来确保安全的数据传输。服务器从这些建议中选择一个密码组，用于在随后的通信中。图 8.29 给出了一些 TLS/SSL 密码组的示例。

通过 TLS/SSL 进行的数据通信分为两个阶段：首先会执行一个握手协议，以便对两个参与通信伙伴的加密能力进行检查。这其中包括了客服端和服务器的认证，以及对两个通信伙伴产生的各自加密方法的确定。这里，每次都会选择通信双方提供的加密方法

TLS/SSL 中的加密方法

　　TLS/SSL 协议支持广泛的加密算法。这些算法被用于认证、验证的传输或者会话密钥的表决。其中，TLS/SSL 承担着客服端和服务器之间进行协商的任务，并且决定用什么方法来解决这些任务。

- **数据加密标准**（Data Encryption Standard，DES）：对称加密方法，能够在 56 位有效密钥作用下，对由 64 位二进制数据组成的数据组进行加密和解密。
- **Diffie–Hellman 密钥交换**（Diffie–Hellman Key Exchange，DH）：安全的密钥交换协议。该协议使用一个对称的密钥作为随后所应用的加密方法，以确保两个通信伙伴之间可以进行安全地交换数据。
- **数字签名算法**（Digital Signature Algorithm，DSA）：数字认证标准的一部分。
- **密钥交换算法**（Key Exchange Algorithm，KEA）：用于安全交换密钥的算法。
- **消息摘要算法第 5 版**（Message Digest Algorithm 5，MD5）：生成数字指纹（信息摘要）的算法。
- **RC2和RC4**：对所谓的使用比特流加密的流密码的加密算法。
- **RSA 数据安全**（Rivest-Shamir-Adleman Data Security，RSA）：非对称的加密方法。
- **安全散列算法 1**（Secure Hash Algorithm 1，SHA–1）：是一种密码散列函数，生成一个数字指纹（消息摘要）。
- **SKIPJACK**：一种对称加密算法，由美国政府开发。
- **三重数据加密标准**（Triple Data Encryption Standard，3DES）：三重应用的 DES 算法。其中，通过 KEA 或者 RSA 为客户端和服务器生产对称密钥。该密钥被应用在 TLS/SSL 会话期间。

延伸阅读:

Dierks, T., Rescorla, E.: The Transport Layer Security TLS Protocol Version 1.1. Request for Comments 4346, Internet Engineering Task Force (2006)

Meinel, Ch., Sack, H.: Digitale Kommunikation – Vernetzen, Multimedia, Sicherheit, Springer, Heidelberg (2009)

图 8.28　TLS/SSL 中的加密方法

中最强的那个。在会话建立的第一个阶段，会使用强大的加密方法，以便进行会话密钥（Session Key）的交换。随后，对在会话期间被交换的数据进行的实际加密会使用不太复杂的加密方法。这些方法描述了可达到的安全性以及用于编码或者解码所必需的计算成本之间的妥协。

补充材料 13: TLS/SSL 握手方法

　　TLS/SSL 协议使用了公共密钥方法和对称密钥方法相结合的形式。对称的加密方法可以提高工作效率，但是使用公共密钥的方法会提供更加安全的认证方法。一个 TLS/SSL 会话通常是由被称为**握手**（Handshake）的消息交换开始的。在握手方法中，服务器首先对发送请求的客户端使用了公共密钥进行识别。然后，客户端和服务器一起合作生成对称密钥。该密钥在会话过程中被用于快速地加密、解密以及用于对所发送数据进行操作尝试的探索。客服端的认证操作是可选的，并且只有当万维网服务器认为有必要的时候，才被

TLS/SSL 密码组

　　各个密码组的名字通常都是使用字符 **TLS** 开始的，后面跟着密钥交换方法的名称。随后是术语 **WITH**，其后跟着的是加密以及身份验证方法的名称。密码组 **TLS_NULL_WITH_NULL_NULL** 通常是在一个链接开始的时候被激活的。

- **TLS_RSA_WITH_3DES_EBE_CBC_SHA**：这里，为了密钥的交换使用了 RSA 公共密钥加密方法。也就是说，对通信伙伴进行验证和通过客户端（发送方）产生的密钥进行加密。数据传输本身选择了通过对称的 3DES 的加密方法。该方法在 EBE–CBC 模式下进行操作，并且借助 SHA-1 方法确保数据的完整性。

- **TLS_DHE_RSA_WITH_3DES_EBE_CBC_SHA**：这里的密钥是借助 Diffie–Hellman 密钥交换方法产生的。其中，无论发送方还是接收方都会产生密钥。在密钥传输的过程中，需要被交换的数据是由 RSA 进行身份验证的。数据传输和数据完整性的安全是由 SHA-1 保证的。

- **TLS_DHE_DSA_WITH_3DES_EBE_CBC_SHA**：在这里的 Diffie–Hellman 密钥交换过程中，被传递数据的认证是由 DSS 方法确保的。其余的功能则与前面所述的密码组相同。

- **TLS_DHE_anon_WITH_3DES_EBE_CBC_SHA**：在这种 Diffie–Hellman 密钥交换的过程中，被传递的数据并不能被通信伙伴认证。因此，该方法不能预防中间人的攻击。

- **TLS_DHE_RSA_WITH_NULL_SHA**：这种情况下的数据传输并没有被加密。这里会对通信伙伴的身份进行验证，同时确保所传递数据的完整性。

延伸阅读：

Medvinsky, A., Hur, M.: Addition of Kerberos Cipher Suites to Transport Layer Security (TLS), Request for Comments 2712, Internet Engineering Task Force (1999)

图 8.29　TLS/SSL 密码组

要求进行认证。图 8.30 给出了 TLS/SSL 握手协议的基本流程。图 8.31 给出了客户端和服务器之间在握手期间所交换的消息。

1. 客户端向服务器发送初始消息

Client Hello

客户端发送一个**客户端请求**到服务器，以此开启一个新的对话。该**客户端请求**消息中包含以下消息：

- **版本号**：客户端发送了自己支持的最高 TLS/SSL 版本的版本号。其中，版本 SSLv2 的值为 **2**，版本 SSLv3 的值为 **3**，版本 TLS 1.0、1.1 和 1.2 的值分别为 **3.1**、**3.2** 和 **3.3**。

- **随机生成的数据**：客户端产生一个长度为 32 字节的随机生成的数据序列。该序列是由长度为 4 字节的日期和当前时间，以及一个长度为 28 字节的随机数的序列组成。该随机数与服务器的随机数据一起被使用，以便为在加密的数据交换过程中使用的对称密钥的生成产生所谓的主密钥。

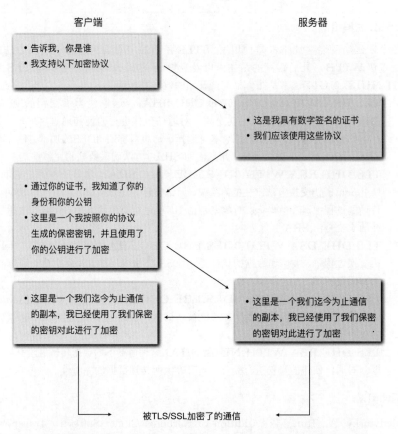

图 8.30 最简单情况下 TLS/SSL 握手协议的基本流程（没有客户端验证）

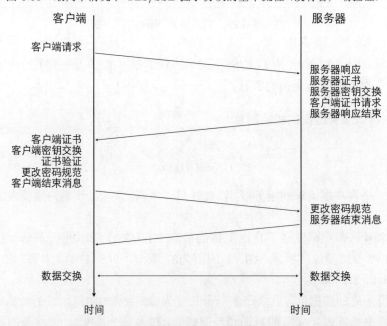

图 8.31 TLS/SSL 握手协议过程中的消息交换（包括客户端的验证）

- **会话识别**：应用会话识别是为了实现客户端在会话被中断之后可以重新激活会话。这种处理是有优势的，因为如果会话被中断，那么握手协议必须被重新启动，以便使用计算复杂的加密操作执行密钥的交换。基于这个原因，在协商包括加密密钥的连接数据被继续使用之前，TLS/SSL 就已经将其保存在了客户端以及服务器端的专有缓存（Cache）中。

- **密码组**：客户端发送了一个自己可以提供的密码组名单。这些密码组可以识别密码的交换、认证、加密以及确定数据完整性的加密方法。

- **压缩算法**：此外，客户端还可以提供一个数据压缩的算法。该算法可以用于压缩客户端和服务器之间传输的数据。

2. 服务器到客户端的初始响应

Server Hello

服务器使用一个**服务器响应**消息来响应客户端的最初请求。该响应中包含以下消息：

- **版本号**：服务器将客户端和服务器都支持的最高版本号返回给客户端。该版本号是**客户端请求**消息和服务器支持的版本中两个最大版本号中的最小那个。

- **随机生成的数据**：与前面的客户端一样，服务器也生成一个长度为 32 字节的随机数据序列。该序列是由长度为 4 字节的日期、当前时间以及长度为 28 字节的随机数序列组成。这些随机数据和从客户端发送过来的随机数据一起被用于产生所谓的主密钥。该密钥被用来在数据交换进行加密的过程中生成对称密钥。

- **会话识别**：这里有三种可能性：
  - 如果客户端在初始的**客户端请求**消息中没有发送会话识别，那么就意味着，该客户端可能不希望恢复一个被中断的会话。随后，服务器会创建一个**新的会话识别**。这种情况还会发生在，虽然客户端希望会话中断后被再次恢复，但是服务器并不能满足这一要求。
  - 如果客户端在最初的**客户端请求**消息中给出了一个会话识别，那么意味着，客服端在被中断的前一次会话的基础上，可以被重新恢复会话。如果服务器可以满足这一要求，就会发送一个**恢复会话标识**（Resumed Session Identification）。也就是说，对由客户端发送的会话标识给出肯定应答。
  - 客户端标识了新会话的开始。但是服务器却发送**没有证实会话标识**来回复该请求。因为，服务器不希望当前会话断开后被重新恢复。

- **密码组**：服务器从客户端发送的最初的**客户端请求**消息中包含的所有加密方法中选择一个从加密角度来看最强的密码组。这样一来，该密码组可以同时被客户端和服务器共同支持。如果两个通信伙伴都没有提供任何双方可以同时支持的密码组，那么握手协议在这个时候就使用一个**握手失败**（handshake failure）警告结束了。

- **压缩算法**：此外，客户端可以提供一个数据压缩算法。该算法可以在客户端和服务器之间进行数据传输的时候被使用。

服务器证书：服务器发送自己的证书给客户端。TLS/SSL 根据 ITU–T X.509 标准使用该证书。这个标准是当今使用最广泛的认证标准。服务器证书包含了服务器的公共密钥（公钥）。客户端使用该公钥来验证服务器，并且为了所谓的主密钥加密进行密钥的交换。

服务器密钥交换：在这个可选步骤中，服务器产生了一个临时的密钥，并将其发送给了客户端。这个密钥可以被客户端用来在其随后的密钥交换方法中，用于对发送的消息进行加密。这个步骤只有在所使用的公钥算法在密钥交换方法中不能提供用于消息加密的密钥的时候才是必要的。例如，在服务器认证中没有提供一个公共密钥。

客户端证书请求：这一步同样是可选的，只有当服务器要求客户端认证的时候才被执行。如果想要传递高度机密的信息时，例如，在传递家庭银行的账户和交易信息的时候，这种客户端的认证一直是必要的。

服务器响应结束：作为握手协议交易阶段的最后一个消息，服务器会发出当前阶段已经完成的信号，同时等待来自客户端的响应。

3. 客户端对于服务器最初响应的响应

客户端证书：如果服务器在提交响应之前要求客服端提供客户端的证书，那么客户端会将所要求的证书回复给服务器。客户端证书包括了客户端的公共密钥（公钥）。该公钥被用于在密钥交换过程中对所发送消息的认证。

客户端密钥交换：客户端向服务器发送一条**客户端密钥交换**（Client Key Exchange）消息，随后根据从客户端和服务器收集到的、从握手的最初阶段就已经被传输的随机数来计算所谓的预置密码。这个预置密码使用服务器的公共密钥进行加密后，被传递给服务器。无论服务器还是客户端，随后都是从对方收集到的预置密码来计算共享的主密钥的。该主密钥可以从数据传输所使用的会话密钥中导出。如果服务器读取从客户端发送的、由服务器的公共密钥加密了的数据，那么客户端可以确定，该服务器具有相应的私钥对数据进行解密。这样一来，服务的真实性就可以被确定了。因为，只有具有在服务器证书中提供的公共密钥对应的私钥的服务器，才可能是正确的通信伙伴。这个消息还包含了所使用的 TLS/SSL 协议的版本号。服务器接收到该版本号后会与在握手初期被发送来的原始版本号进行对比。这样就可以防止所谓的回滚攻击（Rollback Attack）。这种攻击通过对被交换消息的操作进行有目的的攻击，即将其切换回一个旧的、较弱的加密协议版本。

证书验证：如果客户端之前发送了一个被请求的**客户端证书**的消息，那么该证书验证的消息才会被发送。在这种情况下，客户端的证书是通过自己的私钥使用散列的数字签名进行认证的。其中的散列是由先前所传输的消息计算得出的。服务器可以借助在客户端证书中包含的公共密钥来解锁这个被签名的散列，并且自己通过从被传输的消息中计算得出的散列值进行验证。这样就确保了客户端的真实性。因为，只有真正与从客户端证书的公钥匹配的所有者才能解密被传递的散列值。

更改密码规范：使用这条消息，客户端向服务器分享从该点传输的所有信息可以借助协商过的加密方法和参数进行加密。

客户端结束消息：这条消息包含了一个通过由之前所有客户端和服务器之间传输的消息计算得出的散列值。同时，该消息还被用于客户端的额外验证。加密的过程是通过被协商的加密方法以及在密钥交换过程中产生的会话密钥进行的。这条消息不再通过握手协议被传递，而是随着第一个被记录层协议加密的消息传递的。

4. 服务器到客户端的最终响应

更改密码规范：使用该条消息，服务器可以确认，自己从目前到第一个阶段握手所交换的被加密了的加密方法和参数的所有数据都已经被传输了。

服务器结束消息：该消息包含了一个通过先前所有在客户端和服务器之间被传输的消息所计算出来的散列值。该散列值连同一个消息鉴别码（Message Authentication Code，MAC）一起被会话密钥进行加密。如果客户端最终可以将该条消息解密，同时正确地验证消息中包含的散列值，那么该客户端就可以肯定地假设，TLS/SSL 握手已经成功，并且在客户端和服务器上计算得出的密钥是相匹配的。

TLS/SSL 协议中的加密方法

在可以产生一个对称会话密钥（Session Key）之前，数据必须使用一个具有公钥和私钥的非对称加密方法进行交换。

- **非对称加密**：为了验证服务器，客户端使用了对应服务器的公钥加密预置主密钥。其中，服务器的公钥来自于服务器的证书。传输的数据只能使用对应服务器的私钥才能再次被解密。然后，该对称会话密钥会通过预置主密钥产生。通过使用私钥和公钥的密钥对，服务器的真实性就可以得到保证了。

  为了验证客户端，客户端会使用自己的私钥对数据进行加密，也就是说，客户端产生了一个**数字签名**。只有当这些数据确实是由客户端的私钥加密的时候，由客户端在其证书中给出的公钥才能对这些数据进行验证。否则，服务器在无法验证客户端数字签名的时候就会中断会话。

- **对称加密**：随后，预置密码就可以在客户端和服务器之间被成功交换了。该密码与其他无论是服务器还是客户端提供的数据一起被用来计算一个共同的主密钥，并且由此导出会话密钥。然后，该会话密钥在共同的会话期间，既可以被用来快速加密，也可以被用来快速解密。

服务器认证

正如在 TLS/SSL 握手协议的第二个步骤中所描述的那样，服务器会发送一个可以对客户端证实自己身份的证书。客户端会在第三个步骤中使用该证书，以便验证服务器的身份。为了验证公钥和被证书验证了的服务器的统一性，以及进而完成对服务器的验证，具有 TLS/SSL 功能的客户端需要确定以下问题（参见图 8.32）：

(1) 证书有效期的查询？

客户端检查该证书的有效期。如果当前的请求并不在这个有效期内，那么客户端会停止认证过程。否则，客户端会继续该认证。

(2) 证书的发布者是否值得信赖？

每个具有 TLS/SSL 能力的客户端都管理着一个可信任的证书发布者名单，即证书认

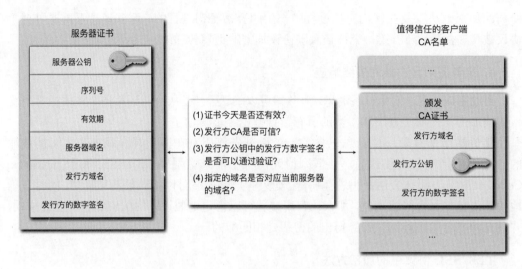

图 8.32　TLS/SSL 握手 —— 服务器认证

证机构（Certification Authority，CA）。 根据这份名单客户端就可以判断，哪些服务器的证书是该客户端可以接受的。如果该 CA 发布者的标识名（Distinguished Name，DN）与客户端所信任的 CA 名单上的名字一致，那么该客户端会继续验证服务器。如果 CA 发布者并没有在客户端的列表中，那么服务器不会被认证。除非该服务器发送一个证书链，其中包含的 CA 属于该客户端的列表。

(3) 使用发布者公钥的发布者的数字签名可以被验证吗？

客户端使用来自自己可信赖的 CA 列表中的 CA 公钥，以便验证位于服务器的证书上的数字签名。如果服务器证书中的信息被改变了，那么 CA 会将其纪录下来，或者来自客户端列表的对应公钥将不能使用该私钥验证服务器。这里，私钥是通过服务器证书的签名创建的。相反，如果该数字签名可以被验证，那么该证书就被认为是真实的。

(4) 在服务器证书中给出的域名是否与服务器当前的域名相匹配？

这个测试的目的是为了保证，该服务器确实位于自己指定的网络地址之中。从技术上看来，这个测试其实并不是 TLS/SSL 握手协议的一部分，但是却可以预防中间人攻击。如果两个域名相匹配，那么客户端会进行握手。

(5) 现在，服务器被成功验证，客户端可以继续进行握手协议。如果认证过程由于各种原因并没有到达该步骤，那么说明服务器并不能被认证。这时，用户会被通知，一个加密的和安全的连接不能被建立。

(6) 如果该服务器需要一个**客户端认证**，那么现在就可以进行了。

(7) 随后，服务器会使用自己的私有密钥对预置密钥进行解密，而该预置密钥是客户端在 TLS/SSL 握手的第四个步骤中发送的。否则，该 TLS/SSL 会话会被终止。

客户端认证

具有 TLS/SSL 功能的服务器可以被配置为，他们需要被请求的客户端的一个验证的模式。这种情况一般发生在：如果希望从服务器发送敏感数据到客户端，而这些敏感数据绝不能被窃取的情况下。随后（TLS/SSL 握手的第 (6) 步），客户端发送一个客户端证书和一个数字签名消息，以便进行自身的验证。服务器使用这个被签名的消息来验证位于证书中的客户端的公钥，以此来确认被证书认证了的客户端的身份。被签名了的消息每次只能对相应的客户端和服务器是已知的。这里的数字签名是由客户端的私钥产生的，正确的情况下是与来自客户端证书的公钥相对应的。

为了能够成功地验证发送请求的客户端的真实性，具有 TLS/SSL 功能的服务器必须确定以下的问题（参见图 8.33）：

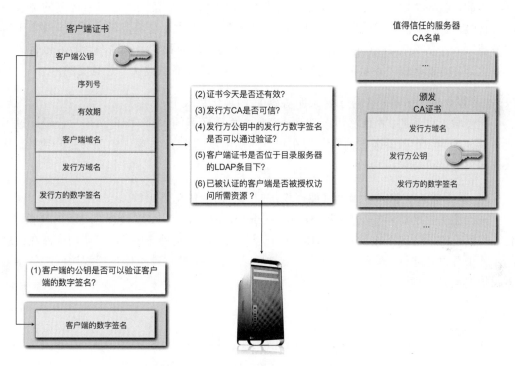

图 8.33　TLS/SSL 握手 —— 客户端认证

(1) 客户端的公钥是否可以验证客户端的数字签名？

为此，服务器需要检查，来自客户端证书的公钥是否可以计算得出客户端的数字签名。如果可以，那么该服务器就可以确定，属于客户端的公钥对应的是由该数字签名产生的同一个私钥，并且被传输的数据从被签名起就没有被改变过。但是，通过这种检查还不能产生公钥和在 CA 发布者的证书中给出的**标识名（DN）**之间的关联。对应的证书仍然可能由未经授权的第三方生成，同时第三方可以将自己伪装成为指定的客户端。为了在公钥和 DN 之间建立正确的连接，还必须完成以下几个额外的步骤。

(2) 该证书是否还有效？

服务器检查证书的有效期。如果当前的请求超过了这个有效期限，那么认证过程会被终止。否则，该服务器会继续认证。

(3) 证书的发布者是否可信？

每个具有 TLS/SSL 功能的服务器都管理着一个可信任的证书颁发机构（CA）的列表。根据这个列表就可以判断，哪些服务器的证书是可以接受的。如果 CA 发布者的标识名（DN）与服务器可信任的 CA 列表中的一个名字相匹配，那么该服务器就会进行客户端的认证。如果该 CA 发布者并没有在服务器的列表中，那么客户端不能被认证。除非客户端发送一个证书链，其中包括一个与服务器的列表中相对应的 CA。这些可信赖的 CA 列表是由各个服务器的管理员管理着。

(4) 发布者的数字签名可以由发布者的公钥进行验证吗？

为此，服务器使用来自自己可信赖的 CA 列表中的 CA 公钥对客户端证书的数字签名进行验证。如果在客户端证书中的信息被改变了，那么 CA 会将其纪录下来，或者来自服务器列表中的公钥将不再与由客户端证书的签名创建的私钥进行联系，随后该客户端不被认证。如果该数字签名可以被认证，那么该客户端证书也被认为是真实的。

(5) 客户端的证书是否位于目录服务器的 LDAP 目录下？

此步骤是可选的。管理员可以禁止一个用户向服务器的访问，即使该用户已经通过了所有其他的测试。如果客户端证书与在相对应的用户的 LDAP 项中的证书是一致的，那么该客户端就可以被成功验证。

(6) 是否被认证的客户端可以被授权访问其所需的信息资源？

根据服务器的**访问控制列表**（Access Control List，ACL）可以检查客户端的授权，并且在得到肯定的情况下被设置一个适当的链接。如果出于某种原因，客户端的认证在最后的步骤中并没有通过，那么该客户端不能被成功认证，因此也就不能被授权访问服务器上被保护的信息资源。

延伸阅读：

Dierks, T., Rescorla, E.: The Transport Layer Security TLS Protocol Version 1.1. Request for Comments 4346, Internet Engineering Task Force (2006)

从图中可以看出，握手子层协议位于 TCP/IP 参考模型内部一个更高层的 TLS/SSL 协议中。其中，**TLS/SSL 记录协议**封装了这个协议。根据是否涉及数据的发送和接收，TLS/SSL 记录协议提供了不同的服务。

- 在**发送方**，TLS/SSL 记录协议提供了如下的服务：
  - 接收由应用程序传递的数据。
  - 在可管理的数据块中进行消息碎片化（长度可达 2^{14} 字节，同一类型的不同数据记录可以被总结和传递到一个块中）。
  - 可选的数据压缩（由通信伙伴商定的被使用的压缩必须无损地工作，并且数据长度绝不能超过 1024 字节）。
  - 发送方的认证和由其发送的数据。借助为将要发送的数据产生一个指纹（消息摘要）的算法（散列函数），在 TLS/SSL 中使用方法**MD5**和**SHA-1**定义了一个所谓的**HMAC**算法。该应用可以确保通信伙伴的真实性和所发送消息的完整性。

- 数据的加密和运输。

- 在**接收方**，TLS/SSL 记录协议提供了如下的服务：
    - 从传输层协议接收消息。
    - 解密被接收到的数据。
    - 验证需要被认证的数据。
    - 解压缩被压缩了的数据。
    - 将碎片数据重组为完整的信息。
    - 数据的认证。
    - 转发数据到接收方。

8.6 术语表

地址解析（**Address Resolution**）：将 IP 地址翻译成各个网络硬件所属的硬件地址。当一台主机或者路由器想要向位于同一个物理网络中的其他计算机发送数据的时候，就需要使用地址解析。这种地址解析始终被限定在一个特定的网络上，也就是说，一台计算机不能解析来自另外一个网络中的计算机地址。反过来，固定分配给一个 IP 地址的硬件地址被称为**地址绑定**（Address Binding）。

应用程序接口（**Application Programming Interface，API**）：作为一个应用程序和控制软件之间的接口，这个所谓的应用程序接口为应用程序和协议软件之间的通信使用和控制提供了例程和数据结构。

公开密钥加密（**Public Key Encryption**）：也称为非对称加密方法。在这种加密方法中，每个通信伙伴都具有一个由所谓一个**公开密钥**和一个**秘密**或者**私有密钥**组成的密钥对。公开密钥为所有想要参与通信的参与者提供了可用性。想要使用公开密钥进行通信的参与者使用这个密钥将其消息进行加密。被这种公开密钥进行加密了的消息只能使用对应的、由公开密钥持有者保管的私有密钥才能将其解锁。

认证（**Authentication**）：用于证明用户的身份或者一条消息的完整性。在认证过程中，为了进行身份验证，使用了一个值得信赖机构的证书。而为了验证一条消息的完整性，创建并且发送了一个数字签名。

广播（**Broadcasting**）：同时寻址网络中的所有计算机。在互联网中，广播被区分为本地网络的广播和所有网络的广播。如果一条消息只需要向一台计算机转发，那么对应的是常规寻址，即所谓的**单播**。

证书认证机构（**Certificate Authority，CA**）：一个认证机构通过互联网标准 RFC 1422 使用证书来认证注册用户的公开密钥。为此，需要验证用户的身份。用户的公开密钥需要用户名和 CA 的控制信息一起被数字签名，并且以**证书**的形式输出。

密码套件（**Cipher Suite**）：又称为密码组。显示被标准化的加密算法的组合，例如，在 TLS/SSL（Transport Layer Security/Secure Socket Layer）中。一个 TLS 密码组每次为密钥的交换、认证、密码散列函数以及加密方法规范规定了不同算法的组合。

数据完整性：虽然在密码学中并不能防止数据或者消息在传输的过程中被未经授权的第三方修改，但是这种修改可以通过使用所谓的为被传递数据提供数字指纹的散列函数识别出来。

数据加密标准（**Data Encryption Standard, DES**）：这种加密方法在 1977 年被发布，并且在 1993 年被更新用于商业用途。DES 使用一个相同长度的密钥（有效长度为 56 比特）对每个 64 比特的块进行编码。总体而言，DES 方法是由 19 个轮回组成，其中 16 个内部轮回被密钥控制。DES 方法描述了一个长度为 64 比特的替换加密方法。但是，这种方法在如今已经可以使用相对简单的方法被击破。因此，为了增加安全性，使用了具有不同密钥的多次的 DES 应用，例如，**三重 DES**（Triple DES，3DES）。

服务原语（**Service Primitive**）：服务原语（也被称为服务元素）对位于 TCP/IP 参考模型特定层上的服务使用来说被认为是抽象的、独立应用的进程。它们被用于通信流程的描述，并且在通信接口定义的过程中被作为抽象的规范进行使用。通过服务原语只会确定，在通信伙伴之间交换了哪些数据，同时哪些流程在这个过程中不会发生。

Diffie–Hellman 加密方法：第一个被公众所知的非对称加密方法。该方法是由 W. Diffie、M. Hellman 和 R. Merkle 在 1976 年开发的。与 RSA 方法非常相似，在 Diffie–Hellman 方法中也使用了一个数学函数进行工作。相反，特别是离散对数问题，实际上并不能通过合理的计算开销得到。

数字签名（**Digital Signature**）：用于文件的验证，是由发起者的私有密钥被加密的文档的数字指纹组成的。

拥塞控制（**Congestion Control**）：在一个通信网络中，通过拥塞控制可以预防一个较快的发送方向一个较慢的接收方发送数据时产生的溢出，从而引发**拥塞**（Congestion）。虽然接收方通常具有一个缓冲存储器，接收到的数据包到被继续处理之前都被缓存在此。但是，为了避免这种缓冲区的溢出，必须规定协议机制，即接收方可以促使发送方暂缓发送随后的数据包，直到该缓冲区被再次释放。

碎片化/碎片整理（**Fragmentation/Defragmentation**）：由于技术限制，在一个**分组交换网络**中被发送的通信协议的数据包长度在应用层以下的层中始终是受到限制的。如果被发送的消息的长度大于每次被规定的数据包的长度，那么这条消息会被划分成多个子消息（碎片化），这些子消息的长度对应于给定的长度限制。为了将这些单独的碎片在传输之后到达接收方时可以被重新正确地组装成原始的消息（碎片整理），必须为这些碎片提供序列号，因为在互联网中并不能保证传递的顺序。

网关（Gateway）：网络中的中间系统，用来将单个的网络连接到一个新的系统上。网关为不同的终端系统上的应用程序之间实现了通信，因此被划分到了通信协议模型的应用层中。它们可以将不同的应用协议相互进行转换。

互联网（Internet）：将多个互不兼容的网络类型合并成一个向用户显示为一个均质的通用网络。其中，所有的计算机被连接到了一个单独的网络中，实现了网络上任何参与到和其他计算机的通信都是透明的。互联网的扩张是没有限制的。**网络互联**的概念是非常灵活的，因为互联网的扩张没有任何的时间限制。

互联网协议（Internet Protocol，IP）：确切地说是 IPv4 或者 IPv6。互联网协议是位于 TCP/IP 参考模型网络互联层上的协议。作为互联网络的基石之一，IP 协议确保了由许多单一异构网络组成的全球互联网表现为一个统一均质的同构网络。一个统一的寻址方案（**IP 地址**）为计算机提供了一个全球唯一的标识。IP 协议提供了一个**无连接的、分组交换的数据报服务**。该服务无法满足服务质量保证，始终是根据**尽力而为**的原则进行工作的。

IPv6：互联网协议**IPv4**的后继协议标准，提供了显著增强的功能。在 IPv4 中有限的地址空间，也是当前 IP 标准主要问题之一，会在 IPv6 中通过将长度为 32 比特的 IP 地址大幅延长到长度为 128 比特来解决。

密码学（Cryptography）：计算机科学和数学的一个分支，主要对加密方法进行设计和评估。加密的目的在于在未经授权的第三方面前保护信息的保密性。密码学也为实现其他安全目标提供了支持，例如，信息的真实性和完整性。

中间人攻击（Man-in-the-Middle Attack）：对于两个通信伙伴之间一个被安全建立起来的连接的攻击。其中，攻击者在两个开关（中间人）和通信之间截取或者窃听通信参与者之间的沟通来设置伪造的通信内容。

多播（Multicasting）：在多播中，一个发送方同时向一组收件人进行发送。其中涉及的是一个 1:n 的通信。多播经常被用于实时的多媒体数据传输。

网络地址转换（Network Address Translation，NAT）：该技术实现了通过使用专用的 IPv4 地址空间中少数公共的 IPv4 地址将更多计算机连接到一个公共的与互联网相连的网络中。其中，在网络地址转换网络中被操作的设备仍然可以通过互联网被访问到，虽然这些设备并没有提供自己的公共 IP 地址，并且只能通过一个相应的地址转换网关来实现。

网络往返路程时间（Round Trip Time，RTT）：网络往返路程时间被定义为在网络中的反应时间。是指一个从源发送方发送的信号通过网络成功到达任意接收方，并且该接收方的答复通过网络被转发回源发送方所需要的时间段。

端口号（Port Number）：用于 TCP 连接的、长度为 16 比特的标识符。该端口号始终被与特定的应用程序相关联。端口号 0~255 被保留用于特殊的 TCP/IP 应用程序（well known port，周知端口）。端口号 256~1023 被用于特殊的 UNIX 应用程序。端口号 1024~56535 并没有受到固定分配的限制，可以被用于用户的应用程序。

校验和方法： 在通信协议中，通常使用校验和来进行错误的识别。消息的发送方通过需要被发送的消息计算得出一个校验和，并将其附加在该条信息上。消息到达接收方之后，接收方在接收到的消息（不包含附带的校验和）上使用相同的方法进行校验和的计算，并且将所得到的值与从发送方附带的校验和的值进行比较。如果这两个值匹配，那么说明该条消息极有可能是被正确传递的。通常，在一个校验和方法中，被传递的比特流都被解释为数字值，并且与单独的块组合在一起，进行总和的计算。作为二进制数字，这种校验和可以简单地附加到进行传递的数据中进行编码。

公钥基础设施（Public Key Infrastructure，PKI）： 在使用非对称公钥加密方法中，每个参与者需要一个**密钥对**（Key Pair）。该密钥对是由所有人都可以使用的公共密钥（**Public Key**）和只能私人专用的被保密的私有密钥（**Private Key**）组成。为了防止误操作，参与者对自己公钥的分配必须通过一个可信任的第三方，即**证书认证机构**（Certificate Authority，CA）使用一个**证书**的方式进行确认。为了评估证书的安全性，如证书的颁发等这些规则（安全策略）必须被公开描述。一个公钥基础设施包括了所有的组织和技术措施，这些对于安全使用一个非对称加密方法进行成功加密以及数字签名是必需的。

重传（Retransmission）： 为了避免数据传输过程中可能出现的损失，TCP 协议使用了所谓的**重传的肯定应答**（Positive Acknowledgment with Retransmission，PAR）方法。其中，接收方对于所有被发送过来的数据始终会回复一个接收确认。如果这个确认没有发生，那么在给定的时间周期失效之后会对被发送的数据启动一个新的传递（重传）。

RSA 方法： 最知名的非对称加密方法，是根据其开发者 Rivest，Shamir 和 Adleman 的名字开头字母命名的。与 Diffie–Hellman 加密方法相同，RSA 方法也是使用两个密钥进行工作的，即一个所有人都可以使用的公共密钥和一个被保密的私有密钥。RSA 方法基于的是因式分解很难的数论问题。在不知道私钥的情况下想要使用合理的措施进行解密是不可能的。

序列号（Sequence Number）： 可靠的网络协议，例如，TCP 协议使用序列号来识别所发送的数据。在序列号的帮助下，可以使用简单的方式确保数据传输的完整性，还可以在避免重复发送的过程中保持正确的传输顺序。

密钥（Key）： 如果一条消息的内容使用了一个加密方法，使其在未经授权的第三方面前是被隐藏的，那么这条消息就可以通过一个不安全的媒介进行传输。原始消息，即所谓的**明文**（纯文本），为了加密使用了一个**转换函数**转换成了一个被加密的消息（密文）。这里，用于加密所使用的转换函数是通过一个密钥进行设置的。密钥空间的大小是衡量该转换函数被重新逆推回去的难度量度。

套接字（Socket）：TCP 协议需要在两个终端系统之间提供一个可靠的连接。为此，在参与的计算机的端点，即所谓的套接字上安装了计算机的 IP 地址，以及被寻址一个长度为 16 比特的端口号。该端口号与对应的对方通信伙伴一起识别了唯一的连接。通过套接字可以设置所谓的**服务原语**，这些服务原语允许对数据传输进行控制和监视。套接字联合了各个用于属于自己连接的输入和输出的缓冲区。

对称加密：加密方法中最古老的家族。其中，发送方和接收方使用一个相同的、被保密的密钥对一条消息进行加密和解密。这种对称加密技术又被区分为**块密码**（Block Cipher）和**流密码**（Stream Cipher）两种形式。前者将需要被加密的消息在加密之前划分成固定长度的块。而后者则将需要被加密的消息看作是文本流，为了生成固定长度的一次性密钥，会为需要加密的消息添加通用的字符。对称加密存在的问题是由第三方保存的密钥的安全交换问题。

TLS/SSL：安全套接字层（Secure Socket Layer，SSL）是由 Netscape 公司开发的用于数据安全传输的规范。SSL 协议与其继任标准，传输层安全（Transport Layer Security，TLS）协议一样都被划分在 TCP/IP 参考模型的传输层和应用层之间，实现了安全的数据加密和通信伙伴的可靠身份验证，并且保证了数据的完整性。

传输控制协议（Transmission Control Protocol，TCP）：位于 TCP/IP 参考模型的传输层上的协议标准。TCP 提供了可靠的、面向连接的传输服务，是许多互联网应用的基础。

过载控制：如果发送方沿着位于网络中的通信连接进行发送的速度要快于接收方对于接收数据可以进行处理的速度，那么这些被接收到的数据就会被存储在专用的缓存存储器中。如果这个缓冲存储器已被占满，那么再到达的数据包就不能被存储了，只能被丢弃，这样就出现了过载情况。传输层只产生端点到端点的连接，并不能直接对网络中沿着该连接的中间系统产生影响。只有通过确定发送方和接收方之间的数据包的往返时间，才能间接地断定通过过载情况引发的延迟，同时通过发送方和接收方之间的数据流的流量控制进行节流。

用户数据报协议（User Datagram Protocol，UDP）：被划分在 TCP/IP 参考模型的传输层上面的协议标准。用户数据报协议提供了一个简单的、没有保证的、同时无连接的传输服务，该服务通过 IP 协议发送 IP 数据报。根据其中所提供的 IP 功能，用户数据报协议只提供了端口号的分配。通过这些端口号位于不同计算机上面的应用就可以通过互联网相互进行通信了。

面向连接的和无连接的服务：在互联网中的服务基本上被划分为**面向连接的服务**和**无连接服务**两种。面向连接的服务必须在实际的数据传输开始之前就在网络中建立一个连接，这个连接在整个通信过程中被使用。在无连接服务中，发送的数据包每次都可能相互独立地通过互联网使用不同的路径进行传递。

隐私（Privacy）： 机密消息的内容每次都应该只能被消息的发送方和接收方所了解。如果未经授权的第三方窃听了通信，那么该通信的隐私无法再得到保证，由此就会导致隐私的损失。

虚连接： 两个终端系统之间的连接。这种连接只是由安装于各个终端系统上的软件产生的。实际的网络连接资源并没有被使用，而只是用来保证数据的传输。由于这种连接在网络上并不是被固定存在的，而仅仅是通过位于终端系统上被安装的软件建立的一种虚拟的连接，因此称为虚连接。

证书： 数字证书是相当于身份证的电子形式。证书为其持有者明确分配了一个公共密钥，从而实现了使用对应的私有密钥产生的数字签名进行的验证。证书必须由一个可靠的第三方，即一个证书认证机构颁发，并进行数字签名。

第 9 章　应用层和互联网应用

"亲爱的朋友们，所有的理论都是灰色的，只有金色的生命之树才能长青。"

—— J.W. von Goethe（1749—1832）

—— 摘自 *Faust I*

到目前为止，我们已经了解到数据是如何通过全球互联网从一台计算机传输到另外一台计算机的。但是还没有对其中涉及的传输接口进行描述，而这些接口可以用于互联网特定的服务和应用程序。如今，这些特定的服务和应用程序有些已经成为人们日常生活中不可或缺的一部分，例如，电子邮件的发送和接收，或者互联网上交互式服务的使用。这些互动基于的都是客户端/服务器式的交互模式，而这种模式利用的是互联网技术及其相关协议。本章将介绍位于 TCP/IP 参考模型中核心位置的应用层，同时给出位于这一层中数量众多的服务和应用程序的描述。为了清晰描述客户端/服务器的交互模式，首先会介绍目录服务和域名服务，之后给出互联网中最重要的应用：电子邮件技术及其相关的协议。除了介绍种类众多的应用程序，例如文件传输、远程登录和网络管理之外，还会特别给出多媒体应用技术的详细描述，例如，如今广受欢迎的流媒体技术。

9.1　基本概念、功能和简介

第 8 章已经介绍了互联网技术中所有必要的通信基础知识，现在就可以把注意力集中到 TCP/IP 参考模型的应用层上。在应用层的各个子层中，数据传输的所有任务都得到了解决，同时还提供了一个可靠的传输服务。而这些任务的处理过程对用户来说是透明的，因为所有接口都已经为用户提供了功能完备的应用程序，例如，文件传输和电子邮件的发送和接收，或者对 HTML 页面的检索。由于网络的通信协议和连接技术对于互联网中的通信是至关重要的，因此很多时候只能由规范的应用软件直接提供这些功能的使用可能性，即这些软件根据自己的目的被设置用于对应的服务。

如果将互联网与电话网络相比较，那么可以看出，虽然这些通信协议为通信提供了必要的基础设施，但是用户仍然可以通过电话网络进行通信。而电话网络中那些种类繁多的服务产品，例如传真等，也使得电话网络始终是一个热门的服务供应商。正如电话服务那样，互联网中的应用程序同样假设用户希望通过互联网进行通信。为了实现这个目的，一台计算机上的应用程序需要联系位于远程另外一台计算机上的应用程序，以便进行必要的数据交换。在这个过程中，那些不属于 TCP/IP 参考模型中的应用程序以及那些直接由用户开发的应用程序，也可以使用自己的协议访问位于 TCP/IP 参考模型中的传输服务。这种访问需要合适的抽象接口，而 TCP/IP 协议栈的应用层提供了这些接口。应用层允许一种应用到应用的通信，而位于其下一层的传输层只提供了一个主机到主机的链接。

从对应的终端系统的操作系统角度来看，也可以将应用程序理解为用于相互通信和信息交换的**进程**（Process）。因此，应用层提供了一个在网络范围内进程到进程的通信。也就是说，应用层创建一个发送进程，然后通过互联网将消息发送到一个可以接收进程的接收方。接收进程接收到发送给自己的消息之后，会返回一个响应给发送方。

9.1.1 应用层的互联网服务和协议

互联网服务（**Internet Service**）的概念是由应用层中所有协议总结出来的，这些应用层协议在参考模型中被规划到了传输层上。为了实现互联网的通信，互联网服务会使用传输协议，可以是用户数据报协议（UDP），或者是更复杂的传输控制协议（TCP），也可以同时使用这两种协议。图 9.1 中给出了不同互联网协议的一个概述。在文档 RFC 1123中，这些协议连同它们自己内部使用的传输协议被明确指定为应用层的协议。

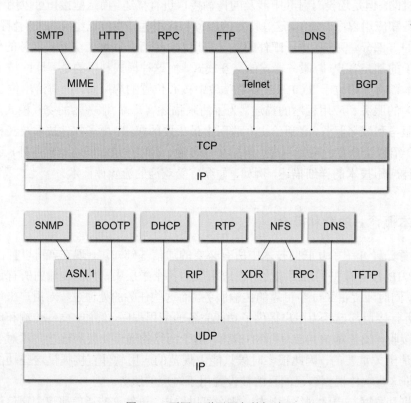

图 9.1 不同互联网服务的概述

使用了**传输控制协议**（Transmission Control Protocol，TCP）的互联网服务有：

- 简单邮件传送协议（Simple Mail Transfer Protocol，SMTP）。
- 超文本传送协议（Hypertext Transfer Protocol，HTTP）。
- 远程过程调用（Remote Procedure Call，RPC）。
- 多用途互联网邮件扩展（Multipurpose Internet Mail Extension，MIME）。
- 文件传送协议（File Transfer Protocol，FTP）。
- 电信网络协议（Telecommunication Network Protocol，TELNET）。

- 域名系统（Domain Name System，DNS）。
- 边界网关协议（Border Gateway Protocol，BGP）。

使用**用户数据报协议**（User Datagram Protocol，UDP）则是如下互联网服务的要求：

- 简易文件传送协议（Trivial File Transfer Protocol，TFTP）。
- 域名系统（Domain Name System，DNS）。
- 与抽象语法表示 1 号相连接的简单网络管理协议（Simple Network Management Protocol，SNMP；Abstract Syntax Notation 1，ASN.1）。
- 引导协议（Boot Protocol，BOOTP）。
- 动态主机配置协议（Dynamic Host Configuration Protocol，DHCP）。
- 路由信息协议（Routing Information Protocol，RIP）。
- 实时传输协议（Realtime Transfer Protocol，RTP）。
- 远程过程调用（Remote Procedure Call，RPC）。
- 与外部数据格式连接的网络文件系统（Network File System，NFS；External Data Representation，XDR）。

原则上，必须要对网络应用以及在应用层上被实现的协议进行区分。例如，作为网络应用的邮件系统就是由多个应用程序和协议组成的。其中，包括邮件服务器、用户的邮箱就位于其上。用户可以使用编辑器创建、发送、接收和阅读邮件。除此以外，电子邮件网络应用还包含了一些单独的协议，例如，用来在邮件服务器之间发送电子邮件消息的简单邮件传送协议（Simple Mail Transfer Protocol，SMTP），或者用来实现邮件的使用者和邮件服务器之间通信的邮局协议（Post Office Protocol，POP）。同样，这些协议也存在于万维网（World Wide Web，WWW）中。作为网络应用的万维网同样也是由大量的单独组件组成的，例如，通过万维网提供信息和服务的 Web 服务器和为用户提供的、被作为互动与阅读接口的 Web 浏览器，以及规定了 Web 服务器和 Web 浏览器之间通信的超文本传送协议（Hypertext Transfer Protocol，HTTP）。

9.1.2　客户端/服务器交互模式

首先，我们来考虑互联网中的主要成员，即那些通过互联网实现通信的应用程序。对应的通信通常都是根据以下方案运行的：具有通信意愿的（**客户端**）应用程序发送一个请求（Request）到位于远程的一台计算机上的一个对应的应用程序（**服务器**）上，该请求中表达了发送方的通信意愿。服务器对客户端提出的请求信息进行响应（Response），或者为其所请求的服务做准备。

这种形式的通信关系被称为**客户端/服务器范例**。应用层的协议必须同时为分别位于客户端和服务器端上的通信关系提供服务。在通信关系中，客户端扮演活跃角色，而服务器处于被动地位，只需等待一个由客户端发起的请求即可（参见图 9.2）。在这个过程中，信息流的流向可以是两个方向，既可以从客户端到服务器，也可以从服务器到客户端。如果观察万维网的话就可以看出，用户的网页（Web）浏览器扮演的就是通信关系中的客户端。Web 浏览器发送一个请求到位于一个 Web 服务器的特定信息资源处，而这处信息资源就扮演了通信关系中的服务器端。因此，HTTP 协议必须在 Web 浏览器端提供客户端功能，同时在 Web 服务器端提供服务器功能。

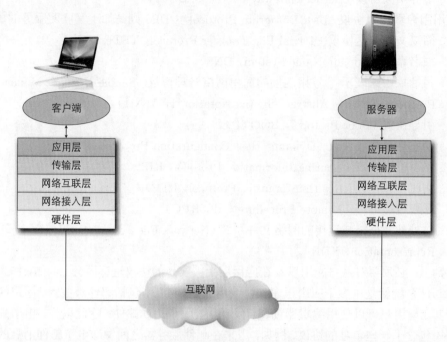

图 9.2　客户端和服务器通过互联网进行通信

一台单独的计算机可以扮演提供不同服务的不同服务器。为了实现这些服务，计算机每次需要运行不同的特定服务器程序。这种模式是非常有意义以及非常经济实惠的事，因为服务器程序在等待客户端请求的过程中是不需要消耗资源的。

这样一来，客户端就可以访问特定的服务器服务，只要这些服务器是可寻址的。为此，传输层的协议提供了可用接口，即所谓的**端口**。通过互联网进行通信的各个应用程序都被分配了一个特定的端口，每个端口都由一个特定的**端口号**进行标识（参见 8.1.3 节）。而这种端口号会被分配给网络传输软件中的各个应用程序。客户端的请求会由网络软件通过其被指定的端口号转发到各个服务器。为此，客户端必须在其请求中添加所对应的服务器上的特定端口号。这样一来，位于服务器端的网络软件就可以将接收到的请求转发到对应的服务器上。

当然，一台服务器在一个特定的时间点上只需要处理一个单独的客户端请求的情况是非常罕见的。通常情况下，会有多个来自不同客户端的请求同时出现在一台服务器上。所有这些请求需要平行地被同时执行，否则其中的一个客户端必须进行等待，直到服务器与另外一个客户端的交互结束。原则上，每个单独的客户端请求都是由一个原始服务器程序动态生成的副本（进程、任务）进行操作的。这就实现了较短的查询可以被快速执行，否则就有可能一直等待，直到前面一个较长时间的请求结束。

每个服务器程序都是由两个部分组成的：一个是主进程，一个是大量的动态**进程**（任务）。主进程通常是活跃的，随时等待接收客户端的请求。对于每个客户端的请求，服务器，更确切地说是主进程会生成一个特殊的进程，用来平行并且独立地处理主进程接收到的客户端请求。这样一来，主进程就可以不断地接收不同客户端的请求，同时控制对应进程的产生。如果有 n 个客户端同时请求通信，那么就会有 $n+1$ 个服务器进程被激活，即一个主进程和 n 个动态进程。

这样一来，每个服务器进程都可以独自进行工作，而不会出现客户端的混淆。也就是说，每个进程会根据唯一的标识符来识别各个单独链接的传输协议，而这些标识符都唯一指定了相应的客户端（例如，客户端 IP 地址）和对应的服务（例如，端口号）。这种客户端标识和服务器标识实现了在并行服务器运行中的"正确的"服务器选择。

每次根据被寻址的服务要求，客户端/服务器的服务都可以反过来要求一个**面向连接的传输服务**或者一个**无连接的传输服务**。其中，面向连接的传输服务通常是由 TCP 协议实现的，而无连接的传输则是通过 UDP 协议进行的。

在互联网中，客户端/服务器的交互模式并没有被限制为纯粹的 1:1 的通信关系，而是可以被建立为更为复杂的通信关系。例如，一个客户端可以同时与不同的服务器进行通信（1:n 的关系）：请求不同的计算机建立相同的服务，或者请求同一台计算机创建不同的服务，或者建立可传递的、具有层次的通信关系。另外，被客户端请求的服务器本身也可以作为客户端去激活其他服务器，以便满足原始客户端所需的请求。

9.1.3　套接字接口

客户端和服务器的应用程序使用了 TCP/IP 协议栈中的传输协议，并且通过互联网进行消息的传递。为此，这些应用程序必须能够确定自己所需的传输服务，然后通过客户端或者服务器端的程序以及地址信息制定对应的任务。此外，两个通信伙伴（应用程序）必须规定如何处理每次接收到的数据。也就是说，这些数据应该按照哪个方向以及以哪种形式转发到对应的应用程序。

应用程序为了传递信息而通过传输软件使用的接口称为**应用程序编程接口**（Application Programming Interface，API）。API 规定了所有可以由传输协议执行的操作函数，并且为此提供了必要的数据结构。**套接字 API** 是 TCP/IP 参考模型的传输协议中的一个标准接口（参见 8.1.3 节）。这种接口是在 20 世纪 70 年代与操作系统 BSD–UNIX（Berkeley Software Distribution，伯克利 UNIX 软件套件）一起由加州大学伯克利分校开发的。UNIX 操作系统由于包含了 TCP/IP 协议族的通信协议，因而得到了广泛的使用和普及，这也促使可以免费被使用的 TCP/IP 协议族得到了显著地扩散。套接字 API 的应用不断地被传播，并且通过互联网被移植到了其他的操作系统上，被公认为是通信应用程序的标准接口。

下面给出一个客户端/服务器交互模式的范例。互联网应用通常是由两个相互通信的进程组成，这两个进程分别在两个不同的、通过互联网相互连接的主机上运行。两个进程需要通过它们的套接字对消息进行发送和接收，从而达到通信的目的。为此，套接字在由计算机运行的进程和通信的基础设施之间建立了中央接口。图 9.3 中给出了两个使用自己的套接字，并且通过互联网进行相互通信的进程。对于应用程序的开发者这就意味着，他们具有对位于套接字应用程序端所有活动的控制权，但却不能在套接字传输层进行控制或者激活，也不能选择所使用的传输层协议，以及对一些通信相关参数的控制。

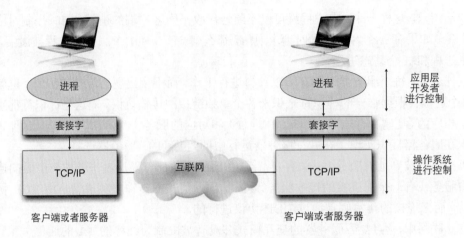

图 9.3　进程通过套接字进行的相互通信

9.2　名称及目录服务

　　为了通过互联网访问到位于远程的一台计算机上的特定服务或者应用,用户必须首先使用应用程序通过相关计算机的全球唯一 IP 地址对其进行标识。但是在通常情况下,用户很难记住长度为 32 比特的 IPv4 地址,或者长度为 128 比特的 IPv6 地址。其中,IPv4 地址是由四个八比特字节,即四个范围在 0 到 255 之间的十进制小数组成的。对应的,IPv6 地址是由 8 组、每组 16 比特组成的,即 16 个八比特字节组成。这就意味着,如果这些地址经常变更,那么是很难被记住的。

　　在很多互联网应用中,用户并不喜欢输入这些应用本身的 IP 地址,而是更倾向于可以通过一个简单易记的符号化的名字来对相关的计算机进行寻址。这种符号化的名字可以参见,例如在万维网中输入的邮件地址,或者统一资源定位符(Uniform Resource Locator,URL)。这些符号化的名字对于人们来说是很实用的,因为它们可以通过联想更容易被记住。但是,计算机在处理这些字符标识的时候就比较困难了。

　　要解决这个问题可以求助所谓的**名称服务**(Name Service)。该服务可以将唯一的 IPv4 或者 IPv6 地址转换为任意的符号化计算机名称。这种转换通常是自动进行的,对于应用程序或者用户来说是不可察觉的。为了实现 IP 数据报的交换,计算机的协议软件只能使用已经被确定了的 IP 地址(参见图 9.4)。

　　为了不仅能访问到特定的计算机,而且还能访问到位于其上的资源,计算机和其资源也必须能够被唯一寻址。为此,开发了可以简单明确定义资源的服务。这种通过互联网可用的服务一般被称为**目录服务**(Directory Service)。

9.2.1　域名系统(DNS)

　　虽然用户和大多数应用程序为了简化在互联网中寻址远程计算机而使用了符号名称,但是网络软件出于效率和唯一性的原因最终选择了使用长度为 32 比特以及 128 比特的二进制 IP 地址。

　　在互联网发展的早期,即阿帕网时代,计算机符号名称和其二进制地址之间的映射是

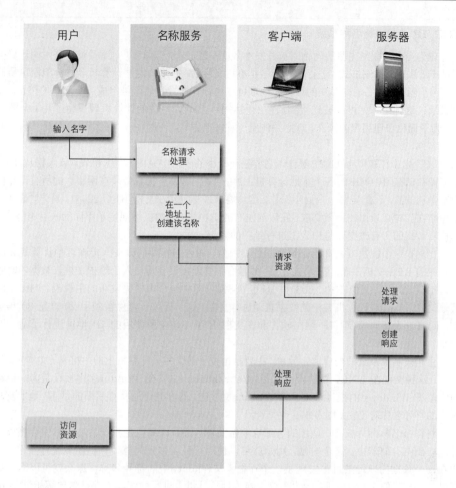

图 9.4　通过名称服务实现的一个互联网服务

通过一个集中安装的文件host.txt进行操控的，并且该文件需要不断地进行更新。每天晚上，所有阿帕网计算机的这个文件都会发出请求，以便更新自己的地址分配表。在当时，每个网络中最多只有几百台计算机，因此这样的做法是可行的。然而，随着互联网的爆炸式增长，人们很快就意识到，这种集中管理符号名称与地址之间映射的方法在很大程度上已经失去了意义。原因很简单，由于管理映射表格的规模增长过快，导致大规模地更新需要花费更多的带宽，连带成本也就越大（参见图 9.5）。

而且，这种被构建为平面的域名空间还会产生其他的问题。例如，不仅需要检测两次被分配的符号域名，而且还必须对其进行调整，这样一来就会产生大量的维护工作。

为了解决这些问题，Paul Mockapetris（1948—）开发了所谓的**域名系统**（Domain Name System，DNS）。该系统于 1983 年定义在文档 RFC 882 和 RFC 883 中，并且被定义为互联网标准。1987 年，该标准被文档 RFC 1034 和 RFC 1035所取代。当时，域名系统是被作为分布式数据库应用进行使用的，并且用于符号名称对二进制 IP 地址的分配。为了分布式应用程序构建得有意义，当时的可用地址空间被构建成为分层的，并且为不同的层分配了专有的 DNS 服务器。这些服务器对相应的地址空间层映射（Mapping）负责。

TCP/IP 主机表格名称系统

作为当今互联网先驱的阿帕网被开发不久就发现，对于普通用户来说，使用联网的计算机地址（通常为二进制形式）进行相互通信是不切实际的，必须为这些计算机名称分配简单易记的符号名称。首先，这种形式的计算机地址可以由计算机号和端口号组成一个简单的组合。计算机通过这种组合就可以被连接到通信的网络中。当阿帕网中的计算机数量超过几十台的时候，为了简化普通用户的操作，就必须制定一种解决方案，为这些计算机地址分配简单易记的符号名称。

这些符号名称和地址的映射首先需要在一个小的表格中完成，即**主机表**。该表格从 1971 年起被存储在阿帕网中的各个本地计算机上。在当时，这种主机表必须在网络中的所有计算机上都是相同的，因此需要一个同步操作。这一要求最早定义在文档 RFC 226中。首先，这种同步操作在当时必须由纯手工完成。在后继发布的 RFC 文档中虽然规定了不同的映射类型，但主机表数据的所有改变还是由人工进行维护的。

当然，这个解决方案并不是很理想的。因为，对网络拓扑的改变只能在其他计算机完成了对应的 RFS 文档发布之后才能进行，并且网络管理员很容易在人工维护主机表数据的时候出现错误。为此，文档 RFC 606 和 RFC 608提议建立一个由中央发布的主机表。网络中的其他计算机需要对该主机表中的数据自动进行复制。这一提议一直保留到了 20 世纪 80 年代初，同时也为新的 TCP/IP 网络软件和在文档 RFC 810中所使用的 IP 地址进行了适当的调整。

主机表名称系统的构成非常简单，主要是由位于各个相关计算机上的主机表（文本）文件组成。这种文件在 UNIX 系统上被设置为**/etc/hosts**（在 MS Windows 中被设置为hosts，通常位于 Windows 的根目录下面）。在hosts文件中，跟在几个注释行后面的是 IP 地址及其对应的符号名称对（参见图 9.6）。

将符号名称翻译成 IP 地址的方法也非常简单。每台计算机在系统启动的时候会将该文件读取到主存储器中。这个时候，用户就可以使用符号名称来代替计算机地址进行操作。如果在一个预期的地址条目中发现了一个存在于文件hosts中的符号名称，那么就可以简单地通过与其配对的 IP 地址进行替代。完全在本地计算机上进行的解决方案是**名称解析**（Name Resolution）。

这种方法只有在网络拓扑发生改变的时候才会出现问题，因为这种改变最初只能在本地计算机上被执行。为了确保全球的统一性，所有网络的改变都必须被转发到中央管理局。该部门已经为所有其他网络参与者准备了一个全球的主机表文件。

延伸阅读：

Karp, P. M. .: Standardization of host mnemonics. Request for Comments 226, Internet Engineering Task Force (1971)

Feinler, E. J., Harrenstien, K., Su, Z., White, V.: DoD Internet host table specification. Request for Comments 810, Internet Engineering Task Force (1982)

图 9.5　TCP/IP 主机表格名称系统

DNS 概述

通过中央对域名表格进行维护的集中系统的域名解析方法很快就暴露了弱点。较高的维护开销以及与中央表格频繁而昂贵的同步操作促使了新想法的产生，即将原始的"平面"结构的域名空间进行分层划分和管理。这种构造名称空间以及将相关部分归纳为所谓

```
# Host Database
# This file should contain the addresses and aliases
# for local hosts that share this file.
#
# Each line should take the form:
# <address>          <hostname>
#
127.0.0.1            localhost
141.89.225.120       www.hpi.uni-potsdam.de
62.50.45.35          www.springer.de
```

图 9.6　TCP/IP 主机表文件示例

的**域**的想法最早于 1981 年定义在文档 RFC 799"*互联网名称域*"(Internet Name Domains)中。随后对该想法的开发和扩展都在 1987 年被录入到了文档 RFC 1034 和 RFC 1035 中。而这些文档直到今天都还一直是构建域名系统的基本标准。

事实上,名称空间的分层结构触动了互联网爆炸式的增长。正如我们已经知道的,无论是进行组织以及维护,还是进行扩展,想要分散管理,并且使用较少的花费,同时又不会出现问题,这几乎是不可能的。下面的表 9.1 给出了最重要的域名系统标准。

表 9.1　DNS 中的重要互联网标准

RFC	标题
799	*Internet Name Domains*
1034	*Domain Names: Concepts and Facilities*
1035	*Domain Names: Implementation Specification*
1183	*New DNS RR Definitions*
1794	*DNS Support for Load Balancing*
1886	*IPv6 DNS Extensions*
1995	*Incremental Zone Transfer in DNS*
2136	*Dynamic Updates in the Domain Name System*
2181	*Clarification in DNS Specification*
2308	*Negative Caching of DNS Queries*
4033	*DNS Security Introduction and Requirements*
4034	*Resource Records for the DNS Security Extensions*
4035	*Protocol Modifications for the DNS Security Extensions*

在开发域名系统的过程中,出现的一个比较大的挑战是:在 20 世纪 80 年代,互联网就已经发展成了连接数量庞大的计算机的联网规模。如果要为其过渡一个新的名称解析系统,那么只有付出昂贵的成本才能完成。同时,开发者还被告知,新的系统必须能够被证明是一个永久性的系统。因为,基于现有互联网的增长速度,将来一旦还要更换其他系

统,那么所要付出的成本几乎是无法达到的。因此,在域名系统的设计过程中,设计目标的重点被放到了谨慎和具有前瞻性的规划上。

- **创建一个全球的、可扩展的以及一致的名称空间**:重新被创建的名称空间应该是全球性的,也就是说,在全球范围内可以同时管理数以百万计的计算机。为此,必须开发一个简单的、尽可能直观被理解的方案,并且使用该方案可以很容易地识别以及定位目标计算机。同时,通过这种方案必须可以有效地识别出现重复的名称,即使相关的计算机在地理位置上相互间相隔较远。
- **本地资源必须在本地进行管理**:在一个单独的网络内,各个相关的网络管理员必须可以为网络设备和计算机指定名称。一个给定名称由一个中央位置对其进行注册的形式应该被避免。每个本地的网络并不需要了解其他网络以及相关的各个计算机的名称。
- **使用分布式设计的概念来避免出现的瓶颈**:集中维护的各种形式必须避免高度的管理负担。为此,域名系统被构建为分层结构,并且实现了分布式数据库的应用。其中,为了实现正确功能所需的那些信息都是通过互联网进行交换的。
- **尽可能广泛的实用性**:域名系统必须在尽可能多的应用中支持尽可能多的程序和功能。为此,DNS 支持包括寻址变体的多种不同协议。

通过这些规划,域名系统的名称空间被设计为一个分层构建的树结构。这种结构始于一个共同的根节点,随后向各个域分叉。这些域本身可以包含单个的计算机,也可以继续分叉到子域。因此,这种结构与计算机中的文件系统的构造很相似。该结构被开发了一种特定的语法,以便规范正确的名称。并且,通过从根节点到对应的终端设备的名称空间的结构,可以给出这些术语的解释。

域名系统提供了一个特殊的登记系统,该系统对应于名称空间结构的管理单位。一个中央组织管理着最上层的域名,同时进一步委派登记请求和管理请求到下一级组织机构。这种组织被称为地区性互联网注册管理机构(Regional Internet Registry,RIR)。

这种机构的主要任务是设计名称解析机制,也就是说,是对将符号名称翻译到 IP 地址负责。这里所使用的方法不仅必须采用名称空间的分布式结构以及其中所包含的管理机构,并且还要能够同时考虑到百万甚至千万台的计算机。因此,可扩展性成为了一个特别重要的设计标准。域名系统的名称空间中的各个域及其下面子域的管理机构被称为所谓的**DNS 服务器**。DNS 服务器是一种特殊的、用于负责如名称解析这些请求的应用程序。其中,名称解析既可以由 DNS 服务器直接处理,也可以将该请求沿着名称空间的结构向"上"或者向"下"转发。

如今,DNS 已经成为互联网基础设施的核心组成部分。任何对其的干扰都可能引发较为严重的问题和损耗,而且对 DNS 数据的篡改可能成为攻击的始点。大量对于 DNS 攻击的主要目标是对万维网中 DNS 参与者实施有针对性地操纵。原则上,是将网络用户导向错误的网站,以便盗取其密码、识别信息或者信用卡信息。因此,DNS 于 2005 年在文档 **RFC 2535域名系统安全扩展**(Domain Name System Security Extensions,DNSSEC)中追加了额外的安全功能。借助于 DNSSEC,可以保证 DNS 事务处理的真实性和数据完整性,同时排除未经授权的第三方的操作。

DNS 地址空间

DNS 地址空间是被分层构造的。先来看一下人们熟悉的邮件地址。这种地址一般是按照姓名、街道名、邮编、城市以及国家来结构化的（德国习惯），并且通过这种分层结构来保证该地址是全球唯一的地址标识。DNS 地址结构与邮件地址类似，其地址空间被划分为所谓的**域**。如果人们反方向来读取邮件地址，那么可以得到一个简单的信件排序指令。首先，划分成不同的国家，每个国家再划分成不同的城市。而每个城市都拥有许多街道，不同的街道上居住着各个单独的邮政网络参与者。与此类似的，域名系统将名称空间在互联网的概念中首先划分成一个**顶级域**（也称为一级域）。这些顶级域都是从**根域**分支出来的，同时被分配了大量的计算机地址。每个顶级域再次划分为**域**，而这些域又划分为**子域**（参见图 9.7）。

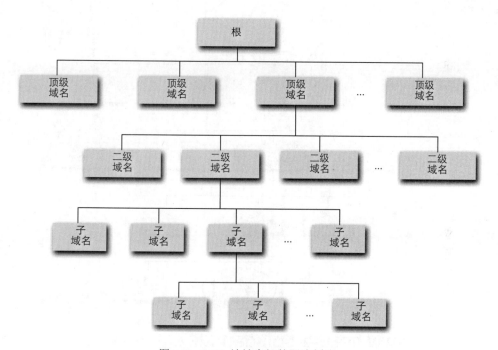

图 9.7　DNS 地址空间的层次划分

通过这种方式，整个互联网的 DNS 地址空间被描述成了一个树结构。这种划分始于最通用的情况，结束于最特殊的情况。由树状结构概念引申出的图论概念如下：

- **节点**（Node）：每个节点都是 DNS 名称空间的内部结构元件，从树的根节点一直延伸到叶子节点。
- **根**（Root）：描述了 DNS 名称结构概念的开始，也就是说，在根的上面没有其他结构了。
- **子树**（Branch）：描述了 DNS 名称空间中相关联的子结构，是由一个域及其所包含的所有子域组成。
- **树叶**（Leaf）：相对于根来说，树叶构成了 DNS 名称结构的末端。在树叶的下面不再有其他的子结构。

互联网中，DNS 上的网络终端总是位于由 DNS 名称空间组成的树结构的叶节点上。对应的寻址是按照路径进行的，即沿着相关的网络终端可以一直到达根节点。树结构中的每个节点都通过一个名称标识被唯一确定，即**DNS 标签**。该标签命名了对应的域或者子域。理论上，一个 DNS 标签的长度可以具有 0~63 个字符，但如今大多数这样的标签长度为 1~20 个字符。最初，在 DNS 标签中允许使用字母、数字和连接字符。标签字符并不需要"区分大小写"，也就是说，并不考虑字符大小写的区别。DNS 标签不允许在其域中被重复指定，即标签必须是本地唯一的。如今，为了唯一标识一个网络终端设备，从每个叶节点一直到根节点的路径上的各个 NDS 标签相互间都必须是有关联的。各个标签是通过一个小数点被相互分隔开的（参见图 9.8）。这些用来识别终端设备的唯一 DNS 标签的字符串被称为**全限定域名**（Fully Qualified Domain Name，FQDN）。这种域名的长度不能超过 255 个字符。

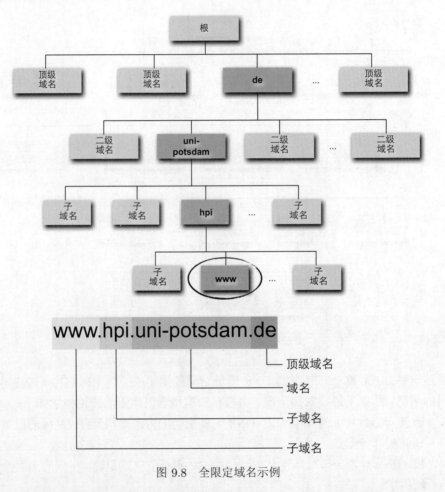

图 9.8　全限定域名示例

全限定域名也称为绝对域名。这种域名唯一标识了各个 DNS 名称空间中相关联的网络终端设备。类似的，一个用来标识沿着 DNS 名称空间中的一条不能到达根节点路径的 DNS 标签串被称为部分限定域名（Partially Qualified Domain Name，PQDN）。也就是说，该域名只在一定范围内才可以被解析。

对应于 DNS 名称空间的分层结构，还存在一种分层构造的管理结构。该结构负责为各个**网络信息中心**（Network Information Center，NIC）分发域名。在各个域或者子域的内部，相关的管理组织必须保证名称标识符的唯一性。**互联网编号分配机构**（Internet Assigned Numbers Authority，IANA）是互联网中分配名称和编号的最高权利机构。IANA 对于一般顶级域的管理都是从**互联网名称与数字地址分配机构**（Internet Corporation for Assigned Names and Numbers，ICANN）接管过来的。ICANN 负责对下属机构进行协调、监督以及委派登记任务。

原则上，顶级域具有两种不同类型的特点：

- 通用顶级域（generic Top-Level Domains，gTLD）：用来表示不同类型的机构和组织。这种域含有 3 个或者更多字母的 DNS 标签。该顶级域又被划分为两个组：
  - **非赞助性顶级域**（**uTLD**）：非赞助性顶级域（unsponsored Top-Level Domains）直接处理于由 ICANN 引导下的、用于全球互联网社区的指令（参见表 9.2）。
  - **赞助性顶级域**（**sTLD**）：赞助顶级域（sponsored Top-Level Domains）是由私人企业或者机构建议和资助的，在相关的顶级域中设置了参与者自身的使用策略（参见表 9.3）。

表 9.2　非赞助性顶级域 (uTLD) 示例

TLD	含义	解读
.arpa	ARPANET	最初被指定为阿帕网，现在被用于地址和路由参数区域，被 IANA 归类为域的基础设施
.biz	business	只被用于商业用途，原则上是可以自由访问的
.com	commercial	最初只针对企业使用，如今可以被自由访问
.info	information	最初指定给信息提供者，如今可以被自由访问
.name	name	只对（普通）用户开放
.net	network	最初被用于网络管理设备，如今可以自由被访问
.org	organization	提供给非营利组织（Non-Profit Organization）
.pro	professional	提供给某些专业团队（可以提供证书的合格专业人员）

表 9.3　赞助性顶级域 (sTLD) 示例

TLD	含义	解读
.aero	aeronautics	限于航空活跃的组织
.edu	educational	仅限于教育机构，即从 2001 年以来，那些由美国教育部认可的教育机构。因此，除了少数例外，这个 TLD 仅适用于美国的大学和学院
.gov	government	限于美国的政府部门和机构
.int	international	限于跨国组织
.mil	military	限于美国的军事组织
.travel	travel	指定为旅游行业的公司，例如，旅行社、航空公司等

- 国家码顶级域（Country-code Top-Level Domains，ccTLD）：为每个国家提供了一个顶级的域。这种域的数量到现在已经超过了 200 多个。除了独立的国家，一些区域也具有一个自己的国家码顶级域。国家码顶级域的标识被规范在了文档 ISO 3166 中。下面是一些国家码顶级域的例子：
  - .at: 奥地利。
  - .br: 巴西。
  - .de: 德国。
  - .eu: 欧洲。
  - .fr: 法国。
  - .it: 意大利。
  - .uk: 英国。
  - .za: 南非。

虽然没有给出明确的规定，但是美国内部的机构大多位于通用顶级域内。而美国之外的几乎所有机构都归属于各个国家码顶级域内。在图 9.9 给出了一些例外情况的总结。

国家码顶级域名的例外和特殊情况

对于国家码顶级域名来说，除了原始的规则，即为每个国家分配一个双字符长度的 ISO 3166 国家码外，还具有以下的特殊规则：

- 英国采用了 TLD 的.uk来代替由 ISO 3166 给出的缩写.gb。
- 美国除了国家码顶级域名.us，还拥有顶级域名.mil、.edu和.gov。
- 欧盟使用了国家码顶级域名.eu，尽管它并不是一个独立的国家。
- 用于扎伊尔共和国（Zaire）的国家码顶级域名.za在 2004 年的时候被撤销，取而代之的是用来标识刚果民主共和国的.cd。
- 较小的国家通常会通过一个宽松的贷款政策和主动的宣传来规定自己的域名。例如，早在 1998 年，汤加王国（The Kingdom of Tonga）就成为了第一个用自己国家码顶级域名.to来宣传自己国家为自由市场的国家，具体的域名是come.to或者go.to。比较出名的还有太平洋上的岛国图瓦卢（Tuvalu），其国家码顶级域名.tv被专门用来吸引媒体（电视）公司。图瓦卢从销售域名获得了利益，不仅为国家机构建立了 IT 的基础设施，同时也获得了联合国的入场费。同样，国家码顶级域名.fm被密克罗尼西亚联邦国（Federated States of Micronesia）用在了广电领域，.im被马恩岛（Isle of Man）用于了快速通信服务，.tk被托克劳群岛 (Tokelau) 用于了电信公司，吉布提 (Djibouti) 将.dj用于了音乐节目，而安安提瓜和巴布达（Antigua and Barbuda）将.ag用于了上市公司。

延伸阅读：

Köhler, M., Arndt, H.-W., Fetzer, Thomas: Recht des Internet, 6. Aufl., C.F. Müller Verlag, Heidelberg (2008)

图 9.9　国家码顶级域名的例外和特殊情况

这些顶级域名是由互联网名称与数字地址分配机构（ICANN）统一进行分配的。对位于这种顶级域名之下的域和子域的管理以及分配是由相关的域名注册局（Domain Name

Registry）接管的。例如，德国的互联网信息中心[1]（Network Information Center，NIC）就是为德国国家码顶级域名 .de 负责的。通常情况下，一个新的域只能在获得其上一层域的批准下才能够被创建。这就意味着，存在于一个域中的各个组织在这个域中完全可以构建一个下属子域的层次结构。例如，一个公司可以为每个部门设置一个子域，从而使企业的结构体现在 DNS 地址空间中。每个域都存在一个表格映射，该映射给出了这个域中指定的域名和当前相关的 IP 地址。这种分布式数据库也被称为**DNS 名称数据库**（DNS Name Database）。借鉴将整个 DNS 名称空间划分为分层结构的方法，这种数据库在各个相关的管理计算机上，即所谓的**DNS 服务器**上给出了存在于所谓 DNS 资源记录形式中的本地 DNS 名称数据库。

DNS 资源记录

每个单独的域，无论是顶级域还是仅仅只是一台计算机，都提供了所谓**资源记录**的集合。这种集合中除了基本的资源记录，即只包含一台单独计算机的 IP 地址之外，还存在着许多不同的资源记录。这些记录提供了不同的信息，例如，该域名相关的 DNS 服务器的名称、该名称的别名，或者描述了有关计算机硬件平台以及操作系统的附加信息等（参见图 9.10）。如果一台 DNS 服务器接收到了一个域名的请求，那么该服务器会向提出请求的 DNS 客户端发送回一个带有相关资源记录的域名集合。

一个资源记录通常是由一个包含了 5 个字段的单个文本行组成的（参见图 9.10）：

- **Name**：该字段包含了计算机或者节点的完整有效域名，其长度是可变的。一般来说，对于单个的域存在着许多条目，同时 DNS 数据库的每个副本都含有相关的许多不同域的信息。这些条目被写入到域的顺序是可以忽略的。如果接收到一个请求，那么会为其返回与该域相关的所有条目。
- **Type**：长度为 2 个字节的资源记录类型字段，是以数字的形式给出的。这个字段提供了资源记录以及应用目的的数据格式的指示。
- **Class**：长度为 2 个字节，用于编码条目的类别说明（是否是互联网）。对于互联网这个 DNS 条目常见的类，会被使用简称"IN"。
- **Time to Live**（**TTL**）：长度为 4 个字节，以秒为单位的时间段，指示在这个时间段内条目是有效的。例如，静态条目包含的数值为 86400（以秒为单位的一天的时间段）。相反，动态条目包含了一个较低的数值，例如，60（1 分钟）。
- **RDATA**：资源记录额外规定的信息，其长度是可变的。例如，一个 IP 地址或者一个计算机名。
- **RDLENGTH**：长度为 2 个字节的字段，为 RDATA 字段规定长度。

DNS 名称服务器

理论上，一台包含所有 DNS 资源记录表的计算机可以集中维护整个互联网。然而在真正运行过程中，数量超过十亿的互联网主机会让一台这种类型的名称服务器持续地过

---

[1] http://www.denic.de/.

DNS 资源记录

DNS 资源记录具有多种不同的类型：

- **SOA**（Start of Authority，起始授权）：SOA 资源记录标志着一个 DNS 区域的开始，并且为此提供了重要的信息。该资源记录包含了名称服务器、相关管理员的电子邮件地址、一个唯一序列号以及多个标识超时信息的主要信息来源的名称。
- **A**（地址）：A 资源记录为指定的计算机提供了长度为 32 比特的 IPv4 地址。
- **AAAA**（地址）：AAAA 资源记录为所指定的计算机提供了长度为 128 比特的 IPv6 地址。
- **MX**（Mail Exchange，邮件交换）：MX 资源记录提供了被指定域的可接受的电子邮件所属域的名称。
- **NS**（Name Server，名称服务器）：NS 资源记录为该域相关的名称服务器提供了名字。每个 DNS 区域必须提供至少一个指向相关主 DNS 服务器的 NS 资源记录。同时，这个主 DNS 服务器必须提供一个有效的 A 资源记录。
- **CNAME**（Canonical Name，规范名）：如果允许定义一个别名，那么该别名就可以替代 DNS 名字被使用。CNAME 资源记录经常被用于将内部的 DNS 区域的结构变化对外隐藏。也就是说，外部会使用不变的别名，而内部为计算机分配的名称可以被改变。
- **PTR**（Pointer，指针）：该资源记录为一个 IP 地址分配了一个名字。
- **HINFO**（Host Information，主机信息）：这个资源记录描述了隐藏在资源记录后面的计算机。这些信息给出了计算机所使用的操作系统或者 CPU 型号。
- **TXT**（Text，文本）：在一个域中允许使用的自由文本，用来记录其他的信息。

示例：

pc063.hpi.uni-potsdam.de	86400	IN	A	172.16.31.31
pc063.hpi.uni-potsdam.de	86400	IN	AAAA	2001:0638:0807:020d::4bfd
pc063.hpi.uni-potsdam.de	86400	IN	HINFO	PC LINUX
pc063.hpi.uni-potsdam.de	86400	IN	TXT	Dr. H. Sack
pc063.hpi.uni-potsdam.de	86400	IN	CNAME	hs1.hpi.uni-potsdam.de

图 9.10　DNS 资源记录

载。因此，从开始使用 DNS 的时候就需要确定一个分散维护的解决方案。

这种分散的解决方案将整个 DNS 名称空间划分为多个相互不重叠的**DNS 区域**。这些区域通常会包含 DNS 地址空间的一个完整子树和一个位于该子树根节点的名称服务器，用来明确相关区域的 DNS 权威。**名称服务器**（Name Server）一方面是指负责 DNS 名称空间请求的应用程序，另一方面也是指在计算机上运行的这些程序的服务器。这些服务器又被区分为权威名称服务器和非权威名称服务器。**权威名称服务器**是用来对 DNS 区域负责的。在这些区域上的服务器的信息被认为是安全的。每个区域至少存在一个这样的权威服务器，即**主名称服务器**（Primary Name Server），用来提供各个在 SOA（起始授权）中的资源记录。为了确保一定程度的冗余和尽可能均匀分配请求所产生的负担，权威名称服务器通常作为服务器集群进行工作。其中，位于一个或者多个下游服务器上的区域数据都是相同的。这些数据的信息都来源于主名称服务器的信息。**非权威名称服务器**是通过其他名称服务器上的区域来获得自己信息的。因此，这些信息被视为是不安全的。

位于 DNS 地址层次顶端的，即顶级域中的主名称服务器被称为**根服务器**（Root Server）。然而，一个根服务器并不包含顶级域中所有可达的计算机上的资源记录，而只是包含顶级域的名称服务器可以直接到达的那些资源记录，并且通过其他的地址映射提供必要的信息。举例来说，域名.de 的根服务器并不了解每台哈索普列特纳研究所（HPI）的计算机信息。但是，该根服务器可以提供有关如何到达对应名称服务器的信息，这些信息就可以对域 hpi--web.de 发出的请求进行响应。所有 DNS 名称服务器都是彼此相连接的，并且形成一个互相一致的整体系统。其中，每个名称服务器都会提供必要的信息。例如，如何可以到达一个根服务器，以及如何连接每个名称服务器。这些信息是为在层次中位于相关名称服务器下层的 DNS 地址空间负责的。

为此，一个名称服务器可以通过位于其他部分（不在自己的 DNS 区域内）的名称空间使用如下的策略：

- **委托**：通常情况下，一个域的部分 DNS 名称空间都被外包到了子域，而各个子域都有自己的名称服务器。这种域的名称服务器了解自己区域内的这些子域的本地名称服务器，同时向这些位于子域上的名称服务器发送委托请求。
- **转发**：如果被请求的 DNS 名称空间不在自己的域内，那么该请求会被转发到事先规定的名称服务器上。这些名称服务器通常是在层次结构中直接位于域或者子域之上的名称服务器。
- **根服务器的解析**：如果因为没有预先规定对应的名称服务器，或者该服务器由于无法到达的原因不能进行转发，那么这个根服务器需要进行协商。为此，根服务器的名称和 IP 地址被静态置于名称服务器上。到目前为止，一共存在 13 个根服务器（服务器 A~M）。出于效率的考虑，根服务器不会返回完整的域名解析，而只是以迭代的方式进行通知。也就是说，该服务器会在一个相关的域名服务器上给出一个响应，来完成其他的域名解析。

DNS 域名解析

为了执行一个域名解析，每个应用程序都会为接收到的请求提供了一个所谓的**解析器**。这种解析器是一个构造简单的程序。该程序安装在 DNS 用户的计算机上，其任务是获取域名服务器的信息。在 DNS 客户端，解析器应该为一个应用程序和域名服务器之间进行调解。为此，当解析器接收到一个应用程序请求的时候，有必要将其补充为一个完整的域名，并且将其传递到相关的域名服务器。解析器的这种工作方法可以由迭代或者递归方法来实现：

- **迭代域名解析**：在迭代域名解析情况下，解析器对域名服务器的请求不仅返回其所期望的资源记录，而且其中还包括下一个被请求的其他域名服务器的指示。通过这种方式，解析器可以通过 DNS 域名空间从一个域名服务器到另一个域名服务器进行工作，直到获得自己所需要的信息，并且将最终信息传递给提出请求的程序。

- **递归域名解析**：在递归域名解析的情况下，解析器向指定给自己的域名服务器发送一个递归请求。如果所需的信息并不在被请求的域名服务器的应答范围内，那么该域名服务器，而不是该解析器，会一直联系其他的域名服务器，直到获得所期望的响应为止。

一般的互联网终端使用的解析器都是以递归的原则进行域名解析的。相反的，在域名服务器上被使用的解析器都是以迭代的方法进行工作的。比较流行的域名解析工具是nslookup[1]或者dig。

图 9.11 中给出了使用域名解析方法nslookup和dig的例子。在这两种情况下，完整的域名www.hpi-web.de被查询，并且每次都被返回两个类型的不同资源记录，每个记录都带有相应的IPv4 地址。在dig情况下，被请求的域名服务器还可以识别 IPv4 地址192.168.2.1。

从解析器到域名服务器的 DNS 请求通常是通过 UDP 的端口 53 进行的。DNS 的 UDP 数据分组所允许的最大长度为 512 个字节。除了这个规则，其他的规则都包含在文档 RFC 2671 的 DNS 扩展机制（Extension Mechanisms for DNS，EDNS）中。如果没有使用 DNS 的扩展机制，那么过长的答复会被切断到所允许的最大长度，并且通过截断标志的设置被标识为是已经缩短的信息。如果发送请求的解析器并不满意这种被截断的答复，那么该解析器还可以通过 TCP 的端口 53 进行重复请求，并且设定不事先限制的长度（参见图 9.12）。

如果一个域名解析基于的是一个用户端的本地应用程序上的请求，那么原则上，无论是递归还是迭代域名解析都可以参与到这个过程中。图 9.13 给出了将域名解析到 IP 地址的 DNS 客户端/服务器交换的基本顺序：

(1) 客户端为www.hpi.uni-potsdam.de的域名解析向解析器发出一个请求。

(2) 解析器（DNS 客户端）与本地 DNS 服务器进行联系，并且根据 IP 地址发送一个请求到www.hpi.uni-potsdam.de。

(3) 本地 DNS 服务器进行检查，被请求的域名是否位于自己拥有的 DNS 授权的子域内部。如果在，那么该服务器会将所查询的域名转换为相关的 IP 地址，并且将所查询到的 IP 地址添加到返回请求计算机的响应中。如果被询问的域名服务器并不能完全解析所查询的域名，那么该 DNS 服务器会检查，查询的解析器需要什么类型的互动。如果该解析器需要一个完整的地址转换（递归解析），那么该域名服务器会继续联系其他可以完全解析该地址的域名服务器，并且将通过这种使用递归方法确定的 IP 地址返回到发出询问的解析器。由于当前的询问并不能在本地被答复，因此本地 DNS 服务器将该请求作为迭代请求转发到一个根 DNS 服务器上。

(4) 如果该根 DNS 服务器同样也不能解析被查询的域名，那么会返回所查询的顶级域名.de授权的 DNS 服务器的地址。

(5) 本地 DNS 服务器会首先联系从根服务器上提供的 DNS 服务器.de，并且请求查询对应地址www.hpi.uni-potsdam.de。

---

[1]http://network-tools.com/nslook/.

使用 nslookup 和 dig 方法的域名解析示例

```
> nslookup −q=any www.hpi−web.de

Server:        192.168.2.1
Address:       192.168.2.1#53

Non−authoritative answer:
Name:          www.hpi−web.de
Address:       80.156.86.78
Name:          www.hpi−web.de
Address:       62.157.140.133


> dig hpi−web.de

; << >> DiG 9.6.0−APPLE−P2 << >> hpi−web.de
;; global options: +cmd
;; Got answer:
;; −>>HEADER <<− opcode:QUERY,
& status:NOERROR, id:60465
;; flags:qr rd ra; QUERY:1, ANSWER:2,
& AUTHORITY:0, ADDITIONAL:0

;; QUESTION SECTION:
;hpi−web.de.       IN   A

;; ANSWER SECTION:
hpi−web.de.   0 IN    A    80.156.86.78
hpi−web.de.   0 IN    A    62.157.140.133

;; Query time: 72 msec
;; SERVER: 192.168.2.1#53(192.168.2.1)
;; WHEN: Sat May  7 12:59:21 2011
;; MSG SIZE   rcvd: 60
```

图 9.11　使用 nslookup 和 dig 方法的域名解析示例

(6) .de的 DNS 服务器不能解析所查询的域名,会发送回用于所查询域名uni-potsdam.de授权的 DNS 服务器的地址。

(7) 之后,本地 DNS 服务器联系在响应中给出 DNS 服务器uni-potsdam.de,并且为原始查询的www.hpi.uni-potsdam.de请求解析 IP 地址。

(8) 如果 DNS 服务器uni-potsdam.de同样不能解析被查询的域名,那么会发送回被查询的授权 DNS 服务器的域名hpi.uni-potsdam.de的地址。

DNS 扩展机制（EDNS）

术语 DNS 扩展机制（EDNS）总结了各种不同域名系统的扩展，这些扩展描述了通过 UDP 协议进行的 DNS 信息传输。经过多年不断地更新，早在 20 世纪 80 年代就被开发了的 DNS 系统如今已经被附加了大量的额外功能。但是，在原始 DNS 信息格式中被设定的相关标志、返回代码以及标签类型的控制机制已经不能再满足这些新增的功能和所遇到的新情况。同样的，通过对 UDP 所发送的 DNS 数据分组的 512 字节的长度限制也会在将过长的信息截断的时候出现问题。

为了解决这些新问题，开发了 DNS 扩展机制。该机制扩展了 DNS 的消息格式，并且定义在文档 RFC 2671 中。其中，除了已经存在的 DNS 消息类型，还加入了一个特殊的伪资源记录，即**OPT 资源记录**（OPT Resource Record）。为了将一个 DNS 消息标记为 EDNS 消息，只需要插入一个 OPT 资源记录。其中，使用了 16 个额外的标志进行控制，并且实现了将答复代码的长度扩展到 8 个字节。除此以外，还同时给出了传输所使用的 UDP 数据分组的总长度以及一个在 OPT 资源记录中的版本号。

下面给出了一个借助 DNS 工具**dig**的 OPT 资源记录：

```
;; OPT PSEUDOSECTION:
; EDNS: version:  0, flags:  do; udp:  4096
```

对于 DNS 安全扩展（DNS Security Extensions，DNSSEC）机制来说，DNS 扩展机制（EDNS）同样是一个先决条件。在实际操作中，当原始的长度被限制为 512 字节的时候，如果真实的消息超过了这个长度，那么这个时候不使用 EDNS 消息就会出现问题。例如，当防火墙给出的 DNS 消息的最大长度限制是 512 字节的时候，就会经常不能传递更长的 DNS 消息。

延伸阅读：

Vixie, P.: Extension Mechanisms for DNS (EDNS0), Request for Comments 2671, Internet Engineering Task Force (1999)

图 9.12　DNS 扩展机制（EDNS）

---

(9) 本地 DNS 服务器联系在该响应中给出的 DNS 服务器**hpi.uni-potsdam.de**，并且为原始查询的**www.hpi.uni-potsdam.de**请求解析 IP 地址。

(10) 这时，**hpi.uni-potsdam.de**相关的 DNS 服务器能够解析查询的域名**www.hpi.uni-potsdam.de**，并且发送回相关的 IP 地址。

(11) 目标系统的 DNS 服务器的响应会被发送回本地 DNS 客户端（解析器）。

(12) 该解析器为原始查询的应用程序返回所需的 IP 地址。

(13) 客户端使用这个 IP 地址就可以将自己的请求发送到**www.hpi.uni-potsdam.de**。

如果想要使用上面所描述的方法，那么每台被连接到互联网中的计算机都必须至少提供一个本地名称服务器的地址。这个地址需要在网络软件配置的过程中显示出来，因为这个过程不能自动确定。每个域名服务器必须进一步提供在 DNS 地址层次结构中位于其上一层的域名服务器地址以及根 DNS 服务器地址。

DNS 缓存

如果相关的根域名服务器为了解析必须不断地联系非本地的域名，那么 DNS 域名解析的消耗就会不断地增长。为了缓解这种状况，域名服务器使用了一个**缓存机制**，以便

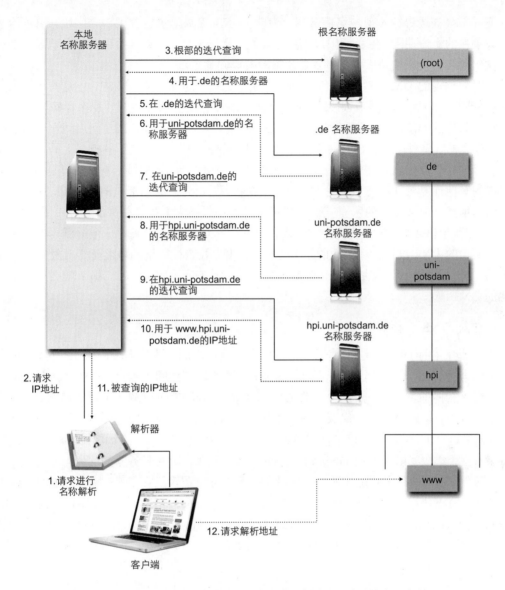

图 9.13　DNS 客户端/服务器将一个域名解析为 IP 地址的交互流程

保证尽可能小的域名解析消耗。而且，即使是在 DNS 域名解析的情况下，广泛存在于计算机科学中的原理**访问局部性**（Locality of Reference）也会为之带来巨大的优势。例如，在通过浏览器访问网页的过程中，极有可能下一个网页会被同一个 Web 服务器的用户访问。在这种情况下，如果重新进行一个新的 DNS 域名解析，那么就会产生巨大的冗余。这时，该冗余可以简单地通过缓存由已经成功的 DNS 域名解析来替代重新进行域名解析而消除。

　　所有通过递归地址解析所确定的非本地 IP 地址会被缓存在本地域名服务器上，并且存留在被请求解析器（DNS 客户端）上的一段时间内，以便该地址出现在新的请求中时可以快速响应。这些非本地 IP 地址在缓存中的期限是有限的，因为在外部地址空间中的改变并不会被通告给本地域名服务器。为此，DNS 资源记录包含了一个字段，用于给出相关条目的生命期限。生命期限过期后，该条目就被丢弃。如果该条目在生命期限过期后再次出现在一个新的请求中，那么必须重新被递归确定。

对被确定的 DNS 条目进行冗余缓存，无论是在本地域名服务器中，还是在被请求的解析器中，都非常有意义。如果该存储只在本地域名服务器中执行，那么在每次更新具有相同名称的 DNS 域名解析的过程中，必须在解析器和域名服务器之间启动一个新的通信，而该通信会消耗不必要的网络资源和时间。另外，如果一个位于解析器上的所有请求都直接来自于原始客户端的特有缓存，那么可以加速更新 DNS 域名解析。但是，本地网络中的其他计算机并不能从中受益。通过双缓存，无论对于原始请求的计算机，还是被分配给本地域名服务器中的所有其他计算机都会被确保最大的处理效率。

因此，图 9.13 中各个被设定的请求都是在一个域名服务器或者一个解析器上首先由一个所谓的 DNS 缓存进行查找的。在这个过程中会检查被查询的域名是否已经存在于本地的 DNS 缓存中。如果是，那么该请求会立即得到响应。如果没有，那么就必须启动其他的 DNS 请求。

逆向 DNS 名称解析

前面介绍的 DNS 方法中使用了简单的方法就可以确定为域名分配的 IP 地址，那么如何能为一个 IP 地址寻找其相关的域名呢？一个比较有趣的现象是，在实际情况中可以使用近乎相同的、只被稍微修改过的 DNS 名称解析方法就可以解决上面的问题。在最简单的情况下，解析器可以取代域名向一个域名服务器发送完整的 IP 地址，即逆向域名解析。如果这个 IP 地址位于该域名服务器的本地 DNS 数据库中，那么请求会被立即响应。如果不在，那么就出现了在 DNS 域名空间中确定正确的域名服务器的问题。

虽然 DNS 域名空间是按照分层构建的，但是分层逻辑只在 DNS 域名分配的过程中被遵循，而不是在 IP 地址分配的过程中。事实上，.arpa内部的一个特殊的域 TLD 被映射到了分层结构的 IP 地址空间上，即in-addr.arpa（in-addr 表示互联网地址）。该域的IPv4 地址具有如下的数值等级：in-addr.arpa域的第一个等级被划分在 256 个子域中，即从0.in-addr.arpa到255.in-addr.arpa。在第二个等级中，256 个子域中的每个子域同样又被划分为了 256 个子域。第三个等级和第四个等级同样也是遵循着这种方案被进一步划分的（参见图 9.14）。

对于一个 DNS 资源记录模式：

www.hpi-web.de   A   172.16.31.31

会在in-addr.arpa域内部平行创建如下的 PRT 资源记录。

31.31.16.172.in-addr.arpa   PTR   www.hpi-web.de

其中，与 A 资源记录不同的是：该 PRT 资源记录会首先指定 IP 地址，然后给出其域名。

现在，根据上面的描述就可以简单地对一个 IP 地址进行逆向 DNS 域名解析了，即解析器为31.31.16.172.in-addr.arpa请求一个常规的 DNS 域名解析。这样，原始的 IP 地址就可以简单地被逆转。因为，DNS 域名解析的进程总是从普通到特殊进行的。

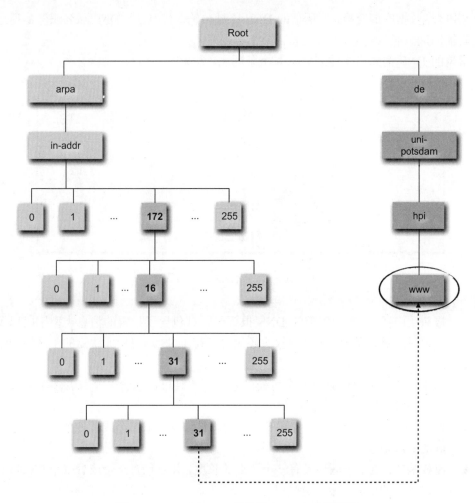

图 9.14 in-addr.arpa 域的逆向 DNS 名称解析

DNS 消息格式

DNS 域名解析方法基于的是客户端/服务器交互原则。DNS 客户端为了执行域名解析会发送一个请求，而 DNS 服务器为此会返回一个对应的响应。这种模式也适用于递归域名解析。其中，被请求的域名服务器在回复一个客户端请求之前，首先要联系其他的域名服务器。在这个过程中，DNS 使用 UDP 和 TCP 传输协议进行工作。通常情况下，一个客户端的 DNS 请求是通过 UDP 协议进行的，因为这样可以花费更少的管理开销，同时又能提高执行速度。正如前面已经提到的，DNS 的 UDP 消息的长度被限制在 512 字节之内。如果没有使用 EDNS 来替代 DNS，那么消息中超长的部分会被简单粗暴地切断。UDP 应用的是一个不可靠服务，也就是说，DNS 客户端并不能确保，由自己发送的请求真正地到达了 DNS 服务器。基于这个原因，DNS 客户端必须保存自己的请求记录，并且在一定时间之后可以重复这个过程。这种等待时间通常被设定为 5 秒，以防止可能产生的过多 DNS 数据流量。然而，一些 DNS 管理操作要求必须使用可靠的 TCP 协议。这包括了整个 DNS 区域数据库的交换，即所谓的 DNS 区域传输。其中，主 DNS 域名服务器通过镜像将其辅助域名服务器转移给自己的 DNS 数据库。

常见的 DNS 消息格式被划分为 5 个子区域（参见图 9.15）：

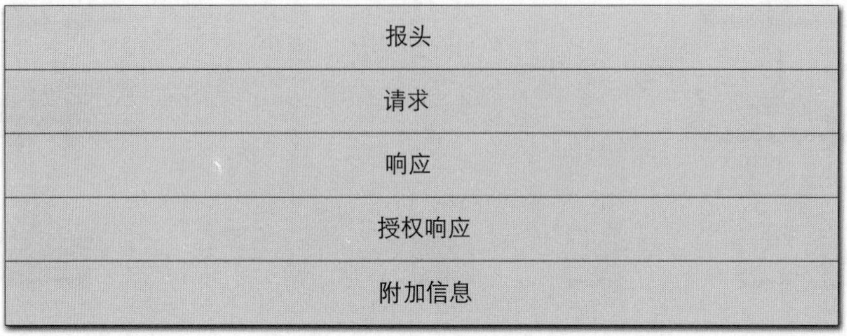

| 报头 |
| 请求 |
| 响应 |
| 授权响应 |
| 附加信息 |

图 9.15　常见 DNS 消息格式

- **报头**：长度为 12 个字节的 DNS 报头子区域包含了指定的消息类型字段以及有关消息的额外重要信息。该报头还包含了在 DNS 消息后面跟随的子区域中给出的各个条目的数量。
- **请求**：这个子区域具有一个可变的长度，并且可以包含一个或者多个被设置在 DNS 域名服务器上的请求。
- **响应**：这个子区域具有一个可变的长度，并且包含了一个或者多个答复请求子区域的资源记录。
- **授权响应**：这个子区域具有一个可变的长度，并且包含一个或者多个授权域名服务器描述的资源记录。这些记录可以作为需要完整设置请求的响应。
- **附加信息**：最后这个子区域包含了一个或者多个被请求的额外消息的资源记录。

DNS 消息的报头是由如下的字段组成的（参见图 9.16）：

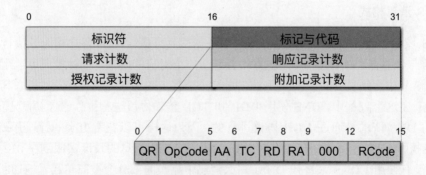

图 9.16　DNS 报头格式

- **标识符**：该字段的长度为 16 比特，使用了一个由发出请求的 DNS 客户端给出的标识。这样一来，该标识就可以被对应特定交互中的请求或者响应进行识别。

- **标记与代码**：该字段是一个长度为 16 比特的比特流，包含了用于控制 DNS 查询以及从服务器返回响应代码的标识。

  - **QR**：Query/Response 标识，用来区分 DNS 请求（QR=0）和服务器响应（QR=1）。

  - **OpCode**：长度为 4 比特的代码，用于确定 DNS 请求的类型。这个字段被原封不动地传递到 DNS 响应中。

  - **AA**：Authoritative Answer 标识，确定了接收到的服务器响应是否来自一个被授权的域名服务器（AA=1）。

  - **TC**：Truncation 标识，指示了一条通过 UDP 协议接收的消息是否由于长度超过了最大的 512 字节长度限制而被截断过。

  - **RD**：Recursion Desired 标识，指示了向域名服务器提出的域名解析请求应该使用递归方法（RD=1）还是迭代方法（RD=0）。

  - **RA**：Recursion Available 标识，指示了用于域名解析的域名服务器是支持一个递归的域名解析（RA=1），还是不支持。

  - **Z**：长度为 3 比特的保留区域，被设置为 0。

  - **RCode**：长度为 4 比特的 Response 代码，指示服务器响应是否可以被正确确定。如果响应代码为 0（RCode=0），那么确定其为一个正确的响应。否则，响应代码会给出有关发生错误的类型信息。

- **请求计数**：长度为 2 个字节的字段，给出了在 DNS 消息中问题子域的请求数量。
- **响应记录计数**：该字段的长度为 2 个字节，给出了在 DNS 消息的响应子域中被确定的资源记录的数量。
- **授权记录计数**：长度为 2 个字节的字段，给出了在 DNS 消息的授权子域中的资源记录数量。
- **附加记录计数**：长度为 2 个字节的字段，给出了在 DNS 消息的附加子域中的资源记录数量。

DNS 和 IPv6

借助域名系统可以简单有效地将 DNS 名称分配到对应的 IP 地址，那么在 IPv6 下也必须保证这种功能的实现，而这种保证具有特别重要的意义。因为在 IPv6 中，IP 地址从 32 比特到 128 比特的扩展为人类对 IP 地址的印象提出了难以预料的挑战。为此，文档 RFC 3596 定义了一个新的资源记录类型 **AAAA**（也经常被称为 **Quad-A**）。这种类型可以明确解析从 IPv4 下的一个 A 资源记录到 IPv6 地址中的一个域名。逆向的 DNS 域名解析，即将域名分配给一个指定的 IPv6 地址，也与在 IPv4 下的操作一样。只有将 IP 地址空间的层次结构进行映射的特殊需求的域才被设置为 ipv6.arpa。对于逆向查找，规定的 PTR 资源记录保持不变，只有映射了地址空间层次结构的地址编码才从先前的 8 比特限制转换到 4 比特限制。

补充材料 14: 安全的 DNS —— 域名系统的安全扩展

与互联网的其他子域一样，域名系统也由于其广泛的分布而暴露出可能遭受数量众多的攻击以及篡改威胁的问题。由于 DNS 信息是公开的，因此攻击的主要目标不是针对信息的保密性，而是针对通过 DNS 确定的信息以及信息可用性和完整性的破坏。

对 DNS 进行攻击的最简单的形式是在一个对域名服务器响应的操作过程中，即在返回对应请求响应的时候进行的。也就是说，故意伪造域名和 IP 地址之间的映射关系，即DNS 欺骗（DNS Spoofing）。为此，攻击者只需要假扮 DNS 服务器，然后代替真实的 DNS 服务器来对 DNS 客户端的请求进行响应。这种攻击方式的操作流程是：攻击者使用一个所谓的**拒绝服务**（Denial of Service, DoS）攻击，即通过洪泛让真正的域名服务器性能降低，从而阻止其他用户对该域名服务器服务的获取。这时攻击者就可以在真正的域名服务器再次恢复正常运行之前，为提出请求的 DNS 客户端提供一个虚假的 DNS 响应。通过这种方式，在发出请求的客户端的 DNS 缓存中就会产生虚假的或者不正确的记录。并且，攻击者可以在客户端无法察觉的情况下将客户端计划的数据流量定向到另外一个 IP 地址。在 DNS 缓存中识别这种类型的操作是非常困难的。因为在如今的现实生活中，IP 地址都是动态分配，因此这些地址经常被改变。

一个在客户端的 DNS 缓存中产生错误条目的行为被称为**缓存投毒**（Cache Poisoning）。在递归域名解析过程中，如果一个 DNS 服务器继续向来自其他 DNS 区域的域名服务器发送 DNS 请求，那么这种缓存投毒就会产生更为严重的后果。因为，这个 DNS 服务器的所有其他请求同样首先会从这个缓存中得到响应，然后将错误的条目继续转发。

为了通过 DNS 欺骗启动一个攻击，攻击者必须考虑到由自己给出的虚假的 DNS 响应在（a）：随机出现的请求 ID 和所发送的响应要一致；同时（b）：该响应只有配置了正确的 IP 地址和请求端口号的时候，才能被 DNS 客户端接受。为此，攻击者可以进行如下操作：

(1) 为了确定要进行攻击的名称服务器所使用的源端口，攻击者会发送一个 DNS 请求到该名称服务器。其中，挑衅地给出了自己 DNS 服务器的一个 DNS 请求。由于大多数的名称服务器对 DNS 请求都提供一个固定的源端口，那么攻击者就可以假设，通过请求确定的源端口在以后也会被使用。

(2) 现在，攻击者创建大量具有相同内容却具有不同发信人地址的 DNS 请求，随后将这些请求发送到攻击目标的名称服务器。这个操作可以借助于 IP 欺骗完成，即发送具有假的 IP 地址的 IP 数据包，或者使用所谓的网络机器人来完成。具有不同 IP 地址的请求，尽管都具有相同的内容，但是通常也被视为是各个不同的单独请求，都会被分配一个唯一的 ID。这样一来就增加了猜测到正确 ID 的概率。

(3) 被攻击的名称服务器为了能够响应这些请求，必须发送相应的请求到授权域名服务器，并且等待答复。

(4) 现在，攻击者发送大量的 DNS 响应到被攻击的域名服务器。其中，攻击者假装作为授权域名服务器为发送方地址分配 IP 地址，并且寻址在（1）中被确定的目标端口。这时的每个 DNS 响应都被提供了一个不同的 ID，以便随机产生一个有效的应答。如果攻击者能够在授权 DNS 服务器向被攻击的域名服务器发送一个有效的 DNS 响应之前完成这些操作,那么攻击者就可以将虚假的数据写入到 DNS 缓存中。

另一种攻击变体是所谓的**区域盗窃**(Zone Stealing)。在这个过程中,攻击者启动一个未经授权的区域传输来传送整个 DNS 区域的数据库。从中获取的信息会在发出请求的 DNS 客户端进行 DNS 缓存之后实施攻击时使用。

这时,攻击者可以继续尝试发送一个动态的更新到域名服务器上。也就是说,DNS 区域数据库中通常的变化都是发生在从一级名称服务器转发到二级名称服务器上的过程中。如果没有对发送者的真实性进行检查,那么攻击者就可以任意攻击位于被攻击的 DNS 服务器上的数据库中的条目。所有可以联系到该 DNS 服务器的 DNS 客户端都会在一个域名解析的请求中获得一个虚假的 IP 地址。这个地址并不是被请求的真实地址,而是一个在攻击者控制下的可以联系上的计算机的 IP 地址。

如果攻击者可以在 DNS 客户端和 DNS 服务器的通信过程中成功地进行转换,那么他就可以读取和操纵双方系统之间相互发送的所有消息。这种中间人攻击的版本也称为**DNS 劫持**(DNS Hijacking)。

拒绝服务(DoS)攻击同样可以在任意计算机上通过 DNS 协议实现。在 DNS 协议中,DNS 响应的消息长度通常都要比对应的请求长度要长很多,而这一点就可以被攻击者利用。在攻击系统给出的目标地址下,DNS 请求被发送到许多不同的 DNS 服务器上。这些服务器发送回(长的)响应到虚假的源地址,这样就会造成临时的过载。这种攻击版本也称为**DNS 放大**(DNS Amplification)攻击。

为了更好地确保域名系统的安全性,并且避免如上所述的攻击,可以使用如下的技术:

- 交易签名(Transaction Signature,TSIG)。
- 域名系统安全扩展(Domain Name System Security Extensions,DNSSEC)。

交易签名(TSIG)

使用交易签名(Transaction Signature,TSIG)技术可以确保 DNS 协议下的通信伙伴的真实性以及 DNS 交易数据的完整性。通过该技术,DNS 的合作伙伴(DNS 客户端和 DNS 服务器)就可以比较确定,另外一位通信伙伴身份的真实性,同时传递的 DNS 消息并没有被篡改。对一条传输的 DNS 消息进行加密是无法实现的,因为 DNS 信息已经公开,因此无法进行保密。TSIG 的主要应用领域是 DNS 服务器之间的通信。同时,DNS 服务器之间的区域传输和动态更新的安全性同样可以得到保证。

为了可以使用 TSIG 技术,DNS 通信伙伴使用了一个对称的密钥。该密钥是事先由两个通信伙伴(单独)交换得到的。使用这个密钥,消息的发送方就可以计算得到一个消息鉴别码(Message Authentication Code,MAC),这里默认为是 HMAC–MD5。该鉴别码附加到 DNS 消息的一个特殊的**TSIG 资源记录**中。接收方接收到 DNS 消息后会使用自己的密钥来执行相同的 MAC 计算,并且将结果与接收到的鉴别码进行对比。如果它们一致,那么说明该 DNS 消息来自指定的合作伙伴,并且没有在传递的过程中被篡改。

一个 DNS 消息被发送之前,首先会动态创建一个 TSIG 资源记录。接收方在接收和随后进行核实之后会将该资源记录丢弃。因此,这个资源记录既不是 DNS 区域数据库的组成部分，也不是 DNS 缓存的组成部分。一个 TSIG 资源记录包含了如下的字段：

- 密钥的名字，是根据参与通信伙伴的域名构建的。例如，如果通过 TSIG 的 DNS 消息交换了 a.hpi-web.de 和 b.hpi-web.de，那么该密钥名字被命名为 a-b.hpi-web.de。另外，两个通信伙伴之间也可以商定多个密钥。
- 类型信息，这里一直被设置为 TSIG。
- 类，这里一直被设置为 ANY。
- 生存时间（Time-to-Live，TTL），这里一直被设置为 0。
- TSIG 资源记录的长度。
- 数据，也就是说，计算所得到的 MAC 代码和当前其他可能的信息。

TSIG 技术是一种简单的机制，定义在文档 RFC 2845 中，并且使用 DNS 消息的逆向操作可以确保其安全性。但是，在通信伙伴的数量不断增加的过程中，频繁地进行密钥交换就会出现问题。而每次密钥的交换操作都是单独完成的，因此不能进行缩放。

域名系统安全扩展（DNSSEC）

与 TSIG 技术不同的是，域名系统安全扩展（Domain Name System Security Extensions，DNSSEC）技术基于的是公钥加密方法（非对称加密）。通过这种方法，DNSSEC 就绕开了在 TSIG 中出现的密钥分配问题。在 DNSSEC 中所使用的来自私钥和公钥对的使用方法如下：

- 使用私钥是为了发送方发送的 DNS 消息可以在 DNS 服务器上进行数字签名，以便确保其真实性和完整性。
- 发送方的公钥（DNS 服务器）由 DNS 消息的接收方（DNS 客户端）使用，其中包含了用于验证的域名信息。

与 TSIG 技术相同的是，DNSSEC 技术并没有为域名信息本身提供加密操作。

最初定义在文档 RFC 2535 中的 DNSSEC 技术的第一个版本，由于密钥管理在实践中过于复杂而被证明是不实用的。因此，DNS 的使用被延迟了很多年。直到 2005 年，一个全新的版本在文档 RFC 4033 中发布。瑞典（.se）是第一个通过 DNSSEC 数字化签名的国家域。2010 年 5 月 5 日，DNSSEC 技术终于实现了在所有 13 个 DNS 根服务器上的运行。2010 年 7 月 15 日，发布了公用的根域密钥。使用该密钥可以对来自根域的 DNS 消息进行验证。

使用 DNSSEC 技术创建的新措施还包含了四个新资源记录的定义：

- **DNSKEY 资源记录**

  一个域名服务器的公共密钥可以被放置在公开访问的 DNS 区域数据库中，并且每个 DNS 客户端可以通过一个对应的 DNS 请求对其进行访问。该 DES 资源记录是由以下字段组成的：

  - **Zone name：**区域名指定了哪些被存储的密钥域名（DNS 域）是有效的。
  - **Flag：**这个长度为 16 比特的标志字段包含了多个控制比特。这些控制比特指定了密钥可以被用于哪些目的。如果第一个比特被设置为 0，那么该密钥可以被用于验证。如果想要确保保密性，也就是说，如果需要进行加密，那么第二个比特被设置为0。第四个比特被用于扩张目的，其值被永久地设置为0。第七个和第八个比特指定了密钥的类型。如果第 13 到第 16 个比特被设置为零，那么该密钥可以被用于对 DNS 动态更新数据的数字签名。其余的所有比特始终被设置为0。

- **Protocol**：该字段指定了公共密钥的使用目的。当前规定的是：1 用于 TLS；2 用于电子邮件；3 用于 DNSSEC；4 用于 IPSec；5 用于任意的协议。

- **Encryption method**：该字段如今被提供了如下的信息：1 用于 RSA/MD5；2 用于 Diffie Hellman 密钥交换；3 用于 DSA/SHA-1；4 用于椭圆曲线；5 用于 RSA/SHA-1；6 用于 DSA/SHA-1/NSEC3；7 用于 RSA/SHA-1/NSEC3；8 用于 RSA/SHA-256 以及 10 用于 RSA/SHA-512。

- **Key**：该字段给出了用于区域名的公共密钥。该密钥被指定为 Base64 编码。

    下面给出的是 DNSKEY 资源记录的一个示例：

    x.hpi-web.de.　IN　DNSKEY　257　3　1　AQOW4333ZLdOHLR...

只有 DNS 对应的 DNSKEY 资源记录通过一个 RRSIG 资源记录进行数字签名的时候，才能通过该 DNS 对一个公共密钥进行转发。同时，只有当这个 DNS 请求通过 DNSSEC 得到安全保障的情况下，这个转发才被认为是足够安全的。

- **RRSIG 资源记录**

使用签名资源记录可以在 DNSSEC 框架下对任意的资源记录进行数字签名。解析器或者被响应的 DNS 客户端可以对 RRSIG 资源记录中的数字签名使用来自 DNSKEY 资源记录中相应的公共密钥进行验证，以便确保发送方的真实性以及被签名的 DNS 资源记录的完整性。一个 RRSIG 资源记录包括以下字段：

- **Name**：签名发布者的（域）名称。

- **Time-to-Live**：缩写为 TTL 字段，给出在 DNS 客户端的缓存中应该为条目保留的时间长度。

- **Class**：指定了被签名的 RR 的所属类（IN是指互联网）。

- **RRSIG**：当前的资源记录类型（这里的 RRSIG 为类型 46）。

- **TYPE**：指定了被数字签名的资源记录的类型（例如，A、NS、SOA、MX 等等）。

- **Encryption method**：到目前为止，这个字段被规定了如下的信息：1用于 MD5；2用于 Diffie-Hellman 以及3用于 DSA。

- **Number of name components**：指定了组成发布者域名的子组件的数量，同时还提供了通配符的分辨率。

- **TTL**：指定了被签名的资源记录到签名时间的周期。

- **End time**：数字签名有效结束时间点（日期）的信息。

- **Start time**：初始时间点的信息，从数字签名有效的时候开始。

- **Key Tag**：唯一标识，用来区分不同的数字签名。

- **Zone name**：数字签名发布者的名称（这里是指 DNS 区域）。

    – **Signature**：使用 Base64 编码的数字签名。

       下面给出一个 RRSIG 资源记录的示例：

```
www.hpi-web.de
        3600      (TTL)
        IN
        RRSIG
        A               (原始RR的类型)
        3               (DSA)
        3               (3个组件)
        3600            (原始RR的TTL)
        20110505122208  (结束时间点)
        20110504122208  (开始时间点)
        22004           (Key Tag)
        hpi-web.de
        GHGds12BMTLR80WnKndatr7...
```

- **NSEC 资源记录**

    在 DNSSEC 中被确保安全的 DNS 区域可以通过 NSEC 资源记录（Next Secure Resource Record）将所有域名按照字母顺序串联起来。这样可以确保 DNS 条目的签名，但是不能保证其不被篡改。也就是说，该 DNS 条目可能是被伪造的，并且来自于正确授权的 DNS 服务器。如果一个 DNS 条目并不存在，那么目前通过传统的方式还不能验证其真伪。也就是说，攻击者可以将 DNS 数据从一个服务器响应中移除，而不被 DNS 客户端察觉。因此，可以将所有 DNS 区域的域名使用 NSEC 资源记录按照字母的顺序进行归类，同时执行环状的衔接，即最后一个条目要指向第一个条目。例如：

a NSEC b
b NSEC d
d NSEC a

      每个 NSEC 资源记录都要通过 RRSIG 资源记录执行数字签名，以便确保该 NSEC 资源记录不被恶意操作。在一个请求中，DNS 服务器通常也提供一个对应的 NSEC 资源记录。在上面提到的例子中，即使向一个不存在的计算机c发送请求，也会被返回一个 NSEC 资源记录b NSEC d。这样一来，该 DNS 客户端就可以肯定，所请求的域名c事实上并不存在。此外，NSEC 资源记录还列出了所有资源记录的类型，这些类型是按照相关的域名被归类的。一个 NSEC 资源记录包含以下的字段：

– **Name**：密钥持有者的（域）名。

– **Type**：资源记录类型，这里指 NSEC（类型 47）。

– **Next Domain Name**：对应 DNS 区域的按照字母顺序排列的一个条目的域名。

- **Type List**：记录所有资源记录类型信息的列表。该列表是按照域名进行排序的。

下面给出一个 NSEC 资源记录示例：

a.hpi-web.de NSEC c.hpi-web.de NS DS RRSIG NSEC

这种记录方法的缺点在于：一个攻击者可以通过读取 NSEC 链上的所有条目来确定，这个 DNS 区域包含了哪些计算机。这种攻击方式也称为**DNS 散步**（DNS Walking）。为了预防这种攻击，引入了一个新的 NSEC3 资源记录。在这种资源记录中，一个 DNS 区域中所包含的域名都被加密，不再以明文的形式给出。

- **DS 资源记录**

在文档 RFC 3658中，为了将在 DNSSEC 保护的 DNS 区域进行串联，引进了授权签名者资源记录（Delegation Signer Resource Records，DS Resource Records）。这样，多个 DNS 区域就可以集成到一个所谓的信任链（Chain of Trust）中，并且可以通过一个公共密钥进行验证。由于 DNS 区域的数量在 DNS 中并没有被限制，因此 DNSSEC 也相应的需要多个公共密钥。为了简化对许多不必要密钥的管理，人们给出的解决方案是：将所有参与的区域进行串联，并且只操作最上面的 DNS 区域作为安全的访问点。这样一来，只有最上面的 DNS 区域才有必要被分配一个公共的密钥。

一个 DS 资源记录总是对应一个 NS 资源记录，NS 资源记录拥有授权名称服务器的署名。在 DS 资源记录中存在位于 DNS 区域中的安全访问点的散列码。该散列码被数字签名，并且可以被相关的 DNS 区域的公共密钥进行验证。一个 DS 资源记录是由以下字段组成的：

- **Label**：包含了被串联的 DNS 区域的域名。
- **Type**：资源记录的类型，这里指 DS（类型 43）。
- **Key Tag**：唯一的标识号。
- **Encryption method**：该加密方法到目前为止提供了如下的信息：3对 DSA/SHA1；5对 RSA/SHA1；6对 DSA–NSEC3–SHA1；7对 RSASHA1–NSEC3–SHA1；8对 RSA/SHA–256；10对 RSA/SHA–512；12对 GOST R 35.10–2001。
- **Hash Type**：作为散列方法，规定了1用于 SHA–1，2用于 SHA–256。
- **Hash**：包含了用于相关 NS 资源记录的散列码。

下面给出的是一个 DS 资源记录的示例：

a.hpi–web.de.　　　NS ns
a.hpi–web.de.　　　DS 1234 1 1 7DA04267EE87E802D75C5...

通常，客户端上的 DNS 解析器不能自己对被数字签名了的 DNS 消息进行验证。因为这些解析器大多都具有非常简单的结构化程序，而这些程序并不能应付复杂的 DNSSEC 操作。多数情况下，DNSSEC 功能是通过一个本地的递归域名服务器实现的。该域名服务器包含了一个功能更强大的 DNS 解析器。一个想要执行域名解析的客户端会发送一个请求到这个本地域名服务器上。通过设置位于 DNS 报头的 DNSSEC 的 OK 位，就可以通知这条请求需要被执行一个认证。本地域名服务器执行 DNSSEC 的操作，并且在成功认证之后设置被认证的数据位。为了设置 OK 位，需要扩展 DNS 的 EDNS 支持。在传输密钥和数字签名的过程中，这种扩展同样对于支持更广泛的 DNSSEC 的 UDP 数据包的大小是必要的。

延伸阅读：

Aitchison, R.: ProDNS and Bind, Apress, Berkeley CA (2005)

Arends, R., Austein, R., Larson, M. , Massey, D., Rose, S.: DNS Security – Introduction and Requirements, Request for Comments 4033, Internet Engineering Task Force (2005)

Arends, R., Austein, R., Larson, M. , Massey, D., Rose, S.: Resource Records for the DNS Security Extensions, Request for Comments 4034, Internet Engineering Task Force (2005)

Vixie, P., Gudmundsson, O., Eastlake 3rd, D., Wellington, B.: Secret Key Transaction Authentication for DNS TSIG, Request for Comments 2845, Internet Engineering Task Force (2000)

9.2.2　目录服务

上面详细介绍的域名系统到如今已经发展成为了互联网不可分割的一部分，几乎被所有互联网用户使用。与域名系统不同的是，互联网中的目录服务（Directory Service）通常只对企业或者组织内部具有意义。这种目录包含了有关技术资源或者互联网中可以使用或者访问的用户信息。**目录服务**是指可以将收集到的资源或者用户进行集中寻址的服务。目录服务在操作系统 UNIX 下执行的是简单的文本文件，例如，/etc/passwd或者/etc/alias等这些简单的目录服务。这些不依赖于平台的信息是通过用户或者地址邮件路由设置的。为了通过系统和操作系统边界来保证不同应用程序之间的互操作性，一般的目录服务需要标准化的访问协议。这些协议可以根据客户端服务器原则进行比较、搜寻、创建、修改和删除。

国际电信联盟远程通信标准化组（ITU-T）为实现一个通用的全球性目录服务，定义了一个专门概念，并且标准化为**X.500**协议。X.500 协议将目录服务内部存储的信息有逻辑地组织在一个全局的**目录信息树**（Directory Information Tree，DIT）下。通过 X.500 协议管理的信息每次都是作为**对象**来描述的。这些对象可以是真实的对象，例如，人或者设备，也可以是逻辑上的对象，例如，文件。通常，对象是通过对应的属性/数值来刻画的。其中，应该对单值或者多值属性，以及必选和可选的属性加以区分。对象的一个属性值可以决定其所谓的**相对识别名**（Relative Distinguished Name，RDN），例如，"Friedrich Schiller"。这个属性值连同位于存储对象目录树（DIT）中的节点一起指定了一个所谓的**识别名**（Distinguished Name，DN）。通过这些识别名就可以唯一区分对象了。

图 9.17 中给出的示例描述了一个全球目录树中的一个分叉。从根节点开始划分各个国家的子树，然后再继续将每个子树划分为各个位置、组织或者单位。其中，每个节点本身又是一个具有自己属性的对象。随后在这些标记中给出识别名（DN）。例如，在图 9.17

中的 "cn= 席勒 o= 古典的 c=DE" 标识了在德国（DE）古典结构中一个名为席勒（通用名）的人。

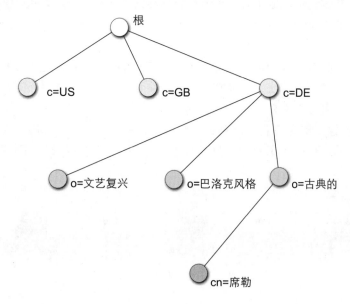

图 9.17 一个普通的全球 X.500 目录树空间示例（目录信息树）

与 DNS 进程类似，在 X.500 进程中也涉及了分布式系统。其中，每个不同的 X.500 服务器都拥有总目录下的各个子树的文件。此外，每个 X.500 服务器都具有其周围环境中的其他 X.500 服务器的信息。因此，当一个客户端发出的请求信息超出了该服务器所管理的范围，那么该服务器既可以直接联系其他的 X.500 服务器，也可以将客户端的请求转发到其他的服务器。

X.500 管理的信息访问需要通过**目录访问协议**（Directory Access Protocol，DAP）X.519来实现。该协议的应用基于的是 ISO/OSI 参考模型中的客户端/服务器服务。其中，**目录用户代理**（Directory User Agent，DUA）是通过 DAP 协议向**目录系统代理**（Directory System Agent）提出对应请求的。

多年来，虽然 X.500 已经成为多种软件的组成部分。例如，面向目录服务的 Windows NT 5.0 中的 X.500 标准。但是，客户端通过 DAP 对 X.500 目录的访问仍旧非常复杂。出于这个原因，人们使用了一个简单的、并不复杂的协议来代替 DAP 协议，即定义在文档 RFC 4511 中的**轻量目录访问协议**（Lightweight Directory Access Protocol，LDAP）。LDAP 协议是由美国密歇根大学（University of Michigan，UMich）开发的，并且在 1993 年的时候首次在文档 RFC 1487 中被提出。如今命名为 UMich–LDAP 的第一个服务器也是由密歇根大学实现的。与 ISO/OSI 协议栈上基于 ITU–T 协议的 DAP 协议不同的是，LDAP 协议被设置在了 TCP/IP 参考模型上。相对 DAP 来说，虽然 LDAP 的功能是有限的，但是，许多不能直接支持的功能都可以通过在 LDAP 中的一个聪明的参数选择方式来仿制。在 20 世纪 90 年代，LDAP 协议还可以被安装在个人计算机上。因此，该协议获得了一个较为广泛的应用基础。

下面给出了对 LDAP 访问的三种版本（参见图 9.18）：

- **通过 LDAP 服务器对 X.500 进行访问**：在这种情况下，LDAP 服务器没有单独的目录数据，而只是作为一个协议转换器进行工作。也就是说，LDAP 服务器将接收到的 LDAP 查询生成一个 DAP 查询，然后将其转发到对应的 X.500 服务器上。

- **通过一个独立的 LDAP 服务器进行纯 LDAP 操作**：在这个版本中，LDAP 服务器本身具有名称上下文环境的信息，并且可以直接解答客户端的请求，而不用将其转发到一个专门的 X.500 服务器上。

- **LDAP 接口的专有目录服务**：一些厂商，例如微软或者网威（Novell），为基于 LDAP 的接口提供了专门的目录服务。LDAP 客户端可以使用这些服务。

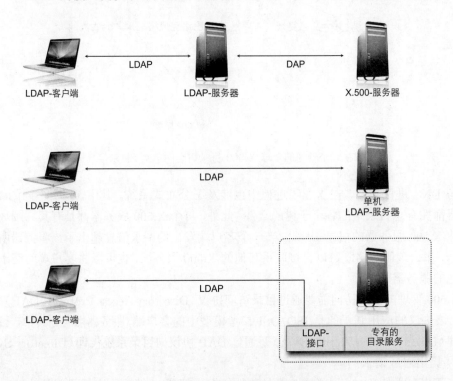

图 9.18　对 LDAP 访问的不同版本

当前版本 LDAPv3 还包含对客户端的认证功能，该功能来自 ITU–T 标准 X.509。LDAP 通过如下描述进行了补充：

- 用于支持人类属性描写的**轻量互联网人员架构**（Lightweight Internet Person Schema，LIPS）。

- 用于在不同 LDAP 服务器之间交换信息的**轻量目录交换格式**（Lightweight Directory Interchange Format，LDIF）。

如今，LDAP 协议被使用在大量应用程序以及不同的范围内。例如，在 Apple Address Book、IBM Lotus Notes、Microsoft Outlook、Mozilla Thunderbird或者 Novell Evolution中用于地址簿；在 Apple Open Directory、POSIX Accounts 或者 Microsoft Active Directory

Service中用于用户管理；在 SMTP-、POP- 和 IMAP 服务器中用于用户数据的验证和管理以及用于大量的邮件服务器中，例如，Postfix、Gmail、Exim、Lotus Domino 等等。

9.3　电子邮件（E-mail）

电子邮件（Electronic Mail，E-mail）服务是流传时间最久的、直到今天仍然是互联网中使用最为广泛的一个服务。世界上第一个电子邮件系统在阿帕网启动不久就出现了。当时的系统内只包含了一个数据传输程序和一个协议，即每个被发送的消息的第一行必须以接收方的地址开始。曾经在公司 BBN 担任工程师的Ray Tomlinson（1941—2016）参与了当时阿帕网的开发项目，并且被视为现代电子邮件的发明者（参见图 9.19）。

电子邮件简史

在使用数字计算机网络传递消息之前，需要传递的消息都是作为信件或者电报，以及稍晚出现的电传或者传真的形式被发送的。而对简单文本消息的传输被当时的阿帕网开发者认为是无关紧要的事情。因此，后来成为 ARPA 信息处理技术办公室（Information Processing Techniques Office，IPTO）主任的**Larry Roberts**强调：消息处理系统（Message Handling System，MHS）可能会成为一个分布式计算机网络中的一个组成部分，但是这个部分并不会主导阿帕网。

当时参与构建阿帕网的一个公司是 BBN（Bolt Beranek and Newman）。在 20 世纪 60 年代末，BBN 的工程师**Ray Tomlinson**从事着程序 SNDMSG的开发。该程序用于在大型计算机用户之间进行消息的传输，同时 CPYNET协议用于在网络中的各个计算机之间进行数据传送。通过 SNDMSG 程序，用户就可以将另一位计算机用户的文本添加到自己的计算机邮箱中。那个时候的邮箱就是一个单独的文件，只有邮箱的所有者才可以对其进行读取。

最初通过所谓的邮件列表分发文档的想法在早期的 RFC 文档中就已经被记录了，例如，文档 RFC 95 和文档 RFC 155。1971 年，第一个初级的邮箱协议"**A Mailbox Protocol**"定义在了文档 RFC 196 中。同年，Tomlinson 提出了一个想法，即将程序 CPYNET 和 SNDMSG 整合，以便将用户的消息发送到网络中的其他计算机上。这个想法中还包含了将用户的名字和网络中的各个计算机标识符通过一个"@"符号连接起来的提议。

用 户 名　@　计 算 机 名

在德国，第一个互联网电子邮件是在 1984 年 8 月 3 日的 10 点 14 分（MEZ）由卡尔斯鲁厄大学的**Michael Rotert**（1950—）接收到的。从 20 世纪 80 年代开始，大量的网络环境系统被开发用于消息的传递。例如，Mailbox、X.25、Novell 或者 BTX。这些系统直到 20 世纪 90 年代才随着互联网和互联网邮件服务的日益普及而逐渐被取代。这期间，电子邮件服务迅速成为互联网上最流行的服务。2010 年，每天有近 18.8 亿的电子邮件用户发送大约 2940 亿封电子邮件。其中，垃圾邮件所占的比例十分惊人，几乎达到了 90%。

延伸阅读：

Roberts, L. G.: Multiple computer networks and intercomputer communication, in Proceedings of the first ACM symposium on Operating System Principles, pp 3.1–3.6., New York, NY, USA, ACM, (1967)

Internet 2010 in Numbers, Royal Pingdom Blog http://royal.pingdom.com/ 2011/01/12/internet-2010-in-numbers/

图 9.19　电子邮件简史

　　电子邮件协议的一个比较实用的需求是，实现在同一个时间内将消息发送给多个收件人。同时，该协议应该具有一个可选的回执机制，以便发送人可以确定，自己发送的消息是否真实到达了目标接收方。为此，在 1982 年就发布了第一批关于有效电子邮件协议的 RFC 文档：文档 RFC 821 和文档 RFC 822。这些文档直到今天还是有效的。有趣的是，这个由一些计算机专业的学生推动通过的非商业提案竟然完全取代了由 ITU–T 开发的、作为标准电子邮件系统的**X.400**协议。如今的电子邮件中还出现了用于表达情绪或面部表情的文字图标，即表情符号。有关电子邮件表情符号的发展史可以参见图 9.20。

电子邮件表情符号

　　与各种书面交流形式类似的是，通过电子邮件的通信也设置了单独的字体通信信道。也就是说，个人通信不可或缺的信息通道。例如，通信人的手势和表情以及所说话的语调和重音。为了将这些额外的信息附加到书面上，不仅需要描述性的单词，还需要解释性的单词，或者设计一个额外的编码，以便将一个口头表达的意思清晰化。最后一种办法人们采用了电子邮件的通信形式。因为在这种电子形式的通信，如 SMS 或者最近的 Twitter 上需要在有限的空间内纳尽可能多的信息。

　　为了达到这种目的，建立了所谓的**表情符号**。有了这些符号，电子（短）消息的作者就可以通过自己的情绪符号或者通过所表达的语句的意图符号来给出额外的信息。早在 1964 年，商业艺术家**Harvey Ball**（1921—2001）就发明了原始的笑脸符号。当时，他为一家保险公司（State Mutual Life Assurance Cos. of America）设计了一个笑脸的徽章胸针，以此来激励员工。当时，他只是画了一个简单的圆圈，并将其涂成黄色，然后在上面点上两个点，下面一个半圆，就完成了一个笑脸。

　　该笑脸的电子版本直到 1982 年 9 月 19 日才由**Scott E. Fahlman**（1948—）推出。当时，使用普通的 ASCII 字符集也可以支持独立的图形字符集。其中，:-) 表示积极的情感与才华。相反，:-(则表示消极的情绪。这些字符串清楚地给出了一个向左倒转的脸的表情，是愉悦的还是难过的。很快，大量具有不同含义的表情符号版本也被开发了出来。通过这些符号，电子文本的作者就可以通过简单的方式（ASCII 字符）来表达自己的心情或者个人的意愿。

　　延伸阅读：

　　Walther, J. B., D'Addario, K. P.: The impacts of emoticons on message interpretation in computer-mediated communication. Social Science Computer Review 19,pp. 324 – 347 (2001)

图 9.20　电子邮件表情符号

9.3.1　消息处理系统

　　为了解释互联网中的电子邮件服务（简称 E-mail），只需要将传统的邮递信件流程映射到现代的数字化通信手段上就可以了。这种电子邮件服务属于**信息处理系统**（Message Handling Systems，MHS）（参见图 9.21）。

　　一个信息处理系统是由两个基本的组成部分构成：

- **用户代理**（**User Agent，UA**）：在该系统中，用户可以创建和编辑消息，以及对该消息进行读取、发送和接收。用户代理是属于本地的应用程序，可以通过适当

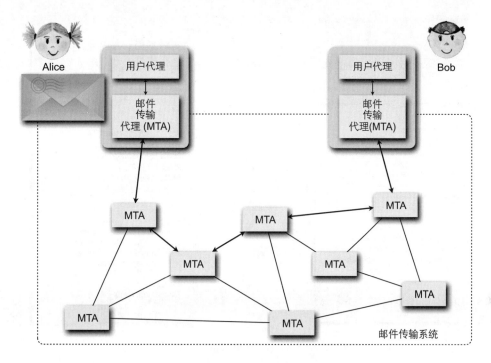

图 9.21 一个信息处理系统的结构示意图

的界面为用户提供一个可用的消息服务接口。在用户和实际为传输负责的**消息传输系统**（Message Transport System，MTS）之间，该用户代理被作为了 MHS 子系统的准接口。

- **邮件传输代理**（**Message Transfer Agent**，**MTA**）：邮件传输代理是负责从发送方到接收方消息的传输。一般的邮件传输代理都是作为进程运行在后台。因此，MTA 在不被用户察觉的情况下就可以将一条消息从一个系统转发到另外一个系统上。为了将消息传输到指定的目的地，经常需要多个 MTA 一起合作。这些 MTA 就建立了一个共同的邮件传输系统。该系统是基于互联网上定义在文档 RFC 821 中的**简单邮件传送协议**（Simple Mail Transfer Protocol，SMTP）基础上进行电子邮件处理的。

　　如果人们将电子邮件服务与传统的邮件服务相比较就会发现：电子邮件消息的地址结构类似于传统邮件中的信封，并且也可以被特征化出实际的信头（消息），具体可参见参见图 9.22。通常，在信封上会标记出收件人的地址。该地址是成功传递所需传输消息必不可少的信息。类似的，一封电子邮件也包含了电子信封信息，并且使用其地址信息或者其他先决条件的信息来保证成功的传递。在电子邮件中，被传递的消息本身是由一个消息报头和实际需要发送的有效载荷组成的。消息报头中包含了用于用户代理的控制和监测信息。正如在邮政服务中的那样，发件人必须首先要自己将消息传递到邮件服务器。随后，邮件服务器在许多不同实例的帮助下将其传输并交付给收件人。交付操作是通过将信件放入到由接收方提供的（信件）邮箱来完成的。

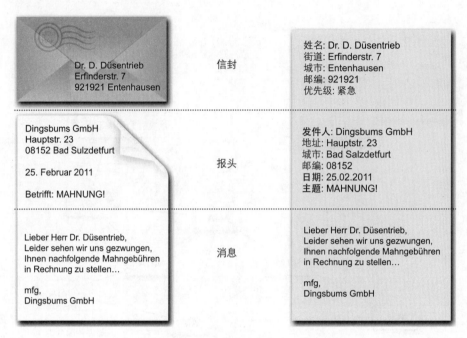

图 9.22　信件和电子邮件的信封和信息

一个电子邮件系统必须满足以下五个基本功能：

- **生成消息**：这项功能即包括了使用文本编辑器创建实际的消息内容，也包含了对消息必要的报头元素的正确生成。例如，地址信息或者其他的指令。
- **投递消息**：为了将一条消息成功地从发送方投递到接收方，必须首先建立一个与之相关的中间系统的连接，或者直接建立与接收方的连接。通过这种连接就可以将消息进行发送了。成功投递之后，该连接被再次终止。在这个过程中，用户并不需要直接参与后台中连接的建立和信息的投递。
- **有关投递过程的通知**：消息的发送方希望获取其发送的消息是否被成功投递的反馈。如果没有被成功投递，那么是什么原因导致的。
- **被投递消息的描述**：被投递的消息必须在接收方被成功描述。其中，根据消息的类型需要对其进行有效的格式化或者完整的格式转换。
- **被投递消息的删除**：如果消息被成功投递，并且已经显示给了接收方，那么就必须决定，应该如何处理该消息。可能的情况是在一个复杂的文件系统中通过分类来删除该消息，或者将其转发到其他的接收方。

对接收到的电子邮件的管理，大多数用户的邮件系统都提供了所谓的**邮箱**，接收到的电子邮件可以在这种邮箱中存档。邮箱通常提供了简洁的、基于内容的检索选项。这项功能极大的方便了归档电子邮件的检索和编辑。

原则上，每封电子邮件都必须指定一个接收方。接收方的地址是由一个用户名、一个"@"符号和 IP 地址或者终端系统的域名组成的，即接收方建立自己电子邮件账户的地方。例如：

```
meinel@hpi.uni--potsdam.de
```

如果一条消息没有一个唯一指定的**电子邮件地址**，那么该消息是不能被成功投递的。为了方便用户可以在同一个时间向多个地址发送消息，引入了**邮件列表**（Mailing list）的概念。一个邮件列表包含了一个电子邮件地址的序列，同时其本身也被再次指定了一个专门的电子邮件地址。如果一条消息发送到这样一个（集体的）电子邮件地址，那么就意味着该条消息会被同时投递给该地址列表中包含的所有电子邮件地址。

此外，电子邮件系统还提供了将消息复制后发送给其他接收方的抄送功能（Carbon Copy），以及对电子邮件加密，或者进行数字签名的功能。这样一来，被发送的消息就不会被未经授权的第三方读取或者篡改。电子邮件系统还提供了将邮件设置为不同紧急级别的功能。

与很多其他的通信形式不同的是，电子邮件系统使用的是**异步通信**（asynchronous communication）模式。也就是说，发送方和接收方并不是同时进行通信的，而是可以在不同的时间分别进行。这种属性也反映在了相应的传统媒体中。在电话交谈中，发送方和接收方必须同时相互进行通信，而在传统邮件传递中就没有这种同步的需求。发送方可以首先写一封信件，然后将其传递给邮政服务，最后该信件由邮政服务投递到对应的接收方。接收方接收到信件后进行阅读，然后在随后的时间内可以使用相同的方式给出一个答复。

电子邮件系统在如下的方式上实现了一个消息处理系统（参见图 9.23）：

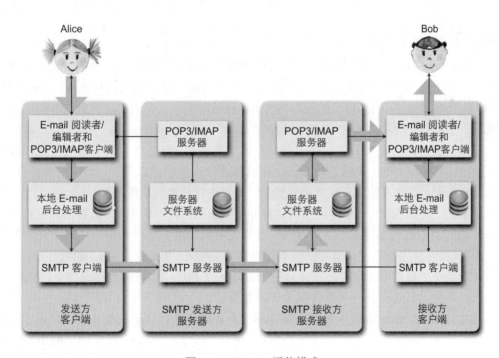

图 9.23　E-mail 通信模式

- **发送方的客户端主机（UA）**：电子邮件的发送方在自己的终端使用电子邮件客户端程序创建一条消息。创建过程中的消息不会立即发送到互联网。通常，这条消息首先保存在一个缓冲区内。因此，用户在书写消息的时候，不必马上与互联网建立连接。当用户创建好完整的消息之后，可以一起将其进行发送。

- **发送方的 SMTP 服务器（MTA）**：对电子邮件传递负责的协议是**简单邮件传送协议**（Simple Mail Transfer Protocol，SMTP）。如果用户的电子邮件已设置完成，那么电子邮件客户端会与互联网相连接，同时将该条消息发送到用户的本地 SMTP 服务器上。该服务器通常是由用户的互联网服务提供方（Internet Service Provider，ISP）进行操作的。其中，需要发送的消息可以通过 SMTP 进行投递。
- **接收方的 SMTP 服务器（MTA）**：发送方的 SMTP 服务器将消息通过 SMTP 发送到接收方的 SMTP 服务器。随后，这条消息会被放置到接收方的邮箱中。这种邮箱具有缓冲区，可以在电子邮件的发送过程为其提供服务。也就是说，它允许接收方在很长一段时间之后才开始接收该电子消息，其原因也许是那段时间接收方并没有与互联网相连。
- **接收方的客户端主机（UA）**：在某些情况下，接收方允许在其邮箱上直接访问本地的 SMTP 服务器。为此，通常都设置了特殊的协议：**邮局协议第 3 版**（Post Office Protocol Version 3，POPv3）或者**互联网消息访问协议**（Internet Message Access Protocol，IMAP）。这些协议的任务包括：查询用户邮箱的内容，并且将其中包含的消息发送给用户。这样一来，本地的邮件客户端就可以对这些消息进行存取了。

9.3.2　E-mail 消息格式

最初，互联网中被确认为电子邮件消息的有效格式是定义在文档 RFC 822（现在是文档 RFC 5322）中的。原则上，一封电子邮件消息是由一个原始的信封（参见文档 RFC 821 或者 RFC 5321）、消息报头的行、一个空行以及接下来包含了实际消息内容的消息体组成的。

虽然没有对邮件正文的格式提出必须要遵守的要求，但是邮件报头行通常必须遵循以下的结构：在一个特定的**标记**（Tag）上每次都跟随一个冒号以及一个相应的数值分配。根据这个标记，接收方的用户代理可以确定，如何进行后续的数值分配。

事实上，被发送的电子邮件消息的信封并不是由用户代理生成的。只有当具有相应的报头标题的消息被传递到了 MAT，MAT 才产生对应的报头字段和用于传递所必需的信封。其中，在邮件的标题中最重要的信息是发送方（From）和接收方（To）的地址信息，随后跟随的是一个日期（Date）、一个主题行（Subject）和进一步可选的控制指令。在表 9.4 中给出的是有关最重要的电子邮件报头字段的概述。

在文档 RFC 5322 中确定的电子邮件标准允许用户执行自己的报头字段。为了使其与常规的报头字段区分开来，该字段通常以一个前缀"X-"开始。对于随后的消息正文（Message Body）则没有给出格式的规范。用户可以决定通过一个空行与报头分离的消息正文如何进行书写以及如何被解释。

电子邮件的报头在电子邮件通信系统中被传递的时候，涉及了以下的实例：

- **E-mail 创建**：电子邮件的发送方在书写消息的时候会给出一些重要的报头信息。例如，接收方地址和主题。这些信息会被电子邮件的客户端登记到对应的报头字段中。

表 9.4　电子邮件的报头字段（参见文档 RFC 5322）

字段	内容
To:	（必填）一个或者多个接收方的电子邮件地址
From:	（必填）发送方地址
Cc:	接收方电子邮件地址，包含了一份消息的副本。这个字段中的条目标志着，该邮件并不是直接发送给这个用户的，而只是将该信息通知给他
Bcc:	与 Cc 类似，只是实际的接收方并不会知道，还有谁接收到了这份副本。例如，通过秘密复制，被通知的接收方可以在地址被收集之前通过所谓的"反垃圾邮件插件"（Spambot）确保不会收到恶意的邮件
Date:	（必填）发送电子邮件的时间
Subject:	消息的主题。鉴于越来越多不需要的电子邮件（垃圾邮件）的出现，这个字段的意义也不断增大，因为那些垃圾邮件通常通过其主题就可以被识别出来
Reply-To:	可能转发该消息的一个或者多个接收方的地址
Received:	所有 MAT 的列表，用来传输消息
Return-Path:	路径的可选信息（电子邮件地址序列），该序列可以将答复发送回发送方
Message-ID:	消息的唯一标识符，通常在邮件被发送时产生
References;	用来识别与该消息相关的其他文档，例如，其他的电子邮件消息
Keywords:	由发送方确定的关键词，描述了电子邮件消息的内容
X-Charset:	发送方使用的字符集，这样接收方也可以在文本中正确地显示外文或者特殊字符
X-Mailer:	发送消息时所使用的电子邮件软件

- **在发送方客户端的处理**：从发送方传递过来的报头信息会与消息正文一同被翻译为电子邮件的消息格式。其中，客户端已经识别出指定的接收方，并且创建了一个信封用于通过 SMTP 协议进行电子邮件的传递。
- **在 SMTP 服务器上的处理**：SMTP 服务器很少去改变各个实际电子邮件消息的报头字段，只是在传递消息的过程中为其添加几个字段。被添加的新字段通常被附加到消息的前端，以便不改变最初的报头字段的顺序。
- **在接收方 SMTP 服务器上的处理**：当电子邮件的消息到达了指定的接收方，报头会被立即添加创建的日期和时间。
- **E-mail 客户端处理和读取访问**：被接收的 E-mail 消息由 POP3/IMAP 协议进行评估，并且用一种对接收方有意义的方式进行显示。这样接收方就可以选择自己希望读取的消息。通常，给用户显示的都是一个新近接收到的 E-mail 的列表选择。在这种列表中给出了消息的发送方、主题和接收日期。这样，用户就可以自己决定，是否读取该消息，或者将其作为不感兴趣的或者是垃圾邮件删除。

9.3.3　MIME 标准

E-mail 标准最早是在 20 世纪 80 年代的文档 RFC 822 中定义的。邮件正文中所包含的消息内容在当时被设置为使用英文的纯文本形式。也就是说，当时 E-mail 内容的描述只被提供了 7 位的 ASCII 字符，并没有各个国家的特殊字符以及元音变音。随着互联网的广泛使用，这种局限很快就被呼吁进行扩展。也就是说，将各个国家的特殊字符补充到标准字符集中，甚至要求允许补充如中文或者日文这样完全不同的语言字符集。另外一个请求是希望将任何的二进制文件，例如，可以通过 E-mail 传递的图形或者音频文件，进行扩展。

虽然在文档 RFC 822 中，原则上没有对邮件正文给出任何限制。但是，通过用户代理对消息内容给出一个统一的解释还是存在问题的。一个标准的解决方案直到 1993 年才在所谓的**多用途互联网邮件扩展**（Multipurpose Internet Mail Extensions，MIME）中被创建，并且该方案定义在文档 RFC 1521（稍后为文档 RFC 2045～RFC 2049）中。MIME 的基本原则是通过文档 RFC 822 对应的规则对 E-mail 的流程进行维护。但是，MIME 只规定了邮件正文的标准化结构以及附加的规则。例如，如何处理不是标准类型的 ASCII 的数据类型。因此，所有现有的 MAT 都保持不变，只有 UA 必须对符合 MIME 消息格式的表示和生成进行调整。一个不具备 MIME 功能的 UA 也可以接收一个 MIME 复制的 E-mail，但是并不能正确理解其内容。

原则上，MIME 被划分为两个基本的结构类型。这两个类型都可以在 E-mail 消息中进行传递：

- **离散媒体**（discrete media）：标识了传递单独（离散）的媒体类型的 MIME 消息。例如，一个文本消息或者一张图片。在这种情况下，消息中只被应用了媒体编码的一个特定变体。
- **复合媒体**（composite media）：标识了由不同媒体类型组合在一起的 MIME 消息。例如，文本和图片信息的组合，或者也可以是在 E-mail 消息中嵌入其他的 E-mail 消息。这里，每个单独的媒体类型都可以被不同编码。

在 MIME 扩展中，定义了 5 个新的标准报头字段。这些字段被用于描述所谓的 MIME 实体，也就是说，一个 MIME 消息或者一个 MIME 章节（MIME 正文部分）：

- **MIME version**：这个标识 MIME 版本报头字段会通知用户代理，在所显示的消息中涉及了一个 MIME 编码的消息，并且还会通知其有关所使用的 MIME 版本信息。如果在一个 E-mail 消息中并没有包含这个报头字段，那么该消息的内容会被默认为是英语的 ASCII 文本。这个报头字段是整个 MIME 消息中的唯一的 MIME 报头字段，并且没有为 MIME 消息的各个独立部分规定单独的 MIME 报头。
- **Content description**：这个可选的内容描述报头字段标识了一个跟随其后的、由 MIME 编码的 E-mail 消息内容的自由描述，从而加快了进一步处理的进度。
- **Content ID**：消息内容的唯一标识。其格式对应于标准的 E-mail 报头邮件 ID。该报头是可选的，通常用于标识 MIME 消息的个别部分。
- **Content transfer encoding**：由于 MIME 允许传输任意的二进制文件，因此，必须确定被传递的数据使用何种方式进行编码。可用的编码类型如下：
  - **7 比特 ASCII**：编码的最简单形式，即 7 比特的 US-ASCII 编码，对应文档 RFC 822 定义的 E-mail 格式。这里要假设，需要编码的消息不超过 1000 行。

如果没有给出内容传输编码的报头字段，那么通常默认的就是这个类型。

- **8 比特 ASCII**: ASCII 编码，也允许嵌入国家特色字符。这里同样限制文本的行数在 1000 行以内。

- **Base64 编码**: 在这种编码形式中，长度为 24 比特的、被编码的二进制文件的组被划分为每个长度为 6 比特的比特序列（参见图 9.24）。这些 6 比特序列被使用 7 比特的 US-ASCII 字符进行编码（A~Z，a~z，0~9，+/=）。二进制数据通常都以这种编码形式被发送。

- **可打印字符引用编码**（**Quoted printable encoding**）：可打印字符引用编码使用了 Base64 编码。这种编码形式对主要由 ASCII 字符以及少量的、不能用由 7 比特 US-ASCII 描述的字符组成的文本进行编码，但是效率并不是很高。在这种情况下，各个单独的字符可以使用如下的方法更好地被编码：使用一个"="标识出不能使用 7 比特 US-ASCII 描述的字符，随后跟随对应字符的十六进制数值。

- **用户自定义**: 用户可以指定一个自用的编码。但是，用户自己必须确保，接收方可以对被编码的消息进行解码。

- **Content type:** 内容类型除了对所显示消息的编码，对其编码类型的标识也具有重要的意义。有了这个字段，用户代理就可以根据当前的解码将消息正确地表示出来。这种类型信息对于二进制数据的每种类型都具有特别重要的含义。例如，图形文件、音频文件、视频序列、可执行文件或者由各种数据类型综合而成的混合格式数据。这种描述由一般的内容类型和一种特殊的内容子类型的形式给出。例如：

Content-type:　text/html

其后可以跟随可选的参数信息。例如：

Content-type:　image/jpeg; name="testbild.jpg"

通过这些内容类型可以确定，该 MIME 消息是否由一个离散的媒体（简单结构）组成，还是由多个离散的介质综合而成（复杂媒体）。具体的 MIME 的类型将在表 9.5 中给出。

图 9.25 描述了一个由 MIME 标准编码消息报头的示例。该报头中包含了 JPEG 类型的图形文件。特别需要注意的是：该示例中给出了发送多部分消息的可能性，即发送由不同类型的元素组合在一起的消息的可能性。

一条多部分消息（MIME multipart message）是通过内容类型Multipart被识别的。各个部分消息是由一个通过关键字Boundary所定义的分离器（在本示例中使用了分离器NextPart）被相互分隔开的。多部分 MIME 消息具有不同类型：

- `multipart/mixed`: 这种消息可以由不同类型的，并且非连续的部分消息组成。这些部分可以具有不同类型（内容类型）以及不同的编码（内容传输编码）。在一个多部分消息中进行类型**混合**（mixed），可以实现在一条消息的内部发送文本和多媒体数据。

Base64 编码

通常，Base64 编码描述的是将 8 比特的二进制数据编码为一个字符序列的方法。这种字符序列只由可读的 ASCII 字符（A~Z，a~z，0~9，+/=）组成。需要注意的是在多媒体电子邮件内容的编码中使用了 MIME 标准。因为，该标准强制规定电子邮件的消息格式必须使用 7 比特的 US–ASCII 代码。

为了进行编码，字节流（对应 24 比特）中每三个字节被划分在了 4 个长度为 6 比特的块。每个长度为 6 比特的代码块对应于一个 0 到 63 的数：

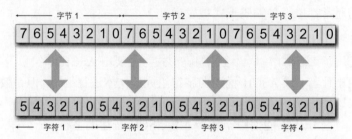

如果输入的总字节数不能被 3 整除，那么在文本的尾部会被添加零比特来组成零字节。这样一来，就可以给出一个可以被 3 整除的字节数。在一个长度为 n 字节的二进制字节流中，使用 Base64 编码的内容可以经过计算得出其所需要的空间字节 z 为

$$z = 4 \cdot \left\lfloor \frac{n+2}{3} \right\rfloor$$

延伸阅读：

Josefsson, S.: The Base16, Base32, and Base64 Data Encodings, Request for Comments, 4648, Internet Engineering Task Force (2006)

图 9.24 Base64 编码

- `multipart/alternative`：这个类型选项可以实现同时发送相同消息的各种不同形式。例如，涉及一个文本的多种语言版本，或者一个多媒体数据的多种不同质量等级。

- `multipart/parallel`：这种消息是由不同类型的部分消息组成的，而这些部分消息又必须同时被显示。这个类型选项被用于，例如，视频及其相关的音频数据，这些数据必须同时显示。

- `multipart/digest`：这种消息包含了一个部分消息序列摘要。该序列给出了所有根据文档 RFC 822 中给出的完整电子邮件消息。例如，可以将单个的电子邮件集成在一个集体信封中，然后一起进行发送。

- `multipart/encrypted`：该消息是由两个部分组成的。消息的第一个部分没有加密，消息的第二个部分是被加密的。因此，必须对消息被加密的部分进行解密。

9.3.4 简单邮件传送协议 SMTP

电子邮件转发所使用的协议是**简单邮件传送协议**（Simple Mail Transfer Protocol，SMTP）。1982 年，该协议被定义在文档 RFC 821 中。随着不断地被扩展，该协议如今已经新增了许多功能（最近的一次更新是在 2008 年的文档 RFC 5321 中）。

表 9.5 一些 MIME 标准的类型和子类型

类型/子类型	描述	参考
`text/plain`	根据文档 RFC 822 定义的无格式文本	文档 RFC 2046
`text/enriched`	格式化的文本	文档 RFC 1896
`text/html`	HTML 编码文本，对应在万维网中所使用的超文本语言 Marpup	文档 RFC 2854
`text/css`	用于万维网的层叠样式表信息	文档 RFC 2318
`image/jpeg`	JPEG 格式的图形文件	文档 RFC 2046
`image/gif`	GIF 格式的图形文件	文档 RFC 2046
`image/tiff`	TIFF 格式的图形文件	文档 RFC 2302
`audio/basic`	MIME 标准的基本音频数据类型，包含了一个被作为 8 比特的 ISDNµ-law 脉冲编码调制编码的音频信道，其采样频率为 8000Hz	文档 RFC 2046
`audio/mpeg`	MPEG 标准音频（包含 MP3 格式）	文档 RFC 3003
`video/mpeg`	MPEG 标准视频文件格式	文档 RFC 2046
`video/dv`	数字视频（Digital video，DV）的视频格式	文档 RFC 3189
`application/ octet-stream`	没有被进一步指定的二进制数据，例如，可执行的应用程序	文档 RFC 2046
`application/ postscript`	Postscript 数据格式的打印文件	文档 RFC 2046
`multipart/ mixed`	多部分消息，其中每个部分都包含一个使用自己编码的自定义内容类型	文档 RFC 2046
`multipart/ alternative`	多部分消息，其中每个部分都包含一个使用自己编码的自定义内容类型	文档 RFC 2046

为了转发一封电子邮件，发送者的计算机必须通过良好定义的 TCP 端口 25 与接收方建立一条 TCP 连接。TCP 端口 25 通常与一个用于接收或者发送电子邮件的 SMTP 进程相连。SMTP 服务器既可以发送也可以接收电子邮件。其中，发送电子邮件的 SMTP 服务器被称为一个逻辑客户端。同时，用于接收电子邮件的 SMTP 服务器被称为一个逻辑服务器。为了避免误解，实现更简单地区分 SMTP 发送方和 SMTP 接收方，并且在文档 RFC 2821 中改名为客户端和服务器之前，最初术语是在文档 RFC 821 中定义的。

由发送方和接收方直接通过 SMTP 协议进行的通信即使对于普通用户来说也是很容易被理解的。因为，原本只有纯的 ASCII 文本消息被下面给出的简单方案替换了（参见图 9.26）：

- 发送方（客户端）与端口 25 建立一条 TCP 连接之后，开始等待接收方（服务器）与之的后续通信。
- 服务器（接收方）使用一个文本行开始通信。该文本行不但证明了自己的身份，同时还通知发送方，自己已经准备好了从发送方接收消息。

Server: 220 hpi-web.de SMTP READY FOR MAIL

From: harald@hpi.uni-potsdam.de
To: christoph@hpi.uni-potsdam.de
Date: Sun, 15 May 2011 13:28:19 -0200
MIME-Version: 1.0
Content-Type: Multipart/Mixed; Boundary="NextPart"

This is a multipart message in MIME format

—NextPart
Content-Type: text/plain

Hallo Christoph,
ich sende Dir anbei ein Bild.
Bis bald,
Harald.

—NextPart
Content-Type: image/jpeg name="bild.jpg"
Content-Transfer-Encoding: base64

RnJhbnogamFndCBpbSBrb21wbGV0dCB2ZXJ3Y
...
G9zdGVuIFRheGtgcXVlciBkXJjaCBCYXllcm4=

图 9.25　一个被编码的多部分 MIME 消息

如果接收方并没有准备好接收消息，那么发送方会将该 TCP 连接终止，并且可以在以后的时间点再次进行通信的尝试。

- 如果接收方表示已经准备好接收电子邮件，那么发送方会发送一个HELO（"Hello"的缩写）响应和一个自己身份的证明。由于 SMTP 通过文档 RFC 1425（稍后为文档 RFC 2821）被扩展了，响应HELO也被作为协商的问候语"Extended Hello"ELHO所取代，并且支持 SMTP 的扩展版本。

Client: HELO example.de

发送方和接收方之间的 SMTP 连接是由接收方对连接的确认完成的。

Server: 250 example.de says HELO to hpi-web.de

现在，发送方可以发送一个或者多个电子邮件，之后连接也可以再次被中止，或者要求接收方交换角色，以便电子邮件的传送可以在相反的方向上进行。如果接收方支持 SMTP 的扩展，那么也可以使用ELHO和一系列其他的消息进行响应。这些消息全部以代码 250 开始，并且显示了各自所支持的 SMTP 扩展。如果一个 SMTP 服务器使用了一个ELHO询问进行响应，而该服务器并不支持 SMTP 扩展，那么它会给出一个错误的消息500 syntax error, ……

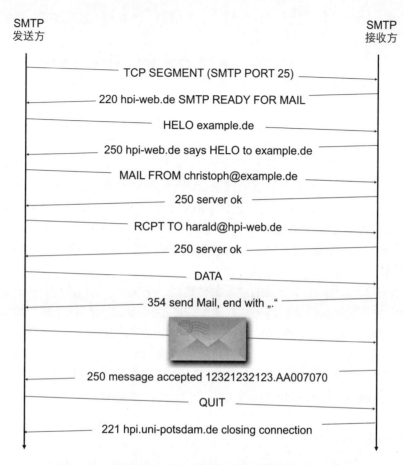

图 9.26 用于传送一封电子邮件消息的典型 SMTP 对话

- 现在,发送方可以使用下面的命令,利用给出的电子邮件地址向电子邮件的接收方发送电子邮件了。

  Client: MAIL FROM <christoph@example.de>

  接收方会对该电子邮件的接收进行确认。

  Server: 250 server ok

- 发送方使用下一个接收方电子邮件地址进行电子邮件的发送:

  Client: RCPT TO <harald@hpi-web.de>

  如果给定的电子邮件地址对应一个电子邮件账户,那么接收方会表示已经准备好了接收,并且等待被发送的电子邮件。

  Server: 250 server ok

- 发送方使用关键字DATA开始发送真正的电子邮件文本,整个过程是使用以下代码进行确认的:

  Server: 354 Send mail; end with "."

- 现在,发送方可以发送电子邮件的完整文本。该文本在最后一行使用了一个单独的句点("."）作为结尾标志。

- 接收方使用一个签收来确认收到了这条消息。该签收还被附加了一个消息 ID 对所接收到的电子邮件进行识别。

Server: 250 message accepted <message-id>

- 到了这个时候，该连接就可以被终止了：

Client: QUIT

Server: 221 example.de closing connection

在电子邮件消息格式的原始文档 RFC 821 标准中，规定了消息格式的长度限制为 64k 字节。如果通信伙伴双方提供了不同的超时设置，那么也会出现问题。例如，可能导致无法预料的通信中断。为了解决这些问题，SMTP 得到了进一步的扩展，并且作为**扩展 SMTP**（Extended SMTP，ESMTP）在文档 RFC 1425 中被重新定义。一个发送方可以通知接收方，自己希望使用 ESMTP 来替换 SMTP。这个操作可以通过在开始通信的时候发送EHLO命令来代替HELO命令实现。如果接收方拒绝了这个请求，那么就表示，接收方只能通过 SMTP 进行通信。

经常出现的情况是：由于错误的电子邮件地址，或者由于其他原因，电子邮件无法被正确地投递。这些无法被投递的电子邮件通常会被退回给发送方。这个邮件被称为**退回邮件**（Bouncing Message）。如果无法被投递的邮件也不能再被发送回原始的发送方，那么该邮件会被投递给一个公共用户，这时邮件被称为**双退回邮件**（Double Bouncing Message）。随着互联网的快速发展，还出现了一种被发送给大量用户的、包含接收方不想要的、带有宣传性质内容的电子邮件，即垃圾邮件（SPAM），具体参见图 9.27。

9.3.5 POP3 和 IMAP

到目前为止，我们已经介绍了电子邮件系统的内部流程，以及通过 SMTP 协议进行的通信。一台可以通过 SMTP 发送和接收电子邮件的计算机称为**电子邮件网关**（E-mail gateway），也被称为电子邮件服务器（E-mail server）。这种计算机可以直接提供电子邮件传送服务（参见图 9.28）。但是，在公司和企业内部并不是局域网络中的每台计算机都具有这种能力。相反，只有少数，甚至大多数的情况下只有一台这样的计算机可以被作为电子邮件网关进行操作。

为了实现用户与其他计算机之间发送和接收电子邮件，开发了与电子邮件网关进行通信的特殊协议。用户使用该协议实现了从电子邮件网关获取指定的电子邮件，以及将需要发送的消息传递到那里的操作。用于访问电子邮件网关的一个简单协议是**邮局协议第 3 版**（Post Office Protocol 3，POP3 或者 POPv3）。该协议是从 1984 年的文档 RFC 918 中定义的原始邮局协议衍生而来的。1996 年，该协议被定义在文档 RFC 1939中。POP3 基于的是 TCP 协议，并且处理电子邮件客户端（UA）和电子邮件网关之间的通信（参见图 9.23）。POP3 协议的主要任务包括：

- 登录到电子邮件网关。
- 通过密码查询进行用户认证。
- 从用户的电子邮件账户中检索电子邮件。
- 从电子邮件网关的存储中清除已经获取的电子邮件。

SPAM——不受欢迎的电子邮件

　　垃圾邮件（SPAM）是指各种类型的不受欢迎的消息，这些消息是以电子邮件的形式被发送的。其中，最出名的是在英文中被称为"不请自来的电子邮件"（Unsolicited Bulk Email，UBE）。这些大多数含有广告内容的邮件被发送给数量庞大的互联网用户。SPAM 可以与群发邮件做类比：群发邮件也是对收件方没有明确地要求，并且内容通常是广告。

　　SPAM 的名字原本是一个英国肉罐头的品牌名称，被称为"Spiced Ham"，始于 1936 年。在第二次世界大战期间，SPAM 罐头是为数不多的几乎没有被限制的，并且没有受到配给影响的食品之一。通过一个英国喜剧系列"**Monty Python's Flying Circus**"的场景，这一罐头品牌在 20 世纪 70 年代初被冠上了不必要地频繁使用和重复的代名词。因为该场景发生在一间咖啡厅，而在菜单上只有含有 SPAM 的菜品。因此，在该场景的框架下，SPAM 的名字一共被提及了 132 次。

　　世界上第一个垃圾邮件很可能是在 1978 年 5 月 3 日被发送的。那封邮件中含有迪吉多公司（Digital Equipment Corporation，DEC）最新计算机模型的广告，当时该邮件被发送给了所有 600 个阿帕网的用户。然而，被称为不需要的、批量发行的电子邮件的 SPAM 标识则是在 20 世纪 90 年代才出现的。如今，垃圾邮件已经成为互联网上一个非常严重的问题。因为，差不多整个电子邮件流量的 90% 都是由 SPAM 邮件占用的。针对 SPAM 的措施几乎面向了所有参与电子邮件通信的实体。今天，在 SMTP 服务器以及用户端被使用的最为广泛的是所谓的 SPAM 过滤器。接下来将会讨论 SMTP 协议以及域名系统的改变，其目的就是为了防止垃圾邮件。

延伸阅读：

Zdziarski, J. A.: Ending Spam: Bayesian Content Filtering and the Art of Statistical Language Classification, No Starch Press, San Francisco, CA, USA, (2005)

Internet 2010 in Numbers, Royal Pingdom Blog http://royal.pingdom.com/2011/01/12/internet-2010-in-numbers/

图 9.27　SPAM——不受欢迎的电子邮件

　　该协议本身是使用 ASCII 文本消息进行工作的，并且与 SMTP 协议非常相似。在 POP3 协议中，建立一个到电子邮件网关或者电子邮件服务器的永久连接是没有必要的。但是，如果客户端有这种需要也是可以先建立连接，然后再将其中止。POP3 协议的主要任务是将电子邮件网关上属于该用户的电子邮件复制到用户的本地计算机上。这样，用户就可以在随后的任何时间点对这些邮件进行读取和处理。

　　如果 POP3 服务器必须安装到与管理电子邮件网关邮箱的同一台计算机上，那么该 POP3 客户端通常被作为用户电子邮件软件端口的一部分（例如，Microsoft Outlook）。该端口必须与 POP3 服务器进行通信，实现访问用户的电子邮件。为了确保可以可靠地处理通过 POP3 给出的命令和邮件服务器的响应，TCP 消息的传输需要通过端口 110 进行。一旦通过该端口建立了一个 TCP 连接，那么就会启动一个 POP3 会话。这时，客户端发送指令到服务器，然后服务器发送回对应的响应或者被请求的电子邮件。这种 POP3 服务器的基本响应有：

- **+OK** 作为对客户端请求的积极响应。
- **-ERR** 给出的消极响应，以便表明发生了一个错误。

在图 9.29 中给出了 POP3 服务器接收的标准指令集合。

电子邮件网关

　　电子邮件网关（E-mail gateway）通常用作连接邮件传送的中间系统。这些系统通过互联网用于连接发送方和接收方之间的计算机。电子邮件网关可以完成各种类型的任务：

- 将没有与互联网直接连接的计算机连接到电子邮件进程中。
- 连接没有通过文档 RFC 822 提供兼容的电子邮件系统（例如，X.400 电子邮件系统）的计算机。电子邮件网关照顾各个不同的，并且每个都需要格式转换的系统。
- 对**邮件列表**进行处理。在邮件列表中，电子邮件接收方的组可以被整合在一个单独的专用组地址下。如果一封电子邮件被寻址到邮件列表的组地址，那么这条消息会被发送到该组地址中所包含的所有接收方地址中。邮件列表的处理可以显著地提高邮件传送的处理开销。基于这个原因，这种处理任务通常会被委托给专门的计算机。例如，电子邮件网关。
- 为了将一个企业中的所有电子邮件用户的电子邮件地址设置为具有统一的后缀，需要使用对应电子邮件网关的 IP 地址。否则，这些电子邮件地址的后缀必须包含用户计算机的 IP 地址。而这样一来，就会暴露本地局域网的内部使用情况，并且为非法侵入者提供切入点。被设置了电子邮件网关地址的电子邮件都是由这个网关接收的，并且被评估地址前缀之后转发到真正的接收方计算机。

延伸阅读：

Hunt, C.: TCP/IP Network Administration, O'Reilly Media, Inc., 3rd edition, (2002)

图 9.28　电子邮件网关

POPv3 标准指令集

- **USER xxx**：在邮件服务器上建立用户名或者用户账户。
- **PASS xxx**：传递没有被加密的一个密码。
- **STAT**：返回邮箱的状态，其中包括了在邮箱中的所有电子邮件的数量和整体的字节数。
- **LIST（n）**：返回（第 n 个）电子邮件的消息编号及其字节数。
- **RETR n**：从邮箱中请求第 n 个电子邮件。
- **DELE n**：从邮件服务器上删除第 n 个电子邮件。
- **NOOP**：不具有特殊的功能，邮件服务器会使用 +OK 对其进行响应。
- **RSET**：重新设置之前确定的 DELE 命令。
- **QUIT**：中止当前的 POP3 会话，并且执行所有给定的 DELE 命令。

除了标准命令外，POP3 还支持以下的一些选项命令：

- **APOP**：安全登录到一个 POP3 服务器。
- **TOP n x**：检索电子邮件的报头和第 n 个电子邮件的第一个 x 行。
- **UIDL n**：显示第 n 个电子邮件的标识 ID。

延伸阅读：

Myers, J., Rose, M.: Post Office Protocol - Version 3, Request for Comments 1939, Internet Engineering Task Force (1996)

图 9.29　POP3 标准指令集

　　一个 POP3 会话是在端口 110 上，通过 POP3 客户端向 POPv3 服务器请求一个 TCP 连接开始的。在服务器端，POP3 服务器在该端口上监听传入的连接请求。如果对应

的 TCP 连接被建立，那么该 POPv3 服务器会使用一个问候语进行响应：

Server: +OK example.de POP3 server

接下来，用户必须进行身份验证，以便证明自己有权查阅这个邮箱。这种身份认证是通过发送用户的用户名以及邮箱名和对应的密码实现的。

Client: USER harald@example.de
Server: +OK Please enter password
Client: PASS ***********

如果登录成功，那么说明该用户通过了身份验证，可以继续向自己的邮箱发送命令。由于这种未被加密的密码传递被认为是不安全的，现在的 POPv3 服务器还使用 APOP 命令提供了一个更加安全的身份验证方法。如果 POP3 服务器支持 APOP 这种身份验证的版本，那么会在访问过程中发送一个时间戳，来验证该 POP3 会话的唯一性。随后，POP3 客户端使用该时间戳和一个共同的密钥（公钥）执行一个 MD5 的校验和计算。其中，公钥是各个客户端和服务器都知道的，而计算所得的校验和也会在登录客户端时与 APOP 命令一起被发送。POPv3 服务器通过检验 MD5 的校验和，从而实现了使用安全的方式对 POPv3 客户端进行验证。在图 9.30 中给出了一个简单的 POP3 会话的示例流程。

而更为复杂的**交互邮件访问协议**（Interactive Mail Access Protocol，IMAP）则提供了更多的可能性。这些可能性最初被定义在文档 RFC 1730（如今在文档 RFC 3501）中。

1986 年，IMAP 协议被设计用于实现那些邮箱或者邮件并不位于其远程的邮件服务器上，而是位于用户的本地计算机上的时候，对于邮箱和邮件的访问。与 POP3 不同的是，这些电子邮件都被保留在邮件服务器上，并且直接在那里被管理着。POP3 和 IMAP 都设计成具有电子邮件通信的异步特性。用户的计算机由于成本和效率的原因，最初并没有永久地与互联网连接，而只是在有需求的情况下才建立一个连接。但是，电子邮件可以随时随地的转发和接收。因为，邮件服务器是永久与互联网连接的，并且可以尽可能地处理所有电子邮件的通信任务。

POP3 协议是将电子邮件从邮件服务器传递到各个计算机上，并且进行保存。而 IMAP 协议规定的是，将电子邮件集中存储在邮件服务器上。IMAP 这样做的优点是：用户可以在任何计算机上通过网络中实现和自己邮件服务器的连接，并且在成功认证后获取自己的电子邮件。IMAP 首先只是从邮件服务器上复制电子邮件的报头，并且让用户自己选择，希望将哪些电子邮件转发到自己的计算机上以便进行读取以及处理。而 POP3 用户永远只能在一台被绑定的计算机上管理自己的电子邮件。

IMAP 协议提供了以下功能：

- 访问远程邮件服务器上的电子邮件，并将其复制到本地的计算机上，以便在本地进行处理。而用户可以在邮件服务器上对这些邮件进行管理。
- 为个别电子邮件设置或者清除标志，以便用户可以跟踪哪些邮件已经被读取，哪些还没有。
- 管理多个邮箱，并且将电子邮件从一个邮箱复制到另外一个。用户还可以将邮箱设置为不同的消息类别，例如，私人的或是企业的。

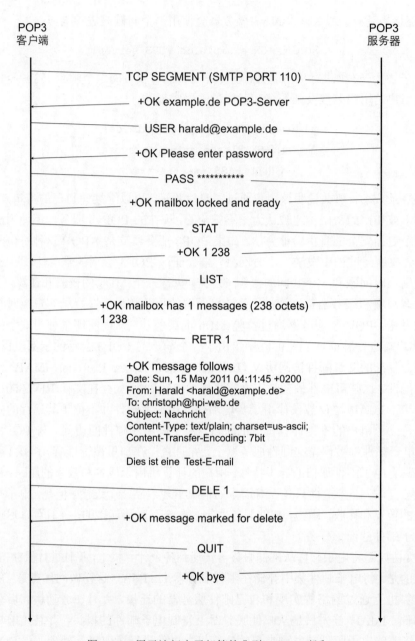

图 9.30 用于访问电子邮箱的典型 POP3 对话

- 从电子邮件的报头中读取信息，以便用户可以决定，自己是否真的想要复制该邮件并进行阅读。
- 复制电子邮件的一部分，例如，一个被多部分 MIME 编码的消息。

和 POP3 协议相同的是，IMAP 协议也是根据客户端/服务器这种交互模式进行工作的。IMAP 服务器是在邮件服务器上被操作的。其中，用户的计算机必须被安装一个 IMAP 客户端。而且必须对邮箱进行配置，使其可以通过 SMTP 创建一个新的电子邮件，并且可以通过 IMAP 对电子邮件进行检索、查询以及修改。IMAP 协议使用 TCP 作为传输协议。IMAP 服务器监听 TCP 的端口 143，并且通过 IMAP 客户端等待连接的建立。一旦一个 TCP 连接通过端口 143 被建立，那么该 IMAP 会话就会被激活。一个典型的 IMAP 会话的流程可以借助一个有限的状态机（Finite State Machine）很容易地进行解释。这种状态机提供了 5 种不同的基本状态（参见图 9.31）：

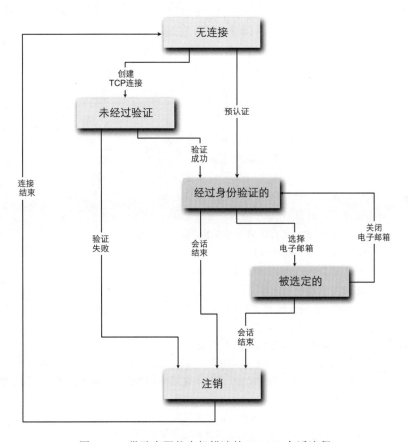

图 9.31　借助有限状态机描述的 IMAP 会话流程

- **无连接**：IMAP 会话被中止或者没有被激活。IMAP 服务器会等待，直到对应的客户端通过 TCP 的端口 143 建立一个连接。
- **未经过验证**：一个 IMAP 会话的初始状态。如果没有选择"预认证"选项的时候，该 IMAP 服务器在接收到通过端口 143 建立的 TCP 连接之后直接进入到这种状态。为了从这个状态转换到下面的状态，IMAP 客户端必须成功地在 IMAP 服务器进行身份验证。
- **经过身份验证的**：在这种状态下，表明 IMAP 客户端成功地在 IMAP 服务器上进行了身份的验证，无论是通过在状态"未经过验证"中的明确验证，还是之前通过另外一个外部系统执行的已经成功地验证（预认证）。在可以执行其他操作之前，IMAP 客户端必须在邮件服务器上选择一个可用的邮箱。
- **被选定的**：选择一个邮箱之后，该 IMAP 客户端就可以访问邮箱中的单个电子邮件，并且对其进行操作。一旦 IMAP 客户端结束在该邮箱上的操作，那么既可以返回到"经过身份验证的"状态，重新选择一个新邮箱，也可以返回到"注销"状态，来结束该会话。

- **注销**：IMAP 客户端可以从任何一个其他的状态来结束该 IMAP 会话，并且进入"注销"状态。如果之前被设置的活动计时器到期，那么该会话也会到达这种状态。这时，服务器会删除已经被用户标记为删除的特定电子邮件，并且将对应的资源释放，最后中止该会话以及 TCP 连接。

在图 9.32 中给出了被用于 IMAP 第 4 版本（IMAP4）中最重要的 IMAP 命令集合选项。

IMAP4 标准指令集选项

- 在 IMAP 会话中给出的每个状态的指令有：
  - **CAPABILITY**：查询服务器的功能。
  - **LOGOUT**：通知 IMAP 服务器结束该会话。IMAP 会话进入到状态"Logout"。
- 一些应该用于"未经过验证"状态的指令选项：
  - **LOGIN**：输入用户名和密码用于身份验证。
  - **AUTHENTICATE**：选择由客户端指定的认证机制。
  - **StartTLS**：选择用于身份验证的传输层安全协议。
- 一些应该在"经过身份验证的"状态下输出的指令选项：
  - **SELECT**：选择特定的邮箱。
  - **EXAMINE**：在只读模式（Read Only）中选择一个特定的邮箱。这种模式下，邮箱状态是不允许被改变的。
  - **CREATE / DELETE / RENAME**：创建一个新的邮箱，或者删除，或者重命名一个已经存在了的邮箱。
  - **SUBSCRIBE / UNSUBSCRIBE**：通过对邮箱的添加或者删除来改变邮件服务器上"活跃"邮箱的数量。
  - **LIST**：根据邮件服务器上的（部分）列表来查询当前的邮箱名字。
  - **LSUB**：与 LIST 相同，但只能返回活跃邮箱的名字。
  - **STATUS**：邮箱的状态查询，被提供的信息诸如包含在其中的（已读或者未读）的电子邮件的数量。
  - **APPEND**：将一封电子邮件添加到一个邮箱。
- 一些应该在"被选定的"状态下输出的命令选项：
  - **CHECK**：在邮箱的处理过程中设置一个控制点。
  - **CLOSE**：关闭当前被编辑的邮箱，并且返回到"经过身份验证的"状态。
  - **EXPUNGE**：从邮箱中删除所有已经标记了的电子邮件。
  - **SEARCH**：按照被指定为参数的标准浏览邮箱。
  - **FETCH**：从邮箱中返回由参数确定的电子邮件的信息。
  - **COPY**：将由给定的参数选择出来的电子邮件组复制到指定的邮箱。

延伸阅读：

Crispin, M.: Internet Message Access Protocol Version 4rev1, Request for Comments 3501, Internet Engineering Task Force (2003)

图 9.32　IMAP4 标准指令集选项

9.3.6　优良保密协议 PGP

如果希望通过互联网将一封电子邮件由发送方传送到接收方，那么这一过程通常会涉及多种不同类型的计算机。在涉及的这些计算机上，这封电子邮件有可能会被未经授权的用户读取、复制，甚至被篡改对应的访问权限。而且，很多用户并不知道，在互联网上是没有隐私的，除非人们自己主动提出保护隐私的要求。如果人们想要保证一封电子邮件只会被收件方读取，那么发送方必须将该邮件的内容进行加密。

一个广泛用于对电子邮件加密的软件是**颇好保密性**（Pretty Good Privacy，PGP）。这种方法为电子邮件流程的隐私提供了一个完整的数据包，可以通过可用的数字签名来加密电子邮件以及对通信伙伴进行身份认证。而这个数据包在某些版本中是可以免费获得的。

假设有两个用户：Alice 和 Bob。如果想要将电子邮件通信进行保密，那么他们会按照如下的要求进行加密：

- 如果一个未经授权的第三方得到了被交换的电子邮件，那么该邮件的内容不应该被解密出来（**保密**）。
- 如果 Alice 发送一条消息给 Bob，那么 Bob 应该进行确定，这条消息是否真的是从 Alice 那边发送过来的（**发送人身份验证**）。
- 对于 Alice 和 Bob 来说，能够确认通信消息的内容在发送的过程中是否被改变或者伪造是极为重要的事情（**数据完整性**）。
- 此外，发送消息给 Bob 的 Alice 需要确认，Bob 确实是这条消息真正的接收方，而不是伪造者（**收件人认证**）。

PGP 方法使用了公共密钥加密法（非对称加密法）。也就是说，任何人都可以使用一个公共密钥对数据进行加密，然后将其传递给特定的接收方。同时，只有真正的接收方才具有一个对应的私钥。首先使用该公钥加密发送到接收方的消息，而该消息只有通过接收方自己对应的私钥才能被解密。通过这种方法，就可以实现所有参与通信伙伴的认证。

如果通信双方相互提供了各自的公共密钥，并且两个公钥都被认证了，即公钥证书中指定的身份与预定义的身份相匹配，那么就可以开始**加密的电子邮件交流**了。

- Alice 使用 Bob 的公钥 kp_B 对要发送的消息 M 进行加密。
- Alice 将 $kp_B(M)$ 与一个对应的 SMTP 的 MIME 报头，以及一个普通的电子邮件封装在一起进行发送。
- Bob 接收到来自 Alice 的电子邮件，然后对邮件的 MIME 报头中释放出来的有效数据部分 $kp_B(M)$ 使用自己的私钥 ks_B 进行解密。
- 由于 $ks_B(kp_B(M)) = M$，Bob 现在就获得了被加密的消息 M。

PGP 软件的第一个版本是在 1991 年由 **Phil Zimmermann**（1954—）开发的。当时，该软件使用了一个 RSA 算法对数据进行加密。后来改版过的版本使用了 Diffie–Hellman 密钥交换方法。PGP 并没有使用一个非对称的加密方法对整个消息进行加密，因为计算量太大，特别是在发送多媒体数据的时候。实际发送的消息会借助一个更简单的对称加密方法进行编码。而通信双方所使用的对称密钥是预先通过一个非对称加密法进行交换的。这个过程也称为**混合加密**。使用这种方法进行加密的对称密钥通常被设置为各个（对称加密的）电子邮件的前缀。通过这种方法，人们也可以将发送给多个接收方的消息同时进行加密。

PGP 加密方法的流程如下（参见图 9.33 和图 9.34）：

- Alice 生成一个随机的、只被使用一次的**会话密钥** R_1。
- Alice 通过一个对称加密法，使用这个保密的会话密钥 R_1 对需要发送的消息进行加密。
- Alice 将该会话密钥 R_1 使用 Bob 的公钥 kp_B 进行加密。
- Alice 将被加密的会话密钥 $kp_B(R_1)$ 与被加密的消息 $R_1(M)$ 整合在一起，然后将这个数据包 $[kp_B(R_1), R_1(M)]$ 发送给 Bob。
- Bob 接收这个数据包 $[kp_B(R_1), R_1(M)]$ 之后，将这两个部分分离开，然后使用自己私有的密钥 ks_B 来解密会话密钥 $ks_B(kp_B(R_1)) = R_1$。
- 使用被解密出来的会话密钥 R_1，Bob 现在就可以解密被 Alice 加密了的 $R_1(R_1(M)) = M$ 消息了。

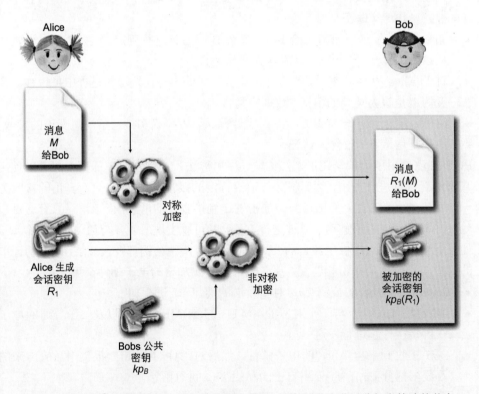

图 9.33　对需要保密传递的电子邮件使用 PGP 加密的对称和非对称加密算法的共享

通过这种方式，就可以实现对被传递电子邮件的安全加密。然而，整个过程还必须确保通信双方身份的真实性，以及电子邮件的完整性。为此，新增了数字签名（digital signature）和报文摘要（message digest）技术。

- Alice 想要再次通过电子邮件系统向 Bob 发送一条消息。她首先在自己的电子邮件 M 上使用了一个散列函数 h，并由此产生了一条报文摘要（校验和）$h(M)$。

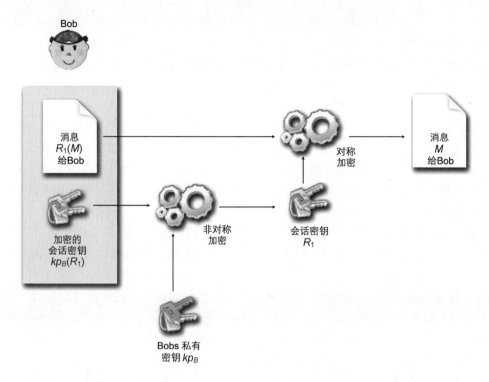

图 9.34　对需要保密传递的电子邮件使用 PGP 解密的对称和非对称加密算法的共享

- 为了从 $h(M)$ 中创建一个数字签名，Alice 使用自己的私钥 ks_A 对 $h(M)$ 进行了加密，并且创建了 $ks_A(h(M))$。
- Alice 将原始的电子邮件消息 M 和该数字签名 $ks_A(h(M))$ 整合到一起，创建了一个数据包 $[M, ks_A(h(M))]$。
- 这样，Alice 就使用了上面讨论到的加密方法。她创建了一个会话密钥 R_1，并使用该密钥加密 $[M, ks_A(h(M))]$，然后使用 Bob 的公钥 kp_B 对 R_1 对其进行加密，最后将这个数据包发送给 Bob。

$$[kp_B(R_1), R_1([M, ks_A(h(M))])]$$

- Bob 从接收到的数据包中首先提取出被加密的会话密钥 $kp_B(R_1)$，并且使用自己的私钥 ks_B 对其进行解密。
- 获得会话密钥 R_1 后，Bob 可以解密数据包的第二个部分，并且获得 $[M, ks_A(h(M))]$。
- Bob 提取出数字签名 $ks_A(h(M))$，并且使用该签名在 Alice 的公钥 kp_A 上进行解密，以便获得消息摘要 $h(M)$。
- 这时，Bob 在接收到的电子邮件 M' 上使用自己的散列函数 h 得到一个报文摘要 $h(M')$，并且对这两个报文摘要进行比较。如果 $h(M') = h(M)$，那么 Bob 就可以确定 $M' = M$，即电子邮件 M 在发送的过程中没有被篡改。并且，由于是使用 Alice 的公钥解密的数字签名，那么也就可以确保消息发送方的身份。

一个安全的电子邮件通信只有在可以确保 Alice 和 Bob 各自提供了"正确的"对方公共密钥的前提下才能得到保证。也就是说,一个安全的公共密钥的分配,例如,通过一个经过认证了的公共密钥基础设施,是安全发送电子邮件的前提。Phil Zimmermann 开发的 PGP 协议还提供了所有必要的算法和为了安全电子邮件通信所必需的方法。

在安装 PGP 软件的过程中,每个用户都需要生成一个密钥对,其中包括一个公共密钥(公钥)和一个私钥。用户的公共密钥可以在互联网的网页或者通过相对应的公共密钥认证中心(Certificate Authority,CA)获得,而由一个密码保护的私钥则应该被保存在用户的私人计算机上。每次,用户想要使用自己私钥的时候,必须给出正确的密码。在 PGP 中,用户可以自己选择,是只使用一个数字签名来发送一条消息,还是将其加密后进行发送,或者同时使用这两个安全措施进行消息的交换。

因此,PGP 软件本身也提供了一种验证公共密钥的可能性。但是,PGP 为了这个目的并没有使用可以信赖的第三方(CA),而是通过一个自己的**信任网络**(Web of Trust,WoT)对公共密钥进行认证。用户可以首先通过由用户名和对应的公钥组成的、自己信任的组合对进行自我认证。并且可以通过 PGP 通知另外一个用户,如果他担保自己密钥的认证,那么他就是值得信任的。PGP 用户满足所谓的**密钥签名聚会**(Key Signing Party)。也就是说,用户交换各自的公钥,并且使用各自的私钥对其进行认证。第三种可能性是使用特殊的**PGP 公钥服务器**(PGP Public Key Server)。PGP 公钥服务器将由用户发送来的公钥进行存储,然后将其分发到其他 PGP 公钥服务器,并且将该公钥发送给每个向其提出请求的用户。

PGP 不涉及独立的私有发展,只是为已知的和环环相扣的方法提供一个功能性的工作环境。

- 电子邮件的加密(保密性)。
- 通信合作伙伴的认证。
- 通过数字签名确保消息的完整性。
- 电子邮件的压缩方法。

PGP 作为开放源码项目,对大多数计算机平台和操作系统都是免费提供的。同时在商业模式下,作为了大多数电子邮件客户端的插件。

PGP 软件在美国联邦政府和 Phil Zimmermann 的法律纠纷过程中获得了普及。该纠纷源于 Phil Zimmermann 被起诉,因为他开发的 PGP 软件违反了美国出口限制,即对加密软件的限制。因为,PGP 被作为公共领域的软件在互联网上是可以免费得到的。这样一来,美国之外的用户也可以获得该服务。在冷战时期,强大的加密系统属于美军的武器,因此受到了出口的限制。虽然 Phil Zimmermann 开发的 PGP 是个人行为,并没有一个大的公司参与其中,但是该软件自发布以来迅速成为使用最广泛的电子邮件加密系统。3 年之后,在 1996 年,该纠纷的庭审再度开启。那时,Zimmermann 的公司 PGP 已经注册成立了。该公司在 1997 年被 Network Associates 收购。同时,PGP 也被 IETF 作为 OpenPGP 定义在文档 RFC 4880 中。

还有一个基于 ISO/OSI 参考模型的信息处理系统 X.400(参见图 9.35)。

X.400 信息处理系统

X.400是另一个版本的信息处理系统,基于 ISO/OSI 参考模型,并且已经被 ITU–T 标准化。同样的系统在 ISO 模型下被命名为**面向消息的正文交换系统**(Message Oriented Text Interchange System,MOTIS)。开发 X.400 的目的在于,确保不同系统之间的互操作性,以及公共和私人电子邮件之间的业务。因此,X.400 被许多公共网络的网络运营商用于一般的消息交换,包括网络的转换。

与定义在文档 RFC 822 中的互联网电子邮件标准,即通过 SMTP 在互联网中进行电子邮件传递的规范相比,X.400 规范要复杂得多,并且还提供相应的功能。1984 年,X.400 标准出现在文档 RFC 822 中,并且在 1992 年被重新进行了修订,变得更加完善。然而,X.400 系统并没有成功地取代运作更简单的竞争对手,因此逐渐退出了历史的舞台。

延伸阅读:

Betanov, C.: Introduction to X.400, Artech House, Boston, MA, USA (1993)

图 9.35 X.400 信息处理系统

9.4 文件传输

计算机网络出现之前,不同计算机之间的数据传递只能通过可移动存储介质进行,例如,磁带或者磁盘。当时,在分布式计算机上建立共同的数据库是不可能的。只有在引入了计算机网络,特别是互联网之后,才从根本上改变了这种状况。计算机网络被构建后,数据可以以小块的形式在几秒钟内与远程的计算机进行电子交换,并且同一个应用程序可以在不同的计算机上被执行。

原则上,网络应用程序在互联网早期被划分为两个类别:一种是网络应用程序直接使用位于远程计算机上的资源,即用户或者应用程序登录到远程计算机上,就像在本地计算机上那样进行操作。另一种是网络应用程序并不直接使用位于远程计算机上的资源,而是首先将这些资源通过互联网传递到本地计算机上,然后在本地计算机上进行处理。

为了不必为每个应用程序开发一个独立的用于数据交换的机制,很早就开发了**通用数据传输服务**。这种服务的目标是实现可以同时被许多应用程序使用。为此,该数据传输服务必须足够灵活,以便满足参与计算机系统的不同需求,以及文件名、文件格式或者使用权限。

在本章中会介绍的互联网数据传输方法有:文件传输协议(File Transfer Protocol,FTP)及其变种:安全文件传输协议(Secure File Transfer Protocol,SFTP),以及网络文件系统(Network File System,NFS)。最后,还会简短地给出互联网中位于分布式程序上的远程过程调用(Remote Procedure Call,RPC)方法的介绍。

9.4.1 文件传输协议(FTP)和安全文件传输协议(SFTP)

文件传输协议(File Transfer Protocol,FTP)虽然起源于阿帕网时期,但是直到今天仍然被普遍使用。1971 年,该协议首次定义在文档 RFC 114 中。从 1985 年到如今,FTP 在文档 RFC 959中依然被描述为是有效的。与大多数其他互联网服务一样,FTP 也是根据客户端/服务器的交互原则进行工作的。一个 FTP 服务器可以通过一个 FTP 客户端的请求提供可用的文件。

在通过 TCP 协议成功地将阿帕网转换到 TCP/IP 协议族，并且确保其可靠的传输服务之后，FTP 的主要任务，即数据传输就可以更容易地实现。而其他需要被解决的任务，例如，格式转换，或者验证用户的权限等，是由 FTP 中一个相对复杂的协议完成的。

FTP 协议可以提供的功能如下：

- **文件传输**：FTP 的主要功能。想要成功地完成这项任务，必须首先考虑如下的细节。
- **格式化和演示**：通过 FTP，客户端可以改变被请求数据的数据格式。因为，用于二进制数据传输的编码要比纯文本的编码具有更有效的传输效率。此外，客户端还可以指定被传递的文本文件使用 ASCII 标准编码，还是使用 EBCDIC 码。
- **交互式访问**：除了通过应用程序使用 FTP，用户还可以直接与 FTP 服务进行交互。因此，用户在开始文件传输之前，既可以在成功登录之后要求可用命令的列表，也可以要求现有文件的清单。
- **用户权限验证**：一个应用程序或者一个交互式用户通过 FTP 开始文件的传递之前，必须使用用户名和密码在 FTP 服务器上进行授权申请。否则该 FTP 服务器拒绝提供所请求的文件。

正如上面所述的，FTP 服务遵循的是客户端/服务器原则。这样的通信是通过两个独立的 TCP 连接进行的：在一个**协议连接**上，会传送客户端和服务器之间所有的操作和控制命令，而真正需要被传递的数据文件则是通过**数据连接**进行传送的。这两种连接无论在客户端还是在服务器端都是由各自的进程提供服务的。FTP 允许一个双向的传递，也就是说，客户端既可以请求服务器上的文件，也可以向服务器发送文件。在为整个会话期间保留协议连接的过程中，每个单独被执行的文件传输都被建立了一个专有的数据连接。

在一个 FTP 客户端和一个 FTP 服务器之间进行**连接建立**的过程中，客户端可以利用任意一个空闲的 TCP 端口，从 FTP 服务器的 TCP 端口 21（用于控制流）启动一个可靠的 TCP 连接，这样就建立了控制连接。所有由 FTP 客户端请求使用的服务器 TCP 端口都是相同的，即端口 20 和 21。这些端口可以通过 TCP 服务器进行区分，因为一个 TCP 连接总是通过连接的两个端点被识别的。如果一个连接可以被成功建立，那么就可以为每个文件传输建立一个从 FTP 服务器的 TCP 端口 20（用于数据流）到客户端任意一个空闲的 TCP 端口的 TCP 连接（参见图 9.36）。

为了实现通过控制连接进行操作和控制命令的传递，并没有开发专门的文件格式，而是使用了 TELNET 协议（参见 9.5.1 节）。在一个 FTP 会话中，用于控制连接的 TCP 连接会持续存在于整个会话期间。相反，数据连接在成功进行文件传递之后会被再次中止。

对于连接的建立，FTP 给出了两个不同的变体：

- **主动 FTP**：在所谓的"主动模式"（Active Mode）中，FTP 客户端打开了一个随机的端口，并且将其与自己的 IP 地址一起通过 FTP 命令 PORT 通知给 FTP 服务器。通常情况下，客户端会在端口号 1023 之上选择一个端口，而该 FTP 控制连接会被寻址到 FTP 服务器的端口 21 上。图 9.37 给出了在主动模式中，FTP 连接建立的流程。

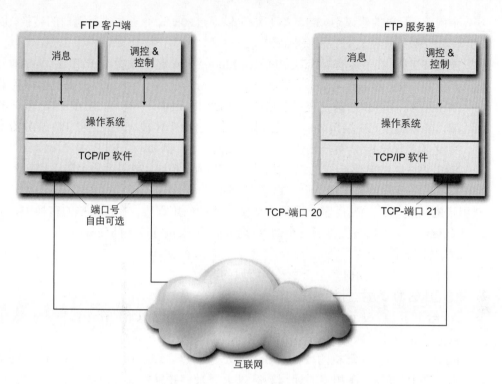

图 9.36　使用 FTP 进行文件传输的客户端/服务器交互模式

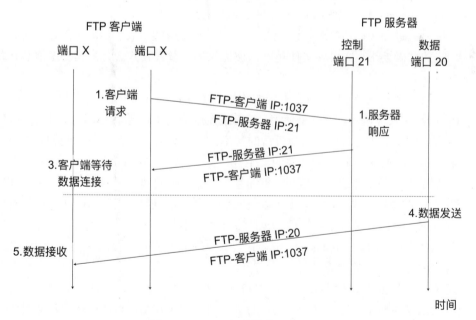

图 9.37　FTP 主动模式

为了通过服务器端口 20 启动数据连接，FTP 服务器会在自己这端将一个 TCP 连接建立在一个已知的客户端端口上。这种连接建立方式存在的问题在于：在客户端，同一个端口既被控制连接所使用，也被数据连接所使用。为了解决这个问题，给出的建议是：FTP 客户端可以通过PORT命令首先进行端口的转换，以便建立数据连接。

- **被动 FTP**：在"被动模式"（Passive Mode）中，客户端发送 FTP 命令PASV打开 FTP 服务器的一个端口，并且将该端口与自己的 IP 地址提前提交给服务器端。这里，同样使用的是客户端端口号 1023 以上的一个端口。而在 FTP 服务器端，在通知客户端端口之前就已经被寻址。这种变体被应用在当 FTP 服务器本身没有能力与 FTP 客户端建立一个连接的时候。例如，当 FTP 客户端位于一个 NAT 网关，FTP 客户端的 IP 地址使用了 NAT[1]掩码，或者当一个防火墙在未经授权的外部网络前屏蔽了该 FTP 客户端。

从用户的角度来看，FTP 客户端是一个交互式的应用程序。在最简单的转换中，例如，在 UNIXftp中，用户被提供了一个命令行界面，用来执行以下的任务：

- 读取输入行。
- 解释输入行，即读出一个命令及其所属的参数。
- 使用所给的参数执行检测出的命令。

图 9.38 给出了一个交互式 FTP 会话的例子，其中执行了以下的命令：

- `ftp ipc617.hpi-web.de`
  FTP 客户端向计算机的 FTP 服务器发起了建立连接`ipc617.hpi-web.de`的请求。FTP 服务器在相关的远程计算机上登录，并且要求客户端进行身份验证。为此，用户给出了用户名和密码。

- `get/pub/public/FTP/home/sack/test.tgz`
  用户通过命令get请求获得一份文件，并且必须在随后的参数中给出对该文件格式的精确要求。如果该文件是可以被提供的，那么服务器会将其发送给客户端。

- `close`
  使用命令close来中止与服务器的连接，使用命令quit来退出客户端。

FTP 在给出命令响应时，总是使用一个三位数的状态码。该状态码可以通过 FTP 软件进行解释，并且将其向用户显示为可读的文本。FTP 通过一个简单的身份验证机制，即用户名和密码，来确保限制访问文件的安全性。但是，这里存在的问题是：无论是用户名还是密码都是没有被加密进行传递的，即是明文传递的。这种加密上的弱势是由 FTP 协议被开发的时间过早造成的，其历史可以追溯到互联网的初期。当时，只有一部分人群可以访问互联网，而且网络流量被拦截的风险非常小。因此，在文档 RFC 2228 的"FTP 安全扩展"（FTP Security Extensions）中，引入了额外的加密安全措施来确保使用 FTP 协议时的身份验证和安全的数据传输。

有趣的是，**匿名 FTP**（anonymous FTP）的概念实现了安全关键性数据，而这一概念甚至不要求身份验证。当 FTP 协议在 20 世纪 80 年代开始流行的时候，万维网还不能发布公开的信息和数据。不过很快就出现了一种想法：将 FTP 协议用于文件的传输。然而，那时的想法很低效，即每个用户访问信息之前必须在信息的提供方处登录、注册以及使用用户名和密码来建立用户账户。但是，有些用户的兴趣只局限于对某些公开资源的单

---

[1]网络地址转换（Network Address Translation，NAT）技术参见 8.4 节中给出的详细介绍。

```
FTP 会话流程

> ftp ipc617.hpi-web.de
Connected to ipc617.hpi-web.de
220 ipc617.hpi-web.de FTP server (Version wu-2.4.2-VR16(1) ready
Name (ipc617.hpi-web.de:usera): anonymous
331 Guest login ok, send e-mail address as password
Password: harald@hpi-web.de
230 Guest login ok, access restrictions apply
ftp> get /pub/public/FTP/home/sack/test.tgz
200 PORT command ok
150 Opening ASCII mode data connection for test.tgz (1314221 bytes)
226 Transfer complete
1314221 bytes received in 13.04 seconds (1.0e+02 Kbytes/s)
ftp> close
221 Goodbye
ftp> quit
```

图 9.38　文件传输协议示例

一访问。因此，可以为 FTP 建立了一个集中的用户账户。该账户不需要特殊的密码，并且用户可以检索公开提供的文件。下面的用户名都可以通过 FTP 进行匿名数据的访问：

- guest。
- anonymous。
- ftp。

虽然匿名的用户账户是不需要密码的，但是在很多情况下，FTP 服务器还是要求一个密码的设置和一个请求的客户端的电子邮件地址。该地址可以被用于统计的目的。匿名 FTP 于 1994 年定义在文档 RFC 1994 中。大多数的 FTP 服务器既接受用户的身份验证，也接受匿名用户。其中，身份被验证的用户相比较于匿名用户来说具有更多的访问权限，而匿名用户只能访问特定的公共区域。

一旦在客户端和服务器之间通过 FTP 建立了一个数据连接，那么数据就可以在双方之间直接进行传递了。FTP 协议分为三种不同的传输模式：

- **流模式**：在流模式中，需要传递的数据被简单地作为由非结构化字节组成的连续数据流进行发送。其中，发送方启动该数据传输前并不需要首先发送一个含有操作或者控制信息的数据报头。而许多其他互联网协议中的数据通常都以离散的数据块形式被发送。在数据传输结束时，该模式是通过发送方的指示来中断连接的。
- **块模式**：在这个不同版本的数据传输中，需要发送的数据被划分为固定的数据块，随后这些块在 FTP 数据包中进行发送。为此，FTP 数据包包含了一个长度为 3 字节的数据报头，用来保存长度信息和类型信息。这里还使用了一个特殊的算法，用来确保可以不中断地进行数据传递。
- **压缩模式**：在压缩模式中，需要传输的数据通过一个简单的数据压缩算法进行了压缩。这里使用的压缩算法是**游程编码**（Run Length Encoding, RLE）。压缩数据的传递可以由块模式进行。

FTP 协议的一个特点是：不同的数据类型在传递的过程中可以被区别对待。例如，需要将一个文本文件在不同的系统之间进行传递，那么该文本数据可以以不同的方式表示，也就是说，可以使用不同的编码类型。如果原始文本数据在系统 A 的编码中只是被简单编码，那么该文件可能在使用其他文本编码的系统 B 上并不能被直接读取和解释，而必须首先进行类型的转换。FTP 协议支持以下的数据类型：

- **ASCII**：这种数据类型代表了根据 ASCII 标准（American Standard Code for Information Interchange）进行编码的文本文件。
- **EBCDIC**：这种数据类型代表了根据 IBM 公司开发的 EBCDIC 标准（Extended Binary Coded Decimal Interchange Code）进行编码的文本文件。
- **Image**：在这种数据类型中，被发送的文件不具有内部结构。数据是以字节的二进制形式进行传输，不需要进行内部的处理。
- **Local**：这种数据类型是实现将系统相互进行连接的。其中，内部的表示并不基于每个字节 8 比特的形式。

如今，为了操作一个 FTP 客户端，存在着大量图形化前台终端。而这些终端都被设置在了基于 FTP 客户端的命令行上。在图 9.39 中总结了一些 FTP 的最重要命令。一种可替代的方法是：FTP 服务器还可以借助网络浏览器在指定相应的统一资源定位符（Uniform Resource Locator，URL）的时候被寻址。其中，用于身份验证的信息可以直接和 URL 一

一些重要的 FTP 命令选项

- `ascii`——指定了随后传输的数据类型为 ASCII 码。
- `binary`——指定了随后传输的是图像数据类型。
- `bye`——中止当前的 FTP 会话，同时也中止了 FTP 客户端。
- `cd <pfadangabe>`——在 FTP 服务器的数据目录中更改当前的路径。
- `close`——关闭当前的 FTP 会话。
- `delete <dateiname>`——删除在 FTP 服务器上的文件。
- `dir`——返回位于 FTP 服务器上的当前目录。
- `ftp <ftp-server>`——为 FTP 服务器打开一个会话。
- `get <dateiname1> <dateiname2>`——将一个文件从 FTP 服务器传递到 FTP 客户端，并且将其保存在被指定的名称`<dateiname2>`中。
- `ls`——返回位于 FTP 服务器上的当前目录。
- `mkdir <verzeichnismane>`——指定位于 FTP 服务器上的文件目录。
- `mode <transfer-mode>`——设置一个特定的传输模式。
- `put <dateiname1> <dateiname2>`——将一个文件从 FTP 客户端传递到 FTP 服务器，并且将其保存在被指定的名称`<dateiname2>`中。
- `type <datentyp>`——为数据传递设置一个特定的数据类型。
- `user <username>`——在 FTP 服务器中，登录到指定的用户名下。

延伸阅读：

Postel, J, Reynolds, J.: File Transfer Protocol, Request for Comments 959, Internet Engineering Task Force (1985)

图 9.39　一些重要的 FTP 命令选项

起被指定，例如：

$$ftp://mueller:12345@ftp.download.de/dokumente/datei.txt$$

这里，用户名mueller和密码12345可以与域名ftp.download.de一起传递给 FTP 服务器，以便访问在目录dokumente下的文件datei.txt。

正如上面所述，在使用 FTP 的过程中，如果想要实现可靠的数据传递，就必须考虑合理的安全性，尤其在传递用来认证用户所必需的数据的时候。而在 FTP 的情况下，这些数据都没有被加密，都是以明文的形式进行传递的。在图 9.40 中，给出了安全文件传输的不同版本。这些版本完全或者部分都可以实现安全的用户认证、确保被传递消息的完整性，以及对其进行加密。

互联网中数据传输的安全版本

- **安全文件传输协议（Secure File Transfer Protocol，Secure FTP）**：该协议的特别之处在于：部分取缔了不安全的 FTP 文件传输，使得文件可以通过一个安全外壳（Secure Shell，SSH）进行传递（对比 9.5 节）。安全文件传输协议可以用来传递控制和监测命令，例如，客户端在服务器上的身份认证，以及通过被加密的 SSH 隧道对文件目录的交换和排列清单。而真正需要传输的文件并没有被加密，是通过另外一个随机被选择的客户端和服务器预先协商的端口进行传递的。
- **安全复制（Secure Copy，SCP）**：该协议是一个独立的协议，被用于加密了的数据传输。SCP 本身只能实现数据的传递，而身份验证和连接的控制是由 SSH 操作的。
- **SSH 文件传输协议**：该协议是 SCP 协议的扩展。与控制通道只能通过安全外壳（SSH）进行传递的安全文件传输协议不同的是，SSH 文件传输协议是被作为独立的协议进行开发的，这个协议不仅可以实现身份认证，还可以为传递的数据进行加密，而这些功能都是由 SSH 执行的。
- **基于 SSL 的 FTP（FTP over SSL）**：不同于 FTP 或者 SFTP，基于 SSL 的 FTP 并没有使用 SSH 对被传递的数据进行加密，而是使用了 TLS/SSL。其中，不仅数据信道，连 FTP 协议的控制信道都被进行了身份认证和加密。基于 SSL 的 FTP 是在文档 RFC 4217中定义的。

延伸阅读：

Bless, R., Mink, S., Blaß, E., Conrad, M., Hof, H.-J., Kutzner, K., Schüller, M.: Sichere Netzwerkkommunikation: Grundlagen, Protokolle und Architekturen, Springer, Berlin (2005)

图 9.40　互联网中数据传输的安全版本

9.4.2　简单文件传输协议（TFTP）

FTP 为数据传输提供了通用服务，使其成为 TCP/IP 协议族中最基本的服务之一。但是，这种通用服务的执行流程不仅非常复杂，并且极消耗资源。在实际操作中，很多应用程序并不需要 FTP 提供的这种全方位功能，或者并不能像 FTP 本身那样可以提供一个复杂的服务器。为此，TCP/IP 协议族专门提供了一个更容易执行的文件传输服务：**简单文件传输协议**（Trivial File Transfer Protocol，TFTP）。该协议最初是定义在文档 RFC 783中的。

TFTP 并不需要建立在可靠的、基于复杂的客户端/服务器交互的 TCP 传输连接之上，而是可以设置在 TCP/IP 传输层中更简单的用户数据报协议（User Datagram Protocol, UDP）之上。TFTP 只实现一个简单的数据传输，无需任何身份验证的授权机制。如果允许全局访问，那么该协议也只能进行文件传输。同时，TFTP 也省略了与用户的直接交互流程。由于 TFTP 可提供的选项相对 FTP 来说，受到了很明显的限制。因此，TFTP 软件可以遵循简单的、具有较少空间的要求得以实现。这种较低成本的存储需求有利于实现 TFTP 在计算机只读存储器（Read Only Memory, ROM）中的使用。这种存储器并没有配备自己的无盘工作站（Diskless Workstation）。如果启动这种类型的计算机，那么可以通过加载 TFTP 用于初始化计算机的重要程序（操作系统）。在计算机的只读存储器中出现的那些在系统启动的时候被执行的程序，称为**系统引导**（System-Bootstrap）程序。

使用 TFTP 进行文件传递的过程中，通信伙伴的一方会在开始传送前将需要发送的文件划分为每个长度为 512 字节的块。并且在发送完这些数据块后进行等待，直到接收方对这些数据块进行确认之后，才继续发送。在这之前，发送请求的客户端必须首先发送一个带有请求的数据包到服务器，以便给出请求文件的名称和传递的方向（从服务器到客户端，或者从客户端到服务器）。被传递的各个数据块都具有一个连续的块号，这个号会被放置在发送的数据包报头中进行传递。如果一个长度小于 512 字节的块被发送，那么就预示着这个文件传输结束了。除了被传输的数据块，确认的收据或者出错信息也可以被发送。其中，出错信息会终止文件的传输。如果块的发送方直到在预先设定的时限时间点之前都没有收到确认，那么这个数据块会被重新发送。

由于在 TFTP 情况下，没有通过 TCP 实现一个明确的连接建立。因此，TFTP 软件本身必须通过无连接的、不可靠的 UDP 协议建立一个虚拟的（逻辑）连接。为此，TFTP 服务器通过 UDP 端口 69 持续监听由 TFTP 客户端所发送的请求。为了建立连接，TFTP 客户端需要自己选择另一边的 UDP 端口号 1023，以便识别相应的数据传输标识符（Transfer Identifier, TID）。与 FTP 过程不同的是，TFTP 服务器为数据传输同样选择了一个另一边空闲的 UDP 端口号 1023，该号给出了服务器端的 TID。通过这种方式，客户端和服务器端的 TID 每次都确定了一个 TFTP 连接，并且可以平行开始多个 TFTP 传输。此外，通过这个唯一的标识符，所建立的连接就没有必要通过 TFTP 数据块报头中的字段对数据传输进行唯一识别。这样就可以保持较小的 TFTP 数据包报头容量，以便最大限度地提高实际的数据传输效率。

TFTP 的特别之处是可以对称重传，也就是说，无论是发送数据的通信方，还是签收数据的通信方，期间被丢失的数据都可以在计时器到期后被重新传输。由于数据传输具有严格的顺序，即数据被成功接收后，新的数据才被发送。因此，TFTP 协议并不需要必须保留已经被发送或者被签收的 TFTP 数据包。这样一来，整个协议都被极大的简化了，也就是说，不必考虑那些没有按照所期望的顺序到达接收方的数据，并且在延迟到达的传输中也不必重组数据块。相对 FTP 来说，虽然通过 TFTP 的通信会需要更小的开销和更少的复杂度，但是单个数据传递的容量始终被限制在 512 字节。

虽然 TFTP 方法被认为是特别健壮的，但是也会出现以下问题：如果对于数据块 k 的确认并没有丢失，而只是被延迟了，那么发送方会重新发送已经被发送成功的数据块，而该数据块也会被接收方重新确认。这两个确认都会送达到发送方，并且每个确认都会启动发送数据块 $k+1$ 操作。这两个数据块又被再次签收，然后再次导致双份的数据块 $k+2$ 的发送，并且这种模式会一直循环下去。这种错误的多路传输被称为**魔法师学徒的错误**（Sorcerer's Apprentice Bug），而这种错误会导致不必要的数据重复传输。

TFTP 协议最初是一个非常简单的结构化协议，但是经过不断地扩展和改变，现在该协议的复杂性已经增加了。1995 年，在文档 RFC 2347 中定义了"TFTP 选项扩展"（TFTP Option Extension）。其中，描述了有关协商后允许通过 TFTP 进行额外数据传输的规范，即 TFTP 选项扩展允许在实际的数据传输开始之前对控制和监测参数进行协商。但是，只有在服务器和客户端都支持这些选项的时候才能使用这些选项。为此，在 TFTP 连接开始之前需要发送一个编辑过的可读或者可写的指令。该指令中包含了被特殊选项码编码的监测和控制指令，这些指令由接收方通过"特殊选项确认"（Special Option Acknowledgement）进行确认。所有被请求的选项都包括服务器支持的选项。下面是一些被定义的选项：

- **Block Size**：这一选项确定了客户端和服务器之间传输的数据块大小。由于这些数据块的长度不需要被限制为 512 字节，这样就可以提高数据传输的效率，或者满足某些网络的特殊要求。当然，还必须考虑到硬件方面对应的大小限制和基本的协议。

- **Timeout Interval**：这个选项允许客户端和服务器对超时的时间间隔达成一致，即确定在重新发送已经被传递的数据之前等待时间的特定长度。

- **Transfer Size**：通过这个选项，数据传输的发送方（客户端在读取访问的情况下，或者服务器在写入访问的情况下）可以在开始真正的数据传输之前告知整个被传递数据的长度，以便接收方可以为即将接收到的数据准备足够的磁盘空间。

与 FTP 不同的是，在 TFTP 中的数据传输是以离散数据包的形式进行的。在 TFTP 中，消息类型基本上被划分为 5 种：

- 读取请求（Read Request，RRQ）。
- 写入请求（Write Request，WRQ）。
- 数据（Data）。
- 确认（Acknowledgement，ACK）。
- 错误（ERROR）。

TFTP 数据报根据其类型具有如下对应的数据字段（对比图 9.41）：

- **Operation Code**：TFTP 的消息类型是由长度为 2 个字节的字段指定的。
  - 1：Read Request
  - 2：Write Request
  - 3：Data
  - 4：Acknowledgement
  - 5：Error
- **Filename**：可变长度字段，指定了被读取或者被写入的文件的名称。
- **Mode**：可变长度字段，指定了数据传输的模式（ASCII 或者二进制）。

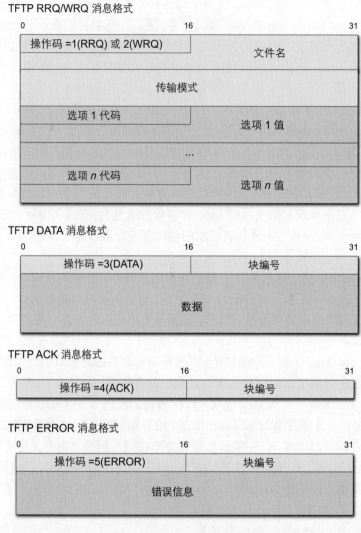

图 9.41　TFTP 数据报格式

- **Options**: 如果支持 TFTP 选项, 那么该可变长度字段包含了有关被协商的 TFTP 选项的详细信息。这些信息每个都由两个可变长度的字段组成: 其中一个指定了用来识别特定选项的选项码, 另一个给出了该选项的当前所选值。
- **Block**: 长度为 2 字节的字段, 指定了当前所发送的或者被确认的数据块的编号。
- **Data**: 可变长度字段, 包含了被发送的数据。
- **Error Code**: 长度为 2 字节的字段, 识别所发生的错误类型。
- **Error Message**: 可变长度字段, 包含了由明文给出的错误信息。

9.4.3　网络文件系统 NFS

通常情况下, 将一个文件从一台计算机完整地传递到另外一台计算机的行为是没有必要的。因为，很多时候只需要该文件添加一个单独的命令行即可。如果只是文件中的一部分被远程计算机读取或者修改，那么没有必要传送整个文件，这时可以使用一个所谓的**文件访问服务**（File Access Service）。这种服务实现了几乎可以透明地使用存在于网络中的文件和资源，也就是说，用户可以像在本地计算机上那样访问和处理位于远程计算机上的文件。

为此，TCP/IP 协议族提供了**网络文件系统**（Network File System，NFS）协议。该协议最初是由 Sun Microsystems 公司在客户端/服务器的基础上开发的，并且在 1989 年定义在文档 RFC 1094 中。1995 年，出现了 NFS 的第 3 版（NSFv3，RFC 1813）。到了 2000年以及 2003 年出现了 NFS 第 4 版（NFSv4，RFC 3010，RFC 3550）。网络文件系统也被称为**分布式文件系统**（Distributed File System）。该系统起源于 UNIX 世界。对应 Microsoft Windows 操作系统的协议被命名为**服务器消息块**（Server Message Block，SMB）。NFS 协议也可以为微软的 Windows 服务器提供服务。通过这种方式，使用 UNIX 系统的计算机也可以通过该协议访问共享文件。然而，在混合的环境中，大多数的中小企业使用的是UNIX 端的 Samba[1]。

有了网络文件系统，一个应用程序就可以访问一个远程的文件、查询该文件中一个特定的位置，以及从这个位置开始对文件进行读取、添加或者修改。为此，NFS 客户端需要将修改的文件和一个对应的请求一起发送给 NFS 服务器，以便这个服务器可以保存被修改的数据。该 NFS 服务器执行接收到的请求，并且更新当前的文件，然后返回一个确认到 NFS 客户端。也就是说，在使用 NFS 协议的过程中，只有被修改过的文件才通过网络进行传递，而不是传递整个文件。此外，NFS 还允许对文件的多址访问。如果其他客户端想要远程访问正在进行更新的文件，那么该文件会被锁定以防其他客户端的访问。等到文件更新完成后，那么这个 NFS 客户端的锁定也会再次被解锁。

与 FTP 不同的是，NFS 通常是被完整地整合到计算机的数据系统中，并且允许应用程序透明地访问远程的文件系统。这种操作是可以实现的，因为 NFS 支持文件系统的常规操作。例如，`open`、`read`和`write`。为了实施 NFS 协议，一个自有的文件系统在客户端的计算机上被创建，并且与一个 NFS 服务器的远程文件系统相连接。如果一个应用程序在这样一个特殊的文件系统中访问文件，那么该 NFS 客户端会在远程文件系统上执行该访问。本地应用程序使用处理本地文件系统一样的方式处理远程的文件系统。这样，每个被允许访问本地文件系统的应用程序就可以没有任何障碍地访问由 NFS 连接的远程文件系统（参见图 9.42 和图 9.43）。

为了实现存取位于远程计算机上的文件系统，NFS 执行了一个**远程过程调用**（Remote Procedure Call，RPC），其更详细的描述将在后面的部分中给出。一个 NFS 系统通常是由一个 NFS 客户端和一个 NFS 服务器组成的，这些组成部分会共同实施 NFS 协议。下面给出的是 NFS 系统涉及的附加过程：

- **Port mapper**：用于将 RPC 例程分配给特定的 TCP/UDP 端口号的服务。
- **Mount**：实现 NFS 挂载协议。有了该协议，文件系统在可以进行主要的存取之前对于 NFS 服务器来说就是可用的。

---

[1]Samba 是一个开放源码的软件套件，可以被用于 UNIX 计算机上的 SMB 服务器。

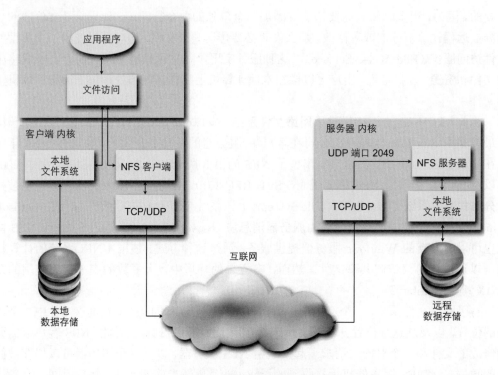

图 9.42　网络文件系统的功能

- **Lock Manager**和**Status Monitor**：允许通过 NFS 对文件碎片进行共同的阻止和释放。

9.4.4　远程过程调用（RPC）

早在 NFS 的设计阶段就已经决定，没有必要完全重新开发其主要的方法和程序，而是应该使用那些已有的和经过验证的程序，即那些允许和陌生计算机系统上运行的应用程序进行通信的程序。为此，开发了一种通用机制：**远程过程调用**（Remote Procedure Call，RPC）。该机制实现了在网络上请求远程系统执行指定过程的调用。1977 年，RPC 首次出现在文档 RFC 707 中，随后又定义在文档 RFC 1057 和文档 RFC 1831（如今为文档 RFC 5531）中。图 9.44 描述了在 TCP/IP 参考模型中嵌入的 RPC 客户端/服务器的交互模式。

RPC 允许基于客户端和服务器的交互操作，并且使用了一个特殊的**传输语法**，以便编码客户端请求和服务器请求。这些请求在文档 RFC 1014 中规范了**外部数据格式**（External Data Representation，XDR）。

RPC 和 XDR 提供了可用的程序员机制来编码在网络中可以分布运行的应用程序。程序员将一个应用程序划分为一个客户端和一个服务器端，然后通过 RPC 进行相互协商。其中，一些操作被声明为**远程操作**，同时编译器在应用程序的代码中嵌入 RPC 程序。在服务器端，程序员执行所需的操作，同时还使用其他的 RPC 操作，以便声明该应用程序为服务器部分。如果位于客户端的应用程序这时被调用作为一个远程声明程序中的一

使用 NFS 的客户端/服务器通信流程示例

(1) 如果一个应用程序想要在一个 NFS 数据系统内部访问一个文件，那么对于该应用程序来说，访问该文件的方式就像对本地文件访问一样。在 NFS 下的数据存取对于该应用程序来说是完全透明的。而且，客户端操作系统的内核决定了哪些组件会被进一步处理。这些处理规定了通过 NFS 客户端对远程文件上的存取，以及通过客户端的本地文件系统对本地文件的存取方式。

(2) NFS 客户端通过 TCP/IP 接口向 NFS 服务器发送一个 RPC 请求来实现对远程文件的存取。在连接中，NFS 通常会应用 UDP 传输协议。当然，也可以通过 TCP 实现一个 NFS 连接。

(3) NFS 服务器通过 UDP 端口 2049 接收到了被作为 UDP 数据报的客户端请求（使用端口映射，也可以使用其他 UDP 端口）。

(4) NFS 服务器将客户端的请求转发到服务器的本地文件系统上，从而确保对所需文件的存取。

(5) 通过 NFS 对远程文件的存取可能会需要一些时间才能完成，因为 NFS 服务器必须首先与本地文件系统取得联系。但是，NFS 服务器在这段时间并不需要锁定其他客户端的请求，服务器可以进行所谓的**多线程进程**（Multi-Thread Process）。也就是说，在服务器端可以平行运行多个 NFS 服务器的进程，每个进程都可以接收到相应的请求。

(6) 同样，由 NFS 客户端应用程序设置的文件请求接收是需要一段时间才能完成的。为了在客户端和服务器之间达到更好的同步，NFS 客户端同样可以运行多线路进程。

延伸阅读:

Shepler, S., Callaghan, B., Robinson, D., Thurlow, R., Beame, C., Eisler, M., Noveck, D.: Network File System NFS version 4, Protocol, Request for Comments 3530, Internet Engineering Task Force (2003)

图 9.43　NFS——客户端和服务器之间通信的流程

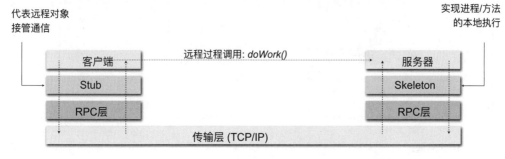

图 9.44　在 TCP/IP 参考模型中的远程过程调用

个，那么 RPC 将开始运行。RPC 收集所有必需的参数，即那些和相关的操作调用必须一起被传递到服务器的参数，并且提供一个相应的请求到该服务器。随后，RPC 等待服务器的响应，并且将从服务器提供的响应值返回到提出请求的应用程序。图 9.45 描述了 RPC 客户端/服务器交互流程的详细介绍。

RPC 机制尽可能地屏蔽了位于底层协议机制的应用程序。因此，该机制虽然也允许用户使用分布式的应用程序。但是，这些用户不用深入了解由 TCP/IP 实现的具体通信过程。

RPC 客户端/服务器交互流程

通过 RPC 发起的客户端/服务器交互流程可以通过以下的方式进行：

- 在客户端，首先一个本地的代表被远程的进程/方法（Remote Object，远程对象）调用，即所谓的**桩**（Stub）。桩的调用是一个简单的本地进程呼叫，在桩中被传递的参数就像在其他本地进程，或者像由编译器在操作系统的局部堆栈那样进行操作。
- 桩将传递过来的参数与一条消息封装在一起。这条消息是通过一个操作系统的例行程序发送到（远程的）服务器上的。在封装这些也被称为**结集**（Marshalling）的参数过程中，这些来自内部操作系统代表的参数被转换成了适合存储或者发送的数据格式。
- 具有给定参数的消息被从客户端发送到服务器。
- 在服务器端，从客户端桩发送的消息由端口映射传递给呼叫的进程，即所谓的**骨架**（Skeleton），也称为服务器桩（Server Stub）。该进程解封了接收到的消息中的参数（Unmarshalling，解集），并且将这些参数传递给向其呼叫的（远程）进程。
- 成功进程调用之后，骨架获得了被呼叫进程/方法的结果参数，并且将其封装在一个新的消息中。该消息被使用同样的方法传递回客户端的桩。

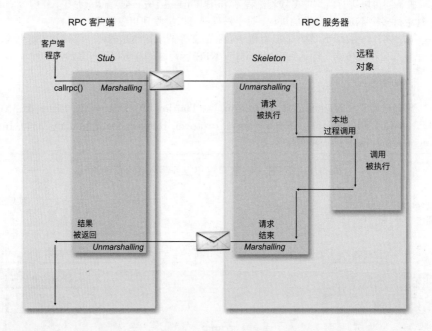

延伸阅读：

Thurlow, R.: RPC: Remote Procedure Call Protocol Specification Version 2, Request for Comments 5531, Internet Engineering Task Force (2009)

图 9.45　RPC 客户端/服务器交互流程

　　另外，XDR 简化了使用不同体系结构的计算机之间的数据传递。也就是说，为转换传递来的数据格式节省了程序员、换算例程和转换例程。XDR 提供了用于显示大量的、通常为常用数据类型的方式。例如，整数数据类型（整数和无符号的整数）、不同精度的浮点数（Float、Double、Quadruple），还有枚举类型、字符串和复杂的复合数据类型。其中，XDR 符号基于的是流行的 C 编程语言，该语言已经在 UNIX 领域（也用于 TCP/IP）广泛使用了。

通过这种方式，XDR 可以自动完成所有需要的转换操作。为此，程序员不用调用一次明确的 XDR 转换例程，而是可以简单地使用数据声明提供的一个特殊的 XDR 编辑器。该编辑器可以为必需的数据传递进行相应的转换。随后，XDR 编辑器自动生成一个已经包含了被转换的必要 XDR 调用的程序，并且使用这种方式简化与平台无关的客户端/服务器应用程序的开发。

9.5　远程登录

正如前面所描述的那样，基于客户端/服务器的应用程序具有一整个序列。这个序列相互间是通过 TCP/IP 协议族的协议进行通信的。虽然其中运行了一些没有用户积极参与的程序，但是其他的应用程序，例如 FTP，为用户提供了与远程计算机进行交换的接口。如果这种与远程计算机交互式的界面必须为每个应用程序重新编码，而且还要每次都遵守各自的协议，那么提供服务的服务器很快就会被各种不同的服务器进程所淹没。为了避免这种情况，给出了一个通用的交互式界面。通过这种界面，用户或者应用程序可以识别服务器计算机，并且在其上进行登录，进而实现不使用常规命令就可以将其信息重定向到客户端计算机。

这种**远程登录**（Remote Login）界面允许用户或者应用程序绕过那些在远程计算机上应该被执行的命令，从而实现程序员和应用程序的设计人员不必开发专门的服务器应用程序。

为远程登录开发通用服务器进程是一件非常复杂的事情，因为计算机只能通过自己端的键盘在自己的屏幕上输入登录的信息。因此，远程登录服务器的编程需要修改计算机的操作系统。尽管有技术上的困难，但是现在几乎所有的操作系统都可以提供远程登录服务。这些服务实现了作为客户端的用户和应用程序访问远程计算机。如今在互联网中比较流行的远程登录服务包括：

- **Telnet**：一个标准的应用程序，被提供了所有的 UNIX 应用。
- **RLOGIN**：BSD UNIX 分布的远程登录应用程序。最初只被设计用于 UNIX 计算机上的远程登录，现在可用于多种操作系统中。
- **RSH**：远程外壳（Remote Shell，RSH）是 RLOGIN 服务的一个变体。
- **SSH**：安全外壳（Secure Shell，SSH）是 RSH 的一个变体，用来确保安全的加密数据传输。

9.5.1　Telnet

Telnet 是 TCP/IP 协议族提供的一个简单的远程登录协议。通过该协议可以建立一个通过互联网和远程计算机之间的一个交互式连接，即**电信网络协议**（Telecommunication Network Protocol）。Telnet 协议的历史可以追溯到 20 世纪 60 年代末。该协议被定义在多个 RFC 文档中，最早是 1983 年出现在文档 RFC 15 中，随后刊登在了文档 RFC 854 中，而该文档直到今天仍然是该协议有效的基本规范。之后经过多次修改，到了文档 RFC

4777 中就出现了众多扩展选项。借助 TCP 传输协议，Telnet 可以与远程计算机创建一个连接。通过该连接，用户使用自己本地键盘输入的所有信息都可以直接被传递到远程计算机上，就像用户直接在该远程计算机上发出指令一样。为此，Telnet 在服务器端使用了 TCP 端口 23。该 TCP 连接在整个 Telnet 连接的过程中一直保持着连接状态。使用 TCP 连接所实现的服务质量通过监测发现可以维持数小时、数天、甚至数周。其中，数据使用接收方和发送方都可以被接受的传输速率，同时按照可靠的和正确的顺序被传递。同时，Telnet 将远程计算机对接收到的命令的响应返回给本地计算机，并且在本地计算机上显示出来。Telnet 还提供了一个所谓的**透明**服务。通过这种服务，用户在本地计算机上会有这样的印象：自己是直接在远程计算机上进行工作的，并且用于数据传输所必需的例程完全不受干扰。

　　Telnet 协议需要克服的一个困难是：必须确保不同硬件和操作系统之间相互进行连接时候的基本兼容性。为此，Telnet 为用户提供了三种基本的服务：

- **网络虚拟终端**：网络虚拟终端（Network Virtual Terminal, NVT）可以为访问远程计算机系统提供一个标准的接口。其优势在于，可以对参与通信的伙伴隐藏通信所必需的协议细节，以及必要的换算和转换，而不管两个终端的类型和特征有多大差异。NVT 就像一个假想的输入/输出装置那样进行工作，两个通信伙伴被映射到本地的输入/输出位置，而不依赖于各自所使用的系统平台。客户端计算机所使用的格式被 Telnet 客户端转换成 NVT 的格式，该格式通过 TCP 由互联网被发送到服务器计算机上。在那里，Telnet 服务器接收该 NVT 格式，并且将其转换成服务器计算机所需要的格式（参见图 9.46）。

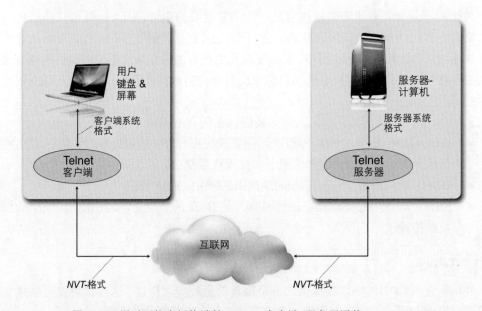

图 9.46　通过网络虚拟终端的 Telnet 客户端/服务器通信

　　NVT 定义了一个虚拟的、面向字符的通信设备。该设备提供了一个作为输入装置的键盘和一个作为相关输出设备的打印机。用户从键盘上输入的数据被发送到服务器。同样，服务器的每次响应都通过打印机被再次输出。

NVT 所使用的数据格式非常简单：8 比特的单位（字节）。其中，NVT 为数据提供了标准的 7 比特 US–ASCII 码，而为控制命令和序列保留了 8 比特（高位）空间。7 比特的 US–ASCII 码包含了 95 个可打印的、无需改变就被采纳的字符（字母、数字或者标点符号），以及 33 个所谓的**控制码**（Control Codes）。它们的含义由 NVT 根据自己的目的进行了重新定义。例如，Telnet 客户端转换一个 EOL 控制序列（End of Line），该序列在本地计算机上通过打印机生成了"RETURN"按钮。在两部分序列 CR–LF（Carriage Return-Line Feed，回车换行）中，对方的通信伙伴必须对其再次进行反转换。此外，NVT 还必须可以通过客户端键盘上的特殊键触发控制信号（例如，在 UNIX 计算机中，CONTROL–C 导致计算机程序执行的中断）。这些控制信号需要被转换到所谓的**转义序列**（Escape Sequence）中。转义序列是由两个字节组成的：开始的字节使用了 ASCII 码表示"Escape"控制信号（字节 0xff，即十进制 255），也称为**IAC**（Interpret as Command）。随后的字节是一个字节码，对执行的控制命令进行信号化。表 9.6 列出了一些 Telnet 命令和相关的控制码。

表 9.6 使用关联控制码的一些 Telnet 指令

名称	代码	含义	名称	代码	含义
EOF	236	文件结束	AO	245	取消中断
SUSP	237	暂停进程	EL	248	行删除
ABORT	238	取消流程	SB	250	子选项开始
EOR	239	记录结束	WILL	251	选项协商
SE	240	子选项结束	WONT	252	选项协商
NOP	241	无操作	DO	253	选项协商
DM	242	选择数据	DONT	254	选项协商
BRK	243	中断			

服务器计算机上的一个应用程序，如果被执行了一个错误操作，并且应该通过客户端的控制信号进行控制，那么可以将输出的数据流的解释，以及控制和命令序列锁定在一起。为了在这种情况下也能传输控制信号，Telnet 使用了一个**带外**（Out–of–Band）信号。这种信号采用了 TCP 数据流的特殊优先级机制。Telnet 客户端为了同步发送一个服务的**远程登录数据标记**（Telnet Data Mark，DM）的协议命令，会触发被设置了 TCP 紧急位（Urgent Bit，URG）的 TCP 终端。通过设置 URG 位，常规的 TCP 流量控制会被重置，并且相关的数据也会优先发送。相反，Telnet 实例会进行检查，只要注意到数据流中的同步点，那么在输入缓冲器中会针对被直接执行的远程登录进行控制和转换命令。

- **选项协商**：这种服务实现了双方就涉及的通信合作伙伴、连接参数和连接选项进行的协商和确定。对于两个不能提供一组相同选项的 Telnet 版本相互通信的情况，使用 NVT 的 Telnet 会提供一组标准通信参数。

值得一提的是，客户端和服务器可以采取主动的形式，这样通过 Telnet 的通信关系也可以称为对称关系。对于两个不提供一组相同选项的 Telnet 版本相互通信的情况，可以使用如下的控制命令，以便协商一个选项的共同交集：

− WILL：发送方想要启用被指定的选项本身。

− DO：发送方想要启用由接收方指定的选项。

− WONT：发送方想要停用被指定的选项本身。

− DONT：发送方想要停用由接收方指定的选项。

协商选项要求每次都要交换三个字节，分别是：IAC- 字节 (255)，随后是控制码WILL、DO、WONT或DONT，最后是一个用来识别各个选项的其他控制码，例如：

$$(\text{IAC}, \text{WILL}, 24)$$

可以被提供的不同选项的总数超过了 40 个。关于这些选项，通信伙伴们可以相互进行协商。例如，在例子中提到的控制代码24，用来确定一个通信伙伴所使用的终端类型。当然，还必须提供其他指定的各种终端类型的信息。在这种情况下，通信伙伴会通过被选择的**子选项**进行协商。在上面的例子中，通信伙伴可以使用如下响应

$$(\text{IAC}, \text{DO}, 24)$$

来启动**子选项协商**。第一个通信伙伴要求第二个具有相同的终端类型：

$$(\text{IAC}, \text{SB}, 24, 1, \text{IAC}, \text{SE})$$

其中，"SB"标识了子选项协商的开始，"1"是查询终端类型的控制码，"IAC SE"用来结束该子选项。而第二个通信伙伴可以对此作出响应，即在其终端类型中协商一个ibmpc。各个不同终端类型的编码定义在文档 RFC 1091中：

$$(\text{IAC}, \text{SB}, 24, 0, 'I', 'B', 'M', 'P', 'C', \text{IAC}, \text{SE})$$

在表 9.7 中给出了其他一些 Telnet 选项。

● **对称通信**：远程登录对待两个通信伙伴的处理方式是完全一致的，即为对称的。发出请求的客户端并不一定要通过键盘进行输入，而响应的服务器也并不一定在显示器上给出输出的结果。因此，任意的应用程序都可以使用 Telnet 的服务，并且通信双方可以协商所需的连接选项。

Telnet 会话的流程相对来说是简单的 (参见图 9.47)：

(1) 用户或者应用程序发送请求启动 Telnet 客户端，该请求建立了一个到远程计算机上的连接。这里，Telnet 客户端直接从键盘读取用户的输入，或者由应用程序获得输入，然后将其写入到标准的输入缓冲区内。

(2) 输入的命令由 Telnet 客户端通过 TCP 的连接转发到远程的 Telnet 服务器上。该服务器将其在操作系统上进行进一步处理，这时计算机被作为了用户的输入。

(3) 所产生的输出通过 Telnet 服务器传递回 Telnet 客户端。这些输出在操作系统上被显示在了显示器上，或者传递给发出请求的应用程序。用来协商允许远程登录的操作系统

表 9.7　在相关 RFC 文档中定义的一些 Telnet 选项

选项码	名称	含义	RFC
0	Binary Transmission	允许参与的设备和数据以 8 位的二进制格式进行交换，而不是 7 位的 ASCII 格式	RFC 856
1	Echo	特定回波模式协商	RFC 857
3	Status	请求一个 Telnet 选项的状态	RFC 858
10	Output Carriage Return	允许对所涉及的设备进行协商。例如，如何处理一个换行符	RFC 652
17	Extended ASCII	允许所涉及的设备使用一个被扩展的 ASCII 码进行数据传输	RFC 698
24	Terminal Type	允许对涉及的设备协商一个特定的终端类型	RFC 1091
31	Window Size	允许通过当前终端窗口的大小转发信息	RFC 1073
32	Terminal Speed	允许通过当前终端窗口的速度转发信息	RFC 1416
37	Authentication	允许客户端和服务器每次为数据传递的认证和安全协商一个方法	RFC 1416

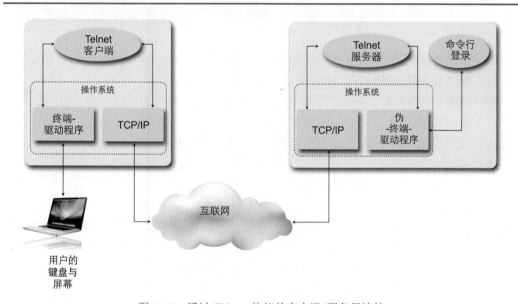

图 9.47　通过 Telnet 协议的客户端/服务器连接

接口的请求客户端的输入，以及与其相同方式的通过本地键盘的输入称为**伪终端**（Pseudo Terminal）。如果安装一个 Telnet 服务器，那么这样的接口是必不可少的。

（4）通过这种伪终端，服务器端将被激活一个**登录外壳**（Login Shell）。通过这个外壳就可以每次都像是通过本地终端进行输入的那样，在远程计算机上处理一个交互式的会话。

一个 Telnet 服务器能够提供多个 Telnet 客户端的平行操作。通常情况下，在服务器计算机上都会存在一个 Telnet 主服务器。该服务器在每次新的 TCP 连接过程中都会动态创建一个对应的 Telnet 子进程，而该进程随后用来处理这个新连接。其中，每个 Telnet

子进程在服务器计算机的操作系统中会使用一个特定的伪终端来连接一个 Telnet 客户端的 TCP 流。

9.5.2 rlogin

基于 BSD–UNIX 的操作系统包含了自版本 4.2BSD 以来的远程登录服务**rlogin**所有版本。这些版本定义在文档 RFC 1282 中。由于 rlogin 实现了 UNIX 计算机之间的远程登录，因此，rlogin 协议在协商之后可以比 Telnet 协议具有更简单以及更少的复杂性，因为选项谈判可以为协商省略各个显示的选项。

通过 TCP 端口 513，rlogin 在客户端和服务器之间启动一个单独的 TCP 连接。在成功建立 TCP 连接之后，客户端和服务器之间可以开始一个简单的协议：

- 客户端发送四个字符串到服务器：
  - 空字节 0x00。
  - 客户端的用户登录名，由一个空字节终止。
  - 服务器上的用户登录名，由一个空字节终止。
  - 用户的终端类型名称，接着是一个斜线（/）给出的终端传递速度，最后以一个空字节终止。

两个登录名是必需的，因为在客户端和服务器上的用户可以使用不同的登录名。
- 服务器使用一个空字节进行响应。
- 进而，服务器可以向用户要求一个密码。密码请求以及为此所必需的数据交换是通过常规的 rlogin 连接进行的，并不需要一个特殊的协议。如果客户端在一个事先确定的期限之前没有及时地给出一个正确的密码，那么该服务器会断开这个连接。

   用户可以通过在该服务器上的相关目录中创建一个文件 .rhosts 来避开这种密码要求。该文件中包含了被指定的客户端计算机的名称和用户的登录名。如果服务器接收到了被指定的计算机的登录请求，那么那么服务器会省略密码要求。

   在原始的 rlogin 实施方案中，用户发送的输入密码是以明文的方式进行传递的。因此，安全意识较强的用户很排斥这种应用方式。
- 服务器要求客户端为服务器的输出指定窗口的大小。
- 客户端传输所需的信息，然后服务器的登录窗口使用操作系统的信息和命令提示符（Login Prompt）响应用户。

rlogin 提供了所谓**可信主机**（Trusted Hosts）管理的可能性。通过可信主机，系统管理员可以合并一组计算机，这组计算机可以在访问文件时使用共同的用户名和访问权限。一个可以登录该组的用户也可以登录该组中其他任意计算机，而不必在登录的时候重新提供密码。此外，在不同的计算机上可以实现不同用户登录的延续性。也就是说，即使一个用户在该组的两台计算机上使用了不同的用户名，那么在登录第二台计算机的时候也可以省略密码的输入。

这种用户权限自动延续的可能性既可以通过用户进行交互使用，也可以由应用程序使用。rlogin 服务的一个变体是 **RSH**（Remote Shell，远程外壳）。通过 RSH，命令行解释器

可以直接在远程计算机上进行响应,而不必通过一个交互式远程执行(Remote Execution)
进程。通过 RSH 输入的命令行:

```
rsh -l Username IP-Address/Domain-Name Command
```

会很容易地传递给被寻址的计算机。在那里,这些命令被执行,并且在输出计算机上显示
结果。一旦该命令在远程计算机上执行,那么会话会自动终止。如果没有指定命令,那么
一个交互式会话会通过 rlogin 在远程计算机上启动。

可以通过 RSH 访问的计算机对 IP 地址、源端口以及用户 ID 进行检查来确定,是否
其他计算机有权启动该会话。由于这些信息很容易伪造,因此,RSH 被认为是不安全的。
下面章节中将讨论 RSH 的替代者、更为安全的 SSH 协议。

9.5.3 安全外壳(SSH)

上面所讨论的远程登录服务的缺点在于,数据的传递每次都没有加密。也就是说,数
据每次都是以明文的形式被发送的。作为 RSH 的后继者,rlogin 和 Telnet 提供了一个加
密的远程登录服务**安全外壳**(Secure Shell,SSH)。简单来说,SSH 可以提供一个通过不
安全网络建立的一个安全的、需要身份验证以及加密的连接。正如 rlogin 或者 RSH 那
样,SSH 可以为计算机组管理用户的访问权限。此外,SSH 为了实现身份验证和加密还
使用了公开密钥加密(public-key cryptography,RSA)法。SSH 协议的第二个版本 SSHv2
提供了替代 RSA 的版本 DSA、三重 DES 以及其他的加密方法。

当数据在客户端和服务器之间被传递的时候,这些数据都会通过 SSH 协议自动被加
密,而不需要用户自己执行。也就是说,通过 SSH 提供的加密方法对于用户来说是完全
透明的。

早在 1995 年的时候,芬兰人**Tatu Ylönen**(1968—)就在赫尔辛基大学开发了当时
纯粹被作为 UNIX 应用程序的 SSH 协议。如今在各种系统平台上,SSH 都是免费可用
的软件(OpenSSH),或者也被视为通信安全公司 SSH(由 Tatu Ylönen 成立)的商业产
品。2006 年,SSH 协议的体系结构被定义在文档 RFC 4251 中。

SSH 协议的功能范围并没有被限制在一个简单的终端功能,而是提供了如下的可
能性:

- 文件传输服务 SFTP 和 SCP 为了调用远程的进程和对象(远程对象),提供了对
  FTP 和 RCP 来说安全的加密替代品。
- 通过 SSH 协议,X-Window 图形系统 X11可以进行安全地传递。这样一来,也就
  可以安全访问远程计算机上的图形用户界面(Graphical User Interface,GUI)了。
- 使用 SSH 可以开通任意的 TCP/IP 连接。其中,各个单独的端口可以由远程服
  务器转发到客户端,反之亦然(端口转发)。使用这种方式,可以确保一个未加
  密的虚拟网络计算(Virtual Network Computing,VNC)的安全性。
- 一个 SSH 客户端也可以作为一台 SOCKS 服务器[1]。因此,该客户端通过一个

---

[1]位于防火墙后面的计算机如果想要与一台外部的服务器建立连接,那么该计算机需要与一个所谓的
SOCKS 代理建立连接。这个代理服务器会检查那台发出请求想要与外部服务器联系的计算机的权限,并
且将其请求转发到该服务器(参见 9.9 节)。

SSH 信道实现了与远程计算机的自动访问，并且由此还可以绕过防火墙。

- 借助安全外壳文件系统（Secure Shell File System，SSHFS）程序，一个远程的文件系统可以通过一个简单的安全外壳被一个非特权用户登录（安装）到本地计算机上。在服务器端，SSHFS 只需要一个使用 SFTP 子系统的 SSH 服务器。通过 SSH，就可以对被传递的数据进行身份认证和加密了。

- 借助"**SSH 键扫描**"（ssh key scan）可以请求一个位于远程计算机上的公开密钥。这样就可以很容易地判断：一个 SSH 服务器的 IP 地址或者 DNS 纪录是否被篡改过。

为了实现**身份认证**，服务器使用一个 RSA 证书对客户端进行识别，这样就可以检测出未经授权的篡改。该客户端可以选择使用私钥的公开密钥（公钥）验证法对身份进行验证，其公钥被存储在服务器上，或者使用通用的密码。但是，用户密码的使用总需要一个用户的交互（如果该密码没有被加密地保存在客户端的计算机上）。相反，公钥认证时客户端不需要用户交互，即不需要在客户端登录 SSH 服务器，并且密码不需要必须以未加密的形式被存储。

通过成功认证之后，在会话期间会被创建一个密钥，随后在通信过程中传递的所有数据都会使用该密钥进行加密。在这个过程中，可以使用不同的加密方法。SSHv2 使用了高级加密标准（Advanced Encryption Standard，AES）。该标准中，密钥长度为 128 比特。这种高级加密标准如今也被视为是标准加密方法。此外，还有 3DES、Blowfish、Twofish、CAST、IDEA、RC4、SEED 以及使用其他密钥长度的 AES 方法。

9.6 网络管理

介绍完这些可以为各种通信介质提供网络实际功能的服务后，本章将进一步讨论用于网络管理和控制的服务。无线局域网的管理通常是由一个**网络管理员**负责的。网络管理员可以识别和修正在网络操作中可能由硬件或者软件导致的错误。同时，网络管理员需要概念化网络、搭建网络、配置网络组件，并且在网络可提供的最大可用化的时候确保尽可能高的数据吞吐量。

网络管理员最具挑战性的任务被认为是排除故障。因为，网络协议可能会导致数据包的丢失，并且很难区分和识别出偶尔在硬件和软件中出现的错误。而这些错误会降低网络的吞吐量和性能。虽然 TCP/IP 协议族提供了基本的错误检测和错误校正的机制，但是还是需要网络管理员找出相应的错误，并且进行纠正。

为了识别网络硬件和软件的错误，网络管理员需要特殊的工具。这些工具可能是网络硬件，例如，用来监测整个网络数据流量的接口和网络分析仪器。这些网络硬件为故障的排除提供了各种过滤和分析功能。同样，这些工具也可能是被称为**网络管理软件**的专业软件。

在图 9.48 中列出了不同的网络管理任务。

由 TCP/IP 协议族提供的网络管理软件是在 TCP/IP 参考模型的应用平台上进行工作的。通常情况下，这种软件被设计为客户端/服务器的应用程序。因此，网络管理员为了分析的目的会在被检查的网络组件上建立一个客户端到服务器的连接。这个过程中会使

```
网络管理任务

    ● 故障管理（Fault Management）：尽早发现错误，并且定位故障源。
    ● 配置管理（Configuration Management）：查询和修改所有被管理的系统组件的
      配置。
    ● 计费管理（Accounting Management）：记录用户资源使用的功能，被视为计费
      系统的基础。
    ● 性能管理（Performance Management）：用于监视网络所使用的性能的特性，并
      且识别性能的瓶颈及其原因，以便优化性能。
    ● 安全管理（Security Management）：在未经授权的第三方的侵犯或者访问之前，
      用来保护网络组件和服务的功能。

延伸阅读：

    Black, U. D.: Network Management Standards: SNMP, CMIP, TNM, MIBs and
Object Libraries (2nd ed.), McGraw-Hill, Inc., New York, NY, USA (1994)
```

图 9.48　根据 OSI–10164 以及 ITU–T X.700 标准的网络管理任务

用传统的传输协议，例如，TCP 和 UDP。这些协议按照所使用的管理协议请求和解答进行交互。TCP/IP 协议族为网络管理和控制信息服务提供了**动态主机配置协议**（Dynamic Host Configuration Protocol，DHCP）和**简单网络管理协议**（Simple Network Management Protocol，SNMP）。这些协议将在下面的章节中给出更为详细的介绍。

9.6.1　动态主机配置协议（DHCP）

　　动态主机配置协议（Dynamic Host Configuration Protocol，DHCP）最初是用来实现在本地网络中自动分配 IP 地址的协议。1993 年，该协议的想法定义在文档 RFC 1541 中。1997 年，在文档 RFC 2131 中发布了该标准的第一个版本。该协议最简单的形式 DHCP 是建立在之前介绍过的引导协议（Bootstrap Protocol，BOOTP）之上的，并且实现了一个简单的地址寻址和网络配置信息的查询。

　　分配 IP 地址属于 DHCP 协议的基本任务。因此，DHCP 为发出请求的客户端提供了不同地址配置的可能性：

- **手动分配**：管理员为一个特定的设备分配一个特定的 IP 地址。在这种情况下使用的 DHCP 协议可以将之前预定的 IP 地址转发到相关的设备。
- **自动分配**：DHCP 协议从现有的一个 IP 地址池中自动分配 IP 地址，并且为相关的网络设备分配一个永久的 IP 地址。
- **动态分配**：在这种情况下，DHCP 协议也是用一个现有的 IP 地址池进行自动分配 IP 地址。但是，相关的网络设备只在有限的时间内被分配一个 IP 地址。要么由服务器指定这个时间，要么在不需要 IP 地址的时候由终端设备将其返回。

　　相比一个手动的，或者静态的自动地址分配，通过 DHCP 进行的动态地址分配提供了许多优势：

- **自动化**：当每个网络终端设备有需要的时候，就会得到一个 IP 地址。这样就消除了由管理员进行的中央分配。

- **集中化**：所有网络可用的 IP 地址都由 DHCP 服务器集中管理。网络管理员可以通过当前分配的 IP 地址获得一个框架，并且在此基础上进行其他的网络管理任务。

- **地址复用和共享**：通过限制 IP 地址的使用时间可以确保，IP 地址每次只被分配给一个活跃的网络设备。这样，其他的网络设备在这个 IP 地址使用期限结束之后同样会获得该 IP 地址的使用机会。也就是说在网络中，这样的 IP 地址可以管理和操作更多的设备。

- **普遍性和可移植性**：在识别所有网络终端之前，必须知道该设备是在 BOOTP 下还是在手动 DHCP 地址分配过程中。可以通过中央的地址管理为该设备找到一个相关的地址记录，而对于动态地址分配来说不需要一个 IP 地址的预分配。这样就特别有利于对移动的以及移动终端的不同网络之间的管理。

- **预防冲突**：由于所有可用的 IP 地址都可以通过一个中央地址池进行管理，这样一来就不会出现地址冲突（竞争的地址分配）的问题。

动态地址分配是 DHCP 地址分配的最普遍形式。为此，对可以由网络管理员确定的所谓的"租赁时段"（Lease Time）的选择就成为至关重要的因素。虽然租赁时段的短期授权在高度动态的网络环境内部的数分钟内，为众多在网络登录和注销的过程中的移动设备承诺了高效率。但是更长的租赁时段，即数月或者数年，这些租赁时段在很大程度上对静态的网络环境会特别有利。其中，网络设备在相对较长的时间段内也允许访问同一个 IP 地址。

通过 DHCP 进行的 IP 地址动态分配被区分为以下阶段：

- **授权**：客户端不具有一个活跃的 IP 地址，并且启动了授权。

- **重新分配**：客户端已经具有一个活跃的 IP 地址，该地址是由 DHCP 服务器分配的。在客户端重新启动的过程中，会再次询问 DHCP 服务器，以便重新确认前面分配的 IP 地址。

- **正常运行**：IP 地址是由 DHCP 服务器分配给客户端的。因此，该地址与一个"DHCP 租赁"捆绑在了一起。

- **更新**：一旦 DHCP 租赁的一个特定的、预先给定的时间段到期了（定时器 T1 的到期续约通常是给定租赁时间运行到的 50% 的时候），该客户端会再次询问之前分配 IP 地址的 DHCP 服务器，以便可以延长 DHCP 租赁，并且保留该 IP 地址。

- **重新绑定**：如果无法更新，例如，由于该 DHCP 服务器被关闭，或者重新绑定的计时器 T2 已经超过了最初的租用时间的 87.5%，那么该客户端就要尝试联系一个 DHCP 服务器，以便可以确认并延长现有的 DHCP 租赁。

- **释放地址**：客户端随时可以将分配给自己的 IP 地址释放掉，从而终止与该 DHCP 租赁。

DHCP 服务器在本地网络的网络设备管理的过程中起着一个核心作用。该服务器管理可以管理 IP 地址的存储，并且负责它们的分配。其中，服务器还保留对可用的 IP 地址，以及那些已经被分配给客户端的 IP 地址的监测。客户端在有需求的时候还可以向 DHCP

服务器提出附加参数的请求，这些参数用来确保流畅的网络运行。DHCP 服务器还管理地址分配的模式。也就是说，服务器还准备了有关各个客户端当前正在运行的地址分配的信息，并且确保被指定的地址分配策略的规范性（例如，租赁时间）。DHCP 服务器允许网络管理员可以轻松地从中央位置检索该网络的当前信息、操作地址分配，以及修改和执行其他网络管理的操作。

为了解决客户端/服务器的交互，DHCP 提供了如下的命令：

- DHCPDISCOVER：一个还没有 IP 地址的客户端发送一个广播到本地网络中的一个或者多个 DHCP 服务器，以便获取一个地址分配。
- DHCPOFFER：DHCP 服务器每次都将可提供的相应服务响应给客户端的 DHCPDISCOVER 请求。
- DHCPREQUEST：客户端请求一个被指定的 IP 地址与其他数据相结合，或者延长 DHCP 服务器的租赁时间。
- DHCPACK：在DHCPREQUEST请求上确认 DHCP 服务器。
- DHCPNAK：通过 DHCP 服务器拒绝一个DHCPREQUEST请求。
- DHCPDECLINE：通过客户端拒绝一个来自 DHCP 服务器提供的服务，因为该 IP 地址已经被使用了。
- DHCPRELEASE：客户端释放自己的地址分配，以便该 IP 地址可以再次被使用。
- DHCPINFORM：客户端对网络信息的询问，而不是请求一个 IP 地址。这种情况会发生在，例如，客户端已经有了一个静态的 IP 地址的情况下。

图 9.49 和图 9.50 描述了 DHCP 工作的循环流程，其中地址分配的描述借助了有限状态机（Finite State Machine，FSM）。在这个过程中，给出了来自 DHCP 客户端角度的 DHCP-FSM。并且给出，在 DHCP 客户端和服务器之间的地址分配过程中交换了哪些消息。

如果一台新的计算机首次在配备了 DHCP 的网络中被启动，并且该计算机在网络中还没有分配一个 IP 地址，那么需要开始初始化 DHCP 地址分配进程。为此，DHCP 客户端将一条DHCPDISCOVER消息作为广播进行发送，该条消息中包含了自己的硬件地址和随机生成的交易标识符。可选项中也可以包括：一个建议的 IP 地址和租赁周期，以及其他的参数。

网络的 DHCP 服务器接收到这条DHCPDISCOVER消息后，对其进行检查，是否能够满足各个要求。DHCP 服务器每次都会使用一条DHCPOFFER消息进行响应。该消息中包含了一个 IP 地址、一个可用的租赁周期、其他客户端特定参数、用于相关 DHCP 服务器的识别码以及最初接收到的交易标识符。

DHCP 客户端接收到了从 DHCP 服务器发送过来的消息DHCPOFFER。客户端会根据执行的情况来决定使用哪种策略来选择服务。如果选择了其中一个服务，那么客户端会将一条消息DHCPREQUEST作为广播进行发送，来宣布所采用的 DHCP 服务器服务，同时拒绝其他 DHCP 服务器。该条消息中包含了用来识别所选 DHCP 服务器的标识符、分配给该客户端的 IP 地址，以及额外可选的配置参数。

被客户端拒绝了的 DHCP 服务器会接收到来自客户端的消息DHSPREQUEST。这些服

作为有限状态机的 **DHCP** 工作周期（1）

- **INIT**: 开始状态：客户端请求一个地址。结束状态：如果一个租赁时间到期，或者协商失败。客户端以广播的形式发送一个DHCPDISCOVER消息，以便寻找到一个 DHCP 服务器。随后，该客户端进入到**SELECTING**状态。
- **SELECTING**: 客户端等待众多 DHCP 服务器的DHCPOFFER消息，而该客户端可以从中选择一个。之后，该客户端会通过DHCPREQUEST来联系被选定的 DHCP 服务器。这时候，该客户端进入到**REQUESTING**状态。
- **REQUESTING**: 客户端等待被请求的 DHCP 服务器的响应。也就是说，接收该 DHCP 服务器带有的 IP 地址分配消息DHCPACK。如果该 IP 地址还没有被使用，那么客户端会接收租赁时间 T1 和 T2 的相应参数，并且进入状态**BOUND**。否则，客户端会拒绝该地址分配，并且使用消息DHCPDECLINE通知 DHCP 服务器。这时，客户端会再次返回状态**INIT**。DHCP 服务器也可以发送一个DHCPNACK消息，用来拒绝客户端的地址分配请求。在这种情况下，该客户端同样再次回到**INIT**状态。
- **INIT–REBOOT**: 如果客户端已经被分配了一个有效的地址，并且在租赁时间内被关闭或者在这个时间内被重新启动，那么该客户端就处于**INIT–REBOOT**状态，而不是**INIT**状态。通过发送DHCPREQUEST消息，客户端可以确认自己已经得到的地址。然后，该客户端会进入**REBOOTING**状态。
- **REBOOTING**: 客户端重新启动，并且等待确认之前已经由 DHCP 服务器分配给自己的地址。客户端接收到含有 DHCP 服务器 IP 地址分配的DHCPACK消息。如果该 IP 地址还没有被使用，那么该客户端会接收租赁时间器 T1 和 T2 的相关参数，并且进入到状态**BOUND**。否则，该客户端会拒绝该地址分配，并且使用消息DHCPDECLINE通知 DHCP 服务器，而该客户端会返回到状态**INIT**。DHCP 服务器也可以发送消息DHCPNACK，并拒绝客户端的地址分配请求。在这种情况下，客户端同样返回到状态**INIT**。
- **BOUND**: DHCP 客户端具有一个有效的 IP 地址，并且处于正常的状态。如果第一个租赁定时器到期了，那么该客户端会进入状态**RENEWING**。如果客户端想要终止该租赁，那么他可以发送一个DHCPRELEASE消息，并且进入到状态**INIT**。
- **RENEWING**: 客户端刷新自己的 DHCP 租赁。也就是说，客户端会定期发送DHCPREQUEST消息，同时等待 DHCP 服务器的响应。如果客户端从 DHCP 服务器接收到了一个DHCPACK消息，那么该租赁被更新，定时器 T1 和 T2 被重置，客户端返回到状态**BOUND**。如果 DHCP 服务器拒绝更新租赁，那么客户端接收到一条DHCPNACK消息，并且返回到最初的**INIT**状态。如果在更新期间定时器 T2 也到期了，那么该租赁结束，客户端会返回到状态**REBINDING**。

图 9.49　作为有限状态机的 DHCP 工作周期（1）

务器在将被拒绝了的 IP 地址重新分配给其他查询客户端之前，还需要再等待一段时间[1]。这时，被选中的 DHCP 服务器为了确认地址分配的信息会发送一条DHCPACK消息，同时执行一个地址绑定。

客户端接收到消息DHCPACK之后，通常会执行一个最后的检查，查看是否被分配的 IP 地址确实没有被使用。这个检查可以借助一个地址解析协议（Address Resolution Proto-

---

[1]这是有原因的，因为由客户端接受的服务可能最终没能进行工作。例如，发生错误时被中止交易，或者出现超时的情况。这时，客户端在监测到错误之后会从一个备选的服务中选取一个。

作为有限状态机的 DHCP 工作周期（2）

- **REBINDING**: 客户端无法在原来的 DHCP 服务器上延长其租赁。在这种情况下，该客户端会尝试发送消息DHCP-REQUEST到 DHCP 服务器，使其接受自己延长的请求。如果客户端从 DHCP 服务器接收到一条DHCPACK消息，那么该客户端可以更新租赁、重置计时器 T1 和 T2，并且客户端进入到正常的模式状态**BOUND**中。如果客户端接收到了一个消极的消息DHCPNACK，那就意味着，虽然网络的 DHCP 服务器为客户端分配了一个 IP 地址，但是这个只在分配过程之前才能开始。在这种情况下，如果租赁时间到期，那么客户端会返回到状态**INIT**。

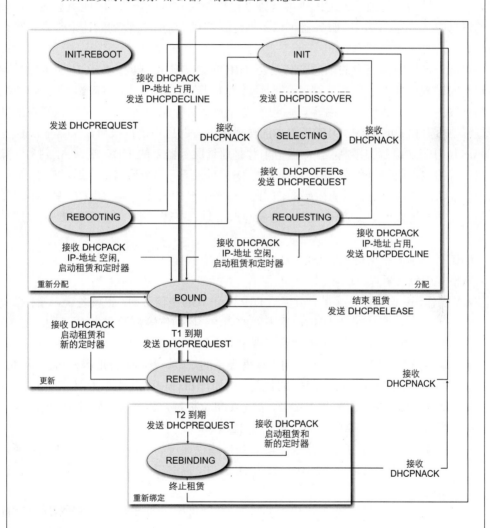

图 9.50　作为有限状态机的 DHCP 工作周期（2）

延伸阅读:

Droms, R.: Dynamic Host Management Protocol, Request for Comments 2131, Internet Engineering Task Force (1997) col，ARP）请求来执行。如果网络参与者响应了该 ARP 请求，那么证明该客户端已经将被使用的 IP 地址在一条DHCPDECLINE消息中返回给了服务器。否则，客户端会启动两个租赁定时器 T1 和 T2，并且使用被分配的 IP 地址。

除了自己的网络，DHCP 服务器还可以为远程网络提供服务。为此，该服务器必须通过一个经常充当路由器的、所谓的**DHCP 中继代理**（Relay Agent）与远程网络连接在一起。DHCP 中继代理也可以接收到位于远程网络中的 DHCP 请求，并且将其转发到DHCP 服务器。在这里，DHCP 请求是作为广播到达的 DHCP 中继代理，并且在那里被作为单播转发到目的地。DHCP 中继代理通过广播接收到的接口 IP 地址会被添加到单播的消息中。因此，DHCP 服务器可以根据这些信息识别出接收到的请求来自于哪个网络段。

在这个过程中被交换的消息最初是由 DHCP 客户端产生的。DHCP 服务器在响应客户端的过程中使用了由客户端发送的消息，并且在此之前，如果需要，双方还会交换某些字段的内容。通过一个由客户端初始设置的交易标识符（XID）可以识别在地址分配过程中所有相关的消息。DHCP 消息的传递可以借助用户数据报协议（User Datagram Protocol，UDP）进行。其中，客户端请求总是通过服务器上的 UDP 端口 67 进行。除了那些有目的被寻址到一个特定的 IP 地址的 DHCP 消息，整个通信都是通过广播进行的。由于广播消息被认为是非常有效率的，因此，对一个已知的客户端，DHCP 服务器总是首先尝试使用其硬件地址（MAC 地址）直接进行寻址。在客户端，UDP 端口 68 被用于了DHCP 通信。

DHCP 消息的数据格式将在图 9.51 中给出详细的介绍。

该格式中包含了以下的字段：

- **操作码**：长度为 1 字节，指定了 DHCP 消息的传输方向。也就是说，对于一个来自 DHCP 客户端到 DHCP 服务器的请求，该操作码被设置为 OpCode=1。响应的 DHCP 服务器在 DHCP 客户端方向上使用了 Opcode=2。
- **硬件类型**：长度为 1 字节。用于硬件类型的规范，类似于地址解析协议（Address Resolution Protocol，ARP）的使用。例如，HType=1 代表以太网。
- **硬件地址长度**：长度为 1 字节，指定了单位被规定为字节的硬件地址的长度，例如 IEEE 802 中，MAC 地址规定为 Hlen=6。
- **跳数**：长度为 1 字节，指定了沿着数据路径通过的 DHCP 中继代理的数量。其中，被发送的客户端初始化设置为 Hops=0，同时每个 DHCP 中继代理都让计数器的值递增 1。
- **事务标识符**：长度为 4 字节，包含了一个随机确定的事务标识符（XID）。该标识符被保留用于客户端和服务器之间的 DHCP 地址分配过程的其他通信。
- **时间**：长度为 2 字节，包含了从 DHCP 交易开始通过客户端的时间（单位为秒）。
- **标志**：长度为 2 字节，目前只包含一个标志。如果这个字段被设置了，那么说明，该客户端没有识别自己的 IP 地址，并且服务器的响应被作为广播的形式执行。

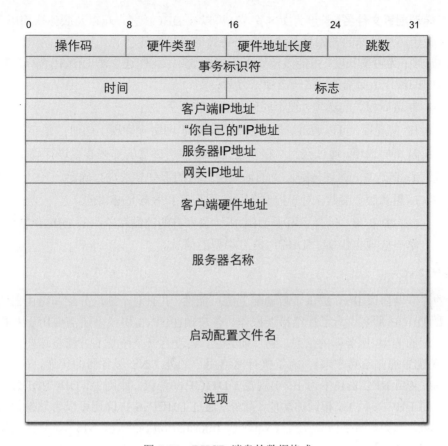

图 9.51　DHCP 消息的数据格式

- **客户端 IP 地址**：长度为 4 字节，包含了客户端的 IP 地址。该字段在客户端位于一个 Stati BOUND、RENEWING 或者 REBINDING 中时被填充。并且，这个字段不允许使用在 DHCP 服务器上分配的一个所期望的 IP 地址。为此，使用了 DHCP 选项Requested IP Address。
- **"你自己的"IP 地址**：长度为 4 字节，包含了 DHCP 服务器分配给客户端的 IP 地址。
- **服务器 IP 地址**：长度为 4 字节，包含了 DHCP 服务器的 IP 地址。该地址客户端应该在 DHCP 地址分配过程的下一个步骤中被使用。这个地址不一定是 DHCP 服务器发送响应的地址。发送 DHCP 服务器的地址被指定作为 DHCP 选项Server Identifier。
- **网关 IP 地址**：长度为 4 字节，包含了 DHCP 中继代理的 IP 地址。该地址可以将 DHCP 请求转发到远程网络中。这个字段不能被使用由客户端使用的路由器的信息（IP 网关）。为此，使用了 DHCP 选项Router。
- **客户端硬件地址**：长度为 16 字节，包含了 DHCP 客户端的硬件地址。
- **服务器名称**：长度为 64 字节，包含了 DHCP 服务器的可选名称。这种名称可以是一个完全正规的域名。

- **启动配置文件名**：长度为 128 字节，可以被 DHCP 客户端以及服务器使用，以便使用一个特殊的开始目录或者一个特殊的开始文件。
- **选项**：为可变长度，可能涉及许多不同的选项。这些选项是 DHCP 客户端在网络中的操作所必需的。这些选项又分为：
  - 制造商相关的选项，被不同硬件的操作所需要。
  - IP 层选项，可以通过参数进行设置，对于网络互联层上的通信是必需的。
  - 链路层选项，通过在网络接入层上的通信所必需的那些参数进行确定。
  - TCP 选项，通过传输层上的通信所必需的那些参数进行确定。
  - 应用和服务参数，对于控制各种应用程序和服务是必需的。
  - DHCP 扩展，包含了用于 DHCP 协议本身的控制和监测的 DHCP 特定参数。这些选项也包括了 DHCP 消息类型的信息。

DHCPv6

新的互联网协议 IPv6 提供了自动配置的可能性，并且对于地址分配和路由器的定位不再需要 DHCP 服务。为了杜绝错误操作，客户端在 IPv6 协议下还需要用于解析域名的自主管理的 DNS 服务器的信息。到目前为止，还没有一个统一的方法将这些信息借助 IPv6 自动配置通知给客户端[1]。为了执行网络用户额外 DNS 服务器的传递，在 2003 年的时候，在文档 RFC 3315 中为 IPv6 规范了**DHCPv6**协议。原则上，DHCPv6 协议提供了和最初的 DHCPv4 协议相同的功能。此外，通过 DHCPv6 协议还可以为额外的服务传递配置参数。例如，网络信息服务（Network Information Service，NIS）、会话起始协议（Session Initiation Protocol，SIP）、网络时间协议（Network Time Protocol，NTP）和其他的服务。并且，DHCPv6 协议只允许将信息转发给通过了安全身份验证的网络用户。与 DHCPv4 协议不同的是，在 DHCPv6 协议中的通信是通过 UDP 端口 546（客户端）和 547（服务器）进行的。

9.6.2 简单网络管理协议（SNMP）

简单网络管理协议（Simple Network Management Protocol，SNMP）是网络管理的互联网标准协议，为大多数生产供应商的网络管理和分析工具提供了基础。20 世纪 80 年代末，SNMP 被定义在文档 RFC 1157 中。目前的版本为 SNMPv3（RFC 3410），参见图 9.52。SNMP 允许在一个网络的内部集成使用不同生产商的网络设备，这些设备由单独的 SNMP 管理器进行统一管理。由客户端系统的网络管理员（Manager）将一条需要被检查的 SNMP 消息发送到被作为服务器的网络组件上（Agent），后面跟随的是称为标准的**抽象语法表示 1 号**（Abstract Syntax Notation.1，ASN.1）。这里，先不给出 ASN.1 的详细介绍。在图 9.53 中给出了使用 ASN.1 的整数编码的简短示例。

通过 SNMP 协议管理的对象集合，即所谓的"被管理对象"，是由**管理信息库**（Management Information Base，MIB）中的数据描述的。该管理信息库的标准定义在文档

---

[1]为此，在文档 RFC 5006 *IPv6 Router Advertisement Option for DNS Configuration* (2007) 中描述了一个实验方法。

SNMP 的简史

- **SNMPv1**: SNMP 的第一个版本是在 1988 年被开发的，并且于同年 8 月在三个文档 RFC 1065、RFC 1066 和 RFC 1067 中发布。之后不久，这三个文档就被另外三个文档 RFC 1155、RFC 1156 和 RFC 1157 所取代。这三个 RFC 文档包含了三个互联网标准框架组件的规范：管理信息结构（Structure of Management Information，SMI）、管理信息库（Management Information Bases，MIB）和实际的 SNMP 协议。在当时，SNMPv1 很快就被普及，并且直到今天仍然被应用在许多地方。对 SNMPv1 主要的异议在于其缺乏安全性。客户端认证在 SNMPv1 中只能借助一个没有被加密的"通信字符串"进行，这样密码在网络中的传递是不安全的。也就是说，密码很容易被截获，并且还会被未经授权的第三方滥用。

- **SNMPsec**: 早在 1992 年，一个被附加了安全功能的 SNMP 版本，即 SN-MPsec（Secure SNMP）在文档 RFC 1351、RFC 1352 和 RFC 1353 中发布。但是，这个版本并没有得到广泛地传播。

- **SNMPv2**: 1993 年 4 月，版本 SNMPv2 在文档 RFC 1441、RFC 1445、RFC 1456 和 RFC 1457 中发布。这个新版本的基本改进在于，特别关注对安全性和保密性的提高，以及提供了在更多 SNMP 管理者之间进行通信的可能性。但是，最初的 SNMPv2 版本同 SNMPsec 一样并没有得到普及。之后开发者组成了不同的小组，将 SNMP 带向了不同的开发方向。这些方向包括：

  - **SNMPv2c**: SNMPv2c 与 SNMPv1 版本基本相同，即使是安全性方面，这个版本也只是在原有的版本上增加了一些额外的功能，而这些功能已经包含在了 SNMPv2 版本中。例如，GetBulk命令，使用该命令可以一次性读取更多的值，并且实现不同 SNMP 管理员之间的通信功能。SNMPv2c 版本定义在文档 RFC 1901、RFC 1905 和 RFC 1906 中。这个版本在当时可以在已有的基础上进行实施，并且在今天成为了 SNMPv2 的同义词。

  - **SNMPv2u**: 在 SNMPv2u 中通过使用用户名来尝试提供安全性。但是，这个定义在文档 RFCs 1909 和 RFC 1910 中的 SNMP 协议变体并没有得以实施。

- **SNMPv3**: 版本 SNMPv3 中的安全机制如今已经通过加密消息的可能性被显著扩展了。其中，使用了包括确保数据完整性和安全认证的不同的加密方法。2002 年 11 月，SNMPv3 在文档 RFC 3410~RFC 3418 中被规范化。

在实践中，经常会出现使用不同 SNMP 版本的混合形式的现象。这个混合形式主要是由 SN-MPv1、SNMPv2c 和 SNMPv3 组成的。

延伸阅读:

Zeltserman, D.: A practical guide to SNMPv3 and network management, Prentice Hall PTR, Upper Saddle River, NJ, USA, (1999)

图 9.52　SNMP 的简史

RFC 1155、RFC 1157 和 RFC 1213中。在 MIB 中，必须给出一个管理网络对象的所有变量的定义，连同可用的操作和对应的含义。

原则上，MIB 对象可以被区分如下：

- **计数器**：例如，给出由于在报头中出现的错误而导致一个路由器丢弃的数据包的数量，或者由一个以太网络接口卡监测到的冲突的数量。

- **描述信息**：例如，在 DNS 服务器上运行的软件的版本，或者指定了一个特定的设备是否正常运行的状态信息，或者协议规范信息，例如，数据包的路由路径。

ASN.1 标准

抽象语法表示 1 号（Abstract Syntax Notation.1，ASN.1）标准描述的是 ISO 定义所给出的一个表示服务（Presentation Service）。该服务在不同的显示模式之间传递不同的计算机框架，以便实现一种不依赖平台显示形式的传输。早在 1984 年，作为 CCITT 标准 X.409 中的一部分的 ASN.1 第一个版本就已经被标准化了。

通常情况下，ASN.1 标准使用**基本编码规则**（Basic Encoding Rule，BER）进行编码。该规则是基于一种 TLV（Type，Length，Value）三元组的方法进行规范的，就像对象的实例是借助数据描述语言 ASN.1 进行定义的那样。这里，Type、Length 和 Value 分别表示类型、长度和值。每个数据元素都被作为一个由数据类型、长度和实际被传递的值组成的三元组进行传递的。

整数值也可以使用长度和值的组合进行传递。在这种情况下，位于 0 和 255 之间的整数被作为一个字节（加上一个表示长度的字节）进行编码，而位于 256 到 32767 之间的整数需要两个字节，更大的整数则需要三个或者更多的字节。ASN.1 标准将一个整数值编码为一个值对：

长度 L，跟随 L 字节的被编码的整数

其中，给定长度的编码本身可以超过一个字节。因此，任意长度的整数都能被编码。

举例：

整数	长度	值 (十六进制)
33	01	21
24.566	02	5F F6
190.347	03	02 E7 8B

关于 ASN.1 标准的详细介绍可以参考相关的 ISO 标准文件。

延伸阅读：

International Organization for Standardization: Information Processing Systems – Open Systems Interconnection – Specification of Abstract Syntax Notation One (ASN.1), International Standard 8824 (1987)

International Organization for Standardization: X.680: Information Technology Syntax Notation One (ASN.1): Specification of Basic Notes, ITU-T Recommendation X.680 (1997) / ISO/IEC 8824-1:1998

图 9.53 根据 ASN.1 标准的整数编码

通过 MIB 管理的对象的各种信息都有不同的来源（参见图 9.54）。其中，涉及的有网络组件生产商和网络组件本身，或者运营商和网络用户。所有这些都控制着由 MIB 对象管理的信息。

MIB 将用于 TCP/IP 的管理信息划分为不同的类别（参见表 9.8），并且每种类别所使用的网络管理协议都相互独立。用于描述 MIB 对象所使用的数据格式被概括在术语**管理信息结构**（Structure of Management Information，SMI）中，并且定义在文档 RFC 1155 中。例如，SMI 指定了类型为 counter 的对象是一个正整数。该整数的范围可以在其被重新归零前，由 0 增加到 $2^{32} - 1$。

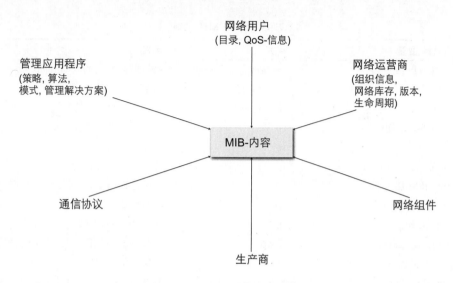

图 9.54　MIB 管理信息来源

表 9.8　一些 MIB 类别

MIB 类别	所含信息	对象数量
system	有关主机或者路由器的信息	7
interfaces	网络接口	23
at	地址转换（例如，通过 ARP）	3
ip	IP 软件	38
icmp	ICMP 软件	26
tcp	TCP 软件	19
udp	UDP 软件	7
egp	EGP 软件	18
snmp	SNMP 应用实体	30

在网络管理协议 SNMP 标准的第一个和第二个版本中，所有被管理的变量都被规范到了唯一一个较大的 MIB 中。随着 MIB 第二个版本 MIB2 的引进，IETF 给出了另外一种方法：一个可用于多个网络的对象，例如，路由器、网桥，甚至是不间断的电源，都定义了一个自己的 MIB。这些 MIB 目前已经在超过 100 多个不同的文档 RFC 中进行了定义。表 9.9 给出了 MIB 变量的一些示例及其含义。

MIB 对象的名称是从普通的 ISO/ITU 对象标识符名称空间中派生出来的。这个名称空间是按照层次划分的，并且是全球有效的。因此，所有的 MIB 对象具有全球唯一的名称。

该名称是按照 ISO/ITU 命名规则通过名称空间节点的级联被分配的数值给定的。在顶部，该名称空间划分如下：

- **Level 1**：整个名称空间既可以被划分给归属 ISO（1）或者 ITU（2）的对象，也可以被划分给归属两个组织（3）的对象。

表 9.9　一些 MIB 变量

MIB 变量	类别	含义
sysUpTime	system	系统最近一次的启动时间
ifNumber	interfaces	网络接口的数量
ifMtu	interfaces	一个特定接口 MTU
ipDefaultTTL	ip	给定的数据报寿命
ipInReceives	ip	接收到的数据报数量
ipForwDatagrams	ip	转发的数据报数量
ipOutNoRoutes	ip	路由错误数量
ipReasmOKs	ip	组装数据报的数量
ipRoutingTable	ip	IP 路由表的内容
icmpInEchoes	icmp	接收到的 ICMP 回应请求的数量
tcpRtoMin	tcp	重传的最短时间
tcpMaxConn	tcp	TCP 连接的最大可能数量
tcpInSegs	tcp	接收到的 TCP 段的数量
udpInDatagrams	udp	接收到的 UDP 数据报的数量

- **Level 2~4**：MIB 在 ISP 权威下被归类为一个子树。在第二级上涉及了 ISO 为国家和国际组织（3）提供的子树。在第三级上跟随的是为美国国防部（6）设置的子树，后面跟随的是为互联网（1）设置的子树。
- **Level 5**：包含了用于互联网管理（2）负责的子树的互联网子树的名称空间。
- **Level 6**：这里开始的子树为 MIB 对象（1）启动了名称空间。
- **Level 7**：这里再次出现了 MIB 名称空间的 MIB 类别。

对应于名称空间中沿着路径分配给对象的那些数值，MIB 名称总是由一个前缀开始，即1.3.6.1.2.1，或者由文本的形式给出，参见图 9.55：

$$\text{iso.org.dod.internet.mgmt.mib}$$

MIB 变量ipInReceives对应的完整名称为：

$$\text{iso.org.dod.internet.mgmt.mib.ip.ipInReceives}$$

或者以数字的形式描述为：

$$1.3.6.1.2.1.4.3$$

除了简单的变量，例如，计数器，MIB 变量还可以跟随一个复杂的结构，例如，表格或者数组。对应的子元素以后缀的形式被追加到 MIB 名称中，例如

$$\text{iso.org.dod.internet.mgmt.mib.ip.ipRoutingTable}$$
$$\text{ipRouteEntry.field.IPdestaddr}$$

其中，IP 地址记录表示为一个路由表格。

有关联的 MIB 对象统称为**MIB 模块**。MIB 对象本身是在一个被称为定义语言的管理信息结构（SMI）中进行描述的，并且定义在文档 RFC 1155 和 RFC 1902中。而 SMI 本身基于的是一般定义语言 ASN.1 标准。

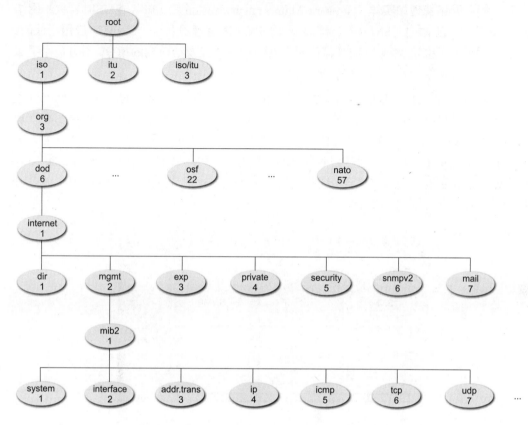

图 9.55 ISO/ITU 对象标识符命名空间中的 MIB 对象名称

在解释 SNMP 协议之前，还必须定义一些 SNMP 术语的概念：

- **SNMP 设备类型**：SNMP 的应用实现了网络管理员对特殊网络设备的操作：收集来自其他网络设备的信息，并且对其进行监控和控制。这里的设备可以分为两种不同的基本类型：

  – **管理节点**（Managed Node，MN）：识别所有被管理的网络组件，也称为**被管网络实体**（Managed Network Entity，MNE）或者**网络元素**（Network Element，NE）。这些组件通过使用 SNMP 协议进行监测和控制。

  – **网络管理站**（Network Management Station，NMS）：识别由网络管理员操作的特定计算机，并且可以监测和控制常规管理节点。

- **SNMP 实体**：是指每个在网络互连内部通过 SNMP 管理的设备都必须提供的一个特殊的、可以实现 SNMP 协议不同功能的软件。每个 SNMP 实体是由两个主要软件组件组成的，这两个软件汇总了 SNMP 设备的功能：

  – **管理节点实体**（Managed Node Entities，MNE）：位于管理节点上的 SNMP 实体是由一个**SNMP 代理**和**SNMP 管理信息库**组成的。前者为 NMS 提供了一个有关 SNMP 的信息，并且遵守其指示。后者确定了被指定信息的性质和数量。

— **网络管理站实体**（Network Management Station Entities，NMSE）：位于网络
管理站上的 SNMP 实体是由一个**SNMP 管理员**和一个**SNMP 应用**组成的。
前者检索管理节点的信息，并且可以收集以及发送对应的指令。后者被用于服
务网络管理员的网络管理接口。

一个通过 SNMP 管理的网络是由一些网络管理站（NMS）组成的，而这些网络管理
站是使用其他网络设备（管理节点）进行通信的。在 NMS 上的 SNMP 管理员和在管理
节点上的 SNMP 代理实现了 SNMP 协议。SNMP 应用是在 NMS 上运行，并且为人类
网络管理员提供了接口。这些应用收集来自 SNMP 代理的 MIB 信息（参见图 9.56）。因
此，MIB 描述了所有变量的集合。这些变量定义在一个管理节点实体（MNE）中，并且可
以通过 SNMP 进行查询和修改。

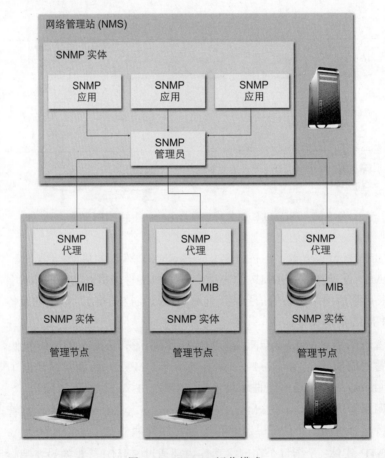

图 9.56　SNMP 运作模式

网络管理协议的主要任务是为客户端程序之间的通信充当网络管理员，并且规范在被
检测的网络组件上运行的服务器程序。为此，SNMP 可以提供一个简单的**Fetch/Store**范
例，而不是人们通常想象的那样，只会提供数量极少的命令。为了确定一个设备的状态，
网络管理员使用一个**Fetch**命令查询相关的组件，并且"获得"对应的查询结果。另一方
面，网络管理员可以通过一个**Store**命令来控制一台设备，以便将一个特定的值简单地分

配给一个 MIB 变量。这里，该值必须考虑相关的设备。而所有其他的操作都被视为是这两个命令的"副作用"。因此，并不存在着一个明确的命令来重新启动网络设备。网络管理员可以使用 Store 命令在零上设置一个变量，用来触发重新启动。该变量包含了到下一次重新启动的时间段。

选定这种方法的原因是：这种方法在同一时间段上稳定且易于操作，而且非常灵活。因此，SNMP 定义本身可以保持不变，即便添加了新的 MIB 对象和 MIB 变量。而且，通过赋予新值的使用可以实现新的"副作用"。事实上，存在两个以上的 SNMP 命令。SNMPv2 定义了七种消息类型，这些类型被称为**协议数据单元**（Protocol Data Unit，PDU）（参见表 9.10 和图 9.57）。

表 9.10　SNMP 可能的操作

操作	含义
get-request	索取一个 MIB 变量值
get-next-request	索取一个不知道确切名称的值
get-bulk-request	索取一个 MIB 变量块
response	对请求的响应
set-request	为一个 MIB 变量赋值
inform-request	通知另外一管理者（不是网络管理员）
snmp2-trap	通知网络管理者有关一个实体的出现

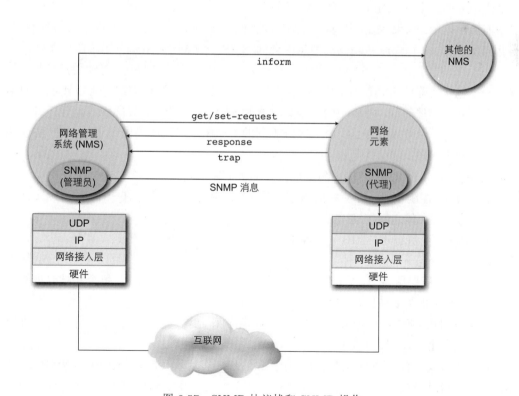

图 9.57　SNMP 协议栈和 SNMP 操作

　　其中，命令get-request和set-request是两个基本的 Fetch 和 Store 命令。网络管理员可以使用get-request请求相关设备返回有关response数据。使用get-next-request来请求一个不知道确切名字的序列条目表格。而trap命令在网络管理员处注册了一个事件。例如，由网络组件确定的网络连接的故障或者重新可用性。为了实现通信，命令inform-request可以被用于不同的 NMS 之间，以便将一个事件或者一个被请求的状态通知给对应的网络组件。这样一来就可以实现一个有关 SNMP 的分布网络管理。

　　原则上，SNMP 协议基于的是简单的请求/响应结构，通过各种传输协议实现传递的。在实践中，这种传递通常是通过 UDP 和端口号 161（Trap 信息是通过端口号 162）实现的。在文档 RFC 1906中，该协议被称为是 SNMP 的最佳传输协议。UDP 是一个不可靠的传输协议。该协议并不能确保一个 SNMP 消息可以到达预定的目标。SNMP 数据格式由于该原因事先规定了一个请求 ID，该 ID 在代理上为 NMS 请求连续执行编号。对应的代理答复接受该请求的请求 ID。这样一来，一方面可以实现请求和响应的分配。另一方面可以安装一个超时机制，该机制在识别到消息失败时会启动一个重传。但是，新的重传机制没有在 SNMP 标准中被明确定义，而是由各个 NMS 负责。

　　消息的产生和传播在 SNMP 中多少有些脱离了典型的 TCP/IP 的客户端/服务器模式。在 SNMP 协议中，不再明确指定具体的客户端以及服务器，因为管理信息可以由网络中所有涉及的设备获得。正如前面已经介绍过的：消息的交换通常仅限于一个简单的请求/响应的内容。其中，NMS 取代了客户端的角色，涉及的 SNMP 代理取代了服务器的角色。即便在严格意义上来说，它们并没有指定任何服务器。SNMP 陷阱是从这个方案中衍生出来的。其中，SNMP 代理在触发陷阱的时候会向 NMS 发送一条消息，否则就需要事前给出提示。如果 Trap 消息在接收方没有被证实，那么 NMS 一方也不会得到响应。与此相反，在一个Inform-Request消息中会向 NMS 发送回一条由此产生的确认消息。

　　SNMP 消息是由一个 SNMP 报头、一个用于控制、识别和提供安全性的数据字段，以及一个包含实际的 SNMP–PDU 的 SNMP 主体组成的。通过这些组件可以实现在网络设备之间交换管理信息。通常，PDU 数据格式和 SNMP–Wrapper 数据格式是分开进行考虑的。因为这样做可以在 PDU 内部区分不同的安全附加，以便确保用于 SNMP 协议基本功能的数据字段。

　　一般情况下，PDU 子结构被简单地做了如下的区分：

- **PDU 控制字段**：控制和监测字段集合、描述 PDU，并且在一个 SNMP 实体到另一个实体之间传递信息。
- **PDU 变量绑定**：MIB 对象被描述为一个简单的"绑定"形式，即为一个特定的名称指定一个值。其中，该名称对应一个数字化的 MIB 标识符。在一个get请求中，该值保留为空，只被作为一个占位符。在一个set请求中，每个新被寻址的设备都包含了要被发送的值。

这里，每个 PDU 都遵守这种通用结构。其中，控制和监测字段的集合以及各个变量绑定可能会发生变化（参见图 9.58）。

　　SNMP 协议具有多种不同的版本，这里只给出具有代表性的 SNMPv1、SNMPv2c 和 SNMPv3 的消息格式：

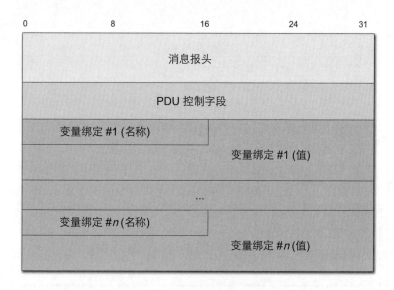

图 9.58　SNMP-PDU 的一般结构（协议数据单元）

- **SNMPv1**：SNMPv1 的一般数据格式只由一个简单的 Wrapper 组成。其中，包含了一个具有如下数据字段的短报头（参见图 9.59）：
  - **消息版本号**：长度为 4 字节的字段，其值为 0（而不是实际的版本号 1）。
  - **团体名**（**Community String**）：数据字段长度可变的通信字符串，用于识别各个"SNMP 团体"。在这个过程中定位了发送方和接收方。该字段服务于一个简单的（不充分的）认证。

    除了 Trap PDU，所有 SNMPv1 PDUs 都具有相同的数据格式：
  - **PDU 类型**：长度为 4 字节，指定了协议数据单元的类型。
  - **请求标识符**（**Request ID**）：长度为 4 字节，用于识别相关的请求/响应报文。
  - **错误状态**（**Error Status**）：长度为 4 字节，在一个 GetResponse 的 PDU 命令中返回一个请求的错误码。这里，值 0 表示该请求被成功执行。
  - **错误索引**（**Error Index**）：长度为 4 字节，包含了一个指向引起错误的对象指针。也就是说，相关的错误状态具有一个不等于 0 的值。
- **SNMPv2c**：SNMPv2c Wrapper 数据格式对应已经描述的 SNMPv1 Wrapper 的结构。只是消息版本号的值被设置为 1。相关的 SNMPv2c-PDU 的结构也被保留了。但 PDU 类型字段值的范围在 SNMPv2-PDU 上被增加了很多。
- **SNMPv3**：SNMPv3 Wrapper 的数据格式虽然遵循了其前任的同样概念，但是却被扩展了。报头字段被划分为安全相关的和非安全相关的字段。其中，安全相关的字段分别对应所选择的安全模式。报头包含了如下的数据字段（参见图 9.60）：
  - **消息版本号**：长度为 4 字节，指定了 SNMP 版本信息。在 SNMPv3 的情况下，该值被设置为 3。
  - **消息标识符**：长度为 4 字节，用来标识 SNMPv3 消息。

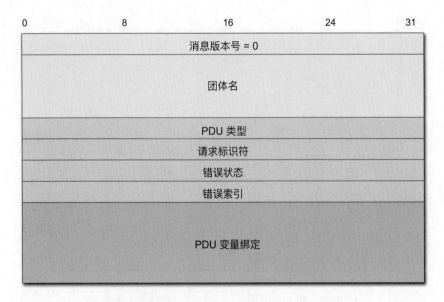

图 9.59　SNMPv1 Wrapper 的数据格式

- **最大消息尺寸**：长度为 4 字节，指定了一条消息可以被发送方重新接收的最大长度。这里，最小值为 484。
- **消息标志**：长度为 1 个字节，包含了监测位和控制位。其中，位 1 表示一个安全认证的使用，位 2 表示加密的使用，位 3 表示一个Report PDU 的返回。
- **消息安全模式**：长度为 4 个字节，指定了消息所使用的安全模式。
- **消息安全参数**：可变长度，包含了各个被选择的安全模式所相关的参数。
- **环境引擎（Context Engine）**：可变长度，包含了一个应用程序的 ID。该 ID 应该将被发送的 PDU 进行传递，以便其进一步被处理。
- **环境名称**：可变长度，描述了各个与 PDU 有关联的明文。

　　与 TCP 协议不同的是，在一个更为简单的 UDP 协议中，存在一个长度限制，或者对最大允许的数据包大小（通过 IP 数据报长度确定）的限制。SNMP 标准要求：SNMP 实施方式必须具有一个最小长度为 484 字节，以便实现消息的传递。此外，还允许传递长度高达 1472 个字节的更大的消息。同时，还存在一个最大的数据集合。该集合可以被限制为 1500 字节以上的以太网框架作为有效载荷进行传递。如果要求通过GetBulkRequest操作同时传递更多的 MIB，那么不允许超出预先规定的 UDP 数据包的最大长度。

　　SNMPv3描述了以前 SNMP 标准的功能扩展。其中，在 SNMPv3 中可能的 SNMP 应用被细分为如下的子单元：

- **网络管理体系（Network Management System，NMS）**
  - **命令发生器**：被用来创建命令 get-request、get-next、get-bulk-request 和set-request，并且在查询中得到答复。
  - **消息接收器**：接收和处理由代理发送的 Trap 命令。
  - **代理中介**：用于转发请求、响应和 Trap 命令。

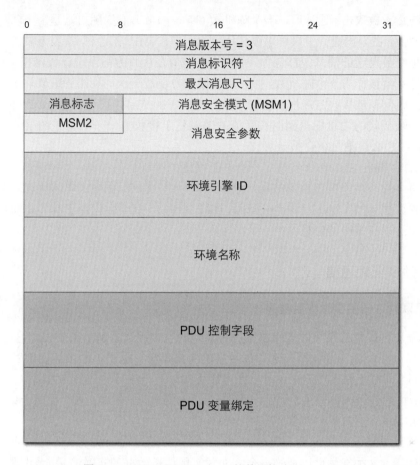

图 9.60　SNMPv3 Wrapper 的数据格式

- **网络代理（Agent）**
  - **命令生成器**：使用一个响应消息接收、处理和响应 get-request、get-next、get-bulk-request 和 set-request 的类型命令。
  - **通知**：生成在 NMS 上注册的已经出现的事件 Trap 命令。

　　与先前 SNMP 规范的两个版本不同的是，SNMPv3 版本中包含了额外的安全和管理功能。在当时，为了确保安全而引进新技术的需求尤其迫切。因为，SNMP 的安全考虑只被用于了监控，并没有被用于主动的管理和控制。一个未经授权的第三方可以成功拦截一个 SNMP 消息，然后将自己的 SNMP 消息输入到管理基础设施中，而这极可能在网络中造成相当大的危害。SNMPv3 支持如下的安全机制：

- **加密**：SNMP 命令使用数据加密标准（Data Encryption Standard，DES）对传递的内容进行加密。
- **身份认证**：SNMP 协议将一个散列函数和一个保密的密钥值相结合，这样既可以对发送者进行认证，也可以确保被传递数据的完整性。这个组合被称为**散列消息认证码**（Hash Message Authentication Code，HMAC）。该认证标准定义在文档 RFC 2104 中。

- **防止重放攻击**：这是通过一个**随机数**（Nonce）实现的。随机数是一个随机生成的数值，在一次通信中只可以被使用一次。在 SNMP 情况下，接收方要求发送方在每个被发送的消息中都包含一个数值，该值在接收方与一个计数器相关联的。该计数器被作为一个随机数，并且由从接收方最近一次的网络管理软件重启所经历的时间和从接收方最近一次管理软件的配置的重启总数组成。只要该计数器与一个被接收的消息中得到的实际值的偏差位于接收方中一个特定的误差阈值范围内，那么该消息就会被认可。
- **访问控制**：SNMPv3 实现了一个基于**视图**的基础访问控制。该控制指定了：哪些网络管理功能应该由哪些用户来执行。为此，每个 SNMP 实体执行一个本地配置数据存储（Local Configuration Data store）。其中，包含了有关访问权限和相关的访问策略的信息。

9.7 音频和视频通信

9.7.1 互联网中的多媒体应用程序

通过互联网提供的准实时多媒体服务为媒体的巨大声望添加了浓重的一笔。而且，这种服务在如今已经成为互联网传递数据流中的重要部分。除了不断增加的带宽和与其相关的多样性，即对于私人用户来说可以在可接受的时间内进行传递的较大图像、音频和视频，还有所谓的**连续媒体应用**，例如，网络电台、网络电话、视频点播、视频会议、远程教学、互动游戏或者虚拟世界等都越来越受到欢迎。

可以连续发送和重现远程多媒体内容，并且在传递过程中实现实时性的方式被称为**流**或者**媒体流**。这种媒体可以通过一个缓冲区实现传递数据的实时演示（参见图 9.61）。

数据流和流媒体

　　与那些通常以元组数值的形式存储在数据库中的静态数据不同的是，在计算机科学中的一系列连续的、没有终点的记录被称为**数据流**。一个数据流的各个记录具有一个（任意）固定的类型和一个有秩序的时间顺序，并且在实际操作中会出现不受限制的现象。每个时间单元的记录集合（数据速率）可以是变化的，并且不会被作为一个整体，而是被单独连续地进行处理。

　　数据流的概念被广泛地使用在了现代的编程语言中，并且可以与由 **Doug McIlroy**（1932—）提出的**管道**（Pipe）概念组合成一个宏程序。这种程序早在 20 世纪 60 年代就已经被开发了，并且在 1972 年的时候在操作系统 UNIX 中被实现。在管道概念中，根据 FIFO 原则涉及了一个进程的数据连接。

　　一个比较流行的数据流应用是**流媒体**（Streaming Media）。其中，音频和视频数据通过互联网进行传递、接收，同时被播放。实时的传递数据称为**网络直播**（Live streaming）。与广播不同的是，这种数据并不会传递给所有的参与者，而只是在两个（单播）或者多个端点（多播）之间进行传递。

延伸阅读：

Mack, S.: Streaming Media Bible, John Wiley & Sons, Inc., New York, NY, USA, 1 edition, (2002)

图 9.61　数据流和流媒体

与互联网中传统的数据传输不同的是，连续的多媒体数据对位于底层的通信网络提出了不同的要求。其中，有两个要求被认为是特别关键的：

- **延迟**：连续的多媒体应用都是对延迟特别敏感的。如果在传递个别数据包的时候产生的延迟超过了一个特定的界限（在网络电话中是毫秒范围，在所谓的流应用中是秒范围），那么该数据包就会被认为是无效的。如果在实际播放之前将传递的数据进行缓存，那么就可以补偿在延迟中的微小变化（抖动）。
- **数据丢失**：连续的多媒体应用通常都会碰到数据丢失，或者超出容忍度的数据损坏。虽然避免这些类型的错误会小额度地提高多媒体播放的质量，但是如果将客户的容忍阈值设置的较高，那么就会认为是比较令人烦恼的。

相对来说，可以将连续多媒体应用的要求归类为如下的类别：

- **被存储的音频和视频数据流的流**：这里，客户端需要服务器以前已经完整存储的，并且压缩了的文件。客户端可以在多媒体文件传递的过程中进行导航，也就是说，可以进行暂停或者播放或者滚动向前以及滚动向后的操作。位于客户端的请求和这些行为的执行之间的可接受响应时间在 1 到 10 s 之间。如果开始被传递的文件是一致并且连续显示出来的，那么被发送的数据包的延迟条件并没有严格地和交互式应用的情况一样（例如视频会议）。例如，**视频点播**（Video on Demand）就是这种技术的一个应用。其中，用户的请求是将一个被选中的视频文件传递到本地的输出设备上。

  原则上，**即时流**（Just-in-Time Streaming）实现了文件在传递的过程中可以同时进行输出显示，并且通过实时传输协议（Real-time Transport Protocol，RTP）进行处理。而 **HTTP 流**首先是通过 HTTP 将多媒体文件完整传递后，再由万维网常规的传输协议进行输出显示。为了不产生过多的等待时间，在 HTTP 流中传递的视频文件首先会分解成小的子块，即所谓的段。如果这种小块足够小，而带宽又足够大，那么同样会产生连续的媒体流的印象。

- **实时音频和视频数据流的流**：这种多媒体数据连续传递的类型可以与传统的无线电广播或者电视广播进行比较。在录制过程中，这种多媒体数据直接通过互联网进行传递。而接收到的数据流根据对应的缓冲区大小只被轻微地延迟就可以显示出来。这里的缓冲区是必要的，以便补偿个别数据包延迟而产生的波动。如果数据流被存储到了本地，那么可以在多媒体数据的内部实现一个导航功能（停止或者后退）。

  一个实时数据流通常会被多个客户端同时接收。为了避免对一个发送数据包的不必要重传，以及由此可能导致的网络过载，该数据流会被作为**多播**（Multicast）的形式进行传递。这里由传递的数据包的延迟而产生的波动的限制并没有在交互应用的情况（例如视频会议）中那么严格。

- **交互式实时的音频和视频**：在这一类别中，如**网络电话**（Internet Telephony）或者**视频会议**的应用都是通过互联网进行的。在这种情况下，用户可以与其他用户通过对实时音频和视频的交互式交换进行通信。网络电话现在已经普及，并且是低成本的通信技术。该技术提供了所有电路交换电话的功能，甚至还对此进行了扩展（例如电话会议和过滤机制）。

在视频会议中，用户可以通过互联网进行虚拟的视觉上的通信。由于是多个用户的相互通信，因此会对时间的限制以及延迟提出更为严格的要求，否则会产生问题，进而严重影响通信的质量。在语言传递中，延迟 150 毫秒是不会被察觉的，延迟 150 毫秒到 400 毫秒被视为是可以接受的。但是，如果延迟的时间超过了 400 毫秒，那么就会被感知为一种干扰。

用来传递音频和视频文件的应用程序通常被称为**实时应用程序**。使用这些应用程序的数据需要及时地进行传递和演示。但是，这种类型的实时信号只有在同时适合发送方和接收方的请求下才能被通信伙伴达成共识。发送方的发送时钟必须与接收方的接收时钟完全对应。例如，在一个电话交谈中，或者在一个视频会议中，一个较大的延迟不仅会被视为一种干扰，同时也会使得通话内容变得难以理解。这种需要严格遵守时间限制的通信被称为**同步的**通信。

但是，现有的互联网以及建立在其上的 IP 协议却并不是完全同步的。数据包可能被重传，或者被丢失，一个最小限度的延迟不能被保证，传递过程中可能会出现很大的抖动（Jitter），同时也不能保证发送的数据包在交付的时候是按照正确的顺序进行的。

那么，究竟如何才能通过互联网实现一个同步的数据传递呢？为了确保一个至少近似的同步数据通信，所使用的协议必须提供额外的支持，以便可以克服以下提及的弱点：

- **数据报重复和排列顺序**：为了解决这个问题，单个的数据包都被设置了一个**序列号**。这样一来，重复的数据包马上会被检测到，同时也可以重新构造数据流原有的顺序。
- **传输延迟的抖动**：为了解决出现的抖动问题，每个数据包都提供了一个**时间戳信息**。该信息可以告诉接收方，在哪个时间点接收到的数据包实际上被重传了。

序列号和时间戳信息帮助接收方精确地重组原始信号，而无需考虑各个单独的数据包实际上是什么时候出现的。

为了补偿在单个数据包的传递延迟中产生的抖动，需要一个额外的**回放缓冲区**（Playback Buffer），参见图 9.62，以便传递的音频和视频信息的演示可以实现准实时性。

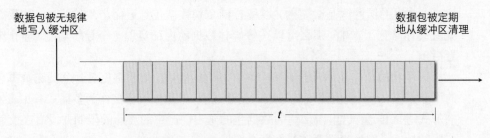

数据包被无规律　　　　　　　　　　　　　　　　　　　　　数据包被定期
地写入缓冲区　　　　　　　　　　　　　　　　　　　　　地从缓冲区清理

t

图 9.62　回放缓冲区的基本组织结构

在数据传递开始的时候，接收方延迟接收音频和视频数据，并且首先将这些数据写入到一个回放缓冲区中。如果在回放缓冲区中被缓存的数据范围达到了一个预先定义的阈值（**回放点，Playback Point**），那么接收方开始演示这些数据。该阈值在回放期间对应被视为安全设置的时间周期为 t，以便延迟演示音频和视频数据。在演示期间，该回放缓冲区会被连续输入的数据包填充。如果这些数据包的数量达到即使发生传递延迟，接收方也不会产生波动的时候，那么该回放缓冲区会尽快清空一端，同时其另一端同样会被再次快速填满。传递延迟的小波动可以通过这种方式得到补偿，并且在数据播放的时候不会被察觉。如果出现一个延迟，那么该缓冲区会快速清空，而数据传递仍然可以继续以 t 时间单位进行。一旦延迟的数据包到达，那么该缓冲区会被重新填充。但是，这种回放缓冲区并不能补偿丢失了的数据包。也就是说，如果数据包真的丢失了，那么在数据播放中会出现一个暂停或者出错信息。

这里，阈值 t 的选择非常重要。因为，如果在现实中所选择的 t 值过小，那么较长的延迟就不能得到补偿。而这个 t 值如果被选择得过大，那么虽然出现的延迟波动可以被消除，但是这个作为一般传递延迟的额外延迟会被察觉出来。这样一来，很难实现实时通信，或者根本就实现不了。另外，增加阈值 t 还会降低播放的质量。

媒体流还需要遵循已知的客户端/服务器范例。一个客户端请求一个位于远程服务器端的音频或者视频文件。在服务器上，可以涉及一个普通的 Web 服务器（HTTP 服务器）或者一个特殊的流服务器。当 Web 服务器将被请求的文件通过标准传输协议 HTTP 整体进行传递，或者被划分为段的形式作为 HTTP 流被传递的时候，流服务器就可以承担起真正的连续媒体流传递。在连续的媒体流中，被传递的媒体文件具有一个特殊的段的形式。也就是说，媒体数据的编码并没有作为单块的文件，而是部分的被划分为单个段的形式。各个段通过各自很短的数据报头提供了相关的监测和控制信息。

连续流媒体数据的传输需要一个被特殊设计的实时协议，该协议会在如下的段落中给出详细的介绍。协议中对应的各自任务可以被划分为如下的类型：

- **传输协议**：实时传输协议的任务是：封装被连续发送的流媒体数据的连续段，并且将这些被封装的段从流服务器传递到各个客户端。现在比较流行的传输协议是**实时传输协议**（Real-time Transport Protocol，RTP）。
- **监测协议**：为了监测实时数据传输，使用了特定的监测协议，以便交换有关被传递的音频和视频数据以及可用的网络容量。为了实现这个目的，使用了**实时传输控制协议**（RTP Control Protocol，RTCP）。
- **控制协议**：为了能够监测和控制连续的流媒体数据的传递，例如，停止实时数据流，以便在稍后的时间点再继续进行传输，或者向前以及向后操作数据流，这些操作就需要使用**实时流协议**（Real-Time Streaming Protocol，RTSP）。

如果 HTTP 协议在 TCP 协议上是作为传输协议使用的，那么具有实时功能的协议 RTP、RTCP 和 RTSP 就会使用简化了的 UDP 协议。其中，RTSP 协议还使用了部分 TCP 协议（参见图 9.63）。

作为用于流客户端的交互式用户界面，如今大多数使用的是在 Web 浏览器中嵌入的辅助应用程序（被称为助手或者插件）。这些辅助应用程序实现了在浏览器内部重放连续流媒体内容的功能。这些特殊的辅助应用程序被称为**媒体播放器**。这些播放器在如今可以是一个具有多种功能的专用软件，也可以是一个公开发布的开源软件。有了这种媒体播放器，用户就可以请求一个媒体数据流在自己本地的计算机上进行重现播放，并且可以对

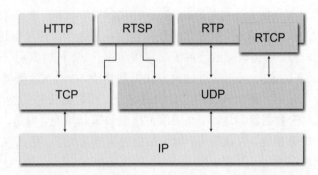

图 9.63　用于对流媒体数据的传递、检测以及控制的实时协议

其进行导航。其中，最出名的是微软公司开发的 Windows Media Player、苹果公司开发的 Quicktime Player、RealNetworks 公司开发的 Real Player，甚至被免费提供的 VLC Media Player。

媒体播放器的具体任务和功能如下：

- **解压缩被压缩了的媒体数据流**：为了节省磁盘空间和传递所必需的带宽，如今的音频和视频数据在发送前通常都被进行了压缩。因此，为了重放而进行的解压缩成为了媒体播放器的重要任务。
- **抖动消除**：使用适当的缓冲区，媒体播放器可以接收由缓存不均匀提供的媒体数据流的数据包，并且将其均匀地进行进一步处理。
- **纠错**：通过 UDP 协议进行的数据传递是不可靠的，所发送的媒体数据流的数据包可能发生丢失。如果太多的数据包被丢失，那么就会被用户察觉到。为了避免这种现象的发生，媒体播放器使用了不同的策略进行纠错。这些策略的范围包含从一个被丢失的数据包的明确重传请求，到自动内插法弥补出错的媒体内容。
- **使用了控制元件的图形用户界面**：用户通过一个合适的用户界面与播放的媒体数据流进行交互。其中，用户可以请求以及播放新的媒体内容，并且对其进行前进和后退的导航。

流媒体系统的服务器端提供了媒体数据流，并且根据请求将其以客户所期望的方式进行传递。这里，服务器端通常是由传统的网络服务器组成的。该服务器在万维网中显示媒体数据流，以便用户可以找到并且请求这些数据流以及一个特殊的流服务器。流服务器本身通过网络服务器接收一个请求，该请求被直接传递到客户端（媒体播放器）。另一方面，流服务器还负责记录和存储媒体数据流（参见图 9.64）。

9.7.2　实时传输协议（RTP）

为了通过互联网传递数字化的音频和视频信号，需要使用一个特殊的协议：**实时传输协议**（Real-time Transport Protocol，RTP）。该协议使用了 UDP 协议作为底层的传输协议。为了满足对等数据流传递所需的请求，RTP 为各个需要传递的数据包规定了一个序列号和一个时间戳。序列号可以确保一个正确的顺序，还可以识别丢失了的数据包。时间戳可以实现接收方按照时间的顺序重新播放接收到的数据包。

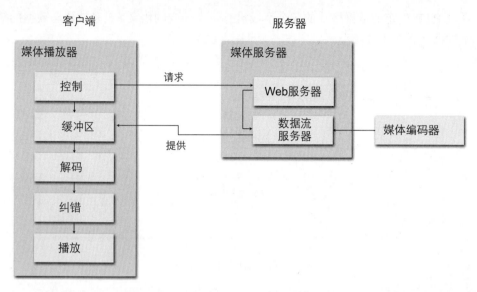

图 9.64 流媒体系统中的客户端/服务器交互

1996 年，RTP 首次定义在文档 RFC 1889中。2003 年，RTP 在文档 RFC 3503中被进一步修改。RTP 协议在 TCP/IP 参考模型中的归类并不是很明确，一方面在 UDP 上被作为了传输协议，这样就被归类为应用层协议。另一方面，RTP 为 UDP 数据包添加了时间戳和序列号信息，并且提供了一个通用的传输服务，该服务可以由特定的应用程序使用。这样一来，RTP 同样属于传输协议。因此，RTP 被称为一个传输协议，归类到了应用层中。

RTP 协议被设计用于传递不同类型的多媒体信息。该协议的基本功能在于：接收不均匀的音频、视频、图形以及文本数据的多媒体数据流。这些数据流被复制，并且作为 RTP 数据包通过套接字接口被传递到 UDP 协议。这里，RTP 并没有被分配固定的 UDP 端口号，而是每次都选择一个任意的、大于 1024 的 UDP 端口号。由于使用了 UDP 协议，就不能确保通过 RTP 可以及时传递被发送的多媒体数据，或者其他服务质量。RTP 数据包在互联网中并没有被路由器进行特别考虑，而是使用了同其他数据流同样的方式进行处理。目前，还没有具体的 IP 功能被激活用于支持该服务质量。

RTP 数据包都是按照顺序进行编号的。通过这种编号方式，接收方就可以很容易地确定，一个被等待的数据包是否已经丢失。但是在大多数实时应用中，并不提倡对一个丢失的数据包进行重传。因为，由于数据包的丢失而导致的可用时间并不足以破坏数据的连续播放。因此，丢失的数据包通常是用内插法进行了补偿。出于这个原因，RTP 可以被很容易地构建。也就是说，没有流量控制机制、没有确认，并且没有数据包重传的需求。

每个 RTP 数据包还包含了一个额外的时间戳。有个这个时间戳，就可以及时地处理和播放接收到的数据。为了实现这个目的，只需要接收 RTP 数据包之间的相对的时间戳差值，而绝对的时间信息却没有任何作用。时间戳信息的使用可以连接彼此不同的数据流。因此，可以将具有不同音频数据流的视频数据流连接起来。例如，提供不同语言的播放。

通过 RTP 确定的数据格式的各个字段没有一个固定的语义，只是被传递数据的解释依赖于数据包报头中的类型确定字段（参见图 9.65）。

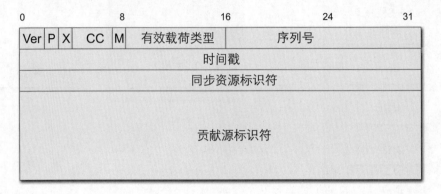

图 9.65 RTP 数据包报头的数据格式

RTP 数据包的报头含有如下字段：

- **版本号（Ver）**：长度为 2 比特，包含了所使用的 RTP 协议的版本号（目前的版本号是 2）。
- **填充标记（P）**：长度为 1 比特，指定了有效载荷是否使用填充位（0）进行了补充。只有当被传递的有效载荷被加密，以及必须具有固定的块长时，这种填充位才被使用。
- **扩展标记（X）**：长度为 1 比特，规定了 RTP 报头的可选扩展项。一些应用可以在 RTP 中为常规报头和有效载荷之间的区域添加常规 RTP 报头的可选扩展项。如果 X–Flag=1，那么就意味着使用了这种扩展项。
- **CSRC 计数器（CC）**：长度为 4 比特的字段，指定了有多少单独的数据流与现有的数据流混合在了一起。这对应于报头末端提供的贡献源标识符的数量。
- **标记（M）**：长度为 1 比特的字段，被应用程序使用。该标记在传递用户数据的时候必须进行设置（例如，在视频文件中，标记一帧的开始）。
- **有效载荷类型**：长度为 7 比特，规范了传输数据的类型。该类型也依赖于其他报头字段的解释，例如：
  - 1：PCM 音频数据。
  - 3：GSM 音频数据。
  - 8：PCMA 音频数据。
  - 26：JPEG 视频数据。
  - 34：H.263 视频数据。
- **序列号**：长度为 16 比特，包含了数据包的序列号。一个新序列的第一个序列号通常都是被随机选定的。
- **时间戳**：长度为 32 比特。该时间戳指定了哪个时间被用来记录有效载荷的第一个 8 比特。这里，一个新序列的第一个时间戳通常也是被随机确定的。

- **同步资源标识符（SSI）**：长度为 32 比特，用来识别同步源。出于效率的原因，RTP 提供了传递不同数据流（例如用于视频会议）进行混合发送的可能性。同步资源标识符可以识别数据流的发送方。如果涉及了混合的数据流，那么 SSI 包含了混合器的识别。

- **贡献源标识符（CSI）**：长度为 32 比特，用于标识被混合的数据流。如果涉及一个由不同数据源混合在一起的数据流（参考 SSI），那么用于负责将这些数据流混合在一起的混合器会为各个原始数据源在这个字段中设置一个 ID。这里，可以最多设置 15 个不同的数据源。

与大多数其他被作为传输协议使用的 UDP 协议或者 TCP 协议不同的是，RTP 协议没有使用预先给定的端口号。每个 RTP 会话都会保留一个自己的端口号，而这个端口号事先必须通知给客户端和服务器。唯一需要说明的是，RTP 总是使用偶数的端口号。而用于交换 RTP 会话的监测和控制信息所使用的**RTCP**协议会使用紧挨着的、较大的那个奇数端口号。

9.7.3　实时传输控制协议（RTCP）

在文档 RFC 1889（随后在文档 RFC 3550）中，**实时传输控制协议**（RTP Control Protocol，RTCP）与 RTP 协议被定义在了一起。通过 RTCP 协议，参与通信的伙伴（单播或者多播）可以对由 RTP 传递的数据或者报告交换位于网络基础设施底层的当前性能信息。RTCP 对反馈、同步性和用户界面进行管理，但是本身并不参与数据的传递。为了提高数据传递的效率，RTCP 数据包与发送方和接收方的报告，以及对评估的统计一起被定期发送。RTCP 以及 RTP 规范并没有规定如何处理这些细节，而是将其托付给了 RTP 或者 RTCP 使用的各个应用程序。RTCP 消息是通过 UDP 封装，并且总是通过 RTP 端口按照端口号顺序（通常为奇数）发送。

为了通过现有的数据传输方式对消息进行交换，RTCP 提供了五种基本的消息类型（参见表 9.11）：

表 9.11　RTCP 基本消息类型

类型	含义	类型	含义
200	发送方报告	203	注销
201	接收方报告	204	应用程序规定的消息
202	消息源说明		

- **发送方报告**：数据流的发送方周期性地传递一个发送方报告，该报告包含了一个绝对的时间戳。这种方式是必要的。因为，通过 RTP 使用数据包传递的各个时间戳都是依赖于对应的应用程序。也就是说，第一个时间戳被随机选择，并且通信的应用程序确定了各个时间戳的精确性。如果是多个数据流同步进行，那么就需要一个独立的、绝对的时间戳。此外，在一个发送方报告中还需要包含有关 SSI 的信息（被发送的混合数据流的数据源）和在数据流中被发送的数据包或者字节的数目。

- **接收方报告**：通过这个报告，接收方可以通知发送方有关被接收到的数据流的质量。接收方报告包含一个由接收方报告产生的 SSI 信息、一份有关自上次报告以来丢失了的数据包的信息、最后一个 RTP 数据流接收到的序列号，以及一个来自到达时间偏差的、不断被更新的输入数据包的抖动值。其中必须注意的是，在多媒体数据传输过程中，可能会在一个发送方和潜在的多个接收方之间出现一个非对称的流量负载。虽然通过 RTP 传递的有效载荷随着收件方数量的不断上升而保持不变，但是被交换的 RTCP 信息的集合数量会随之线性增长。为了避免通过缩放引起的过载问题，需要经常注意将控制信息与被传递的整体数据容量的比例保持在 5% 以下。
- **消息源说明**：该报告包含了有关多媒体数据流发送方更为详细的信息。例如，电子邮件地址、发送方姓名或以文本形式发送的应用程序或其他信息。
- **注销**：如果发送方中止一个数据流的传递，那么它要发送一个特殊的 RTCP 消息，以便通知接收方。
- **应用程序规定的消息**：作为可自由定义的、通过 RTP 发送的消息类型的扩展。

图 9.66 中给出了 RTCP 数据包报头的结构。这个结构包含了以下的字段：

图 9.66　RTCP 数据包报头的数据格式

- **版本**：长度为 2 比特，指定了 RTCP 协议的版本号（目前版本 =2）。
- **填充位（P）**：长度为 1 比特，与 RTP 数据包中的情况一样，包含了一个填充位标志（Padding）。如果一个或者多个填充字节添加到了 RTCP 数据包的末端，而这些填充字节并不属于实际的有效载荷，那么这些填充字节就会被设置为填充位。其中，最后一位填充字节表示整个被添加的填充字节的数量。如果随后的协议需要预先给定的固定的块大小，那么就需要添加填充字节。例如，在使用某些加密方法的情况下。
- **请求计数器（RC）**：长度为 5 比特，表示接收到的请求数量。
- **有效载荷类型（PT）**：长度为 8 比特，表示被传递的数据包类型。
- **长度**：为 16 比特的字段，表示 RTCP 数据包中的 32 比特字节减去 1 的数量的长度，包含了数据包报头和填充字节。

9.7.4　实时流协议 RTSP

在互联网中，多媒体内容的重要性获得了迅速的增长，如今已经占据了数据传递量的大部分份额。如今，存储介质越来越便宜，同时为普通用户提供的可用网络带宽不断增加，这些都为实现诸如视频点播或者视频会议的功能提供了可能性。

根据客户端/服务器原理，媒体流规定：客户端上被压缩的多媒体数据是由流服务器请求的。被请求的数据传递是通过 RTP 协议进行分割的。数据在传递的开始几秒钟之后，客户端就可以进行播放了。这种情况下，客户端在数据传输的过程中就可以对所接收到的数据进行一定程度上的导航。也就是说，可以执行停止、后退或者继续播放的操作。如果并不涉及一个实时传输，那么可以实现一个较快的前进或者跳跃到多媒体数据流的一个期望的时间点。这里，客户端/服务器的交互会通过一个特殊的协议进行规范。1998 年，该协议在文档 RFC 2326 中被定义为**实时流协议**（Real-Time Streaming Protocol，RTSP）。

RTSP 协议的主要任务包括（参见图 9.67）：

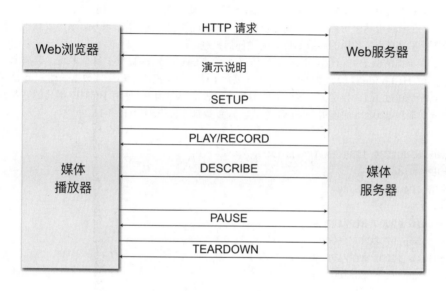

图 9.67 客户端与服务器之间通过 RFTP 协议的交互

- **从流服务器请求一个媒体数据流**：客户端首先通过 HTTP 或者其他一个合适的协议向服务器请求一个媒体演示。如果在所请求的媒体数据流中涉及一个通过多播进行传递的数据流，那么返回的响应中会包含该数据流所使用的多播地址和端口号。如果传输只被作为单播进行，那么该客户端会为媒体数据流的传输提供目标地址。

- **为一个电话会议邀请一个媒体服务器**：在一个已经开始了的会议中可以邀请一个媒体服务器，用来管理本身的数据流，或者记录会议的数据流。这种类型的应用主要被用于远程教学。

- **为现有的传输添加媒体**：特别地，在实时流的应用下，客户端最好了解在传递的过程中是否出现了其他的、可以被额外传递的媒体内容。

一个存在于流服务器上的数据流可以表现出各种不同类型的质量特征，这些特征为被桥接的数据连接设置了不同的最低要求。为分配给各个数据流的特征进行演示说明有助于用户做出对应的选择。RTSP 为一个多媒体数据流演示的控制给出了如下的命令：

- **SETUP**：命令服务器保留被请求的多媒体数据流传输的资源，并且启动 RTSP 会话。

- **PLAY/RECORD**：在成功执行 SETUP 后，在服务器端启动数据传输。

- **PAUSE**：命令服务器短暂中止数据传输，并且不释放被保存的资源。

- **TEARDOWN**: 命令服务器释放被保留的资源，并且中止 RTSP 会话。
- **DESCRIBE**: 命令服务器为相关的资源提供被存储的元数据演示说明。这种演示通常以多媒体数据流管理的会话描述协议（Session Description Protocol，SDP）的形式进行，其中包含了相关的地址和其他参数（参见图 9.68）。

用于多媒体元数据传输的会话描述协议

会话描述协议（SDP，RFC 4566）用于描述多媒体数据流。这个协议用于管理通信会话，例如，在网络电话中协商使用的编码解码器、传输协议和访问地址。其中，该协议只用于描述资源，并没有为所使用的参数的协商提供任何机制。

在下面的例子中，Harald（o：起点）为接收方**hpi-web.de**提供了具有多媒体数据（s：会话名）"HPI Video"的会话 1234。其中，包含了两个数据流（m：多媒体数据描述），这两个数据流都是通过 RTP 发送的。这里所使用的协议版本（v）为 0。使用 PCMU 格式的音频数据流位于端口 12000，而使用 MPEG 格式的视频数据流位于端口 12001。

```
v=0
o=Harald 1234 1234 IN IP4 hpi.web.de
s=HPI Video
c=IN IP4 hpi.web.de
t=0 0
m=audio 12000 RTP/AVP 97
a=rtpmap:97 PCMU/16000
m=video 12001 RTP/AVP 31
a=rtpmap:31 MPEG/180000
```

延伸阅读：

Handley, M., Jacobson, V., Perkins, C.: SDP: Session Description Protocol, Request for Comments 4566, Internet Engineering Task Force (2006)

图 9.68　用于多媒体元数据传输的会话描述协议

一个多媒体数据流需要通过一个绝对的**统一资源定位符**（Uniform Resource Locator，URL）进行识别。其中，必须使用指定**rtsp://**的方法。跟随其后的是媒体服务器和路径信息，这些信息用于识别特定的多媒体数据流。媒体服务器的地址可以跟随通过数据流传递的端口号。如果没有规定端口号，那么会对 RTSP 使用预先规定的标准端口 544。例如：

rtsp://www.tele-task.de:554/security-24-jan-2011.smil

正如前面已经介绍的，如今已经实现了对传递的多媒体数据流进行描述的控制，即使用 RTSP 协议，根据视频记录器的操作实现了媒体播放器的功能。与使用 RTP 传递实际多媒体数据流不同的是，RTSP 是被作为所谓的**带外**（Out-of-Band）协议进行工作的。RTSP 使用了 UDP 或者 TCP 作为传输协议，并且在没有被规定其他端口号的情况下，始终将端口号设置在 544。RTP 和 RTSP 的工作方式类似于 FTP，同样适用于一个独立的控制信道和一个数据信道。

　　RTSP 支持对不同多媒体数据流的同步。特别是对于 W3C 规范的**同步多媒体集成语言**（Synchronized Multimedia Integration Language，SMIL）支持的信息。SMIL 是一种简单的标记语言。这种语言允许多个音频、视频或者文本数据流同步进行传递，并且在客户端同时进行播放，如图 9.69 和图 9.70 所示。在图 9.71 中给出了一个简单的例子，其中三个音频文件同时通过协议**RTSP**进行传递，并且被播放。

9.7.5　资源预留和服务质量

　　在基于 IP 的网络内部，对所包含的服务质量参数实际上并没有提供保障。因此，需要借助前面已经多次被引用的**服务质量**（Quality of Service，QoS）。为此，IETF 开发了两个特殊的协议，以便确保可以提前预定可用的 QoS 资源。这里，涉及的**资源预留协议**（Resource Reservation Protocol，RSVP）于 1997 年定义在文档 RFC 2205中。另一个协议于 2000 年在文档 RFC 2748 中定义为**通用开放策略服务**（Common Open Policy Service，COPS）协议。

　　但是，不能简单地在协议栈的应用层上添加这些额外的功能。因为，所涉及的网络硬件必须具有如下特殊的功能：

- 路由器必须可以确保能够为资源预留提供一个特定的带宽。
- 连接路径两端的通信双方，或者位于多播图形的各个叶节点上的所有通信伙伴必须商定一个可用的传输带宽，并且沿着传输路径上的各个路由器必须同意并且遵守这个商定结果。
- 涉及的路由器必须监控整个数据传输，并且在必要的情况下对其进行干预。
- 为此，路由器必须提供一个合适的等待队列机制。该机制可以在突然出现突发信号的时候被触发，减弱以及补偿由此导致的过载。

　　RSVP 为网络资源预留的请求进行制定和响应。RSVP 标准本身并没有规定网络如何提供预留的带宽，而只是允许为运行的应用程序预留所必需的线路带宽。随后，参与的路由器会接管提供可用带宽制定的任务。RSVP 并不属于路由协议的范畴，也就是说，在其上的路线选择基于的是现有的路由协议。

　　与路由协议不同的是，RSVP 管理着**数据流**（Data Flows），并且不为单个的图表做路由决策。这种数据流是指被明确规定的数据源（Source）以及接收方（Destination）之间的会话（Session）。该会话被定义为数据包的单向定向流量，并且数据包是通过传输层协议流向一个特定的接收方。以下任务规定了一个明确的会话：

- 接收方地址。
- 协议识别。
- 接收方端口号。

RSVP 既支持单向单播会话，也支持单向多播会话。其中，多播会话可以将每个被传递数据报的一个副本发送到被寻址的多播组中的所有参与者。为了启动一个多播会话，参与的接收方必须首先通过互联网组管理协议（Internet Group Management Protocol，IGMP）加入到多播组。在真正的多播数据流开始传输之前，RSVP 就已经开始运行了。

　　例如，一个 RSVP 对话可以如下进行（参见图 9.72）：

tele–TASK：远程教学中实时数据流的同步传输（1）

　　一个同步多媒体实时数据流的实例被用于了**远程教学**领域。与传统教学方法不同的是：参与者不必出现在课堂上，而是可以在任何时间以及任何地点通过互联网进行学习。对于参与者来说，不仅老师的图片和声音是重要的，而且老师给出的资料（黑板报、幻灯片等）同样对学习至关重要。这样，就必须考虑到使用不同的媒体组件进行资料记录，并且将其在时间上同步进行发送。

　　为此，致力于软件系统工程的哈索·普拉特纳研究所（HPI）开发了**tele–TASK**系统（Teleteaching Anywhere Solution Kit），为该领域提供了一个非常易用的、连贯的整体解决方案。该系统中包含的不同媒体组件有：

- 教程的视频录制。
- 讲师或者听众的视频录制。
- 讲师（通过 PC）的演讲。
- 讲师的黑板报。
- 可选的注释，以及教程相关主题的参考资料。

　　这些媒体组件被分别用于记录实时的数据流。这些数据流通过互联网进行传递，并且在参与者一方通过**SMIL**协议进行同步，然后由一个标准媒体播放器进行再现。根据各自可用带宽，参与者可以为播放的媒体数据选择不同的质量等级。

　　在具体操作过程中，可以使用 tele–TASK 手提箱来完成数据的记录。该手提箱为同时记录多个数据流整合了一个完整的解决方案。这里主要是指讲师的音频和视频图像，以及可以被随意设置的相关幻灯片。

图 9.69　tele–TASK：远程教学中实时数据流的同步传输（1）

- 通信伙伴的一方需要发送一个 RSVP 的路径消息，来确定在两个端点之间的连接路径。为此，数据包使用了 IP 数据报的**router alert**选项，以便强制沿着连接路径的所有路由器处理该数据报。

tele–TASK：远程教学中实时数据流的同步传输（2）

　　tele–TASK 系统的记录可以使用简单的方式通过互联网进行传递，并且可以根据记录提供检索归档。例如，HPI 的 tele–TASK 门户网站目前提供了一个广泛的媒体教学库、讲座和会议记录，并且支持导航操作或者创建成绩单等多项功能。这些记录可以直接在 Web 浏览器中通过 Flash 播放器或者在移动设备上作为播客进行播放。

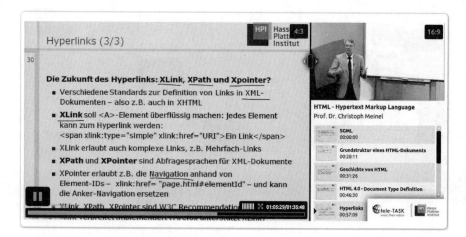

延伸阅读：

　　K. Wolf, S. Linckels, Ch. Meinel: Teleteaching Anywhere Solution Kit (tele-TASK) Goes Mobile, in Proc. ACM SIGUCCS Fall Conference 2007, Orlando (Florida, USA), pp. 366-371 (2007)

　　V. Schillings, Ch. Meinel: tele-TASK - Teleteaching Anywhere Solution Kit, in Proc. SIGUCCS 2002, Providence (Rhode Island, USA), pp. 130-133 (2002)

　　tele-TASK Webportal: http://www.tele-task.com/

图 9.70　tele–TASK：远程教学中实时数据流的同步传输（2）

```
<SMIL>
   <BODY>
      <AUDIO SRC=" rtsp://www.hpi-web.de/one.rm>
      <AUDIO SRC=" rtsp://www.hpi-web.de/two.rm>
      <AUDIO SRC=" rtsp://www.hpi-web.de/three.rm>
   </BODY>
</SMIL>
```

图 9.71　同步多媒体集成语言示例

- 在获得路径请求的一个响应之后，通信伙伴的一方发送一个预留请求，以便保留所需的网络资源。该请求包含了所有用于传输所需的服务质量参数。
- 沿着通信伙伴之间的连接路径上的每个路由器必须同意该请求，并且为之预留出所期望的资源。

RSVP 多播示例

  一个多播多媒体数据流的各个接收方通过多播树在一个上行方向上发送一个预留消息。该预留消息可以通知各个接收方,应该使用哪个数据传输率从数据源接收数据。各个接收预留消息的路由器收集到这些消息,并且将其继续转发到距离底层数据源的上行方向上的最近一个路由器。

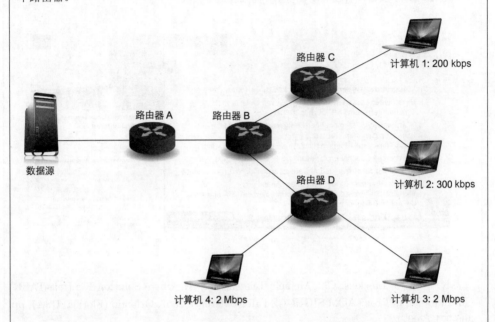

  在上面给出的例子中,路由器 D 要求上游的路由器 B 预留大约 2 Mbps,路由器 C 要求路由器 B 预留大约 300 kbps。由于计算机 1 到 4 都包含相同的多播数据流。因此,预留的带宽必须是所有要求的最大值,以便确保数据流的分层编码。在这个例子中,200 kbps 或者 300 kbps 的带宽是包含在 2 Mbps 带宽下的。因此,路由器 B 转发该预留消息到最近的上行路由器 A,并且请求预留大约 2 Mbps。

  在一个多播树中,每个路由器可以通过自己的下行连接获得预留消息。这些消息会被收集,同时本地数据包调度程序在路由器上执行相应的预留,并且每次都将一个新的预留消息继续转发到最近的一个上行路由器上。

延伸阅读:

Braden, R., Zhang, L., Berson, S., Herzog, S., Jamin, S.: Resource ReSerVation Protocol RSVP – Version 1 Functional Specification, Request for Comments 2505, Internet Engineering Task Force (1997)

图 9.72   RSVP 多播示例

- 如果一个沿着该连接路径上的路由器并不能提供所需的资源,那么该路由器将会通过 RSVP 发送一个否定答复到发出请求的终端系统。
- 如果所有参与的中间系统都同意预留请求,那么会得到一个肯定的 RSVP 消息,同时开始数据传输。

这里,RSVP 通常只是预留数据连接的一个方向。也就是说,RSVP 只执行一个单向的预留。一个单向的 RSVP 预留并不会导致数据在相反的方向上选择同一个连接路径。如果想要在两个方向上选择同一个连接路径，那么在相反的方向上也必须执行一个 RSVP 预留。

如果一个路由器获得一个 RSVP 请求，那么该路由器必须首先进行本地检查，以便确认是否可以提供所请求的资源。也就是说，该路由器必须要确认，其下行连接是否具有可以提供可用预留的能力。这种接纳测试（Admission Test）通常是由一个预留消息的接收方执行的。如果测试失败，那么该路由器会向发送方返回一个对应的错误信息，表明该预留请求不能被满足。这种接纳测试并不属于 RSVP 规范的组成部分。这些测试是通过相关的路由器本身被执行的。

RSVP 支持两个不同版本的预留：

- **明确预留**：为会话的各个相关的发送方建立一个自己的数据流。
- **共享预留**：由一个发送组共同使用。其中必需明确的是，发送方之间互不干扰、互不影响。

这里，预留消息可以使用一个明确的文本，或者使用通配符来表示。这种预留消息被划分为以下不同的类别：

- **通配符过滤器**：这个类别涉及了一个使用占位符的联合预定。通过这种方式，接收方指定自己希望从所有位于上行的发送方接收数据流，并且其带宽预留应该考虑到所有发送方。
- **固定滤波器**：这种类别对应一个使用明确文本的唯一预留。在这个版本中，接收方规定了一个自己希望从中接收数据流的发送方名单，并且为此指定了一个合适的带宽预留。其中，对于一个位于路由器上的会话，所有固定过滤器必须将所有发出请求的发送方总结到一起。
- **共享显示**：这种类别对应一个使用了明确文本的共享预留。因此，一个单独的预留被创建。其中，所有位于上行发送方的数据流被汇总，并且必须被明确地进行命名。

通配符滤波器和共享显式是适合多播传递的共享预留。其中，不同的数据源被同时传递。例如，在一个电话会议中，同时说话的参与者的数量是有限制的。在这种情况下，每个接收方需要发送一个预留消息。与此相反的，固定滤波器版本被用于为不同发送方独立预留数据流。

与预留消息相反的是**路径消息**，用于显示可用的管道输送能力。该消息由发送方沿着下行方向转发到接收方。路径消息被用于存储在计算机中沿着连接路径的路径状态。而预留消息则是沿着与其相反的方向进行转发的。

除此以外，还有三个不同变体的**错误和确认消息**：

- **路径错误消息**：路径错误消息是通过路径消息被触发的，并且沿着面向相关发送方的上行的方向运行。路径错误消息的路由是按照逐跳进行的，基于的是路径状态。
- **预约请求错误消息**：预约请求错误信息是通过预留消息被触发的，并且运行在面向接收方的下行方向上。预约请求错误消息的路由是按照逐跳运行的，基于的是预留状态。错误的原因可以由下面的消息内容来确定：配置错误、带宽无法提供、不支持服务、错误的流量规范以及多条路径消息。

- **预约请求确认消息**：当一个预留请求可以成功被响应的时候，那么预约请求确认消息就会被发送。这条消息同样通过逐跳进行，由路由器向接收方的下行方向进行转发。

如果数据传输结束，那么可以使用一条**拆卸消息**（teardown message）删除被保留的路径和其当前的状态。该消息又分为**路径拆卸消息**（Path-Teardown）和**预留请求拆卸消息**（Reservation-Request Teardown）。前者同路径消息一样，按照面向接收方的下行方向被进行转发。后者对应于预留消息，是按照相反的面向发送方的上行方向被转发的。

RSVP 消息的数据格式是由消息报头和随后的消息对象组成的（参见图 9.73）。在 RSVP 消息报头中具有如下的数据字段：

- **版本号**：长度为 4 比特，指定了协议的版本（目前版本号 =1）。
- **标志**：长度为 4 比特。用于接收控制和命令标志，当前并没有被使用。
- **类型**：长度为 8 比特，给出了 RSVP 消息的类型。
- **校验和**：长度为 16 比特，通过 RSVP 消息的内容构建了一个标准的 TCP/IP 校验和。其中，该校验和字段的内容在计算的过程中被设置为零。
- **长度**：长度为 16 比特，给出了单位为字节的 RSVP 数据包的长度。
- **发送 TTL**：长度为 8 比特的字段，给出了用于模拟 IP 数据报消息的存活时间（Time to Live）。
- **消息 ID**：长度为 32 比特的字段，用于 RSVP 数据包和所有碎片的唯一识别。
- **更多碎片标志**：长度为 16 比特。除了消息的最后一个碎片，其他碎片都被设置了低序位。
- **碎片偏移**：长度为 16 比特的字段，给出了消息中包含的碎片的字节偏移。

消息报头

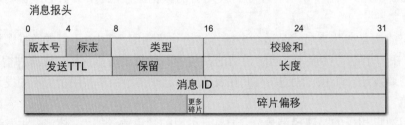

消息对象

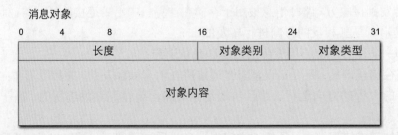

图 9.73　由 RSVK 消息报头和对象字段组成的 RSVP 消息的文件格式

其中，消息对象包含了以下的数据字段：

- **长度**：长度为 16 比特的字段，指定了单位为字节的消息对象的总长度。该长度必须始终是一个 4 的倍数。
- **对象类别**：长度为 8 比特的字段，指定了消息对象的类别。其中，该字段的最高位指定了当消息对象的类别没有被识别的时候，一个网络设备应该执行哪些操作。
- **对象类型**：长度为 8 比特的字段，指定了消息对象的唯一类型。与对象类别字段一起，两个总长为 16 比特的字段可以被用于唯一识别消息类型。
- **对象内容**：可变长度字段，包含了实际的消息对象内容。其中，长度信息和对象类别以及对象类型字段一起规定了所包含的消息内容的结构。

在有关资源分配的决定过程中，很少使用到路由器决策。因为，路由器使用的是全球策略（Global Policy）。而该策略可能会与资源分配的需求相冲突。为了决定资源分配请求是否对应全球的策略，对应的路由器必须作为客户端联系一个所谓的**策略决策点**（Policy Decision Point，PDP）。PDP 本身并不能转发数据通信，只是响应路由器的请求，以便确定所提供的被请求的资源是否遵循一般的准则。在 PDP 的响应上运行的路由器被集成到**策略执行点**（Policy Enforcement Point，PEP），以便确保数据流满足已经被建立的全球性准则（参见图 9.74）。相关路由器和 PDP 进行通信的协议基于的是 RSVP 协议，被称为**通用开放策略服务**（Common Open Policy Service，COPS）。2000 年，该协议定义在文档 RFC 2748 中。如果一个路由器获得一个 RSVP 请求，那么该路由器会从中产生一个自己的 COPS 请求。这个请求从 RSVP 请求中接管了被请求的资源，并且将其发送到 PDP。这种将所有决策都外包给 PDP 的简单模型也称为**外包模型**（Outsourcing Model）。作为可以替换的，还有一个变体被推荐，即在文档 RFC 3048 中定义的**临时模型**（Provisional

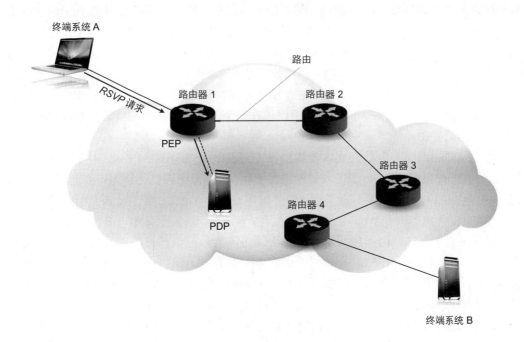

图 9.74 用于请求网络资源的 RSVP 和 COPS

Model）。在这种情况下，一个 PEP 在 PDP 上注册了自己的决策。然后，PDP 传递所有相关的决策到 PEP。这样一来，就可以在被传递过来的决策上给出自主的决策了。

9.8 互联网中的其他服务和应用程序

在互联网的应用层中，除了已经提及的基本服务，还存在着大量其他的服务和应用程序。这些都被设置在了 TCP 和 UDP 的互联网传输协议中。下面将对其中最重要的服务产品给出简单的介绍。

9.8.1 万维网

对如今互联网的全球普及具有重大意义的是**万维网**（World Wide Web，WWW）的开发，以及其易于使用的用户界面：浏览器。事实上，浏览器是一个可以访问大量不同互联网服务的综合性接口的集成。例如，电子邮件或者文件传输。浏览器的使用简化了互联网的使用，使其发展成为一个新的大众媒体。

随着万维网在 20 世纪 90 年代初被开发，互联网当时面向文件和服务的模式，以及面向文档的模式都随之发生了改变。在此之前，用户必须具有专业知识才能从互联网获得所需信息。那时的用户首先必须与一台远程的计算机取得联系，并且发起一个会话。随后，远程计算机的文件系统必须对请求进行手动搜索。如果发现类似所期望的信息文件，这些文件必须通过数据传输传递到本地计算机上。如果传输结束，那么该文件可以在本地被读取，同时所需的信息被删除。对于这些单独的步骤，每个都必须使用一个特定的协议，并且用户必须知道对应所需的命令。

随着万维网的出现，这种情况发生了戏剧化的转变。万维网的核心元素是文档。这些文档通过所谓的**超链接**（Hyperlink）与其他和自己有一定关联的文档连接到一起（参见图 9.75）。通过这种显式链接，文档被称为所谓的**超媒体文件**。这些超媒体文件可以分布在整个互联网，并且可以放置到不同的信息源。通过超链接关联的关键元素，这种广阔的信息空间分布几乎完全解除了对用户的限定。在浏览器中，一个超媒体文件可以在本地显示，也可以由分布式信息资源进行描述（参见图 9.76）。此外，也可以确定被显示文档中执行的超链接的文档边界。同时，用户可以通过一个简单的鼠标单击请求来显示隐藏在背后的远程信息资源。

万维网中的通信是借助**超文本传输协议**（Hypertext Transfer Protocol，HTTP）进行的。该协议同样根据客户端/服务器原则进行工作。根据万维网以文档为中心的法则，Web 浏览器（客户端）可以向 Web 服务器（服务器端）请求一个文档。那么该文档必须被唯一识别和寻址。为此，除了 Web 服务器的 IP 地址和域名，还需要知道含有文件系统中的路径信息和文件名。这些由所使用的超文本传输协议执行的信息被归纳为所谓的**统一资源定位符**（Uniform Resource Locator，URL）。该定位符在万维网中可以被用于唯一识别信息资源。图 9.77 给出了在万维网中通过 HTTP 协议的通信示意图。而图 9.78 给出了一个简单的 URL 的构建。

1997 年，HTTP 作为版本 HTTP/1.1 定义在文档 RFC 2068中。1999 年，在文档 RFC 2616 中给出了该协议的一个改进的版本。通过 HTTP 协议被传递的超媒体文件

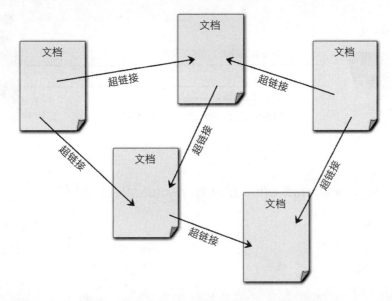

图 9.75　在万维网中使用超链接连接相互关联的文档

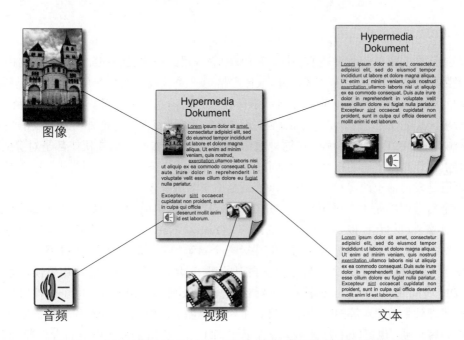

图 9.76　由不同媒体类型（文本、图像、音频、视频）组成的超媒体文件

使用了一个专门为此开发的语言进行编码，即**超文本标记语言**（Hypertext Markup Language，HTML）。HTML 描述了超媒体文件的内容结构。也就是说，格式和布局都是独立的，只描述与内容有关的文件内容。其中，结构信息由所谓的**标记**（Markup）进行标识。也就是说，结构化的命令可以通过特殊的标记命令嵌入到常规文件内容中。这些标记通过浏览器自动被解释，并且根据给定的格式规范输出格式化文件。

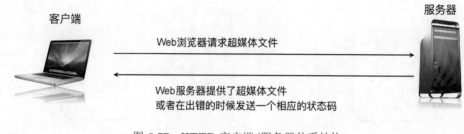

图 9.77　HTTP 客户端/服务器体系结构

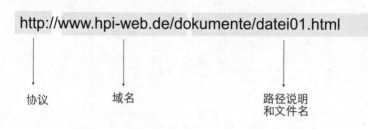

图 9.78　一个简单的统一资源定位符（URL）的基本结构

9.8.2　P2P 对等网络应用

　　正如前面的章节中所讲述的那样，客户端/服务器的模式已经在如今的互联网中主导了大多数的应用程序。其中，通信合作伙伴严格地扮演着被分配给的角色。也就是说，作为主动元素的客户端向被动的服务器请求传递双方的信息或者服务。而服务器等待客户端的请求，以便对此进行检验，并且在积极的情况下给予满足。与这种模式相反的是**对等**（Peer-to-Peer，P2P）通信原则。在这种通信模式下，每个参与通信的伙伴都是对等的，即各个通信伙伴具有平等的权利，但是同时也承受等同的义务。在对等网络中，每个通信伙伴既可以是发出请求的客户端，也可以是满足请求的服务器。

　　一个对等网络是由一个平等的、分布式的对等节点组成的。例如，可以通过互联网将各个对等节点相互连接到一起的覆盖网络（Overlay Network）。每个这种对等节点既可以充当客户端，也可以作为服务器。其中，一个对等节点可以使用其他对等节点提供的可用服务（资源），或者为其他节点提供自己的可用服务。这里所说的可用资源可以是内存、CPU 时间或者是信息。这种对等网络的想法并不鲜见。例如，为电子邮件服务的邮件传输代理就是按照对等网络的原理进行工作的。也就是说，邮件传输代理根据实际情况可以作为客户端，也可以作为服务器进行工作。图 9.79 给出了对等模型的客户端/服务器模式。

　　在 20 世纪 90 年代末，对等系统首先在音乐文件共享平台**Napster**上以**文件共享**（File sharing）的形式出现了了公众视野中（参见图 9.80）。Napster 是第一代对等系统中的一个应用程序，具有一个非结构化的集中式的结构。也就是说，一个中央计算机节点管理着对等系统内部被共同使用的资源的一个索引。这些资源本身也被分布在网络中的其他对等系统上。对等系统的组织如今除了大多数已经设置在互联网上的覆盖网络外，还有其他覆盖网络用于管理对等网络中现有的资源、组织和搜索选项。

图 9.79   客户端/服务器通信和对等通信的比较

原则上，对等系统被划分为如下的组织形式：

- **非结构化的 P2P 系统：**
  - **集中式 P2P 系统：** 这个类别属于第一代对等系统，例如，Napster 软件。这种系统的管理依赖于中央服务器。中央服务器维护从元数据到整个对等网络中存在的资源索引。其中，既包括当前参与的对等节点，也包括索引中的资源。如果一个对等节点启动一个资源的请求，那么该中央服务器会根据可以满足该请求的参与者中的索引文件进行搜索。服务器的响应中包含了对应等待节点的 IP 地址，这样用户可以直接与其联系，获得所期望的资源。

    因此，在集中式的对等系统中的查询还是根据客户端/服务器模式进行的。只有直接进行的资源交换是遵循对等原则进行的（参见图 9.81）。

    虽然这个模式提供了简单的可执行性的优势，以及更有效和迅速地搜索资源的能力。但是，集中式结构也让未经授权的第三方更容易进行网络搜索以及攻击，例如在拒绝服务攻击的情况下。此外，集中式模式只具有很小的缩放性能。因为，服务器载荷在网络规模增大的时候会增加，这样就会对集中存储索引产生很大的局限性。

> **文件共享平台 Napster：第一代对等系统**
>
> 1998 年，当时还是学生的**Shawn Fanning**（1980—）在波士顿东北大学（Northeastern University）开发了第一个流行的对等文件共享平台**Napster**。该项目的目的是为使用 MP3 数据格式的音乐文件进行交换（主要是专利的保护）建立一个简单的基地。
>
> 为了实现这个目的而建立的对等网络包含了一个负责索引数据以及被管理的音乐文件的中央服务器和分布式的对等节点。音乐文件就存储在这些节点上。在一个对等计算机上，一旦安装了 Napster 软件，那么该软件就会在本地计算机上搜索 MP3 文件，并将其搜索结果反馈给中央服务器。如果一个对等节点请求一个特定的主题，那么该服务器会在成功搜索之后将含有被请求的文件发送到该对等节点的 IP 地址。两个这样的对等节点可以相互直接连接，以便进行文件的交换。
>
> 这种 Napster 应用软件很快得到了普及。但是，由于其侵犯版权而被音乐产业（特别是美国唱片工业协会 RIAA）投诉，最终在 2001 年 2 月退出了网络应用。随后，Nasper 软件删除了集中式的管理方法，但是还是依赖于中央服务器。那时，已经拥有超过 8 千万用户的 Nasper 网络是当时世界上最大的在线社区。在被关闭之前，即 2001 年 1 月，有近 20 亿文件通过 Nasper 被交换。
>
> "Napster"商标的所有权在 2002 年被 Roxio 公司收购，随之又被 Best Buy 收购，如今已经成为了一个合法的音乐下载服务平台。
>
> **延伸阅读：**
>
> Green, M.: Napster Opens Pandora's Box: Examining How File-Sharing Services Threaten the Enforcement of Copyright on the Internet, Ohio State Law Journal, Vol. 63, No. 799. (2002)

图 9.80   文件共享平台 Napster：第一代对等系统

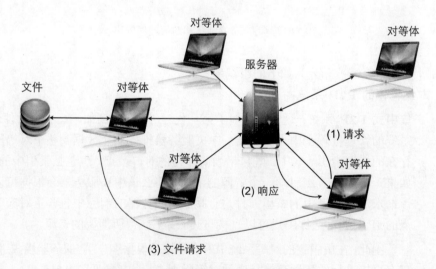

图 9.81   集中对等模型中资源交换的流程

- **纯 P2P 系统**：系统不需要中央服务器来管理对等网络。例如，Freenet 网络或者 Gnutella 网络。纯 P2P 系统的一个特殊形式是所谓的"信任网络"（Web of Trust，WoT）。在这种网络中，只有被信任的对等节点才会被连接到一起。未知 IP 地址的对等节点是被忽略的。

Gnutella 网络是在 2000 年的时候由**Justin Frankel**（1978—）开发的。当时是被设计与 Napster 一样，是一个文件共享服务，但是是基于完全分散的基础上。Gnutella 网络中的每个对等节点都使用了相同的软件。尽管缺少中央服务器，但是为了高效地工作，每个对等节点都必须至少知道一个附近的邻居网络节点。这些对等节点管理着所谓的邻居列表。在开始的时候，一个对等节点通过搜索自己的邻居列表来搜寻另外一个活跃的对等节点，并且可以将该活跃结点的邻居列表添加到自己的邻居列表中。这里，最大活跃邻居的数量通常是受到限制的。如果一个 Gnutella 网络中的用户启动一个查询，那么该请求首先只会被转发到相邻的对等节点上。随后，这些相邻的节点又将该请求转发到自己相邻的对等节点上，直到找到所请求的资源，或者转发的次数达到规定的最大数目时被终止。之后，在请求的发起者和可以提供被查询的资源的对等节点之间将建立一个连接，以便进行数据的传递（参见图 9.82）。

在纯对等系统中，网络结构的一个特殊的优点是可靠性。因为，即使网络的个别部分暂时无法访问，搜索也可以被转发。但是这种系统的一个较严重的缺点是搜索时间长，并且具有高度的网络负载。前者是因为没有可以响应请求的中央索引服务器，后者是因为被搜索的对等节点的距离会随着节点数量的增长而呈现指数增长。

- **混合 P2P 系统**：在混合 P2P 系统中，更多动态的中央服务器（也称为"超级节点"）被指定用于管理网络连接。例如，Gnutella2、Kazaa 或者 Morpheus。这里，被指定为服务器的节点通常大多数都是对等节点。这些节点具有较高的带宽，因此比较胜任这种任务。超级节点之间保持了一个纯的分散对等网络（参见图 9.83）。

  其他的对等节点就如客户端节点那样被连接到这些超级节点上。这样一来，混合对等系统就综合了集中式对等系统具有的较低资源搜索的时间优势，以及纯对等系统具有的可扩展性的优点。但是这种系统的一个缺点是：并不是每个对等节点都愿意接手超级节点的任务，虽然这些节点的带宽满足条件。而且在混合 P2P 网络中，还不能达到与现实中的集中式系统相同的可靠性和效率。

- **结构化 P2P 系统**：该系统被称为分散系统，使用一个分布式哈希表（Distributed Hash Table，DHT）技术来管理在对等网络中提供的可用资源。例如，Chord 系统。在这个系统中，每个节点都具有一个用来标识的密钥。网络的结构对应一个已知的拓扑结构。每个资源都由一个被作为密钥的哈希值进行标识，这个值可以从诸如名字中指定。网络中的各个节点存储资源，而这些资源的密钥在一定间隔内会失效。这样就可以确保这些存在于系统中的资源在实际的应用中也可以被查询到。

集中式和纯对等网络系统属于第一代对等系统，而分散式系统被认为是第二代对等系统。对于文件可以由非直接的连接提供的特殊对等系统被称为是第三代对等系统。

如果通过对等网络实施资源共享，特别是文件共享的操作，那么必须将作为第一步骤

第一代对等系统：纯对等文件共享网络 Gnutella

　　用于文件共享网络 **Gnutella** 的协议是由当时还是 AOL 公司职员的**Justin Frankel**（1978—）开发的。2000 年 3 月 14 日，该协议在互联网中提供了免费下载版本。虽然 Frankel 被他的雇主从这个项目中开除了，但是该协议当时已经以多种方式在论坛和邮件列表中得到了普及。并且，已经可以独立于开发者被进一步扩展，进而使其使用范围也进一步被扩大化。2006 年 5 月，Gnutella 网络的用户超过了 220 万。

　　作为纯对等系统，Gnutella 并没有使用中央索引服务器进行工作。也就是说，没有中央操作员。在发生投诉侵犯版权的情况下，Gnutella 网络可以启动法律程序。

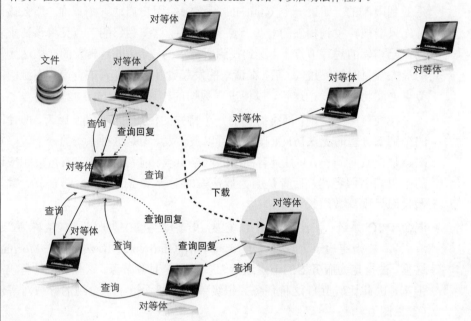

　　为了查询资源，一个节点在 Gnutella 网络中会向所有相邻的对等节点发送一个文件查询请求。该请求会被各个相邻的对等节点继续转发到自己相邻的对等节点，直到转发的次数达到了规定的最大的数目为止。如果被查询的资源在一个对等节点中找到，那么一个响应的消息会沿着被请求的路径发送回最初的请求方。这时，请求方就可以直接从资源的拥有者请求下载所需资源。

延伸阅读：

Ripeanu, M.: Peer-to-Peer Architecture Case Study: Gnutella Network, in Proc. of the First International Conference on Peer-to-Peer Computing (P2P '01), IEEE Computer Society, Washington, DC, USA, pp. 99–110 (2001)

图 9.82　第一代对等系统：纯对等文件共享网络 Gnutella

　　的资源发现和作为第二步骤的数据传输之间进行区分。在集中式的 P2P 网络中，使用一个集中式的索引可以很快地进行搜索。但是在分散式的纯 P2P 系统中，这种搜索就需要消耗大量的时间。因为，搜索请求必须沿着网络上的所有路径进行转发。一个 P2P 网络越大，那么对应的管理就越复杂。在集中式 P2P 系统中，中央索引服务器的性能和对应的通信能力通常是有限的，而网络本身的规模却可以持续地增长。如果增长成为一个分散

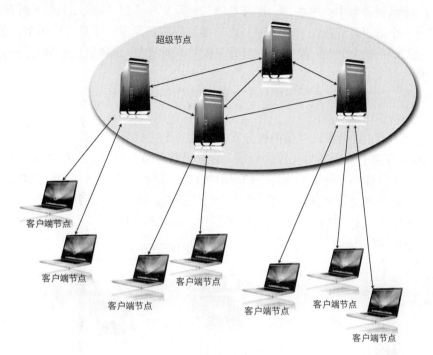

图 9.83　混合对等模型

的纯 P2P 网络，那么网络内部的连接路径的长度也会不断增长，而对应的资源搜索也会变得更加复杂。使用了分布式哈希索引的结构化 P2P 系统在成本、可扩展性以及效率之间提供了一个很好的折中方案。

到目前为止，讨论的是对所需资源的查询，之后才开始两个对等节点之间的实际数据传输。这种传输在目前讨论的网络中总是被两个对等节点之间的连接带宽所限制。但是，如果一个资源被同时分布在多个对等节点上，那么当各个节点都使用对应的可用带宽向发出请求的对等节点传递整个资源的一部分的时候，这种传输就会达到更高的效率。

这个原则是在所谓的**比特洪流**（BitTorrent，BT）协议中实现的。2001 年，由**Bram Cohen**（1975—）开发的比特洪流协议是一个合作文件共享协议。该协议特别适用于在一个网络中对大量数据进行快速地分布。与其他对等技术不同的是，比特洪流不是建立在一个跨越网络上，而是对于每个被传递的资源都建立在一个独立的分布网络上。与传统的数据传输服务相比，例如，FTP，比特洪流中所有请求下载一个文件的对等节点本身也被作为了一个直接的资源提供者，即便当时源数据传输还没有结束。通过这种方式，现有的资源可以被最有效地利用。同时，还可以避免由于对一个资源所有者进行过多的请求而导致的通信网络的崩溃。与其他想要尽可能快速地识别一个含有所期望的资源的对等节点的文件共享服务相比，比特洪流的目的在于：尽可能快地将一个单一文件（资源）提供给大量的可用用户，并且通过这些用户进行复制。

为了可以将一个称为**洪流**的文件快速地进行分发，该文件会被划分成各个小块（大小通常为 256 kB），同时每个块都被计算出了一个 SHA-1 校验和。此外，使用在源文件中章节的成像（映射）以及**跟踪器**的 IP 地址，可以在一个洪流文件对这些元数据进行管理。这种跟踪器被称为中央服务器，管理着参与分发文件的**群**（Swarm）中的所有对等节点。为了与一个群进行连接，一个对等节点需要向跟踪器请求一个位于群中节点的列表，并且将自己与该列表相连接。根据群中当前下载的不同状态，这些节点被划分为两种不同的节点类别：

- **种子**：是指已经接收到了被分发文件的一个完整的版本，并且继续在群中参与分发的那些对等节点。
- **空闲节点**：是指还没有获得被分发文件的一个完整版本的那些节点。

跟踪器本身并不直接参与文件的分发。它只是将要被分发的文件准备成一个洪流文件的形式，并且管理一个位于当前群中的对等节点的列表。一个对等接口可以参加一个洪流，这样就可以下载洪流文件，并且联系其中包含的跟踪器。群中活跃的对等节点都是定期与跟踪器联系的，以便确认自己在群中的活性。图 9.84 描述了一个以洪流的形式进行平行分布式的数据传输。

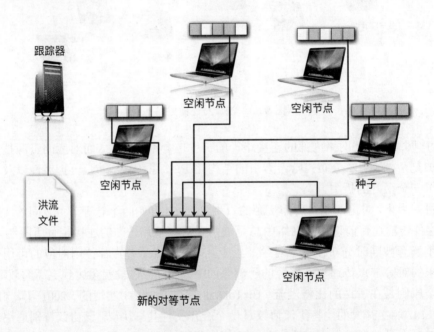

图 9.84　洪流中分布式平行文件的传输流程

根据一个文件的单个章节所使用比特洪流协议确定传递的顺序可以在尽可能最大限度下保证其可靠性。这就意味着，群必须相对对等节点保持尽可能的健壮性。为此，人们尝试提供尽可能大的冗余。一个文件在洪流中被分发的程度可以通过在群中最少出现的子章节的频率来确定。为了提高这个频率，在一个比特洪流网络中总是试图优先转发那些出现较少的部分，以便最大限度地增加洪流的冗余。

9.8.3　互联网中继交谈（IRC）

互联网中继交谈（Internet Relay Chat，IRC）是一个用于实时交换文本信息的简单服务。1993 年，该服务定义在文档 RFC 1459中。IRC 服务是在 1988 年由芬兰学生**Jarkko**

Oikarinen（1967—）在奥卢大学参与计算机邮箱作为通信系统的过程中开发的，之后该服务得到了迅速的流行。互联网中继交谈被设计为一个客户端/服务器模式的应用程序，并且为多个不同客户端同时在一个服务器上的通信提供了可能性。这里的实时通信是指：由一个用户输入的消息会尽可能快地传递到中央服务器，并且在那里可以以最快的方式显示给其他的参与客户端。与允许个人之间异步通信的电子邮件服务不同的是，IRC 服务一开始就制定了群组通信的目的。因此，该服务也可以被看作是一种电话会议系统的形式。IRC 服务器相互之间是彼此连接的，并且形成了一个较大的 IRC 网络。

用户可以通过 IRC 创建联合讨论组，并且在各自的**信道**（Channel）中相互进行私密的或者公开的通信。这里的公共信道对所有用户都是免费提供的，而私有信道相对的是被用于进行私人的谈话，并不是面向所有用户的。如果一个 IRC 用户希望交流一个特定的主题，或者尝试搜索，那么该用户可以加入一个现有的信道，也可以创建一个新的 IRC 信道。这种信道可以任意命名，但通常都使用"井号"（"#"）开始。例如，#internet或者 # linux。每个 IRC 用户的身份都可以使用一个自由选择的、独一无二的名字，即所谓的**用户名**。使用这种用户名，用户就可以通过自己的 IRC 客户端登录到 IRC 服务器上，并且加入一个信道。

IRC 已经实现了较为广泛的分布，并且是除了电子邮件服务和万维网之外，互联网上最流行的一个用户服务。为了加入 IRC，用户需要使用一个特殊的 IRC 客户端，如今大多数使用的是基于 Web 版本的 IRC 聊天版本。IRC 网络是由大量彼此相连的服务器组成的，这些服务器按照所产生的计算负载和通信负载进行了划分，从而实现了几乎无限的可扩展性。最大的 IRC 网络同时可以连接超过 100000 用户，并且可以管理着上万信道。其中，每条信道都可以同时参与数千用户。

除了通常可以为用户提供通信平台的 IRC 客户端，在一个 IRC 网络中还被划分如下的特殊客户端：

- **IRC 机器人**（Bot）：可以被理解为一个自动的客户端。这种客户端可以被作为信息交换的中央点，或者单个信道的保护代理。
- **BNC**（**Bouncer**）：在 IRC 网络中被称为中继器，可以连接 IRC 客户端和 IRC 服务器。在这些中继器的帮助下，如果一个客户端在网络连接失败的情况下，可以稍晚在中继器转发的数据流量的记录上重新连接。即使在不能确保稳定的网络连接情况下，也可以马上获得在 IRC 服务器上已经开始的会话。
- **服务器**：也被称为 IRC 网络自己的机器人。这些服务器实现了新用户以及新信道的登记。通过服务器也可以将消息转发到没有与 IRC 网络连接的用户（离线用户），并且支持 IRC 网络的管理。

9.8.4　Usenet

Usenet 是一种分布式的互联网交流系统，提供了一个公开访问的通信服务。该服务类似于一个公告牌，和那种常见的意见交换服务一样，用来服务各个讨论小组，即新闻组（NewsGroup）。Usenet 包含众多新闻组，它是新闻组及其消息的网络集合。对一个由特定讨论小组组织的特定主题感兴趣的用户可以通过一个特定的客户端，即**新闻阅读器**

（Newsreader）登录该小组。之后，用户可以读取所有在该讨论小组发布的帖子，当然也包括自己发布的帖子。新闻阅读器如今已经被整合到了万维网浏览器中。为了能够积极地参与到意见交流中，用户可以通过新闻客户端向新闻服务器发送文章。该文章可能会被讨论组的组织方进行审查，或者不用审查直接就被收录到讨论组中。新闻组中的消息使用了在文档 RFC 822 中定义为电子邮件服务规范的消息格式，并且在消息报头中添加了额外的信息（定义在文档 RFC 1036 中）。这样一来，新闻消息就可以简单地被传输，并且与现有的电子邮件软件兼容。

1979 年，Usenet 由当时还是美国杜克大学的学生 **Tom Truscott** 和 **Jim Ellis**（1956—2001）开发。当时的 Usenet 系统就像一个布告栏系统（Bulletin Board System，BBS），被视为是如今流行的互联网论坛的先驱。事实上，Usenet 系统和互联网论坛以及 BBS 之间的区别在于：Usenet 并没有被指定到一个中央服务器上，而是维护一个网络用于交换所谓用户信息的服务器。个人用户可以通过本地新闻服务器读取自己互联网供应商提供的新闻组。

在全球可用的讨论组提供的新闻组是按照分级和区域进行组织的。例如，被命名为comp.lang.c的可用新闻组是一个涉及了计算机科学的讨论组（comp），特别是有关编程语言（lang），更准确地说是有关编程语言 C（c）的。而一个纯德语区域版本的讨论组是（de.comp.lang.c）。表 9.12 给出了新闻组最上层的主题划分。

表 9.12　新闻组主题划分

名称	专题组
comp	计算机及计算机科学
sci	物理和工程科学
humanities	文学与人文科学
news	关于 Usenet 本身的讨论
rec	休闲活动
misc	其他无法归入现有主题的讨论
soc	社交性和社会问题
talk	论战、辩论和争论
alt	所有可能主题的替换分支

讨论组基本上被区分为：需要审核的讨论组和不用审核的讨论组。前者中含有一个编辑器，即**版主**，用来决定哪些输入的帖子可以进入该讨论组的帖子区域，并且将其转发给全世界所有对此有兴趣的用户。后者中每个用户都可以不用审核地发布自己的帖子。

基于**网络新闻传输协议**（Network News Transfer Protocol，NNTP）的 Usenet 服务定义在文档 RFC 1036 中，并且用于服务新闻服务器和新闻阅读器之间的新闻传输。NNTP在 TCP 上被作为传输服务进行使用。一个由客户端发送到新闻服务器上的一个新闻组中的讨论文章，必须根据文档 RFC 822 定义的有效的电子邮件消息的格式进行描述。也就是说，该消息中必须包含电子邮件的报头数据、格式、主题、消息 ID 以及新闻组（被作为收件人）。NNTP 为要访问新闻服务器上的新闻阅读器规定了特殊的命令，这些命令定义在文档 RFC 977 中。

为了访问新闻组中的最新帖子，客户端必须首先通过端口号 119 与新闻服务器建立一个 TCP 连接。新闻阅读器和新闻服务器通过该连接开始它们的询问/响应对话，以确保只给客户端传递所有新的帖子，而并不传递已经在客户端存在了的帖子。在表 9.13 中总结了最重要的 NNTP 命令。

表 9.13　NNTP 的基本命令

命令	含义
list	请求具有所有新闻组和记录的列表
newsgroups DATE TIME	请求具有所有由 DATE/TIME 创建的新闻组的列表
group GRP	请求来自 GRP 的所有记录的列表
newnews GRPS DATE TIME	请求所有指定讨论组的最新记录的列表
article ID	请求一个特定的记录
post	发送一个讨论记录
ihave ID	记录的 ID 已经准备好接受访问
quit	中止连接

首先，客户端可以通过命令list和newsgroups确定服务器可以提供哪些讨论组。之后，客户端可以通过命令group和newnews决定哪些记录是自己感兴趣的。如果一个记录被选定，那么可以通过命令article对该记录进行访问。对于一个在相反方向上的信息交换，可以使用命令ihave和post由客户端向服务器提供记录。这种记录可以是客户端从服务器获得的，或者本地制作出来的。命令quit可以用来结束该连接。

尽管这种新闻组服务到如今已经存在超过了 30 年，并且其受欢迎的程度也在几年前开始减弱。但是，新闻组的数据流量却每年都在稳步增加，如今每天的新闻来源的大小正朝着 TB 级别发展。2010 年 5 月，在新闻组服务器良好服务 30 年之后，杜克大学因为其低利用率以及不断增加的成本而将其关闭了。

9.8.5　TCP/IP 的其他服务产品

互联网中对可用的所有应用程序及其对应的协议的完整描述总是不断地被当前改进的版本所取代。因此，这里不能做到面面俱到，只能着重介绍其中最出名的应用层协议。早期互联网的许多应用协议，它们的意义以及其相关的认知度到了如今都越来越被淡化了。对应的功能也被新的、通常是基于 Web 的应用程序覆盖了。

- **Echo:** 在文档 RFC 862中定义的**应答协议**（Echo Protocol）描述了一个简单的客户端/服务器的应答服务。这种服务主要用于测试和测量互联网中的往返路程时间（Round Trip Time，RTT）。在那些基于互联网的应用程序开发过程中，应答协议经常被用于进行测试和故障诊断。应答服务器向请求的客户端发送的信息在被所有客户端接收之后会被再次返还回来。应答服务器既可以通过 TCP 协议，也可以通过 UDP 协议进行数据的传输，并且始终通过默认的端口号 7 到达。在UNIX 系统中，应答服务通常是直接应用在网络系统inetd上的。

- **Discard:** 在文档 RFC 863 中定义了**抛弃协议**（Discard Protocol）。抛弃协议定义了一个非常简单被构建的客户端/服务器服务。其中，抛弃服务器总是删除所有自己从客户端接收到的信息。因此，该协议适合在基于互联网的开放应用程序过程中的测试和错误调试。抛弃服务器既可以通过 TCP 协议，也可以通过 UDP 协议进行数据的传输，并且通过端口号 9 到达。抛弃协议对应了一个类似 TCP/IP 的、UNIX 专用的空设备 /dev/null。

- **CHARGEN:** 是由 **Jon Postel**（1943—1998）开发的**字符发生器协议**（Character Generator Protocol，CHARGEN）。该协议在 1983 年定义在了文档 RFC 864 中。CHARGEN 同样是基于客户端/服务器构建的，并且既可以通过 TCP 协议，也可以通过 UDP 协议在端口号 19 上可达。如果 CHARGEN 服务器通过 TCP 与一个客户端进行联系，那么该服务器会随机选择字符返回一个连续的数据流，直到客户端终止该连接。通过 UDP 被寻址后，该 CHARGEN 服务器会返回一个数据报。该数据报包含了随机被选择的字符的任意数目（在 0 到 512 之间）。CHARGEN 协议主要被用于那些基于互联网的应用程序中的测试和错误调试。图 9.85 显示了一个 CHARGEN 调用的典型流程。

一个 CHARGEN 呼叫示例

```
$ telnet localhost chargen
Trying 127.0.0.1...
Connected to localhost.
Escape character is '^]'.
!"#$%&'()*+,-./0123456789:;<=>?@ABCDEFGHIJKLMNOPQRSTUVWXYZ[\]^_`abcdefgh
"#$%&'()*+,-./0123456789:;<=>?@ABCDEFGHIJKLMNOPQRSTUVWXYZ[\]^_`abcdefghi
#$%&'()*+,-./0123456789:;<=>?@ABCDEFGHIJKLMNOPQRSTUVWXYZ[\]^_`abcdefghij
$%&'()*+,-./0123456789:;<=>?@ABCDEFGHIJKLMNOPQRSTUVWXYZ[\]^_`abcdefghijk
%&'()*+,-./0123456789:;<=>?@ABCDEFGHIJKLMNOPQRSTUVWXYZ[\]^_`abcdefghijkl
&'()*+,-./0123456789:;<=>?@ABCDEFGHIJKLMNOPQRSTUVWXYZ[\]^_`abcdefghijklm
'()*+,-./0123456789:;<=>?@ABCDEFGHIJKLMNOPQRSTUVWXYZ[\]^_`abcdefghijklmn
()*+,-./0123456789:;<=>?@ABCDEFGHIJKLMNOPQRSTUVWXYZ[\]^_`abcdefghijklmno
)*+,-./0123456789:;<=>?@ABCDEFGHIJKLMNOPQRSTUVWXYZ[\]^_`abcdefghijklmnop
*+,-./0123456789:;<=>?@ABCDEFGHIJKLMNOPQRSTUVWXYZ[\]^_`abcdefghijklmnopq
+,-./0123456789:;<=>?@ABCDEFGHIJKLMNOPQRSTUVWXYZ[\]^_`abcdefghijklmnopqr
,-./0123456789:;<=>?@ABCDEFGHIJKLMNOPQRSTUVWXYZ[\]^_`abcdefghijklmnopqrs
^]
telnet> quit
Connection closed.
```

图 9.85　一个 CHARGEN 呼叫示例

- **Time:** 为了确定当前的时间，可以使用基于客户端/服务器的**时间协议**（Time Protocol）。1983 年，该协议定义在文档 RFC 868 中。时间服务器在接收到一个时间客户端的请求之后，会将当前服务器的时间作为长度为 32 比特的整数进行传递。该时间数字表示由格林尼治标准时间 1900 年 1 月 1 日午夜 0 时 0 分 0 秒至当时的总秒数。Timei 既可以通过 TCP 协议，也可以通过 UDP 协议进行访问，并且总是通过端口号 37 可达。现在，时间协议已经被网络时间协议（Network Time Protocol，NTP）取代了。

- **Daytime**：该协议与 Time 协议一样，基于客户端/服务器的**Daytime**协议为用户提供可读形式的当前服务器的时间，只是还额外提供了一个日期信息。Daytime 协议定义在文档 RFC 867中，并且即可以通过 TCP 协议也可以通过 UDP 协议经端口号 13 可达。Daytime 协议主要用于基于互联网的应用程序的测试和错误调试。

- **Gopher、WAIS 和 Veronica**：基于客户端/服务器的服务如今基本上已经从互联网上消失了。作为万维网的先驱，**Gopher**服务实现了对全球分布的数据的简单访问。Gopher 协议是在 1991 年由**Mark McCahill**（1956—）和他在美国明尼苏达大学的项目组成员共同开发的，并且定义在文档 RFC 1436 中。使用基于文本的 Gopher 客户端，可以像访问万维网服务器那样访问 Gopher 服务器，只是 Gopher 不必提供超链接的概念。

  为了在全球范围内对 Gopher 信息空间进行信息搜索，开发了搜索引擎系统**Veronica**。该搜索引擎系统是由"面向啮齿动物的简易全网络计算机文件索引"（Very Easy Rodent-Oriented Net-wide Index to Computer Archives）的首字母缩写命名的。

  另一个通过互联网用于在数据库中进行全文检索的服务是**广域信息服务**（Wide Area Information Server，WAIS）。该系统定义在文档 RFC 1625中。WAIS 服务使用了数据库查询标准 ANSI Z39.50，但是这种方法在万维网面前已经失去了存在的意义。

- **NTP**：虽然通过 Time 和 Daytime 服务可以确认当前计算机的时间，但是当具有多台计算机的时候，就需要将这些计算机的时间同步到一个共同的时间上。这时，需要一个对应的协议。1992 年，定义在文档 RFC 1305 中的**网络时间协议**（Network Time Protocol，NTP）提供了这样一种同步服务。该协议建立了一个参考定时器的层次结构，其中的主定时器通常直接与原子钟同步。NTP 使用 UDP 作为传输协议，并且实现了一个毫秒范围内的精确同步。最新的 NTPv4 版本于 2010 年 6 月定义在文档 RFC 5905 中。该版本与 NTP 兼容，但是被更进一步简化了。NTPv4 描述了**简单的网络时间协议**（Simple Network Time Protocol，SNTP）。该协议最初定义在文档 RFC 1361中。

- **Finger**：1991 年，定义在文档 RFC 1288中的**Finger**协议可以收集位于一台指定计算机上的一个或者多个用户的信息。Finger 协议可以作为客户端/服务器的应用程序进行工作，并且通过 TCP 的端口号 79 发送所使用 ASCII 编码的消息。使用 Finger 服务可以获得用户的如下信息：
  - 登录名。
  - 完整姓名。
  - 与用户相关的终端名称。
  - 用户如何登录到本地计算机（从哪里来）的。
  - 该用户已经登录多久了（登录时间）。
  - 用户没有进行输入的时间（空闲时间）。

但是，Finger 协议服务经常被认为是安全隐患而受到了明确阻止。一部分原因在于：Finger 协议是在 1988 年作为第一个网络蠕虫攻击点而被众所周知的。

- **Whois:** 与 Finger 协议相似，**Whois**（读作"Who is"）服务也是一个为互联网服务的传输协议。该协议最初于 1982 年定义在文档 RFC 812 中，如今保存在文档 RFC 3912 中。作为客户端/服务器的应用程序，Whois 是通过 TCP 的端口号 43 进行工作的。Whois 服务器使用其提供的搜索概念信息对一个请求的客户端进行响应。Whois 是作为分布式的数据库系统进行工作的，并且管理有关互联网域名和 IP 地址，以及它们的所有者信息。由于数据隐私的原因，确定互联网域名的所有权不再得到 Whois 协议的支持，如今必须在相关的互联网注册机构进行。

9.9 应用层安全性：包过滤器和防火墙

局域网（LAN）因为没有与全球互联网直接连接，因此几乎很少受到来自未经授权的外界攻击。这是因为，攻击者发动攻击的前提条件是必须与被攻击的目标具有一个物理访问的可能性。如果一个物理访问被排除在外，并且只有被信任的用户可以进入该封闭的网络，那么几乎就不需要什么额外的安全机制了。然而，对开放的全球互联网的访问如今对于企业和机构来说都是一个非常重要的需求。例如，电子商务（E-Commerce）将互联网作为直接的销售市场，或者企业只是为了不延迟与客户或者有意向的客户进行沟通，所有这些都是今天的网络必须要实现的。这样就拥有了一大批需要对全球开放的网络进行访问的用户。当然，其中也包含了数量众多的网络管理员和无法控制的可疑用户。这也预示着本地网络会存在显著的安全风险，并且已经成为每个有安全意识的网络管理员最头痛的问题。出于这个原因，需要迫切制定一个特殊的局域网自身安全，以及来自互联网的、不被允许的、对个人计算机安全的访问机制。

这种类型的保护可以通过使用所谓的**防火墙**（Firewall）得到保障。防火墙是指位于局域网中的一个网络组件。通过这些组件将局域网连接到全球互联网上，并且执行特殊的保护和过滤措施，以便确保局域网的安全性。这样，局域网内部的用户就可以尽可能不被干扰地访问全球互联网，而局域网本身免受来自互联网的未经授权的第三方的攻击。根据防火墙安装的位置，人们将其划分为**个人防火墙**（Personal firewall，也称为桌面防火墙）和**外部防火墙**（External firewall，也称为网络或者硬件防火墙）。前者通常作为软件被安装到被保护的系统本身，而后者作为软件或者硬件被安装到一个单独的设备上，用来连接网络或者网络段，并且可以监测和过滤被连接区域之间的网络数据流量。一个防火墙系统是由不同的硬件和软件组成的，对应不同的要求可以配置对应的安全网关（参见图 9.86）。

使用防火墙实现的主要安全目标包括：

- **防止拒绝服务攻击**：拒绝服务攻击（Denial-of-Service Attack，也称为洪水攻击）可以导致内部局域网部分或者完全瘫痪。这样一来，竞争对手就可能因此而获得战略优势。被攻击的企业网络在得到修复之前，其沟通能力是有限的，甚至是无法访问的。通常，拒绝服务攻击也会被没有经济或者军事背景的黑客使用，其目的只是想让公司或者相关的机构难堪。

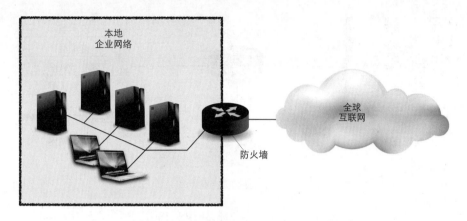

图 9.86　防火墙原理

- **阻止干扰数据完整性**：如果一个外部未经授权的访问成功地进入了内部局域网的计算机上，那么内部数据库可能被窥探、修改甚至被销毁。通常情况下，这种损害的结果要远大于纯拒绝服务攻击。攻击者很可能在被识别之前的很长一段时间里都可以对网络通信进行操作。但是，网络的崩溃通常要比拒绝服务攻击更困难。

- **阻止受保护信息的访问**：即使外部攻击者在局域网内部数据库上的进行只读访问，也可能产生一个相当大的破坏。这种攻击的目标通常是公司，以便窥探其商业秘密、产品开发计划、营销策略或者工作人员计划。当然，目标也可能是军方，以便获取各种类型的军事机密知识。

人们将自己的局域网与全球互联网的连接限制在一个单一的网络组件上，例如使用防火墙的情况下，然后使用该组件监视系统上的危险区域。而局域网中的其他所有计算机并不会受到这种安全措施的影响。内部计算机每次对互联网的访问始终都是通过该防火墙系统进行转发的。同样，来自外部的所有访问在被转发到内部局域网之前，都会被对应局域网中的防火墙系统进行安全过滤。

为了保护内部局域网，在一个防火墙系统中可以使用不同的访问控制系统。一个简单的防火墙是由一个适当配置的包过滤器组成。而一个复杂的防火墙系统还可以包含应用级别的网关或电路级别的网关，这些将在下面的章节中给出进一步的介绍。

9.9.1　包过滤器

包过滤器（Packet Filter）可以在网络中根据不同的标准对数据流量进行过滤，并且决定接收到的数据包是被转发还是被锁定（参见图 9.87）。如果包过滤器被用于内部局域网和全球互联网之间的访问控制功能，那么这种过滤器就属于防火墙系统的一部分，并且必须被安装在一个互联网网关或者一个路由器上。

一个包过滤器可以根据不同的标准对 IP 数据包进行分析，例如：

- **发送方的 IP 地址**：可以阻止某些内部用户访问局域网之外的互联网。
- **接收方的 IP 地址**：可以用来锁定全球互联网中某些终端系统的特定访问（例如，某些 WWW 页）。

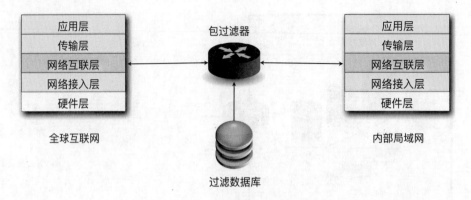

图 9.87 通过包过滤器的访问控制

- **发送方或者接收方的 UDP 或者 TCP 端口号**：互联网中许多服务都与 UDP 或者 TCP 的连接相关联。这些连接使用的是一个已知端口。例如，如果为了防止一个通过远程上机（TELNET）的交互式会话从内部局域网之外被启动，那么只需要关闭所有外部数据包输入的端口 80 即可，同时过滤掉相关的数据包。
- **用户自定义位掩码**：如果想要阻止一个外部 TCP 访问，但允许反方向上的所有 TCP 连接，那么可以使用一个包过滤器检查，TCP-ACK 是否被设置为 0。如果启动一个 TCP 连接，那么首先发送第一条消息 TCP-ACK=0 用于连接的建立，随后的发送则使用 TCP-ACK=1。如果可以过滤掉所有从外部到达内部局域网，并且含有 TCP-ACK=0 的数据包，那么就可以防止外部客户端的接触，但是还允许反方向上的每个来自内部局域网到全球互联网的连接。

一个包过滤器的结构可以通过一个具有简单过滤规则的数据库实现。这些规则的解释基本上具有两种不同的方法：

- 所有没有被明确禁止的就是被允许的。
- 所有没有被明确允许的都是禁止的。

在一个过滤数据库中的规则通常是由 5 元组的形式组成的：

< 源 IP 地址，源 TCP 端口，目标 IP 地址，目标 TCP 端口，传输协议 >

然而，随着已知数量的不断增长，过滤数据库的更新就可能成为新问题。此外，动态端口号的分配也很困难。例如，在 RPC 或者一个特定被禁止的端口信道额外通过一个开放的端口配置。

9.9.2 网关

如果在 TCP/IP 参考模型的更高层设置过滤，例如在传输层或者位于其上的应用层，那么可以实现基于用户的过滤。这里所使用的访问控制系统称为**网关**（Gateway）。其中，**应用层网关**（Application Level Gateway）用于应用层上的过滤，**电路层网关**（Circuit Level Gateway）用于在传输层上进行过滤，参见图 9.88。如果攻击位于传输层上面的访问控制机制，那么在一个应用进程和一个传输连接之间的连接可以被识别。

图 9.88 通过应用层网关的访问控制

网关不允许一个终端对终端的连接，而是将自己本身也作为了一个端点，同时将源系统和目标系统之间的连接分割成两个独立的连接。在这种情况下，网络管理员可以确定，哪些类型的连接是被允许的，哪些不是。这种确定甚至可以直接通过被传递的数据内容为依据得到。因此，通过一个电子邮件网关，即一个在应用层工作的，并且监视完整的电子邮件数据通信的网关可以确定：一封电子邮件信息是否是从特定的发送方发送的，或者锁定包含某些关键字的邮件。电子邮件网关可以被用作**垃圾邮件过滤器**（SPAM Filter），即用来阻止不需要的电子邮件广告。

9.9.3 防火墙的拓扑结构

通过使用防火墙实现的安全级别不仅取决与所使用的访问控制程序，而且本质上还依赖于网络整体拓扑结构内部的防火墙系统位置的选择。基本上，可以区分如下的情况：

- **边界路由器**（**Border Router**）：是指将防火墙软件安装在面向互联网的网关计算机（路由器）上的防火墙系统，描述的是安全性的最简单层面。如果攻击者在边界路由器上找到了一个漏洞，那么内部局域网就没有其他的安全机制保护了，就会直接面向攻击者。
- **具有安全子网的边界路由器**：在这种情况下，具有防火墙系统的边界路由器上只增加了一个安全子网（Secure Subnet）。该子网是由单个的、特别是安全的计算机组成的。这些计算机可以确保通过防火墙与全球互联网进行的连接是安全的（参见图 9.89）。这样，内部局域网就实现了第一次真正屏蔽来自互联网的攻击的情况。为了实现攻击，攻击者必须首先克服防火墙系统，以及随后跟着的一个被特殊保护的子网的计算机。
- **双宿壁垒主机**（**Dual–homed Bastion Host**）：被安装在边界路由器上的防火墙允许在内部局域网和全球互联网之间通过该防火墙系统在协议层建立连接，但是一个**壁垒主机**（Bastion Host）可以物理性地将两个网络分隔开。通常，适当被配置的壁垒主机提供了两个单独的网络适配器：一个用于连接全球互联网，另一个用于连接内部局域网。这样就实现了两个网络的物理分隔。而两个网络适配器之间的**路由**必须在壁垒主机中被切断。

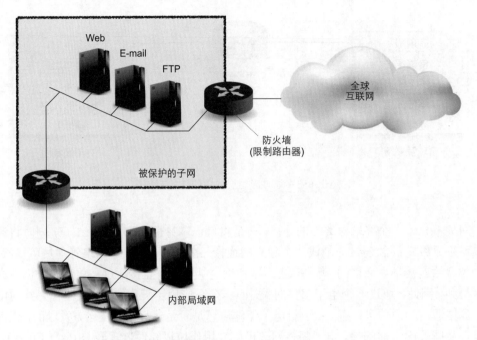

图 9.89　通过限制路由器和安全子网来确保内部局域网的安全

　　双宿壁垒主机的一个特殊变体是被称为**Lock–Keeper**的高安全性技术。该技术是由位于德国波茨坦的哈索·普拉特纳研究院的软件工程组开发的。通过使用一个壁垒主机，在边界路由器和壁垒主机之间的区域产生了所谓的**非军事区**（Demilitarized Zone，DMZ）。例如，如果为了安全起见想要完全禁止在内部局域网进行万维网服务器的操作，那么可以将这些操作放置到 DMZ 中。由于该服务器虽然位于边界服务器后面，但是尚未超出防火墙系统，所以这种万维网服务器不可避免地增加了安全风险。因此，DMZ 中的计算机也称为**牺牲主机**（Sacrificial Host）。牺牲主机虽然尽可能地被保护了，但是仍然不能像双宿壁垒主机那样被信任。因为，这些主机会成为一个外部攻击者的主要攻击目标。当多个壁垒主机以级联的形式被使用的时候，会确保一个更高的安全性（参见图 9.90）。如果一个攻击者成功攻破了第一个壁垒主机，那么为了进入内部网络，他就必须继续攻击之后的一系列壁垒主机。在级联双宿壁垒主机中，一个防火墙系统也可以由一个独立的计算机系统组成。该系统具有多个网络适配器，每个适配器都可以被连接到不同安全需要的子网上（具有安全服务器网络的防火墙）。

补充材料 15: Lock–Keeper 技术

　　物理隔离（Physical Separation）的原理是用于确保计算机和数据网络安全的最高保护需求的最后手段。这种技术会使受保护的网络与其他企业网络完全隔离，甚至与开放的互联网完全隔离。任何时间点都不允许被保护的设备与其他网络建立连接。与其他网络的数据交换只能在线下使用便携式存储介质来实现。数据在被隔离的网络中进行传输会受到严格的控制。

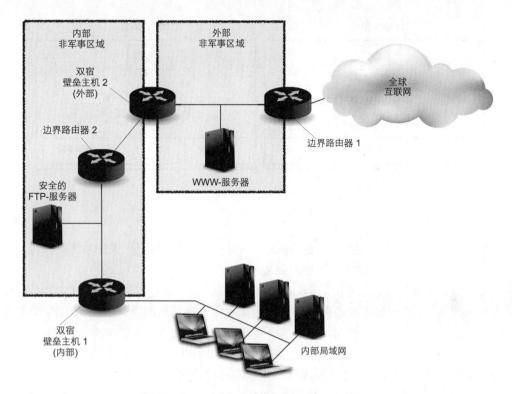

图 9.90 双宿主机的级联使用

对于如何在技术上实现这一原则具有很多想法，这些想法中或多或少都带着锁定原理应用的痕迹：通过网络边界进行传递的数据会被发送到一个"锁定室"，并且在那里接受检查，之后才能转移到被保护的网络中。如今，这些技术中最稳定的是由 Lock–Keeper 架构支持的锁定原则。Lock–Keeper 是由三个独立的、通过继电器的控制开关彼此被连接到一起的计算机组件组成，即中间与中央计算机相连的组件 GATE、与 GATE 相连的左边计算机组件 OUTER，和与 GATE 相连的右边计算机组件 INNER。通过这种方式，来自与 OUTER 连接的网络的数据，例如，互联网数据，就可以与和 INNER 相连的网络按照非常高的安全性要求进行传输，反之亦然。在这个过程中，没有任何一个时间点上两个网络存在一个直接的物理连接。

为了满足高安全性方面的要求，Lock–Keeper 中的切换机制并不是基于软件的控制，而是完全基于硬件的控制。这样从一开始就排除了所有使用控制软件进行操作的黑客攻击。即使在切换机制上，甚至三个计算机组件中的一个出现硬件故障的时候，Lock–Keeper 也会保持被连接的两个网络始终被物理分离，参见图 9.91。

当然，让数据通过这样的"锁"并不是很容易的事情。这个过程必须确保：

(1) 通过被锁定的数据一定不能将恶意软件带到被保护的网络中。

(2) 尽可能地保持被物理隔离的两个网络中的用户的隐蔽性。

因为 GATE 组件（也适用 INNER 和 OUTER 组件）是一个完整的计算机，那么（1）的要求可以在 GATE 上使用数据挖掘的常规手段实现。每个可以想象出来的防火墙保护

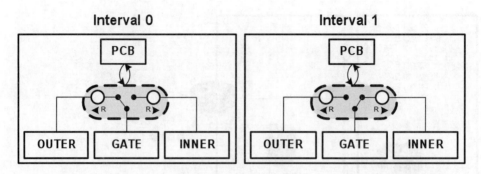

图 9.91　Lock–Keeper 技术

机制都可以被实现或者被连接。因此，Lock–Keeper 可以与任何一个保护系统结合进行操作，并且提供额外的"附加值"，即物理隔离。

与其他安全解决方案不同的是，Lock–Keeper 提供了一个对抗所有已知和未知的在线攻击的保护机制。由于线下攻击可以通过适当集成内容过滤机制进行阻止，因此，只有应用层上存在被攻击的风险。然而，这种风险明显少见于常规的安全解决方案。理论上，过滤机制可能存在的安全漏洞不能直接对整个系统的保护性产生影响。因为，Lock–Keeper 中的 GATE 组件是孤立的，并且物理隔离即使在这种情况下也不会失效。

要求（2）实施起来会有更多的困难。锁定机制的开关所需要的时间不能掩盖锁定进程。客观地说，Lock–Keeper 不能与网络中其他数据传输的速度相比，而只能与在同样使用物理隔离的网络之间的手动传输数据所需的时间相比较。因为，Lock–Keeper 的明显优势是：开关周期只需要几秒钟。

相比较于不同的网络服务，例如，文件传输、电子邮件、Web 服务、数据库复制以及数据同步，物理隔离方法都可以很好地隐藏用户。通过在 OUTER 和 INNER 组件上创建人工端点，服务器可以在一端将传递的数据转换成被锁定的数据包，并且在另一端将其重新整合。用户并不会注意到这些相当复杂的进程，收到的也只是通常电子邮件的形式，或者提供平常那样的 Web 服务形式。物理隔离在一端涉及的对网络协议的正确和完全地分解，以及在另一端的重建也是至关重要的，并且是物理隔离保护原则的一个基本特征。Lock–Keeper 技术已经授权给了西门子公司，其产品已经在全球进行了销售。

延伸阅读：

Meinel, Ch. : Physikalische Trennung als Ultima Ratio im Hochsicherheitsbereich, GI Informatik-Spektrum, 30(3), Springer Verlag, pp. 170-174 (2007)

Cheng, F., Meinel, Ch.: Research on the Lock-Keeper Technology: Architectures, Advancements and Applications, International Journal of Computer and Information Science (IJCIS), 5(3), pp. 236-245 (2004)

Lock-Keeper Webpage in Siemens AG: http://www.siemens.ch/it-solutions_en/branchen/security/kommunikation/lock_keeper.php

9.10 术语表

应用程序接口（Application Programming Interface，API）：通过 API 定义的接口被用于一个使用特定编程语言编写的代码和由 API 提供的方法和数据结构之间的调用。使用 API 数据库的方法和数据结构可以操作一个具体的硬件和软件系统。API 屏蔽了所谓的"低水平"开发者的工作，即那些直接由 API 操作的对象的访问，并且为开发者提供了一个舒适的接口。

认证（Authentication）：用于证明用户的身份，或者消息的完整性。在认证的过程中，需要使用一个可信的身份验证证书的实例，或者为了验证一条消息的完整性而创建数字签名，并且对其进行发送。

Base64 编码：在 MIME 标准中被定义的编码方式，用于将二进制数据编码为 7 比特的 US–ASCII 字符。二进制数据被分割为长度是 24 比特的组，这些组又被分割为 4 个、每组长度为 6 比特的组。这些长度为 6 比特的比特流随后又被编码为长度为 7 比特的 US–ASCII 字符（A~Z、a~z、0~9、+/=）。

抄送（Carbon Copy，CC）：是指一份被转发到额外接收方的电子邮件信息的副本。这个名称可以追溯到使用打字机的时候。那时，碳纸副本的制作是必要的。这种副本必须被放置在各个文本的页面之间，以防止文本页面被夹在打印机中。在电子邮件系统中，如果想要发送一个电子邮件消息的副本，却不想让消息的接收者知道，那么人们可以使用**暗送**（Blind Carbon Copy，BCC）进行副本的发送。

聊天（Chat）：互联网中基于文本的通信形式。聊天，也称为互联网中继交谈（Internet Relay Chat，IRC），执行基于的是客户端/服务器模式。用户通过本地客户端参与到一个聊天组中，这样就可以在聊天服务器上进行注册。之后，每个客户端可以传递文本，该文本可以被实时传递到与该服务器连接的所有客户端。这样，聊天就实现了互联网中在线讨论组的可能性。

客户端（Client）：是指一个与服务器联系的程序。该程序向服务器请求信息或者资源。在万维网中被设置的浏览器在这种意义上就可以被认为是一个客户端。但是，在万维网中也有其他联系万维网服务器的客户端，并且从服务器上下载信息。例如，搜索引擎或者代理。

客户端/服务器架构：是指应用程序根据任务分工，在通过一个网络连接的多个计算机上被执行的逻辑概念。这里，服务器提供特定的服务性能，位于另一端的客户端可以请求这些服务性能。除了请求关系的分布和响应，这些组件相互间都是独立的。用于请求发布和响应的接口以及通信类型对于每个客户端/服务器应用程序都是被明确定义的。

文件传输服务：通过一个普通的文件传输服务，计算机上的数据可以通过互联网被传递到另外一台计算机上。互联网中的文件传输服务被设置在传输协议 TCP 或者 UDP 上，并且实现了远程计算机之间的数据传输。其中，包括必要的格式转换、目录查询以及用户权限的检查。目前最重要的代理是**文件传输协议**（File Transfer Protocol，FTP）、**简单文件传输协议**（Trivial File Transfer Protocol，TFTP），或者复杂的**网络文件系统**（Network File System，NFS）。

文件访问服务： 不同于文件传输服务，文件访问服务允许对一个远程文件的某个特定位置进行读取或者修改。这里，通过网络只需要传递被修改的数据，而不是完整的文件。这个在 TCP/IP 协议族中应用最广泛的文件访问服务在文档 RFC 1094 中定义为**网络文件系统**服务。

数字签名（**Digital Signature**）：用于验证文档，包括使用提交者的私钥加密的文档的数字指纹。

拒绝服务（**Denial of Service，DoS**）：是指一种互联网中具有意识的攻击，通过有目的的操作导致过载来破坏系统。这样就可以使得常规通信任务无法正常进行，甚至使得通信完全瘫痪。

域名系统（**Domain Name System，DNS**）：一种名称服务。作为分布式数据库应用时，为二进制 IP 地址分配了一个符号名（虽然只被视为网络 ID）。DNS 基于协议 TCP 或者 UDP，并且被构建为客户端/服务器应用模式。每个终端系统提供一个 DNS 客户端（解析器），该客户端可以被一个应用程序调用，并且进行名称解析。DNS 地址空间是按层次组织的，因此，每个子段落都可以被提供一个自己专有的 DNS 服务器。

电子邮件（**E-mail**）：称为互联网的邮件，是一个基于全球互联网的数字通信能力上的信件的复制品。电子邮件系统是一种信息处理系统。通过所谓的用户代理（User Agent，UA），被作为用户接口用于发送和接收电子信件。同时存在信息传输代理，对从发送方到接收方的消息的传递负责。

电子邮件地址： 电子邮件系统的用户可以通过一个电子邮件地址被唯一标识。这种电子邮件的地址是由以下部分组成：

- 用户名（地址前缀）。
- 电子邮件服务器的 IP 地址（地址后缀）。

这两个部分通过一个特殊的字符"@"彼此被分隔开。

电子邮件网关： 电子邮件网关可以作为不同电子系统之间的中介进行工作，或者将本身没有与互联网连接的计算机绑定到电子邮件传递中。这种网关的任务通常在于：为一个局域网的用户指定一个统一的电子邮件地址，并且执行对应的**邮件列表**。

文件传输协议（**File Transfer Protocol，FTP**）：用于数据传输的、一般基于客户端/服务器的应用。该协议定义在文档 RFC 959 中。FTP 基于的是 Telnet 协议和作为传输协议的 TCP 协议，并且允许一个具有适当授权机制的互动和便捷的文件传输。

网关（Gateway）：网络的中间系统，可以将一个单独的网络与一个新的系统相连接。网关为不同终端系统上的应用程序之间实现了通信。网关被划分到了通信协议模型的应用层上。因此，网关可以在不同应用协议之间相互转换。

跳（Hop）：指定了每次从一个终端系统到最近的交换计算机的区间，或者两个相邻的交换计算机之间的区间，或者从交换计算机到一个连接到其上的终端系统之间的区间。通过网络从一个发送方的终端系统到一个接收方的终端系统的路由器是由多个单独的跳组成的。

互联网消息访问协议（Internet Message Access Protocol，IMAP）：是为客户端应用和电子邮件网关之间通信而持续开发的 POP 协议，该协议定义在文档 RFC 1730 中。通过 IMAP 协议，用户可以在一个电子邮件网关上进行注册，并且处理分配给自己的电子邮件账户（信箱）消息。而用户的客户端应用程序不必自己提供一个基于 SMTP 的电子邮件服务。与 POP 协议不同的是，在 IMAP 协议中，并不需要从电子邮件网关中下载所有完整的电子邮件消息，而只需要电子邮件网关发送"主题"（subject）到用户，然后由用户来决定哪些电子邮件应该被完整地传递过来。

邮件列表：如果一封电子邮件应该同时被发送到多个接收方，那么这个操作可以使用邮件列表来完成。邮件列表是一个包含许多不同接收方电子邮件地址的文件，该文件本身可以通过一个专有的电子邮件地址进行寻址。一个包含一封电子邮件消息的电子邮件网关，会发送该消息的副本到邮件列表中的所有地址，其中的邮件在邮件列表上被寻址到邮件网关的本地管理。

多播：在一个多播传递过程中，一个数据源同时向一个组的接收方进行发送。这里，涉及了一个 1:n 的通信。多播通常被用于实时多媒体数据的传输。

多媒体：被用于描述多种不同类型的媒体信息。例如，文本、图片和声音。这样就可以使用多种媒体来演示信息。

多用途互联网邮件扩展（Multipurpose Internet Mail Extensions，MIME）：扩展了最初定义在文档 RFC 822 中的电子邮件格式，规定了只有 7 比特 US-ASCII 编码的文本电子邮件消息的内容。MIME 为电子邮件的消息报头定义了额外的字段。使用这些字段，不同类型的编码和数据类型可以被规范为电子邮件消息的内容。这样一来就可以为各个电子邮件系统的用户代理提供正确的显示。为了编码二进制数据，可以使用 **Base64** 编码标准。

名称服务器（Name Server）：在互联网中是指提供域名服务协议的程序或服务器，用于将符号名转换为 IP 地址。互联网中的那些有效的 IP 地址很难被人们记忆。因此，人们使用了符号名来替代这些 IP 地址。对于互联网中的通信，这种符号名必须通过名称服务器再次被转换为二进制的 IP 地址。

往返路程时间（Round Trip Time，RTT）：往返路程时间被定义为一个网络的反应时间，即一个信号从数据源通过网络发送到任何一个接收方，并且该接收方的响应通过该网络返回发送方所需的时间长度。

网络管理：对那些所有提供规划、配置、监视、控制网络中使用合适的硬件和软件的故障诊断以及管理的活动的统称。原则上，网络管理可以划分成两个子任务：**网络监测**（Network Monitoring）和**网络控制**（Network-Control）。前者用于检测终端系统、中间系统和子网的状态以及行为。后者负责消除网络中不被希望和不利的状态，并且对此进行改善。为此，在互联网中使用了**简单网络管理协议**（Simple Network Management Protocol，SNMP）。

一次性随机数（Nonce）：随机被选择的数值。使用该数值可以确保一个安全的通信，阻止所谓的**重放攻击**（Playback Attacks），即未经授权的第三方试图使用一个重复的消息影响通信。一个特定的随机值在通信中只被允许使用一次。

邮局协议（Post Office Protocol，POP）：定义在文档 RFC 1725 中的协议，用于客户端应用和电子邮件网关之间的通信。通过 POP 协议，用户可以在一个电子邮件网关上进行注册，并且读取和操作被分配到自己电子邮件账户上的消息，而无须提供用户客户端应用程序本身的一个基于 SMTP 的电子邮件服务。

端口号（Port Number）：长度为 16 比特的标识，用于 TCP 或者 UDP 的连接，通常与一个特定的应用程序关联。端口号 0～255 被保留用于特殊的 TCP/IP 应用，端口号 256～1023 被保留用于特殊的 UNIX 应用。端口号 1024～56535 可以被选择用于个人的应用，并且没有被固定分配。

颇好保密性（Pretty Good Privacy，PGP）：由 Phil Zimmerman在 1991 年开发的系统，用于电子邮件通信的安全处理。PGP 对于大多数硬件平台和操作系统是免费提供的，并且提供具有对称密钥方法（Triple–DES、IDEA、CST）的电子邮件加密。这样可以确保非对称加密方法的对称密钥保护（RSA），以及确保电子邮件的完整性（MD5 Message Digest）和确保通信伙伴的真实性（数字签名）。PGP 是目前使用最广泛的用于安全处理电子邮件进程的系统。

实时传输协议（Real–time Transport Protocol，RTP）：用于传递数字化的音频和视频信号的专业传输协议，定义在文档 RFC 1889 中。RTP 使用 UDP 作为位于其下的传输协议，并且使用序列号和时间戳信息来满足实施数据的及时传输的要求，以及满足多媒体数据流的**实时流协议**（Real–time Streaming Protocol，RTSP）和**实时传输控制协议**（Real–time Transport Control Protocol，RTCP）。这样一来，参与通信的伙伴信息就可以通过实际性能或者基于基本网络设施进行交换了。

由于基于 IP 的网络内部不能保证给出必须满足的服务质量（Quality of Service）参数，因此，可以通过两个协议：**资源预留协议**（Resource Reservation Protocol，RSVP）和**通用开放策略服务**（Common Open Policy Service，COPS）获得一个对可用网络资源的初步预定。

远程过程调用（**Remote Procedure Call，RPC**）：通过远程过程调用可以实现对远程计算机的函数调用。这里，所必需的协议机制定义在文档 RFC 1057 中，并且在互联网中被认为是许多客户端/服务器应用的基础。一个分布式应用的程序员通过 RPC 可以实现从远程服务器上调用函数进行编程，而不必了解对应专业机制的详细知识。为了编码客户端和服务器之间交换的消息，使用了在文档 RFC 1014 中定义的**外部数据格式**（External Data Representation，XDR）的一般传输语法。该语法确保了在不同计算机结构之间自动进行转换。

远程登录（**Remote Login，rlogin**）：定义在文档 RFC 1282 中的协议，用于在一台远程计算机上建立一个交互式的会话。最初该协议的目的是在两个 UNIX 计算机之间提供一个远程登录服务。与 Telnet 相比，rlogin 没有那么复杂，并且更容易被实现。rlogin 服务的另外一个广泛被使用的变体是服务程序**rsh**，该程序是大多数 UNIX 操作的组成部分。

安全外壳（**Secure Shell，SSH**）：是远程登录服务 rsh 的扩展，提供了客户端和服务器计算机之间的一个安全通信。这里所使用的加密方法是 RSA、DSA 和 TripleDES。

服务器（**Server**）：表示一个同客户端联系的进程，并且返回所请求的信息。那些运行服务器进程的计算机通常被称为服务器。

简单邮件传输协议（**Simple Mail Transfer Protocol，SMTP**）：定义在文档 RFC 821 中的协议，用于交换电子邮件消息。作为基于客户端/服务器的电子邮件服务的 SMTP 是互联网中最流行的协议之一。

简单网络管理协议（**Simple Network Management Protocol，SNMP**）：被定义在文档 RFC 1157 中的协议，用于基于互联网络的网络管理。网络对象和相关的参数通过一个所谓的**管理信息库**（Management Information Base，MIB）被描述。这里的管理信息库是一个按照层次被组织的数据库。

套接字（**Socket**）：TCP 协议需要为两个终端系统之间提供一个可靠的连接。为此，在所参与的计算机的端点上被定义了所谓的套接字。这种套接字由计算机的 IP 地址，以及长度为 16 比特的端口号组成，用以明确定义该连接。通过套接字可以提供所谓的**服务原语**（Service Primitive），这种服务原语可以对数据传输进行监测和控制。为此，套接字关联了每个输入和输出的缓冲存储区发起的连接。

数据流：表示通过互联网实时连续播放的多媒体内容（音频和/或者视频）。也就是说，播放在数据传递的过程中就已经开始了，不需要等到所有数据都被传递完。这里，被播放的内容已经被存储，或者被作为了实时数据，这些数据可以在生成后直接连续地通过互联网被访问。与传统的数据传输不同的是，数据流具有延迟敏感性。也就是说，延迟严重的数据包会失去其关联性。数据流同时还具有一定程度的容错性。也就是说,在一定程度上导致的错误或者数据的丢失,尽管降低了连续多媒体数据的播放质量,但是还是可以被容忍的。

远程上机(**Telnet**):定义在文档 RFC 854 中的协议,用于在远程计算机上建立一个交互式会话。作为互联网最古老的应用协议,Telnet 通过一个共同的虚拟终端接口(网络虚拟终端)也实现了不同计算机平台的连接。

简易文件传输协议(**Trivial File Transfer Protocol,TFTP**):复杂 FTP 文件传输服务的一个简单变体。TFTP 定义在文档 RFC 783 中,并且只允许未经授权的一个简单的数据传输。为此,TFTP 在 UDP 上被作为传输协议。例如,支持没有自己硬盘的计算机的系统引导(Bootstrapping)。

X.400: X.400 提供了一个电子邮件消息处理系统(Message Handling System,MHS)。ITU–T 将其标准化为**MHS**,ISO 将其标准化为**面向消息的正文交换系统**(Message Oriented Text Interchange System,MOTIS)。X.400 的目标是实现不同制造商的产品和公共以及私人电子邮件服务之间的互操作性。与**SMTP**相比,X.400 提供了一个更强大的功能,需要通过对应较高的复杂性来实现。因此,SMTP 可以在 X.400 之前更快地被实施,并且在很大程度上将其取代。

第 10 章   后   记

"书写就是记录！"
—— 摘自 Lord Byron（1788—1824）的长篇叙事诗 "Childe Harold"

互联网以及随之而来的新的交互手段已经成为 21 世纪技术和文化发展进步的主要推动力量之一。本书介绍的网络互联技术作为全球互联网的基础，在过去的几十年里不断影响着人们交流沟通的方式和途径，从而也改变着我们的日常生活。这套三部曲丛书的另外两本《数字通信技术》和《Web 技术》对于其他相关主题做了更为广泛的阐述。它们一方面系统揭示了数字通信技术的历史发展和技术基础，另一方面对基于互联网的世界万维网及其相关技术做了详细的描述。

互联网把底层结构和技术各不相同的许多计算机网络连接起来，组成了这样一个世界范围内的虚拟通信网络。这种组合的结果不断地向用户传递这样一个印象：互联网是建立和运行在一个统一而又异构的框架上的。这样艰巨的任务只能借助于层次化、模块化的手段来实现，其形式就是一个通信层次模型。在这个模型里，每一层都有一个相对自己层次来说需要独立完成的任务，层与层之间的交互只能通过预先设定的步骤来完成。这本书首先回顾了互联网发展的这段短暂的历史，然后介绍了实现前面提到的这个通信层次模型，即 TCP/IP 参考模型的一些相关网络互联协议和技术。

TCP/IP 参考模型是建立在**物理层**的基础上，**但物理层**本身却不属于 TCP/IP 参考模型的正式组成部分。人们通常比较简单地给出位置参量，例如，连接距离、移动性、技术上的复杂程度和代价，然后根据不同的情况来选择基于不同物理通信介质和架构的不同技术。为了进一步理解这些内容，我们提到了以电磁信号为基础的通信技术的理论基础，也介绍了不同的无线和有线通信的技术手段。

接下来，我们介绍的重点是 TCP/IP 参考模型的第一层，也就是**网络接入层**。这一层在局域网（LAN）和简单的广域网（WAN）中使用了不同的网络接入技术。之后，我们介绍了**有线局域网技术**，以及一些重要的技术实例，比如以太网、令牌环、FDDI 和 ATM 等。

然后，紧接着介绍了**无线局域网（WLAN）技术**。由于其通信性能已经逐渐接近有线网，无线局域网技术的受欢迎程度正在不断增加。然而，由于使用了有别于有线电缆的无线通信介质，无线通信的使用范围、可靠性，特别是安全性方面都受到了一定的限制。我们除了介绍无线和移动网络技术的基础之外，还特别详细地介绍了一些重要的、有代表性的无线技术，例如无线局域网，以及受传输距离限制的蓝牙（Bluetooth）和 ZigBee 技术。

如果想要增加一个网络上接入设备的数量，并且同时扩大通信伙伴之间的物理距离，就必须使用其他的技术，这就是接下来讲到的**广域网（WAN）技术**。使用广域网技术，可以把位于不同物理位置的局域网互相连接起来。这一过程中，非常重要的一个问题是特殊的寻址方法，即所谓的路由算法。广域网的技术代表是从历史上的阿帕网（ARPANET）

开始，到如今已经发展到了微波接入的世界范围互操作（WiMAX）标准。

为了将多种相对独立的网络技术互联组成一个和谐统一的**互联网**（Internet），就必须实现 TCP/IP 参考模型中**网络互联层**的协议，尤其是其中的**互联网协议**（IP）。该协议通过逻辑寻址的方式实现了信息跨越网络边界，从源计算机到目标计算机的发送。IP 协议还包括其他各种规则，例如最大的吞吐量、低廉的成本、载荷分布均匀或者通过**路由**过程实现最安全、最佳的网络路径选择等。除了详细描述当前第 4 版互联网协议（Internet Protocol version 4，IPv4）的 IP 协议本身之外，相关的寻址方法、数据格式和功能也会通过对不同路由方法的描述来解释。本书同时也对下一代互联网协议 IPv6 及其优点、在实施过程中可能遇到的相关问题、基于互联网安全考虑的一些相关协议技术等进行了讨论。

网络互联层（IP 层）接入本身只提供不可靠的和无连接的数据传输服务。为了实现一个可靠的通信，会在传输层中建立诸如**传输控制协议**（Transmission Control Protocol，TCP）等协议。TCP 提供了一个通用的传输服务，即（通过软件）实现数据包的解析或集成，并同时确保通信的质量。这些服务包括纠错或者对所发送数据包的正确定位等方法，而数据流的控制算法能够保证网络基础设施的统一利用。当出现网络超载时，对应的传输容量会被减少。相应地，在一个特定的传输介质中，这种超载是指它的传输容量达到了极值。因此，TCP 被认为是 TCP/IP 参考模型中最复杂的协议。与之相应的，适用于无连接的（不可靠的）网络传输的**用户数据报协议**（User Datagram Protocol，UDP）有效补充了 TCP 协议的功能缺失。UDP 协议主要用来完成一些质量要求不高，但是需要快速传输的任务。

互联网的实际意义和存在的理由是为了使人们能够通过互联网方便地使用网络应用。这些应用都是建立在互联网提供的通信服务，以及属于 TCP/IP 参考模型中**应用层**的那些通信协议的基础上的。这些协议使得信息在互联网上广泛传输并普及，例如超文本传输协议（Hypertext Transfer Protocol，HTTP）、文件传输协议（File Transfer Protocol，FTP）或者简单邮件传输协议（Simple Mail Transfer Protocol，SMTP）等等。这些应用程序本身，比如 HTML 浏览器或者 E-mail 客户端等并不属于这一层。它们在通信模型之外，只为通信模型中的应用层提供服务。诸如电子邮件（E-mail）或者万维网（World Wide Web，WWW）等这些应用实现了我们的互联网理念，使我们在不用关心许多往往是必需的技术上的技巧和细节的情况下，也能让这个复杂的连接不同网络的网络正常地运转起来。

另外，在应用层的相关章节中还详细叙述了互联网中音频和视频通信相关的技术和协议。与异步电子邮件通信不同的是，普通的音频或者视频通信链路很难达到实时性的要求。为了可靠地满足这一需求，人们提出了各种结合不同实时传输协议的流媒体技术。

摆在您面前的这本书是从计算机科学的角度来系统介绍"网络互联"这个主题。当然，"网络互联"的主题还远不止这些，它还涉及许许多多其他的领域。由于篇幅的限制，我们在本书无法一一详细地介绍。在关于物理层的章节里，我们并没有着重提到数字通信的物理和电子技术基础。我们也没有着重介绍密码学理论、数字安全的基本知识，以及基本的编码理论等。这些在我们这套三部曲系列的第一卷中都进行了详细的讲解。

这里，我们简单介绍一下本套三部曲丛书的另外两本的主要内容。

第 1 本《数字通信技术》首先通过对通信的历史发展和其中涉及的技术辅助信息作为我们打开数字通信世界的起点，讨论的内容从史前的洞穴壁画到我们今天的万维网。随后讨论实现通信流程所需要的信息理论的一个难点，即对消息进行编码。消息在通过传输介质从一个通信伙伴被传输到另一个通信伙伴之前，必须先被转换成一种适合通信介质的形式。为此，信息需要被数字化编码，并且被作为消息通过一个数字通信介质发送出去。

由于信息可以以文字、图像、音频或者视频的形式被记录在不同的媒体介质上，这就意味着，在编码时需要对不同媒介形式采取不同的方法，以达到更高效的技术实现。这里的"效率"指的是其中所涉及的存储空间和处理（包括传输）时间。当生成的编码需要更大的存储空间的时候，对应的消息传输时间也就越长。压缩方法通过删除消息中的冗余信息以达到减少所需存储空间的目的，而那些冗余是指消息中不提供信息内容的部分。其中，Shannon 准则可以通过确定一条消息中信息内容的熵值，给出这条消息能够被无损压缩的最大程度。如果这条消息的所需存储空间的减少不是通过无损压缩而实现的，那么它必然会将消息中承载信息的部分内容删除掉（即有损压缩）。

在对有损压缩的研究历程上，人类的感知系统起到了巨大的作用。通过我们的感觉器官和其在大脑中进行的信息处理会给出一个特定的界限。根据这种人为界限，人们可以确定在信息中适合被去除的那部分信息内容。因为这部分内容不能被人类的感知器官感觉到，或者占能够被感觉到的比重非常小。这种基本原理就是 MPEG 音频编码、JPEG 图像编码，以及 MPEG 视频压缩方法的基础。

如今，我们用于传输编码后的信息的数字通信信道主要是计算机网络，范围从直接的私人环境中的微微网（Piconet）到覆盖全世界、能够异构互联的互联网。因此，想要应用计算机网络实现全球化的数字通信，所有的参与者必须严格遵守游戏的规则。在这个规则中规定了具体的消息格式，以及在统一的通信协议框架下交换消息的规则。

很多计算机网络，特别是覆盖全球的互联网，基于的都是"开放式网络"框架。也就是说，原则上每个参与交流的通信节点都能够通过网络接收到所有的消息。虽然数字化的通信网络的安全风险与它的前辈，模拟通信是一样的，例如，电话网络，通过电话线或者交换机就可以"窃听"通话内容。或者，通过邮局寄送的信件也可能不被发现地截获，从而窃取到其中的内容。但是相比较而言，数字通信中的安全问题的维度更多样化。为了确保提供足够的安全性和保密性，在开发数字交流的过程中引入了基于公共密钥的对称和非对称的加密算法。这些算法能够被用于任何个人的通信中，并且其可靠性也能够通过官方的认证机构（证书颁发机构）得到保证。

第 3 本《Web 技术》主要讲解的是万维网的基本原理，并且针对相关技术给出详细的说明。我们能够借助于互联网，更确切地说是借助于建立在 HTTP 协议上的互联网协议和一个 Web 浏览器对分布在全世界的信息和数据进行非常全面的浏览。正是得益于万维网的迅猛发展，互联网才能获得如今巨大的普及和传播。这种成功主要也归功于简单的访问接口，即**浏览器**的出现。这种接口使得即使不是专业的用户也能够快速轻松地访问万维网中提供的海量资源。

已经延伸到了整个互联网的万维网，以其当前的面貌出现在公众面前其实是在近期才被逐渐完善的。在 20 世纪 80 年代末，当 Tim Berners Lee 和 Robert Cailliau 设想通过互联网制作一个简单的、可用的文件交换和管理系统的时候，他们没有想到，他们在欧洲核研究机构（Centre Européenne pour la Recherche Nucléaire，CERN）进行的实际工作所产生的副成品最终引发了互联网的革命。通过创建一个易于使用的图形用户界面，在 20 世纪 90 年代初的时候，就实现了即使是普通的大众用户也可以将互联网作为新的通信和信息介质来使用的壮举。这之后连接到互联网上的计算机的数量开始呈爆炸性的规模增长，而这个过程一直持续到今天。

在万维网中，信息本身以所谓超文本文件的形式存在。这些信息彼此间通过所谓的超文本链接被连接到了一起，形成了一个庞大的信息网络，而用户能够快速轻松地对此进行浏览。如果用户想要在万维网中找到某个特定的文件，那么可以通过一个被称为**统一资源标识符**（Uniform Resource Identifier，URI）所显示的唯一地址进行定位。URI 寻址方案及其包含的统一资源定位符（Universal Resource Locator，URL）、统一资源名称（Uniform Resource Name，URN）、国际化资源标识符（Internationalized Resource Identifier，IRI）、永久 URL 和开放的 URL 都会被详细地介绍。

那些用户期望访问的、被分配到无数个服务器上的万维网资源都遵循着**超文本传输协议**（Hypertext Transfer Protocol，HTTP）。这个协议是根据基本的客户端/服务器模式实现和运行的。作为一个简单的、主要是快速的协议，HTTP 一经推出就得到了持续稳步的发展，如今也增加了新的组成部分，例如，安全套接层（Secure Socket Layer，SSL）协议或者传输层安全（Transport Layer Security，TLS）协议。这些灵活的、安全的基础协议提高了万维网中数据传输的效率和安全性。

现代浏览器不仅可以访问超媒体文件，也可以作为多功能的客户端，同时被用于访问互联网上的其他服务，例如，FTP、电子邮件或者视频。在单个的服务和协议中有一部分复杂的机制对用户是完全隐藏的，这样一来，用户可以始终只用面对一个易于使用的图形界面，即浏览器。在万维网服务器和用户的浏览器之间的传输线路上，代理服务器、缓存和网关是用来负责保证数据可以被顺利和高效地进行传输，并且可以显著提高 HTTP 协议的性能。

万维网文件特别之处还在于通过超链接实现了分布式超媒体系统之间相互关联的可能性。不同于传统意义上的一本书或者一个文档，用户通过万维网实现了从一个位置的文档直接访问位于另一个位置的文档。这两种文档甚至不需要存储在同一个万维网服务器上，但是依旧能够被整个世界同时访问到。万维网不仅可以链接普通文本，还能够链接不同类型的多媒体文档，包括图像、音频和视频的剪辑，并实现相互间的内容交互。万维网的超媒体文件都是用一个特定的描述语言编写的，即**超文本置标语言**（Hypertext Markup Language，HTML）。这种语言规范了文档的作者、文档的结构以及内容的排列（例如标题、段落和表格）的组织，也可突出文档中的某些特定的部分。正是这种具有特殊标记的结构使得实际的文件内容能够通过浏览器被分离、识别以及进一步被处理。

HTML 文档图形设计（格式化）是通过单独文件进行的，即所谓的**串联样式表**（Cascading Style Sheets，CSS）。为了更好地渲染 HTML 文档的各个结构元素，这种串联样式表需要依赖于不同的输出设备（手机、计算机显示器、打印机等）的图形属性而变换不同的格式。

人们对更大的灵活性和能够自己设置标记元素和标记语言的期望促成了**可扩展标记语言**（Extensible Markup Language，XML）的开发。有了这种能够定义新标记元素的能力，作为标记语言的 XML 语言很快就成为应用特定标记语言系列的起点，其中的特定标记语言系列针对的是特定的应用程序。借助于文档类型定义（Document Type Definition，DTD）或者数据定义语言的 XML 模式文件可以确定相应的 XML 语言定义。在这个框架下将会详细地阐述 XML 的基本原理、DTD 和 XML 模式文件、使用 XML 路径语言（XML Path Language，XPath）和 XML 定位语言（XPointer）扩展的对象识别，以及使用 XML 链接语言（XLink）扩展的超链接概念、使用 XForms 扩展的表格处理、使用 XQuery 扩展的 XML 查询和使用可扩展样式表语言转换（Extensible Stylesheet Language Transformation，XSLT）扩展的 XML 转化语言。

在先前的互联网架构下存在一个问题：万维网服务器提供的内容都是预先被记录下来的。这样一来，用户才能够通过浏览器对其进行访问（静态 Web 文档）。现在，在许多专业领域已经开始使用和推广内容管理系统（Content Management System，CMS）。这种系统实现了通信内容的动态生成（动态 Web 文档）。也就是说，每次需要的内容可以根据预定义的样式从数据库中自动生成。其中，CMS 使得为被抽取出的、经常变化的信息建立独立的格式成为可能性。如果布局发生了变化，那么需要修改的仅仅是相应的格式，这种格式接收那些实际上被单独存储在一个数据库中的信息内容。在这种情况下，万维网服务器程序与服务器端的其他相关的应用程序一起工作。工作的内容包括将相应的信息向万维网服务器提交、无延迟地生成所需的网页文件，并将其编码为 HTML 文档，同时将生成的文档传递到万维网服务器，最后将其提供给用户。

为了能够动态生成万维网服务器要求的 Web 文档，通常必须传递特定的参数，由这些参数指定哪些信息应该被准确地返回。在这种情况下，万维网服务器提供了许多与服务器端应用程序互动的可能方法。例如，**公共网关接口**（Common Gateway Interface，CGI）、**服务器端内嵌**（Server Side Includes，SSI）、Java Servlet、企业 Java 组件（Enterprise Java Bean，EJB），或者也可以是 Web 服务（Web Services，WS）。

在客户端，这种互动远远超出了单纯的 HTML 页面浏览。用户反馈和互动不再局限于用户浏览纯粹的信息，而是实现了万维网中一种"真正的"参与。当然在这种背景下，HTML 作为 Web 文件的基本表示语言已经显得不再够用。因为 HTML 只具有一个"简单"的回传通道（例如通过所谓的 Web 表单），只能建立一种静态的信息描述。其实在万维网发展的早期就已经有过这种想法：通过万维网服务器不仅能够传递静态信息，也应该能传递被客户端执行的程序。当然，这就需要特殊的安全规则，以确保这种方式的通信不会被破坏。那些从客户端加载的程序代码，例如一个**JavaScript**程序或者一个所谓的**Java 小应用程序**（Java Applet），只允许在一个非常安全的环境里，即所谓的"沙盒"（Sandbox）里运行，而计算机上其他敏感的资源是不可能被访问的。在**Web 技术**中将会详细地讲述客户端和服务器端的 Web 编程。其中，会涉及文档对象模型（Document Object Model，DOM）、Java Servlet、Web 框架、使用远程过程调用（Remote Procedure Call，RPC）的分布式应用程序、Java 远程方法调用（Java Remote Method Invocation，Java

RMI)、企业 Java 组件（Enterprise Java Bean，EJB)，同时也会介绍面向服务的体系结构（Service-oriented architecture，SOA）领域的技术。

万维网在今天已经发展成了世界上最大的信息存档平台。数十亿的 Web 文档往往使得用户根本无法从中找到头绪。基于这个原因，人们很快就开发了第一个内容目录和搜索的服务。最先出现的类似于 Google 的、功能强大的**搜索引擎**使现在能够对所需求的信息进行有针对性的和高效的访问。Google 运行维护着一个巨大的搜索索引。正是这个索引在得到搜索请求时能够快速地提供相关的网页文件。由于万维网的庞大规模，这种功能只能依赖于自动索引的方法。也就是说，使用统计的方法在网页文档中评估和索引所有的术语，然后为各个重要元素设定特定的关键字，并按照优先顺序给出。

自从 1990 年万维网诞生以来，其中的内容已经发生了翻天覆地的变化。到了 20 世纪 90 年代中期，随着电子商务的兴起，万维网的关注焦点已经从个人通信和面向专业的出版媒体发展成为了面向大众传播的媒介，信息产业和信息消费被严格地区分开来。先前只有专业人员才能在万维网上发布自己制作的含有特定内容的网页。大众消费这些信息就如同消费传统的广播媒体经营商提供的商业信息一样。然而，万维网还在不断地发展，今天被冠以**Web 2.0**的可操作的、互动的、新的 Web 技术使得那些非专业人员可以以简单的方式在网络上发布自己的信息内容。博客、聊天室、文件共享平台、社交网络、标签系统和维基等都先后出现在了万维网上，为万维网在更为广大的用户群中的推广打下了基础，同时在数字世界建立起了真正意义上的互动和参与。

在万维网中，交流的资源通常以文本文档或者多媒体文档的形式存在，其中的信息是使用自然语言描述的。这些文件的接收方和使用者（一般）都能毫无问题地理解其中的内容。而另外一种情况是：某些内容是经过自动处理后呈现给用户的。一个例子就是万维网上的搜索引擎，每次都是多个具有同一含义的搜索词（即具有相同含义的不同的词）的文档被反馈回来，因为搜索引擎只能根据所出现的搜索词查找某一个特定的字符串。然而，迂回说法和近义词不能通过这种方式找到。

为了能够自动处理许多自然语言的句子背后所隐藏的概念和含义，必须将这些概念编码成"机器可理解的"的形式，并将其存储到自然语言的文件中。含有内容的语义，也就是说，概念的含义以及相互间的关联必须以一种机器可读的、标准化的格式表达出来。这种类型的知识介绍被描述成**本体**（Ontology），可以通过一个程序（例如，一个搜藏引擎）来读取和处理。为此所必要的工具，即具有不同语义级别的本体描述语言，例如 RDF、RDFS 和 OWL，已经被标准化了，并且成为了新的**"语义网"**的基础。注明语义的网站可以让代理商自主收集有针对性的信息，在独立的决策上满足对应客户的需求和触发自主的行为。这些行为不仅改变了网页，也改变了现实的世界。

附录 A 人 物 索 引[1]

Thales von Milet (约公元前 640—546)：古希腊哲学家、数学家和天文学家（同时也是商人、政治家和工程师），被普遍认为是古希腊哲学和科学的理论奠基人和始祖。他在几何领域也作出了巨大贡献（泰勒斯定理）：根据金字塔的阴影计算出其高度，同时也预测到了公元前 585 年发生的日蚀（他很有可能是从巴比伦知识中所谓的"沙罗周期"中获得了这方面的知识，即每经历 233 个阴历月后就会产生一次日蚀）。他也被认为是第一个提出使用布摩擦琥珀时会产生静电吸引作用 (摩擦起电效应)的人。

Harald Gormsen (910—987)：也称为 Harald Blåtand（"Blauzahn"）。丹麦国王，统一了挪威和丹麦领土，并且奠定了斯堪的纳维亚半岛的基督教基础。用来让固定与移动设备在短距离间交换数据的无线网络技术"蓝牙"（Bluetooth）就是以他的名字命名的。

Stephen Gray (1666—1736)：英国物理学家和业余天文学家，发现了几乎所有导电的材料，特别是铜线。

Alessandro Volta (1745—1827)：意大利物理学家，从事电解法的研究。1800 年，发明了以他的名字命名的伏打堆 (voltaic pile)，即第一个可靠的电源，也是现代电池的雏形。

Jean Baptiste Joseph Baron de Fourier (1768—1830)：法国数学家和物理学家。1822 年，他在"热的解析理论"中提出了具有周期属性的三角函数展开原则。借助于以他的名字命名的方法（傅里叶分析、傅里叶变换），一个周期函数可以被描述是具有不同振幅和频率的正弦和余弦波的叠加。

André Marie Ampère (1775—1836)：法国物理学家，从事电磁学的研究，并研发了电磁针式电报机。

Hans Christian Oersted (1777—1851)：丹麦物理学家和化学家，建立了电磁理论，并且奠定了现代电气工程的基础。

Carl Friedrich Gauß (1777—1855)：德国数学家，以在代数、数论和微积分几何学上的开创性工作而闻名。此外，他和 Willhelm Weber 一起研发了第一个电磁指针式电报机。该电报机当时被安装在了哥廷根天文台的物理大楼上。

Michael Faraday (1791—1867)：美国物理学家，除了发现抗磁性和磁光效应，还发现了电磁感应，为电话的发明奠定了至关重要的基础。

---

[1] 按年代顺序。

Samuel Morse (1791—1872)：美国肖像画家和发明家，完善了电报码，并用其来"书写"电报，发明了以他名字命名的摩尔斯电码，实现了电子电报编码的重大突破。

Christian Doppler (1803—1853)：奥地利数学家和物理学家，通过由自己名字命名的多普勒效应而闻名于世。这个理论阐明了当数据源和观察者相互靠近或者远离的时候，感知或者各种被测量波的频率变化。

Wilhelm Eduard Weber (1804—1891)：德国物理学家，与 Carl Friedrich Gauss 一起进行研究，并一起发表了地球磁场测量的论文，1833 年发明了电磁指针式电报机。

John Scott Russel (1808—1882)：英国海军建筑师，首次发现了孤波现象，即波包（wave packet）。波包可以恒定地、不变地传播一千米的范围。在这个过程中，其他的波包不会被影响。孤波在光纤技术中非常重要，因为孤波实现了使用较高数据包传输速率通过较长距离而近乎没有损耗和干扰地进行传递。

Giovanni Abbate Caselli (1815—1892)：意大利物理学家，被认为是无线电传真机的复制电报发明者。1855 年，他在英国和法国申请了专利，并且从 1865 年起就可以使用时间复用方法同行传递两个图像。在以后的生活中，他开始关注大范围内的人口物理知识，并为了这个目的创办了科普杂志 *La recreazion*。

John Tyndall (1820—1893)：英国物理学家，尝试混浊介质中其他的光散射，并且由此解释，为什么天空是蓝色的，即丁达尔效应 (Tyndall Effect)。他首次尝试了光沿着光学透明导体中的水束引导的喷射形式，由此得出了光波导的超前想法。

James Clerk Maxwell (1831—1879)：苏格兰物理学家，提出了统一的电学和磁学理论。他假设了电磁波的存在，这种假设为无线电技术的基本理论奠定了基础。他证明了光通过电磁振动能够产生一个特定的波长。

Elisha Gray (1835—1901)：美国发明家，与 Alexander Graham Bell 同时发明了电话，并为此申请了专利。然而，由于法院的判决，最终还是 Bell 获得了电话的专利权。

Jean-Maurice é mile Baudot (1845—1903)：法国工程师和电信的先驱者，开发了以他的名字命名的 Baudot 码 (Baudot code)。该码用来对字母和数字进行编码。计量单位**baud**（每秒发送的字符）就是以他的名字命名的。

Edouard Branly (1846—1940)：法国物理学家，揭开了无线电波转换成电能的可能性。他研制出一种电磁波检测仪 Coherer，即一个充满了金属屑的玻璃管能够通过电磁场的影响改变其导电性。

Alexander Graham Bell (1848—1922)：美国生理学家，由美国最高法院裁决是电话的发明者，并获得了相应的专利。

Oliver Heaviside (1850—1925)：英国电气工程师、数学家和物理学家。除此以外，1880年，他还在英国申请了第一个同轴电缆的专利。他开发了新的数学方法求解微分方程，并且引进了矢量和矢量分析。

Nikola Tesla (1856—1943)：来自塞尔维亚的美国物理学家、发明家和工程师，最出名的是他在电磁学领域的开拓成果。他的理论著作和多项专利奠定了现代电源技术的基础。在电信工程领域，他在 1900 年就已经开发了对干扰频率不敏感的跳频远程控制潜艇的方法。他的名字被命名为国际单位"Tesla"，表示磁场的强度。他的名字还被美国学院的电气和电子工程师协会 IEEE 命名为 Tesla 大奖和一个月球陨石坑。

Heinrich Hertz (1857—1895)：德国物理学家，应用 Maxwell 的理论构建了发送（谐振器）和接收电磁波的设备，由此证明了 Maxwell 理论的有效性。他成功地实现了第一个无线的消息传输。他对电磁学有很大的贡献，因此频率的国际单位赫兹以他的名字命名（1 Hz＝ 每秒的周期性震动次数），并于 1933 年起实施在了国际公制系统中。

Alexander Stephanowitsch Popow (1858—1906)：俄罗斯海军建筑师和发明家，在法国 Branly 天线和无线电接收机的基础上进行了诸如雷电等自然电现象的检测。他建造了第一个距离为 250 m 的无线电 Morse 连接。

Jonathan Adolf Wilhelm Zenneck (1871—1959)：德国物理学家和广播先锋。1908 年，他在出版的一本书中提到了跳频扩频（Frequency Hopping Spread Spectrum）。使用这种技术就可以为多个参与者在多个信道上实现同时健壮性地进行通信。他改进了布朗用于直接接收无线电信号的真空管概念。1928 年，他获得了 IEEE 的荣誉勋章，即美国电气和电子工程师美国学院的最高奖项。

Guglielmo Marconi (1874—1934)：意大利工程师和物理学家，在 Hertz、Branly 和 Popow 工作的基础上改良构建了无线电通信。他使用船舶电台做实验，建立了第一个横跨大西洋的无线连接。

George Antheil (1900—1959)：美国作曲家、钢琴家、作家和发明家。1940 年的时候与女演员 Hedy Lamarr 在基于跳频扩频的基础上共同开发了一个安全的通信系统。根据多个机械钢琴通过相同的钢琴卷帘（孔卡）同步的想法进一步提出，发送方和接收方的频率变化在同步的基础上可以被控制。1942 年，该专利并没有被美国军方采用，并且一直被搁置。直到 1962 年海上封锁古巴的时候，这种方法才被第一次投入使用，而当时该专利已过有效期。

Alec A. Reeves (1902—1971)：英国工程师，1938 年，他研发的脉冲编码调制获得了专利。该方法是将模拟信号转换成具有恒定振幅的单个脉冲，由此可以进行数字记录和传输。

Hedy Lamarr (1912—2000)：来自奥地利的美国女演员和发明家。1940 年的时候和作曲家 George Antheil 开发了一个基于跳频扩频基础上的安全通信系统。根据多个机械钢琴通过相同的钢琴卷帘（孔卡）同步的想法进一步提出，发送方和接收方的频率变化在同步的基础上可以被控制。1942 年，该专利（US 2292387）并没有被美国军方采用，并且一直被搁置。直到 1962 年海上封锁古巴的时候，这种方法才被第一次投入使用，而当时该专利已过有效期。1997 年，电子前沿基金会 EFF 为 Hedy Lamarr 颁发了先锋奖以表彰她和 Antheil 的发明。

James van Allen (1914—2006)：美国天体物理学家和空间探险的先驱，1957/58 两年发现了以他的名字命名的范艾伦辐射带，是环绕地球的高能粒子辐射带。1987 年，他被美国总统里根授予了国家科学奖章。

Claude Elwood Shannon (1916—2001)：美国数学家，为数学信息与编码理论作出了重大的贡献。

Arthur C. Clarke (1917—2008)：英国科幻作家。1945 年，他提出了在静止卫星网络基础上的世界无线通信设想。直到 19 年以后，他的这个想法才被付诸了实践。第一个具有静止轨道的美国通信卫星在 1963 年和 1964 年被发射进入太空。

Richard Bellman (1920—1984)：美国数学家，与 Lester Ford 一起创建了一个以他们两个名字命名的 Bellman–Ford 算法。该算法是用来计算在一个网络图中，从一个起始节点开始的最短路径。与相关的 Dijkstra 算法不同的是，在 Bellman–Ford 算法中也会出现负的边权。动态规划是一个特殊的解决数学优化问题的方法，而 Bellman 也被认为是动态规划的始祖。Bellman 在 1970 年的时候获得了 Norbert 维也纳大奖，以表彰其在应用数学方面的贡献。

Harvey Ball (1921—2001)：美国商业艺术家，发明了"笑脸"符号。作为所谓的"表情"，笑脸被收藏在了电子通信中，以便除了文字信息，还可以给出作者情绪和意图的信息。

Delbert Ray Fulkerson (1924—1976)：美国数学家，与数学家 Lester Ford 一起创建了以他们名字命名的 Ford–Fulkerson 算法。该算法用来计算网络中最大的流量。

Donald W. Davies (1924—2000)：英国计算机科学家。同 Paul Baran 和 Leonhard Kleinrock 一起提出了计算机网络中分组交换的概念。这一概念被看作是计算机网络的一个基本原则。Davies 还发明了术语"分组交换"（Packet Switching）。

Paul Baran (1926—2011)：波兰裔美国数学家。与 Donald Davies 和 Leonhard Kleinrock 一起提出了计算机网络中分组交换的概念。这一概念被看作是计算机网络的一个基本原则。

Lester Ford (1927—)：美国数学家。当时与同是数学家的 Richard Bellman 一起创建了以他们名字命名的 Bellman–Ford 算法，用来确定网络图像中的最短路径。还与 Delbert Ray Fulkerson 一起创建了以他们名字命名的 Ford–Fulkerson 算法，用来确定网络中最大的流量。这两个算法都被用于了距离矢量路由方法中。

Theodore Maiman (1927—2007)：美国物理学家。1960 年与他的助理 Charles Asawa 一起开发了第一个功能激光，即红宝石激光。

Robin K. Bullough (1928—2008)：英国物理学家。最出名的是他对孤子基础性理论作出的贡献，即波包形式的短的光脉冲波。这种波可以恒定的、无变化的在千米范围内进行传播。孤子在光纤技术中具有非常重要的意义，因为使用这种波可以实现使用较高的数据传输速率通过较大的距离后几乎没有损耗和干扰。

Edsger Wybe Dijkstra (1930—2002)：荷兰计算机科学先驱，最出名的是他开发的并且以名字命名的 Dijkstra 算法。该算法用于确定一个图形中两个节点之间的最短路径。Dijkstra 算法是结构化程序设计的先驱，并且在 1972 年获得了图灵奖。

Norman Abramson (1932—)：美国工程师和计算机科学家。1970 年在夏威夷大学开发了 ALOHAnet。该网络是世界上第一个无线计算机网络，使用低成本的业余无线电发射机和接收器，连接了夏威夷群岛上的主要岛屿。2007 年，Abramson 被 IEEE 授予贝尔奖章。

Doug McIllroy (1932—)：美国数学家、工程师和程序员，开发了用于连接宏程序的管道概念。该管道用于进行面向数据流的数据处理。McIllroys 管道在 1972 年的时候被用于操作系统 UNIX。

Charles Kuen Kao (1933—)：中国物理学家和光纤技术的先驱。2009 年与 Willard Boyle 和来自瑞典皇家科学院的 George E. Smith 一起获得了诺贝尔物理学奖，以表彰他在光通信中通过光纤线路领域的开创性成就。

Leonard Kleinrock (1934—)：美国加州洛杉矶大学教授。与 Paul Baran 和 Donald Davies 一起提出了计算机网络中分组交换的概念，并被认为是通过互联网发送第一条消息的人类。

Lawrence Roberts (1937—)：美国工程师，被称为阿帕网（ARPANET）之父。从 1966 年开始担任美国高级研究计划署（Advanced Research Project Agency，ARPA）网络研发小组的负责人。在他的带领下，阿帕网成为互联网发展的先驱。

Robert E, Kahn (1938—)：美国工程师，BBN（Bolt, Beranek and Newman）公司研发部的职员，为阿帕网（ARPANET）设计了第一个网关，即接口信息处理器（Interface Message Processor，IMP）。1973 年，他与 Vinton Cerf 一起设计开发了互联网协议 TCP/IP，同时也担任当时互联网协会（Internet Society，ISOC）的主席。2004 年，他与 Vinton Cerf 一起获得了当年的图灵奖。2005 年，他被授予了美国平民最高的奖项"总统自由勋章"（"Presidential Medal of Freedom"）。

Ray Tomlinson (1941—)：美国工程师。1971 年，他发送了世界上的第一封电子邮件（通过阿帕网从自己的账户向隔壁的计算机发送）。为了将收件人的姓名与目标计算机的名字区分开，他首次使用了"@"这个字符。

Werner Zorn (1942—)：德国计算机科学家和互联网先驱，领导卡尔斯鲁厄大学的项目组。1984 年作为德国第一个参与者连接到了互联网。他是德国第一个互联网服务提供商 Xlink 的创始人之一，并且在 2006 年的时候获得了联邦荣誉勋章。Zorn 现在是波茨坦大学哈索普列特纳研究所的名誉教授。

Paul Kunz (1942—2018)：斯坦福线性加速器中心的物理学家，在瑞士核研究所 CERN 了解到了万维网（WWW）的研究。随后，他在 1991 年 12 月的时候在美国安装了第一个万维网服务器。

Vinton Cerf (1943—)：美国数学家和计算机科学家，阿帕网（ARPANET）开发小组的成员。1973 年，他与 Robert Kahn 一起设计开发了互联网协议**TCP/IP**。这份协议在 1983 年的时候被确定为全球互联网的标准协议。Cerf 现在（2009）是 Google 公司的首席互联网传播者和副总裁。2004 年，他与 Robert E. Kahn 一起获得了当年的图灵奖。2005 年，他被授予了美国平民最高的奖项"总统自由勋章"（"Presidential Medal of Freedom"）。

Jon Postel (1943—1998)：美国信息学家、互联网先驱，在阿帕网（ARPANET）运行初期担任征求意见稿（Request For Comments，RFC）编辑者，负责互联网标准的组织和出版。此外，他也在互联网编号分配机构（Internet Assigned Numbers Authority，IANA）主导互联网地址的分配和组织的工作。他还参与了基础互联网协议 FTP、DNS、SMTP 和 IP 的开发。

Charles P. Thacker (1943—)：美国物理学家和计算机的先驱，参与了施乐公司帕洛阿尔托研究中心（PARC）的以太局域网技术的开发。1967 年，Thacker 与 Butler Lampson 在伯克利分校一起参与开发了第一时分操作系统。在施乐公司，他于 20 世纪 70 年代作为项目负责人进行了 ALTO 计算机的开发。该计算机是第一代个人电脑，并且还参与负责开发了第一代激光打印机。2009 年，Charles P. Thacker 获得了 ACM 图灵奖。

Butler Lampson (1943—)：美国计算机科学家，参与了施乐公司在帕洛阿尔托研究中心（PARC）的以太局域网技术的开发。1967 年，Lampson 与 Charles P. Thacker 在伯克利分校一起参与了第一个分时操作系统的开发。当时，Lampson 是施乐公司的创始人之一，并且在那时意识到使用 ALTO 开发一个低成本的、现代的个人计算机想法。此外，他还开发了第一个激光打印机、两阶段提交协议，以及第一个所见即所得的文字处理软件。1992 年，Butler Lampson 获得了 ACM 的图灵奖。

Whitfield Diffie (1944—)：密码学专家，参与开发了以他的名字命名的Diffie–Hellman加密法。这种加密法基于的是公钥的使用，省略了传统对称加密方法必须要交换密钥信息的步骤。Diffie 是一名政治爱好者，他主张公众有对个人隐私实行加密保护的权利。

Leonard M. Adleman (1945—)：美国南加州大学计算机科学教授，参与开发了非对称加密算法RSA 加密法 (Rivest–Shamir–Adleman, 1978)。他为解决简单的哈密顿圈问题发明了一个算法，并为此建造了第一台 DNA 计算机。2003 年，他与 Adi Shamir 和 Ron Rivest 一起获得了当年的图灵奖。

Martin Hellman (1945—)：密码学专家，参与开发了以他的名字命名的Diffie–Hellman加密法。这种加密法基于公钥的使用，省略了传统对称加密方法必须要交换密钥信息的步骤。

Robert Metcalfe (1946—)：美国工程师，在施乐公司公司的帕洛阿尔托研究中心设计开发了以太网（Ethernet）的局域网（Local Area Network, LAN）技术。在他的倡导下，DEC、英特尔公司和施乐公司联合制定了通过以太网的产品标准，同时也制定了今天被使用最广泛的局域网标准。作为 3COM 公司的创始人，他在 1973 年的征求意见稿（Request For Comments，RFC）602 中描述了在还很年轻的阿帕网上发生的第一起黑客事件。

Robert Cailliau (1947—)：万维网开发（1990）的参与者，与 Tim Berners-Lee 一起在欧洲核子研究中心（European Organization for Nuclear Research，CERN）设计了一个简单的基于超文本的文件交换系统。

Ronald L. Rivest (1947—)：美国麻省理工学院（Massachusetts Institute of Technology，MIT）计算机科学的教授，参与开发了**RSA 加密法**（Rivest–Shamir–Adleman, 1978）、对称加密方法 RC2、RC4、RC5 的开发，并且参与了 RC6 的开发。2003 年，与 Adi Shamir 和 Leonard Adleman 一起获得了当年的图灵奖。

Paul Mockapetris (1948—)：美国计算机科学家和电气工程师。1983 年开发了互联网域名系统，用于在二进制 IP 地址上映射符号计算机名称。从 1994 年到 1996 年，Mockapetris Chairman 就职互联网工程任务组 (Internet Engineering Task Force, IETF)，之后他在 IETF 带领多个工作组。

Scott E. Fahlman (1948—)：美国计算机科学家。1982 年首次提出在电子邮件通信中使用表情符号。这样除了文字的信息外，还可以表达作者的情绪和意图。

John M. McQuillan (1949—)：美国计算机科学家，开发了链路状态路由方法的基础知识，并且使用程序编写出了第一个界面信息处理器。该处理器参与到了阿帕网（ARPANET）的连接计算机上。

David Reeves Boggs (1950—)：美国电气工程师，与 Robert Metcalfe 一起开发了以太局域网技术。此外，他还参与了互联网协议、文件服务器、网关和网络适配器卡的早期原型的开发。

Michael Rotert (1950—)：卡尔斯鲁厄大学信息科学教授，实施和运行了互联网邮件服务器germany，并且由此奠定了德国互联网和电子邮件普及的基础。他创建了德国（1984）、法国（1986）和中国（1990）的互联网连接。此外，他还是互联网协会和 DeNIC 的创始人之一，以及德国互联网行业 e.V 的生态工程师协会的首席执行官。

Van Jacobson (1950—)：美国计算机科学家，共同开发了以他自己名字命名的 Jacobson/Karels 算法。该算法被用于计算丢失了的 TCP 段重传的时候所需要的网络运行时间。Jacobson 参与了互联网架构的发展 (TCP Header Compression, RFC 1144)，并且控制其他 traceroute、pathchar 和 tcpdump 的应用。2001 年，他获得了 ACM SIGCOM 奖，以表彰他对互联网发展做出的贡献。

Ralph C. Merkle (1952—)：美国计算机科学家和加密技术的先驱，与合作伙伴 Martin Hellman 和 Whitfield Diffie 一起设计开发了 Diffie–Hellman 密钥交换算法。此外，他设计开发了分组加密算法 Khufu 和 Khafre，以及加密的哈希函数 SNEFRU。

Adi Shamir (1952—)：以色列特拉维夫 Weizmann 研究所的教授，参与设计开发了非对称加密算法RSA 加密法 (Rivest–Shamir–Adleman, 1978)。2003 年，与 Leonard Adleman 和 Ron Rivest 一起获得了当年的图灵奖。

Latif Ladid (1952—)：国际 IPv6 论坛主席。该论坛成立于 1999 年，并被划分为许多国家和地区部门（IPv6 任务组）。国际 IPv6 论坛的任务是团结所有工业、研究所、政治和行政中那些关心新的互联网协议 IPv6 的人们，团结起来推广这个协议。德国的 IPv6 委员会主席 Christoph Meinel 教授领导着 IPv6 论坛的德国部分。

Tim O'Reilly (1954—)：爱尔兰的软件开发人员、作家和出版商，曾经是脚本语言 Perl 的主要开发人员。O'Reilly 是 O'Reilly Media 出版公司的创始人，与他的同事 Dale Daugherty 一起创造了 Web 2.0 的概念。

Philip R. Zimmerman (1954—)：美国软件工程师，流行电子邮件加密软件 PGP（Pretty Good Privacy）的发明者。由于现有的美国对强大加密技术的出口限制，Zimmermann 由于将其开发的混合加密软件免费公开发表了而在 1991 年遭到了美国政府的调查，但是到了 1996 年却没有任何起诉书就不了了之了。

Christoph Meinel (1954—)：波茨坦大学哈首普拉特纳研究所"互联网技术和系统"正教授 (C4)，德国波茨坦大学哈索普拉特纳研究院 (Hasso-Plattner-Institut，HPI) 院长，德国国家科学工程院院士，北京工业大学计算机学院荣誉教授，上海大学计算机学院客座教授，卢森堡大学跨学科研究中心 SnT (安全和信任中心) 客座研究员。本书的作者之一。

Tim Berners Lee (1955—)：麻省理工学院教授以及万维网之父（1990）。现担任由他本人于 1994 年创办了万维网联盟（World Wide Web Consortium，W3C）的主席，负责协调和指导万维网的发展。他与 Robert Caillieau 一起在欧洲核子研究组织（European Organization for Nuclear Research，CERN）设计开发了第一个万维网服务器，由此奠定了万维网的基础。2004 年，他由女王伊丽莎白二世封为爵位头衔，并被授予"大英帝国爵级司令"（KBE），以表彰他对科学服务的贡献。Tim Berners Lee 认为万维网的未来是语义网。

Mark McCahill (1956—)：美国计算机科学家。1991 年在美国明尼苏达大学开发了 Gopher 系统，被视为 WWW 的先驱和最早竞争者。随着万维网的出现，最初被广泛分布的信息服务在 20 世纪 90 年代末就快速地失去了重要性。

Phil Karn (1956—)：美国电气工程师，共同开发了以自己的名字命名的 Karn/Partridge 算法，用于计算重新传输丢失了的 TCP 段的网络运行时间。Karn 还致力于互联网架构的开发，以及第一个 TCP 协议的实施。

Jim Ellis (1956—2001)：美国计算机科学家，还是杜克大学学生的时候就与 Tom Truscott 一起开发了 Usenet 新闻通信服务。

Craig Partridge (*)：美国电气工程师，共同开发了以自己名字命名的 Karn/Partridge 算法，用于计算重新传输丢失了的 TCP 段的网络运行时间。Partridge 还致力于互联网的开发，如在电子邮件有效路由的工作，以及第一个高速路由器的设计。

Michael J. Karels (*)：美国微生物学家，共同发明了以他名字命名的 Jacobson/Karels 算法，用来计算丢失了的 TCP 段重传的时候所需要的网络运行时间。

Harald Sack (1965—)：计算机科学家，任职德国波茨坦大学哈索普拉特纳研究院 (Hasso-Plattner-Institut，HPI) 的高级研究员。德国 IPv6 理事会的创始成员之一，视频搜索引擎Yovisto.com的联合创始人和开发者，也是本书的作者之一。在完成了形式化验证理论方向的博士研究之后，现在他的研究兴趣主要转移到了多媒体检索、语义网以及语义搜索领域。

Jarkko Oikarinen (1967—)：芬兰计算机科学家，1988 年还是学生的他在操作的计算机邮箱上开发了一个简单的、基于文本的同步消息交换系统。这个系统被作为**互联网中继聊天 (Internet Relay Chat，IRC)** 获得了巨大的成功。

Tatu Ylönen (1968—)：芬兰计算机科学家。1995 年开发了安全外壳 (Secure Shell，SSH) 协议，用于在远程计算机上进行安全数据传输和程序执行。到了 1995 年末，他创办了 SSH 通信服务公司，促进和推广了 SSH 的应用。

Marc Andreesen (1971—)：还是学生的时候就在美国国家超级计算应用中心（NCSA）兼职，与他的同事 Eric Bina 一起开发了第一个万维网浏览器。该浏览器使用了图形用户界面"Mosaic"(1992)。毕业之后，他创建了自己的公司 Netscape，开发的同名万维网浏览器 Netscape 非常受欢迎。

Bram Cohen (1975—)：美国的程序员。2001 年开发了用于在对等网络中高效的文件共享的BitTorrent 协议。与其他的对等技术不同的是，BitTorrent 并不是建立在一个完善的网络上，而是建立在一个单独的、为每个传输资源的分布式网络上。

Tom Truscott (1978—)：美国计算机科学家，还是杜克大学学生的时候就与 Jim Ellis 一起开发了 Usenet 新闻通信服务。

Justin Frankel (1978—)：美国软件开发商。2001 年开发和出版了第一个纯的分散对等文件共享网络gnutella。在此之前，他还为自己的前雇主 AOL 开发了音频和媒体播放器Winamp。

Shawn Fanning (1980—)：美国企业家。由开发和运作了音乐交流论坛"Napster"而闻名的他，根据对等原则工作的文件共享系统在 1999 年到 2001 年被称为互联网最流行的在线社区的起点。

附录 B 缩 略 语

3DES	Triple-DES(三重数据加密标准)
4CIF	4X Common Intermediate Format(4 倍速通用影像传输格式)
AAC	Advanced Audio Coding(高级音频编码)
ABR	Available Bit Rate(可用比特率)
AC	Audio Code(音频码)
ADSL	Asymmetric Digital Subscriber Line(非对称数字用户线)
AES/EBU	Audio Engineering Society / European Broadcasting Union(音频工程协会/ 欧洲广播联盟)
AFX	Animation Framework Extension(动画框架扩展)
AIFF	Audio Interchange File Format(音频交换文件格式)
AJAX	Asynchronous JavaScript and XML(异步 JavaScript 和 XML 技术)
AM	Amplitude Modulation(幅度调制)
ANSI	American National Standards Institute(美国国家标准协会)
ARPA	Advanced Research Project Agency(高级研究计划局)
ASCII	American Standard Code for Information Interchange(美国信息交换标准码)
ASF	Advanced Streaming Format(高级流格式)
ASK	Amplitude Shift Keying(幅移键控)
ASP	Advanced Simple Profile(高级简单配置文件)
ATM	Asynchronous Transfer Mode(异步传输模式)
ATRAC	Adaptive Transform Acoustic Coding(自适应听觉转换编码)
AVC	Advanced Video Codec(高级视频编解码器)
AVI	Audio Video Interleave(音频视频交错)
BCD	Binary Coded Digits(二进制编码位数)
BDSG	Federal Data Protection Act(联邦数据保护法)
BIFS	Binary Format for Scenes(二进制场景格式)
Bit	Binary Digit(二进制数字)
bit	Basic Indissoluble Information Unit(不可分解的最小单位)
BMP	Basic Multilingual Plane(基本多语种平面)
BMP	Bitmap Format(位图格式)
bps	Bits per Second(比特每秒)
BSC	Bit Synchronous Communication(位同步通信)
b/w	Black and White(黑与白)

CA	Certification Authority(认证机构)
CAP	Carrierless Amplitude Phase Modulation(无载波调幅/调相)
CBR	Constant Bit Rate(恒定比特率)
CC	Creative Commons(知识共享协议)
CCIR	Consultative Committee on International Radio(国际无线电咨询委员会)
CCITT	International Telegraph and Telephone Consultative Committee(国际电报电话咨询委员会)
CCD	Charge Coupled Device(电荷耦合器件)
CD	Compact Disc(光盘)
CD-DA	Compact Disc Digital Audio(数字音频光盘)
CD-ROM	Compact Disc Read Only Memory(只读光盘)
CERN	European Organization for Nuclear Research(欧洲核研究组织)
CERT	Computer Emergency Response Team(计算机应急响应小组)
CHAP	Cryptographic Handshake Authentication Protocol(加密握手身份认证协议)
CIE	Commission Internationale de l'Eclairage(国际照明委员会)
CIF	Common Intermediate Format(通用影像传输格式)
CMS	Cryptographic Message Syntax(加密消息语法)
CMY	Cyan，Magenta，Yellow(青色, 洋红色, 黄色)
CPU	Central Processing Unit(中央处理器)
CR	Carriage Return(回车)
CRC	Cyclic Redundancy Check(循环冗余校验)
CRT	Cathode Ray Tube(阴极射线管)
CSNet	Computer Science Network(计算机科学网络)
DAB	Digital Audio Broadcasting(数字音频广播)
DARPA	Defense Advanced Research Projects Agency(国防高级研究计划局)
db	decibel(分贝)
DCC	Digital Compact Cassette(数字盒式磁带)
DCE	Data Communication Equipment(数据通信设备)
DCT	Discrete Cosine Transform(离散余弦变换)
DDCMP	Digital Data Communication Message Protocol(数字数据通信协议)
DECT	Digital Enhanced Cordless Telecommunications(数字增强无线通信)
DES	Data Encryption Standard(数据加密标准)
DFN	German Research Network(德国科研网)
DFT	Discrete Fourier Transform(离散傅里叶变换)
DIN	German Industry Standard(德国工业标准)
DIT	Directory Information Tree(目录信息树)
DMIF	Delivery Multimedia Integration Framework(传输多媒体集成框架)
DNS	Domain Name Service(域名服务)

DoD	Department of Defense(国防部)
DoS	Denial of Service(拒绝服务)
DPCM	Differential Pulse Code Modulation(差分脉冲编码调制)
dpi	dots per inch(点每英寸)
DRM	Digital Rights Management(数字版权管理)
DSA	Digital Signature Algorithm(数字签名算法)
DTE	Data Terminal Equipment(数据终端设备)
DCE	Data Circuit-terminating Equipment(数据电路端接设备)
DVB	Digital Video Broadcast(数字视频广播)
DVB-T	Digital Video Broadcast-Terrestrial(地面数字视频广播)
DVB-S	Digital Video Broadcast-Satellite(卫星数字视频广播)
DVB-C	Digital Video Broadcast-Cable(电缆数字视频广播)
DVD	Digital Versatile Disc(数字通用光碟)
EBCDIC	Extended Binary Coded Decimal Interchange Code(扩展二进制编码的十进制交换码)
EOB	End Of Block(块结束)
EOF	End Of File(文件结束)
EOI	End Of Image(图像结束)
EOT	End Of Text(文本结束)
Exif	Exchangeable Image File Format(可交换图像文件格式)
FFT	Fast Fourier Transformation(快速傅里叶变换)
FLV	Flash Video(Flash 视频)
fps	Frames per Second(帧每秒)
FT	Fourier Transformation(傅里叶变换)
GAN	Global Area Network(全球局域网)
GFR	Guaranteed Frame Rate(可保证帧速率)
GFX	Graphical Framework Extension(图形框架扩展)
GIF	Graphic Interchange Format(图像互换格式)
GOP	Group Of Pictures(图像群组)
GPS	Global Positioning System(全球定位系统)
HDLC	High Level Data Link Control(高级数据链路控制)
HD DVD	High Density Digital Versatile Disc(高清晰度 DVD)
HDTV	High Definition Television(高清电视)
HSV	Hue，Saturation，Value(色相、饱和度、明度)
Hz	Hertz(赫兹)
IC	Integrated Circuit(集成电路)
IDCT	Inverse Discrete Cosine Transform(反离散余弦变换)
IDEA	International Data Encryption Algorithm(国际数据加密算法)

IFF	Interchange File Format(交换文件格式)	
IMP	Interface Message Processor(接口消息处理器)	
IP	Intellectual Property(知识产权)	
ISDN	Integrated Service Digital Network(综合业务数字网)	
ISO	International Standards Organization(国际标准化组织)	
ITC	International Telegraph Code(国际电报码)	
ITU	International Telecommunications Union(国际电信联盟)	
JFIF	JPEG File Interchange Format(JPEG 文件交换格式)	
JPEG	Joint Photographic Experts Group(联合图像专家组)	
KDC	Key Distribution Center(密钥分发中心)	
KEA	Key Exchange Algorithm(密钥交换算法)	
kHz	Kilohertz(千赫)	
LAN	Local Area Network(局域网)	
LAPD	Link Access Procedure D-Channel(D 信道链路接入规程)	
LASeR	Lightweight Scene Representation(轻量级场景表现)	
LLC	Logical Link Control(逻辑链路控制)	
LZW	Lempel-Ziv-Welch(蓝波 - 立夫 - 卫曲编码法)	
MAC	Message Authentication Code(消息鉴别码)	
MAN	Metropolitan Area Network(城域网)	
MD5	Message Digest 5(报文摘要第五版)	
MDCT	Modified Discrete Cosine Transformation(改进的离散余弦变换)	
MIDI	Music Instrument Digital Interface(乐器数字接口)	
MIME	Multimedia Internet Mail Extension Format(多媒体互联网邮件扩展格式)	
MPEG	Moving Picture Experts Group(动态图像专家组)	
NSF	National Science Foundation(国家科学基金)	
NTSC	National Television System Committee(美国国家电视系统委员会)	
OSI	Open Systems Interconnection(开放系统互连)	
PA	Preamble(前同步码)	
PAL	Phase Alternating Line(逐行倒相)	
PAN	Personal Area Network(个人域网)	
PAP	Password Authentication Protocol(口令验证协议)	
PARC	Palo Alto Research Center(帕罗奥多研究中心)	
PCM	Pulse Code Modulation(脉冲编码调制)	
PDF	Portable Document Format(便携式文件格式)	
PKI	Public Key Infrastructure(公钥基础设施)	
PNG	Portable Network Graphic(可移植的网络图形)	
QAM	Quadrature Amplitude Modulation(正交振幅调制)	
QCIF	Quarter Common Intermediate Formate(四分之一通用影像传输格式)	

RAM	Random Access Memory(随机存储器)
RC	Rivest Cipher(Rivest 密码)
RDF	Resource Description Framework(资源描述框架)
RFC	Reverse Path Forwarding(反向通路转发)
RGB	Red-Green-Blue(三原色)
RIFF	Resource Interchange File Format(资源交换文件格式)
RLE	Run Length Encoding(游程编码)
ROM	Read Only Memory(只读存储器)
RSA	Rivest-Shamir-Adleman(RSA 加密算法)
RTMP	Real Time Messaging Protocol(实时消息协议)
RTSP	Real Time Streaming Protocol(实时流协议)
SECAM	Sequential Color with Memory(SECAM 制式)
SHA	Secure Hash Algorithm(安全散列算法)
SIP	Supplementary Ideographic Plane(表意文字补充平面)
SMR	Signal-to-Mask Ratio(信号掩蔽比)
SMR	Symbolic Music Representation(符号音乐表示)
SMS	Short Message Service(短消息服务)
SNR	Signal-to-Noise Ratio(信噪比)
S/PDIF	Sony/Philips Digital Interconnect Format(Sony/Philip 数字互连格式)
SSL	Secure Socket Layer(安全套接字层)
SSP	Supplementary Special-purpose Plane(辅助专用平面)
TA	Trust Center(信托中心)
TAE	Telecommunications Connection Unit(电信连接单元)
TCP	Transmission Control Protocol(传输控制协议)
TDM	Time Division Multiplexing(时分多路复用)
TIFF	Tagged Image File Format(标志图像文件格式)
UBR	Unspecified Bit Rate(未定比特率)
UCS	Universal Character Set(通用字符集)
UDP	User Datagram Protocol(用户数据报协议)
UHDV	Ultra High Definition Video(超高清视频)
URI	Uniform Resource Identifier(统一资源标识符)
USB	Universal Serial Bus(通用串行总线)
UTF	Unicode Transformation Format(统一码转换格式)
VBR	Variable Bit Rate(可变比特率)
VC	Virtual Container(虚容器)
VGA	Video Graphics Array(视频图形阵列)
VHS	Video Home System(家用录像系统)
VoIP	Voice over IP(互联网电话)

VPN	Virtual Private Network(虚拟专用网络)
VRML	Virtual Reality Modeling Language(虚拟现实建模语言)
WAN	Wide Area Network(广域网)
W3C	World Wide Web Consortium(万维网联盟)
WLAN	Wireless LAN(无线局域网)
WMA	Windows Media Audio(视窗媒体音频)
WMF	Windows Media Format(视窗媒体格式)
WMT	Windows Media Technologies(视窗媒体技术)
WPAN	Wireless Personal Area Network(无线个人区域网)
WWW	World Wide Web(万维网)
WYSIWYG	What You See Is What You Get(所见即所得)
XLink	Extended Local Computer Science Network(扩展本地计算机科学网络)
XML	Extended Markup Language(可扩展标记语言)
Y	luminance Component of YC_rC_b Color Model(YC_rC_b 颜色模型中的亮度分量)

表 格 索 引

插 图 索 引

参 考 文 献

[1] Abrahamson A (1987) The history of television, 1880 to 1941. McFarland, Jefferson, N.C.

[2] Abrahamson A (2003) The history of television, 1942 to 2000. McFarland & Co., Jefferson, N.C.

[3] Abramson N (1985) Development of the alohanet. Information Theory, IEEE Transactions on 31(2): 119-123.

[4] Accredited Standards Committee (1985) X9: American National Standard X3.17-1985: Financial Institution Key Management(Wholesale).American Bankers Association.

[5] Aischylos (1986) Die Orestie: (Agamemnon, Die Totenspende, Die Eumeniden): deutsch von Emil Staiger, mit einem Nachwort des Übersetzers. Reclam, Stuttgart.

[6] Amman J, Sachs H (1568) Eygentliche Beschreibung Aller Stände auff Erden / hoher und niedriger / geistlicher und weltlicher / aller Künsten / Handwercken und Händeln / u. vom grössten bis zum kleinesten / Auch von ihrem Ursprung / Erfindung und gebreuchen. Georg Raben / Sigmund Feyerabents, Frankfurt a. M.

[7] Anderson C (2006) The Long Tail: Why the Future of Business is Selling Less of More. Hyperion, NewYork, NY, USA.

[8] Assmann J (2003) Zur Entwicklung der Schrift im alten Ägypten. In: Engell L, Siegert B, Vogl J (eds) Archiv für Mediengeschichte-Medien der Antike, Universitätsverlag Weimar, Weimar, pp 13-24.

[9] Badach A, Hoffmann E (2007) Technik der IP-Netze-TCP/IP incl. IPv6-Funktionsweise, Protokolle und Dienste, 2. erw. Aufl. Carl Hanser Verlag, München.

[10] Baier W (1977) Geschichte der Fotografie. Quellendarstellungen zur Geschichte der Fotografie. Schirmer und Mosel, München.

[11] Baran P (1964) On distributed communication networks. IEEE Transactions on Communication Systems 12.

[12] Baran P (1965) Reliable digital communication systems using unreliable network repeater nodes, report p-1995. Tech. rep., Rand Corporation.

[13] Bauer F (1922) Das Giessinstrument des Schriftgiessers. Ein Beitrag zur Geschichte der Schriftgiesserei. Genzsch & Heyse, Hamburg; München.

[14] Bauer FL (2001) Entzifferte Geheimnisse. Methoden und Maximen der Kryptologie. Springer Verlag, Berlin, Heidelberg, New York.

[15] Beauchamp K (2001) History of Telegraphy. The Institution of Electrical Engineers, London, UK.

[16] Beck K (2006) Computervermitelte Kommunikation im Internet. Oldenbourg Verlag, München.

[17] Berlekamp ER (1088) Key Papers in the Development of Coding Theory (IEEE Press Selected Reprint Series). IEEE Press.

[18] Berlekamp ER (1984) Algebraic coding theory. Aegean Park Press, Laguna Hills, CA, USA.

[19] Berners-Lee T, Cailliau R, Groff JF, Pollermann B (1992) World-wide web: The information universe. Electronic Networking: Research, Applications and Policy 1(2): 74-82.

[20] Bertsekas D, Gallagher R (1991) Data Networks, 2nd edn. Prentice Hall, Englewood Cliffs, NJ,USA.

[21] Beutelspacher A (1993) Kryptologie: eine Einführung in die Wissenschaft vom Verschlüsseln, Verbergen und Verheimlichen. Vieweg Verlag, Braunschweig.

[22] Beutelspacher A (1997) Geheimsprachen: Geschichte und Techniken. C. H. Beck, München.

[23] Bierbrauer J (2004) Introduction to Coding Theory. Chapman and Hall/CRC Press, Boca Raton, FL, USA.

[24] Binder F (1954) Die Brieftaube bei den Arabern in der Abbassiden- und Mamlukenzeit. Journal of Ornithology 95(1): 38-47.

[25] Black U (1991) OSI: a model for computer communications standards. Prentice-Hall, Inc., Upper Saddle River, NJ, USA.

[26] Black U (1997) Emerging communications technologies (2nd ed.). Prentice-Hall, Inc., Upper Saddle River, NJ, USA.

[27] Blanck H (1992) Das Buch in der Antike. Beck, München.

[28] Bless R, Mink S, BlaßEO, Conrad M, Hof HJ, Kutzner K, Schööller M (2005) Sichere Netzwerkkommunikation. ISBN 3-540-21845-9, Springer Verlag, Berlin, Heidelberg.

[29] Bradner S (1996) The Internet Standards Process–Revision 3. RFC Editor.

[30] Brockhaus (ed) (2005) Der Brockhaus in einem Band. 10., vollständig überarbeitete und aktualisierte Auflage. Bibliographisches Institut F. A. Brockhaus AG, Mannheim.

[31] Buchmann J (2001) Einführung in die Kryptographie. Springer Verlag, Berlin, Heidelberg, New York.

[32] Buddemeier H (2001) Von der Keilschrift zum Cyberspace: Der Mensch und seine Medien. Verlag Freies Geistesleben & Urachhaus GmbH, Stuttgart.

[33] Buford JFK (1994) Multimedia systems. Addison-Wesley Publishing Company, Reading, MA, USA.

[34] Bush V (1996) As we may think. interactions 3(2): 35-46.

[35] Bußmann H (1983) Lexikon der Sprachwissenschaft. Alfred Körner Verlag, Stuttgart.

[36] Cailliau R, Gillies J (2000) How the Web Was Born: The Story of the World Wide Web. Oxford University Press.

[37] Cassin E, Bottero J, Vercoutter J (1967) Die Altorientalischen Reiche III-Die erste Hälfte des 1. Jahrtausends. Fischer Weltgeschichte, Band 4, Fischer Taschenbuch Verlag, Frankfurt a. M.

[38] Cavalli-Sforza L (1996) Gene, Völker und Sprachen. Die biologischen Grundlagen unserer Zivilisation. Carl Hanser Verlag, München.

[39] Chen JW, Kao CY, Lin YL (2006) Introduction to H.264 Advanced Video Coding. In: ASP-DAC '06: Proceedings of the 2006 conference on Asia South Pacific design automation, IEEE Press, Piscataway, NJ, USA, pp736-741.

[40] Chomsky N (1963) On certain formal properties of grammars. In: Luce RD, Bush R, Galanter E (eds) Handbook of Mathematical Psychology, vol 2, Wiley, New York, NY, USA, pp323-418.

[41] Christopoulos C, Skodras A, Ebrahimi T (2000) The JPEG 2000 still image coding system: An overview. IEEE Transactions on Consumer Electronics 46(4): 1103-1127.

[42] Churchhouse RF (2001) Codes and Ciphers: Julius Caesar, the Enigma, and the Internet. Cambridge University Press.

[43] Clarke D (1965) Theingenious Mr. Edgeworth. Oldbourne, London, UK.

[44] Clarke RJ (1995) Digital Compression of Still Images and Video. Academic Press, Inc., Orlando, FL, USA.

[45] Co TA& (1917) Hawkins Electrical Guide, Volume 6. Hawkins and staff, New York, NY, USA.

[46] Comer DE (1998) Computernetzwerke und Internets. Prentice Hall, München.

[47] Compaine BM (ed) (2001) The digital divide: facing a crisis or creating a mythä. MIT Press, Cambridge, MA, USA.

[48] Compuserve Incorporated (1987) GIF Graphics Interchange Format: A standard defining a mechanism for the storage and transmission of bitmap-based graphics information. Columbus, OH, USA.

[49] Compuserve Incorporated (1990) GIF Graphics Interchange Format: Version 89a. Columbus, OH, USA.

[50] Cormen TH, Leiserson CE, Rivest RL, Stein C (2001) Introduction to Algorithms. The MIT Press, Cambridge, MA, USA.

[51] Corsten S (1979) Die Drucklegung der zweiundvierzigzeiligen Bibel. Technische und chronologische Probleme. In: Schmitt W (ed) Johannes Gutenbergs zweiundvierzigzeilige Bibel. Faksimile-Ausgabe nach dem Exemplar der Staatsbibliothek Preušischer Kulturbesitz Berlin, Idion Verlag, München.

[52] Corsten S (1995) Die Erfindung des Buchdrucks im 15. Jahrhundert. In: der Maximilian Gesellschaft V, Tiemann B (eds) Die Buchkultur im 15. und 16. Jahrhundert, Bd. 1, Maximilian-Gesellschaft, Hamburg, pp 125-202.

[53] Côtè G, Erol B, Gallant M, Kossentini F (1998) H.263+: video coding at low bit rates. Circuits and Systems for Video Technology, IEEE Transactions on 8(7): 849-866.

[54] Coulmas F (1996) The Blackwell Encyclopedia of Writing Systems. Blackwell, NewYork, NJ, USA.

[55] Crowcroft J, Handley M, Wakeman I (1999) Internetworking Multimedia. Morgan Kaufman Publishers, San Francisco, CA, USA.

[56] Crowley D, Heyer P (2003) Communication in History: Technology, Culture and Society (Fourth Edition). Allynand Bacon, Boston, MA, USA.

[57] Daemen J, Rijmen V (2002) The Design of Rijndael: AES-The Advanced Encryption Standard. Springer Verlag, Berlin, Heidelberg, New York.

[58] Daigle JD (1991) Queueing Theory for Telecommunications. Addison-Wesley, Reading, MA, USA.

[59] Davies DW, Barber DLA (1973) Communication networks for computers. John Wiley, London, New York.

[60] Day JD, Zimmermann H (1983) The OSI reference model. Proceedings of the IEEE 71(12): 1334-1340.

[61] Dietz M, Popp H, Brandenburg K, Friedrich R (1996) Audio compression for network transmission. Journal of the Audio Engineering Society 44(1-2): 58-72.

[62] Diffie W (1988) The first ten years of public-key cryptography. In: Innovations in Internetworking, Artech House, Inc., Norwood, MA, USA, pp 510-527.

[63] Diffie W, Hellman ME (1976) New directions in cryptography. IEEE Transactions on Information Theory IT-22(6): 644-654.

[64] DIN 44302 (1979) DIN 44302: Datenübertragung, Datenübermittlung: Begriffe. Deutsches Institut für Normierung DIN, Berlin/Köln.

[65] DIN 66020 (1999) Funktionelle Anforderungen an die Schnittstellen zwischen Datenendeinrichtung und Datenübertragungseinrichtungen-Teil 1: Allgemeine Anwendung. Deutsches Institut für Normierung DIN, Berlin/Köln.

[66] DIN 66021 (1983) DIN 66021-9: Schnittstelle zwischen DEE und DÜE für Synchrone Übertragung bei 48000 bit/s auf Primärgruppenverbindungen. Deutsches Institut für Normierung DIN, Berlin/Köln.

[67] Eckschmitt W (1980) Das Gedächtnis der Völker. Hieroglyphen, Schriften und Schriftfunde. HeyneVerlag, München.

[68] Eco U (1996) From Internet to Gutenberg, a lecture presented at the Italian Academy for Advanced Studies in America, nov. 12, 1996. URL http://www.italynet.com/columbia/ Internet.htm.

[69] Engell L, Siegert B, Vogl J (2003) Archiv für Mediengeschichte-Medien der Antike. Universitätsverlag Weimar, Weimar.

[70] Erb E (1993) Radios von gestern. M+K Verlag Computer Verlag, Luzern.

[71] Essinger J (2004) Jacquard's web. Oxford University Press, Oxford, UK.

[72] Evenson AE (2000) The Telephone Patent Conspiracy of 1876: The Elisha Gray-Alexander Bell Controversy. McFarland, Jefferson, NC, USA.

[73] Falk D, Brill D, Stork D (1986) Seeing the Light: Optics in Nature, Photography, Color, Vision and Holography. John Wiley & Sons, New York, NY, USA.

[74] Faulmann C (1990) Schriftzeichen und Alphabete aller Zeiten und Völker, Reprintder Ausgabe von 1880. Augustus Verlag, Augsburg.

[75] Faulstich W (1997) Das Medium als Kult: von den Anfängen bis zur Spätantike. Vandenhoek & Ruprecht, Göttingen.

[76] Fickers A (2007) "Politique de la grandeur", vs. "Made in Germany". Politische Kulturgeschichte der Technik am Beispiel der PAL-SECAM-Kontroverse. Oldenbourg Verlag, München.

[77] Flichy P (1994) Tele: Die Geschichte der modernen Kommunikation. Campus Verlag, Frankfurt a. M.

[78] Fluhrer SR, Mantin I, Shamir A (2001) Weaknesses in the key scheduling algorithm of RC4. In: SAC '01: Revised Papers from the 8th Annual International Workshop on Selected Areas in Cryptography, Springer-Verlag, London, UK, pp 1-24.

[79] Földes-Papp K (1966) Vom Felsbild zum Alphabet. Die Geschichte der Schrift von ihren frühesten Vorstufen bis zur modernen lateinischen Schreibschrift. Chr. Belser Verlag, Stuttgart.

[80] Freyer U (2000) Nachrichten-Übertragungstechnik, 4. Aufl. Carl Hanser Verlag, München.

[81] Fritsch A (1944) Diskurs über den heutigen Gebrauch und Mißbrauch der Neuen Nachrichten, die man Neue Zeitung nennt (Discursus de Novellarum quas vocant Neue Zeitunge hodierne usu et abusu). In: Kurth K (ed) Die ältesten Schriften für und wider die Zeitungen (Quellenhefte zur Zeitungswissenschaft), 1, Rohrer, Brünn/München/Wien, pp 33-44.

[82] Fuglèwicz M (1996) Das Internet Lesebuch-Hintergründe, Trends, Perspektiven. Buchkultur Verlagsgesellschaft m.b.H., Wien.

[83] Füssel S (1999) Johannes Gutenberg. Rowohlt Taschenbuch Verlag GmbH, Reinbeck bei Hamburg.

[84] Füssel S (ed) (2006) Gutenberg-Jahrbuch 2006. Harrassowitz, Wiesbaden-Erbenheim.

[85] Gage J (2004) Kulturgeschichte der Farbe. Von der Antike bis zur Gegenwart, 2. Aufl. E. A. Seemann Verlag, Leipzig.

[86] Gantert K, Hacker R (2008) Bibliothekarisches Grundwissen, 8., vollst. neu bearb. und erw. Aufl. Saur, München.

[87] Gellat R (1954) The fabulous phonograph. From tin foil to high fidelity. Lippincott, Philadelphia, NY, USA.

[88] Gessinger J, v Rahden (Hrsg) W (1989) Theorien vom Ursprung der Sprachen. de Gruyter, Berlin-New York.

[89] Gibson JD, Berger T, Lookabaugh T, Lindbergh D, Baker RL (1998) Digital compression for multimedia: principles and standards. Morgan Kaufmann Publishers Inc., San Francisco, CA, USA.

[90] Goldstein EB (2007) Wahrnehmungspsychologie: Der Grundkurs, 7. Aufl. Spektrum Akademischer Verlag, Heidelberg.

[91] Gööck R (1989) Radio, Fernsehen, Computer. Sigloch, Künzelsau.

[92] Görne T (2006) Tontechnik. Carl Hanser Verlag, Leipzig.

[93] Grimm R (2005) Digitale Kommunikation. Oldenbourg Verlag, München.

[94] Gunther RWT (ed) (1966) Early science in Oxford. Dawsons, London, UK.

[95] Haarmann H (1991) Universalgeschichte der Schrift, 2. Aufl. Campus Verlag, Frankfurt a.M.

[96] Haarmann H (1996) Early Civilization and Literacy in Europe, An Inquiry into Cultural Continuity in the Mediterranean World. Mouton de Gruyter, Berlin-New York.

[97] Haase F (2003) Mythos Fackeltelegraph-Über die medientheoretischen Grundlagen antiker Nachrichtentechnik. In: Engell L,Siegert B,VoglJ (eds) Archiv für Mediengeschichte-Medien der Antike, Universitätsverlag Weimar, Weimar, pp 13-24.

[98] HaaßWD (1997) Handbuch der Kommunikationsnetze: Einführung in die Grundlagen und Methoden der Kommunikationsnetze. Springer Verlag, Berlin, Heidelberg, New York.

[99] Hacker S (2000) MP3: The Definitive Guide. O'Reilly & Associates, Sebastopol CA, USA.

[100] Hadorn W, Cortesi M (1985) Mensch und Medien-Die Geschichte der Massenkommunikation. AT Verlag Aarau, Stuttgart.

[101] Hafner K, Lyon M (1997) Arpa Kadabra: Die Geschichte des Internet. dPunkt Verlag, Heidelberg.

[102] Hahn H, Stout R (1994) The Internet Complete Reference. Osborne McGraw-Hill, Berkeley CA, USA.

[103] Hambling D (2005) Weapons Grade. Carroll & Graf, New York, NY, USA.

[104] Hamilton E (1992) JPEG File Interchange Format. Tech. rep., C-Cube Microsystems, Milpitas, CA, USA, URL http://www.w3.org/Graphics/JPEG/jfif3.pdf.

[105] Hamming RW (1950) Error detecting and error correcting codes. Bell System Technical Journal 26(2): 147-160.

[106] Hammond NGL, (Hrsg) HHS (1992) The Oxford Classical Dictionary, 2nd Ed. Oxford University Press, Oxford, UK.

[107] Hanebutt-Benz EM (2000) Gutenbergs Erfindungen. In: Mainz (ed) Gutenberg-Aventur und Kunst: Vom Geheimunternehmen zur ersten Medienrevolution, Schmidt, Mainz, pp 158-189.

[108] Harris R (1986) The Origin of Writing. Duckworth, London, UK.

[109] Hartley RVL (1928) Transmission of information. Bell Syst Tech Journal 7:535-563.

[110] Hauben M, Hauben R (1997) Netizens: On the History and Impact of Use Net and the Internet. Wiley-IEEE Computer Society Press, Los Alamitos, CA, USA.

[111] Hiebel HH, Hiebler H, Kogler K, Walitsch H (1998) DieMedien-Logik, Leistung, Geschichte. W. Fink Verlag, München.

[112] Hiltz SR, Turoff M (1978) The Network Nation. Addison-Wesley Professional, Boston, MA, USA.

[113] Horstmann E (1952) 75 Jahre Fernsprecher in Deutschland. 1877-1952. Ein Rückblick auf die Entwicklung des Fernsprechers un Deutschland und auf seine Erfindungsgeschichte. Bundesministerium für das Post- und Fernmeldewesen, Bundesdruckerei, Bonn.

[114] (Hrsg) JG (1996) The communications Handbook. CRC-Press, Boca Raton, FL, USA.

[115] (Hrsg) JG (1996) Multimedia Communications-Directions and Innovations. Academic Press, Inc., San Diego, CA, USA.

[116] (Hrsg) JLC (1999) A History of Algorithms: From the Pebble to the Microchip. Springer Verlag, Berlin, Heidelberg, New York.

[117] (Hrsg) WK (1997) Propyläen Technikgeschichte. Ullstein Buchverlag GmbH, Berlin.

[118] Huffman DA (1952) A method for construction of minimum-redundancy codes. Proceedings IRE40(9): 1098-1101.

[119] Huffman WC, Brualdi RA (1998) Handbook of coding theory. In: Pless VS (ed) Handbook of Coding Theory, Elsevier Science Inc., New York, NY, USA.

[120] Hyman A (1982) Charles Babbage, Pioneer of the Computer. Prineton University Press, Princeton, NJ, USA.

[121] International Organization for Standardization (1994) ISO/IEC 10918-1:1994: Information technology—Digital compression and coding of continuous-tone still images: Requirements and guidelines. International Organization for Standardization, Geneva, Switzerland, URL http://www.iso.ch/cate/d18902.html.

[122] International Organization for Standardization (1995) ISO/IEC 10918-2:1995: Information technology—Digital compression and coding of continuous-tone still images: Compliance testing. International Organization for Standardization, Geneva, Switzerland, URL http://www.iso.ch/ cate/d20689.html.

[123] International Standard, ISO/IEC/JTC1/SC29 WG11 (1998) ISO/IEC 13818-3, Information technology-generic coding of moving pictures and associated audio information—Part 3: Audio. International Organization for Standardization, Geneva, Switzerland.

[124] Jochum U (2007) Kleine Bibliotheksgeschichte, 3. verbesserte und erweiterte Aufl. Reclam, Stuttgart.

[125] Jossé H (1984) Die Entstehung des Tonfilms. Beitrag zu einer faktenorientierten Mediengeschichtsschreibung. Alber, Freiburg/München.

[126] Kahn D (1967) The Codebreakers. The Macmillan Company, New York, xvi+1164 pages.

[127] Kahn D (1998) An Enigma chronology. In: Deavours CA, Kahn D, Kruh L, Mellen G, Winkel BJ (eds) Selections from Cryptologia: history, people, and technology, Artech House, Inc., Norwood, MA, USA, pp 423-432.

[128] Kasner E, Newman JR (1967) Mathematics and the Imagination, 24th ed. Simon and Schuster, New York, NY, USA.

[129] Kidwell PA, Ceruzzi PE (1994) Landmarks in digital computing: A Smithonian practical history. Smithonian Institute Press, Washington, D.C., USA.

[130] Kippenhahn R (1997) Verschlüsselte Botschaften: Geheimschrift, Enigma und Chipkarte. Rowohlt Taschenbuch Verlag GmbH, Reinbeck bei Hamburg.

[131] Kircher A (1646) Athanasii Kircheri Ars magna lucis et umbrae, in X. libros digesta. Quibus admirandae lucis & umbrae in mundo, atque adeo universa natura, vires effectusque uti nova, ita varia novorum reconditiorumque speciminum exhibitione, ad varios mortalium usus, panduntur. Scheus, Rom.

[132] Kleinrock L (1961) Information flow in large communication nets, ph. d. thesis proposal. PhD thesis, Massachusetts Institute of Technology, Cambridge, MA, USA, URL http://www.cs.ucla.edu/ ~lk/LK/Bib/REPORT/PhD/.

[133] Kleinrock L (1975) Queueing Systems, Volume1: Theory. John Wiley & Sons, Hoboken, NJ, USA.

[134] Koenen R (2002) Overview of the MPEG-4 Standard. International Organization for Standardization, ISO/IEC JTC1/SC29/WG11 N2323, Coding of Moving Pictures and Audio, Geneva, Switzerland.

[135] Kollmann T (2007) E-Business: Grundlagen elektronischer Geschäftsprozesse in der Net Economy,3., überarb. und erw. Aufl. Gabler, Wiesbaden.

[136] König W (ed) (1990) Propyläen der Technikgeschichte, Bd. 1-5. Propyläen, Berlin.

[137] Krcmar H (2005) Informationsmanagement, 4th edn. Springer Verlag, Berlin, Heidelberg, New York.

[138] Kuckenburg M (1996) ... und sprachen das erste Wort. Die Entstehung von Sprache und Schrift. Eine Kulturgeschichte der menschlichen Verständigung. Econ Verlag, Düsseldorf.

[139] Kuhlen F (2005) E-World—Technologien für die Welt von morgen. Springer, Berlin, Heidelberg, New York.

[140] Kuo FF, Effelsberg W, Garcia-Luna-Aceves JJ (1998) Multimedia communications protocols and applications. Prentice-Hall, Inc., Upper Saddle River, NJ, USA.

[141] Küppers H (2002) Das Grundgesetz der Farbenlehre, 10. Aufl. DuMont Literatur und Kunst Verlag, Köln.

[142] Kurose JF, Ross KW (2001) Computer Networking-A Top-Down Approach Featuring the Internet. Addison-Wesley Professional, Boston, MA, USA.

[143] Kyas O, Campo MA (2000) IT Crackdown, Sicherheit im Internet. MITP Verlag, Bonn.

[144] Laue C, Zota V (2002) Klangkompressen—MP3 und seine Erben. c't-Magazin für Computertechnik, Verlag Heinz Heise, Hannover 19: 102-109.

[145] Le Gall D (1991) MPEG: a video compression standard for multimedia applications. Commun ACM 34(4): 46-58.

[146] Leroi-Gourhan A (1984) Hand und Wort. Die Evolution von Technik, Sprache und Kunst. Suhrkamp, Frankfurt a. M.

[147] Leuf B, Cunningham W (2001) The Wiki Way: Collaboration and Sharing on the Internet. Addison-WesleyProfessional, Boston, MA, USA.

[148] Lewis N (1974) Papyrus in Classical Antiquity. Oxford University Press, Oxford, UK.

[149] Licklider JCR, Taylor RW (1968) The computer as a communication device. Science and Technology 76:21-31.

[150] Luther AC (1997) Principles of Digital Audio and Video. Artech House, Inc., Norwood, MA, USA.

[151] Luther AC, Inglis AF (1999) Video Engineering. McGraw-Hill, Inc., New York, NY, USA.

[152] Marcellin MW, Bilgin A, Gormish MJ, Boliek MP (2000) An overview of JPEG-2000. In: DCC '00: Prof. of IEEE Data Compression Conference 2000, IEEE Computer Society, Washington, DC, USA, pp 523-542.

[153] Martin E (1925) Die Rechenmaschine und ihre Entwicklungsgeschichte. Bd. 1. Burhagen, Pappenheim.

[154] Maxwell JC (1865) A dynamical theory of the electromagnetic field. Philosophical Transactions of the Royal Society of London 155:459-513.

[155] Meinel C, Sack H (2004) WWW-Kommunikation, Internetworking, Web-Technologien. Springer Verlag, Heidelberg.

[156] Menezes AJ, Vanstone SA, Oorschot PCV (1996) Handbook of Applied Cryptography. CRC Press, Inc., BocaRaton, FL, USA.

[157] Meschkowski H (1990) Denkweisen großer Mathematiker-Ein Weg zur Geschichte der Mathematik. Vieweg Verlag, Wiesbaden.

[158] Miano J (1999) Compressed image file formats: JPEG, PNG, GIF, XBM, BMP. ACM Press/Addison-Wesley Publishing Co., New York, NY, USA.

[159] Miller AR (1995) The cryptographic mathematics of enigma. Cryptologia 19(1):65-80.

[160] Miller G (1956) The magical number seven, plus or minus two: Some limtis on our capacity for processing information. Psycological Review 63:81-97.

[161] Mitchell JL, Pennebaker WB, Fogg CE, Legall DJ (eds) (1996) MPEG Video Compression Standard. Chapman & Hall, Ltd., London, UK, UK.

[162] Mitterauer M (1998) Predigt-Holzschnitt-Buchdruck. Europäische Frühformen der Massenkommunikation. Beiträge zur historischen Sozialkunde 28(2):69-78.

[163] Moffat A, Neal RM, Witten IH (1998) Arithmetic coding revisited. ACM Trans Inf Syst 16(3):256-294, DOI http://doi.acm.org/10.1145/290159.290162.

[164] Möller E (2004) Die heimliche Medienrevolution—Wie Weblogs, Wikis und freie Software die Welt ver"andern. HeiseVerlag, Hannover.

[165] Moore GE (1965) Cramming more components onto integrated circuits. Electronics 38(8).

[166] Murray JD, vanRyper W (1994) Encyclopedia of graphics file formats. O'Reilly & Associates, Inc., Sebastopol, CA, USA.

[167] Naumann F (2001) Vom Abakus zum Internet: die Geschichte der Informatik. Primus-Verlag, Darmstadt.

[168] Nettle D (2001) Linguistic Diversity. Oxford University Press, Oxford, UK.

[169] Newhall B (1982) History of Photography: From 1839 to the Present. Bulfinch; Revised edition.

[170] Oertel R (1959) Macht und Magie des Films. Weltgeschichte einer Massensuggestion. Volksbuchverlag, Wien.

[171] O'Regan G (2008) A Brief History of Computing. Springer Verlag Ldt., London, UK.

[172] O'Reilly T (2005) What is web 2.0: Design patterns and business models for the next generation of software. URL http://www.oreillynet.com/pub/a/oreilly/tim/news/2005/09/30/what-is-web-20.html.

[173] Painter T, Spanias A (2000) Perceptual coding of digital audio. Proc of the IEEE 88(4):451-515.

[174] Parsons EA (1952) The Alexandrian Library, Glory of the Hellenic World; Its Rise, Antiquities, and Destructions. Elsevier, Amsterdam-New York.

[175] Patel P, Parikh C (2003) Design and implementation of AES (Rijndael) algorithm. In: Nygard KE(ed) CAINE, ISCA, pp 126-130.

[176] Pennebaker WB, Mitchell JL (1992) JPEG Still Image Data Compression Standard. Kluwer Academic Publishers, Norwell, MA, USA.

[177] Peterson LL, Davie BS (2000) Computernetze-Ein modernes Lehrbuch. dPunkt Verlag, Heidelberg.

[178] Picot A, Reichwald R, Wigand TR (2001) Die grenzenlose Unternehmung: Information, Organisation und Management; Lehrbuch zur Unternehmensführung im Informationszeitalter, 4., vollst. überarb. u. erw. Aufl. Gabler, Wiesbaden.

[179] Pierce JR, Noll AM (1990) Signale-Die Geheimnisse der Telekommunikation. Spektrum AkademischerVerlag, Heidelberg.

[180] Platon (1940) Kratylos. In: Sämtliche Werke, vol1, Lambert Schneider, Berlin, pp 541-617.

[181] Platon (1983) Phaidros. In: Eigler G (ed) Werke in acht Bänden, vol 5, Wissenschaftliche Buchgesellschaft, Darmstadt.

[182] Plutarch (1955) Große Griechen und Römer, eingeleitet und übersetzt von Konrad Ziegler, Bd. III. Artemis und Winkler, Zürich.

[183] Pohlmann K (1994) Compact-Disc-Handbuch: Grundlagen des digitalen Audio; technischer Aufbau von CD-Playern, CD-ROM, CD-I, Photo-CD. IWT, München bei Vaterstetten.

[184] Pohlmann KC (2000) Principles of Digital Audio. McGraw-Hill Professional, Berkeley CA, USA.

[185] Poynton CA (1996) A technical introduction to digital video. John Wiley & Sons, Inc., New York, NY, USA.

[186] Preneel B (1998) Cryptographic primitives for information authentication-state of the art. In: State of the Art in Applied Cryptography, Course on Computer Security and Industrial Cryptography-Revised Lectures, Springer-Verlag, London, UK, pp 49-104.

[187] Pullan JM (1968) The History of the Abacus. Hutchinson, London, UK.

[188] Rao KR, Hwang JJ (1996) Techniques and standards for image, video, and audio coding. Prentice-Hall, Inc., Upper Saddle River, NJ, USA.

[189] am Rhyn OH (1897) Kulturgeschichte des deutschen Volkes, Zweiter Band, Baumgärtel, Berlin, p 13.

[190] Richardson IEG (2003) H.264 and MPEG-4 Video Compression: Video Coding for Nextgeneration Multimedia. John Wiley & Sons, Inc., New York, NY, USA.

[191] Rivest RL, Shamir A, Adleman L (1978) A method for obtaining digital signatures and publickey cryptosystems. Commun ACM 21(2):120-126, DOI http://doi.acm.org/10.1145/359340.359342.

[192] Robinson A (1995) The Story of Writing. Thames and Hudson Ltd, London, UK.

[193] Rochlin GI (1998) Trapped in the Net: The Unanticipated Consequences of Computerization. Princeton University Press, Princeton, NJ, USA.

[194] Rock I (1985) Wahrnehmung: vom visuellen Reiz zum Sehen und Erkennen. Spektrum der Wissenschaft Verlagsgesellschaft, Heidelberg.

[195] Roelofs G (1999) PNG: The definitive guide. In: Koman R (ed) PNG: The Definitive Guide, O'Reilly & Associates, Inc., Sebastopol, CA, USA.

[196] Rosenthal D (1999) Internet-schöne neue Weltä: Der Report über die unsichtbaren Risiken. Orell Füssli Verlag, Zürich, Schweiz.

[197] Rück P (ed) (1991) Pergament. Geschichte-Struktur-Restaurierung-Herstellung. No. 2 in Historische Hilfswissenschaften, Thorbecke, Sigmaringen.

[198] Salus PH (1995) Casting the Net: From ARPANET to Internet and Beyond ... Addison-Wesley Longman Publishing Co., Inc., Boston, MA, USA, forewordBy-Vinton G. Cerf.

[199] Sandermann W (1997) Papier. Eine Kulturgeschichte, 3. Aufl. Springer Verlag, Berlin, Heidelberg, New York.

[200] Schenkel W (1989) Die ägyptische Hieroglyphenschrift und ihre Weiterentwicklungen. In: Günther H, Ludwig O (eds) Schrift und Schriftlichkeit-Writing and its Use. Ein interdisziplinäres Handbuch internationaler Forschung, 1. Halband, de Gruyter, Berlin-New York, pp 83-103.

[201] Scherff J (2006) Grundkurs Computernetze. Vieweg, Wiesbaden.

[202] Schmeh K (2004) Die Welt der geheimen Zeichen. W3L Verlag, Bochum.

[203] Schmeh K (2007) Kryptografie-Verfahren, Protokolle, Infrastrukturen, dPunkt Verlag, Heidelberg, pp 199-234.

[204] Schneier B (1993) Applied Cryptography: Protocols, Algorithms, and Source Code in C. John Wiley & Sons, Inc., New York, NY, USA.

[205] Schöning U (2002) Ideen der Informatik-Grundlegende Modelle und Konzepte. Oldenbourg Verlag, München.

[206] Schubert H (1983) Historie der Schallaufzeichnung. Deutsches Rundfunkarchiv, Frankfurt a. M.

[207] Schulten L (2005) Firefox-Alles zum Kultbrowser. O'Reilley.

[208] Schwarze J, Schwarze S, Hoppe G (2002) Electronic commerce: Grundlagen und praktische Umsetzung. Verl. Neue Wirtschafts-Briefe, Herne/Berlin.

[209] Schwenk J (2002) Sicherheit und Kryptographie im Internet. Vieweg Verlag, Wiesbaden.

[210] Sedgewick R (1988) Algorithms, 2nd Edition. Addison-Wesley, Boston, MA, USA.

[211] Servon LJ (2002) Bridging the digital divide: technology, community, and public policy. Blackwell, Malden, MA, USA.

[212] Shannon CE (1948) A Mathematical Theory of Communication. The Bell System Technical Journal 27:379-423.

[213] Shannon CE (1949) Communication in the presence of noise. Proceedings of the IRE 37(1): 10-21.

[214] Shannon CE, Weaver W (1949) The Mathematical Theory of Communication. University of Illinois Press, Urbana, Illinois.

[215] Shapiro C, Varian HR (1998) Information rules: a strategic guide to the network economy. Harvard Business School Press, Boston, MA, USA.

[216] Siegert B (2003) Translatio Imperii: Der cursus publicus im römischen Kaiserreich. In: Engell L, SiegertB, VoglJ (eds) Archiv für Mediengeschichte-Medien der Antike, Universitätsverlag Weimar, Weimar, pp 13-24.

[217] Singh S (2000) Geheime Botschaften. Carl Hanser Verlag, München.

[218] Solari SJ (1997) Digital Video and Audio Compression. McGraw-Hill Professional, New York, NY, USA.

[219] Stamper DA (1997) Essentials of Data Communications. Benjamin Cummings, Menlo Park, CA, USA.

[220] Stein E (2001) Taschenbuch Rechnernetze und Internet. Fachbuchverlag Leipzig, Carl Hanser Verlag, München.

[221] Steinmetz R (2000) Multimedia-Technologie: Grundlagen, Komponenten und Systeme, 3. Aufl. Springer Verlag, Heidelberg.

[222] Steinmetz R, Nahrstedt K (2002) Multimedia: Computing, Communications and Applications: Media Coding and Content Processing. Prentice Hall PTR, Upper Saddle River, NJ, USA.

[223] Stelzer D (2000) Digitale Güter und ihre Bedeutung in der Internet-Ökonomie. Das Wirtschaftsstudium (WISU) 29(6):835-842.

[224] Stelzer D (2004) Produktion digitaler Güter. In: Braßler A, Corsten H (eds) Entwicklungen im Produktionsmanagement, Franz Vahlen, München.

[225] Stetter C (1999) Schrift und Sprache. Suhrkamp Verlag, Frankfurt a. M.

[226] Stinson D (2002) Cryptography: Theory and Practice, SecondEdition, Chapman & Hall, CRC, London, UK, pp 117-154.

[227] Stöber R (2003) Mediengeschichte. Die Evolution neuer Medien von Gutenberg bis Gates, Eine kommunikationswissenschaftliche Einführung. Band 1: Presse-Telekommunikation. Westdeutscher Verlag, GWV Fachverlage, Wiesbaden.

[228] Stöber R (2005) Deutsche Pressegeschichte: Von den Anfängen bis zur Gegenwart, 2. überarb. Aufl. UKV Medien Verlagsgesellschaft, Konstanz.

[229] Störig HJ (1982) Weltgeschichte der Wissenschaft. S. Fischer Verlag, Frankfurt a. M.

[230] Strutz T (2002) Bilddaten-Kompression. Grundlagen, Codierung, MPEG, JPEG, 2. Aufl. Vieweg Verlag, Braunschweig/Wiesbaden.

[231] Sueton (1955) Leben der Caesaren übersetzt von Andre Lambert. Artemis und Winkler, Zürich.

[232] Tanenbaum AS (1996) Computer Networks. Prentice-Hall, Inc., Upper Saddle River, NJ, USA.

[233] Taubman DS, Marcellin MW (2002) JPEG2000: image compression fundamentals, standards, and practice. Kluwer Academic Publishers, Boston.

[234] Thom D, Purnhagen H, Pfeiffer S (1999) MPEG-Audio Subgroup: MPEG Audio FAQ,. ISO/IEC JTC1/SC29/WG11 Coding of Moving Pictures and Audio.

[235] Thukydides (1993) Geschichte des Peloponnesischen Krieges. Bücherei Tusculum, Darmstadt.

[236] von Thun FS (2001) Miteinander reden: Störungen und Klärungen., vol 1, 35th edn. Rowohlt.

[237] Timmerer C, Hellwagner H (2008) Das MPEG-21 Multimedia-Framework. Informatik-Spektrum 31(6):576-579.

[238] Torres L (1996) Video Coding. Kluwer Academic Publishers, Norwell, MA, USA.

[239] Tschudin PF (2002) Grundzüge der Papiergeschichte. No. 12 in Bibliothek des Buchwesens, Hiersemann, Stuttgart.

[240] Unser M (2000) Sampling-50 years after Shannon. Proceedings of the IEEE 88(4):569-587.

[241] von Urbanitzky Alfred R, Wormell R (1886) Electricity in the Service of Man: A Popular and Practical Treatise on the Applications of Electricity in Modern Life. Cassell & CompanyLtd., London,UK.

[242] Vise D, Malseed M (2006) The Google Story: Inside the Hottest Business, Media, and Technology Success of Our Time. Random House Inc., New York, NY, USA.

[243] Wallace GK (1991) The JPEG still picture compression standard. Communications of the ACM 34:31-44.

[244] Watkinson J (2001) MPEG Handbook. Butterworth-Heinemann, Newton, MA, USA.

[245] Webers J (1983) Handbuch der Film- und Videotechnik. Film, Videoband und Platte im Studio und Labor. Franzis, München.

[246] Welch TA (1984) A technique for high performance data compression. IEEE Trans on Computer 17(6):8-19.

[247] Wiegand T, Sullivan GJ, Bjntegaard G, Luthra A (2003) Overview of the H.264/AVC video coding standard. Circuits and Systems for Video Technology, IEEE Transactions on 13(7):560-576.

[248] Wilkinson E (2000) Chinese History—A Manual, Havard-Yenching Institute Monograph Series, 52. Harvard University Press, Cambridge, MA, USA.

[249] Winston B (1988) Media Technology and Society, A History: From the Telegraph to the Internet. Routledge, London, UK.

[250] Witten IH, Neal RM, Cleary JG (1987) Arithmetic coding for data compression. Commun ACM 30(6):520-540.

[251] Wolf L (1934) Essays in Jewish history. With a memoir by Cecil Roth (ed.). The Jewish Historical Societyof England, London, UK.

[252] Ziegenbalg J (2002) Elementare Zahlentheorie. Verlag Harri Deutsch, Frankfurt a. M.

[253] Zimmermann H (1980) OSI Reference Model—The ISO Model of Architecture for Open Systems Interconnection. Communications, IEEE Transactions on [legacy, pre-1988] 28(4):425-432.

[254] Ziv J, Lempel A (1977) A universal algorithm for sequential data compression. IEEE Transactions on Information Theory 23:337-343.

[255] Zotter H (1992) Die Geschichte des europ.ischen Buchdrucks; Grundausbildung für den Bibliotheks-, Dokumentations- und Informationsdienst, 4. revidierteAufl. Österreichische Nationalbibliothek, Wien.

[256] Zuse K (1984) Der Computer-Mein Lebenswerk. Springer, Berlin, Heidelberg, New York.